# Strukturbildung und Simulation technischer Systeme

Axel Rossmann

# Strukturbildung und Simulation technischer Systeme

## Band 3: Magnetismus und Transformatoren

Springer Vieweg

Axel Rossmann
Hamburg, Deutschland

ISBN 978-3-662-48281-0 ISBN 978-3-662-48282-7 (eBook)
https://doi.org/10.1007/978-3-662-48282-7

Die Deutsche Nationalbibliothek verzeichnet diese Publikation in der Deutschen Nationalbibliografie; detaillierte bibliografische Daten sind im Internet über http://dnb.d-nb.de abrufbar.



Springer Vieweg ist ein Imprint der eingetragenen Gesellschaft Springer-Verlag GmbH, DE und ist ein Teil von Springer Nature.
Die Anschrift der Gesellschaft ist: Heidelberger Platz 3, 14197 Berlin, Germany

# Vorwort zu allen Bänden

In den Bänden dieser Reihe

‚Strukturbildung und Simulation technischer Systeme'

werden signalverarbeitende Systeme mittels **Strukturbildung statisch und dynamisch analysiert und dimensioniert.** Strukturen stellen die Funktionen der untersuchten Systeme graphisch im Zusammenhang dar. Das Ziel der Stukturbildung ist die Erzeugung realistischer Modelle zur statischen und dynamischen Analyse dieser Systeme,

Reale Systeme sind viel zu komplex, um sie ohne Rechnerunterstützung analysieren zu können. Dazu ist die **Strukturbildung** unbedingt erforderlich. Das Hauptanliegen des Autors ist, dem Leser zu zeigen, wie die Strukturen realer Systeme gebildet werden. Dazu dienen zuerst die Grundlagen und danach eine Vielzahl von Beispiel aus allen Bereichen der Technik und Physik.

Das hier praktizierte Verfahren der **Strukturbildun**g stammt ursprünglich aus der Regelungstechnik. Die Professoren **Oppelt** (*5. Juni1912 † 4. Oktober 1999) und **Föllinger** (*10. Oktober 1924 † 18. Januar1999) haben es mit als erste konsequent angewendet. Der Autor hat es in den Bänden 1 bis 7 dieser Reihe und in der Schrift ‚Simulierten Regelungstechnik' ausführlich, praxisnah und möglichst verständlich (d.h. weitgehend ohne höhere Mathematik) dargestellt.

Strukturen lassen sich durch die meisten Simulationsprogramme berechnen. Der Autor verwendet **SimApp**, denn es ist einfach zu erlernen, leistungsfähig und preiswert. In Bd.1/7, Kap. 1.1 finden Sie eine Schnellanleitung zu SimApp. Eine Beschreibung von SimApp finden Sie unter

http://www.simapp.com

Falls Sie selbst über Erfahrungen zu den behandelten Themen verfügen, würde sich der Autor über Rückmeldungen freuen. Für alle Hinweise auf Fehler, Kritik und Verbesserungsvorschläge bin ich meinen Lesern dankbar. Mein herzlicher Dank gilt allen, die mich bei diesem Projekt unterstützt haben, insbesondere meiner Frau Gudrun Likus als Lektorin und den Firmen, deren Abbildungen und technische Daten ich benutzen durfte.

Axel Rossmann Hamburg, im Oktober 2020

**Zu den Vorteilen der Simulation**
Simulationen sind wie die Praxis selbst immer **konkret**. **Strukturbildung** ist dazu die **Voraussetzung.** Formeln werden symbolisch berechnet und durch Daten und Diagramme veranschaulicht.

Simulationen sind ungleich schneller, detailreicher, flexibler und letztlich billiger als das Probierverfahren. Im Gegensatz zur Realität erklären sie die Zusammenhänge und erlauben systematische Fortschritte.

Ein weiterer entscheidender Vorteil von Simulationen ist, dass sie die Anzahl teurer und zuweilen gefährlicher Experimente drastisch reduzieren können. Trotzdem kann auf reale Messungen zumindest von Stichpunkten (**Stützwerte**) zur Kontrolle der Simulationen nie verzichtet werden. Hier dienen dazu gemessene **Herstellerangaben**.

Die **Grundlagen zur Simulation** physikalischer Systeme wurden in **Band 1(statisch, bzw. stationär)** und in **Band 2 (dynamisch)** dieser Reihe zur ‚Strukturbildung und Simulation technischer Systeme' gelegt. Sie werden in diesem Band 3 und allen folgenden Bänden benötigt und immer wieder angewendet.

## Das Wichtigste aus allen Kapiteln

Dieser Band 3, Kap. 5, beginnt mit einer Kurzfassung der in Bänden 1 und 2 behandelten Themen aus den Kapiteln 1 bis 4.

Geplant ist eine Gesamtzusammenfassung der in allen Bänden behandelten Themen. Wenn sie fertig ist, finden Sie sie auf der Webseite des Autors

http://strukturbildung-simulation.de/

Die darin behandelten Themen nennen wir am Schluss dieses Bandes unter ‚Wie geht es weiter?'

Eine Kurzfassung der Gesamtausgabe der ‚Strukturbildung und Simulation technischer Systeme' heißt

**Simulation ohne Ballast**
Grundlagen und Anwendungen für Ingenieure und Studenten

Sie finden sie unter
https://strukturbildung-simulation.de/Strukturbildung%20und%20Simulation%20technischer%20Systeme%202015.pdf

**Zur Nomenklatur**
Konstanten erhalten, wenn möglich große Buchstaben, z.B. der elektrische Widerstand R. Arbeitspunktabhängige Konstanten erhalten kleine Buchstaben, z.B. der differenzielle Diodenwiderstand r.AK.

Signale erhalten, wenn es nicht anders üblich ist, auch kleine Buchstaben, z.B. der elektrische Strom i.
Ausnahmen: Die konstante Masse heißt traditionsgemäß klein m. Das Drehmoment, eine Variable (Messgröße=Signal), heißt dagegen groß M.

**Zur Schreibweise von Zahlenwerten**
dezimal: 123456,789 – ist scheinbar genau, aber unübersichtlich
exponentiell: $123{,}456789 \cdot 10^{Exp} \approx$ 123E(exp)ist übersichtlich und mit an die Messpraxis angepasster Genauigkeit. Die dritte Ziffer hat eine Unsicherheit von höchstens 1%.
Abkürzung für den exponentiellen Faktor ist $E=10^{Exp}$ (Abb. 0-5-1).

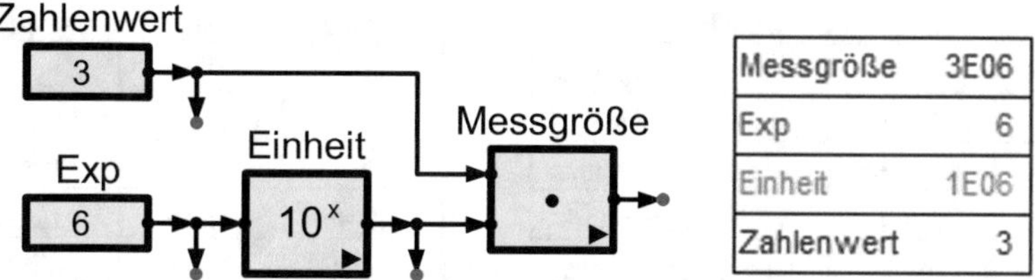


**Abb. 0-5-1 Simulation einer Messgröße, bestehend aus Zahlenwert und Einheit**

Den Grundeinheiten (m, s, kg, N, V, A) werden Abkürzungen vorangestellt (Tabelle). So ist z.B. die Kraft N/1000=1mN. Dagegen ist 1Nm ein Drehmoment.

**Tab. 0-5-1 Abkürzungen für Zehnerpotenzen**

| SI-Präfixe | | | | | | | | | | |
|---|---|---|---|---|---|---|---|---|---|---|
| **Name** | Deka | Hekto | Kilo | Mega | Giga | Tera | Peta | Exa | Zetta | Yotta |
| **Symbol** | da | h | k | M | G | T | P | E | Z | Y |
| **Faktor** | $10^{1}$ | $10^{2}$ | $10^{3}$ | $10^{6}$ | $10^{9}$ | $10^{12}$ | $10^{15}$ | $10^{18}$ | $10^{21}$ | $10^{24}$ |
| **Name** | Dezi | Zenti | Milli | Mikro | Nano | Piko | Femto | Atto | Zepto | Yokto |
| **Symbol** | d | c | m | µ | n | p | f | a | z | y |
| **Faktor** | $10^{-1}$ | $10^{-2}$ | $10^{-3}$ | $10^{-6}$ | $10^{-9}$ | $10^{-12}$ | $10^{-15}$ | $10^{-18}$ | $10^{-21}$ | $10^{-24}$ |

Part per hundert= $\%=10^{-2}$ || Part per kilo $ppk=10^{-3}=‰$ || Part per million $ppm=10^{-6}=‰^{2}$

**Abkürzungen und Einheiten**

Verwendet werden die allgemein üblichen Abkürzungen, z.B. M für Drehmomente, n für Drehzahlen, U oder u für Spannungen, I oder i für Ströme und f für Frequenzen.
Für spezielle Fälle werden sie entsprechend indiziert, z.B. die Resonanzfrequenz ist f.0 oder f.Res. Größen, die **individuell** verschieden sein können, sind als ‚**ind**' bezeichnet.

**Tab. 0-5-2 Die Kurzzeichen von Messgrößen und Parametern und ihre Einheiten**

| Abkürzg | Einheit | Größe |
|---|---|---|
| φ, phi, α | rad·, ° | Winkel |
| ε | ppm | Dehnung |
| μ | | my |
| χ | | Chi |
| ϑ | °C | Temperatur |
| Δ | 1 | Änderung |
| ρ.me | kg/m³ | mech. Dichte |
| ρ.el | Ω·m | Spez. el. Widerstand |
| ρ | Ω·m | Spez. el. Widerst. |
| σ | N/m² | Mech. Spannung |
| Ω | rad/s | Winkelgeschwind. |
| ω | rad/s | Kreisfrequenz om |
| ppm | 0,000001 | Part per million |
| ϕ | Vs | Windungsfluss PHI |
| ψ | Vs | Spulenfluss PSI |
| dΩ/dt | rad/s² | Winkelbeschl. |
| A | individuell | Amplitude |
| B | T=Vs/A | Flussdichte |
| C | F=As/V | Elektr. Kapazität |
| DT | individ./K | Temp.-Durchgriff |
| d | | Kleine Änderung |
| dT | K | Temperaturänderg |
| f.g | Hz | Elektr. Grenzfreq. |
| f.mag | Hz | Magn. Grenzfreq. |
| FG | | Frequenzgang |
| Empf | individuell | Empfindlichkeit |
| E.Mod | N/m² | Elastizitätsmodul |
| h | m | Höhe |
| H | A/m | Magn. Feldstärke |
| lit | dm³ | Liter |
| i | A | Elektrischer Strom |
| i.Nen | A | Nennstrom |
| k.geo | m | Geometriefaktor |
| J | A/mm² | Stromdichte |
| | | |

| Abkürzg | Einheit | Größe |
|---|---|---|
| k.F | N/m | Federkonstante |
| k.R | Ns/m | Reibungskonstante |
| L | H=Vs/A | Induktivität |
| l | m | Länge |
| MSV | magnet. | Spann.-Verhältnis |
| n | Upm | Drehzahl |
| p.mag | Am | Magn. Polstärke |
| P | W | Leistung |
| om | rad/s=1/s | Kreisfrequenz |
| N | 1 | Windungszahl |
| om=ω | 1/s | Kreisfrequenz |
| Om=Ω | Rad/s | Winkelgeschw. |
| P | W | Leistung |
| p | Ns | Impuls |
| m/t | kg/s | Massendurchsatz |
| q | As | Ladung |
| ppm | $10^{-6}$ | part per million |
| R | Ω | Elektr. Widerstand |
| s | mm | Kantenlänge |
| SA | | Sprungantwort |
| SF | | Streufaktor |
| t | s | Zeit |
| T | s | Zeitkonstante |
| T | °C | Absolute Temp. |
| TK | ppm/K | Temperaturkoeff. |
| % | 0,01 | prozent |
| ‰ | $10^{-3}$ | Promille = ppk |
| ± | | plus oder minus |
| ≠ | | ungleich |
| ≈ | | ungefähr |
| ≙ | | entspricht |
| $\hat{+}$ | | geom. Addition |
| ⊥ | | senkrecht auf |

rad = Bogen/Radius in m/m=1
ind. = individuelle Einheit

Inhaltsverzeichnis Band 3/7 Magnetismus


1 DIE THEMEN VON KAPITEL 1 .......... 1

1.1 Das Simulationsprogramm .......... 2

1.2 Testsignale und Messmittel .......... 4

1.3 Blockbildung .......... 6

1.4 Kennlinien erzeugen .......... 8

2 DIE THEMEN VON KAPITEL 2 .......... 11

2.1 Einführung in die Regelungstechnik .......... 11

2.2 Frequenzgänge und Sprungantworten .......... 22

2.3 Bode-Diagramme .......... 25

3 DIE THEMEN VON KAPITEL 3 .......... 27

3.1 Elektrische Oszillatoren .......... 29

3.2 Frequenzgänge mit freien Parametern .......... 32

3.3 Sprungantworten mit freien Parametern .......... 38

4 DIE THEMEN VON KAPITEL 4 .......... 41

4.1 Translation und Rotation .......... 42

4.2 Mechanische Oszillatoren .......... 43

5 MAGNETISMUS .......... 47

5.1 Was ist Magnetismus? .......... 48

5.1.1 Influenz und Magnetisierbarkeit .......... 51

5.1.2 Dia-, Para- und Ferro-Magnetismus .......... 54

5.1.3 Elektromagnetismus .......... 59

5.1.4 Elektromagnetische Felder .......... 62

5.1.5 Elektromagnetische Anwendungen .......... 64

5.2 Magnetische Messgrößen und Gesetze .......... 72

5.2.1 Durchflutung Θ und magnetischer Fluss ϕ .......... 79

5.2.2 Das Ohm'sche Gesetz des Magnetismus .......... 85

5.2.3 Flussdichte B und magnetische Feldstärke H ... 90
5.2.4 Magnetische Permeabilität μ und Suszeptibilität χ ... 94
5.2.5 Magnetische Widerstände und Leitwerte ... 100

**5.3 Elektromagnetische Induktion ... 105**
5.3.1 Induktion im Zeitbereich ... 111
5.3.2 Die Induktivität L ... 116
5.3.3 Induktion im Frequenzbereich ... 127
5.3.4 Induktion im Ortsbereich (Gradienteninduktion) ... 136
5.3.5 Das Hering'sche Paradoxon ... 141

**5.4 Elektromagnetische Wandler ... 145**
5.4.1 Spulen - Kurzfassung ... 147
5.4.2 Elektromotoren - Kurzfassung ... 157

**5.5 Magnetisierung ... 166**
5.5.1 Messung des magnetischen Flusses ... 172
5.5.2 Magnetisierung messen, berechnen und simulieren ... 178
5.5.3 Die magnetische Hysterese ... 188
5.5.3.1 Hysteresearbeit und -leistung ... 189
5.5.3.2 Hysteresekurven simulieren ... 192

**5.6 Ferromagnetische Kerne ... 194**
5.6.1 Wirbelströme ... 198
5.6.2 Der elektromagnetische Wirkungsgrad ... 205
5.6.3 Magnetische Grenzfrequenz ... 211
5.6.4 Ferritkerne ... 217
5.6.4.1 HF-Abschirmung durch Ferritkerne ... 222
5.6.4.2 Ferritstabantennen ... 224
5.6.5 Blechkerne ... 232
5.6.5.1 Eisenkerne mit Luftspalt ... 237
5.6.5.2 Gleichstrom-Vormagnetisierung ... 245

**5.7 Elektrische Spulen ... 249**
5.7.1 Ideale und reale Spulen ... 251
5.7.2 Spulen ein- und ausschalten ... 258
5.7.3 Funkenlöschung ... 263
5.7.4 Spulen für Gleichstrom (DC) ... 270
5.7.4.1 Die Helmholtzspule ... 274
5.7.4.2 Die Spulen der Kernspintomografie ... 277
5.7.5 Spulen für Wechselstrom (AC) ... 293
5.7.5.1 Drosseln – Konzeption und Dimensionierung ... 297
5.7.5.2 Spulenzeitkonstante und -grenzfrequenz ... 307
5.7.5.3 Spulenfrequenzgänge simulieren ... 309

**5.8 Elektromagnetische Kräfte ............ 313**
5.8.1 Die Lorentzkraft ............ 315
5.8.2 Elektromagnetische Kraft, Energie und Leistung ............ 326
5.8.3 Spulenkräfte ............ 332
5.8.4 Elektromagnetische Bremse ............ 349
5.8.5 Elektromagnetische Relais ............ 353
5.8.5.1 Das Betriebsverhalten eines Relais ............ 356
5.8.5.2 Dynamische Relaissimulation ............ 365
5.8.6 Elektromagnetische Antriebe ............ 372
5.8.7 Der Thomson'sche Ringversuch ............ 380
5.8.7.1 Simulation des Thomson'schen Ringversuchs ............ 386
5.8.7.2 Elektromagnetische Levitation ............ 403

**5.9 Elektromagnetische Drehmomente ............ 417**
5.9.1 Drehmoment, Arbeit und Leistung ............ 419
5.9.1.1 Elektromagnetische Drehmomente ............ 423
5.9.1.2 Der Lorentz'sche Elementarmotor ............ 427
5.9.1.3 Das Massenspektrometer ............ 433
5.9.2 Elektromagnetische Messwerke ............ 439
5.9.2.1 Die Dynamik elektromagnetischer Messwerke ............ 446
5.9.2.2 Drehspul-Messwerke ............ 450
5.9.2.3 Dreheisen- Messwerke ............ 453
5.9.3 Wirbelstrom-Drehmomente ............ 456
5.9.3.1 Wirbelstrom-Sensoren ............ 456
5.9.3.2 Die Wirbelstrombremse ............ 457
5.9.3.3 Das Wirbelstromtachometer ............ 460
5.9.3.4 Der Wechselstromzähler ............ 464

**5.10 Dauermagnete ............ 468**
5.10.1 Polstärke und magnetisches Moment ............ 476
5.10.2 Magnetische Monopole und Dipole ............ 480
5.10.3 Dauermagnetische Felder ............ 483
5.10.4 Dauermagnetische Kräfte ............ 490
5.10.5 Dauermagnetische Levitation ............ 496
5.10.6 Diamagnetische Levitation ............ 502
5.10.7 Dauermagnetische Drehmomente ............ 514
5.10.8 Modelle für Dauermagnete ............ 516
5.10.9 Dauermagnetische Parameter ............ 520

**5.11 Zusammenfassung: Kap. 5 'Magnetismus' ............ 529**

**6 TRANSFORMATOREN ........ 531**

**6.1 Transformator-Grundlagen ........ 536**
6.1.1 Aufbau und Funktion von Transformatoren ........ 538
6.1.2 Ringkern und Blechkern-Transformatoren ........ 548
6.1.3 Ideale und reale Transformatoren ........ 551
6.1.4 Kontaktlose induktive Energieübertragung ........ 560

**6.2 Netztrafos ........ 566**
6.2.1 Netztrafos berechnen ........ 568
6.2.2 Netztrafos manuell dimensionieren ........ 569
6.2.3 Netztrafos automatisch dimensionieren ........ 582
6.2.3.1 Berechnung von Trafokernen ........ 583
6.2.3.2 Berechnung der Trafospulen ........ 593
6.2.3.3 Netztrafos automatisch dimensionieren ........ 605
6.2.4 Einschaltvorgänge simulieren ........ 609
6.2.5 Der Transformator als Regelkreis ........ 616
6.2.6 Systemanalyse des Übertragers mit Streuung ........ 619

**SCHLUSSWORT ZU BAND 3/7 ........ 639**

**Wie geht es weiter?**
Das wird auf den folgenden Bänden gezeigt.

## Strukturbildung und Simulation technischer Systeme

Änderungen vorbehalten

Band 1/7 - - - - - - - - - - - - -
1 Von der Realität zur Simulation
2 Elektrizität
Grundlagen der Regelungstechnik

Band 2/7 - - - - - - - - - - - - -
3 Elektrische Dynamik
4 Mechanische Dynamik

Band 3/7 - - - - - - - - - - - - -
5 Magnetismus
Grundlagen, Induktion und Wechselstrom
Dauer- und Elektromagnete

Band 4/7 - - - - - - - - - - - - -
6 Elektrische Maschinen
Gleichstrom, Allstrom, Drehstrom
7 Transformatoren
Netztrafos und Übertrager

Band 5/7 - - - - - - - - - - - - -
8 Simulierte Elektronik
Transistor, Operationsverstärker, Thyristor
9 Elektronische Messtechnik

Band 6/7 - - - - - - - - - - - - -
10 Sensorik
Hall-Effekt/Photometrie/Temperaturmessung
11 Aktorik
Peltier-Elemente/Piezos/Akustik

Band 7/7 - - - - - - - - - - - - -
12 Pneumatik/Hydraulik
13 Wärmetechnik
14 Kältetechnik

Spezielle Themen

Simulierte Regelungstechnik

Infos dazu finden Sie auf der Webseite des Autors:
http://strukturbildung-simulation.de

# 1 Die Themen von Kapitel 1

‚Statische (stationäre) Simulation'

Aufgabe der **Systemdimensionierung** ist, die Bauelemente eines Systems nach den Vorgaben des Anwenders zu gestalten.
Aufgabe der **Systemanalyse** ist zu zeigen, wie die Parameter eines Systems von den Bauelementen abhängen. Sie ist die Voraussetzung zur Dimensionierung.

Wegen der Komplexität dieser Aufgaben sind sie nur mit Rechnerunterstützung zu bewältigen. Durch Strukturen wird dem Computer gesagt, was er rechnen soll. Deshalb sind Strukturen die unabdingbare Voraussetzung zur Simulation. Wie Strukturen aus der Realität entwickelt werden, soll hier für möglichst viele Bereiche der Technik mit möglichst einfacher Mathematik gezeigt werden.

In **Band 1** werden die Grundlagen zur Simulation technischer Systeme gelegt. Er enthält die Kapitel 1 und 2:

Kap. 1 ‚Von der Realität zur Simulation'

Zuerst wird das **Simulationswerkzeug** am Beispiel des Programms **SimApp** erläutert.

Es wird auch gezeigt, wie **Formeln** mittels Strukturbildung und Simulation berechnet werden.

Danach werden die Rechenoperationen **Integration und Differenzierung** erklärt.

Dann wird gezeigt, was die Folgen von **Mit- und Gegenkopplung** sind und wie man sie berechnet

Als einführendes Beispiel wird anhand einer **Drehzahlregelung mit PID-Regler** gezeigt, warum Regelungen aufgebaut werden, wie sie funktionieren und wie Regler optimiert werden.

Zuletzt werden schaltende Regelungen mit **Zwei- und Dreipunktregler** simuliert.

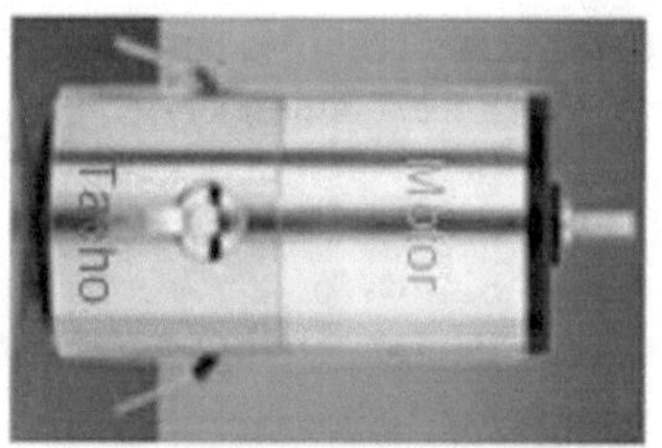


**Abb. 1-1 Motor mit Tachogenerator ist eine typische Regelstrecke**

**Abb. 1-2 kommerzieller PID-Regler (Erklärung folgt in Kap. 2)**

In Kap. 2 **‚Elektrizität'** werden **elektrische Grundlagen** simuliert. Der Schwerpunkt liegt auf dem elektrischen Strömungsfeld (Ohm'sches Gesetz) und der **Elektrostatik** (Kondensatoren).

Die **Elektrodynamik** (**Schwingkreise** mit Spulen und Kondensatoren) folgt in Bd. 2.
In den folgenden Kapiteln fassen wir diese Themen zusammen.


A. Rossmann, *Strukturbildung und Simulation technischer Systeme*,
https://doi.org/10.1007/978-3-662-48282-7_1

## 1.1 Das Simulationsprogramm

Reale Systeme sind viel zu komplex, um sie ohne Rechnerunterstützung analysieren zu können. Dazu ist die **Strukturbildung unbedingt erforderlich**. Strukturen sind die graphische Darstellung aller Funktionen eines Systems im Zusammenhang. Sie sind die Voraussetzung zu seiner Simulation.

Das Hauptanliegen des Autors ist, dem Leser zu zeigen, wie die Strukturen realer Systeme gebildet werden. Dazu dienen in Bd. 1 zuerst die Grundlagen mit einfachen Beispielen und danach eine Vielzahl realer, auch komplexer Systeme aus vielen Gebieten der Physik und Technik.

Strukturen lassen sich durch alle Simulationsprogramme berechnen. Der Autor verwendet **SimApp**. In Bd.1/7, Kap. 1.1 finden Sie eine Schnellanleitung zu SimApp. Eine Beschreibung finden Sie unter

http://simapp.com/.

Dies sind wichtige Merkmale von SimApp:

- Es hat einen einfach zu bedienenden Zeichnungseditor zur Entwicklung von Strukturen und zum Anfertigen von Skizzen der zu simulierenden Systeme.
- Es stellt alle wichtigen linearen, nichtlinearen und logischen Funktionen zur Simulation zur Verfügung.
- Es hat Sonden zur Darstellung von Messwerten und Diagrammen im Zeit-, Frequenz- und Ortsbereich.
- Es ermöglicht die Zusammenfassung komplexer Strukturen in Anwenderblöcken. Dadurch bleiben sie übersichtlich.

Die Benutzeroberfläche von SimApp und den Zeichnungseditor finden Sie unter

http://www.simapp.com/simulation-software-description.php?lang=de

Viele, insbesondere teurere Simulationsprogramme, sind komplizierter aufgebaut als SimApp und entsprechend schwieriger zu erlernen. Das kann das Erlernen der Strukturbildung unnötig verkomplizieren.

Einfacheren Programmen als SimApp fehlt oft ein einfacher Zeichnungseditor oder die Simulation im Frequenzbereich. Das macht den Umstieg auf ein leistungsfähigeres Programm über kurz oder lang erforderlich.

Allen Simulationsprogrammen gemeinsam ist, dass sie nur ihre **Benutzung** erklären, nicht aber die unerlässliche **Methode der Strukturbildung**. Das ist das Anliegen dieser Reihe zur

Strukturbildung und Simulation technischer Systeme

Bei Fragen oder Anregungen zu diesem Thema steht Ihnen der Autor gern zur Verfügung:

axel.rossmann@hamburg.de

oder auf seiner SimApp Hotline: (040) 4677 4109

**Zählpfeilsysteme**
Die Festlegung der positiven **Zählrichtungen ist für Richtungsaussagen notwendig, aber willkürlich.** Sie sollten so festgelegt werden, dass in den Berechnungen möglichst wenige Messgrößen negativ sind. Wenn die errechneten Messgrößen negativ sind bedeutet dies, dass sie in zur Definition entgegengesetzte Richtung wirken.

Um beliebige Systeme berechnen zu können, muss für ihre Messgrößen dic positive Zählrichtung festgelegt werden. Für mechanische Anordnungen benutzt der Autor das Rechtssystem. Das zeigt Abb. 1-4.

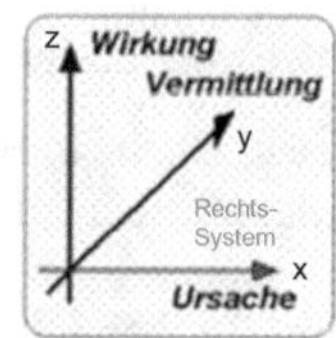


**Abb. 1-3 Rechtssystem zur Definition der positiven Zählrichtungen**

Bei mechanischen und magnetischen Systemen verwenden wir ein rechtsdrehendes Koordinatensystem (Rechtsschraube oder die ‚Rechte-Hand-Regel') zur Angabe der positiven Zählrichtungen für Verbraucher.

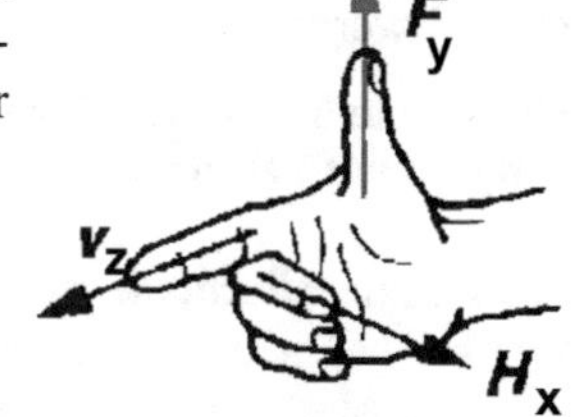


**Abb. 1-4 rechte Handregel: Sie definiert die positiven Zählrichtungen für Verbraucher**

Der Autor verwendet für **elektrische Schaltungen** das **Verbraucher-Zählpfeilsystem.** Für **Motoren** bedeutet dies folgendes: Fließt ein Strom i in x-Richtung und verläuft das Feld in y-Richtung, so wirkt die Kraft in z-Richtung.

Bei **Generatoren** (Erzeuger) wird die Kraft in entgegengesetzter Richtung positiv gezählt. Dieser Fall liegt z.B. bei Linearantrieben vor (Abb. 5-538). Rotierende Antriebe verhalten sich analog (Absch. 5.4 ‚Elektromagnetische Wandler').

**Zur Vermeidung von Zählrichtungsfehlern durch und in Strukturen**
In mechanischen Systemen setzt die Beantwortung der Richtungsfrage räumliches Denken voraus, das nicht ganz einfach ist. Deshalb begründen wir zunächst, warum Ihnen

Strukturen helfen, **Vorzeichenfehler zu vermeiden**.

Systeme ohne externe Energiezufuhr (**passive Systeme**) sind **immer Gegenkopplungen**. Zeigt die Struktur eines passiven Systems einen mitgekoppelten Kreis, so muss ein **Vorzeichenfehler** vorliegen. Mitkopplungen wären Energiequellen - ein Perpetuum mobile, das natürlich nicht vorkommen kann.

Falls einmal in einer **Struktur eine Mitkopplung** erscheint, muss das System eine Energiequelle besitzen. Ein Beispiel dafür ist das Relais, bei dem eine Mitkopplung das Schaltverhalten erzeugt. Wir behandeln es beim Thema ‚Relais' (Absch. 5.8.5).

Durch **Vektoren** (Abb. 1-4) werden Beträge und Richtungen in einer Gleichung berechnet. Das ist kompliziert und unnötig, wenn vorher die **positiven Zählrichtungen geklärt** sind. Dann kommt man zur Berechnung der **Beträge von Messgrößen** ohne Vektorrechnung aus. Dadurch vereinfachen sich die Erklärungen und Berechnungen der physikalischen Zusammenhänge entscheidend.

## 1.2 Testsignale und Messmittel

Simulationen können im Zeit-, Orts- und Frequenzbereich erfolgen.

**Simulationen im Zeitbereich**

Im Zeitbereich ist die Zeit t die unabhängige Variable. Sofern ein proportionaler Zusammenhang besteht, kann t beliebig umbenannt werden.

Test: **Dreieck, Sinus, Sprung**
Messmittel ist die **Zeitsonde.**

Im Zeitbereich können **beliebige lineare und nichtlineare Systeme** simuliert werden.

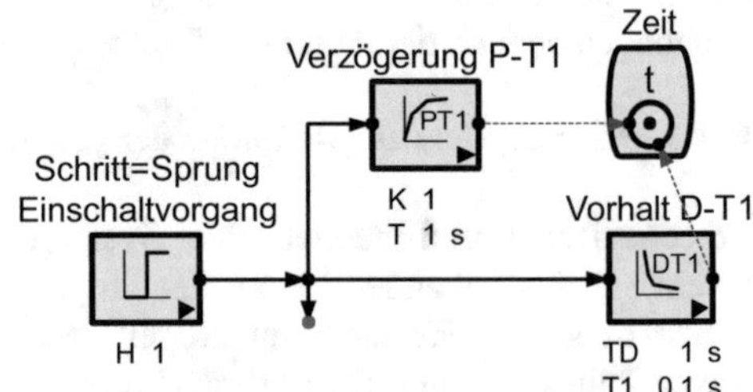


**Abb. 1-5 Simulation von Sprungantworten mit Zeitsonde**

Die **Zeitdarstellung** als **Kennlinien und Daten** der ausgewählten Signale einer Struktur (Kennzeichen: roter Punkt) erfolgt durch Auswahl des Buttons ‚Zeit' (links im Eingabefenster). Darunter befinden sich die **Parametereinstellungen der Zeitsimulation** (Messzeit, Auflösung).

**Simulationen im Ortsbereich**

Im Ortsbereich können bis zu drei Messgrößen als Funktion beliebiger interner Signale dargestellt werden.

Test: **Dreieck, Sinus, Sprung**
Messmittel ist die **xy-Sonde.**

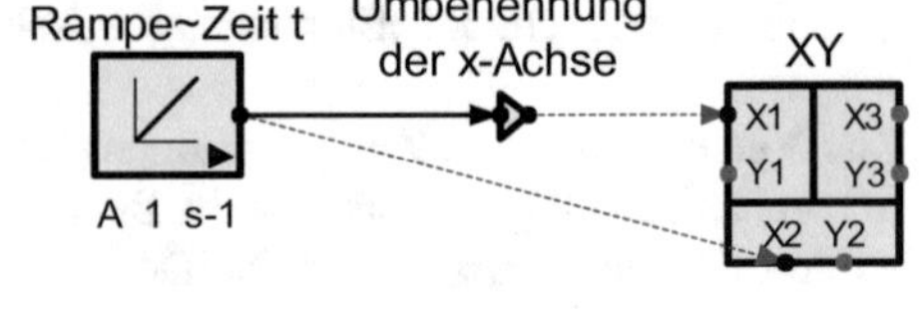


**Abb. 1-6 Frequenzsonde zur Simulation beliebiger Funktionen y(x)**

**Simulationen im Frequenzbereich**

Testsignal ist eine Sinusschwingung mit variierender Frequenz.

Test- und Messmittel ist die **Frequenzsonde.**

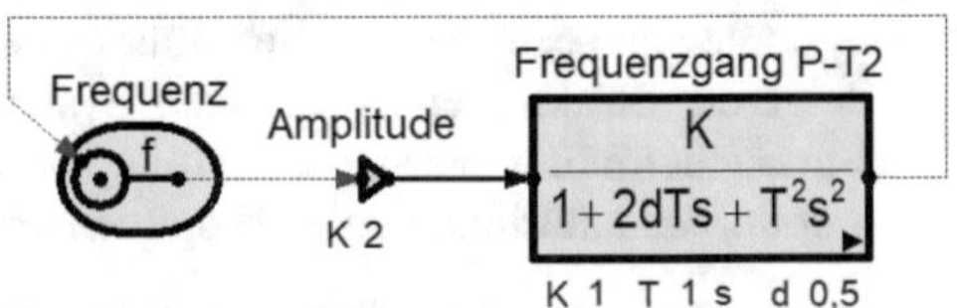


**Abb. 1-7 Simulation eines Frequenzgangs – Diagramme dazu folgen in Absch. 2.3.**

Im Frequenzbereich können **nur lineare Systeme** simuliert werden.

Die **Darstellung der Frequenzgänge und Daten** der ausgewählten Signale einer Struktur (Kennzeichen: roter Punkt) erfolgt durch Auswahl des Buttons ‚Frequenz' am linken Rand des Eingabefensters. Darunter befinden sich die **Parametereinstellungen der Frequenzsimulation** (Start- und Stoppfrequenz, Auflösung).

**Simulation von Sprungantworten**
Mit einem Testsprung (Einschaltvorgang) können sowohl die statischen Eigenschaften (Kennlinie) als auch die dynamischen Eigenschaften (Zeitkonstanten) eines Systems erkannt werden.

Abb. 1-8 zeigt die Simulation unterschiedlich gedämpfter Einschwingvorgänge.

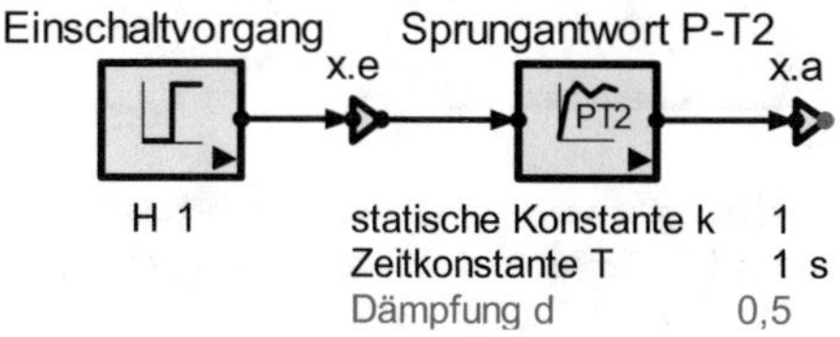


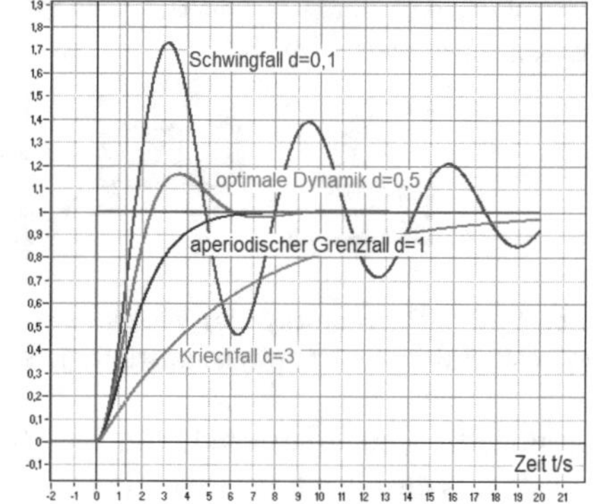


**Abb. 1-8 Sprungantwort(T2) eines stark, optimal und schwach bedämpften Oszillators**

Aus den folgenden Gründen ist der **Sprung das wichtigste aller Testsignale**.
Er ist ein **einfacher Einschaltvorgang, leicht zu erzeugen, schnell zu interpretieren.**

Ein Testsprung erzeugt bei geringer Dämpfung freie Schwingungen. Das ist in der Realität ungefährlicher als die Untersuchung von Resonanzen durch erzwungene Schwingungen mit Sinusanregung (Einzelheiten folgen).

Schnelle Beurteilung der Systemeigenschaften:
$t \rightarrow 0$: statische Kennlinie, t um t.0: Eigenfrequenz f.0=1/t.0 – für die Schnelligkeit und das (eventuelle) Überschwingen und für die Stabilität (Dämpfung).

**Auswertung einer Sprungantwort**
Wie in Abb. 1-8 gezeigt, werden zur Simulation eines Oszillators drei Parameter benötigt: K, T und d. Sie können einer Sprungantwort entnommen werden. Abb. 1-9 zeigt wie.

Abb. 1-9 zeigt ein kriechendes und ein schwingendes System (viel und wenig Reibung).

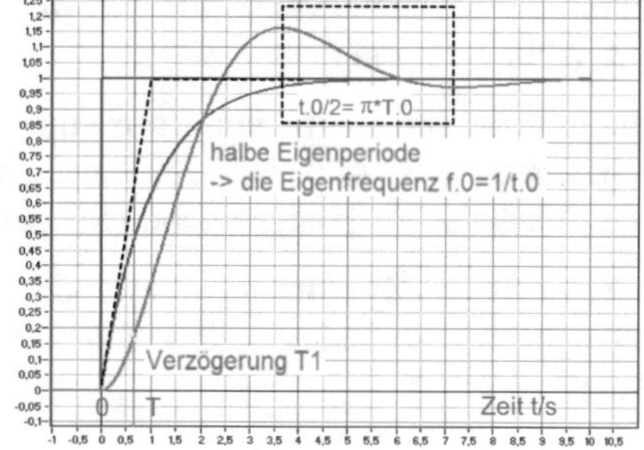


**Abb. 1-9 Mögliche Sprungantworten: schwingend oder kriechend. Die Abbildung zeigt, wie daraus die Systemzeitkonstanten T und t.0/2=π*T entnommen werden.**

Für konkrete Systeme ist zu zeigen, wie T aus ihren Bauelementen gebildet wird.

**Überschwingen und Dämpfung**
Wie in Abb. 1-9 gezeigt, wird die Dämpfung d zur Simulation von Einschwingvorgängen benötigt. Gl. 1-1 gibt an, wie d aus einem gemessenen Überschwingen ÜS berechnet werden kann.

**Gl. 1-1 Dämpfung und Überschwingen** $$d \approx 1 - \sqrt[3]{ÜS}$$

## 1.3 Blockbildung

Komplexe Systeme können in SimApp zu einem Anwenderblock zusammengefasst werden. Dann erscheinen in einer Struktur nur noch die interessierenden Signale und Parameter. Als Beispiel soll die Gegenkopplungsgleichung Gl. 2-3 als Block simuliert werden. Das zeigt Abb. 1-10:

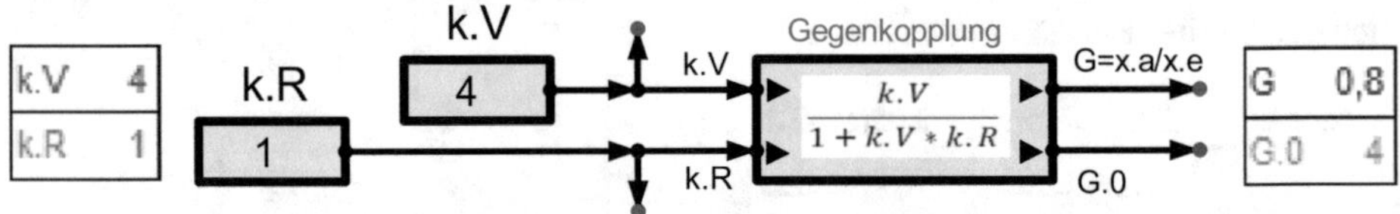


**Abb. 1-10 Berechnung der Gegenkopplungsgleichung durch einen Anwenderblock: Als Parameter sind die Vorwärtskonstante k.V und die Rückwärtskonstante k.R vorzugeben.**

Die Erstellung eines Anwenderblocks erfolgt in zwei Schritten:
Zuerst muss die Gleichung (oder Struktur) in eine Blockmappe kopiert werden. Dazu muss das Unterprogramm ‚Neue Blockmappe' aufgerufen werden. Abb. 1-11 zeigt wie:

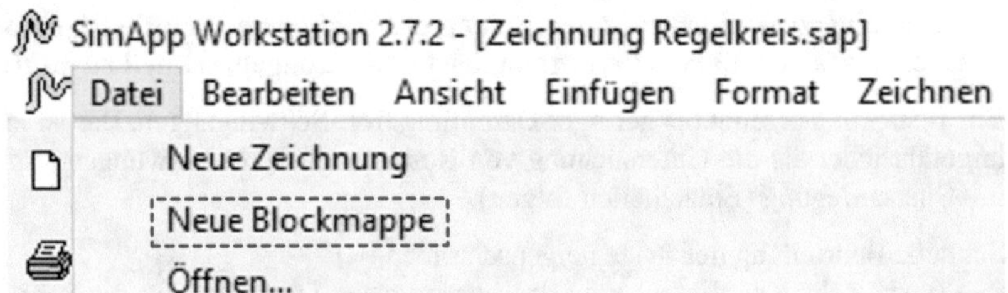


**Abb. 1-11 das Unterprogramm ‚Neue Blockmappe' finden sie oben links in der SimApp-Bedienoberfläche.**

Eine **Blockmappe** besteht aus zwei Blättern. Sie heißen ‚Symbol' und ‚Struktur'. Das erste Blatt dient zur Bearbeitung des Symbols und das zweite zum Entwurf der inneren Struktur des neuen Blockes. Ihre Auswahl erfolgt unten links in der Blockmappe. Das zeigen Abb. 1-11 und Abb. 1-12.

Dann müssen im Blatt **‚Struktur'** die **Verbindungsstellen nach außen (Knoten)** angebracht werden. Abb. 1-12 zeigt auch, wie Sie die Knotenpunkte in die Arbeitsfläche ziehen. Nach der Verbindung geben Sie jedem Knoten einen Namen.

Zuletzt muss das **Symbol** des Anwenderblocks gestaltet werden. Das geschieht in der Symboloberfläche. Dabei sollten folgende Gestaltungsregeln nach Möglichkeit eingehalten werden:

*Eingangssignale links, Ausgangsignale rechts, Parameter oben und unten.*

Die folgenden beiden Abbildungen zeigen die Seiten ‚Struktur' und ‚Symbol' eines Anwenderblocks. Die bei der Blockgestaltung benötigten Unterprogramme sind rot markiert.

Abb. 1-12 zeigt die Seite ‚Struktur':

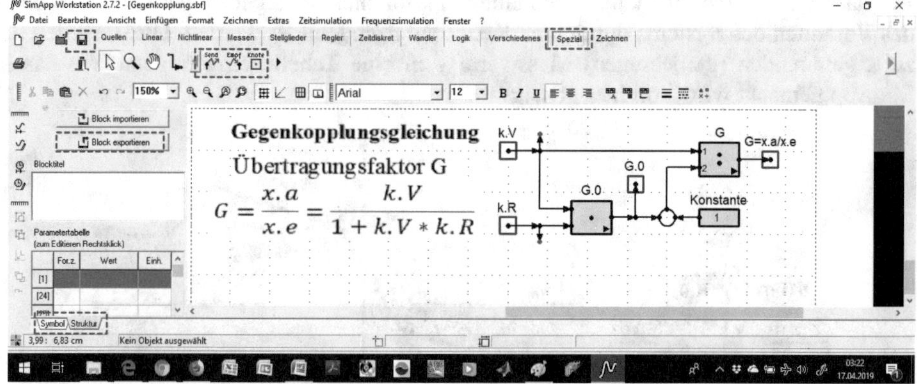


**Abb. 1-12 Herstellung der Verbindungsstellen durch Knotenpunkte (blaue Rechtecke)**

Abb. 1-13 zeigt die Seite ‚Symbol':

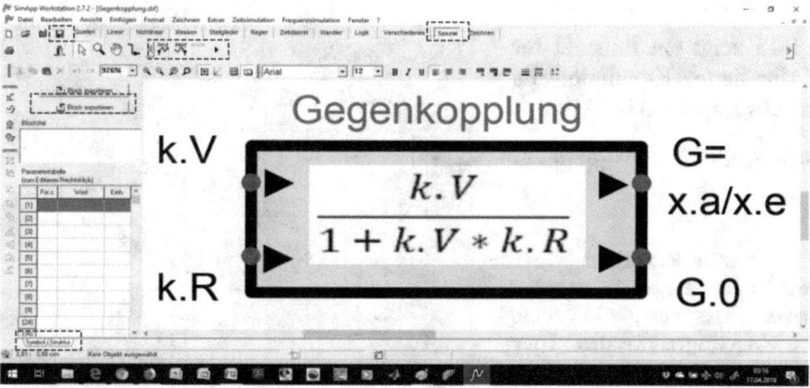


**Abb. 1-13 das von Ihnen gestalte Symbol eines Anwenderblocks: Ein- und Ausgänge werden durch Richtungspfeile gekennzeichnet.**

Zuletzt wird dem **Anwenderblock ein Name** gegeben und abgespeichert. Danach kann er durch ‚exportieren' beliebig oft verwendet werden.

## 1.4 Kennlinien erzeugen

In Simulationen werden die Ausgangsgrößen (Ordinate y) von Systemen als Funktion von Eingangsgrößen (Abszisse x) berechnet. Im einfachsten Fall sind dies lineare Funktionen (proportional P, integrierend I oder differenzierend D).

Bei starker Nichtlinearität kann solch eine Funktion nicht angegeben werden. Dann muss das Verhalten des Systems durch eine Kennlinie nachgebildet werden. Dazu werden die zu x gehörenden (gemessenen) Messwerte y in eine Tabelle eingetragen. Wie das in SimApp gemacht wird, soll hier gezeigt werden.

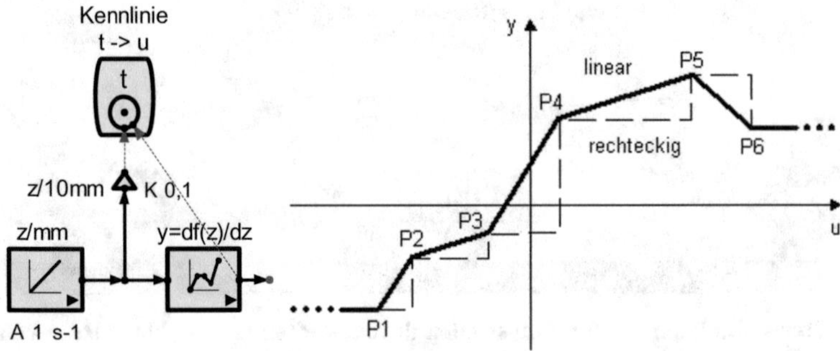


**Abb. 1-14 links: Simulation und Messung einer Kennlinie mit Kennlinienblock – rechts: die Stützwerte der Kennlinie**

Abb. 1-15 zeigt ein Beispiel für eine simulierte Kennlinie. Es stammt aus Kap. 5.10.6

*‚Diamagnetische Levitation'.*

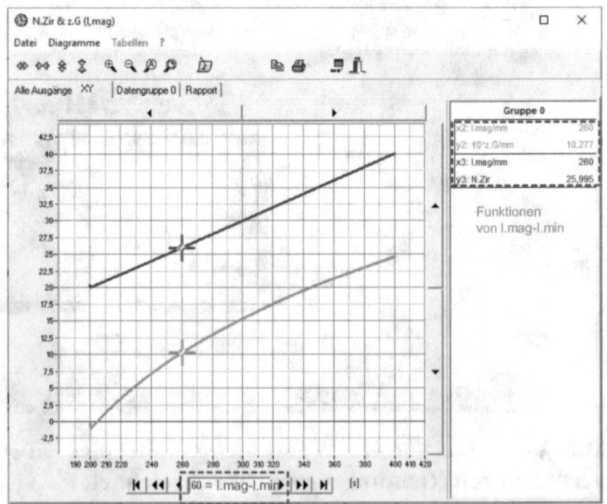


**Abb. 1-15 Zur Erzeugung einer Kennlinie müssen gemessene oder simulierte Messwerte in eine Tabelle eingetragen werden. Hier werden die Wertepaare einer Simulation entnommen: unten die x-Werte, oben rechts die y-Werte.**

Vor der Erstellung einer Tabelle muss entschieden werden, wie groß ihre Auflösung Δx sein soll. Je krummer eine Kennlinie ist, desto kleiner muss Δx gemacht werden. Je kleiner Δx, desto mehr Punkte sind in die Tabelle einzutragen und desto aufwändiger ist ihre Erstellung. Zur Dateneingabe wird der Kennlinienblock durch Auswahl und Doppelklick mit der Maus geöffnet. Abb. 1-16 zeigt die Parametereingabe.

Abb. 1-16 zeigt die Bedienoberfläche ‚Parameter' des Kennlinienblocks.

Zur Eingabe der Messpunkte wird die Option ‚Daten' ausgewählt. Tab. 1-1. zeigt die Eingabetabelle.

**Abb. 1-16 die Parametereingabe des Kennlinienblocks in SimApp: Anzahl der Messpunkte und die Messwerte der Achsen x und y, die unter ‚Daten' eingetragen werden.**

Als Beispiel soll hier der Messbereich durch 20 **Stützpaare** abgebildet werden. Tab. 1-1 zeigt, wie die Kennlinien-werte y(x) zu vorgegebenen x-Werten in die Tabelle eingetragen werden.

Damit eine Tabelle differenzierbar ist, müssen die Messwerte zwischen den Stützpunkten **stetig (hier linear) interpoliert** werden.

**Tab. 1-1 die Daten einer Tabelle mit 20+1 Stützwerten**

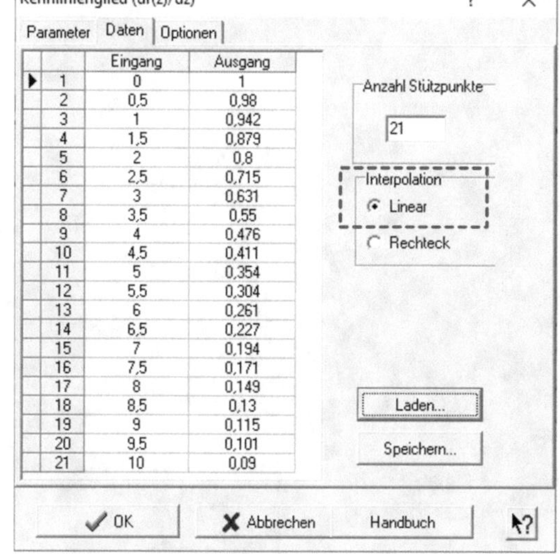

| | Eingang | Ausgang |
|---|---|---|
| 1 | 0 | 1 |
| 2 | 0,5 | 0,98 |
| 3 | 1 | 0,942 |
| 4 | 1,5 | 0,879 |
| 5 | 2 | 0,8 |
| 6 | 2,5 | 0,715 |
| 7 | 3 | 0,631 |
| 8 | 3,5 | 0,55 |
| 9 | 4 | 0,476 |
| 10 | 4,5 | 0,411 |
| 11 | 5 | 0,354 |
| 12 | 5,5 | 0,304 |
| 13 | 6 | 0,261 |
| 14 | 6,5 | 0,227 |
| 15 | 7 | 0,194 |
| 16 | 7,5 | 0,171 |
| 17 | 8 | 0,149 |
| 18 | 8,5 | 0,13 |
| 19 | 9 | 0,115 |
| 20 | 9,5 | 0,101 |
| 21 | 10 | 0,09 |



**Kritik des Kennlinienverfahrens**

Das Kennlinienverfahren kann nur dann verwendet werden, wenn das zu simulierende System **keine freien Parameter** enthält, die variiert werden sollen. Diese Bedingung ist im Allgemeinen nicht erfüllt. Deswegen kommt das Kennlinienverfahren nur dann zur Anwendung, wenn **keine Funktion** zur Berechnung des Systems gefunden werden kann.

In diesem Band werden in Kap. 5.5.2 ‚Magnetisierungskennlinien' erzeugt, weil Excel dazu keine passende Funktion findet. Wir werden zeigen, dass es auch da möglich ist, Magnetisierungskennlinien durch eine Funktion zu ersetzen.

Wegen des zu treibenden **Aufwands** und ihrer **Unflexibilität** sind Kennlinien immer nur die **letzte Möglichkeit** zur Systembeschreibung.

# 2 Die Themen von Kapitel 2

## 2.1 Einführung in die Regelungstechnik

Regeln heißt

*Messen - vergleichen - stellen.*

Alle natürlichen und viele technische Systeme sind Regelkreise. Zu deren Verständnis - und damit auch zu ihrer Simulation - sind regelungstechnische Grundkenntnisse unerlässlich. Sie werden nachfolgend kurz zusammengefasst.

Regelungstechnik lässt sich durch Strukturbildung einfach und anschaulich erklären. Höhere Mathematik wird dazu nicht benötigt. Das zeigt der Autor in

Bd. 1, Absch. 1.5 ‚Einführung in die Regelungstechnik'.

Das sind einige der darin behandelten Themen:

- Zwei- und Dreipunktregelungen
- Testverfahren: Sprungantwort und Anstiegsantwort
- das Stabilitätsproblem und die optimale Dynamik
- Proportionalregelung und Regleroptimierung
- Temperaturregelung: Schwerpunkt Konstantenbestimmung
- PID-Regler: Aufbau, Funktion, Dimensionierung und Optimierung
- Drehzahlsteuerung und -regelung

Zur Funktion von Regelkreisen:
Regelkreise sind Gegenkopplungen mit hoher Kreisverstärkung. Abb. 2-1 zeigt ihre Struktur. Das Verhalten von Regelkreisen soll anhand dieser Struktur erklärt werden.

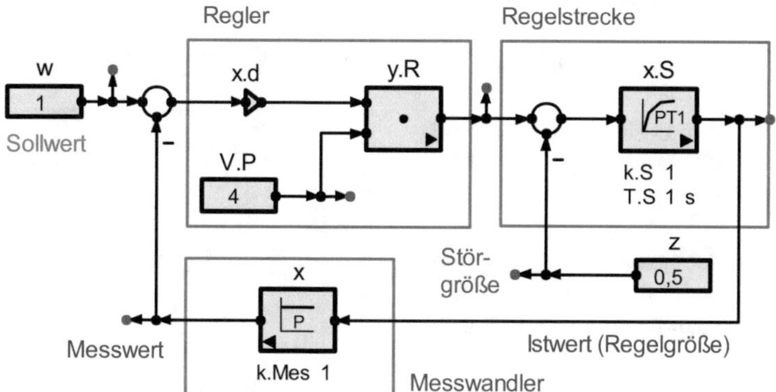


**Abb. 2-1 Struktur eines Regelkreises mit seinen Komponenten (Regler, Regelstrecke und Messwandler), Messgrößen (Sollwert w, gemessener Istwert x, Stellgröße y und Störgröße z) und Parametern (Streckenkonstante k.S, Zeitkonstante T.S, Messwandlerkonstante k.M)**

Ein **guter Regler** macht die Regelabweichung x.d unabhängig von den Störgrößen z möglichst genau zu null. Wenn x=w ist, bestimmt nur der (lineare) Messwandler den Zusammenhang zwischen dem Sollwert w und dem gemessenen Istwert x.


A. Rossmann, *Strukturbildung und Simulation technischer Systeme*,
https://doi.org/10.1007/978-3-662-48282-7_2

**Regelstrecken** sind der *Leistungsteil* eines Regelkreises. Ihr wichtigstes Merkmal ist die Nennleistung (~Baugröße). Bezüglich der Signalverarbeitung haben sie typische Eigenschaften und Nachteile, die durch Regelung beseitigt oder möglichst vermindert werden sollen. Typische Nachteile von Regelstrecken sind

*Störgrößeneinflüsse, Trägheit und Nichtlinearitäten.*

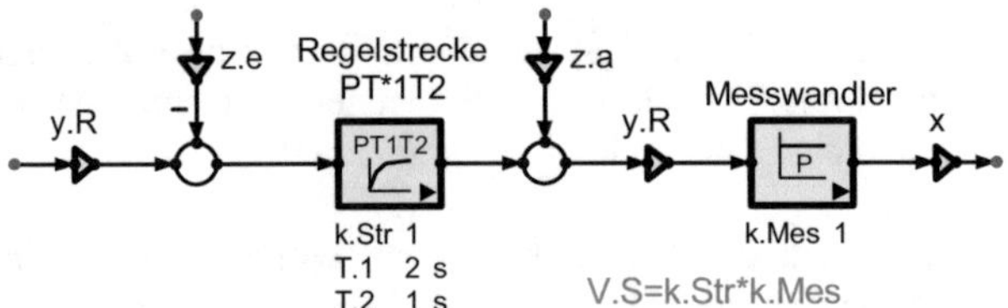


**Abb. 2-2 Struktur einer Regelstrecke mit zwei Störgrößen und ihren Parametern**

## Messwandler

Geregelt werden können nur Größen, die gemessen werden können. Messwandler arbeiten - verglichen mit der Regelstrecke –

*linear, verzögerungsfrei und frei von Störgrößen.*

## Konstantenbestimmung

Zur Berechnung von Regelkreisen (Abb. 2-1) müssen statische Konstanten k und Zeitkonstanten T bekannt sein. Im einfachsten Fall können sie durch die Messung einer Sprungantwort (Einschaltvorgang) ermittelt werden. Abb. 2-3 zeigt ein Beispiel.

Die Konstanten mehrerer hintereinander angeordneter Blöcke lassen sich zusammenfassen. Z.B. ist die **dimensionslose Streckenverstärkung V.S** das Produkt der Konstanten von Strecke k.S und Messwandler k.M:

**Gl. 2-1 Streckenverstärkung**

$$V.S = \frac{x}{y.S} = k.S * k.M$$

## Sprungantworten (Einschaltvorgänge)

Sie sind der einfachste und schnellste Test für ein System.

Abb. 2-3 zeigt die Sprungantworten eines Regelkreises nach Abb. 2-1 mit nur einem Energiespeicher (Verzögerung 1. Ordnung).

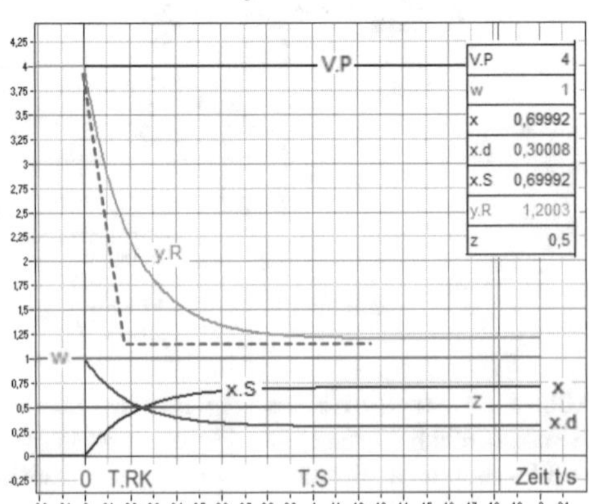


**Abb. 2-3 die Sprungantworten des Regelkreises 1. Ordnung nach Abb. 2-1**

**Die Proportional(P)-Regelung**

Damit die Regelabweichung x.d gegen null geht, muss sie durch den Regler verstärkt werden. Im einfachsten Fall arbeitet er proportional, d.h. die Reglerverstärkung V.P ist linear und zeitunabhängig.

Abb. 2-4 zeigt einen Regelkreis mit Proportional (P)-Regler:

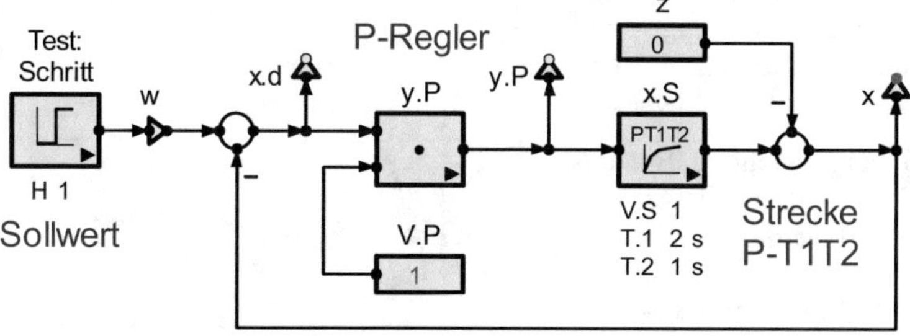


**Abb. 2-4 P-Regelung einer trägen Regelstrecke mit den Verzögerungen T.1 und T.2**

Regelkreise unterscheiden sich von Steuerungen durch die Kreisverstärkung V.0:

**Gl. 2-2 Kreisverstärkung**
$$V.0 = \frac{x}{x.d} = \frac{y.P}{x.d} * \frac{x}{y.P} = V.P * V.S$$

Nach Gl. 2-2 scheint es so, dass V.0 durch die Reglerverstärkung V.P beliebig hoch eingestellt werden kann. Dadurch wird die Regelabweichung x.d immer kleiner und der Kreis immer genauer und schneller (bis die Signalbegrenzung durch das Stellsignal y.P einsetzt). Gezeigt werden soll, dass die optimale Reglerverstärkung V.P;opt durch die **unabdingbare Forderung nach Stabilität** begrenzt ist.

**Zur Proportional(P)-Verstärkung**

Ein Regler vergleicht den vorgegebenen Sollwert w mit dem gemessenen Istwert x. Die dadurch bekannte Regelabweichung x.d=w-x soll so schnell wie möglich beseitigt werden. Das gelingt umso besser, je höher der Regler die Regelabweichung x,d verstärkt. Das zeigt Abb. 2-5.

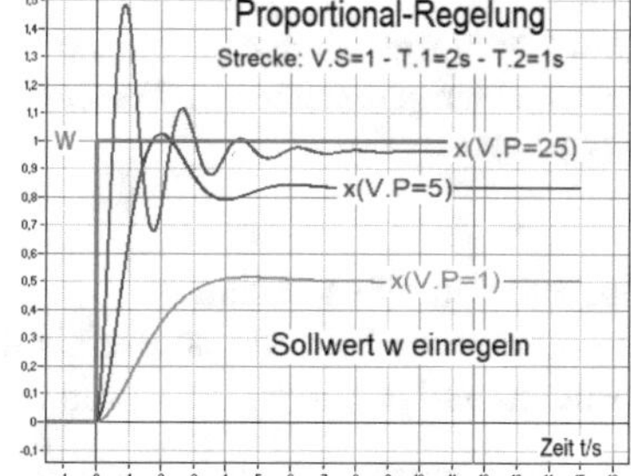


**Abb. 2-5 Einschwingvorgänge eines Regelkreises bei steigender Reglerverstärkung**

Abb. 2-5 hat gezeigt:

*Je größer V.0, desto kleiner ist x.d und desto schlechter wird die Stabilität.*

In Regelkreisen ist **Stabilität** die unbedingte Voraussetzung. Instabilität droht immer dann, wenn Regelstrecken die Signalverarbeitung **mehrfach verzögern** und die Kreisverstärkung V.0 durch den Regler V.P zu hoch eingestellt ist.

*Das Stabilitätsgebot begrenzt die zulässige Reglerverstärkung.*

**Zum Stabilitätsproblem**

Im Gegensatz zu Steuerungen, die nicht instabil werden können, neigen Regelkreise mit mehrfachen internen Verzögerungen zu Schwingungen. Das begrenzt die zulässige Reglerverstärkung – und damit die Genauigkeit und Schnelligkeit eines Regelkreises.

Abb. 2-6 zeigt wichtige Sonderfälle. Sie können durch die Anwendung gefordert werden.

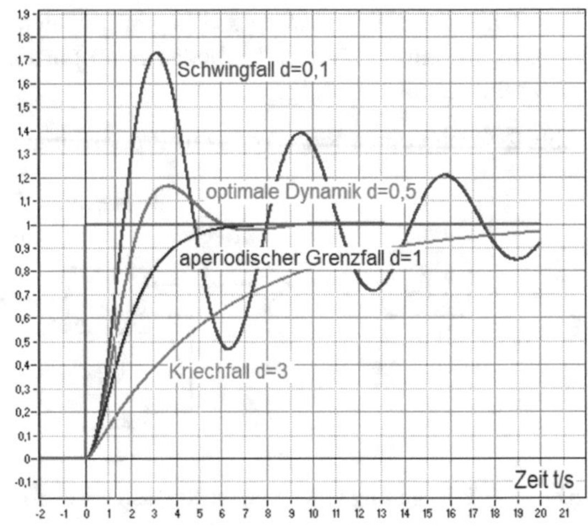


**Abb. 2-6 mögliche Regelkreisdynamiken**

Abb. 2-7 zeigt die Sprungantwort eines Regelkreises mit annähernd optimaler Dynamik.

**Optimale Dynamik**

Sie ist der beste Kompromiss zwischen Schnelligkeit und Stabilität. Ihr Kennzeichen ist das ca. 16%ige Überschwingen bei Sprunganregung.

Abb. 2-7 zeigt auch die Verkürzung eines Anlaufvorgangs durch Regelung.

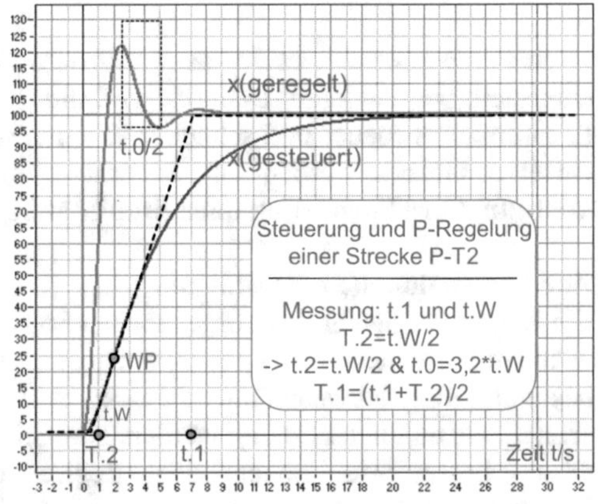


**Abb. 2-7 Vergleich der Sprungantworten einer gesteuerten und einer geregelten Strecke**

**Zur Parametervariation**

Ein besonderer Vorteil von Simulationen ist, dass sich die Parameter von Systemen leicht variieren und dadurch optimieren lassen.

Durch Parametervariation kann in Simulationen der Einfluss einzelner Parameter auf interessierende Messgrößen untersucht werden. (Sie entspricht der mühseligen Kurvendiskussion der analytischen Mathematik).

Ein Beispiel dazu finden Sie unter Abb. 5-534. Unten ist der variierte Parameter ist rot markiert. Er kann durch Doppelklick auf das Symbol eingesehen werden.

**Statische Berechnung von Regelkreisen**

Gegenkopplungen wie z.B. der Kreis von Abb. 2-1 können wegen der Differenzbildung am Eingang nicht direkt berechnet werden. Dazu ist zuerst ihr **Übertragungsfaktor G=x.A/x.e** zu bestimmen. Mit #x.a=G·x.e des Ersatzsystems lässt sich das Ausgangssignal x.a des Originalsystems zu einem vorgegebenen Eingangssignal x.e berechnen. Damit können dann auch alle internen Signale des Kreises berechnet werden.

Abb. 2-8 zeigt die Berechnung der internen Signale einer Gegenkopplung:

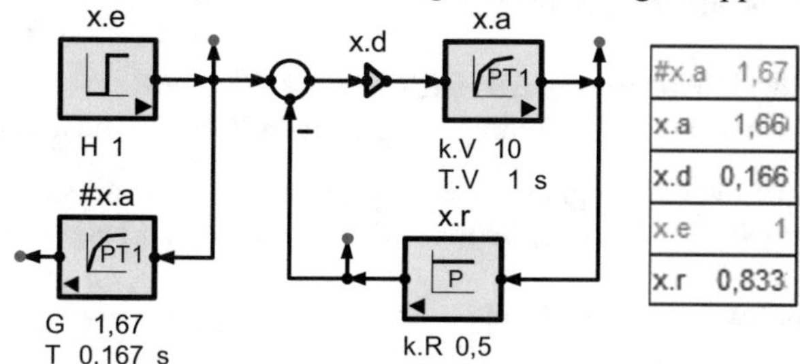


**Abb. 2-8 Berechnung der statischen Signale eines Originalsystems mit Hilfe des Übertragungsfaktors G seines Ersatzsystems**

**Zur Fehlersuche in Regelkreisen**

Bei geschlossenen Regelkreisen ist die Fehlersuche schwierig, denn Fehler pflanzen sich im ganzen Kreis fort. Das gilt in der Praxis genauso wie bei Simulationen.

Zur Fehlersuche **schneidet man den Regelkreis am besten am Reglereingang x.d auf,** stellt die Reglerverstärkung auf einen kleinen Wert (z.B. V.P=1) und verfolgt die Signale im jetzt offenen Kreis. Durch den Vergleich der gemessenen Werte mit den errechneten erkennt man, wo der Fehler steckt.

Hat man den oder die Fehler beseitigt, kann der Kreis geschlossen und dynamisch optimiert werden.

**Der statische Übertragungsfaktor G**

Zur Berechnung linearer **Regelkreise** nach Abb. 2-1 müssen seine internen Konstanten k.V und k.R bekannt sein. Die Konstantenbestimmung erfolgt entweder aus gegebenen technischen Daten oder durch Messung (Anstiegsantwort).

**Abb. 2-9 Der statische Ersatz eines Regelkreises berechnet sich wie eine Steuerung.**

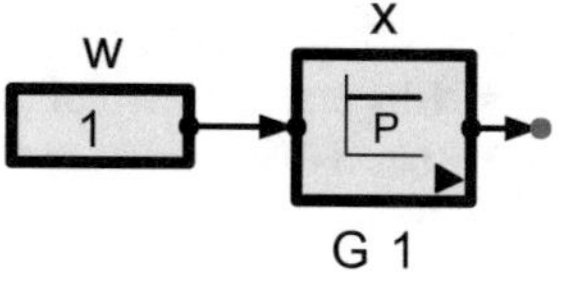


Übertragungsfaktoren G=x.a/x,e lassen sich entweder durch Messung oder durch Berechnung ermitteln:

**Zur Messung von G**

Vorgegeben wird eine Eingangsrampe. Bei linearen Systemen steigt dann auch das Ausgangssignal rampenförmig an. Die Ausgangsteigung x.a/x.e ist der gesuchte Übertragungsfaktor G.

**Berechnung des Übertragungsfaktors G**

Zur Berechnung von Gegenkopplungen und Regelkreisen müssen dessen Konstanten k.V (vorwärts) und k.R (rückwärts) bekannt sein. Sie können entweder technischen Daten entnommen werden oder müssen durch die Aufnahme von Anstiegsantworten gemäß Punkt 1 bestimmt werden.

Mit k.V und k.R wird der Übertragungsfaktor G nach Gl. 2-3 errechnet.

**Gl. 2-3 Gegenkopplungsgleichung**

$$G = \frac{x.a}{x.e} = \frac{k.V}{1 + k.V * k.R}$$

**Die bleibende Regelabweichung x.B=x.d/w** ist der relative Restfehler, den ein Regelkreis bei fehlenden Störungen zur Einregelung eines Sollwerts w benötigt.

x.B ist das Maß für die Genauigkeit eines Regelkreises. Wie groß sie ist, hängt von der *Kreisverstärkung V.0=V.R·V.S* (Regler mal Strecke) ab. Gl. 2-4 zeigt ihre Berechnung:

**Gl. 2-4 Kreisverstärkung und bleibende Regelabweichung**

$$x.B = \frac{x.d}{w} = \frac{V.0}{1 + V.0}$$

**Algebraische Schleifen**

Bei Gegenkopplungen muss eingangsseitig eine Differenz berechnet werden.

Dazu wird das rückgekoppelte Signal benötigt. In unverzögerten Rückkopplungen (algebraischen Schleifen) ist es aber anfangs noch nicht bekannt.

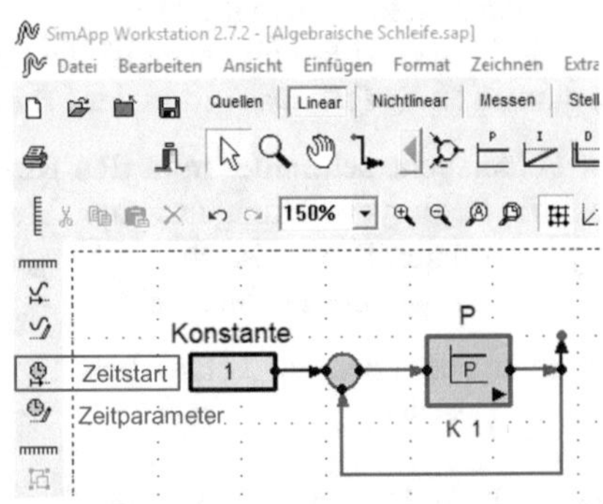


**Abb. 2-10 Kennzeichnung einer algebraischen Schleife in SimApp**

Dann markiert SimApp die Schleife rot und unten links im Editierungsfenster erscheint die Fehlermeldung

Fehler 10: Beachte rot markierte Algebraische Schleife(n)

Abhilfe bringt eine kurze Verzögerung im Kreis. Ein erstes Beispiel finden Sie z.B. unter Abb. 5-165 (unten rechts).

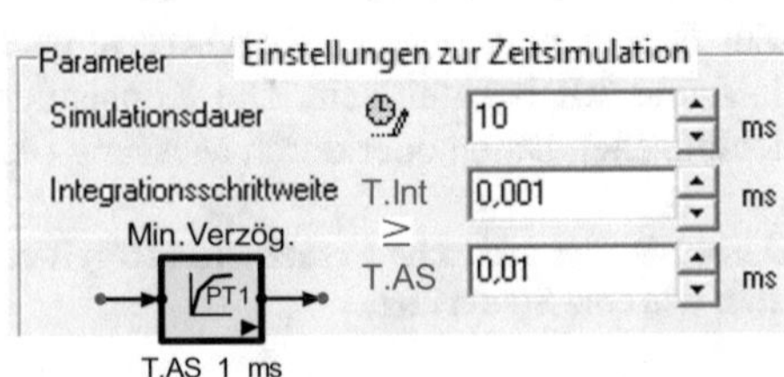


**Abb. 2-11 Verzögerung gegen algebraische Schleife**

**Zu PID-Regelungen**

PID-Regelungen bestehen aus einem proportional (P)-, einem Integral (I)- und einem Differential(D)-Anteil. Sie sind besonders schnell und genau, aber auch am Aufwändigsten in der Realisierung.

Wie PID-Regler funktionieren, wo man sie braucht und wo nicht und wie sie optimiert werden, soll im Folgenden gezeigt werden.

Abb. 2-12 zeigt die PID-Regelung einer zweifach verzögernden Regelstrecke:

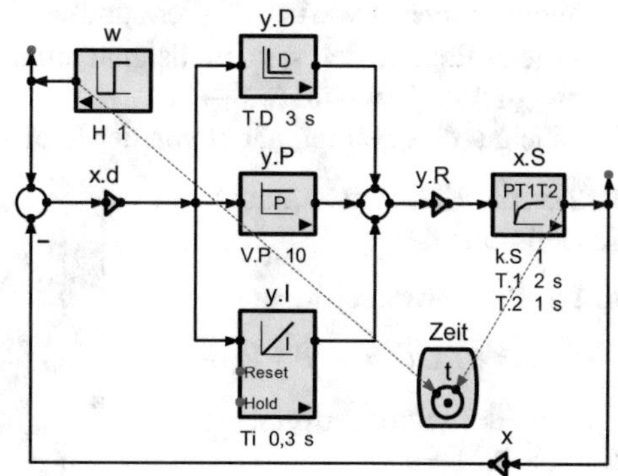


**Abb. 2-12 Standard-PID-Regler: Die einzelnen Stellsignale y.P, y.I und y.D werden am Ausgang zum Stellsignal y.R überlagert.**

Bevor wir in Abb. 2-16, Abb. 2-17 und Abb. 2-18 zeigen, wie PID-Regler arbeiten und wie sie optimiert werden, müssen ihre Eigenschaften erklärt werden.

**Der Proportional (P)-Regler**

Der P-Regler erzeugt ein zur Regelabweichung x.d proportionales Stellsignal y.P=V.P·x.d. Abb. 2-14 zeigt, dass er die Dynamik des Kreises bestimmt.

**Der Integral (I)-Regler**

Gegengekoppelte Integratoren machen ihr Eingangssignal statisch zu null. Deshalb bestimmt der I-Regler die Genauigkeit einer Regelung.

**Der Differential (D)-Regler**

Gegengekoppelte Differenzierer versuchen den Geschwindigkeitsfehler dx.d/dt gegen null zu regeln. Das bedeutet:

- Wenn sich der Sollwert w schneller ändert als der Istwert x, wirkt das Differenzierersignal y.D beschleunigend.
- Wenn sich der Istwert x schneller ändert als der Sollwert w, wirkt das Differenzierersignal y.D verzögernd, d.h. dämpfend.

Die **dämpfende Wirkung des D-Reglers** wird umso wichtiger, je mehr Verzögerungen eine Strecke hat, denn er kann eine Verzögerung kompensieren.

- Bei stark gedämpften Strecken mit bis zu zwei Verzögerungen wird kein D-Regler gebraucht. Der Kreis muss durch einen PI-Regler entdämpft werden.
- Bei schwach gedämpften (schwingenden) Regelstrecken ist der D-Regler unverzichtbar.

**Regelungstheorie - kurzgefasst**

Wie Abb. 2-13 zeigt, bestehen Regelkreise aus

- einer **Regelstrecke k.S**, die für den **Leistungsumsatz** zuständig ist
- einem **Messwandler k.M**, der den Vergleich des vorgegebenen Sollwerts mit dem momentanen Istwert ermöglicht und
- einem **Regle**r, der sein Stellsignal immer so einstellt, dass die Regelabweichung möglichst klein wird (x.d→0).
  Wie gut dies gelingt, hängt von der Kreisverstärkung G.0 ab.

Gl. 2-5 die Kreisverstärkung zeigt die Definition der

**Gl. 2-5 die Kreisverstärkung**

$$G.0 = x/x.d = V.P * V.S$$

… mit der Streckenverstärkung V.S=k.S·k.M

In guten Regelkreisen ist G.0>>1. Dann ist x≈w (Nachlaufregelung).

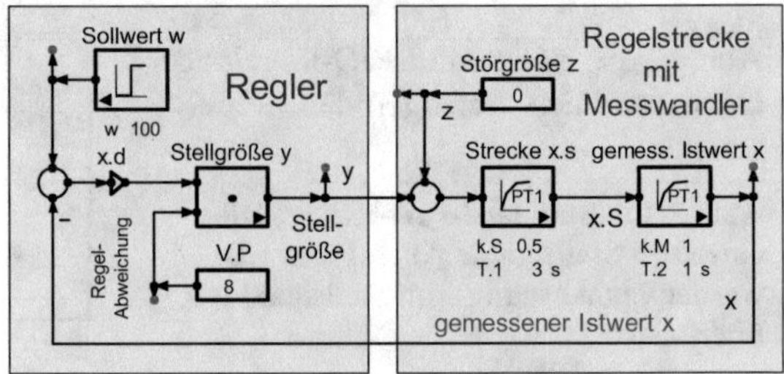


**Abb. 2-13 Regelkreis mit seinen Messgrößen**

**Zur Funktion eines Regelkreises**

Ein Regelkreis hat zwei Aufgaben: Sollwerte einregeln und Störgrößen ausregeln. Wenn das durch die Anpassung der Stellgröße y.R an die Störgrößen z gelungen ist, bestimmt der lineare **Messwandler** den Zusammenhang zwischen Sollwert und Istwert.

- Bei guten Regelkreisen ist die **Kreisverstärkung G.0>>1**(G.0=x/x.d=V.P·k.S·k.M).
- Dann wird die bleibende Regelabweichung x.d<<w, d.h. x.d→0 und der proportionale Messwandler bestimmt das Übertragungsveralten von w nach x.
- Störgrößen werden ausgeregelt.
- Die Verzögerung des Kreises wird gegenüber der der gesteuerten Strecke verringert.

Erreicht wird hohe Kreisverstärkung durch die Einstellung einer möglichst **großen Reglerverstärkung** V.P. Bei zu hoher V.R können Regelkreise instabil werden. Deshalb soll V.P so groß sein, dass die Dynamik des Kreises optimal wird. Das zeigt Abb. 2-14.

**Zur Optimierung eines Proportional (P-)Reglers**

gibt man Sollwertsprünge vor und betrachtet den Einlauf des gemessenen Istwerts in den Sollwert w bei ansteigender Reglerverstärkung V.R. Je größer V.R eingestellt wird, desto kleiner wird x.d und desto mehr neigt der Kreis zu Schwingungen.

Die Reglerverstärkung ist optimal, wenn der Istwert maximal ca. 15% über seinen Endwert hinaus schwingt. Die Optimierung schafft den besten Kompromiss zwischen Schnelligkeit einerseits und Stabilität andererseits.

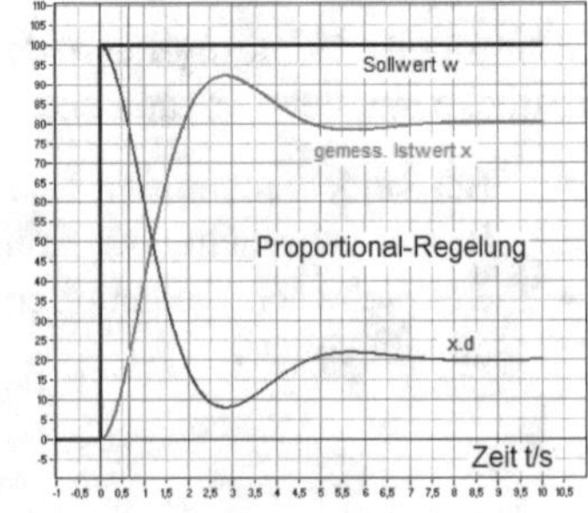


**Abb. 2-14 Einschaltvorgang eines optimal gedämpften Regelkreises**

**Zur Reglerauswahl**
Für eine gegebene Regelstrecke ist der Regler der beste, der die gestellten Anforderungen an Genauigkeit und Schnelligkeit des Regelkreises mit **geringstem Aufwand** erfüllt. Bei **maximalem Aufwand** hat ein Regler drei Anteile: P, I und D.

**Mögliche Reglerkombinationen**
Abb. 2-18, Abb. 2-17 und Abb. 2-18 zeigen Sprungantworten des Regelkreises von Abb. 2-13. Daraus folgt:
Bei einer Kombination zweier Grundregler (P, I und D)

- ist der schnellere Teil für die Dynamik (Schnelligkeit, Stabilität) und
- der langsamere Teil für die Genauigkeit (bleibende Regelabweichung x,B) zuständig.

Beispiele:

- PD-Regler: Der D-Regler ist schneller als der P-Regler
- PI-Regler: Der P-Regler ist schneller als der I-Regler
- PD-Regler: Der P-Regler ist schneller als der D-Regler

**Der PID-Regler als Block**
Abb. 2-15 zeigt die Zusammenfassung eines PID-Reglers durch einen vordefinierten Block:

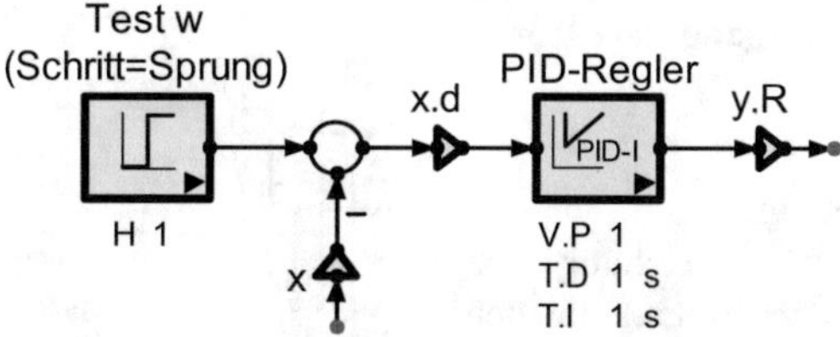


**Abb. 2-15 das Symbol eines PID-Reglers mit seinen Parametern V.P, T.I und T.D**

Abb. 2-15 zeigt die Struktur eines Standard-PID-Reglers. Welche seiner Anteile gebraucht werden, zeigt sich bei der Regleroptimierung. Sie kann praktisch und theoretisch erfolgen.

**Praktische Regleroptimierung**
Das Ziel besteht darin, die Regelabweichung bei optimaler Dynamik zu null zu machen. Dazu wird folgendermaßen verfahren:

1. Anfangswerte ohne I-Regler einstellen: V.P = 1 – T.D = 0 – T.I $\rightarrow \infty$.
2. Testsprung als Sollwert w vorgeben und den gemessenen Istwert x beobachten.
3. P-Regler einstellen: V.P erhöhen, bis der Einschwingvorgang optimal ist.
4. D-Regler: Ausprobieren, ob sich der Einschwingvorgang verkürzt.
5. T.D erhöhen – Die Dämpfung wird stärker – V.P kann vergrößert werden.
6. I-Regler zuletzt einstellen: Er beseitigt die bleibende Regelabweichung. T.I verkleinern, bis sich die Dynamik verschlechtert.

Bis die Dynamik des Regelkreises optimal ist, muss der Zyklus gegebenenfalls mehrfach wiederholt werden.

**Praktische Regleroptimierung**

Wenn die Reglerkombination gewählt ist, müssen die Parameter zur Realisierung bestimmt werden. Bevor wir dies zeigen, soll die Wirkung der P-, I- und D-Anteile simuliert werden.

Die folgenden Abbildungen zeigen Einschwingvorgänge zur Einregelung eines Sollwerts w bei P-, PD- und PID-Regelung einer **zweifach verzögernden, stark dämpften Regelstrecke**.

Zuerst die reine Proportional-Regelung: Die bleibende Regelabweichung ist groß und die Dynamik ist schlecht.

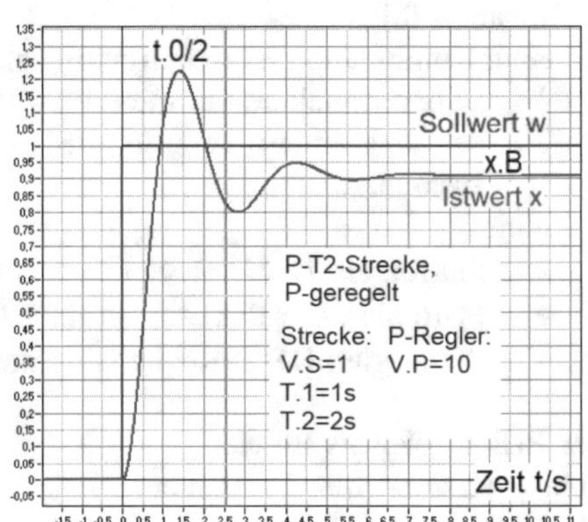


**Abb. 2-16 Einschwingvorgang einer P-Regelung**

Jetzt die PD-Regelung: Die bleibende Regelabweichung ist unverändert, aber die Dämpfung ist viel stärker.

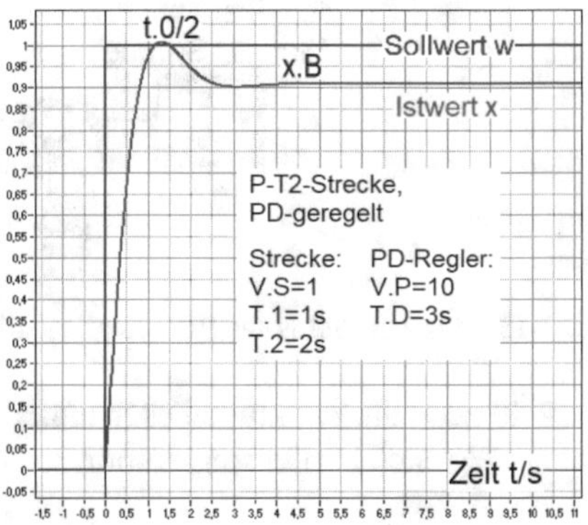


**Abb. 2-17 Einschwingvorgang einer PD-Regelung**

Zuletzt die PID-Regelung: Die bleibende Regelabweichung ist verschwunden und der Einlauf in den Sollwert ist dynamisch optimal.

**Abb. 2-18 Einschwingvorgang einer PID-Regelung**

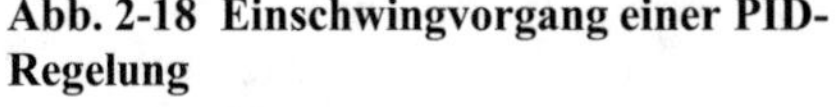

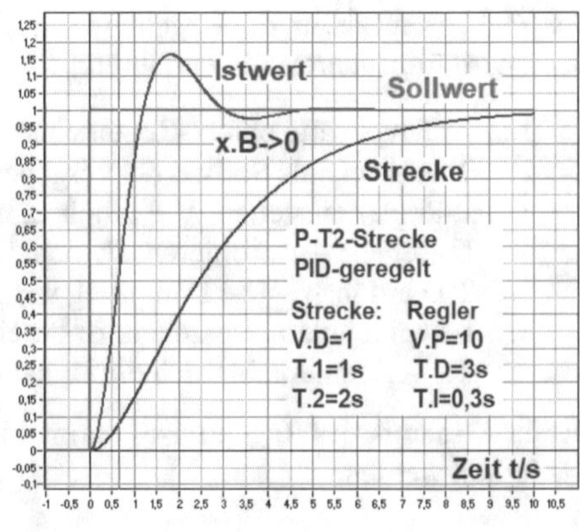


Die Sprungantworten zeigen, dass das Regelergebnis einer **zweifach verzögernden, stark dämpften Regelstrecke mit PID-Regler am besten** ist.

Allerdings ist auch der **Optimierungsaufwand** am größten. Ob er erforderlich ist, hängt von den Forderungen der Anwendung ab.

**Zur dynamischen Analyse von Regelkreisen**

Abb. 2-18 hat gezeigt, dass ein System durch Regelung schneller als die gesteuerte Regelstrecke wird. Wird ein Kreis durch zu hohe Reglerverstärkung zu schnell gemacht, droht Instabilität.

Durch dynamische Analysen soll gezeigt werden, wie geregelte Systeme genau und schnell gemacht werden können. Das Ziel ist, sie bereits in der Entwurfsphase dynamisch zu optimieren. Dazu müssen auch die Zeitkonstanten der Regelstrecke aus ihren Komponenten (Speicher, Verbraucher) berechnet werden.

Dynamische Analysen klären das Zeit- und Frequenzverhalten von Systemen. Durch sie soll geklärt werden, wie die Systemeigenschaften ‚Schnelligkeit' und ‚Stabilität' von den Komponenten eines Systems abhängen.

**Berechnung der optimalen Reglerparameter**

Wenn die Streckenparameter V.S, T.1 und T.2 bekannt sind, können die optimalen Reglerparameter V.P, T,D und T.I nach Abb. 2-19 errechnet werden.

$$V.P = \frac{T.1/T.2}{V.S}$$

$$T.I = T.2 * V.S$$

$$T.D = T.1/V.S$$

**Abb. 2-19 die Vorgaben zum Bau eines PID-Reglers**

Die inverse Zeitkonstante 1/T.0 ist das Maß für Schnelligkeit. Die Dämpfung d ist das Maß für Stabilität.

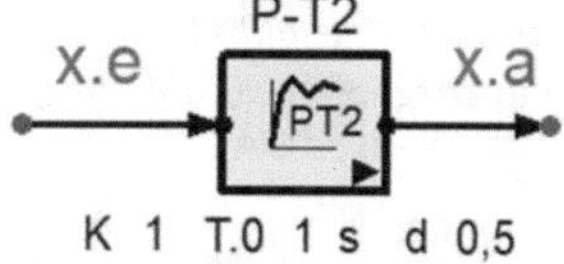


**Abb. 2-20 Symbol einer schwach gedämpften Strecke mit ihren Parametern**

**Dynamik** ist das Thema von **Band 2,** Kapitel 3 und 4:

Teil 1 (Kap. 3) behandelt die Dynamik elektrischer Systeme,
Teil 2 (Kap. 4) behandelt die Dynamik mechanischer Systeme.

Mechanische und elektrische Systeme verhalten sich analog. Die entsprechenden Komponenten sind

| | | | | |
|---|---|---|---|---|
| **mechanisch:** | Massen, | Federn | und | Dämpfer |
| **elektrisch:** | Induktivitäten, | Kapazitäten | und | Widerstände |

Im Bd.2 (Teil 1 elektrisch, Teil 2 mechanisch) wird gezeigt, wie die daraus gebildeten Systeme im Zeit- und Frequenzbereich durch Strukturbildung und Simulation analysiert werden. Systemanalyse ist die Voraussetzung zur Systemoptimierung und Dimensionierung in der Planungsphase. Ihr folgt die praktische Optimierung in der Realisierungsphase. Das zu zeigen, ist ein wichtiges Ziel dieser

‚Strukturbildung und Simulation technischer Systeme'.

## 2.2 Frequenzgänge und Sprungantworten

Gegeben sei ein berechneter Frequenzgang F(jω). Gesucht wird die Sprungantwort f(t) dazu. Sie kann nach Laplace mittels Transformationstabelle ermittelt werden. Durch Simulation haben wir es einfacher. Was aber, wenn dieses Werkzeug nicht zur Verfügung steht und man sich eine schnelle Übersicht des Systemverhaltens verschaffen möchte? Dann genügt eine Näherung der Sprungantwort. Wie sie aus dem Frequenzgang erzeugt wird, soll nun gezeigt werden.

Für den Praktiker sind Laplace-Transformationen mit Tabellen zu rechenaufwändig. Er möchte meist schnell und einfach erfahren, wie sich ein System, dessen Frequenzgang F(jω) er komplex berechnet hat, nach der Aufschaltung eines **Testsprungs im Zeitbereich** verhält. Dafür verwendet der Autor eine einfache Ersatztransformation (Abb. 2-21):

**Abb. 2-21 Zur näherungsweisen Berechnung der Sprungantwort eines Systems aus dessen Frequenzgang wird die imaginäre Frequenz jω durch 1/t ersetzt. Elektrische Beispiele dazu finden Sie in Absch. 3.3.**

Begründung der Ersatztransformation:
Aus der Fourier-Analyse weiß man, dass sich die Rechteckfunktion aus der Überlagerung von Sinusfunktionen mit passenden Frequenzen und Amplituden zusammensetzen lässt.

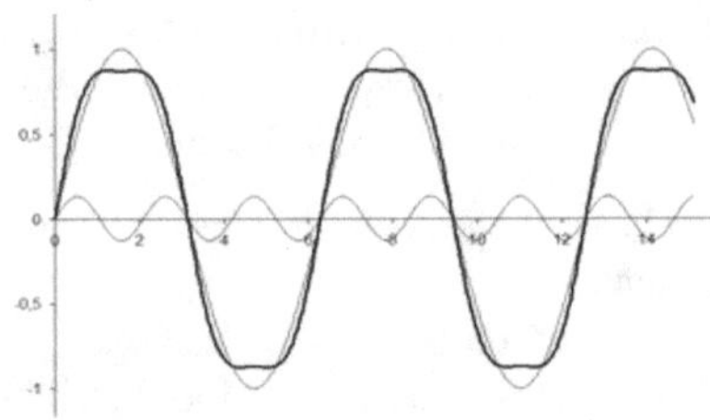

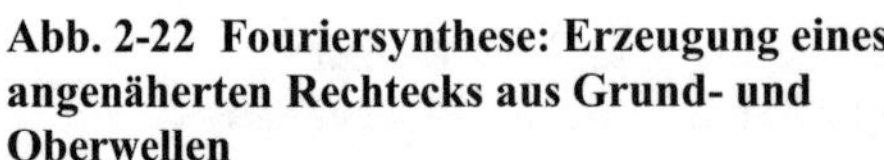

**Abb. 2-22 Fouriersynthese: Erzeugung eines angenäherten Rechtecks aus Grund- und Oberwellen**

In der Nähe des Zeitnullpunkts, wo die Flanken steil sind, müssen die Frequenzen hoch sein. Abb. 2-21 zeigt: t→0 bedeutet f→∞. Bei großen Zeiten (statisch) ist der Sprung konstant, seine Flankensteilheit geht gegen null.

Dies entspricht niedrigen Frequenzen: t → ∞ bedeutet f→0.

Das heißt: Wenn die Zeit t von 0 nach ∞ läuft, laufen die Frequenzen f von ∞ nach 0. So entspricht f~1/t oder t~1/f. Wenn wir in einem Frequenzgang F(jω) die imaginäre Frequenz **jω durch 1/t ersetzen**, erhalten wir eine Zeitfunktion, die die Sprungantwort näherungsweise wiedergibt.

Beispiel: Verzögerung 2. Ordnung (P-T2). Dies ist ihr Frequenzgang:

$$F(j\omega) \approx \frac{1}{1 + 2d * j\omega T.0 + (j\omega * T.0)^2}$$

Wir ersetzen die imaginäre Kreisfrequenz jω durch 1/t. Nach Beseitigung der Doppelbrüche von t/T.0 und Normalisierung auf 1 erhalten wir die erste Näherung der Sprungantwort:

$$f(t) \approx \frac{(t/T.0)^2}{1 + 2d * (t/T.0) + (t/T.0)^2}$$

Zum Vergleich sollen die genaue Sprungantwort und ihre berechnete erste Näherung simuliert werden. Wir wählen z.B. die Dämpfungen d=1/2 (optimale Dynamik) und d=1 (aperiodischer Grenzfall).

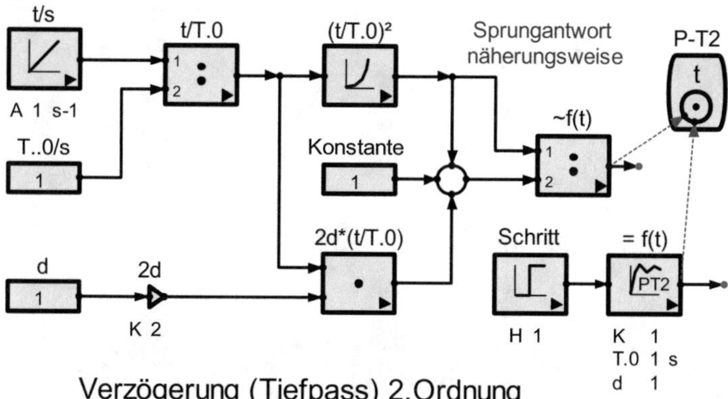


**Abb. 2-23 Struktur zur Simulation der 1.Näherung der Sprungantwort eines P-T2-Systems**

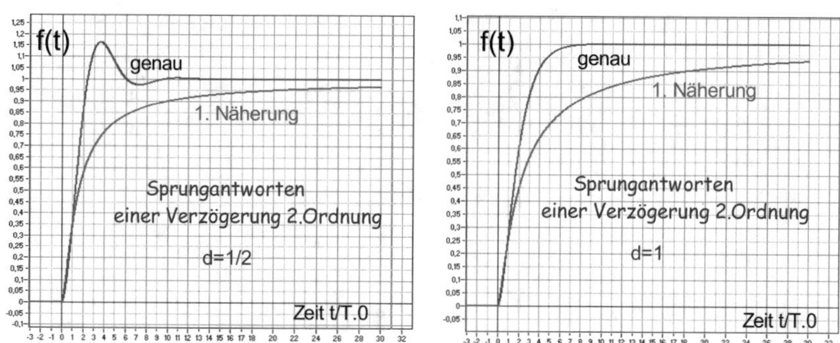


**Abb. 2-24 Simulation der Sprungantwort eines P-T2-Systems und seiner 1.Näherung für die Dämpfungen d=1/2 und d=1**

Vergleich:

Die erste Näherung stimmt mit der genauen Sprungantwort bei großen und kleinen Zeiten überein. In der Umgebung von π·T.0 ist der Fehler am größten. Schwingungen kann die Näherung nicht wiedergeben.

Tab. 2-1. zeigt eine **Zusammenstellung der Frequenzgänge und Sprungantworten wichtiger dynamischer Systeme**. Nachfolgend sollen deren Frequenzgänge simuliert werden. Damit verfügen Sie über Methoden zur Analyse beliebiger signalverarbeitender Systeme.

**Tab. 2-1 Frequenzgänge und Sprungantworten häufiger dynamischer Systeme**

| System | FG-komplex $F(j\omega)$ | Symbol Zeitbereich | Symbol Frequenzbereich | FG-Betrag $\lvert F\rvert(\omega)$ | Sprungantwort $f(t) \approx$ |
|---|---|---|---|---|---|
| Proportionierer P-Op | $K$ | P<br>K 1 | P<br>K<br>K 1 | $K$ | $K$ |
| Integrator I-Op | $\frac{1}{j\omega \cdot T.I}$ | I<br>Ti 1 s | I<br>$\frac{1}{sTi}$<br>Ti 1 s | $\frac{K}{\omega \cdot T.I}$ | $K \cdot \frac{t}{T.I}$ |
| Differenzierer D-Op | $j\omega \cdot T.D$ | D<br>TD 1 s | D<br>$T_D s$<br>TD 1 s | $\omega \cdot T.D$ | $T.D/t$ |
| Tiefpass P-T1 | $\frac{K}{1 + j\omega \cdot T}$ | P-T1<br>K 1<br>T 1 s | P-T1<br>$\frac{K}{1+Ts}$<br>K 1<br>T 1 s | $\frac{K}{\sqrt{1+(\omega \cdot T)^2}}$ | $K \cdot \frac{t}{T.D + t}$ |
| Hochpass D-T1 | $\frac{j\omega \cdot T.D}{1 + j\omega \cdot T.1}$ | D-T1<br>TD 1 s<br>T1 0,1 s | D-T1<br>$\frac{T_D s}{1+T_1 s}$<br>TD 1 s<br>T1 0,1 s | $\frac{\omega \cdot T.D}{\sqrt{1+(\omega \cdot T.1)^2}}$ | $\frac{T.D}{T.1 + t}$ |
| Tiefpass P-T2 | $\frac{1}{1 + j\omega \cdot 2d \cdot T + (j\omega \cdot T)^2}$ | P-T2<br>T 1 s<br>d 0.5 | P-T2<br>$\frac{1}{1+2dTs+T^2s^2}$<br>T 1 s<br>d 0.5 | $\frac{1}{\sqrt{[1-(\omega \cdot T)^2]^2 + [\omega \cdot 2d \cdot T]^2}}$ | $\frac{(t/T)^2}{1 + 2d \cdot t/T + (t/T)^2}$ |
| Bandpass D-T2 | $\frac{j\omega \cdot T}{1 + j\omega \cdot 2d \cdot T + (j\omega \cdot T)^2}$ | D<br>T 1 s<br>P-T2<br>T 1 s<br>d 0.5 | D<br>$T s$<br>T 1 s<br>P-T2<br>$\frac{1}{1+2dTs+T^2s^2}$<br>T 1 s<br>d 0.5 | $\frac{\omega \cdot T}{\sqrt{[1-(\omega \cdot T)^2]^2 + [\omega \cdot 2d \cdot T]^2}}$ | $\frac{(t/T)^2}{1 + 2d \cdot t/T + (t/T)^2}$ |

## 2.3 Bode-Diagramme

Bode-Diagramme stellen komplexe Frequenzgänge linearer Systeme im doppel-logarithmischen Maßstab dar. Die Amplituden von Signalverhältnissen |F|.lin werden in Dezibel (dB) angegeben:

**Gl. 2-6 logarithmisches Signalverhältnis**

$$|F|.log = 20dB * \lg(|F|.\mathrm{lin})$$

Hier werden die wichtigsten Aussagen und speziellen Vorteile des Bode-Diagramms gegenüber allen linearen Darstellungen zusammengefasst.

**Die Asymptoten im doppellogarithmischen Maßstab**

Zu Abb. 2-25: Die Steigung A der Asymptoten (in Dekaden pro Dekade) ist der Exponent einer Potenzfunktion der **Basis x** mit dem **Exponenten A**:

**Gl. 2-7 Potenzfunktion mit dem Exponenten A**

$$y = K * x^A$$

Beispiele:

- quadratische Parabel: A=2
- Wurzelfunktion: A=1/2 =0,5
- SQR(x) = Quadratwurzel √x
- Invertierung: A=-1

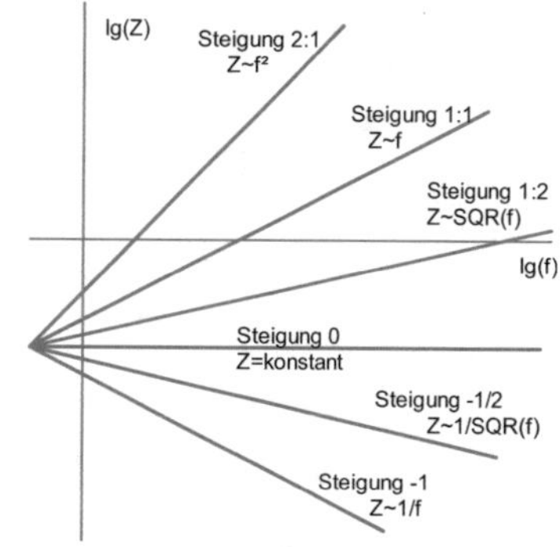


**Abb. 2-25 Der Exponent A der Potenzfunktion Gl. 2-7 bestimmt ihre Steigung im Bode-Diagramm.**

Der Faktor K verschiebt die Kennlinie in der Höhe. **Proportionalitätsfaktoren** K müssen immer **individuell** bestimmt werden.

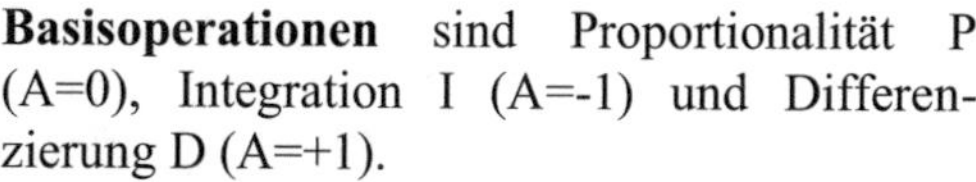

**Basisoperationen** sind Proportionalität P (A=0), Integration I (A=-1) und Differenzierung D (A=+1).

Bei der logarithmischen Addition mehrerer Frequenzgänge bestimmt nur der jeweils **größte** Anteil die Asymptote.

- ➢ Der Schnittpunkt zweier Asymptoten markiert eine **Grenzfrequenz f.g**, bzw.
- ➢ eine **Grenzkreisfrequenz ω.g=2π·f.g.**

Wichtige signalverarbeitende Systeme sind **Tief-, Hoch- und Bandpässe**. Wir behandeln sie in Kap. 3.

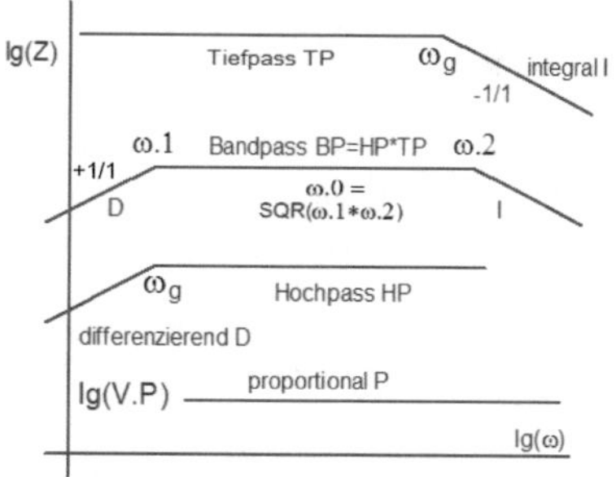


**Abb. 2-26 die Asymptoten von Hoch-, Tief- und Bandpass**

Beispiele zur Anwendung von Bode-Diagrammen folgen in Kap. 6 ‚Transformatoren'.

Bode-Diagramme ermöglichen auch **graphische Optimierungen von Frequenzgängen**, z.B. beim **Entwurf von PID-Reglern**. Wie das gemacht wird, zeigt der Autor in seinem speziellen Band ‚Simulierte Regelungstechnik'.

# 3 Die Themen von Kapitel 3

## ‚Elektrizität‘

Technische Systeme lassen sich hauptsächlich in drei Bereiche unterteilen:

- Mechanik
- Elektrizität
- Magnetismus

Im Allgemeinen sind technische Systeme eine Kombination dieser Bereiche. Entsprechend werden ihre Grundlagen zu ihrer Simulation benötigt.

**Abb. 3-1 Hochleistungs-Energieübertragungsnetz: Simuliert wird eine Hochspannungs-Gleichstrom-Übertragung (HGÜ).**

Wir beginnen die ‚Strukturbildung und Simulation‘ mit dem einfachsten Fall ‚Elektrizität‘, denn elektrische Systeme sind oft linear und ihre Signale lassen sich leichter messen als mechanische oder magnetische.

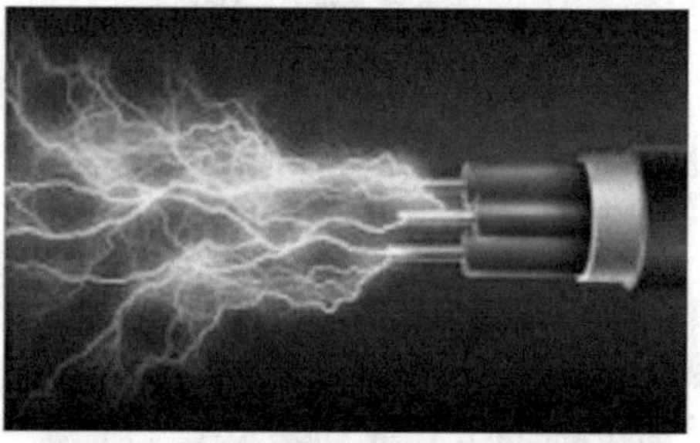

**Abb. 3-2 Plasma: freie Elektronen in Luft**

In **Kapitel 2** erfolgt die erste Anwendung der Strukturbildung und Simulation auf lineare elektrische Systeme. Dort lernen Sie

- was ein elektrischer Widerstand R und das elektrisches Strömungsfeld ist
- was ein Kondensator C und elektrostatisches Feld ist
- was eine Verzögerung ist und wie man ihre Zeitkonstante berechnet
- was das Überlagerungsprinzip besagt und wie man damit bei Systemen mit mehreren Eingangssignalen die Einzeleinflüsse auf den Ausgang untersucht
- was ein Operationsverstärker macht und welche Eigenschaften seine Grundschaltungen haben.

**Abb. 3-3 elektronischer Halbleiterschaltkreis mit Millionen von Transistoren**

Von den zahlreichen Anwendungen sei nur die **Hochspannungs-Gleichstrom-Übertragung (HGÜ)** genannt (Bd. 2, Teil 1, Kap. 3.3). Nachdem ihr Aufbau und die Funktion erklärt worden sind, werden ihre Stromrichter und die Strom- und Spannungsregelkreise simuliert.


A. Rossmann, *Strukturbildung und Simulation technischer Systeme*,
https://doi.org/10.1007/978-3-662-48282-7_3

## ‚Elektrische Dynamik‘

Die elektrische Dynamik untersucht die Wirkungen der zeitlichen Änderung von Spannungen und Strömen in Spulen und Kondensatoren. Die wichtigste Anwendung sind LCR-Schwingkreise (Abb. 3-4).

In **Band 2** werden die Grundlagen zur dynamischen Simulation technischer Systeme gelegt. Aufgabe ist die Analyse des Zeit- und Frequenzverhaltens elektrischer und mechanischer Systeme. Ein wichtiges Ziel ist ihre **dynamische Optimierung** gemäß den Forderungen des Anwenders.

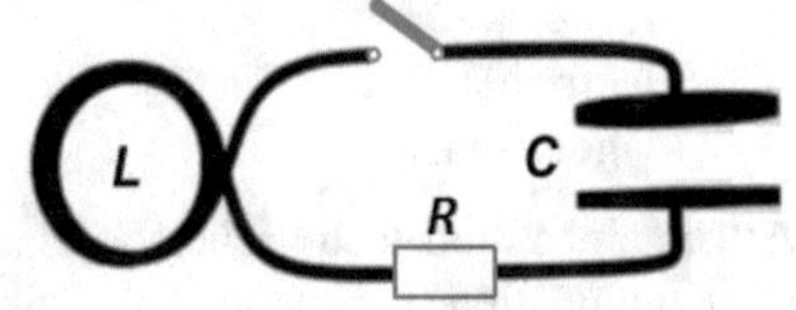


**Abb. 3-4 elektrischer Schwingkreis: Simuliert werden soll seine Resonanz, berechnet werden sollen seine technischen Daten.**

Band 2 besteht aus zwei Teilen:

Der erste Teil von Bd. 2 befasst sich mit **elektrischen Systemen**. Es werden die Methoden erklärt, die zur möglichst einfachen Analyse beliebiger technischer Systeme benötigt werden (Sprungantworten und Frequenzgänge).

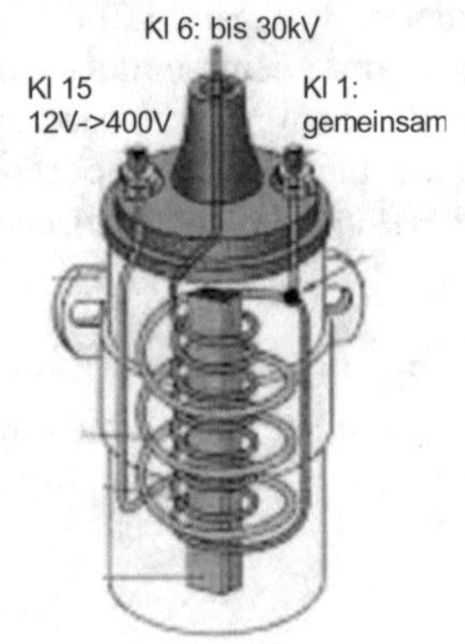


**Abb. 3-5 Zündspule zur Hochspannungserzeugung**

Der zweite Teil von Bd. 2 befasst sich hauptsächlich mit der dynamischen Analyse **mechanischer Systeme.** Dort wird gezeigt, dass sie sich **analog** zu elektrischen Systemen verhalten und sich daher auch mit den gleichen Methoden berechnen lassen.

Die Themen von Kap. 3

In **Kapitel 3** werden die Vorgänge im elektrischen Strömungsfeld und im elektrostatischen Feld simuliert. Dabei lernen Sie die Bauelemente ‚Ohm‘scher Widerstand R‘ und ‚Kondensator C‘ kennen. Untersucht werden soll die **Zeitabhängigkeit** von Strömen i und Spannungen u. Zu zeigen ist, dass der Strom i=dq/dt der Fluss von Ladungen q ist.

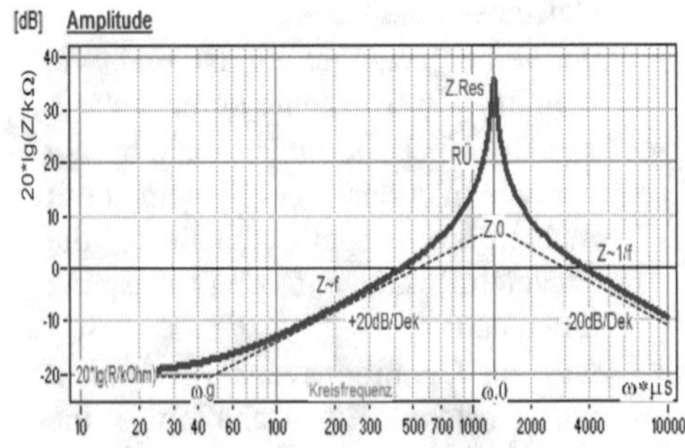


**Abb. 3-6 Amplitudengang eines Resonanzkreises im Bode-Diagramm**

## 3.1 Elektrische Oszillatoren

Schwingungsfähige Systeme heißen Oszillatoren. Sie bestehen immer aus einem **statischen Speicher** (Feder k.F, Kondensator C) und einem **dynamischen Speicher** (Masse, Induktivität L). Um Oszillatoren analysieren und dimensionieren zu können, muss der Zusammenhang zwischen den **Eigenschaften (Eigenfrequenz f.0, Dämpfung d)** und seinen Bauelementen geklärt werden.

Abb. 3-7 zeigt einen mechanischen Oszillator:

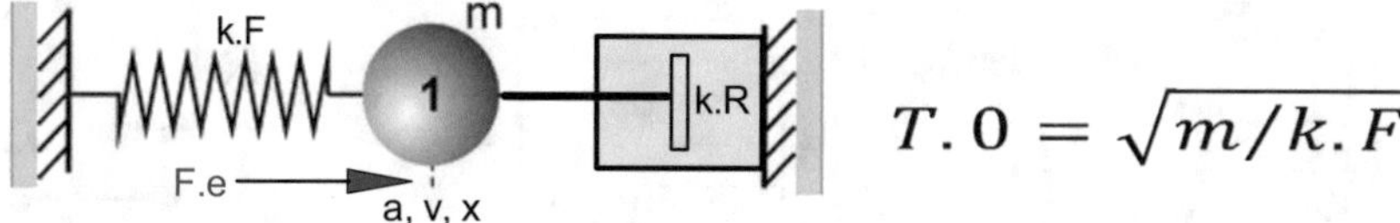


**Abb. 3-7 gedämpfter mechanischer Oszillator: Die Energiespeicher Masse m und Feder k.F bestimmen die Eigenzeitkonstante T.0 und die Resonanzfrequenz ω.0=1/T.0.**

Die Berechnung mechanischer Oszillatoren ist analog zur Berechnung elektrischer Oszillatoren. Abb. 3-8 zeigt einen Serienschwingkreis:

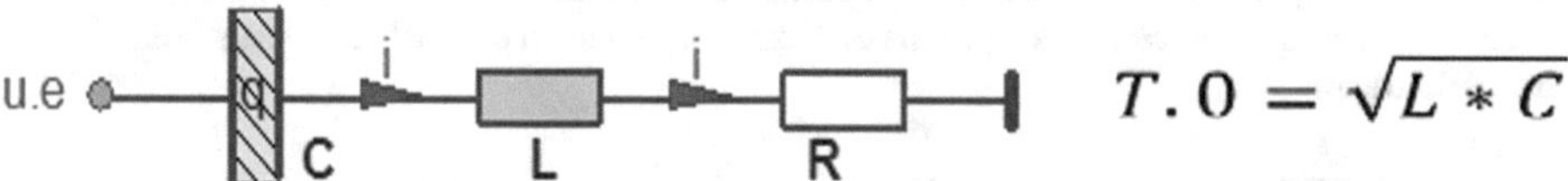


**Abb. 3-8 gedämpfter elektrischer Oszillator: Die Energiespeicher Induktivität L und Kapazität C bestimmen die Eigenzeitkonstante T.0 und die Resonanzfrequenz ω.0=1/T.0.**

Der Reihenschwingkreis in Abb. 3-8 ist die Analogie zum mechanischen Oszillator in Abb. 3-7, weil er folgende Kriterien erfüllt:

- In Abb. 3-7 haben alle mechanischen Bauelemente dieselbe Geschwindigkeit v.
- In Abb. 3-8 fließt durch alle elektrischen Bauelemente derselbe Strom i.

Entsprechend gibt es auch parallele elektrische und mechanische Oszillatoren. Wir behandeln sie in Bd. 2, Teil 2, Kap. 4.2.8.

Die Berechnung von Oszillatoren ist für dynamische Analysen von grundlegender Bedeutung. Die Berechnung mechanischer Oszillatoren (Abb. 3-7) erfolgt in Kap. 4. Sie ist analog zur Berechnung elektrischer Oszillatoren (Abb. 3-8), mit der wir hier beginnen.

**Freie Schwingungen und Sprungantworten**
Zum Test des Oszillators wird er kurz angestoßen. Dann zeigt sich, ob er stark oder schwach gedämpft ist. Sprunganregungen sind elektrisch und mechanisch durch Einschaltvorgänge oder Anstöße relativ leicht zu realisieren.

Bei schwacher Dämpfung führt das System **charakteristische Schwingungen** um seinen Endwert aus. Das zeigt Abb. 3-9.

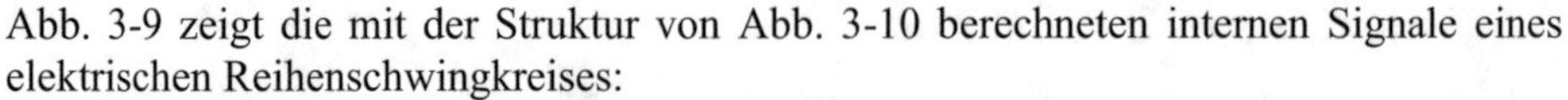

Abb. 3-9 zeigt die mit der Struktur von Abb. 3-10 berechneten internen Signale eines elektrischen Reihenschwingkreises:

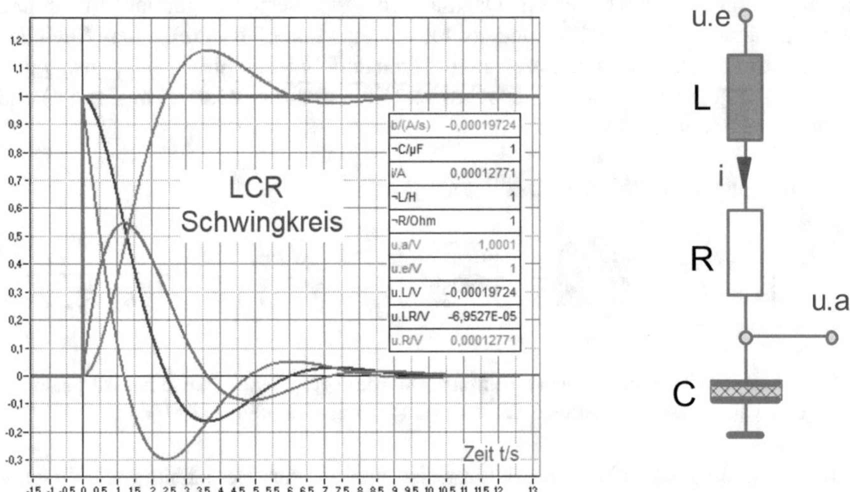


**Abb. 3-9 Sprungantwort eines schwach gedämpften mechanischen Oszillators: Er ist in Abb. 3-11 durch den Block eines Systems 2. Ordnung dargestellt. Abb. 3-10 zeigt seine interne Struktur.**

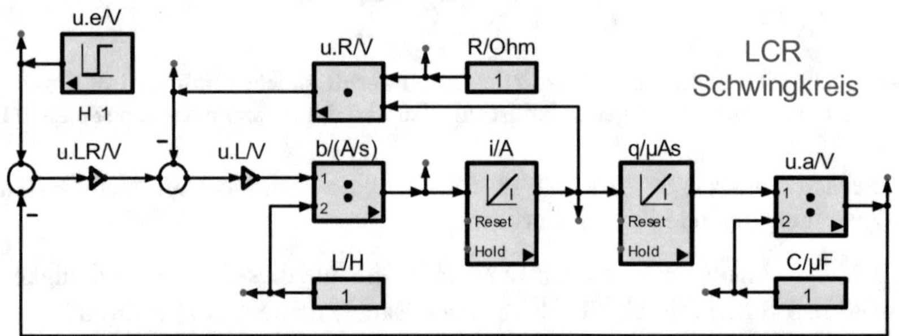


**Abb. 3-10 Detailstruktur zur Berechnung eines Reihenschwingkreises mit einstellbaren Parametern**

Wenn die Details von Oszillatoren momentan nicht interessieren, können Sie in SimApp durch einen Block simuliert werden. Abb. 3-11 zeigt den Block eines schwach gedämpften Systems 2. Ordnung: Als Parameter sind die Konstanten H1(das Gewicht), K1 zur statischen Berechnung des Ausgangssignals und T1 und d für die dynamische Berechnung einzustellen.

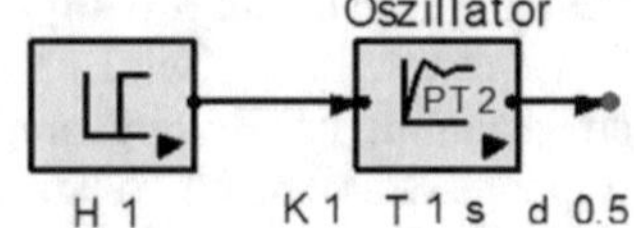


**Abb. 3-11 Ersatzstruktur zur Simulation von Oszillatoren = Verzögerungen 2. Ordnung mit einstellbaren Parametern**

**Erzwungene Schwingungen und Frequenzgänge**
Bei erzwungenen Schwingungen wird ein System sinusförmig mit variierender Frequenz angeregt. Dadurch zeigt sich **hochaufgelöst** dessen dynamisches Verhalten. Mechanische erzwungene Schwingungen eines Systems sind, wenn überhaupt, technisch nur sehr schwer zu realisieren. Bei Simulationen interessiert dieser Aspekt nicht. Wie sie simuliert werden, zeigt der folgende Abschnitt.

Abb. 3-12 zeigt die Struktur zur Simulation des LCR-Schwingkreises von Abb. 3-9 zur Simulation im im Frequenzbereich mit festen Parametern (d.h. ohne Multiplizierer und Dividierer):

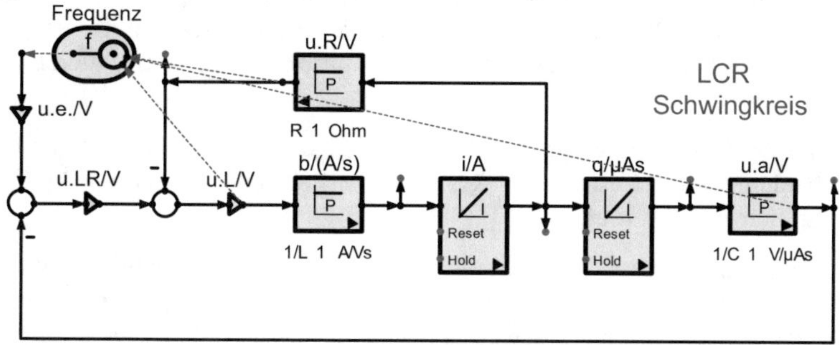


**Abb. 3-12 die zur Simulation eines Oszillators im Frequenzbereich geeignete Struktur ohne Nichtlinearitäten**

Abb. 3-13 zeigt die Verteilung der Spannungen eines Reihenschwingkreises über einer logarithmischen Frequenzskala (der Amplitudengang des Bode-Diagramms):

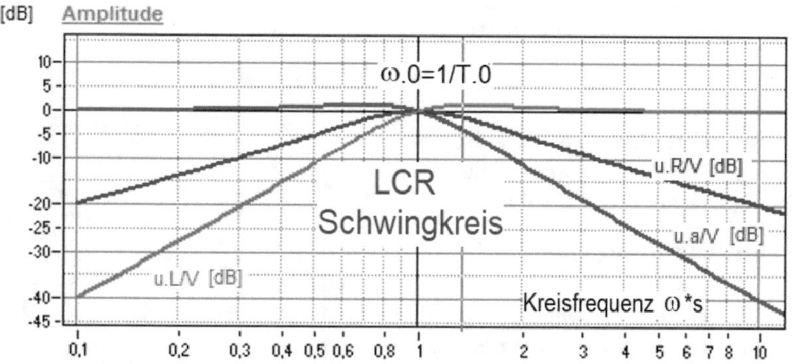


**Abb. 3-13 die Amplitudengänge der Teilspannungen eines LCR-Oszillators ohne Resonanzüberhöhung (d=1)**

**Kennzeichen verzögernder Systeme 2. Ordnung** ist der Amplitudenabfall mit $1/f^2$, entsprechend -40dB/Dek ab Resonanzfrequenz. Kennzeichen der Resonanz ist die Phasenverschiebung um -90°. Ihre Dämpfung 2d=1/RÜ bestimmt man entweder aus der Resonanzüberhöhung RÜ oder nach Gl. 1-1 aus dem Überschwingen ÜS einer Sprungantwort.

## 3.2 Frequenzgänge mit freien Parametern

Zur Simulation dynamischer Systeme (Verzögerungen, Vorhalte) verwenden Simulationsprogramme Blöcke mit **fest einzustellenden Parametern** (Abb. 3-12 mit Zeitkonstanten T, Dämpfungen d). Gelegentlich werden diese Parameter jedoch erst z.B. durch eine Struktur berechnet. Dann müssen sie **frei einstellbar** sein. Wie das gemacht wird, soll hier an wichtigen Beispielen gezeigt werden.

**Zu Frequenzgängen nichtlinearer Systeme**
In Simulationsprogrammen werden die Frequenzgänge linearer Systeme komplex nach Betrag und Phase berechnet. Dort sind alle Nichtlinearitäten, wie z.B. Quadrierer, Wurzeln, aber auch Multiplizierer und Dividierer **verboten**. Zur Berechnung von Frequenzgängen mit freien Parametern werden Multiplizierer und Dividierer gebraucht (Abb. 3-15).

Dagegen sind Nichtlinearitäten im Zeitbereich uneingeschränkt erlaubt. Deshalb müssen die **Amplitudengänge nichtlinearer Systeme** im **Zeitbereich reellwertig** (d.h. ohne Phasengang) berechnet werden.

Bei nichtlinearen Systemen interessiert oft nur der **Amplitudengang |F|(f, bzw. ω=2π·f),** der **reellwertig** berechnet werden kann. Wie das gemacht wird, haben wir in Bd. 2, Teil 2, Kap. 1.5 erklärt. Das soll hier noch einmal anhand typischer Beispiele gezeigt werden.

**Differenzierer: Amplitudengang reell berechnet**

Differenzierer sind umso stärker, je schneller sich ihr Eingangssignal ändert. Im Frequenzbereich bedeutet dies: Das Ausgangssignal eines Differenzierers ist frequenzproportional. Das zeigt der

**Gl. 3-1 Frequenzgang eines Differenzierers, komplex und sein Betrag**

$$F(j\omega) = j\omega * T.D \rightarrow |F|(\omega) = \omega * T.D$$

Die **Differenzierzeitkonstante T.D** ist das Maß für die Stärke eines Differenzierers. Je größer T.D, desto tiefer ist seine

**Durchtrittsfrequenz ω.D=1/T.D.**

Systemanalysen müssen klären, wie die Zeitkonstante T.D von den Bauelementen abhängt.

Abb. 3-14 zeigt den Amplitudengang eines Differenzierers. Er ist mit der Struktur von Abb. 3-15 simuliert worden.

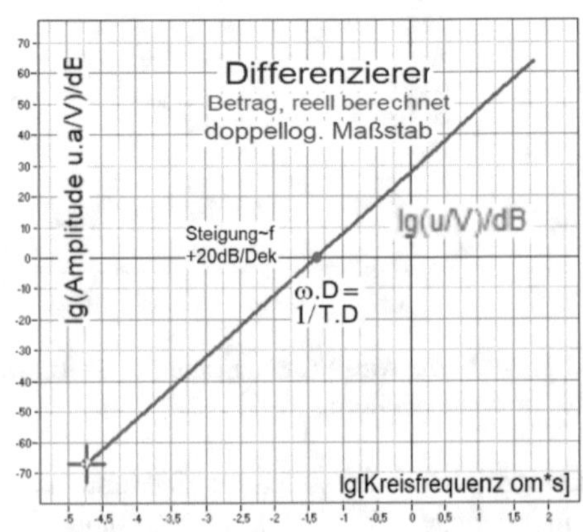


**Abb. 3-14 Amplitudengang eines Differenzierers**

Abb. 3-15 zeigt die Struktur zur Simulation von Differenzierer-Amplitudengängen im Bode-Diagramm:

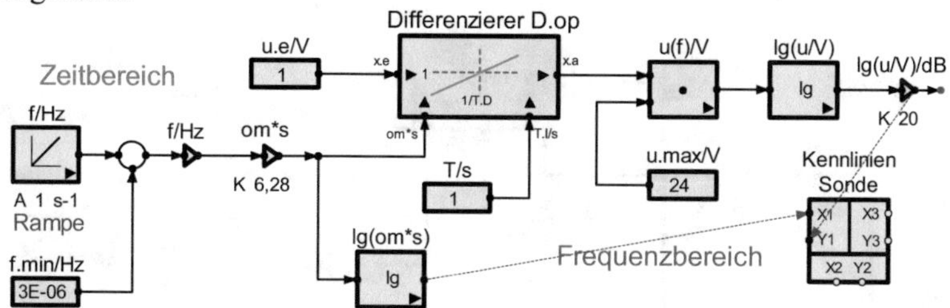


**Abb. 3-15 Simulation des Amplitudengangs eines Differenzierers mit einem Differenziererblock.**

Abb. 3-16 zeigt seine interne Struktur

**Abb. 3-16 die interne Struktur des Differenziererblocks in Abb. 3-15**

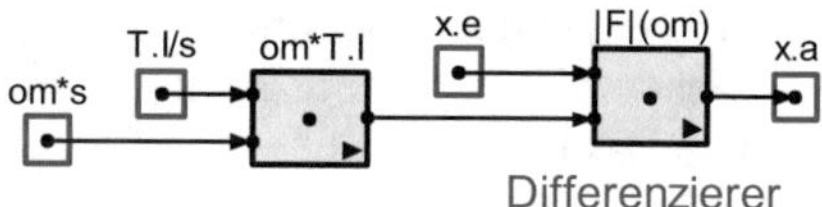


## Hochpass D-T1 (=Vorhalt im Zeitbereich): Amplitudengang reell berechnet

Hochpässe sind Differenzierer mit Verzögerung. Bis zu ihrer Grenzfrequenz ω.g differenzieren sie ihr Eingangssignal, darüber arbeiten sie proportional. Die Systemanalyse muss klären, **wie ω.g von den Bauelementen** des Systems abhängt.

Abb. 3-17 zeigt die Berechnung des Frequenzgangs eines Hochpasses.

**Abb. 3-17 Amplitudengang eines Hochpasses im doppellogarithmischen Maßstab**

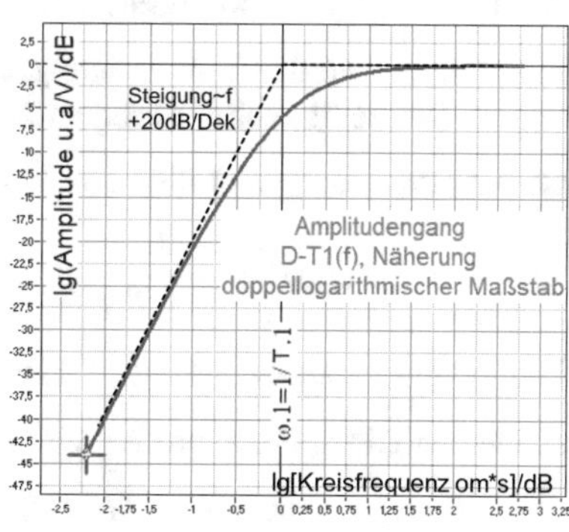


Zur Ermittlung der Grenzfrequenz ω.g=1/T werden in Abb. 3-17 Tangenten an die Verläufe bei hohen und tiefen Frequenzen gelegt. ω.g=2π·f.g liegt in deren Schnittpunkt.

**Gl. 3-2 Frequenzgang Hochpass 1.Ordnung, (Vorhalt, komplex) und sein Betrag**

$$F(j\omega) = \frac{j\omega * T.D}{1 + j\omega * T.1} \qquad F|(\omega) = \frac{\omega * T.D}{\sqrt{1 + (\omega * T.1)^2}}$$

Gl. 3-2 zeigt:

Zur Berechnung eines Hochpasses sind zwei Zeitkonstanten zu bestimmen:

- Die Differenzierzeitkonstante T.D bestimmt die Durchtrittsfrequenz ω.D=1/T.D.
- Die Verzögerungszeitkonstante T.1 bestimmt die Grenzfrequenz ω.g=1/T.1.
- Der Quotient T.D/T.1 ist die Verstärkung des Differenzierers bei hohen Frequenzen.

Abb. 3-18 zeigt die Struktur zur Simulation des Frequenzgangs eines Hochpasses mit einem Anwenderblock:

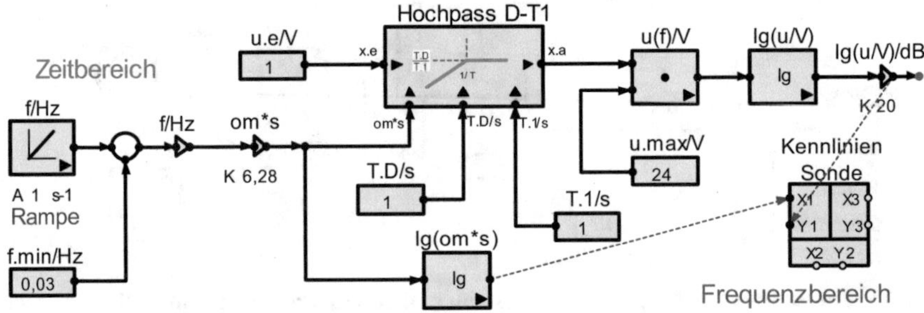


**Abb. 3-18 Struktur zur Simulation des Frequenzgangs eines Hochpasses D-T1 mit einem Anwenderblock**

Abb. 3-19 zeigt die interne Struktur des Anwenderblocks in Abb. 3-18: ‚Hochpass D-T1'

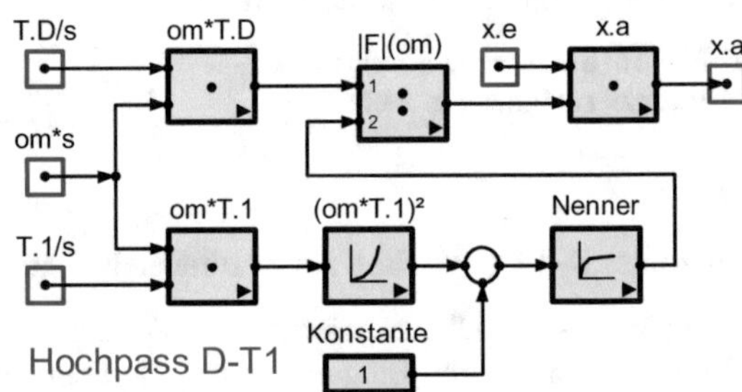


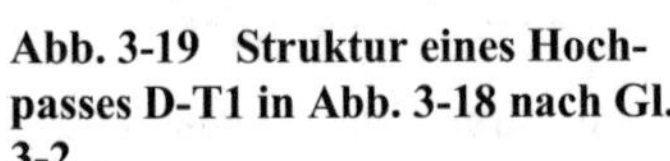
**Abb. 3-19 Struktur eines Hochpasses D-T1 in Abb. 3-18 nach Gl. 3-2**

## Integrator: Amplitudengang reellwertig berechnet

Integratoren werden am Ausgang umso stärker, je langsamer sich ihr Eingangssignal ändert. Das zeigt auch ihr Frequenzgang in Abb. 3-20.

**Gl. 3-3 Frequenzgang Integrator, komplex und sein Betrag**

$$F(j\omega) = \frac{1}{j\omega * T.I} \qquad |F|(\omega) = \frac{1}{\omega * T.I}$$

Die Integrationszeitkonstante T.I ist das Maß für die Langsamkeit eines Integrators.

Je kleiner T.I ist, desto größer wird die

*Durchtrittsfrequenz ω.I=1/T.I*

Die Systemanalyse muss klären, wie die Integrationszeitkonstante T.I von den Bauelementen der Integration abhängt.

Abb. 3-20 zeigt den Amplitudengang eines Integrators im Bode-Diagramm.

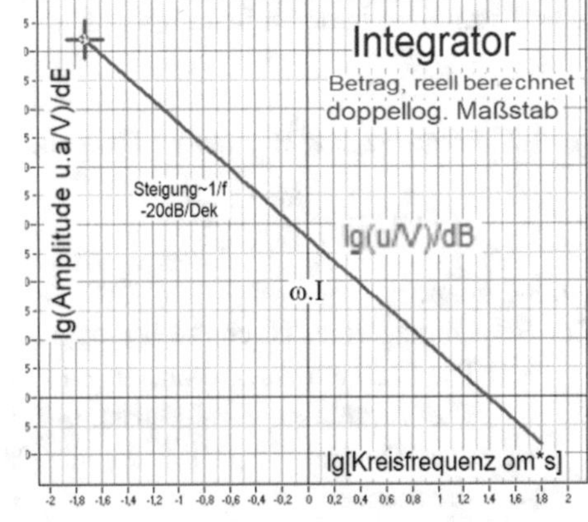


**Abb. 3-20 Amplitudengang eines Integrators: Er kommt von unendlich und geht mit steigender Frequenz gegen null.**

Abb. 3-21 zeigt die Simulation der Integration nach Gl. 3-3 mit einem Block ‚Integrator':

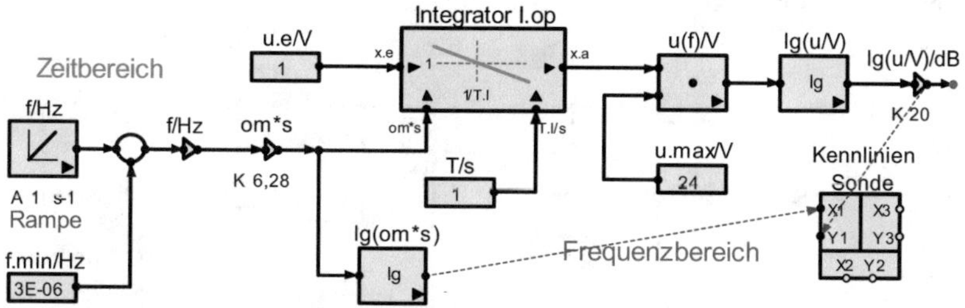


**Abb. 3-21 Berechnung des Amplitudengangs eines Integrators (I-Operator) im Bode-Diagramm: Abb. 3-22 zeigt die interne Struktur des Integratorblocks.**

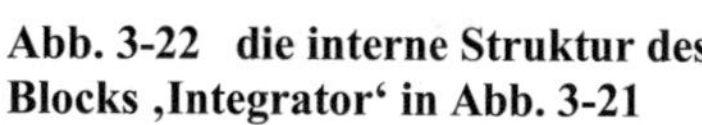
**Abb. 3-22 die interne Struktur des Blocks ‚Integrator' in Abb. 3-21**

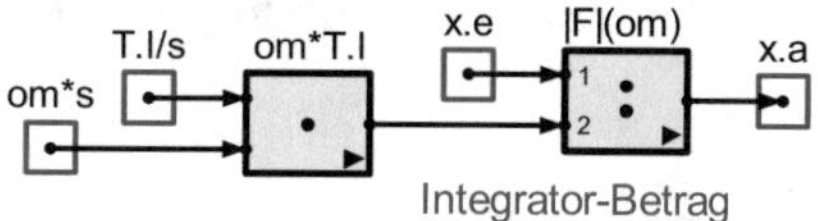


## Tiefpass P-T1 (=Verzögerung): Amplitudengang reell berechnet

Verzögerungen (Tiefpässe) sind proportionale Systeme mit Verzögerung. Sie verhalten sich nur bei tiefen Frequenzen proportional. Bei hohen Frequenzen integrieren sie ihr Eingangssignal. Ihre Grenzfrequenz ω.g=2π·f.g markiert die Grenze zwischen beiden Bereichen.

Abb. 3-23 zeigt den Amplitudengang einer **Verzögerung 1.Ordnung** im doppel-logarithmischen Maßstab.

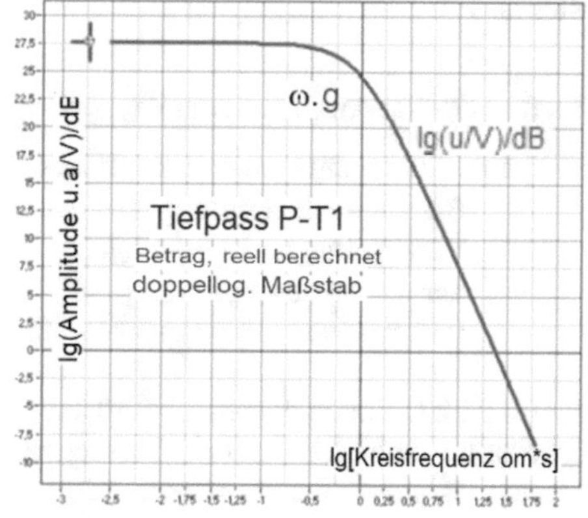


**Abb. 3-23 zeigt den Amplitudengang einer Verzögerung 1. Ordnung im Bode-Diagramm: Er kommt von 20·lg(K) und geht ab der Grenzfrequenz ω.g mit steigender Frequenz gegen null.**

Gl. 3-4 zeigt die Berechnung des Frequenzgangs eines Tiefpasses 1.Ordnung:

**Gl. 3-4 Frequenzgang (Tiefpass 1.Ordnung, Verzögerung), komplex und sein Betrag**

$$F(j\omega) = \frac{K}{1 + j\omega T} \qquad |F|(\omega) = \frac{K}{\sqrt{1 + (\omega T)^2}}$$

Für jedes System muss eine individuelle Proportionalitätskonstante K=x.a/x.e bestimmt werden. Die **Systemanalyse** muss klären, wie die **Grenzfrequenz ω.g von den Bauelementen** des Systems abhängt. Dann können sie so dimensioniert werden, dass geforderte Grenzfrequenzen entstehen.

Abb. 3-24 zeigt die Struktur zur Simulation einer Verzögerung 1.Ordnung mit dem Anwenderblock P-T1 (Abb. 3-24) im Bode-Diagramm:

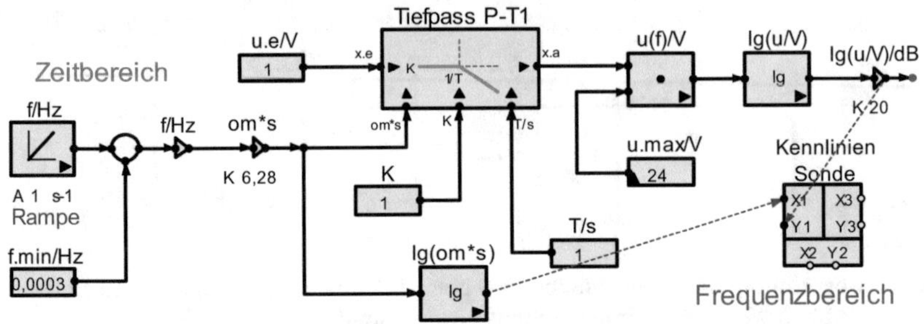


**Abb. 3-24 Simulation einer Verzögerung 1.Ordnung im Bode-Diagramm**

Abb. 3-25 zeigt die ...

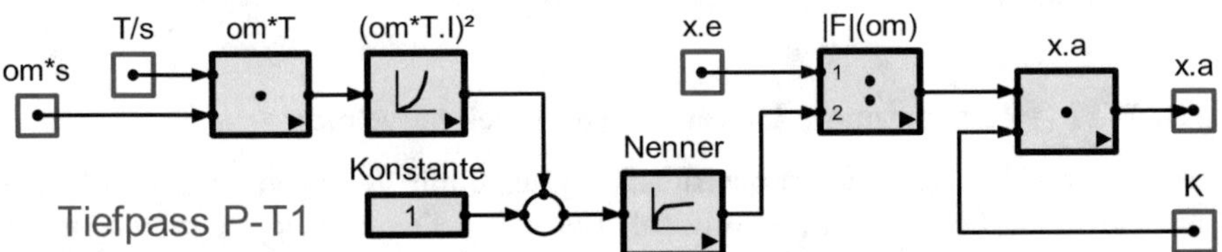


**Abb. 3-25 interne Struktur des Tiefpassblocks in Abb. 3-24: Sie wurde nach Gl. 3-4 entwickelt.**

## Tiefpass P-T2: Amplitudengang, reellwertig berechnet

Tiefpässe 2.Ordnung sind eine zweifache Verzögerung.

- Bei starker Dämpfung d>1 sind sie eine Hintereinanderausführung von zwei Verzögerungen 1.Ordnung.
- Schwache Dämpfung (d<1) entsteht durch die Gegenkopplung zweier Integrationen mit geringer Reibung.

Tiefpässe 2.Ordnung dienen oft zur Unterdrückung höherfrequenter Störungen. Dann bestimmt deren untere Grenzfrequenz die Resonanzfrequenz ω.0.

In Regelkreisen, die schnell und stabil sein sollen, wird die optimale Dämpfung d=1/2 gefordert. Abb. 3-26 zeigt diesen Fall.

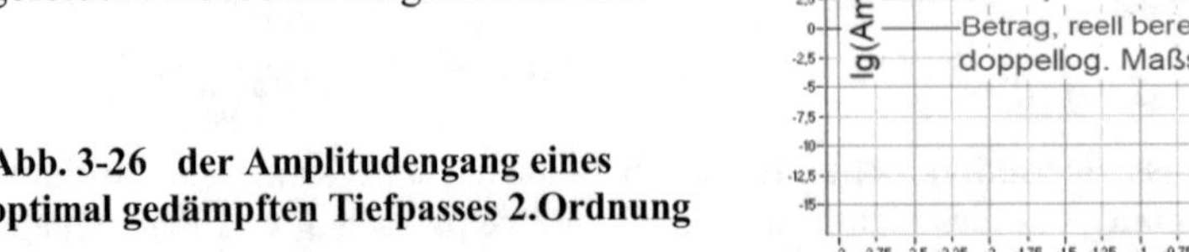

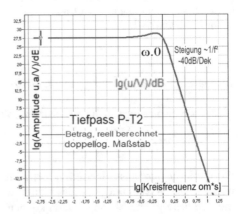

**Abb. 3-26 der Amplitudengang eines optimal gedämpften Tiefpasses 2.Ordnung**

Tiefpässe 2.Ordnung dienen oft zur Unterdrückung höherfrequenter Störungen. Dann bestimmt ihre untere Grenzfrequenz ω.g die Resonanzfrequenz ω.0.

Bis zu ihrer Resonanzfrequenz ω.0 proportionalisieren sie ihr Eingangssignal, darüber geht ihr Amplitudengang mit $1/f^2$=-40dB/Dek gegen null.

Die Amplitude |F|(ω.0)=1/2d bei ω.0 hängt von der Dämpfung d ~ Reibung des Systems ab. Die Systemanalyse muss klären, wie ω.0=1/T.0 und d von den Bauelementen des Systems abhängen.

**Frequenzgang eines Tiefpasses 2.Ordnung mit freien Parametern**

Gl. 3-5 zeigt die Berechnung des in Abb. 3-26 gezeigten Amplitudengangs eines Systems 2.Ordnung:

**Gl. 3-5 Frequenzgang Tiefpass 2. Ordnung, komplex und sein Betrag**

$$F(j\omega) = \frac{K}{1 + 2d * j\omega T + (j\omega T)^2} \qquad |F|(\omega) = \frac{K}{\sqrt{[(1-\omega T)^2]^2 + [2d * \omega T)]^2}}$$

Abb. 3-27 zeigt die Struktur dazu mit einem Anwenderblock:

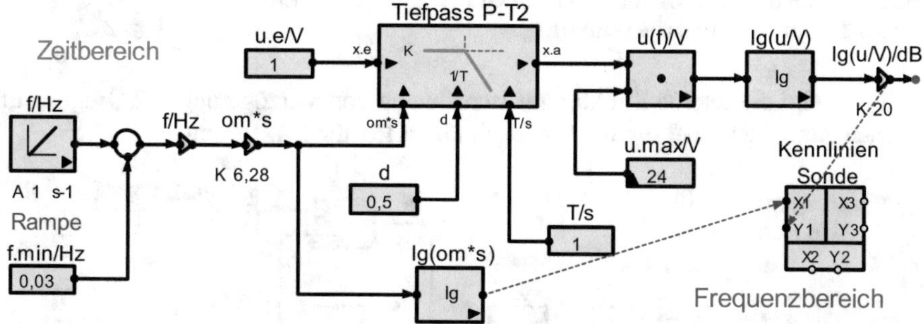


**Abb. 3-27 Struktur zur Simulation von Frequenzgängen mit einem Anwenderblock P-T2: Abb. 3-28 zeigt seine interne Struktur.**

**Abb. 3-28** zeigt die nach Gleich. entwickelte interne Struktur des Tiefpasses 2.Ordnung.

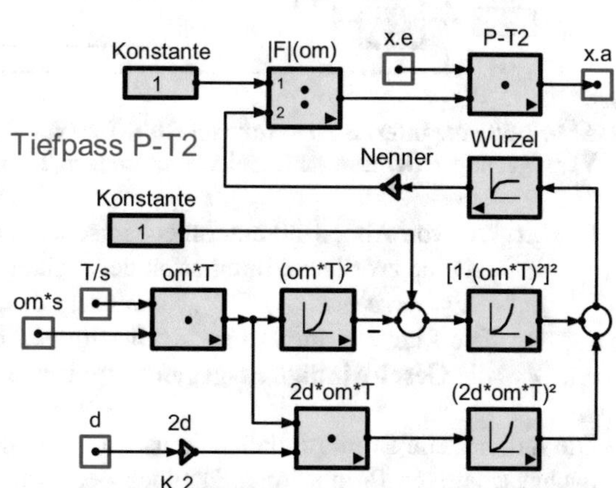


**Abb. 3-28 reellwertige Berechnung eines Tiefpasses P-T2 mit freien Parametern**

Neben dem Frequenzgang interessieren auch die **Sprungantworten nichtlinearer Systeme.** Der nächste Abschnitt zeigt, wie sie mit freien Parametern zu simulieren sind.

## 3.3 Sprungantworten mit freien Parametern

In Bd. 2 haben wir gezeigt, dass die exakte Berechnung von Sprungantworten von Systemen höher Ordnung sehr kompliziert ist. In Kap. 1.2.3 wurde gezeigt, wie wesentlich einfacher zu berechnende, angenäherte Sprungantworten f(t) aus einem komplexen Frequenzgang F(jω) gewonnen werden. Dazu muss die imaginäre

*Kreisfrequenz in F(jω) durch die inverse Zeit 1/t ersetzt werden.*

Das was in Absch. 3.2 über die Notwendigkeit von freien Parametern zur Simulation von Frequenzgängen gesagt worden ist, gilt auch für Sprungantworten. Wie die Strukturen mit frei einstellbaren Parametern im Zeitbereich aussehen, soll hier anhand zweier Beispiele gezeigt werden.

**Verzögerung 2.Ordnung P-T2**

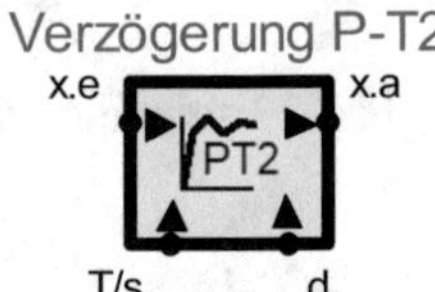


**Abb. 3-29 das Symbol eines Anwenderblocks für Sprungantworten eines Tiefpasses 2.Ordnung mit freien Parametern für die Eigenzeit T.0 (kurz T) und die Dämpfung d**

Abb. 3-30 zeigt die interne Struktur zur Berechnung von Verzögerungen 2.Ordnung mit den freien Parametern **T.0 für die Eigenzeit** und **d für die Dämpfung**:

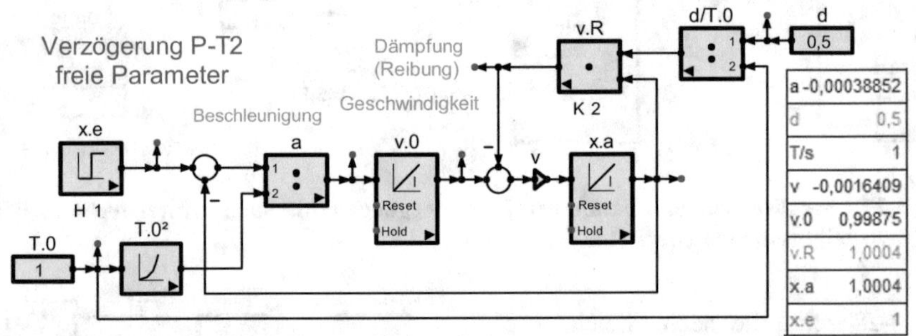


**Abb. 3-30 die interne Struktur von Abb. 3-29 zur Berechnung von Sprungantworten einer Verzögerung 2.Ordnung mit freien Parametern T.0 und d**

Die Struktur von Abb. 3-30 einer mechanischen Verzögerung 2.Ordnung

- ist eine zweifache Integration der Anfangsbeschleunigung $a = (x.e - x.a)/T.0^2$. Sie erzeugt das Ausgangssignal x.a.
- Die **Eigenzeitkonstante T.0** bestimmt die Einschwingperiode t.0/2=$\pi$·T.0.
- die **Geschwindigkeitsgegenkopplung** erzeugt die **Dämpfung** d.

Die individuelle Proportionalitätskonstante K fehlt in Abb. 3-30. Sie wurde durch einen nachgeschalteten Proportionalitätsblock berücksichtigt. Abb. 3-31 zeigt mit dem Block von Abb. 3-29 simulierte Sprungantworten.

**Näherungsweise Berechnung von Sprungantworten einer Verzögerung 2.Ordnung**
Aus dem in Gl. 3-6 angegebenen, komplexen Frequenzgang eines P-T2- Gliedes folgt mit jω=1/t die Näherung die

**Gl. 3-6 angenäherte Sprungantwort einer Verzögerung 2.Ordnung in normalisierter Schreibweise**

$$f(t)(P\text{-}T2) \approx \frac{(t/T.0)^2}{1 + 2d * (t/T.0) + (t/T.0)^2}$$

Abb. 3-31 zeigt die ...

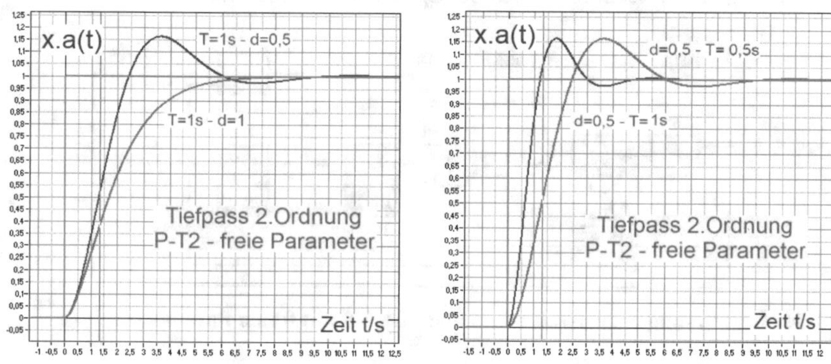


**Abb. 3-31 Sprungantworten eines P-T2-Gliedes: Links wurde die Eigenzeit T variiert, rechts wurde die Dämpfung d variiert.**

## Bandpass D-T2

Bandpässe filtern aus einem Frequenzgemisch eine mittlere Frequenz f.0 heraus.

Abb. 3-33 zeigt, dass ein Bandpass dadurch entsteht, dass einem Differenzierer eine Verzögerung 2.Ordnung nachgeschaltet wird.

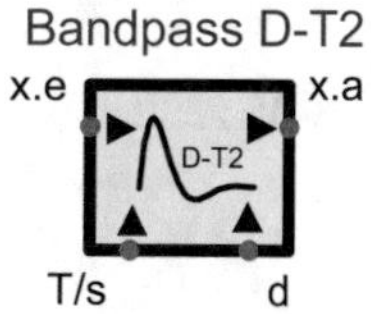

Bandpass D-T2
x.e x.a
D-T2
T/s d

**Abb. 3-32 Block eines Bandpasses mit einstellbaren Parametern**

Gl. 3-7 zeigt den komplexen Frequenzgang eines Bandpasses:

**Gl. 3-7 Frequenzgang eines Bandpasses in normalisierter Schreibweise:**

$$F(j\omega)(\,D\text{-}T2) \approx \frac{j\omega T.0}{1 + 2d * j\omega T.0 + (j\omega T.0)^2}$$

Gl. 3-8 zeigt die mit 1/t=jω aus Gl. 3-7 erzeugte

**Gl. 3-8 angenäherte Sprungantwort eines Bandpasses in normalisierter Schreibweise**

$$f(t)(\,P\text{-}T2) \approx \frac{t/T.0}{1 + 2d * (t/T.0) + (t/T.0)^2}$$

Abb. 3-33 zeigt die Berechnung der Sprungantwort eines Bandpasses:

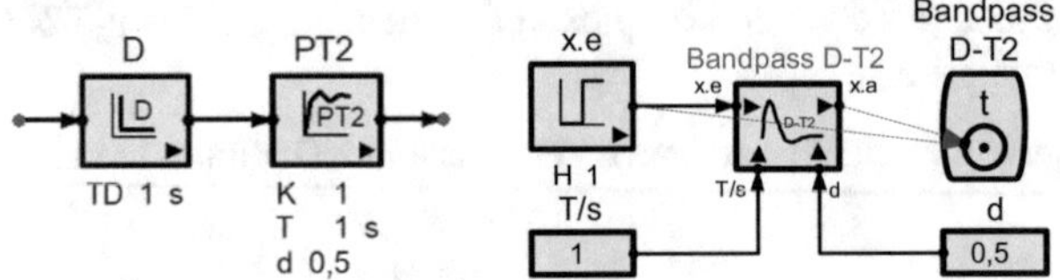


**Abb. 3-33 Berechnung eines Bandpasses D-T2: links mit fest eingestellten Parametern - rechts mit einem Bock zur externen Einstellung freier Parameter**

Abb. 3-34 zeigt die Berechnung eines Bandpasses im Zeitbereich:

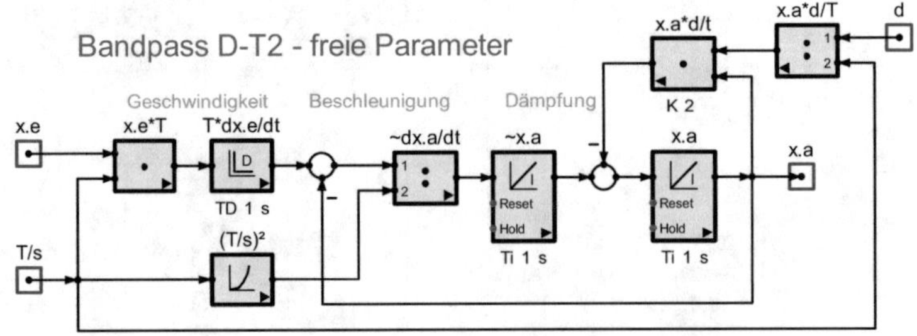


**Abb. 3-34 Berechnung eines Bandpasses nach Gl. 3-8 mit freien Parametern**

Erläuterungen zu Abb. 3-34:
Nach dem Frequenzgang von Gl. 3-7 entsteht ein Bandpass durch die Multiplikation (d.h. Hintereinanderausführung) eines Differenzierers und einer Verzögerung 2.Ordnung.

Die Verzögerung P-T2 wird hier unter Pkt. 1 besprochen.
Der Differenzierer wurde im vorherigen Absch. 2.1 erklärt.

Abb. 3-35 zeigt ...

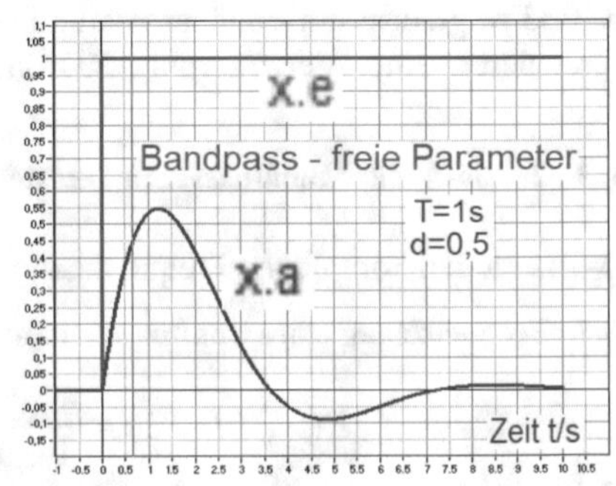


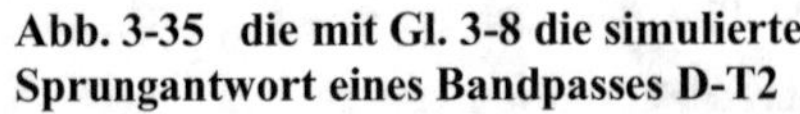

**Abb. 3-35 die mit Gl. 3-8 die simulierte Sprungantwort eines Bandpasses D-T2**

**Fazit aus den Kapiteln 1 bis 3**
Mit den in Kap. 1, 2 und 3 vermittelten Methoden

*Strukturbildung, Sprungantworten, Frequenzgänge*

verfügen Sie über die nötigen Kenntnisse zur dynamischen Analyse beliebiger

*linearer und nichtlinearer Systeme.*

Wir werden diese Verfahren in den folgenden Kapiteln anwenden, sodass Sie sie mit der Zeit immer besser beherrschen.

# 4 Die Themen von Kapitel 4

## ‚Mechanische Dynamik'

Abb. 4-8 zeigt die Struktur eines mechanischen Oszillators. Sie hat bei allen Systemen 2.Ordnung (z.B. elektrisch, hydropneumatisch, thermisch und magnetisch) den gleichen Aufbau. In den Analogien zeigt sich die Bedeutung von Oszillatoren in der Technik und bei ihrer Simulation.

Die dynamische Simulation mechanischer Systeme erfolgt analog zu elektrischen Systemen, die im vorherigen Kapitel behandelt wurde.

Definitionen, kurzgefasst:
**Energie** ist gespeicherte Arbeit. Sie kann mechanisch (W.mech=F·s in Nm), elektrisch (W.el=q·u in Ws) oder thermisch (in Joule J ≈ 0,24cal) geleistet werden.

Durch **Normung** wurden die Einheiten angeglichen: $J = Nm = Ws$.

**Leistung** P=dW/dt=F·v ist Arbeit pro Zeit. Sie berechnet sich aus der Geschwindigkeit v, mit der eine Kraft F ihren Angriffspunkt verschiebt.

**Translation und Rotation**
Beim Thema ‚Mechanische Dynamik' werden Bewegungsabläufe berechnet und optimiert. Sie können fortschreitend im Raum (translatorisch) oder repetierend im Kreis (rotatorisch) ablaufen.

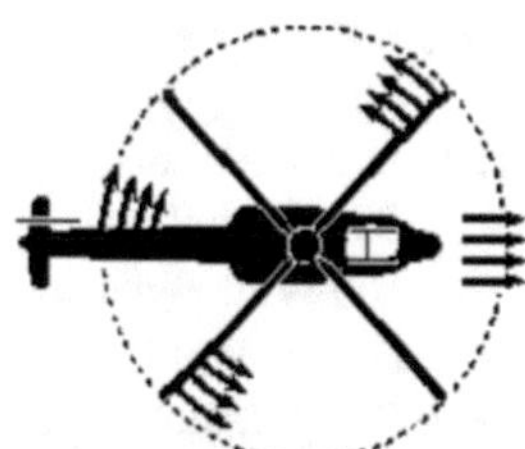

**Abb. 4-1 Translation und Rotation bei einem Helikopter**

**Kinetik und Kinematik**
- der translatorische Impuls
- der Drehimpuls
- Transmissionsantriebe

**Kräfte und Drehmomente**
- Massen, Federn und Dämpfer
- Antriebs- und Reaktionskräfte
- Mech. Verzögerung und Vorhalt
- Mechanische Oszillatoren

**Abb. 4-2 Rotationsoszillator: die Unruh in einer mech. Uhr**

**Kreisel**
- der freie Kreisel und der Kreiselspin
- Inertiale Messung von Winkeln
- Wendekreisel: Inertiale Messung von Winkelgeschwindigkeiten zur Fahrzeugstabilisierung
- Kurskreisel zur erdgebundenen Winkelmessung

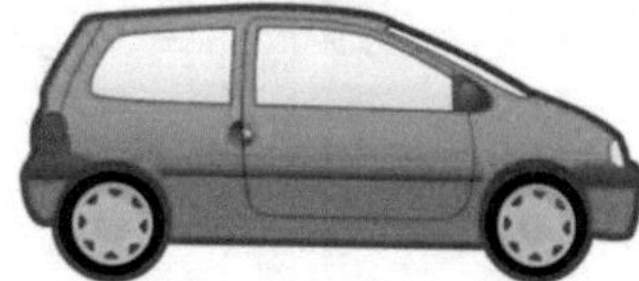

**Abb. 4-3 PKW, dessen Kraftstoffverbrauch berechnet wird**

**Kfz-Simulation**
- Hubkolbenmotoren
- Antriebsleistung und Wirkungsgrad
- Verbrauchsberechnung


A. Rossmann, *Strukturbildung und Simulation technischer Systeme*,
https://doi.org/10.1007/978-3-662-48282-7_4

## 4.1 Translation und Rotation

Die folgende Struktur Abb. 4-4 zeigt die Zusammenhänge zwischen den Kräften F der Translation und den Drehmomenten M der Rotation:

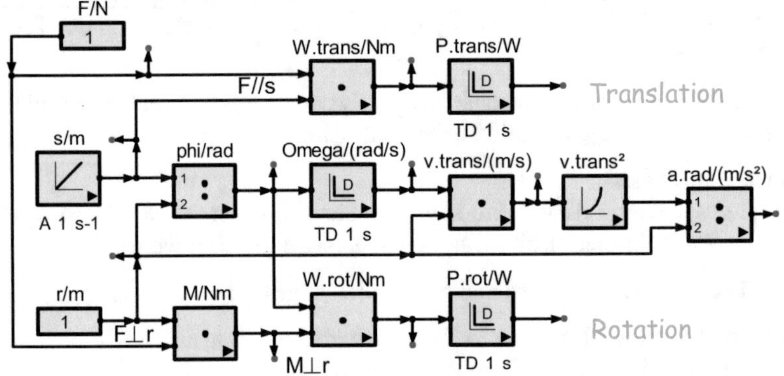


**Abb. 4-4 Zusammenhänge zwischen Translation und Rotation**

Bezeichnungen in Abb. 4-4:

- Der Winkel ist $\varphi=s/r$ - in rad=360°/2π
- Die Winkelgeschwindigkeit ist $\Omega=d\varphi/dt$ - in rad/s
- Die Winkelbeschleunigung ist $\alpha=d\Omega/dt$ - in rad/s²
- Die Radialbeschleunigung ist $a.rad=\Omega^2\cdot r=v.rad^2/r$ - in m/s²
- Drehmomente sind Kraft mal Abstand des Angriffspunkts: $M=F\cdot r$ – in Nm
- Die rotatorische Arbeit ist $W.rot=M\cdot\varphi$ in Nm
- Die Leistung $P=dW/dt$ ist Arbeit pro Zeit: $P.rot=M\cdot\Omega$ in Nm

Abb. 4-5 zeigt den zeitlichen Verlauf dieser Messgrößen bei konstanter Umfangsgeschwindigkeit v (der stationäre Fall):

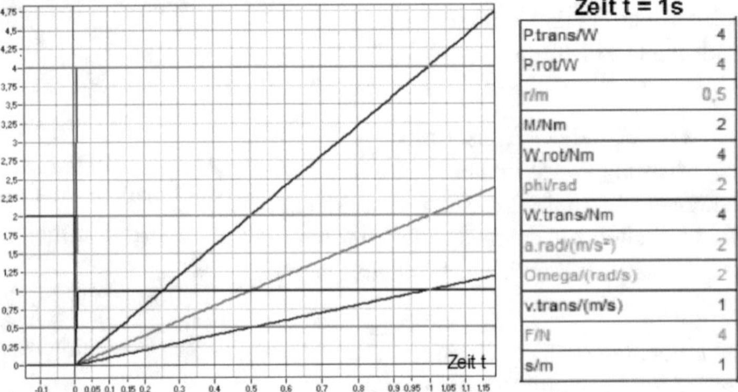


**Zeit t = 1s**

| | |
|---|---|
| P.trans/W | 4 |
| P.rot/W | 4 |
| r/m | 0,5 |
| M/Nm | 2 |
| W.rot/Nm | 4 |
| phi/rad | 2 |
| W.trans/Nm | 4 |
| a.rad/(m/s²) | 2 |
| Omega/(rad/s) | 2 |
| v.trans/(m/s) | 1 |
| F/N | 4 |
| s/m | 1 |

**Abb. 4-5 translatorische und rotatorische Messgrößen bei konstanter Umfangsgeschwindigkeit v**

## 4.2 Mechanische Oszillatoren

Mechanische Oszillatoren bestehen aus Massen m (dynamische Speicher), Federn k.F (statische Speicher) und Dämpfern k.D (Energieverbrauch durch Reibung). Zur Dimensionierung und Optimierung muss berechnet werden, wie Resonanzfrequenz und Dämpfung von ihren Komponenten abhängen. Abb. 4-6 zeigt, was passieren kann, wenn dies unterblieben ist.

Quelle: YouTube http://youtube.gunblues.com/tw/video/8hSUUvXkG7s

**Abb. 4-6 Resonanzkatastrophe der Tacoma Narrows Bridge „Gallopin' Gertie"**

Werden Oszillatoren mit ihrer Resonanzfrequenz angeregt, kann das bei geringer Dämpfung zu einer **Resonanzkatastrophe** führen. Wie solche Systeme mit den Eigenschaften ihrer Bauelemente als Parameter berechnet werden, wird nun gezeigt.

Auch mechanische Systeme können im Zeit- und Frequenzbereich analysiert werden. Dazu sind Messungen im Zeitbereich noch relativ einfach (Sprungantwort nach Stoßanregung). Die Messung von Frequenzgängen mechanischer Systeme ist dagegen mindestens aufwändiger als bei elektrischen Systemen (wenn nicht praktisch unmöglich, siehe Abb. 4-6). Bei Simulationen spielt der praktische Messaufwand keine Rolle (ein weiterer Vorteil).

**Mechanische Systemanalyse**

Ein mechanischer Oszillator nach Abb. 4-7 soll analysiert und simuliert werden.

Durch Simulation sollen seine Sprungantwort und sein Frequenzgang ermittelt werden.

Die Berechnung soll zeigen, wie Resonanzfrequenz und Dämpfung von den Bauelementen (Masse, Feder, Dämpfer) abhängen.

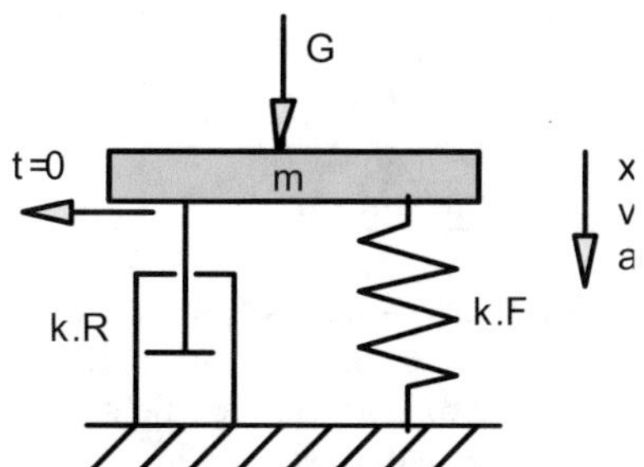


**Abb. 4-7 Oszillator aus Masse, Feder und Dämpfer**

Als Beispiel wählen wir die Anordnung nach Abb. 4-7. Weil die Geschwindigkeiten an allen Bauelementen die gleiche ist, ist die Summe der Reaktionskräfte (Masse F.T, Feder F.F, Dämpfer F.R) gleich der von außen angreifenden Kraft, hier das Gewicht F.G=m·g (mechanische Serienanordnung).

### Mechanische Analyse im Zeitbereich

Abb. 4-8 zeigt die Struktur des mechanischen Oszillators von Abb. 4-7:

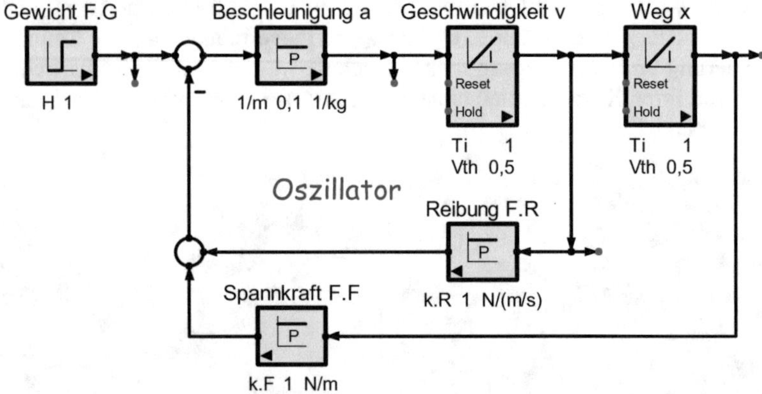


**Abb. 4-8 mechanischer Oszillator im Zeitbereich: Die Struktur zeigt, wie aus der Beschleunigung der Masse m durch eine erste Integration die Geschwindigkeit v und durch eine zweite Integration aus v die Auslenkung x entsteht. Die Reibung erzeugt die Dämpfung. Das Gewicht und die Federkonstante bestimmen die statische Auslenkung.**

### Zur Analyse mechanischer Systeme im Frequenzbereich

Die Struktur Abb. 4-8 eines mechanischen Oszillators von Abb. 4-7 gleicht der des elektrischen Oszillators von Abb. 3-10 (wie aller Systeme 2.Ordnung). Deshalb ähneln sich deren Sprungantworten und Frequenzgänge.

Nur die Kenndaten des mechanischen Systems (Proportionalitätskonstante K, Eigenzeit T.0 und Dämpfung d) müssen individuell aus den Parametern des Systems (Massen m, Federn k.F und Dämpfern k.R) berechnet werden. Das zeigt Tab. 4-1.

**Tab. 4-1 dynamische Analogien: Wir entnehmen sie Bd. 2, Teil 2.**

| | **elektrisch**<br>geg. L,C, R | **mechanisch**<br>geg. m, k.F, k.R |
|---|---|---|
| *Eigenfrequenz*<br>*Eigenzeit* | ω.0=1/T.0 → f.0= ω.0/2π<br>T.0=√(L·C) | dito<br>T.0=√(m/k.F) |
| *Dämpfung*<br>*Eigenwiderstand* | 2d=R/Z.0<br>Z.0=√(L/C) | 2d=k.R/Z.0<br>Z.0=√(m·k.F) |

### Schlusswort zu den Kapiteln 1 bis 4

Mit den in Kap. 1 bis 4 vermittelten Methoden (*Strukturbildung, Frequenzgänge, Sprungantworten)* können nicht nur elektrische und mechanische Systeme statisch und dynamisch analysiert werden, sondern beliebige – zum Beispiel:

- Elektronische Schaltungen in Bd. 5
- Sensoren und Aktoren in Bd. 6
- Pneumatisch-hydraulische Systeme in Bd. 7

In diesem Bd. 3 folgt die Simulation **magnetischer Systeme**.

# Vorwort zu Bd.3 Magnetismus

Dieser dritte Band der Reihe ‚Strukturbildung und Simulation technischer Systeme' behandelt als Kapitel 5 das Thema ‚Magnetismus'. Die Anwendungen sind vielfältig. Sie reichen

- von den Dauermagneten in Kap. und Elektromotoren in Bd. 4
- über die Elektromagneten in Relais und Schrottkränen in Kap.
- bis zu den Hochleistungsspulen der Medizintechnik (Kernspintomograf)

Damit ist der hier behandelte Themenbereich grob umrissen. Das Ziel besteht darin, zu zeigen, wie magnetische Systeme durch Strukturbildung und Simulation analysiert und dimensioniert werden können.

Das Thema ‚Elektromagnetismus' hat zwei Aspekte:

1. Elektromagnetische Induktion von Spannungen und Strömen
2. Elektromagnetische Kräfte und Drehmomente

Punkt 1 wurde bereits in Bd. 2/7 ausführlich behandelt. In diesem Bd. 3/7 liegt der **Schwerpunkt auf magnetischen Kräften und Drehmomenten**. Weil zu deren Berechnung auch die Induktion benötigt wird, fassen wir hier das Wichtigste aus Bd. 2 zusammen.

Wir beginnen mit den zur Simulation magnetischer Systeme benötigten Grundlagen. Sie werden durch einfachere Beispiele veranschaulicht.

Danach folgen komplexere Systeme, wie z.B. Dauermagnete und die magnetische **Levitation (Überwindung der Schwerkraft).**

Dieses fünfte Kapitel ‚Magnetismus' simuliert die erweiterten elektromagnetischen Grundlagen und deren Anwendungen. Behandelt werden Spulen, Dauer- und Elektro-Magnete. Dazu gehören die Kräfte von Spulen und die in ihnen induzierten Spannungen. Das ist die Vorbereitung auf Transformatoren (Kapitel 6), die in Bd. 4/7 folgenden elektrischen Maschinen (Kap. 7) und die Sensoren und Aktoren in Bd. 6/7 (Kap. 10 ‚Sensorik' und Kap. 11 ‚Aktorik').

Zum Verständnis dieses fünften Kapitels der

Strukturbildung und Simulation technischer Systeme

sind die in den beiden vorherigen Bänden gelegten Grundlagen hilfreich. Deshalb werden sie an den Stellen, wo sie benötigt werden, kurz wiederholt.

- Bd. 1/7, Kap. 2: Signalverarbeitung – statisch
- Bd. 2/7, Signalverarbeitung – dynamisch

Die angegebenen Strukturen können mit **beliebigen Simulationsprogrammen** berechnet werden. Der Autor verwendet SimApp, dessen Gebrauch ausführlich in Bd.1/7, Kap.1 ausführlich und hier in Kap. 1 kurzgefasst beschrieben ist.

Axel Rossmann Hamburg, im Oktober 2020

Die weiteren Themen der Reihe

## ‚Strukturbildung und Simulation technischer Systeme'

**Kapitel 5 Magntismus**

Was ist Magnetismus?
Elektromagnetische Gesetze
Elektromagnetische Induktion
Spulenberechnung
Dauermagnete
Ferromagnetische Kerne
Elektromagnetische Kräfte
Elektromagnetische Drehmomente
Levitation: elektromagnetisch, dauermagnetisch und diamagnetisch

**Abb. 4-9 magnetisches Feld, sichtbar gemacht durch Eisenfeilspäne**

**Kapitel 6 Transformatoren**

Was ist ein Transformator?
Trafo-Analyse
Dimensionierung von Netztrafos
Übertrager
Frequenzgänge

**Abb. 4-10 Kompass: Drehmoment auf eine Magnetnadel im Erdmagnetfeld**

**Ausblick** auf weitere Bände mit Anwendungen des Magnetismus:

Bd.4, Kap. 6: Elektromotoren mit Gleichstrom, Wechselstrom, Allstrom und Drehstrom

Bd. 6, Kap. 10
Sensorik mit Feldplatten und Hall-Sensoren zur Magnetfeldmessung

Kap. 11 Aktorik mit dynamischen Lautsprechern und Mikrofonen

**Abb. 4-11 historisches Relais: Es wandelt elektrischen Strom in Kraft zum Schalten von Kontakten.**

In diesem Bd. 5 sollen **elektromagnetische Systeme** simuliert werden. Eine leicht verständliche Einführung in das Thema ohne Berechnungen finden Sie u.a. bei

http://schulen.eduhi.at/riedgym/physik/11/elektromagnetis/feld_spule/feld_spule.htm

# 5 Magnetismus

**Was Sie in diesem Kapitel lernen**
Sie erkennen die Analogien des Magnetismus zur Elektrizitätslehre und zur Mechanik. Dadurch können Sie auch beliebig gemischte Systeme simulieren.

Beim Thema ‚Spulenberechnung' wird eine automatische Parameteroptimierung durchgeführt. Simuliert werden nicht nur lineare, sondern auch gesättigte magnetische Kreise mittels Tabellen und Funktionen. Sie erkennen, dass stetig differenzierbare Funktionen (d.h. ohne Sprünge) den punktuellen Tabellen vorzuziehen sind.

**Warum Sie Kapitel 5 lesen sollten**
Der Magnetismus gehört wie die Elektrizität und die Mechanik zu den allgemeinen Grundlagen. Systeme ohne elektromagnetische Baugruppen sind selten. Sie lernen Spulen und Kerne nicht nur zu analysieren, sondern auch nach Anwendungs-Spezifikationen zu dimensionieren. Die hier verwendete Methode der dynamischen Analyse (Sprungantworten, Frequenzgänge) ist allgemein bei Simulationen verwendbar.

Abb. 5-1 zeigt einige der Simulationen:

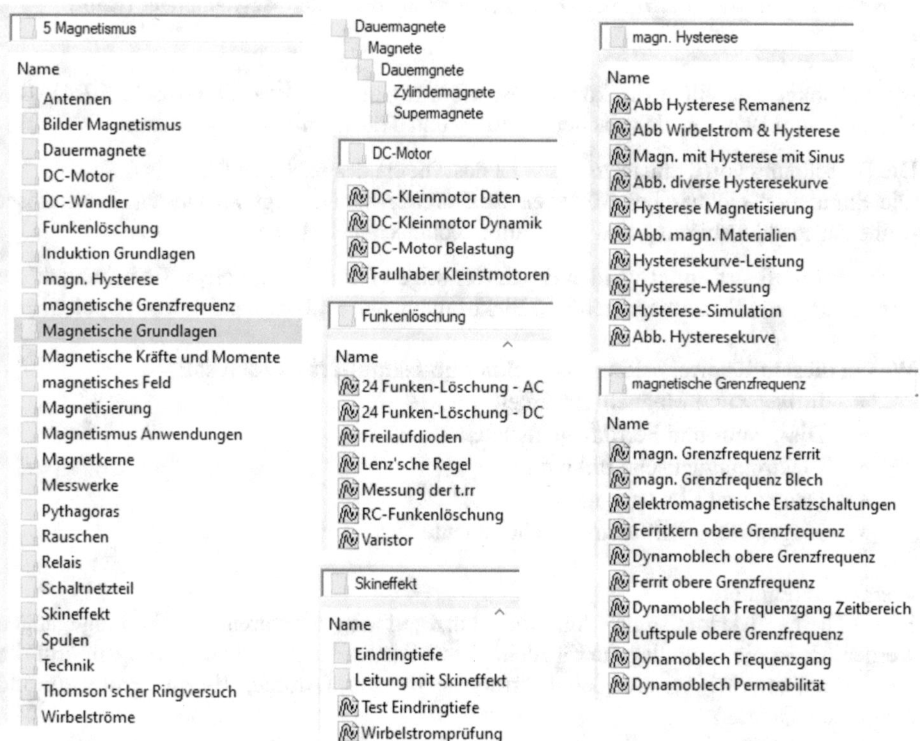


**Abb. 5-1 Auswahl der Simulationen zum Thema ‚Magnetismus' (Änderungen vorbehalten)**


A. Rossmann, *Strukturbildung und Simulation technischer Systeme*,
https://doi.org/10.1007/978-3-662-48282-7_5

## 5.1 Was ist Magnetismus?

Kreisende Ladungen speichern Bewegungsenergie, die sich durch ein sie umgebendes Kraftfeld bemerkbar macht. Wenn sich zwei magnetische Kraftfelder im Raum durchdringen, üben sie Kräfte und Drehmomente aufeinander aus mit dem Ziel, die Gesamtenergie zu minimieren (Lenz'sche Regel = Prinzip des kleinsten Zwanges).

Auch die **Erde** hat bekanntlich ein Magnetfeld (Abb. 5-2), das der Schifffahrt Jahrhunderte zur Navigation gedient hat. Es entsteht durch **Konvektionsströme von flüssigem, eisenhaltigem Gestein** zwischen Erdmantel und Erdkern und die **Corioliskraft** zwischen beiden infolge der Erdrotation. Der aus Eisen bestehende Erdkern selbst ist wegen seiner hohen Temperatur unmagnetisch.

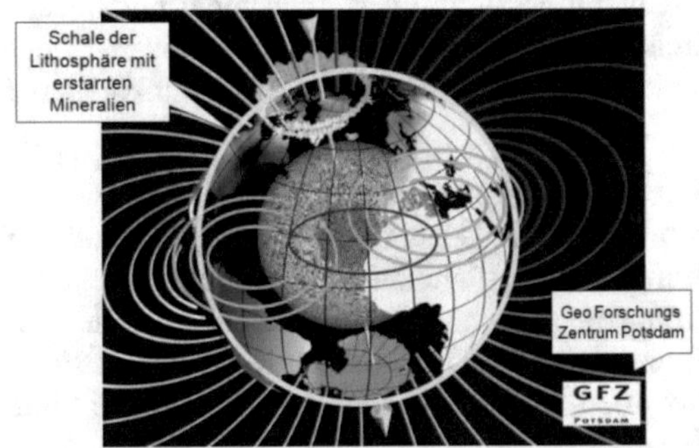


Quelle: www.gfz-potsdam.de

**Abb. 5-2 Das Erdmagnetfeld wird durch Kompassnadeln oder Magnetometer (Kap.) nachgewiesen.**

Magnetismus ermöglicht die kontaktlose Übertragung von Energie (Absch. 6.1.4). Das lässt sich zum Bau von elektrischen Motoren und Transformatoren ausnutzen.

Die Berechnung von Transformatoren ist das Thema des nächsten Kapitels 6.
Die Simulation elektrischer **Motoren und Generatoren** folgt im vierten Band dieser Reihe zur ‚Strukturbildung und Simulation technischer Systeme'.

In diesem fünften Kapitel werden die dazu nötigen Grundlagen gelegt. Es behandelt die Berechnung von Dauermagneten und Elektromagneten und der dazu nötigen Spulen.

**Was in diesem Kapitel erklärt, berechnet und simuliert werden soll**

- Influenz und Magnetisierbarkeit
- Dia-, Para- und Ferromagnetismus
- Elektromagnetische Induktion
- Dauer- und Elektromagnete
- Magnetische Kräfte und Drehmomente

**Elementarmagnete**

Beim Thema ‚Magnetismus' soll noch kurz auf den atomaren Aspekt eingegangen werden. Er ist die Grundlage der Teilchenbeschleuniger der Hochenergiephysik, mit der die Grundbausteine unserer Welt erforscht werden (Atome, Kerne, Protonen und Neutronen, Quarks)

- zur Entwicklung des Raster-Tunnelmikroskops, mit dem die Oberfläche der Materie erforscht werden kann,
- zur Entwicklung magnetischer Analysesysteme, z.B. des eingangs erwähnten Kernspin-Resonanz-Tomografen (MRT, Absch. 5.7.4.2).

Abb. 5-3 zeigt das Prinzip der Kernspin-Tomografie und ein damit erzeugtes Schnittbild:

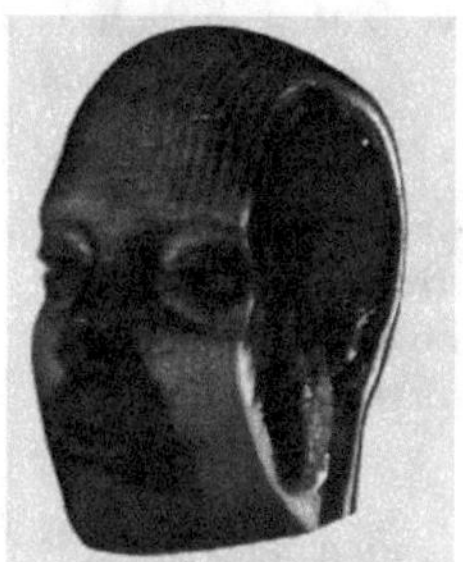

Quelle: Wikimedia, gemeinfrei

**Abb. 5-3 Darstellung der Konturen von Weichteilen in lebenden Körpern durch Magnetresonanztomografie**

**Das Kraftfeld eines Dauermagneten**

Besonders leicht magnetisierbar ist Eisen. Streut man die Eisenfeilspäne auf Papier und bringt es in die Nähe eines Magneten, so werden die Eisenteilchen magnetisiert und durch das Magnetfeld in Richtung der magnetischen Kraftlinien ausgerichtet. Dann zeigen die Eisenfeilspäne die Richtung der magnetischen Kraftlinien in der Papierebene an. Die Kräfte im gesamten Raum um den Magneten bilden ein **magnetisches Kraftfeld**. Die Dichte der Kraftlinien zeigt die **Stärke B** des magnetischen Feldes an.

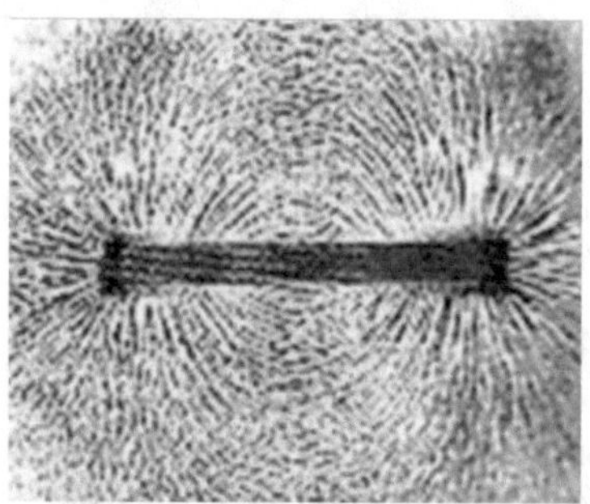

**Abb. 5-4 das magnetische Feld eines Stabmagneten, sichtbar gemacht durch Eisenfeilspäne: Sie stoßen sich durch ‚Influenz' gegenseitig ab.**

Erläuterung zu Abb. 5-4:
Kraftfelder sind unendlich fein verteilt. Die in Abb. 5-4 gezeigten Kraftlinien eines Magneten entstehen erst durch die im Feld **magnetisierten Eisenfeilspäne**. Durch Influenz bilden sie Magnete, die sich in Längsrichtung anziehen und in Querrichtung abstoßen. Ihre Ausrichtung zeigt das magnetische Kraftfeld.

**Elektrische und magnetische Dipole**

Zur Erklärung magnetischer Phänomene muss bekannt sein, was ein magnetischer Dipol ist und wie er sich von einem elektrischen Dipol unterscheidet. Das soll zuerst erläutert werden.

**Atome** bestehen nach dem **Bohr'schen Atommodell** aus einem definitionsgemäß positiv geladenen Kern und die ihn umkreisenden Elektronen mit gleich großer, aber negativer Ladung. Nach außen sind sie elektrisch neutral. Durch äußere elektrische Felder können einzelne Elektronen abgetrennt werden. Sie haben das Bestreben, sich wieder mit dem Atom zu vereinen, denn dann ist die Gesamtenergie minimal. Das Gesetz, das den stabilen Zustand beschreibt, heißt **Lenz'sche Regel**.

Abb. 5-5 zeigt die Kraftlinien (=Feldlinien) zweier Dipole: links elektrisch und rechts magnetisch. Sie verlaufen ähnlich. Berechnet werden soll ihre Stärke.

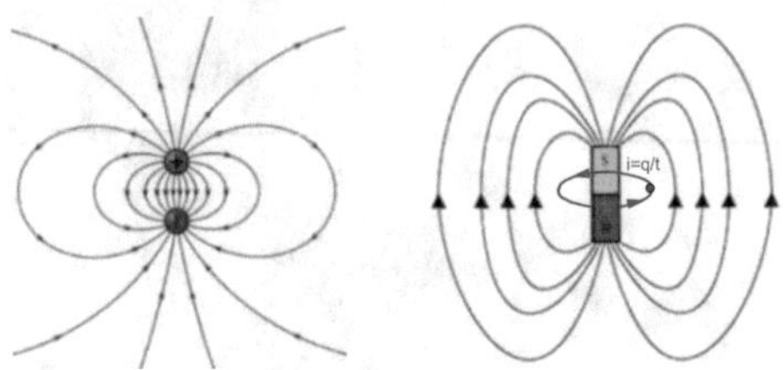

**Abb. 5-5 links: statische Energiespeicherung durch getrennte Ladungen rechts: dynamische Energiespeicherung durch zirkulierende Ladungen**

Abb. 5-5 zeigt einen elektrostatischen und einen elektromagnetischen Dipol. Die elektrische Feldstärke E ist proportional zur Ladungsdichte ρ, die magnetische Flussdichte ist proportional zum elektrischen Strom i. Beider Stärke nimmt mit dem **Quadrat des Abstands r** vom Zentrum ab.

Betrachtet man die Feldlinien eines Stabmagneten, sieht es so aus, als ob diese wie die elektrischen Feldlinien eine Quelle und eine Senke besitzen.

Genau genommen stimmt das jedoch nicht, denn magnetische Materialien können immer wieder bis zum einzelnen Atom geteilt werden, ohne dass sich die magnetischen Feldlinien öffnen. Magnetische Feldlinien sind, wie die sie erzeugenden elektrischen Ströme, immer geschlossene Kreise (magnetische Felder sind quellenfrei).

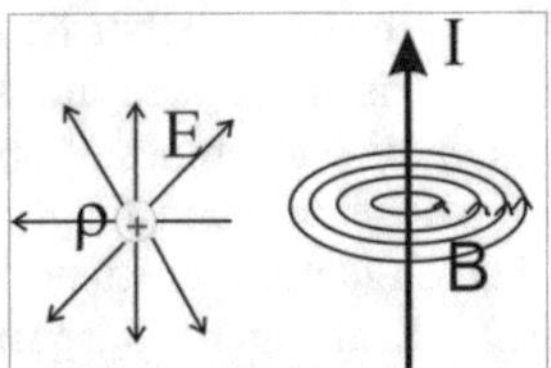


**Abb. 5-6 Elektrische Ladungen sind Quellen elektrischer Felder, zirkulierende elektrische Ströme sind Quellen magnetischer Felder.**

Das ist die Theorie. **Makroskopisch** verhalten sich Magnete jedoch so, als ob es **magnetische Monopole** gäbe. Entsprechend elektrischer Monopole werden wir ihre Stärke simulieren. Die Berechnung der magnetischen **Polstärke p.mag** erfolgt in Abschnitt 4.8 beim Thema ‚Dauermagnete'.

Abb. 5-7 zeigt das ‚Aneinanderkleben' entgegengesetzter magnetischer Pole:

**Abb. 5-7 Magnetische Dipole können durch Monopole mit bestimmten Polstärken p.mag beschrieben werden. Das wird in Kap. 5.10 gezeigt.**

Magnete besitzt einen **Nordpol N**, an dem der magnetische Fluss ϕ definitionsgemäß austritt und einen **Südpol S**, an dem sich der Kreis wieder schließt. Diese magnetischen Dipole können theoretisch so oft geteilt werden, bis nur noch einzelne Moleküle, Atome, Protonen oder Elektronen als Elementarmagnete übrigbleiben. Das zeigt, dass sie **rotierende, innere Ladungen** besitzen müssen, die kleiner als eine Elementarladung sind (Quarks: 1/3 und 2/3 Elementarladungen). Sogar die nach außen ungeladenen Neutronen sind innen magnetisch (Neutronensterne haben extrem starke Magnetfelder).

**Zu den Kräften bei der Durchdringung magnetischer Felder**

Die Minimierung der Gesamtenergie bestimmt die **Größe und Richtung** magnetischer Felder. Magnetisch verstärkende Materialien (Para- und Ferromagnete) werden in das Feld hineingezogen, magnetisch abschwächende Materialien (Diamagnete) werden abgestoßen. Das erklärt die **Richtung magnetischer Kräfte**. Genaueres zu diesem Thema erfahren Sie in Absch. 5.8.

Abb. 5-8 zeigt die Richtung der Kraft auf eine negative Ladung e, die sich quer zu einem magnetischen Feld B bewegt:

Quelle: http://me-lrt.de/vorwissen-elektromagnetische-felder

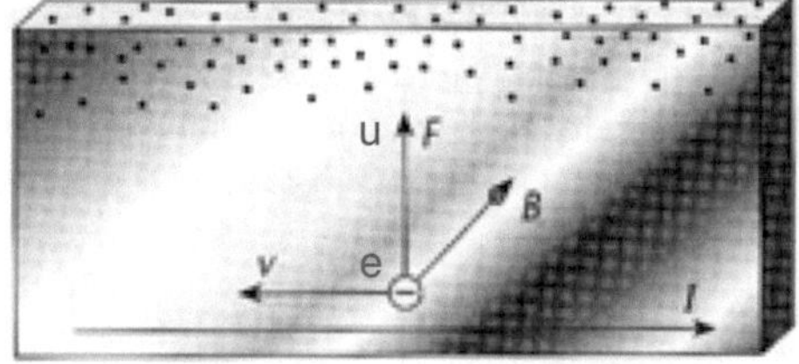


**Abb. 5-8 Die Kraft F auf eine Ladung e ist maximal, wenn sie sich quer zu einem äußeren Feld B bewegt. Parallel zu F entstehen induzierte Spannungen u.**

Nach dem Faraday'schen Induktionsgesetz (Gl. 5-57) entspricht die induzierte Spannung **$u = -d\phi/dt$** der negativen zeitlichen Änderung des **magnetischen** Flusses. Dieses negative Vorzeichen beschreibt **Gegenkopplungen,** die den **natürlichen Ausgleich** von Ladungen bewirken (Berechnung folgt). Das besagt die **Lenz'sche Regel,** die zusammengefasst lautet:

*Induktionsspannungen sind stets so gerichtet, dass sie ihrer Ursache entgegenwirken.*

## *5.1.1 Influenz und Magnetisierbarkeit*

Wie im vorherigen Abschnitt gezeigt wurde, werden Ladungen q durch elektrische Felder verschoben. Durch diese elektrostatische Influenz (englisch induction) entstehen elektrische Dipole. Entsprechend beeinflussen magnetische Felder die Rotation der Elektronen um den Atomkern, die dadurch ausgerichtet werden. Diese magnetische Influenz erzeugt die makroskopische Magnetisierung.

Abb. 5-9 zeigt die Beeinflussung (Influenz) magnetischer Bereiche (Weiß'sche Bezirke) in einem magnetisierbaren Material durch ein äußeres magnetisches Feld:

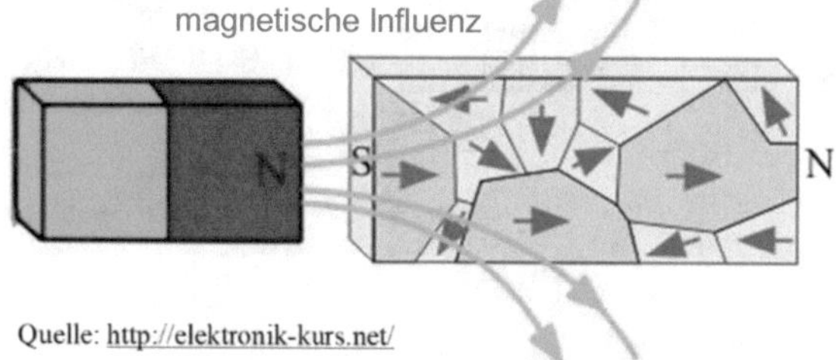


**Abb. 5-9 Weiß'sche Bezirke: Durch Influenz werden magnetisierbare Materialien (Eisen und andere) selbst zum Magneten. Entfernt man den Dauermagneten, so verbleibt ein Restmagnetismus, genannt ‚Remanenz'.**

**Atomare Erklärung des Magnetismus**

Ursache für magnetische Felder sind immer bewegte elektrische Ladungen, die eine Fläche umströmen (Leiterschleife). Das gilt auch im Atomaren. Zur Erklärung der beobachteten magnetischen Phänomene verwenden wir das Bohr'sche Atommodell (Planetenmodell) - und zwar sowohl für die Hülle aus negativen Elektronen als auch für den Kern aus Neutronen und Protonen.

Äußere Magnetfelder induzieren atomare und molekulare Kreisströme. Dadurch wird das Material magnetisiert. Dieser im Material induzierte Magnetismus kann gegenüber dem äußeren Feld anziehend oder abstoßend sein, was entsprechende Drehmomente hervorruft. Sie richten – je nach Substanz – die **atomaren Kreisel** parallel oder antiparallel zum äußeren Feld aus.

**Magnetische Influenz**

Elektromagnetische Felder durchsetzen den gesamten Raum auf der Erde. Sie können absichtlich erzeugt worden sein (Sender, Handy's) oder unbeabsichtigt entstehen (Elektrosmog, z.B. durch geschaltete Ströme). Elektrisch und magnetisch gut leitende, geschlossene Metallflächen schirmen ihren Innenraum gegen äußere elektrostatische und elektromagnetische Wechselfelder durch Influenz ab. Das soll nun genauer erläutert werden.

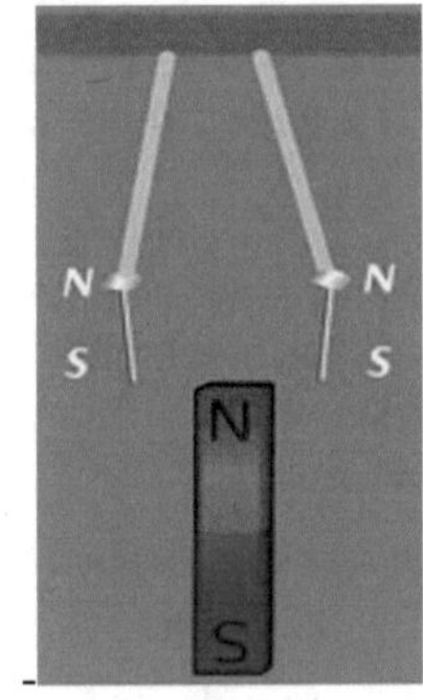


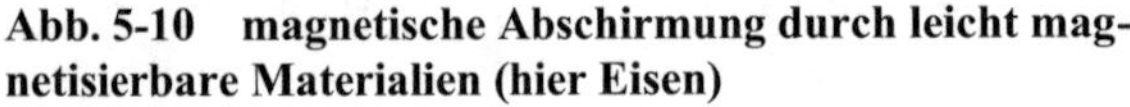

**Abb. 5-10 magnetische Abschirmung durch leicht magnetisierbare Materialien (hier Eisen)**

Die **Spiegelladung** ist eine Konstruktion, um den Verlauf von Feldlinien einer Ladung q vor einem leitenden Körper oder einer dielektrischen Grenzfläche zu erklären. Bei elektrischen Leitern wird die gesamte influenzierte Ladung dafür zu einer Punktladung zusammengefasst.

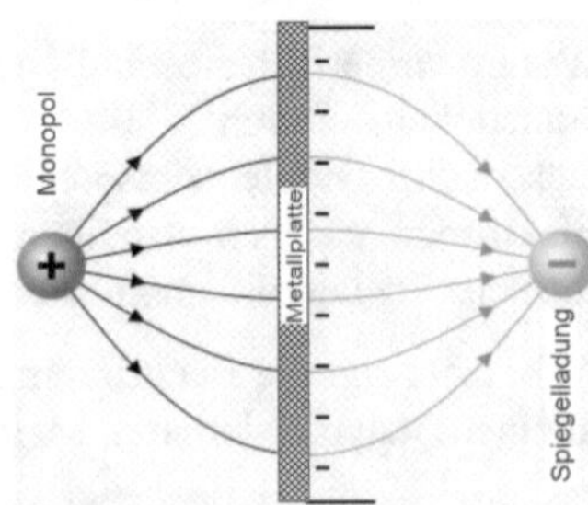


**Abb. 5-11 Die Spiegelladung erklärt den Verlauf elektrischer Feldlinien.**

**Magnete** (Abb. 5-10) haben einen Nord- und einen Südpol. Ihre Feldlinien verlaufen ähnlich wie die einer elektrischen Ladung mit Spiegelladung.

**Der Faraday'sche Käfig**

Damit eine Abschirmung erfolgt, muss das abschirmende Material sowohl elektrisch als auch magnetisch gut leiten. Warum das so ist, soll in Abb. 5-12 an einem Kasten aus Metall erklärt werden.

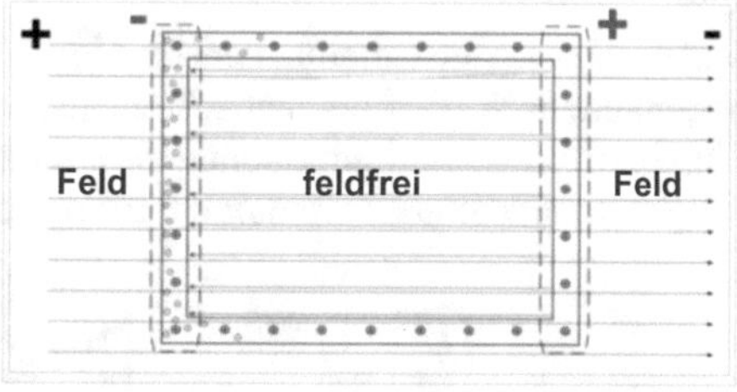


**Abb. 5-12 Faraday'scher Käfig: Durch Kräfte im ferromagnetischen Material (Influenz) wird ein annähernd gleichstarkes Feld mit entgegengesetzter Richtung induziert, das das äußere Feld weitgehend kompensiert. Das bewirkt die Abschirmung elektrischer und magnetischer Felder.**

Ein äußeres elektrisches Wechselfeld E(x) beschleunigt freie Ladungen im elektrisch leitenden Gehäuse (Influenz) und erzeugt darin einen Wechselstrom. Das wiederum baut ein magnetisches Wechselfeld auf, das das magnetische Feld im Inneren des Gehäuses schwächt. Entsprechend geschwächt wird auch das zugehörige elektrische Wechselfeld.

**Magnetische Abschirmung**

Die Abschirmung elektrotechnischer Geräte, Einrichtungen und Räume dient dazu, elektrische und/oder magnetische Felder von ihnen fernzuhalten oder umgekehrt die Umgebung vor den von der Einrichtung ausgehenden Feldern zu schützen.

Abb. 5-13 zeigt, wie die magnetische Abschirmung funktioniert:

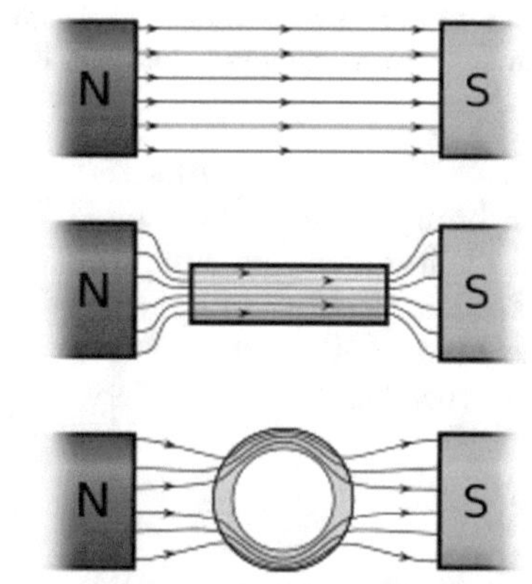


**Abb. 5-13 Beeinflussung des Verlaufs der magnetischen Feldlinien durch ferromagnetisches Material: Innerhalb des Rings kommt es zu einem nahezu feldfreien Raum.**

https://de.wikipedia.org/wiki/Magnetismus

**Abgeschirmte Kabel**

Die Abschirmung kann durch eine dünne Folie (Antennenkabel, wenig flexibel), aber auch durch ein Drahtgeflecht (Koax- oder Mikrofonkabel) erreicht werden.

Folgen der Abschirmung: kein Rundfunk-Empfang möglich, aber dafür Blitzschutz.

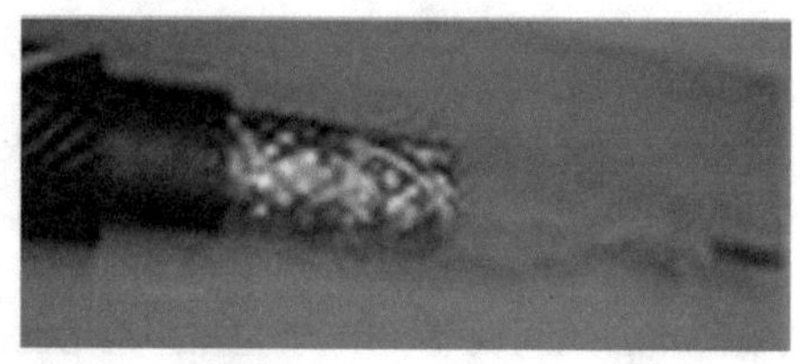

**Abb. 5-14 Koaxialkabel: flexible Abschirmung hochfrequenter Felder durch ein Drahtgeflecht**

Einzelheiten zum Thema Abschirmung folgen in Kap. 5.6.4.1 ‚Ferritkerne'.

### 5.1.2 Dia-, Para- und Ferro-Magnetismus

Materie leitet den magnetischen Fluss besser oder schlechter. Um magnetische Systeme berechnen und optimieren zu können, müssen ihre Materialeigenschaften bekannt sein.

Materialien können diamagnetisch (den Fluss gegenüber dem Vakuum abschwächend), paramagnetisch (den magnetischen Fluss etwas verstärkend) oder ferromagnetisch (den Fluss extrem verstärkend) sein. Warum das so ist, wird in Abb. 5-15 durch den Verlauf der Feldliniendichten (Gradienten dB/dy) erklärt.

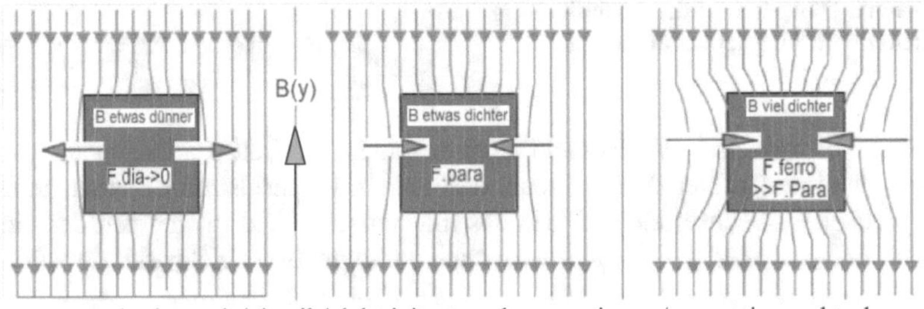


https://www.grund-wissen.de/physik/elektrizitaet-und-magnetismus/magnetismus.html

**Abb. 5-15 Feldlinien- und Kraftverlauf bei dia-, para- und ferromagnetischem Material: Diamagnete verdrängen Feldlinien, Para- und Ferromagnete ziehen sie an.**

Abb. 5-16 zeigt, wie Materialien bezüglich ihrer Magnetisierbarkeit durch die auf sie wirkenden Kräfte in einem äußeren Magnetfeld unterschieden werden können.

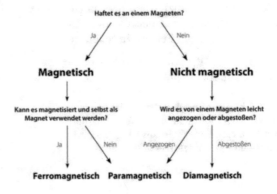

Haftet es an einem Magneten?
Ja / Nein
Magnetisch
Nicht magnetisch
Kann es magnetisiert und selbst als Magnet verwendet werden?
Wird es von einem Magneten leicht angezogen oder abgestoßen?
Ja / Nein / Angezogen / Abgestoßen
Ferromagnetisch Paramagnetisch Diamagnetisch

**Abb. 5-16 Klassifizierung magnetisierbarer Materialien**

Diamagnetische Stoffe werden von Magnetfeldern abgestoßen, para- und ferromagnetische Stoffe werden von Magnetfeldern angezogen. Ursache ist die magnetische Influenz, die bei Diamagneten gleiche und bei Paramagneten entgegengesetzte Magnetpole induziert.

Kriterien:
Ferromagnetische Stoffe sind durch Dauermagnete problemlos zu erkennen, denn sie überwinden im **Einflussbereich von Dauermagneten** leicht die Erdanziehung (Kap.).

Dia- und paramagnetische Stoffe sind wegen der Winzigkeit ihrer Kräfte nur schwer zu unterscheiden. Das gelingt nur in **inhomogenen Magnetfeldern**. Abb. 5-17 zeigt einen typischen Messaufbau.

**Permeabilitätstest im inhomogenen Magnetfeld**

Um die Magnetisierbarkeit beliebiger Materialien zu testen, machen wir ein Experiment: Wir bringen das Probematerial in ein inhomogenes Magnetfeld, das wir schlagartig ein- und ausschalten können. Dadurch wird ein inneres Magnetfeld induziert, das auf beiden Seiten der Probe unterschiedlich stark ist. Je nach Richtung des inneren Feldes wird die Probe von beiden Polen des äußeren Magneten angezogen oder abgestoßen.

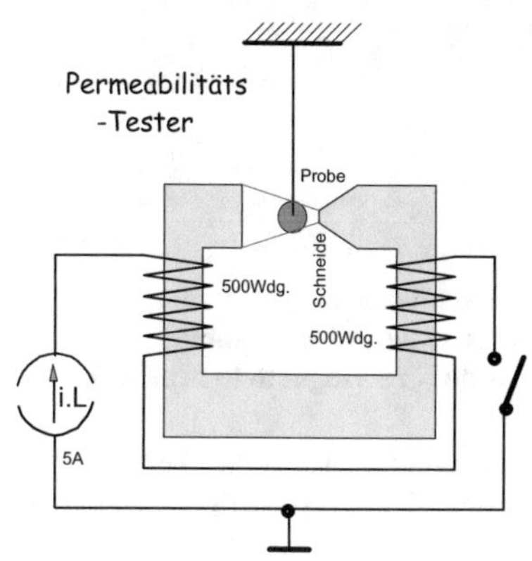


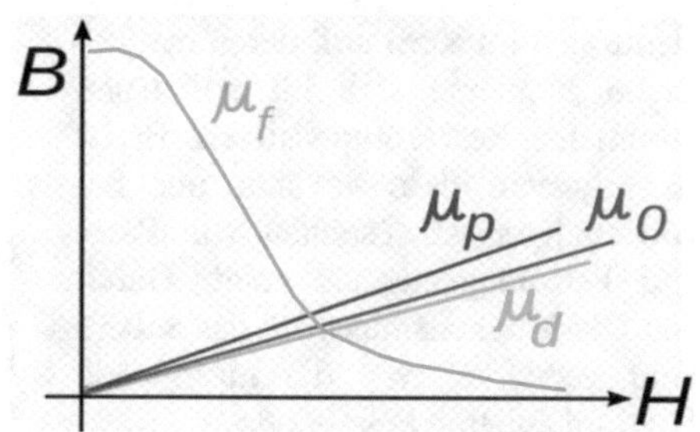


**Abb. 5-17 Untersuchung der Magnetisierbarkeit verschiedener Materialien im *inhomogenen* Feld eines Elektromagneten**

Die Testergebnisse:

Bei konstantem Kraftgradienten dF/dx ist die Kraft auf den Probekörper der Magnetisierung proportional. Bezeichnungen: Permeabilität μ.0 im Vakuum, paramagnetisch μ.p, diamagnetisch μ.d und ferromagnetisch μ.f.

Beim Einschalten des Magneten ist Folgendes zu beobachten:

- Ferromagnetische Proben werden noch bei Abständen von einigen Metern angezogen.
- Paramagnetische Proben werden bei Abständen bis zu einigen mm zur Spitze der Schneide hingezogen.
- Diamagnetische Proben werden nur bei Abständen von weniger als 1mm kaum merklich von der Spitze der Schneide abgestoßen.

**Tab. 5-1 Vergleich magnetischer Kräfte in einem äußeren B-Feld**

| Eigenschaft | Dia-Mag | Para-Mag | Ferro-Mag |
|---|---|---|---|
| **Kraft** | Ganz schwach abstoßend | Schwach anziehend | Ganz stark anziehend |
| **μ.r** | minimal kleiner als 1 | Etwas größer als 1 | Groß gegen 1 |
| **Tmp-Gang** | Null | Meist negativ | Neg. bis Curie-Punkt |
| **Beispiele** | Wasser, Bismut | Cu-Sulfat | Fe, Co, Ni |

- Die Berechnung anziehender magnetischer Kräfte erfolgt in Kap. 5.8.
- Die Berechnung abstoßender magnetischer Kräfte in inhomogenen Feldern erfolgt in Kap. 5.10.5 beim Thema ‚diamagnetische Levitation'.

**Dia-Magnetismus**

Diamagnetische Substanzen werden von magnetischen Polen abgestoßen – sowohl von Nord- als auch von Südpolen. So können z.B. Graphitplatten über Permanentmagneten schweben (Abb. 5-76).

Dia-Magnetismus tritt nur bei Atomen mit gleicher Anzahl von Protonen und Neutronen im Kern auf, deren magnetische Momente sich bis auf einen minimalen Rest kompensieren. Er ist so schwach, dass er sich nur bei vollständiger Abwesenheit von Para- und Ferromagnetismus zeigt. Durch den Dia-Magnetismus wird das äußere Feld verstärkt, was die abstoßende Kraft im äußeren Feld erklärt.

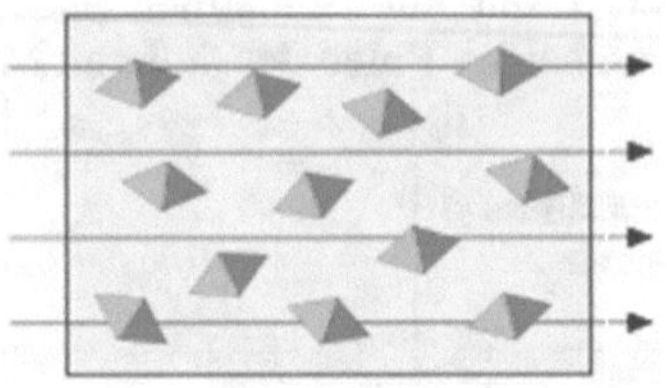

Quelle: http://elektronik-kurs.net/

**Abb. 5-18 Die schwach ausgerichteten Elementarmagnete eines Diamagneten schwächen das äußere Magnetfeld minimal.**

Abb. 5-18 zeigt: Ein spezielles Merkmal des Dia-Magnetismus ist seine Temperaturunabhängigkeit. Verschwindet das äußere Feld, so verschwindet auch das diamagnetische Feld **(diamagnetische Influenz).**

**Diamagnetische Levitation durch Supraleitung**

An den Grenzen von Supraleitern zu äußeren Magnetfeldern sind die diamagnetischen Kräfte maximal, sodass sich mit ihnen eindrucksvolle Schwebeeffekte erzielen lassen. Abb. 5-19 zeigt ein Beispiel:

https://de.wikipedia.org/wiki/Supraleiter



**Abb. 5-19 links: Ein diamagnetischer Körper schwebt über einem mit flüssigem Stickstoff gekühlten Supraleiter, weil die diamagnetische Abstoßung gleich seinem Gewicht ist.**

Abb. 5-19 (rechts) zeigt, dass Supraleiter starke Diamagnete sind.

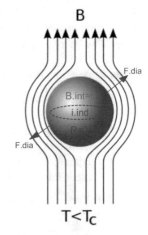

**Abb. 5-20 Supraleiter in einem äußeren Magnetfeld sind durch magnetische Influenz innen feldfrei. Die Differenz der Flussdichten erzeugt an den Materialgrenzen abstoßende Kräfte.**

Um mit technischen Spulen die gleichen Magnetfelder wie mit Dauermagneten zu erreichen, müssen die Spulenströme ebenfalls im kA-Bereich liegen. Technisch geht das nur, wenn die Spulen verlustfrei, also supraleitend sind (vergleiche Absch. 5.7.4.2).

Zum Thema ‚Magnetismus' ist der interessante und kurzweilige Vortrag von Prof. Göring, Uni Stuttgart 2013, auf YouTube zu empfehlen:

*Magnetismus: Schlüsseltechnologie der Zukunft?*

https://www.youtube.com/watch?v=0Q2wxSRke3k

Am Schluss des Videos demonstriert Prof. Göring das Schweben von Graphitplättchen über Supermagneten bei Raumtemperatur.

In Kap. 5.10.5 ‚Diamagnetische Levitation' werden wir die Ausnutzung **magnetischer Abstoßungskräfte** zur Kompensation der Schwerkraft berechnen.

Die **reibungsfreie Zirkulation** atomarer Kreisströme in **Dauermagneten** bei jeder Temperatur ist der Grund für ihre über viele Jahre konstanten Kräfte.

**Dauermagnetische Kräfte** werden in Kap. 5.10 analysiert und simuliert.

**Elektromagnetische Kräfte** werden in Kap. 5.8 analysiert und simuliert.

**Para-Magnetismus**

Die meisten Materialien sind nur schwach magnetisierbar (paramagnetisch).

Der Paramagnetismus erklärt sich durch **eine ungerade Kernladungszahl Z.** Dadurch bleibt in der Hülle eines Atoms ein ungepaartes Elektron übrig, das den Paramagnetismus erzeugt.

Verschwindet das äußere Feld, so verschwindet auch das paramagnetische Feld.

**Abb. 5-21 Die schwach ausgerichteten Elementarmagnete eines Paramagneten verstärken das äußere Magnetfeld geringfügig.**

**Atomare magnetische Momente** wirken auf ihre Umgebung magnetisierend. So können sich ganze Bereiche magnetisch verstärken. Der Vorgang endet bei Störungen des Molekülgitters und beginnt in ihrer Nachbarschaft erneut.

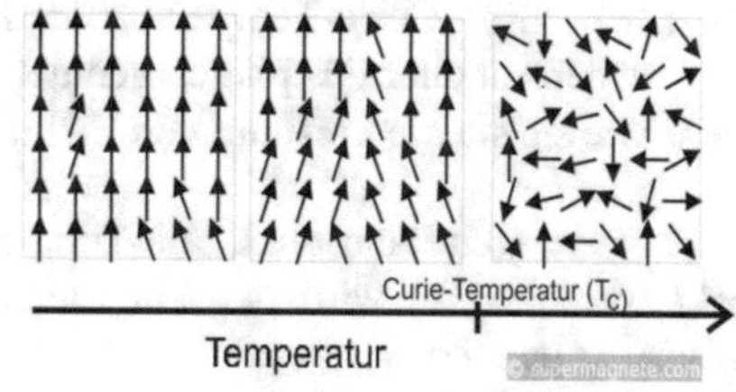


**Abb. 5-22 Durch den Paramagnetismus entstehen in Magnetfeldern schwach anziehende Kräfte.**

Bei Paramagneten sind die magnetisch geordneten Bereiche so groß, dass sie den immer vorhandenen Diamagnetismus völlig überdecken. Dadurch wird ein äußeres Feld verstärkt, was seine *schwach anziehende Kraft* erklärt. Steigende Temperaturen schwächen die magnetische Ordnung und damit den Paramagnetismus. Das zeigt Abb. 5-22.

**Ferro-Magnetismus**
Im Unterschied zu Para-Magneten besitzen ferromagnetische Materialien makroskopisch ausgedehnte Bereiche gleicher Magnetisierung (Weiß'sche Bezirke). Durch die Synchronisation der Kreisströme wird die Magnetisierung gegenüber dem Paramagnetismus vieltausendfach gesteigert. Entsprechend nehmen auch die magnetischen Kräfte zu. Dadurch wird der Bau von Kraftmagneten (Kap.) und starker Elektromotoren und -generatoren möglich (Simulation in Bd.4).

Drei ferromagnetische Materialien sind technisch von Bedeutung. Sie unterscheiden sich durch ihr spezifisches Gewicht und die Kernladungszahl Z:

*Eisen (Z=26), Kobalt (Z=27) und Nickel (Z=28).*

Durch den Ferromagnetismus wird auch die magnetische Leitfähigkeit μ gegenüber μ.0 der Luft vieltausendfach vergrößert. Die Vervielfachung wird durch die **relative Permeabilität** angegeben: $\boldsymbol{\mu.r = \mu/\mu.0}$. μ.r liegt bei dia- und paramagnetischen Materialien bei 1 und erreicht bei ferromagnetischen Stoffen über 1000.

Der Ferromagnetismus verringert sich mit steigender Temperatur, bis sein Rest bei der

**Curie-Temperatur T.C**

schlagartig verschwindet.

Beispiele:

- T.C(Kobalt)=1121°C
- T.C(Eisen)=513°C
- T.C(Nickel)=360°C

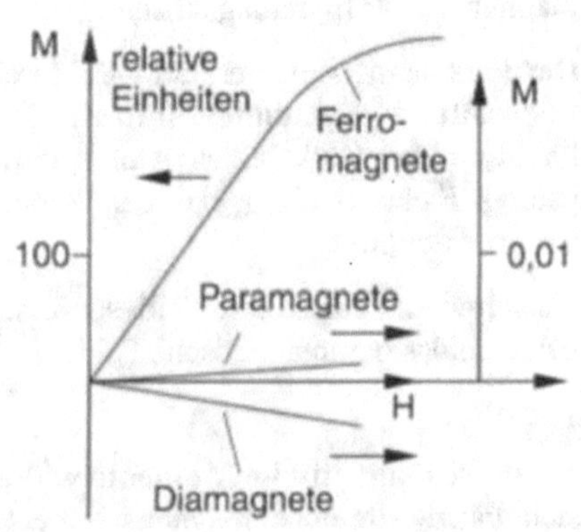


**Abb. 5-23 die Magnetisierung M=(μ.r-1)·H bei ferro-, para- und diamagnetischen Materialien als Funktion der magnetischen Feldstärke H**

Im oben genannten Vortrag von Prof. Göring erklärt er,

- wie die Curie-Temperatur zur Magnetisierung und Entmagnetisierung superschneller Festplatten genutzt wird und
- wie sie sie die Leistung von Elektromotoren mit Dauermagneten begrenzt.

Durch Legierungen kann die Curie-Temperatur auf niedrigere Werte um einige 100°C gesenkt werden. Das wird bei **Magnastat-Lötkolben** zur Regelung der **Lötspitzen-Temperatur** genutzt.

### 5.1.3 Elektromagnetismus

Das ist der experimentelle Befund: Kreisende elektrische Ladungen sind immer von magnetischen Kraftfeldern umgeben. Entsprechend erklärt die Theorie des Elektromagnetismus die Entstehung aller magnetischen Effekte durch elektrische Ströme. Sie sind in Spulen leicht messbar, in Dauermagneten aber nur berechenbar (Kap.).

- Absch. 5.3 berechnet die elektrischen Wirkungen des Magnetismus durch Induktion.
- In Absch. 5.8 wird die magnetische Kraftwirkung des elektrischen Stroms behandelt.
- Zuvor müssen die elektromagnetischen Messgrößen und Gesetze erklärt werden (Absch. 5.2).

**Abb. 5-24 Kompass: Warum atomare Ströme seine Ausrichtung im Magnetfeld der Erde bewirken, ist zunächst rätselhaft.**

Der wohl größte Förderer des elektrotechnischen Fortschritts beim Übergang vom 19. ins 20. Jahrhundert ist nicht der bekannte Thomas A. Edison, sondern der weniger bekannte **Nikola Tesla**. Seine wichtigste Erfindung ist der **Asynchronmotor**, zu dessen Simulation in Bd. 4 hier die Grundlagen gelegt werden.

Nach Tesla ist für die **Einheit der Flussdichte B** benannt worden: **T=Vs/m²**.

**Abb. 5-25 Nikola Tesla (*1856; † 1943): elektrotechnisches Genie kroatischer Herkunft, Wirkungsstätte USA**

Zur Einführung in das spannende Gebiet des Elektromagnetismus empfiehlt Ihnen der Autor dieses YouTube-Video:

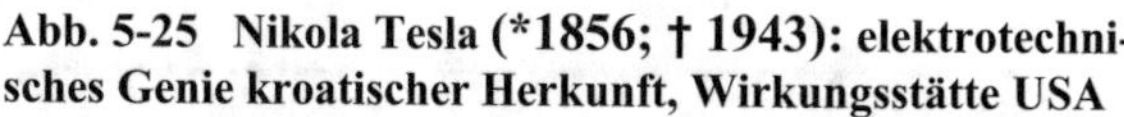


https://www.bing.com/videos/search?q=nikola+tesla&view=detail&mid=1A54689F3F878451FE451A54689F3F878451FE45&FORM=VIRE

**Simulierte Anwendungen des Elektromagnetismus**

- Permanent- und Elektromagnete (Kap. 5.10 und Kap. 5.8)
- Induktion und Transformatoren (Kap. 5.3 und Kap. 6)
- Elektromagnetische Kräfte und Drehmomente (Kap. 5.8 und Kap. 5.9) und
- Elektromotoren behandeln wir hier in Kap. 5.4.2 und Kap. 5.9.1.2 und ausführlich in Bd. 4/7 (DC, AC und Drehstrom)

Um elektrische Systeme berechnen (d.h. simulieren) zu können, werden die nun erklärten Messgrößen und Grundlagen benötigt.

**Das Ampère'sche Durchflutungsgesetz**

Jeden elektrischen Strom umgibt ein magnetisches Feld in konzentrischen Kreisen. Im einfachsten Fall ist dies der Strom in einem geraden Leiter. Das zeigt Abb. 5-26.

**Gl. 5-1 das Ampère'sche Durchflutungsgesetz** $\Theta = \Sigma(V.mag)\ldots mit\ V.mag = H * l$

**Gl. 5-1** besagt, dass der durch ein Magnetfeld eingeschlossene Strom das Produkt aus Feldstärken H und den zugehörigen Längen l ist.

**Gl. 5-2** $V.mag = H \cdot l$ – *in A*

Das Ampère'sche Durchflutungsgesetz ermöglicht die Berechnung der Feldstärke im Abstand r.inn vom Mittelpunkt des Leiters und im Abstand r.aus von der Oberfläche des Leiters. Das zeigt Abb. 5-27.

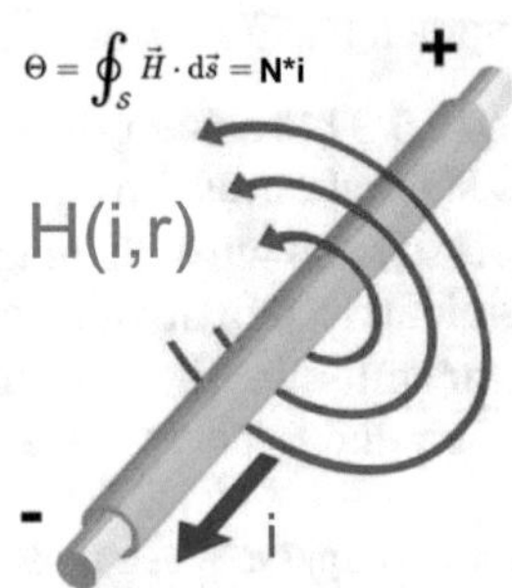


**Abb. 5-26 Jeden Strom umschließen Feldlinien in konzentrischen Kreisen.**

Abb. 5-28 zeigt, dass der Innenradius r.inn von 0 (Leitermittelpunkt) bis R (Leitergrenze) der Außenradius r.aus von R bis ∞ läuft.

i ist der Strom durch den Leiterquerschnitt A.

Zur Berechnung der inneren Feldstärke H.inn wird nur die bei r.inn umschlossene Fläche $A.inn = \pi \cdot r.inn^2$ gebraucht.

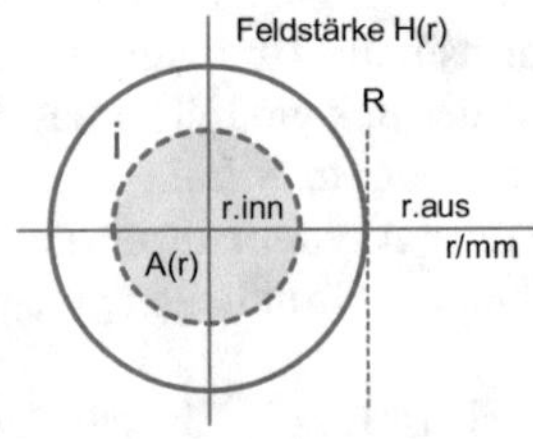


**Abb. 5-27 die geometrischen Messgrößen zur Feldstärkeberechnung**

Abb. 5-28 zeigt den Verlauf der Feldstärke innerhalb und außerhalb eines stromdurchflossenen Leiters.

**Gl. 5-3 Feldstärke innen:**

$$H.inn = \frac{i * r.inn}{2\pi * R^2}$$

r.inn=R → H.0=i/(2π·R)

**Gl. 5-4 Feldstärke außen:**

$$H.aus = \frac{i}{2\pi * r.aus}$$

r.aus=R → H.0=i/(2π·R)

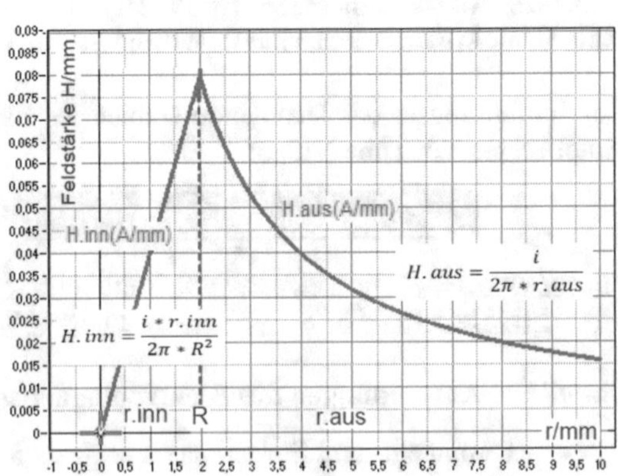


**Abb. 5-28 der Feldstärkeverlauf innerhalb und außerhalb eines stromdurchflossenen Leiters**

Abb. 5-29 zeigt die Berechnung des in Abb. 5-28 gezeigten Verlaufs der Feldstärke im und um einen stromdurchflossenen Leiter:

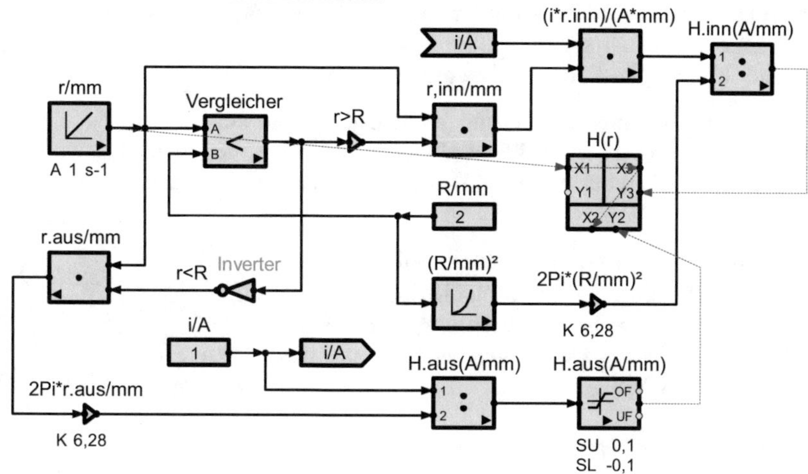


**Abb. 5-29 Berechnung der Feldstärken eines stromdurchflossenen Leiters nach Abb. 5-28, Gl. 5-3 und Gl. 5-4**

Erläuterungen zu Abb. 5-29: Die Länge einer Feldlinie im Abstand r ist der Kreisumfang 2π·r. Sie umschließt den Strom I.

Aus I=2π·r·H folgt H=I/2π·r – in A/m. H ist proportional zum umschlossenen Strom I=N·i. Sie ist an der Kante r.0 des Leiters maximal und wird mit steigendem Abstand r>r.0 von der Leitermitte immer kleiner (1/r-Gesetz).

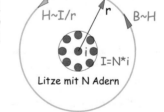

**Abb. 5-30 Strom und Feldstärke um eine stromdurchflossene Litze**

H~I/r
r
B~H
i
I=N*i
Litze mit N Adern

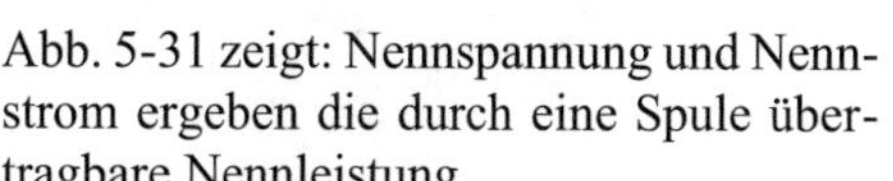

Abb. 5-31 zeigt: Nennspannung und Nennstrom ergeben die durch eine Spule übertragbare Nennleistung

**Gl. 5-5** *P.Nen = U.Nen·I.Nen*

U.Nen und I.Nen (Effektivwerte) gehören zu den technischen Daten, die zur Beschaffung oder zum Bau von Spulen anzugeben sind. Wir werden sie durch Simulation ermitteln.

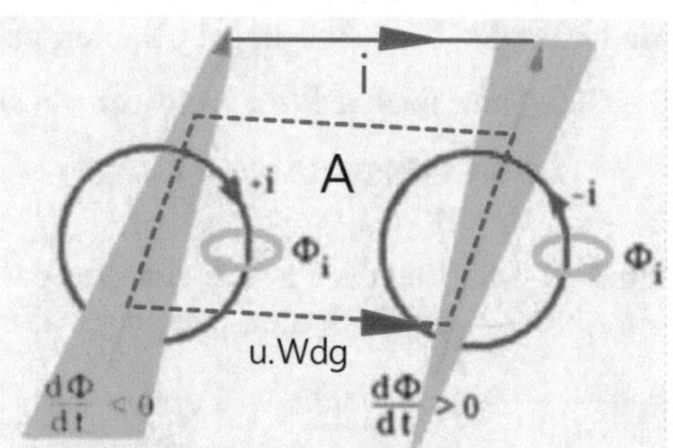


**Abb. 5-31 Ansteigender Fluss induziert positive Spannung, absinkender Fluss induziert negative Spannung zwischen den Leitern.**

## *5.1.4 Elektromagnetische Felder*

**Magnetische Felder** sind die Vermittler magnetischer Kräfte. Wenn sie sich zeitlich oder räumlich ändern, können sie in Spulen Spannungen induzieren. Die Berechnung von Kräften und Spannungen ist das Thema dieses Bandes.

**Spulen** mit der Windungszahl N sind N-fach gewindete Drähte. Um ihr elektromagnetisches Verhalten erklären zu können, muss der Verlauf des magnetischen Feldes in ihnen und um sie herum bekannt sein. Das soll zunächst für eine gerade Spule (Solenoid) gezeigt werden.

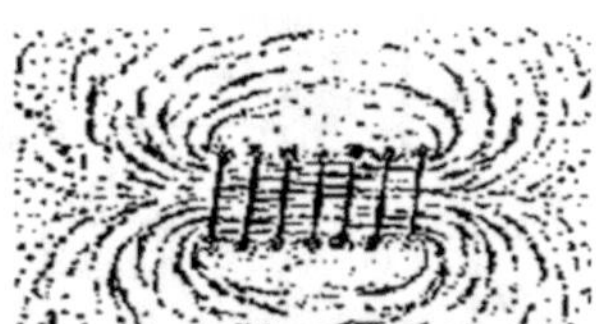

Der magnetische Fluss ($\phi \sim A/l$) in einem Solenoid wird durch die **Durchflutung $\Theta$ = i.Spu·N,** die Spulenlänge l und ihren inneren Querschnitt A bestimmt. **Außerhalb** der Spule geht das Volumen Vol gegen unendlich und die Feldstärke H.aus ~ 1/Vol gegen null.

**Innerhalb** einer Spule herrscht die

**Gl. 5-6 Feldstärke** $H = \Theta/l = N * i/l$

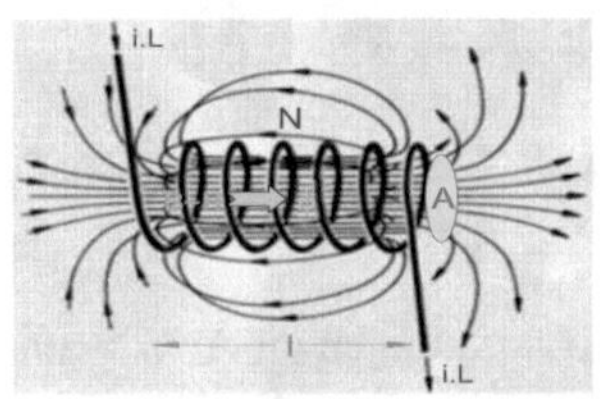


**Abb. 5-32 Der Spulenquerschnitt und die Spulenlänge begrenzen den magnetischen Fluss. Außerhalb der Spule geht die magnetische Feldstärke gegen null.**

**Der Magnetisierungsstrom einer Spule**

Spulenströme bestehen aus einem Wirkanteil und einem ihm um 90° nacheilenden Blindanteil.

Der **Wirkanteil** deckt sämtliche Verluste (Ummagnetisierung des Kerns, Wärmeentwicklung der Spulendrähte).

Der **Blindanteil** des Spulenstroms erzeugt den magnetischen Fluss ϕ. Seine zeitliche Änderung induziert die Windungs- und die Spulenspannung.

**Gl. 5-7 maximal** $u.Wdg = d\phi/dt \Rightarrow \omega * \phi$

**Gl. 5-8 effektiv** $U.L = N * \mathrm{u.Wdg}/\sqrt{2}$

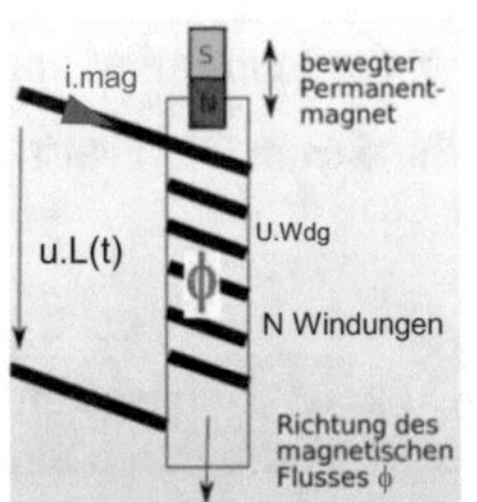


**Abb. 5-33 Induktion und die Messgrößen der Spulenberechnung**

In Abb. 5-33 sind der Fluss ϕ und die Spannung u.Wdg Spitzenwerte.
In Abb. 5-34 ist die Spulenspannung U.L ein Effektivwert für sinusförmigen Fluss ϕ.

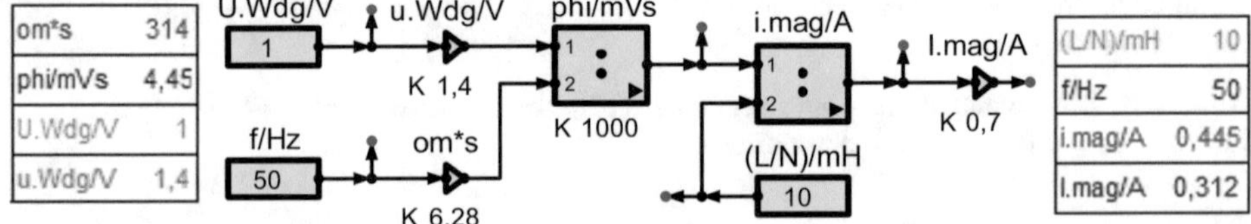


**Abb. 5-34 Berechnung des Magnetisierungsstroms aus der induzierten Windungsspannung**

**Magnetische Abschirmung**

Zur Abschirmung von statischen Magnetfeldern und von Magnetfeldern geringer Frequenz dienen weichmagnetische Werkstoffe, d. h. ferromagnetische Materialien hoher Permeabilität und geringer Remanenz. Eine magnetische Abschirmung wirkt gleichzeitig auch elektrisch abschirmend, wenn sie hinreichend leitfähig ist. Diese Bedingungen erfüllen **Mu-Metalle**. Abb. 5-35 zeigt eine wichtige Anwendung:

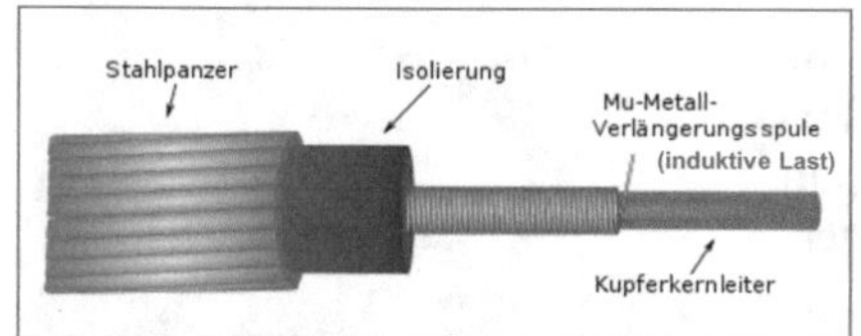


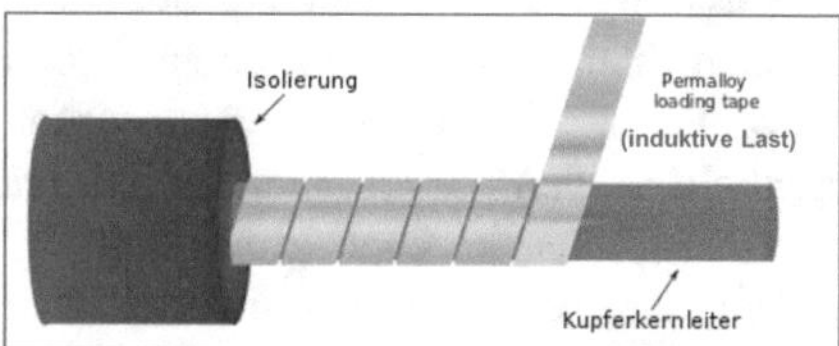


https://de.wikipedia.org/wiki/Mu-Metall

**Abb. 5-35 links: Abschirmung eines Seekabels mit gewickeltem Mu-Metalldraht (Krarup-Kabel)- rechts: Abschirmung eines Seekabels mit gewickeltem Permalloy-Metallband**

**Hochfrequente**, elektromagnetische Wechselfelder (elektromagnetische Wellen) können nur mit elektrisch leitfähigen, allseitig geschlossenen Hüllen ausreichender Dicke vollständig abgeschirmt werden. Spalte oder Öffnungen verringern die Schirmdämpfung und machen diese unmöglich, wenn ihre größte Abmessung die Größenordnung der abzuschirmenden Wellenlänge erreicht oder überschreitet.

Beispiele für Abschirmungen mit Mu-Metallen:

- als Bleche in Transformatoren, Magnetometern (Absch. 5.1.4)
- bei der Magnetresonanztherapie (MRT, Absch. 5.7.4.2)
- in elektronischen Geräten, dabei betragen typischen Wanddicken 1 bis 2 mm
- als Becher für Anzeigeinstrumente und kleine Elektromotoren und
- in Pulverform zur Herstellung von gepressten Pulverkernen.

**Wie gut können Abschirmungen sein?**

Grundsätzlich kann jede Frequenz mehr oder weniger gut abgeschirmt werden. Die erreichbare Störfeldunterdrückung hängt entscheidend von der elektromagnetischen Geschlossenheit der Abschirmung ab.

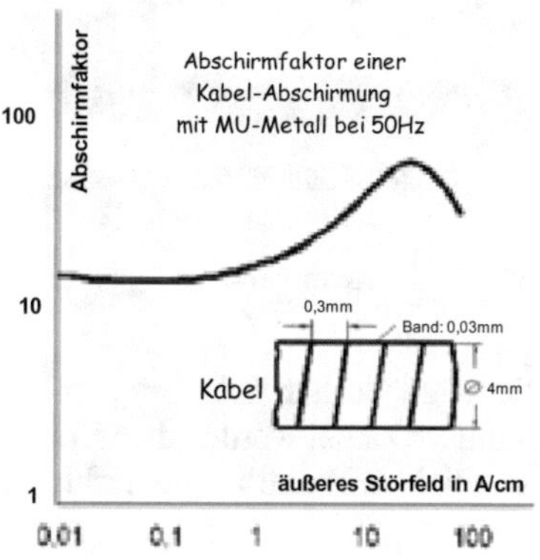


**Abb. 5-36 der Abschirmfaktor S eines Kabels als Verhältnis der Feldstärken H: S=H(ohne Schirm) / H(mit Schirm)**

### *5.1.5 Elektromagnetische Anwendungen*

Zur Einführung in das Thema ‚Magnetismus‘ folgen nun wichtige Anwendungen. Ihnen gemeinsam ist, dass magnetische Effekte durch die zeitliche oder räumliche Änderung eines magnetischen Flusses erzielt werden.

**Transformatoren** übertragen große Leistungen bei hohen Spannungen und kleinen Strömen und transformieren sie auch wieder zurück. Das ermöglicht den verlustarmen Transport elektrischer Energie über große Entfernungen. Dadurch kann Kraft dort erzeugt werden, wo sie gebraucht wird. Mechanische Transmissionen von einer zentralen Kraftquelle entfallen.

**Abb. 5-37 Drehstrom-Transformator: Umspanner für Wechselstrom – Vermittler zwischen Primär- und Sekundärseite ist der magnetische Fluss $\phi$.**

Abb. 5-38 zeigt den Aufbau elektrischer Netze in Europa:

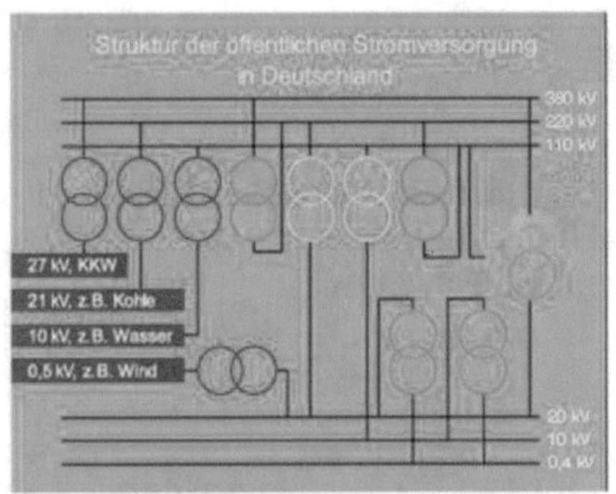


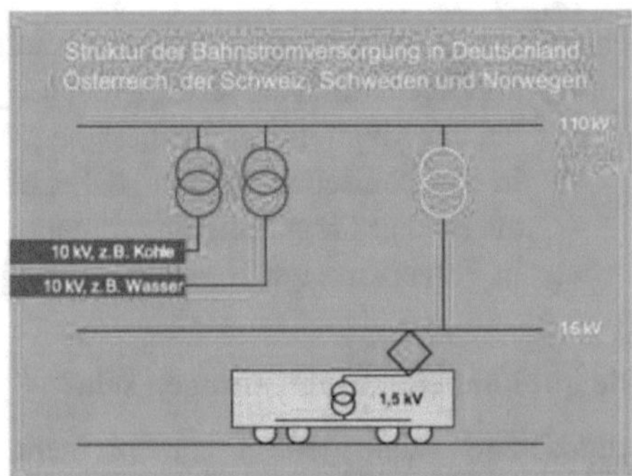


Quelle: transformatoren - Deutsches Kupferinstitut
https://www.kupferinstitut.de/fileadmin/user_upload/kupferinstitut.de/.../s182.pdf

**Abb. 5-38 Stromversorgungsnetze: links für Industrie und Haushalte, rechts für die Bahn**

Die magnetischen Grundelemente dieser Systeme werden in diesem Kapitel erklärt und simuliert. Dabei werden die Größen ermittelt, die zu ihrem Bau benötigt werden (z.B. die Flussdichten B und magnetischen Kräfte F.mag).

**Relais**

Das einfachste Relais ist ein Reed-Kontakt. Er schaltet bei Annäherung eines Magneten, weil er aus magnetisierbarem Material (Eisenlegierung) besteht. Ein Schutzgasgehäuse verhindert den Kontaktverschleiß durch Funkenbildung.

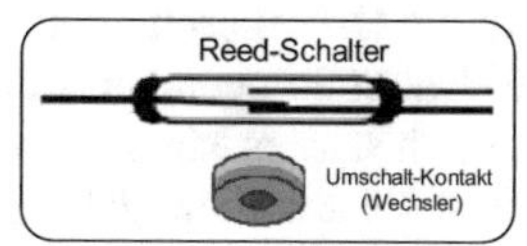


**Abb. 5-39 Reed-Kontakt als magnetischer Näherungsschalter**

Relaisspulen erzeugen die Kräfte zum Schalten elektrischer Ströme. So können große Leistungen durch kleine geschaltet werden. Ihre Simulation erfolgt in Abschnitt 4.9 dieses Kapitels.

**Dynamische Lautsprecher** und **Mikrofone**

Sie erzeugen aus Strömen mit Tonfrequenz magnetische Kräfte, die eine Membran in Schall umwandelt. Ihre Simulation finden Sie in Kapitel 11 ‚Aktorik'.

**Abb. 5-40 dynamischer Lautsprecher: Eine Spule mit Membran bewegt sich in einem Ringmagneten.**

Quelle: http://www.visaton.de/de/

**Festplatten** speichern Daten im GByte-Maßstab auf rotierenden, magnetisierbaren Scheiben (Hard Disk Drive HDD).

Die Daten sind durch direkte Adressierung in Millisekunden auslesbar. Sie bleiben auch nach dem Abschalten des Stroms erhalten. Ihre Funktion wird im Absch. 5.5.3 ‚Magnetische Hysterese' erläutert.

**Abb. 5-41 Festplatte: Geöffnet wird sie nach einigen Sekunden durch Staub zerstört.**

Eine Festplatte enthält mehrere magnetisierbare Scheiben übereinander. Der Antrieb erfolgt durch Analog- und Schrittmotoren mit Permanentmagneten.

Zu den Themen Magnetismus und Festpatten empfiehlt der Autor den Vortrag von Prof. Göring (TU Stuttgart 2013). Sie finden ihn bei YouTube unter

https://www.youtube.com/watch?v=0Q2wxSRke3k

Zum Thema ‚Schrittmotor-Simulation' hat der Autor eine eigene Schrift verfasst:

‚Der Schrittmotor und seine Ansteuerung'.

Näheres dazu finden Sie auf der Website strukturbildung-simulation.de

**Magnetische Tonaufzeichnung (MAZ)**

Will man die Orientierung einer Domäne ändern, um neue Daten zu speichern, benötigt man dazu ein eigentlich starkes Magnetfeld, also viel Strom. Das lässt sich dadurch umgehen, dass man auf den Hartmagneten eine dünne Schicht weichmagnetischen Materials aufbringt, das sich leicht ummagnetisieren lässt. Diese Schicht dient während des Schreibprozesses zur magnetischen Keimbildung. Ein schwaches Magnetfeld reicht nun dazu aus, die Elementarmagnete einer Domäne auszurichten. Diese Orientierung setzt sich bis in die hartmagnetische Schicht fort. Deshalb zeichnen sich Festplatten durch stromsparende Beschreibbarkeit und hohe Datendichte und -sicherheit aus.

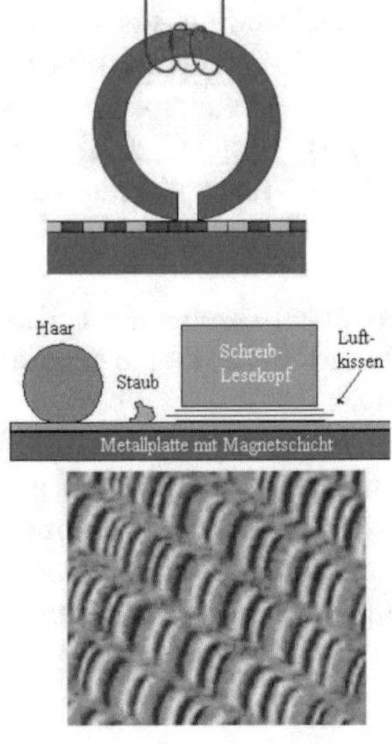


**Abb. 5-42 Magnetisierung einer Festplatte zum Speichern von Bits**

**Magnetkopf für Tonbandgeräte, Videorecorder und Disketten**

In älteren Geräten findet man noch die Magnetaufzeichnung (MAZ) von Musik, Bildern und Daten durch Schreib-Leseköpfe. Das Prinzip sei hier kurz beschrieben.

Dazu bringt man einen Dauermagneten in ein gleich großes, aber entgegengesetzt gerichtetes äußeres Magnetfeld, so addieren sich beide Felder zu Null. Schaltet man dann das äußere Feld ab, so ist das Feld des Dauermagneten etwas geschwächt. Das eröffnet die Möglichkeit, ihn zu entmagnetisieren.

**Abb. 5-43 Getrennter Löschkopf für und Aufnahme und Wiedergabe: Tonkopf (Kombikopf) zur Magnetaufzeichnung (MAZ) für Tonbandgeräte und Cassettenrecorder**

Beim „Schreiben“ wird das elektrische Eingabesignal als Strom an den Kopf gesendet, der das sich bewegende Band magnetisiert. Beim „Lesen“ induziert das veränderliche Magnetfeld des sich vorbeibewegenden Bandes oder der Diskette ein veränderliches Magnetfeld im Kopf. Hierdurch wird in der Spule eine Spannung induziert, die das Ausgangssignal erzeugt.

**Elektrische Generatoren und Motoren**
In elektrischen Maschinen werden Magnetfelder zur Erzeugung von Spannungen und Drehmomenten genutzt. Der Gleichstrommotor und -generator wird in Bd. 4/7, Kapitel 7 dieser ‚Strukturbildung und Simulation technischer Systeme' behandelt. Nachfolgend werden die wichtigsten Motorsysteme kurz vorgestellt. Sie können ebenso als Generator betrieben werden.

**Der Wechselstromgenerator**
Das Feld eines umlaufenden Dauermagneten kreuzt eine feststehende Spule. Das induziert in ihr eine Spannung zum Betrieb angeschossener Verbraucher (z. B. Lampen).

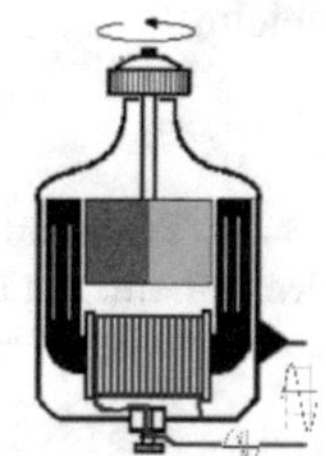

**Abb. 5-44 Dynamo**

**Der Gleichstrommotor**
Den Fluss eines äußern Magnetfels kreuzt das Feld einer drehbar gelagerten Ankerspule. Das dadurch entstehende Drehmoment richtet den Anker antiparallel zum Feld des Stators aus. Wenn das erreicht ist, wird der Ankerstrom umgepolt. Dann muss der Rotor eine weitere Halbdrehung machen usw. d.h., der Motor läuft.

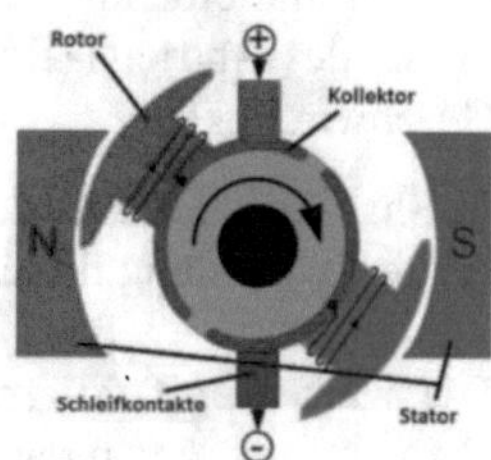


**Abb. 5-45 DC-Motor**

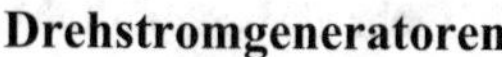

**Drehstromgeneratoren**
Ein Dauermagnet rotiert innerhalb von drei um 120° versetzte Spulen des Stators. Das erzeugt drei Phasenspannungen, die zeitlich um 1/3 Periode (120°) versetzt sind. Zusammen bilden sie ein räumlich umlaufendes Drehfeld.

**Der Synchronmotor**
Im Drehfeld von Drehstrom rotiert ein **Dauermagnet**. Stationär folgt er ihm ohne Versatz (Schlupf). Schlupf entsteht nur kurzzeitig bei Belastungsänderung.

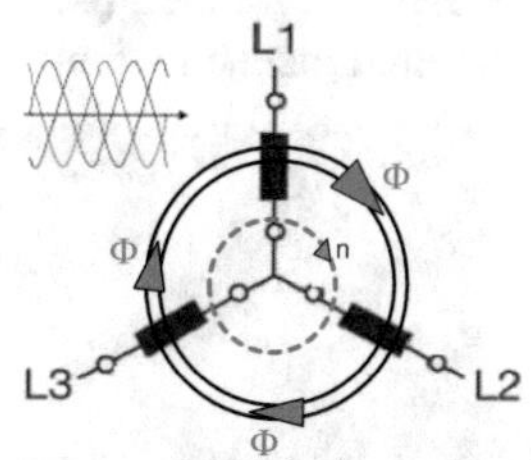


**Abb. 5-46 DS-Motor /Generator**

**Der Asynchronmotor**
Im Drehfeld von drei Statorspulen befindet sich ein Rotor aus Aluminiumstangen. In ihnen induziert das umlaufende Drehfeld Wirbelströme, die bei Schlupf das Drehmoment erzeugen.

**Linearmotoren**
Die Statorspulen bilden den Fahrweg. Im Fahrzeug befinden sich die Spulen des Motors. Der Antrieb entsteht durch periodisches Umpolen der Statorströme.

Abb. 5-48 zeigt den Transrapid als Beispiel.

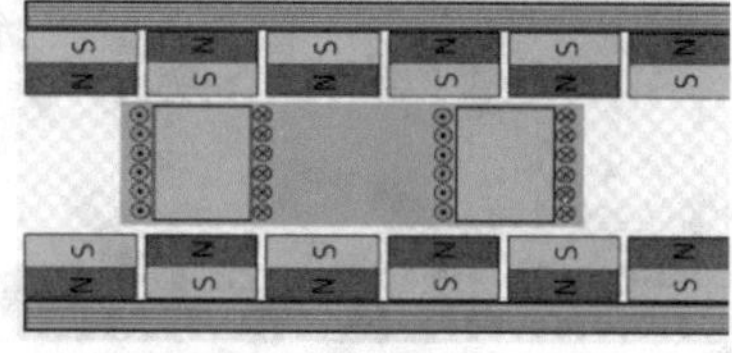

**Ab-b. 5-47 Linearmotor**

**Der Transrapid**

Der Transrapid ist ein magnetisch schwebendes Fahrzeug. Der Antrieb - ein magnetisches Wanderfeld – befindet sich nicht im Fahrzeug, sondern ist im Fahrweg integriert.

Ein Transrapid muss keinen Treibstoff transportieren. Dadurch ist er besonders leicht.

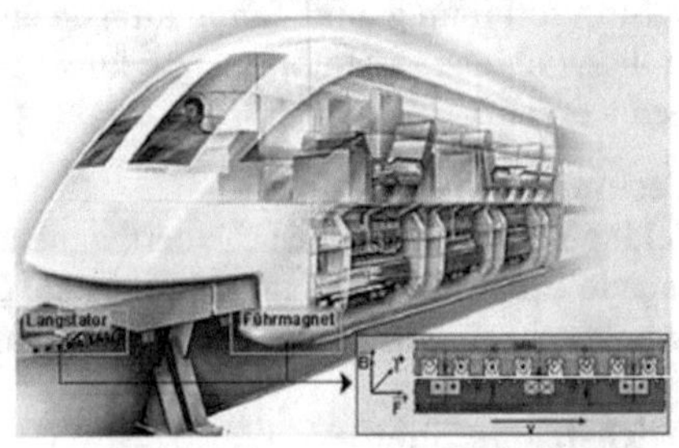


**Abb. 5-48 Transrapid auf seinem Antriebssystem: ein Linear-Motor, der im Schienenweg integriert ist**

Quelle: ThyssenKrupp Transrapid GmbH

Der Linearmotor des Transrapid dient als Antrieb und Bremse. Man kann ihn sich als Drehstrommotor mit aufgeschnittenem Stator vorstellen. Sein Magnetfeld bestimmt die Stärke des Antriebs (Beschleunigung), die stufenlos regulierbare Frequenz bestimmt die Geschwindigkeit.

In Shanghai verkehrt der Transrapid seit 2004 im täglichen Betrieb. Ob er jemals eine breite Anwendung findet, ist jedoch unsicher (aus technischer Sicht mehr als bedauerlich).

**Der Kernspin-Tomograf**

Tomografen erzeugen Schnittbilder von Weichteilen (Nerven, Bänder, Sehnen, Muskulatur) durch die Messung atomarer Resonanzen. Durch das Übereinanderlegen vieler Aufnahmen (Scheiben) werden räumliche Bilder strahlungsarm erzeugt, z.B. vom Inneren menschlicher und tierischer Körper.

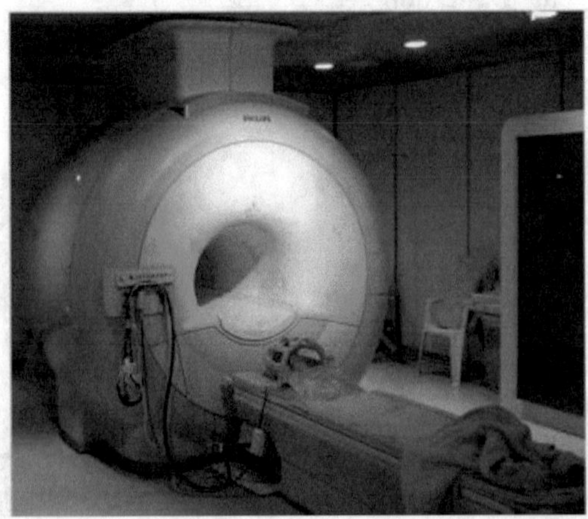

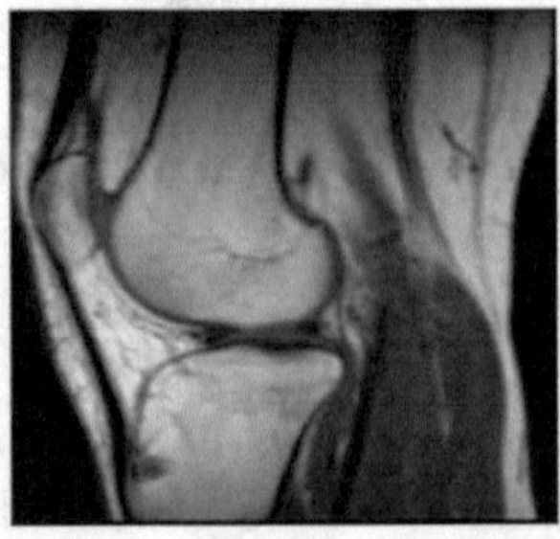

Wikimedia, gemeinfrei - http://de.wikipedia.org/wiki/MagnetresonanzTomografie

**Abb. 5-49 Die Spulen von Kernspintomografen erzeugen in Luft Flussdichten bis zu 7 Tesla. Dadurch können Dichteunterschiede im Körper sichtbar gemacht werden.**

**Massenspektrometer** zerlegen Gasgemische in ihre Bestandteile.
Anwendungen: Medizin, Kriminalistik, Archäologie

Zur spektrometrischen Analyse von Materie wird das zu untersuchende Material durch Erhitzen in den gasförmigen Zustand gebracht. Danach wird das Gas im Hochvakuum elektrisch ionisiert, wie in einer Fernsehröhre beschleunigt und anschließend zu einem Ionenstrahl fokussiert.

Abb. 5-50 zeigt den Aufbau eines Massenspektrometers.

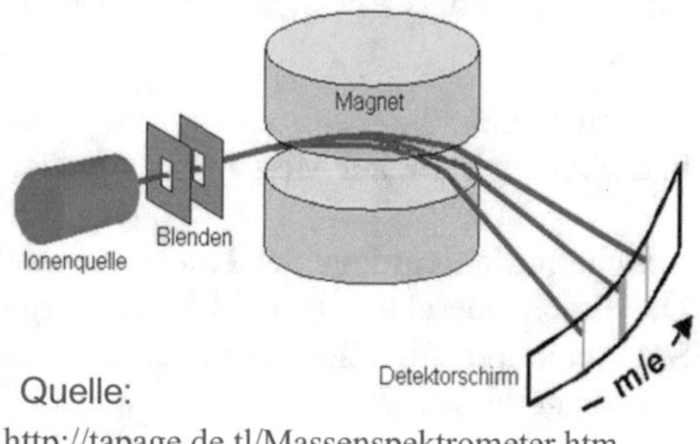


Quelle:
http://tapage.de.tl/Massenspektrometer.htm

**Abb. 5-50 Die Ablenkung eines Ionenstrahls im Magnetfeld steigt mit der Ladung und sinkt mit der Masse der Ionen.**

Im Massenspektrometer wird ein Ionenstrahl durch ein Magnetfeld abgelenkt – und zwar umso stärker, je höher die Ladung e eines Teilchens ist und je kleiner seine Masse m ist (Ablenkung ~ e/m). Das eröffnet die Möglichkeit zur Bestimmung atomarer Massenverhältnisse. Bezugsmasse ist das Wasserstoffion (Proton). So erhält man das Massenspektrum des untersuchten Gases. Massenspektrometer erkennen bereits einige Teilchen pro Million (ppm).

Nach der Kalibrierung mit einem *Referenzgas (H+= Proton)* können die beteiligten Stoffe aus der Ablenkung und die Massenverhältnisse aus den Zählraten des elektronischen Detektors bestimmt werden. Geräte, die dies tun, heißen **Spektrometer.**

Die Ablenkung eines Ionenstrahls in einem Massenspektrometer werden wir in Absch. 5.9.1.3 berechnen.

Zuvor müssen die dazu erforderlichen Grundlagen gelegt werden.

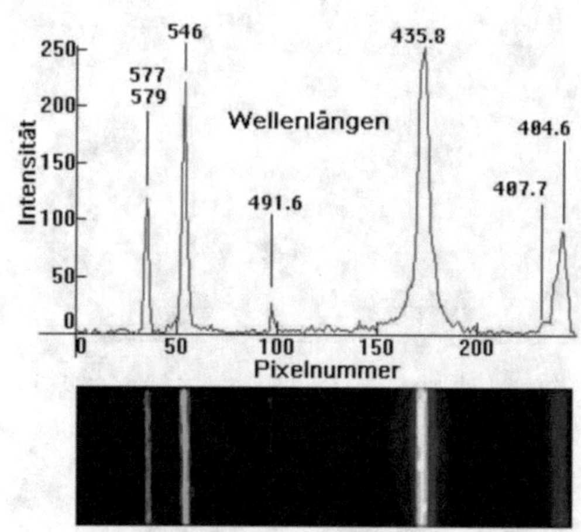


**Abb. 5-51 oben: Signale eines Massenspektro-meters, darunter die zugehörigen Emissionslinien**

Weitere Spektrometer:
**Optische Spektrometer** zerlegen die Frequenzgemische **elektromagnetischer Strahlung** mittels **Prismen** in ihre Bestandteile. Sie erkennen die im Licht enthaltenen Farben.

Anwendungen:
in der Astrophysik zur Messung von Entfernungen und der Geschwindigkeit von Sternen

**Teilchenbeschleuniger der Hochenergiephysik**
Die Teilchenbeschleuniger der Hochenergiephysik (z.B. das CERN am Genfer See) sind **Spektrometer für Elementarteilchen**. Sie erforschen das, was bereits Goethes Faust unbedingt wissen wollte, nämlich ‚was die Welt im Innersten zusammenhält'.

http://docplayer.org/11889001-Was-die-welt-im-innersten-zusammenhaelt.html

Elementarteilchen werden in Ringbeschleunigern durch elektrische Hochfrequenzfelder auf annähernd Lichtgeschwindigkeit beschleunigt und dann zur Kollision gebracht. Ringförmige Spulen (Toroide) werden hier in Abschnitt 4.5 berechnet.

In der Grundlagenforschung dienen magnetische Felder zur Ablenkung und Fokussierung von Protonen- und Elektronenstrahlen in Ringbeschleunigern, z.B. der LHC (Large Hadron Collider) im Cern bei Genf, das DESY in Hamburg und BESSY in Berlin.

Abb. 5-52 zeigt den CMS (ein Myonendetektor). Er ist eine der vier Detektoren des Speicherrings LHC im CERN:

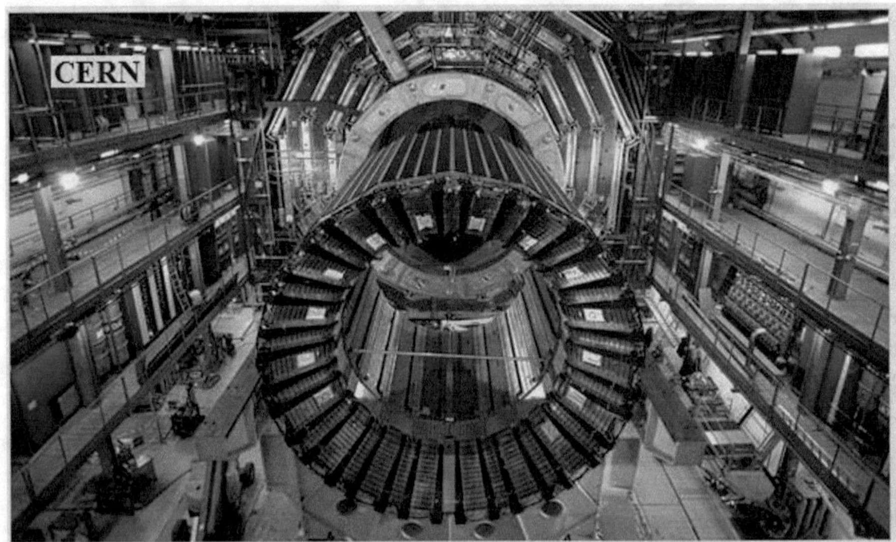


Quelle: http://home.web.cern.ch/about/experiments/cms

**Abb. 5-52 CMS (Compact Muon Solenoid): Zur Ablenkung und Identifikation geladener Elementarteilchen wurden Einzelmagnete zu einer Zylinderspule (Solenoid) zusammengesetzt.**

**Kernfusionsreaktoren**

In der Entwicklung befindet sich der Kernfusionsreaktor Tokamak. Die Energiegewinnung erfolgt – wie in der Sonne – durch die Verschmelzung von Wasserstoff-Kernen zu Helium. Dabei wird die Bindungsenergie von Protonen frei.

Weltweit sind die meisten Anlagen heute vom Typ Tokamak. Er ist am besten untersucht und kommt am nächsten an die Zündbedingungen heran. Abb. 5-53 zeigt den Tokamak.

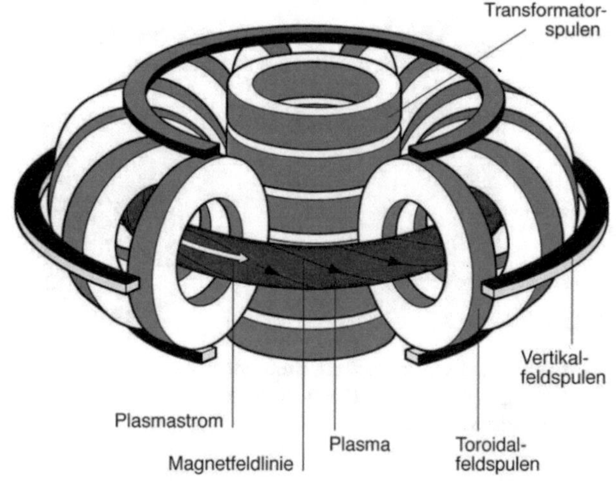


Quelle: https://www.ipp.mpg.de/9778/tokamak = magnetische Flasche

**Abb. 5-53 Der Tokamak: die Ringspule (Toroid) des thermonuklearen Fusionsreaktors ITER der Kernfusionsanlage im südfranzösischen Kernforschungszentrum Cadarache**

Im Kernfusionsreaktor Tokamak zirkuliert ein Plasmastrom in einem schlauchförmigen Gefäß bei über 100000°C. Er wird durch das magnetische Feld der Spulen, die den Torus umgeben, eingeschlossen.

**Ausblick**

Zum Kauf, der Entwicklung und dem Bau von Spulen müssen deren technische Daten bekannt sein. Die zu ihrer Berechnung benötigten Gesetze werden nun behandelt. Ihre Anwendung wird zuerst anhand der Spule eines Kernspintomografen erklärt.

Das Ziel dieses Kapitels ist die Berechnung magnetischer Systeme bezüglich ihrer Spannungen, Ströme, Kräfte und Momente und dem Material und seinen Abmessungen als Parametern. Dadurch werden Sie diese Systeme in ihrer grundsätzlichen Wirkungsweise verstehen. Danach können Sie die zu ihrer Beschaffung oder ihrem Bau benötigten Parameter angeben (Material, Abmessungen).

## 5.2 Magnetische Messgrößen und Gesetze

Um elektromagnetische Systeme erklären, simulieren und dimensionieren zu können, müssen die wichtigsten magnetischen Messgrößen bekannt und die sie verknüpfenden Gesetze bekannt sein. Sie dienen hier zur Berechnung von Strömen und Kräften.

Elektromagnetische Kräfte werden durch Kraftfelder vermittelt. Deshalb beginnen wir mit dem Vergleich elektrischer und magnetischer Felder. Dass sie existieren, bemerkt man erst, wenn man eine Probeladung q einbringt.

Abb. 5-54 zeigt eine bewegte Ladung in einem elektrischen Feld E. Sie wird in Feldrichtung beschleunigt.

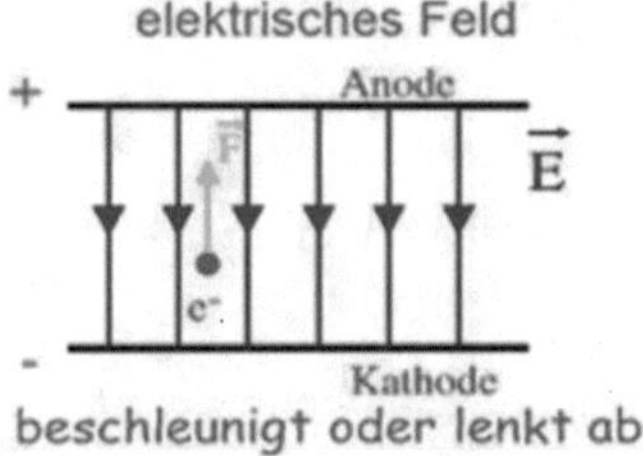

**Abb. 5-54 Das elektrische Feld zwischen zwei Kondensatorplatten: Eine darin befindliche Ladung wird zu der entgegengesetzt geladenen Platte hin beschleunigt. Dadurch steigen ihre Geschwindigkeit und die kinetische Energie.**

Empfehlung:
http://docplayer.org/11889001-Was-die-welt-im-innersten-zusammenhaelt.html

Abb. 5-55 zeigt eine quer zu einem magnetischen Feld bewegte Ladung. Sie wird nicht beschleunigt, aber in Richtung des Feldes abgelenkt.

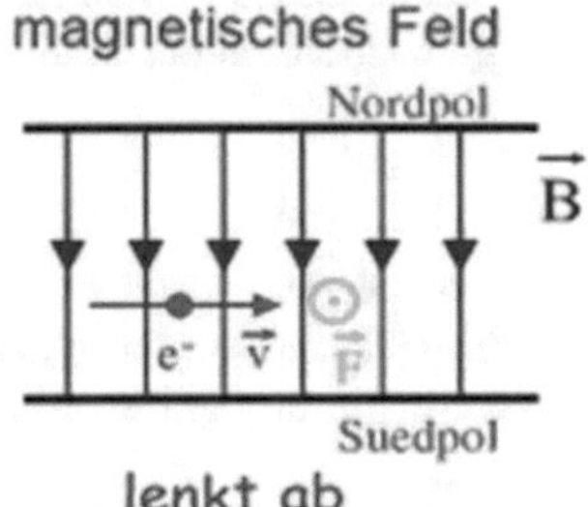

**Abb. 5-55 In magnetischen Feldern werden bewegte Ladungen nur abgelenkt. Dabei ändert sich der Betrag ihrer Geschwindigkeit (ihre kinetische Energie) nicht.**

Dies sind die Themen dieses Kapitels:

- die Berechnung von magnetischen Kräften von Permanent- und Elektromagneten
- die Berechnung induzierter Spannungen und
- die Dimensionierung von Spulen (den Speichern magnetischer Energie).

**Elektromagnetische und mechanische Gesetze**

Magnetisierbare Materialien sind Speicher für die Bewegungsenergie elektrischer Ladungen (dynamische Speicher). Das entspricht der Speicherung von mechanischer Bewegungsenergie durch träge Massen. Die magnetische Energiespeicherung wird zum Bau elektromechanischer Wandler (Motoren, Generatoren – Bd. 4/7) verwendet. In diesem Kapitel sollen die zu ihrer Simulation benötigten Grundlagen gelegt und durch typische Anwendungen erklärt werden.

**Tab. 5-2 Vergleich elektromagnetischer und mechanischer Energiespeicher**

| **Energiespeicher** | | gespeicherte Energie |
|---|---|---|
| Spannenergie einer Feder D<br>Federkonstante D = k.F=s/F.F | k.F bzw. D<br>Dehnung s = l - l.0 | $W = \frac{1}{2} \cdot \quad \cdot s^2$<br>statisch |
| elektrostatische Energie eines Kondensators C | Kondensator<br>gepolt - einstellbar | $W = \frac{1}{2} \cdot C \cdot U^2$ |
| kinetische Energie einer Masse m | m<br>Geschwindigkeit v<br>Masse m | $W = \frac{1}{2} \cdot m \cdot v^2$<br>dynamisch |
| magnetische Energie einer Spule L | L<br>Spule, allg. Induktivität Spule mit Eisenkern und Luftspalt | $W = \frac{1}{2} \cdot L \cdot I^2$ |

Auch die Berechnung elektrischer und magnetischer Verlustbringer ist analog:

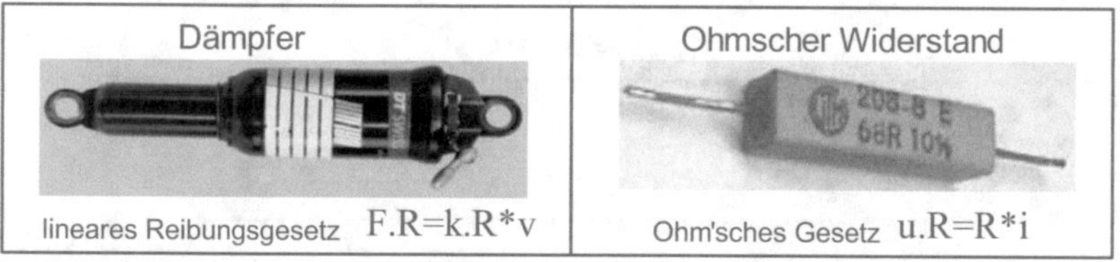


**Abb. 5-56 Reibung ist geschwindigkeits-proportional: Die elektrische Stromstärke i entspricht der mechanischen Geschwindigkeit v.**

Das Kennzeichen bewegter Ladungen (elektrischer Ströme i) ist

- ein zugehöriger magnetischer Fluss $\phi(i)$ und
- ein magnetisches Kraftfeld H® in ihrer Umgebung.

Das magnetische Feld wird bei der Beschleunigung der Ladungen aufgebaut, bleibt bei konstantem Strom erhalten (entsprechend der Energie von Massen mit konstanter Geschwindigkeit) und wird beim Abbremsen der Ladungen wieder abgebaut. Dabei wird die Energie wieder frei, die zum Aufbau des magnetischen Feldes aufgewendet worden ist. Dies wird zum Bau elektrischer Maschinen und Transformatoren genutzt.

**Magnetische Messgrößen**

Magnetische Felder können durch Eisenfeilspäne auf Papier sichtbar gemacht werden. Eisenfeilspäne sind gut magnetisierbar und auf Papier leicht beweglich. Sie richten sich bei Erschütterung entlang der magnetischen Feldlinien aus und zeigen so den Verlauf des magnetischen Kraftfeldes an.

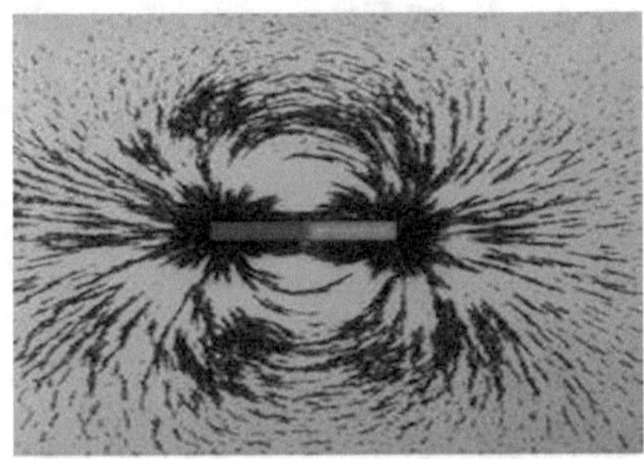

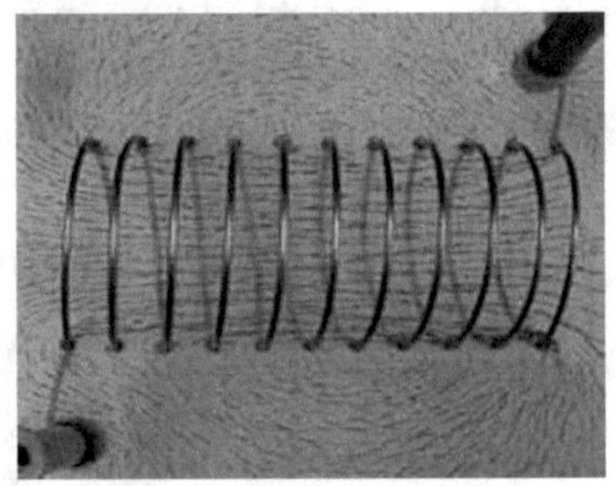

Quelle: copyright Webcraft GmbH Quelle: Pina-Bausch-Gesamtschule
http://schulen.eduhi.at/riedgym/physik/11/elektromagnetis/feld_spule/feld_spule.htm

**Abb. 5-57 Die Felder eines Dauermagneten (links) und eines Elektromagneten (rechts) ähneln sich. Das lässt darauf schließen, dass auch im Dauermagneten atomare Ströme fast verlustfrei zirkulieren.**

**Tab. 5-3 magnetische Messgrößen und ihre Einheiten**

| | | |
|---|---|---|
| Magnetische Induktion B<br>$B = \mu H = \mu 0\ \mu r\ H$ | A/m<br>(Ampere / Meter) | $1G = 10^{-8}$ Vs/cm² $= 10^{-4}$ 1<br>$1T = 1$ Vs $m^{-2} = 10$ kG |
| Magnetische Feldstärke<br>H | A/m<br>(Ampere / Meter) | 1Oe = 79,58 * A/m<br>1A/m= 12,57 * $10^{-3}$ Oe |
| Magnetische Energiedichte<br>B * H | J/m³<br>(Joule / m³) | 1J/m³ = 125,7 * G Oe<br>1k G Oe = 7,958 J/m³ |
| Magnetischer Fluss $\phi$ | Wb Vs<br>(Weber) | 1 Wb = 1 Vs = $10^{8}$ M<br>1 M = $10^{-8}$ Wb |
| Magnetische Spannung $\Theta$ | A | 1 Gb = 0,7958 A<br>1 A = 1,257 Gb |
| $\mu_0 = 1{,}257 \cdot 10^{-6}$ Vs / Am = 4 p G / Oe | | |

**Vergleich: elektrische und magnetische Gesetze**

Zur Berechnung und Simulation elektromagnetischer Systeme werden spezielle Begriffe und Gesetze benötigt. Wir stellen sie hier vergleichend dar. Bitte sehen Sie sich zunächst die Analogien an. Sie zeigen, wie die Spannungen und Ströme durch Bauelemente verknüpft werden. Die Bauelemente erhalten ihre Eigenschaften durch Materialien und ihre Abmessungen (→ Geometriefaktor A/l). Das elektrische Feld wurde in Kapitel 2 behandelt, das magnetische Feld ist das Thema dieses Kapitels.

**Tab. 5-4 elektromagnetische Analogien**

| **Elektrostatisches Feld** | **Elektrisches Strömungsfeld** | **Elektromagnetisches Feld** |
|---|---|---|
| C, +q -, u.C | u.R, i, R | Φ, L, N, u.L |
| **Ladungsverschiebegesetz**<br>i = C·du/dt<br>i=q/t = Verschiebegeschwindigkeit | **Ohmsches Gesetz**<br>u=R·i oder i=G·u<br>i=elektrischer-Strom | **Induktionsgesetz**<br>u.L=N·dΦ/dt=L·di/dt<br>i=Spulen-Strom<br>N=Windungszahl |
| **Ladungsverschiebung** q=C·u<br>C = Kapazität<br>u=Spannung über C | **Elektrischer Strom** i=G·u<br>G = Leitwert = 1/R<br>u=Spannung über R | **Magnetischer Fluss** ϕ=G.mag·Θ<br>G.mag = mag. Leitwert (AL)<br>Durchflutung Θ=N·i |
| **Kapazität**<br>C=ε.0·ε.r·(A/l)<br>l=Platten-Abstand,<br>A=Plattenfläche<br>... mit ε.0 = 8.9pF/m<br>ε.r = elektr. Suszeptibilität<br>(Polarisations-Faktor) | **Elektrischer Leitwert**<br>G.el=(A/l)/ρ<br>l=Leiter-Länge<br>A=Leiter-Querschnitt<br>**Elektrischer Widerstand**<br>R=1/G=ρ·(l/A)<br>ρ=spezifischer Widerstand | **Magnetischer Leitwert**<br>G.mag=μ.0·μ.r·(A/l)<br>l=Fluss-Länge<br>A=Fluss-Querschnitt<br>Spez. magn. Leitfähigkeit<br>Permeabilität μ=μ.0·μ.r<br>... mit μ.0=1,25μH/m<br>μ.r=Magnetisierungs-Faktor |
| **Ladungsverschiebung**<br>q=(ε.0·ε.r)·u<br>oder<br>D=q/A= (ε.0·ε.r)·(u/l)<br>in spezifischer Form<br>Verschiebungsdichte D = ε·E | **Elektrische Spannung**<br>u=ρ·(l/A)·i<br><br>Daraus folgt das Ohm'sche Gesetz<br>in spezifischer Form:<br>E= u/l=ρ·i/A ? E=ρ·J | **Magnetische Spannung**<br>Θ=N·i=R.mag·Φ<br>Durchflutung Θ=N·i<br>ϕ=magnetischer Fluss<br>Magnetischer Widerstand<br>R.mag=1/G.mag ? B=μ·H |
| **Statische Feldstärke** E=u/l | | **Magnetische Feldstärke** H=Θ/l |
| **Verschiebungsdichte**<br>D=q/A= (ε.0·ε.r)·E | **Elektrische Stromdichte**<br>J=i/A=E/ρ | **Magnetische Flussdichte**<br>B=ϕ/A=μ.0·μ.r·H |
| **Elektrostatische Energie**<br>W.el=u·q | **Arbeit und Leistung**<br>P.el=u·i -> W.el=P.el·t | **Elektromagnet. Energie**<br>W.mag=Θ·ϕ |
| **Elektrostatische Kraft**<br>F.el=E·q<br>Kraft F in N=(V/m) ·As/m | **Reibung -> Erwärmung**<br>ΔT=R.th·P.el<br>R.th = therm. Widerstand in K/W | **Elektromagnetische Kraft**<br>F.mag=H·ϕ<br>Kraft F in N=(A/m) ·Vs |

**Zur Analogientabelle** Tab. 5-4
Zur Einführung in das Thema ‚Elektro-Magnetismus' gilt es zunächst die Begriffe, mit denen wir es bei Simulationen zu tun haben, zu erläutern.

Zum **Vergleich der elektrischen und magnetischen Felder** betrachten wir die Übersichtsstruktur auf der nächsten Seite. Sie gibt Ihnen einen Überblick über die **Verknüpfungen der äußeren Signale mit den inneren Feldgrößen** bei Widerständen R, Kondensatoren C und Spulen L (zu R und C: siehe Bd.1).

Angestrebt wird die Berechnung magnetischer Systeme. Mit dem dabei gewonnenen Verständnis und den ermittelten Daten können diese Systeme **beschafft oder auch entwickelt und gebaut** werden.

Feldstärke mal einer **Materialkonstante** (elektrostatisch die Dielektrizität ε, elektrisch die spezifische Leitfähigkeit ε und magnetisch die Permeabilität μ) ergibt die Wirkung pro Fläche, genannt (Flächen-)Dichte (**elektrische Verschiebungsdichte D und magnetische Flussdichte B**).

**Dichte mal Fläche** ergibt zuletzt die **äußere Wirkung (i.R, i.C und u.L)**. Die Ähnlichkeit bei der Berechnung elektrischer und magnetischer Felder zeigt sich, wenn man Ströme und Spannungen vertauscht. So entspricht die magnetische Durchflutung $\Theta = i \cdot N$ (Strom i mal Windungszahl N) der elektrischen Spannung u.

In diesem Band der ‚Strukturbildung und Simulation technischer Systeme' werden wichtige elektromagnetische Anwendungen behandelt. Dazu müssen zuerst die **Bauelemente R, C und L** erklärt werden. Ihre Grundschaltungen als elektrische Vierpole wurden bereits in Bd.2, Kapitel 3 unter ‚Systeme 1. und 2. Ordnung' behandelt. Dabei wurden ihre inneren Kräfte noch nicht beachtet. Das soll nun nachgeholt werden.

Ziel der folgenden Analysen ist die Synthese, d.h. die **Dimensionierung** von Systemen. Dabei werden Eigenschaften gefordert, die **Materialien müssen gewählt** und ihre **Abmessungen müssen den Anforderungen angepasst** werden.

Gesucht werden alle **Parameter (technische Daten)**, die zur Beschaffung der Bauelemente oder zur Systementwicklung benötigt werden. Das setzt das Verständnis der Funktionen voraus, die durch die **Analyse** geklärt wird. Analysen mit Hilfe der Simulation sind anschaulich wie die Praxis selbst. Das wird durch Diagramme gezeigt, die durch **reale Messungen nur ungleich aufwändiger** zu erhalten wären. Trotzdem werden sie immer – wenngleich auch in verminderter Zahl – zur **Überprüfung der Simulationen** gebraucht. Der Autor dieser Schrift entnimmt seine **Stützwerte** meist den Herstellerangaben zu den simulierten Beispielen.

Abb. 5-58 zeigt die Analogie der Zusammenhänge in elektrischen und magnetischen Feldern:

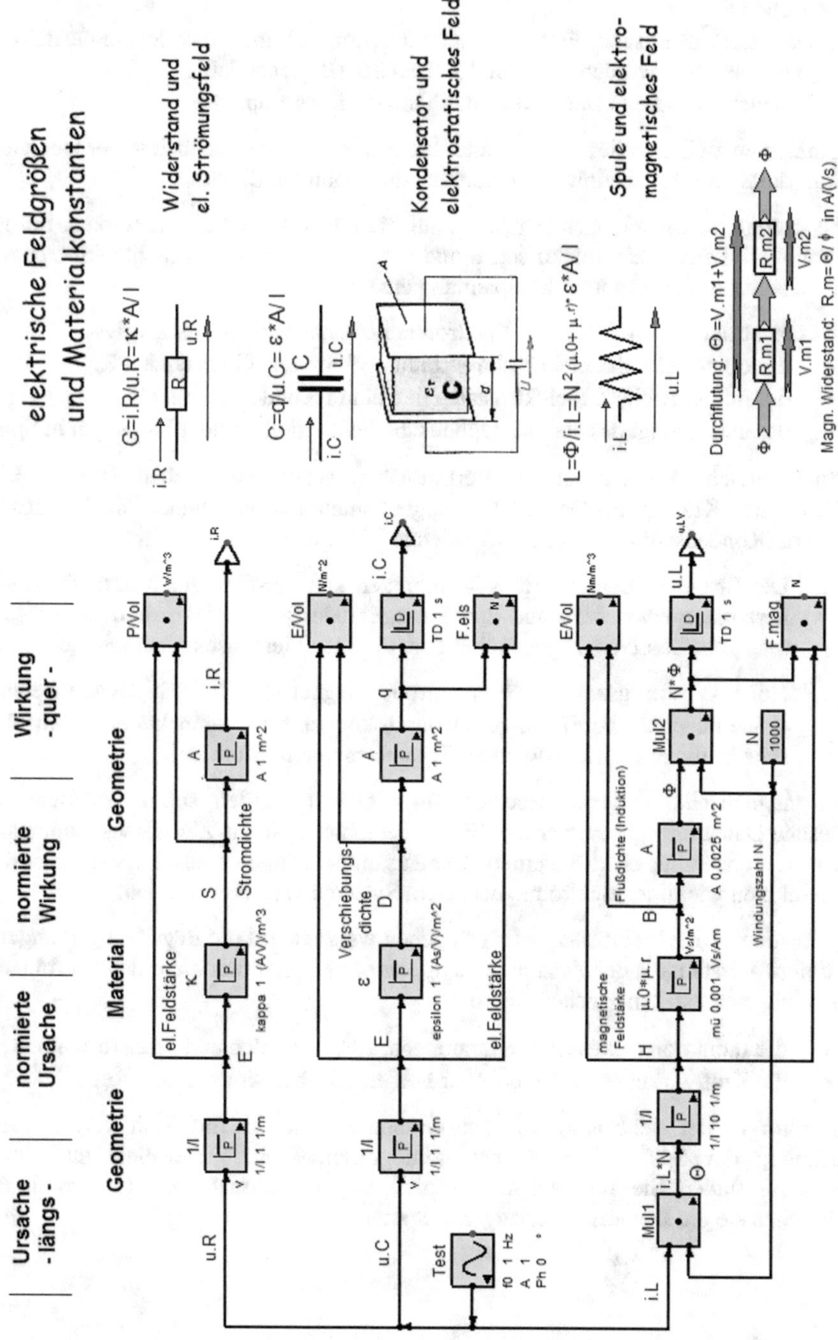


**Abb. 5-58 Felder und ihre Wirkungen: Analoge Messgrößen stehen untereinander.**

**Erläuterungen zur elektromagnetischen Übersichtsstruktur**
Abb. 5-58 ist die Gegenüberstellung der analogen Gesetze des elektrischen und magnetischen Feldes:

- Das elektrostatische Feld des Kondensators C und das Strömungsfeld des Widerstands R wurden in Kapitel 2 ‚Elektrizität' behandelt.
- Das elektromagnetische Feld ist das Thema dieses Kapitels.

Die Analogien zwischen den Feldern und ihre Berechnung zeigen sich in der Übersichts-Struktur durch die Betrachtung der untereinanderstehenden Blöcke.

Zuerst werden die Spannungen (Ursache) auf die Länge l, über die sie wirken, bezogen. Das ergibt die Feldstärken (elektrisch E und magnetisch H). Bitte beachten Sie, dass der elektrische Strom die magnetische Spannung erzeugt!

Die Gesamtstruktur Abb. 5-58 zum Elektromagnetismus enthält drei Zweige:

- der obere zeigt das elektrische Strömungsfeld von Widerständen R,
- der mittlere zeigt das elektrostatische Feld in Kondensatoren C,
- der untere zeigt das elektromagnetische Feld zirkulierender Ladungen in Spulen.

Der **magnetische Fluss $\phi$** ist der Vermittler zwischen elektrischen Strömen i und mechanischen Kräften F. Der Elektromagnetismus hat gegenüber elektrostatischen Wandlern (Kondensatoren) zwei entscheidende Vorteile:

1. Der Strom in Spulen mit N Windungen kann N-fach zur Magnetfeldbildung herangezogen werden und durch **magnetisierbare Materialien** lässt sich der magnetische Leitwert gegenüber dem der Luft viel tausendfach erhöhen.
2. Hohe **Windungszahlen N** und große magnetische Leitfähigkeiten bewirken große magnetische Flüsse $\phi$. Dadurch können sehr kompakte elektromechanische Wandler realisiert werden (Transformatoren, Motoren).

Wenn magnetische Systeme beschafft oder gebaut werden sollen, müssen deren technische Daten angegeben werden. Sie zu berechnen, ist das Ziel dieses Kapitels. Sie setzen das Verständnis elektromagnetischer Zusammenhänge voraus. Dies soll hier durch die Simulation wichtiger elektromagnetischen Systeme vermittelt werden.

Zum Einstieg in den Elektromagnetismus geben wir zunächst die Begriffserklärungen. Das tiefere Verständnis der Zusammenhänge wird aber erst durch die danach folgenden Anwendungen entstehen - insbesondere

- die Induktion elektrischer Spannungen, z.B. in Spulen und Transformatoren und
- die Kraftwirkungen magnetischer Felder, z.B. bei Motoren und Relais.

**Anwendungen** der elektromagnetischen Gesetze folgen z.B. in Absch. 5.7.4.2 bei der Berechnung der Spule eines Kernspintomografen. Weitere Beispiele zur Spulenberechnung finden Sie im nächsten Kapitel 6 ‚Transformatoren'. In Absch. 6.2.1 ermöglichen sie die **Dimensionierung** von Spulen.

### 5.2.1 Durchflutung Θ und magnetischer Fluss $\phi$

In magnetischen Kreisen ist die Durchflutung $\theta$=N·i.Spu die Quellenspannung für den magnetischen Fluss ϕ.

- In jeder Wicklung der Spulen von Transformatoren wird die Windungsspannung u.Wdg=$\omega$·ϕ induziert. Zur Erzeugung des Flusses ϕ wird die magnetische Quellenspannung Θ=N·i benötigt. Transformatoren werden in Kap. 6 dieses Bandes behandelt.
- Bei elektrischen Motoren ist das Drehmoment M=Θ·ϕ das Produkt aus Durchflutung Θ und magnetischem Fluss ϕ. Wir behandeln sie im nächsten Bd. 4/7 ‚Elektrische Maschinen'.

Um die Spulen für elektromagnetische Systeme (Motoren, Transformatoren) beschaffen oder bauen zu können, müssen folgende Fragen geklärt werden:

1. Was sind magnetische Widerstände und Leitwerte und wie hängen sie von den Abmessungen des ferromagnetischen Kerns und vom Kernmaterial ab?
2. Wie lautet das Ohm'sche Gesetz des Magnetismus und wie werden damit magnetische Spannungsteiler berechnet?
3. Wozu dienen Luftspalte im Kern und wie wird ihre Länge berechnet?
4. Was ist eine Induktivität und wie kann sie berechnet werden?
5. Wie werden die Windungszahlen N von Spulen berechnet?
6. Wie wird die Leistung einer Spule berechnet und
7. wie ist der Zusammenhang zwischen Nennleistung und Baugröße?

Gl. 5-9 berechnet die Durchflutung aus Windungszahl und Spulenstrom:

**Gl. 5-9 Durchflutung** $$\Theta = N * i.mag = \phi * R.mag$$

Gl. 5-10 berechnet aus dem effektiven Spulenstrom den maximalen:

**Gl. 5-10 Spulenstrom – maximal und effektiv** $$i.Spu = \sqrt{2} * I.Spu$$

Gl. 5-11 berechnet den magnetischen Fluss aus der Durchflutung und dem magnetischen Widerstand des ferromagnetischen Kerns

**Gl. 5-11 magnetischer Windungsfluss** $$\phi = \Theta / R.mag = \Theta * G.mag$$

Gl. 5-12 berechnet die Rechengröße ‚Spulenfluss' einmal aus dem Windungsfluss (mit der Proportionalitätskonstante N) und zum andern aus dem Spulenstrom (mit der Proportionalitätskonstante L).

**Gl. 5-12 Spulenfluss (Rechengröße)** $$\Psi = N * \phi = L * i.Spu$$

Gl. 5-13 berechnet die Windungsspannung aus der zeitlichen Änderung des Windungsflusses.

**Gl. 5-13 induzierte Windungsspannung** $$u.Wdg = d\phi/dt \rightarrow \omega * \phi$$

Gl. 5-14 berechnet die induzierte Spulenspannung einmal aus der Windungsspannung und zum andern aus der zeitlichen Änderung des Spulenflusses.

**Gl. 5-14 induzierte Spulenspannung**

$$u.L = \sqrt{2} * U.L = N * u.Wdg = d\Psi/dt$$

$$u.L = N * u.Wdg = L * d.iSpu/dt$$

### Was ist ein magnetischer Fluss?

Der magnetische Fluss ϕ ist die in einer Windung (Wdg) induzierte Spannungszeitfläche:

**Gl. 5-15 magn. Fluss** $\phi = \int u.Wdg * dt$ - gemessen in Vs=Wb (Weber).

Beim **Flussaufbau** wird in jeder Windung einer Spule positive Spannung induziert:

**Gl. 5-16 Windungsspannung** u.Wdg=dϕ /dt

In Absch. 5.3 werden wir zeigen, wie ϕ nach Gl. 5-15 durch **Integration der induzierten Spannung** ermittelt werden kann.

Beim **Abbau des Flusses** ist die Windungsspannung u.Wdg negativ. Das wird in Absch. 5.7.3 beim Thema ‚Funkenlöschung' noch näher erläutert.

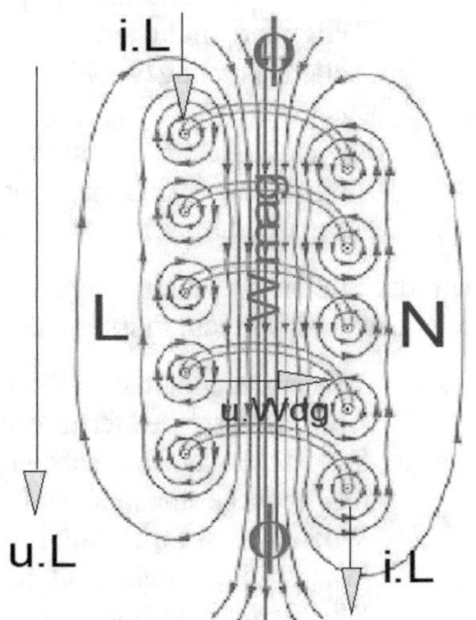


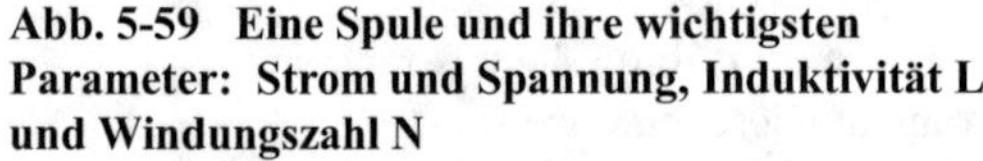

**Abb. 5-59 Eine Spule und ihre wichtigsten Parameter: Strom und Spannung, Induktivität L und Windungszahl N**

Der **magnetische Fluss ϕ** ist in allen elektromagnetischen Systemen der **Vermittler zwischen Spannungen und Kräften, Strömen und Drehmomenten**. Da ϕ keine einfach zu messende Größe ist (wie z.B. Strom und Spannung), ist zu zeigen, wie magnetische Flüsse **ϕ=B·A** aus der **Flussdichte B** und dem **Querschnitt A** des Flusses berechnet werden. Das eröffnet die Möglichkeit zur Dimensionierung elektromagnetischer Systeme nach den **Forderungen des Anwenders (Leistung, Baugröße).**

In Bd. 6/7 ‚Sensorik' dieser Reihe ‚Strukturbildung und Simulation technischer Systeme' und in Abb. 5-60 wird gezeigt, wie magnetische **Flussdichten B=ϕ/A** durch **Hall-sensoren** gemessen werden.

### Wie berechnet man magnetische Flüsse ϕ?

In magnetischen Kreisen zirkuliert ein magnetischer Fluss ϕ, in elektrischen Kreisen zirkuliert ein Ladungsstrom i.

Das Ohm'sche Gesetz R=u/i der Elektrotechnik beschreibt die Proportionalität zwischen Strom i (Strömung) und Spannung u (Druck) bei linearen elektrischen Widerständen R. Entsprechend ist der **Leitwert G=i/u.**

Magnetische Kreise mit ungesättigtem Kern verhalten sich analog ($\phi \triangleq i$, $\Theta \triangleq u$). Ihr **magnetischer Leitwert** ist **G.mag=ϕ/Θ.** Wir berechnen ihn im nächsten Abschnitt ‚Das Ohm'sche Gesetz des Magnetismus'.

**Wie misst man einen magnetischen Fluss ϕ?**
Magnetische Flüsse **ϕ=B·A.Fe=u.Wdg/ω** können auf zwei Wegen gemessen werden:

1. Durch Messung der Flussdichte B. Dazu muss ein **Flussdichtesensor (Tesla- oder Gaußmeter)** in den magnetischen Strom platziert werden.

Flussdichtemesser werden von der Industrie mit Messbereichen ab 200µT angeboten. Sie arbeiten mit **Hallsonden**. Abb. 5-60 zeigt ein Beispiel mit Kennlinie. Hallsonden simulieren wir in Bd. 6/7, Kap. 11.

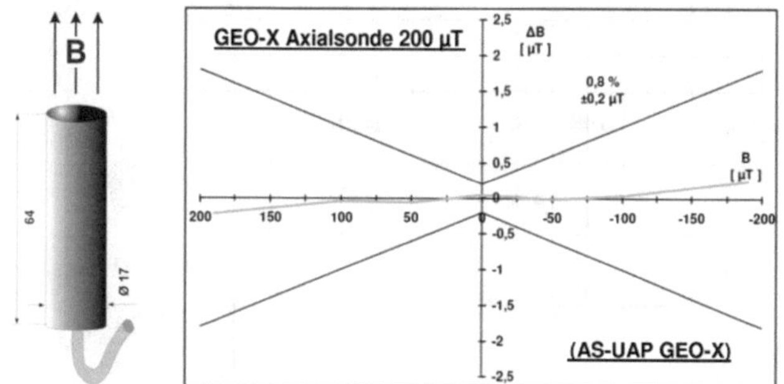


Quelle: https://www.projekt-elektronik.de/wp-content/uploads/Datenblatt-AS-Aktivsonden-0202-46.pdf#page=23

**Abb. 5-60 axialmessender Flussdichtesensor mit einem Messbereich von 200µT: Das ist etwas mehr als die Stärke des Erdmagnetfelds. Die Fa. projekt-elektronik bietet diese Sensoren mit gestaffelten Messbereichen bis zu 20T an.**

Falls ϕ in einem ferromagnetischen Kern fließt, muss der einen frei zugänglichen Luftspalt haben. Hat er dies nicht, müsste ein Loch bis zur Mitte des Kerns gebohrt werden. Ist dies technisch zu aufwändig, bleibt nur die induktive Messung des magnetischen Flusses.

2. Durch Messung der induzierten Windungsspannung **u.Wdg=ϕ/ω**=√2·U.L/N. Bei sinusförmigem Fluss ist dies der N-te Teil der induzierten Spulenspannung u.L==√2·U.L.

Die Realisierung und Berechnung der **induktiven Flussmessung** behandeln wir in Absch. 5.5.1. Eine Anwendung dazu ist die **Messung und Berechnung von Magnetisierungskennlinien.** Wir simulieren sie in Absch. 5.5.2.

**Magnetisierungsstrom und Durchflutung**
Die Durchflutung ***Θ*=N·i.mag** ist die **Quellenspannung** des magnetischen Flusses ϕ=Θ/R.mag. Sie treibt den Magnetisierungsstrom I.mag=U.L/X.L – mit X.L=ω·L.

Der **Magnetisierungsstrom i.mag=I.mag·√2** einer Spule bestimmt die induzierte

Windungsspannung – maximal u.Wdg=dϕ/dt oder effektiv U.Wdg=ω=ϕ.

Meist sollen **möglichst kleine Spulen** gebaut werden. Dann muss **Θ minimiert** werden. Das bedeutet, dass der erforderliche magnetische Fluss ϕ zu den geforderten Spulenströmen mit möglichst geringen Windungszahlen N erreicht werden soll. Wenn die erforderliche Durchflutung bekannt ist, kann die *Windungszahl* $N = \Theta/i.mag$ zu dem Magnetisierungsstrom i.mag der Spule angegeben werden.

**Magnetischer Fluss und Durchflutung**

Magnetische Kreise haben oft einen ferromagnetischen Kern mit Luftspalt. Der Kern kanalisiert den Fluss ϕ, der Luftspalt bestimmt seine Größe $\phi \approx \Theta/R.LS$.

Um einen benötigten magnetischen Fluss ϕ in einem magnetischen Kreis mit mehreren magnetischen Teilwiderständen R.mag zu erzeugen, muss die Summe der magnetischen Teilspannungen

**Gl. 5-17** $V.mag = R.mag \cdot \phi$

durch die Durchflutung

**Gl. 5-18** $\Theta = \Sigma(V.mag) = N \cdot i.mag$

gedeckt werden.

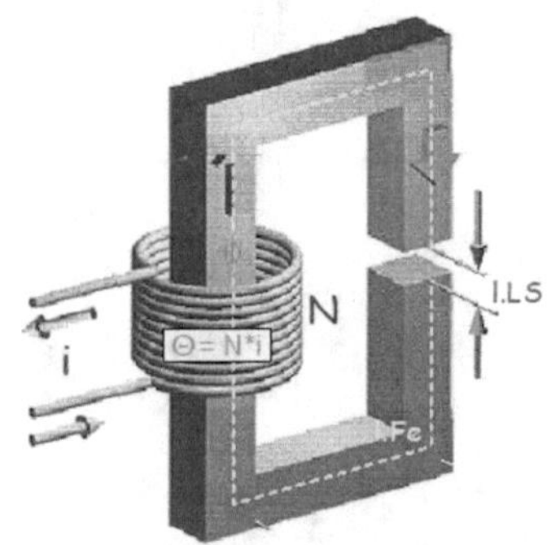


http://me-lrt.de/magnetischer-fluss

**Abb. 5-61 Spule und Eisenkern mit Luftspalt (magnetischer Spannungsteiler)**

In Absch. 5.6.5.1 werden wir die erforderliche Länge l.LS eines Luftspalts berechnen. Hier wollen wir zeigen, wie die zugehörige erforderliche Durchflutung berechnet wird.

Die **Nennleistung** bestimmt die **Kerngröße** und damit den magnetischen Fluss $\phi = B \cdot A$. Das zeigen wir in Kap.6 beim Thema ‚Transformatoren'.

Zur Spulendimensionierung in Absch. 5.7 wird die Windungszahl N benötigt.

- Um magnetische Kreise berechnen zu können, sind folgende Fragen zu klären: Wie wird der magnetische Fluss zu einer gegebenen Durchflutung bestimmt?

oder umgekehrt:

- Wie viel Durchflutung wird für einen geforderten Fluss ϕ benötigt?

Die Beantwortung dieser Fragen erfolgt durch das

**‚Ohm'sche Gesetz des Magnetismus'.**

Elektrische Ströme i sind die Ursache für magnetische Flüsse ϕ. Der Quotient heißt

**Gl. 5-19 magnetischer Widerstand** $R.mag = \Theta/\phi$ **... in A/Vs=1/H(enry)**

Wie **magnetische Widerstände R.mag** aus dem ferromagnetischen Material und seinen Abmessungen (Länge l, Querschnitt A) berechnet werden, wird in Absch. 5.6 gezeigt.

**Das Durchflutungsgesetz** (nur für ungesättigte Kerne)
In einer Spule mit N Windungen wird i N-mal zur Magnetfelderzeugung verwendet. Deshalb ist ihre Durchflutung Θ das Produkt aus Strom i und Windungszahl N:

**Gl. 5-20 Durchflutung und magn. Fluss** $\Theta = N \cdot i$ = R.mag·ϕ - gemessen in A oder kA

## Magnetische Teilspannungen und Durchflutung

Bei mehreren Spulen auf einem Eisenkern addieren sich die Teildurchflutungen zur Gesamtdurchflutung:

**Gl. 5-21** $\Theta = N.1 \cdot i.1 + N.2 \cdot i.2 + N.3 \cdot i.3 + \ldots$

Achtung!
Die Pluszeichen in dieser Gleichung gelten nur bei gleichem Wickelsinn und gleichen Zählrichtungen für die elektrischen Ströme. Bei entgegengesetztem Wickelsinn oder Zählrichtung werden die Anteile subtrahiert.

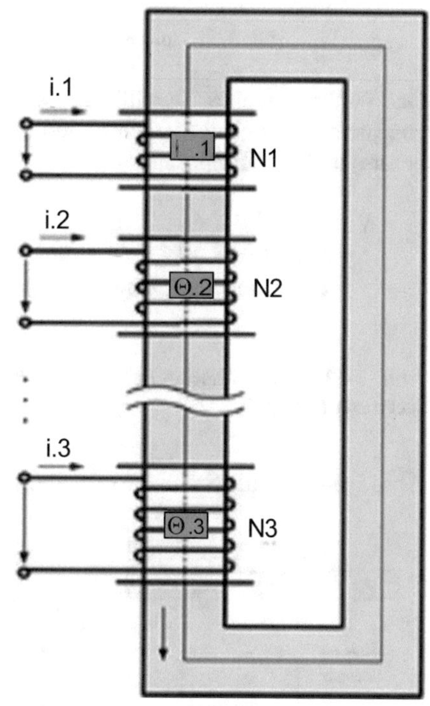


**Abb. 5-62 Drei magnetische Quellenspannungen θ.1+θ.2+θ.3 ergeben die gesamte magnetische Quellenspannung θ.**

Das Durchflutungsgesetz von Örstedt (1820) dient zur Berechnung der Feldstärken H in magnetischen Kreisen (z.B. Eisenkern mit Luftspalt). Es besagt, dass die Summe aller magnetischen Spannungen V.mag die gesamte Durchflutung Θ ergibt:

**Gl. 5-22 Durchflutung und Feldstärken** $\Theta = N \cdot i = \Sigma(V.mag) = \Sigma(H \cdot l)$

Abb. 5-63 zeigt die Aufteilung der Durchflutung Θ auf den Luftspalt V.LS und den Eisenkern V.Fe. Wenn der Luftspalt den größeren magnetischen Widerstand hat, ist seine magnetische Spannung V.LS≈Θ.

**Durchflutungsberechnung**

Bei mehreren magnetischen Quellen addieren sich die Teilspannungen über den magnetischen Widerständen R.mag vorzeichenrichtig:

**Gl. 5-23 m*agnetische Teilspannung*** $V.mag=N\cdot i= R.mag\cdot\phi$

Durch das Kernmaterial wird die maximale Flussdichte B.gr gefordert.
Dazu gehören in homogenen Kreisen einzelne

**Gl. 5-24 m*agnetische Feldstärken*** $H.gr = V.mag/l = B.gr/\mu.$

Das Vorzeichen einer Durchflutung ergibt sich aus dem Wickelsinn (rechts herum, links herum) und der Stromrichtung.

$$\Theta = N\cdot i = V.1 + V.2 + ...$$
$$= H.1\cdot l.1 + H.2\cdot l.2 + ...$$
$$= \phi\cdot(R.mag1 + R.mag2 + ...)$$

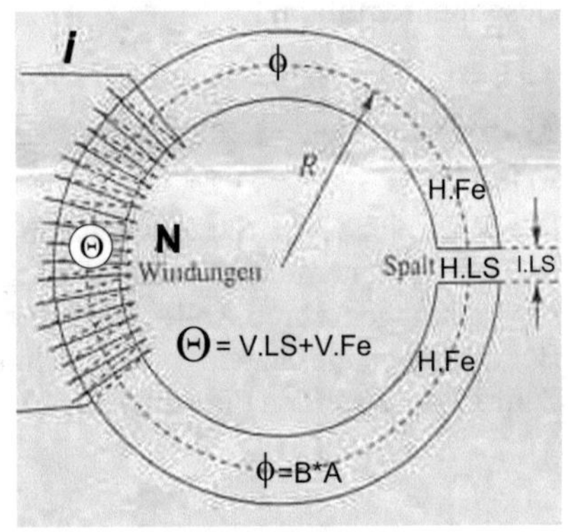


**Abb. 5-63 magnetische Feldstärken in einem Kern mit Luftspalt**

Abb. 5-64 zeigt die Summation mehrerer magnet. Teilspannungen zur Durchflutung Θ:

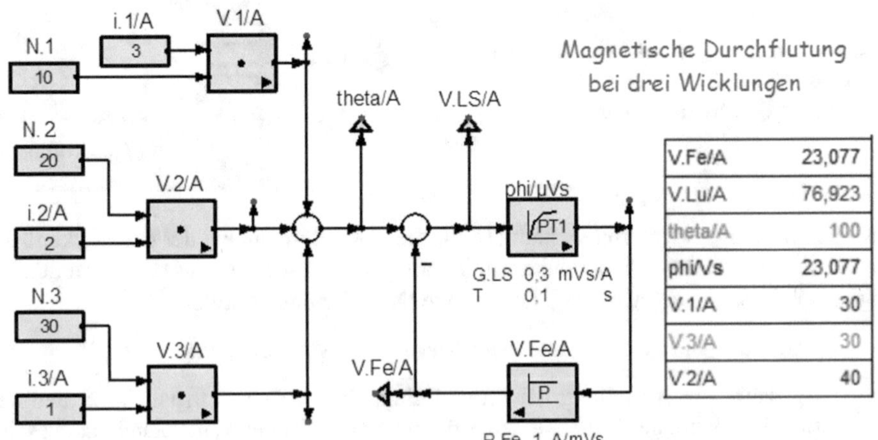


**Abb. 5-64 Durchflutungsberechnung des magnetischen Flusses in einem Eisenkern, der drei Spulen trägt**

Der Eisenquerschnitt A.Fe bestimmt den magnetischen Fluss ϕ=B·A.Fe. Die Summe der magnetischen Teilspannungen V.mag=R.mag·ϕ ergibt die benötigte Durchflutung Θ = N·i.

Die Durchflutung Θ bestimmt den Magnetisierungsstrom i.mag.
Bei der Dimensionierung einer Spule bestehen zwei Möglichkeiten, Θ einzustellen:

- Entweder wird der Spulenstrom i.mag gefordert. Dann werden N=Θ/i.mag Windungen benötigt.
- Oder es wird die Windungszahl N gefordert.

Für beide Fälle werden wir Beispiele berechnen. Wir werden zeigen, dass bei Dimensionierungen zwei Forderungen zu erfüllen sind:

1. soll die Durchflutung Θ=N·i so klein wie möglich sein, denn das bedeutet kleine Ströme und kleine Windungszahlen und
2. soll der magnetisch lineare Luftspalt im Eisenkern gerade so groß sein, dass er und nicht der nichtlineare Eisenkern den magnetischen Fluss bestimmt.

## 5.2.2 Das Ohm'sche Gesetz des Magnetismus

Spulen sollen möglichst kompakt (klein und leistungsstark) gebaut werden. Dazu müssen in ihnen große **Windungsspannungen u.Wdg=dϕ/dt** induzieren. Das erfordert große magnetische Flüsse ϕ bei kleinen Durchflutungen $\Theta$. d.h. möglichst hohe magnetische Leitwerte

**Gl. 5-25 magn. Leitwert** $G.mag = \phi/\Theta = \mu * l/A$ **– in Vs/A=H(enry)**

Zum Bau kompakter Spulen interessiert der Zusammenhang zwischen der Kerngröße (Länge l, Querschnitt A) und seinen magnetischen Widerständen und es muss gezeigt werden, wie sie aus dem Kernmaterial μ und den Abmessungen berechnet werden.

Zur Berechnung magnetischer Systeme fordern wir den magnetischen Fluss ϕ und suchen dazu die Durchflutung Θ. Sie steigt mit dem *magnetischen Widerstand R.mag=1/G.mag,* der Strecke, die der Fluss durchläuft.

Bis in einem ferromagnetischen Kern Sättigung auftritt, gilt das

*Ohm'sche Gesetz des Magnetismus*

**Gl. 5-26** $R.mag = \Theta/\phi = 1/G.mag$

in A/Vs = 1/H

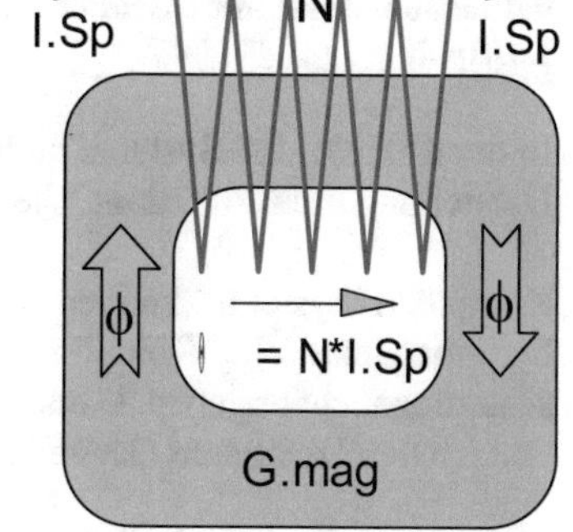


**Abb. 5-65 Das Ohm'sche Gesetz des Magnetismus beschreibt die Proportionalität zwischen Fluss ϕ und Durchflutung Θ in magnetischen Kreisen.**

Mit dem Ohm'schen Gesetz des Magnetismus lassen sich lineare magnetische Kreise genau so einfach berechnen wie elektrische (als Beispiel folgt der magnetische Spannungsteiler). Dazu muss bekannt sein, wie groß die Durchflutung Θ und die magnetischen Widerstände bzw. Leitwerte sind.

**Zur Analogie zwischen elektrischem Strom und magnetischem Fluss**
Ströme i sind leicht messbar, magnetische Flüsse ϕ nicht. Deshalb wird in Abschnitt 5.3 gezeigt, wie ϕ simuliert wird. In Abschnitt 5.4 zeigen wir die Berechnung von ϕ=(L/N)·i.L aus dem Spulenstrom i.L. Dadurch werden magnetische Systeme genau wie elektrische Schaltungen berechenbar.

Gl. 5-27 zeigt die aus dem Ohm'schen Gesetz des Magnetismus (Abb. 5-65) abgeleitete Berechnung der Funktion ϕ(i):

**Gl. 5-27 Spulenstrom und magnetischer Fluss: ϕ ~ i**

$$\phi = \Theta * G.mag = (N * i.mag) * (\mu * A/l)$$

Nachfolgend sollen dazu Beispiele zur Berechnung elektromagnetischer Systeme angegeben werden.

Unterschiedlich ist nur die Nichtlinearität magnetischer Systeme durch Sättigung des Eisenkerns. Zur Simulation magnetisierbarer Systeme werden wir deren Kennlinien in Kapitel 5.2 durch Funktionen beschreiben und Tabellen nachbilden.

**Zu Ersatzschaltungen**
Ersatzschaltungen zeigen den Aufbau elektrischer oder magnetischer Systeme. Sie dienen in erster Linie zur verbalen Beschreibung ihrer Funktion. Sie sind auch die Grundlage zu deren Berechnung. Erst dadurch zeigt sich, ob sie der Realität entsprechen.

Wegen der Analogie können Ersatzschaltungen auch für magnetische Systeme angegeben werden. Abb. 5-66 zeigt ein Beispiel.

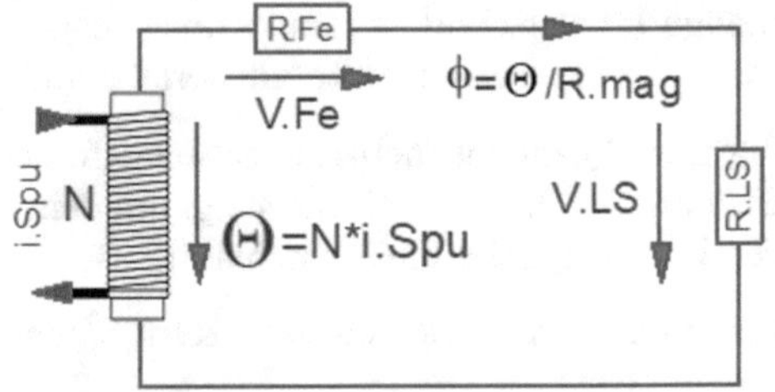


**Abb. 5-66 Ersatzschaltung eines magnetischen Kreises mit Eisenkern und Luftspalt**

In der Realität sind Systeme nicht einfach. Dann ist die Ersatzschaltung eine vereinfachte Darstellung ihrer Funktion. Wie sie berechnet wird, zeigt Abb. 5-67.

Komplexe Systeme können gekoppelte elektrische, magnetische, mechanische und hydropneumatische Komponenten enthalten. Dazu lässt sich keine einfache Ersatzschaltung mehr angeben. Dann ist die Struktur die einzige Möglichkeit zur übersichtlichen und nachvollziehbaren Darstellung ihrer Funktionen.

Mit der Struktur kann der Computer die Messgrößen dieser Systeme berechnen und interessierende Kennlinien erzeugen. Beispiele dazu folgen in allen Bänden dieser ‚Strukturbildung und Simulation technischer Systeme'.

**Der einfache elektromagnetische Kreis**

Abb. 5-67 zeigt die Ersatzschaltung eines einfachen magnetischen Kreises. Sie ermöglicht die Berechnung des magnetischen Flusses ϕ als Funktion des Spulenstroms i.

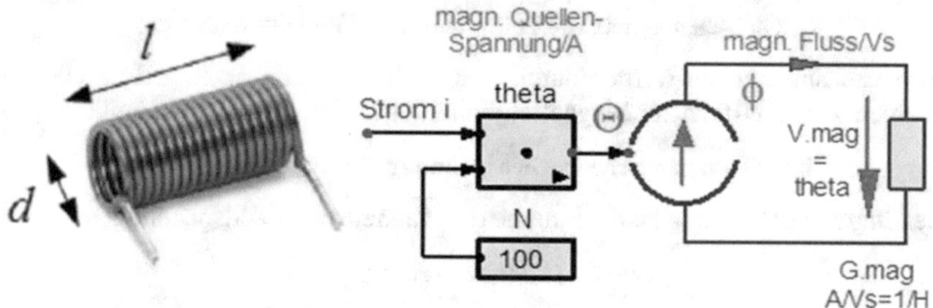


**Abb. 5-67 Zylinderspule ‚Solenoid' und ihre elektromagnetische Ersatzschaltung: Gesucht wird der Zusammenhang zwischen elektrischem Strom i und magnetischem Fluss ϕ.**

Bei einfachen elektrischen Kreisen sind zwei Extremfälle zu unterscheiden:

1. die reine Luftspule
2. die Spule mit Eisenkern ohne Luftspalt.

Zu 1:

Bei Luftspulen ist die Induktivität minimal oder, bei geforderter Induktivität, ist ihre Größe maximal. Dafür sind sie nicht zu übersteuern.
Nachteil: Außerhalb der Spule streut der magnetische Fluss in die gesamte Umgebung.

Ein Beispiel dazu sind die Luftdrosseln der Hochspannungstechnik. Wir haben sie in Bd. 2, Teil 1 in Kap 3.8 behandelt.

Zu 2:

Bei Spulen mit hochpermeablem Kern ohne Luftspalt ist die Induktivität maximal oder, bei geforderter Induktivität, ist ihre Größe minimal. Dafür sind sie leicht zu übersteuern. Ein Beispiel dazu sind Hochfrequenzspulen mit Ferritkern.

Ein Kompromiss zwischen diesen beiden Extremen sind Spulen mit Eisenkern und Luftspalt:

Der Eisenkern kanalisiert den magnetischen Fluss, sodass die Streuung gering bleibt. Der Luftspalt linearisiert den magnetischen Widerstand des Kerns, der dadurch auch nicht mehr so leicht zu übersteuern ist. Diesen Fall behandelt der folgende Abschnitt.

Zur Analogie zwischen elektrischen und magnetischen Kreisen:

- Der **magnetische Fluss ϕ** entspricht dem elektrischen Strom i.
- Die **magnetische Durchflutung *Θ***=N·i entspricht der Quellenspannung u.0 in elektrischen Stromkreisen.
- Darin ist das Produkt aus der Windungszahl N und dem elektrischen Teilstrom i eine **magnetische Teilspannung V.mag=N·i.**
- Entsprechend ist der Quotient aus V.mag und ϕ ein magnetischer Widerstand R.mag=V.mag/ϕ.

In einer Reihenschaltung ist die Gesamtspannung die Summe der Teilspannungen.
Bei linearen magnetischen Widerständen R.mag sind der magnetische Fluss ϕ und die zu seiner Erzeugung erforderliche magnetische Spannung einander proportional:

**Gl. 5-28 magnetische Teilspannung** $V.mag = R.mag \cdot \phi$

Magnetische Spannungen werden durch elektrische Ströme i erzeugt. In Spulen mit N Windungen wird i N-fach zur Magnetfeldbildung genutzt. Das Produkt heißt

**Gl. 5-29 magnetische Quellenspannung** $\Theta = N \cdot i.mag = \Sigma(V.mag)$

Die benötigte Durchflutung ist die Summe der magnetischen Teilspannungen

$$\Theta = \phi \cdot (R.mag1 + R.mag2 + ....)$$

**Der magnetische Spannungsteiler**
Abb. 5-68 zeigt eine Spule mit ferromagnetischem Kern und Luftspalt:

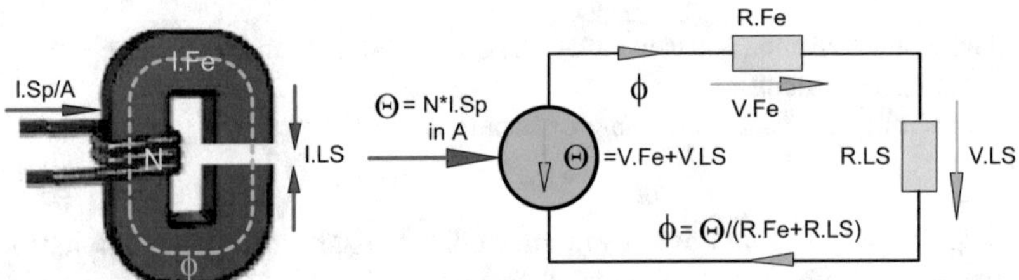


**Abb. 5-68 Spule mit ferromagnetischem Kern mit Luftspalt und seine magnetische Ersatzschaltung**

Bei einem Eisenkern mit Luftspalt muss für diesen zusätzliche Durchflutung aufgebracht werden. Dadurch wird die Spule mit Luftspalt bei gefordertem magnetischen Fluss größer als ohne Luftspalt. Deshalb soll der Luftspalt nur so lang wie nötig sein. Welche Länge dies ist, zeigen wir nun.

**Berechnung der magnetischen Spannungsteilung**
Eisenkerne mit Luftspalt bilden einen magnetischen Spannungsteiler. Bei geteilten magnetischen Kreisen (Eisenkern mit Luftspalt) interessiert, wie viel Durchflutung für jeden Teil aufzuwenden ist, um einen geforderten Fluss ϕ zu erreichen. Die Beantwortung dieser Frage ermöglicht die Einstellung der Luftspaltbreite l.LS.

Die Teilung der magnetischen Quellenspannung (Durchflutung) erfolgt je nach den magnetischen Widerständen R.Fe und R.LS. Magnetische Spannungen verhalten sich bei ungeteiltem Fluss ϕ wie diese Teilwiderstände. Sie bilden eine

**Gl. 5-30 magnetische Spannungsteilung** $$\frac{V.LS}{\Theta} = \frac{R.LS}{R.LS + R.Fe} \to 1$$

Ein Luftspalt soll gerade so groß gemacht werden, dass der nichtlineare Widerstand des Eisenkerns in erster Näherung vernachlässigt werden kann (siehe oben: Grenzstrom für Linearität). Dann wird die aufgewendete Durchflutung Θ im Wesentlichen durch den linearen Luftspalt verbraucht ($V.LS \approx \Theta$) und der Widerstand R.LS des Luftspalts bestimmt den magnetischen Fluss ϕ.

**Berechnung von Luftspaltlängen**

Wie Abb. 5-69 zeigt, bilden Eisenkern und Luftspalt einen magnetischen Spannungsteiler. Seine Teilwiderstände sind

... für den Eisenkern

$$R.Fe = \frac{l.Fe/A.Fe}{\mu.0 * \mu.r}$$

... und für den Luftspalt

$$R.LS = \frac{l.LS/A.Fe}{\mu.0}$$

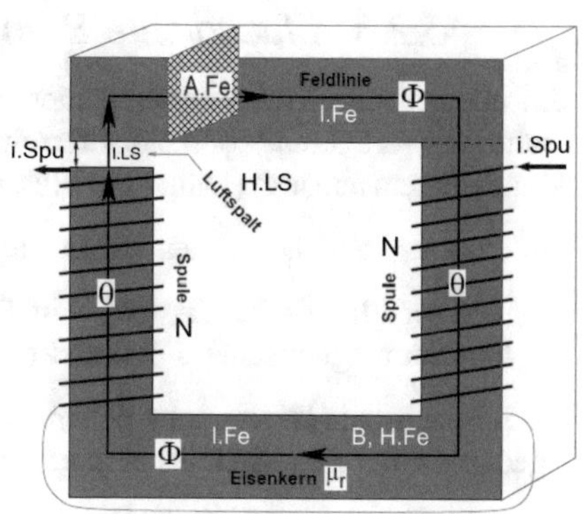


**Abb. 5-69 die Messgrößen zur Berechnung von Luftspaltlängen**

Damit ein Luftspalt seine linearisierende Funktion erfüllt, muss die zu ihm gehörende magnetische Spannung V.LS=ϕ·R.LS um einen bestimmten Faktor größer als der Spannungsabfall V.Fe= ϕ·R.Fe des Eisenkerns sein. Wir nennen diesen Faktor

**Gl. 5-31 magnetisches Spannungsverhältnis**

$$MSV = \frac{V.LS}{V.Fe} = \frac{R.LS}{R.Fe} = \frac{\mu.r * l.LS}{l.Fe}$$

Wenn die Länge l.Fe des Eisenkerns bekannt und das magnetische Spannungsverhältnis MSV vorgegeben ist, kann aus Gl. 5-32 die Luftspaltlänge l.LS errechnet werden:

**Gl. 5-32 erforderliche Luftspaltlänge**

$$l.LS = MSV * l.Fe/\mu.r$$

Gl. 5-33 zeigt die zugehörige Vergrößerung der Durchflutung $\Delta\theta$=N·i.mag:

**Gl. 5-33 zusätzliche und gesamte Durchflutung**

$$\Delta\Theta = V.Fe * MSV \quad \text{und} \quad \Theta = V.Fe * (MSV + 1)$$

Zahlenwerte:

In vielen Fällen ist ein **MSV=3 ausreichend**. Wenn die mittlere Länge des Eisenkerns l.Fe=24cm und die relative Permeabilität μ.r≈3000=3k ist, soll die Luftspaltlänge l.LS=0.24mm sein.

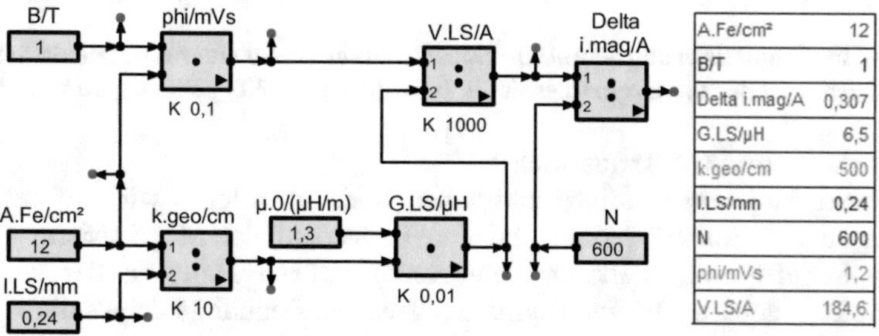


| | |
|---|---|
| A.Fe/cm² | 12 |
| B/T | 1 |
| Delta i.mag/A | 0,307 |
| G.LS/μH | 6,5 |
| k.geo/cm | 500 |
| l.LS/mm | 0,24 |
| N | 600 |
| phi/mVs | 1,2 |
| V.LS/A | 184,6 |

**Abb. 5-70 zeigt, wie mit der Luftspaltlänge l.LS die dazu nötige Erhöhung der Durchflutung $\Delta\theta$=V.LS und daraus wiederum die Vergrößerung des Magnetisierungsstroms berechnet werden kann.**

### *5.2.3 Flussdichte B und magnetische Feldstärke H*

Um magnetische Kreise dimensionieren zu können, muss bekannt sein, wie der magnetische Leitwert G.mag=ϕ/Θ eines ferromagnetischen Kerns vom Kernmaterial und seinen Abmessungen abhängt (Länge l in Flussrichtung und Querschnitt A senkrecht zum Fluss).

Um das zu zeigen, berechnen wir G.mag mit zwei lokalen Messgrößen:

1. der **Flussdichte B= ϕ/A** – in T=Vs/m² und
2. der magnetischen **Feldstärke H= Θ/l** – in A/m.

Gl. 5-34 zeigt die Berechnung des magnetischen Leitwerts aus einer Geometriekonstante k.geo und einer Materialkonstante μ:

**Gl. 5-34 Berechnung magnetischer Leitwerte**
$$G.mag = \frac{\phi}{\Theta} = \frac{A * B}{l * H} = k.geo * \mu(H)$$

Nach Gl. 5-34 ist der magnetische Leitwert das Produkt aus einem **Materialparameter**, der **Permeabilität μ(H),** und einer **Geometriekonstante k.geo=A/l**.

Die Einheit magnetischer Leitwerte ist das **H(enry)=Vs/A**. In Gl. 5-62 wird gezeigt, dass **Induktivitäten L=N²·G.mag** mit der Windungszahl N ebenfalls in H gemessen werden.

Abb. 5-71 zeigt durch die **Magnetisierungskennlinie B(H),** dass Eisenkerne bei Feldstärken oberhalb einer Grenzfeldstärke H.gr in die Sättigung gehen:

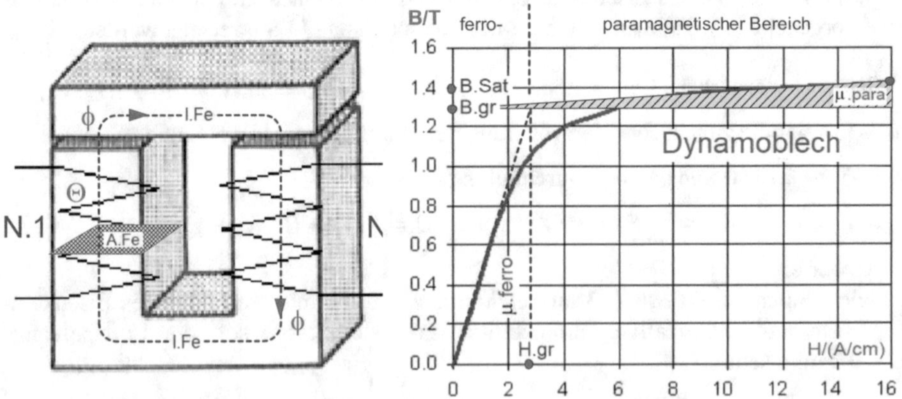


**Abb. 5-71 die Magnetisierungskennlinie eines Eisenkerns: Ab einer Grenzfeldstärke H.gr (hier ca. 3A/cm), zu der die Grenzflussdichte B.gr (hier ca. 1,3T) gehört, geht er in Sättigung.**

#### Grenzfeldstärke und Grenzflussdichte

Zur Unterscheidung von niedrigen und hohen Feldstärken legen wir - so gut es geht - Tangenten an den Anfangsverlauf und den Endverlauf der Magnetisierungskennlinie B(H). Ihr **Schnittpunkt** markiert die **Grenzfeldstärke H.gr**, zu der eine **Grenzflussdichte B.gr** gehört. Oft sind B.gr und μ gegeben. Dann folgt daraus die

**Gl. 5-35 Grenzfeldstärke** $$H.gr = B.gr/\mu$$

Damit wir die ferro- und paramagnetischen Anteile der Magnetisierung simulieren können, sollen sie als Funktion der Feldstärke H berechnet werden.

**Die para- und ferromagnetische Permeabilität**

Abb. 5-71 hat gezeigt, dass die **Magnetisierungskennlinie B(H)** ferromagnetischer Materialien ab einer **Grenzfeldstärke H.gr** in die Sättigung geht. Ihre Steigung heißt

**Gl. 5-36 Permeabilität** $\mu(H) = \Delta B/\Delta H$ ... in T/(A/m) = H/m

M(H) ist eine Funktion von H. Zur Simulation magnetischer Systeme muss B(H) berechnet werden. Das kann mit der Näherungsgleichung Gl. 5-37 geschehen. Sie wird nachfolgend erklärt.

1. Bei kleinen Feldstärken H<H.gr ist der Kern ferromagnetisch. Dann ist die Permeabilität maximal: μ.ferro = B.gr/H.gr.
2. Bei großen Feldstärken H>H.gr ist der Kern nur noch paramagnetisch. Dann ist μ.para = ΔB/ΔH << μ.ferro.

Durch die Angabe der Grenzwerte B.gr und H.gr für die Flussdichte und Feldstärke lassen sich magnetisierbare Materialien unterscheiden. Das soll im nächsten Abschnitt zur magnetischen Permeabilität gezeigt werden.

Zur Auswahl geeigneter Materialien müssen deren Kennwerte B.gr und H.gr=B.gr/μ bekannt sein. Tab. 5-5 zeigt einige Beispiele.

**Tab. 5-5 magnetische Kennwerte ferromagnetischer Materialien**

| Material | B.gr/T | H.gr/(A/cm) | μ.para/μ.0 | μ.ferro/μ.0 |
|---|---|---|---|---|
| Dynamoblech | 1,5 | 4,0 | 12 | 2885 |
| Nickel | 0,5 | 6 | 11 | 1000 |
| Kobalt | 0,4 | 20 | 42 | 185 |
| Permalloy (Mu-Metall) | 0,3 | 0,1 | 7 | > 50 000 |

**Berechnung der Flussdichte B(H)**

Berechnung der magnetischen Flussdichte B eines Materials mit Sättigung als Funktion der Feldstärke H zeigt eine Näherung zur Berechnung der magnetischen Flussdichte B(H) als Funktion der Feldstärke H:

**Gl. 5-37 Berechnung der magnetischen Flussdichte B eines Materials mit Sättigung als Funktion der Feldstärke H**

$$B(H) \approx \mu.para * H + B.gr * \frac{k.1 * H/H.gr}{1 + k.2 * H/H.gr}$$

Die Diskussion von Gl. 5-37 zeigt, dass sie den in Abb. 5-71 gezeigten gemessenen Verlauf der Magnetisierungskennlinie richtig wiedergibt:

- Bei H=0 ist B=0
- Bei H=H.gr ist B≈B.gr, weil μ.para<<μ.ferro=B.gr/H.gr ist

Für H→∞ wird B=B.gr+μ.para·H

Zur Berechnung benötigt Gl. 5-37 zwei Materialparameter: k.1 im Zähler und k.2 im Nenner. Sie müssen individuell für jedes ferromagnetische Material bestimmt werden – und zwar so, dass die berechnete Magnetisierungskennlinie mit der gemessenen möglichst gut übereinstimmt. Bei vielen Berechnungen ist der paramagnetische Anteil vernachlässigbar. Dann gilt ab H.gr: B=B.gr≈B.max.

**Berechnung des ferromagnetischen Anteils einer Magnetisierungskennlinie**
Gl. 5-38 zeigt eine einfache Näherung zur Berechnung der in Abb. 5-71 gezeigten ferromagnetischen Flussdichte B.ferro(H).

**Gl. 5-38 ferromagnetische Flussdichte**
$$B.ferro(H) \approx B.gr * \frac{k.1 * H/H.gr}{1 + k.2 * H/H.gr}$$

Wie Abb. 5-71 zeigt, kann B.ferro(H) in guter Näherung durch Gl. 5-38 berechnet werden, wenn die Anpassungsfaktoren k.1 und k.2 richtig gewählt werden. Sie werden im Probierverfahren gefunden.

Dynamoblech: k.1=0,6 und k.2=0,2

Die **paramagnetische Permeabilität μ.para(H)** ist die Steigung der Magnetisierungskennlinie für große Feldstärken H>H.gr. Gl. 5-39 berechnet den paramagnetischen Anteil der Magnetisierungskennlinie. Er ist proportional zur Feldstärke H:

**Gl. 5-39 die paramagnetische Flussdichte** $B.para(H)=\mu.para*H$

Für Dynamoblech entnehmen wir μ.para der Magnetisierungskennlinie in Abb. 5-71:

$$\mu.para \approx 0{,}1T/(10A/cm) = 0{,}01T/(A/cm) = 100\mu H/m$$

Den **ferromagnetischen Anteil B.ferro(H)** der Magnetisierungskennlinie erhalten wir, indem wir den paramagnetischen Anteil B.para(H) von der gemessenen Kennlinie B(H) abziehen:

$$B.ferro = B(gemessen) - B.para$$

Abb. 5-72 zeigt den gemessenen und berechneten ferromagnetischen Anteil der Magnetisierungskennlinie von Dynamoblech.

In Abb. 5-72 kann die Grenze B.gr(H.gr) zwischen dem ferro- und paramagnetischen Bereich als Schnittpunkt ihrer Tangenten genau ermittelt werden.

Für Dynamoblech gilt
$B.gr \approx 1{,}2T$ und $H.gr \approx 2A/cm$

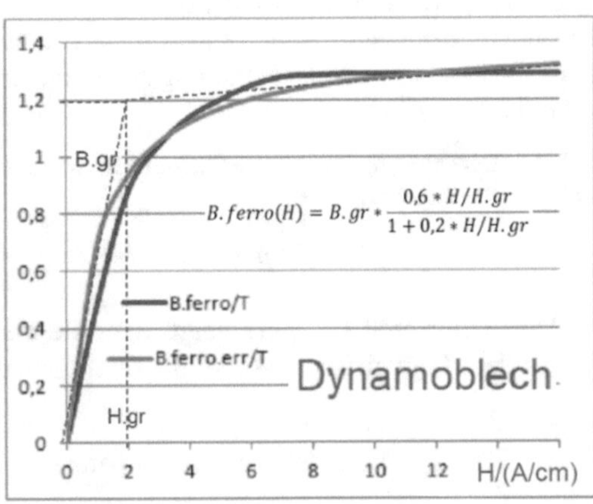


**Abb. 5-72 ferromagnetische Anteile der Magnetisierungskennlinie von Dynamoblech rot: gemessen – blau nach Gl. 5-37 mit den Anpassungsfaktoren k.1=0,6 und k.2=0,2**

Abb. 5-73 zeigt die Berechnung der in Abb. 5-72 gezeigten Flussdichte nach Gl. 5-37 durch einen Anwenderblock:

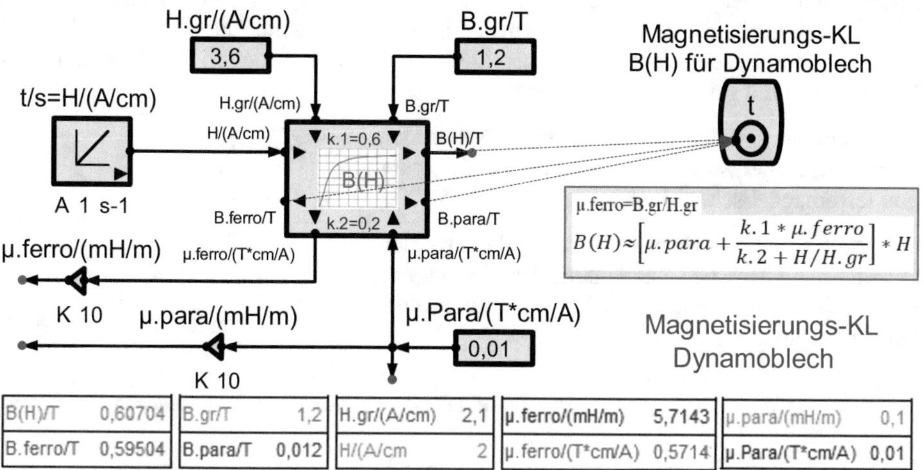


**Abb. 5-73 Berechnung der Flussdichte B(H) und seiner ferro- und paramagnetischen Anteile**

Abb. 5-74 zeigt die interne Struktur des Anwenderblocks von Abb. 5-73:

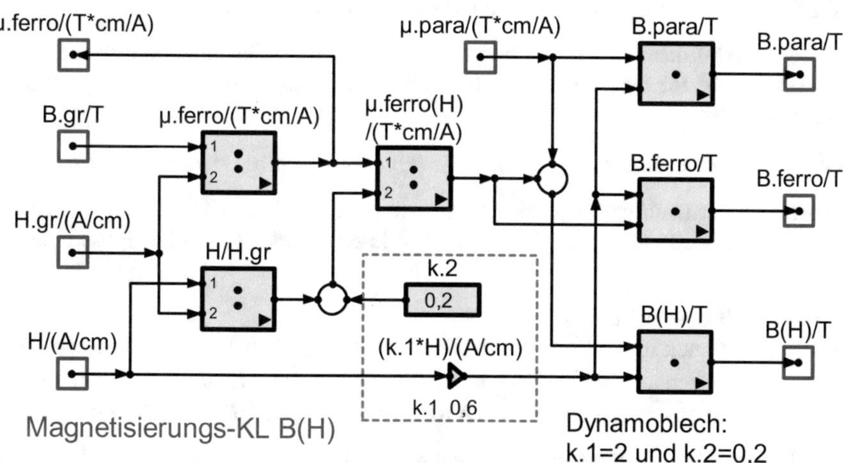


**Abb. 5-74 interne Struktur des Anwenderblocks B(H) von Abb. 5-73**

Mit Abb. 5-79 ist es gelungen, eine Magnetisierungskennlinie vollständig – d.h. den ferromagnetischen Anfangsbereich und den paramagnetischen Endbereich – vollständig zu berechnen. Welcher Teil davon gebraucht wird, hängt von der jeweiligen Anwendung und Fragestellung ab.

## 5.2.4 Magnetische Permeabilität μ und Suszeptibilität χ

Spulen und Transformatoren sollen möglichst klein gebaut werden. Dazu muss die magnetische Leitfähigkeit des Kerns hoch, d.h. die magnetische Flussdichte B möglichst groß und die Feldstärke H möglichst klein sein. Was möglich ist, bestimmt das Kernmaterial mit seiner Linearitätsgrenze.

Der Quotient μ=B/H wurde für viele Materialien gemessen. Dabei zeigt sich, dass sie sich dia-, para- und ferromagnetisch verhalten können (Abb. 5-75).

Hier sollen für μ Zahlenwerte angegeben werden. Quantitative Angaben sind nötig, um geeignete Materialien auswählen und Materialeinflüsse berechnen zu können.

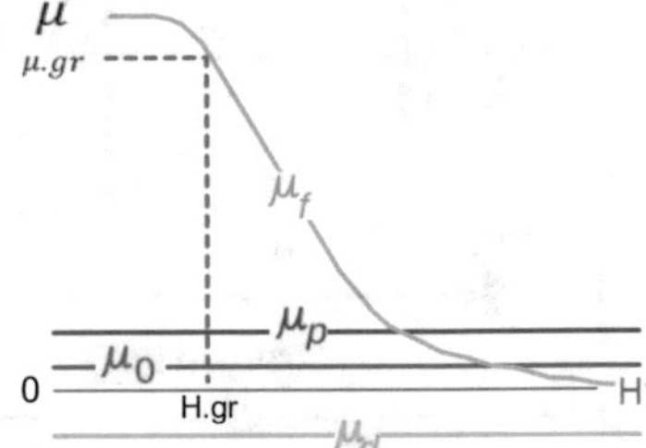


**Abb. 5-75 qualitative Darstellung dia-, para- und ferromagnetischen Verhaltens**

**Die magnetische Permeabilität (Durchlässigkeit)**
Zur Berechnung magnetischer Kreise (siehe Absch. 5.2) werden die magnetischen Widerstände und Leitwerte ihrer Komponenten (Eisenkerne, Luftspalte) benötigt.

**Gl. 5-40 magn. Leitwert** $G.mag = k.geo * \mu(H) = 1/R.mag$

Gl. 5-40 zeigt, dass der magnetische Leitwert das Produkt aus zwei Faktoren ist:

1. Der **Geometriefaktor k.geo=A/l** beschreibt die Form des ferromagnetischen Kerns.
2. Der **Materialfaktor μ** beschreibt das Kernmaterial durch die spezifische magnetische Durchlässigkeit, genannt

**Gl. 5-41 Permeabilität** $\mu = \Delta B/\Delta H = \mu.0 \cdot \mu.r$ – ***in T/(A/m) = Vs/(Am)=H/m***

Die magnetische Permeabilität **μ=B/H** gibt an, wie gut ein Würfel (Kantenlänge egal) aus magnetisierbarem Material die an ihm herrschende Feldstärke H in eine Flussdichte B umsetzt.

**Die Permeabilität des Vakuums**
Magnetisierung ist auch in Abwesenheit jeglicher Materie möglich (Permeabilität μ.0 des Vakuums). μ.0 ist - genau wie die **elektrische Polarisierbarkeit ε.0** des Vakuums - eine Naturkonstante. Sie ist sehr genau gemessen worden: $\mu.0 = 1{,}26 \cdot 10^{-6} Vs/(Am) \approx 1{,}3 \mu H/m$

Die Polarisierbarkeit der Luft ist nur um einige **ppm=$10^{-6}$=‰$^2$** größer als die des Vakuums (μ.r=1). Deshalb braucht bei der Magnetisierung zwischen Luft und dem Vakuum nicht unterschieden zu werden. μ.r wird für alle technisch wichtigen Materialien bestimmt.
Dass μ.0 eine Naturkonstante ist, erkennt man daran, dass $\sqrt{\mu.0 * \varepsilon.0} = 1/c$ der Kehrwert der Lichtgeschwindigkeit c ist. Daraus folgt auch, dass Licht eine elektromagnetische Welle ist.

Anmerkung:
Der Vorfaktor $10^{-6}$ = μ (mikro, griechisches m ) wird genau wie die Permeabilität durch μ abgekürzt. Das kann jedoch wegen der **unterschiedlichen Einheiten** nicht zu Verwechslungen führen.

**Die relative Permeabilität**

In Materialien ist die Permeabilität µ ein Vielfaches von µ.0. Dieses Vielfache heißt **relative Permeabilität µ.r.**

**Gl. 5-42 relative Permeabilität** $\mu.r = \mu / \mu.0$

In Luft ist die Permeabilität µ nicht viel größer als im Vakuum:

**Gl. 5-43** µ,0(Luft) ≈ 1,3µH/m – d.h. µ.r(Luft) ≈ 1.

**Tab. 5-6 Relative Permeabilitäten µ.r (magnetische Durchlässigkeiten)**

| Paramagnetische Stoffe | µ.r |
|---|---|
| Luft | 1,0000004 |
| Sauerstoff | 1,0000003 |
| Aluminium | 1,000022 |
| Platin | 1,000360 |

| Ferromagnetische Stoffe | µ.r |
|---|---|
| Eisen, unlegiert | bis 6000 |
| Elektroblech | > 6500 |
| Eisen-Nickel-Legierung | bis 300000 |
| Weichmagnetische Ferrite | > 10000 |

| Diamagnetische Stoffe | µ.r |
|---|---|
| Quecksilber | 0,999975 |
| Silber | 0,999981 |
| Zink | 0,999988 |
| Wasser | 0,899991 |

Materialien unterscheiden sich durch ihre Kräfte auf sie in **inhomogenen** äußeren elektrischen und magnetischen Feldern (Abb. 5-76). Dadurch erkennt man drei Kategorien der Permeabilität:

- **diamagnetisch**: µ.r < 1 - im magnetischen Feld ganz **schwach abstoßend**
- **paramagnetisch:** µ.r > 1 - im magnetischen Feld **schwach anziehend** und
- **ferromagnetisch:** µ.r >> 1 - im magnetischen Feld extrem **stark anziehend.**

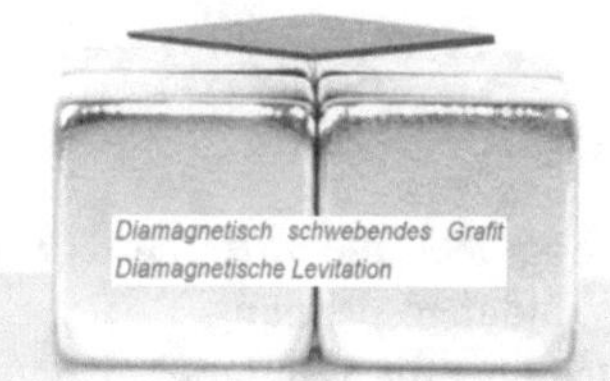


**Abb. 5-76 Abstoßung durch Diamagnetismus: Graphitnadel schwebt über Supermagnet.**

Quelle: https://www.experimentis.de/physikalisches_spielzeug/elektronik-magnetspielzeug/dauermagnet-stabmagnet-hufeisenmagnet/

**Tab. 5-7 zeigt eine Auswahl relativer Permeabilitäten:**

| Material | µ.r | Gruppe |
|---|---|---|
| **Supraleiter** | 0 | diamagnetisch |
| **Kupfer** | 0,9999936 | diamagnetisch |
| **Luft** | 1,0000004 | paramagnetisch |
| **Eisen & Ferrite** | ≈ 300 ... 30000 | ferromagnetisch |

**Die differentielle Permeabilität μ.Dif**

Abb. 5-77 zeigt, dass die Flussdichte ferromagnetischer Materialien mit steigender Feldstärke immer weniger ansteigt (Sättigung). Hier soll gezeigt werden, dass die in einer Leiterschleife induzierte Spannung von der Steigung der Magnetisierungskennlinie abhängt. Sie heißt

**Gl. 5-44 differentielle Permeabilität** $\mu.\boldsymbol{Dif} = \Delta\boldsymbol{B}/\Delta\boldsymbol{H}$ ... in *in T/(A/m) = Vs/(Am)=H/m*

Abb. 5-77 zeigt oben die Ermittlung differentieller Permeabilitäten durch das Anlegen von Tangenten an eine Magnetisierungskennlinie. Dort wird mit **Maximalwerten (Beträgen)** gerechnet.

**Abb. 5-77 graphische Ermittlung differentieller Permeabilitäten und darunter die Induktion von Windungsspannungen**

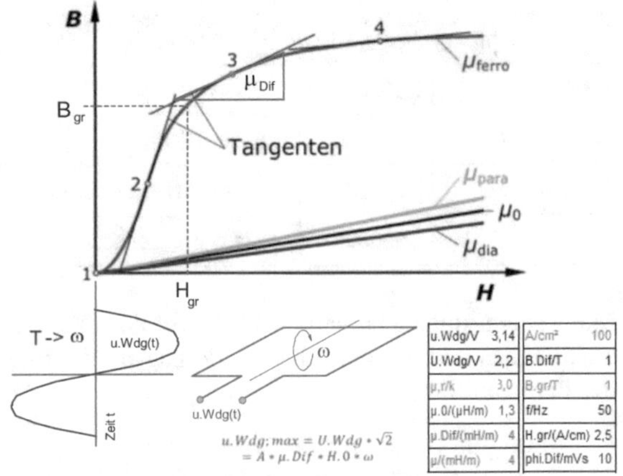


Abb. 5-77 zeigt unten die Entstehung einer Windungsspannung durch die Rotation einer Leiterschleife im Magnetfeld. Oft wird mit **Effektivwerten** gerechnet.

Abb. 5-78 zeigt:

- Je größer die differentielle Permeabilität ist, desto höher ist die induzierte Windungsspannung.
- Je höher die Windungsspannung, desto weniger Windungen werden benötigt, um eine geforderte Spulenspannung (z.B. die Netzwechselspannung) zu indizieren.

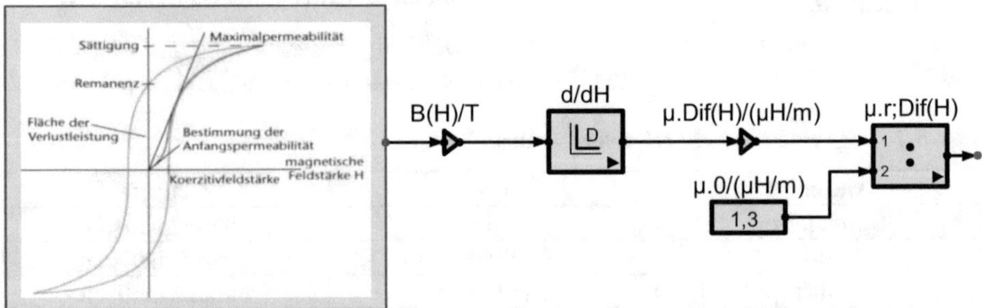


**Abb. 5-78 Symbolische Ermittlung der differentiellen Permeabilität: Daraus folgt die relative differentielle Permeabilität μr;dif. Bei kleiner Aussteuerung (B<B.gr) ist sie annähernd gleich der Anfangspermeabilität μ.r.**

**Manuelle Ermittlung der differentiellen Permeabilität**
Tab. 5-8 zeigt die Magnetisierungstabelle von Dynamoblech aus Gieck Z23.

Um daraus die differentielle Permeabilität **μ.Dif=dB/dH** zu ermitteln, wird die Feldstärke H schrittweise um ein dH erhöht und dazu die Flussdichteänderung dB=0,1T bestimmt.

Tab. 5-8 ist die Vorlage zur Erzeugung einer Excel-Tabelle. Eine analytische Funktion zur Berechnung der Flussdichte B(H) und der Permeabilität μ=dB/dH findet Excel diesmal leider nicht.

Für maximale Induktion sollen Feldstärke und Flussdichte an ihrer Linearitätsgrenze liegen. Bei ferromagnetischen Kernen ist die Grenzflussdichte B.gr etwa 70% der maximalen Flussdichte.

**Tab. 5-8 Flussdichte und relative Permeabilität von Dynamoblech**

Gieck Z 23 Magnetisierung Dynamoblech

| H/(A/cm) | B/T | mü.r;Dif | lg(mü.r;Dif) |
|---|---|---|---|
| 0,3 | 0,1 | 2564 | 3,41 |
| 0,6 | 0,2 | 2564 | 3,41 |
| 0,8 | 0,3 | 3846 | 3,59 |
| 1,0 | 0,4 | 3846 | 3,59 |
| 1,2 | 0,5 | 3846 | 3,59 |
| 1,4 | 0,6 | 3846 | 3,59 |
| 1,7 | 0,7 | 2564 | 3,41 |
| 1,9 | 0,8 | 3846 | 3,59 |
| 2,3 | 0,9 | 1923 | 3,28 |
| 3,0 | 1,0 | 1183 | 3,07 |
| 3,7 | 1,1 | 1026 | 3,01 |
| 5,2 | 1,2 | 513 | 2,71 |
| 7,5 | 1,3 | 334 | 2,52 |
| 12,5 | 1,4 | 154 | 2,19 |
| 20 | 1,5 | 103 | 2,01 |
| 35 | 1,6 | 51 | 1,71 |
| 79 | 1,7 | 27 | 1,43 |
| 120 | 1,8 | 19 | 1,28 |
| 191 | 1,9 | 11 | 1,04 |
| 305 | 2,0 | 7 | 0,85 |
| 507 | 2,1 | 4 | 0,60 |
| 1300 | 2,2 | 1 | 0,00 |

An der Linearitätsgrenze ist μ.Dif maximal. Dort hat die Feldstärke den Grenzwert H.gr und die Flussdichte den Grenzwert B.gr. Damit wird

**Gl. 5-45 die Permeabilität bis zur Linearitätsgrenze**

$$\mu..max = \mu.gr = B.gr/H.gr$$

Zahlenwerte für **Dynamoblech**: B.gr=1T; H.gr=2,5A/cm → μ.gr=4mH/m → μ.r≈3k

Graphische Verfahren sind zwar anschaulich, aber verglichen mit Berechnungen viel zu umständlich. Deshalb soll gezeigt werden, dass man gemessene Kennlinien nur zur Konstantenbestimmung benötigt.

**Windungsspannung und differentielle Permeabilität**
Abb. 5-79 zeigt, dass **sinusförmige Windungsspannungen u.Wdg** proportional zur Feldstärke H und zur Kreisfrequenz ω sind. Bei Spulen wird H durch deren Spulenstrom i erzeugt (Gl. 5-46). Proportionalitätsfaktor ist die differentielle Permeabilität μ.Dif.

Gl. 5-46 zeigt die Berechnung induzierter Windungsspannungen (Spannung pro Windung).

**Gl. 5-46 differentielle Permeabilität und Windungswechselspannung**

$$u.Wdg = d\phi/dt = A * dB/dt = A * \frac{dB}{dH} * \frac{dH}{dt} \rightarrow A * \mu.Dif * H * \omega$$

Abb. 5-79 zeigt die Berechnung einer induzierten Windungsspannung:

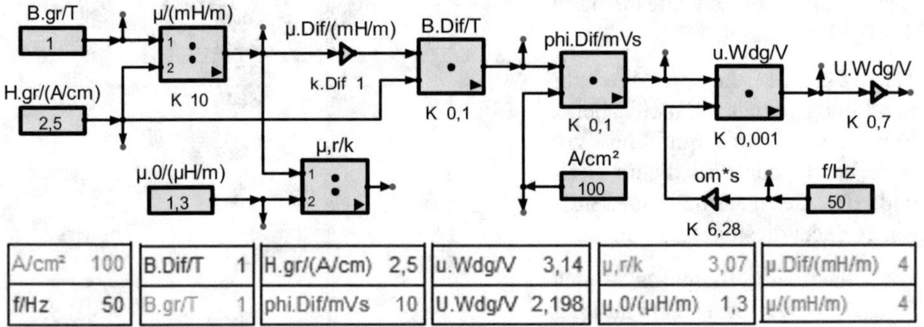


**Abb. 5-79 Berechnung induzierter Windungswechselspannungen mit den dazu einzustellenden Parametern**

Der Faktor k,Dif=1 in Abb. 5-79 zeigt auch die Berechnung der differentiellen Permeabilität μ.Dif als Funktion der Feldstärke H.

Abb. 5-80 zeigt den mit H immer schwächer werdenden Anstieg B(H) und die entsprechend kleiner werdende differentielle Permeabilität μ.Dif(H).

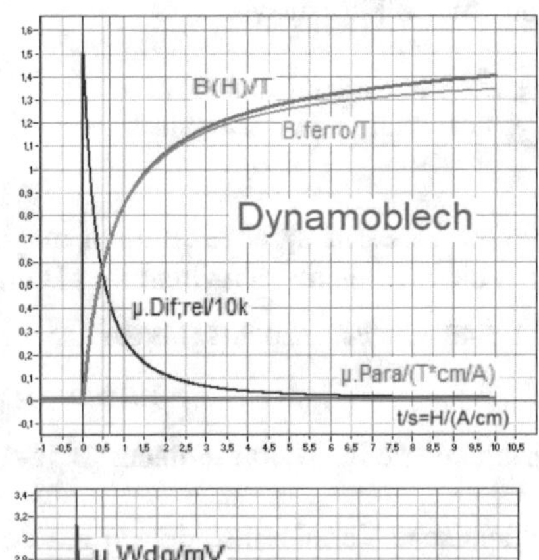


**Abb. 5-80 Flussdichte B(H) und differenzielle Permeabilität μ.Dif(H) als Funktionen der Feldstärke H**

Nach Gl. 5-46 folgt aus μ.Dif(H) die induzierte Windungsspannung u.Wdg(t). Das zeigt Abb. 5-81.

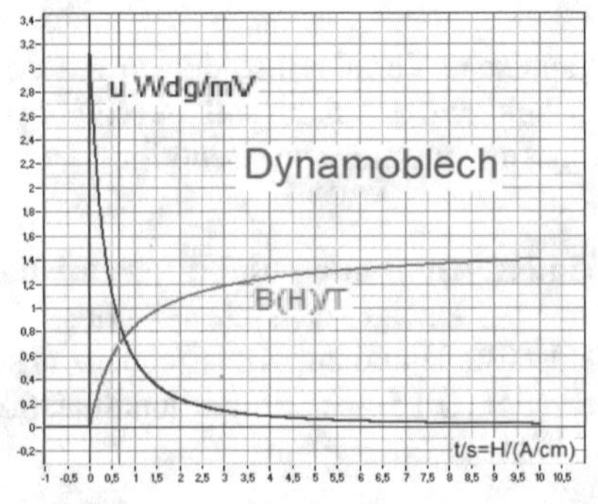


**Abb. 5-81 Flussdichte B(H, t) und differentielle Permeabilität μ.Dif(H, t) als Funktionen der Zeit**

Zur Simulation induzierter Spannungen muss die differentielle Permeabilität als Funktion der Feldstärke H berechnet werden. Wie das gemacht wird, zeigen wir in Absch. 5.2.4 und in Abb. 5-77.

**Magnetische Suszeptibilität**

Die **magnetische Suszeptibilität** χ (Chi = Übernahmefähigkeit) ist die um 1 verminderte relative Permeabilität μ.r:

**Gl. 5-47 magnetische Suszeptibilität (Chi)** $\chi = \mu.r - 1$

χ dient zur Berechnung der Magnetisierbarkeit M=χ·H von Materie in einem externen Magnetfeld H. Mit μ=μ.0·μ.r wird die Flussdichte $B = \mu * (H + M)$.

Das Rechnen mit χ anstelle μ.r-1 macht Sinn, wenn μ.r≈1 ist, denn dann ist χ<<1.

- Positive Werte von χ beschreiben den Para- und Ferromagnetismus (Abb. 5-82), also die magnetische Verstärkung durch das Material.
- Negative Werte beschreiben den Diamagnetismus. Das bedeutet eine Magnetisierung entgegen dem äußeren Magnetfeld.

Abb. 5-82 zeigt die Kraftwirkungen bei Para- und Diamagnetismus in einem äußeren magnetischen Feld der Stärke B:

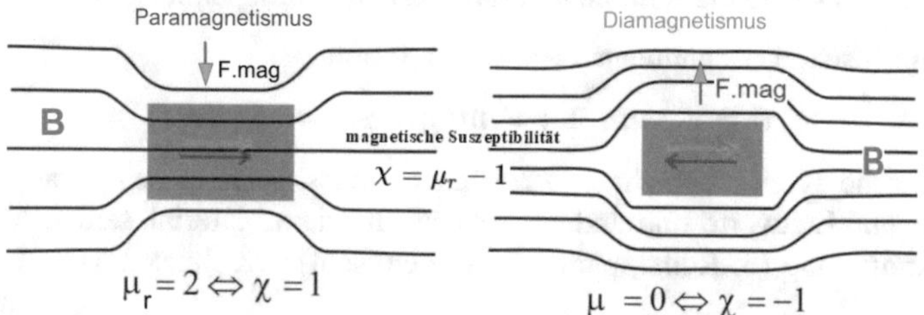


**Abb. 5-82 links: Paramagnetismus (χ > 0) führt zu magnetischer Anziehung – rechts: Diamagnetismus (χ < 0) führt zu magnetischer Abstoßung.**

Para- und diamagnetische Kräfte sind äußerst schwach. Deshalb benötigt man zu ihrer Messung hochempfindliche Apparaturen mit Auflösungen im μN-Bereich. Ein Beispiel finden Sie beim *German Aerospace Center (DLR in Köln) unter*

https://www.dlr.de/mp/en/desktopdefault.aspx/tabid-3101/4714_read-6916/

Bei den meisten Stoffen ist der Paramagnetismus groß gegen den Diamagnetismus. Dadurch tritt der Diamagnetismus nur sehr selten in Erscheinung. Tab. 5-9 zeigt einige Ausnahmen.

**Tab. 5-9 zeigt diamagnetische Materialien mit höchster Suszeptibilität**

| Material | $\chi$ auch $\chi_m$ | $\chi_{mol}$ $m^3 \cdot mol^{-1}$ | $\chi_{mass}$ $m^3 \cdot kg^{-1}$ | ρ /(g/cm³) |
|---|---|---|---|---|
| Bismut = Wismut | $-1{,}7 \cdot 10^{-4}$ | $-3{,}5 \cdot 10^{-9}$ | $-1{,}7 \cdot 10^{-8}$ | 9,78 |
| Kohlenstoff (Diamant) | $-2{,}2 \cdot 10^{-5}$ | $-7{,}4 \cdot 10^{-11}$ | $-6{,}2 \cdot 10^{-9}$ | 3,52 |
| Kohlenstoff (pyrolytischer Graphit, senkrecht) | $-4{,}5 \cdot 10^{-4}$ | $-2{,}4 \cdot 10^{-9}$ | $-2{,}0 \cdot 10^{-7}$ | 3,51 |

Ausblick:

Mit der Suszeptibilität χ werden wir in Absch. 5.10.6 ‚Diamagnetische Levitation' magnetische Kräfte berechnen, die Graphit über Dauermagneten schweben lassen.

### 5.2.5 Magnetische Widerstände und Leitwerte

Die Berechnung linearer magnetischer Kreise erfolgt durch magnetische Widerstände und Leitwerte. Beispiele dazu sind

- der in Absch. 5.2.2 behandelte magnetische Spannungsteiler und
- der in Absch. 5.6.5.1 behandelte Eisenkern mit Luftspalt.

Beim Bau elektromagnetischer Systeme (Motoren, Transformatoren, Relais) wird der magnetische Fluss ϕ gefordert, denn er bestimmt

- bei Spulen die induzierte Windungsspannung
- bei Relais und Elektromagneten die Anziehungskraft und
- bei elektrischen Motoren das Drehmoment.

Gesucht wird die dazu erforderliche Durchflutung $\Theta$. In einem einfachen magnetischen Kreis (Abb. 5-66) ist sie die Summe der magnetischen Teilspannungen:

**Gl. 5-48 magnetische Teilspannungen und Durchflutung**

$$\Theta = V.mag.1 + V.mag.2 + \ldots = \Sigma(H * l)$$

Um magnetische Kreise berechnen zu können, muss bekannt sein, was magnetische Widerstände und Leitwerte sind und wie man sie aus dem Material, seinen Abmessungen und ihrer Anordnung (in Reihe, parallel und gemischt) berechnet. Das soll hier gezeigt werden.

**Was ist ein magnetischer Widerstand?**

In ungesättigten (linearen) magnetischen Kreisen ist die magnetische Spannung V.mag=R.mag· ϕ das Produkt aus magnetischem Widerstand R.mag und magnetischem Fluss ϕ. Daraus folgen seine Definition und Berechnung:

**Gl. 5-49 magnetischer Widerstand**

gemessen in A/Vs=1/H(enry)

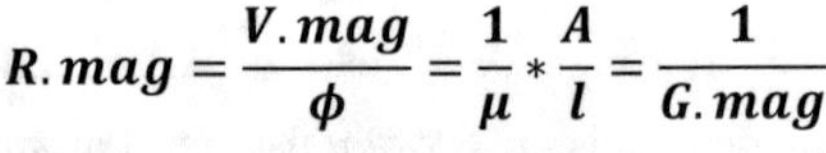

$$\boldsymbol{R.mag} = \frac{\boldsymbol{V.mag}}{\boldsymbol{\phi}} = \frac{\mathbf{1}}{\boldsymbol{\mu}} * \frac{\boldsymbol{A}}{\boldsymbol{l}} = \frac{\mathbf{1}}{\boldsymbol{G.mag}}$$

Abb. 5-83 zeigt die Messgrößen und Parameter zu einem magnetischen Widerstand.

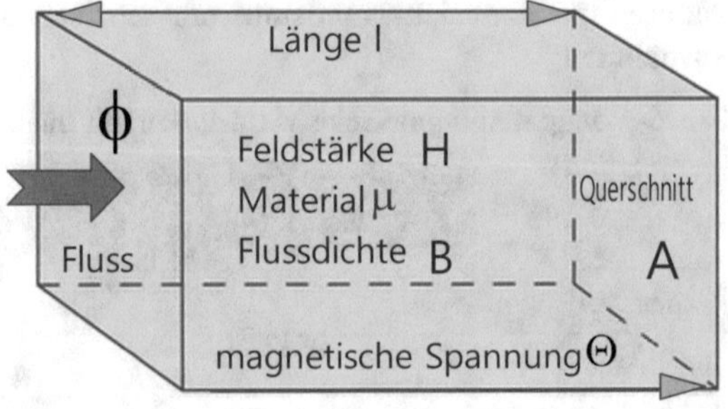


**Abb. 5-83 magnetischer Widerstand**

Magnetische Widerstände R.mag geben an, wie viel magnetische Spannung (bzw. Durchflutung in A) aufgewendet werden muss, um einen gewünschten Fluss $\phi$ zu erzeugen. Mit ihnen lassen sich magnetische Reihenschaltungen wie Ohm'sche Widerstandsschaltungen berechnen.

In ungesättigten Kreisen sind die magnetischen Widerstände *R.mag=V.mag/$\phi$* konstant. Ihr Kehrwert heißt

**Gl. 5-50 magnetischer Leitwert** $G.mag = \phi/\Theta = k.geo * \mu$ ... in Vs/A=H

Die **Materialkonstante µ** beschreibt die **spezifische magnetische Leitfähigkeit** magnetisierbarer Materialien. Die Einzelheiten dazu werden wir in Absch. 5.2.4 besprechen.

**Der Geometriefaktor k.geo**
Ferromagnetische Kerne aus Blechen oder massivem Ferrit kanalisieren den magnetischen Fluss, was den magnetischen Leitwert bestimmt. Zur Dimensionierung von Spulen müssen

*magnetische Leitwerte G.mag=µ·k,geo*

aus dem Kernmaterial µ und den Kernabmessungen (Querschnitt A/Länge l) berechnet werden.

**Gl. 5-51 Geometriefaktor** *k.geo=A/l*

gemessen z.B. in cm²/cm=cm

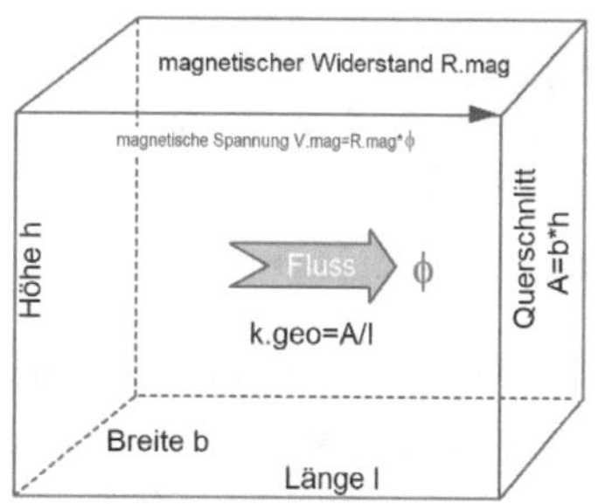


**Abb. 5-84 R.mag und G.mag als Funktion des Geometriefaktors k.geo=A/l**

Abb. 5-85 zeigt die Berechnung des magnetischen Leitwerts und Widerstands eines Eisenkerns ohne Luftspalt aus dem Kernmaterial und seinen Abmessungen.

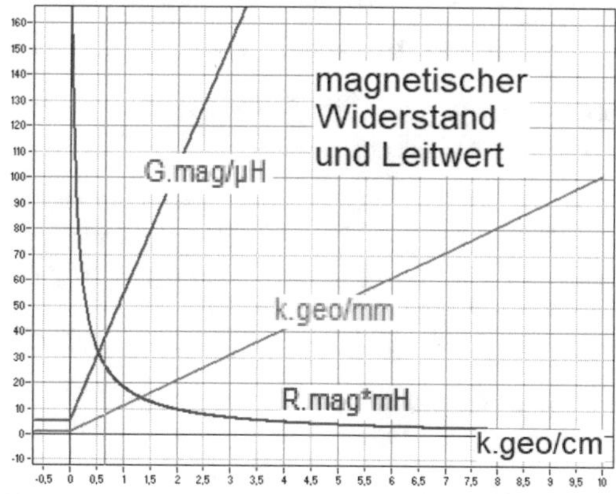


**Abb. 5-85 Berechnung der induzierten Windungsspannung mit dem magnetischen Leitwert aus dem Kernmaterial und seinen Abmessungen als Parameter**

**Berechnung magnetischer Reihenschaltungen**

Abb. 5-86 zeigt einen unverzweigten magnetischen Kreis und die Addition zweier magnetischer Widerstände bei Hintereinanderschaltung:

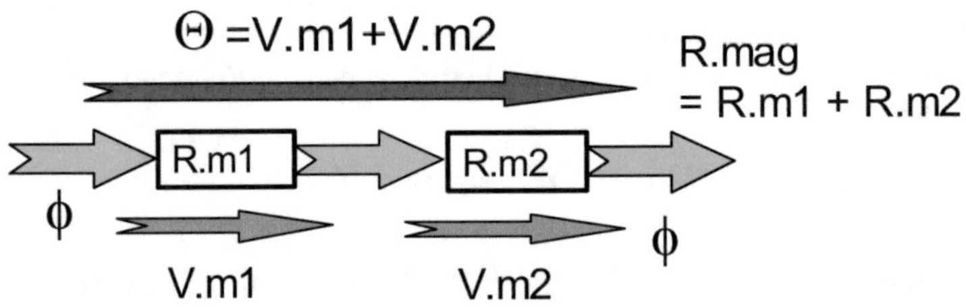


**Abb. 5-86 der Widerstand einer magnetischen Serienschaltung: Es addieren sich die Einzelwiderstände.**

**Magnetische Leitwerte**

Entsprechend dem elektrischen Leitwert ist der magnetische Leitwert das Verhältnis aus magnetischem Fluss ϕ und magnetischer Spannung $V.mag = N \cdot i$:

**Gl. 5-52 Definition des magnetischen Leitwerts** $G.mag = \phi / V.mag$ - ***in Vs/A = H***

Gl. 5-53 zeigt die aus Gl. 5-52 abgeleitete Berechnung der Funktion ϕ(i)

**Gl. 5-53 Spulenstrom und magnetischer Fluss: ϕ ~ i**

$$\phi = \Theta * G.mag = N * i.mag * \mu * A/l$$

Nachfolgend sollen dazu Beispiele mit Zahlenwerten berechnet werden.

Zur **Berechnung magnetischer Leitwerte** benötigt man den spezifischen Leitwert μ des Materials, das der Fluss durchdringt, und seine Abmessungen:

**Gl. 5-54 Berechnung magnetischer Leitwerte** $G.mag = \phi/\Theta = \mu \cdot A/l$

Abb. 5-87 zeigt, wie G.mag aus dem Kernmaterial μ und seinen Abmessungen (Länge l, Querschnitt A) berechnet wird:

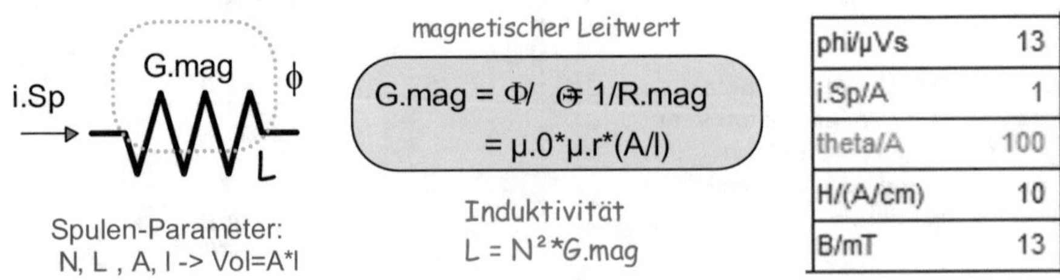


**Abb. 5-87 Definition und Berechnung des magnetischen Leitwerts**

**Berechnung magnetischer Parallelschaltungen**

Abb. 5-88 zeigt die Addition zweier magnetischer Leitwerte einer Parallelschaltung:

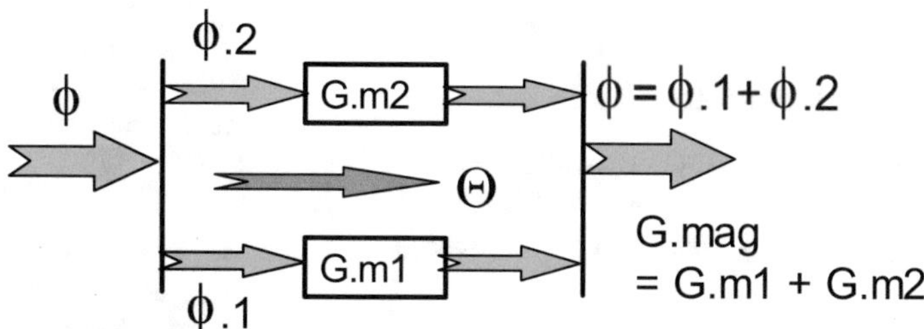


**Abb. 5-88 der Leitwert einer magnetischen Parallelschaltung: Es addieren sich die Einzelleitwerte.**

**Berechnung gemischt-magnetischer Schaltungen**

Im Allgemeinen sind magnetische Kreise eine Mischung aus Reihen- und Parallelschaltungen.

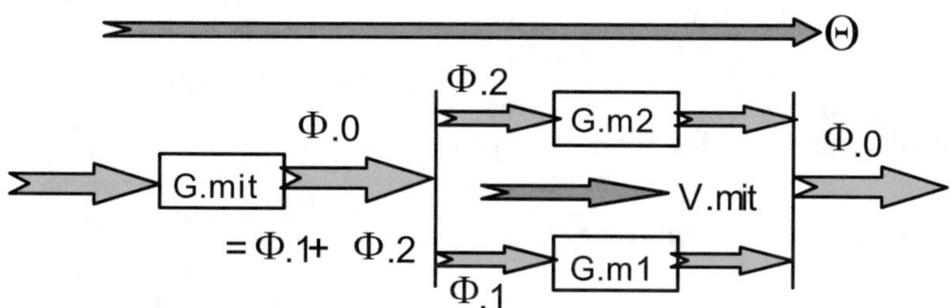


**Abb. 5-89 MI-Kern: Die beiden äußeren Schenkel sind magnetisch parallelgeschaltet.**

Als Beispiel für Abb. 5-89 soll der gesamte magnetische Widerstand eines EI-Kerns (Abb. 5-221) berechnet werden.

1. Zuerst addieren wir die magnetischen Leitwerte der äußeren Schenkel.
2. Daraus berechnet sich der magn. Widerstand der Parallelschaltung.
3. Er addiert sich zum magn. Widerstand der Reihenschaltung.

**Berechnung von Spulenkernen**

Als Beispiele zur Berechnung magnetischer Widerstände und -Leitwerte sollen sie nun für einen UI- und einen M-Kern berechnet werden.

Abb. 5-90 zeigt einen

**UI-Kern mit doppeltem Luftspalt.**

Sein magnetischer Widerstand R.mag ist die Summe der ferromagnetischen Widerstände R.m1 und R.m2 des UI-Kerns und der beiden Luftspalte:

$$R.mag = R.m1 + R.m2 + 2 \cdot R.LS$$

Damit die Luftspalte ihre linearisierende Funktion erfüllen, müssen ihre Widerstände R.LS groß gegen R.m des ferromagnetischen Kerns sein.

**Gl. 5-55** $R.mag=(l/A)/(\mu.0 \cdot \mu.r)$

Damit der Kern nicht unnötig groß wird, muss R.LS nur ca. dreimal größer als $R.Fe=R.m1+R.m2$ des Kerns sein.

Aus $R.LS=(l.LS/A)/\mu.0 > R.mag$ folgt ein **Dimensionierungsvorschlag** für die Länge des Luftspalts:

**Gl. 5-56** $\boldsymbol{l.LS \approx 3 * R.Fe * A * \mu.0}$

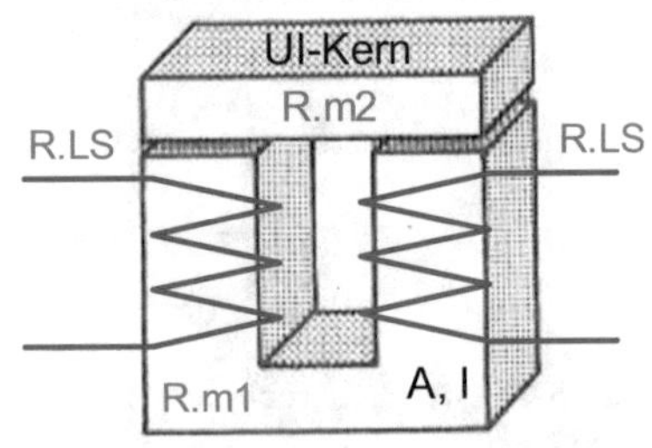


**Abb. 5-90 UI-Kern mit doppeltem Luftspalt**

Zahlenwerte zum Luftspalt:
A=16cm² - l=25cm
μ.r=3,8k → R.m=32/mH
→ R.LS≈3·R.m≈100/mH
→ l.LS≈0,2mm = 0,1mm/Luftspalt

Abb. 5-91 zeigt einen

**M-Kern ohne Luftspalt**

Zur einfachen Berechnung seines magnetischen Widerstands R.mag=1/G.mag wird der M-Kern in der Mitte geteilt. Dann können seine Hälften mit R.LS=0 wie unter Punkt 1 berechnet werden. Der Gesamtleitwert ist das Doppelte der Einzelleitwerte:

$$G.mag = 2 \cdot \mu \cdot A/l$$

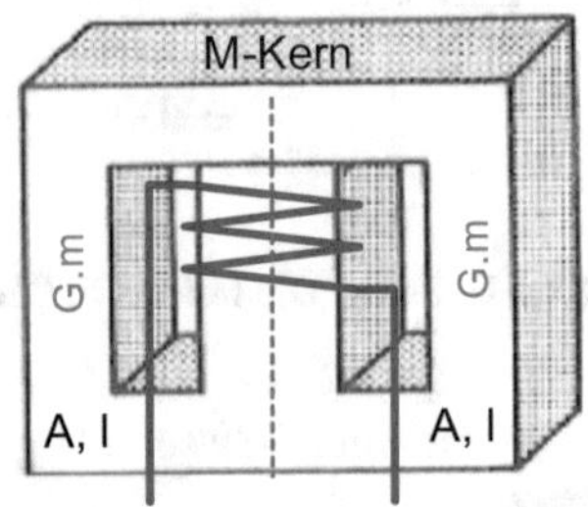


**Abb. 5-91 M-Kern ohne Luftspalt**

Abb. 5-92 zeigt einen

**M-Kern mit einfachem Luftspalt**

Sein magnetischer Widerstand wird wie unter Punkt 1 und 2 gezeigt berechnet. Dabei ist zu beachten, dass der Luftspaltwiderstand einer Kernhälfte doppelt so groß wie der des M-Kerns ist, denn seine Fläche ist nur die Hälfte.

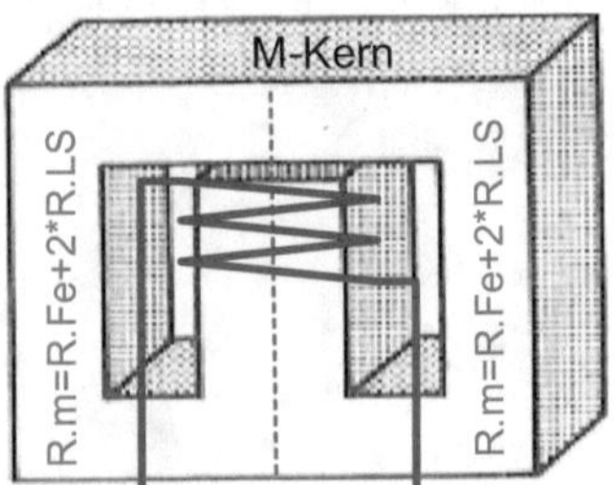


**Abb. 5-92 M-Kern mit einfachem Luftspalt**

## 5.3 Elektromagnetische Induktion

Nach der Erklärung des Magnetismus wenden wir uns nun seinen elektrischen Anwendungen zu. Dadurch werden die Zusammenhänge zwischen den **Messgrößen der Systeme (Kräfte, Ströme)** und ihren Bauelementen, ihrer Anordnung, dem **Material und dessen Abmessungen** hergestellt. Das ist die Voraussetzung zur **Dimensionierung** elektromagnetischer Systeme (z.B. Drosseln, Transformatoren, Relais und Kraftmagnete) entsprechend den Anforderungen des Anwenders.

Was in den folgenden Abschnitten u. a. simuliert werden soll:

1. das Induktionsgesetz im Zeit-, Orts-, und Frequenzbereich
2. Messung magnetischer Flüsse
3. Spulen für Gleich- und Wechselstrom (Drosseln)
4. Spulen ein- und ausschalten, Funkenlöschung
5. Spulenfrequenzgänge, Grenz- und Resonanzfrequenzen

**Was ist Induktion?**

Wenn Ladungen durch ein magnetisches Feld strömen, wechselwirkt ihr eigenes Magnetfeld mit dem äußeren Feld. Dadurch verspüren sie die **Lorentzkraft** und versuchen, ihr auszuweichen (Minimierung der Gesamtenergie, Prinzip des kleinsten Zwanges, Lenz'sche Regel). Verschobene Ladungen äußern sich als Spannung an den Enden des Leiters. Man nennt sie ‚induziert'.

Quelle:
Elektromagnetische INDUKTION
https://www.youtube.com/watch?v=UhvA_0azb9M

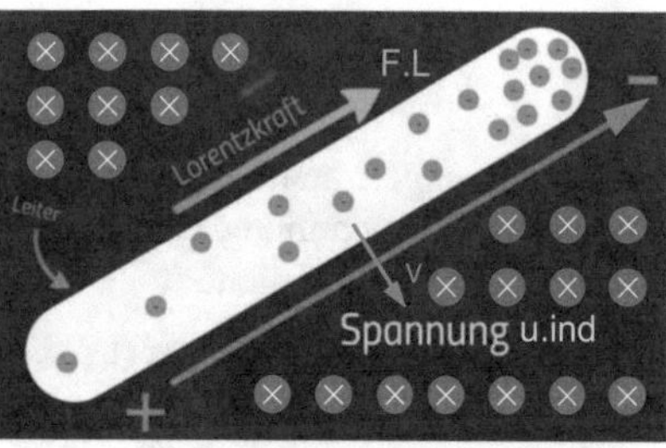


**Abb. 5-93 Ansteigender Fluss induziert positive Spannung, absinkender Fluss induziert negative Spannung zwischen den Leiterenden.**

Als einer der ersten hat der britische Physiker **Michael Faraday** (*22. Sep. 1791; † 25. Aug. 1867) die Induktion bei ruhenden und bewegten Leiterschleifen untersucht. Abb. 5-93 dient zur Veranschaulichung dieser beiden Fälle. Er erkannte:

**Ursache der Induktion** ist die **Änderung des magnetischen Flusses** in der von der **Leiterschleife umschlossenen Fläche**.

In der folgenden Zeit identifizierte Faraday weitere Beispiele elektromagnetischer Induktion. So beobachtete er **Ströme wechselnder Richtung**, wenn er einen Permanentmagneten rasch in eine Spule hinein und wieder heraus bewegte. Faraday erfand auch den in Abb. 5-94 gezeigten **Gleichstromgenerator,** genannt **Faraday-scheibe.** Durch sie erkannte er, dass zwischen **Ruhe- und Bewegungsinduktion** zu unterscheiden ist. Das soll nun erklärt werden.

**Induktion in einer Faradayscheibe**

Magnetismus lässt sich zur Umwandlung von elektrischer in mechanische Leistung ausnutzen. Dieses Thema behandeln wir hier kurz in Absch. 5.4.2Elektromotoren' und in Absch. 5.9.1.2 ‚Lorentz'scher Elementarmotor' und ausführlich im nächsten Bd. 4 ‚Elektrische Maschinen'.

Eine Aluminiumscheibe (1) und eine magnetische Scheibe (2) sind drehbar auf einer elektrisch leitenden Achse angebracht. Die Scheiben werden nacheinander einzeln und gemeinsam gedreht. Gemessen wird die Spannung zwischen dem Rand der Scheiben und der Achse. Dadurch soll folgende Frage beantwortet werden:

*Dreht das B-Feld mit, wenn der Magnet (die Faradayscheibe) gedreht wird oder nicht?*

Von der Antwort auf diese Frage hängt es ab, ob bei Drehung einer oder beiden Scheiben in ihnen Spannung induziert wird.

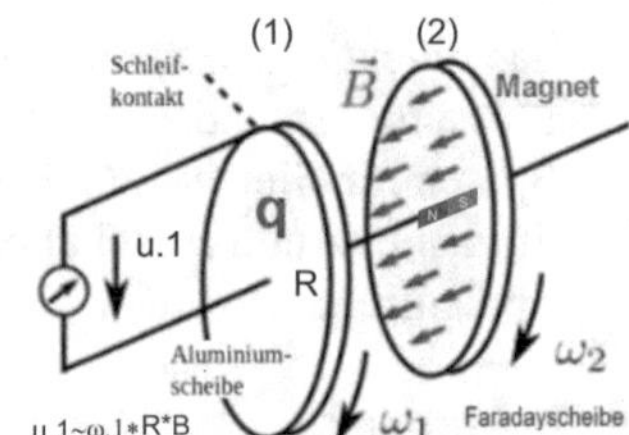


**Abb. 5-94 Faradayscheibe (DC-Generator)**

https://de.wikipedia.org/wiki/Elektromagnetische_Induktion

Das ist der experimentelle Befund:
Die induzierte Spannung **u.1=dϕ/dt=0** ist **unabhängig** davon, ob sich die magnetische Scheibe 2 dreht oder nicht.

Wenn nur die Aluscheibe 1 gedreht wird, wird in beiden Scheiben eine Spannung

**u.1=ω· ϕ (ϕ=B·A ist der magnetische Fluss) induziert.**

u.1=u.2 ist proportional zur magnetischen Flussdichte B, zur Scheibenfläche $A=\pi\cdot r^2$ und zur Drehzahl $\omega=2\pi\cdot f$ der elektrisch leitenden Scheibe 1.

Das bedeutet:
Das B-Feld dreht **nicht mit der Scheibe 2**. Für die Spannungsinduktion ist nur die **zeitliche Änderung des magnetischen Flusses ϕ=B·A** maßgeblich. Dabei ist es gleichgültig, ob sich die Elementarmagnete in der Magnetscheibe (2) drehen oder nicht.

Daraus folgt die Berechnung der

*Windungsspannung = induzierte Spannung pro Leiterschleife:*

**Gl. 5-57 Induktionsgesetz von Faraday** $u.Wdg = d\phi/dt$

Die Faradayscheibe ist 1822 als **Barlow'sches Rad** bekannt geworden. Wir berechnen sein Drehmoment und seine Leistung als Funktion der Drehzahl (als Generator) und umgekehrt (als Motor) in Bd. 4/7 dieser Reihe ‚Strukturbildung und Simulation technischer Systeme'.

Fazit:
Magnetische Felder speichern die Bewegungsenergie kreisender Ladungen.
Bei zeitlicher Änderung des magnetischen Flusses werden Spannungen und Ströme induziert. Das lässt sich zur Umspannung elektrischer Ströme ausnutzen. Dieses Thema behandelt das Kap. 6 ‚Transformatoren'.

**Zum Induktionsgesetz von Faraday (um 1850)**
Dieser Abschnitt behandelt die Erzeugung von Spannungen durch die Bewegung elektrischer Leiter in magnetischen Feldern, genannt ‚Induktion'. Diese Grundlagen werden in den nächsten Abschnitten zur Berechnung von **Elektromagneten** und **Transformatoren** und im nächsten Band 4/7 zur Simulation von Elektromotoren gebraucht.

Spannungen werden immer dann induziert, wenn elektrische Ladungen q

1. entweder in magnetischen Feldern B beschleunigt werden
   *Induktion der Ruhe: transformatorisches Prinzip*
2. oder sich in magnetischen Feldern mit einer Geschwindigkeit v bewegen.
   *Induktion der Bewegung: generatorisches Prinzip*

Abb. 5-95 und Abb. 5-96 zeigen die beiden Alternativen der Induktion:

**Bewegungsinduktion**
Generator: Eine Spule wird im Feld eines Dauermagneten gedreht. Das berechnet Gl. 5-58:

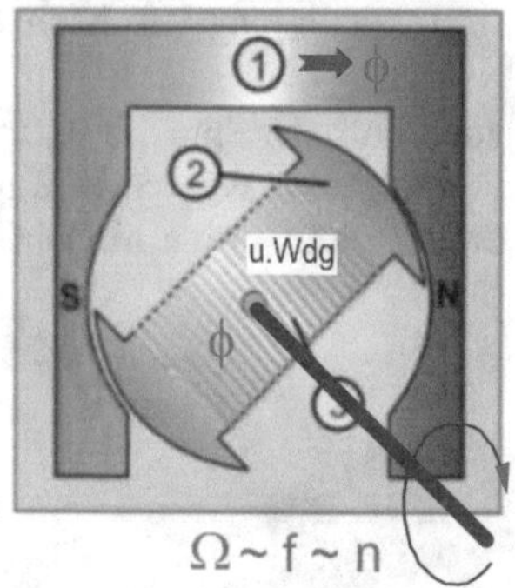


**Abb. 5-95 Bewegungsinduktion: Eine Spule wird im Magnetfeld gedreht.**

**Gl. 5-58 generatorische Induktion von Windungsspannungen**

$$u.Wdg = \Omega * \phi$$

Ω = Winkelgeschwindigkeit in rad/s

**Ruheinduktion**
Transformator: Ein magnetischer Wechselfluss durchsetzt zwei Spulen. Das berechnet Gl. 5-59.

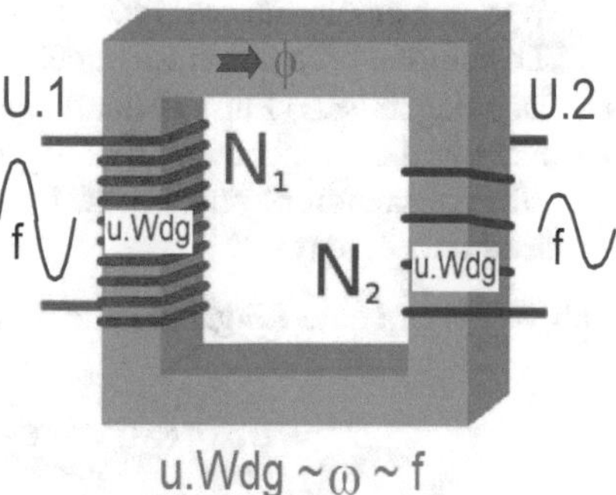


**Abb. 5-96 Ruheinduktion: Ein magnetischer Fluss ändert sich zeitlich.**

**Gl. 5-59 transformatorische Induktion von Windungsspannungen**

$$u.Wdg = \omega * \phi$$

$\omega$= Kreisfrequenz in rad/s

Anmerkung zum Begriff ‚Induktion'
Der Begriff ‚Induktion' wird in der Literatur auch für die Flussdichte B=ϕ/A verwendet. Das ist nur historisch zu erklären. Sinnvoll ist es nicht, denn die Flussdichte B ist mit dem Strom i verknüpft und die induzierte Spannung entsteht durch die Stromänderung di/dt. Um Missverständnisse mit der induzierten Spannung u.L~di/dt zu vermeiden, wird die Flussdichte B hier nie Induktion genannt.

**Die Spulen- und Windungsinduktivität**
Spulen mit **N Wicklungen** sind magnetisch eng gekoppelte Wicklungen, die N-fach von demselben Strom i durchflossen werden. Dadurch wird der Spulenstrom N-fach zur Magnetfeldbildung ausgenutzt.

Die wichtigste Eigenschaft einer Spule ist ihre Induktivität L. Ihre Berechnung folgt aus dem gesamten

**Gl. 5-60 Spulenfluss** $$\Psi = N * \phi = L * i$$

Der Windungsfluss ϕ=Ψ/N=G.mag·i ist nach Gl. 5-11 proportional zum magnetischen Leitwert **G.mag=µ·A/l.** Daraus folgt die Berechnung der

**Gl. 5-61 Windungsinduktivität** $$L.Wdg = \phi/i = N * G.mag = L/N$$

und der gesamten

**Gl. 5-62 Spuleninduktivität** $$L = L.Spu = \Psi/i = N^2 * G.mag$$

**Beispiel ‚Ringspule' (Toroid)**
Ein Toroid ist aus folgenden Gründen besonders einfach zu berechnen:

- Ohne magnetisierbaren Kern gibt es keine Sättigung des Flusses und keine Hysterese. Wir behandeln dieses Phänomen in Kapitel 4.6. Deshalb werden hochwertige Transformatoren durch Ringspulen realisiert.
- Der magnetische Fluss verläuft nahezu vollständig innerhalb der Spule, d.h., er streut nicht in die Umgebung. Die Folgen der magnetischen Streuung werden in Kapitel 6 ‚Transformatoren' untersucht. Dort wird gezeigt, dass Streuung eine **obere Grenzfrequenz** erzeugt.

Abb. 5-97 zeigt eine Ringspule und ihr magnetisches Feld.

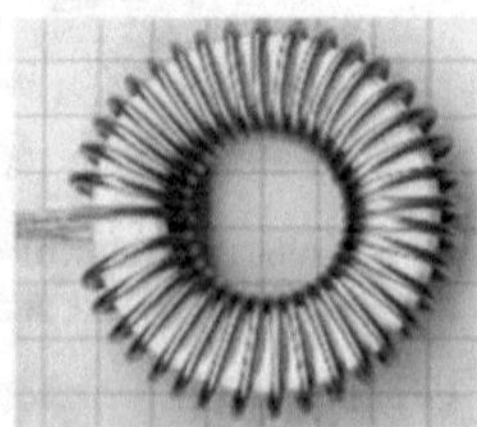

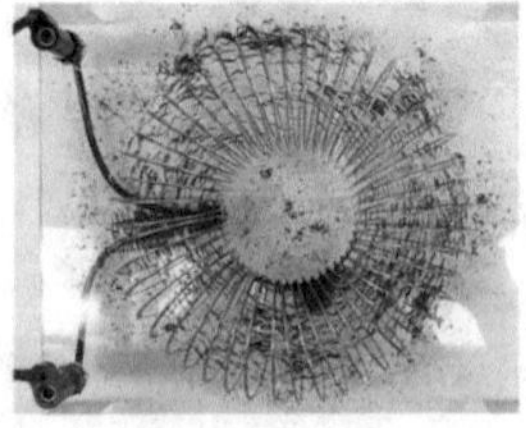

**Abb. 5-97 Luftspule als Toroid: rechts: Gleichstrom-durchflossen: Innerhalb der Spule bilden die magnetischen Feldlinien geschlossene Kreise, außerhalb der Spule liegen sie regellos durcheinander. D.h., der Außenraum ist weitgehend feldfrei (kaum magnetische Streuung).**

Abb. 5-98 zeigt die Berechnung der Induktivität von Spulen am Beispiel eines Toroid:

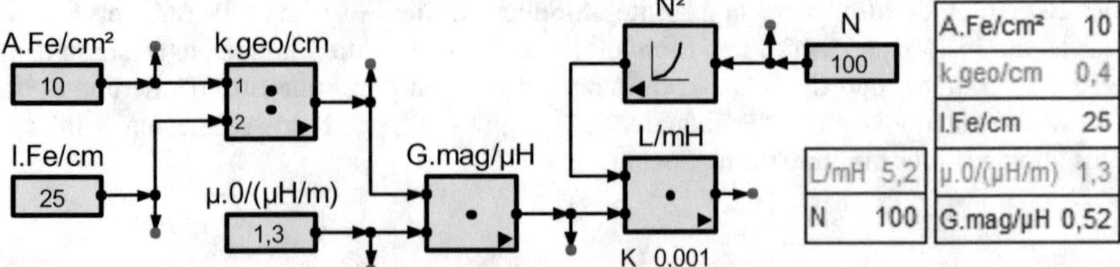


**Abb. 5-98 Berechnung der Induktivität einer Ringspule**

**Induktion im Zeit-, Frequenz- und Ortsbereich**

An dieser Stelle soll bereits auf eine Schwierigkeit hingewiesen werden, die bei der Beurteilung von Induktionsvorgängen auftreten wird: Die Betrachtung, Berechnung und Analyse erfolgen in drei verschiedenen Bereichen.

Sie heißen *Orts-, Zeit- und Frequenzbereich.*

Abb. 5-99 zeigt drei Alternativen zur Verwendung des Induktionsgesetzes:

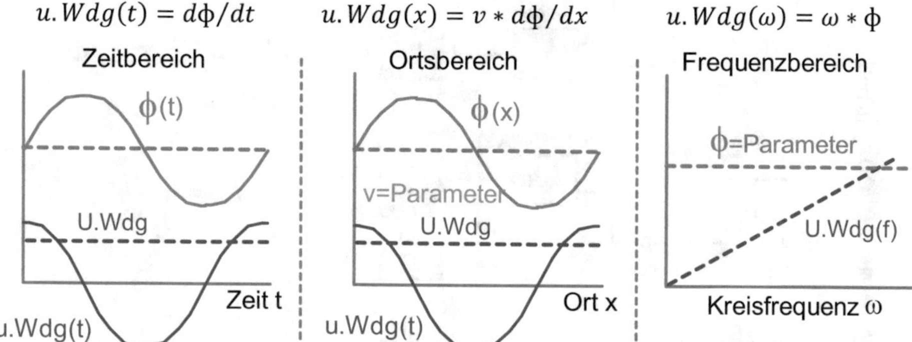


**Abb. 5-99 Induktion der Windungsspannung u.Wdg im Zeit-, Orts- und Frequenzbereich**

Diese drei Alternativen werden in den folgenden Abschnitten behandelt. Abb. 5-101 fasst die darin verwendeten Gesetze zusammen.

**Rechts- oder linkshändiges Zählpfeilsystem?**

Zur Berechnung räumlicher Systeme müssen die positiven Zählrichtungen der beteiligten Messgrößen festgelegt werden.

Abb. 5-100 zeigt, dass diese Zählrichtungen durch ein rechtshändiges System definiert sind. D.h., die induzierte Spannung u entsteht

- aus der Flussdichte B und
- der Ladungsgeschwindigkeit v

nach einer **Rechtsschraube**.

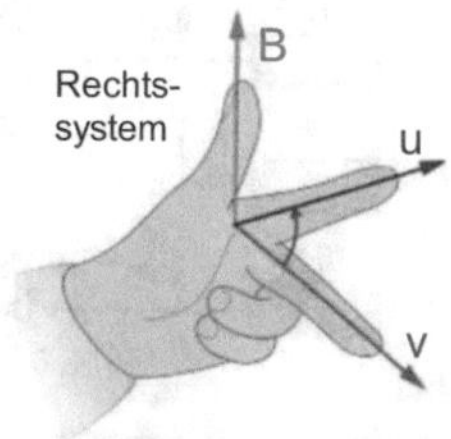


**Abb. 5-100 Rechtssystem: Die Spannung u entsteht, wenn das Feld B rechts herum nach v gedreht wird.**

Anmerkung zum Zählpfeilsystem:

Wir werden zeigen, dass natürliche Ausgleichsvorgänge immer Gegenkopplungen sind. Zu ihrer Berechnung ist das verwendete Zählpfeilsystem willkürlich (Rechtssystem, verbraucherbezogen oder Linkssystem, erzeugerbezogen).

Für induzierte Spannungen heißt das: Bei ihrer Berechnung könnte auch ein Linkssystem verwendet werden. Dann hätte die Flussdichte B die entgegengesetzte Richtung.

Abb. 5-101 zeigt die Alternativen zur Simulation von Induktionsspannungen.

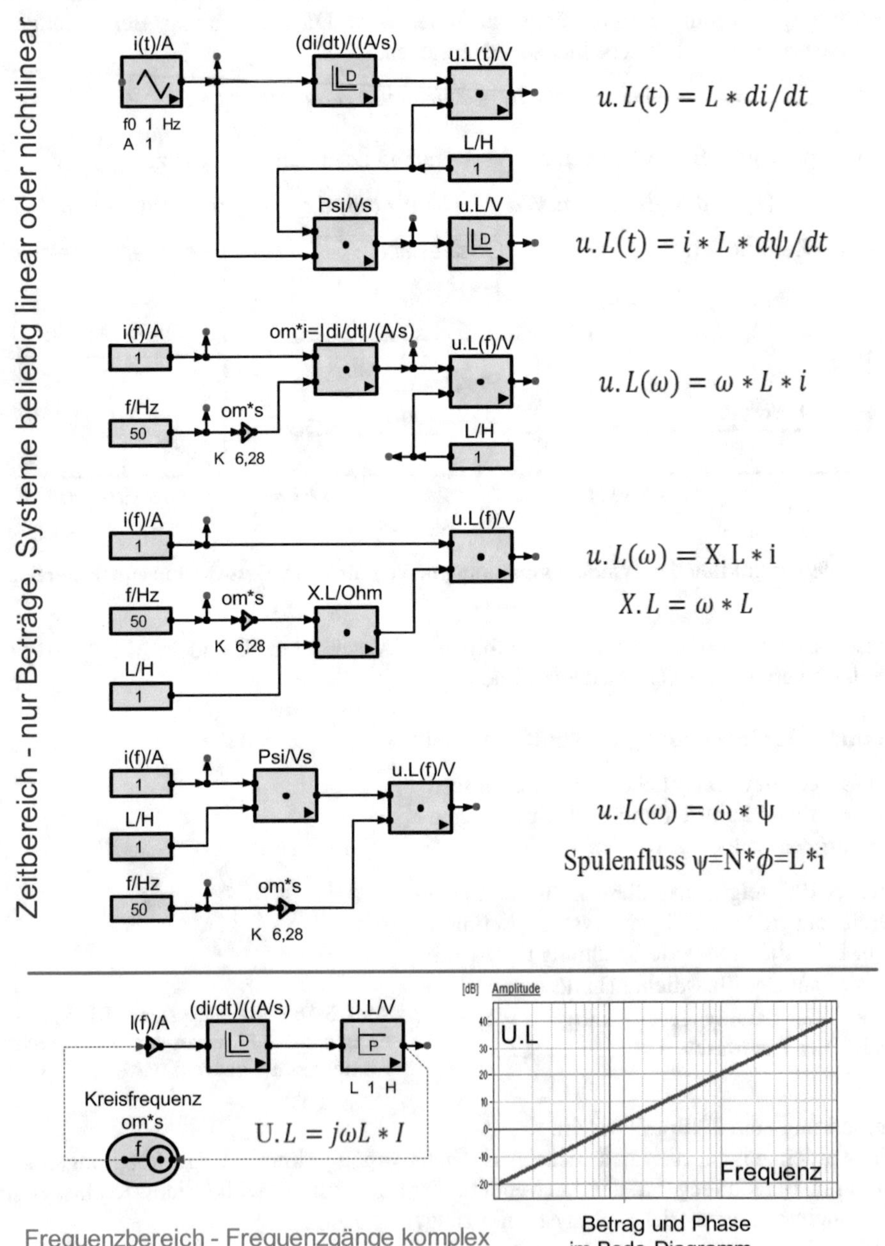


**Abb. 5-101 Zusammenstellung der Induktionsgesetze im Zeit-, Orts- und Frequenzbereich**

### 5.3.1 Induktion im Zeitbereich

Kreisströme speichern die Bewegungsenergie rotierender Ladungen (elektrischer Strom i) als magnetischen Fluss ϕ.

- Zum Auf- und Abbau von ϕ sind Spannung, Strom und Zeit - d.h. Energie - erforderlich. Das erzeugt elektrische Trägheit (Abb. 5-102).
- Jeder Änderung dieses Flusses widersetzen sich Spulen durch die Induktion von Spannungen. In Spulen mit der Windungszahl N wird dieser Effekt N-fach genutzt.

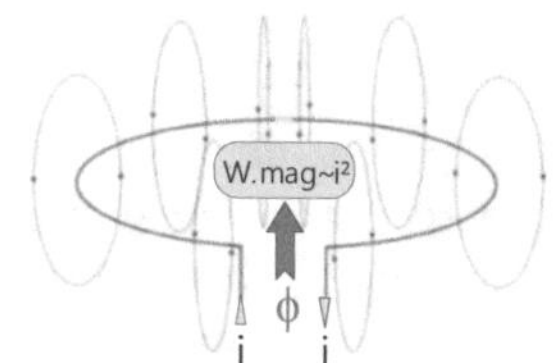


**Abb. 5-102 magnetische Energiespeicherung**

Abb. 5-103 zeigt die Induktion von Spannungen in einer Spule, durch die ein Magnet geschoben oder gezogen wird.

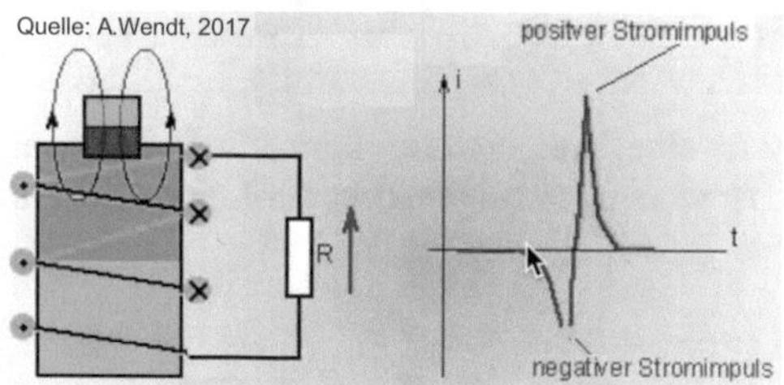


https://www.youtube.com/watch?v=YYkufCXp64I

**Abb. 5-103 Spannungsinduktion beim Fallen eines Dauermagneten durch eine Spule**

Gl. 5-63 zeigt, dass die Induktion einer Windungsspannung zwei Ursachen haben kann:

1. statisch: durch Änderung der Flussdichte B in einer Fläche A
2. dynamisch: durch Änderung einer Fläche A in der Umgebung einer Flussdichte B

**Gl. 5-63 Windungsinduktion** $u.Wdg = A * dB/dt = B * dA/dt$

Die Induktion von Spannungen durch Stromänderung lässt sich z.B. zum Bau von Speicherdrosseln (Bd. 2, Teil 1, Kap. 3.7)) und Transformatoren (Kap.6) nutzen.

In magnetischen Speichern (Induktivitäten L) ist die Energiedichte aus zwei Gründen vieltausendfach größer als in elektrostatischen Speichern (Kondensatoren C):

- Der Spulenstrom wird durch die Windungszahl N-fach zur Magnetfeldbildung genutzt.
- Die magnetische Leitfähigkeit wird durch ferromagnetische Materialien gegenüber der von Luft bis zum 10000-fachen vergrößert.

Darin liegt die besondere Bedeutung des Magnetismus für die Technik, z.B. beim Bau von Motoren (Bd. 4/7) und Transformatoren (Kap. 6).

Im Zeitbereich ist die Zeit t die unabhängige Variable. Bewertet wird t durch **Zeitkonstanten T.** Wie T von den Bauelementen eines Systems abhängt, müssen individuelle Systemanalysen zeigen.

Anwendung: **E-Mobil-Ladestation**
Eine Anwendung der Induktion ist der in Abb. 5-104 gezeigte Ladevorgang eines E-Mobils.

In Absch. 6.1.4 ‚Kontaktlose Energieübertragung' werden wir zeigen, dass Ladevorgänge nur mit hochfrequentem Wechselstrom (bis zu 100kHz) in weniger als einer Stunde beendet werden können (Stand 2018). Um dabei die Verluste klein zu halten, muss dazu mit schnellen elektronischen Schaltern gearbeitet werden (IGBT's, Bd. 5/7, Kap. 8).

Daten: Abstand 13cm; 100kHz; bis 22kW;
Batterie-Ladung auf 80% in 1h: eta>95%

**Abb. 5-104 Energieübertragung durch Induktion: ohne Kabel, bei Stillstand oder in Fahrt - Geplant sind Leistungen bis über 500kW für LKW's.**

Quelle: GeMo\Fraunhofer Institut ISE http://www.ise.fraunhofer.de/de/presse-und-medien/presseinformationen/presseinformationen-2013/es-geht-auch-ohne-kabel

Abb. 5-105 zeigt, wie eine Autobatterie kontaktlos durch ein magnetisches Feld aufgeladen wird. Die Berechnungen zeigen, dass der Leistungsfluss frequenz-proportional ist.

Quelle:

WinfWiki GNU FDL

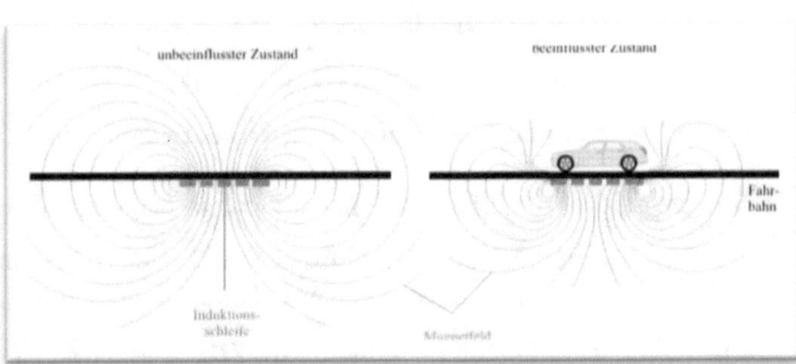


http://winfwiki.wi-fom.de/index.php/IT-gest%C3%BCtzte_Verkehrsflussdatenerfassung

**Abb. 5-105 Induktionschleife: Bei Annäherung eines Fahrzeugs wird in der Stromdurchflossenen Spule dadurch Spannung induziert, dass sich der magnetische Leitwert ändert.**

Rück- und Ausblick:
Hier geht es zunächst nur um die Fähigkeit magnetischer Felder zur Induktion von Spannungen und Strömen und darum, wie diese Effekte technisch genutzt werden.

- in ,Bd. 2, Teil 1, Kap. 3.10.4 haben wir eine Induktionsheizung berechnet.
- in Absch. 560 berechnen wir den induktiven Leistungstransfer.
- in Absch. 5.7.2 werden Schaltvorgänge simuliert.

Hier sollen zunächst die dazu nötigen Grundlagen gelegt werden.

**Simulation der Spannungsinduktion im Zeitbereich**
Nach Gl. 5-57 wird in einer Leiterschleife die Windungsspannung u.Wdg = d$\phi$/dt induziert.

**Gl. 5-57 Windungsspannung** $$u.Wdg = d\phi/dt = u.L/N$$

In einer Spule mit N Windungen ist die induzierte Spannung u.L=N·u.Wdg. Das ist

**Gl. 5-64 das Induktionsgesetz für Stromänderungen**

$u.L = N * d\phi/dt = L * di/dt$ ... mit $\phi$ in Vs, i in A, L in Vs/A wird u.L in V

Damit u.L konstant ist, muss die Stromänderungsgeschwindigkeit di/dt des Flusses $\phi$ konstant sein, d,h. der Spulenstrom i.L = (N/L)·$\phi$ verläuft dreiecksförmig.

Abb. 5-106 simuliert die induzierte Spannung in einer Induktivität L bei dreieckigem Stromverlauf:

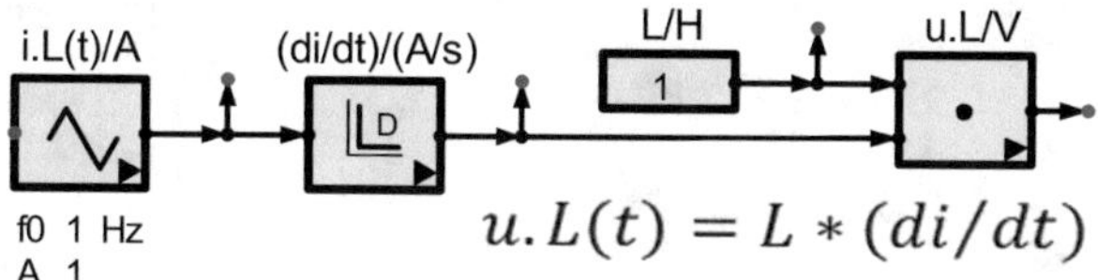


**Abb. 5-106 Berechnung der Induktionsspannung bei linearem Stromanstieg und –abfall**

So wie der elektrische Widerstand zur Berechnung der durch den Stromfluss erzeugten elektrischen Spannung dient (Ohm'sches Gesetz), ermöglicht die Induktivität L die Berechnung der induzierten Spannung u.L aus der zeitlichen Stromänderung.

Zu zeigen ist, dass nach dem Induktionsgesetz
- magnetische Sensoren mit kleinsten Leistungen (Bd. 6, Kap. 10 ‚Sensorik') und
- elektrische Maschinen mit größten Leistungen berechnet werden können (Bd. 4, Kap. 7 ‚Elektrische Maschinen').

**Die Testsignale des Zeitbereichs** sind Dreieck, Sinus und Rechteck.

1. Das Rechteck erzeugt Sprungantworten, die die Dynamik eines Systems (Eigenfrequenz, Dämpfung) erkennen lässt (Abb. 2-24).
2. Das Dreieck dient zur Untersuchung eines Systems auf Linearität.
3. Das Trapez ist die Kombination aus Dreieck und Rechteck.
   Abb. 5-107 zeigt, wie es zum Test des Induktionsgesetzes Gl. 5-57 verwendet wird.

Der Sinus mit variierender Frequenz und Amplitude dient zur dynamischen Systemanalyse im Frequenzbereich. Die komplexe Berechnung folgt in Absch. 5.3.3.

**Test des Induktionsgesetzes**

Nun soll der Strom einer Spule schnell eingeschaltet und langsamer ausgeschaltet werden. Gezeigt werden soll,

1. dass dabei unterschiedliche Spannungshöhen und -richtungen induziert werden,
2. dass die Spannungszeitflächen gleich groß sind.

Der Grund:

Die Spannungszeitflächen sind der magnetische Fluss $\phi$ – und der ist vorher und nachher null.

Abb. 5-107 simuliert die induzierte Spannung in einer Induktivität L bei impulsförmigem Stromverlauf:

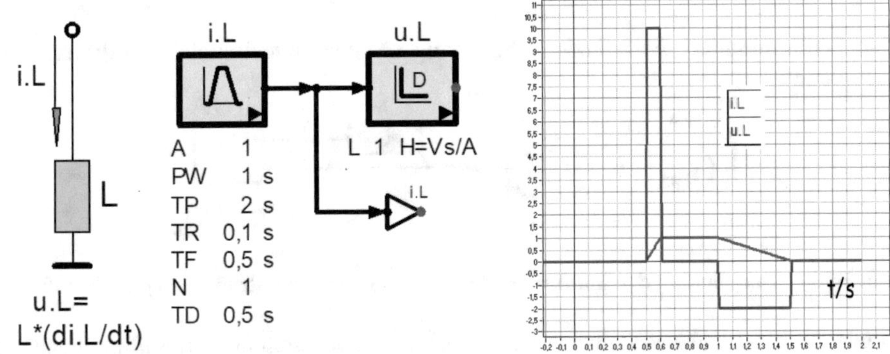


**Abb. 5-107 Induktionsspannung für impulsförmige Stromänderung: Je kürzer der Impuls, desto höher ist die induzierte Spannung. Bei Stromverkleinerung ist sie negativ.**

Abb. 5-110 zeigt die zeitlichen Verläufe beim Ein- und Ausschalten der Spule. Sie werden nachfolgend erklärt und simuliert.

**Die Lenz'sche Regel bei Induktion**

Heinrich Friedrich Emil Lenz (1804 - 1865), Professor in St. Petersburg, führte nach der Entdeckung der Induktion durch Faraday (englischer Experimentalphysiker, 1791 bis 1867) Versuche durch, die folgendes ergaben:

Der Induktionsstrom ist stets so gerichtet, dass er die Ursache seiner Entstehung zu hemmen versucht. Die Lenz'sche Regel ist ein Gesetz, mit dem die Richtung induzierter Spannungen bestimmt werden kann:

- Beim Aufbau eines magnetischen Feldes haben Strom und induzierte Spannung gleiche Vorzeichen. Die Spule speichert Energie.
- Beim Abbau des magnetischen Feldes haben Strom und Spannung entgegengesetzte Vorzeichen. Die Spule gibt ihre gespeicherte Energie wieder ab.

## Magnetische Induktion bei Kernsättigung

Bei Spulen sind solche mit und ohne ferromagnetischen Kern zu unterscheiden. Spulen ohne Kern heißen Luftspulen. Weil Luft nicht in die magnetische Sättigung gehen kann, sind sie nicht übersteuerbar. Ein Beispiel dafür sind die Luftdrosseln der Hochenergietechnik. Wir haben sie in Bd. 2, Teil 1, in Absch. 3.8 berechnet. Sie sind riesig.

Spulen mit ferromagnetischem Kern sind hier das Thema. Sie sind gegenüber Luftspulen mit gleicher Leistung winzig. Der Nachteil ferromagnetischer Kerne ist, dass sie in Sättigung gehen können (Übersteuerung).

Bei Sättigung bricht die induzierte Spannung bis auf einen paramagnetischen Rest zusammen. Dann steigt der Spulenstrom bis zum Kurzschlussstrom an, was jede Sicherung auslösen lässt. Einzelheiten dazu folgen in Absch. 6.2.4,Einschaltvogänge simulieren'.

Abb. 5-108 zeigt

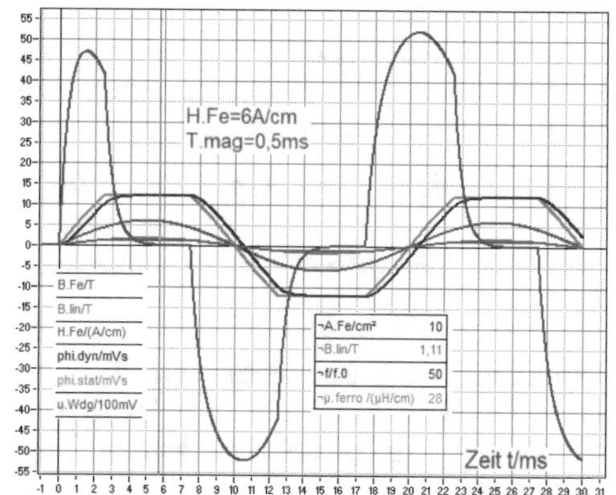


**Abb. 5-108 die Messgrößen einer Spule bei magnetischer Sättigung**

Abb. 5-109 zeigt die Struktur zur …

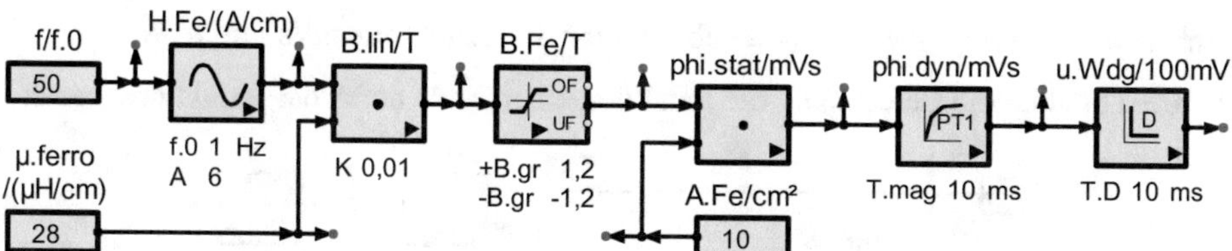


**Abb. 5-109 Simulation des Induktionseinbruchs bei magnetischer Sättigung mit magnetischer Verzögerung**

Ein Kompromiss zwischen Luftspulen und **Kompaktkernspulen** (Ferritspulen) sind **Blechkernspulen** mit Luftspalt. Wir simulieren sie in Abschn. .

## 5.3.2 Die Induktivität L

**Induktion** ist die Fähigkeit einer Spule, bei Stromänderung Spannung zu erzeugen. In Absch. 5.7 ‚Spulen' wird das Thema ausführlich behandelt. Daraus entnehmen wir die folgenden Berechnungen.

**Gl. 5-65 das Induktionsgesetz – allgemein und für sinusförmigen Wechselstrom**

$$u.L = L * di/dt \rightarrow U.L = \omega L * I.mag$$

(bei sinusförmigem Wechselstrom)

Umgekehrt bedeutet dies, dass der Magnetisierungsstrom i.mag proportional zur induzierten Spannungszeitfläche ist:

$$\int u.L * dt = \Psi = N * \phi = L * i.mag$$

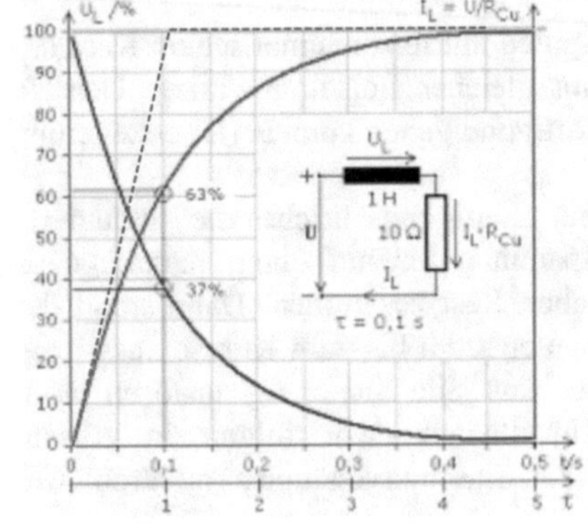


**Abb. 5-110 Spulenstrom und Spannungs-Induktion**

**Windungsfluss ϕ und Spulenfluss Ψ**

Nach Gl. 5-66 hängt die in jeder Windung induzierte Spannung u.Wdg=ω·ϕ vom Windungsfluss ϕ und die in der ganzen Spule induzierte Spannung u.L=ω·Ψ vom Spulenfluss Ψ ab:

**Gl. 5-66 Spulenfluss psi (Rechengröße)** $\Psi = N * \phi = L * i.mag$

Einheit von Ψ und ϕ ist die Vs (= Weber) oder die Bruchteile mVs und µVs.

Abb. 5-111 zeigt die Berechnung der Induktion einer Spule durch das Induktionsgesetz:

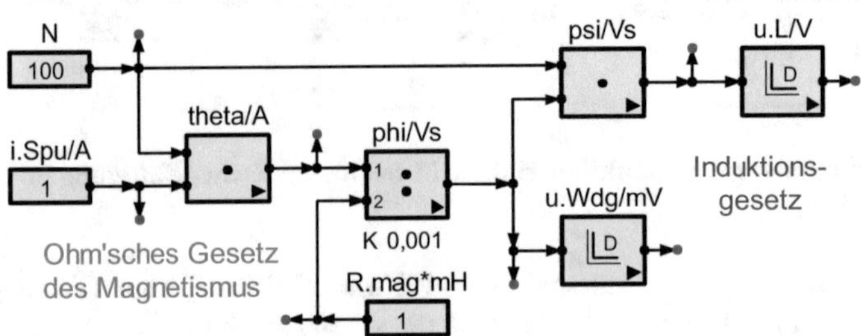


**Abb. 5-111 Berechnung der Messgrößen einer Spule durch das Ohm'sche Gesetz des Magnetismus (Kap. 5.2.2) und das Induktionsgesetz (Kap. 5.3).**

**Die Induktivität L**

Spulen sind durch einen ferromagnetischen Kern gekoppelte Leiterschleifen. Bei Stromfluss erzeugen sie einen magnetischen Fluss ϕ, der proportional zum Spulenstrom ist. Die Induktivität L ist das Maß für die Fähigkeit einer Spule zur Induktion von Spannungen bei zeitlicher Stromänderung. Wie groß L ist, hängt vom Kernmaterial, der Größe des Kerns und der Windungszahl N ab. Wie – muss bekannt sein, um eine Spule bauen zu können.

Im nächsten Absch. 5.4 wird gezeigt, wie Spulen als elektromagnetische Wandler genutzt werden.

1. Zuerst zeigen wir, wie die Induktivität L einer Spule aus ihrer Windungszahl N und der Beschaffenheit des Spulenkerns abhängt.
2. Danach wird der Farbcode angegeben, durch den zylinderförmige Induktivitäten gekennzeichnet werden.

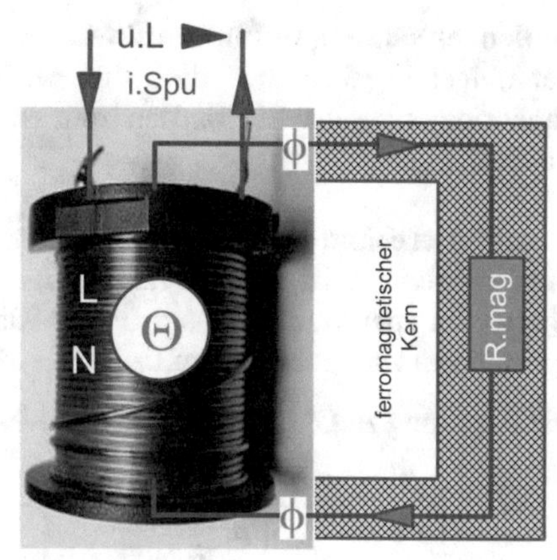


**Abb. 5-112 die Messgrößen zur Berechnung einer Induktivität L**

**Zu 1: Zwei Formulierungen des Induktionsgesetzes**

Das Induktionsgesetz beschreibt die Proportionalität zwischen Stromänderungsgeschwindigkeit |di.L/dt|=ω·i.L und induzierter Spannung. Die Induktivität L ist der Proportionalitätsfaktor. Das zeigt Gl. 5-67.

**Gl. 5-67 Induktion differenziell als Spulenspannung**

$$u.L = L * di/dt = N * d\phi/dt$$

**Der Spulenfluss ψ als Integral der Spulenspannung**

**Gl. 5-68** $\boldsymbol{\int u.L * dt = \psi = N * \phi = L * i}$

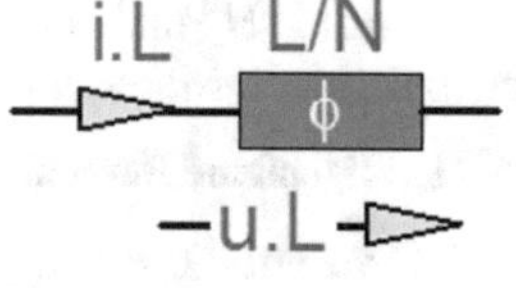


**Abb. 5-113 ideale Spule**

Die Einheit der Induktivität L ist das H(enry) = V/(A/s). Gebräuchlich sind die Untereinheiten mH, µH und nH.

**Induktivitäten L** werden wie Widerstände durch einen Farbcode gekennzeichnet. Das zeigt Abb. 5-114.

Mit der Farbcodetabelle kann der Wert der Induktivität als den Ringen abgelesen werden.

Dazu soll der Toleranzring (Gold für 5%, Silber für 10%) rechts liegen.

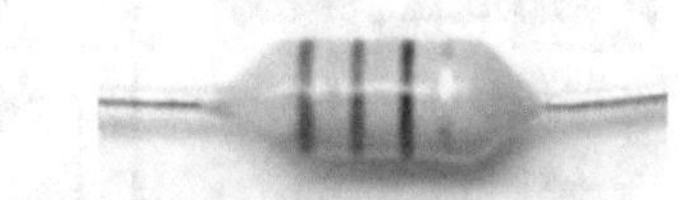

**Abb. 5-114 axial bedrahtete Kleininduktivität L=220µH, Toleranz=10%**

**Zum sogenannten AL-Wert**

In der Literatur und technischen Daten wird anstelle des magnetischen Leitwerts der sog. AL-Wert angegeben. Gl. 5-69 zeigt, dass dies der magnetische Leitwert ist:

**Gl. 5-69 Windungsinduktivität (G.mag=AL-Wert)** $\boldsymbol{L.Wdg = L/N = G.mag * N}$

Der Autor verwendet den Begriff ‚AL-Wert' nicht, denn er verschleiert die physikalische Bedeutung als magnetischer Leitwert.

**Spulenberechnung in fünf Punkten**

Nachfolgend geben wir die fünf wichtigsten Formeln zur Spulenanalyse und -dimensionierung an. Sie werden zum Schluss in einem repräsentativen Beispiel angewendet.

### 1. Berechnung von Induktivitäten

Die Induktivität L ist das Maß für die Eigenschaft von Spulen, bei Stromfluss magnetische Energie zu speichern ($W.mag=L\cdot i^2/2$). Daraus folgt ihre Fähigkeit, bei Stromänderung Spannungen zu induzieren: ($u.L=L\cdot di/dt$, die Einzelheiten dazu folgen in Absch. 5.7.

Die Ableitung zu Gl. 5-70 zeigt, dass $L \sim N^2$ ist:

$$\boldsymbol{L}=\frac{\Psi}{i.mag}=\frac{N*\phi}{i.Spu}=N*\frac{\Theta*G.mag}{i}=N*\frac{N*i*G.mag}{i}=\boldsymbol{N^2*G.mag}$$

Mit dem **magnetischen Leitwert** $G.mag=\mu*A.Fe/l.Fe=\mu*k.geo$ folgt die

**Gl. 5-70 Berechnung von Induktivitäten** $L=N^2*G.mag=N^2/R.mag$

$\ldots$ *mit dem magnetischen* Widerstand $R.mag=1/G.mag=l.Fe/(\mu*A.Fe)$

Um Spulen bauen zu können, muss bekannt sein, wie ihre Induktivität L von der Windungszahl N und den Abmessungen (A.Fe, l.Fe) des Spulenkerns und dem magnetisierbaren Material $\mu=\mu.0\cdot\mu.r$ abhängt. Das zeigt Gl. 5-71:

**Gl. 5-71 allgemeine Berechnung einer Induktivität** $L=N^2*\mu*A.Fe/l.Fe$

Abb. 5-115 zeigt die Berechnung der Induktivität nach Gl. 5-71:

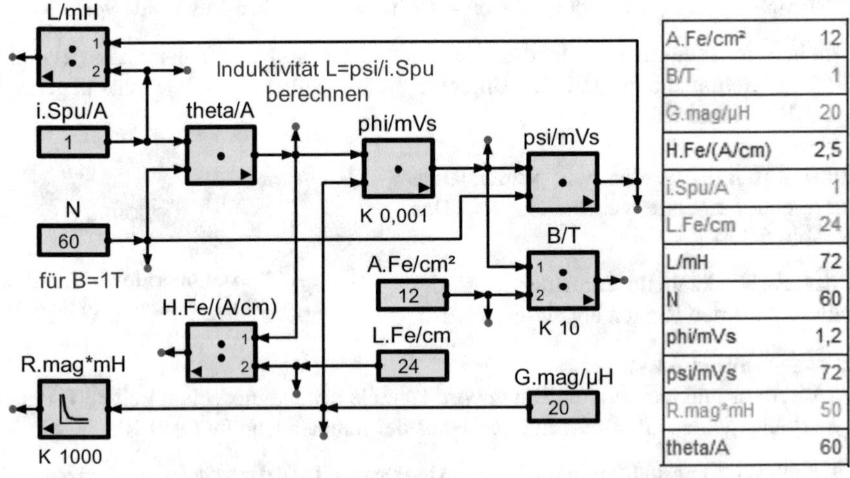


| A.Fe/cm² | 12 |
|---|---|
| B/T | 1 |
| G.mag/µH | 20 |
| H.Fe/(A/cm) | 2,5 |
| i.Spu/A | 1 |
| L.Fe/cm | 24 |
| L/mH | 72 |
| N | 60 |
| phi/mVs | 1,2 |
| psi/mVs | 72 |
| R.mag*mH | 50 |
| theta/A | 60 |

**Abb. 5-115 die magnetischen Messgrößen einer Spule und ihre Induktivität L**

## 2. Berechnung von Windungszahlen N

Bei Wechselstrom wird in jeder Windung einer Spule eine Windungsspannung U.Wdg=ω·√2·ϕ induziert. Bei N Windungen ist die gesamte induzierte Spannung U.L=N·U.Wdg.

U.L wird z.B. als Nennspannung gefordert. U.Wdg=ω·√2·ϕ kann berechnet werden, wenn die Kreisfrequenz ω=2π·f und der magnetische Fluss ϕ=B·A.Fe bekannt sind.

**Gl. 5-72 Windungsspannung** $$u.Wdg = d\phi/dt \rightarrow (Sinus)\ u.Wdg = \omega * \phi$$

Aus U.Wdg=u.Wdg·√2 und U.L=N·U.Wdg kann die Windungszahl N (gefordert oder gegeben) berechnet werden:

**Gl. 5-73 Windungszahl** $$N = U.L/U.Wdg$$

## 3. Induktiver Blindwiderstand X.L und Magnetisierungsstrom I.mag

Am einfachsten erfolgt die Berechnung von Spulenspannungen u.L für **sinusförmigen Wechselstrom**. Bei **ungesättigtem Kern** kann dann ein induktiver Blindwiderstand X.L angegeben werden. Gl. 5-74 zeigt die Definition und Berechnung des

**Gl. 5-74 induktiven Blindwiderstands** $$X.L = U.L/I.mag = \omega * L$$

X.L einer Spule ist das Produkt eines Geschwindigkeitsparameters, der **Kreisfrequenz ω=2π·f** und eines Materialparameters, der Induktivität L.

X.L ist proportional zur **Kreisfrequenz ω=2π·f** (f in Hz=Perioden/s, ω in rad/s=1/s). Der Proportionalitätsfaktor in Gl. 5-74 ist die **Induktivität L.**

Abb. 5-116 zeigt die Berechnung der Induktivität L und des induktiven Widerstands X.L mit den Parametern Frequenz f und dem magnetischen Wirkungsgrad nach Gl. 5-139:

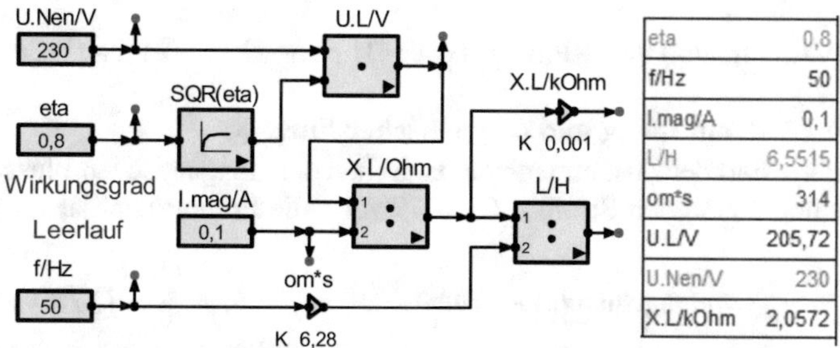


**Abb. 5-116 Berechnung von Induktivität L und induktivem Widerstand X.L**

Gl. 5-75 zeigt den Zusammenhang zwischen dem maximalen Blindstrom, der zur Berechnung magnetischer Messgrößen gebraucht wird, und dem effektiven Blindstrom, der z.B. mit Multimetern gemessen werden kann:

**Gl. 5-75 induktiver Blindstrom** $$i.Blind = \Theta/N = I.Blind * \sqrt{2}$$

Zusammen mit der Nennspannung U.Nen oder dem Nennstrom I.Nen bestimmt X.L die

**Gl. 5-76 Blindleistung einer Spule**

$$P.Blind = I.mag^2 * X.L = U.L^2/X.L$$

Zu zeigen ist, wie mit Hilfe des Wirkungsgrads η die Blindleistung P.Blind und daraus weiter der Magnetisierungsstrom I.mag einer Spule berechnet werden kann.

Abb. 5-117 zeigt berechnete Spulenparameter als Funktion der Nennleistung (Baugröße): Während der Magnetisierungsstrom I.mag linear mit P.Nen ansteigt, werden die Windungszahl N und die Induktivität L immer kleiner.

- L wurde unter Punkt 3 berechnet.
- N wurde unter Punkt 4 berechnet.

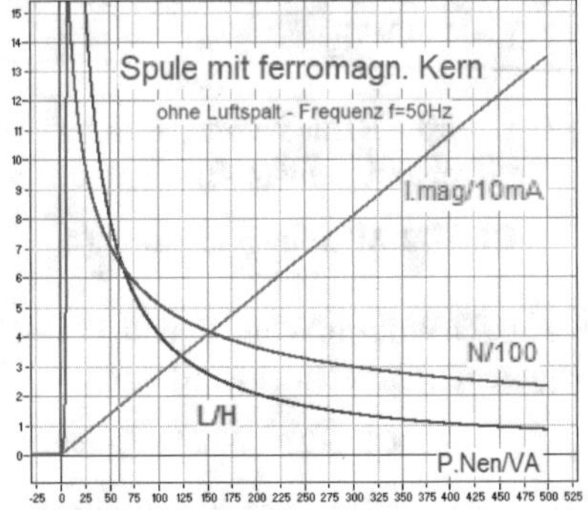


**Abb. 5-117 Induktivität L, Windungszahl N und Magnetisierungsstrom I.mag als Funktion der Nennleistung von Spulen**

## 4. Magnetische Leistung und magnetischer Fluss ϕ

Bei der Entwicklung von Spulen wird der maximal mögliche Wirkungsgrad (Gl. 5-78) angestrebt. Von diesem Fall wird hier bei der Spulendimensionierung in Absch. 5.7.4.2 ausgegangen. Dafür wird die Magnetisierungsleistung P.mag nach Gl. 5-77 errechnet:

**Gl. 5-77 Magnetisierungsleistung mit η.mag=√η.Nen**

$$P.mag = U.Nen * I.mag = P.Nen * (1 - \eta.mag)$$

Daraus folgt der Magnetisierungsstrom I.mag=P.mag/U.Nen.

**Gl. 5-78 Magnetisierungsstrom** $\boldsymbol{I.mag \approx (1 - \eta.mag) * I.Nen}$

Zahlenwerte:
P.Nen = 100VA, η.mag=0,94 → P.mag = 6W – U.Nen=230V → I.mag = 26mA

**Magnetisierungsstrom I.mag und magnetischer Fluss ϕ**

Technisch interessiert der Zusammenhang zwischen dem magnetischen Fluss ϕ in dem zu seiner Erzeugung benötigten Strom i. Gl. 5-79 zeigt die Proportionalität für ungesättigte Kerne:

**Gl. 5-79 Windungsfluss (Messgröße)** $\phi = (L/N) * i.mag$

In Gl. 5-79 ist **L.Wdg=L/N** die **Windungsinduktivität**, oft angegeben in mH oder μH.

Zahlenwerte:
Eine Spule mit L=1H und N=100 hat die Windungsinduktivität L/N=10mH.
Bei einem Magnetisierungsstrom von i.mag=26mA ist der magn. Fluss ϕ=0,26mVs.

## 5. Magnetische Energiedichte und Nennleistung

Spulen sind Speicher für

**Gl. 5-80 Spulenfluss und magnetische Energie** $W.mag = \Theta * \phi = L * i^2/2$

In Gl. 5-80 ist der Strom i der momentane Spulenstrom. $i^2/2$ ist sein quadratischer Mittelwert.

Der **magnetische Leistungsumsatz** P.mag=W.mag·f ist frequenzproportional:

**Gl. 5-81 magnetische Leistungsdichte** $P.mag/Vol.Fe = 4 * \sigma * \omega$

Deshalb werden Spulen umso kleiner, je größer die Betriebsfrequenz f und die vom Kernmaterial abhängige **Energiedichte σ** ist:

**Gl. 5-82 Definition der Energiedichte** $\sigma = W.mag/Vol.Fe = F.mag/A.Fe$

Weil die **Energiedichte gleich der mechanischen Spannung F/A** im Material an den Grenzflächen ist (z.B. am Übergang von Eisen zu Luft), wurde auch hier das dafür gebräuchliche Kürzel σ gewählt.

**Berechnung der magnetischen Energiedichte**
Im nächsten Kap. 6 wird am Beispiel von Transformatoren gezeigt, dass ihre Nennleistung *P.Nen=P.spez·Vol.Fe* mit dem Kernvolumen Vol.Fe zunimmt. Die volumenspezifische Leistung **P.spez=P.Nen/Vol, (Literleistung, in VA/lit) ist das Maß für Kompaktheit**. Sie soll möglichst groß sein.

Was möglich ist, bestimmt meist die zulässige Erwärmung (Gl. 5-118).

Um elektrische Maschinen möglichst kompakt bauen zu können, muss bekannt sein, wie ihre spezifische magnetische Leistung vom Kernmaterial abhängt. Deshalb soll nun gezeigt werden, wie P.spez aus der Flussdichte B und der Feldstärke H berechnet werden kann.

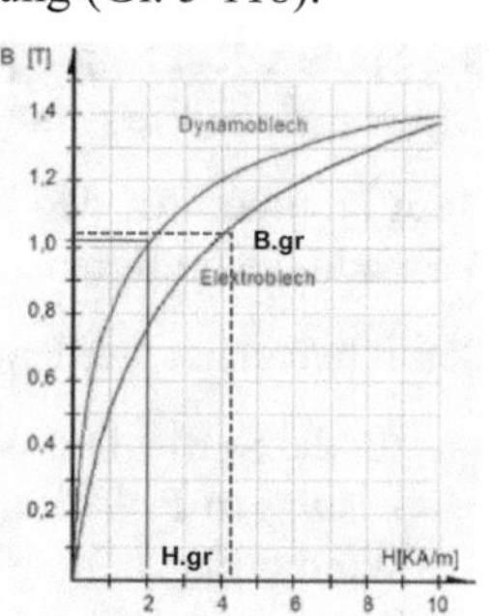


**Abb. 5-118 Magnetisierungskennlinien von Dynamoblech und Elektroblech=Trafoblech**

Gl. 5-83 zeigt, dass die **magnetische Energiedichte** das Produkt aus **Flussdichte B** und **magnetischer Feldstärke H** ist.

**Gl. 5-83 Berechnung der magnetischen Energiedichte**

$$\sigma = \frac{F.mag}{A.Fe} = \frac{W.mag}{Vol.Fe} = \frac{\phi * \Theta}{A.Fe * l.Fe} = B.gr * H.gr = B.gr^2/\mu$$

Zahlenwerte für **Trafo- und Elektroblech**:
B.gr=1T - H.gr=6A/cm → σ=W.mag/Vol≈0,6Ws/lit
Für f=50Hz erhalten wir aus Gl. 5-81 die Literleistung P.mag/Vol≈628VA/lit.

In Kap 6 ‚Transformatoren' kann aus Tab. 6-4, Spalten 3&4, das Kernvolumen berechnet werden. Für P.Nen=125VA ist Vol.Fe=0,17lit. Das bestätigt Gl. 5-81.

**Die Energiedichten von Elektro- und Dauermagneten**
In Absch. 5.10 werden wir **Dauermagnete** berechnen. Dort wird gezeigt, dass bei ihnen die Energiedichte so groß wie die von **Elektromagneten** ist!

Zum Vergleich mit Elektromagneten zeigt Abb. 5-119 die Energiedichten von Dauermagneten: Sie liegt auch im Bereich von 500Ws/lit.

Quelle: Diagramm der Fa.

VACUUMSCHMELZE

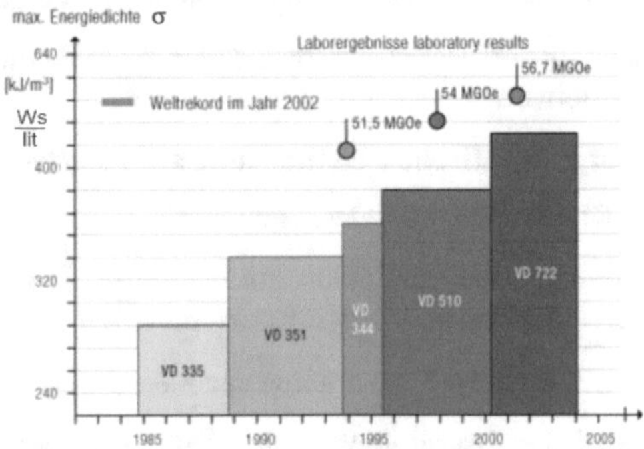


**Abb. 5-119 Entwicklung der Energiedichte von Dauermagneten**

Quelle: https://www.vacuumschmelze.de/de/forschung-innovation/werkstoffkompetenz/entwicklung-der-energiedichte-von-dauermagneten.html

Zum Abschluss dieser Spulenberechnung sollen die in den Punkten 1 bis 5 vorgestellten Formeln noch einmal im Zusammenhang angewendet werden.

**Spule mit ferromagnetischem Kern**
Abb. 5-121 zeigt die Berechnung einer Spule mit ihrem ferromagnetischen Kern als Anwenderblock.

Die Spule selbst benötigt als Eingangsgrößen nur den Spulenstrom i.Spu, die Windungszahl N und die Frequenz f.

Dazu kommen für den Eisenkern noch die Grenzflussdichte B.gr, der Eisenquerschnitt A.Fe und die mittlere Eisenlänge l.Fe.

Damit berechnet werden:

- für die **Spule**: Die Wirk- und Blindleistungen P.Wirk und P.Blind, die Windungsspannung u.Wdg und die Spulenspannung u.L

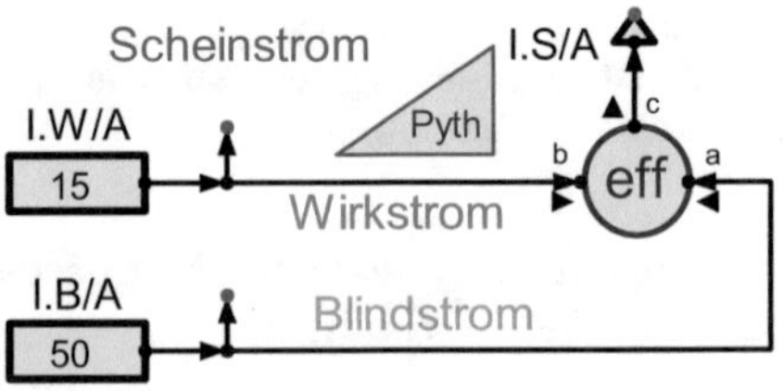

Scheinstrom
I.S/A
I.W/A
15
Pyth
eff
Wirkstrom
I.B/A
50
Blindstrom

**Abb. 5-120 Effektivwertberechnung**

- und für den **Eisenkern**: das Eisenvolumen, die magnetische Energiedichte W.mag/Vol und der magnetische Fluss $\phi$.

Zur Untersuchung des Spulenverhaltens können die vorgegebenen **Messgrößen** und **Parameter beliebig variiert** werden. Das soll hier am Beispiel der Frequenz f gezeigt werden. Insbesondere interessiert, wie sich die **Baugröße**, repräsentiert durch das Eisenvolumen Vol.Fe, mit steigender **Frequenz f** verringert.

Abb. 5-121 zeigt die Berechnung der genannten Spulendaten als Funktion des Spulenstroms mit der Frequenz f als freiem Parameter:

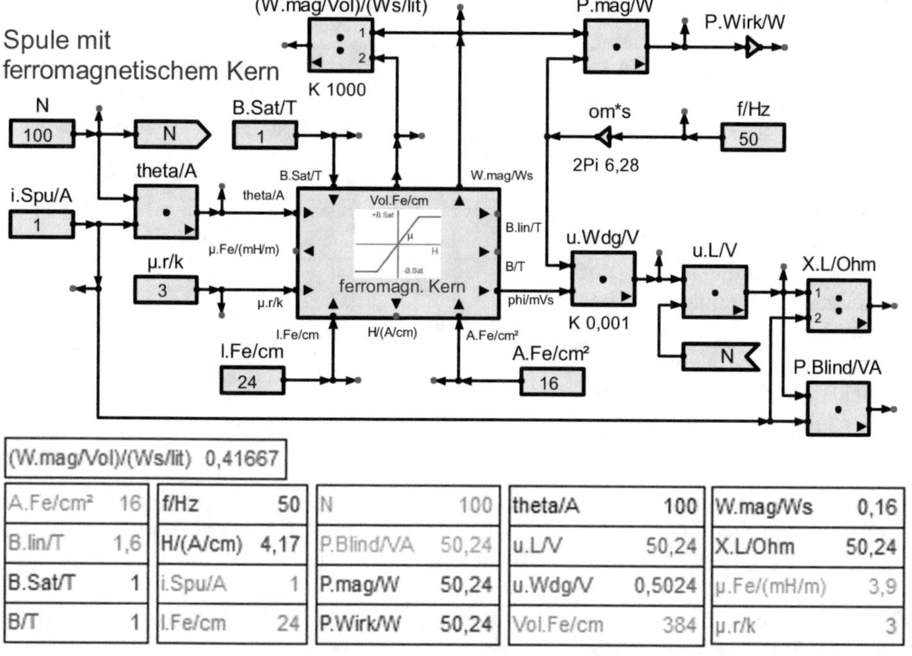


**Abb. 5-121 Spulenberechnung mit ferromagnetischem Kern als Anwenderblock**

Erläuterungen zur Berechnung von Spulen mit ferromagnetischem Kern:
Abb. 5-121 hat gezeigt, welche Spulenparameter zur Berechnung der Spulendaten benötigt werden. Dazu wurde der Anwenderblock ‚ferromagnetischer Kern fmK' erzeugt. Abb. 5-122 zeigt dessen innere Struktur:

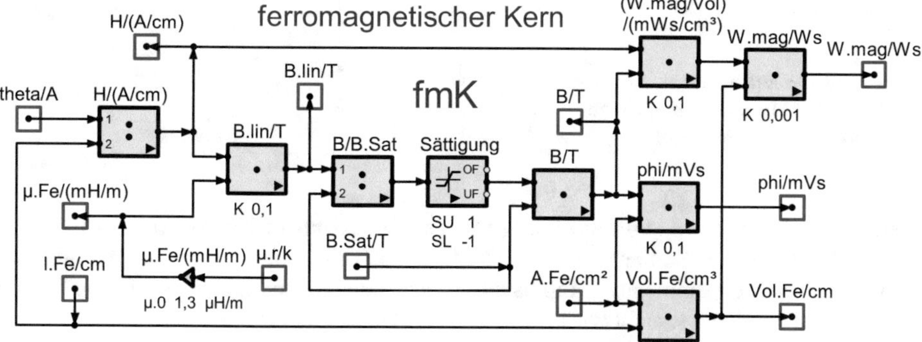


**Abb. 5-122 interne Struktur des Blocks ‚ferromagnetischer Kern fmK' in Abb. 5-121**

**Die Frequenzabhängigkeit von Spulenparametern**

Mit Abb. 5-121 soll die Frequenzabhängigkeit der Spulengröße – repräsentiert durch den **Kernquerschnitt A.Fe und die mitttlere Kernlänge l.Fe** – untersucht werden.

Abb. 5-123 zeigt die Verkleinerung des Kernquerschnitts A.Fe und der mittleren Kernlänge l.Fe bei steigender Betriebsfrequenz f einer Spule.

Das bedeutet, dass

1. Spulen entweder bei geforderter Nennleistung mit steigender Frequenz kleiner werden
2. oder dass die Nennleistung bei geforderter Größe mit der Frequenz größer wird.

Anwendungen:

- Wasserkocher mit Oszillator
- Batterieladestationen

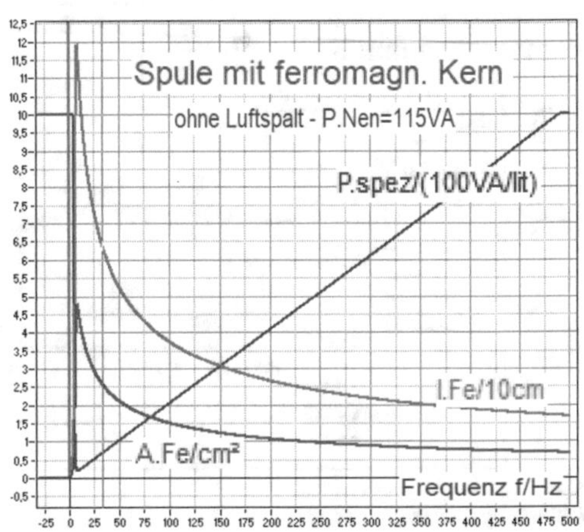


**Abb. 5-123 Eisenlänge und -querschnitt und die spezifische Nennleistung P.Nen/Vol.Fe als Funktion der Frequenz f**

Abb. 5-124 zeigt die Verkleinerung der Windungszahl N und der Induktivität L bei steigender Betriebsfrequenz f einer Spule.

Bei konstanter Induktivität L würde der Magnetisierungsstrom I.L=U.L/ωL mit steigender Frequenz kleiner werden.

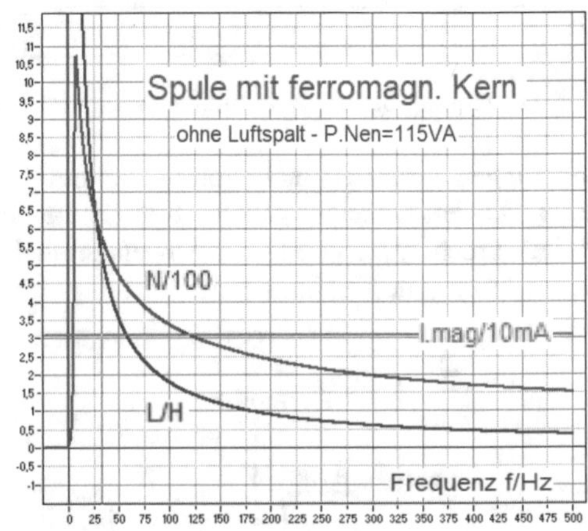


**Abb. 5-124 Windungszahl, Induktivität und Magnetisierungsstrom als Funktion der Frequenz**

**Detaillierte Berechnung von Spulen mit ferromagnetischem Kern (ohne Luftspalt)**

Um die Baugröße von Spulen angeben zu können, soll mit Abb. 5-125 die **Größenabhängigkeit** von Spulenparametern – repräsentiert durch das Kernvolumen Vol.Fe=A.Fe·l.Fe – untersucht werden. Gesucht wird u.a.

1. wie die Windungszahl N einer Spule oder
2. der Querschnitt A.Fe und die Länge l.Fe des magnetischen Flusses ϕ

vom Volumen des Eisenkerns abhängen. Abb. 5-125 zeigt die Struktur dazu.

Abb. 5-125 zeigt Berechnung aller Messgrößen und Parameter einer Spule als Funktion des Kernvolumens:

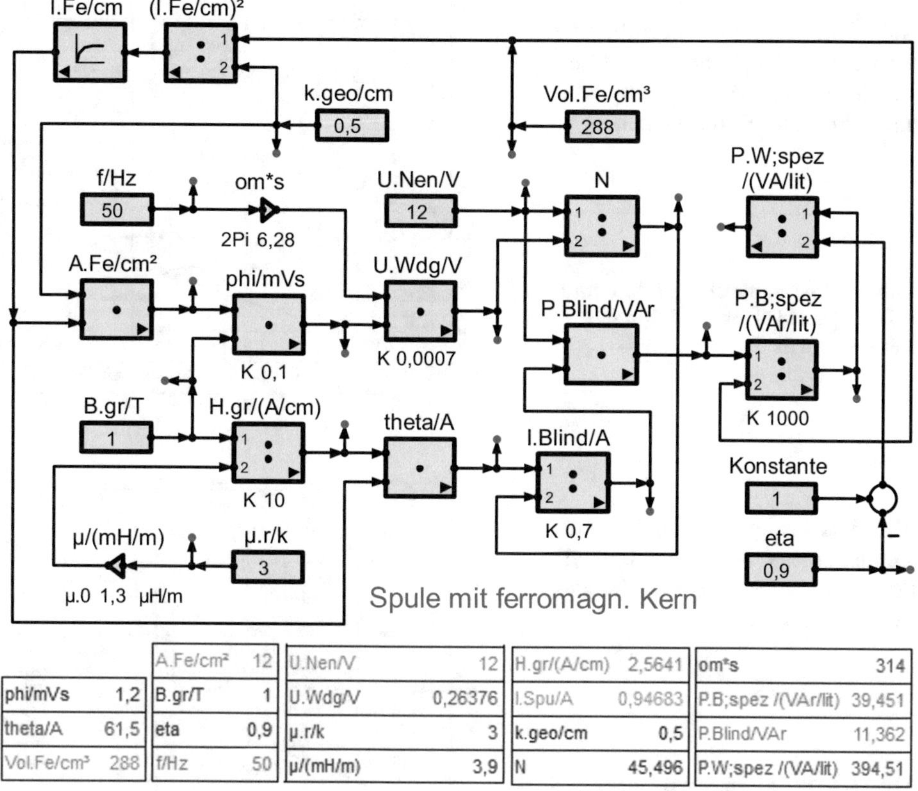


| | |
|---|---|
| phi/mVs | 1,2 |
| theta/A | 61,5 |
| Vol.Fe/cm³ | 288 |

| | |
|---|---|
| A.Fe/cm² | 12 |
| B.gr/T | 1 |
| eta | 0,9 |
| f/Hz | 50 |

| | |
|---|---|
| U.Nen/V | 12 |
| U.Wdg/V | 0,26376 |
| μ.r/k | 3 |
| μ/(mH/m) | 3,9 |

| | |
|---|---|
| H.gr/(A/cm) | 2,5641 |
| I.Spu/A | 0,94683 |
| k.geo/cm | 0,5 |
| N | 45,496 |

| | |
|---|---|
| om*s | 314 |
| P.B;spez /(VAr/lit) | 39,451 |
| P.Blind/VAr | 11,362 |
| P.W;spez /(VA/lit) | 394,51 |

**Abb. 5-125 Spulenberechnung als Funktion des Kernvolumens Vol.Fe: Parameter sind die Geometriekonstante k. geo (0.5cm für würfelähnliche Kerne) und die relative Permeabilität μ.r (3k für Dynamoblech).**

Erläuterungen zu Abb. 5-125

1. Vorgegeben werden die Nennspannung, der Wirkungsgrad und die Frequenz.
2. Parameter sind das Eisenvolumen Vol.Fe des Eisenkerns, die relative Permeabilität μ.r=3k für Dynamoblech und sein Geometriefaktor k.geo=0,5 für würfelähnliche Kerne.
3. Berechnet werden die Windungszahl N, die Blind- und Wirkleistungen, der Blindstrom und die **volumenspezifische Nennleistung P.spez=P.Nen/Vol.Fe** in VA/cm³ und VA/lit.

P.spez wird im nächsten Abschnitt zur Berechnung der Daten eines Transformators als Funktion der Nennleistung gebraucht.

Die beiden nächsten Abbildungen zeigen dazu mit Abb. 5-125 simulierte Kennlinien:

Abb. 5-126 zeigt die Vergrößerung der Leistung P.Spu einer Spule und Verkleinerung der Windungszahl mit steigendem Kernvolumen.

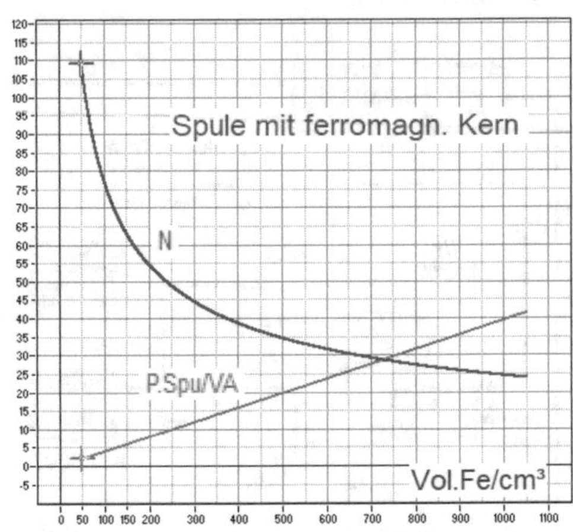


**Abb. 5-126 Nennleistung P.Spu und Windungszahl N als Funktion des Kernvolumens**

Abb. 5-127 zeigt die geometrischen Kernparameter A.Fe und l.Fe als Funktion des Kernvolumens Vol.Fe= A.Fe·l.Fe.

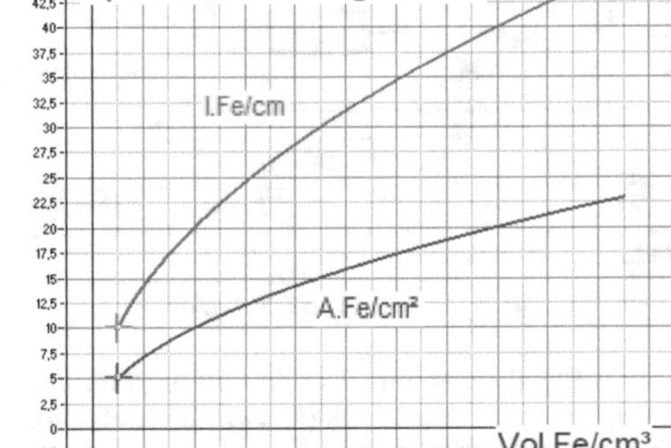


**Abb. 5-127 Eisenquerschnitt A.Fe und mittlere Eisenlänge l.Fe als Funktion des Kernvolumens**

Die Kontrolle dieser Kennlinien durch von Herstellern gemessene Daten erfolgt in Kapitel 6 beim Thema ‚Transformatoren'. Als Maß für die Baugröße tritt dort die **Nennleistung P.Nen** an die Stelle des Kernvolumens Vol.Fe.

### 5.3.3 Induktion im Frequenzbereich

Die Geschwindigkeitsabhängigkeit dynamischer Systeme wird mit harmonischen Schwingungen (Sinus) variabler Frequenz untersucht. Dadurch zeigen sich Grenz- und Resonanzfrequenzen. Im Frequenzbereich ist die **Sinusschwingung** (Abb. 5-129) mit ihrer Frequenz f, bzw. der **Kreisfrequenz $\omega=2\pi\cdot f$**, die unabhängige Variable.

Hier sollen die zur Systemanalyse benötigten Grundlagen der Induktion im Frequenzbereich zusammengestellt werden. Ihre Darstellung erfolgt als Frequenzkennlinien im doppellogarithmischen Maßstab als **Bode-Diagramme**, die in Bd. 2, Teil 2, Kap. 1.2 erklärt worden sind.

Anwendungen:
- Induktionsheizung -siehe Bd.2, Teil 1, Kap. 3.10.4
- Dynamische Lautsprecher und -Mikrofone – folgt in Bd. 6/7, Kap. 11 ‚Aktorik'
- Elektromotoren und -generatoren – folgt in Bd. 4/7 ‚Elektrische Maschinen'

**Rotationsinduktion**
Der Übergang vom Zeit- in den Frequenzbereich kann durch eine mit einer Frequenz f rotierende Leiterschleife veranschaulicht werden. Ihre Umfangsgeschwindigkeit $v=\omega\cdot r$ (Radius r), mit der sie einen magnetischen Fluss $\phi$ schneidet, bestimmt die induzierte Windungsspannung $u.Wdg=\omega\cdot\phi$.

Abb. 5-128 zeigt die Induktion in einer rotierenden Leiterschleife. Gesucht wird die an den Klemmen gemessene Windungsspannung als Funktion der Abmessungen der Leiterschleife und der Frequenz f.

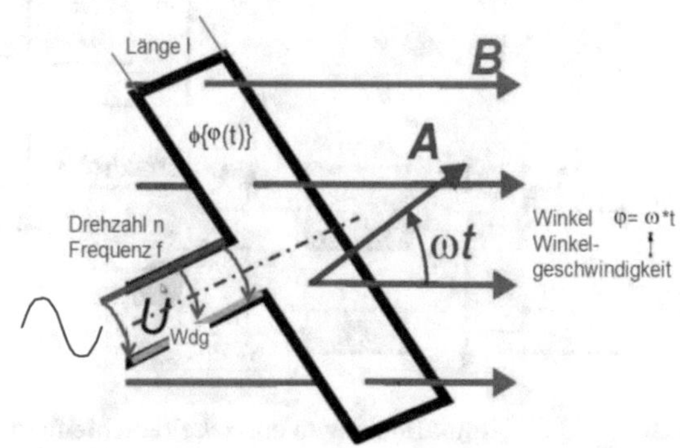


**Abb. 5-128 Induktion durch Flächenänderung: Es addieren sich die senkrechten Komponenten der Induktion. Die zu B parallelen Komponenten sind null.**

Abb. 5-128 hat gezeigt:
In Leiterschleifen werden nur dann Spannungen induziert, wenn ihre im Magnetfeld bewegte Schleife die Feldlinien kreuzen:

- Wenn sich die Leiterschleife senkrecht zu den Feldlinien bewegt, ist die Induktion maximal.
- Wenn sie sich parallel zu den Feldlinien bewegt, ist die induzierte Spannung null.

Abb. 5-129 zeigt den mit Abb. 5-125 simulierten Verlauf der Windungsspannung u.Wdg(t) über der Zeit t:

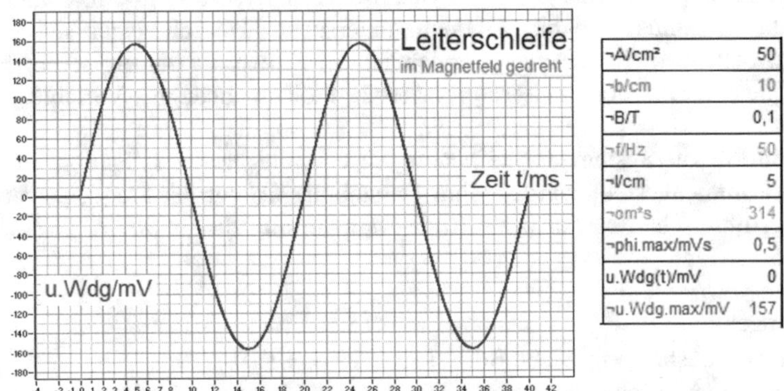


**Abb. 5-129 Simulation der in einer Leiterschleife induzierten Spannung und die zugehörigen Konstanten**

Abb. 5-130 zeigt die Struktur zur Simulation der Windungsspannung im Frequenzbereich:

$$u.Wdg=u.Wdg;max\cdot\sin\varphi(t) \quad \text{- mit dem Winkel } \varphi(t)=\omega\cdot t$$

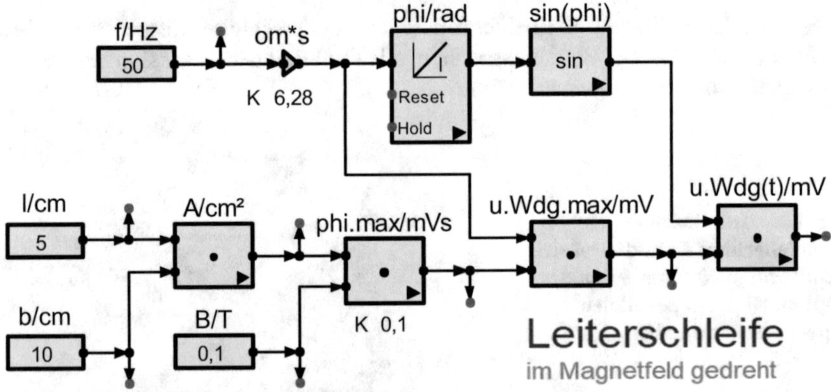


**Abb. 5-130 Simulation der in einer Leiterschleife induzierten Spannung im Zeitbereich mit der Frequenz f als freiem Parameter: Abb. 5-129 zeigt das Resultat.**

**Die Spulenanalyse erfolgt im Frequenzbereich**

Die Transformation vom Zeit- in den Frequenzbereich erfolgt komplex (Frequenzgänge nach Betrag und Phase) durch die Laplace-Transformation (Bd. 2, Teil 2, Absch. 2.1.4). Sie entfällt, wenn die Systembeschreibung von vornherein im Frequenzbereich erfolgt. Dann werden die Energiespeicher durch ihre Blindwiderstände beschrieben. Dazu folgt nun das Wichtigste in Kürze.

**Der induktive Blindwiderstand X.L**

Induktivitäten L speichern die Bewegungsenergie elektrischer Ströme i als magnetischen Spulenfluss $\Psi=N\cdot\phi=L\cdot i$.

Betreibt man eine Spule mit der Induktivität L mit sinusförmigem Wechselstrom, so induziert sie eine sinusförmige Wechselspannung u.L. Das zeigt Abb. 5-131:

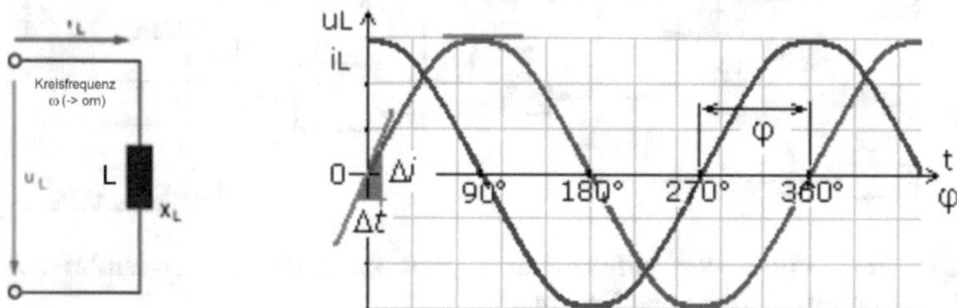


**Abb. 5-131 der induktive Blindstrom i.L(t) im Zeitbereich: Gesucht wird seine Berechnung im Frequenzbereich i.L(ω).**

Aus u.L(t)=L·di/dt im Zeitbereich folgen

- die Voreilung der Spannung u.L gegen den Spulenstrom i (φ=J=90°) und
- der Anstieg von u.L mit der Stromgeschwindigkeit di/dt.

Aus di/dt=jω mit der Kreisfrequenz ω=2π·f wird im Frequenzbereich der Effektivwert U.L=L·ω·I. Damit lässt sich der Speicher L wie ein frequenzabhängiger Widerstand behandeln. Er heißt ‚blind', weil er keinen Leistungsumsatz, sondern die Energiespeicherung durch den magnetischen Fluss ϕ beschreibt.

**Gl. 5-84 der induktive Blindwiderstand** $X.L = U.L/I = \omega L$

Gl. 5-84 zeigt, dass induktive Blindwiderstände mit steigender Frequenz immer größer werden. Die Einzelheiten dazu haben wir bereits in Bd. 2, Teil 1, Kap. 3.6 ‚Wechselstrom' angegeben. Deshalb wiederholen wir hier nur das Wichtigste daraus.

Abb. 5-132 zeigt die Berechnung der Blindspannung im Zeit- und Frequenzbereich:

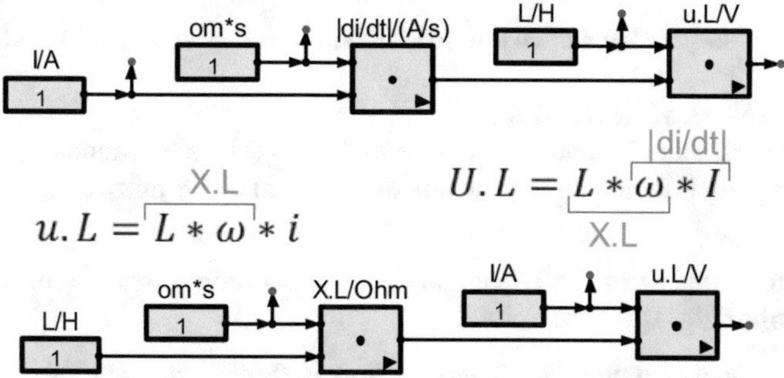


**Abb. 5-132 Berechnung der induzierte Spannung, oben im Zeitbereich u.l(t) mit dem Betrag |di/dt| und unten im Frequenzbereich u.L(ω=om) mit dem induktiven Widerstand X.L=ω·L**

Abb. 5-133 zeigt die messtechnische Ermittlung einer Induktivität L und ihres Blindwiderstandes X.L:

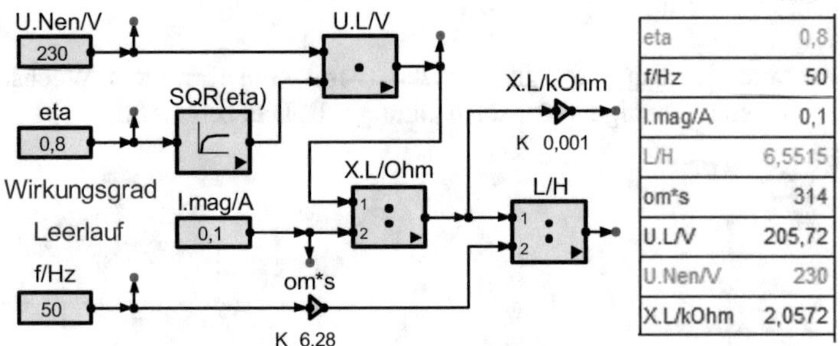


**Abb. 5-133 Berechnung der Induktivität L und ihres Blindwiderstandes X.L aus den Messgrößen Spannung, Strom und Frequenz**

**Der kapazitive Blindwiderstand X.C**
Kapazitäten C sind Ladungsspeicher. Wir haben sie in Bd. 1, Kap 2.4 ausführlich behandelt. Hier wiederholen wir das, was für ihre Berechnung im Frequenzbereich gebraucht wird.

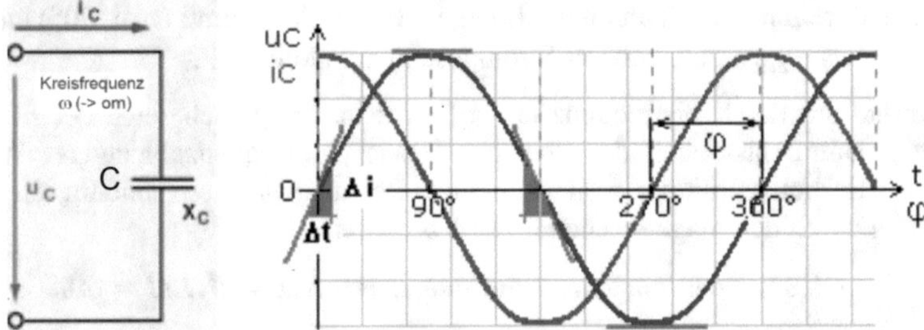


**Abb. 5-134 der kapazitive Blindstrom i.C(t) im Zeitbereich: Gesucht wird seine Berechnung im Frequenzbereich i.C(ω).**

Gl. 5-85 zeigt, dass kapazitive Blindwiderstände mit steigender Frequenz immer kleiner werden:

**Gl. 5-85 der kapazitive Blindwiderstand** $X.C = U.L/I = 1/\omega C$

**Der Ohm'sche Wirkwiderstand R**
Ohm'sche Widerstände R sind ‚Energievernichter'. D.h. sie wandeln die zugeführte elektrische Leistung $P.R=R\cdot i^2$ in Wärme um, die meist zu nichts nutze oder sogar schädlich ist.

Bei Widerständen sind Strom und Spannung zueinander proportional - d.h. **R ist zeit- und frequenzunabhängig**. Das beschreibt das

**Gl. 5-86 Ohm'sche Gesetz** $R = u.R/i \ldots in\, \Omega = V/A$

Das Ohm'sche Gesetz haben wir in Bd. 1, Kap 2.3 behandelt. Es wird hier als bekannt vorausgesetzt. Der folgende Tesla-Transformator ist ein Beispiel zur Berechnung von Wechselstromschaltungen mit Wirk- und Blindwiderständen. Zuvor zeigen wir noch deren Amplitudengänge als Funktion der Frequenz.

**Die Frequenzgänge der Energiespeicher L und C**

Abb. 5-135 zeigt die Simulation einer Kondensator- und Spulenspannung im Frequenzbereich (Kreisfrequenz ω → om, j=90°)

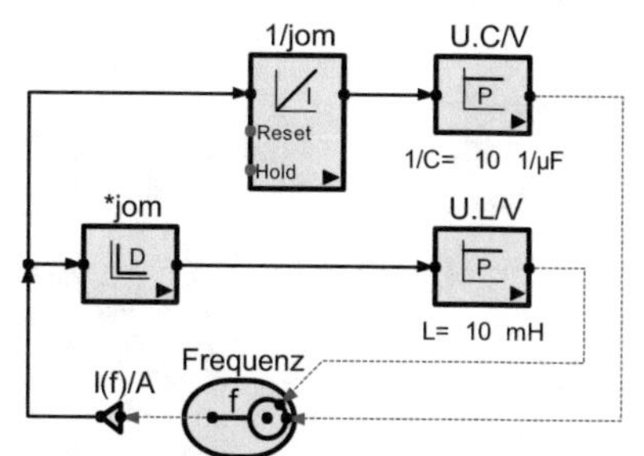


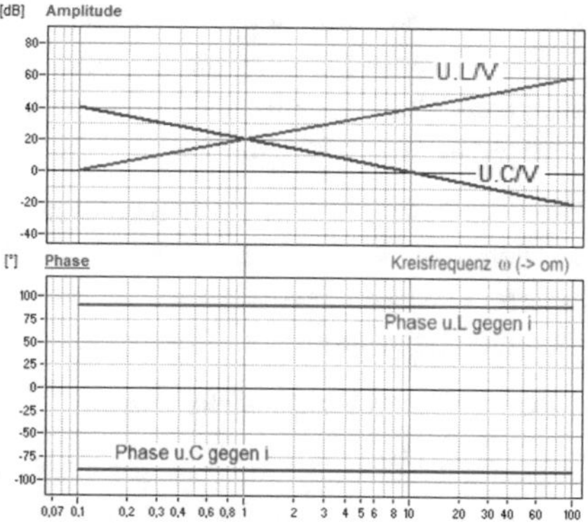


**Abb. 5-135 Simulation der Frequenzgänge der Spannungen einer idealen Spule u.L~x.L und eines Kondensators u.c~X.C, dargestellt im Bode-Diagramm**

Abb. 5-136 zeigt die elektromagnetische Berechnung einer Spulenspannung u.L als Funktion des Spulenstroms i.L mit der Frequenz f als Parameter:

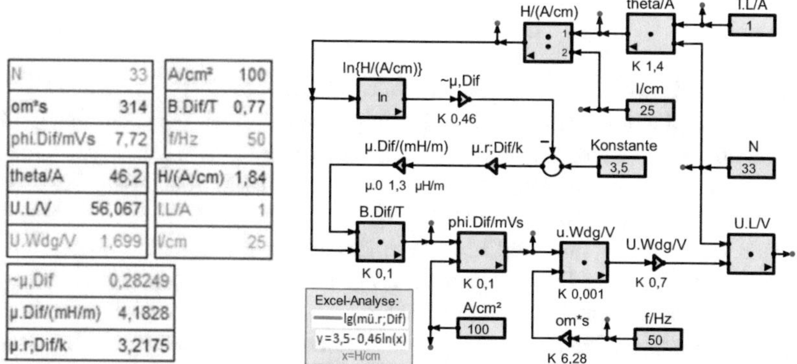


**Abb. 5-136 die Spulenspannung u.L und die zugehörigen magnetischen Messgrößen**

## Die Kennfrequenzen einer Spule

Abb. 5-136 zeigt die Gegenläufigkeit der Spulen- und Kondensatorspannung im Frequenzbereich. Das führt zur LC-Resonanz, die wir in Absch. 5.7.3 beim Thema ‚Funkenlöschung' simulieren. Bei der **Grenzfrequenz** herrscht Gleichheit zwischen Wirk- und Blindwiderständen.

Gl. 5-87 zeigt die Entstehung einer Grenzfrequenz durch den Energiespeicher L und durch den Verbraucher R.

**Gl. 5-87 untere induktive Grenzfrequenz** $\omega.g = R/L$

Gl. 5-87 zeigt die Entstehung einer Resonanzfrequenz durch einen statischen Speicher C (u.c~q=∫i·dt) und einen dynamischen Speicher L (u.L~di/dt). Bei **Resonanz** sind der induktive und der kapazitive Blindwiderstand gleich groß. Daraus folgt die

**Gl. 5-88 elektrische Resonanzkreisfrequenz** $\omega.0 = 1/\sqrt{L * C}$

**Der Tesla-Transformator**

Zwei in Resonanz betriebene, magnetisch gekoppelte Luftspulen heißen nach ihrem Erfinder ‚Tesla-Transformator'. Mit ihnen lassen sich kurzzeitig Spannungen über 100kV erzeugen. Dadurch wird die Luft in ihrer Umgebung ionisiert, d.h. leitfähig, was sich durch Blitzgewitter äußert (Showeffekt).

Hier soll ein Tesla-Transformator dazu verwendet werden, die Durchschlagsfeldstärke E.DS von Luft (und anderer Gase) zu bestimmen. Abb. 5-138 zeigt eine dazu dienende Schaltung.

**Tab. 5-10 Durchschlagsfeldstärken**

| Durchschlagsfestigkeit | [kV/mm] | Aggregatzustand |
|---|---|---|
| trockene Luft (Normaldruck, DC) | 3 | gasförmig |
| trockene Luft (Normaldruck, AC) | 1 | gasförmig |
| Luft effektiv (ohne Spitzenwert) | 0,35 | gasförmig |
| Helium (relativ zu Stickstoff) | 0,15 | gasförmig |
| Porzellan | 20 | fest |

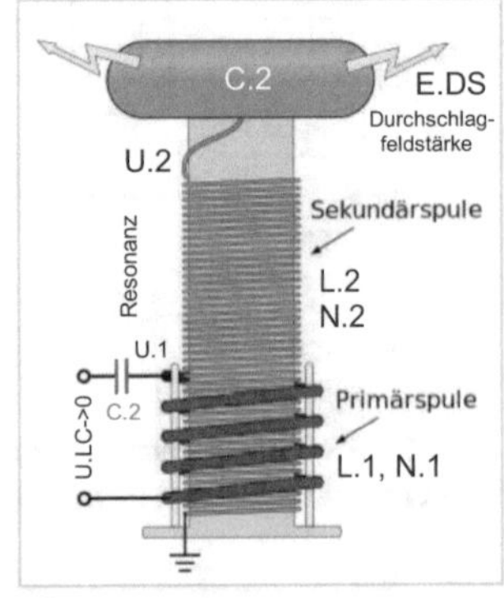


**Abb. 5-137 Tesla-Trafo**

Quelle: https://de.wikipedia.org/wiki/Tesla-Transformator

**Aufbau und Funktion des Tesla-Transformators** (Abb. 5-137)

- Eine großflächige Primärspule mit wenigen Windungen (abgezählt N.1=14) wird mit hochfrequentem Wechselstrom I.1 betrieben.
- I.1 erzeugt einen magnetischen Fluss, der auch die kleinflächigere Sekundärspule mit hoher Windungszahl N.2≈1000=1k.
- Der Wechselfluss induziert in der Primärspule Spannungen im V-Bereich und in der Sekundärspule Spannungen im kV-Bereich. Sie sind maximal, wenn beide Spulen in Resonanz betrieben werden.
- Der sekundärseitige Resonanzkreis besteht aus der Sekundärspule L.2 des Tesla-Transformators und der Kapazität C.2 ihrer ‚Spitze' gegen das Erdpotential (0V). Um die mechanische Belastung der Oberfläche bei Funkenbildung klein zu halten, sollte die ‚Spitze' möglichst großflächig sein.

Abb. 5-138 zeigt das Schaltschema zum Betrieb eines Tesla-Transformators mit einstellbarer Hochfrequenz und einstellbarem Spulenstrom.

- Ein Serienkondensator C.1 bildet mit der Primärspule L.1 des Tesla-Transformators den primärseitigen Resonanzkreis.
- Bei **Resonanz** werden die Spannungen U.1 und U.2 maximal. Die gegenphasigen Spannungen über den Spulen und Kondensatoren heben sich auf. Dann geht die Eingangsspannung U.LC→0 (Kurzschluss) und der Vorwiderstand R.1 bestimmt den Spulenstrom I.1=U.0/R.1.

Zur Ermittlung der Durchbruchfeldstärke **E.DS=U.2/h.Trafo** müsste die Trafospannung U.2 bei Blitzgewitter hochohmig gemessen werden. Da dies nicht so einfach ist, soll U.2 berechnet werden. Mit der Trafohöhe h.Trafo kann dann E.DS berechnet werden.

**Eine Testschaltung für Tesla-Transformatoren**

Abb. 5-138 zeigt eine Testschaltung für Tesla-Transformatoren. Weil sowohl die Betriebsfrequenz f.Osz als auch der Betriebsstrom I.1 einstellbar sind, kann sie zur Messung der Durchschlagsfestigkeit E.DS (hier der Luft) verwendet werden.

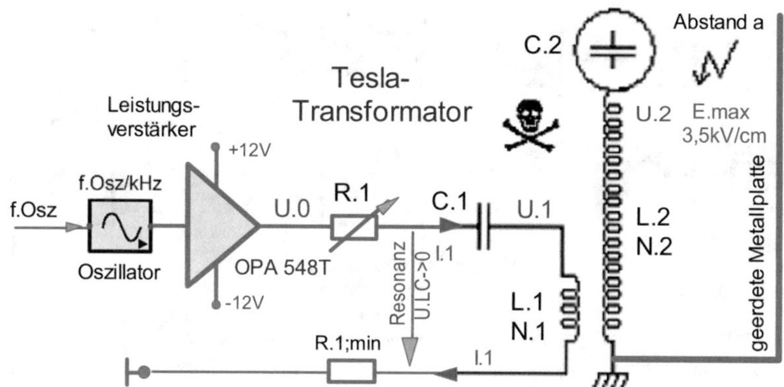


**Abb. 5-138 Tesla-Transformator mit Funktionsgenerator und einstellbarem Resonanzstrom I.1 zur Bestimmung der Resonanzfrequenz f.0**

Erläuterungen zu Abb. 5-138:

Ein Funktionsgenerator dient zur Einstellung der Resonanzfrequenz f.Osz=f.0. Kennzeichen: U.LC=min.

Der variable Widerstand R.1 dient zur Einstellung des Spulenstroms I.1. Er wird so hoch eingestellt, dass das Blitzgewitter beginnt. Für diesen Fall soll die Trafospannung U.2 berechnet werden.

Als Leistungsverstärker eignet sich der OPA 548T von Texas Instruments. Bei ausreichender Kühlung lassen sich damit Ströme über 1A mit Frequenzen bis 100kHz einstellen.

**OPA 548 T** Texas Instruments
OpAmp Single 1 MHz TO-220-7

- Input Offset Spannung: 2mV
- Bandbreite: 1MHz
- Leerlaufverstärkung: 80V/mV
- Slew rate: 10V/µs
- Duale Versorgung: ±4 ...±30 V
- Spannungsrauschen: 90nV/√Hz
- Ausgangsstrom: 3A
- Versorgungsstrom: 17mA

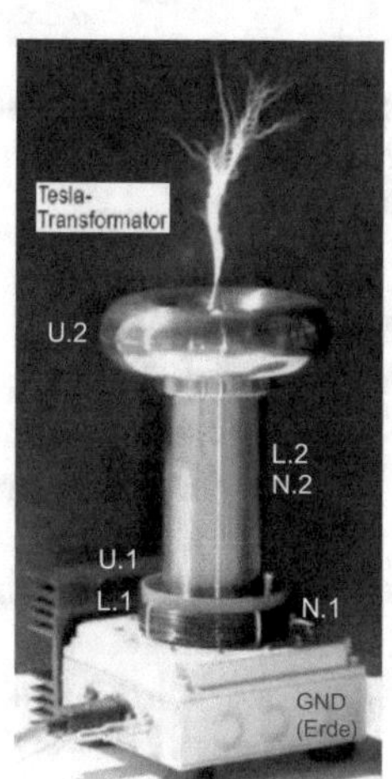


**Abb. 5-139 Blitzgewitter mit Tesla-Trafo**

Quelle: https://www.youtube.com/watch?v=UECWVlMTI3I

**Berechnung eines Tesla-Transformators für Resonanz**

Abb. 5-140 zeigt die Struktur zur Testschaltung für Tesla-Transformatoren von Abb. 5-138 . Sie wird im Anschluss erläutert.

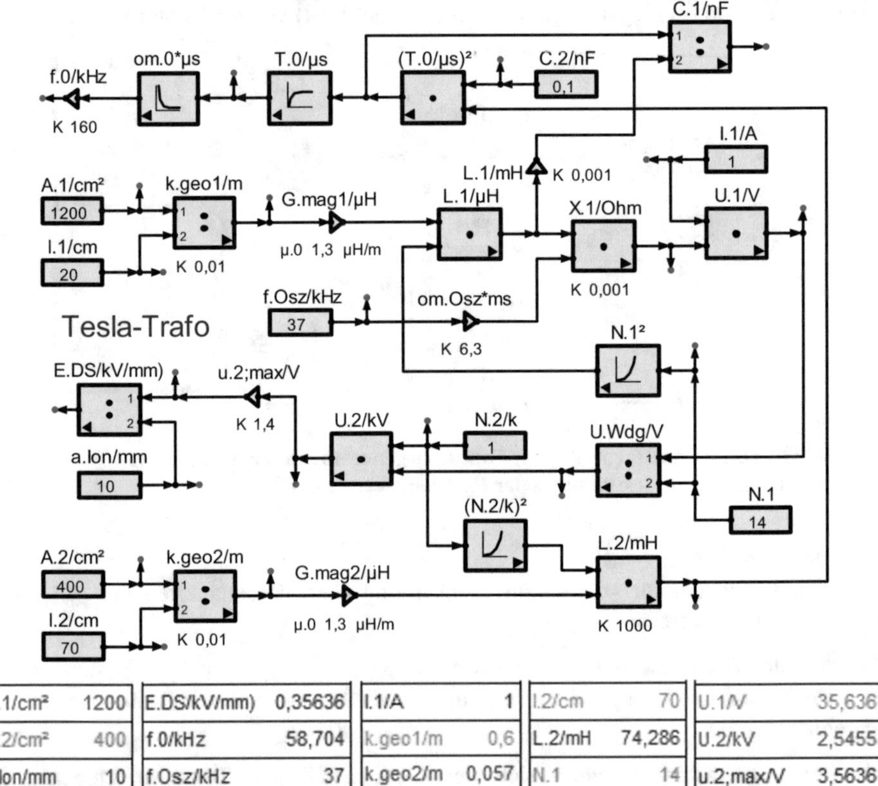


| | | | | | | | | | |
|---|---|---|---|---|---|---|---|---|---|
| A.1/cm² | 1200 | E.DS/kV/mm) | 0,35636 | I.1/A | 1 | I.2/cm | 70 | U.1/V | 35,636 |
| A.2/cm² | 400 | f.0/kHz | 58,704 | k.geo1/m | 0,6 | L.2/mH | 74,286 | U.2/kV | 2,5455 |
| a.Ion/mm | 10 | f.Osz/kHz | 37 | k.geo2/m | 0,057 | N.1 | 14 | u.2;max/V | 3,5636 |
| C.1/nF | 48,591 | G.mag1/µH | 0,78 | I.1/cm | 20 | N.2/k | 1 | U.Wdg/V | 2,5455 |
| C.2/nF | 0,1 | G.mag2/µH | 0,074286 | L.1/mH | 0,152 | T.0/µs | 2,7255 | X.1/Ohm | 35,636 |

**Abb. 5-140 Berechnung des Tesla-Transformators von Abb. 5-138 in Resonanz: Gesucht werden die dafür erforderliche Primärkapazität C.1 und die Feldstärke E.DS an der Trafospitze.**

**Messung der Durchschlagsfeldstärke E.DS** (nach Abb. 5-140)

Variiert werden die

- die Betriebsfrequenz f ≈ 100Hz bis über 100kHz
- und der Spulenstrom I.1 von 0,1A bis zu 1A.

Zur Ermittlung der Durchschlagsfeldstärke E.DS wird zuerst die **Resonanzfrequenz f.0** der Teslaspulen gesucht.

- Dazu wird zuerst die Betriebsfrequenz f.Osz bei minimaler Stromstärke I.1 so eingestellt, dass die Serienspannung U.LC minimal wird.
- Dann wird der Spulenstrom soweit erhöht, dass die Trafospitze zu **blitzen** beginnt. Damit ist die Durchschlagsfeldstärke E.DS der Luft erreicht.

Erläuterungen zu Abb. 5-140:
Gesucht wird die Berechnung der **Durchschlagsfeldstärke E.DS** der den Trafo umgebenden Luft. Zahlenwerte zu den folgenden Rechnungen finden Sie in Tab. 6-10.

Gegeben sind Dimensionen der Trafospulen. Die Abschätzung folgt aus Abb. 5-141.

Die gesamte Trafohöhe ist h.Trafo=100cm.

Spule 1: Länge l.1=20cm, Querschnitt A.1=1200cm², Windungszahl N.1=14

Spule 2: Länge l.2=70cm, Querschnitt A.2=400cm², Windungszahl N.2=1000

Damit können die **magnetischen Leitwerte** beider Spulen errechnet werden: **G.mag=μ.0·A/l.**

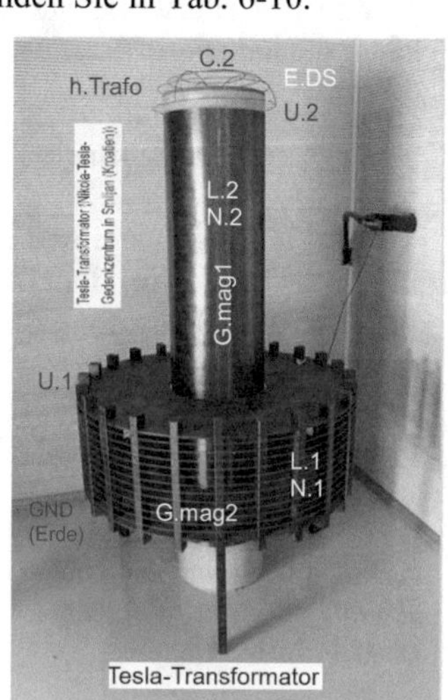


**Abb. 5-141 Tesla-Transformator mit den in Abb. 5-140 verwendeten Messgrößen**

**Dimensionierung des Tesla-Transformators von** Abb. 5-141

- Gegeben sind die Windungszahlen N.1 und N.2 der Trafospulen.
- Gesucht werden ihre Induktivitäten L.1 und L.2 und der Koppelkondensator C.1.

Sie hängen alle von der Trafokapazität C.2 ab, die gemessen oder abgeschätzt werden muss. Hier rechnen wir mit C.2=0,1nF.

Der Energieübertrag in der Teslaspule ist maximal, wenn die Resonanzbedingung Gl. 5-89 für beide Spulen erfüllt ist:

**Gl. 5-89 Resonanzbedingung der Tesla-Spulen**

$$T.0^2 = L.1 * C.1 = L.2 * C.2 \quad \rightarrow \quad T.0 \quad und \quad \omega.0 = 1/T.0 = 2\pi * f.0$$

Das Induktionsgesetz Gl. 5-64 ist die Grundlage zur folgenden Dimensionierung der Komponenten des Tesla-Transformators von Abb. 5-141.

1. Bei Resonanz ist U.1=I.1·X.0 maximal – mit X.0=ω.0·L.1=1/(ω.0·C.1).
2. Die Induktivitäten L.1=N.1²·G.mag1 und L.2=N.2²·G.mag2
3. Der Koppelkondensator C.1=1(ω.0·X.0) – mit X.0= ω.0·L.1
4. Der Serienwiderstand R.1min=u.0/i.1;max, – hier mit den Spitzenwerten u.0=10V und i.max=1,4A → die Nennleistung 10W, einstellbar ist R.1max=10·R.1min.

Das Beispiel ‚Tesla-Transformator' hat noch einmal gezeigt, wie einfach dynamische Berechnungen und Dimensionierungen im Frequenzbereich sind. Das liegt daran, dass die Signalform überall sinusförmig ist. Dann interessieren nur Beträge (als Effektiv- oder Spitzenwerte) und eventuell Phasenverschiebungen.

### 5.3.4 *Induktion im Ortsbereich (Gradienteninduktion)*

Wenn eine Leiterschleife durch ein ortsabhängiges magnetisches Feld ϕ(x) gezogen wird, hängt die induzierte Spannung von zwei Faktoren ab:

1. von der räumlichen Änderung dϕ/dx des Feldes und
2. von der Geschwindigkeit v=dx/dt der Leiterschleife.

Abb. 5-142 zeigt, wie bei YouTube in flipphysik 02 die Induktion durch Flächenänderung demonstriert wird.

Quelle: https://www.youtube.com/watch?v=J7T5lDrHlXc

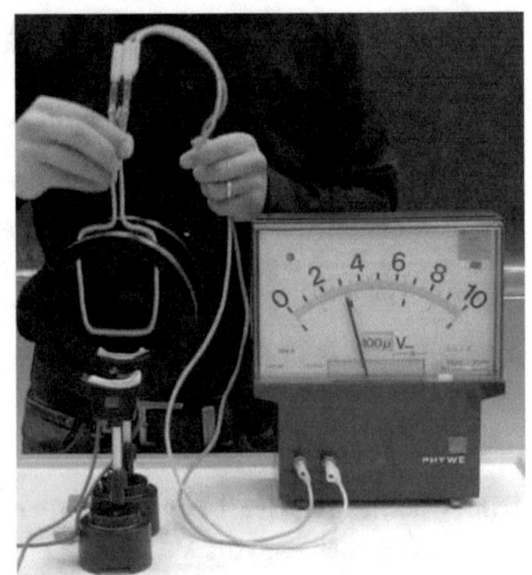


**Abb. 5-142 Bewegung einer Leiterschleife durch das konstante Magnetfeld einer Helmholtzspule**

Die Simulation des Magnetfeldes einer Helmholtzspule folgt in Absch. 5.7.4.1.

Gl. 5-90 berechnet die

**Gl. 5-90 Windungsspannung im Ortsbereich**

$$\mathrm{u.Wdg} = \frac{\mathrm{d}\phi}{\mathrm{dt}} = \frac{d\phi}{dx} * \mathrm{v} \quad \ldots \ \mathrm{mit}\ \mathrm{v} = \frac{\mathrm{dx}}{\mathrm{dt}}$$

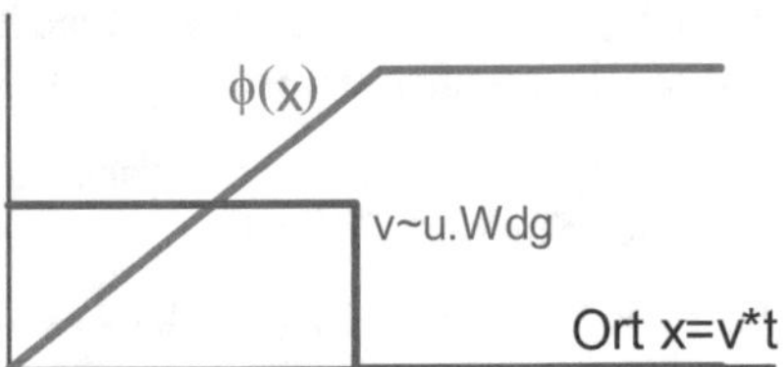


**Abb. 5-143 Induktion im Ortsbereich**

Gl. 5-90 besagt:
Damit im Ortsbereich eine Spannung u induziert wird, müssen Ladungen q ihre Position v mit einer bestimmten Geschwindigkeit v=dx/dt verändern.

Das bedeutet

1. Bei räumlich konstantem Feld (dϕ/dx=0) ist die induzierte Spannung null, egal mit welcher Geschwindigkeit v die Leiterschleife gezogen wird. Der Grund ist, dass in den gegenüberliegenden Schenkeln gleich große, aber entgegengesetzt gepolte Spannungen induziert werden (Abb. 5-144).
2. Ohne Geschwindigkeit (v=0) wird ebenfalls keine Spannung induziert, egal mit welchem Gradienten sich das Feld räumlich ändert.

Abb. 5-144 zeigt die Bewegung von Ladungen in einem Leiter, der durch ein magnetisches Feld bewegt wird. An seinen Enden ist sie als Induktionsspannung u.ind messbar.

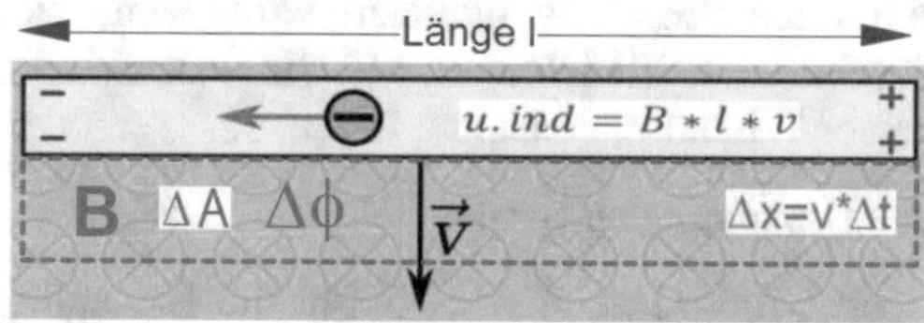


**Abb. 5-144 Induktion durch Flächenänderung: Spannungsinduktion durch Bewegung eines Leiters im Magnetfeld**

Abb. 5-145 zeigt die Berechnung der Spannungsinduktion im Ortsbereich.

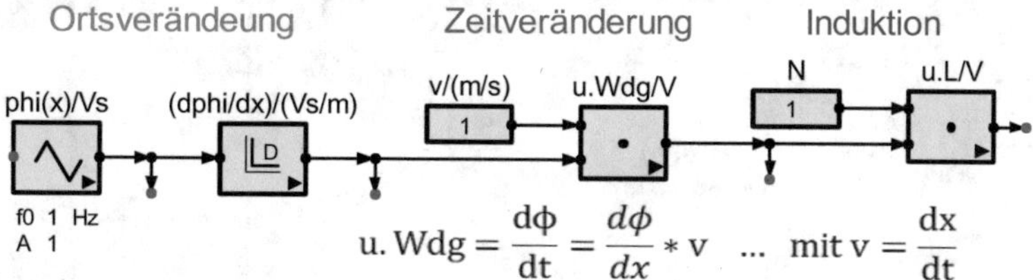


$$u.Wdg = \frac{d\phi}{dt} = \frac{d\phi}{dx} * v \quad ... \quad \text{mit } v = \frac{dx}{dt}$$

**Abb. 5-145 Induktion im Ortsbereich = Bewegungsinduktion**

Im **Ortsbereich** ist der Abstand r von einem willkürlich festlegbaren Nullpunkt oder einer seiner Koordinaten x, y z die unabhängige Variable.

Die Induktionsgleichung u,Wdg=dϕ/dt sieht auf den ersten Blick einfach aus. Die Schwierigkeit entsteht jedoch oft dadurch, dass wir nur die die räumlichen und nicht die zeitlichen Änderungen des Flusses betrachten. Deshalb ist zu zeigen, wie von den räumlichen Änderungen des magnetischen Flusses ϕ auf die zeitlichen Änderungen geschlossen werden kann.

Der magnetische Fluss ϕ ist bei konstanter Flussdichte B und festem Querschnitt A das Produkt ϕ=B·A. Wenn sich B oder A über dem Ort x ändern, muss der Gradient $d\phi/dx$ berechnet werden.

Zur Berechnung der Ortsableitung des magnetischen Flusses wenden wir auf Gl. 5-90 die Produktregel der Differenzialrechnung an:

$$\text{Produktregel} \quad (g \cdot h)' = g' \cdot h + g \cdot h'$$

Mit $\phi = B * A$ erhalten wir die

**Gl. 5-91 gesamte Induktion im Ortsbereich**

$$\frac{d\phi}{dx} = \frac{d}{dx}(B * A) = A.0 * \frac{dB}{dx} + B.0 * \frac{dA}{dx}$$

Gl. 5-91 zeigt, dass die Induktion im Ortsbereich zwei Komponenten haben kann:

1. die Änderung der Flussdichte bei konstanter Schleifenfläche und
2. die Änderung der Schleifenfläche bei konstanter Flussdichte.

Beides muss z.B. bei der Simulation elektrischer Maschinen beachtet werden.

**Geschwindigkeitsinduktion**

Aus der nach Gl. 5-95 berechneten, induzierten Spannung u.ind=B·l·v folgt, dass in Leiterschleifen nur dann Spannung induziert wird, wenn sich der magnetische Fluss ϕ=B·A, der sie durchsetzt, zeitlich ändert. Mit der Geschwindigkeit v=dx/dt erhalten wir die Spannung in einer Windung, genannt

**Gl. 5-92 Windungsspannung im Ortsbereich** $$u.Wdg = d\phi/dt = v * d\phi/dx$$

Zur Erläuterung von Gl. 5-92 zeigt Abb. 5-146 die Bewegung einer Leiterschleife mit konstanter Geschwindigkeit v durch ein auf einer begrenzten Fläche räumlich konstantes Magnetfeld:

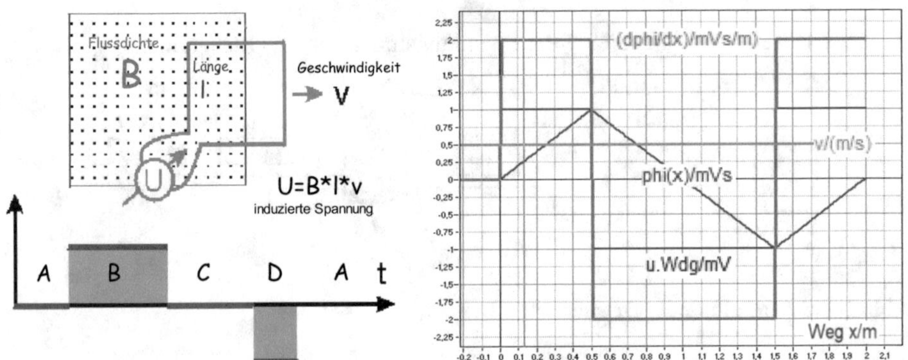


**Abb. 5-146 Induktion durch Änderung einer durchfluteten Leiterschleife, die mit konstanter Geschwindigkeit v durch ein räumlich konstantes Magnetfeld bewegt wird**

Abb. 5-147 zeigt die induzierte Windungsspannung einer Bewegung im Ortsbereich mit dreiecksförmigem Verlauf der Geschwindigkeit:

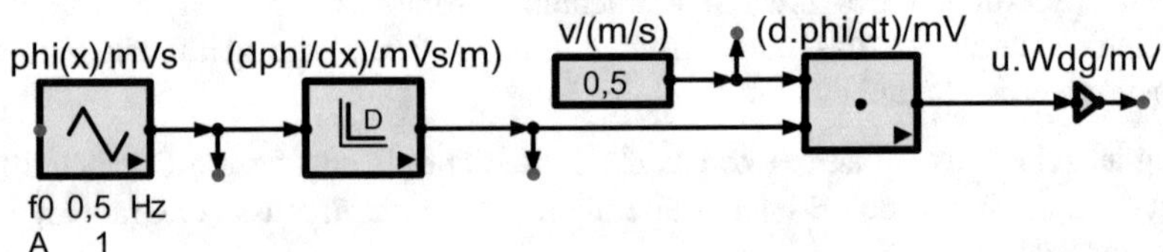


**Abb. 5-147 Induktion im Ortsbereich: Abb. 5-146 zeigt die zugehörigen Funktionen**

Erläuterungen zu Abb. 5-147:

Bei einer mit der Geschwindigkeit v durch ein konstantes Magnetfeld B bewegten Leiterschleife

- ist die induzierte Windungsspannung u.Wdg gleich null, wenn sich die gesamte Schleife im Magnetfeld befindet,
- ist die induzierte Windungsspannung u.Wdg positiv, solange sich die Schleife in das Feld hineinbewegt, denn dann ist dϕ/dt>0,
- ist die induzierte Windungsspannung u.Wdg negativ, wenn die Schleife aus dem Feld heraustritt, denn dann ist dϕ/dt<0.
- E.ind steht senkrecht auf v und B (Kreuzprodukt).

### Induzierte Kraft und Feldstärke

Die induzierte Feldstärke E.ind=v·B steht senkrecht auf den Richtungen der Geschwindigkeit v und der Flussdichte B:

**Gl. 5-93 geschwindigkeitsinduziertes elektrisches Feld**

$$\vec{E}.\mathrm{ind} = \vec{v} \times \vec{B}$$

Die Lorentzkraft F.L wirkt in Richtung der induzierten Feldstärke E.ind=v·B. Wir behandeln sie in Absch. 5.8.1.

**Gl. 5-94 die Lorentzkraft auf im magnetischen Feld bewegte Ladungen (linke Handregel)**

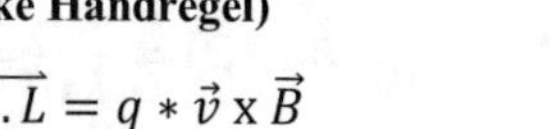

$$\overrightarrow{F.L} = q * \vec{v} \times \vec{B}$$

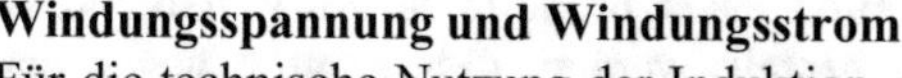

### Windungsspannung und Windungsstrom

Für die technische Nutzung der Induktion, z.B. beim Bau elektrischer Maschinen, muss bekannt sein, wie groß induzierte Spannungen und Ströme werden können und wie hoch der Innenwiderstand einer Induktionsschleife ist. Das wird in Abb. 5-148 berechnet.

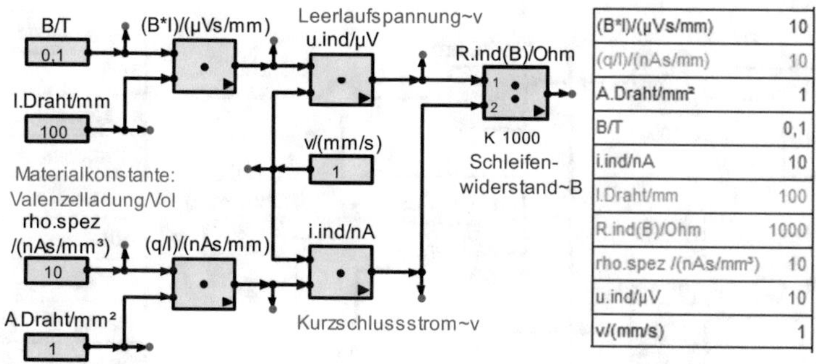


**Abb. 5-148 Spannung und Strom einer Induktionsschleife und der Innenwiderstand R.ind der Geschwindigkeitsinduktion**

Abb. 5-148 zeigt:

In einer kurzgeschlossenen Leiterschleife erzeugt die induzierte Spannung u.ind einen Induktionsstrom i.ind. Beide sind proportional zur Schleifengeschwindigkeit v.

Der Quotient ist ihr Innenwiderstand R.ind. Abb. 5-148 zeigt seine Berechnung. Sie zeigt:

Der induzierte Innenwiderstand R.ind

- sinkt mit der Ladungsdichte $\rho$.spez und dem Drahtquerschnitt A.Draht,
- steigt mit der Flussdichte B und der Drahtlänge l.Draht und
- ist unabhängig von der Geschwindigkeit v der Leiterschleife.

Diese Eigenschaften sind bei der Konstruktion elektrischer Maschinen zu berücksichtigen. Wie behandeln sie in Bd. 4/7 dieser ‚Strukturbildung und Simulation technischer Systeme'.

**Induktive Ersatzdaten**

Ersatzschaltungen kennzeichnet eine Leerlaufspannung, ein Kurzschlussstrom und ein Innenwiderstand. Diese Daten sollen nun für eine in einem Magnetfeld B mit der Geschwindigkeit v bewegte Leiterschleife berechnet werden.

Gezeigt werden soll, wie induzierte Spannungen und Ströme und der induzierte Innenwiderstand von den Abmessungen der Schleife und vom Drahtmaterial abhängen. Das berechnen Gl. 5-95, Gl. 5-96 und Gl. 5-97:

**Gl. 5-95 Windungs-Leerlaufspannung** $$u.0 = B * l.Draht * v = u.ind$$

**Gl. 5-96 Windungs-Kurzschlussstrom** $$i.0 = \rho.spez * A.Draht * v$$

**Gl. 5-97 induzierter Windungswiderstand** $$R.ind(B) = \frac{u.0}{i.0} = \frac{B}{\rho.spez} * \frac{l.Draht}{A.Draht}$$

Der induzierte spezifische Widerstand ρ.ind=B/ρ.spez ist proportional zur Flussdichte B. Zur Messung von ρ.ind muss B so groß eingestellt werden, dass es groß gegen den spezifischen Gleichstromwiderstand ρ.el des Leiters ist.

Abb. 5-149 zeigt die Berechnung des induzierten Innenwiderstandes einer Leiterschleife:

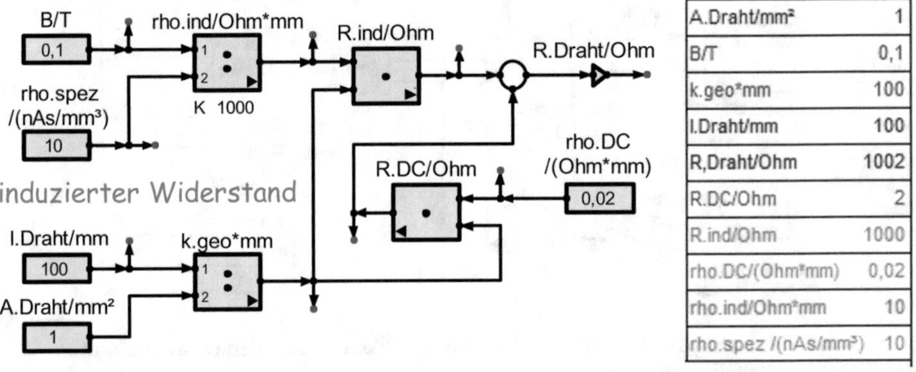


| | |
|---|---|
| A.Draht/mm² | 1 |
| B/T | 0,1 |
| k.geo*mm | 100 |
| l.Draht/mm | 100 |
| R,Draht/Ohm | 1002 |
| R.DC/Ohm | 2 |
| R.ind/Ohm | 1000 |
| rho.DC/(Ohm*mm) | 0,02 |
| rho.ind/Ohm*mm | 10 |
| rho.spez /(nAs/mm³) | 10 |

**Abb. 5-149 Induktion in einer Leiterschleife: Aus der Leerlaufspannung und dem Kurzschlussstrom folgt ihr induzierter Innenwiderstand.**

Abb. 5-149 hat gezeigt: Induzierte Innenwiderstände von Leiterschleifen liegen im kΩ-Bereich. Wie damit leistungsstarke elektrische Maschinen gebaut werden, zeigen wir in Bd. 4/7.

Mit den hier genannten Grundlagen sollen nun drei Beispiele im Ortsbereich simuliert werden:

- das Hering'sche Paradoxon
- ein Magnet mit konischem Eisenkern
- das „Hufeisenparadoxon“ von Hübel.

### 5.3.5 Das Hering'sche Paradoxon

Abb. 5-150 zeigt eine Leiterschleife, die mit Rollkontakten über einen Dauermagneten bewegt wird. Dabei sollte eigentlich Spannung induziert werden. Oder etwa nicht?

Bei Bewegung der Leiterschleife oder des Magneten ändern sich weder der Querschnitt A noch die Flussdichte B. Damit sind beide Terme in Gl. 5-91 und die induzierte Windungsspannung u.Wdg gleich null.

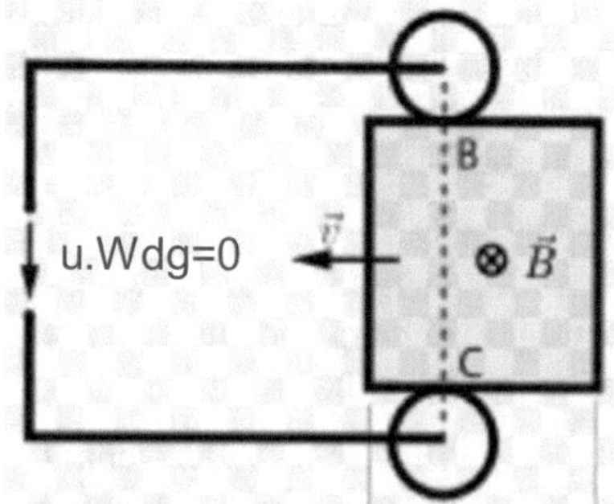


**Abb. 5-150 der Rollkastenversuch von Hering: Im Zeitbereich ist die Windungsspannung der im Magnetfeld bewegten Leiterschleife u.Wdg=0.**

Damit haben wir gezeigt, dass es bei der Induktion von Spannungen nicht nur auf die Relativgeschwindigkeit der Leiterschleife zum Magnetfeld ankommt, sondern das Magnetfeld auch einen **Dichtegradienten dB/dx** haben muss.

Das Beispiel zeigt, dass das Hering'sche Paradoxon gar keins ist. Es kommt einem nur so vor, wenn man nur im Zeitbereich und nicht im Ortsbereich denkt. Abb. 5-150 zeigt, dass **Spannungen nur in unsymmetrischen Magnetfeldern induziert** werden. Beispiele dazu folgen in Absch. 5.10.5 bei der magnetischen Levitation.

Das Hering'sche Paradoxon ist ein besonders einfaches Beispiel, weil sich dort weder die Flussdichte noch die Flussfläche ändern. Bei dem folgenden Beispiel ändern sich beide gegenläufig in einem Eisenkern. Die Folge ist, dass in einer darüber bewegten Leiterschleife ebenfalls keine Spannung induziert wird.

Zur Vertiefung: (PDF; 773 kB)

**Was ist elektromagnetische Induktion?**

Eine physikalisch-didaktische Analyse von Horst Hübel

www.4phys.de/Website/induktion/induktion.pdf

Zusammenfassung
Die übliche Behandlung der Induktion in der Schule wird kritisch untersucht und mit den Aussagen der „offiziellen“ Physik verglichen. Dabei stellt sich heraus, dass der Weg der Schulphysik unklar, - wenn auch nur in Details - inkorrekt und unnötig kompliziert ist.

Ausgehend von einer rigorosen Behandlung der Induktion, die es erlaubt, die verschiedenen Erscheinungen der Induktion unter einem einheitlichen Gesichtspunkt zu sehen, wird ein Weg zur Behandlung der Induktion in der Schule vorgeschlagen, der konsistent ist mit der „offiziellen“ Auffassung der Induktion, der für die Schüler durchsichtiger ist und unnötige Klimmzüge und Scheinerklärungen vermeidet.

**Magnet mit konischem Eisenkern**

Abb. 5-151 zeigt einen magnetisierten Eisenkern, der sich verengt und wieder verbreitert. Dadurch ändern sich die Flussdichte B und die Querschnittsfläche A mit dem Weg x.

Wird hier eine Windungsspannung u.Wdg induziert, wenn eine Leiterschleife mit einer Geschwindigkeit v über den Kern bewegt wird? Abb. 5-151 zeigt, dass dies auch hier nicht der Fall ist.

Begründung:
Das Magnetfeld und die Leiterschleife bewegen sich im Ortsbereich mit entgegengesetzter Tendenz:

Wenn sich der Querschnitt verengt (d.A(dx<0), vergrößert sich die Flussdichte (dB/dx>0) im gleichen Maße. Dadurch kompensieren sich die beiden Terme der Gradienten von Querschnitt und Flussdichte in Gl. 5-91 und u.Wdg=0. Auch das zeigt Abb. 5-151.

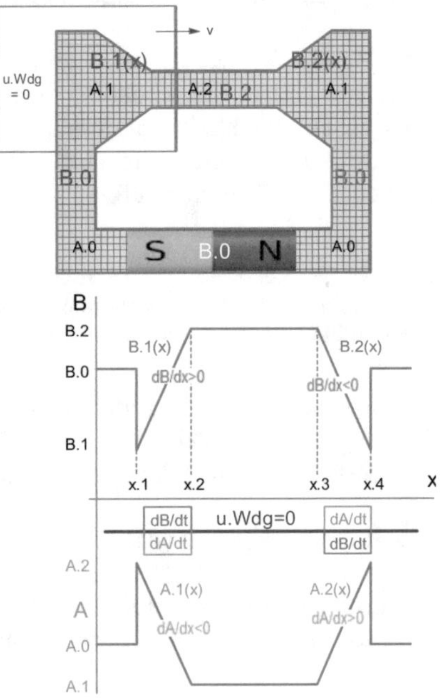


**Abb. 5-151 Flussdichte und Querschnitt über dem Weg x eines z.T. konischen Eisenquerschnitts**

Abb. 5-152 zeigt die Berechnung der Windungsspannung u.Wdg zu Abb. 5-151:

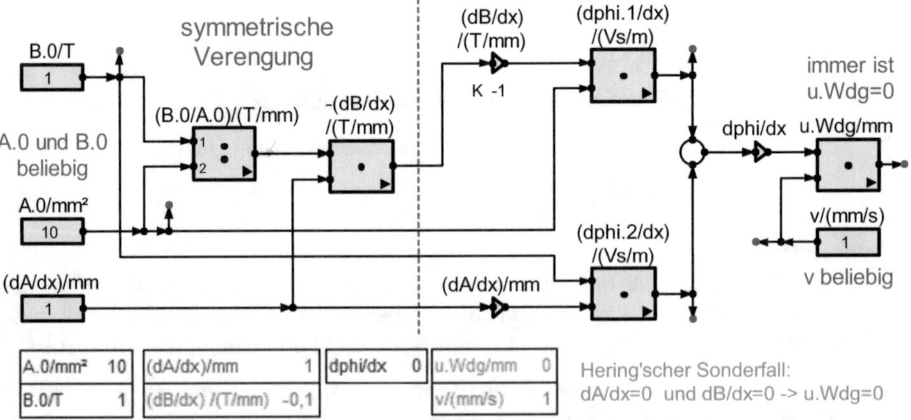


**Abb. 5-152 Die induzierte Windungsspannung u.Wdg eines Eisenkerns mit konischem Querschnitt nach Gl. 5-91: Da der Flussdichtegradient entgegengesetzt zum Flächengradient verläuft, kompensieren sie sich zu null.**

**Das „Hufeisenparadoxon" von Hübel**

Wenn eine enganliegende Leiterschleife über den Schenkel eines Dauermagneten gezogen wird, vermutet man zunächst, dass dabei keine Spannung induziert wird, denn es werden keine Feldlinien geschnitten. Das setzt voraus, das die Flussdichte im Schenkel eines Dauermagneten konstant ist. Gemessen wird dabei jedoch eine Induktionsspannung. Das zeigt, dass die Flussdichte räumlich nicht konstant sein kann.

Abb. 5-153 zeigt den Verkauf B(x) über dem Verschiebeweg x von der Stirnseite eines Hufeisenmagneten mit der Länge L von (x=0) bis zur Wurzel (x=L).

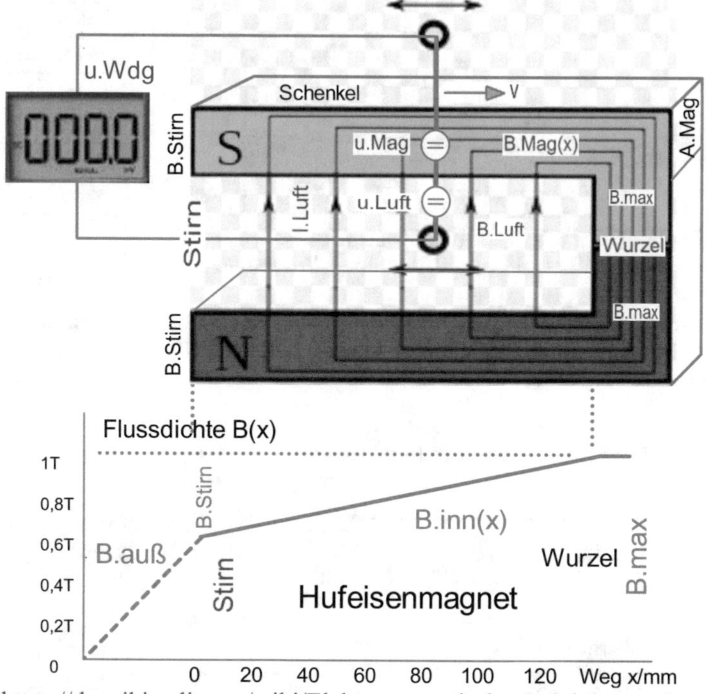


Quellen: https://de.wikipedia.org/wiki/Elektromagnetische_Induktion und

**Abb. 5-153 Gemessen werden die Flussdichten an der Stirnseite des Hufeisenmagneten und in der Luft zwischen den Schenkeln. Bekannt ist die maximale Flussdichte an der Wurzel. Damit berechnet Gl. 5-98 den Verlauf der über einen Schenkel bewegten Leiterschleife.**

Gl. 5-98 zeigt die Berechnung der

**Gl. 5-98 Windungsspannung bei Hufeisenmagneten**

$$u.Wdg = \frac{d\phi}{dt} = v * \frac{d\phi}{dx} = \underbrace{v * A.\mathrm{Stirn} * \frac{dB}{dx}}_{\text{Gradienteninduktion}} + \underbrace{\mathrm{v} * B.\mathrm{Luft} * \mathrm{l.Luft}}_{\text{Kreuzungsinduktion}}$$

Wie Gl. 5-98 zeigt, bewegt sich die Leiterschleife mit der Geschwindigkeit v durch Luft und den Magneten. Entsprechend besteht die induzierte Windungsspannung aus zwei Anteilen. Abb. 5-153 berechnet diese Anteile.

Abb. 5-154 zeigt die mit Abb. 5-153 simulierten Messgrößen zu Gl. 5-98:

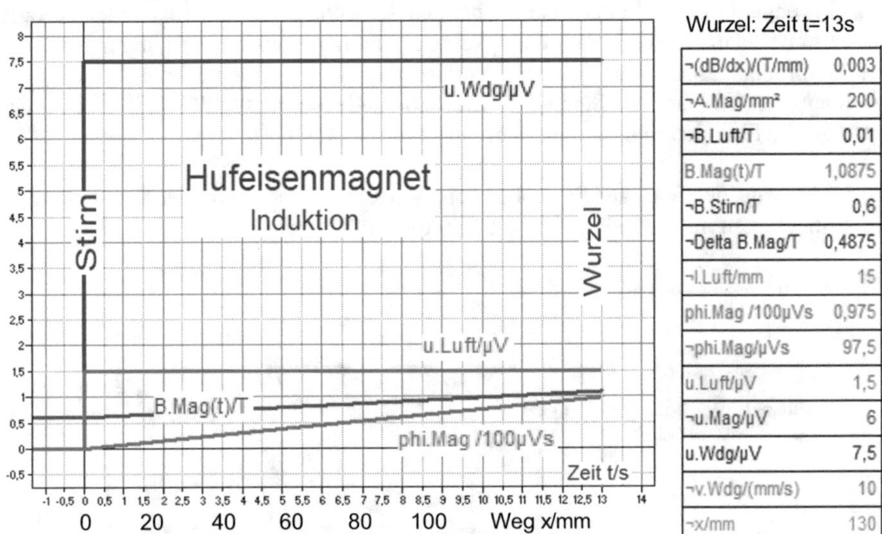

Wurzel: Zeit t=13s
u.Wdg/µV
Hufeisenmagnet
Induktion
Stirn
Wurzel
u.Luft/µV
B.Mag(t)/T
phi.Mag /100µVs
Zeit t/s
Weg x/mm
¬(dB/dx)/(T/mm) 0,003
¬A.Mag/mm² 200
¬B.Luft/T 0,01
B.Mag(t)/T 1,0875
¬B.Stirn/T 0,6
¬Delta B.Mag/T 0,4875
¬l.Luft/mm 15
phi.Mag /100µVs 0,975
¬phi.Mag/µVs 97,5
u.Luft/µV 1,5
¬u.Mag/µV 6
u.Wdg/µV 7,5
¬v.Wdg/(mm/s) 10
¬x/mm 130


**Abb. 5-154 An den Stirnseiten des Hufeisenmagneten ist die Flussdichte minimal und an ihrer Wurzel ist sie maximal. Deshalb wird in einer Leiterschleife, die sich über den Schenkeln bewegt, Spannung induziert.**

Abb. 5-155 zeigt die Berechnung der Induktion zu Abb. 5-154:

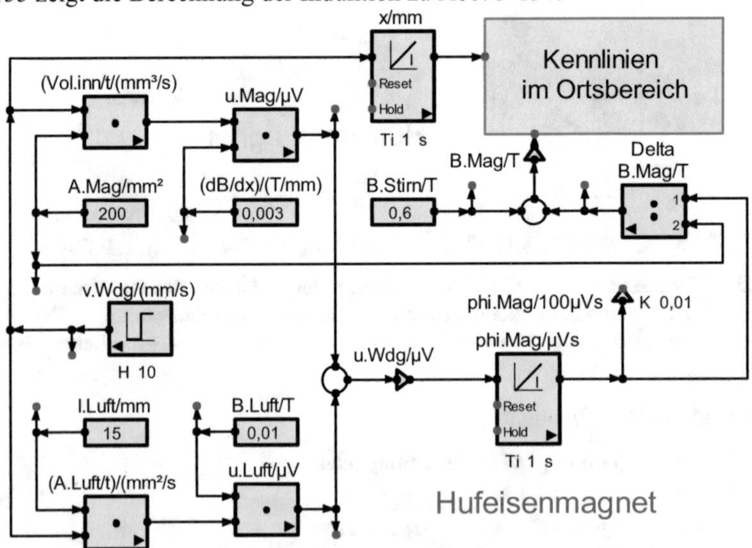


**Abb. 5-155 Spannungsinduktion über den Schenkeln eines Hufeisenmagneten nach Gl. 5-98: Durch die Integration der Verschiebegeschwindigkeit der Leiterschleife kann sie im Ortsbereich dargestellt werden.**

## 5.4 Elektromagnetische Wandler

Wie im vorherigen Abschnitt gezeigt, können mit Hilfe des Magnetismus die leistungsfähigsten elektromagnetischen Wandler gebaut werden. Ihre wichtigsten Vertreter sind elektrische Maschinen (Motoren, Generatoren) und Transformatoren. Hier sollen die Grundlagen zu deren Berechnung gelegt werden. Die zugehörigen Berechnungen werden zunächst kurzgefasst und in den folgenden Abschnitten ausführlich erklärt.

Abb. 5-156 gibt eine Übersicht zu den folgenden Systemanalysen:

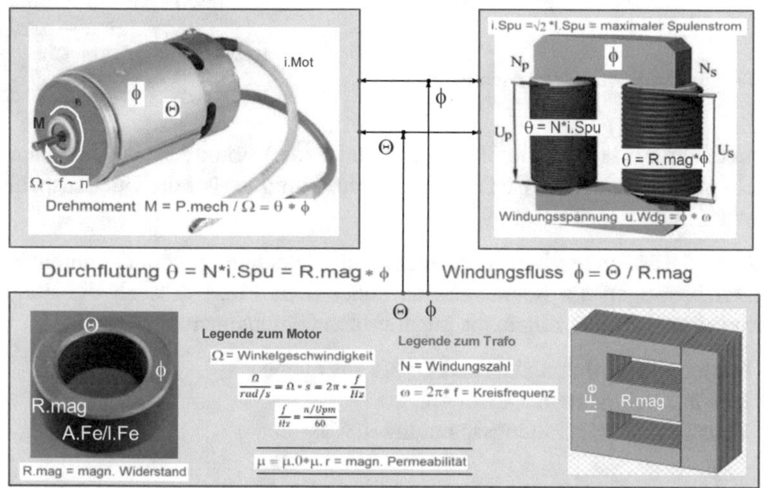


**Abb. 5-156 oben: Elektromechanische und elektromagnetische Wandler benötigen zur Berechnung den magnetischen Fluss ϕ und die Durchflutung Θ. unten: Magnetische Kerne bestimmen die Größe von Θ und ϕ und damit die Nennleistung und Baugröße.**

Abb. 5-156 zeigt: Elektromagnetische Wandler bestehen

1. aus **Spulen**, die aus dem Spulenstrom i.Spu einen magnetischen Fluss ϕ erzeugen. Wie viel das werden kann, bestimmt der ferromagnetische **Querschnitt A.Fe.**
2. einem **ferromagnetischen Kern**, der den Fluss ϕ kanalisiert. Zu dessen Zirkulation benötigt er eine magnetische Quellenspannung, genannt Durchflutung Θ~l.Fe. Die **Länge l.Fe des Kerns** bestimmt die benötigte Durchflutung.

Das Produkt aus A.Fe und l.Fe ergibt das **Volumen des Kerns**, also seine **Baugröße**. Sie bestimmt, wie viel **Leistung** der Kern, der die Spulen trägt, umsetzen kann (vergleiche Abb. 5-119 Energiedichten).

Wo magnetische Grundlagen benötigt werden:

1. In Absch. 5.9 werden **Sensoren** für magnetische Drehmomente behandelt.
2. Im folgenden Kap. 6 werden **Transformatoren** analysiert und dimensioniert. In Kap. 6.2.2 wird der Zusammenhang zwischen **Baugröße und Nennleistung** bei Transformatoren untersucht.
3. **Elektromotoren** sind hier das Thema in Absch. 5.4 und im folgenden Band 4/7 **‚Elektrische Maschinen'**.

Die nun folgenden Grundlagen des Magnetismus sind die Voraussetzung zur Simulation aller elektromagnetischen Wandler.

**Zu den Spulen elektromagnetischer Wandler**
Abb. 5-156 zeigt oben links einen Motor und oben rechts einen Transformator. Sie sind typische Vertreter für elektromagnetische Wandler.

Als wichtigste Komponente enthalten sie mindestens eine **Spule** mit ferromagnetischem Kern. Sie erzeugt aus dem Spulenstrom i.Spu einen **magnetischen Fluss ϕ.** Bei Maschinen ist ϕ der Mittler zwischen elektrischer und mechanischer Energie.

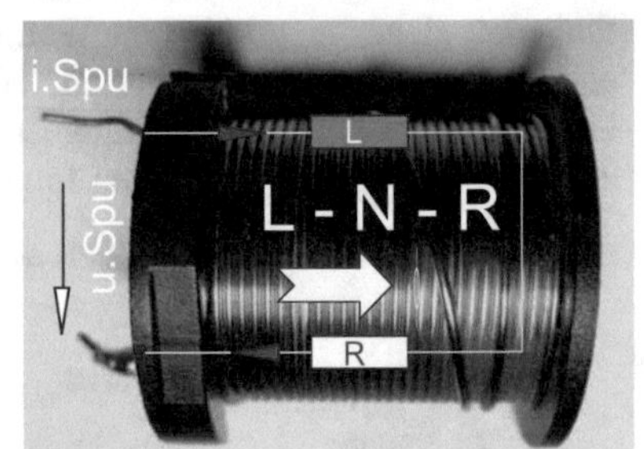


**Abb. 5-157 Spule mit wichtigen Messgrößen**

Der **magnetische Fluss ϕ,** seine Erzeugung und seine Wirkungen sind das Thema dieses Kapitels. In magnetischen Kreisen ist die **Durchflutung Θ=N·i** die Quellenspannung des magnetischen Flusses **ϕ=Θ/R.mag**.

Die in Abb. 5-156 angegebenen Formeln zur Berechnung von Drehmomenten und Spannungen benötigen als Rechengrößen außer dem **Fluss ϕ** noch die **magnetische Quellenspannung Θ.** Das zeigen die zugehörigen Gleichungen:

1. Spulen: Durchflutung Θ= und Θ=N·i =R.mag·ϕ
2. Motor: Drehmoment M.Mot = Θ·ϕ
3. Transformator: Windungsspannung u.Wdg=ω·ϕ

In Abb. 5-156 unten sind zwei **ferromagnetische Kerne** aus massivem Ferrit und Elektroblech abgebildet. Sie sind die Träger der Spulen, deren Ströme den magnetischen Fluss erzeugen. Zu zeigen ist, dass die Größe der Kerne (Vol.Fe=A.Fe·l.Fe) die **maximal umsetzbare Leistung (genannt Nennleistung P.Nen)** bestimmt.

Die Zusammenhänge zwischen elektrischen, magnetischen und mechanischen Messgrößen zu verstehen ist die Voraussetzung zur Auswahl der geeignetsten Materialien für magnetische Wandler.

1. **Spulen** mit der **Windungszahl N** erzeugen **Θ = N·i.Spu (in A)** durch ihren **Spulenstrom i.Spu**.
2. Θ und der Spulenkern mit seinem **magnetischen Widerstand R.mag** bestimmen den Fluss **ϕ=Θ/R.mag (in Vs).**

In Absch. 5.2 wurden **magnetische Kreise** berechnet werden. Dazu wird – analog zu elektrischen Kreisen – eine **magnetische Quellenspannung Θ (in A)** und der **magnetische Fluss ϕ (in Vs)** benötigt. Ihr Quotient ist der **magnetische Widerstand R.mag=Θ/ϕ (in A/Vs=1/H[enry])** des ferromagnetischen Kerns.

Wie R.mag für beliebige Kerne aus dem ferromagnetischen Material und seinen Abmessungen berechnet wird, haben wir in Absch. 5.2.5 gezeigt.

Zur besseren Übersicht beginnen wir mit den kurzgefassten magnetischen Grundlagen. Sie werden in den folgenden Abschnitten vertieft.

### *5.4.1 Spulen - Kurzfassung*

Das Entwicklungsziel ist der Bau **kompakter** elektromagnetischer Wandler. Sie sollen die benötigte **Nennleistung P.Nen=U·I** in kleinstmöglichem **Volumen Vol.Fe=A.Fe·l.Fe** übertragen. Deshalb muss der Zusammenhang zwischen dem Leistungsumsatz und der Baugröße untersucht werden. Für die Baugröße spielen die verwendeten **Materialien** die entscheidende Rolle.

Abb. 5-158 zeigt eine Spule für den Betrieb mit Gleich- oder Netzwechselstrom.

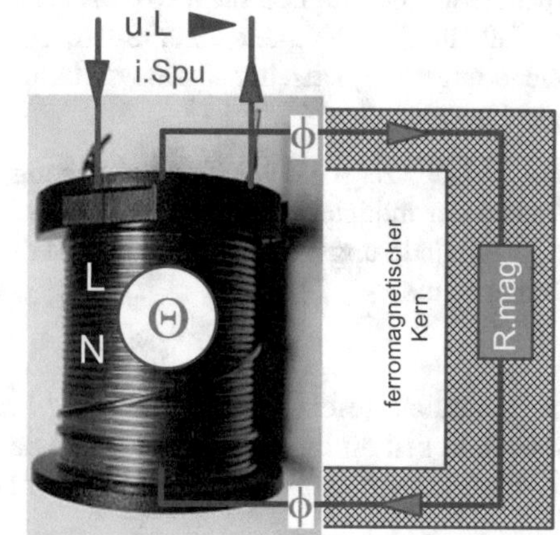


**Abb. 5-158 Spule an Wechselspannung: Der Magnetisierungsstrom i.mag~ϕ eilt der Spulenspannung um 90° nach. Weil ϕ gespeichert wird, nennt man i.mag einen Blindstrom.**

Spulen mit ferromagnetischem Kern sind das Herzstück elektromagnetischer Wandler (Abb. 5-156). Der Strom i.Spu, durch die Windungszahl N verstärkt, erzeugt eine Durchflutung Θ=N·i.Spu. Der ferromagnetische Kern mit seinem magnetischen Widerstand R.mag kanalisiert den magnetischen Fluss ϕ=Θ/R.mag. Er wird umso größer, je höher die Permeabilität μ (spezifische Leitfähigkeit) des Kernmaterials ist.

**Zur Schreibweise der Spulenberechnung** mit Ausnahmen:

1. Beträge (=Maximalwerte) von Messgrößen erhalten Kleinbuchstaben (z.B. u, i). Sie werden wie Momentanwerte mit Oszilloskopen gemessen.
2. Die Effektivwerte sinusförmiger Messgrößen erhalten Großbuchstaben (z.B. U, I). Sie werden durch Multimeter gemessen.
3. Arbeitspunkt-unabhängige Parameter erhalten ebenfalls Großbuchstaben (z.B. R=U/I=u/i).

Eine Ausnahme ist das Drehmoment M. Zur Unterscheidung von der Masse m, die traditionell als Kleinbuchstabe geschrieben wird, wird die Messgröße M großgeschrieben.

Die zur Spulenberechnung benötigten Formeln werden nun vorgestellt. Dabei werden sie kurz erklärt. Die Anwendung erfolgt in den nachfolgenden Strukturen.

**Das Induktionsgesetz und die Induktivität L**

Spulen reagieren auf die Änderung des Spulenstroms mit der Induktion von Spannungen, die das Ziel haben, den Strom so gut wie möglich konstant zu halten.

Was möglich ist, bestimmt die von der Spule gespeicherte Energie. Die **Induktivität L** ist das Maß für die Fähigkeit einer Spule zur Speicherung magnetischer (d.h. dynamischer) Energie.

Abb. 5-159 zeigt den Zusammenhang zwischen der induzierten Spannung u.L und der Stromänderungsgeschwindigkeit di/dt bei einer Spule.

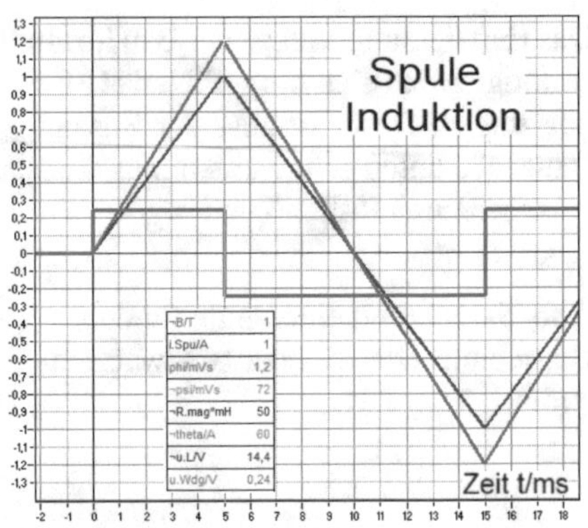


**Abb. 5-159 die induzierte Spannung bei konstanter Änderung des Spulenstroms**

Das Induktionsgesetz beschreibt die Proportionalität zwischen Stromänderungsgeschwindigkeit di/dt und der einer Spule der induzierten Spannung u.L.
Der Proportionalitätsfaktor ist die Induktivität L:

**Gl. 5-64 das Induktionsgesetz für Stromänderungen**

$u.L = N * d\phi/dt = L * di/dt$ ... mit der Induktivität L in H(enry)=Vs/A

Abb. 5-160 zeigt die Berechnung der Induktion einer Spule bei konstanter Änderungsgeschwindigkeit des Stroms nach Gl. 5-64. Parameter sind die Windungszahl N der Spule und der magnetische Widerstand R.mag des Spulenkerns.

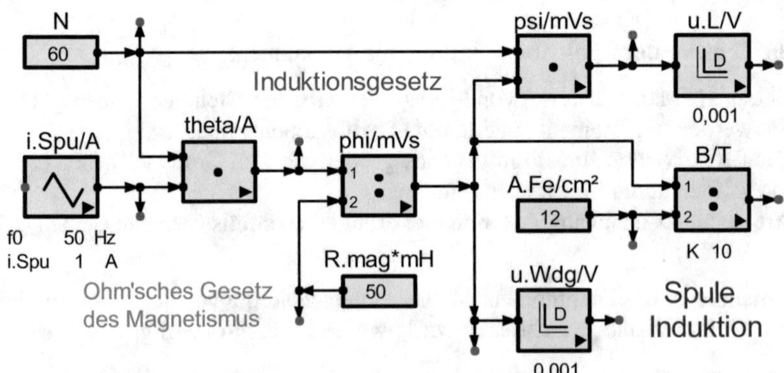


**Abb. 5-160 Berechnung der Induktion einer Spule bei konstanter Änderungsgeschwindigkeit des Stroms nach Gl. 5-64 - Abb. 5-159 hat das Ergebnis gezeigt.**

### Zur Nennleistung von Spulen

Das Kernvolumen Vol.Fe=A.Fe/l.Fe bestimmt die Nennleistung von Spulen. Da möglichst kompakte Spulen benötigt werden, interessiert die

**Gl. 5-99 volumenspezifische Nennleistung** *P.spez=P.Nen/Vol.Fe, z.B. in W/lit.*

Je kleiner P.spez ist, desto stärker werden Geräte im Betrieb erwärmt. Deshalb geben die Spulenhersteller eine zulässige Erwärmung an. Typische zulässige Erwärmungen sind innen ca. 40K und außen ca. 20K. Die intern zulässige Maximaltemperatur T.zul von Spulen liegt bei 70°C. Bei höheren Temperaturen wird die Lackisolation der Spulendrähte mit der Zeit brüchig. Deshalb definiert T.zul die Nennleistung P.Nen einer Spule.

Die Leistung einer Spule ist das Produkt aus Spannung und Strom: P.Spu=U·I. Bei Wechselspannung wird der Spulenstrom mit sinkender Frequenz kleiner. Umgekehrt bedeutet dies,

1. dass der Leistungsumsatz von Spulen mit steigender Frequenz steigt und
2. dass Spulen bei geforderter Nennleistung mit steigender Betriebsfrequenz kleiner werden.

Deshalb geben Hersteller zur Nennleistung ihrer Spulen immer die Nennfrequenz an.

### Maximal- und Effektivwerte

Bei der Berechnung von Spulen muss zwischen Maximalwerten (= Beträgen) und den Effektivwerten sinusförmiger Messgrößen unterschieden werden.

Beispielsweise werden Magnetisierungskennlinien B(H) mit Gleichstrom gemessen. Dann sind die Flussdichte B und die Feldstärke H Maximalwerte.

Wenn sinusförmig induzierte Spannungen mit Multimetern gemessen werden, sind sie als Effektivwerte kalibriert. Deshalb müssen die effektiv gemessenen Spulenströme in Maximalwerte umgerechnet werden.

Bei sinusförmigen Spannungen und Strömen sind die Maximalwerte sind das √2-fache der Effektivwerte. Die effektive Leistung P=U·I ist das Äquivalent zur Gleichstromleistung.

### Zum Spulenstrom

Abb. 5-161 zeigt: Im Leerlauf fließt ein kleiner **Magnetisierungsstrom i.mag**, der nach Gl. 5-11 den Windungsfluss $\phi$=(L/N)·i.mag erzeugt.

i.Mag ist ein **Blindstrom** mit dem Effektivwert I.mag=i.mag/√2. Bei sinusförmiger Spulenspannung u.L eilt er ihr um fast 90° nach. i.mag wird mit steigender Frequenz immer kleiner.

Bei Transformatoren mit Leistungstransfer an einen reellen Widerstand R vergrößert sich der Spulenstrom auf den reellen **Wirkstrom** I.Wirk=U.L/R. Dann verschiebt sich die Phase von fast -90° gegen null. Dadurch wird Wirkleistung übertragen.

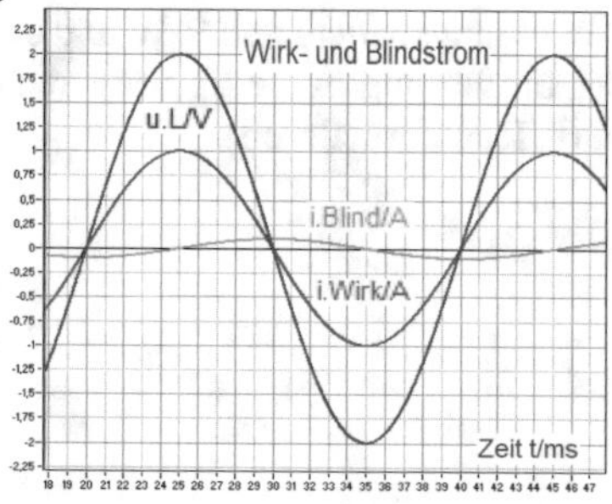


**Abb. 5-161 Leerlauf-Blindstrom und Nennlast-Wirkstrom einer Spule**

**Zur Spulenanalyse und -dimensionierung**
Abb. 5-162 zeigt das Symbol einer Spule

mit den wichtigsten Messgrößen
Spulenstrom i.L und Spulenspannung u.L

und den Parametern:
Induktivität L und Windungszahl N und
dem Kernquerschnitt A.Fe und der Kernlänge l.Fe.

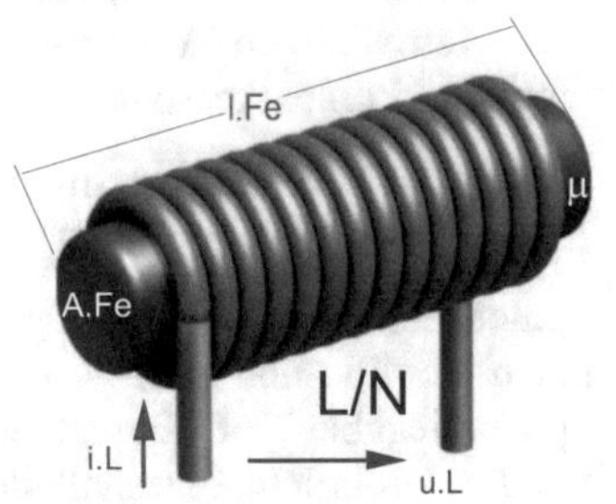


**Abb. 5-162 Spule mit Ferritkern**

In Abb. 5-162 wird der Magnetisierungsstrom i.mag und die für die Anwendung benötigte *Blindleistung P.mag=U.L·I.mag* (alles Effektivwerte) gefordert.

- Beim **Analysieren** werden die technischen Daten einer gegebenen Spule gesucht (Nennspannung U.Nen, Nennstrom I.Nen).
- Beim **Dimensionieren** werden die Nenndaten einer zu bauenden Spule gefordert. Gesucht werden die zum Bau oder Kauf benötigten Materialeigenschaften der Spulen und die Kernabmessungen (A.Fe, l.Fe).

**Zur Spulen-Dimensionierung**
Bei der folgenden Dimensionierung einer Spule werden folgende Messgrößen vorgegeben oder gefordert:

- die Betriebsfrequenz f - in Europa 50Hz, in den USA 60Hz
- für den Eisenkern die Grenzflussdichte B.gr=1T und
- die relative Permeabilität μ.R=3000=3k
- für die Spule die Nennleistung P.Nen=115VA
- die Nennspannung U.Nen=230V oder der Nennstrom I.Nen=U.Nen/R.Last
- der Magnetisierungsstrom I.mag im Leerlauf.

Gesucht werden

1. der Eisenkernquerschnitt A.Fe und die mittlere Eisenlänge l.Fe
2. die Induktivität L und die Windungszahl N
3. die volumenspezifische Nennleistung P.Nen/Vol.Fe.

Der Wicklungswiderstand R.W und die daraus folgende untere Grenzfrequenz werden bei dieser Einführung in die Spulenberechnung noch nicht berechnet. Das folgt im nächsten Kap. 6 ‚Transformatoren'.

## Spule mit ferromagnetischem Kern berechnen

Abb. 5-163 zeigt das Symbol einer Spule mit den wichtigsten Messgrößen *Spulenstrom i.L und Spulenspannung* und Parametern: *Induktivität L und Windungszahl N.*

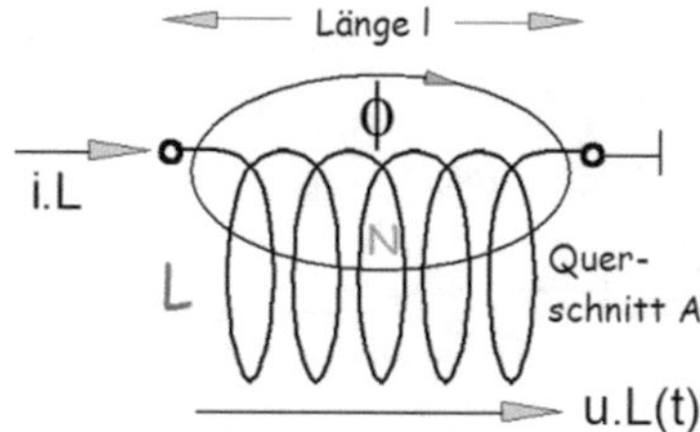


**Abb. 5-163 die Messgrößen zur Berechnung der gespeicherten magnetischen Energie W.mag**

Abb. 5-164 zeigt die Ein- und Ausgangssignale einer Spulendimensionierung:

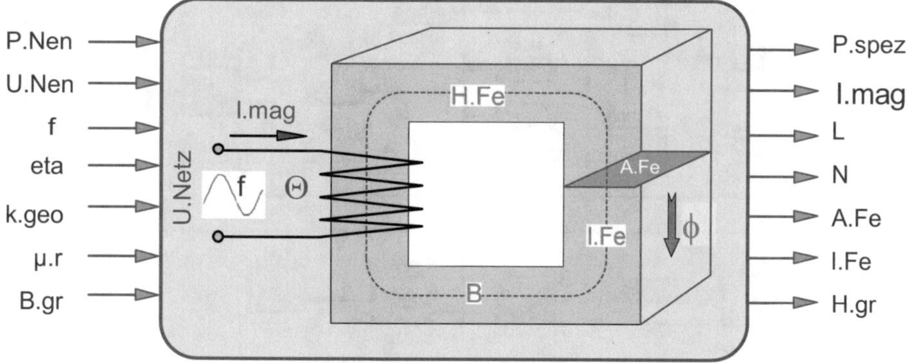


**Abb. 5-164 die Messgrößen zur Dimensionierung einer Spule mit Eisenkern ohne Luftspalt: links gegeben oder gefordert, rechts gesucht**

## Zur Leistungsdichte P.spez von Spulen

Mit dem Eisenquerschnitt A.Fe und der mittleren Eisenlänge l.Fe liegen auch das Eisenvolumen Vol.Fe=A.Fe·l.Fe, die Masse m.Fe=$\rho$.Fe·Vol.Fe (das sog. Gewicht) des Eisenkerns und die Nennleistungsdichte P.spez fest.

**Gl. 5-99 volumenspezifische Leistungsdichte** *P.spez = P.Nen/Vol.Fe*

P.spez ist das Maß für die **Kompaktheit** einer Spule. Um sie zu messen, wird das Eisenvolumen aus dem gemessenen ‚Gewicht', der Masse m.Fe und der Dichte $\rho$.Fe des Eisens errechnet: Vol.Fe=m.Fe/$\rho.Fe$. Damit kann P.spez nach der Definitionsgleichung Gl. 5-99 bestimmt werden. Dann weiß man, wie groß P.spez ist, aber noch nicht, warum dies so ist.

Um die spezifische Leistung maximieren zu können, muss sie berechnet werden. Dazu wird eine Struktur der Spule gebraucht, mit der Nennleistung P.Nen als Eingangsgröße und dem Kernvolumen Vol.Fe als Ausgangsgröße.

Abb. 5-165 zeigt die Struktur zur Spulendimensionierung mit der Nennleistung P.Nen als Parameter. Sie errechnet alle internen Messgrößen. Dazu gehören auch der Kernquerschnitt A.Fe und die mittlere Kernlänge l.Fe. Ihr Produkt ist das Kernvolumen Vol.Fe, mit dem in der Zone D die spezifische Spulenleistung P.spez=P.Nen/Vol.Fe berechnet wird.

Abb. 5-165 zeigt die Struktur zur Spulenberechnung. Sie wird im Anschluss kurzgefasst erklärt.

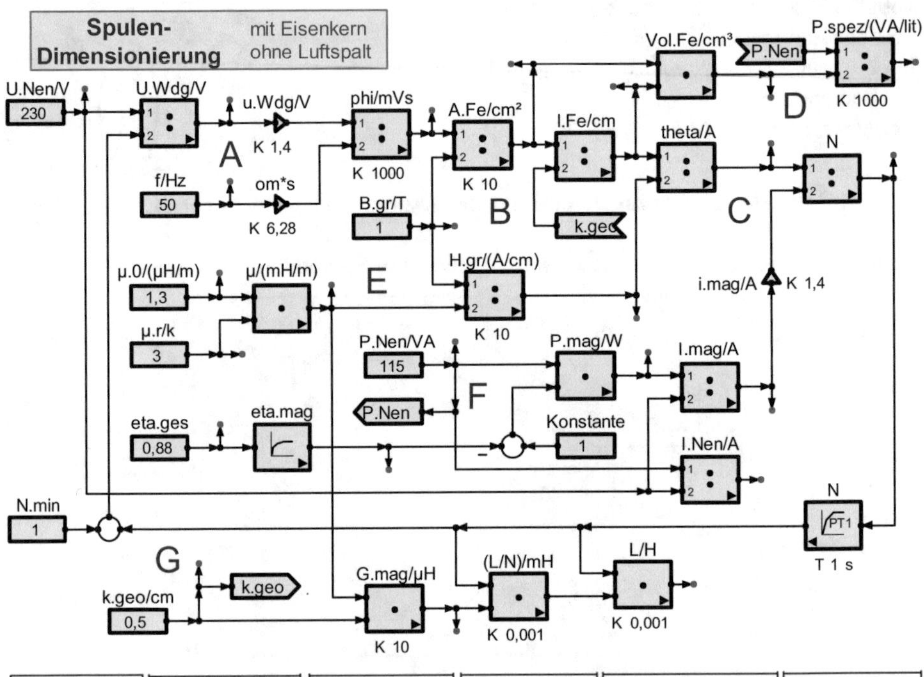


| A.Fe/cm² | 23,843 | G.mag/µH | 19,5 | H.gr/(A/cm) | 2,56 | l.Fe/cm | 47,686 | P.spez/(VA/lit) | 101,14 | u.Wdg/V | 0,748 |
|---|---|---|---|---|---|---|---|---|---|---|---|
| B.gr/T | 1 | H.gr/(A/cm) | 2,5641 | I.mag/A | 0,030 | L/H | 3,5903 | phi/mVs | 2,3843 | Vol.Fe/cm³ | 1137 |
| eta.ges | 0,88 | I.mag/A | 0,0309 | i.mag/A | 0,043 | N | 429,09 | theta/A | 18,598 | µ.0/(µH/m) | 1,3 |
| eta.mag | 0,938 | I.Nen/A | 0,5 | I.Nen/A | 0,5 | P.mag/W | 7,1204 | U.Nen/V | 230 | µ.r/k | 3 |
| f/Hz | 50 | k.geo/cm | 0,5 | k.geo/cm | 0,5 | P.Nen/VA | 115 | U.Wdg/V | 0,5347 | µ/(mH/m) | 3,9 |

**Abb. 5-165 Struktur zur Spulen-Dimensionierung**

In Abb. 5-165 sind **7 Zonen A bis G** markiert. Sie werden auf der nächsten Seite kurz erläutert. Die Details dazu folgen anschließend, ebenfalls in 7 Punkten. Dies sind ihre Themen:

1. magnetischer Wirkungsgrad η
2. Magnetische Leitwerte und Widerstände
3. Induktion und Induktivität L
4. Berechnung von Windungszahlen N
5. Induktiver Blindwiderstand X.L
6. Magnetisierungsstrom und magnetischer Fluss ϕ
7. Magnetische Energie und Nennleistung

Kurze Erläuterungen zu den 7 Zonen A bis G in Abb. 5-165:

**Zone A:**
Berechnung der Windungsspannung U.Wdg=U.L/N aus der Spulenspannung U.L und der Windungszahl N. N wird in Zone C berechnet und gegengekoppelt.
Aus u.Wdg=$\sqrt{2}$·U.Wdg und der Betriebskreisfrequenz $\omega$ folgt der Windungsfluss $\phi$=u.Wdg/$\omega$.

**Zone B:**
Aus $\phi$ und der Grenzflussdichte B.gr=1T für Dynamoblech folgt der Kernquerschnitt A.Fe=$\phi$/B.gr. Aus A.Fe und dem für würfelförmige Spulen bekannten Geometriefaktor k.geo=A.Fe/l.Fe=0,5cm folgt die mittlere magnetische Länge l.Fe=A.Fe/k.geo.

**Zone C:**
Hier wird die Windungszahl N=$\Theta$/i.mag berechnet. Die Durchflutung ist $\Theta$=H.Fe·l.Fe. Zu ihrer Berechnung wird die magnetische Feldstärke H.Fe im Eisenkern aus Zone E benötigt

**Zone D:**
Hier wird aus der Nennleistung P.Nen und dem Kernvolumen Vol.Fe=A.Fe·l.Fe die volumenspezifische Nennleistung P.spez=P.Nen/Vol.Fe berechnet.

**Zone E:**
Dort wird die magnetische Feldstärke H.Fe=H.gr=B.gr/$\mu$ aus der Grenzflussdichte B.gr und der Permeabilität $\mu$=$\mu$.0·$\mu$.r berechnet. Sie wurde in Zone C zur Berechnung der benötigten Durchflutung $\Theta$ gebraucht.

**Zone F:**
Hier werden die Magnetisierungsleistung P.mag=P.Nen·$\eta$.mag und der in Zone C gebrauchte Magnetisierungsstrom i.mag=P.mag/u.Nen berechnet.

Der magnetische Wirkungsgrad ist nach Gl. 5-138 die Quadratwurzel aus dem gemessenen Gesamtwirkungsgrad $\eta$.ges.

Aus P.Nen und U.Nen wird der Nennstrom I.Nen=P.Nen/U.Nen der Spule berechnet. Er kann nach Gl. 5-181 ein Vielfaches des Magnetisierungsstroms I.mag sein.

**Zone G:**
Zum Schluss wird die Induktivität L·$N^2$·Gmag berechnet. Der dazu nötige magnetische Leitwert G.mag=$\mu$·k.geo folgt aus der Permeabilität des Kerns und der Geometriekonstante k.geo aus Zone B.

Damit sind alle äußeren und inneren Messgrößen der Spulenberechnung erklärt und die Simulation kann beginnen. Die damit berechneten Daten und Kennlinien wurden bereits in Abb. 5-165 angegeben.

Ein Beispiel zur Anwendung von Spulen als **elektromagnetischer Energiespeicher** sind **Spannungswandler**. Wie sie funktionieren und wo sie eingesetzt werden, soll nun gezeigt werden.

**Spannungswandler – Kurzfassung**
**Spannungswandler** wandeln elektrischen Strom (Gleichstrom, Wechselstrom) von einer Art in eine andere um. Abb. 5-166 zeigt drei Möglichkeiten:

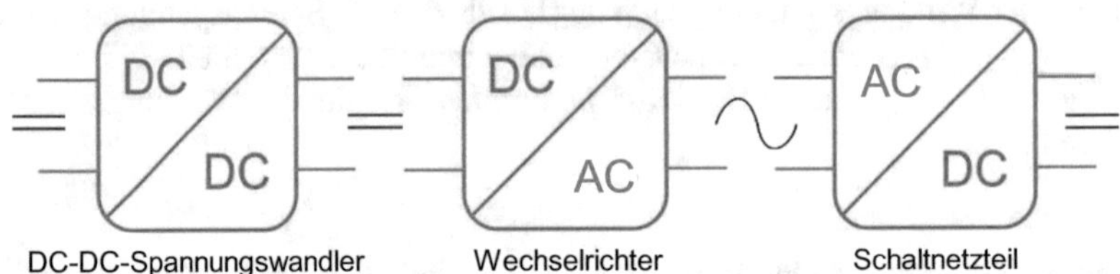


**Abb. 5-166 Spannungswandler, die nur mit Spulen als Energiespeicher und schnellen elektronischen Schaltern arbeiten**

**Schaltnetzteile** erzeugen aus einer Eingangswechselspannung die benötigten potentialfreien und stabilisierten Ausgangsgleichspannungen. Weil auch hier nur mit Schaltern gearbeitet wird, arbeiten sie wie die DC-Wandler verlustarm.

Abb. 5-167 zeigt ein Schaltnetzteil mit integriertem Lüfter für Desktop-Computer:

| | |
|---|---|
| Marke | Corsair 450 W |
| Modell/Serie | VS450 |
| Artikelgewicht | 1,79 Kg |
| Abmessungen | 15 x 12,5 x 8,6 cm |
| Volumen | 1,6 lit |
| spezifisches Gewicht | 1,1 kg/lit |
| Gewichtsleistung | 280 W/lit |

**Abb. 5-167 Computernetzteil: Die hohe Leistungsdichte von 175W/lit und geringen Verluste sind nur mit Zerhackern (schnelle elektronische Schalter), Hochfrequenz-Oszillatoren und Spulen mit Ferritkern zu erreichen. Abb. 5-168 zeigt das Prinzip.**

Einsatzgebiete

- Computernetzteile, Netzteile in Monitoren, Druckern und Fernsehgeräten
- Steckernetzteile (Stromversorgung von Geräten geringer Leistung, Ladegeräte für Mobiltelefone und Laptops)
- Elektronische Vorschaltgeräte für Leuchtstofflampen
- Gleichspannungsversorgungen aus dem Stromnetz, wenn es auf weltweiten Einsatz ankommt (Eingangswechselspannungen 100 bis 240 Volt, 50 oder 60 Hz)
- Ladegeräte für Akkumulatoren, Ladestationen für Elektrofahrzeuge
- Frequenzumrichter zur Steuerung von Wechsel- und Drehstrommotoren
- Solarwechselrichter zur Einspeisung von Solarstrom in das Stromnetz

**Zur Realisierung eines Schaltnetzteils**

1. durch interne induktive Speicher und schnelle Schalter
2. Die Oszillatorfrequenz ist ein freier Parameter – bis etwa 100kHz.
   Falls zu gering: große Spannungsschwankungen, aufgefangen durch interne Spannungsregler, falls zu groß: starke Funkstörungen

Abb. 5-168 zeigt die Ersatzschaltung eines Schaltnetzteils. Daran soll seine Arbeitsweise verbal erklärt werden.

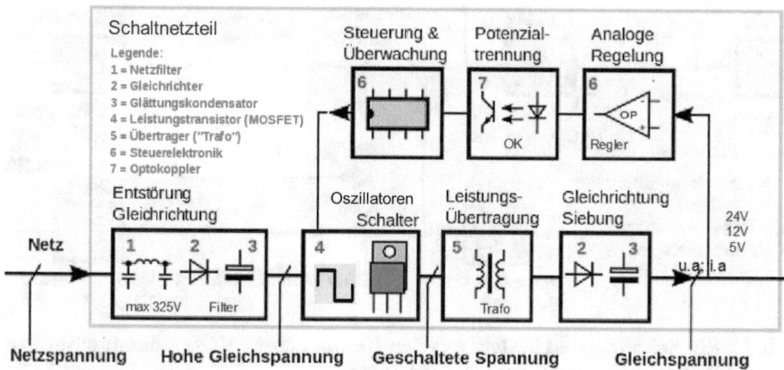


Quelle: Wikipedia, gemeinfrei

**Abb. 5-168 primärgetaktetes Schaltnetzteil zur Erzeugung einer stabilisierten Gleichspannung aus der Netzwechselspannung: Es arbeitet nur mit verlustarmen Bauelementen.**

Erläuterungen zur Ersatzschaltung eines Schaltnetzteils:

Zu den Blöcken 1, 2 und 3:
Eingangsspannung ist entweder eine Gleichspannung oder eine Netzwechselspannung mit Frequenzen um 50Hz. Bei so niedrigen Frequenzen können nur kleine Leistungen übertragen werden. Deshalb muss die Wechselspannung gleichgerichtet und hochfrequent zerhackt werden.

Zu Block 4:
Wichtigster Teil eines Schaltnetzteils sind die Zerhacker und Oszillatoren.

1. Die Zerhacker wandeln die Eingangsgleichspannung und die rückgekoppelte Ausgangsgleichspannung in rechteckförmige Wechselspannungen um, deren Ströme verlustarm geschaltet werden können.
2. Die Oszillatoren erzeugen relativ kleine Energiepakete, die sich durch ihre hohe Frequenz (bis über 100kHz) zu großem Leistungstransfer multiplizieren.

Zu Block 5:
Hier erfolgt die Umspannung und Potentialtrennung durch einen kleinen Hochfrequenztransformator. Warum er einen **Ferritkern** haben muss, erfahren Sie in Kap. 5.6.3 bei der Berechnung magnetischer Grenzfrequenzen.

Zu den Blöcken 5 und 7:
Hier erfolgt die Rückkopplung mit optischer Potentialtrennung und Regelung der Ausgangsspannung.

**Simulation eines Schaltnetzteils**

Abb. 5-169 zeigt die Ersatzstruktur des Schaltnetzteils von Abb. 5-167. Damit soll seine prinzipielle Arbeitsweise simuliert werden.

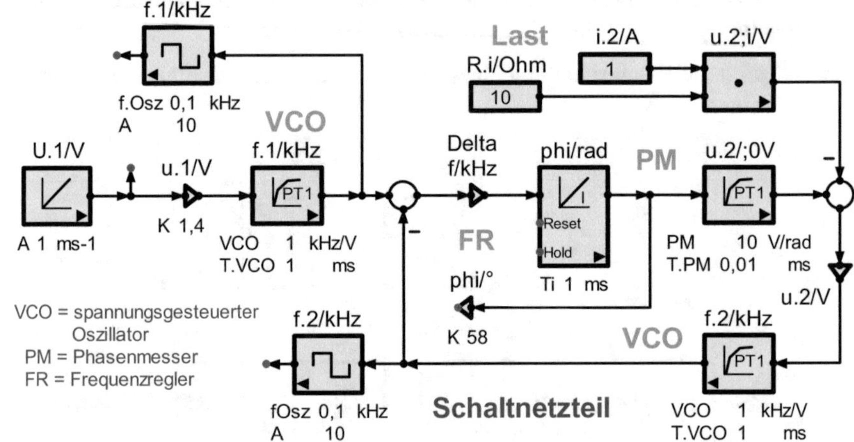


**Abb. 5-169 Ein Schaltnetzteil besteht aus den Komponenten VCO (spannungsgesteuerter Oszillator), FR (Frequenzregler) und PM (Phasenmesser).**

Erläuterungen zu Abb. 5-169:

1. Die beiden VCO wandeln die Ein- und Ausgangsspannung in proportionale Frequenzen f.1 und f.2 um. f.1 repräsentiert den Sollwert für die Ausgangsspannung u.2 (Regelgröße), die durch f.2 dargestellt wird.
2. Der Frequenzregler FR berechnet aus der Differenzfrequenz $\Delta f$=f.1-f.2 durch Integration deren **Phasenverschiebung $\varphi=\int \Delta f \cdot dt$.**
3. Der Phasenmesser bildet aus dem Stellsignal $\varphi$ die Ausgangs-Leerlaufspannung u.2;0. Die Ausgangsspannung u.2 verringert sich bei Belastung um den inneren Spannungsabfall u.i durch den Ausgangsstrom i.a (Störgröße).
4. Durch die Gegenkopplung von u.2 schließt sich der Regelkreis.

Abb. 5-170 zeigt die mit Abb. 5-169 simulierten Messgrößen eines Schaltnetzteils.

5. Bei linearem Anstieg der Eingangsspannung steigen die Frequenzen proportional an.
6. Bei Belastung des Ausgangs vergrößert sich die Phasenverschiebung, was die Ausgangsspannung stabilisiert.

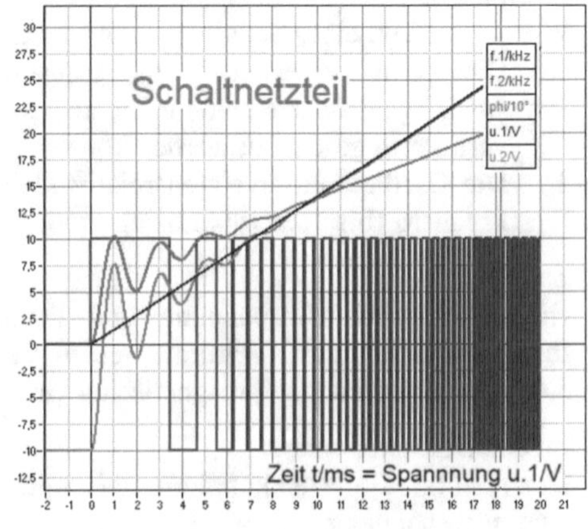


**Abb. 5-170 Frequenzen, Spannungen und das Phasensignal $\varphi$=phi eines Schaltnetzteils bei linearem Anstieg der Eingangsspannung**

## 5.4.2 *Elektromotoren - Kurzfassung*

Elektrische Generatoren wandeln Rotationsenergie in elektrische Energie um. Dazu muss ihre Welle gedreht werden. Sie können auch rückwärts als Motor betrieben werden. Dazu muss ein Strom durch ihre Ankerspule fließen. Er erzeugt einen magnetischen Fluss, der das Drehmoment und damit die Kopplung zwischen elektrischer und mechanischer Leistung bewirkt.

Hier soll über Gleichstrommotoren nur das Wichtigste in Kürze gesagt werden. Bei ihrer Berechnung und Simulation spielt die Ankerspule mit dem **Spulenfluss $\Psi$=N·$\phi$** und der **Durchflutung $\Theta$=N·i.Mot** eine zentrale Rolle. Das zeigt

**Gl. 5-100 Drehmoment als Funktion der Durchflutung $\Theta$=N·i.Mot**

$$M.Mot = \overbrace{i.Mot * N}^{\Theta \text{ Durchflutung}} * \phi = \Theta^2/R.mag \qquad \underbrace{N * \phi}_{\Psi \text{ Spulenfluss}}$$

Am Beispiel dieses Gleichstrommotors soll gezeigt werden,

1. wie die Drehzahl durch die Ankerspannung gesteuert werden kann,
2. dass die Stromaufnahme proportional zum Lastmoment M.L an der Welle ist und
3. dass die Nennleistung durch das Volumen des ferromagnetischen Ankers und den Luftspalt zwischen Stator und Rotor bestimmt wird.

Ausführlich behandelt wird das Thema ‚Elektromotoren und -generatoren' erst im nächsten Band 4/7 dieser Reihe zur

‚Strukturbildung und Simulation technischer Systeme'.

Falls Sie Elektromotoren gerade nicht interessieren, genügt es, wenn Sie diesen Abschnitt überfliegen.

Abb. 5-171 zeigt einen

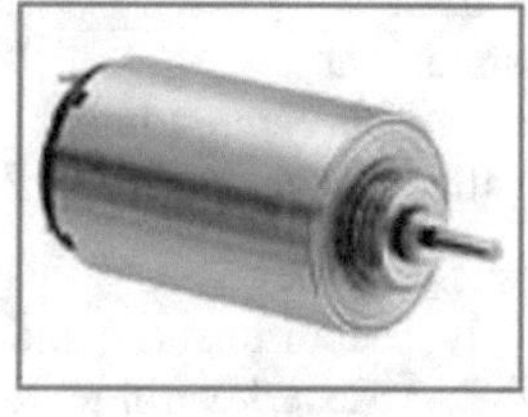

FAULHABER 2 W
DC-Kleinstmotoren 0,92 mNm

**Abb. 5-171 Kleinleistungs-Gleichstrommotor: Berechnet werden soll der Zusammengang zwischen Leistung, Drehmoment und Baugröße.**

Die technischen Daten zu diesem und anderen Kleinstmotoren finden Sie bei der Fa. Faulhaber unter

https://www.faulhaber.com/de/produkte/serie/1016sr/

Tab. 5-11 zeigt einen Auszug daraus, der für die folgenden Berechnungen benötigt wird (Erklärung folgt). Berechnet werden soll, welche Drehzahlen, Drehmomente und Leistungen dieser Motor erzeugen kann.

**Der Aufbau von Gleichstrom (DC)-Motoren**

Berechnet werden soll

1. wie sich die Drehzahl n eines Motors durch die Ankerspannung steuern lässt (Führverhalten) und
2. wie n vom Lastmoment M.L an der Welle abhängt (Störverhalten).

Abb. 5-172 zeigt die zur Berechnung eines DC-Motors benötigten Messgrößen.

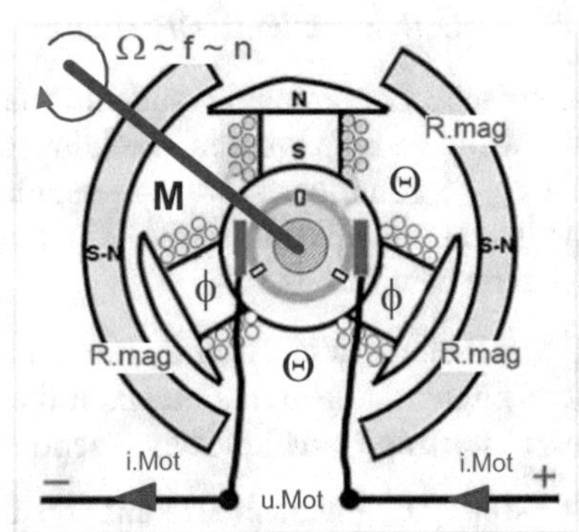


**Abb. 5-172 Die Funktion eines Gleichstrommotors ergibt sich aus dessen Aufbau.**

**Zur Funktion von Gleichstrom (DC)-Motoren**

Elektromotoren bestehen aus einem ruhenden Teil (dem **Stator**) und einem drehenden Teil (dem **Rotor**) und einem Eisenkern mit Luftspalten zur Kanalisierung des magnetischen Flusses. Sie ermöglichen die Einstellung von Drehzahlen n, bzw. Frequenzen f und Winkelgeschwindigkeiten Ω~f~n, durch ihre **Ankerspannung u.A**.

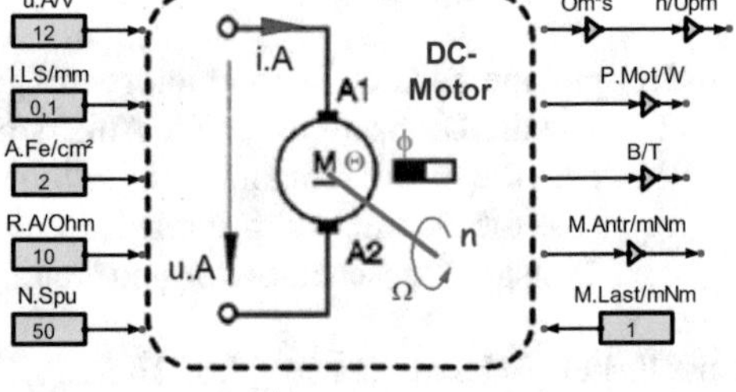


**Abb. 5-173 steuernde und gesteuerte Messgrößen eines Gleichstrommotors und die zur Berechnung verwendeten Parameter**

Abb. 5-173 zeigt, was womit bei einem Motor berechnet werden soll:

**Messgrößen** eines Gleichstrommotors:

| | |
|---|---|
| Ankerspannung | u.A=12V |
| Drehzahl | n(u.A) |
| Lastmoment | M.Last=0 mNm |
| Leerlauf bis Nennmoment | |
| Rotationsleistung | P.Mot(M.Last) |

**Parameter:**

| | |
|---|---|
| Ankerwiderstand | R.A=1Ω |
| Ankerwindungen | N=50 |
| Eisenquerschnitt | A.Fe=1,5cm² |
| Luftspaltlänge | l.LS=0,1mm |

Gesucht werden

1. Motorleistung und -drehmoment und Ankerstrom – siehe Tab. 5-11
2. Steuerkennlinie: Leerlaufdrehzahl n.0(Ankerspannung u.A) – siehe Abb. 5-174
3. Belastungskennlinie: Drehmoment (Drehzahl) – siehe Abb. 5-175
4. Motor-Dynamik: Einschaltvorgang n(t) Sprungantwort Abb. 5-178

Grundlage der Motorberechnung ist die in Abb. 5-179 gezeigte Struktur. Bevor wir sie erklären, zeigen wir die dazu angegebenen Herstellerdaten und die damit simulierten Motorkennlinien.

Tab. 5-11 zeigt die für die Motorsimulation benötigten technischen Daten eines Gleichstrom-Kleinstmotors. Gezeigt werden soll, wie sie aus wenigen Forderungen (Nennspannung, Drehmoment, Drehzahl), die der Anwender vorgibt, berechnet werden können.

**Tab. 5-11 Auszug aus den technischen Daten des Kleinstmotors 1016K 012SR der Fa. Faulhaber**

**FAULHABER** 1016 K ... SR

**DC-Kleinstmotoren 0,92 mNm**

| | Werte bei 22°C und Nennspannung | | 1016 K | 012 SR | |
|---|---|---|---|---|---|
| 1 | Nennspannung | | $U_N$ | 12 | V |
| 2 | Anschlusswiderstand | R.A | $R$ | 40,7 | Ω |
| 3 | Wirkungsgrad, max. | | $\eta_{max.}$ | 75 | % |
| 4 | Leerlaufdrehzahl | n.0 | $n_0$ | 14 100 | $min^{-1}$ |
| 5 | Leerlaufstrom, typ. (bei Wellen ø 1 mm) | i.0 | $I_0$ | 0,005 | A |
| 6 | Anhaltemoment | | $M_H$ | 2,32 | mNm |
| 7 | Reibungsdrehmoment | M.Rbg | $M_R$ | 0,042 | mNm |
| 8 | Drehzahlkonstante | 1/k.T | $k_n$ | 1 195 | $min^{-1}/V$ |
| 9 | Generator-Spannungskonstante | k.T=50mVs | $k_E$ | 0,837 | $mV/min^{-1}$ |
| 10 | Drehmomentkonstante | | $k_M$ | 7,99 | mNm/A |
| 11 | Stromkonstante | | $k_I$ | 0,125 | A/mNm |
| 12 | Steigung der n-M-Kennlinie | ~k.L | $\Delta n/\Delta M$ | 6 085 | $min^{-1}/mNm$ |
| 13 | Anschlussinduktivität | L.A | $L$ | 547 | µH |
| 14 | Mechanische Anlaufzeitkonstante | T.me | $\tau_m$ | 8 | ms |
| 15 | Rotorträgheitsmoment | J | $J$ | 0,12 | $gcm^2$ |
| 16 | Winkelbeschleunigung | | $\alpha_{max.}$ | 189 | $\cdot 10^3 rad/s^2$ |
| 12a | Belastungskonstante | $k.L = \frac{\Delta\Omega}{\Delta M.Last}$ | | 640 | (rad/s)/mNm |
| 17 | Wärmewiderstände | | $R_{th1} / R_{th2}$ | 17 / 59 | K/W |
| | **Nennwerte für Dauerbetrieb** | | | | |
| 29 | Nenndrehmoment | M.Nen | $M_N$ | 0,91 | mNm |
| 30 | Nennstrom (thermisch zulässig) | i.Nen | $I_N$ | 0,13 | A |
| 31 | Nenndrehzahl | n.Nen | $n_N$ | 7 070 | $min^{-1}$ |

| Umrechnung in SI | $min^{-1}$=Upm | Upm= $\frac{2Pi\ rad}{60s}$ | Upm=0,105rad/s |
|---|---|---|---|

Diese Daten werden in den nachfolgenden Berechnungen verwendet. Dadurch - und durch die simulierten Kennlinien - wird ihre Bedeutung verstanden.

Bevor wir die in Abb. 5-179 gezeigte Struktur des DC-Motors erklären, zeigen wir Ihnen einige der damit simulierten Kennlinien. Die Bedeutung der dazu eingestellten Parameter wird durch deren Variation deutlich.

## 1. Die Steuerbarkeit der Drehzahl (n~Ω) durch die Ankerspannung u.a

Abb. 5-174 zeigt die Steuerbarkeit der Drehzahl n durch die Ankerspannung u.A. Sie zeigt auch, wie mit u.A die Motorleistung und die magnetische Flussdichte B im Ankerkreis zunehmen.

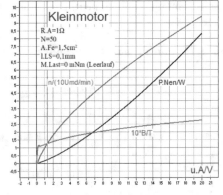

**Abb. 5-174 Drehzahl n, Nennleistung P.Nen und Flussdichte B als Funktion der Ankerspannung u.A**

## 2. Die Lastabhängigkeit der Drehzahl bei verschiedenen Ankerwiderständen

Abb. 5-175 zeigt die Abnahme der Drehzahl n mit steigendem Lastmoment M.Last. Sie ist umso stärker, je größer der Ankerwiderstand R.A ist.

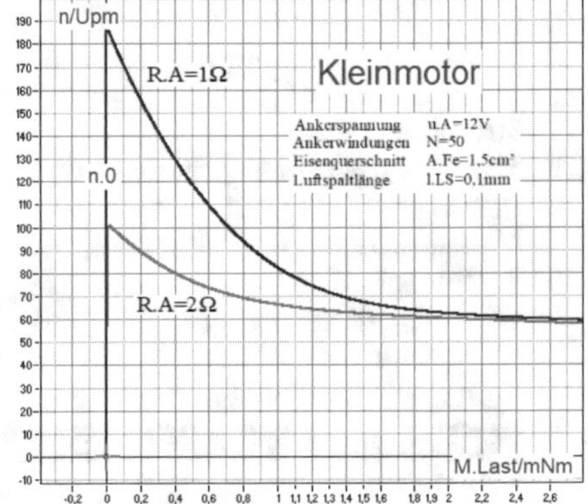


**Abb. 5-175 die Drehzahl n als Funktion des Lastmoments M.Last für einen kleineren und einen größeren Ankerwiderstand**

## 3. Die Lastabhängigkeit der Drehzahl bei verschiedenen Luftspaltlängen

Abb. 5-176 zeigt noch einmal die Drehzahl n als Funktion des Lastmoments M.Last.

Variiert worden ist diesmal die Länge l.LS des Luftspalts zwischen Stator und Anker: Je kleiner l.LS, desto größer ist die Leerlaufdrehzahl und desto lastabhängiger ist sie.

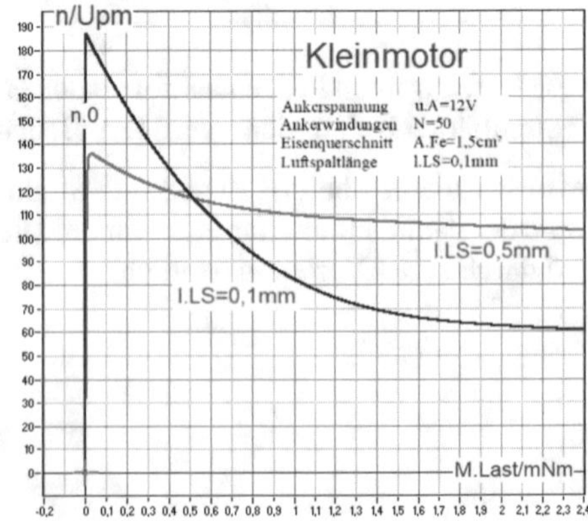


**Abb. 5-176 die Drehzahl n als Funktion des Lastmoments M.Last für einen kleineren und einen größeren Luftspalt**

## 4. Funktionen der Windungszahl N

Abb. 5-177 zeigt die Vergrößerung des Drehmoments und der Motorleistung bei steigenden Windungszahlen N der Ankerspule. Ihre Anzahl wird nur durch das zur Verfügung stehende Motorvolumen begrenzt.

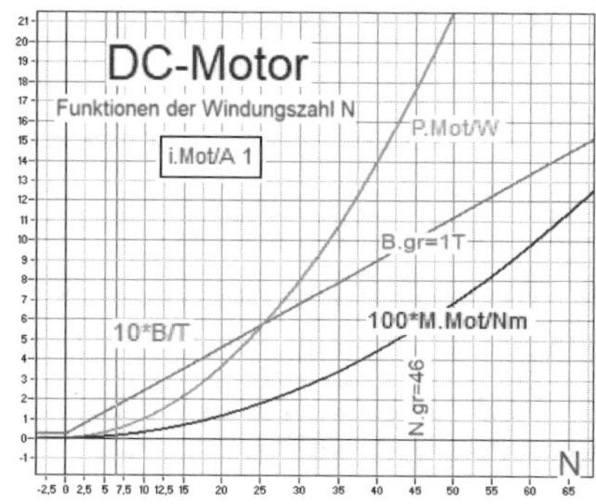


**Abb. 5-177 Bei Vergrößerung der Windungszahl N steigen die Flussdichte B linear und das Drehmoment und die Nennleistung quadratisch an.**

## 5. Motor-Dynamik

Abb. 5-178 zeig den zeitlichen Verlauf der Drehzahl n nach dem Einschalten der Ankerspannung u.A.

Man erkennt:
Je größer der Ankerwiderstand, desto träger wird der Motor.

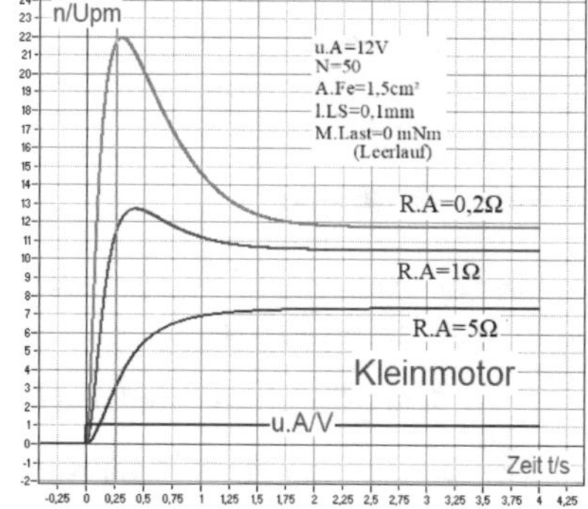


**Abb. 5-178 Die Sprungantworten des simulierten Motors zeigen, dass er nach ca. 1s hochgelaufen ist.**

Damit wurde für den Gleichstrommotor an einigen Beispielen gezeigt, wie einfach es ist, durch Simulation technische Fragen quantitativ zu beantworten.

*Die reale Aufnahme dieser Kennlinien wäre – wenn überhaupt – nur mit erheblichem Aufwand möglich. Als Simulation ist dies eine Kleinigkeit.*

Voraussetzung zur Simulation ist wie immer die Struktur. Sie soll im Anschluss entwickelt werden. Dazu werden die nun folgenden Motorgleichungen benötigt.

**Gleichstrommotoren simulieren**

Gezeigt werden soll, dass auch bei der Berechnung elektrischer Maschinen eine Spule mit ihrer Durchflutung Θ und dem magnetischen Fluss ϕ - d.h. der **magnetische Widerstand R.mag=$\theta/\phi$** des Ankerkreises - eine entscheidende Rolle spielt.
Wir werden zeigen: Je größer ein Motor ist, desto kleiner wird R.mag und desto größer werden das Nennmoment und die Nennleistung.

Die folgenden Gleichungen werden wir zur Simulation elektrischer Maschinen verwenden.

**Die Gleichungen zur Simulation von Motoren**

1. Die Motorleistung ist das Produkt aus Drehmoment und Drehzahl:

**Gl. 5-101 Motorleistung** $P.Mot = M.Antr \cdot \Omega$

2. Das Antriebsmoment (kurz M.A=M.Mot) ist das Produkt aus Ankerstrom und Spulenfluss:

**Gl. 5-102 Spulenfluss, Windungsfluss und Windungszahl** $\boldsymbol{\Psi = N * \phi}$

Weil der magnetische Fluss $\phi=\theta/R.mag$ der Quotient aus Durchflutung und magnetischem Widerstand ist, steigt das Drehmoment mit $\theta^2$ und sinkt mit R.mag:

**Gl. 5-103 Drehmoment als Funktion der Durchflutung Θ=N·i.Mot**

$$M.Mot = \overbrace{i.Mot * N}^{\Theta \text{ Durchflutung}} * \phi = \theta^2/R.mag \quad \text{mit } \underbrace{N * \phi}_{\Psi \text{ Spulenfluss}}$$

Alternativ kann **M.Mot=i.Mot·Ψ** auch als Produkt des Motorstroms i.Mot und dem **Spulenfluss Ψ=N·ϕ** berechnet werden.

3. Die Differenz aus Antriebsmoment und Lastmoment ist das Reibungsmoment M.Rbg im Innern des Motors. Aus M.Rbg und der Reibungskonstanten c.R;int errechnet sich die

**Gl. 5-104 Drehzahl** $\Omega = M.Rbg/c.R;int \ldots \; mit\; M.Rbg = M.Antr - M.Last$

4. Der magnetische Fluss ϕ ist das Produkt aus Flussdichte und Querschnitt des magnetischen Kreises:

**Gl. 5-105 Flussdichte und magnetischer Fluss** $\boldsymbol{\phi = \theta/R.mag = B * A.Fe}$

5. Die Durchflutung $\theta$ ist das Produkt aus Spulenstrom und Windungszahl:

**Gl. 5-106 Durchflutung (Rechengröße)** $\boldsymbol{\theta = N * i.Spu = H.Fe * l.Fe}$

Der magnetische Widerstand des Stators ist gegen den der beiden Luftspalte R.LS zu vernachlässigen: R.mag≈R.LS. R.LS wird durch ihre Länge l.LS und den Eisenquerschnitt A.Fe des Luftspalts bestimmt. R.LS sinkt mit der Größe eines Motors.

**Gl. 5-107 magnetischer Widerstand der beiden Luftspalte eines Motors**

$$R.LS = 2 * l.LS/\mu.0 * A.Fe$$

6. Der Ankerwiderstand R.A bestimmt die Größe des Ankerstroms und damit das Drehmoment: Je größer R.A, desto kleiner wird M.A.

$$i.A = u.R/R.A \;\ldots\; mit\; u.R = u.A - u.T$$

7. Die **Tachospannung u.T** ist proportional zur Drehzahl n ~ Ω:

**Gl. 5-108** $\boldsymbol{u.T = \Psi * \Omega}$ **...** mit der Tachokonstante k.T = Ψ = N·ϕ

8. Die Motorkonstante k.M = $\Omega$/u.A wird invers zur Tachokonstante definiert. Bei verlustfreien Motoren wäre k.M=1/k.T. Bei realen Motoren mit einem Wirkungsgrad η ist k.M kleiner als 1/k.T:

**Gl. 5-109 Berechnung einer Motorkonstante** $\boldsymbol{k.M = \eta/k.T}$

Zahlenwerte zu den Motor- und Generatorgleichungen finden Sie in Abb. 5-585.

**Die Parameter zur Simulation eines Kleinstmotors:**

| | |
|---|---|
| Ankerspannung | u.A=12V |
| Ankerwiderstand | R.A=8Ω |
| Ankerinduktivität | L.A=547µH |
| Eisenquerschnitt | A.Fe=1,5cm² |
| Luftspaltlänge | 2·l.LS=0,1mm für B=0,9T |
| Lastmoment | M.Last=0 mNm (Leerlauf) und 1mNm (Nennlast) |
| Interne Reibung | c.R;int=0,7µNms für n.0=14,5kUpm |

*Durch Variation dieser Parameter des Gleichstrommotors soll ihre Bedeutung für Leistung, Drehmoment und Drehzahl des Motors erkannt werden.*

Abb. 5-179 zeigt die Berechnung von Drehzahl, Drehmoment und Motorleistung. Wir erläutern sie im Anschluss:

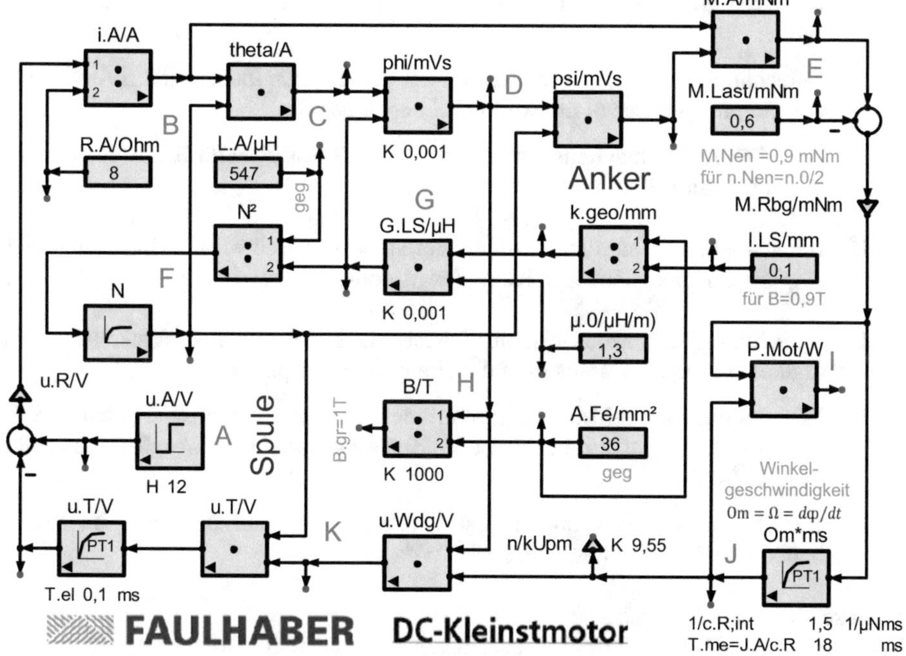


**Abb. 5-179 Struktur zur Simulation von Daten und Kennlinien eines DC-Motors: oben der magnetische Ankerkreis, unten links die Ankerspule, rechts die Ankermechanik**

Abb. 5-179 zeigt in den Zonen C bis E:
Auch beim Motor spielen der magnetische Fluss $\phi$ und die ihn erzeugende Durchflutung $\theta$ eine zentrale Rolle. Ihr Quotient R.mag ist reziprok zur Größe des Eisenkerns: Je länger er ist, desto **kleiner** werden das Drehmoment und die Nennleistung.

Erläuterungen zu Abb. 5-179:

A Berechnung des Spannungsabfalls u.R=u.A-u.T über dem Ankerwiderstand R.A aus der Differenz der vorgegebenen Ankerspannung u.A und der induzierten Tachospannung u.T~n

B Berechnung des Ankerstroms i.A=u.R/R.A – mit u.R=u.A-u.T

C Berechnung der Durchflutung $\theta$=N·i.A aus i.A und der Windungszahl N

D Berechnung des Windungsflusses $\phi=\theta\cdot$G.LS mit dem magnetischen Leitwert G.LS der Luftspalte

E Berechnung des Antriebsmoments M.A= $\Psi$ ·i.A aus dem Ankerstrom i.A und dem Spulenfluss $\Psi$=N·$\phi$ und die
Berechnung des internen Reibungsmoments M.Rbg=M.Antr-M.Last: Es ist die Differenz aus dem Antriebsmoment M.Antr und dem Lastmoment M.L an der Welle.

F Berechnung der Windungszahl N aus der gemessenen Induktivität L.A=$N^2\cdot$G.LS und dem magnetischen Leitwert G.LS der Luftspalte

G Berechnung des magnetischen Leitwerts G.LS=μ.0·A.Fe/l.LS mit der Permeabilität μ.0 der Luft

H Berechnung der Flussdichte B=$\phi$/A.Fe: Sie soll so groß wie die Grenzflussdichte B.gr des ferromagnetischen Kerns des Motors sein.

I Berechnung der Motorleistung P.Mot=M.Rbg·Ω mit der Winkelgeschwindigkeit Ω in rad/s: Daraus folgt die Drehzahl n in Upm: n=Ω·s·2π/60.

J Berechnung von Ω=M.Rbg/c.R;int mit dem inneren Reibungswiderstand c.R;int nach Tab. 5-32 und der mechanischen Zeitkonstante T.me=J.A/c.R (unten rechts in Abb. 5-179)

K Berechnung der Windungsspannung u.Wdg=Ω·Ψ und der oben im Pkt. A benötigten Tachospannung u.T=N·u.Wdg

Damit schließt sich der Kreis.
Wegen u.T < u.A/2 ist er ist bei diesem Kleinmotor nur eine Drehzahlsteuerung. Das erklärt die in Abb. 5-175 gezeigte, starke Lastabhängigkeit der Drehzahl.

Anmerkung: Größere Motoren sind intern geregelt (u.T≈u.A). Deshalb ist deren Drehzahl weitgehend lastunabhängig.

Tab. 5-12 zeigt die

**Tab. 5-12 Messwerte und Parameter der Motorberechnung von Abb. 5-179**

| **1016K ... SR** | Leerlauf | Nennlast |
|---|---|---|
| B/T | 0,60406 | 0,63345 |
| M.A/mNm | 1,0105 | 1,1112 |
| M.Last/mNm | 0 | 0,6 |
| n/kUpm | 14,475 | 7,3227 |
| Om*ms | 1,5157 | 0,76677 |
| P.Mot/W | 1,5315 | 0,39196 |
| theta/A | 46,466 | 48,727 |
| u.R/V | 10,873 | 11,402 |
| u.T/V | 1,1268 | 0,5978 |
| u.Wdg/V | 0,03296 | 0,017486 |
| phi/mVs | 0,021746 | 0,022804 |
| psi/mVs | 0,74345 | 0,77963 |
| k.T/mVs | 0,74345 | 0,77963 |

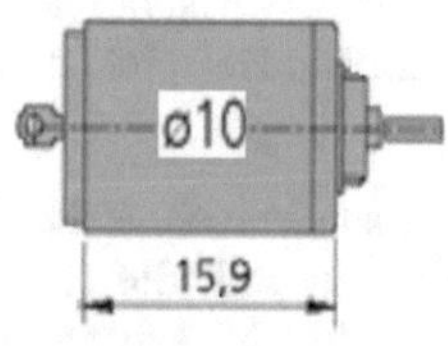


| Parameter | |
|---|---|
| A.Fe/mm² | 36 |
| G.LS/µH | 0,468 |
| k.geo/mm | 360 |
| L.A/µH | 547 |
| l.LS/mm | 0,1 |
| N | 34,188 |
| R.A/Ohm | 8 |
| u.A/V | 12 |
| µ.0/µH/m) | 1,3 |

Erläuterungen:
Links in Tab. 5-12 stehen die Messwerte für Leerlauf (M.Last=0) und Nennlast (M.Last=0,6mNm). Rechts stehen die gemeinsamen Parameter.

**Ausblick zum Thema E-Motoren**
Im nächsten Band 4/7 werden Elektromotoren und -generatoren für Gleich-, Wechsel- und Drehstrom jeder Größe erklärt, simuliert und dimensioniert. Dann werden auch die hier noch offen gelassenen Fragen geklärt, u.a.

1. Strom- und Spannungssteuerung (weicher und harter Motorbetrieb)
2. Maximierung des Wirkungsgrads
3. Optimierung der Motordynamik

Zur Systemanalyse, Dimensionierung und Simulation aller elektromagnetischen Wandler (E-Motoren, Transformatoren) sind die nun folgenden Kenntnisse des Magnetismus eine notwendige Voraussetzung.

## 5.5 Magnetisierung

Magnetisierung nennt man die Ausrichtung atomarer Elementarmagnete durch ein äußeres magnetisches Feld. Sie ist bei para- und diamagnetischen Stoffen gering und technisch nur schwer nutzbar. Ein Beispiel dazu ist die diamagnetische Levitation. Wir simulieren sie in Kap. 5.10.7.

Viel einfacher ist die technische Nutzbarkeit **ferromagnetischer Materialien**, von denen hier die Rede sein soll. Sie ermöglichen den Bau von **Transformatoren (Kap. 6)** und starker **elektrischer Maschinen** (Band 4/7).

Ferromagnetische Materialien können durch die Herstellung weich- oder hartmagnetisch gemacht werden. Magnetisierbare Materialien sind daran zu erkennen, dass ein Dauermagnet an ihnen haften bleibt.

Die Flächen unter den Magnetisierungskennlinien B(H), Abb. 5-180, zeigen den Unterschied zwischen hart- und weichmagnetischen Materialien:
Weichmagnetische Stoffe haben schmale, hartmagnetische Stoffe haben breite Hysteresekurven.

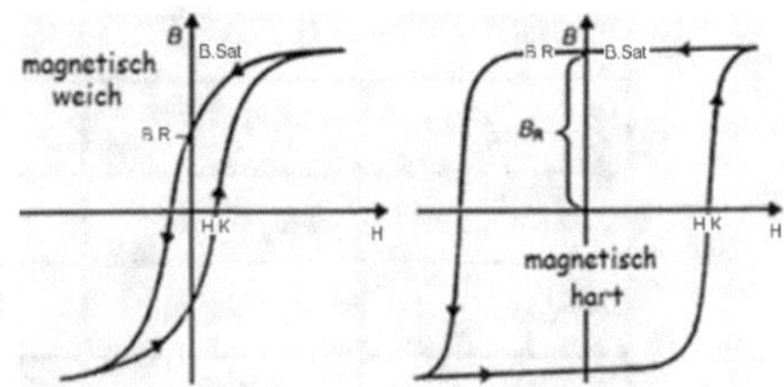


**Abb. 5-180 links: magnetisch weiches und rechts magnetisch hartes Eisen: Remanenz B.R ist die Flussdichte, die nach dem Abschalten des äußeren Magnetfeldes erhalten bleibt. Die Koerzitivfeldstärke H.K macht das Eisen wieder unmagnetisch.**

**Magnetisierungskennlinien B(H)** unterscheiden sich durch die Beträge der Remanenzflussdichte B.R und der Koerzitivfeldstärke H.K.

1. Die Remanenzflussdichte B.R bezeichnet die Stärke der Magnetisierung. Sie liegt bei heutigen Materialien im Tesla-Bereich ($T=Vs/m^2$).
2. Die Koerztivfeldstärke H.K gibt an, wie stark ein äußeres Magnetgeld sein muss, um die Magnetisierung wieder rückgängig zu machen.

Bei weichmagnetischen Materialien ist H.K einige A/cm, bei hartmagnetischen Materialien liegt H.K bei einigen 100kA/cm. Als **Grenze** wurde eine **Koerzitivfeldstärke von 10 A/cm=1kA/m** festgelegt.

**Magnetisch hart**
Zur dauerhaften Speicherung digitaler Daten wird große Remanenz B.R benötigt (Festplatte). Das Beschreiben und Auslesen soll mit möglichst kleiner Leistung erfolgen. Dazu benötigt man Materialien mit kleiner Koerzitivfeldstärke H.K.

Abb. 5-181 zeigt einen historischen Kernspeicher für digitale Informationen: Auf eine Fläche von ca. $10cm^2$ passte gerade mal **1kBit!**

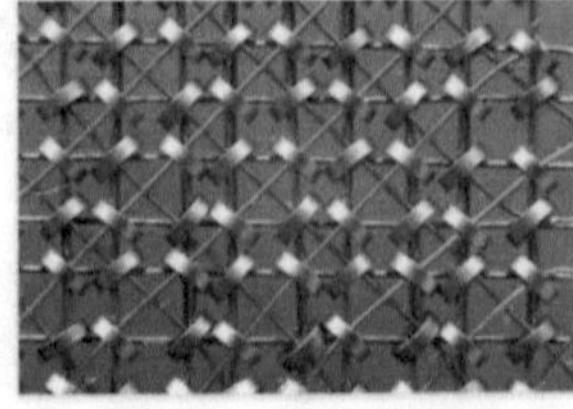

**Abb. 5-181 Kernspeicher wurden etwa von 1950 bis 1980 in Rechenmaschinen als RAM (random access memory = wahlfreier Zugriff → Schreib-Lese-Speicher) eingesetzt.**

**Magnetisch weich**

Dauermagnete, wie sie z.B. für Lautsprecher gebraucht werden (Kapitel 11, Akustik), haben möglichst kleine Remanenzen B.R und Koerzitivfeldstärken H.K.

In magnetischen Bauteilen (Spulen, Transformatoren) wird der magnetische Fluss durch ferromagnetische Kerne (Eisenbleche oder massive Ferrite) kanalisiert. Ihre Magnetisierungskennlinien B(H) (Flussdichte B über der Feldstärke H) beschreiben die Magnetisierbarkeit dieser Kerne.

**Tab. 5-13 Kerngrößen, Nennleistungen und Verluste**

| Bezeichnung des Kernmaterials | Verluste / kg (f=50 Hz, 1.5T) | Blechstärke | Maximale Flussdichte | übertragbare Leistung P.Nen (Kern) |
|---|---|---|---|---|
| M 530-50 A | 5,30 W 2,6% | 0,50 mm | 1,31 T | 198 VA (M 102 B) |
| M 400-50 A | 4,00 W 1,9% | 0,50 mm | 1,39 T | 215 VA (M 102 B) |
| M 330-35 A | 3,30 W 1,5% | 0,35 mm | 1,41 T | 224 VA (M 102 B) |
| TRAFOPERM | 1,11 W 0,4% | 0,30 mm | 1,78 T | 300 VA (SM 102 B) |

Abb. 5-182 zeigt lieferbare Remanenzflussdichten über der Koerzitivfeldstärke mit Hinweisen auf das Herstellungsverfahren.

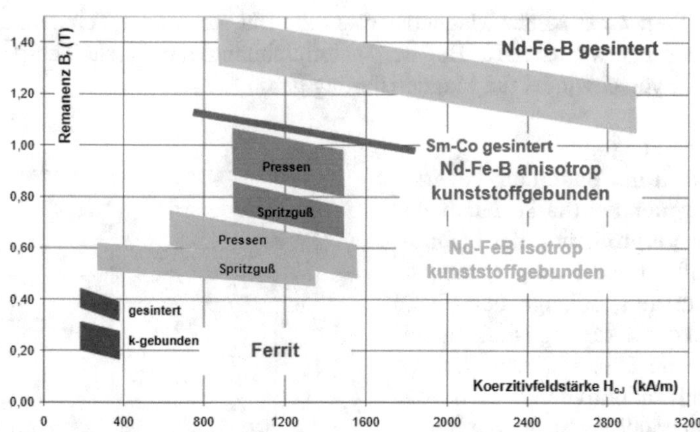


**Abb. 5-182 Remanenzflussdichten B.R hartmagnetischer Materialien, aufgetragen über der Koerzitivfeldstärke H.K**

Weichmagnetische Werkstoffe können bei Feldstärken über 10A/cm bis zu einer **Sättigungsflussdichte B.Sat von über 1,5 T(esla)** magnetisiert werden. Die **Linearitätsgrenze B.gr≈B.Sat/2** liegt bei der Hälfte von B.Sat. Das zeigt Abb. 5-183.

Bei den in Kap. 6 behandelten Transformatoren wird von magnetisch weichem Eisen ausgegangen. Dann spielt die Hysterese keine Rolle.

Zum Vergleich der Magnetisierbarkeiten wenden wir dieses Verfahren auf folgende ferromagnetische Materialien an:

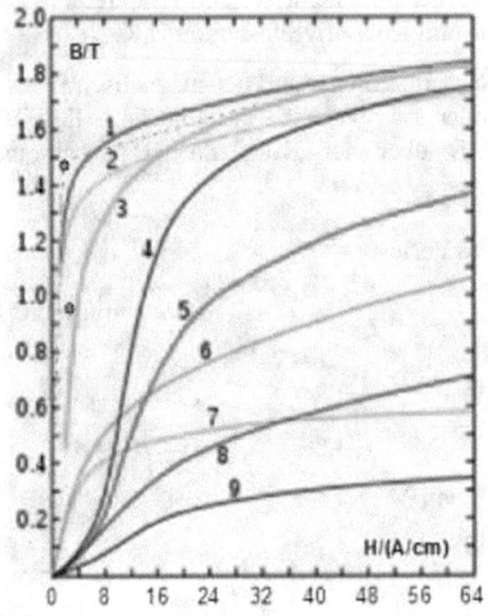

Quelle: Wikipedia

**Abb. 5-183 Magnetisierungskennlinien gängiger ferromagnetischer Materialien**

Zur **thermischen Grenze** der Magnetisierbarkeit: Bei steigender Temperatur sinkt die Permeabilität mit etwa 0,5%/K. Bei der materialabhängigen **Curie-Temperatur T.C** (einige 100°C) verschwindet die Magnetisierung ganz.

**Magnetische Sättigung**

Ist das Eisen in der Sättigung, bewirkt die Erhöhung der Feldstärke nur noch eine geringe Vergrößerung der magnetischen Kraft. Elektrische Spannung wird nur induziert, solange der Fluss noch nicht in der Sättigung ist, denn bei Sättigung ist die Flussänderung gering. Deshalb sind Induktivitäten L davon abhängig, bei welchem Strom die Spule betrieben wird. Bei kleinen Strömen ist L maximal.

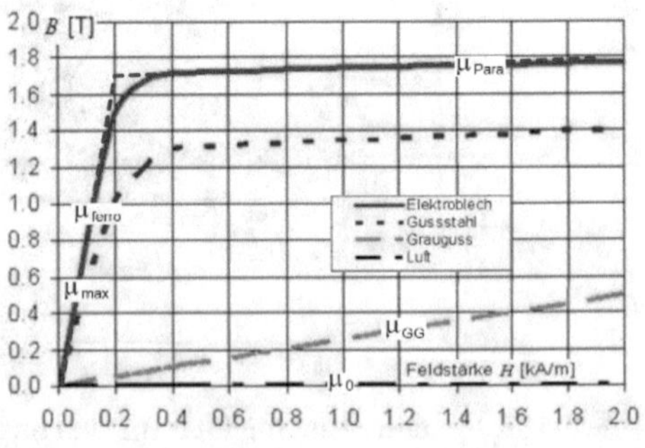


**Abb. 5-184 Magnetisierungskennlinien – mit und ohne Sättigung**

Wenn es beim Betrieb einer Spule mit Eisenkern auf Schnelligkeit ankommt (Hochfrequenz), muss Sättigung vermieden werden, denn auch das Herausfahren aus der Sättigung kostet Zeit. Dazu gibt man Eisenkernen einen schmalen Luftspalt. Wie seine Länge richtig eingestellt wird, zeigen wir in Absch. 5.7 bei der Spulenberechnung.

**Um- und Entmagnetisierung**

Befindet sich ein magnetischer Kern in Sättigung, sinkt die Fähigkeit einer ihn umgebenden Spule zur Induktion von Spannungen bis auf einen paramagnetischen Rest ab. Das kann z.B. bei den Tonköpfen in Tonbandgeräten passieren. Deshalb müssen sie in Abständen entmagnetisiert werden.

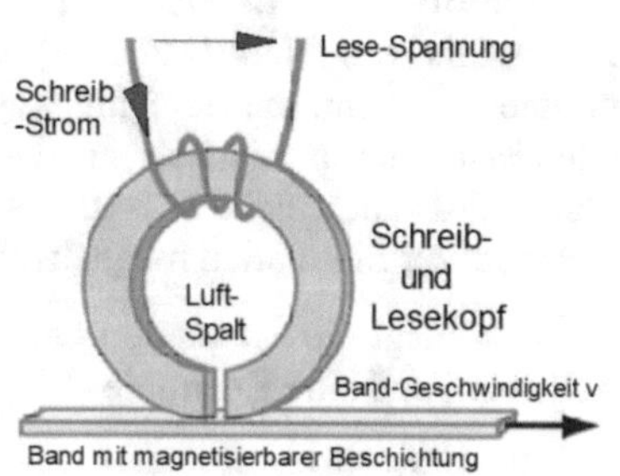


**Abb. 5-185 Schreib-Lesekopf mit vorbeiziehendem Magnetband, das Tonfrequenzen speichert**

Abb. 5-185 zeigt, wie ein laufendes Magnetband durch einen magnetisierten Ferritkern mit Luftspalt abschnittsweise magnetisiert wird.

Abb. 5-186 zeigt die Hysteresekurve eines magnetisierbaren Materials mit den Bereichen ‚aufmagnetisieren' und ‚entmagnetisieren'.

Das Problem beim Entmagnetisieren:

Um ein magnetisiertes Material wieder zu entmagnetisieren, müssen die zusammenhängenden Elementarmagnete wieder in völlige Unordnung gebracht werden.

Elektrisch gelingt dies durch Abb. 5-186:

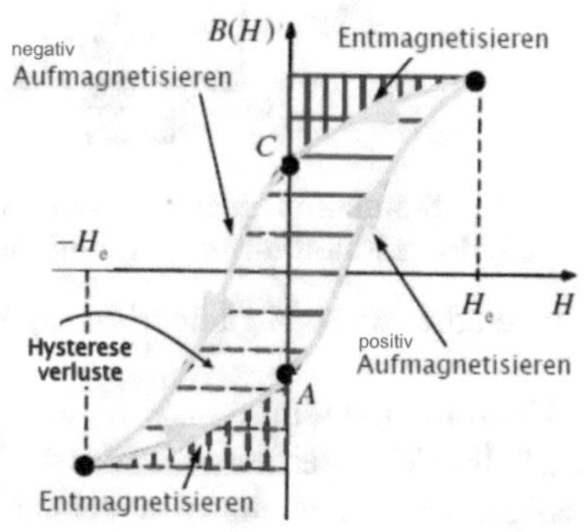


**Abb. 5-186 die Auf- und Entmagnetisierungskurve**

**Hochfrequenz(HF)-Entmagnetisierung**

Infolge Remanenz (Restmagnetismus) bleibt nach dem Abschalten des Spulenstroms in Magnetkernen oder Magnetbändern ein Teil des Magnetismus erhalten. Das kann durch Hochfrequenz-Entmagnetisierung verhindert werden.

Bei Magnetbändern muss der Magnetton vollständig gelöscht werden. Dazu dem Magnetband durch Hochfrequenz mit ständig kleiner werdenden Amplituden ummagnetisiert. Abb. 5-187 zeigt, wie eine Löschung funktioniert.

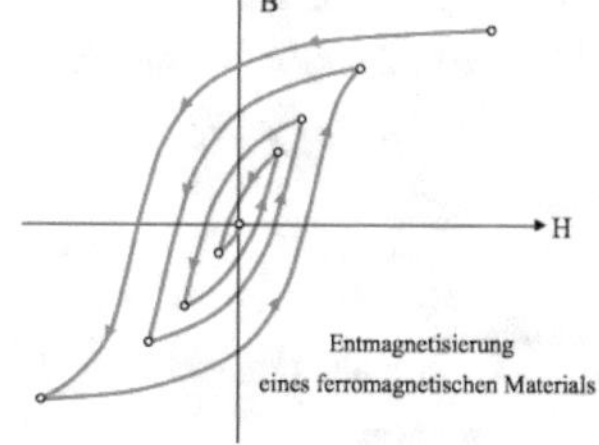


**Abb. 5-187 die schrittweise (zyklische) Hochfrequenz-Entmagnetisierung eines Magnetbandes durch einen Löschkopf**

Quelle: http://elektronik-kurs.net/elektrotechnik/magnetisierung-und-entmagnetisierung/

Durch die Hochfrequenz wird unter den Eisenteilchen ein perfektes Chaos angerichtet. Es wird zum Schluss nur durch ein schwaches Rauschen wahrgenommen.

**Die Alternativen zur Berechnung von Magnetisierungskennlinien**
Die Kenntnis von H.gr (Material) ermöglicht die Simulation der Magnetisierungs-Kennlinie und damit die Berechnung ganzer magnetischer Systeme. Das kann entweder **tabellarisch** oder **analytisch** erfolgen. Beide Verfahren sollen nun erklärt werden. Dadurch wird klar, welche Vor- und Nachteile sie haben. Danach können Sie entscheiden, welches Sie zur Simulation magnetischer Systeme nehmen wollen.

Abb. 5-188 zeigt die Simulation einer Magnetisierungskurve B(H) durch eine Funktion (Block oben) und eine Kennlinie (Block unten):

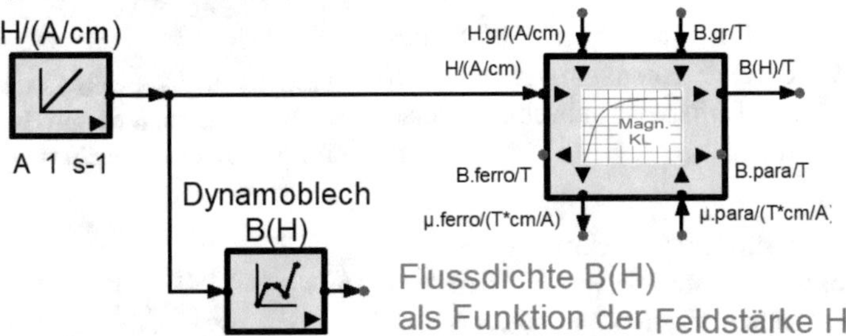


**Abb. 5-188 Simulation einer Magnetisierungskennlinie: oben als Anwenderblock, der die eine analytische Funktion enthält, und darunter durch eine Tabelle**

Um Ihnen die Auswahl zu überlassen, erklären wir nun kurz beide Verfahren.

**Zur Kennlinien-Methode**
Das tabellarische Verfahren ist das aufwändigere. Dafür ermöglicht es die Nachbildung beliebiger Kennlinien ohne das Verständnis ihrer Entstehung.

Wie man einen Simulationsblock B(H) aus gemessenen Kennlinien erzeugt und was die Vorteile einer stetig-differenzierbaren Funktion B(H) gegenüber einer punktweise angegebenen Kennlinie sind, soll nun gezeigt werden.

Abb. 5-189 zeigt die Benutzeroberfläche von SimApp und die Auswahl des Kennlinienblocks.

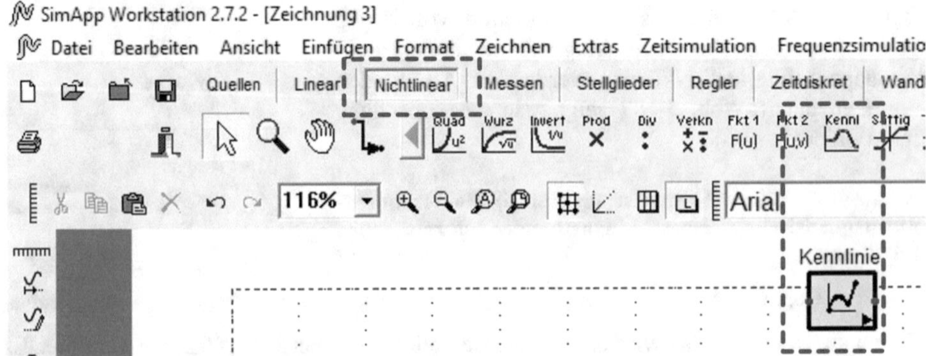


**Abb. 5-189 die Auswahl des Kennlinienblocks in SimApp**

**Vor- und Nachteile des Kennlinenverfahrens**

Der Vorteil einer Kennlinie ist, dass sich beliebige gemessene Kennlinien nachstellen lassen – insbesondere solche, für die keine einfache Funktion gefunden werden kann. Damit verbunden sind allerdings erhebliche Nachteile:

1. Der Aufwand steigt mit der geforderten Auflösung.
2. Kennlinien müssen auch bei geringen Änderungen immer neu erzeugt werden.
3. Parameter, die den quantitativen Vergleich ähnlicher Kennlinien ermöglichen würden, existieren nicht.

Die Nachteile von Kennlinien sind die Vorteile analytischer Funktionen.

**Zum analytischen Verfahren**

Das **analytische Verfahren** berechnet den Kennlinienverlauf näherungsweise mit Hilfe stetiger (differenzierbarer) Funktionen, die bei der Berechnung induzierter Spannungen gebraucht werden.

Ist die Funktion zur Beschreibung eines Systems bekannt, müssen nur noch ihre Parameter zur individuellen Anpassung bestimmt werden. Das ist nicht nur einfacher als das tabellarische Verfahren, sondern ermöglicht auch den Vergleich der Systeme untereinander. So kann der Anwender das für seine Aufgabe am besten geeignete Material auswählen.

Deswegen ist das **analytische Verfahren die erste Wahl** zur Berechnung eines Systems. Nur wenn eine Näherung nicht genau genug ist, bleibt das tabellarische Verfahren als letzte Möglichkeit.

**Vor- und Nachteile analytischer Verfahren**

Zur analytischen Berechnung wird eine möglichst einfache Funktion zur Berechnung der gemessenen Funktion gesucht. Gefunden wird sie oft durch **Intuition und Probieren**. Wieweit diese Funktion stimmt, muss durch Excel-Analyse untersucht werden.

Wie die Funktion B(H) einer Magnetisierungskennlinie erzeugt wird, soll hier gezeigt werden. Dazu wird folgendermaßen verfahren:

Zuerst wird für die gemessene Kennlinie eine Excel-Tabelle angelegt. Im günstigsten Fall kann Excel dazu eine Funktion angeben. Bei Magnetisierungskennlinien B(H) geht das leider nicht. Deshalb separieren wir sie in einen paramagnetischen und einen ferromagnetischen Anteil:

**Gl. 5-110 partielle magnetische Flussdichten** $B(H) = B.ferro + B.para$

An der Grenze zwischen beiden Bereichen (B.gr, H.gr) sind beide Anteile asymptotisch gleich groß. Das hat Abb. 5-184 gezeigt.

Die Vorteile **der analytischen Berechnungsmethode überwiegen** gegenüber dem Kennlinienverfahren bei weitem. Nur wenn für eine nichtlineare Komponente keine Funktion gefunden wird, bleibt die Kennlinie als letztes Mittel.

### 5.5.1 Messung des magnetischen Flusses

Für die Berechnung magnetischer **Kräfte (**Gl. 5-177**)** und **Drehmomente** (Gl. 5-176) wird der *magnetische Fluss* $\phi = B \cdot A$ benötigt. Man erhält ihn durch Multiplikation der gemessenen **Flussdichte B** mit dem Querschnitt A des Flusses ϕ.

Wenn eine Sonde im Weg des magnetischen Flusses ϕ platziert werden kann, misst sie die Flussdichte B=ϕ/A.Sonde.

Zur Ermittlung von ϕ=B·A.Kern muss B mit dem Kernquerschnitt A.Kern multipliziert werden.

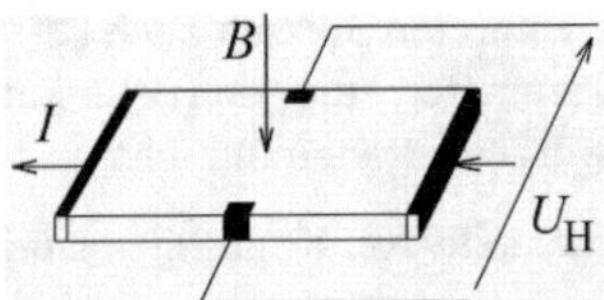


**Abb. 5-190 Hallsonde zur Messung von Flussdichten in Luft: U.H~B**

Tab. 5-14 zeigt die wichtigsten

**Tab. 5-14 Sensoren zur Messung magnetischer Flussdichten B**

| Sensor | Prinzip | typische Eigenschaft |
|---|---|---|
| induktiv | Flussänderung erzeugt elektrische Spannung in Leiterschleife. | Signal $\propto dH/dt$ |
| Halleffekt | Magnetfeld erzeugt elektrische Querspannung in stromdurchflossenem Halbleiterelement. | Signal $\propto H$<br>Signal $\propto \cos\alpha$ |
| Feldplatte (EMR-Sensor, extraordinary magneto resistive) | Magnetfeld ändert elektrischen Widerstand einer Metall/Halbleiter-Hybridstruktur. | Signal $\propto H^2$ |
| AMR-Sensor (anisotropic magneto resistive) | Magnetfeld ändert elektrischen Widerstand eines Ferromagneten. | Signal $\propto H$ bis Sättigung<br>Signal $\propto \cos 2\alpha$<br>$\Delta R/R \approx 2\ldots3$ % |
| GMR-Sensor (giant magneto resistive) | Magnetfeld ändert elektrischen Widerstand von magnetischen Schichtsystemen. | Signal $\propto H$ bis Sättigung<br>$\Delta R/R \approx 10$ % |

Einzelheiten zur Funktion der Sensoren zur Messung von Flussdichten B und ihren Vor- und Nachteilen finden Sie in Bd. 6, Kap. 10 ‚Sensorik' dieser Reihe zur

‚Strukturbildung und Simulation technischer Systeme'.

**Zur Ermittlung magnetischer Flüsse**

Wenn es nicht möglich ist, eine Sonde in den Eisenkern einer Spule einzubringen, muss der Fluss ϕ=∫u.Wdg·dt über seine Wirkung, die **indizierte Windungsspannung** u.Wdg=dϕ/dt, ermittelt werden (Abb. 5-191). Bei Spulen, die mit Wechselstrom ausreichend hoher Frequenz betrieben werden **(ω>>ω.g=R/L),** wird die induzierte Spulenspannung u.L=N·u.Wdg gemessen.

Dann wird zur Ermittlung von u.Wdg=u.L/N noch die **Windungszahl N** benötigt. Wenn N nicht angegeben ist oder durch Abzählen ermittelt werden kann, muss sie errechnet werden. Wie das gemacht wird, zeigen wir in Kap. 6 ‚Transformatoren' in Absch. 6.2.3.2.

Hier soll gezeigt werden, wie der magnetische Fluss ϕ im Kern von Spulen sowohl mit Gleichstrom als auch mit Wechselstrom bestimmt werden kann.

**Der magnetische Fluss eines Stabmagneten**

Über einen Vorwiderstand können wir Spannungen an das Galvanometer legen. Dann integriert es die Spannungszeitflächen $\int u \cdot dt \sim \phi$. Ist die Galvanometerspannung durch Induktion entstanden, so ist der Galvanometerausschlag proportional zum magnetischen Fluss $\phi = B \cdot A$. Um das Galvanometer in der Flusseinheit Vs kalibrieren zu können, muss der gemessene Fluss eines Magneten bekannt sein.

Abb. 5-191 zeigt einen Aufbau zur induktiven Messung eines magnetischen Flusses $\phi$:

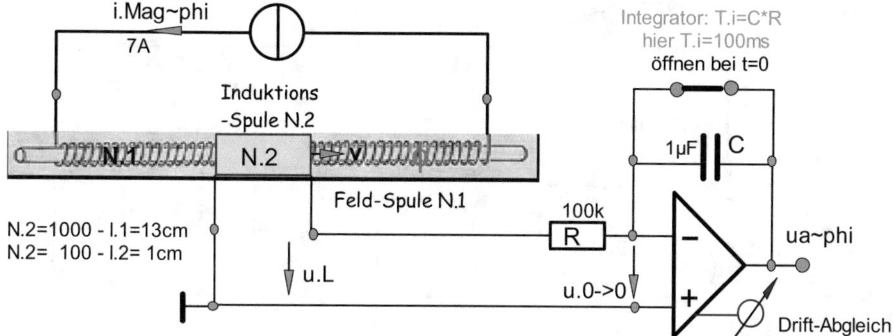


**Abb. 5-191 Messung des Spulenflusses $\psi = N \cdot \phi = \int u.L \cdot dt$ durch Integration der induzierten Spulenspannung u.L :**

Messung der Magnetisierung eines Eisenkerns durch Spannungsinduktion mit anschließender Integration: Die Magnetisierungskennlinie (Abb. 5-193) zeigt, ob der Kern hart- oder weichmagnetisch ist: Nur bei weichmagnetischen Kernen wird Spannung induziert.

Zur induktiven Messung des Spulenflusses $\psi = N \cdot \phi$ wird die induzierte Spulenspannung $u.L = N \cdot u.Wdg$ integriert. Daraus folgt der Windungsfluss $\phi = \int u.Wdg \cdot dt$.

**Messung des magnetischen Flusses mit Gleichstrom (DC)**

Alternativ zur Messung der Flussdichte B mit Wechselstrom kann sie auch mit einem zeitproportional ansteigenden Gleichstrom gemessen werden. Dazu wird die Rampe i(t) für eine bestimmte Zeit $\Delta t$ eingeschaltet. In dieser Zeit ist die induzierte Spulenspannung konstant:

$$u.L = L \cdot di/dt = N' u.Wdg$$

Dadurch steigt der Spulenfluss $\psi = N \cdot \phi = \int u.Wdg \cdot dt$ wie der Strom i zeitproportional an. Nach dem Abschalten des Stroms i bleibt $\phi = \psi / N$ konstant.

Abb. 5-192 zeigt dieses Verhalten für einen dreieckförmigen Stromverlauf.

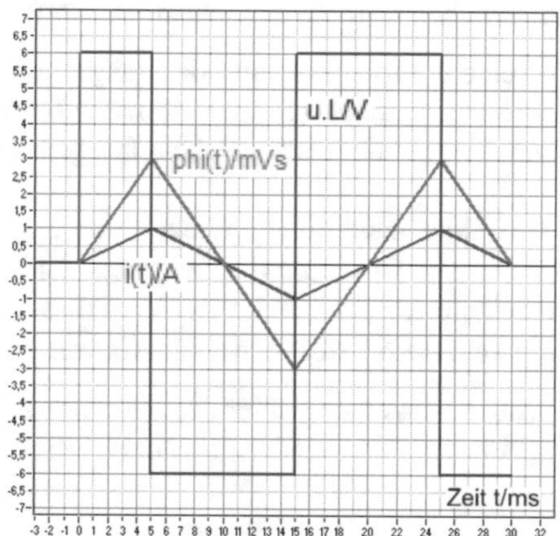


**Abb. 5-192 Bei dreieckigem Spulenstrom ist die induzierte Spulenspannung konstant**

**Simulation einer Flussmessung**

Das Ein- und Ausfahren der Induktionsspule kann durch zwei Geschwindigkeitsimpulse simuliert werden. Das zeigt Abb. 5-193:

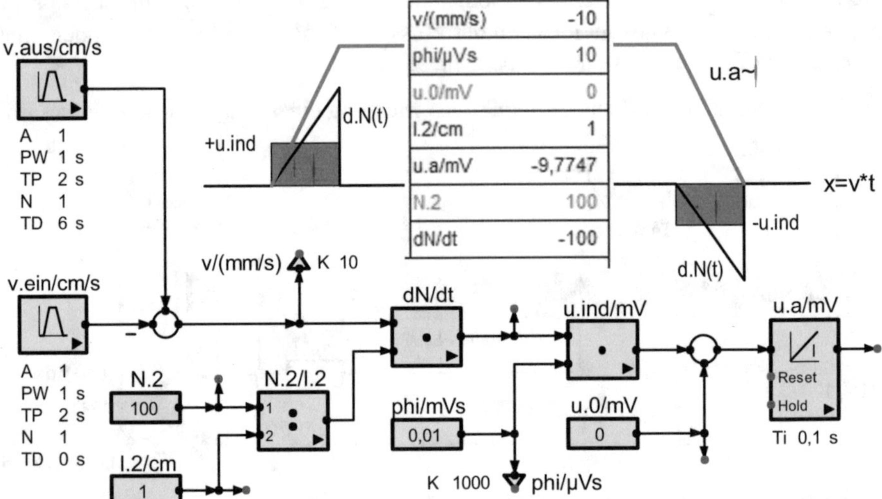


**Abb. 5-193 Berechnung der Ausgangsspannung u.a eines Flussmessers: ϕ ist proportional zur Pulsweite PW (hier 1s), über die sich der Fluss ϕ in der Induktionsspule ändert.**

Die Messung beginnt, nachdem der Kurzschluss des Kondensators beseitigt ist (t=0). Dann entstehen die im Bild angegebenen Messgrößen.

**Zum Driftabgleich**

Reale Operationsverstärker haben eine Eingangs-Nullspannung u.0 im mV-Bereich. Das führt bei Integratoren zu einer Ausgangs-Drift du.a/dt=u.0/T.i. Deshalb kann u.0 $\rightarrow 0$ abgeglichen werden. Erreichbar ist u.0=0,1mV.

Bei einem Flussmesser mit der Integrations-Zeitkonstante T.i ist die Drift u.a/t=u.0/T.i. Das bedeutet einen zeitproportionalen Messfehler, der Drift~u.0·t. Deshalb eignet sich der Flussmesser mit elektronischem Integrator nur für Kurzzeitmessungen.

**Messfehler nach einer Messzeit von einer Minute**

u.0=0,1µV; T.i=100ms → Drift =u.0/T.i=1mV/s - t.Mess=60s → u.a(t.Mess)=60mV
Bei einem Ausgangshub von 6V ist dies 1% vom Messbereich MB=6mVs
(mit dem oben berechnen **Skalenfaktor SKF=ϕ/u.a=1ms).**

Das bedeutet einen Fehler der Flussmessung, der nun berechnet werden kann:

$$\phi.\text{Drift}(t.\text{Mess}) = \text{SKF}\cdot u.a = 1\text{ms}\cdot 60\text{mV} = 60\mu\text{Vs}.$$

**Zur Messung des magnetischen Flusses ϕ** nach Abb. 5-193**:**
Magnetische Flüsse ϕ=∫u.Wdg·dt lassen sich auf zwei Wegen bestimmen:

1. durch Spannungsmessung bei sinusförmigen Wechselspannungen:
   Das setzt nichtübersteuerte Eisenkerne voraus. Wir können sie komplex berechnen (Absch. 2.2).
2. durch Integration einer induzierten Spulenspannung:
   Dazu wird ein elektronischer Integrator benötigt, dessen Drift vor jeder Messung abgeglichen werden muss. Dieses Verfahren soll nun erläutert werden. Es funktioniert auch bei übersteuerten Eisenkernen.

**Flussmessung durch Integration der induzierten Spannung**
Eine Feldspule mit N.1=1000 Windungen erzeugt durch ihren Spulenstrom i.Mag=7A einen magnetischen Fluss ϕ=10µVs, der gemessen werden soll.

Zur Erzeugung induzierter Spannungen fährt man eine Induktionsspule (hier mit N.2=100) Windungen mit konstanter Geschwindigkeit v=dx/dt über die Feldspule (hier mit N.1=1000). Dabei steigt der Fluss in der Induktionsspule an. Solange sie die Feldspule noch nicht ganz überdeckt, wird eine Spannung u.L induziert. Aus u.L=N.2·dϕ/dt wird bei konstantem Fluss und sich ändernder Windungszahl dN.2/dt

**Gl. 5-111 induzierte Spulenspannung im Zeit- und Ortsbereich**

$$u.L = \phi * \frac{dN}{dt} = \phi * \underbrace{\overbrace{\frac{N.2}{l.2} * \frac{dx}{dt}}^{dN.2/dt}}_{d\phi/dx}$$

Überdeckt die Induktionsspule die Feldspule vollständig, wird dN.2=0. Dadurch verschwindet die induzierte Spannung u.L, der Fluss ϕ bleibt konstant.

$$\phi = \int u.Wdg * dt = \int (u.L/N.2) * dt$$

Beim Ausfahren der Induktionsspule ist dN.2 negativ, ebenso u.L. Der magnetische Fluss in N.2 wird wieder abgebaut.

Um diesen Fluss ϕ zu messen, muss u.L integriert werden. Dazu dient der nachgeschaltete Operations-Verstärker mit seiner Kapazität C (hier 1µF) in der Rückführung. Er realisiert die Gleichung $\boldsymbol{-u.a * T.i = \int u.L * dt}$. Durch den Widerstand R (hier 1MΩ) im Eingang wird die Integrations-Zeitkonstante T.i=C·R=1s. Dadurch ist die Ausgangsspannung u.a proportional zum magnetischen Fluss $\phi = u.a * T.i/N.2$. Daraus folgt der

**Gl. 5-112 Skalenfaktor** $\boldsymbol{SKF = \phi/u.a = T.i/N.2}$

Zahlenwerte:
Gemessen wird u.a=100mV. N.2=100, T.i=100ms → ϕ=0,1mVs.
Der Skalenfaktor des Flussmessers ist SKF=ϕ/u.a=1mVs/V=1ms.

**Messung des magnetischen Flusses mit Wechselstrom (AC)**

Allen genannten Verfahren zur Messung von Flussdichten ist gemein, dass die **Sonde im Kanal** des magnetischen Flusses ɸ platziert werden muss. In vielen Fällen ist dies jedoch schwierig oder sogar unmöglich. Dann verbleibt nur die indirekte Messung des magnetischen Flusses ɸ=B·A über die

$$\textit{induzierte Windungsspannung} \quad u.Wdg = \int \phi \, dt = u.L/N.$$

Bei **sinusförmigem Verlauf** von ɸ mit der Frequenz f wird aus dem Maximalwert u.Wdg der Betrag $u.Wdg=|\phi|\cdot\omega$ (mit der Kreisfrequenz $\omega=2\pi\cdot f$).

Aus u.Wdg kann $|\phi=u.Wdg|/\omega$ berechnet werden.

Mit dem Querschnitt A des magnetischen Flusses folgt aus ɸ der Maximalwert B=ɸ/A der magnetischen Flussdichte B.

Abb. 5-194 zeigt die Phasengleichheit von Spulenstrom und magnetischem Fluss und die Voreilung der Spulenspannung um 90°.

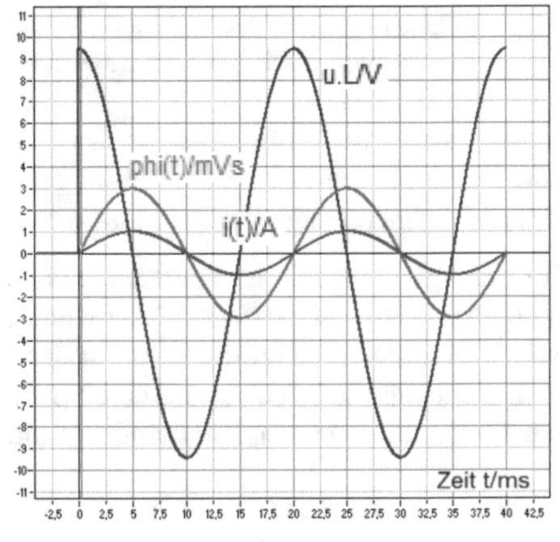


**Abb. 5-194 sinusförmiger Spulenstrom, magnetischer Fluss und die induzierte Spannung**

Abb. 5-195 zeigt den Aufbau zur Messung der Flussdichte B eines Magneten mit einer Hallsonde. Sie muss in den Pfad des magnetischen Flusses ɸ gestellt werden.

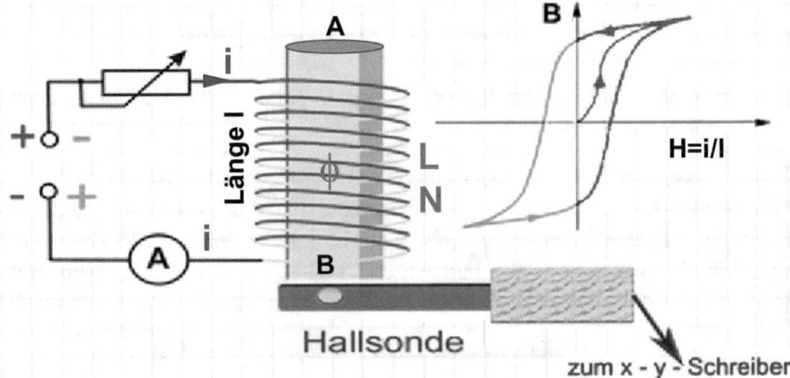


**Abb. 5-195 Messung der Flussdichte mit einer Hallsonde: Zur Darstellung der bipolaren Hystereseschleife erfolgt die Messung mit Wechselstrom. Dann ist das Messmittel ein Oszilloskop oder yx-Schreiber.**

Bei **Spulen mit N Windungen** ist nur die gesamte Spulenspannung u.L=N·u,Wdg messbar. Dann muss die Windungsspannung u.Wdg=u.L/N durch Division von u.L durch N errechnet werden.

Bei **Wechselspannung** mit einer **Frequenz f** wird der magnetische Fluss ϕ um so kleiner, je höher f ist. f wird so groß eingestellt, dass der Spannungsabfall u.W über dem Wicklungswiderstand R.W gegen u.L vernachlässigbar ist (u.W<u.L/3).

u.Wdg(t) kann mit einem Oszilloskop gemessen werden. Multimeter messen bei sinusförmigem Wechselstrom den Effektivwert U.Wdg=u.Wdg/√2.

Abb. 5-196 zeigt die Berechnung der induzierten Spulenspannung und des magnetischen Flusses bei sinusförmigem Stromverlauf.

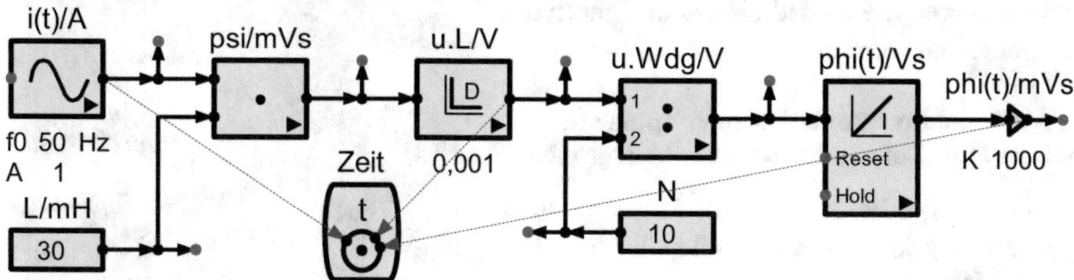


**Abb. 5-196 Berechnung der induzierten Spulenspannung u.L durch Differenzierung des Spulenstroms i(t) und des magnetischen Flusses ϕ durch Integration der Windungsspannung**

## Magnetische Induktion bei Kernsättigung

Bei Spulen mit ferromagnetischem Kern geht die Flussdichte B bei zu hohen Feldstärken H in die magnetische Sättigung. Das zeigen die Magnetisierungskennlinien B(H).

Hier soll gezeigt werden, dass die die induzierte Windungsspannung u.Wdg=dphi/dt bis auf einen geringen paramagnetischen Rest gegen null geht. Abb. 5-197 zeigt die Struktur dazu.

**Abb. 5-197 Verlauf des magnetischen Flusses ϕ und die induzierte Windungsspannung u.Wdg=dϕ/dt=ω·ϕ mit magnetischer Sättigung (Nichtlinearität)**

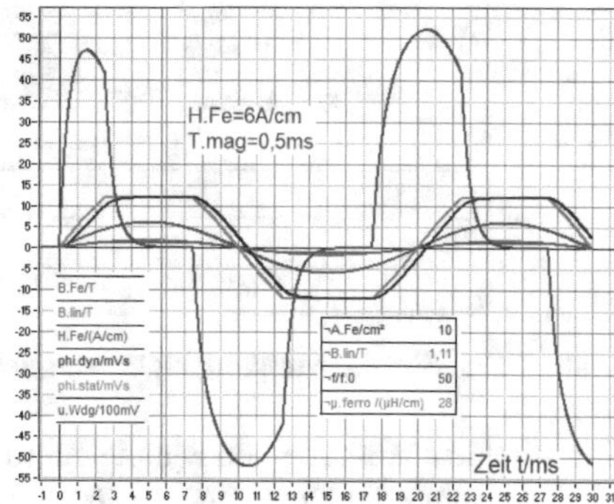


Man erkennt:
Sobald die Flussdichte in Sättigung geht, bricht die induzierte Spannung zusammen. Diesen Fall werden wir in Kap. 6.2.4 ‚Transformatoren' beim Thema ‚Einschaltvorgänge' noch genauer untersuchen.

## 5.5.2 Magnetisierung messen, berechnen und simulieren

Zur Beschreibung der Magnetisierbarkeit von Materialien misst man die Flussdichte B als Funktion der Feldstärke H (Magnetisierungskennlinie Abb. 5-204). Das kann theoretisch direkt mit Gleichstrom (DC), praktisch aber nur indirekt mit Wechselstrom (AC) erfolgen. Warum das so ist, soll nun erklärt werden.

### Magnetisierungskennlinien messen

Zur direkten Messung einer Magnetisierungskennlinie B(H) mit Gleichstrom:

Abb. 5-198 zeigt einen Eisenkern, der durch einen Strom i.mag magnetisiert wird.

Zur direkten Messung der Magnetisierungskennlinie müsste die Flussdichte B im Innern des Kerns gemessen werden.

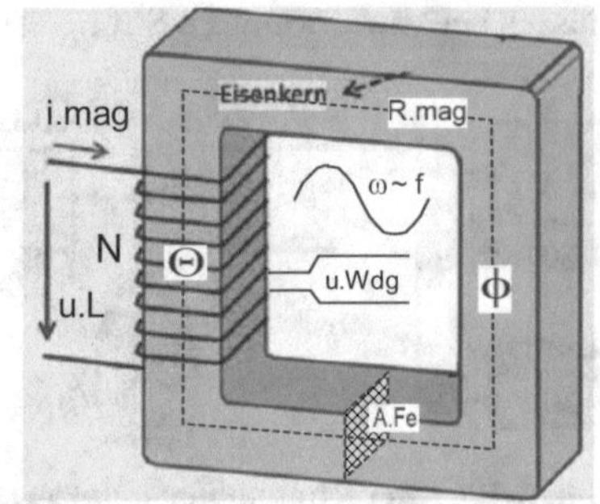


**Abb. 5-198 die zur Simulation einer Spule mit Eisenkern ohne Luftspalt benötigten Messgrößen**

Abb. 5-199 zeigt die Struktur zur Messung einer Magnetisierungskennlinie mit Gleichstrom. Die Erklärung folgt im Anschluss.

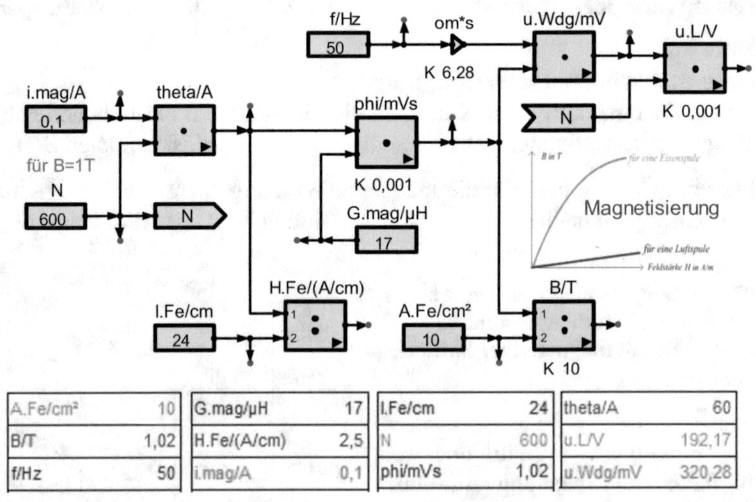


| | | | | | | | |
|---|---|---|---|---|---|---|---|
| A.Fe/cm² | 10 | G.mag/µH | 17 | l.Fe/cm | 24 | theta/A | 60 |
| B/T | 1,02 | H.Fe/(A/cm) | 2,5 | N | 600 | u.L/V | 192,17 |
| f/Hz | 50 | i.mag/A | 0,1 | phi/mVs | 1,02 | u.Wdg/mV | 320,28 |

**Abb. 5-199 direkte Messung einer Magnetisierungskennlinie**

Zur direkten Messung von Magnetisierungskennlinien B(H)

1. muss die Durchflutung $\Theta$=N·i.mag aus der Windungszahl N und dem Magnetisierungsstrom i.mag errechnet werden. Aus der mittleren Eisenlänge l.Fe folgt dann die Feldstärke H.Fe=$\Theta$/l.Fe.
2. müsste ein Messgerät für die Flussdichte B in der Mitte des Eisenkerns platziert werden. Mit dem Eisenquerschnitt A.Fe könnte dann der magnetische Fluss errechnet werden: ϕ=B·A.Fe.

### Induktive Messung von Magnetisierungskennlinien

Meist ist es technisch zu schwierig, einen Flussdichtesensor in die Mitte eines Eisenkerns einzustellen. Dann kann die Magnetisierungskennlinie B(H) nur induktiv gemessen werden. Dazu muss die Messung von Magnetisierungskennlinien indirekt mit Wechselstrom (Kreisfrequenz $\omega = 2\pi \cdot f$) über die induzierte Spannung erfolgen. Grundlage ist das Induktionsgesetz für die **Windungsspannung u.Wdg=ω·φ**. Die in N Windungen induzierte Spulenspannung ist das N-Fache davon: u.L=N·u.Wdg.

Abb. 5-200 zeigt eine Schaltung zur induktiven Messung des magnetischen Flusses:

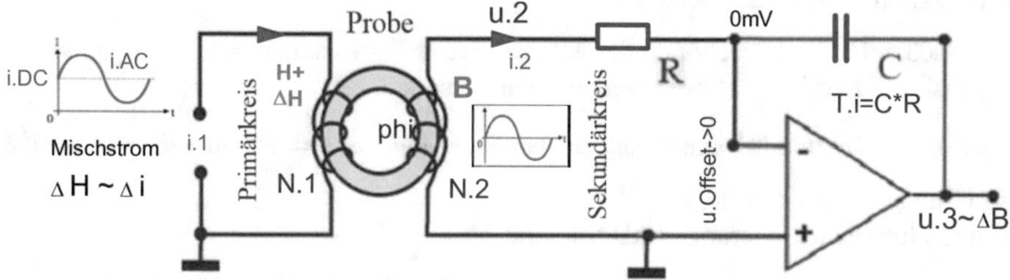


**Abb. 5-200 induktive Flussmessung durch Integration der induzierten Spannung u.2=N.2·u.Wdg – mit der Windungsspannung u.Wdg=dφ/dt=ω·φ**

Erläuterungen zur Messung einer Magnetisierungskennlinie B(H) nach Abb. 5-200:

1 Gegeben ist ein Transformator mit Eisenkern, dessen Magnetisierungskennlinie B(H) induktiv gemessen werden soll. Induktiv wird nur die Steigung μ.Diff(H)=ΔB/ΔH der Magnetisierungskennlinie μ.Diff als Funktion der Feldstärke H erfasst.

2 Vorgegeben wird ein Mischstrom mit konstanter Wechselamplitude und stufig steigendem Gleichanteil. Der Gleichanteil bestimmt die Feldstärke H, der Wechselanteil induziert in der Sekundärspule eine Spannung.

3 Gemessen werden die Ausgangswechselspannung und ihr Integral. Es ist proportional zum magnetischen Fluss und damit auch zur jeweiligen partiellen Flussdichte ΔB. Ihre Summe ergibt die Magnetisierungskennlinie B(H).

Die Fähigkeit einer Spule zur Induktion hängt außer von der Frequenz f nur noch von der Steigung der Magnetisierungskennlinie μ.Diff(H) ab. Das hat Abb. 5-77 gezeigt.

Abb. 5-201 zeigt die Spannungsinduktion ohne und mit Übersteuerung.

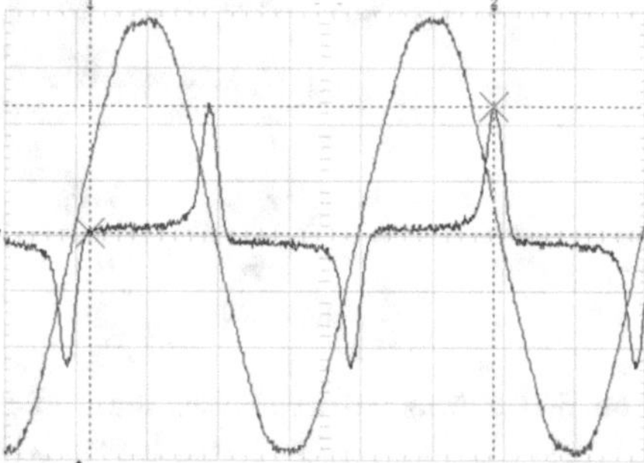

**Abb. 5-201 rot: eine induzierte Spannung u.L – blau: der Magnetisierungsstrom**

**Zur manuellen Messung einer Magnetisierungskurve**

Manuell können nur die Flussänderungen $\Delta\phi = \int u.Wdg \cdot dt = u.Wdg/\omega$ gemessen werden. Dazu wird die Eingangswechselspannung schrittweise so erhöht, dass die Feldstärke H äquidistant ansteigt, z.B. um 1A/cm von 0 bis H.max=16A/cm. Dazu werden die Änderungen $\Delta\phi = \Delta B / A.Fe$ gemessen.

Um daraus die gesamte Magnetisierungskennlinie $B(H) = \Sigma\, \Delta\phi\, / A.Fe$ zu erzeugen, müssen alle Teilflüsse addiert werden. Abb. 5-202 zeigt die dazu nötige Messschaltung.

Zur Induktion im Frequenzbereich:

Abb. 5-203 zeigt die Berechnung des Maximalwerts der induzierten Spulenspannung u.L bei sinusförmigem Verlauf des magnetischen Flusses:

**Gl. 5-113 Induktion bei sinusförmiger Flussänderung** $$\boldsymbol{u.L = N * \omega * \phi = U.L * \sqrt{2}}$$

Erläuterungen zu Abb. 5-203:
Aus den Flussdichteänderungen ΔB folgt die

$$Flussdichte\ B(H) = \Sigma\Delta B\ mit\ \Delta B = \mu.Diff(H) \cdot \Delta H$$ – siehe Abb. 5-77

In Gl. 5-113 ist u.L der Maximalwert (Betrag) und U.L der Effektivwert der induzierten Spannung. Magnetische Kreise werden mit Maximalwerten berechnet (magnetischer Fluss ϕ, Durchflutung $\Theta$), elektrische Kreise bei Wechselstrom mit Effektivwerten (Spannungen $U=u/\sqrt{2}$, Ströme $I=i/\sqrt{2}$). Direkt messbar ist jedoch nur die Klemmenspannung $U.Spu = U.L \hat{+} U.R$, d.h. die induzierte Spannung U.L und Widerstandsspannung U.R addieren sich nichtlinear geometrisch ($c^2=a^2+b^2$).

Aus diesen Überlegungen folgt die in Abb. 5-202 angegebene Schaltung zur induktiven Messung von Magnetisierungskennlinien.

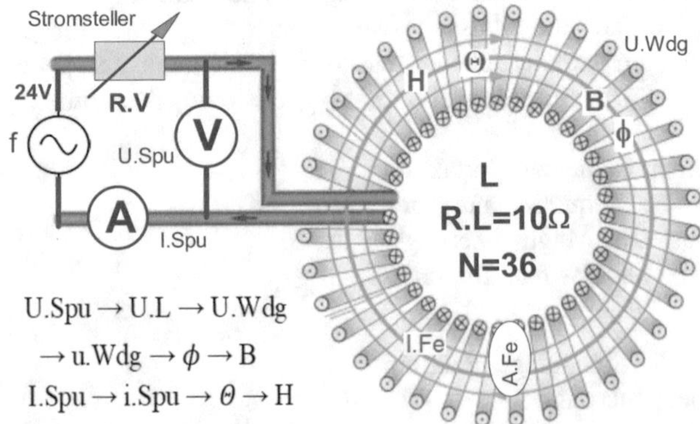


**Abb. 5-202 Magnetisierungskennlinie induktiv messen: Unten links ist der Algorithmus skizziert. Die Beschreibung des Messvorgangs folgt im Text.**

Abb. 5-203 zeigt die Struktur zu Abb. 5-202. Sie berücksichtigt die Addition der Blindspannung U.L und der Wirkspannung U.R, indem sie U.R=R·I.Spu von der Klemmenspannung U.Spu **geometrisch** subtrahiert.

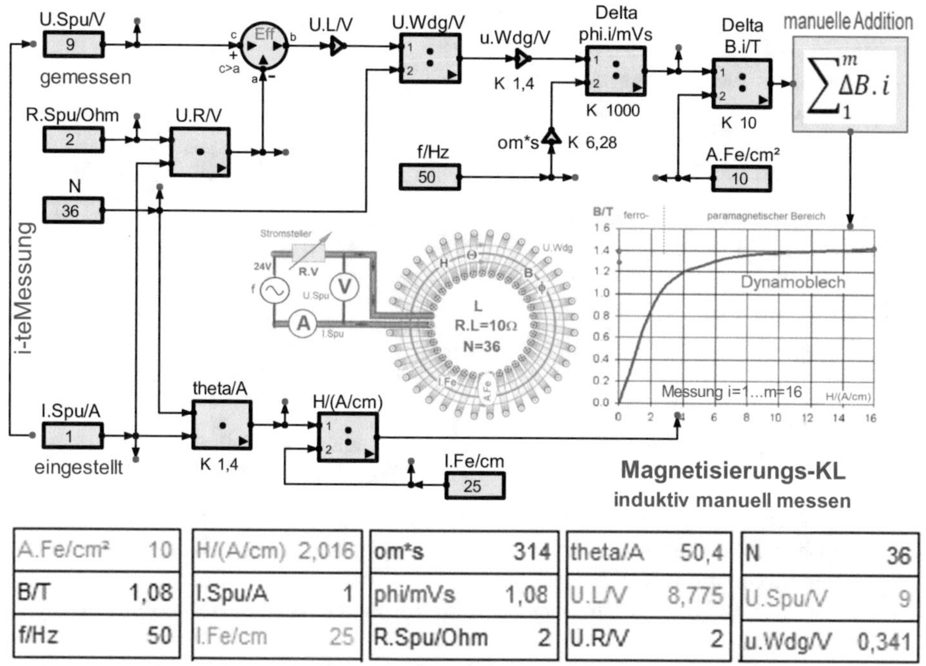


**Abb. 5-203 Struktur zur induktiven Messung einer Magnetisierungskennlinie B(H) durch Summation von Flussdichteänderungen ΔB(H)**

Erläuterungen zu Abb. 5-203:
Zur Ermittlung der Flussdichte B=ϕ/A.Fe wird der Eisenquerschnitt A.Fe benötigt. Bei rundem Kern ist A.Fe=$\pi$·d. Zu seiner Berechnung misst man den Kerndurchmesser d.

1. Abb. 5-203 misst nur die Änderungen ΔB zu vorgegebenen ΔH. Zur Ermittlung der Flussdichte B=ϕ/A.Fe wird der magnetische Fluss ϕ=B·A.Fe und der Eisenquerschnitt A.Fe benötigt.
2. Die Flussdichte B=μ·H ist eine Funktion der Feldstärke H=$\theta$/l.Fe. Zu ihrer Berechnung muss die mittlere Flusslänge l.Fe bekannt sein. Die Durchflutung $\theta$=N.1·i.1 wird durch den Primärstrom i.1 eingestellt.

**Der Messvorgang** zu Abb. 5-203

1. Bekannt sind die Windungszahl N, der Kernquerschnitt A.Fe, die mittlere Kernlänge l.Fe und die Frequenz f.
2. Gemessen werden sollen die Änderungen der Flussdichte ΔB.i bei den Feldstärken H.1=1A/cm bis H.m=16A/cm im Abstand ΔH=1A/cm. Der Laufindex ist i=1 bis m=16. Das zeigt Abb. 5-204.
3. Eingestellt werden mit dem Laufindex k verschiedene Feldstärken H.1 bis H.k durch k Spulenströme I.Spu.k.

   Zu den Strömen i.k müssen die Feldstärken H.k=$\theta$.k/l.Fe aus der Durchflutung $\theta$.k=N·i.k berechnet werden:

   mit dem maximalen Spulenstrom i.Spu=√2·I.Spu, der Windungszahl N und der mittleren Eisenlänge l.Fe.

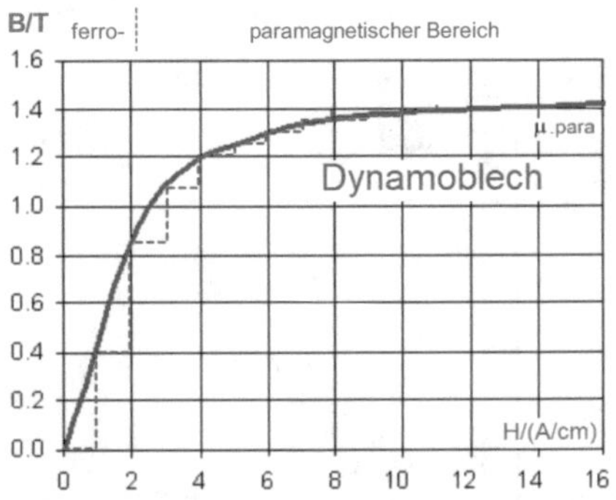


**Abb. 5-204 eine aus k Teilstücken zusammengesetze Magnetisierungskennlinie**

4. Gemessen wird die induzierte Spulenspannung U.Spu. Daraus errechnet sich – wie in Abb. 5-200 dargestellt – die effektive Windungsspannung U.Wdg=U.Spu/N mit ihrem Maximalwert u.Wdg=U.Spu/√2.
5. Aus u.Wdg und der Kreisfrequenz ω folgt die magnetische Flussänderung Δϕ=u.Wdg/ω.
6. Aus Δϕ ergibt sich die Änderung der Flussdichte ΔB=Δϕ/A.Fe.
7. Aufgezeichnet wird die Flussdichte B.k am k-ten Messpunkt, indem das neue ΔB.k zur Summe aller Vorgänger Σ B(k) addiert wird.
8. So erhält man ab dem Ursprung B=0 bei H=0 die 16 Messpunkte B.k zu den Feldstärken H.k. Ihre Verbindung ergibt die gesuchte Magnetisierungskennlinie B(H).

Das Beispiel zeigt, dass der **messtechnische Aufwand** zur Ermittlung einer Magnetisierungskennlinie B(H) erheblich ist. Wie viel besser wäre es, man könnte B(H) durch eine Funktion B(H) berechnen. Dann müssten nur noch einige Parameter zur Anpassung an die realen Kennlinien bestimmt werden. Das soll nun anhand der Magnetisierungskennlinie von Dynamoblech gezeigt werden.

**Magnetisierungskennlinien B(H) berechnen**

Um Strukturen simulieren zu können, müssen auch ihre nichtlinearen Kennlinien durch eine Funktion berechnet werden. Bei ferromagnetischen Kernen sind das gemessene Magnetisierungskennlinien B(H). Als Beispiel dient hier Dynamoblech.

Zur Simulation gemessener Kennlinien gibt es zwei Möglichkeiten:

1. Die Kennlinie wird mittels **Stützwerten** durch einen Kennlinienblock nachgebildet. Wie das gemacht wird, haben wir in Absch. 1.4 gezeigt.
2. Die Kennlinie wird lückenlos durch eine **analytische Funktion** berechnet. Das soll hier für eine Magnetisierungskennlinie B(H) gezeigt werden.

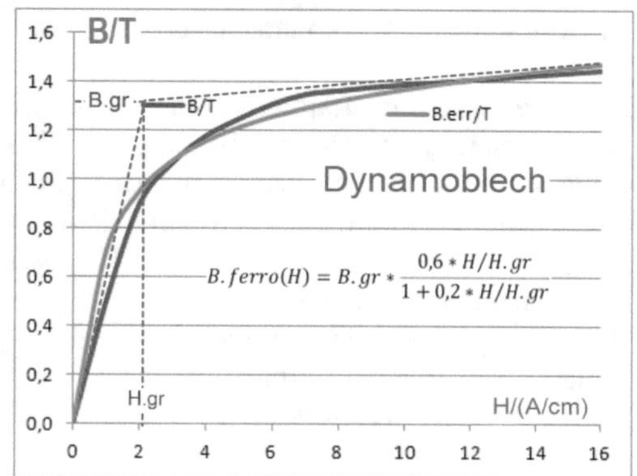


**Abb. 5-205 die Daten zur Beschreibung von Magnetisierungskennlinien**

**Ferromagnetische Materialien**

Zur Simulation ferromagnetischer Materialien müssen die Magnetisierungskennlinien B(H) als Funktion der Feldstärke H berechnet werden. Dazu muss eine Funktion B(H) mit passenden Parametern gefunden werden. Ist diese Funktion B(H) bekannt, genügt die Angabe ihrer Parameter zur Beschreibung. Diese Parameter dienen danach zur Auswahl des für spezielle Anwendungen (z.B. Trafokerne, Abschirmungen) am besten geeigneten Materials.

Tab. 5-15 zeigt

**Tab. 5-15 die technischen Daten ferromagnetischer Materialien**

| Material | B.gr/T | H.gr/(A/cm) | μ.para/μ.0 | μ.ferro/μ.0 |
|---|---|---|---|---|
| Dynamoblech | 1,0 | 2,6 | 12 | 2885 |
| Nickel | 0,5 | 6 | 11 | 1000 |
| Kobalt | 0,4 | 20 | 42 | 185 |
| Permalloy (Mu-Metall) | 0,3 | 0,1 | 7 | > 50 000 |

**Vorteile** einer stetigen Funktion gegenüber der punktuellen Kennlinie:

1. höchste Auflösung ohne die aufwändige Erstellung einer Tabelle
2. einfache Anpassung an die Realität durch Parameter-Optimierung
3. differenzierbare Funktion (wird bei der Induktion von Spannungen gebraucht).

Zur Berechnung nichtübersteuerter (linearer) magnetischer Systeme benötigt man die Steigung der Magnetisierungskennlinie B(H), genannt Permeabilität μ. Das haben wir im Abschnitt ‚Das Ohm'sche Gesetz des Magnetismus' gezeigt.

Zur Simulation übersteuerter magnetischer Systeme benötigt man die Magnetisierungskennlinie B(H) des ferromagnetischen Kerns, (siehe z.B. Abb. 5-205) als gemessene **Funktion** oder als **Tabelle**. Hier soll gezeigt werden, wie Magnetisierungskennlinien gemessen und **mit einer Funktion B(H) berechnet** werden können.

Die Daten der Magnetisierungskennlinie (B.gr, H.gr und μ.ferro und μ.para) ermöglichen den **Vergleich** verschiedener magnetischer Materialien. Das wird immer dann gebraucht, wenn sie für eine Anwendung ausgewählt und optimiert werden müssen.

**Die ferro- und paramagnetischen Anteile einer Magnetisierungskennlinie**

Zur Berechnung einer Magnetisierungskennlinie wird sie in einen ferromagnetischen und einen paramagnetischen Bereich unterteilt. Sie unterscheiden sich wesentlich durch ihren Anstieg, der in Absch. 5.2.4 ‚differentielle Permeabilität' genannt worden ist.

Als Beispiel für eine analytische Berechnung soll die nebenstehende Magnetisierungskennlinie von **Dynamoblech** simuliert werden.

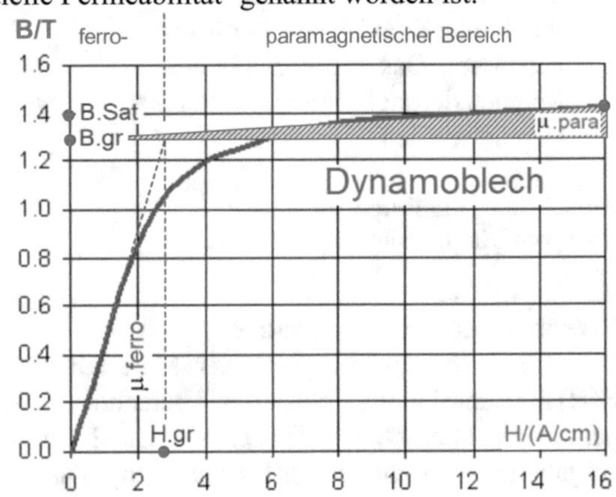


**Abb. 5-206 Magnetisierungskennlinie mit dem ferromagnetischen und paramagnetischen Bereich und den Grenzwerten B.gr und H.gr für Linearität**

Zahlenwerte:

Zur Untersuchung weichmagnetischer Materialien müssen folgende Parameter numerisch angegeben werden:

1. Den ferromagnetischen Bereich begrenzt die Grenzflussdichte B.gr (hier 1,3T) bei der Grenzfeldstärke H.gr (hier 2,8A/cm). Seine Steigung ist die ferromagnetische Permeabilität μ.ferro=B.gr/H.gr (hier 4,6mH/m=**4600μH/m**).

2. Die paramagnetische Permeabilität μ.para=ΔB/ΔH (hier 0,1T/(16A/cm) = **63μH/m** beschreibt den Anstieg des paramagnetischen Bereichs.
   Zum Vergleich Luft: μ.0=**1,3μH/m**.

Zum weiteren Vorgehen:

Nun soll die gemessene Magnetisierungskennlinie Abb. 5-206 = Referenz simuliert werden. Gl. 5-117 zeigt das Ergebnis. Sie ist die Grundlage zur Simulation ferromagnetischer Materialien, hier von Dynamoblech. Ob und wie weit die Rechnung stimmt, überprüfen wir in Abb. 5-207 durch den Vergleich der gemessenen Magnetisierungskennlinie mit der nach Gl. 5-117 simulierten Kennlinie.

**Magnetisierungskennlinien B(H) berechnen**

Zur Simulation der Magnetisierung legen wir zwei Tangenten an eine gegebene (gemessene) Magnetisierungskennlinie:

- Die erste nähert den ferromagnetischen Verlauf bei kleinen Feldstärken an,
- die zweite nähert den paramagnetischen Verlauf bei großen Feldstärken an.
- Der Schnittpunkt beider markiert die Grenze. Seine Umgebung ist der Übergangsbereich.

Magnetisierungskennlinien (Abb. 5-206) enthalten einen para- und einen ferromagnetischen Anteil. Beide hängen von der Feldstärke H ab: B.mag(H) = B.para + B.ferro:

- Der paramagnetische Anteil ist proportional zu H (linearer Anteil).
- Der ferromagnetische Teil geht bei höheren Feldstärken in die Sättigung.

Zur Berechnung der gesamten Magnetisierungskennlinie müssen beide Anteile berechnet und addiert werden. Wie das gemacht wird, soll hier am Beispiel der Magnetisierungskennlinie von Dynamoblech gezeigt werden. Dazu wird folgendermaßen verfahren:

1. Es wird der **paramagnetische Anteil B.Para~H** durch das Anlegen einer Tangente an die Magnetisierungskennlinie bei hohen Feldstärken bestimmt.

**Gl. 5-114 Der paramagnetische Anteil der Magnetisierung** $\boldsymbol{B.para = \mu.para * H}$

Zahlenwerte für Dynamoblech:
Aus Abb. 5-206 entnehmen wir bei H=10A/cm B.para≈0,1T → μ.para ≈ 10mH/m.

Der **paramagnetische Anteil B.para(H)** steigt proportional zur Feldstärke H. Der Proportionalitätsfaktor μ.Para ist die Steigung der Magnetisierungskennlinie bei großen Feldstärken:

**Gl. 5-115 paramagnetische Flussdichte** $B.para(H)=\mu.para\cdot H$

Zahlenwerte für Dynamoblech aus Abb. 5-206:
ΔB.gr=0,1T – ΔH.gr=16A/cm
→ μ.para=ΔB/ΔH=6,3mT·cm/A=63μH/m und der Relativwert μ.r;para/ μ.0=48

Die Permeabilität μ.r;para ist noch 48mal so groß wie die Permeabilität μ.0=1,3μH/m der Luft.

2. Es wird der **ferromagnetische Anteil B.ferro** aus der Differenz der gemessenen Magnetisierungskennlinie und ihrem ferromagnetischen Anteil berechnet.

$$B.ferro = B(H) - B.para$$

3. Dann wird eine Funktion gesucht, die B.ferro(H) möglichst einfach, aber genau genug berechnet. Die Excel-Analyse bietet dafür keine Lösung an. Deswegen müssen wir diese Näherung suchen. Der Autor findet sie im **Probierverfahren**:

**Gl. 5-116 die ferromagnetische Flussdichte**

$$B.ferro(H) = B.gr * \frac{k.1 * H/H.gr}{1 + k.2 * H/H.gr}$$

Zahlenwerte für Dynamoblech:
Gl. 5-117 benötigt zur Berechnung der ferromagnetischen Flussdichte im Zähler die Konstante k.1 und im Nenner die Konstante k.2. Mit **k.1=0,6** und **k.2=0,2** erhalten wir Abb. 5-207.

Abb. 5-207 zeigt mit Abb. 5-208 simulierten Anteile einer Magnetisierungskennline.

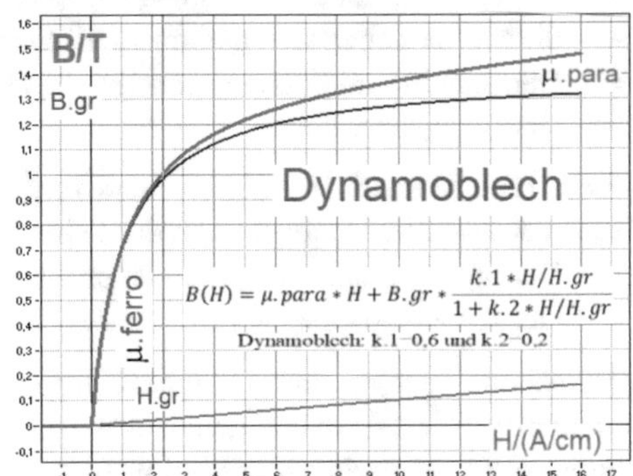


**Abb. 5-207 blau: die simulierte Magnetisierungskennlinie B(H): grün: der paramagnetische Anteil B.para~H, violett: der ferromagnetische Anteil als Differenz B.ferro=B(H)-B.para**

Wenn ein Eisenkern aus Dynamoblech zur Induktion von Spannungen verwendet wird (Trafos), werden wir ihn bis zu einer Flussdichte von 1T (effektiv 0,7T) magnetisieren. Dazu gehört eine maximale Feldstärke von ca. 2,5A/cm (effektiv 1,8A/cm).

Zahlenwerte für Dynamoblech aus Abb. 5-206:
B.gr=1T – H.gr=2,5A/cm → µ.ferro = B.gr/H.gr=0,4T·cm/A=4mH/m

4. Die gesamte Magnetisierungskennlinie B(H) ist die Summe aus B.ferro und B.para. Gl. 5-117 berechnet sie als Funktion der Feldstärke H:

**Gl. 5-117 Berechnung der Flussdichte ferromagnetischer Materialien**

µ.ferro=B.gr/H.gr

$$B(H) \approx \left[\mu.para + \frac{k.1 * \mu.ferro}{k.2 + H/H.gr}\right] * H$$

Die Magnetisierungsfunktion B(H) benötigt als Parameter die ferromagnetische Permeabilität µ.ferro (Anfangssteigung der Magnetisierungskennlinie) und die paramagnetische Permeabilität µ.para (Endsteigung der Magnetisierungskennlinie).

µ.ferro wird von den Herstellern ferromagnetischer Materialien angegeben. µ.para ist ein Bruchteil davon. Bei Dynamoblech ist µ.para≈µ.ferro/60.

In Gl. 5-117 dienen die Faktoren k1 und k2 zur Anpassung der errechneten Magnetisierungskennlinie an die gemessene. Abb. 5-207 zeigt, dass für **Dynamoblech k.1=0,6** und **k.2=0,2** gute Werte sind.

**Simulation einer Magnetisierungskennlinie durch einen Anwenderblock**
Abb. 5-208 zeigt die analytische Berechnung einer Magnetisierungskennlinie mit den dazu einzustellenden Parametern B.gr und H.gr des linearen Bereichs:

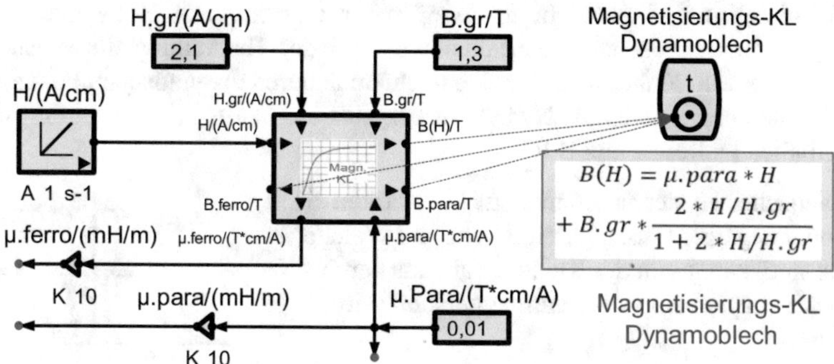


**Abb. 5-208 Simulation einer Magnetisierungskennlinie durch einen Anwenderblock**

Abb. 5-209 zeigt die interne Struktur des Blocks von Abb. 5-208

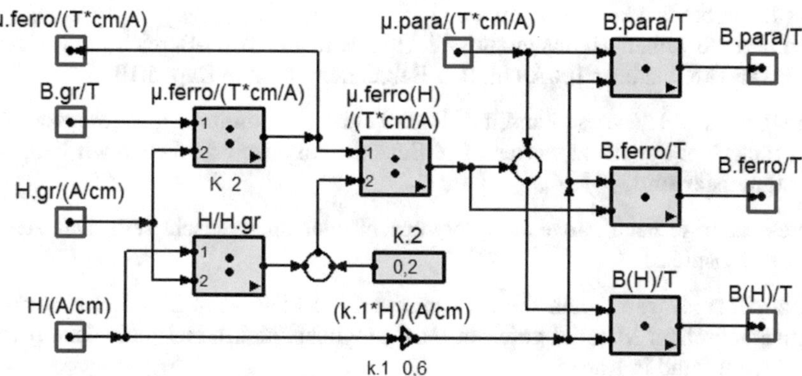


**Abb. 5-209 Berechnung einer Magnetisierungskennlinie nach Gl. 5-117**

**Fazit zur Flussdichtebestimmung**
Es wurde gezeigt, wie Magnetisierungskennlinien durch eine analytische Funktion simuliert werden können. Dazu sind aus einer gemessenen Magnetisierungskennlinie B(H) (Abb. 5-206) nur zwei Parameter zu bestimmen:

- die Linearitätsgrenze B.gr(H.gr) und
- die paramagnetische Permeabilität μ.para

(Vorsilbe und Index ‚para' = ‚neben' zur Kennzeichnung schwacher Magnetisierbarkeit = Endsteigung der Magnetisierungskennlinie).

### 5.5.3 Die magnetische Hysterese

Hysterese werden zweideutige Kennlinien genannt. Ferromagnetische Hysterese entsteht durch die gleichsinnige Ausrichtung Weiß'scher Bezirke. Die Höhe und Breite der **Hysterese** ferromagnetischer Materialien wird bei der Herstellung durch Zusätze zur Schmelze eingestellt. Kühlt die Schmelze in einem äußeren magnetischen Feld ab, richten sich die Elementarmagnete aus. Nach dem Erkalten bleibt ein Teil der Anfangsmagnetisierung erhalten (= Remanenz B.R).

Bei magnetischer Hysterese können zu Feldstärken H positive oder negative Flussdichten B gehören. Welche es jeweils sind, hängt von der Richtung ab, aus der das Eisen gerade magnetisiert oder entmagnetisiert wird.

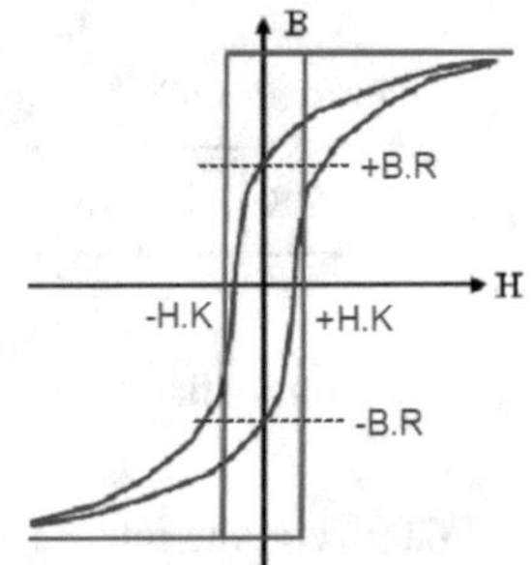


**Abb. 5-210 magnetisch hartes Eisen: Remanenz B.R ist die Flussdichte, die nach dem Abschalten des äußeren Magnetfeldes erhalten bleibt. Die Koerzitivfeldstärke H.K macht das Eisen wieder nichtmagnetisiert.**

**Reines Eisen** hat fast keine Hysterese.
**Dauermagnete** haben Remanenzflussdichten B.R im Tesla-Bereich und **Koerzitivfeldstärken H.K** bis über 100A/cm. Ihre Berechnung folgt in Kap. 5.10.

Ferromagnetische Hysterese kann nur durch Feldstärken mit entgegengesetzter Polarität wieder rückgängig gemacht werden. Die Einzelheiten dazu besprechen wir beim Thema **‚Entmagnetisierung'.**

Hysterese kann je nach Anwendung erwünscht oder unerwünscht sein. Das zeigen die folgenden Beispiele.

Bei **Transformatoren** sollen die Hystereseverluste klein sein. Ihre Kerne werden aus weichmagnetischem Material gefertigt (H.C möglichst klein). Beispiele dazu berechnen wir in diesem Band in Kap. 5.6.

Bei **Induktionsheizungen** soll möglichst viel Wärme erzeugt werden. Ihre Kerne werden aus hartmagnetischem Material mit großer Hysterese gebaut. Berechnungen zur Induktionsheizung finden Sie in Bd. 2, Teil 1, Kap. 3.10.4.

Abb. 5-211 zeigt die Nutzung der Hystereseleistung zur Erwärmung eines Metallstabs durch ein hochfrequentes Magnetfeld.

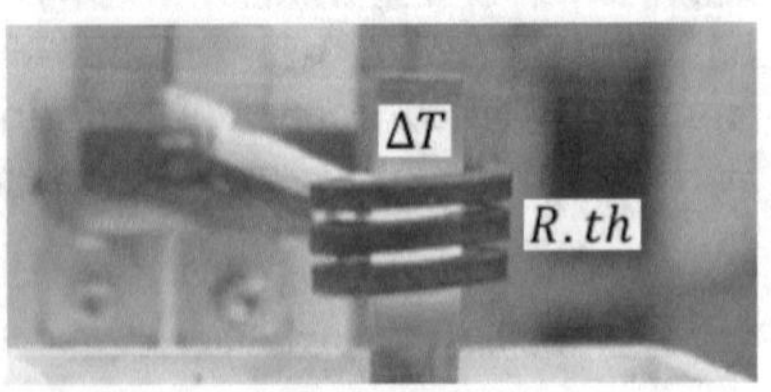


Quelle: https://inductotherm.de/was-ist-induktion/

**Abb. 5-211 Induktionsheizung: Ein Stück Metall wird unter Einfluss des induktiven Wechselfeldes binnen weniger Sekunden rotglühend. (Berechnung in Bd. 2, Teil 1, Kap. 3.10.4)**

### 5.5.3.1 Hysteresearbeit und -leistung

Um die magnetische Hysterese technisch nutzen oder durch sie entstehende Verluste vermeiden zu können, muss ihre Stärke berechnet werden. Hier soll gezeigt werden,

- dass die Hystereseleistung (z.B. in kW) bei periodischer Umpolung eines Magnetfeldes proportional zur Arbeit pro Umlauf und zur Frequenz f ist
- wie die volumenspezifische Hysteresearbeit (z.B. in Ws/lit) von der Remanenzflussdichte B.R und der Koerzitivfeldstärke H.K abhängt.
  Dadurch wird der Zusammenhang zwischen Nennleistung und Baugröße elektromagnetischer Maschinen hergestellt.

Beispiel: Tiegelofen zur Verflüssigung von Schrott:

Eine um den Schmelztiegel gewickelte Spule wird mit **hochfrequentem Wechselstrom** betrieben. Dadurch wird im Tiegel ein magnetischer Wechselfluss hervorgerufen, der z.B. den eingeschlossenen Schrott erhitzt.

Quelle: Christian Lindecke
http://www.lokodex.de/IO/doku.php?id=start

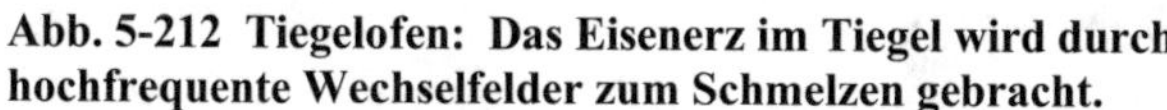

**Abb. 5-212 Tiegelofen: Das Eisenerz im Tiegel wird durch hochfrequente Wechselfelder zum Schmelzen gebracht.**

Der Eintrag in den Tiegel (Induktorrinne) bildet die Sekundärspule eines Transformators mit nur einer kurzgeschlossenen Windung. Die induzierte Wechselspannung erzeugt im Tiegel entsprechend dessen elektrischer Leitfähigkeit einen Strom, der die Erwärmung bewirkt.

**Heizleistung und Erwärmung**

Wie stark eine Erwärmung eines Materials ist, hängt außer von der Heizleistung noch vom thermischen Widerstand R.th des Materials zur Umgebung ab. Das berechnet Gl. 5-118

**Gl. 5-118 Erwärmungsberechnung** $$\Delta T = R.th * P.Hzg$$

In Bd. 7/7, Kap. 13 ‘Wärmetechnik’ wird gezeigt, dass thermische Widerstände R.th mit der Baugröße - genauer gesagt mit der Oberfläche von Körpern - immer kleiner werden. Hier interessiert die **Berechnung der Hystereseleistung.** Ob sie Nutz- oder Verlustleistung ist, hängt von der Anwendung ab (Beispiele folgen).

Zur Induktionsheizung:
In Bd. 2, Teil 1, Kap. 3.10.4 ist eine Induktionsheizung für magnetisierbare Kochgeschirre berechnet worden. Ursache für die Erwärmung des Topfbodens sind die darin berechneten Wirbelströme und die Hysterese des ferromagnetischen Materials

Magnetische Wechselfelder in hartmagnetischem Material erwärmen nur ferromagnetische Materialien. Zum Erwärmen von Wasser und Speisen benötigt man Töpfe mit ferromagnetischem Boden. Mit unmagnetischen Töpfen, z.B. aus Aluminium, funktioniert das Verfahren nicht.

**Messung der magnetischen Energiedichte**

Die Änderung der magnetischen Energiedichte zeigt sich durch mechanische Spannungen σ=F/A an den Grenzflächen anstoßender Materialien (z.B. Eisen und Luft). Das ergibt eine Möglichkeit, magnetische Energiedichten zu messen.

**Gl. 5-304 mechanische Spannung = magnetische Güte** $\boldsymbol{\sigma = F/A = W/Vol}$

Die Energiedichte für Dauermagnete und Eisenkerne mit Hysterese lässt sich aus der Magnetisierungskurve B(H) ermitteln (Abb. 5-213).

Ummagnetisierungsarbeit W.Hyst pro Volumen Vol = A·l: Mit B.Rem = u.L·Δt/A und H.Koer = i/l wird

**Gl. 5-119 die Energiedichte der magnetischen Hysterese**

$$\sigma = \frac{W.Hyst}{Vol} = \frac{\phi}{A} * \frac{i}{l} \approx B.R * H.K$$

Gl. 5-119 zeigt: Die volumenspezifische Ummagnetisierungsarbeit, genannt **Güte σ**, eines ferromagnetischen Kerns ist proportional zu seiner Sättigungsflussdichte B.Sat und der Koerzitivfeldstärke H.K.

**Hysteresearbeit W.Hyst**

Gespeicherte Hystereseenergie ist die Arbeit, die nötig ist, die Weiß'schen Bezirke durch äußere magnetische Felder zu drehen oder zu verschieben. Berechnungsgrundlage ist die Magnetisierungskennlinie B(H) (Abb. 5-213).

Zu zeigen ist, dass die eingeschlossene Fläche der Hysterese die Hysteresearbeit pro magnetisiertem Volumen ist.

$$W.Hyst/Vol = \int B * dH \approx B.R * H.K$$

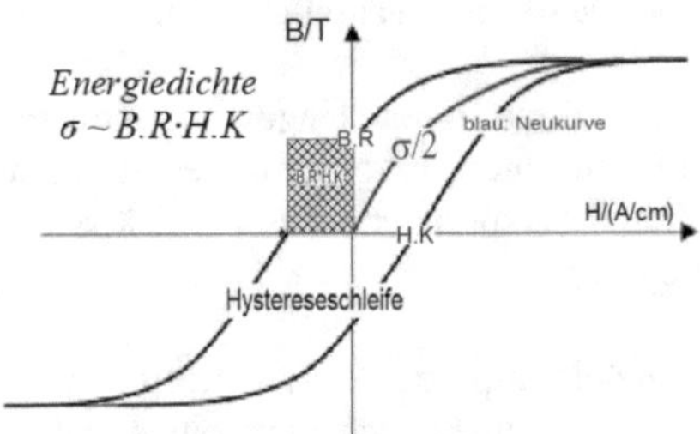


**Abb. 5-213 magnetische Hysteresekurve mit der Remanenzflussdichte B.R und der Koerzitivfeldstärke H.K**

**Hystereseenergie W.Hyst**

Die magnetisch gespeicherte Energie ist nach Gl. 5-120 das Produkt

- aus der *Energiedichte* $\sigma \approx B.R{\cdot}H.K$ (einer Materialeigenschaft) und
- dem Eisenvolumen Vol.Fe

**Gl. 5-120 Hystereseenergie** $\boldsymbol{W.Hyst = \sigma * Vol.Fe}$

- Bei weichmagnetischen Materialien und kleinen Feldstärken ist die Ummagnetisierungsarbeit gering (bei Dynamoblech ist H < 2,5A/cm).
- Bei hartmagnetischen Kernen treten dagegen große Ummagnetisierungsverluste auf. Das ist bei Dauermagneten erwünscht und bei Elektromagneten unerwünscht, denn sie sollen Kraft, nicht Wärme erzeugen.

**Remanenzflussdichte und Koerzitivfeldstärke (magnetische Güte)**
Zur Bestimmung der Stärke ihrer Magnete messen Hersteller die Kraft F.max, die erforderlich ist, eine Eisenplatte der Fläche A vom Magneten abzuziehen. Dann bilden sie das Verhältnis und nennen es

**Gl. 5-121 magn. Güte** $\sigma = F.max/A = W.mag/Vol \approx B.R{\cdot}H.K$ ... *in* $N/m^2{=}J/m^3$

Permanentmagnete (Fläche A, Länge l) sind umso stärker, je größer ihre Remanenzflussdichte B.R=ϕ/A und Koerzitivfeldstärke H.K=Θ/l ist.

Zahlenwerte:
**Permanentmagnete** haben Güten von einigen **100kJ/m³=100Ws/lit** bei Remanenzflussdichten B.R um 1T. Dazu gehören Koerzitivfeldstärken H.K von einigen kA/cm.

**Weichmagnetische Materialien** haben Koerzitivfeldstärken unter 1A/cm und Remanenzflussdichten B.R<<1T. Dazu gehören Güten σ im Bereich **mWs/lit**.

**Die Hystereseleistung P.Hyst**
Bei jeder Umpolung Weiß'scher Bezirke wird Energie verbraucht. Die Verluste entstehen durch die Arbeit, die aufgebracht werden muss, um die Elementarmagnete im Kernmaterial im Rhythmus der Frequenz umzupolen. Die Ausrichtung der Weiß'schen Bezirke wird zweimal pro Umlauf geändert. Deshalb steigt die Ummagnetisierungsleistung mit der Fläche der Hysteresekurve (Abb. 5-213) und der Umpolungsfrequenz f.

Bei sinusförmigen Magnetisierungsströmen ist die Hystereseleistung P.Hyst~f·W.Hyst das Produkt aus Frequenz und Ummagnetisierungsarbeit der Hysterese. Bei sinusförmigen Strömen muss mit der Kreisfrequenz ω=2π·f gerechnet werden:

**Gl. 5-122 Hystereseleistung** $$P.Hyst = 4 * \omega * \sigma * Vol.Fe$$

Das Produkt ω·σ (z.B. in W/lit) ist die **Volumenleistung** (sog. Literleistung). Sie ist das Maß zum Vergleich von Maschinen aller Art. Der Faktor 4 in Gl. 5-122 ist nötig, weil die Hystereseschleife pro Umlauf **vier Quadranten** durchläuft (Abb. 5-213).

Abb. 5-214 zeigt die Berechnung der Hystereseleistung. Sie verwendet Gl. 5-122 zur Berechnung der volumenspezifischen Hysteresearbeit σ.

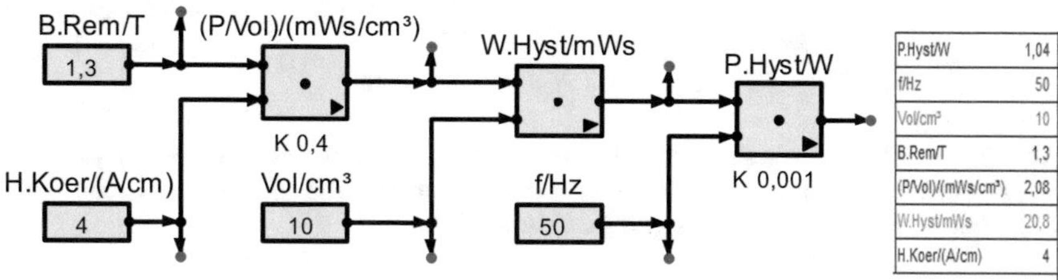


| | |
|---|---|
| P.Hyst/W | 1,04 |
| f/Hz | 50 |
| Vol/cm³ | 10 |
| B.Rem/T | 1,3 |
| (P/Vol)/(mWs/cm³) | 2,08 |
| W.Hyst/mWs | 20,8 |
| H.Koer/(A/cm) | 4 |

**Abb. 5-214 Berechnung der Hystereseleistung P.Hyst: Sie ist proportional zur Fläche der magnetischen Hysterese, dem Volumen und der Ummagnetisierungsfrequenz f.**

### 5.5.3.2 Hysteresekurven simulieren

Für den Fall, dass Sie eine Hysterese simulieren wollen, zeigen wir nun, wie dies mit dem hier verwendeten Simulationsprogramm SimApp gemacht wird. Es stellt die Hysteresefunktion als Block zur Verfügung.

Abb. 5-215 zeigt die Struktur zur Simulation einer Hysteresekurve:

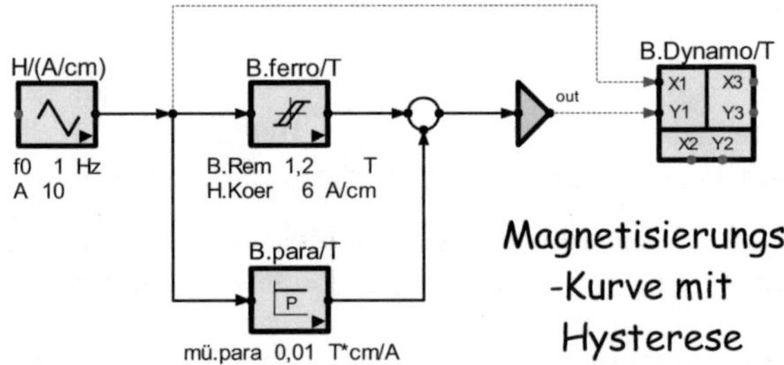


**Abb. 5-215 magnetische Hysterese als Anwenderblock, erzeugt aus obiger Struktur Abb. 5-214**

Im Block ‚Hysterese' sind folgende Parameter einzustellen:

1. die **Sättigung S**, hier die Remanenzflussdichte B.Rem
2. die **Hysteresebreite Db**, hier die Koerzitivfeldstärke H.Koer

Abb. 5-216 zeigt die mit Abb. 5-215 …

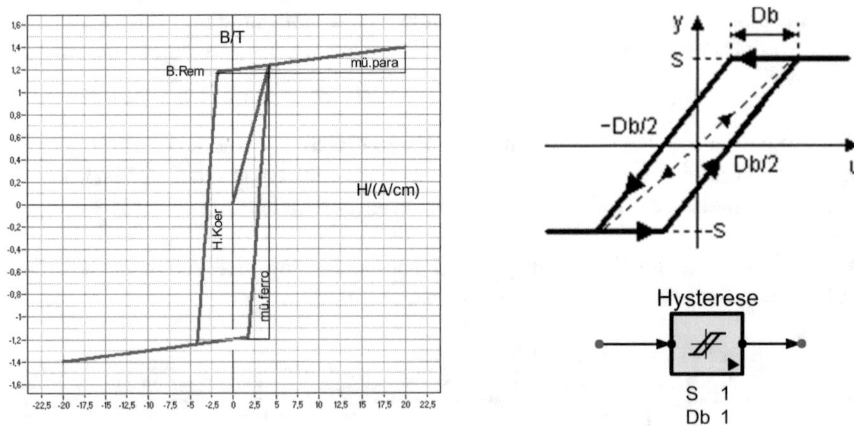


**Abb. 5-216 simulierte magnetische Hysterese: Die Sättigung und Breite der Hysterese können als Parameter des Hystereseblocks eingestellt werden. Der paramagnetische Verlauf der Flussdichte (B.para~H) wird ausgangsseitig addiert.**

Abb. 5-217 zeigt die ...

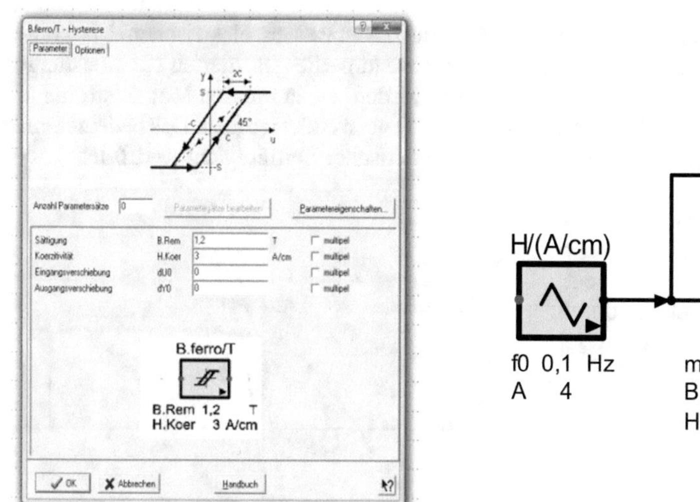

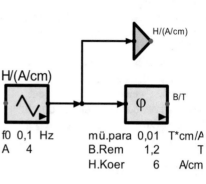

**Abb. 5-217 Einstellung der Parameter einer Hysteresekurve in SimApp**

Zum Test der simulierten Hysterese verwendet man eine Rampenfunktion. Abb. 5-218 zeigt die ...

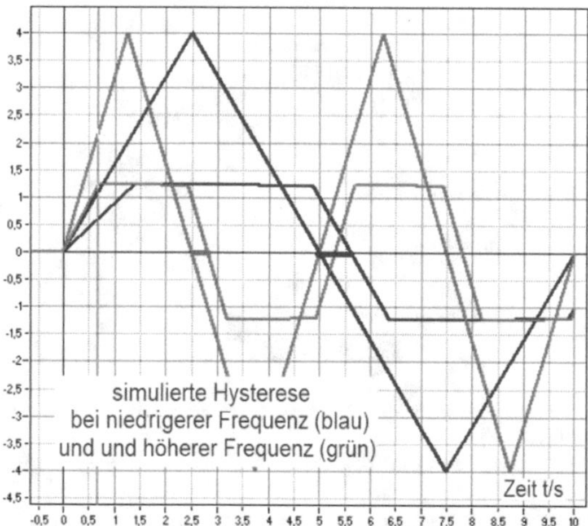


**Abb. 5-218 zeitliche Darstellung zweier Hystereseschleifen mittels Rampenfunktion: Bei niedrigerer Frequenz ist die Hysterese durch die Verzögerung größer als bei höherer.**

Abb. 5-218 zeigt, dass die Hysterese eine frequenzabhängige Verzögerung erzeugt. Das führt in rückgekoppelten Systemen zu Stabilitätsproblemen. Ob sie sich beherrschen lassen, kann die Simulation zeigen.

## 5.6 Ferromagnetische Kerne

Wie vorher gezeigt, lassen sich durch Magnete die stärksten elektrischen Maschinen bauen. Das Ziel ist möglichst hohe **Leistungsdichte**, d.h. die geforderten Nennleistungen sollen in möglichst kleinem Volumen realisiert werden. Dazu müssen Magnetströme mit höchsten Flussdichten B bei geringen Feldstärken H verwendet werden. Das bedeutet, man benötigt Materialien mit großer spezifischer magnetischer Leitfähigkeit $\mu$=dB/dH.

**Weich- und hartmagnetische Materialien**

Ferromagnetische Kerne können hart- oder weichmagnetisch sein. Das wird bei der Herstellung durch Zusätze zum Ausgangsmaterial (z.B. Eisen, Ferrit) eingestellt.

Abb. 5-219 zeigt die

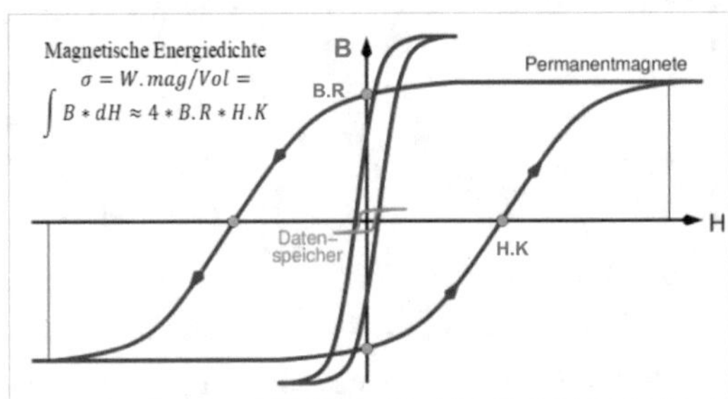


**Abb. 5-219 Magnetisierungskennlinien hart- und weichmagnetischer Kerne**

Abb. 5-220 zeigt hergestellte …

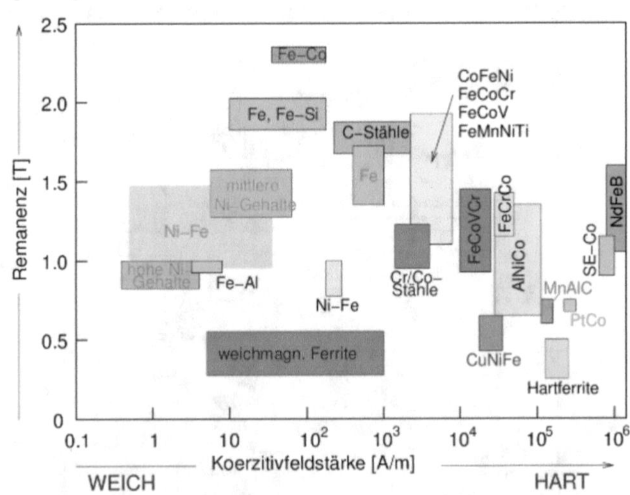


Quelle: http://ruby.chemie.uni-freiburg.de/Vorlesung/metalle_7_1.html

**Abb. 5-220 weich- und hartmagnetische Materialien: Remanenzflussdichte B.R über der Koerzitivfeldstärke H.K.**

**Dauermagnete** entstehen, wenn hartmagnetisches Material beim Erkalten der Schmelze durch Feldstärken von einigen 100A/cm vormagnetisiert wird. Wir behandeln sie in Kap. 5.10.

**Elektromagnete** müssen weichmagnetische Kerne haben. Sie sind durch Feldstärken H von einigen A/cm ummagnetisierbar. Als Grenze zum Hartmagnetismus wurde **10A/cm** festgelegt.

**Weichmagnetische Kerne**

Ferromagnetische Kerne kanalisieren den magnetischen Fluss von Spulen (→ geringe Streuung) und **senken ihren magnetischen Widerstand** gegenüber Luft drastisch. Dadurch kann der von der Anwendung benötigte magnetische Fluss durch kleinere Durchflutungen als ohne ferromagnetischen Kern erzeugt werden. Das ermöglicht den Bau kleiner Spulen mit hoher Induktivität L.

Weichmagnetische Kerne sind leicht ummagnetisierbar. Das bedeutet: durch geringe Feldstärken, verlustarm und schnell. Sie werden aus gestapelten Blechen und gebackenem Ferrit angeboten. Abb. 5-221 zeigt je ein Beispiel:

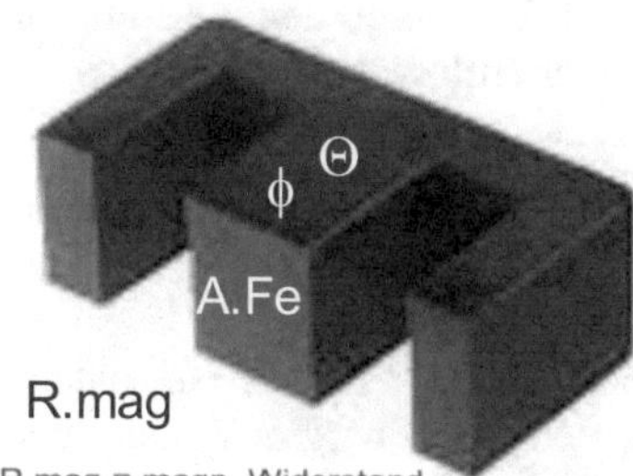


Quelle: https://de.hongertech.com/ui-type-mu-metal-lamination-core-for-transformer_p50.html

**Abb. 5-221 links: geblechter Eisenkern aus Mu-Metall (Absch. 5.6.5) – rechts: massiver Ferritkern (Absch. 5.6.4)**

**Magnetisierungskennlinien** zeigen den Anstieg der Flussdichte B=ϕ/A.Fe mit der magnetischen Feldstärke H=VFe/l.Fe. Sie sind die Grundlage zur Berechnung elektromagnetischer Wandler.

Abb. 5-222 zeigt die

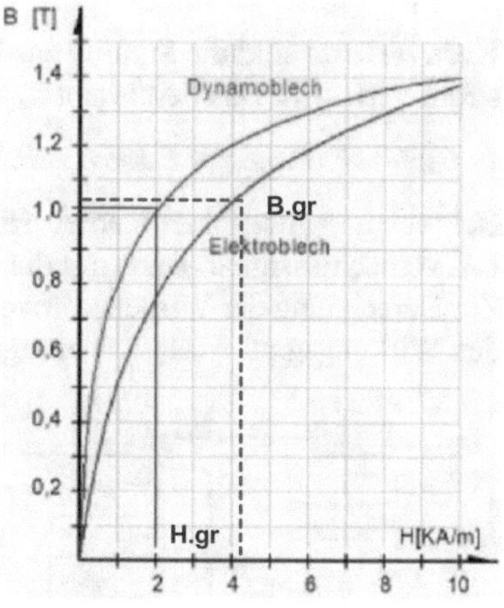


**Abb. 5-222 Magnetisierungskennlinien von Dynamoblech und Elektroblech mit den Grenzwerten B.gr und H.gr für Linearität**

Bis zur **Grenzflussdichte B.gr** bei der **Grenzfeldstärke H.gr** ist die **Permeabilität** maximal: μ.max=B.gr/Hgr. Darüber geht die Induktionsfähigkeit gegen null. Deshalb ist Sättigung im Betrieb unbedingt zu vermeiden. Das geschieht dadurch, dass die den magnetischen Fluss erzeugenden Spulenströme erlaubte Grenzwerte nicht überschreiten (Berechnung folgt in Absch.).

**Magnetische Verlustleistungen**
Um für die jeweilige Anwendung den geeignetsten Kern auswählen zu können, sind drei Fragen zu klären:

1. Wieviel **Leistung** überträgt ein ferromagnetischer Kern pro Volumen?
2. Wie hoch sind die dabei entstehenden **Verluste**?
3. Wo liegt die **Grenzfrequenz** eines ferromagnetischen Kerns?

Die zulässige Temperaturerhöhung (ca. 30K) bestimmt maximal übertragbare Leistung, genannt **Nennleistung P.Nen**.

Abb. 5-223 zeigt den Leistungsumsatz stromdurchflossener Spulen:

*P.eff = P.max/2.*

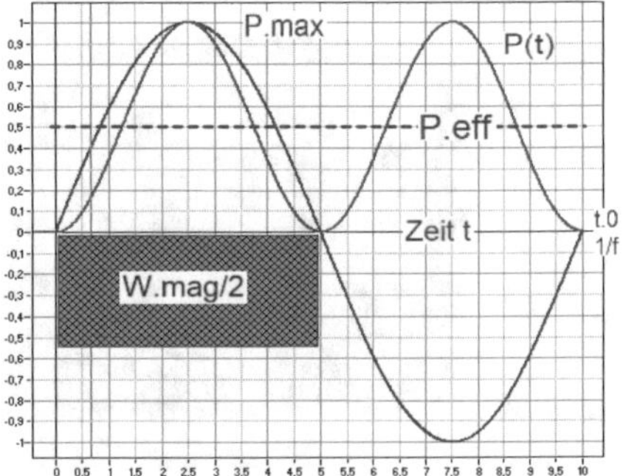


**Abb. 5-223 momentane, maximale und effektive Leistung bei sinusförmigem Strom**

**Gl. 5-123 Ummagnetisierungsleistung**

$$P.mag = W.mag * \omega$$

P.mag ist das Produkt aus magnetisch gespeicherter Energie W.mag und der Ummagnetisierungsfrequenz ω.

Gezeigt werden soll, wie die magnetische Energie W.mag mit der

**Energiedichte σ=W.mag/Vol.Fe**

berechnet werden kann.

Zahlenwerte: Die elektromagnetische Energieübertragung (induktive Batterieladung, Schnellkocher) erfolgt mit Frequenzen bis zu 100kHz.

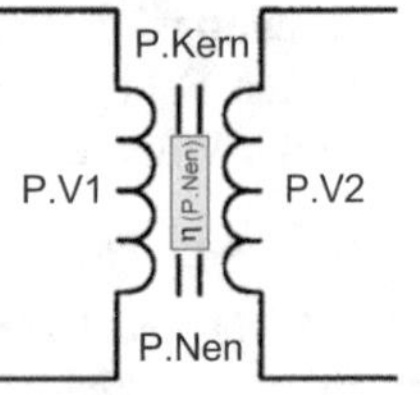


**Abb. 5-224 Trafo mit Kernverlusten**

**Kernverluste** sind die Summe aus Hysterese- und Wirbel-strom-verlusten. Das beschreibt ...

**Gl. 5-124** *P.mag = P.Kern = P.Hyst(~f) + P.Wrb(~f²)*

Bei weichmagnetischen Kernen sind die Hystereseverluste i.A. vernachlässigbar. Dann gilt die Struktur von Abb. 5-225. Zur Berechnung der Wirbelstromverluste P.Wrb benötigt sie den Wirkungsgrad η (Herstellerangabe).

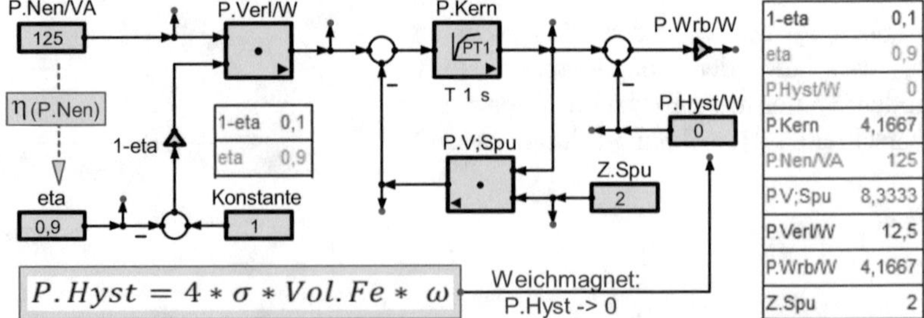


**Abb. 5-225 Berechnung der Wirbelstromleistung in weichmagnetischen Kernen von Transformatoren mit Z.Spu Spulen für Gleichverteilung der Verluste**

**Die magnetische Energiedichte σ**

Mit der magnetischen Energiedichte σ und der Frequenz f können wir die **Größe eines Eisenkerns** für eine geforderte Nennleistung P.Nen berechnen:

**Gl. 5-125 das ferromagnetische Volumen** $Vol.Fe = P.Nen/(\sigma * \omega)$

In Gl. 5-125 ist der Nenner die

**Gl. 5-126 Volumenleistung** $P.Nen/Vol = \sigma * \omega$ ... z.B. in Ws/lit

Wirbelströme erzeugen in ferromagnetischen Kernen Verluste, die ihre Temperatur ansteigen lässt. Damit sie eine zulässige Obergrenze (die Curie-Temperatur T.C, ca. einige 100°C) nicht überschreitet, muss der Kern ein nennleistungsabhängiges Mindestvolumen Vol.Fe haben. Zu seiner Berechnung benötigen wir aus Tab. 5-16 die

**Gl. 5-83 magnetische Energiedichte** $\sigma = W.mag/Vol = B.gr * H.gr$

Tab. 5-16 zeigt die

**Tab. 5-16 Energiedichte und Remanenzflussdichte gebräuchlicher Dauermagnete**

| Material | Remanenz | Energiedichte | Curie-Temp. |
|---|---|---|---|
| $Fe_2O_3$ | 0,2 – 0,6 T | 8 – 30 kJ/m³ | 450 °C |
| AlNiCo | 0,7 – 1,4 T | 10 – 70 kJ/m³ | 800 – 850 °C |
| SmCo | 1 – 1,3 T | 150 – 250 kJ/m³ | 750 °C |
| NdFeB | 1 – 1,5 T | 190 – 400 kJ/m³ | 300 °C |

Zahlenwerte:
Weichmagnet, z.B. Trafoblech: H.gr=4A/cm, B.gr=1T → σ = 0,5Ws/lit
Hartmagnet, z.B. Neodym N45: H.gr=8kA/cm, B.gr=1,1T → σ = 440Ws/lit
(Kennzeichnung; N für T.max=80°C, 45 für die Güte σ in 10Ws/lit)

**Nennleistung und Kerngröße**

Bei Elektromagneten und Transformatoren kommt zum Eisenvolumen noch das **Spulenvolumen**, das etwa genauso groß ist. Entsprechend der Volumina teilt sich die

*Gesamtleistung zu ca. 60% auf die Spulen und 40% auf den Kern auf.*

Abb. 5-226 zeigt die

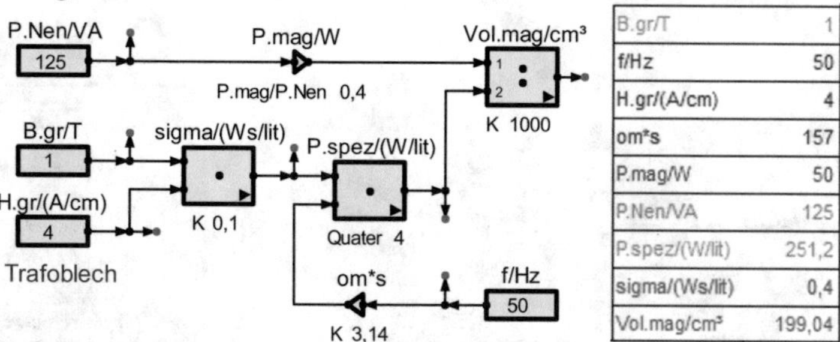


**Abb. 5-226 Berechnung des für eine geforderte Nennleistung P.Nen benötigtes Kernvolumens**

Wenn Spulenkerne beschafft werden sollen und ihr Volumen Vol=A.Fe·l.Fe bekannt ist, muss geklärt werden, wie groß der Querschnitt A.Fe und die mittlere Kernlänge l.Fe sein müssen. Diese Fragen werden in Kap.6 bei der Trafoberechnung beantwortet.

### 5.6.1 Wirbelströme

Wirbelströme sind Kreisströme in elektrisch leitenden Materialien. Sie entstehen, wenn sie von einem magnetischen Wechselfeld durchflutet werden.

Magnetische Verluste können zwei Ursachen haben:

1. die Wirbelströme im Eisenkern: Wirbelstromverluste steigen nach Gl. 5-127 mit dem Quadrat der Frequenz $f=\omega/2\pi$.
2. die Hysterese des Kernmaterials: Hystereseverluste steigen nach Gl. 5-124 nur linear mit der Frequenz f.

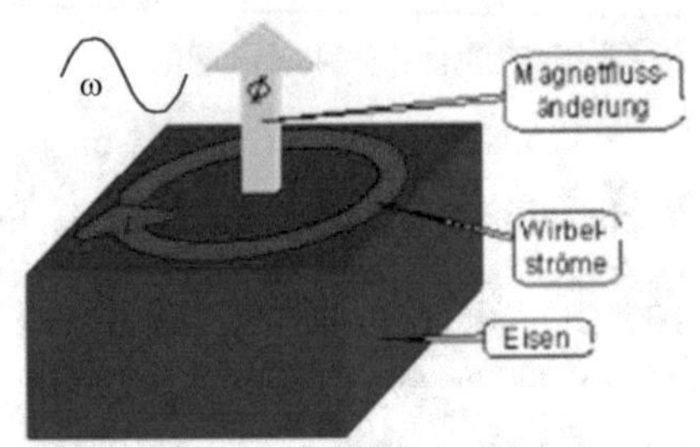


**Abb. 5-227 Wirbelstromverluste ~ f²**

Wirbelströme bewirken in ferromagnetischen Kernen frequenzproportionale Ummagnetisierungsleistungen. Ob dies Nutz- oder Verlustleistungen sind, hängt von der Anwendung ab:

- In Bd. 3/7, Kap. 5.8 behandeln wir Wirbelstromsensoren und -bremsen. Dann ist die Wirbelleistung eine Nutzleistung.
- In Bd. 4/7 berechnen wir die Wirkungsgrade elektromagnetischer Maschinen. Dort erzeugen Wirbelströme unerwünschte magnetischen Verluste.

**Materialprüfung durch Wirbelströme**

Die Frequenzabhängigkeit der Wirbelströme beeinflusst auch ihre Eindringtiefe in elektrisch leitende Materialien und damit ihren elektrischen Widerstand. Das lässt sich zur Schichtdickenmessung ausnutzen.

Die folgende Abb. 5-228 zeigt die zerstörungsfreie Messung von Schichtdicken δ von elektrisch leitenden Materialien:

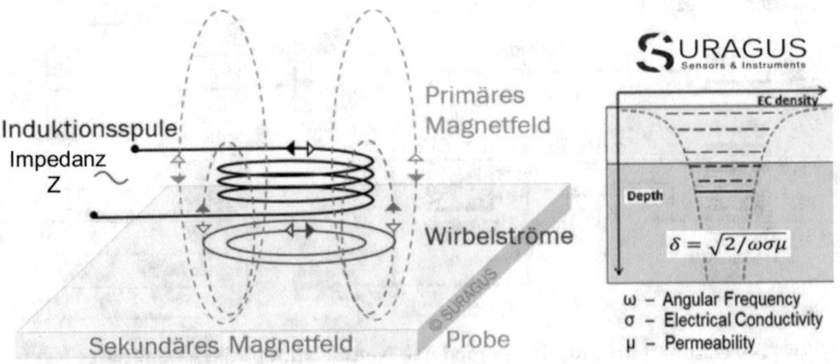


Quelle: https://www.suragus.com/de/technologie/

**Abb. 5-228 Schichtdickenmessung durch Wirbelströme: Je größer die Eindringtiefe δ, desto kleiner ist die Impedanz der Spule.**

**Erwünschte Wirbelströme** erzeugen Drehmomente, die technisch genutzt werden können, z.B.

1. Als Wirbelstromsensoren in 5.9.3.1
2. als Wirbelstrombremse – hier in Absch. 5.9.3.2
3. bei mechanischen Tachometern – hier in Absch. 5.9.3.3 und
4. bei Wechselstromzählern – hier in Absch. 5.9.3.4

Durch deren Simulation lassen sich die Abmessungen zu geforderten Nennleistungen minimieren.

Abb. 5-229 zeigt die **Dämpfung der Schwingungen** einer Aluminiumplatte im Magnetfeld. Sie ist geschwindigkeitsproportional, was nur durch induzierte Wirbelströme zu erklären ist.

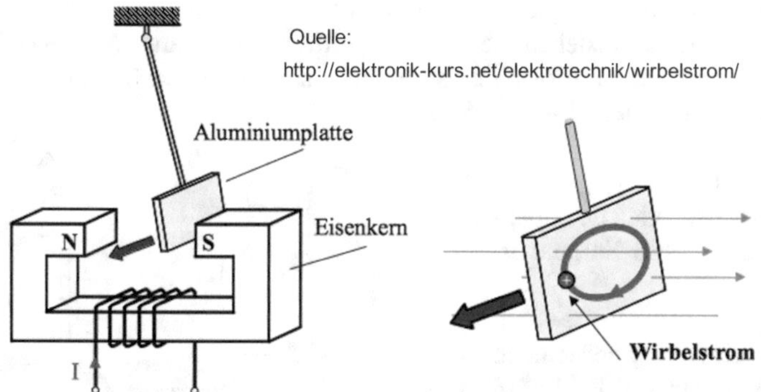


**Abb. 5-229 Wirbelstrombremse: links gedämpfte Schwingung, rechts der geschwindigkeitsinduzierte Wirbelstrom in der Aluplatte: Er erzeugt im Magnetfeld die bremsende Kraft.**

In Absch. 5.9.3.2 behandeln wir **Wirbelstrombremsen.** Sie sind robust und verschleißfrei, funktionieren nicht mehr, wenn die Geschwindigkeit gegen null geht. Dazu wird zusätzlich eine Reibungsbremse (Scheibenbremse) benötigt, die aber viel kleiner als ohne Wirbelstrombremse gebaut werden kann.

**Unerwünschte Wirbelströme** erzeugen Verlustwärme, z.B. in Transformatoren und elektrischen Maschinen, deren niederohmige Eisenkerne aus **lamellierten Blechen** aufgebaut werden müssen, und in der Hochfrequenztechnik, wo man **hochohmige Ferritkerne** verwendet.

Wirbelströme haben zwei Auswirkungen:

- **frequenzproportionale Verluste** des Kernmaterials
  Die zulässige **Erwärmung** (ca. 30K) bestimmt die Nennleistung P.Nen.
- eine **obere Grenzfrequenz f.mag** der Ummagnetisierung des Kerns
  f.mag begrenzt die Verwendbarkeit des Kernmaterials bei hohen Frequenzen.

Dem Anwender, besonders aber dem Entwickler elektromagnetischer Systeme (Motoren, Transformatoren), muss bekannt sein, wie f.mag und die magnetischen Verluste vom Kernmaterial und von den Abmessungen des Kerns abhängen. Dazu zeigen wir hier Berechnung der massenspezifischen Verluste und der magnetischen Grenzfrequenz.

**Wirbelströme in magnetischen Wechselfeldern**
Bisher wurde das Verhalten elektrischer Ströme behandelt, die in Drähten fließen (dünne, lange Leiter). Nun widmen wir uns den Fällen, in denen Ladungen in leitenden Materialien verschoben werden.

Abb. 5-230 zeigt, wie Wirbelströme durch Flussänderungen entstehen. Die wiederum können **transformatorisch** durch **zeitlich wechselnde Felder** oder **generatorisch** bei der **Bewegung elektrischer Leiter** in Magnetfeldern wirken.

**Abb. 5-230 Wirbelströme in einem Blech: Je schmaler es ist, desto kleiner werden sie. Deshalb werden Eisenkerne in Motoren und Transformatoren lamelliert.**

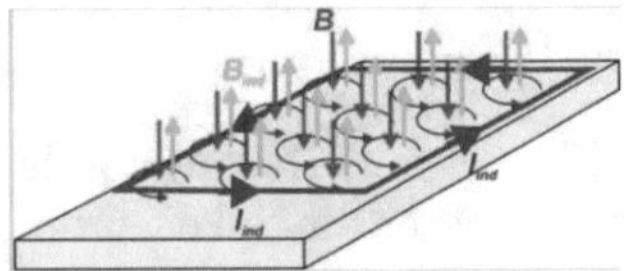


Wirbelströme (i.Wirb) sind Kreisströme (Turbulenzen des elektrischen Stroms). In geschlossenen Leitern entstehen sie bei sich **zeitlich ändernden Magnetfeldern**. Abb. 5-231 zeigt die Entstehung von Wirbelströmen in einer Leiterschleife, die sich durch ein sich **räumlich änderndes Magnetfeld** bewegt:

links: Im konstanten **Magnetfeld** werden paarweise gleiche Spannungen induziert. Ihre Summe ist null.

rechts: in einem wechselnden **Magnetfeld:** Im starken Feld wird eine höhere Spannung u.L induziert als im schwächeren. Die Differenz erzeugt den Wirbelstrom i.

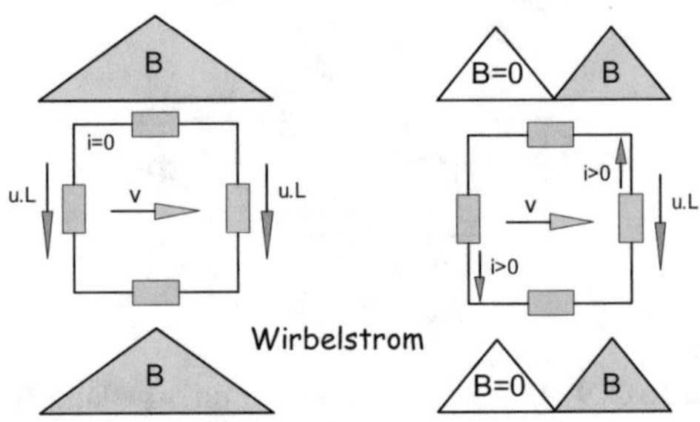


**Abb. 5-231 Leiterschleifen im konstanten und in einem sich ändernden Magnetfeld**

Die folgende Struktur Abb. 5-232 berechnet die Wirbelströme eines flächigen Leiters bei der Bewegung in einem wechselnden Magnetfeld mit einem **Flussdichtegradienten ΔB**:

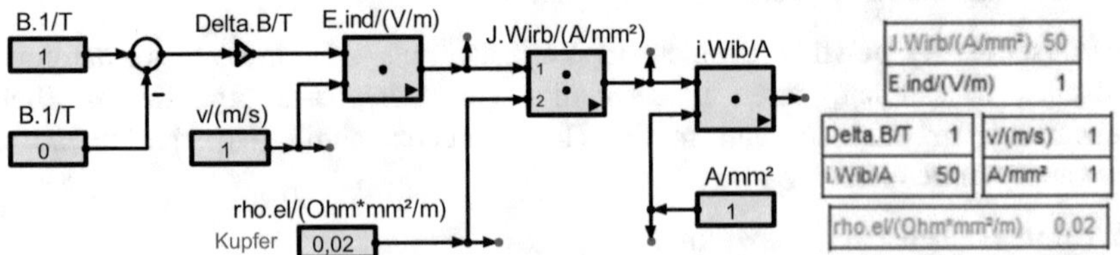


**Abb. 5-232 Der Wirbelstrom in einem sich ändernden Magnetfeld ΔB ist proportional zur Geschwindigkeit v und Fläche A des Leiters.**

Zahlenwerte aus Abb. 5-232: Der Wirbelstrom in einer Kupferplatte
Bei einem Magnetfeldgradienten ΔB von 1T entstehen Wirbelstromdichten von 50A/mm².

**Die Wirbelstromleistung**

Im Betrieb von Magnetkernen entstehen durch die wechselnde Polarität des Magnetfeldes im Kern Verluste, die *Eisenverluste* oder *Kernverluste* genannt werden. Sie sind die Summe aus den **Hysterese- und den Wirbelstromverlusten.** Ohne Hysterese sind Magnetisierungsverluste Wirbelstromverluste: P.mag=P.Wrb.

Wirbelstromleistungen P.Fe sind nach Gl. 5-127 proportional zur magnetisierbaren Kernmasse m.Fe:

**Gl. 5-127 Wirbelstromleistung** $P.Fe = i.Wirb^2 * R = (P.Fe/m.Fe) * m.Fe$

Die Eisenverluste hängen von Werkstoffeigenschaften, Materialdicke, Frequenz, Temperatur ab. Sie werden in den Datenblättern der Hersteller für Elektrobleche als **massenspezifische Verluste in W/kg** des Kernmaterials für eine feste Flussdichte, Flussrichtung und Frequenz angegeben.

Je nach Eisenqualität und Blechdicke liegen die massenspezifischen Eisenverluste bei einer Flussdichte von 1,5 T und einer Frequenz von 50 Hz zwischen **0,2 und 2 W/kg.**

Für Pulverkerne und Ferritkerne werden oft die **volumenspezifischen Verluste** in **W/cm³=kW/lit** angegeben. Die Umrechnung erfolgt über die **Dichte $\rho$.Fe** des Kernmaterials.

**Die massenspezifische Wirbelstromleistung**

Wirbelströme in magnetisierbaren Kernen erzeugen Ummagnetisierungsverluste. Sie sind nach Abb. 5-233 proportional zur magnetisierten Masse und steigen mit dem Quadrat der Frequenz f, der Flussdichte B und der der **Lamellenstärke s**. Um die Ummagnetisierungsverluste klein zu halten, werden Eisenkerne lamelliert. Wie dünn die Lamellen sein müssen, soll nun berechnet werden.

Die Formel zur Berechnung der massenbezogenen Wirbelstromverluste P.Wrb/m.Fe finden wir beim Stahl-Informations-Zentrum. Ihre Ableitung erfolgt im Anschluss.

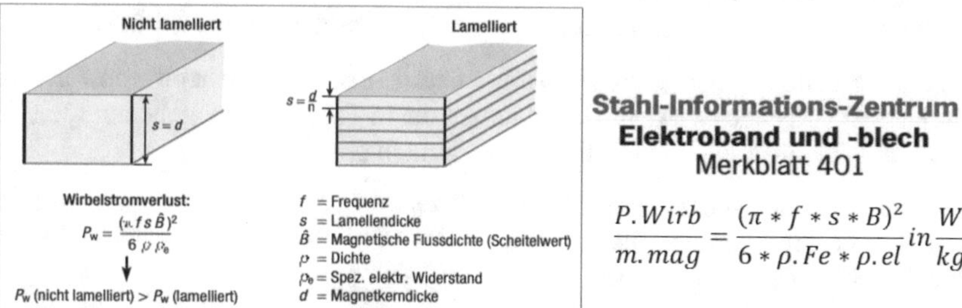


**Abb. 5-233 Berechnung der massebezogenen Wirbelstromverluste P.Wrb/m.Fe in lamellierten Blechen**

In Absch. 5.6.3 wird gezeigt, dass die Blechstärke s von Eisenkernen ihre magnetische Grenzfrequenz f.mag bestimmt. Gl. 5-128 hat zeigt, dass mit s auch die massenspezifischen Eisenverluste festliegen.

**Gl. 5-128 die massenspezifischen Kernverluste**

$$\frac{P.Wirb}{m.Fe} = \frac{(\pi * f * s * B)^2}{6 * \rho.Fe * \rho.el} \dots in \frac{W}{kg}$$

In Abb. 5-239 berechnen wir sie für Dynamoblech.

**Kernabmessungen und Wirbeldurchmesser s**

Um Wirbelstromleistungen mit Gl. 5-128 berechnen zu können, muss bekannt sein, wie groß der Wirbelstromdurchmesser s ist. Das soll nun gezeigt werden.

Zeitlich wechselnde **magnetische Felder B(t)** umgeben zirkulierende **elektrische Felder E(t).** Sie erzeugen in elektrisch leitenden Materialien umlaufende Ladungen, genannt Wirbelströme.

Abb. 5-234 zeigt die

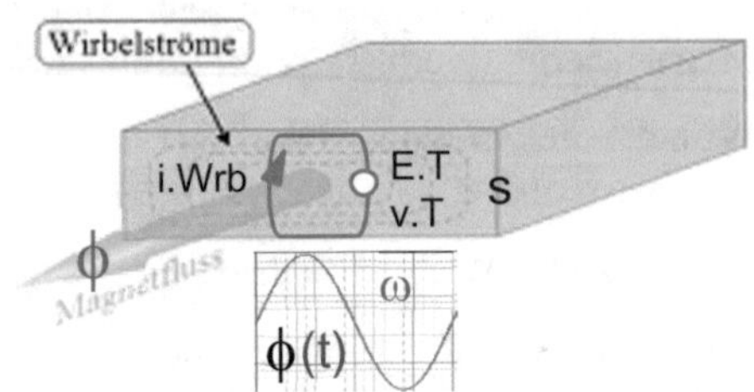


**Abb. 5-234 Entstehung von Wirbelströmen und den Wirbeldurchmesser s**

Wirbel sind Kreisströme mit einem Durchmesser d. Die kleinste **Kantenlänge s** des Eisenkerns begrenzt den Wirbeldurchmesser. d ist so groß wie möglich, denn nur dann haben Wirbel die niedrigste Energie und Frequenz. Möglich sind nur Wirbel mit d.Wrb=s.

*Der Wirbeldurchmesser s*
*ist die kürzeste Kantenlänge in einem ferromagnetischen Kern.*

Beispiel: E-Kern

**Abb. 5-235** zeigt die für die Grenzfrequenz relevanten Dimensionen eines E-Kerns:

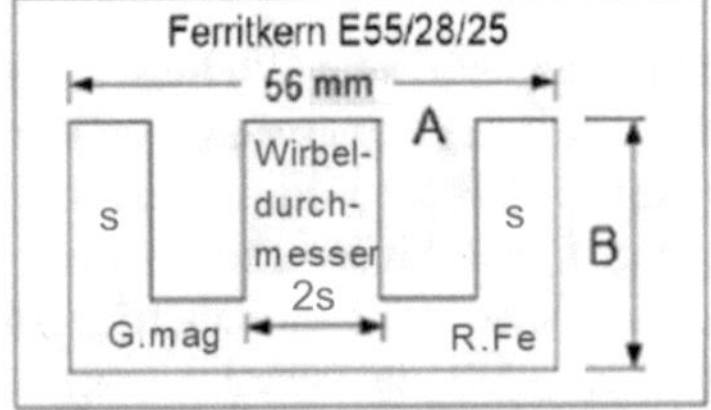


**Abb. 5-235 die geometrischen Daten eines E-Kerns, dessen Grenzfrequenz f,gr gesucht wird**

In Bd.2, Teil 2, Kap. 1.5.3 wurden **Filter mit Ferritperlen** berechnet. Sie sind sehr hochohmig und haben Kantenlängen s unter 1mm. Damit wurden Grenzfrequenzen von fast 1GHz erreicht. Das reicht, um höherfrequentes Rauschen zu unterdrücken.

Im Folgenden sollen **Wirbelstromleistungen und -grenzfrequenzen** von ferromagnetischen Kernen berechnet werden. Dazu werden die in Tab. 3-6 angegebenen spezifischen elektrischen Widerstände ρ.el und die Massendichten ρ.me benötigt.

Bei Ferriten sind der spezifische Widerstand ρ.el und die Permeabilität μ frei wählbar. Bei Eisenkernen sind diese Eigenschaften minimal und nicht wählbar.

Nun soll noch die Gl. 5-128 zur Berechnung der **massenspezifischen Wirbelstromleistung** abgeleitet und durch einen Anwenderblock simuliert werden.

**Tab. 5-17 Materialkonstanten magnetisierbarer und nichtmagnetisierbarer Kerne**

| spezifischer Widerstand $\rho_{el}$ | | $\frac{\Omega \cdot mm^2}{m} = \mu\Omega \cdot m$ | $\rho_{me}$ Dichte kg/lit |
|---|---|---|---|
| Kupfer | Cu | 0,018 μΩm | 8.9 |
| Aluminium | Al | 0,028 μΩm | 2.7 |
| Eisen | Fe | 0,1 μΩm | 7.7 |
| Ferrite | | 0,1Ωm....>1MΩm | 2...5 |

**Die Ableitung der massenbezogenen Wirbelleistung** erfolgt durch das Maxwell'sche Induktionsgesetz, (entdeckt um 1870) durch den schottischen Physiker **James Clerk Maxwell.** Die Berechnung der massenspezifischen Wirbelleistung P.spez soll nach Gl. 5-128 aus dem **Maxwell'schen Induktionsgesetz** (Gl. 5-129) abgeleitet werden.

**Gl. 5-129 Tangentialfeldstärke nach dem Maxwell'schen Induktionsgesetz**

$$E.T(t)=B(t)\cdot v.T$$

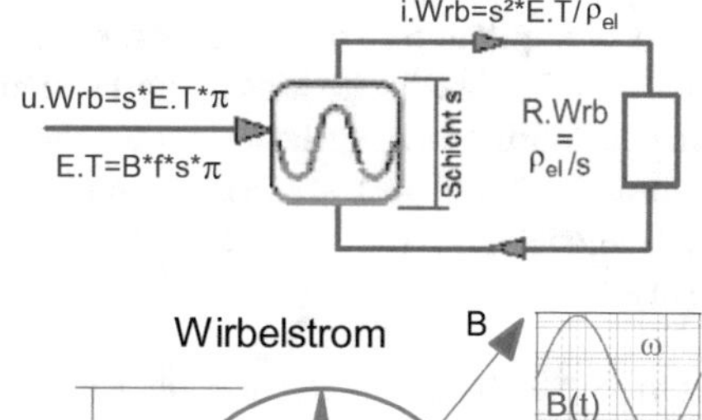


**Abb. 5-236 Wirbelstrom-Ersatzschaltung**

Abb. 5-237 berechnet die **tangentiale elektrische Feldstärke E.T=u.T/Umf,** mit **Umf=π·s** und **u.T=ω·ϕ** aus der **Tangentialgeschwindigkeit v.T=ω·s** rotierender Ladungen.

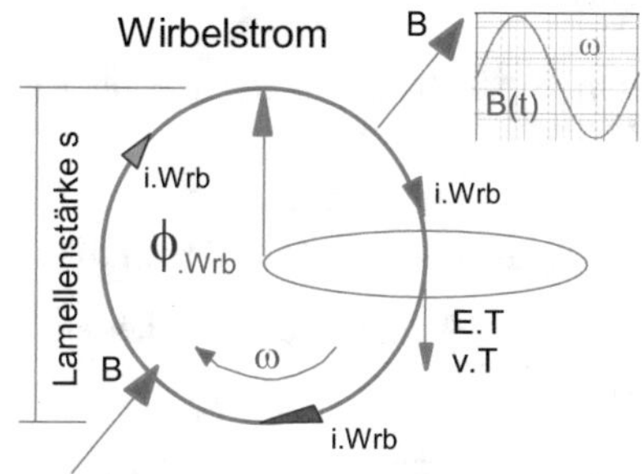


**Abb. 5-237 ein Wirbelwürfel mit den zur Berechnung des Wirbelstroms benötigten Messgrößen**

Abb. 5-237 zeigt, dass wechselnde magnetische Flussdichten B(t) im Abstand r=s/2 von **tangentialen elektrischen Feldstärken E.T** in **konzentrischen Kreisen** umgeben sind. Abb. 5-237 zeigt die Berechnung ihrer **Tangentialfeldstärke E.T=ω·ϕ/π·s.**

Die **tangentiale Feldstärke E(t)** erzeugt in elektrisch leitenden Materialien auf dem Wirbelumfang Umf=π·s die Wirbelspannung u.Wrb=E.T·U. u.Wrb und der Wirbelwiderstand R.Wrb=ρ.el·U/A.Wrb in der Wirbelfläche A.Wrb=s² des Wirbelwürfels bestimmen den **Wirbelstrom i.Wrb=u.Wrb/R.Wrb**.

Die folgende Gl. 5-130 zeigt, dass die massenspezifische Wirbelleistung P.spez quadratisch von E.T abhängt:

**Gl. 5-130 Berechnung der massenspezifischen Wirbelstromleistung**

$$P.spez=\frac{P.Wrb}{m.Fe}=\frac{u.Wrb^2/R.Wrb}{\rho.me*A*U}=\frac{(E.T*U)^2}{\rho.me*(A*U)*\rho.el*U/A}=\frac{E.T^2}{\rho.me*\rho.el}$$

Nun ist nur noch anzugeben, wie die **Tangentialfeldstärke E.T=B·v.T** von der **Flussdichte B,** der **Frequenz f** und der **Schichtstärke s** abhängen. Mit der v.T=ω·s/2 und der Kreisfrequenz ω=2π·f ergibt dies die gesuchte

**Gl. 5-128 massenspezifische Wirbelstromleistung**

$$P.spez=\frac{P.Wrb}{m.Fe}=\frac{E.T^2}{\rho.me*\rho.el}=\frac{(\pi*B*f*s)^2}{\rho.me*\rho.el}$$

Nach Gl. 5-128 steigt die massenspezifische Wirbelstromleistung quadratisch mit der Frequenz f und der Lamellen- oder Kernstärke s an.

**Berechnung der Wirbelstromverluste mit einem Anwenderblock**

Gl. 5-128 ist die Grundlage zur Berechnung von Wirbelstromverlusten. Sie wird hier auf zwei technisch besonders wichtige ferromagnetische Materialien angewendet werden:

**Ferrite und Dynamoblech ≈ Elektroblech = Trafoblech.**

In den Kapiteln 6 (Transformatoren) und 7 (Bd. 4/7, Elektrische Maschinen) sollen die Wirbelstromverluste berechnet werden. Damit dies kompakt geschieht, erzeugen wir für Gl. 5-128 einen Anwenderblock.

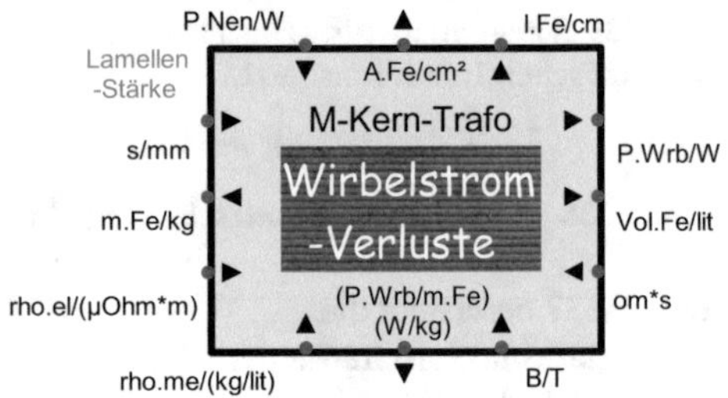


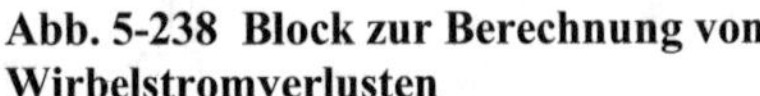

**Abb. 5-238 Block zur Berechnung von Wirbelstromverlusten**

**Die letzte Struktur dieses Abschnitts**

Abb. 5-239 zeigt die Einzelheiten des Anwenderblocks von Abb. 5-238:

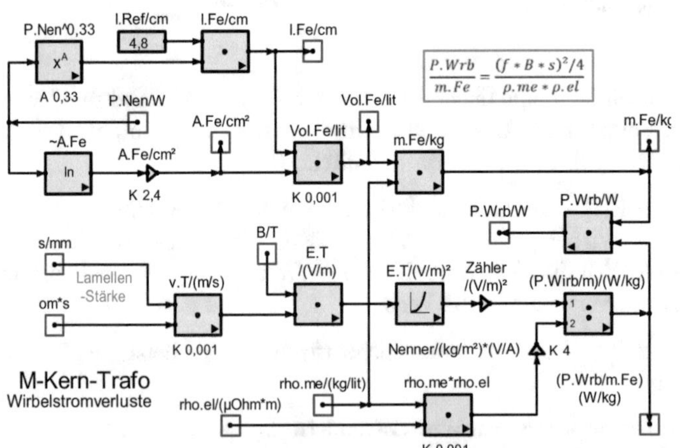


M-Kern-Trafo
Trafoblech

| | |
|---|---|
| (I.LS/I.Fe)/% | 0,6 |
| (P.Wrb/m.Fe) (W/kg) | 31,201 |
| (P.Wrb/P.Nen)/% | 70,305 |
| A.Fe/cm² | 13 |
| B.Nen/T | 1 |
| f.Netz/Hz | 50 |
| I.LS/mm | 1,3164 |
| m.Fe/kg | 2,2533 |
| P.Nen/W | 100 |
| P.Wrb/W | 70,305 |
| rho.el/(µOhm*m) | 0,1 |
| rho.me/(kg/lit) | 7,9 |
| s/mm | 1 |

**Abb. 5-239 Die Blockstruktur zur Berechnung der Wirbelstromverluste zeigt die dazu benötigten Parameter. – rechts: die Messwerte für eine Blechstärke s=1mm**

Der hier berechnete Wert der massenspezifischen Verluste von 31W/kg ist meist zu hoch. Deshalb werden dünnere Blechstärken als s=1mm angeboten. Das Minimum ist 0,35mm.

Zahlenwerte:

Nach Gl. 5-128 reduzieren sich die Verluste mit $s^2$ - z.B. auf $(0{,}35mm/1mm)^2=12\%$, hier also von 31W/kg auf 3,8W/kg.

**Zur magnetischen Grenzfrequenz**

Die spezifischen Eisenverluste von Trafokernen können mit Tab. 6-4, Spalten 2, 3, & 4 berechnet werden. Nach Gl. 5-128 kann von ihnen auf die Blechstärke s geschlossen werden. Die Kenntnis von s wiederum ermöglicht durch Gl. 5-150 die Berechnung der magnetischen Grenzfrequenz f.mag des Eisenkerns. Wir berechnen sie in Absch. 5.6.3.

### 5.6.2 Der elektromagnetische Wirkungsgrad

Der Wirkungsgrad η=P.ab/P.zu - mit der zugeführten Leistung P.zu=P.ab+P.Verl - ist das Maß für die Verlustarmut eines Systems. Bei der Entwicklung muss η berechnet werden, um es optimieren zu können. Bei der Realisierung muss η gemessen werden, um die Berechnungen zu überprüfen. Beides soll hier am Beispiel elektrischer Spulen gezeigt werden.

Abb. 5-240 zeigt, wie der gesamte Wirkungsgrad η.ges durch Messung des Primärstroms im Leerlauf und bei Nennlast gemessen werden kann:

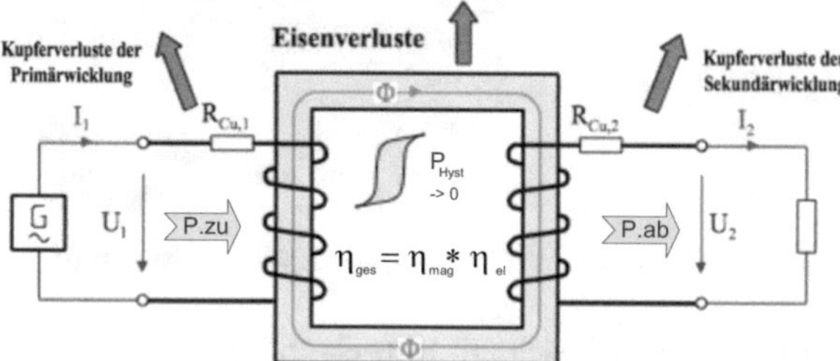


Quelle: http://elektronik-kurs.net/elektrotechnik/primar-und-sekundarstrom-spannung-windungsverhaltnis-leistung/

**Abb. 5-240 Der gesamte Wirkungsgrad einer Spule oder eines Transformators kann als Produkt zweier partieller Wirkungsgrade geschrieben werden: η.ges= η.mag· η.el.**

Zu zeigen ist, wie der gesamte Wirkungsgrad η.ges bei Transformatoren auf einfache Weise (d.h. ohne Leistungsmesser) ermittelt werden kann. Die Erklärungen zu den folgenden Berechnungen magnetischer Wirkungsgrade finden Sie in Kap. 5.3.1 ‚Spulen-Kurzfassung'.

**Die partiellen Wirkungsgrade**

Bei Spulen können Verluste auf dreierlei Arten entstehen: elektrisch, magnetisch und durch Streuung des magnetischen Flusses ϕ. Deshalb ist der gesamte Wirkungsgrad das Produkt dieser drei Anteile:

**Gl. 5-131 partieller und gesamter Wirkungsgrad** $\eta.ges = \eta.el * \eta.mag * \eta.Streu$

1. η.el: elektrisch durch den Spulenstrom und den Wicklungswiderstand R.W
2. η.mag bei Wechselstrom durch Wirbelströme und die periodische Ummagnetisierung der Hysterese des ferromagnetischen Kerns
   - In Absch. 5.5.3 wurde die Hystereseleistung P.Hyst~f berechnet. Sie ist bei hartmagnetischen Kernen besonders groß. Bei weichmagnetischen Kernen kann sie vernachlässigt werden.
   - In Absch. 5.6.1 wurde die Wirbelstromleistung P.Wrb~$f^2$ berechnet. Bei weich-magnetischen Kernen ist P.Hyst gegen die Wirbelstromverluste vernachlässigbar.
3. η.Streu durch die magnetische Streuung: Diesen Fall behandeln wir in Absch. 6.1.3 beim Thema ‚Kontaktlose Energieübertragung' und in Kap. 6.2.5 ‚Übertrager mit Streuung'. Bei Netztrafos gehen wir zunächst von vernachlässigbarer Streuung aus. Dann ist η.Streu=1.

**Zum gesamten Wirkungsgrad einer Spule mit Eisenkern**
Die Wirkungsgrade von Netztrafos beginnen bei kleinen Nennleistungen um 10VA bei 70% und erreichen bei Nennleistungen über 100VA Werte von über 90%.

Abb. 5-241 zeigt den

**Abb. 5-241 Vergleich der Wirkungsgrade elektromagnetischer Wandler als Funktion der Nennleistung P.Nen als Maß der Baugröße**

Quelle: http://www.energie.ch/bessere-antriebe

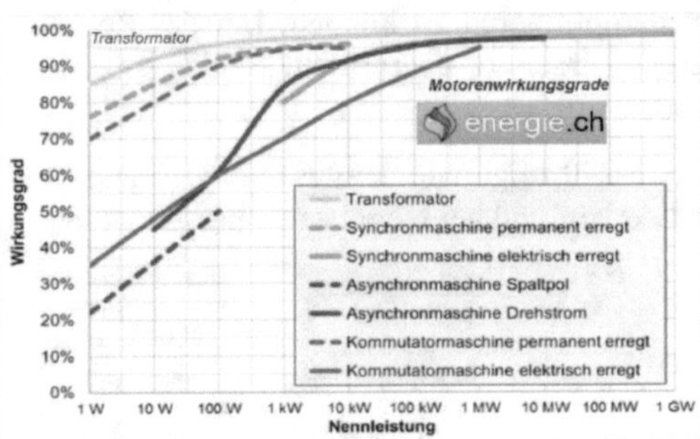


Zum Vergleich zeigt Tab. 5-18 die Wirkungsgrade anderer Systeme:

**Tab. 5-18 Wirkungsgrade im Vergleich mit Hinweis auf ihre Simulation**

| Maschinen und Geräte | Strukturbildung und Simulation ... | https://de.wikipedia.org/wiki/Wirkungsgrad | | η/% |
|---|---|---|---|---|
| Dampfmaschine | Simulierte Regelungstechnik | chemisch | mechanisch | 3–44 |
| Ottomotor | Bd. 2, Tei.2, Kap. 4 | chemisch | mechanisch | 35–40 |
| Elektromotor | Bd. 4 | elektrisch | mechanisch | 94–99,5 (> 90) |
| Generator | Bd. 4 | mechanisch | elektrisch | 95–99,3 |
| Hochsp-Gleichstr-Übertr (HGÜ) | Bd. 2 | elektrisch | elektrisch | 95 |
| Lautsprecher | Bd. 6, Kap 11 | elektrisch | akustisch | 0,1–40, typ. 0,3 |
| LED (sichtb. Licht) | Bd. 5, Kap. 8 | elektrisch | elektromagn. | 5–25 |
| Schaltnetzteil | Bd. 3, Kap. 5 | elektrisch | elektrisch | 50–95 |
| Transformator | Bd. 3, Kap. 6 | elektrisch | elektromagn. | 50–99,7 |

Die **Hystereseleistung** haben wir in Kap. 5.5.4 behandelt. Dort wurde sie zur Materialerwärmung genutzt. Hier sollen nur **weichmagnetische Kerne** z.B. für die im nächsten Abschnitt behandelten Transformatoren verwendet werden. Dann sind die Hystereseverluste gegen die elektrischen und magnetischen Verluste vernachlässigbar.

Daher werden hier nur die elektrischen und magnetischen Verluste in Spulen berücksichtigt. Das tun wir durch die partiellen Wirkungsgrade η.el für die elektrischen Verluste und η.mag für die magnetischen Verluste.

**Berechnung des elektromagnetischen Wirkungsgrads**
Weil die Spulenverluste den Wirkungsgrad η bestimmen (gemessen oder gefordert), wird η zur Dimensionierung von Spulen benötigt. Hier soll gezeigt werden, wie η aus partiellen Wirkungsgraden (elektrisch, magnetisch) berechnet werden kann.

Die partiellen Wirkungsgrade η.el und η.mag entstehen durch die elektrische Verlustleistung P.V;el und die magnetische Leistung P.mag.

η.el für die elektrischen Verluste und η.mag für die magnetischen Verluste

**Gl. 5-132 elektr. Partialwirkungsgrad**

$$\eta.el = \left(1 - \frac{P.V;el}{P.Nen}\right)$$

**Gl. 5-133 magn. Partialwirkungsgrad**

$$\eta.mag = \left(1 - \frac{P.mag}{P.Nen}\right)$$

Wenn η.mag = 1 wäre, wäre die zur Leistungsübertragung erforderliche Magnetisierungsleistung gleich null. Dann könnte ein kleiner Kern beliebig große Leistungen verlustfrei übertragen. Bei realen Spulen und Transformatoren liegt der Gesamtwirkungsgrad bei 90%. Weil sie sich multiplizieren, liegen der magnetische und der elektrische Wirkungsgrad über 90%.

**Zu den elektrischen Verlusten**
Für gleichmäßige Erwärmung einer Spule gilt: **Kupferverluste ≈ Eisenverluste.** Der Wicklungswiderstand R.W einer Spule bestimmt die Kupferverluste: $P.Verl = R.W \cdot i.Spu^2$. Durch R.W kann die Gleichheit der elektrischen und magnetischen Verluste eingestellt werden. Davon wird in Kap. 6 ‚Transformatoren' noch die Rede sein.

**Der Wirkungsgrad im Nennbetrieb**
Der Wirkungsgrad einer Spule hängt von ihrer Auslastung ab. Sie ist im **Nennbetrieb** maximal. Deshalb ist zu klären, was darunter zu verstehen ist.

Zur **Messung** des gesamten Wirkungsgrades muss eine Spule Wirkleistung übertragen.

Dazu benötigt man eine zweite, gleichartige Spule auf dem Eisenkern. Das System bildet einen Transformator mit Primär- und Sekundärseite (Die Berechnung folgt im nächsten Abschnitt).

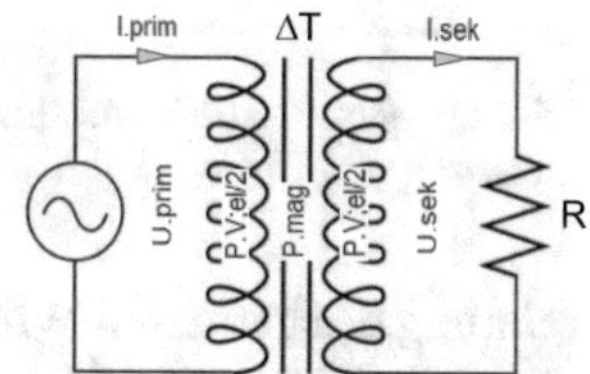


**Abb. 5-242 Transformator (Trafo) mit Eisenkern**

Zur Ermittlung des magnetischen Wirkungsgrades η.mag eines Transformators misst man den **Leerlaufstrom I.0** und den **Spulenstrom I.Nen** bei maximal zulässiger Erwärmung der Spulen (innen ca. 60K und außen ca. 30K).

Zur Messung des gesamten Wirkungsgrades wird die Sekundärspule eines Trafos durch einen Widerstand R reell belastet. Zur Ermittlung des **Nennbetriebs** stellt man R so ein, dass der Kern seine **zulässige Erwärmung ΔT.zul** erreicht. Dann fließt primärseitig der der Nennstrom I.Nen, während die Sekundärspannung von U.0 im Leerlauf auf U.Nen absinkt.

**Der magnetische Verlustfaktor**
Mit η.ges kann der gesamte Wirkungsgrad η.ges nach Gl. 5-135 berechnet werden. Aus η.ges folgt nach Gl. 5-138 näherungsweise der magnetische Wirkungsgrad η.mag.

Gl. 5-134 zeigt

**Gl. 5-134 die messtechnische Ermittlung des magnetischen Verlustfaktors**

$$1-\eta.mag=\frac{P.mag}{P.Nen}=\frac{I.mag}{I.Nen}\rightarrow\ \eta.mag=1-\frac{I.0}{I.Nen}=1-\frac{U.Nen}{U.0}$$

In Gl. 5-134 ist

- der Leerlaufstrom auch der Magnetisierungsstrom: I.mag=I.0. Bei **verlustarmen** Spulen - von denen hier ausgegangen wird - ist I.0<<I.Nen.
- Dann ist die Leerlaufspannung U.0 etwas größer als die Nennspannung U.Nen.

Zahlenwerte:
Gemessen werden I.Nen=500mA und I.0 = I.mag=30mA → η.mag=94% → η.ges = 88%

Abb. 5-243 zeigt den annähernd linearen Zusammenhang zwischen Nennleistung und Baugröße (Volumen) bei Netztrafos und ihre Wirkungsgrade.

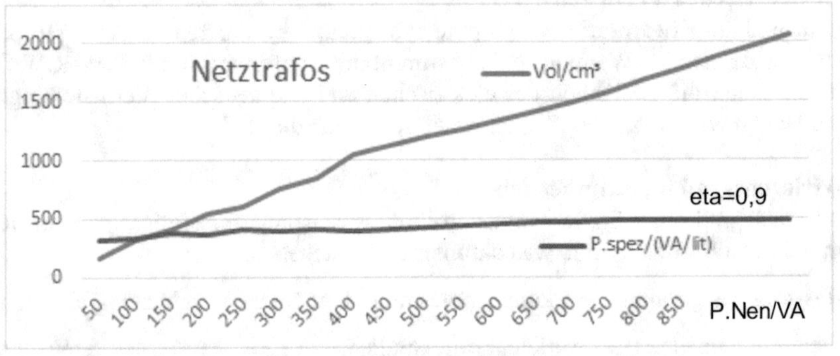


**Abb. 5-243 gemessene Volumina und Wirkungsgrade von Netztrafos als Funktion der Nennleistung**

**Berechnung des gesamten Wirkungsgrades einer Spule**
Der gesamte Wirkungsgrad η.ges ist das Produkt der partiellen Wirkungsgrade η.el und η.mag. Das zeigt Gl. 5-135.

**Gl. 5-135 der Wirkungsgrad einer Spule: links die Definition und rechts die Berechnung aus dem elektrischen und magnetischen partiellen Wirkungsgrad**

$$\eta.ges=\frac{P.Nen}{P.Nen+P.V;el+P.mag}\approx\eta.el*\eta.mag$$

Ob die Näherung von Gl. 5-135 für geringe Verluste stimmt, überprüft man dadurch, dass man Gl. 5-132 und Gl. 5-133 in Gl. 5-135 einsetzt und die Multiplikation ausführt.

### Messung des Wirkungsgrades einer Spule

Zur Ermittlung des Wirkungsgrades müsste eigentlich die **Leistungsaufnahme** des Trafos bei **Nennlast** (d.h. bei maximal zulässiger Erwärmung ΔT≈30K) gemessen werden.

Einfacher ist es jedoch, die **Trafoströme** I.1;0 im Leerlauf und I.1;Nen bei Nennlast zu messen. Bei verlustarmen Transformatoren (wovon hier ausgegangen wird) unterscheiden sich die sekundäre Nennspannung und die Leerlaufspannung nur geringfügig. Dann ist der gesamte Wirkungsgrad das Verhältnis der Messgrößen I.1;Nen und I.1;0.

**Gl. 5-136 Messung des gesamten Wirkungsgrades**

$$\eta.ges = \frac{P.1;0}{P.Nen} = \frac{I.1;0}{I.1;Nen}$$

Abb. 5-244 zeigt die Struktur zur Berechnung der Wirkungsgrade einer Spule aus den im Leerlauf und bei Nennlast gemessenen Spulenströmen.

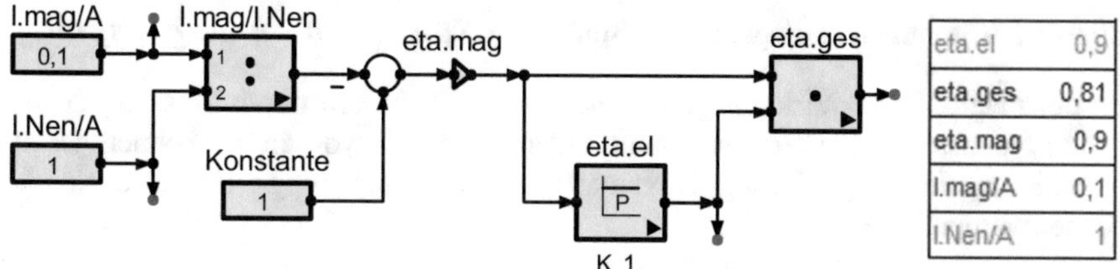


**Abb. 5-244 Berechnung zur Messung der partiellen und des gesamten Wirkungsgrades einer Spule**

### Der optimale elektromagnetische Wirkungsgrad

Für minimale Baugröße einer Spule ist $\boldsymbol{\eta.mag = \eta.el}$. Bei der Planung von Spulen ist das ist der angestrebte Fall, denn dann sind die **Erwärmungen** von Spule und Kern etwa gleich groß.

Der optimale Fall

- lässt sich bei Eisenkernen nach Gl. 5-151 durch die **Lamellenstärke** s Absch. 5.6.5) und
- bei Spulen durch den **Wicklungswiderstand** R.W=P.V;el/I.Nen² (Absch. 6.2.3.2) einstellen.

Bei P.V;el=P.mag ist der gesamte Wirkungsgrad η.ges das Quadrat des magnetischen Wirkungsgrades.

**Gl. 5-137 der optimale Spulenwirkungsgrad**

$$\eta.ges;opt = \eta.mag^2$$

Wenn der **gesamte Wirkungsgrad η.ges** bei einer bestimmten **Betriebsfrequenz f** der Spule z.B. durch den Hersteller gemessen worden ist, errechnet sich aus Gl. 5-137 der

**Gl. 5-138 partielle magnetische Wirkungsgrad**

$$\boldsymbol{\eta.mag \approx \sqrt{\eta.ges}}$$

Zahlenwerte: gemessen η.ges = 0,88 → η.mag = 0,94

Bei idealen Spulen wäre η.mag = 1. Dann wäre die zur Übertragung beliebig hoher Leistungen erforderliche Magnetisierungsleistung gleich null.

**Zur Messung magnetischer Wirkungsgrade**
Hier interessiert zunächst die Berechnung der Eisenverluste P.Fe - bzw. ihr Anteil der Nennleistung P.Nen, die ein Kern übertragen kann. Je höher P.Fe/P.Nen, desto stärker erwärmt sich ein Eisenkern im Betrieb und desto schlechter ist sein

**Gl. 5-139 magnetischer Wirkungsgrad** $$\eta.mag = 1 - P.Fe/P.Nen$$

Entsprechend gilt für den

**Gl. 5-140 elektrischen Wirkungsgrad** $$\eta.el = 1 - P.el/P.Nen$$

Die Eisenverluste bzw. Kernverluste sind nur der Anteil der Verluste des Magnetkerns einer Induktivität. Zu den Gesamtverlusten einer Induktivität müssen noch die Kupferverluste addiert werden. Wenn die Kupferverluste der Spule durch den Wicklungswiderstand R.W genauso groß wie die Eisenverluste gemacht worden sind (was oft der Fall ist), ist η.el=η.mag. Dann wird ist der

**Gl. 5-141 Gesamtwirkungsgrad einer Spule** $$\eta.Spu = \eta.el * \eta.mag \approx \eta.mag^2$$

Wenn der magnetische Wirkungsgrad $\eta.mag = 1 - I.0 / I.Nen$ durch Messung des Leerlauf- und Nennstroms bei Nennspannung U.Nen ermittelt worden ist, können damit die Magnetisierungsleistung P.mag=U.Nen·i.0 und Nennleistung P.Nen=U.Nen·I.Nen berechnet werden.

**Gl. 5-142 Blindleistung und Wirkungsgrad** $$P.mag = P.Blind = P.Nen * (1 - \eta.mag)$$

**Gl. 5-143 Wirkleistung** $$P.Wirk = P.Blind/(1 - \eta.mag)$$

Ohne magnetische Verluste wäre η.mag=1. Dann ginge P.mag→0 und P.Nen→∞.

**Kontaktlose Ladestationen** (Wireless-Charging-Systems) sind eine Anwendung, bei der der magnetische Wirkungsgrad wichtig ist.

Zu Abb. 5-415:

Magnetische Induktion überträgt elektrische Leistung magnetisch resonant:

Der Wirkungsgrad steigt mit geringem Abstand zwischen Gerät und Ladeeinrichtung.

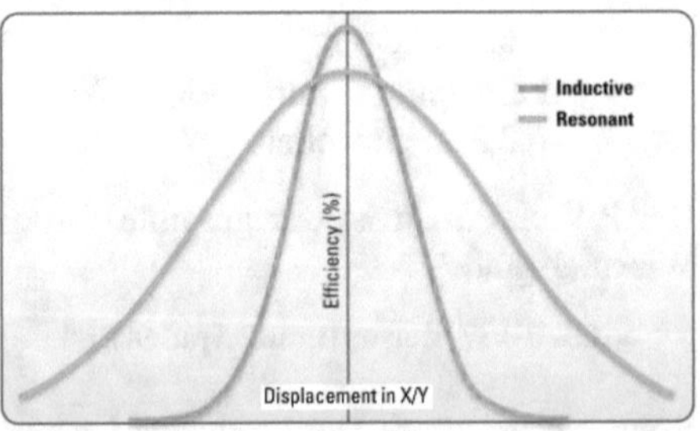


Quelle: https://www.all-electronics.de/wireless-charging-wird-zunehmend-populaerer/

Wir behandeln das Thema in Absch. 5.8.2 ‚Elektromagnetische Energie und Leistung'.

### 5.6.3 Magnetische Grenzfrequenz

Bisher wurde die Magnetisierung von Spulen- und Trafokernen nur statisch betrachtet. Deshalb gilt die Permeabilität μ.max (Anfangssteigung der Magnetisierungskennlinie) nur für den Gleichstrombetrieb. Meistens werden Spulen jedoch mit Wechselstrom betrieben. Deswegen soll in diesem Abschnitt untersucht werden, wie schnell (bzw. langsam) sich ferromagnetische Kerne ummagnetisieren lassen.

Um magnetisierbare Materialien an ihre Aufgabe anpassen zu können, muss bekannt sein, wie hoch ihre **Grenzfrequenz f.mag (in Hz)** bzw. ihre **Grenzkreisfrequenz ω.mag=2π·f.mag (in rad/s)** ist. Dazu geben die Hersteller von Ferritkernen gemessene Frequenzkennlinien an. Magnetische Amplitudengänge werden halb- und doppellogarithmisch dargestellt. Abb. 5-245 zeigt je ein Beispiel:

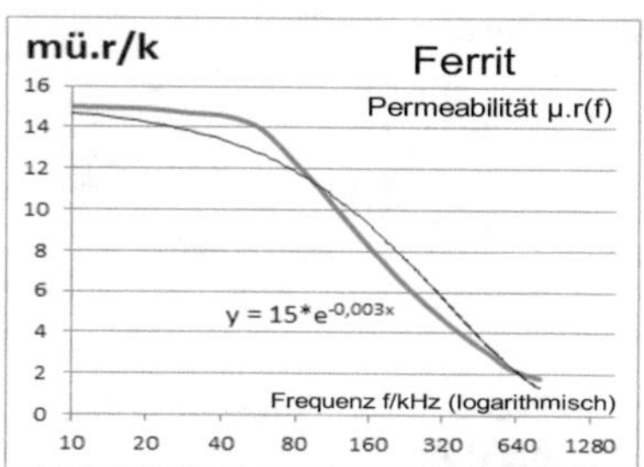


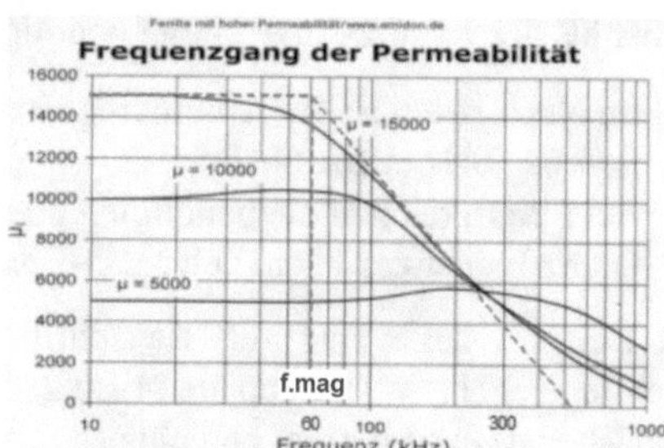


http://www.amidon.de/contents/de/d641.html

**Abb. 5-245 magnetische Amplitudengänge eines Ferritkerns – links linear, rechts doppellogarithmisch (Bode-Diagramm): Die magnetische Grenzfrequenz lässt sich im Bode-Diagramm am genauesten durch das Anlegen von Tangenten bestimmen.**

Ferromagnetische Kerne haben eine **obere Grenzfrequenz f.mag**, die ihre Verwendbarkeit einschränkt. f.mag liegt bei Ferriten im MHz-Bereich und bei Eisen im Hz-Bereich. Ursache sind die in Absch. 5.6.1 behandelten Wirbelströme. Sie lassen sich bei **Blechkernen** durch **Lamellierung** klein halten, was die Grenzfrequenz f.mag bis über 100Hz erhöht. Nur dann sind Trafos für die Netzfrequenz von 50Hz geeignet.

Bei Blechkernen, die vorzugsweise für Transformatoren verwendet werden, fehlt die Angabe von Frequenzgängen. Deshalb soll hier berechnet werden, wie ihre Grenzfrequenzen von der Form des Kerns (Querschnitt A.Fe, magnetische Länge l.Fe) und seinen Materialeigenschaften (magnetisch die Permeabilität μ, elektrisch der spezifische Widerstand $\rho$.el) abhängen.

Ummagnetisierungen sollen im Zeit- und Frequenzbereich simuliert werden:

- Im Zeitbereich werden Einschaltvorgänge dargestellt. Dann beschreibt die **magnetische Zeitkonstante T.mag** die Verzögerung, mit der der magnetische Fluss ϕ auf- und abgebaut wird.
- Im Frequenzbereich wird die Änderung des magnetischen Flusses durch Frequenzgänge beschrieben. Die **magnetische Grenzfrequenz ω.mag=1/T.mag** beschreibt die Grenzgeschwindigkeit, mit der dies möglich ist.

**Zur Beweglichkeit der Weiß'schen Bezirke**
In Absch. 5.1.1 haben wir gezeigt, dass sich die Elementarmagnete ferromagnetischer Materialien zu Clustern (Haufen) zusammentun, die Weiß'sche Bezirke genannt werden. Im Wechselstrombetrieb wird ihre Ausrichtung periodisch geändert. Das kostet Zeit (T.mag nach Gl. 5-144).

Bei hohen Frequenzen macht sich die Trägheit der Weiß'schen Bezirke bemerkbar. Dadurch haben ferromagnetische Materialien eine obere Grenzfrequenz f.mag.

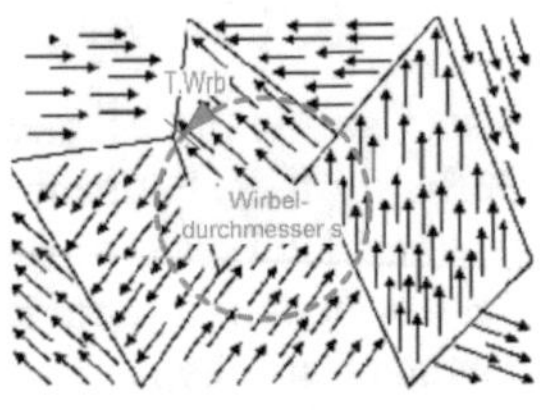


**Abb. 5-246 die Rotation Weiß' scher Bezirke**

Die Ummagnetisierung der Weiß'schen Bezirke in ferromagnetischen Kernen kostet Zeit. Je länger sie ist, desto kleiner wird die magnetische Grenzfrequenz f.mag. Sie muss immer größer als die von der Anwendung benötigte Arbeitsfrequenz f.max sein.

- Im Netzbetrieb ist die Arbeitsfrequenz in Europa 50Hz (USA 60Hz).
- Bei Filtern reichen die benötigten oberen Grenzfrequenzen bis in den MHz-Bereich.

Ein Beispiel dazu sind die Rauschfilter der Satellitentechnik. Wir haben sie in Bd.2, Teil 2, beim Thema ‚Ferritperlen' berechnet.

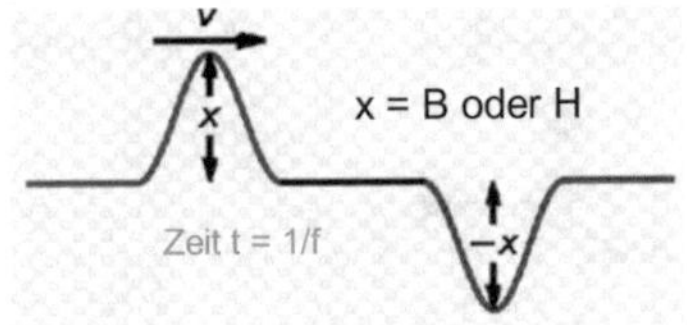


**Abb. 5-247 Ummagnetisierung braucht Zeit**

Deshalb ist hier zu klären, wie die Grenzfrequenz ferromagnetischen Kerne vom Material und ihren Abmessungen abhängt. Warum die magnetische Grenzfrequenz umso größer wird, je kleiner ein Kern ist, zeigen wir nun.

**Magnetische Systeme im Zeit- und Frequenzbereich**
Magnetkerne haben nur einen Energiespeicher. Deshalb können sie als System 1.Ordnung simuliert werden. Zu ihrer Berechnung wird die magnetische Zeitkonstante T.mag benötigt. Das zeigt Abb. 5-248:

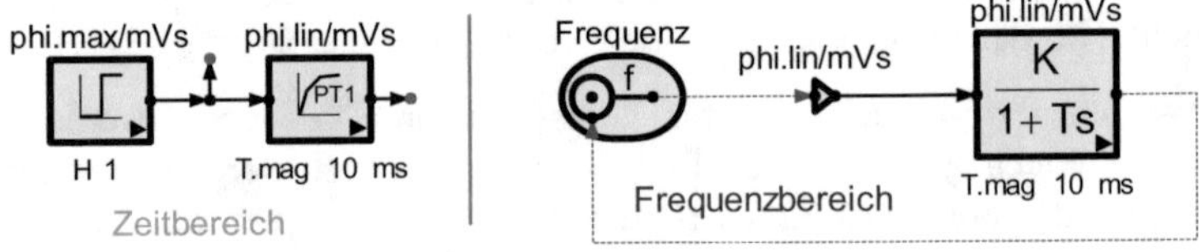


**Abb. 5-248 Simulation der magnetischen Trägheit - im Zeitbereich als Verzögerung und im und Frequenzbereich als Tiefpass**

- Die Zeitkonstante **T.mag ist das Maß für die Langsamkeit** eines Systems.
- Die Grenzfrequenz **ω.mag=1/T.mag ist das Maß für die Schnelligkeit** eines Systems.

Zur Berechnung magnetischer Frequenzgänge |F.mag|(ω) nach Abb. 5-248 wird ω.mag gebraucht. Nachfolgend soll gezeigt, wie magnetische Grenzfrequenzen

- aus gemessenen Frequenzkennlinien ermittelt werden und
- wie sie aus den Abmessungen von Spulenkernen und der Permeabilität des ferromagnetischen Materials berechnet werden.

**Berechnung magnetischer Zeitkonstanten T.mag**

Abb. 5-245 hat gezeigt, dass zur dynamischen Berechnung magnetischer Systeme ihre Zeitkonstante T.mag benötigt wird. Deshalb soll nun gezeigt werden, wie sie aus dem magnetisierbaren Material und seinen Abmessungen berechnet werden kann. Mit diesem Wissen wird es möglich sein, ferromagnetische Kerne für geforderte Grenzfrequenzen zu bauen und zu beschaffen.

Spulen aus einer Induktivität L und einem Widerstand R haben die **elektrische Zeitkonstante T.el=L/R** und die Induktivität **L=N²·G.mag**. Bei ferromagnetischen Kernen ist die Windungszahl N=1. Deshalb ist ihre Windungsinduktivität gleich dem magnetischen Leitwert **G.mag=μ·A.Fe/l.Fe**. Darin ist μ=μ.0·μ.r der spezifische magnetische Leitwert, genannt Permeabilität (siehe Absch. 5.2.4). Dann ist die

**Gl. 5-144 magnetische Zeitkonstante** $$T.mag = G.mag/R.Fe = 1/\omega.mag$$

Der **elektrische Widerstand** eines Eisenkerns ist **R.el=ρ.el·l.Fe/A.Fe=ρ.el/k.geo**. Darin ist ρ.el der spezifische elektrische Widerstand des ferromagnetischen Kerns (siehe Tab. 5-17). Den Quotienten aus dem magnetischen Querschnitt A.Fe und der mittleren magnetischen Länge nennen wir den **Geometriefaktor k.geo=A.Fe/l.Fe**.

Damit können wir magnetische Zeitkonstanten berechnen:

**Gl. 5-145 magnetische Zeitkonstante**
$$T.mag = \frac{G.mag}{R.el} = \frac{\mu.max * A.Fe/l.Fe}{\rho.el * l.Fe/A.Fe} = EMB * k.geo^2$$

Gl. 5-145 ist das Produkt aus einem Materialfaktor EMB und dem Quadrat des bereits definierten **Geometriefaktors k.geo**. Der Materialfaktor wurde zur **elektromagnetischen Beweglichkeit EMB** zusammengefasst:

**Gl. 5-146 Definition der elektromagnetischen Beweglichkeit** $$EMB = \mu.max/\rho.el$$

Gl. 5-145 besagt: Magnetische Zeitkonstanten steigen

1. proportional zur elektromagnetischen Beweglichkeit EMB=μ.max/ρ.e und
2. quadratisch mit der Geometriekonstante k.geo=A.Fe/l.Fe.

**Spezielle magnetische Grenzfrequenzen**

Als Beispiele für Gl. 5-145 sollen die Grenzfrequenzen von zwei typische Spulenkernen aus Trafoblech und Ferrit berechnet werden. Gl. 5-147 zeigt noch einmal die zu berechnende

**Gl. 5-147 magnetische Grenzkreisfrequenz**
$$\omega.mag = \frac{1}{T.mag} = \frac{\rho.el}{\mu.max} * \left(\frac{l.Fe}{A.Fe}\right)^2$$

Dazu müssen deren **Geometriekonstanten k.geo=A.Fe/l.Fe** zumindest näherungsweise bestimmt werden. Danach fehlt nur noch die Auswahl des Kernmaterials mit den Eigenschaften ρ.el und ρ.max.

Die Daten von Ferritkernen finden Sie dazu bei der
Fa. BLINZINGER ELEKTRONIK GMBH unter https://www.blinzinger-elektronik.de/fileadmin/Daten/PDF/Ferritkerne/Datenblatt_Ferritkerne_E100_60_28.pdf

**Die Grenzfrequenz eines Blechkerns**

Nach Gl. 5-145 sind die Zeitkonstanten magnetisierbarer Kerne umgekehrt proportional zu ihrem elektrischen Widerstand. Blechkerne sind sehr niederohmig. Entsprechend groß ist ihre Zeitkonstante und klein ihre Grenzfrequenz. Das soll jetzt am Beispiel ‚Dynamoblech gezeigt werden.

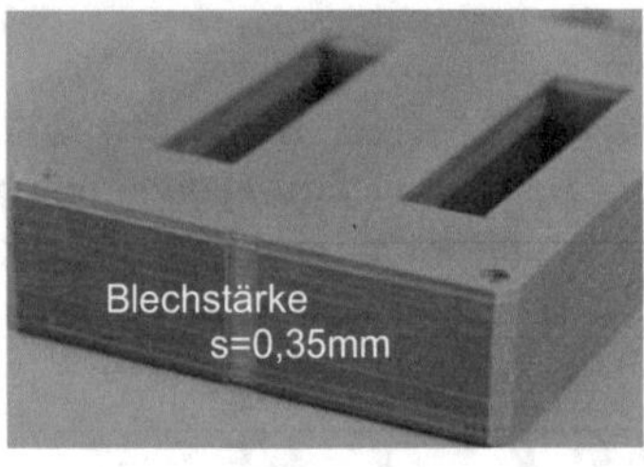


**Gl. 5-148 der Geometriefaktor eines Blechkerns**

M-Kern aus lamelliertem Blech

$$k.geo = A.Fe/l.Fe = s/4$$

**Abb. 5-249 links ein Blechkern, oben sein Geometriefaktor**

Die **Geometriekonstante** eines Blechstreifens ist k.geo=A.Fe/l.Fe=s/4. Bei Lamellen mit der Stärke s ist s der Durchmesser der Wirbelfläche A.Fe=$s^2 \cdot \pi/4$ und l.Fes·μ ist die Wirbellänge. Damit erhält man Gl. 5-148.

Wenn das Kernmaterial und die Lamellenstärke s bekannt sind, können die magnetische Zeitkonstante und Grenzfrequenz nach Gl. 5-145 und Abb. 5-250 berechnet werden:

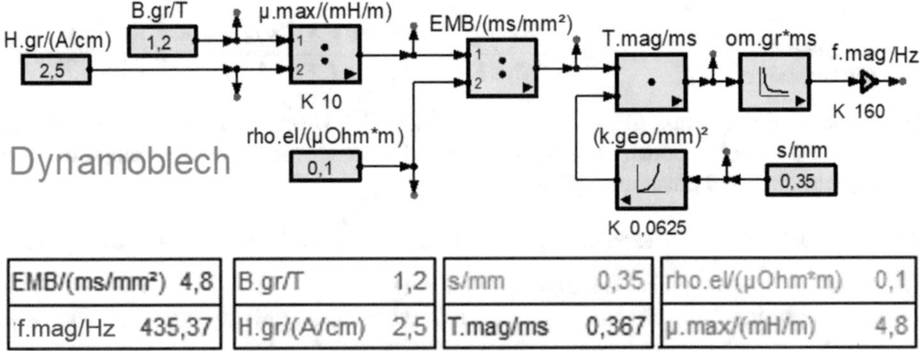


**Abb. 5-250 die Zeitkonstante und Grenzfrequenz von Dynamoblech**

Abb. 5-251 zeigt die Verringerung der Grenzfrequenz von Dynamoblech mit steigender Lamellenstärke s.

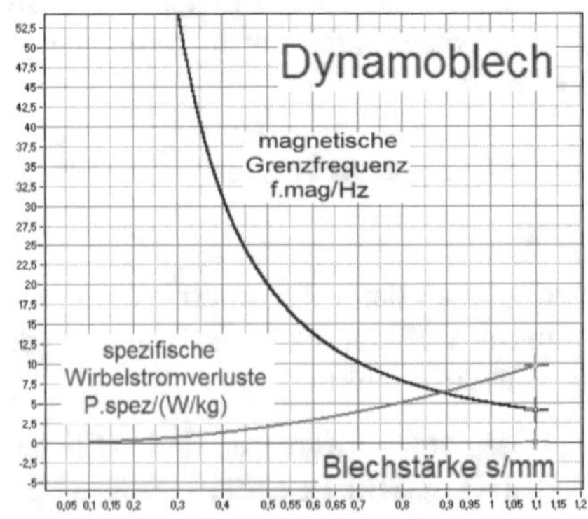


**Abb. 5-251 Grenzfrequenz und Leistungsdichte von Dynamoblech**

Fazit:

Abb. 5-250 hat gezeigt, dass mit Dynamoblech nur dann Grenzfrequenzen über 50Hz (Netzfrequenz) erreicht werden, wenn es deutlich dünner als 1mm ist.

**Die Grenzfrequenz eines Ferritkerns**

Ferritkerne lassen sich nahezu beliebig hochohmig herstellen. Entsprechend klein wird ihre magnetische Zeitkonstante und groß ihre Grenzfrequenz. Das soll nun anhand eines typischen Beispiels gezeigt werden. Abb. 5-252 zeigt ...

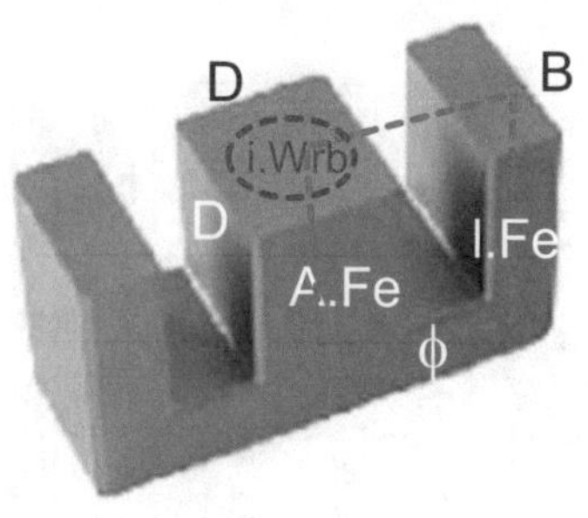


**Gl. 5-149 Geometriefaktor eines Kompaktkerns**

M-Kern aus ferromagnetischem Vollmaterial

$$k.geo = \frac{A}{l} = \frac{D^2}{2 * B}$$

**Abb. 5-252 links ein Kompaktkern, oben sein Geometriefaktor: Der Wirbeldurchmesser D=s ist auch der Wirbeldurchmesser s.**

Die **Geometriekonstante** eines M-Kerns mit der Stegweite D und der Kernbreite B ist k.geo=A.Fe/l.Fe=D²/2B, denn die Wirbelfläche A.Fe≈d² und die Wirbellänge l.Fe≈2B. Damit erhält man Gl. 5-149.

Abb. 5-253 zeigt die Berechnung der ...

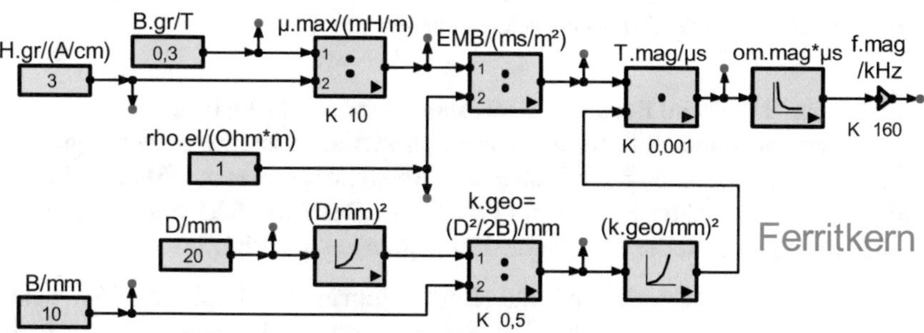


**Abb. 5-253 Zeitkonstante und Grenzfrequenz eines Ferritkerns**

Abb. 5-254 zeigt den entgegengesetzten Verlauf von

**Abb. 5-254 Grenzfrequenz und Leistungsdichte von Ferritkernen**

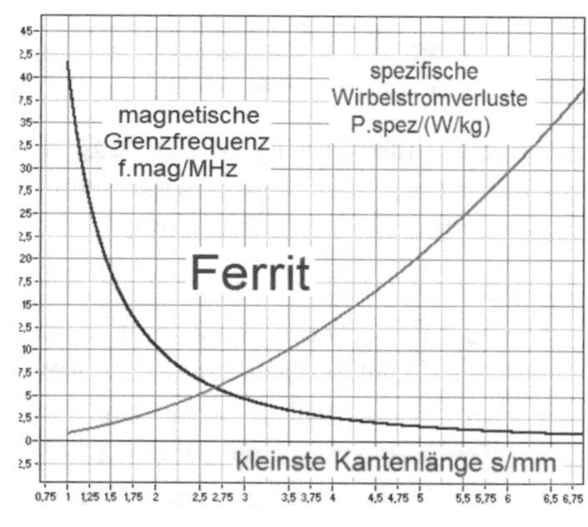


Fazit:
Mit hochohmigen Ferritkernen lassen sich Grenzfrequenzen bis weit in den MHz-Bereich realisieren.

In Bd.2, Teil 2, Kap. 1.5.3 haben wir gezeigt, dass mit Ferritperlen (s<1mm) sogar **Rauschfilter bis zu fast 1GHz** gebaut werden.

**Simulierte magnetische Frequenzgänge**

Ferromagnetische Materialien sind einfache Energiespeicher. Daraus folgt, dass sie bei dynamischer Beanspruchung eine obere **Grenzfrequenz f.mag** haben.

Abb. 5-255 zeigt den mit Abb. 5-248 berechneten Frequenzgang von Dynamoblech:

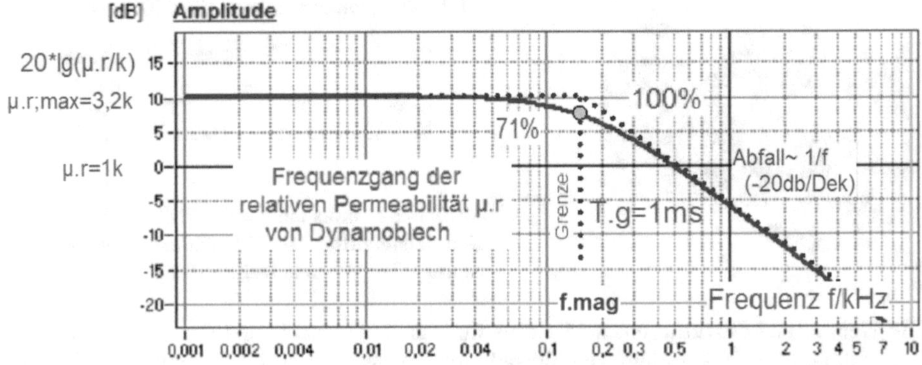


**Abb. 5-255 Ferromagnetische Kerne sind ein Tiefpass 1.Ordnung. Ihr Kennzeichen ist die Anfangspermeabilität µ.max und eine Grenzfrequenz f.mag. µ.max ist die Anfangssteigung der Magnetisierungskurve (Abb. 5-264). f.mag muss, sofern sie nicht vom Ferrithersteller angegeben ist, aus der Kernstärke s berechnet werden.**

**Das doppellogarithmische Permeabilitätsdiagramm (Bode-Diagramm)**

Für den Anwendungsbereich ferromagnetischer Materialien ist ihre Grenzfrequenz f.mag von entscheidender Bedeutung. Deshalb geben Hersteller gemessene Frequenzkennlinien der Permeabilität µ.r(f) ihrer Ferrite an (Tab. 5-19). Der Anwender muss wissen, wie er daraus die Daten gewinnt, die er für seine Berechnungen benötigt.

Am einfachsten zu interpretieren sind **Bode-Diagramme** (Abb. 5-255), denn die Grenzfrequenz f.mag zeigt sich durch den Schnittpunkt der Asymtoten an den Anfangs- und den Endverlauf. Hier werden relative Permeabilitäten 20·lg(µ/µ.0) in dB angegeben.

Zahlenwerte:
Zur Grenzfrequenz f.mag=59kHz gehört die Grenzkreisfrequenz ω.gr=2π·f.g=0,377/µs und die Zeitkonstante **T.mag=1/ω.gr=2,7µs**.

Die Grenzfrequenz **f.mag ist das Maß für die Schnelligkeit** eines Systems. Im doppellogarithmischen Maßstab ist sie der Schnittpunkt der Tangente an den Anfangsverlauf und der Asymptote an den Endverlauf.

Angewendet wird sie

- in Bd. 2, Teil 1, Kap. 3.10.4 zur Berechnung einer **Induktionsheizung** (Abb. 5-211) für Frequenzen bis zu 30kHz
- in Bd. 2, Teil 2, Kap. 1.5.3 bei **Ferritperlen als Rauschfilter** mit Grenzfrequenzen bis über 100MHz
- in Absch. 5.6.4 bei einer **Ferritantenne** für Frequenzen bis zu 150MHz (UKW)

### 5.6.4 Ferritkerne

Ferritkerne bestehen aus gebackenem und gesintertem, ferromagnetischen Vollmaterial. Durch Zusätze (Tab. 5-20) können sie in weiten Grenzen hoch- oder niederohmig hergestellt werden. Wie Gl. 5-150 zeigt, ist Hochohmigkeit des Kernmaterials die Voraussetzung für hohe magnetische Grenzfrequenzen.

Besonders in der **Hochfrequenz(HF)technik** treten hohe Wirbelstromverluste auf (P.Verl~f, Simulation in Absch. 5.6.1). Um sie zu minimieren, werden für Übertrager Kerne benötigt, die magnetisch gut und elektrisch schlecht leiten. Diese Eigenschaften besitzen Ferrite. Das sind **Eisenoxid-Keramiken** mit speziellen, magnetisch gut leitenden Zusätzen.

Ferrite (Abb. 5-256) sind pulverförmige Eisenoxidverbindungen mit folgenden Eigenschaften:

1. Sie sind ähnlich gut magnetisierbar wie Dynamoblech. Die **Sättigungsflussdichten B.Sat** von Ferriten betragen ca. 1/3 derjenigen von Dynamoblech (B.Sat≈0,4T).
2. Sie können durch Pressen und Sintern in **beliebigen Formen** hergestellt werden.
3. Sie sind zunächst Isolatoren, können aber durch leitende Zusätze gezielt zu **schlechten elektrischen Leitern** gemacht werden.

Im Gegensatz zu Elektroblech sind hochohmige Ferrite sehr schnell ummagnetisierbar. Deshalb können sie bis in den UKW-Bereich (Hochfrequenz HF, bis weit über 1MHz) eingesetzt werden.

Durch den Herstellungsprozess werden Ferrite hart- oder weichmagnetisch gemacht.

- Hartmagnete mit **Koerzitivfeldstärken H.C** über **100kA/cm** werden als Dauermagnete angeboten. Wir simulieren sie in Bd. 3/7, Kap. 5.6.
- Weichmagnetische Ferrite mit Koerzitivfeldstärken um **10A/cm** werden zum Bau von Spulen benötigt, z.B. für HF-Transformatoren und Entstördrosseln in Schaltnetzteilen (Abb. 5-167). Ihre Analyse und Dimensionierung sind Themen in diesem Kapitel.

Bei **Ferritringen** bewirkt der **elektrische Widerstand R.Fe** die **Dämpfung** elektrischer Schwingungen.

Quelle: http://www.amidon.de/index.html

**Abb. 5-256 Ferritformen der Fa. amidon: Eisenpulverringkerne werden für schmalbandige Anwendungen verwendet, Ferritringkerne dagegen für breitbandige.**

Wir beginnen das Thema ‚Ferritkerne' mit typischen Anwendungen.

## I. Ferromagnetische Kerne ohne Sättigung

Wenn Kerne bei kleinen Feldstärken betrieben werden (H<H.gr=B.gr/μ.max), können sie linear berechnet werden. Wie die dazu angegebenen technischen Daten verwendet werden, soll hier gezeigt werden.

Alle ferromagnetischen Kerne gehen bei zu hohen Feldstärken in Sättigung. Diesen Fall simulieren wir im nächsten Punkt II.

**Tab. 5-19 technische Daten für Ferrite der Fa. Ferroxcube**

| Ferrite material | $\mu_i$ at 25 °C | $B_{sat}$ (mT) at 25 °C (1200 A/m) | $T_C$ (°C) | $\rho$ ($\Omega$m) | Ferrite type | Main application area | Datasheets |
|---|---|---|---|---|---|---|---|
| 3B1 | 900 | ≈ 380 | ≥ 150 | ≈ 0.2 | MnZn | EMI-suppression, Tuning, EMI-filters | 3B1.pdf |
| 3C11 | 4300 | ≈ 390 | ≥ 125 | ≈ 1 | MnZn | | 3C11.pdf |
| 3E5 | 10000 | ≈ 380 | ≥ 125 | ≈ 0.5 | MnZn | | 3E5.pdf |
| 3E6 | 12000 | ≈ 390 | ≥ 130 | ≈ 0.1 | MnZn | | 3E6.pdf |
| 3E25 | 6000 | ≈ 390 | ≥ 125 | ≈ 0.5 | MnZn | | 3E25.pdf |
| 3E26 | 7000 | ≈ 430 | ≥ 155 | ≈ 0.5 | MnZn | | 3E26.pdf |
| 3E27 | 6000 | ≈ 430 | ≥ 150 | ≈ 0.5 | MnZn | | 3E27.pdf |
| 3S1 | 4000 | ≈ 400 | ≥ 125 | ≈ 1 | MnZn | | 3S1.pdf |
| 3S3 | 350 | ≈ 320 | ≥ 225 | ≈ $10^4$ | MnZn | | 3S3.pdf |
| 3S4 | 1700 | ≈ 320 | ≥ 110 | ≈ $10^3$ | MnZn | | 3S4.pdf |

FERROXCUBE

Quelle: https://www.ferroxcube.com/en-global

In Tab. 5-19 stehen Ferrite mit folgenden Eigenschaften zur Wahl:
1. spezifische elektrische Widerstände $\rho$.el von 0,2Ωm bis 10k Ωm
2. relative Permeabilitäten μ.r=900 bis 1700
3. Sättigungsflussdichten von 0,32T bis 0,43T (Linearitätsgrenze B.gr ≈ 0,7·B.Sat).

Wenn die Berechnung die Eingabe der Grenzfeldstärke H.gr=B.gr/μ verlangt, kann sie durch die Angaben in Punkt 2 und 3 mit μ=μ.0·μ.r berechnet werden.

Die Struktur zur Berechnung der **Anfangspermeabilität μ.max=B.gr/H.gr** wurde in Abb. 5-250 angegeben. Als Eingaben benötigt sie zwei Herstellerangaben:
die Sättigungsflussdichte **B.Sat≈1,4·B.gr** und die Koerzitivfeldstärke **H.C≈2·H.gr**.

Typische Grenzfeldstärken und Permeabilität von Ferriten:

B.Sat≈0,4T → B.gr≈0,3T und H.C≈20A/cm → **H.gr≈10A/cm**
→ **μ.max≈3mH/m=μ.0·μ.r.** Mit **μ.0μ≈1,3μH/m** wird **μ.r≈2,3k**

Daraus wird im Bode-Diagramm (Abb. 5-255) der Anfangswert 20dB·lg(2300)=90dB.

**Die Parameter magnetischer Frequenzgänge**

Zur Berechnung magnetischer Frequenzgänge nach Abb. 5-248 benötigt man
- die magnetische Grenzfrequenz f.mag nach Gl. 5-150
- mit der kleinsten Kantenlänge s des magnetisierbaren Kerns.

Die zugehörigen Berechnungen sollen nun simuliert werden.

Magnetische Grenzfrequenzen werden nach Gl. 5-150 berechnet:

**Gl. 5-150 die magnetische Grenzfrequenz**

$$f.mag = \frac{\rho.el/\mu.max}{\pi * s^2}$$

Abb. 5-257 zeigt die Berechnung der magnetischen Grenzfrequenz f.mag eines ferromagnetischen Kerns aus massivem Ferrit:

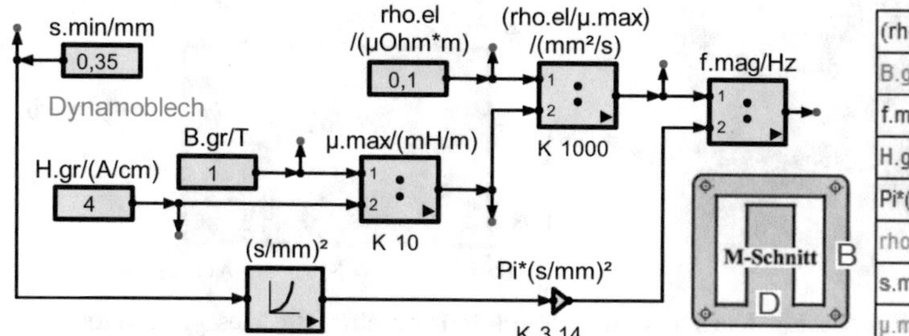


| (rho.el/µ.max) /(mm²/s) | 40 |
|---|---|
| B.gr/T | 1 |
| f.mag/Hz | 103,99 |
| H.gr/(A/cm) | 4 |
| Pi*(s/mm)² | 0,38465 |
| rho.el /(µOhm*m) | 0,1 |
| s.min/mm | 0,35 |
| µ.max/(mH/m) | 2,5 |

**Abb. 5-257 Berechnung der magnetischen Grenzfrequenz nach Gl. 5-150**

Abb. 5-258 zeigt, dass s umso kleiner werden muss, je höher die geforderte magnetische Grenzfrequenz f.mag ist.

Aus Gl. 5-150 folgt die Berechnung der kleinsten Kantenlänge s (=Wirbeldurchmesser) zu einer geforderten Grenzfrequenz f.mag.

**Gl. 5-151 Kernstärke (Grenzfrequenz)**

$$s = \sqrt{\frac{\rho.el/\mu.max}{\pi * f.mag}}$$

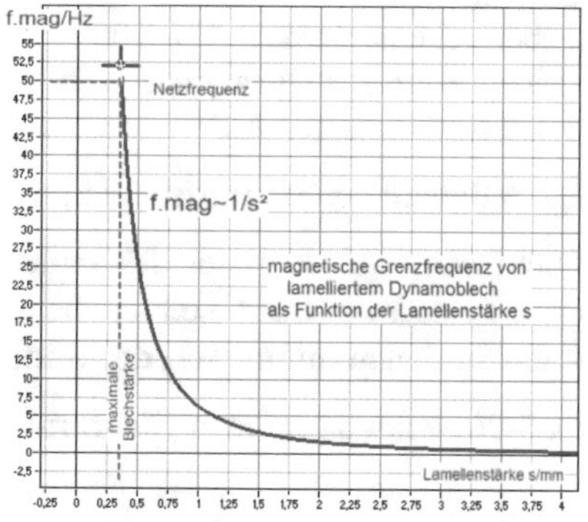


**Abb. 5-258 magnetische Kantenlänge s**

Abb. 5-259 zeigt die ...

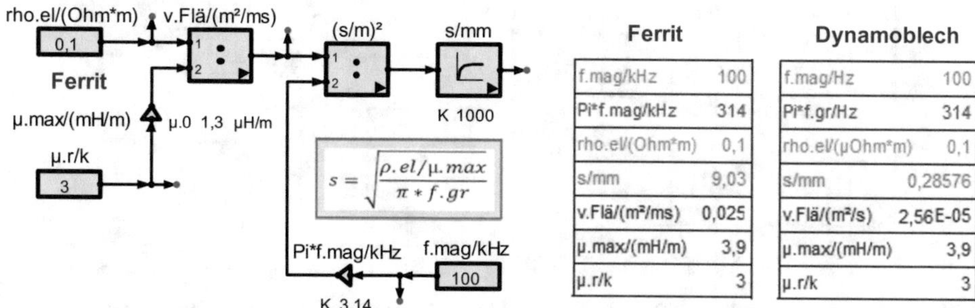


$$s = \sqrt{\frac{\rho.el/\mu.max}{\pi * f.gr}}$$

**Ferrit**

| f.mag/kHz | 100 |
|---|---|
| Pi*f.mag/kHz | 314 |
| rho.el/(Ohm*m) | 0,1 |
| s/mm | 9,03 |
| v.Flä/(m²/ms) | 0,025 |
| µ.max/(mH/m) | 3,9 |
| µ.r/k | 3 |

**Dynamoblech**

| f.mag/Hz | 100 |
|---|---|
| Pi*f.gr/Hz | 314 |
| rho.el/(µOhm*m) | 0,1 |
| s/mm | 0,28576 |
| v.Flä/(m²/s) | 2,56E-05 |
| µ.max/(mH/m) | 3,9 |
| µ.r/k | 3 |

**Abb. 5-259 Berechnung der magnetischen Kantenlänge s(f.mag) nach Gl. 5-151**

Ein extremes Beispiel dazu sind die in Bd. 2, Kap. 1.5.3 berechneten Ferritperlen (Rauschfilter für den GHz-Bereich).

## II. Ferromagnetische Kerne mit Sättigung

Gegeben sei ein ferromagnetischer Kern nach Abb. 5-260, der durch zu hohe Durchflutungen $\theta$=N·iSpu=H·l.Fe in die magnetische Sättigung gefahren wird. Er soll für den Betrieb einer Spule mit Wechselstrom berechnet werden.

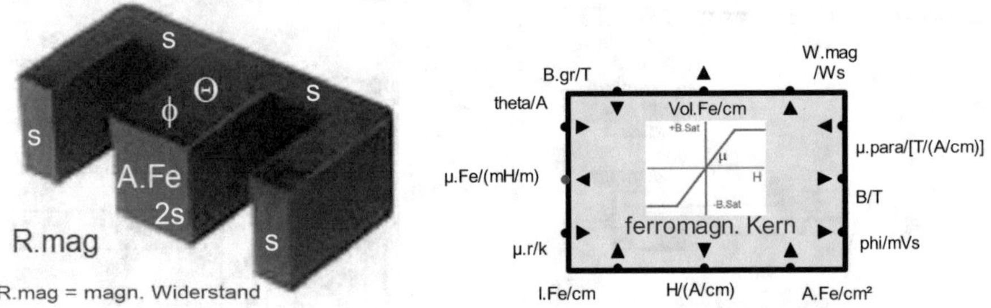


**Abb. 5-260 ferromagnetischer Kern aus massivem Ferrit - rechts: die Messgrößen und Parameter**

Zahlenwerte:
Gegeben sei eine Spule mit N=100
mit einem Kern aus Dynamoblech (B.gr=1A, μ.para=0,01T/(A/cm) und μ.r;ferro=3k) und den Abmessungen A.Fe=16cm² und l.Fe=24cm.

Eingestellt wird der Spulenstrom i.Spu von 0 bis 4A mit der Frequenz f=50Hz.

Gesucht werden als Funktion des Spulenstroms i.Spu

- die Feldstärke H und die Flussdichte B
- die Spulenspannung u.L, der Blindwiderstand X.L und die Durchflutung $\theta$.

Abb. 5-261 zeigt dazu die mit der Struktur von Abb. 5-262 berechneten Kennlinien:

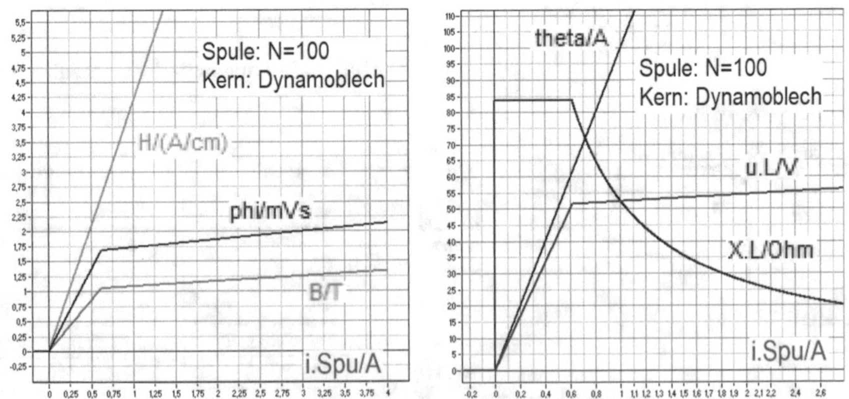


**Abb. 5-261 die mit Abb. 5-262 berechneten Messgrößen einer Spule mit Eisenkern, der durch zu hohe Ströme in die Sättigung gefahren wird: Wenn Sättigung eintritt, steigt die induzierte Wechselspannung kaum noch an und der Blindwiderstand X.L geht gegen null.**

Abb. 5-262 zeigt die Berechnung der Messgrößen eines ferromagnetischen Kerns aus massivem Ferrit durch einen Anwenderblock:

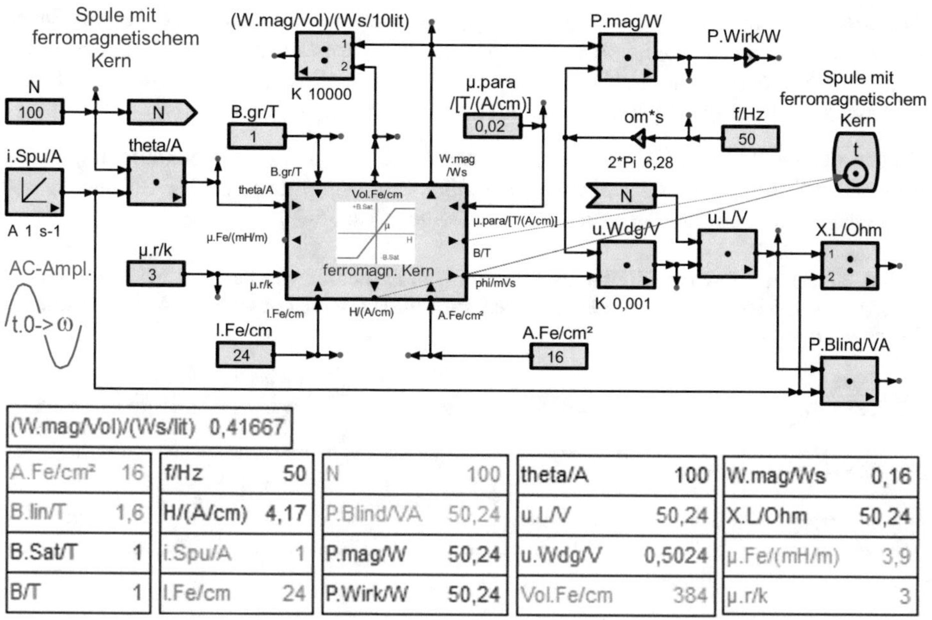


**Abb. 5-262 Berechnung eines übersteuerten ferromagnetischen Kerns und der durch ihn induzierten Spannungen**

Abb. 5-263 zeigt die interne Struktur des Blocks ‚ferromagnetischer Kern':

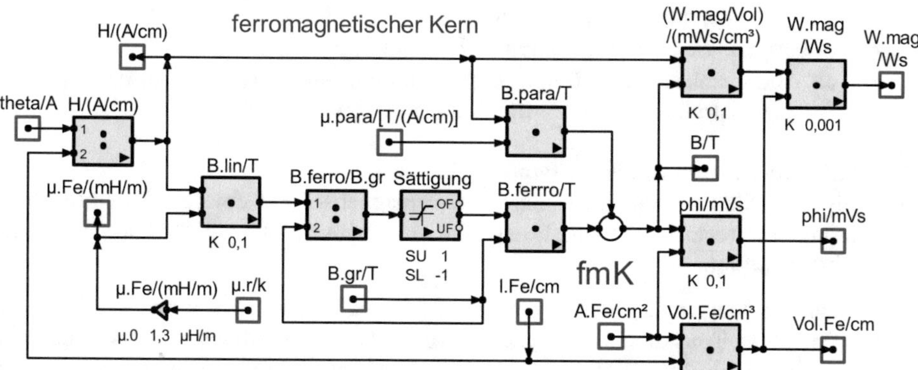


**Abb. 5-263 Der Block ‚ferromagnetischer Kern' in Abb. 5-262 berechnet die magnetischen Messgrößen auch bei Sättigung.**

#### 5.6.4.1 *HF-Abschirmung durch Ferritkerne*

**Mu-Metall** (μ-Metall, englisch *permalloy*) ist eine weichmagnetische Nickel-Eisen-Legierung (ca. 75-80 % Nickel) hoher magnetischer Permeabilität, die zur Abschirmung von Magnetfeldern und zur Herstellung der ferromagnetischen Kerne von Signalübertragern, magnetischen Stromsensoren und Stromwandlern eingesetzt wird.

Wegen des Skineffekts (Bd. 2, Teil 2, Absch. 1.5.3.5) werden bei Koaxialleitungen nur dünne Kupferfolien zur Abschirmung benötigt. Zur Dämpfung von HF-Störungen legt man einen Ferritkern um die Versorgungsleitungen (Tab. 5-20).

**Tab. 5-20 relative Permeabilitäten und Sättigungsflussdichten von Ferriten bei tiefen Frequenzen bis 10kHz und höheren Frequenzen um 100kHz: Erreicht werden Werte bis zum 30-fachen der Permeabilität von Eisen.**

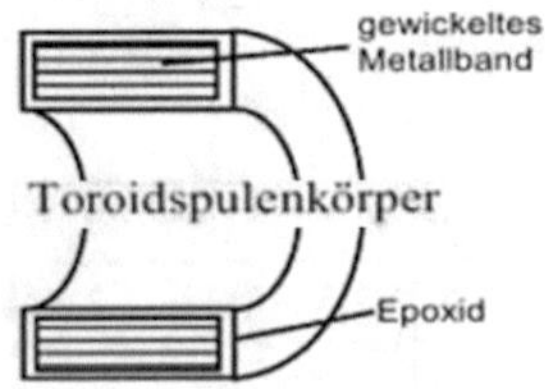


Nanokristalline Magnetmaterialien

| Werkstoff | Permeabilität $\mu_r$ 10 kHz / 100kHz | Sättigung $B_S$ [T] 25°C/100°C | Max. Anwendungs-temperatur [°C] |
|---|---|---|---|
| NANOPERM | 100.000 / 20.000 | 1,2 / 1,18 | 180 |
| | 80.000 / 28.000 | 1,2 / 1,18 | 180 |
| | 30.000 / 20.000 | 1,2 / 1,18 | 180 |
| Ferrit E37 | 15.000 / 12.000 | 0,38 / 0,21 | 95 |
| Ferrit T38 | 10.000 / 10.000 | 0,38 / 0,23 | 95 |

**Anwendungsgebiete für Mu-Metalle**

- als magnetoresistives Element bei Festplattenköpfen
- als Kernmaterial für Transformatoren, Stromwandler und Stromsensoren
- in Form dünner Bleche als Material zur Abschirmung von magnetischen Störfeldern in elektronischen Geräten: Dabei haben die Abschirmungen typische Wanddicken von 1-2 mm.
- in Formen wie Bechern, Röhren und Schläuchen
- als Abschirmhauben für Magnetköpfe, Monitor-Bildröhren, Becher für KfZ-Anzeigeinstrumente und Abschirmungen in Tonbandgeräten

**Kennlinien und Daten von Mu-Metallen**

Nachfolgend sollen die Grenzfrequenzen ferromagnetischer Kerne als Funktion ihrer Abmessungen berechnet werden. Dazu wird die Permeabilität μdB/dH als Materialeigenschaft benötigt.

Wir zeigen die Magnetisierungskurven von modernen Ferriten, um einen Vergleich zu dem hier oft als Beispiel dienenden Dynamoblech zu haben. Dieses hat, wie das Nanoperm auch, eine maximale Flussdichte von etwa 1T, benötigt dafür aber eine Feldstärke von etwa 3A/cm. Daraus ergibt sich eine relative Permeabilität von 3000. Ferrite können ein Vielfaches davon besitzen. Dies bedeutet größere Induktivität pro Windung und entsprechend kleinere Magnetisierungsströme.

**Magnetisierungskennlinien von Ferriten**

Zur Berechnung von Induktivitäten L werden die Permeabilitäten μ ihrer Kerne benötigt. Lieferbar sind Ferrite mit Anfangspermeabilitäten μ.r;max von 20 bis mehr als 15k. Sie eignen sich ausgezeichnet für Spulen in HF-Schaltkreisen. Die hohe Permeabilität ist nötig, um große Induktivitäten mit möglichst kleiner Windungszahl zu erreichen.

Zu zeigen ist, wie die zur Simulation benötigten Daten (Anfangspermeabilität μ.max und Grenzfrequenz f.mag) daraus entnommen werden können.

Abb. 5-264 zeigt Magnetisierungskennlinien des Ferrits ‚NANOPERM':

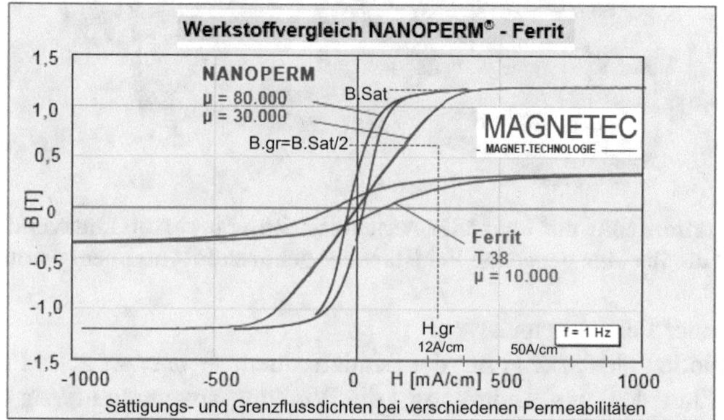


Quelle: http://www.magnetec.de/fileadmin/pdf/vergleich_nano-ferrit_1.pdf

**Abb. 5-264 Magnetisierungskurven B(H) von Ferriten: Sie zeigen die große Anfangspermeabilität und die Sättigung des Kerns – hier ab ca. 0,5A/cm.**

Abb. 5-265 zeigt die Abhängigkeit der relativen Permeabilität von der magnetischen Feldstärke H für Ferrite. Parameter ist der Kohlenstoffgehalt von 0,2% bis 0,8%.

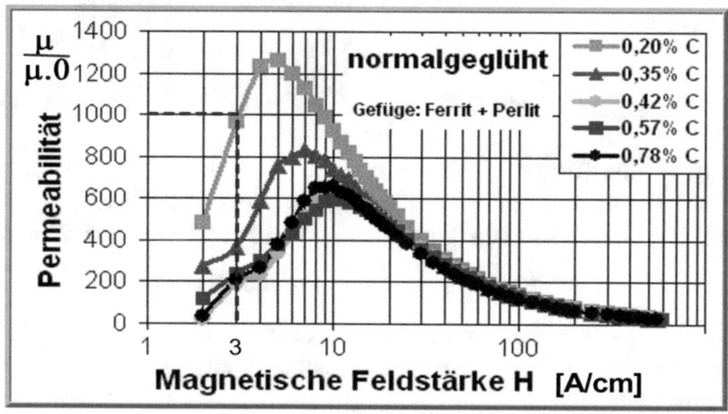


Quelle: DGZfP (Deutsche Gesellschaft für zerstoerungsfreie Materialprüfung)

**Abb. 5-265 relative Permeablilitäten μ.r verschiedener Ferrite: Sie können Werte bis über 10k annehmen.**

### 5.6.4.2 Ferritstabantennen

Als **Ferritstabantenne** oder **Ferritantenne** bezeichnet man Magnetantennen, bei denen eine Spule auf einen Ferritstab gewickelt ist. Sie eignen sich für den Empfang von Langwellen (LW) über Mittelwellen (MW) bis zu Ultrakurzwellen (UKW).

Abb. 5-266 zeigt die Komponenten einer anschlussfertigen Ferritantenne.

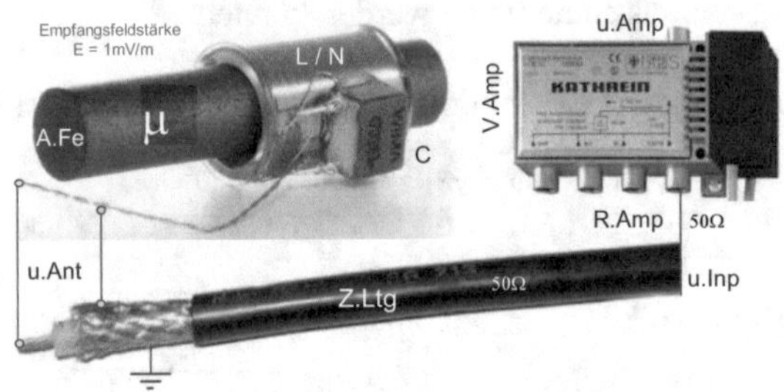


**Abb. 5-266 Ferritantenne mit koaxialer Anschlussleitung und Antennenverstärker: Berechnet werden soll die für eine gegebene Feldstärke E gehörende Antennenspannung u.Ant.**

Zur Funktion einer Ferritantenne:
Die sie umgebende Feldstärke H mit der Sendefrequenz f~ ω erzeugt im Ferritstab einen magnetischen Fluss ϕ. Seine Änderung ist die Windungsspannung u.Wdg ω·ϕ. Sie wird durch die Spule mit N Windungen zur Antennenspannung u.Ant=N·u.Wdg verstärkt.

Abb. 5-267 zeigt den Verlauf der Radiostrahlung vom Sender zum Empfänger.

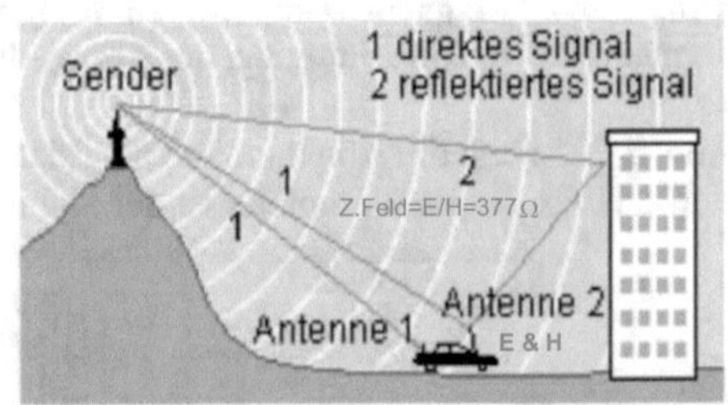


**Abb. 5-267 Am Empfangsort herrschen elektrische und magnetische Feldstärken (E & H), die von der Empfangsantenne detektiert werden.**

Quelle:
http://www.bandscan.de/radiotec.html

**Frequenz und Wellenlänge**

Das Produkt aus Frequenz f und Wellenlänge λ ist die konstante Lichtgeschwindigkeit **c=λ·f=300m·MHz**. Daraus folgt die Umrechnung von Frequenzen und Wellenlängen:

$$\lambda = 300\text{m} / (f/\text{MHz}) \quad \text{oder} \quad f = 300\text{MHz} / (\lambda/\text{m})$$

In Europa wird UKW-Rundfunk im Frequenzbereich von 87,5 bis 108 MHz im Abstand von 100 kHz gesendet. In diesen Frequenzbereichen breiten sich Funkwellen gradlinig wie das sichtbare Licht aus.

Je nach Größe der Sendefrequenz spricht man von Lang-, Kurz-, Mittel- oder Ultrakurzwellen. Die Frequenz der Mittelwellen liegt im Bereich von 525 kHz bis 1606 kHz mit einem Senderabstand von 9 kHz. Mittelwellen breiten sich über Boden- und Raumwellen aus. Während die Bodenwellen der Erdkrümmung folgen, werden die Raumwellen in die Erdatmosphäre abgestrahlt.

**Zur Ausrichtung einer Ferritantenne**

Antennen können elektrische und magnetische Felder detektieren.

- Wenn sie quer zur einfallenden Welle gestellt sind, reagieren sie auf elektrische Felder.
- Wenn sie längs zur einfallenden Welle gestellt sind, reagieren sie auf magnetische Felder.
- Wenn sie im Winkel von 45° zur einfallenden Welle stehen, reagieren sie auf elektrische und magnetische Felder.

Abb. 5-268 zeigt links die Ausbreitung einer elektromagnetischen Welle mit Lichtgeschwindigkeit c und rechts den Nachweis ihres magnetischen Anteils durch eine Stabantenne.

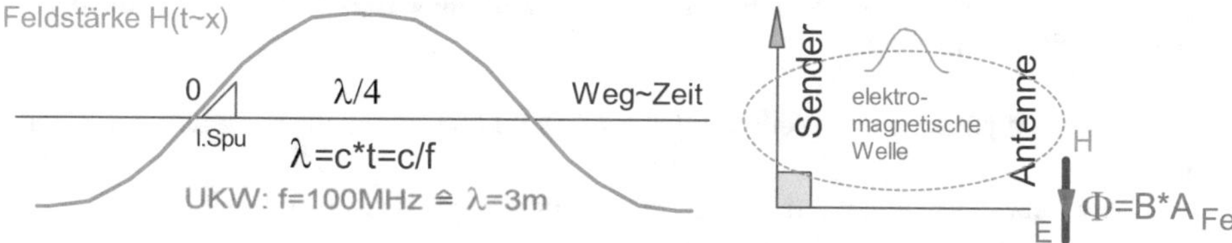


**Abb. 5-268 Antenne in Resonanz=Abstimmung auf den Sender – rechts: optimale Ausrichtung einer Stabantenne zum Sender**

Abb. 5-268 zeigt, dass die **Länge einer Antenne maximal λ/4** sein soll. Dann sind die Empfangsfeldstärke E und der magnetische Fluss ϕ maximal. Bei kürzeren Antennen sind E und H reduziert. Dass lässt sich durch rauscharme Nachverstärkung ausgleichen.

Bei Sendefrequenzen im MHz-Bereich liegen die Wellenlängen bei einigen Metern. Das ist für Heimantennen zu lang. Ferritantennen eignen sich zum Empfang magnetischer Felder. Abb. 5-268 zeigt, dass **Ferritantennen dazu parallel zum Sender** ausgerichtet werden sollen. Dann werden der magnetische Fluss durch den Ferritstab und damit auch die Antennenspannung maximal. Das lässt sich zur **Ortung von Sendern** ausnutzen.

*Zur Senderwahl*

Die Auswahl eines Senders erfolgt durch die Abstimmung eines LC-Resonanzkreises

**Gl. 5-88 Resonanzkreisfrequenz** $\omega.0 = 1/\sqrt{L * C}$

Die Spule der Antenne hat die Induktivität L, ein Drehkondensator hat die variable Kapazität C. Sein Mittelwert bestimmt den Wellenlängenbereich, in dem Sender gesucht werden können.

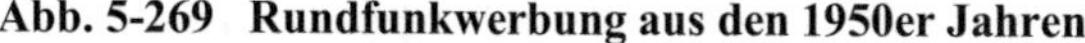

**Abb. 5-269 Rundfunkwerbung aus den 1950er Jahren**

**Antennentechnik - kurzgefasst**

Bei der folgenden Antennenberechnung wird von **Reflexionsfreiheit** ausgegangen. Sie wird durch Anpassung der Wellenwiderstände von Antenne, Leitungen und Antennenverstärker erreicht. Abb. 5-270 zeigt die Ersatzschaltung solch einer Antenne.

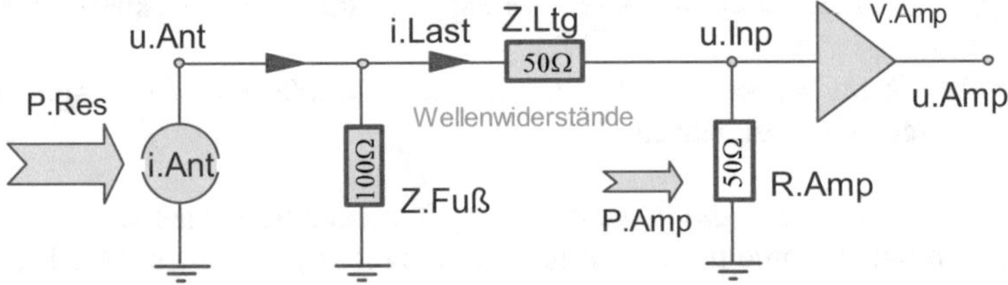


**Abb. 5-270 Ersatzschaltung einer resonanten (impedanzangepassten) Antenne mit einem Fußpunktwiderstand Z.Fuß=100Ω und einer Koaxialleitung Z.Ltg=50Ω zum Antennenverstärker mit R.Amp=50Ω.**

Bei optimaler Anpassung der Wellenwiderstände sind alle Impedanzen reell und konstant, z.B. 50Ω:

- der Fußpunktwiderstand R.Fuß der Antenne gegen das Erdpotential oder
- der Eingangswiderstand des angeschlossenen Antennenverstärkers R.Amp=50Ω
- die Impedanz der Anschlussleitungen Z.Ltg=50Ω.

Die in Abb. 5-270 angegebene Ersatzschaltung ist die Grundlage zur folgenden Antennenberechnung.

- Gegeben wird die Feldstärke H in der Umgebung der Antenne.
- Gesucht wird die Eingangsspannung des Antennenverstärkers.

**Zum Antennenverstärker**

Die nachfolgenden Berechnungen werden zeigen, dass Ferritantennen Spannungen u.Inp im µV-Bereich erzeugen. Um sie technisch nutzen zu können, werden Spannungen u.Amp im mV-Bereich benötigt. D.h. es wird ein Antennenverstärker benötigt.

Mit der Antenneneingangsspannung u.Inp und der geforderten Ausgangsspannung u.Amp des Antennenverstärkers kann dessen Verstärkung berechnet werden.

*V.Amp=u.Amp/u.Inp*

Üblich ist die Bezeichnung G und die Angabe in dB. Das zeigt Gl. 5-152:

**Gl. 5-152** $$G = 20dB * \lg(V.Amp)$$

**Abb. 5-271 Typenschild eines Antennenverstärkers mit Eingängen für mehrere Frequenzbereiche**

**Entlogarithmierung von dB-Angaben**
Gl. 5-153 zeigt die Umrechnung linearer Spannungen u und Spannungsverstärkungen V in das logarithmische Maß in Dezibel (dB).

**Gl. 5-153** $$u.\log(\mu V) = 20dB * \lg(u.lin/\mu V) \rightarrow u.lin = 10^{u.log/20dB}\,\mu V$$

Zur Entlogarithmierung muss die dB-Angabe durch 20 geteilt und zur Basis 10 potenziert werden.

Beispiele:
a) Herstellerangabe sei eine logarithmierte Spannung in µV. Gesucht wird die Spannung selbst: u.log(µV) = 15dB → u.lin/µV = $10^{15/20} = 10^{0,75}$ → u.lin = 5,6µV.
b) Herstellerangabe sei eine logarithmierte Verstärkung G=30dB=20dB·lg(V.lin). Gesucht wird die lineare Verstärkung V.lin =$10^{G/20dB} = 10^{1,5} = 32$.

**Berechnung einer UKW-Ferritantenne**
Durch die Angabe UKW liegt die Mittenfrequenz des Senders fest: f.0=100MHz. Gegeben oder gemessen sei die elektrische Feldstärke E am Empfangsort. Sie beträgt auch bei schlechten Empfangsverhältnissen mehr als **1mV/m.**

Abb. 5-272 zeigt eine Ferritantenne mit Spulen für drei Sendebereiche: LW, MW und UKW.

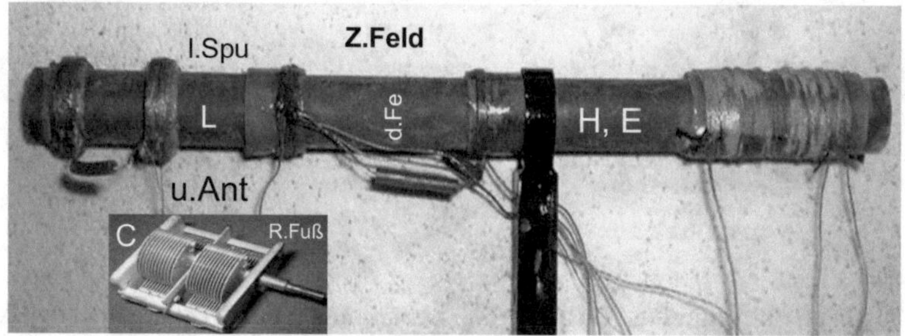


**Abb. 5-272 Ferritantenne mit Spulen für drei Sendebereiche: LW, MW und UKW**

Das sind die zu klärenden Fragen:
1. zum Ferritstab: Länge und Querschnitt, Permeabilität
2. zum Resonanzkreis: Induktivität L und Kapazität C
3. zum Antennenverstärker: Spannungsverstärkung.

Zur Beschaffung oder Entwicklung des Antennenverstärkers muss die Antennenspannung u.Ant bekannt sein. Sie soll im Folgenden berechnet werden.

Die Grundlagen zur Berechnung von Antennen entnehmen wir

*Bd. 2, Teil 2, Kap. 1.4 unter ‚Antennen-Simulation'.*

Sie werden hier kurz wiederholt.

## Elektrische und magnetische Feldstärken (E und H)

Bei der Berechnung von Antennenspannungen wird von der **elektrischen Feldstärke E** am Empfangsort ausgegangen.

Abb. 5-273 zeigt, dass **1mV/m** ein typischer Wert ist.

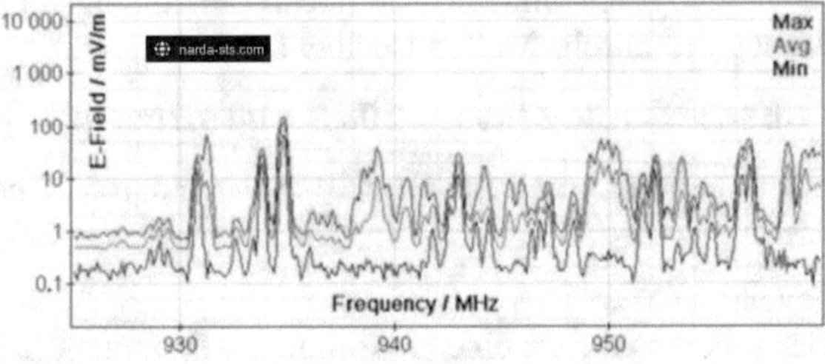


**Abb. 5-273 gemessene elektrische Feldstärken in der Umgebung einer Sendeantenne**

Ein Empfangsort gilt als versorgt, wenn bei einer Antennenhöhe von 10 m über Grund für UKW-Stereoempfang die Feldstärke **E größer 0,5 mV/m** ist. Für UKW-Monosendungen reicht schon die Hälfte, zum Fernsehen sind höhere Werte erforderlich.
Bei Digitalsignalen, wie z.B. des **Zeitnormals DCF77** auf 77,5kHz entsprechend einer Wellenlänge von 3,9 km, spielt das Rauschen eine geringere Rolle als bei den Analogsignalen für Rundfunk und Fernsehen.

## Zum Ferritstab

Zu klären sind die Fragen zum Ferritmaterial und zu den Abmessungen des Ferritstabs.

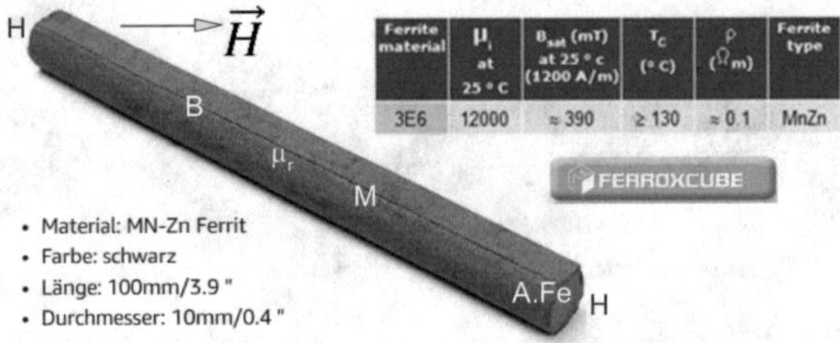


| Ferrite material | $\mu_i$ at 25 °C | $B_{sat}$ (mT) at 25 °c (1200 A/m) | $T_C$ (° C) | $\rho$ ($\Omega$m) | Ferrite type |
|---|---|---|---|---|---|
| 3E6 | 12000 | ≈ 390 | ≥ 130 | ≈ 0.1 | MnZn |

**Abb. 5-274 Ferritstab für eine Ferritantenne: Bei optimaler Ausrichtung liegt der Antennenstab in Richtung des magnetischen Feldvektors $\vec{H}$. Davon wird hier ausgegangen.**

## Zur magnetischen Grenzfrequenz

Mit Ferritantennen sollen Feldstärken mit Frequenzen bis in den GHz-Bereich empfangen werden. Zur Erzielung hoher Antennenspannungen bei diesen Frequenzen muss der Ferrit **elektrisch schlecht leiten**. Das hat die Berechnung der Grenzfrequenz nach Gl. 5-150 gezeigt.

**Gl. 5-150 magnetische Grenzfrequenz**

$$f.mag = \frac{\rho.el/\mu.max}{\pi * s^2}$$

## Der Wellenwiderstand

Bei der Berechnung der Antennenspannung durch Abb. 5-276 wird die am Empfangsort zu erwartende **Feldstärke** (magnetisch H von einigen µA/m oder elektrisch E=Z.Feld·H in µV/m) gebraucht. Die Umrechnung erfolgt durch den

**Gl. 5-154 Wellenwiderstand des freien Raums**

$$Z.Feld = E/H = \sqrt{\mu.0/\varepsilon.0} = 377\Omega$$

Gl. 5-154 zeigt, dass es genügt, eine von beiden Feldstärken zu kennen. Damit kann die jeweils andere berechnet werden: E=H·Z.Feld oder H=E/Z.Feld.

Als Beispiel folgt die Berechnung des Wirkungsgrades einer Ferritantenne. Damit sie Sender empfangen kann, ist **Abschattung und Abschirmung** möglichst zu vermeiden.

Abb. 5-275 zeigt die Ersatzschaltung einer reflexionsfreien Antenne in Resonanz:

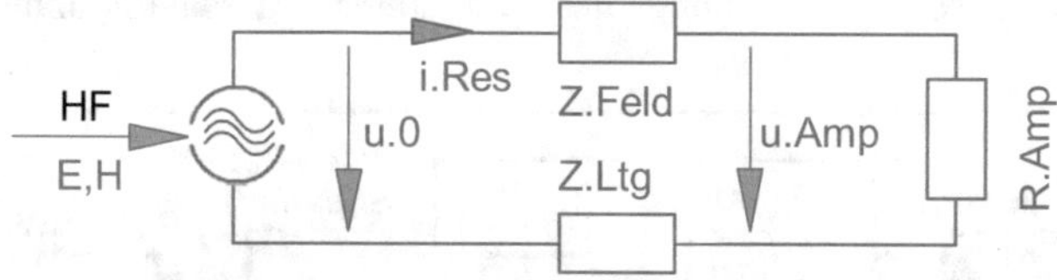


**Abb. 5-275 Ersatzschaltung einer auf die Frequenz eines Senders abgestimmten Antenne: Sie ist die Grundlage zur Berechnung der Antennenspannungen.**

### Zum Wirkungsgrad einer Antenne

Definition und Berechnung:

**Gl. 5-155 der Wirkungsgrad einer Antenne** $\eta.Ant = P.Amp/P.Ant$

ist das Verhältnis der Leistungen von der Antenne bis zum Verstärker.

Leistungen $P=i^2 \cdot R$ verhalten sich wie die Quadrate von Strömen in einem Widerstand R.

In Abb. 5-270 ist der Fußpunktwiderstand der Antenne genau so groß wie ihre Lastimpedanz **Z.Last=Z.Ltg·R.Amp** (Leistungsanpassung). Dann ist der Laststrom halb so groß wie der Antennenstrom. Damit erreicht den Antennenverstärker nur 1/4 der Antennenleistung.

**Gl. 5-156 Wirkungsgrad bei Leistungsanpassung** $\eta.Ant = (i.Ant/i.Amp)^2\ (1/2)^2 = 25\%$

### Feldstärke H und Magnetisierung M (=scheinbare Feldstärke)

Die Magnetisierung $M=\mu.r \cdot H$ ist eine Rechengröße, keine Messgröße. Sie zeigt, dass die Feldstärke H im Innern ferromagnetischer Materialien ($\mu.r>1$) kleiner ist als außerhalb($\mu.r=1$). Dann muss die Flussdichte $B=\mu \cdot H=\mu.0 \cdot M$ mit der Permeabilität $\mu.0$ des Vakuums berechnet werden.

Gl. 5-157 zeigt, dass die Flussdichte B mit der Feldstärke H und der Magnetisierung $M=\mu.r \cdot H$ berechnet werden kann:

**Gl. 5-157 Flussdichte, Feldstärke und Magnetisierung**

$$B = \mu.0 * (\mu.r * H) = \mu.0 * M \dots \; mit \; M = \mu.r * H$$

Die innere Feldstärke H ist bei Ferritkernantennen kleiner als die äußere. Die Permeabilität $\mu=\mu.r \cdot \mu.0$ des Ferrits bestimmt den magnetischen Leitwert und damit den magnetischen Fluss $\phi$.

**Berechnung von Antennenleistung und Antennenspannung**
Die Berechnung der Ausgangsspannung u.Ant einer Ferritantenne soll zeigen, wie ihre Höhe von der **Länge und dem Querschnitt des Ferritstabs** abhängt.

Abb. 5-276 zeigt die Berechnung der resonanten Antennenspannung u.Ant am Empfangsort:

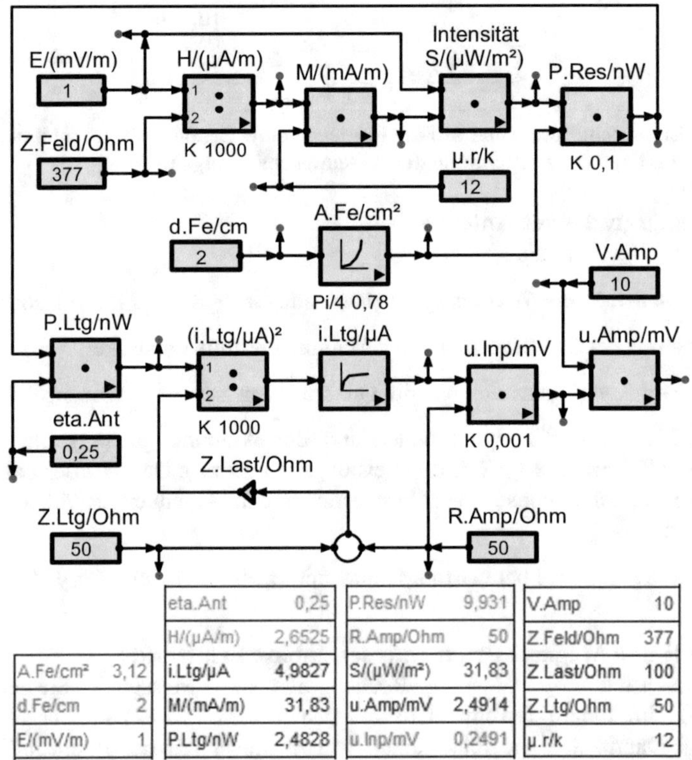


| | | | | | | | |
|---|---|---|---|---|---|---|---|
| | | eta.Ant | 0,25 | P.Res/nW | 9,931 | V.Amp | 10 |
| | | H/(µA/m) | 2,6525 | R.Amp/Ohm | 50 | Z.Feld/Ohm | 377 |
| A.Fe/cm² | 3,12 | i.Ltg/µA | 4,9827 | S/(µW/m²) | 31,83 | Z.Last/Ohm | 100 |
| d.Fe/cm | 2 | M/(mA/m) | 31,83 | u.Amp/mV | 2,4914 | Z.Ltg/Ohm | 50 |
| E/(mV/m) | 1 | P.Ltg/nW | 2,4828 | u.Inp/mV | 0,2491 | µ.r/k | 12 |

**Abb. 5-276 Antennenspannung u.Ant bei Resonanz mit einem Sender für Impedanzanpassung von der Antenne über die Anschlussleitungen bis zum Abschluss durch Eingangswiderstand des Antennenverstärkers**

**Die Einzelheiten der Berechnung der Antennenspannung** in Abb. 5-276:

1. Zuerst wird die empfangende **Strahlungsintensität S=E·H** in der Umgebung der Antenne berechnet – mit der magnetischen Feldstärke H und der elektrischen Feldstärke **E=Z.Feld·H=377Ω·H**.
2. Zur Berechnung der Antennenleistung in Resonanz **P.Res=S·A.Ant** wird die wirksame Antennenfläche A.Ant benötigt. Bei perfekter Ausrichtung zum Sender ist A.Ant=l.Spu·d.Fe das Produkt aus der Spulenlänge l.Spu und dem Ferritdurchmesser d.Fe.
3. Die von der Antenne an den Antennenverstärker abgegebene Leistung ist wegen der Spannungsteilung von der Antenne über die Anschlussleitung bis zum Antennenverstärker nur ein Teil der Resonanzleistung der Antenne. Wegen der Forderung nach Reflexionsfreiheit müssen alle Impedanzen so groß wie der Fußpunktwiderstand R.Fuß=100Ω sein. Damit wird der **Wirkungsgrad η.Ant=1/4.**

**Dimensionierung einer Ferritstabantenne**

Die Bauelemente L und C des Resonanzkreises einer Ferritantenne müssen an die gewünschte Sendefrequenz angepasst werden. Abb. 5-277 zeigt die Berechnung dieser Daten:

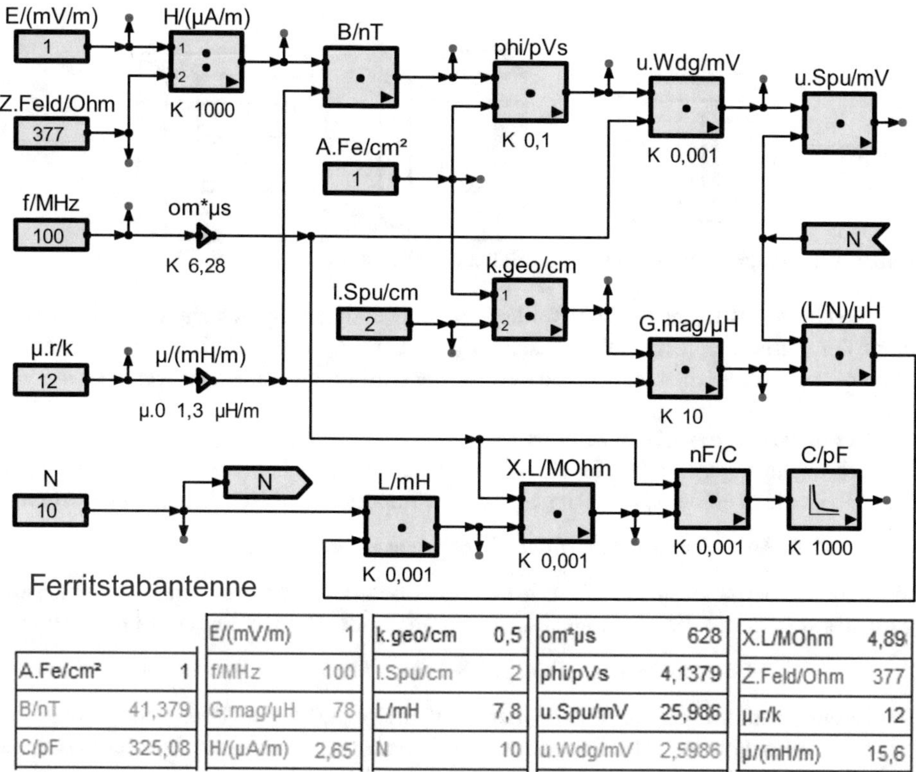


| | | | | | | | | | |
|---|---|---|---|---|---|---|---|---|---|
| A.Fe/cm² | 1 | E/(mV/m) | 1 | k.geo/cm | 0,5 | om*µs | 628 | X.L/MOhm | 4,89 |
| B/nT | 41,379 | f/MHz | 100 | l.Spu/cm | 2 | phi/pVs | 4,1379 | Z.Feld/Ohm | 377 |
| C/pF | 325,08 | G.mag/µH | 78 | L/mH | 7,8 | u.Spu/mV | 25,986 | µ.r/k | 12 |
| | | H/(µA/m) | 2,65 | N | 10 | u.Wdg/mV | 2,5986 | µ/(mH/m) | 15,6 |

**Abb. 5-277 Berechnung der Bauelemente L und C eines Resonanzkreises einer Antenne für eine gewünschte Sendefrequenz f**

Abb. 5-277 zeigt:

Die Windungsspannung dieser Ferritantenne beträgt beim DCF-Sender 2,5mV. Durch die Windungszahl N wird sie auf die für den Antennenverstärker benötigte Eingangsspannung (hier 25mV) vervielfacht.

### 5.6.5 Blechkerne

Blechkerne kanalisieren den magnetischen Fluss in Drosseln und Transformatoren. Auf ihre Schenkel können eine oder mehrere Spulen gesteckt werden. Das ermöglicht die galvanisch getrennte, potenzialfreie Energieübertragung. Abb. 5-278 zeigt einige Bauformen:

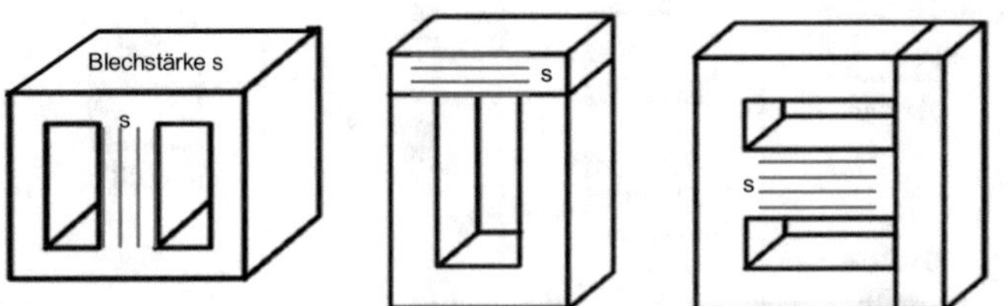


**Abb. 5-278 gängige Bauformen für Trafokerne: M-Schnitt, UI-Schnitt, EI-Schnitt**

Um die Größe des Kerns an die geforderte Nennleistung der Spulen anpassen zu können, muss der Zusammenhang bekannt sein. Er ist vom Autor durch Excel-Analysen von Spulen- und Trafokernen untersucht werden. Sie wird im Folgenden verwendet.

**Die Nennleistung des Eisenvolumens**

Wie wir unten zeigen werden, ist die magnetische Leistungsdichte W.mag/Vol=B·H/2. Deshalb ist die in einem Eisenkern gespeicherte Energie dem Eisenvolumen proportional:

**Gl. 5-158** $W.mag = B.R \cdot H.C \cdot Vol$ – **mit dem Eisenvolumen** $Vol = A.Fe \cdot l.Fe$

Leistung ist Energieumsatz pro Zeit: Je öfter die Energie W.mag pro Zeiteinheit umgesetzt wird, desto größer ist die übertragene Leistung. Sie ist der Betriebsfrequenz f proportional:

**Gl. 5-159 Ummagnetisierungsleistung** $P.mag = 4 \cdot W.mag \cdot \omega$

Bei Eisenkernen mit quadratischem Querschnitt steigt die übertragbare Nennleistung fast mit der vierten Potenz(!) der Länge l.Fe des Eisenkerns. Das zeigen die Messwerte der Tab. 5-21 und Abb. 5-279: $P.Nen \approx 0{,}009VA \cdot (l.Fe/cm)^4$

**Tab. 5-21 Angaben der Fa. Grau GmbH zu ihren Blechkernen**

| l.Fe/cm | P.Nen/VA |
|---|---|
| 4,8 | 2,70 |
| 7,5 | 24 |
| 11,8 | 152 |
| 17,6 | 670 |
| 25,7 | 2450 |
| 32,4 | 4930 |

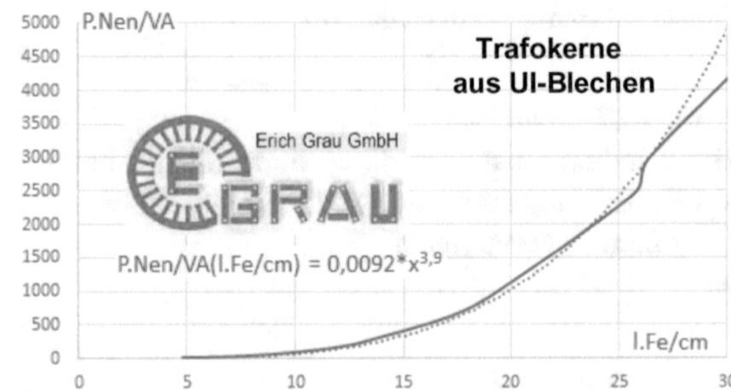


**Abb. 5-279 Kantenlänge und Nennleistung von Grau-Kernen für Netztransformatoren**

**Kantenlänge l.EK und Nennleistung P.Nen von Eisenkernen**

Wenn die Nennleistung einer Spule oder eines Transformators gefordert ist, möchte man wissen, wie groß und schwer er werden wird. Das **Gewicht G=ρ.Fe·Vol.Fe** ergibt sich aus der Dichte des Eisens ρ.Fe und dem **Volumen Vol.Fe=A.Fe·l.EK**.

Nach der Abbildung zu Tab. 5-22 ist die mittlere Eisenlänge l.Fe≈3·l.EK bei rechteckigen Kernen etwa das Dreifache der leicht messbaren Kantenlänge l.EK.

Die Berechnung der Kantenlänge l.EK von Eisenkernen der Bauform EC von Ferroxcube ergibt sich aus der in Abb. 5-280 angegebenen Proportionalität P.Nen~l.EK. Daraus wird durch eine Konstante k.EK die Gleichung

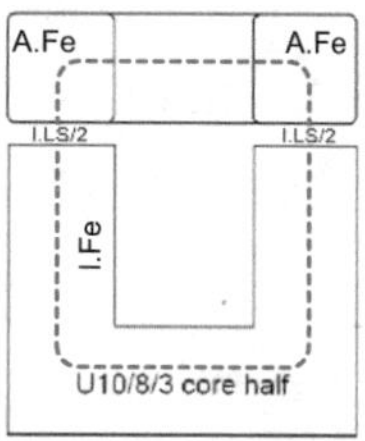


**Abb. 5-280 die Abmessungen massiver Eisenkerne**

**Gl. 5-160 Nennleistung von Ferritkernen** $P.Nen/W = k.EK \cdot (l.EK/mm)^3$

Zahlenwerte: Zur Ermittlung von $k.EK=P.Nen/l.EK^3$ wählen wir die größten Messwerte und erhalten hier die Eisenkernkonstante **k.EK = 0,1%.** Damit wird $P.Nen/W \approx (l.EK/mm)^3/1000$. Beispiel: l.EK=50mm → P.Nen ≈ 125W

**Berechnung der Kernabmessungen**

Bei Spulen werden die **Nennspannung U.Nen** und der **Nennstrom I.Nen** gefordert. Damit liegt die **Nennleistung** P.Nen=U.Nen·I.Nen fest. Sie bestimmt, wie nun gezeigt werden wird, die **Kernabmessungen** und damit die **Baugröße** einer Spule. Wenn man sie berechnen kann, kann man sie auch minimieren.

Tab. 5-22 zeigt den von der Fa. Siemens angegebenen Verlauf der Kernabmessungen (Kernquerschnitt A.Fe, mittlere Kernlänge l.Fe und das Kernvolumen Vol.Fe=A.Fe·l.Fe) als Funktion der Nennleistung **x=P.Nen/VA**.

**Tab. 5-22 Angaben der Fa. Siemens zu ihren Netztrafos (Tab. 6-4)**

| Netztrafos - Eisenkerne | | | |
|---|---|---|---|
| **P.Nen/VA** | **A.Fe/cm²** | **l.Fe/cm** | **Vol.Fe/10cm³** |
| 5 | 2,5 | 9,6 | 2,4 |
| 15 | 3,1 | 10,1 | 3,1 |
| 50 | 6,6 | 17,6 | 11,7 |
| 125 | 9,5 | 23,8 | 22,6 |
| 225 | 11,0 | 27,0 | 29,8 |
| 500 | 15,0 | 33,0 | 49,5 |

Abb. 5-281 zeigt die Excel-Auswertung zu Tab. 5-22:

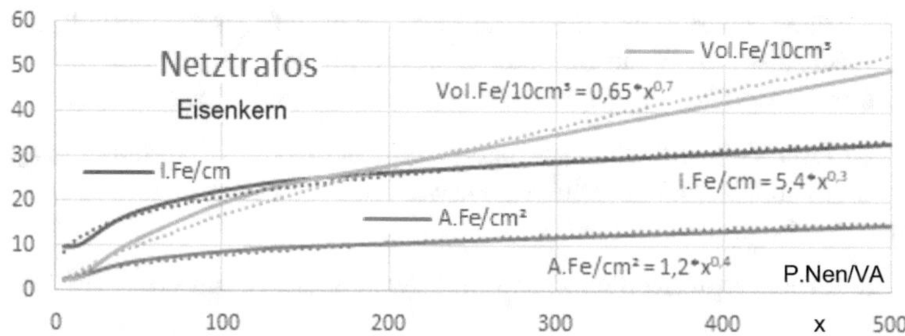


**Abb. 5-281 mittlere Eisenkernlänge, Querschnitt und Eisenvolumen von Netztrafos als Funktion der Nennleistung (Baugröße)**

Abb. 5-282 zeigt die Berechnung der Kerndaten als Funktion der Nennleistung P.Nen:

Mit x=P.Nen/VA wird

... der Kernquerschnitt $A.Fe \approx 1{,}2cm^2 * x^{0{,}4}$

... die mittlere Kernlänge $l.Fe \approx 5{,}0cm * x^{0{,}3}$

... und das Kernvolumen

$$Vol.Fe = A.Fe * l.Fe \approx 7{,}0cm^3 * x^{0{,}7}.$$

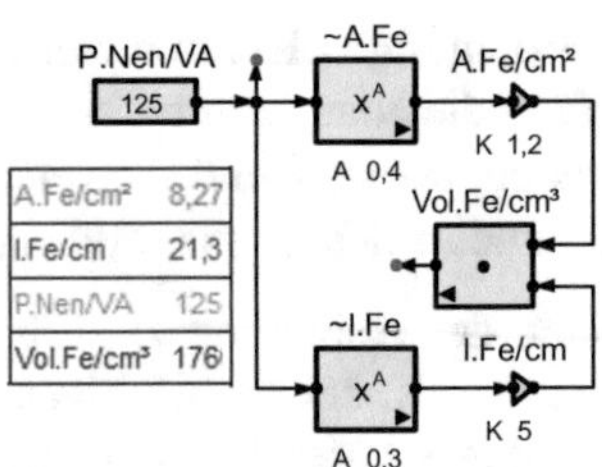


**Abb. 5-282 Querschnitt und Länge von Trafokernen**

**Zur Lamellierung**

Als Maßnahme gegen die Wirbelstromverluste werden Magnetkerne von Transformatoren und Elektromotoren nicht massiv, sondern **lamelliert (geblecht)** ausgeführt. Zur Isolation werden diese formgestanzten oder geschnittenen Elektrobleche mit einem isolierenden Lack beschichtet.

Die kleinste Kantenlänge für Wirbelströme ist die Blechstärke s. Durch sie sinkt der Wirbeldurchmesser in den Sub-mm-Bereich. Entsprechend Gl. 5-150 vergrößert sich die magnetische Grenzfrequenz mit $1/s^2$.

Lamellierte Magnetkerne werden nur im Bereich niedriger Frequenzen von 16 bis 400 Hz, bei Ausgangsübertragern auch im Niederfrequenzbereich bis zu 20 kHz, verwendet. Gewickelte Bandkerne mit Banddicken um 20 μm können bis zu 100kHz erreichen.

**Lamellenstärke und Grenzfrequenz von Blechkernen**

Die Probleme niederohmiger Eisenkerne sind die Wirbelströme und die durch sie entstehenden Verluste und die niedrige Grenzfrequenz.

Wir wollen zeigen, dass diese Probleme durch Kerne aus lamellierten Blechen gelöst werden können. Um den Aufwand möglichst gering zu halten, sollten die **Lamellen nicht dünner als nötig** sein. Was nötig ist, muss die Berechnung zeigen.

Zu zeigen ist, wie schmal die Lamellen sein müssen, damit die magnetische **Grenzfrequenz f.mag des Kerns über der Betriebsfrequenz f** liegt. Für diesen Fall sollen die Wirbelstromverluste der ferromagnetischen Masse m.Fe berechnet werden.

**Berechnung der magnetischen Grenzfrequenz von Eisenkernen**

Magnetische Energieübertragung beruht auf dem Induktionsgesetz. Deshalb funktioniert sie nur mit Wechselstrom. Wenn Eisenkerne die Vermittler sind, müssen die Weiß'schen Bezirke in ihnen periodisch ummagnetisiert werden. Das bedeutet zweierlei:

1. Wegen ihrer Trägheit haben Eisenkerne eine obere Grenzfrequenz f.mag.
2. Turbulenz und Reibungsverluste: Wir werden nach der Berechnung von f.mag darauf zurückkommen.

**Magnetische Kreisfrequenzen ω.mag=f.mag·2π** können wir mit Gl. 5-147 berechnen:

**Gl. 5-147 magnetische Grenzkreisfrequenz**

$$\omega.mag = \frac{\rho.el/\mu.max}{s^2/2}$$

Nach Gl. 5-150 hängt f.mag eines Eisenkerns von drei Parametern ab:

- Sie steigt proportional zum spezifischen elektrischen Widerstand ρ.el,
- sie sinkt reziprok zur spezifischen magnetischen Leitfähigkeit (Permeabilität) μ.max des Kernmaterials und
- sinkt quadratisch der Kernstärke s.

Bei **Eisenkernen** ist der spezifische Widerstand ρ.el gering und die Permeabilität hoch. Deshalb ist ihre Grenzfrequenz besonders niedrig. Dann muss die Lamellenstärke s so klein gewählt werden, dass die geforderte Grenzfrequenz erreicht wird.

**Berechnung der Lamellenstärke s von Kernblechen**

Wenn die magnetische Grenzfrequenz gefordert ist, muss die minimale Kernstärke s dazu berechnet werden. Dazu muss Gl. 5-147 nach s umgestellt werden. Gl. 5-151 zeigt das Resultat:

**Gl. 5-151 Stärke magnetisierbarer Kerne (auch die Lamellenstärke)**

$$s(f.gr) = \sqrt{\frac{\rho.el/\mu.max}{\pi * f.mag}}$$

Für Gl. 5-151 werden der spezifische elektrische Widerstand $\rho$.el und die Anfangspermeabilität μ.max=μ.0·μ.r z.B. z.B. nach Tab. 5-19 ausgewählt.

Nachdem geklärt ist, wie groß die Stärke magnetisierbarer Kerne sein muss, um eine benötigte Grenzfrequenz zu erreichen, sollen dazu Beispiele angegeben werden: zuerst **Ferritkerne** und danach **geblechte Eisenkerne.**

**Trafomassen und Nennleistung**

Nachfolgend werden wir die magnetische Grenzfrequenz f.mag von Eisenkernen und die Wirbelstromverluste P.Wrb als Funktion der ferromagnetischen Masse m.Fe berechnen. Von eigentlichem Interesse ist jedoch die Abhängigkeit von f.mag(P.Nen) und m.Fe(P.Nen) von der geforderten oder gegebenen **Nennleistung P.Nen**.

Eine Excel-Analyse der in Tab. 6-4 angegebenen Netztrafodaten ergibt den in Abb. 5-283 gezeigten annähernd proportionalen Zusammenhang zwischen Kernmasse m.Fe und Nennleistung P.Nen.

**Gl. 5-161 Trafomasse**

$$m.ges = 1kg + 8kg * P.Nen/500VA$$

**Gl. 5-162 Eisenmasse**

$$m.Fe = 0{,}4kg + 4{,}6kg * P.Nen/500VA$$

**Gl. 5-163 Kupfermasse**

$$m.Cu = 3kg * P.Nen/500VA$$

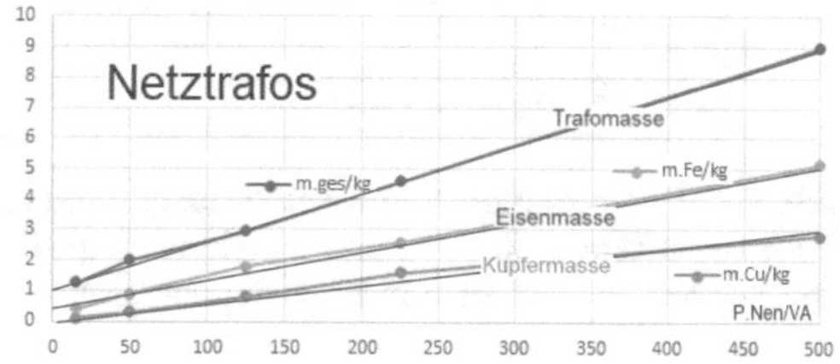

**Abb. 5-283 die Trafomassen als Funktion der Nennleistung**

Zahlenwerte:
Bei Netztrafos gehört zu einer Nennleistung P.Nen=100VA die Eisenmasse m.Fe=1,3kg und die Kupfermasse m.Cu=0,6kg. Die Gesamtmasse ist m.ges=2,6kg. Der Unterschied m.ges (m.Fe+m.Cu)=0,7kg ist die **Masse des Spulenkörpers** (Abb. 6-108).

Die **massenbezogenen Eisenverluste** P.Wrb/m.Fe können wir nach Gl. 5-164 berechnen. Sie steigen mit dem Quadrat der Kernstärke s.

**Gl. 5-164 die massenspezifischen Wirbelstromverluste**

$$\frac{P.Wirb}{m.\mathrm{Fe}} = \frac{(\pi * f * s * B)^2}{6 * \rho.Fe * \rho.el} \dots in \frac{W}{kg}$$

Nach Gl. 5-164 ist die massenbezogene (Verlust-)Leistung P.Fe=P.Wrb reziprok zum Produkt aus mechanischer Dichte ρ.Fe und dem spezifischen elektrischen Widerstand ρ.el des Kernmaterials.

Abb. 5-284 zeigt die Berechnung der magnetischen Grenzfrequenz f.mag nach Gl. 5-150 und der Eisenverluste P.Wrb/m.Fe nach Gl. 5-164 am Beispiel von Dynamoblech. Die Eisenmasse m.Fe pro Nennleistung P.Nen berechnen wir aus Abb. 5-284 zu 13g/W.

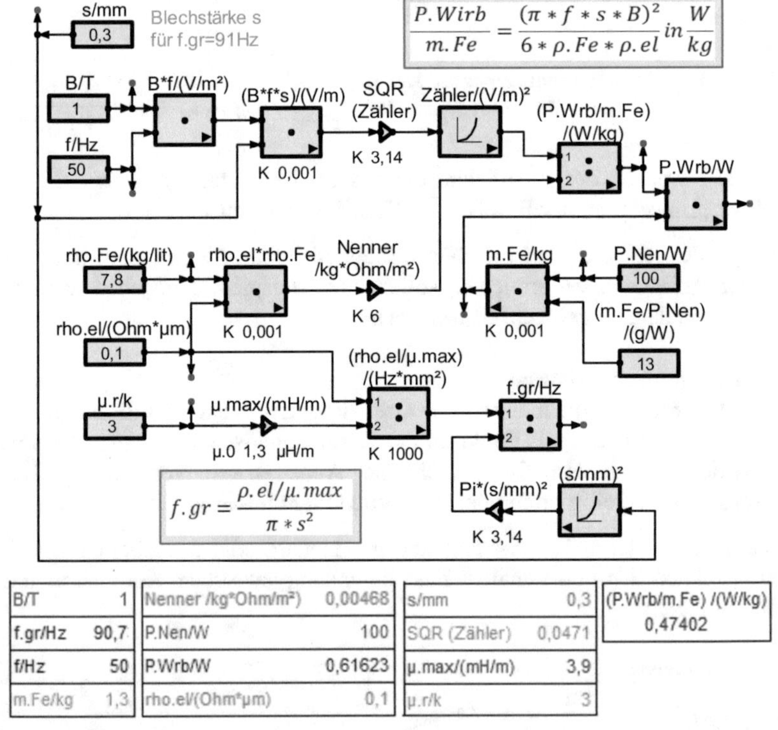


**Abb. 5-284 Berechnung von Eisenverlusten und Grenzfrequenz für einen 100VA(=W)-Netztrafo: Die Blechstärke s=0,3mm wurde so eingestellt, dass die magnetische Grenzfrequenz etwa doppelt so groß wie die Netzfrequenz (50Hz) wird.**

Abb. 5-284 zeigt:
Die Grenzfrequenz (hier 91Hz) und nicht die Eisenverluste (hier 0,6W oder 0,6% von P.Nen) bestimmen die Lamellenstärke s (hier 0,3mm). Wenn es nur nach den Wirbelstromverlusten ginge, könnte s auch 1mm sein. Dann wären die relativen Verluste immer noch kleiner als 7%, aber die Grenzfrequenz würde auf 8Hz sinken. Dann wäre der Kern für Netztrafos nicht zu gebrauchen.

### 5.6.5.1 Eisenkerne mit Luftspalt

Ferromagnetische Kerne sind durch geringe Durchflutungen zu magnetisieren. Das bedeutet, dass sie leicht zu übersteuern sind.

Abhilfe bringt ein Luftspalt im Kern, denn Luftspalte haben einen permeabilitäts-unabhängigen magnetischen Widerstand. Er kann durch die Luftspaltlänge auf gewünschte Werte eingestellt werden. Was wünschenswert ist, soll hier gezeigt werden.

**Abb. 5-285 ferromagnetischer Kern mit Luftspalt, dessen Länge l.LS durch einen unmagnetischen Abstandshalter festgelegt ist**

Abb. 5-285 zeigt einen magnetischen Spannungsteiler aus Eisenkern und Luftspalt.

Quelle: https://www.diy-hifi-forum.eu/forum/showthread.php?10572-Spulenfragen-zur-HobbyHifi-Wildcard-LT

**Die Vorteile eines Luftspalts** linearisieren ihren magnetischen Widerstand. Das macht sie unempfindlicher gegen Übersteuerung. Dadurch können Spulen bei unterschiedlichen Spannungen betrieben werden, ohne dass der Kern gleich übersteuert wird.

Abb. 5-286 zeigt die

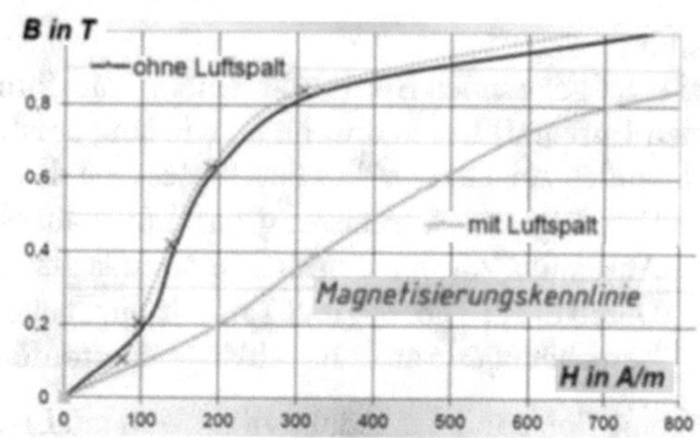


**Abb. 5-286 Linearisierung der Permeabilität und damit des magnetischen Widerstands durch einen Luftspalt**

Beispiele für Magnete mit Eisenkern und Luftspalt:

- Motoren haben zwei Luftspalte im Ankerkreis.
- M-Kerne (Abb. 5-92) können nur einen Luftspalt haben.
- UI-Kerne (auch Abb. 5-92) können zwei Luftspalte haben.
- Bei Gleichstromrelais verbleibt auch bei stromloser Spule eine geringe Restmagnetisierung. Dann vermeidet ein Luftspalt das Haften des Magnetankers am Spulenkern. Der Spalt wird durch einen nicht magnetisierbaren Niet erzeugt.

**Der Nachteil eines Luftspalts**

Wenn der magnetische Fluss $\phi$ und der Magnetisierungsstrom i.mag erhalten bleiben sollen, muss die Durchflutung um $\Delta\theta$=$\Delta$N·i.mag durch höhere Windungszahlen $\Delta$N ausgeglichen werden:

$$\Delta\theta = R.LS * \phi = \Delta N * i.mag$$

**Praktische Ermittlung von Luftspaltlängen**
Luftspaltlängen sind meist zu klein, um sie direkt messen zu können - insbesondere dann nicht, wenn sie durch die Summe von **Microluftspalten** im Kernmaterial entstehen. Hier soll gezeigt werden, wie die effektive Luftspaltlänge durch die Messung des Magnetisierungsstroms I.mag bestimmt werden kann (I.mag ist der Imaginärteil des Leerlaufstroms einer Spule oder eines Transformators).

Dazu muss allerdings zuvor der **minimale Magnetisierungsstrom I.mag**, den die Spule ohne Luftspalt hätte, berechnet werden. Abb. 5-287 zeigt die Ersatzschaltung dazu. Sie enthält eine Näherung, die fast immer zulässig ist:

Der induktive Blindwiderstand X.L=ω·L muss groß gegen den Wicklungswiderstand R sein.

Dann ist der Leerlaufstrom I.LL (eine Messgröße) annähernd gleich dem Magnetisierungsstrom I.Mag, von dem hier auf die Luftspaltlänge l.LS geschlossen werden soll.

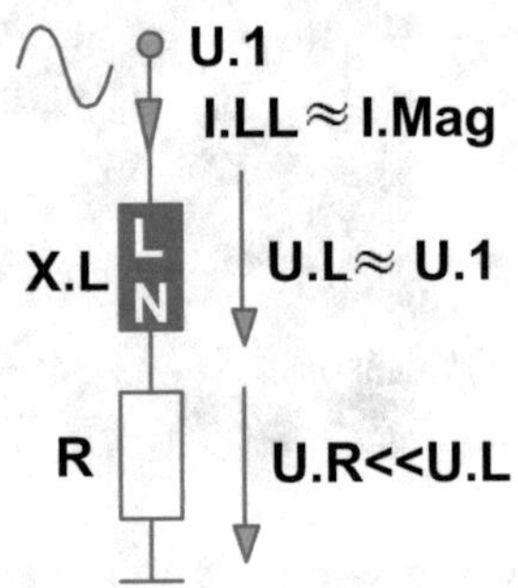


**Abb. 5-287 Ersatzschaltung zur Berechnung des Magnetisierungsstroms einer Spule mit Eisenkern ohne Luftspalt**

Bei **Spulen mit Kernen mit Luftspalt** sind zwei Fälle A & B möglich:

**Fall A:**
Bei einer **gegebenen Spule** oder einem Transformator soll ermittelt werden, **ob der Kern einen Luftspalt hat** und wenn ja, wie lang er ist.
Wir wollen zeigen, wie dies durch Messung des Leerlaufstroms I.LL gelingt.

- Die folgende Kurzfassung zur Luftspaltberechnung liefert die am Schluss dieses Abschnitts zusammengestellte Agenda zur Transformatorenberechnung in Kap 6.
- Durch die in Tab. 6-4 und Tab. 6-5 angegebenen Trafodaten können Sie die folgenden Berechnungen zur Luftspaltlänge überprüfen.

Für eine Spule mit der Induktivität L soll ein Eisenkern mit Luftspalt **beschafft** werden. Dann müssen nicht nur der Eisenquerschnitt A.Fe und die mittlere Eisenlänge l.Fe angegeben werden, sondern auch die Länge l.LS des Luftspalts.

In Kap. werden wir zeigen,

- dass die erforderliche Durchflutung eines Kerns umso größer wird, je länger sein Luftspalt ist.
- In Absch. 5.1.4 wird gezeigt, dass die Induktivität L den **Magnetisierungsstrom (I.mag ≈ Leerlaufstrom)** einer Spule bestimmt. Zur Einstellung von I.mag wird L gefordert.
- dass Luftspaltlängen nach Gl. 5-165 berechnet werden können:

**Gl. 5-165 die Luftspaltlänge mit der Induktivität L berechnen** $l.LS = (\mu.0 * A.Fe)/L$

Zahlenwerte: gefordert L=1,5H und A.Fe=10cm² → μ.0·A.Fe=1H·mm → l.LS≈0,7mm

**Die Induktivität einer Spule mit Luftspalt**

Zur Einstellung des Magnetisierungsstroms I.mag=U.L/ωL einer Spule muss ihre Induktivität L bekannt sein. Ohne Luftspalt wäre L maximal und I.mag minimal.

Durch einen Luftspalt vergrößert sich der magnetische Widerstand eines Eisenkerns. Entsprechend verkleinert sich die Induktivität L einer Spule mit diesem Kern. Das zeigt Abb. 5-288.

**Gl. 5-166 Induktivität L einer Spule mit Luftspalt**

$$L = \frac{N^2}{R.mag} = N^2 * \frac{\mu.0 * A.Fe}{l.LS + l.Fe/\mu.r}$$

Die Länge l.LS des Luftspalts bestimmt das Verhältnis der magnetischen Spannungen MSV zwischen Luftspalt und Eisenkern. Je größer das MSV ist, desto linearer wird der magnetische Widerstand und desto mehr Durchflutung benötigt eine Spule (siehe Abb. 6-126).

Deshalb darf das MSV nicht zu groß gewählt werden. Abb. 5-288 dient auch zur Einstellung des Luftspalts zu einer geforderten Induktivität L.

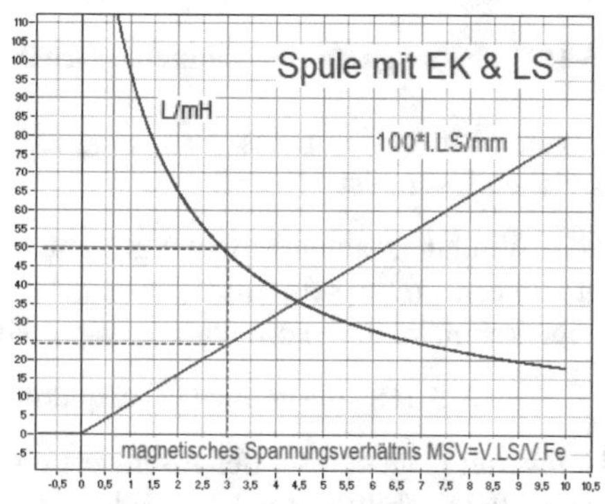


**Abb. 5-288 Induktivität und Luftspaltlänge als Funktion des magnetischen Spannungsverhältnisses: MSV=3 ist meist eine gute Wahl.**

Abb. 5-289 zeigt die Berechnung der Luftspaltlänge l.LS und der Induktivität L als Funktion des magnetischen Spannungsverhältnisses MSV:

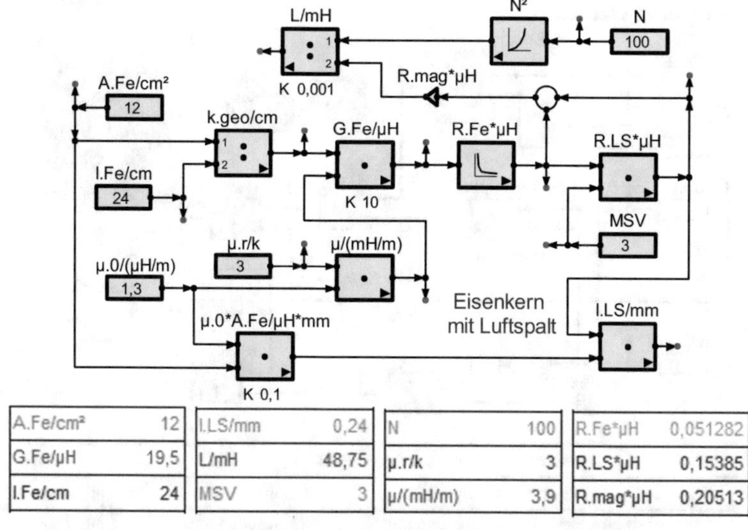


| | | | | | | | |
|---|---|---|---|---|---|---|---|
| A.Fe/cm² | 12 | l.LS/mm | 0,24 | N | 100 | R.Fe*µH | 0,051282 |
| G.Fe/µH | 19,5 | L/mH | 48,75 | µ.r/k | 3 | R.LS*µH | 0,15385 |
| l.Fe/cm | 24 | MSV | 3 | µ/(mH/m) | 3,9 | R.mag*µH | 0,20513 |

**Abb. 5-289 Luftspaltlänge l.LS und Induktivität L als Funktion des magnetischen Spannungsverhältnisses MSV: Parameter sind die Abmessungen des Eisenkerns (A.Fe, l.Fe), seine Permeabilität µ.r und die Windungszahl N der Spule.**

**Luftspaltlänge und magnetisches Spannungsverhältnis MSV**

Luftspalte im Eisenkernen erzeugen einen magnetischen Spannungsteiler (Abb. 5-61). Durch den Luftspalt wird der magnetische Widerstand R.mag=R.Fe+R.LS vergrößert und die Induktivität L verkleinert (Gl. 5-166). Mit den magnetischen Teilwiderständen

des Luftspalts ... und des Eisenkerns

$$R.LS = \frac{1}{\mu.0} * \frac{l.LS}{A.Fe} \qquad R.Fe = \frac{1}{\mu.0 * \mu.r} * \frac{l.Fe}{A.Fe}$$

Daraus folgt

**Gl. 5-167 das magnetische Spannungsverhältnis**

$$MSV = \frac{R.LS}{R.Fe} = \frac{\mu.r * l.LS}{l.Fe}$$

Für gute Linearität muss das magnetische Spannungsverhältnis MSV>>1 sein. Ausreichend ist meist **MSV=3**.

Höhere Windungszahlen bedeutet größere Spulen. Da sie auch bei Kernen mit Luftspalt nicht größer als nötig sein sollen, muss für R.LS ein Kompromiss gefunden werden. Wenn man ihn kennt, kann die optimale Luftspaltlänge angegeben werden. Aus Gl. 5-167 folgt

**Gl. 5-168 die optimale Luftspaltlänge** $\boldsymbol{l.LS = MSV * l.Fe/\mu.r}$

Zahlenwerte: Gegeben sei der Eisenkern eines 125VA-Trafos aus Dynamoblech mit der relativen Permeabilität µ.r=3k und der mittleren Länge l.Fe=24cm (Tab. 6-4). Gewählt wird das magnetische Spannungsverhältnis MSV=3. Damit erhält man aus Gl. 5-168 die **Luftspaltlänge l.LS=0,24mm**.

Zur Berechnung der gesamten **Luftspaltlänge l.LS** eines Eisenkerns müssen die Eisenlänge L.Fe(P.Nen) und das gewünschte **magnetische Spannungsverhältnis MSV** (siehe Absch. 5.6.5.1) bekannt sein oder gefordert werden. Dann kann die Luftspaltlänge nach Gl. 5-168 berechnet werden:

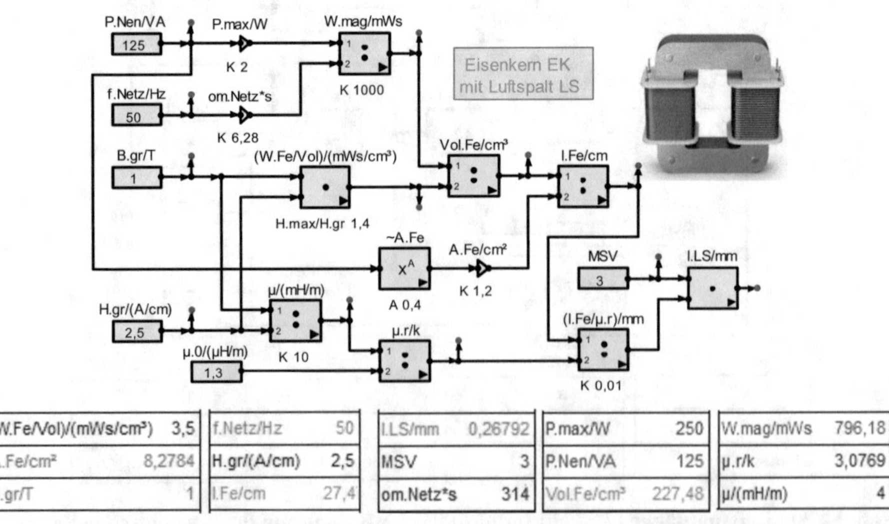


| | | | | | | | | | |
|---|---|---|---|---|---|---|---|---|---|
| (W.Fe/Vol)/(mWs/cm³) | 3,5 | f.Netz/Hz | 50 | l.LS/mm | 0,26792 | P.max/W | 250 | W.mag/mWs | 796,18 |
| A.Fe/cm² | 8,2784 | H.gr/(A/cm) | 2,5 | MSV | 3 | P.Nen/VA | 125 | µ.r/k | 3,0769 |
| B.gr/T | 1 | l.Fe/cm | 27,4 | om.Netz*s | 314 | Vol.Fe/cm³ | 227,48 | µ/(mH/m) | 4 |

**Abb. 5-290 Berechnung der Abmessungen eines Eisenkerns mit Luftspalt als Funktion der Nennleistung nach Gl. 5-168**

**Zu Fall B**

Durch einen Luftspalt entsteht im Kern ein magnetischer Spannungsteiler aus dem leicht übersteuerbaren magnetischen Widerstand R.Fe~l.Fe des Eisenkerns und dem nicht übersteuerbaren Luftspalt R.LS~l.LS. Die Luftspaltlänge l.LS soll nicht größer als nötig sein, denn sie erfordert zusätzliche Durchflutung $\Delta\Theta$=V.LS=ΔN·I.mag (siehe Abb. 6-126). Um $\Delta\Theta$ aufzubringen, bestehen zwei Möglichkeiten:

1. Der Magnetisierungsstrom I.mag soll genau so groß wie ohne Luftspalt sein. Dann muss die Windungszahl N entsprechend erhöht werden.
2. Die Windungszahl N soll genau so groß wie ohne Luftspalt sein. Dann vergrößert sich der Magnetisierungsstrom I.mag.

Was ‚entsprechend' bedeutet, soll für die Windungszahl N berechnet werden. Dazu müssen wir den Trafoberechnungen in Kap. 6 vorgreifen.

Abb. 5-291 zeigt die Berechnung der zusätzlichen Windungen ΔN einer Spule mit Eisenkern durch den Luftspalt l.LS:

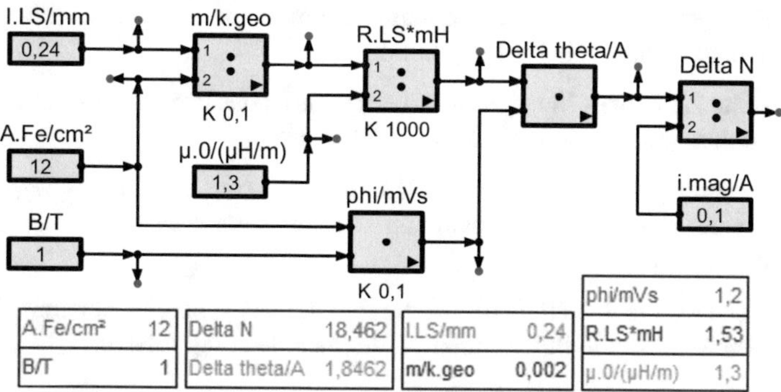


**Abb. 5-291 die zusätzlichen Windungen ΔN einer Spule mit Eisenkern durch den Luftspalt für maximalen magnetischen Fluss**

## Die Luftspaltlänge über den Leerlaufstrom ermitteln

Nun soll gezeigt werden, wie die Luftspaltlänge durch die Messung des Leerlaufstroms I.LL bestimmt werden kann. Die Struktur Abb. 5-292 fasst die folgenden Berechnungen zusammen und gibt Zahlenwerte dazu an.

## Berechnung des minimalen Magnetisierungsstroms (Kern ohne Luftspalt)

Gemessen wird der Leerlaufstrom I.LL in der Primärspule eines Transformators. Er ist bei geringen Verlusten (die hier angenommen werden) annähernd gleich dem Magnetisierungsstrom für den Eisenkern mit Luftspalt. Wenn der Magnetisierungsstrom I.mag für einen Eisenkern ohne Luftspalt bekannt wäre, könnte mit Gl. 5-167 das magnetische Spannungsverhältnis MSV und damit die Luftspaltlänge l.LS berechnet werden:

**Gl. 5-169 über den Leerlaufstrom berechnete Luftspaltlänge**

$$\boldsymbol{l.LS = (I.LL/I.mag - 1) * (l.Fe/\mu.r)}$$

Nun soll im Schnelldurchgang gezeigt werden, wie die Messgrößen in Abb. 5-292 berechnet werden können. Die ausführlichen Erklärungen dazu folgen in den zugehörigen Abschnitten.

Aus Gl. 5-168 folgt die Luftspaltlänge $l.LS(MSV) = MSV * l.Fe/\mu.r$ mit dem

**Gl. 5-170 gemessenen magnetischen Spannungsverhältnis**

$$MSV = \frac{V.LS}{V.Fe} = \frac{I.LL}{I.mag} - 1$$

- Für Trafoblech, von dem hier ausgegangen wird, rechnen wir mit der relativen Permeabilität μ.r≈3500=3,5k.
- Die magnetische Eisenlänge l.Fe hängt von der Baugröße ab. Nach Gl. 5-171 können wir sie aus der Nennleistung P.Nen berechnen:

**Gl. 5-171 mittlere Eisenlänge** $$l.Fe(P.Nen) \approx 5cm * (P.Nen/VA)^{0,3}$$

Für den minimalen Magnetisierungsstrom I.mag=U.1/X.l - mit X.L=ω·L.max - muss die maximale Induktivität L.max=$N^2$·G.Fe aus der Windungszahl N und dem magnetischen Leitwert G.Fe des Eisenkerns berechnet werden. Das soll nun gezeigt werden.

**Berechnung des magnetischen Leitwerts eines Eisenkerns ohne Luftspalt**

Ohne Luftspalt wäre der Leerlaufstrom minimal: I.LL= I.mag. Dann ist der magnetische Widerstand R.mag=R.Fe+R.LS des Eisenkerns minimal und die Induktivität L=$N^2$/R.mag der Spule maximal: L.max=$N^2$/R.Fe=$N^2$·G.Fe.

Der **magnetische Leitwert G.Fe=μ·k.geo** des Eisens ist das Produkt aus der Permeabilität μ=μ.0· μ.r und dem Geometriefaktor k.geo= A.Fe/l.Fe.

Der **Magnetisierungsstrom** I.mag =U.1/X.L ist der Minimalwert des Leerlaufstroms. Wir berechnen ihn aus der Spulenspannung U.1 und dem maximalen Blindwiderstand X.L=ω·L.max.

Die mittlere Eisenlänge l.Fe(P.Nen) ist durch Gl. 5-171 bereits bekannt. Der Eisenquerschnitt ist ebenfalls eine Potenzfunktion der Nennleistung P.Nen:

**Gl. 5-172 der Kernquerschnitt als Funktion der Nennleistung** $$A.Fe(P.Nen) \approx 1,2cm^2 * (P.Nen/VA)^{0,4}$$

Damit können wir den Geometriefaktor für Gl. 5-173 berechnen:

**Gl. 5-173** $$\boldsymbol{k.geo(P.Nen) \approx 0,24cm * (P.Nen/VA)^{0,1}}$$

Bei würfelförmigen Trafos und Spulen und Nennleistungen um 125VA liegt k.geo bei 0,4cm. Sie variiert nur schwach mit P.Nen (siehe Abb. 6-104).

Mit den Angaben von Gl. 5-173 (k.geo=A.Fe/l.Fe) kann mit Gl. 5-49 der magnetische Widerstand R.Fe=1/G.Fe massiver Eisenkerne (ohne Luftspalt) errechnet werden.

Zur Berechnung der Induktivität L= $N^2$·G.mag fehlt jetzt nur noch die Windungszahl N.

**Berechnung von Windungszahlen N**

Die Windungszahl N=U.1/U.Wdg ist der Quotient aus der Spulenspannung U.1 und der Windungsspannung U.Wdg. U.1=230V ist hier vorgegeben.

Windungsspannungen U.Wdg(P.Nen) sind eine Funktion der Nennleistung. Abb. 6-111 zeigt, dass U.Wdg mit √P.Nen größer wird: $U.Wdg; max \approx 25mV * \sqrt{P.Nen/VA}$.

Der Proportionalitätsfaktor von 22mV ... 25mV wurde durch Excel-Analyse von Tab. 6-5 Spalte 2, ermittelt.

Abb. 5-292 zeigt die ...

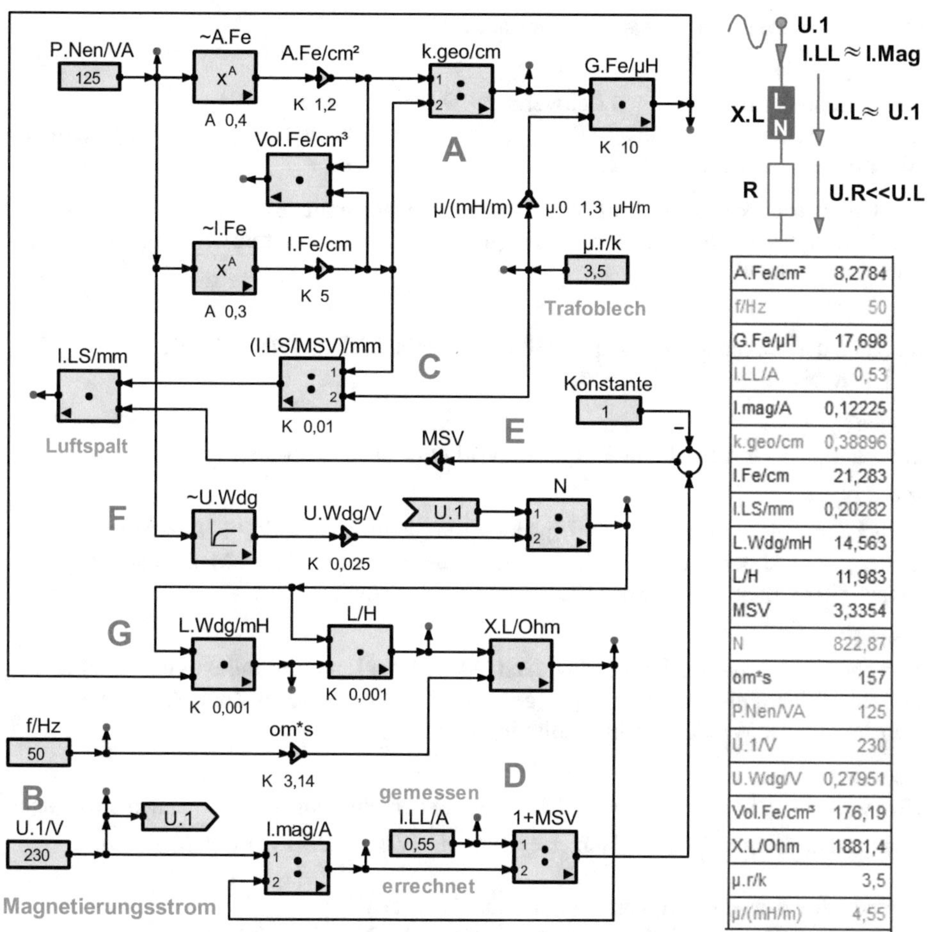


| | |
|---|---|
| A.Fe/cm² | 8,2784 |
| f/Hz | 50 |
| G.Fe/µH | 17,698 |
| I.LL/A | 0,53 |
| I.mag/A | 0,12225 |
| k.geo/cm | 0,38896 |
| I.Fe/cm | 21,283 |
| I.LS/mm | 0,20282 |
| L.Wdg/mH | 14,563 |
| L/H | 11,983 |
| MSV | 3,3354 |
| N | 822,87 |
| om*s | 157 |
| P.Nen/VA | 125 |
| U.1/V | 230 |
| U.Wdg/V | 0,27951 |
| Vol.Fe/cm³ | 176,19 |
| X.L/Ohm | 1881,4 |
| µ.r/k | 3,5 |
| µ/(mH/m) | 4,55 |

**Abb. 5-292 Ermittlung der Luftspaltlänge zu einem gemessenen Spulenstrom I.LL und dem minimalen Magnetisierungsstrom I.mag: Die Erläuterung der Zonen A bis E erfolgt im Anschluss.**

Zur Beachtung:
Durch Luftspalte im Eisenkern bleiben die Abmessungen des Kerns unverändert. Nur die Induktivitäten L.1 (und bei Transformatoren auch L.2) werden kleiner. Mit sinkender Primärinduktivität L.1 **steigt der Magnetisierungsstrom** (der Blindanteil des Leerlaufstroms I.LL, der auch die Kern- und Spulenverluste decken muss). Der steigende Magnetisierungsstrom erzeugt die für den Luftspalt benötigte magnetische Spannung.

Erläuterungen zu Abb. 5-292:

Oben links wird die Nennleistung eingestellt.

**Zone A:**
Berechnung des magnetischen Leitwerts des Eisenkerns: G.Fe=μ·k.geo:
Zur Berechnung der Permeabilität μ=μ.0·μ.r wird angenommen, dass der Kern aus Elektroblech besteht (μ.r=3,5k).

Der Geometriefaktor k.geo=A.Fe/l.Fe: Der Kernquerschnitt A.Fe und die Kernlänge l.Fe sind Funktionen der Nennleistung P.Nen (hier eines Transformators der Fa. Siemens, siehe Tab. 6-4, Spalte 4).

**Zone B:**
Vorgabe der Spulenspannung U.1=230V und der Betriebsfrequenz f=50Hz:
→ Die Kreisfrequenz ω=314rad/s.

**Zone C:**
Berechnung der Luftspaltlänge l.LS=MSV·l.Fe/μ.r nach Gl. 5-56

**Zone D:**
Berechnung des magnetischen Spannungsverhältnisses MSV=I.LL/I.mag aus dem gemessenen Leerlaufstrom I.LL und dem minimalen Magnetisierungsstrom I.mag=U.1/X.L einer Spule mit Eisenkern ohne Luftspalt

**Zone E:**
Berechnung des maximalen Blindwiderstands X.L=ω·L mit der Induktivität L=N·L.Wdg und der Windungsinduktivität L.Wdg=N·G.Fe: G.Fe wurde in Zone A berechnet. Die Berechnung der Windungszahl N folgt in Zone F.

**Zone F:**
Hier wird die Windungszahl N=U.1/U.Wdg mit der Windungsspannung nach Gl. 6-48 als Funktion der Nennleistung P.Nen errechnet: $U.Wdg \approx 25mV * \sqrt{P.Nen/VA}$.

**Agenda zur Berechnung von Spulen mit Eisenkern**
In Kap. 6 sollen Transformatoren als Funktion der Nennleistung (Baugröße) berechnet werden – und zwar zuerst mit und dann ohne weitere Herstellerangaben. Wie Abb. 5-292 gezeigt hat, ist dazu noch folgendes zu tun:

- Berechnung von **Kernquerschnitten A.Fe** und Kernlängen l.Fe
- Berechnung von **Windungsspannungen U.Wdg**, auch als Funktion von P.Nen
- Berechnung von **Windungszahlen N** als Funktion der Nennspannungen
- Berechnung magnetischer **Widerstände R.mag**
- Berechnung von **Induktivitäten L** und magnetischen Blindwiderständen X.L

Damit sind die Ziele der Berechnungen in diesen beiden Kapiteln 5 ‚Magnetismus' und 6 ‚Transformatoren' umrissen.

Mit dem darin vermittelten Wissen sollen Spulen und Transformatoren für große Frequenz- und Leistungsbereiche **ohne Herstellerangaben,** nur als Funktion der Nennleistung mit der Betriebsfrequenz als Parameter, **dimensioniert** werden.

### 5.6.5.2 Gleichstrom-Vormagnetisierung

Eine Vormagnetisierung eines Magnetkerns liegt vor, wenn eine Spule durch einen Gleichstrom durchflossen wird, dem sich eine Wechselspannung überlagert.

Anwendung: Lautsprecher und Kopfhörer mit Vormagnetisierung

Abb. 5-293 zeigt einen Kopfhörer: An einer Tauchspule in einem Dauermagneten ist eine Membran angebracht. Der Wechselstrom durch die Spule mit Tonfrequenzen bis 10kHz erzeugt Kraft und Luftdruckschwankungen (Schall).

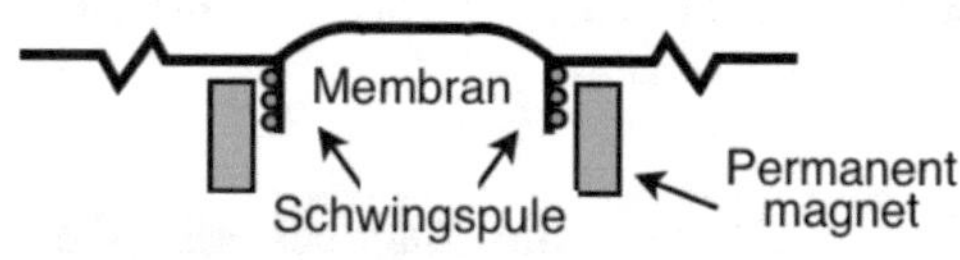


**Abb. 5-293 Kopfhörer mit Vormagnetisierung**

Quelle: https://de.wikipedia.org/wiki/Kopfhörer#Bauformen

Die Vormagnetisierung ist für die korrekte Schallwiedergabe nötig, denn ohne sie würde die Eisenmembran einmal bei der positiven und dann noch einmal bei der negativen Halbwelle angezogen. Dann würde die Membran mit der doppelten Frequenz schwingen. Durch die Vormagnetisierung erhält die Membran eine mechanische Vorspannung, zu der sich die Kraft der Wechselspannung addiert oder subtrahiert. Dabei ändert sich die Frequenz nicht.

**Zur historischen Entwicklung**
Ab der 1930er bis in die 1960er Jahre dienten Transduktoren zur Steuerung von Elektromotoren und Kinobeleuchtungen. Sie wurden durch die Entwicklung steuerbarer Halbleiter fast vollständig vom Markt verdrängt (Bd.5/7, Kap. 8: MOSFets, Thyristoren, IGBT's).

Trotzdem soll hier die Gleichstrom-Vormagnetisierung behandelt werden, denn Mischströme in Spulen können betriebsbedingt immer wieder vorkommen. Dann muss die Sättigung des Kernes durch einen Luftspalt verhindert werden.

**Beispiel: Transduktoren**
Transduktoren sind gleichstromgesteuerte Induktivitäten (elektrisch steuerbare Drosseln). Die Magnetisierung erfolgt durch zwei Spulen, von denen eine den steuernden Gleichstrom DC und die zweite den zu steuernden Wechselstrom AC führt (Abb. 5-294).

Das Kernvolumen im Wechselstromkreis wird durch den Gleichstrom (DC) bis zur Sättigung vormagnetisiert, wodurch seine Permeabilität sinkt. Dadurch reduziert die Drossel ihre Induktivität L stromgesteuert.

Transduktoren sind robust, haben keine bewegten Teile wie Stelltransformatoren und sind verschleißfrei.

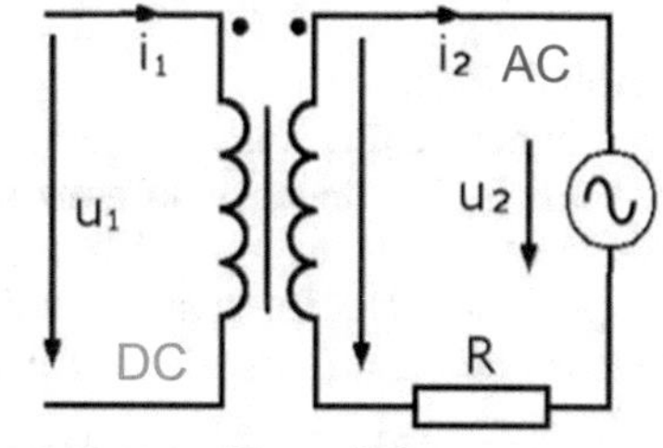


**Abb. 5-294 Transduktor**

**Erläuterungen zur Vormagnetisierung**

Der Gleichstrom (DC) bewirkt einen mittleren magnetischen Fluss im Magnetkern, der den aussteuerbaren Bereich durch den Wechselstrom (AC) reduziert. Das zeigt Abb. 5-295:

**Abb. 5-295 Flussdichteverlauf in einem Kern mit Vormagnetisierung**

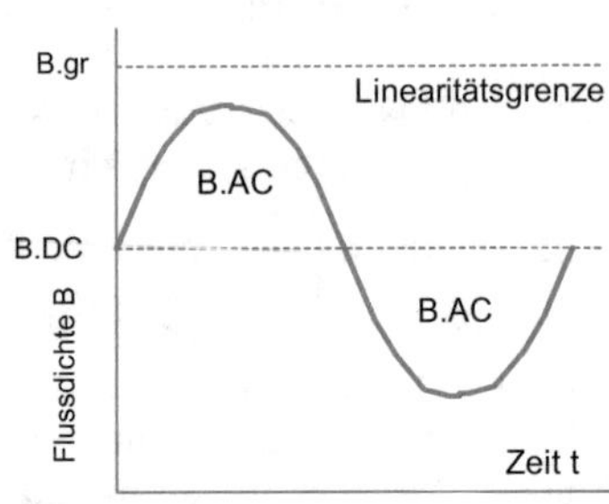


Abb. 5-296 zeigt die Magnetisierungskennlinien eines Eisenkerns ohne und mit Luftspalt und den linearisierenden Einfluss des Luftspalts:

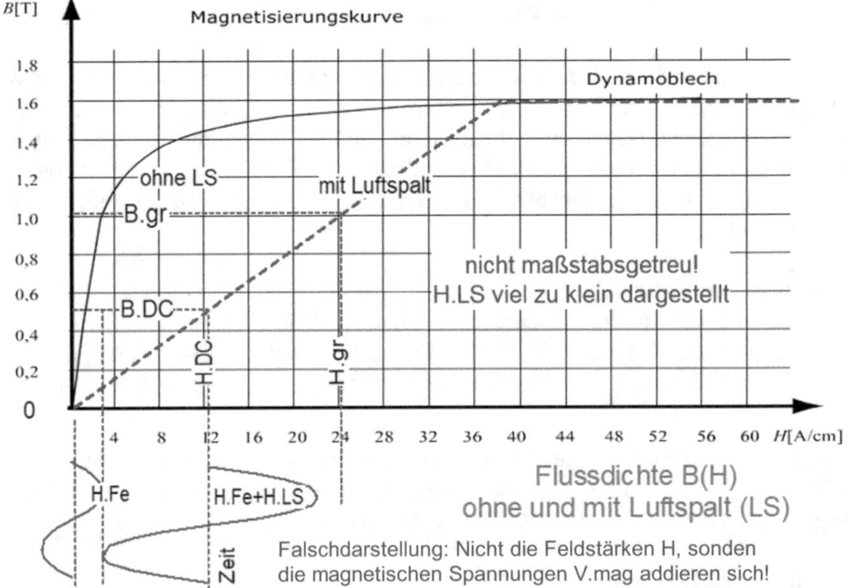


**Abb. 5-296 die Abflachung und Linearisierung der Permeabilität (= Steigung der Magnetisierungskennlinie) durch einen Luftspalt im Eisenkern: Durch ihn verringert sich die Kennlinie der Spule, entsprechend vergrößert sich der zulässige Magnetisierungsstrom.**

Zu Abb. 5-296:

Die Magnetisierungskennlinie eines Eisenkerns ohne und mit Luftspalt ist zwar sehr anschaulich, aber leider **nicht ganz korrekt**. Der Fehler besteht darin, dass der Anschein erweckt wird, als würden sich die magnetischen Feldstärken H von Eisenkern und Luftspalt addieren. Tatsächlich addieren sich jedoch die magnetischen Teilspannungen von Eisenkern und Luftspalt zur Durchflutung $\Theta$=V.Fe+V.LS.

Die Struktur Abb. 5-297 zur Berechnung von Feldstärken und Flussdichte vermeidet diesen Fehler. Dadurch werden die Feldstärken H=V.mag/l im Eisen und im Luftspalt richtig berechnet: H.Fe liegt im Bereich A/cm. H.LS ist einige 1000(!) mal größer (Bereich kA/cm). Entsprechend größer als im Eisenkern ist die im Luftspalt gespeicherte Energie.

**Die Luftspaltlänge bei Vormagnetisierung**

Bei Vormagnetisierung eines Eisenkerns durch einen Gleichstrom i,DC muss die Luftspaltlänge angepasst werden – und zwar so, dass die Flussdichte B<B.gr im linearen Bereich bleibt.

Gl. 5-174 zeigt die Berechnung der Luftspaltlänge eines Kerns, der durch Gleich- und Wechselstrom durchflossen wird:

**Gl. 5-174 Luftspaltlänge bei Gleichstrom-Vormagnetisierung**

$$l.LS \approx \frac{\mu.0 * u.Spu}{B.gr^2 * A.Fe * \omega} * (i.DC + i.AC)$$

Abb. 5-297 zeigt die Struktur zur Berechnung aller magnetischen Messgrößen aus dem geforderten Magnetisierungsstrom *i.gr=i.DC+i.AC*. Eingestellt wurde die Windungszahl N=130 für die maximal zulässige Flussdichte B.gr=1T(Dynamoblech).

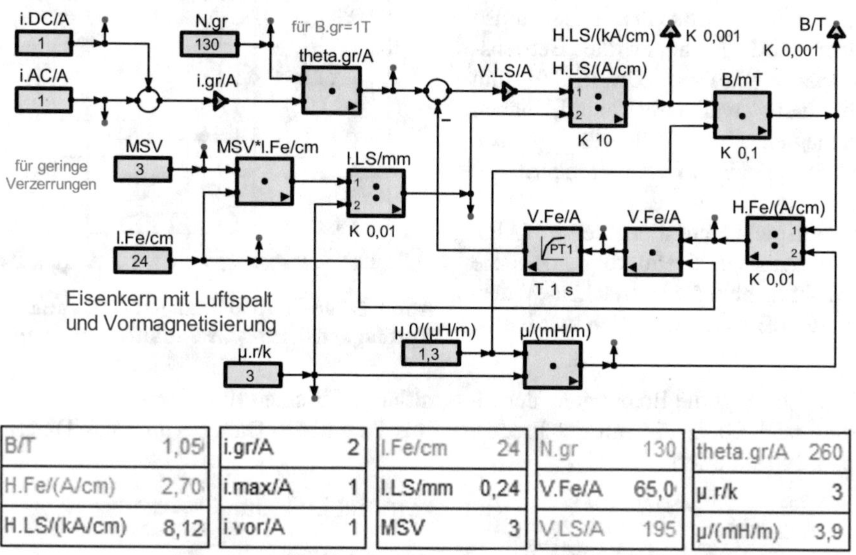


| B/T | 1,05 | i.gr/A | 2 | l.Fe/cm | 24 | N.gr | 130 | theta.gr/A | 260 |
|---|---|---|---|---|---|---|---|---|---|
| H.Fe/(A/cm) | 2,70 | i.max/A | 1 | l.LS/mm | 0,24 | V.Fe/A | 65,0 | μ.r/k | 3 |
| H.LS/(kA/cm) | 8,12 | i.vor/A | 1 | MSV | 3 | V.LS/A | 195 | μ/(mH/m) | 3,9 |

**Abb. 5-297 die Messgrößen und Parameter eines Eisenkerns mit Luftspalt**

Erläuterungen zu Abb. 5-297:

Berechnet werden sollen die Messgrößen des magnetischen Kreises als Funktion der Durchflutung $\theta$=N·(i.DC+i.AC). Bei der Grenzdurchflutung $\theta$.gr erreicht die Flussdichte B ihren zulässigen Grenzwert B.gr (siehe Magnetisierungskennlinie Abb. 5-296). Wenn $\theta$.gr bekannt ist und

1. der maximale Magnetisierungsstrom i.gr= i.DC+i.AC gefordert wird, errechnet sich die benötigte Windungszahl N= $\theta$.gr/i.gr oder
2. die Windungszahl N einer Spule bekannt ist, errechnet sich aus $\theta$.gr der maximal zulässige Magnetisierungsstrom: i.gr= $\theta$.gr/N.

Zur Berechnung von $\theta$.gr wird das gewünschte magnetische Spannungsverhältnis MSV=V.LS/V.Fe vorgegeben, denn es bestimmt die Baugröße, Aussteuerbarkeit und Linearität zwischen i.mag und $\phi$. Hier rechnen wir wieder mit MSV=3.

**Spulenstrom und Windungszahl bei Vormagnetisierung**
In Abb. 5-297 wurde errechnet, wie viel Durchflutung Θ ein vorgegebener Eisenkern benötigt, um die Grenzflussdichte B.gr zu erreichen.

Spulen müssen die Durchflutung Θ = N·i.Spu durch die Windungszahl N und den Spulenstrom i.Spu erzeugen. Oft wird der effektive Spulenstrom I.Spu=i.Spu/√2 gefordert, z.B.

1. weil er bei Spulen die Impedanz X.Spu=U.Nen/I.Spu bestimmt oder
2. weil er bei Motoren das Drehmoment M=Θ·i.Spu festlegt.

Damit liegt die benötigte Windungszahl **N=Θ/(√2·I.Spu)** fest.

**Luftspaltlänge und Betriebsfrequenz**
Aus Abb. 5-298 ist ersichtlich, dass die Länge eines Luftspalts L.LS umso kleiner wird, je höher die Betriebsfrequenz ω=2π·f ist. Da l.LS<<1mm nicht mehr realisierbar sind, haben ferromagnetische Kerne für höchste Frequenzen keinen Luftspalt mehr.

Ein Beispiel sind Ferritkerne (Abb. 5-256). Aus Gl. 5-150 folgt, dass sie durch ihren hohen elektrischen Widerstand **hochfrequenztauglich** werden.

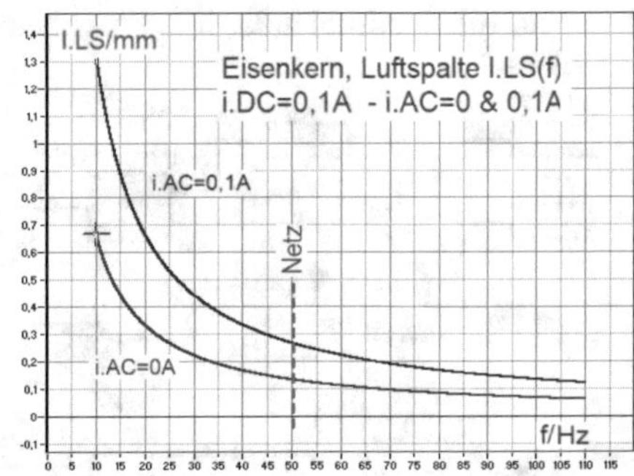


**Abb. 5-298 Luftspaltlängen mit und ohne Vormagnetisierung als Funktion der Frequenz**

Abb. 5-299 zeigt die Berechnung der Luftspaltlänge für einen Eisenkern mit Vormagnetisierung nach Gl. 5-174 mit der Frequenz f als Parameter. Damit wurde das Diagramm Abb. 5-298 simuliert.

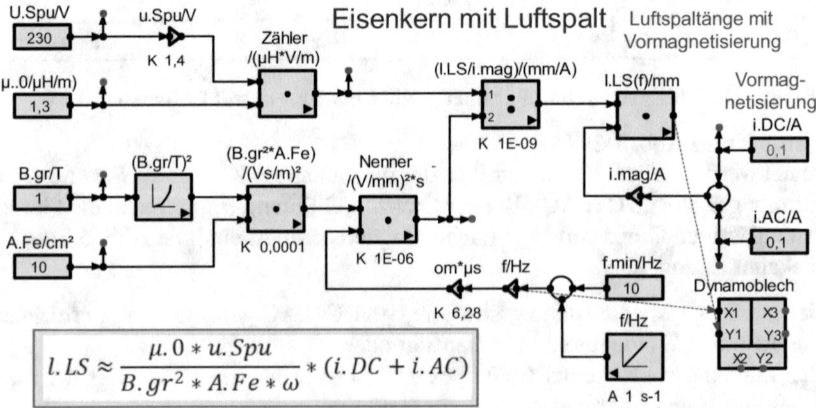


$$l.LS \approx \frac{\mu.0 * u.Spu}{B.gr^2 * A.Fe * \omega} * (i.DC + i.AC)$$

**Abb. 5-299 Luftspaltlänge für einen Eisenkern mit Vormagnetisierung nach Gl. 5-174**

Damit schließen die Untersuchungen zum Thema ‚Ferromagnetische Kerne'. Die dabei gewonnenen Kenntnisse werden bei den nun folgenden Spulenberechnungen gebraucht.

## 5.7 Elektrische Spulen

Spulen sind N-fach gewindete, magnetisch eng gekoppelte Drahtschleifen, die von demselben Strom durchflossen werden (N=Windungszahl). Dadurch wird der magnetische Windungsfluss $\phi$ zum Spulenfluss $\psi=N\cdot\phi$. Entsprechend verstärkt sich die magnetische Wirkung um den Faktor N.

Abb. 5-300 zeigt eine Flachspule zum induktiven Laden von Akkumulatoren:

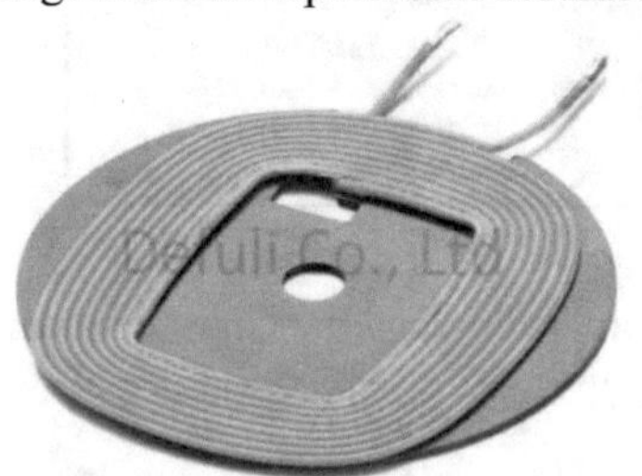


| Marke | Defuli |
|---|---|
| Draht-Durchmesser | 0.08*105P |
| Material des Drahtes | Kupferdraht |
| Die Stärke der Spule | sinlge Schicht |
| Mit Ferritblatt | ja |

**Spezifikation** Spule
Eingangsspannung: 5V/2.0A
Sendeleistung: 5W
Drahtloser Ertrag: 5V/1.0A
Übergangs-Leistungsfähigkeit: über 73%
Aufladungsfrequenz: 100-150KHz
Abstand der drahtlosen Übertragung: 2-8mm

Quelle: http://german.inductivechargingcoil.com/sale-10165839-wireless-power-charger-electric-induction-coil-5-watt-with-100-150khz-frequency.html

**Abb. 5-300 Induktionsspule für ein drahtloses Ladegerät (5 Watt bei Frequenzen von 100kHz bis 150KHz): Die Flachspule ist bifilar (zweiadrig, also streuarm) gewickelt.**

Spulen erzeugen aus elektrischen Strömen magnetische Felder und umgekehrt aus wechselnden magnetischen Feldern elektrische Spannungen. Wie sich dies technisch nutzen und die Spuleneigenschaften (elektrisch, mechanisch, magnetisch) berechnet werden, soll in diesem und den folgenden Kapiteln gezeigt werden.

### Die Daten einer Ferritkern-Spule

Gefordert oder gesucht werden die mechanischen und elektrischen Eigenschaften der Spule (u.a. Nennstrom, Nennspannung und die Grenzfrequenz).

Gesucht werden alle zum Bau von Spulen benötigten Messgrößen und Parameter:

- Nennstrom und Nennspannung
- Induktivität
- Widerstand und Verlustleistung
- Baugröße (Abmessungen)
- magnetische Kräfte

Dabei dürfen die Grenzwerte

1. für die Flussdichte B (z.B. 1T bei Dynamoblech) und
2. die Stromdichte J (je nach Belüftung 2 bis 6 A/mm²) im Spulendraht nicht überschritten werden.

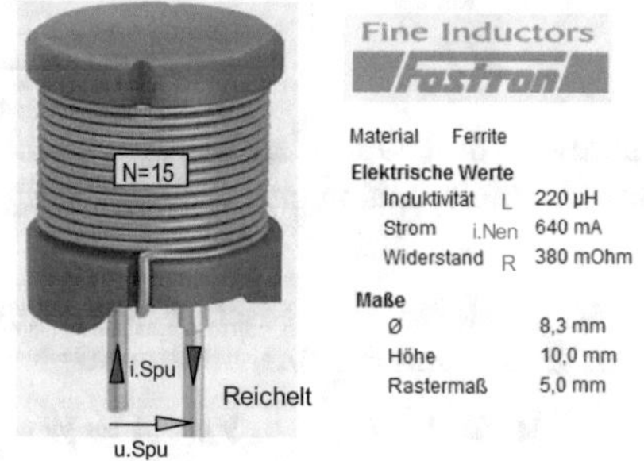


Quelle: http://www.fastrongroup.com/home

**Abb. 5-301 Ferritkernspule und ihre technischen Daten**

Die in den folgenden Abschnitten vorgestellten Gesetze zur Spulenberechnung werden dreifach gebraucht, nämlich zur

*Spulen-Konzeption, Spulen-Analyse und Spulen-Dimensionierung*

**Zur Spulen-Analyse**
Bei Analysen werden die Daten einer gegebenen Spule gesucht.

**Zur Spulen-Konzeption**
Bei der Spulen-Konzeption werden die Nennleistung und die Grenzfrequenzen gefordert.

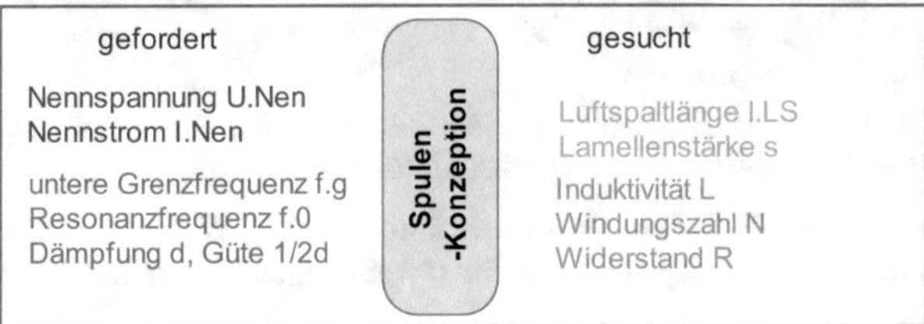


**Zur Spulen-Dimensionierung**
Bei Spulen-Dimensionierungen werden die Daten vorgegeben.

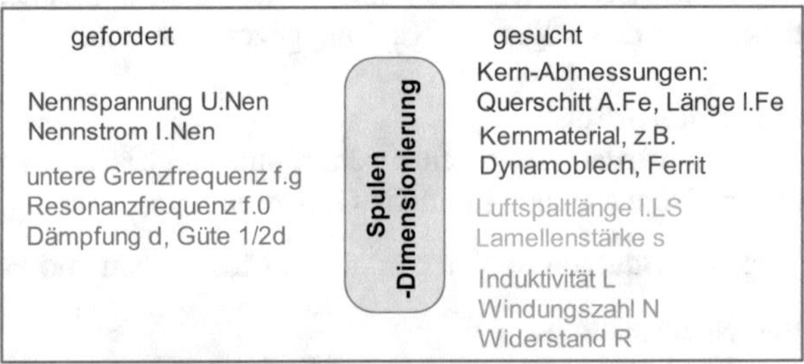


Für diese drei Optionen werden nachfolgend Beispiele berechnet. Dazu müssen drei **Basisformeln** entsprechend der jeweiligen Fragestellung ausgelegt werden:

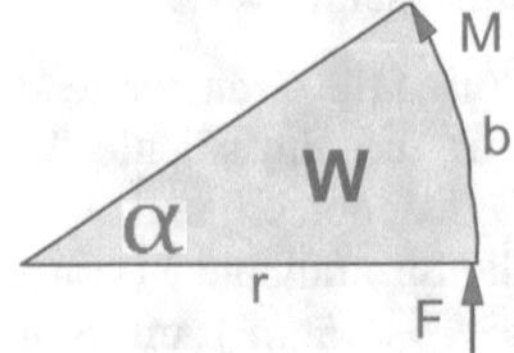


**Gl. 5-175 elektromagnetische Energie mit dem Fluss ϕ=B·A und der Durchflutung *Θ*=N·i**

$$W = \phi * \Theta \ldots \; in\, Vs * A = Ws = Nm$$

**Gl. 5-176 elektromagnetisches Drehmoment mit dem Winkel** $\alpha = \boldsymbol{Bogen\ b/Radius\ r}$

$$M = \phi * \Theta * \alpha \;\ldots\; in\, Vs * A * rad = Nm$$

**Gl. 5-177 elektromagnetische Kraft mit der Feldstärke H=*Θ*/l**

$$F = \phi * H \ldots \; in\, Vs * A/m = N$$

### 5.7.1 Ideale und reale Spulen

Ideale Spulen haben weder elektrische noch magnetische Verluste. Wir beginnen die Spulenberechnung mit diesem vereinfachten Fall nicht nur, weil auch die Berechnung relativ einfach ist, sondern auch weil sie bei den folgenden Berechnungen die Referenz zum Vergleich mit realen Spulen ist. Dadurch ist es möglich zu beurteilen, was die Änderung von Materialien an Vorteilen bringen würde (z.B. Spulen aus Silber anstelle von Kupfer).

**Selbst- und Gegeninduktion**
In der Literatur wird bei Spulen zwischen Selbst- und Gegeninduktion unterschieden:

**Selbstinduktion** **Gegeninduktion**

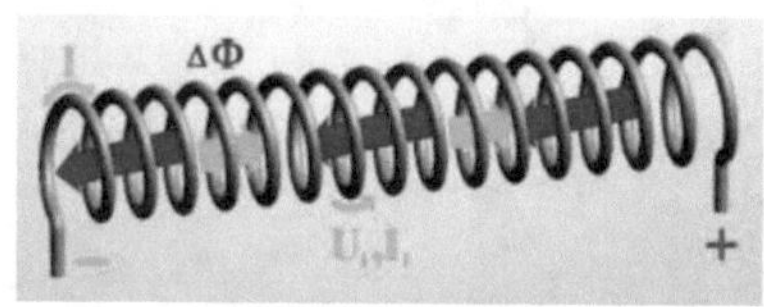


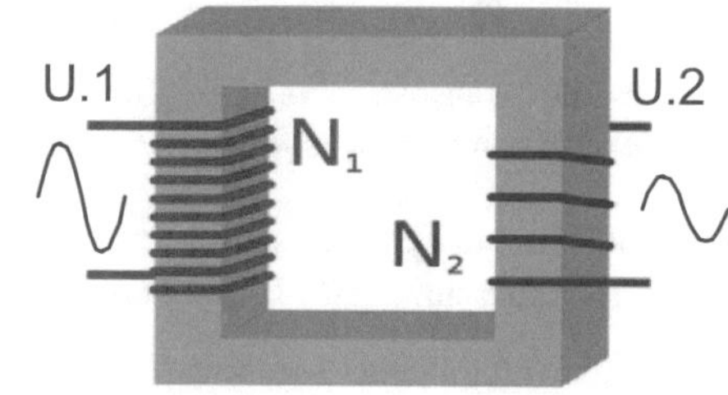


**Abb. 5-302 Selbstinduktion in einer Spule und Gegeninduktion in einer zweiten, magnetisch gekoppelten Spule**

- Selbstinduktion ist die in einer Spule durch Stromänderung entstehende Spannung
- Gegeninduktion ist die in einer Spule durch Flussänderung entstehende Spannung

Der Autor hält die Unterscheidung für unnötig. Er spricht in beiden Fällen von (elektromagnetischer) Induktion. Wichtig dagegen sind die Begriffe

**Windungsfluss $\phi=B\cdot A$** und **Spulenfluss $\Psi=N\cdot\phi$**

- $\phi$ durchdringt jede Windung einer Spule. Er ist eine Messgröße, die über die Flussdichte B bestimmt werden kann.
- $\Psi$ ist eine zur Spulenberechnung benötigte Rechengröße. Sie ist proportional zu $\phi$ und zur Windungszahl N.

**Gl. 5-178 Berechnung des Spulenflusses**

$$\Psi = N * \phi = L * i$$

Zur Bedeutung von $\phi$ und $\Psi$:

- Die zeitliche Änderung des **Windungs**flusses $\phi$ ist die induzierte Windungsspannung u.Wdg.

**Gl. 5-179 Windungsspannung im Zeitbereich**

$$u.Wdg = \frac{d\phi}{dt} = \frac{L}{N} * \frac{di}{dt}$$

- Die induzierte Spannung u.L ist die zeitliche Änderung des **Spulenflusses** $\psi$

**Gl. 5-180 induzierte Spulenspannung**

$$u.L = N * u.Wdg = \frac{d\Psi}{dt} = L * \frac{di}{dt}$$

Für komplexe Berechnungen im Frequenzbereich muss die **Ladungsbeschleunigung di/dt** durch **$\omega\cdot$i** ersetzt werden.

**Die gerade Spule (Solenoid)**

Als erstes Beispiel zur Spulenberechnung zeigt Abb. 5-303 eine ...

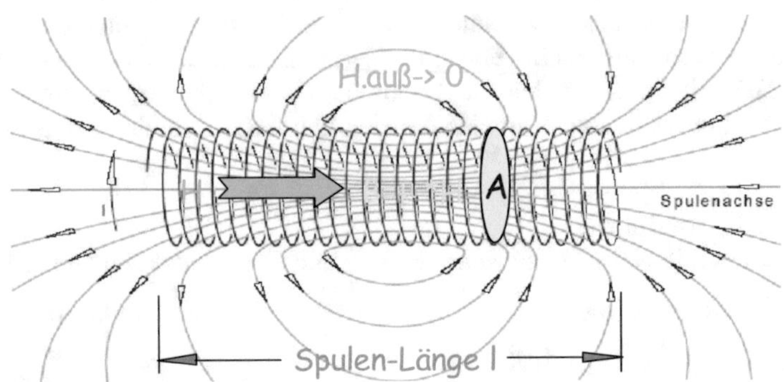


**Abb. 5-303 langgestreckte Spule (Solenoid): Da die äußere Feldstärke gegen null geht, ist ihre magnetische Länge gleich der geometrischen Länge l.**

Gegeben sind der Strom i.Spu mit seiner Frequenz f, die Windungszahl N und der Kern mit den Abmessungen (A/l) und dem Permeabilitäts-Faktor µ.r.

Gesucht werden die Spulenvariablen (Θ, H, B), die Energie der Spule und ihr Leistungsumsatz.

Abb. 5-304 zeigt die Berechnung der Spulenenergie und -leistung

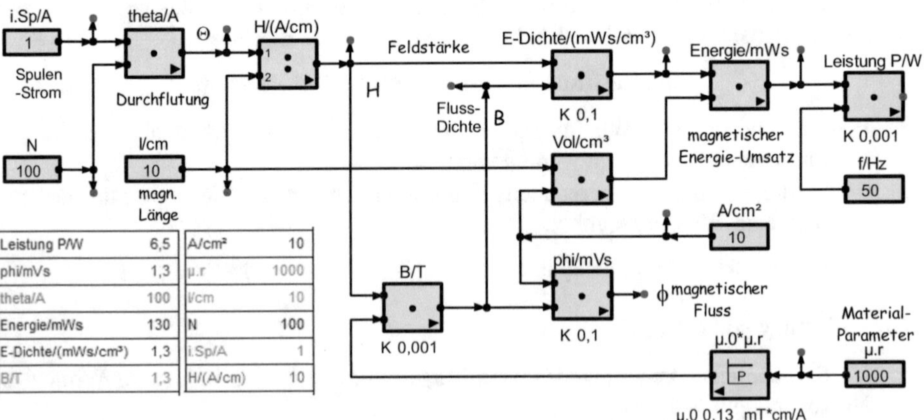


**Abb. 5-304 langgestreckte Spule (Solenoid): Ihre Länge entspricht der mittleren Länge des Toroids. Die Struktur ist die gleiche wie beim Toroid (Ringspule). Das Kernmaterial kann nicht Eisen sein. Es wäre bei Feldstärken von 10A/cm in der Sättigung.**

Abb. 5-305 zeigt das Simulationsergebnis zur Spulenenergie:

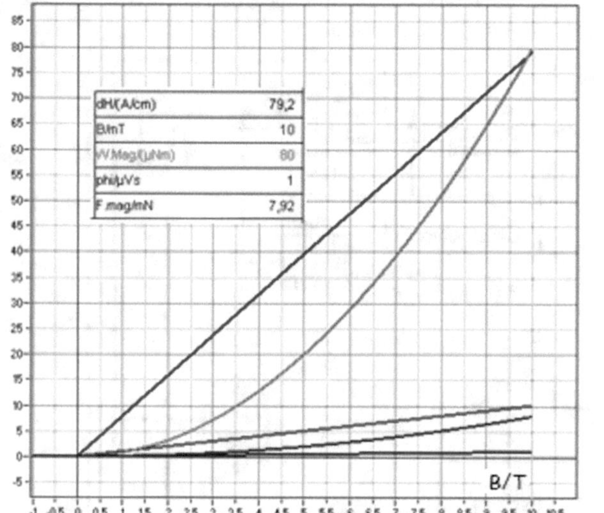


| B/mT | 0,13 |
|---|---|
| W.mag/µWs | 0,26 |
| i.L/A | 1 |
| N | 10 |
| theta/A | 10 |
| phi/µVs | 0,26 |
| F.mag/mN | 2,6 |
| A/cm² | 20 |
| (W.mag/Vol) /(µWs/cm³) | 0,013 |

**Abb. 5-305 die Simulationsergebnisse zu Abb. 5-304: Magnetische Kraft und Energie über der Flussdichte B/T**

**Dauer, Einschalt- und Magnetisierungsströme**

Der **Nennstrom** I.Nen (Dauerstrom) ist ein fast reiner **Wirkstrom** – also in Phase mit der Nennspannung (Phase(i) → 0°).

Der **Magnetisierungsstrom** I.mag ist der Blindanteil des Leerlaufstroms einer Spule. Er ist auch hier ein fast reiner **Blindstrom** (Phase(i) → -90°). Seine Amplitude I.max ist der Nennleistung P.Nen proportional.

Abb. 5-306 zeigt den Dauer- und einen Einschaltstrom einer Spule. Der Einschaltzeitpunkt (die Einschaltphase) bestimmt seine Höhe.

U 230 V eff
Einschaltstrom Stoss an 1,6kVA EI Kern Trafo
I
Stromstoß
Magnetisierungsstrom
I = 320A Spitze

**Abb. 5-306 gemessene Spulenströme: oben im Dauerbetrieb, unten kurz nach dem Einschalten**

Das Thema **‚Einschaltströme'** behandeln wir in Kap. 6 ‚Transformatoren'. In Absch. 6.2.4 werden auch Maßnahmen zu ihrer Begrenzung besprochen.

**Die Messgrößen einer idealen Spule**

Abb. 5-307 zeigt die Berechnung der elektrischen und magnetischen Messgrößen des Solenoids von Abb. 5-304. Sie wird nachfolgend erläutert.

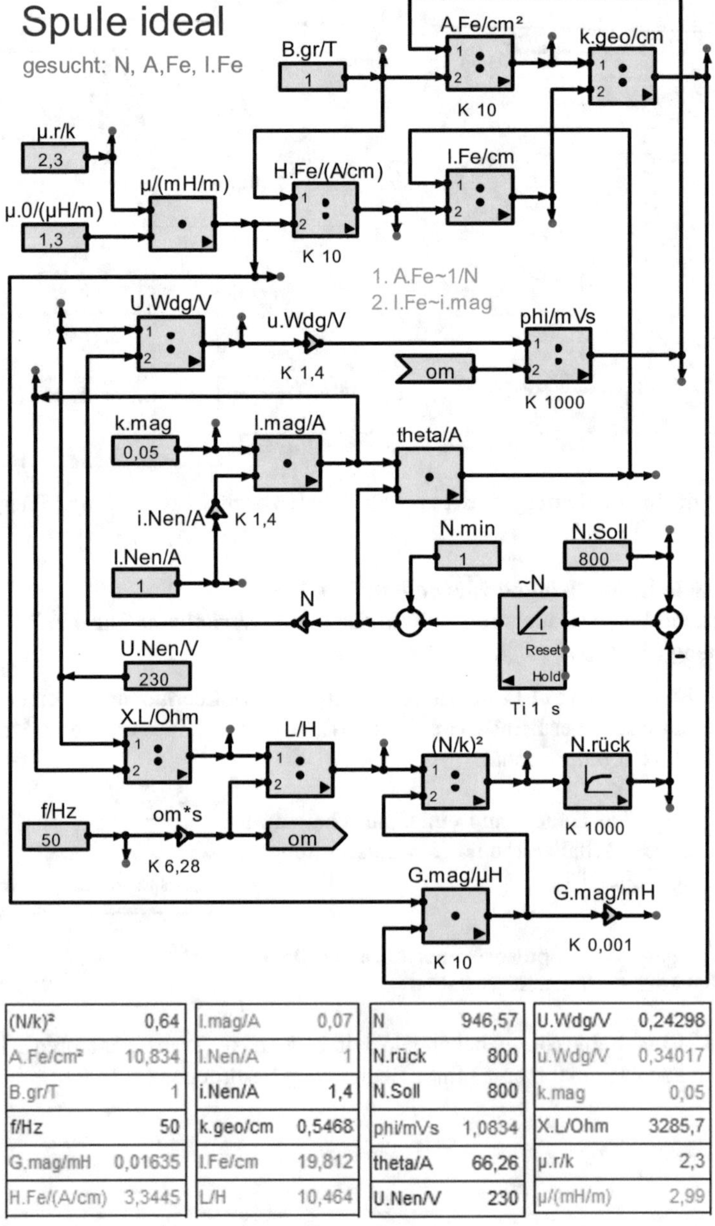


| | | | | | | | |
|---|---|---|---|---|---|---|---|
| (N/k)² | 0,64 | I.mag/A | 0,07 | N | 946,57 | U.Wdg/V | 0,24298 |
| A.Fe/cm² | 10,834 | I.Nen/A | 1 | N.rück | 800 | u.Wdg/V | 0,34017 |
| B.gr/T | 1 | i.Nen/A | 1,4 | N.Soll | 800 | k.mag | 0,05 |
| f/Hz | 50 | k.geo/cm | 0,5468 | phi/mVs | 1,0834 | X.L/Ohm | 3285,7 |
| G.mag/mH | 0,01635 | I.Fe/cm | 19,812 | theta/A | 66,26 | μ.r/k | 2,3 |
| H.Fe/(A/cm) | 3,3445 | L/H | 10,464 | U.Nen/V | 230 | μ/(mH/m) | 2,99 |

**Abb. 5-307 Messgrößen und Parameter einer Spule als Funktion von Nennspannung, Nennstrom und Frequenz**

**Der Magnetisierungsfaktor k.mag**
k.mag=I.mag/I.Nen ist der Quotient aus dem **Magnetisierungsstrom I.mag im Leerlauf** einer Spule und seinem **Nennstrom I.Nen**. Wenn man k.mag kennt, kann man den Magnetisierungsstrom I.mag=k.mag·I.Nen aus dem Nennstrom (Herstellerangabe) einer Spule oder eines Transformators ermitteln.

Zur praktischen Bestimmung des k.mag von Transformatoren misst man den Spulenstrom einmal im Leerlauf und zum andern im Nennbetrieb:

**Gl. 5-181 Definition des Magnetisierungsfaktors**

$$k.mag(\omega) = I.mag(\omega)/I.Nen$$

Bei der Dimensionierung von Spulen wird k.mag gefordert. Bei k.mag=1 ist der Blindstrom I.mag gleich dem Wirkstrom I.Nen. Dann ist der Scheinstrom I.S=√2·I.Nen.

Bei Simulationen wird k.mag gebraucht, um den Leerlaufstrom I.mag=k.mag·I.Nen aus dem Nennstrom zu berechnen.

In Gl. 5-182 wird gezeigt, dass die Luftspaltlänge l.LS im Eisenkern eines Transformators den Magnetisierungsfaktor k.mag bestimmt. Seine Werte beginnen bei 30% und können Werte über 50% erreichen.

**Berechnung des Magnetisierungsfaktors**
Zur Berechnung des Magnetisierungsfaktors k.mag muss bekannt sein, wie er von der Induktivität L der Spule und der Frequenz f abhängt. Das zeigt Gl. 5-182.

Zur Berechnung des Magnetisierungsfaktors k.mag wird angenommen, dass die Spulenverluste klein gegen die Nennleistung sind. Dann fällt die Nennspannung im Leerlauf über dem Blindwiderstand X.L=ω·L und bei Nennlast über dem **Nennwiderstand R.Nen=U.Nen/I.Nen** ab.
Aus $U.Nen = I.mag * X.L = I.Nen * R.Nen$ folgt die

**Gl. 5-182 Berechnung des Magnetisierungsfaktors**

$$k.mag(\omega) = \frac{I.mag}{I.Nen} = \frac{R.Nen}{X.L} = \frac{U.Nen^2}{P.Nen * \omega * L}$$

Gl. 5-182 benötigt zur Berechnung von k.mag außer der Nennspannung und dem Nennstrom (bzw. der Nennleistung) noch die Induktivität L der Spule und die Kreisfrequenz ω=2πf. Gl. 5-182 zeigt, dass der Magnetisierungsstrom I.mag und damit auch der Magnetisierungsfaktor einer Spule mit steigender Frequenz immer kleiner wird.

Zahlenwerte:
P.Nen=125VA, U.Nen=230V → R.Nen=432Ω, I.Nen=0,54A,
k.mag=0,5 → I.mag=0,27A → X.L=358Ω → L=1,1H

**Magnetischer Leitwert G.mag und Induktivität L**

Induktivität nennt man die Fähigkeit einer Spule, bei zeitlicher Stromänderungen di/dt Spannungen u.L zu erzeugen. Sie berechnet das

**Gl. 5-67 Induktionsgesetz**

$$u.L = L * di/dt = N * d\phi/dt$$

**Gl. 5-70 Berechnung einer Induktivität L in H(enry)=Vs/A)**

Die Berechnung von Induktivitäten entnehmen wir Absch. 5.3.2.

$$L = N^2 * G.mag = N^2/R.mag$$

mit der

**Gl. 5-54 Berechnung magnetischer Leitwerte, auch in H**

$$G.mag = \frac{\Phi}{\Theta} = \mu * \frac{A.Fe}{l.Fe}$$

mit der **Permeabilität μ=μ.0·μ.r**
mit μ.0≈1,3μH/m

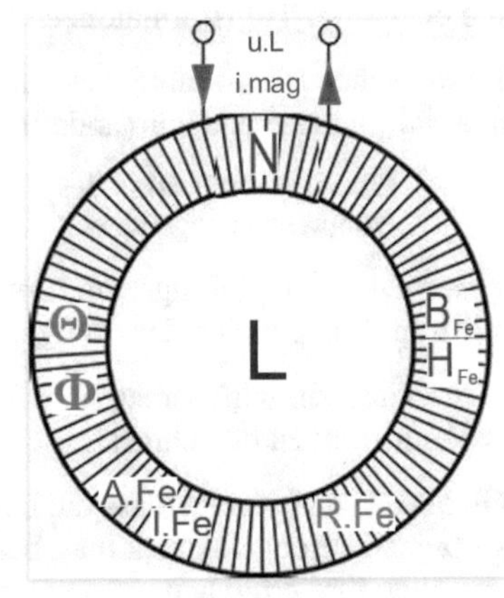


**Abb. 5-308 magnetische Widerstände eines Eisenkerns mit Luftspalt**

Der Kehrwert des magnetischen Leitwerts heißt magnetischer Widerstand R.mag:

**Gl. 5-26 magnetischer Widerstand in A/(Vs)=1/H**

$$R.mag = \frac{\Theta}{\Phi} = \frac{l.Fe/A.Fe}{\mu}$$

In Absch. 5.2.5 haben wir gezeigt, dass sich bei parallelen Kernen die magnetischen Leitwerte G.mag und bei seriellen Kernen die Widerstände R.mag addieren.

Nach Gl. 5-70 steigt die **Induktivität L=N²·G.mag** einer Spule quadratisch mit der Windungszahl N und linear mit dem magnetischen Leitwert G.mag an. Abb. 5-309 zeigt, wie G.mag durch das Kernmaterial μ, den Spulenquerschnitt A.Fe und die Spulenlänge L.Fe bestimmt wird. Sie zeigt auch die Berechnung des induktiven Widerstands X.L.

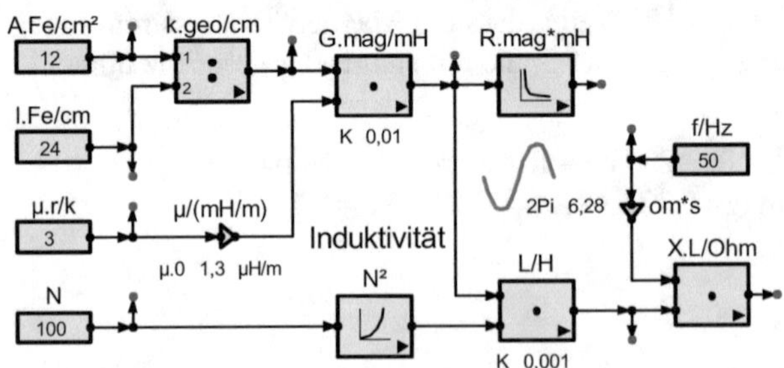


| f/Hz | 50 | A.Fe/cm² | 12 | k.geo/cm | 0,5 | L/H | 0,195 | R.mag*mH | 51,282 | μ.r/k | 3 |
|---|---|---|---|---|---|---|---|---|---|---|---|
| om*s | 314 | G.mag/mH | 0,0195 | l.Fe/cm | 24 | N | 100 | X.L/Ohm | 61,23 | μ/(mH/m) | 3,9 |

**Abb. 5-309 Spulenkern ohne Luftspalt mit magnetischem Leitwert G.mag, der Induktivität L und dem induktiven Blindwiderstand X.L**

**Geometriefaktor und Wirkungsgrad**

Bei der Spulendimensionierung besteht die Aufgabe darin, den Eisenquerschnitt A.Fe und die Eisenlänge l.Fe=A.Fe/k.geo als Funktion der geforderten Nennleistung P.Nen zu berechnen. Zur Berechnung magnetischer Leitwerte nach Gl. 5-51 wird der Quotient aus Eisenquerschnitt A.Fe und mittlerer Eisenlänge l.Fe gebraucht. Der Autor nennt ihn

**Gl. 5-51 Geometriefaktor** $k.geo = A.Fe/l.Fe$

Das Excel-Diagramm zeigt für **würfelähnliche Transformatoren** den gemessenen Wirkungsgrad η.ges und den Geometriefaktor k.geo über der Nennleistung P.Nen:

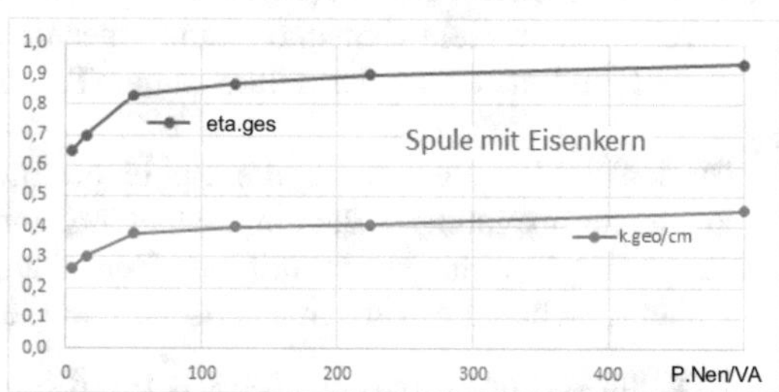


Für Spulen und Netztransformatoren gilt:

1. Während der Geometriefaktor mit steigender Nennleistung gegen 0,5cm geht, geht der Wirkungsgrad gegen 1.
2. Bei Nennleistungen um 100VA liegt der Wirkungsgrad bei 0,9 und der Geometriefaktor bei 0,4cm.

Bei den folgenden Berechnungen soll von würfelähnlichen Spulen und Transformatoren ausgegangen werden. Bei ihnen ist k.geo ≈ 0,4cm und A.Fe ≈ 0,4cm·l.Fe.

Das obige Excel-Diagramm zeigt, dass es bei Netztrafos näherungsweise einen Zusammenhang zwischen dem relativ schwer messbaren **Wirkungsgrad η.ges** und dem etwas einfacher zu messenden **Geometriefaktor k.geo=A.Fe/l.Fe** ihrer Eisenkerne gibt.

In Absch. 5.6.2 wird η zur Berechnung des Magnetisierungsstroms i.mag von Spulen gebraucht. Gl. 5-183 gestattet die näherungsweise Berechnung des Wirkungsgrads von Spulen aus den Abmessungen des Eisenkerns.

**Gl. 5-183 Wirkungsgrad und Geometriefaktor** $\eta \approx 0{,}4 + k.geo/cm$

Wenn η bekannt ist, liegt auch der Geometriefaktor fest: *k.geo/cm ≈ η.ges – 0,4.*
Er wird zur Berechnung magnetischer Leitwerte G.mag und Induktivitäten L gebraucht. Abb. 5-310 zeigt die …

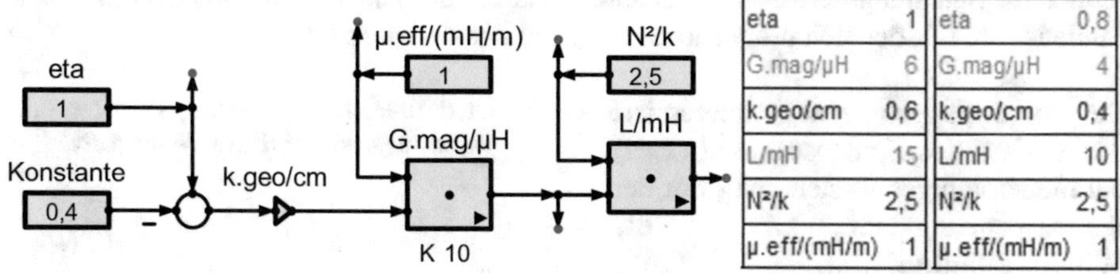


| eta | 1 |
|---|---|
| G.mag/μH | 6 |
| k.geo/cm | 0,6 |
| L/mH | 15 |
| N²/k | 2,5 |
| μ.eff/(mH/m) | 1 |

| eta | 0,8 |
|---|---|
| G.mag/μH | 4 |
| k.geo/cm | 0,4 |
| L/mH | 10 |
| N²/k | 2,5 |
| μ.eff/(mH/m) | 1 |

**Abb. 5-310 Berechnung der Primärinduktivität L eines Transformators aus seinem Wirkungsgrad - Beispiele: η=1 und η=0,8.**

## 5.7.2 Spulen ein- und ausschalten

Bei Spannungssteuerung einer Spule interessiert der Verlauf des Spulenstroms i.Sp als Funktion des zeitlichen Verlaufs der Spulenspannung u.L(t). Das einfachste Testsignal ist in diesem Fall der Sprung (Einschalt-Vorgang). Er zeigt, dass der Spulenstrom gegenüber der Spannung verzögert ist. Ursache dafür ist der Aufbau des Magnetfeldes. Das Maß für die Verzögerung ist die Spulenzeitkonstante T.L. Die Verzögerung soll nun durch proportionale Gegenkopplung einer induzierten Spannung simuliert werden. Das erklärt die Entstehung der Zeitkonstante **T.L=L/R**.

In der Stellung **ein** wird die Spule an die konstante Spannung U.Bat eingeschaltet. Dann steigt der Einschaltstrom mit der Zeit t an. Dabei speichert die Spule magnetische Energie.

Der Endwert des Einschaltstroms U.Bat/R.Spu ist der Anfangswert des Ausschaltstroms.

In der Stellung **aus** wird der Anfangsstrom abgeschaltet. Dadurch wird hohe Spannung induziert, die zur Funkenbildung über dem Schalter führen kann. Dabei wird die gespeicherte Energie wieder frei.

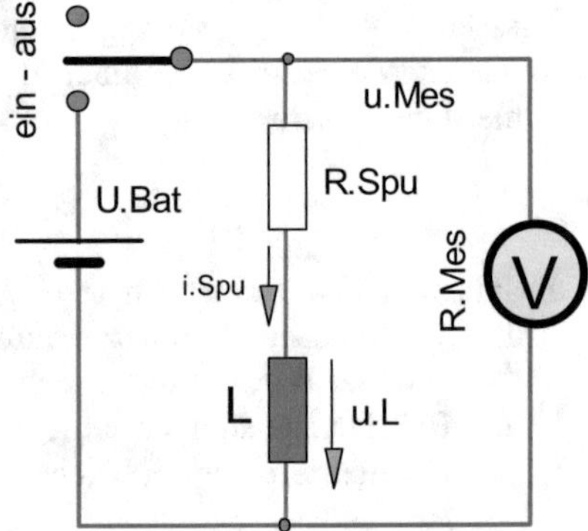


**Abb. 5-311 Testschaltung zur Messung von Induktionsspannungen**

**Die beiden Betriebsarten für Spulen**

Betreibt man eine Spule, so müssen zwei Fälle unterschieden werden:

*Strom- und Spannungssteuerung*

**Stromsteuerung** liegt z.B. beim Abschalten von Spulen vor, denn dann wird die Stromänderung erzwungen. Dann können durch große **Ladungsbeschleunigung di/dt** hohe Spannungen induziert werden.

**Gl. 5-67 das Induktionsgesetz mit ϕ und i**

$$u.L = N * \frac{d\phi}{dt} = L * \frac{di}{dt}$$

**Spannungssteuerung** liegt vor, wenn die Spule eingeschaltet wird. Dann wird die induzierte Spannungszeitfläche (das Integral u·dt) gespeichert. Ihr proportional ist der Spulenstrom i.L, der sich proportional zu ϕ mit der Zeit aufbaut.

Bei **Spannungssteuerung** interessiert der Verlauf des Spulenstroms i(u.L, t) bei niederohmiger Ansteuerung mit der Spulenspannung u.L. **L/N ist die Windungsinduktivität.**

**Gl. 5-184 Magnetisierungsstrom mit der Windungsinduktivität L.Wdg=L/N**

$$i.L = \frac{1}{L} * \int u.L * dt = \frac{\phi}{L/N}$$

**Spulen schalten**

Beim Einschalten einer Spule wird sie an ihre Betriebsspannung gelegt. Dann ist der Spulenstrom, der die Stärke von Magneten bestimmt, eine Funktion der Zeit. Das Maß für die Langsamkeit der Stromänderung bei Spannungssteuerung ist die vorher besprochene Spulenzeitkonstante T.L=L/R. Sie gilt auch für das Abschalten mit Kurzschluss an der Spannung 0V=GND. Sie gilt aber nicht für das Öffnen des Schalters. Das soll nun gezeigt werden.

**Simulation von Schaltvorgängen**

Simulation der Verzögerung des Stroms beim Einschalten der Spulenspannung:
Gegeben sei wieder die Induktivität L, die Windungszahl N und der Wicklungswiderstand R einer Spule. Gezeigt werden soll, wie sich der magnetische Fluss $\phi$ und der Spulenstrom i(t) proportional zueinander und verzögert entwickeln. Die Struktur einer spannungsgesteuerten Spule sieht so aus:

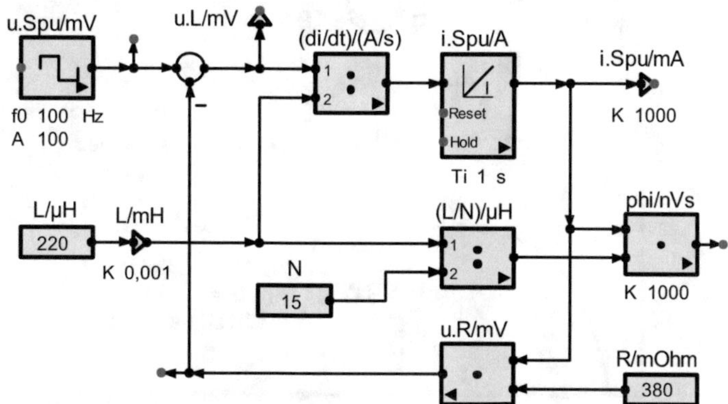


**Abb. 5-312 Die Verzögerung des Spulenstroms entsteht durch die Integration der induzierten Spannung u.L, durch die Induktivität L und die proportionale Gegenkopplung des Spulenstroms durch den Wicklungswiderstand R. Größeres L verlangsamt das System, größeres R macht es schneller.**

Im nächsten Abschnitt wird gezeigt, wie durch induzierte Spannungen Gleichspannungswandler realisiert werden können. Im übernächsten Abschnitt werden wir Schaltungen zur Funkenlöschung besprechen. Zu deren Verständnis müssen zwei Fälle bekannt sein:

1. die Spulenspannung einschalten und
2. den Spulenstrom abschalten.

Beides soll nun durch Simulation veranschaulicht werden.

Abb. 5-313 zeigt die zeitlichen Verläufe von Einschaltstrom und Abschaltspannung:

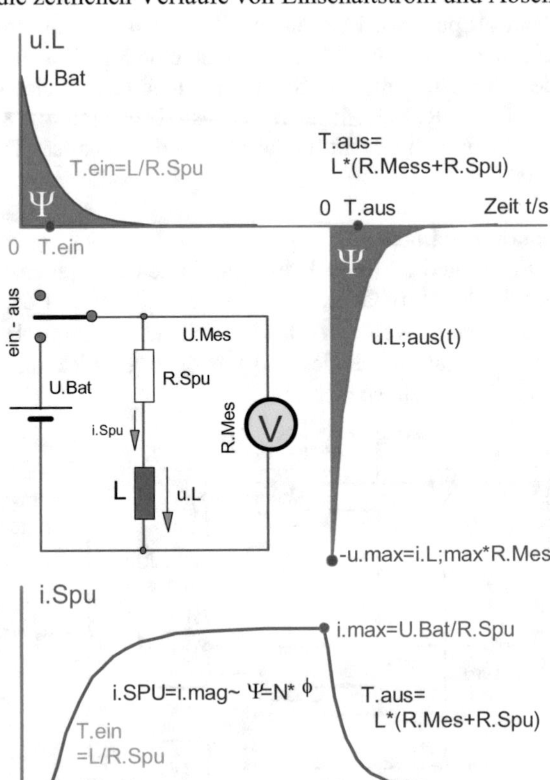


**Abb. 5-313 zeitlicher Verlauf des Spulenflusses Ψ=N·ϕ und des zugehörigen Spulenstroms i.Spu**

Beim **Einschalten** der Spulenspannung wird der magnetische Fluss ϕ=ψ/N=L·i.mag mit der Zeitkonstante **T.ein=L/R.Spu** aufgebaut. Der Endwert ist i.max=u.Spu/R.W.

Beim **Abschalten** der Spule wird der Strom unterbrochen. Dann ist die induzierte Spannung u.L eine Funktion der Zeit. Dabei verschwindet der gespeicherte magnetische Fluss in kurzer Zeit. Die dabei induzierten Spannungen können so groß werden, dass Bauelemente zerstört werden (Überschläge, insbesondere Halbleiter, aber auch Kontakte).

Beim **Abschalten des Spulenstroms** wird die Stromänderungsgeschwindigkeit –di/dt erzwungen. Dann muss der gespeicherte Fluss mit der Zeitkonstante **T.aus=L/R.aus** verschwinden. Dazu wird negative Spannung u.L=L·di/dt induziert.

Der Öffnungswiderstand R.ab des Schalters bestimmt den Anfangswert *u.L;max=R.ab·i.max*. Ist u.max größer als die Spannungsfestigkeit der Luft, entsteht Funkenbildung (Ionisation der Luft). Durch sie kann der Kontakt zerstört werden.

**Zu 1: Spulenspannung einschalten**

Die ideale Spule integriert die Spannung zum Strom: u.L~t. Bei der realen Spule wird die integrierte Spannung mit der Zeit immer kleiner. Dadurch erreicht der Strom seinen Endwert i.max/u.e/R nach einer aufklingenden e-Funktion:

Abb. 5-314 zeigt den zeitlichen Anstieg des Spulenstroms nach dem Einschalten der Spulenspannung:

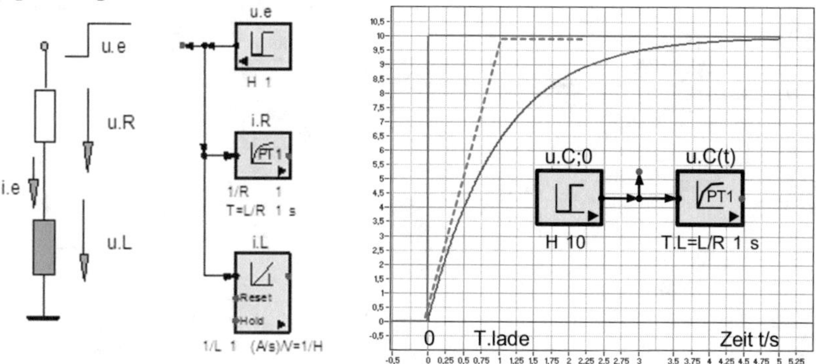


**Abb. 5-314 Die ideale Spule (R=0) integriert die Spulenspannung zum Spulenstrom. Bei der realen Spule stellt sich der Endwert des Stroms verzögert mit der Zeitkonstante T ein.**

**Zu 2: Spulenstrom abschalten**

Die ideale Spule differenziert den Strom zur Spannung: u.L=N·dϕ/dt~di/dt. Bei der realen Spule wird der zum Strom gehörende magnetische Fluss ϕ - und damit der Spulenstrom - nach einer abklingenden e-Funktion verschwinden.

Der gesamte Ladewiderstand bestimmt die Ladezeitkonstante: T.lade=LR.
Der gesamte Entladewiderstand bestimmt die Entladezeitkonstante:

**Gl. 5-185 Entladezeitkonstante einer Spule** $\boldsymbol{T.ent = L/(R.Sch + R.Spu)}$

Je hochohmiger der Schalterwiderstand, desto größer ist die Anfangsspannung u.max=R.Sch ·i.0 und desto kürzer wird die Entladung.

**Berechnung der Schaltzeiten**

*Einschaltzeit* *Ausschaltzeit*

**Gl. 5-186** $\boldsymbol{T.ein = L/R.Spu}$ **Gl. 5-187** $\boldsymbol{T.aus = L/(R.Spu + R.Mes)}$

**Gl. 5-188 Spulenfluss** $\boldsymbol{\Psi = N * \phi = U.B * T.ein = u.max * T.aus}$

**Gl. 5-189 Spannungsaufteilung beim Ein- und Ausschalten**

$$\frac{U.max}{U.Bat} = \frac{R.Spu + R.Mes}{R.Spu} = 1 + R.Mes/R.Spu$$

Zahlenwerte:
Anfangsstrom I.0=10mA
Schalterwiderstand z.B. 100kΩ → Anfangsspannung u.max=100V
Geschaltete Induktivität L=100mH → die Entladezeitkonstante T.Ent=L/R=1ms

**Simulation zum Ein- und Ausschalten einer Spule**

Die obigen Abbildungen zum Ein- und Ausschalten einer Spule wurden mit folgender Struktur erzeugt:

Abb. 5-315 zeigt die Berechnung des zeitlichen Verlaufs des Spulenstroms nach dem Einschalten der Spulenspannung und dem Abschalten des Spulenstroms:

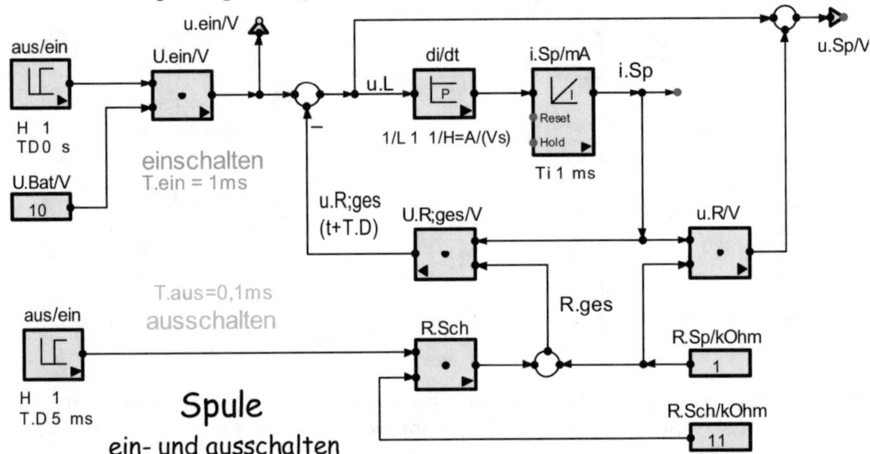


**Abb. 5-315 oben: Beim Einschalten der Spulenspannung bestimmt die Induktivität L den Anstieg – unten: Beim Abschalten des Spulenstroms bestimmt der Schalter den Stromverlauf. Die Simulationsergebnisse sind in Abb. 5-313 abgebildet.**

**Zum Maximalwert eines Spulenstroms**

Bei eingeschalteter Spule bestimmen die Spulenspannung U.B und ihr Widerstand R den Strom - er ist maximal: *I.Nen=U.B/R.*

Für jede Anwendung ist die Betriebsspannung U.B gegeben und der Nennstrom I.Nen wird gefordert. Daraus folgt der **Wicklungswiderstand R=U.B/I.Nen.**

Der **Anfangswert** der induzierten Spannung beim Abschalten einer Spule:
Beim Beginn des Abschaltens fließt der Spulenstrom I.Nen. Er erzeugt über dem Widerstand R.Sch(t) des Schalters die Spannung u.max=R.Sch·i.0. Da R.Sch gegen unendlich geht, tut dies auch die induzierte Spannung, die im Wesentlichen über dem Schalter abfällt. Wenn sie die Ionisationsspannung der Luft erreicht (je nach Luftfeuchte einige 100kV), erfolgt der Durchschlag. Es blitzt. Um das zu verhindern, baut man Schalter in Glaskolben ein, in denen sich ein Schutzgas befindet (Reed-Relais, Abb. 5-39).

Die **Induktivität L** beschreibt die Fähigkeit einer Spule, bei Stromänderung di.L/dt Spannungen u.L zu erzeugen. Die Berechnung erfolgt nach dem

**Gl. 5-190 Induktionsgesetz** $$u.L = L * di/dt = N * d\phi/dt$$

Der Anwender möchte wissen, wovon die Verzögerung des Spulenstroms abhängt und wie er sie berechnet, damit er die Einschaltzeit seinen Erfordernissen anpassen kann.

### 5.7.3 Funkenlöschung

Wird eine Spule (Induktivität L, Widerstand R.L) abgeschaltet, so versucht sie den Stromfluss aufrecht zu erhalten (elektrische Trägheit). Dazu induziert sie nach dem Induktionsgesetz aus ihrer beim Laden gespeicherten Energie eine Spannung proportional zur Stromänderungsgeschwindigkeit di/dt. Dadurch können überspannungsempfindliche Bauelemente zerstört werden (Halbleiter, Schalter). Deshalb muss die beim Einschalten gespeicherte magnetische Energie ‚vernichtet', d.h. in Wärme umgewandelt werden.

Abb. 5-316 zeigt zwei Möglichkeiten zur Begrenzung von Abschaltspannungen:

1. bei Gleichspannung durch eine Freilaufdiode und
2. bei Gleich- und Wechselspannungen durch ein RC-Glied.

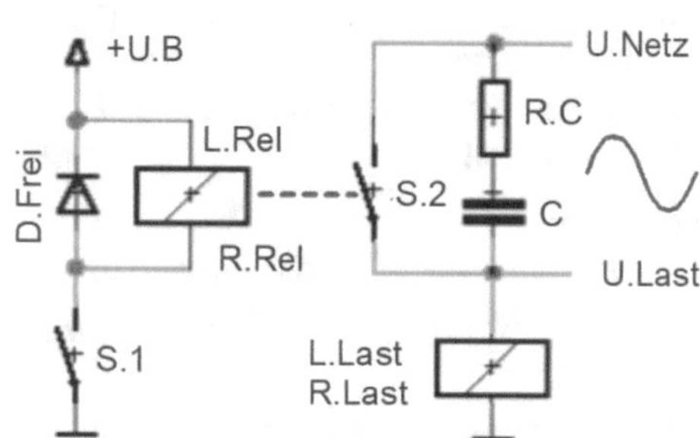


**Abb. 5-316 Funkenlöschung durch Freilaufdiode und RC-Glied**

Durch eine Funkenlöschungsmaßnahme sollen
1. Abschaltspannungen auf zulässige Werte begrenzt und
2. die Schaltzeiten t.Sch so kurz wie möglich gehalten werden.

Welche Schaltzeiten benötigt werden, bestimmt
1. im Gleichstrombetrieb die geforderte **Schaltfrequenz f** und
2. bei Wechselstrom die gegebene **Betriebsfrequenz f.**

**Gl. 5-191 gutes Umschalten bis** $t.Sch \approx 10\% * T = 1/(10 * f)$

**Die Aufgabenstellung**
Hier sollen Funkenlöschungen mit Dioden, Varistoren und RC-Gliedern erklärt und simuliert werden. Die dazu nötigen Komponenten müssen **als Funktion der Nennleistung und Frequenz** berechnet werden.

**Induktive Abschaltenergie und -leistung**
Die Bemessung der Funkenlöschkomponenten hängt von der Abschaltleistung ab. Sie ist umso größer, je höher die magnetisch gespeicherte Energie E.mag und die Schaltfrequenz f.Schalt sind. Gl. 5-192 zeigt die Berechnung:

**Gl. 5-192** $P.Schalt = E.mag * f.Schalt$ mit **Gl. 5-193** $E.mag = L * i^2/2$

Bei **Dioden** heißt die Schaltzeit

**Sperrverzugszeit t.rr** = reverse recovery time – siehe Abb. 5-317

Beispiele:
f= 50Hz → t= 20ms → erforderliche Schaltzeit ist t.rr < 2ms.

Bei f=10MHz wäre t.rr ≈ 10ns. Das unterbietet die **Diode 1N4148 mit t.rr ≈ 8ns**.
Eine Schottky Barrier Switching **Diode 1N5711** erreicht sogar **t.rr ≈ 1ns.**

**Zur Sperrverzugszeit t.rr**

t.rr ist die Maximalzeit, die ein Schutzelement benötigt, um vom leitenden in den sperrenden Zustand zu wechseln. Sie wird von Herstellern angegeben (Abb. 5-317). Je kürzer t.rr ist, desto höhere Frequenzen können Dioden schalten:

**Gl. 5-194 maximale Schaltfrequenz und Sperrverzugszeit** $f.max < 1/t.rr$

Zahlenwerte: In Abb. 5-317 ist t.rr mit 350ns und 1500ns angegeben.
Dazu gehören Grenzfrequenzen kleiner als 2,8MHz und 0,66MHz.

Abb. 5-317 zeigt, dass die elektromagnetische Energie mit dem Stromquadrat absteigt und dass sie proportional zur Induktivität L ist.

Zahlenwerte:
L=1H speichert bei i=1A die Energie 0,5J (Wärmeäquivalent J(oule)≈0,24cal=1Ws).

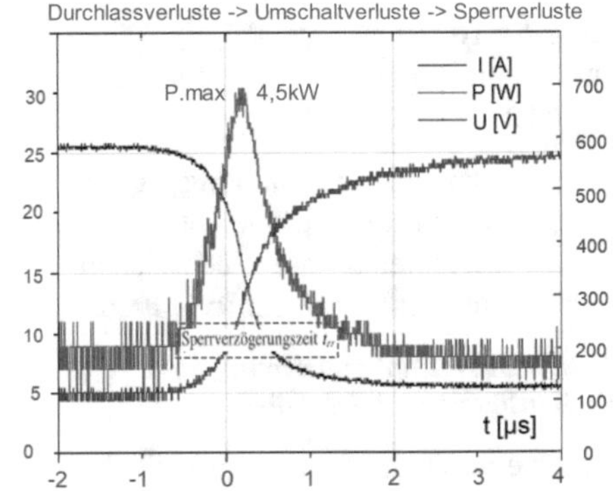


**Abb. 5-317 Leistungsentwicklung während eines Umschaltvorgangs**

**Zur Dimensionierung von Schutzelementen**

Schutzelemente sind **Dioden, Z-Dioden und Varistoren**. Ein Varistor ist ein Widerstand, der zunächst sehr hochohmig ist und beim Erreichen einer bestimmten Spannung niederohmig wird. **Varistoren** haben kürzere **Reaktionszeiten als Dioden,** da in ihnen nur Elektronen fließen und nicht wie bei Halbleitern Elektronenfehlstellen (Löcher) aufgefüllt werden müssen.

Die Hersteller von Schutzelementen (Diode, Varistor) geben den Maximalstrom, die zulässige Spannung und die **Sperrverzugszeit t.rr** an. Das zeigt Abb. 5-318:

| Artikel-Nr. | Technologie | Gehäuse | $V_{F1}$ | $I_{FAV}$ | $V_{WM}/V_{RRM}$ | $t_{rr}$ |
|---|---|---|---|---|---|---|
| F5K120 | Protectifiers® | DO-201 | 0.99 V | 5 A | 120 V | <350 ns |
| P1000M | Standard Recovery | D8 x 7.5 | 0.90 V | 10 A | 1000 V | ~1500 ns |

**Abb. 5-318 Die technischen Daten zweier Schutzdioden der Fa. Diotec**

Bei Schutzelementen sollte die minimale Durchbruchspannung mindestens 20% über der maximalen Betriebsspannung liegen.

Das Schutzelement muss kurzzeitig - d.h. für die Sperrverzugszeit t.rr - mindestens den Strom aushalten, den die Last (Relais, Motor) im Nennbetrieb zieht.

**Funkenlöschung bei Gleichspannung mit Freilaufdiode**
Abb. 5-319 zeigt, wie die Spannungsbegrenzung bei **Gleichstrombetrieb** durch eine **Freilaufdiode** erreicht wird:

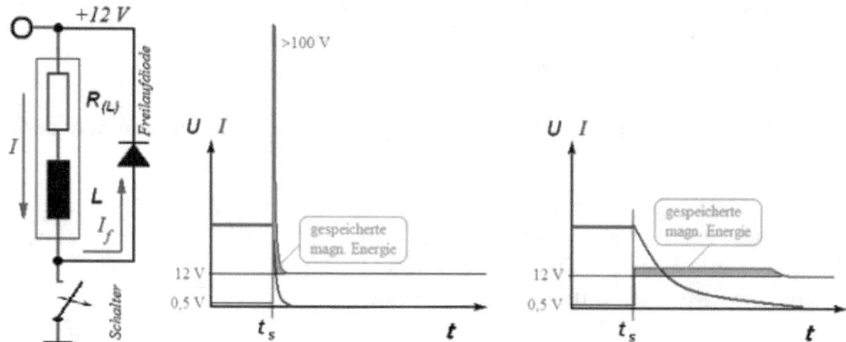


**Abb. 5-319 Abschalten eines Spulenstroms ohne und mit Freilaufdiode**

Eine leicht fassliche Erklärung der Freilauffunktion finden Sie auf YouTube unter

https://www.youtube.com/watch?v=MvdncOqZbe8

Ein- und Abschaltvorgänge lassen sich mittels Oszillographen anzeigen.

**Funkenlöschung durch Varistoren**
Varistoren sind Widerstände mit definierter Durchschlagspannung. Solange die Verlustleistung einen von der Baugröße abhängigen Nennwert nicht überschreitet, ist der Vorgang reversibel.
Schwellspannungen und Grenzströme sind in weiten Grenzen wählbar.
Schaltzeiten werden nicht angegeben. Vermutlich liegen sie im ns-Bereich.

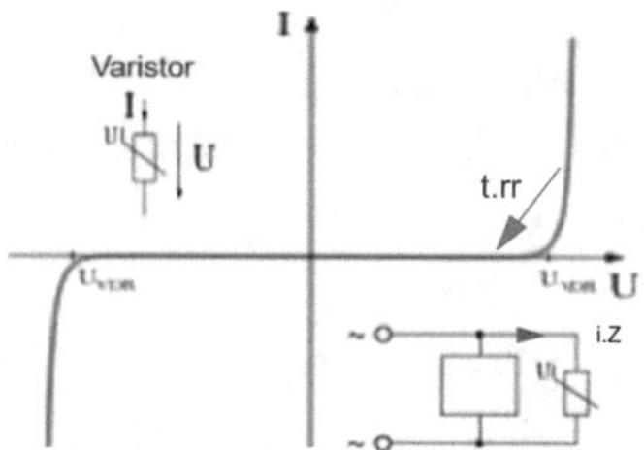


**Abb. 5-320 Funkenlöschung für beide Polaritäten durch parallelen Varistor**

**Funkenlöschung durch antiserielle Z-Dioden**
Bezüglich Spannungen, Strömen und Zeiten gilt das Gleiche wie für Varistoren.

**Funkenlöschung durch RC-Glieder** haben einstellbare Schaltzeiten. Wir berechnen sie im Anschluss.

*Varistoren sind in der Handhabung einfacher als Z-Dioden, denn es muss nicht auf die Polarität geachtet werden.*

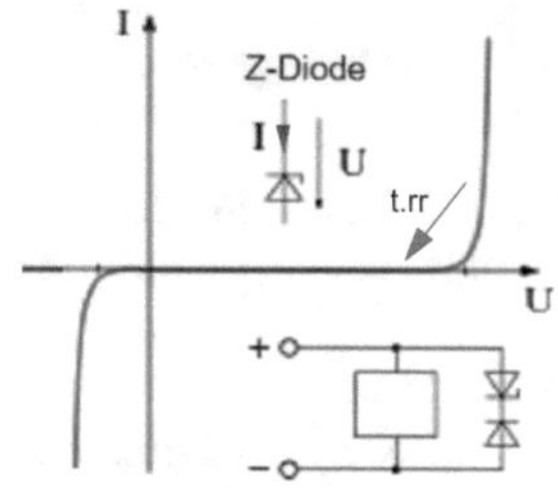


**Abb. 5-321 Funkenlöschung für beide Polaritäten durch antiserielle Z-Dioden**

**Simulation einer RC-Funkenlöschung**
RC-Funkenlöschungen nach Abb. 5-322

1. sind universell verwendbar (AC- und DC-Betrieb)
2. müssen an die vorhandene Last angepasst werden.
3. Gewählt werden kann die Dämpfung d des Abschaltvorgangs. Abb. 5-323 zeigt drei Beispiele.

Kontakte können bei **Öffnung** durch Ionisierung der Luft einen **Funken ziehen**, der unter Umständen als Lichtbogen stehenbleiben bleibt.

Das hat auf Dauer die Zerstörung des Kontaktmaterials zur Folge. Dagegen schützt man ihn durch eine Funkenlöschschaltung. Abb. 5-322 zeigt, dass Sie **entweder parallel zum Kontakt oder zur induktiven Last liegt.**

Bei einer RC-Funkenlöschung muss dem Kondensator C ein Widerstand R als **Dämpfungsglied** in Reihe geschaltet werden. Beim Schließen des Kontakts muss er den kapazitiven Entladestrom so weit begrenzen, dass er den Kontakt nicht zerstört.

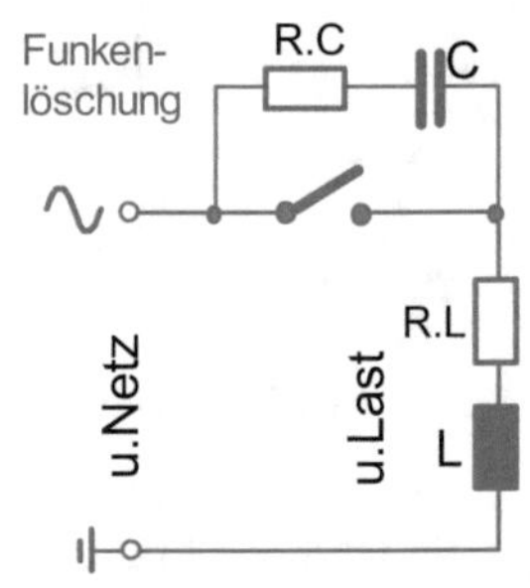


**Abb. 5-322 RC-Funkenlöschung**

Wie Abb. 5-322 zeigt, ist die Funkenlöschung ein Serienresonanzkreiskreis. Die Speicher L und C bestimmen seine

Eigenzeitkonstante $T.0 = \sqrt{L * C}$ und seinen Kennwiderstand $Z.0 = \sqrt{L/C}$.

Die Widerstände im Funkenlöschkreis bestimmen die Dämpfung $2d = R.ges/Z.0$, mit dem Gesamtwiderstand R.ges=R.L+R.C.

Abb. 5-323 zeigt mit Abb. 5-324 simulierte Abschaltvorgänge für kleine, mittlere und große Dämpfung:

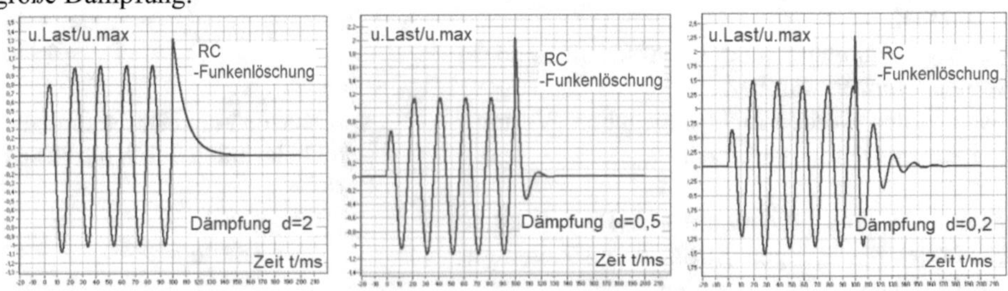


**Abb. 5-323 Simulation der Abschaltung einer Wechselspannung mit unterschiedlicher Dämpfung: Kleine Dämpfung d<0.5 sollte wegen Oszillationen vermieden werden.**

Abb. 5-323 zeigt,

- dass die maximalen Abschaltspannungen umso größer werden, je kürzer die Abschaltzeit ist und
- dass Abschaltvorgänge umso länger dauern, je größer die Dämpfung ist.

Abb. 5-324 zeigt die Struktur, mit der Abb. 5-323 simuliert worden ist.

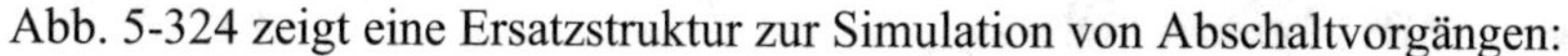

Abb. 5-324 zeigt eine Ersatzstruktur zur Simulation von Abschaltvorgängen:

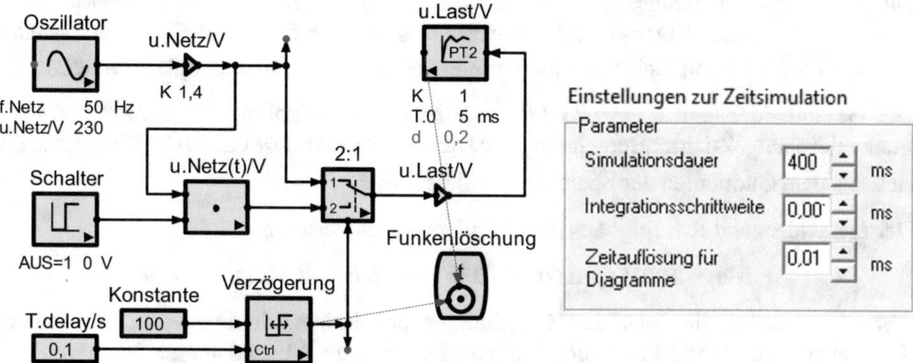


**Abb. 5-324 Simulation der Abschaltung einer Induktivität L mit Funkenlöschung durch ein RC-Glied nach Abb. 5-322: Der durch L und C entstandene Reihenschwingkreis wird durch eine Verzögerung 2.Ordnung nachgebildet. Zu berechnen ist, wie deren Parameter T.0 und d von den Bauelementen L und R.L und C und R.C abhängen.**

In Abb. 5-324 ist die **Dämpfung d** ein freier Parameter. In Abb. 5-325 zeigen wir seine Wirkung: Größere Dämpfung ist besser als zu kleine.

Geschaltet werden soll eine induktive Last aus L und R.L an einem Wechselspannungsnetz:

U.Netz=230V, f.Netz=50Hz.

Bekannt (gemessen oder berechnet) ist die Induktivität **L=0,1H.**

Berechnet werden sollen die Bauelemente C und R.C einer Funkenlöschung.

Abb. 5-325 zeigt dazu einen schwach und einen stark gedämpften Abschaltvorgang.

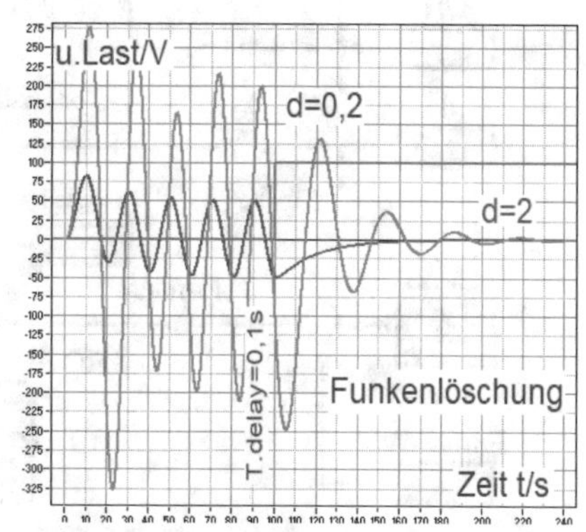


**Abb. 5-325 Abschaltspannungen bei großer und kleiner Dämpfung**

**Berechnung der Funkenlöschbauelemente C und R.C**

Abb. 5-326 zeigt die Struktur zur Berechnung der **Funkenlöschkomponenten C und R.C** als Funktion der geschalteten Nennleistung mit der Induktivität L als Parameter.

Anschließend folgen die der **Dimensionierung zugrundeliegenden Berechnungen**. Sie zeigen, dass die Abschaltdämpfung durch den Widerstand R.C der Funkenlöschung eingestellt werden kann.

Abschließend folgt die Simulationen des Spannungsverlaufs nach Abschaltung der Last für vier **Abschaltphasen.**

**Berechnung einer RC-Funkenlöschung**

Durch die RC-Funkenlöschung entsteht beim Abschalten ein **Reihenschwingkreis** (Abb. 5-322). Seine **Eigenperiode *t.0=2π·T.0*** ist das 2π-fache der Eigenzeitkonstante $T.0 = \sqrt{L * C}$. t.0 soll kleiner als die Periode t.Netz der Netzspannung U.Netz sein.

Der Gesamtwiderstand *R.ges=R.L+R.C* bestimmt die Dämpfung ***2d* = *R.ges / Z.0*** der Funkenlöschung**.** Zu ihrer Berechnung wird der **Kennwiderstand Z.0** gebraucht. Er ergibt sich aus dem Quotienten der Speicher L und C: $\boldsymbol{Z.0 = \sqrt{L/C}}$.

Der Lastwiderstand R.L folgt aus der geforderten Nennleistung:

$$\textbf{P.Nen = 10kV an u.Netz = 230V} \rightarrow R.L = U.Netz^2/P.Nen$$

Abb. 5-326 zeigt die nach den Gleichungen des Reihenschwingkreises berechneten Komponenten einer RC-Funkenlöschung als Funktion der Nennleistung P.Nen:

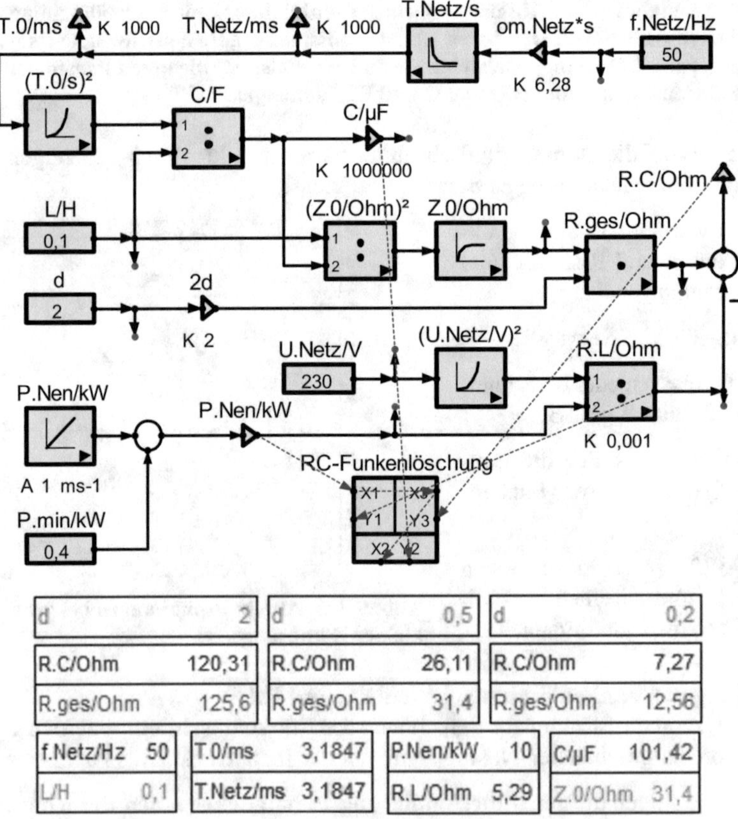


**Abb. 5-326 Berechnung der Bauelemente einer RC-Funkenlöschung als Funktion der Nennleistung der zu schaltenden Last - Abb. 5-327 zeigt das Resultat.**

**Zu den Eigenschaften einer RC-Funkenlöschung**

Abb. 5-327 zeigt die Dimensionierung von C und R.C einer RC-Funkenlöschung für eine gegebene induktive Last als Funktion der Nennleistung der für eine geforderte Dämpfung.

Weil der Gesamtwiderstand konstant bleibt, wird R.C um so größer, je kleiner R.L ist.

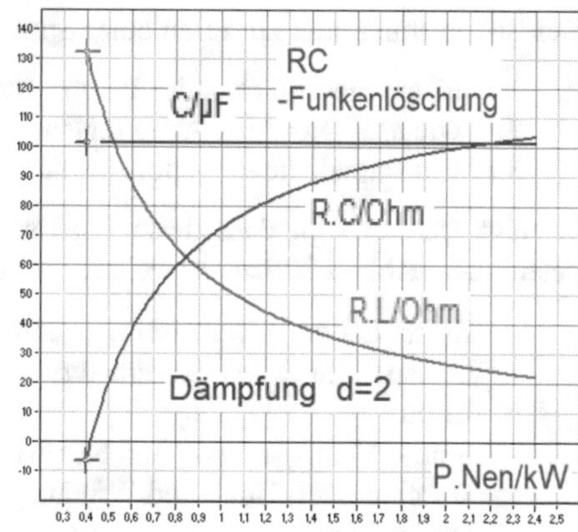


**Abb. 5-327 Um gleichbleibende Dämpfung d=2 einzustellen, muss der Widerstand R.C einer RC-Funkenlöschung mit steigender Nennleistung immer größer werden.**

Abb. 5-328 zeigt, dass die in Abb. 5-327 vorgeschlagene Dimensionierung der RC-Funkenlöschung die Last und den Kontakt vor unzulässigen Überspannungen schützt und wie lange damit ein Abschaltvorgang dauert.

Die Größe des Überschwingens bei Abschaltung einer induktiven Last an Wechselspannung hängt vom Zeitpunkt der Abschaltung ab (der Abschaltphase).

Abb. 5-328 zeigt die

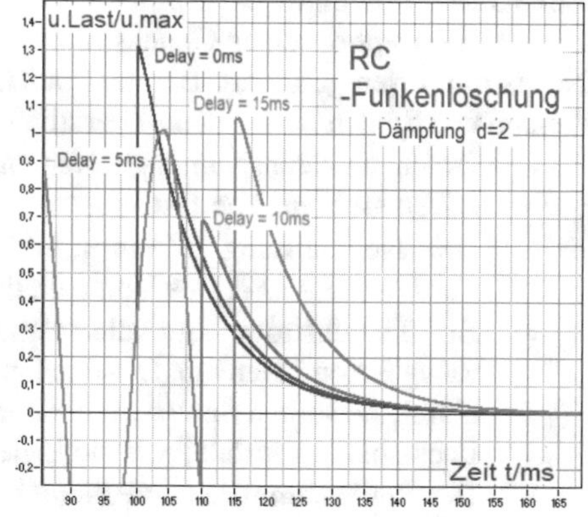


**Abb. 5-328 Abschaltung einer induktiven Last bei vier verschiedenen Phasen der Netzspannung**

**Abschaltung bei den Phasen 0°** (Delay=0ms) und **180°** (Delay=10ms):
Das maximale Überschwingen ist nahezu null.

**Abschaltung bei Phase 90°** (Delay=5ms):
Die Stromgeschwindigkeit und die induzierte Spannung sind positiv. Die maximale Abschaltspannung ist ca. 30% größer als die Netzspannung.

**Abschaltung bei Phase 270°** (Delay=15ms):
Die Stromgeschwindigkeit und die induzierte Spannung sind negativ. Die maximale Abschaltspannung ist ca. 30% kleiner als die Netzspannung.

## 5.7.4 Spulen für Gleichstrom (DC)

Bei Beschaffung oder zum Bau einer Spule muss bekannt sein,

1. ob sie mit Gleich- oder Wechselstrom betrieben werden soll,
2. wie groß Nennspannung u.Nen und Nennstrom i.Nen sein sollen und
3. wie schnell sie umgepolt werden soll.

Gezeigt werden soll, dass diese Eigenschaften die Daten der Spule und ihres Kerns bestimmen. Abb. 5-329 zeigt, welche dies sind:

- Kern: Länge, Querschnitt, eventuell ein Luftspalt und das Kernmaterial (Ferrit, Eisen)
- Spule: Nennspannung und Nennstrom, Durchmesser, Höhe und Windungszahl
- Draht: Länge und Querschnitt

**Abb. 5-329 HF-Drossel mit Messgrößen und Parametern**

**Zur Konzeption einer DC-Spule**

Bei der Konzeption einer Gleichstromspule werden die Nennspannung u.Nen und der Nennstrom i.Nen gefordert. Bei der Spulenentwicklung werden die zur Beschaffung von Kernen und Spulen benötigten Materialien und Abmessungen gesucht.

- Durch die Nennspannung u.Nen und den Nennstrom i.Nen liegt die Nennleistung *P.Nen=u.Nen·i.Nen* fest.
- Die Nennleistung *P.Nen=u.Nen·i.Nen* bestimmt das Volumen des Kerns *Vol.Fe=A.Fe·l.Fe*. Das Volumen der Spule ist etwa genauso groß.
- Bei Gleichstrom fällt die Nennspannung über dem Wicklungswiderstand $R.W=P.Nen/i.Nen^2$ ab. Das erzeugt die Spulenverluste und damit die Erwärmung. Durch sie sollten Spulentemperaturen nicht über ca. 60°C steigen. Sonst wird die Lackisolation spröde, was die Lebensdauer verkürzt.
- Der Spulenstrom i.Nen=P.Nen/U.Nen bestimmt bei Elektromagneten die Kraft einer Spule. Einzelheiten dazu folgen im Absch. 5.8.5 beim Thema ‚Relais'.

**Flussdichte B und magnetischer Fluss ϕ**

Berechnungsgrundlage für Spulen ist der durch den Spulenstrom erzeugte **magnetische Fluss ϕ=(L/N)·i.** Er bestimmt die Induktivität L, die elektrischen und magnetischen Eigenschaften und die **Baugröße** jedes elektromagnetischen Wandlers, z. B.

1. bei Elektromagneten und Relais die erreichbaren Kräfte (hier Absch. 5.8)
2. bei Transformatoren die übertragbare Leistung (hier Kap. 6)
3. bei Motoren und Generatoren die erreichbaren Drehmomente (Bd. 4/7).

Hier soll gezeigt werden, dass der magnetische Fluss ϕ und die **Windungszahl N** die **Induktivität L** der Spule und damit ihre elektrische Zeitkonstante **T.L=L/R.W** bestimmt.

**Dimensionierung einer Gleichstromspule**
Um Bauelemente und ganze Systeme dimensionieren zu können, muss bekannt sein, welche Größen gegeben, gewählt und gesucht sind. Das soll hier am Beispiel einer Spule mit ferromagnetischem Kern gezeigt werden.

Wir beginnen mit der Berechnung von Gleichstrom (DC)-Spulen. Die Berechnung von Wechselstrom (AC)-Spulen folgt in Absch. 5.7.5.

Abb. 5-330 zeigt die Struktur zur Dimensionierung einer Spule für den Gleichstrombetrieb. Sie berechnet über den magnetischen Fluss $\phi$ und die Induktivität L die gesuchten Spulendaten. Das wird nun erläutert.

**Gefordert** sind die Nennspannung u.Nen und der Nennstrom i.Nen. Damit liegen der Spulenwiderstand R.Spu=u.Nen/i.Nen und die Nennleistung P.Nen=U.Nen·i.Nen der Spule fest. Falls R.Spu größer als der Wicklungswiderstand R.W ist, muss ein Vorwiderstand R.V=R.Spu-R.W in Reihe geschaltet werden.

**Gewählt** wird das Kernmaterial, z.B. **Elektroblech** oder ein **Ferrit**. Durch die Magnetisierungskennline (Abb. 5-71) liegen die Grenzwerte der Flussdichte und Feldstärke fest, hier z.B.

**B.gr ≈ 1T** und **H.gr ≈ 4A/cm**

**Gesucht** werden der Kernquerschnitt A.Fe und die Kernlänge l.Fe. Zu ihrer Berechnung muss der benötigte **magnetische Fluss $\phi$** bekannt sein. Daraus ergibt sich

- der Kernquerschnitt A.Fe=$\phi$/B.gr und
- die Kernlänge l.Fe=i.Nen/H.gr.

Gesucht werden auch die **Daten des Spulendrahtes:** Dies sind:
der Drahtquerschnitt A,Draht, die Drahtlänge l.Draht und die Anzahl der Lagen übereinander und nebeneinander. Diese Fragen haben wir bereits in Absch. 5.7.4.2 durch Gl. 5-200 beantwortet.

**Gefordert** wird auch die **Spulenzeitkonstante T.L=L/R.W,** denn sie bestimmt nicht nur das Zeitverhalten, sondern im repetierenden Betrieb auch die **Grenzfrequenz ω.g=R.W/L**. Durch T.L und R.W ist die benötigte **Induktivität L=T.L·R.W** berechenbar.

**Zur Windungszahl N**
Durch das Verhältnis k.geo=A.Fe/l.Fe und die Permeabilität μ=B.gr/H.gr liegt der magnetische Leitwert **G.mag=μ·k.geo** fest. Er bestimmt zusammen mit dem Quadrat der Windungszahl N die Induktivität **L=N²·G.mag**. Wenn L bekannt ist, folgt daraus die benötigte **Windungszahl N=√(L/G.mag).**

Zahlenwerte für **i.Nen=50mA** und **T.L=10ms:**
Aus Abb. 5-330 entnehmen wir die **Induktivität L=2,4H.**
Aus B.gr=1T und H.gr=2,5A/cm folgt die Permeabilität **μ=B.gr/H.gr=4mH/m.**
Aus dem Kernquerschnitt **A.Fe=4,8cm** und der Kernlänge **l.Fe=5cm** folgt der Geometriefaktor **k.geo=A.Fe/l.Fe≈1cm**.
Damit wird der magnetische Leitwert **G.mag=μ·k.geo≈40μH.**
Daraus folgt zuletzt die **Windungszahl N=√(L/G.mag)≈250.**

**Berechnung einer Gleichstromspule**

Die Struktur von Abb. 5-330 zeigt die Berechnung der Kerndaten A.Fe und l.Fe als Funktion von Nennspannung und Nennstrom.

- Parameter sind die **Spulenzeitkonstante T.L** und die **Windungszahl N.**
- Als Kernmaterial wurde **Eisen** als Beispiel gewählt. Es hat geringe spezifische Verluste und eine niedrige magnetische Grenzfrequenz (spielt bei DC keine Rolle).

Abb. 5-330 zeigt die Struktur zur Dimensionierung einer DC-Spule. Sie wird im Anschluss erklärt.

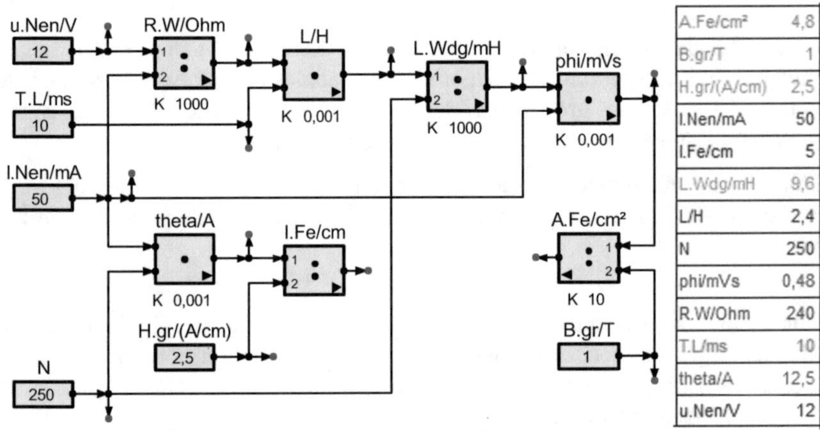


**Abb. 5-330 Berechnung einer Spule mit Eisenkern für Gleichstrom**

**Erläuterungen zur DC-Spulenberechnung** (Abb. 5-330, von oben nach unten)

1. Zuerst wird der **Wicklungswiderstand** aus Nennstrom und Nennspannung berechnet.
2. Dann folgt die **Induktivität L** aus Spulenzeitkonstante und -widerstand.
3. Aus L und i.Nen kann der **Windungsfluss ϕ** berechnet werden.
4. Der **Kernquerschnitt A.Fe** folgt aus ϕ und der Grenzflussdichte B.gr.
5. Die mittlere **Eisenlänge l.Fe** folgt aus der Durchflutung $\Theta$=N·i und der Grenzfeldstärke H.gr.
6. Aus A.Fe und l.Fe folgen das Kernvolumen, die Kernmasse und der **Geometriefaktor k.geo**.
7. In Abb. 5-330 nicht dargestellt ist die Berechnung der **Windungszahl N**. Sie soll hier kurz skizziert werden:
   Nach Gl. 5-70 ist die Induktivität L=N²·G.mag → N=√(L/G.mag)
   - mit dem magnetischen Leitwert G.mag=μ·k.geo
   - mit k.geo=A.Fe/l.Fe
   - und der Permeabilität μ=B.gr/H.gr.

Damit wird die Spule in etwa würfelförmig (das Kennzeichen von Kompaktheit).

Durch Variation der Parameter können sie an die Anforderungen der Anwendung angepasst werden. Das soll nachfolgend durch Strukturbildung und Simulation gezeigt werden.

**Beispiele zur Parametervariation**

Wenn die Struktur komplett ist, können die Parameter zur Optimierung der Spulendaten variiert werden. Abb. 5-331 zwei Beispiele:

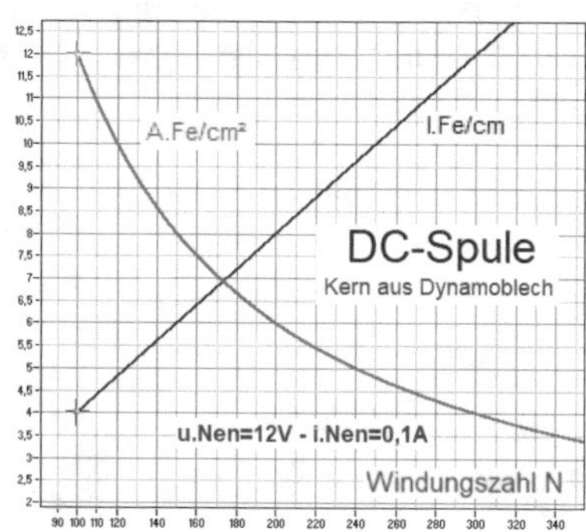


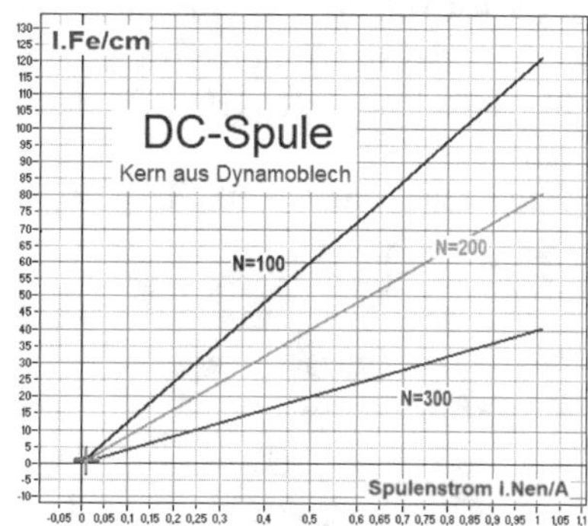


**Abb. 5-331 simulierte Kennlinien einer DC-Spule zum Zweck der Optimierung**

Abb. 5-331 zeigt

links: die Kernabmessungen über der Windungszahl N:

Kernlänge l.Fe~N, Kernquerschnitt A.Fe~1/N

rechts: Wie Abb. 5-330 zeigt, ist die Kernlänge l.Fe~I.Nen/N.

**Zu den Spulendrähten**

Im Nennbetrieb ist der magnetische Fluss $\phi = B \cdot A.Fe$ durch die materialabhängige Grenzflussdichte B.gr und den Querschnitt A.Fe des Flusses im Eisenkern bestimmt. Er bestimmt den **Spulenkörper** (Abb. 5-332) und damit die Größe einer Spule.

Aus i.Nen folgt der Drahtquerschnitt **A.Draht=i.Nen/J,** denn die zulässige Stromdichte J(P.Nen) im Spulendraht ist aus Abb. 6-132 bekannt (hier kann mit 5A/mm²gerechnet werden).

Durch A.Draht ist auch der Drahtdurchmesser d.Draht≈√A.Draht bekannt. Er und die Länge des Kerns bestimmen die Anzahl der Lagen übereinander: N.Lag=l.Kern /d.Draht.

Die Gesamtzahl der Lagen N=N.Lag·N.Wdg ist das Produkt der Windungen übereinander N.Wdg und Lagen N.Lag nebeneinander. Aus N und N.Lag folgt N.Wdg=N/N.Lag.

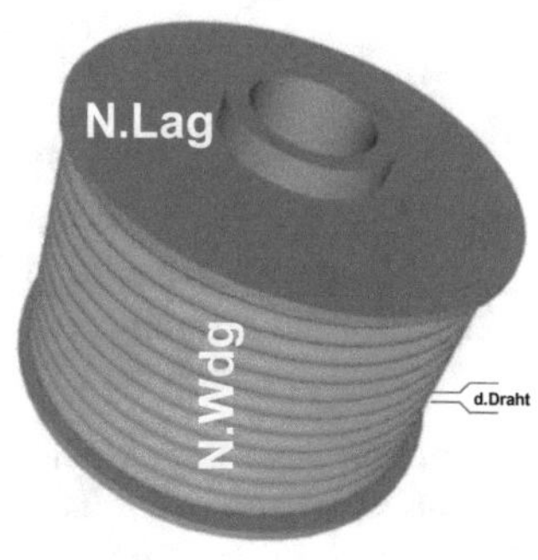


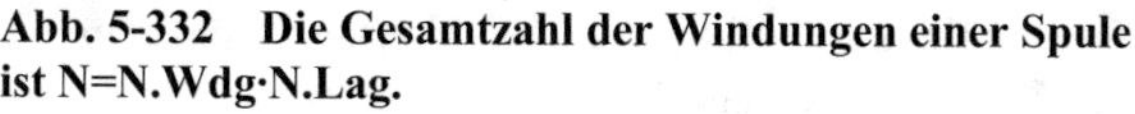
**Abb. 5-332 Die Gesamtzahl der Windungen einer Spule ist N=N.Wdg·N.Lag.**

Durch Abb. 5-330 sind die zum Bau einer Gleichstromspule benötigten Daten bekannt. Von Interesse ist, wie sie sich bei Wechselstrom ändern. Die Berechnung folgt in Absch. 5.7.5 .

### 5.7.4.1 *Die Helmholtzspule*

Die Helmholtzspule besteht aus zwei Ringspulen, deren Abstand R genau so groß ist wie ihr Radius R (Abb. 5-333). Bei Stromfluss entsteht zwischen den Spulen ein **homogenes Magnetfeld**, das sich für physikalische Experimente nutzen lässt. Beispielsweise können darin Magnetfeldsensoren (Hall-Sensoren) kalibriert werden.

Abb. 5-333 zeigt eine Helmholtzspule und ihr magnetisches Feld:

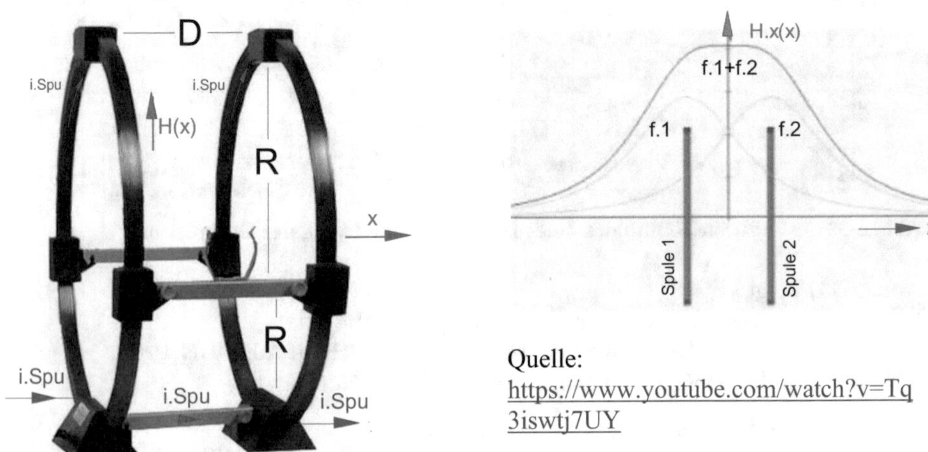


Quelle: https://www.youtube.com/watch?v=Tq3iswtj7UY

**Abb. 5-333 links: Helmholtzspule mit den zu ihrer Berechnung benötigten Parametern - rechts: der Verlauf der magnetischen Feldstärke H in x-Richtung als Überlagerung der Einzelfeldstärken beider Spulen - Er ist zwischen ihnen konstant.**

YouTube zeigt in flipphysik 02 am Beispiel der Helmholtzspule die Induktion durch Flächenänderung:

https://www.youtube.com/watch?v=J7T5lDrHlXc

Hier soll durch Simulation gezeigt werden

1. dass der Spulenstrom i zwischen den Helmholtzspulen ein nahezu homogenes Magnetfeld (überall gleicher Betrag und gleiche Richtung) erzeugt und
2. dass die Homogenität des Magnetfeldes dann am besten ist, wenn der Spulenabstand gleich dem Spulenradius R ist.

Dazu muss das Magnetfeld B.z(x) einer Helmholtzspule entlang der x-Achse berechnet werden. Wir beginnen mit dem Feld einer einzelnen Ringspule und überlagern es dann mit dem Feld einer zweiten, gleichartigen Spule im Abstand D.

Anwendung: Kernspintomograf, nächster Abschnitt 5.7.4.2.

**Das Feld einer stromdurchflossenen Ringspule**

Magnetische Felder elektrischer Ströme im Raum werden nach dem **Gesetz von Biot-Savart** berechnet, auf dessen Angabe wir hier wegen dessen Kompliziertheit verzichten.

Anstelle geben wir hier den zu Abb. 5-334 gehörenden Sonderfall zur Berechnung der magnetischen Feldstärke H=B/μ.0 für das Feld einer Kreisspule an:

**Gl. 5-195 die magnetische Feldstärke einer Kreisspule**

$$H.x(x) = \frac{N * i}{2\pi} * \frac{R^2}{(R^2 + x^2)^{3/2}}$$

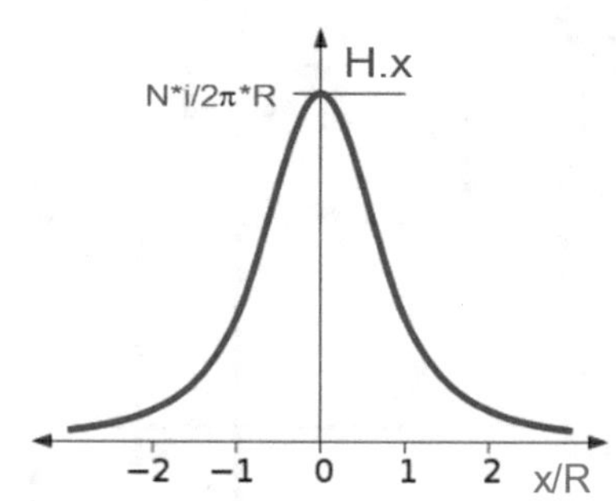


**Abb. 5-334 die Feldstärke einer Einzelspule**

**Gl. 5-196 Definition der Ortsfunktionen der magnetischen Feldstärke H(x) einer einzelnen Helmholtzspule**

$$f(x) = \frac{H.x}{i.Spu * N/2}$$

**Das Feld einer stromdurchflossenen Helmholtzspule**

In Abb. 5-335 sind die beiden Spulen auf der x-Achse um +R/2 und –R/2 verschoben. Das beschreiben die

**Gl. 5-197 Ortsfunktion der linken Spule in Abb. 5-335**

$$f.1(x) = \frac{H.2}{i.2 * N.2/2\pi} = \frac{R^2}{[R^2 + (x + D/2)^2]^{3/2}}$$

und die

**Gl. 5-198 Ortsfunktion der rechten Spule in Abb. 5-335**

$$f.2(x) = \frac{H.1}{i.1 * N.1/2\pi} = \frac{R^2}{[R^2 + (x - D/2)^2]^{3/2}}$$

Abb. 5-335 zeigt die Überlagerung der Einzelfelder zum Gesamtfeld für kleinen, mittleren und großen Spulenabstand D:

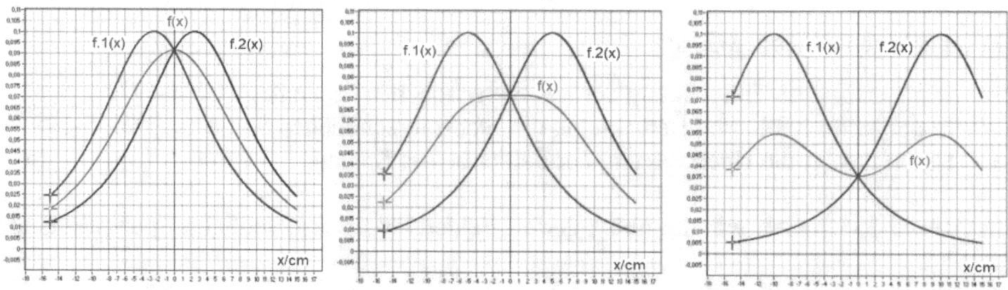


**Abb. 5-335 Das Magnetfeld einer Helmhotzspule bei Variation des Spulenabstands D: Für D=R ist die Feldstärke H innerhalb der Spulen weitgehend konstant.**

Abb. 5-336 zeigt die Struktur zum Feld einer Helmholtzspule

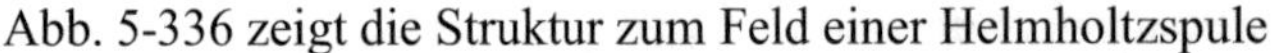

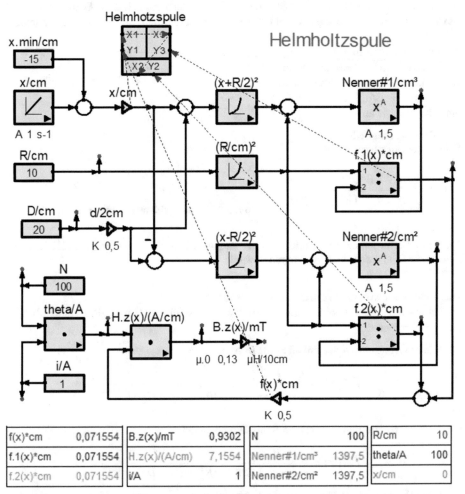

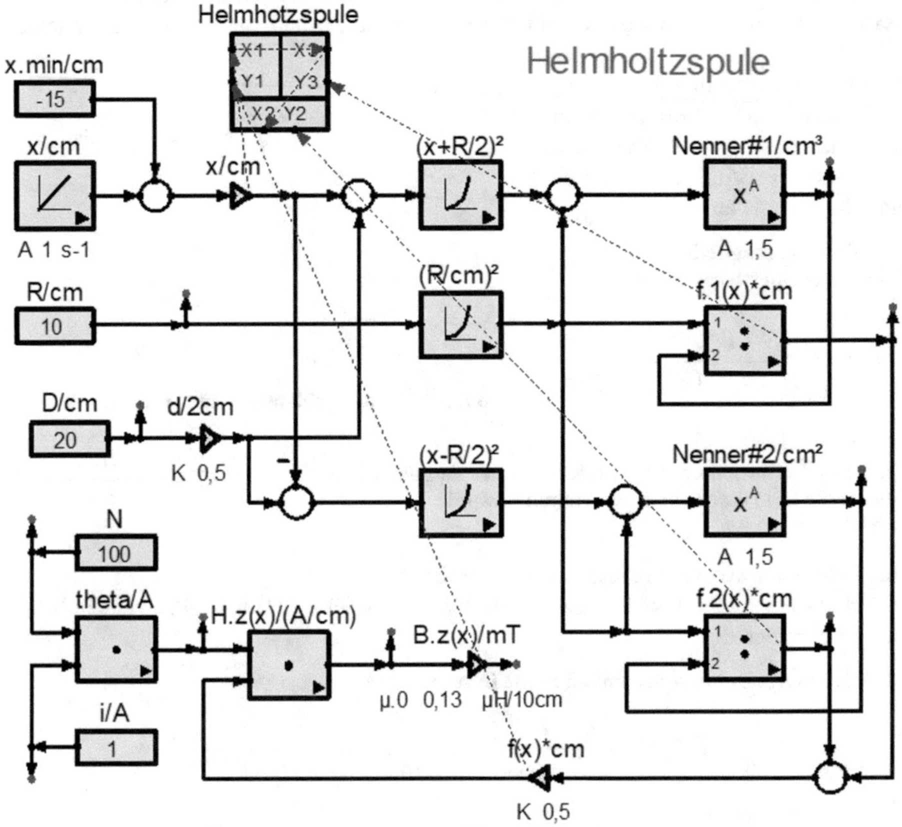

| | | | | | | | |
|---|---|---|---|---|---|---|---|
| f(x)*cm | 0,071554 | B.z(x)/mT | 0,9302 | N | 100 | R/cm | 10 |
| f.1(x)*cm | 0,071554 | H.z(x)/(A/cm) | 7,1554 | Nenner#1/cm³ | 1397,5 | theta/A | 100 |
| f.2(x)*cm | 0,071554 | i/A | 1 | Nenner#2/cm² | 1397,5 | x/cm | 0 |

**Abb. 5-336 Berechnung der Einzel- und Gesamtfeldstärken einer Helmholtzspule**

Erläuterungen zu Abb. 5-336:

1. Oben erfolgt die Berechnung der linksverschobenen Spule nach Gl. 5-197.
2. In der Mitte erfolgt die Berechnung der rechtsverschobenen Spule nach Gl. 5-198.
3. Unten erfolgt die Überlagerung der Felder beider Spulen.

In Abb. 5-335 haben wir die überlagerten Felder für unterschiedliche Spulenabstände gezeigt.

### 5.7.4.2 Die Spulen der Kernspintomografie

Mittels Tomografie werden, wie beim Röntgen, Schnittbilder toter und lebender Materie erzeugt. Zu unterscheiden sind die

**Computer-Tomografie CT** und die **Magnetresonanz-Tomografie MRT.**

Die **CT** erzeugt ihre Signale ohne atomare Resonanzen. Zur Erzeugung von Körperbildern wird harte, d.h. **nicht ungefährliche Röntgenstrahlung** (im THz-Bereich, entsprechend Wellenlängen im mm-Bereich, benötigt.

Die **MRT** erzeugt ihre Signale durch **Resonanzen** in Atomkernen. Bei Resonanz genügt energieärmere, d.h. **ungefährliche Strahlung** (im UKW-Bereich um 100MHz, entsprechend Wellenlängen im m-Bereich), zur Erzeugung gleich guter Bilder wie bei der CT.

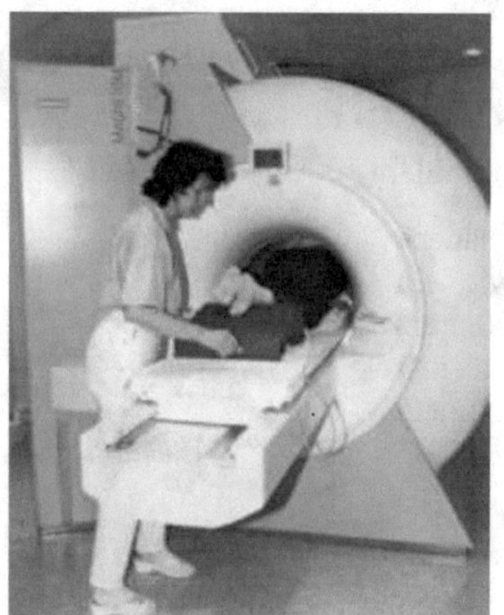

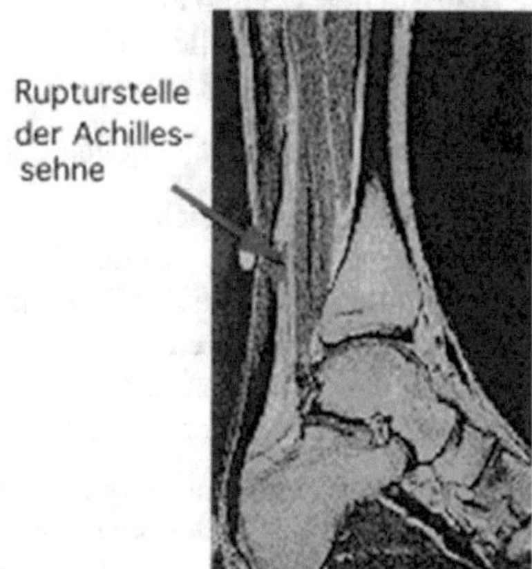


**Abb. 5-337 zeigt einen Kernspintomografen und ein damit erzeugtes Schnittbild eines Fußes. Zu erkennen ist der Riss der Achillessehne.**

**Erläuterungen zur Kernspinmessung**

Der Patient liegt in einem zylinderförmigen Magneten. Die Kerne der Atome in seinem Körper zeigen normalerweise in beliebige Richtungen. Durch das umgebende Magnetfeld mit Flussdichten von einigen Tesla und Feldstärken im Bereich MA/mm (kein Schreibfehler) werden diese atomaren Magnete parallel gestellt. Mit Hilfe von Radiowellen [$\lambda$=300m/(f/MHz)] können sie aus ihrer Position gelenkt werden. Schaltet man die Radiowellen wieder aus, so springen die atomaren Kreisel wieder in ihre ursprüngliche Richtung (Relaxation). Wie lange das dauert, hängt von der **Dichte** des durchfluteten Materials ab.

Bei der Relaxation senden die Atome elektrische Signale aus, die durch hochempfindliche Antennen (Spulen) gemessen werden können. Der Empfänger verstärkt diese Signale und übermittelt sie einem Computer, der sie zu Bildern weiterverarbeitet. Dazu rechnet er die **Relaxationszeiten in Helligkeiten** um.

Die Bildauflösung ist bei CT und MRT gleich: 512x512 Pixel. Der Kontrast ist bei der MRT ca. 10mal größer als bei der CT. Der Messvorgang dauert bei beiden bis zu einer Stunde.

**Beispiele für Untersuchungen mit der MRT**

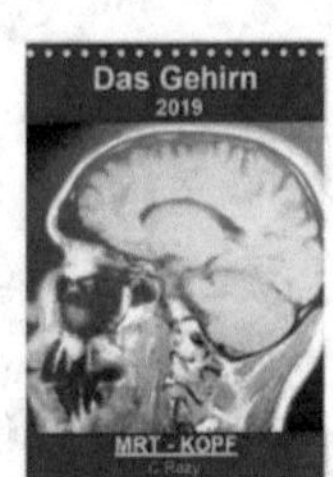


- Untersuchung der weiblichen Brust (Mammographie) oder der männlichen Prostata (Magnetresonanz-Urographie)
- Untersuchung des Herzens (MR-Cardiographie)
- Darstellung von Flüssigkeiten in Hohlräumen, z.B. der Nasennebenhöhlen (HNO=Hals-Nasen-Ohren)
- Untersuchung des Gehirns (Neurologie)

Was getan werden soll:

- Zunächst erklären wir wichtige Begriffe der Kernspintomografie.
- Dann wird gezeigt, wie die Magnet-Resonanz-Tomografie MRT funktioniert.
- Zuletzt berechnen wir die Hauptspule eines Tomografen.

**Wichtige Begriffe der Tomografie**

Die folgenden Erklärungen sollen zeigen, wie die MRT zu ihrem Namen kam und die Berechnung der Hauptspule vorbereiten.

- *Tomografie* heißt die Erzeugung von Schnittbildern.
- *Kernspin* bedeutet, dass sich (positiv) geladene Kerne in einem äußeren Magnetfeld wie ein Kreisel im Schwerkraftfeld der Erde präzedieren. Dabei fließen **im Inneren von Atomkernen** Kreisströme, deren magnetisches Feld mit einem äußeren Feld wechselwirken kann.

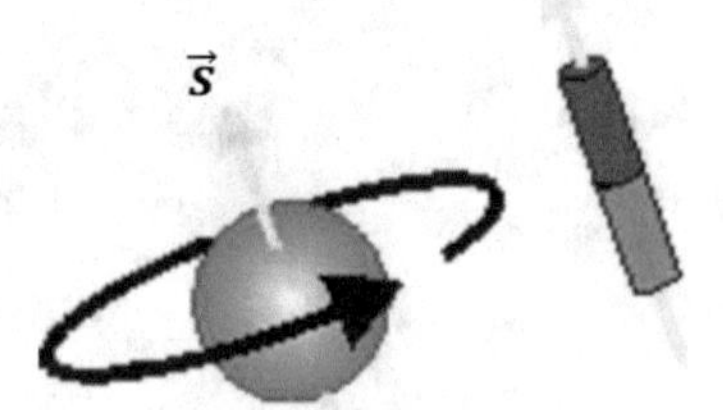


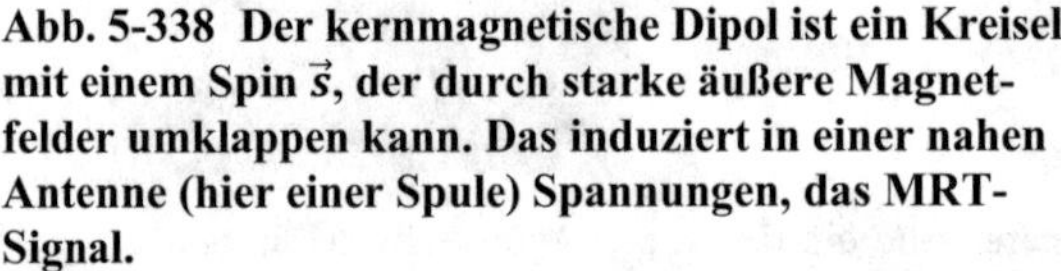
**Abb. 5-338 Der kernmagnetische Dipol ist ein Kreisel mit einem Spin $\vec{s}$, der durch starke äußere Magnetfelder umklappen kann. Das induziert in einer nahen Antenne (hier einer Spule) Spannungen, das MRT-Signal.**

Normalerweise liegen atomare Magnetfelder in Körpern **ungeordnet** vor. Für jedes Magnetfeld gibt es irgendwo eines in entgegengesetzter Richtung, sodass sich die Felder nach außen insgesamt aufheben und der Körper makroskopisch unmagnetisch ist. Bei der MRT werden die atomaren Spins durch ein starkes äußeres Magnetfeld parallel gestellt.

*Resonanz* ist die Eigenfrequenz eines schwingungsfähigen Systems (Oszillator, bestehend aus einem statischen und einem dynamischen Energiespeicher (hier eine elektrostatische Feder und die geladene Masse des Atomkerns).

Auch Atome und Atomkerne sind resonanzfähige Energiespeicher mit Eigenfrequenzen f.Lamor. Bei **Bestrahlung** mit f.Lamor ist der Energieaustausch **von der und in die** Umgebung maximal. Bei der MRT erzeugt die Spinresonanz in einer **Antenne** höchstmögliche Spannungen. Das gestattet Rückschlüsse auf den inneren Aufbau der Materie.

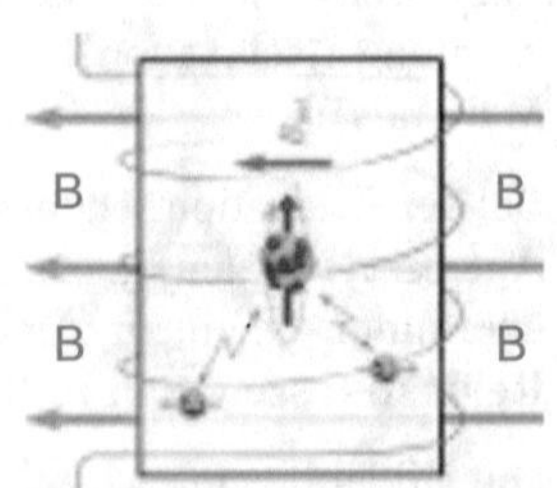


**Abb. 5-339 Atomarer Energieaustausch mit einem äußeren magnetischen Feld B**

Bei **Resonanz** ist der Energieaustausch zwischen den Speichern maximal. Dann konzentriert sich die Energie in einer Schwingung mit der Eigenfrequenz.

Bei Atomkernen heißen die Resonanzfrequenzen des Spins **‚Lamorfrequenzen'.**

- *Spektroskopie* ist die Auflösung eines zeitlichen Vorgangs im Ortsbereich nach den darin enthaltenen Wellenlängen oder Frequenzen. Bei der MRT werden Lamorfrequenzen durch Variation magnetischer Felder erzeugt. Bei ihrer Abschaltung werden in einer Antenne (hier eine Spule) höchstmögliche, aber dennoch minimale Spannungen induziert.

**Zu den Spulen des Kernspin-Tomografen**

Für CT und MRT werden gleichförmige magnetische Felder von einigen Tesla in Luft benötigt. Zu ihrer Erzeugung dienen **Hochleistungs-Helmholtzspulen**. Hier soll gezeigt werden,

- wie Tomografenspulen berechnet werden und
- dass sie mit Strömen von **einigen 100A** betrieben werden müssen, um kontrastreiche Bilder zu produzieren.

Dazu würden bei normalleitenden Spulen Verlustleistungen von einigen 100kW auf kleinstem Raum gehören (die Berechnung folgt in Abb. 5-354). Daraus folgt, dass MRT-Spulen **supraleitend** gebaut werden müssen.

**Supraleitende Spulen**

Widerstandslose (ideale) Spulen werden in der Hochenergiephysik durch supraleitende Magnete realisiert (Cern, Bessy, DESY u.v.a). In ihnen verschwinden der elektrische Widerstand und das magnetische Feld im Inneren. Ursache dafür ist die Paarbildung von Elektronen (Cooperpaare) bei tiefen Temperaturen, die sich dadurch reibungsfrei durch das Gitter der Atomkerne bewegen können. Das Spulenmaterial Kupfer wird in der Nähe des absoluten Temperatur-Nullpunkts (4,2K, der Verflüssigungstemperatur von Helium) sprunghaft supraleitend. Durch Supraleitung lassen sich stärkste Magnetfelder ohne elektrische Verluste erzeugen.

Abb. 5-340 zeigt einen Transformator, dessen innenliegende Spule supraleitend ist.

Quelle: https://forschung-stromnetze.info/projekte/supraleiter-schuetzen-das-stromnetz

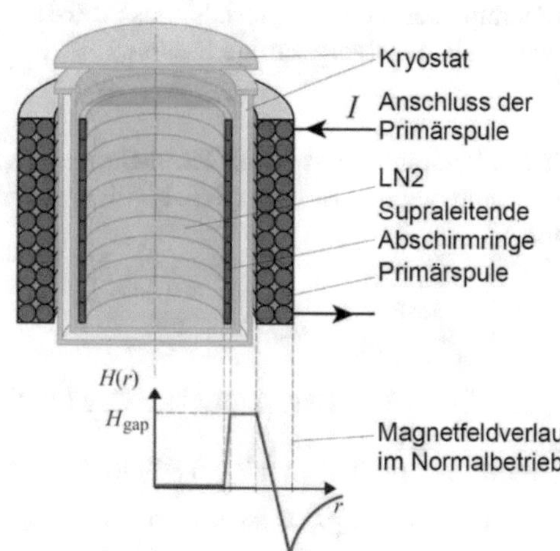


**Abb. 5-340 Trafo mit supraleitender Sekundärspule**

**Zu den Spulen der Hochenergiephysik**

In den Beschleunigerringen der Hochenergiephysik, z.B. dem LHC (Large Hadron Collider) im CERN bei Genf oder dem DESY (Deutsches Elektronen Synchrotron) in Hamburg, werden elektrische Ladungen durch supraleitende Magnete auf Kreisbahnen geführt und so auf höchste kinetische Energien gebracht (fast Lichtgeschwindigkeit). Beim Abbremsen dieser Ladungen durch Kollisionen mit anderen Ladungen in Detektoren (Protonen beim CERN, Elektronen beim DESY bis 2009), wird ihre gespeicherte Energie als Bremsstrahlung (Röntgenstrahlung) wieder frei. Diese kurzwellige Strahlung (Wellenlängen im nm-Bereich) wird zur Untersuchung von Atomen und Molekülen genutzt, z.B. in der Kernphysik, der Medizin und der Biologie.

**Zur Supraleitung** (siehe auch Abb. 5-340 )

Bei Abkühlung unter ihre **Sprungtemperatur** verschwindet bei einigen Materialien der elektrische Widerstand. Dann können sie mit nahezu beliebig hohen Strömen verlustfrei betrieben werden. Das ermöglicht den Bau von Spulen für stärkste magnetische Felder.

Spulenverluste lassen sich durch zwei Maßnahmen verringern oder sogar ganz vermeiden:

1. durch größere Pausen zwischen den einzelnen Messungen: Das würde die gesamte Messdauer der MRT unzumutbar verlängern.
2. durch supraleitende Spulen: Dazu muss die Hauptspule unter die Sprungtemperatur ihres Materials gekühlt werden. Tab. 5-23 zeigt, liegen sie bei metallischen Leitern unterhalb 10K=-262°C.

Die Verflüssigungstemperatur von Helium liegt bei 2,2K. Deshalb wird Supraleitung durch flüssiges Helium erzeugt. Die Sprungtemperatur des Spulenmaterials muss **darüber** liegen. Tab. 5-23 zeigt einige Beispiele.

**Tab. 5-23 metallische Supraleiter**

| Substanz ♦ | Sprungtemperatur | |
|---|---|---|
| | in K ♦ | in °C ♦ |
| Titan | 0,5 | |
| Aluminium | 1,175 | −271,975 |
| Tantal | 4,47 | −268,68 |
| Niob | 9,25 | −263,9 |
| Technetium | 7,77 | −265,38 |
| $Nb_3Ge$ | 23 | −250,15 |
| $MgB_2$ | 39 | −234,15 |

Für Spulendrähte sind **Niob-Titan-Supraleiter** mit einer **Sprungtemperatur von 18K** am besten geeignet. Abb. 5-341 zeigt, woher supraleitende Drähte bezogen werden können:

supraleitende legierung niob titan draht

Durchmesser: 0,2mm-5mm

**10,00 $ - 13,00 $** / Kilogramm

https://german.alibaba.com/product-detail/high-quality-superconducting-material-alloy-niobium-titanium-wire-62183827349.html?spm=a2700.8699010.normalList.17.1a513230wMVAvK

**Abb. 5-341 Bezugsquelle für Niob-Titan-Supraleiter aus China**

**Wie funktioniert die Kernspintechnik?**
Die folgenden Erklärungen entnehmen wir der Schrift

**Magnetresonanz-Tomographie** der Uni Marburg

https://www.ukgm.de/ugm_2/deu/umr_rdi/Teaser/Grundlagen_der_MagnetresonanzTomografie_MRT_2013.pdf

Abb. 5-342 zeigt das Schema eines Kernspintomografen mit den zugehörigen Spulen:

- Supraleitender Magnet für das Hauptmagnetfeld in z-Richtung
- HF-Sender (Lamorfrequenzsender)
- Gradientenspulen für die xy-Codierung
- UKW-Antenne in der xy-Ebene

Quelle: http://dekoration.whxhsg.com/mrt-spulen-aufbau/

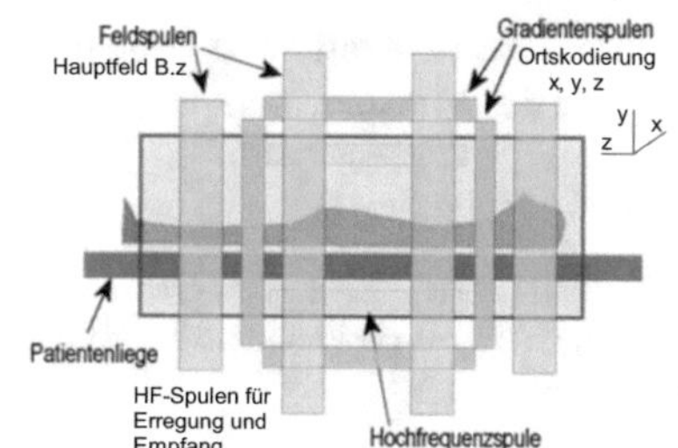


**Abb. 5-342 die Spulen der MRT**

Neben der Hauptspule des Spektrometers, mit deren Hilfe ein **sehr starkes magnetisches Gleichfeld** in Längsrichtung des Patienten erzeugt wird, setzt man ihn auch noch einem **hochfrequenten magnetischen Wechselfeld** aus, dessen **Frequenz** die **Resonanzfrequenz** seiner kernmagnetischen Dipole ist. Sie heißt **gyromagnetisches Verhältnis γ** oder auch **Lamorkonstante k.Lamor**. Ihr Wert wurde zu **42,6MHz/T** bestimmt:

**Gl. 5-199 Lamorfrequenz f.L= γ · B** mit **γ = k.Lamor = 42,6MHz/T**

Abb. 5-343 zeigt die Einstellung der Lamorfrequenz f.Lam durch den Spulenstrom i.Spu:

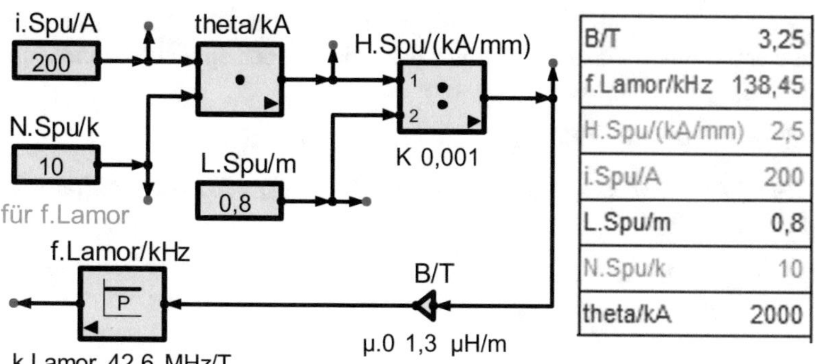


**Abb. 5-343 Parameter einer MRT-Spule**

Abb. 5-343 zeigt die Durchflutung, Feldstärke, Flussdichte und Lamorfrequenz als Funktion des Spulenstroms. Die Windungszahl N bestimmt ihren Mittelwert.

**Anregung und Relaxation**
Durch ein hochfrequentes Wechselfeld werden die atomaren Magnete von Körpern in Feldrichtung ausgerichtet, wobei sie potentielle Energie aufnehmen. Schaltet man das HF-Feld wieder ab, klappen die Kernspins in ihre Ausgangslage (das energetische Minimum) zurück **(Relaxation).** Dabei wird die gespeicherte Energie wieder frei. Sie **induziert** in einer nahen Antenne (hier Spule) eine Spannung (das Kernspinsignal).

Medizinische MRT-Anlagen arbeiten mit Flussdichten bis zu 3T, Forschungsanlagen bis zu 18T. Zum Vergleich: Das Erdmagnetfeld ist ca. 10μT stark.

Zu zeigen ist,
- dass die Relaxationszeit von der **Dichte** des untersuchten Materials abhängt und
- wie der **Messort** im Inneren der Hauptspule ermittelt wird.

Abb. 5-344 zeigt das

**Abb. 5-344 MRT-Bild eines Gehirns mit MS: Die hellgrauen Flecken sind Entzündungsherde.**

Quelle: ein Artikel aus der Apotheken-Umschau

https://www.apotheken-umschau.de/Multiple-Sklerose/Multiple-Sklerose-MS-Diagnose-18894_5.html

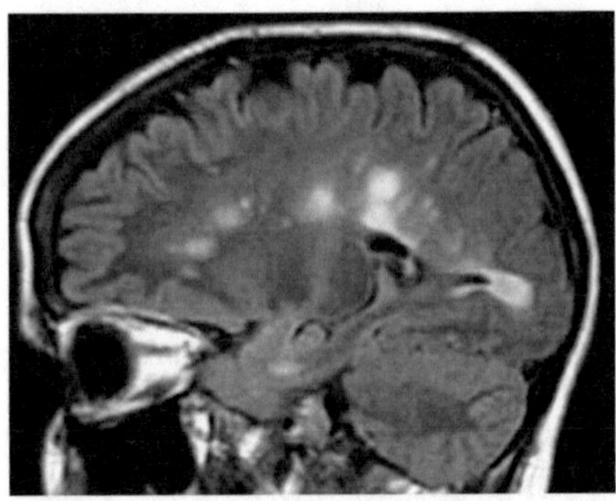

Quelle: © Getty/Science Source/LivingLLC

Zur Erzeugung von Bildern des Inneren toter und lebender Materie müssen die Relaxationszeiten in Helligkeiten umgerechnet werden. Wie das geschieht, soll hier so weit gezeigt werden, wie es zur Berechnung der Hauptspule nötig ist.

Zu klären ist die Frage, ob sie normalleitend betrieben werden kann oder supraleitend betrieben werden muss. Dazu müssen wir die Leistung der Spule berechnen, die sie **bei Normalleitung gehabt hätte.**

Weiter Informationen zur MRT finden Sie im

*NMR-Laborversuch mit physikalischer Erklärung der MRT der Uni Heidelberg*

https://www.umm.uni-heidelberg.de/inst/cbtm/ckm/lehre/praktikummrtmarecum/Anleitung_Auszug.pdf

**Zur Ortskodierung**

Durch die MRT soll ein Bild der Materiedichte im von den Spulen umschlossenen Raum des Tomografen erstellt werden. Dazu muss dieser Raum in definierte Miniwürfel (Voxel) zerlegt werden. Damit kann der Patient in **Schichten quer zu ihm (xy-Ebene)** an allen **Orten längs zu ihm (z-Richtung)** dargestellt werden.

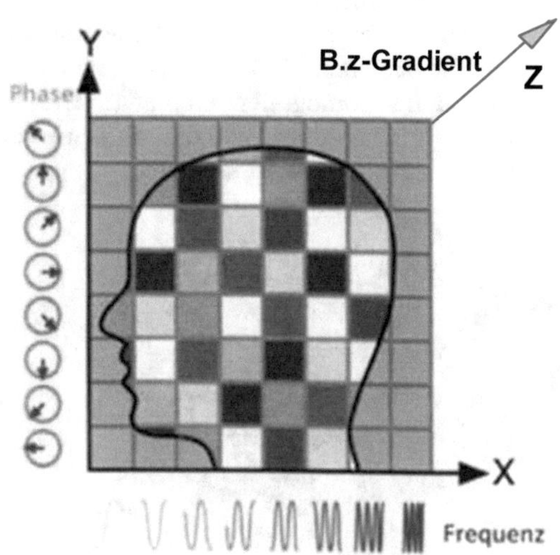


**Abb. 5-345 Ortskodierung der Voxel in der xy-Ebene durch Zuordnung von Frequenzen**

Die Ortskodierung der Volumenpixels (Abb. 5-345) erfolgt durch drei Signale, die dem Hauptmagnetfeld drei Gradientenfelder überlagern (Abb. 5-346). Je nach Untersuchungsobjekt (der Applikation) werden ihnen Radioimpulse (UKW-Frequenzen) zugeschaltet, die gewebedichteabhängige MRT-Reaktionen erzeugen. Wie sie ausgewertet werden, soll nun gezeigt werden.

**Zum Bildaufbau**

Den zweidimensionalen xy-Koordinaten können durch den z-Gradienten bestimmte Orte im Tomografen zugeordnet werden.

Für die Aufnahme von 512 · 512 Pixeln = 262 144 Bildpunkte benötigte man bei einer Aufnahmezeit von 100ms pro Pixel für das Abscannen des Tomografen über 7 Stunden. Weil das für Patienten unzumutbar wäre, wird immer eine angeregte yx-Schicht vermessen. Darin unterscheiden sich die Messpunkte durch eine Phasenverschiebung, der, wegen des B-Gradienten, eine eigene Frequenz zugeordnet ist. Sie ist die Adresse zum Abspeichern der Graustufenwerte des Bildpunkts. Die Graustufen erzeugen den Kontrast des Tomografiebildes.

Die Messzeit pro Schicht ist etwa 1s. Bei 512 Zeilen pro Bild ergibt dies eine gesamte Messzeit von 8,5min.

**Die Gradientenspulen**

Kernspintomografen erzeugen räumliche Bilder der untersuchten Körper mit **nur einer Antenne**, die bei einem starken Magnetfeld elektromagnetische Wellen aus dem Inneren der Materie im Tomografen empfängt. Die Aufgabe besteht darin, diesen Wellen definierte Orte zuzuordnen. Wie das mit den **Gradientenspulen** gelingt, soll nun gezeigt werden.

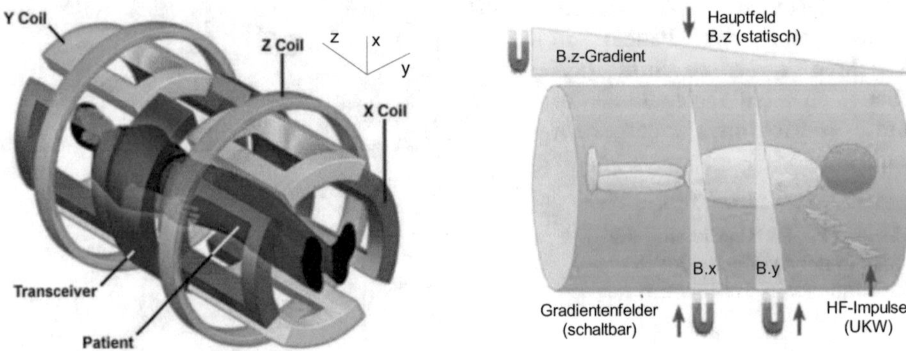


Max-Planck-Institut für biologische Kybernetik

**Abb. 5-346 links: die Spulen eines Kernspintomografern – rechts: die Gradientenfelder zur Ortskodierung der Volumenpixel (Voxel)**

**Tab. 5-24 technische Daten der Gradientenspulen**

| *Gradientenspulen* | Typische Größenordnungen für einen Durchmesser von 80 cm |
|---|---|
| Gradienten-Schaltzeit | auf 10 mT/m in 0,5 msec |
| Induktivität | 200 μH |
| Strom pro Gradient | 30 A(mT/m) |
| maximaler Strom | 300 A |
| Strom-Schaltzeiten | 600 kA/sec |
| Spitzenleistung des Verstärkers (ohne ohmsche Verluste in der Spule) | 36 kW |

Zur **Ortskodierung** der dreidimensionalen Bildgebung werden kurze, **mehrere hundert Ampere starke elektrische Ströme** in kleinere Gradientenspulen eingespeist. Das dabei erzeugte Magnetfeld verursacht Kräfte und Vibrationsbewegungen der Spulen, die als lautes Brummen wahrgenommen werden.

**z-Kodierung durch einen Feldgradienten dB/dz**

Die Positionen der Voxel in Längsrichtung wird durch die Variation der Flussdichte B.z in z-Richtung erkannt:

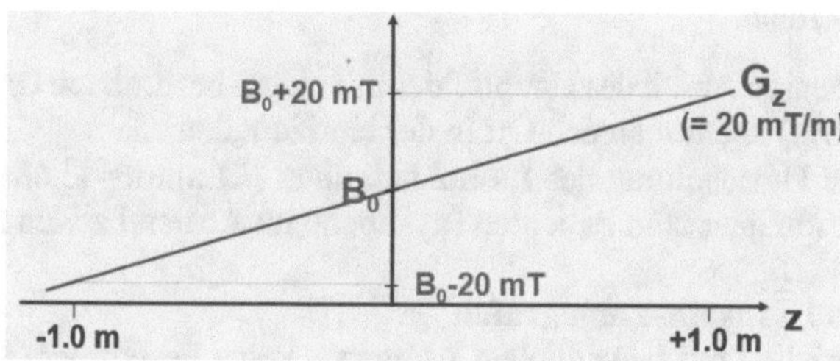


**Abb. 5-347 z-Variation der Flussdichte dB.z/dz (bis zu 40mT/m)**

**y-Kodierung durch Frequenzänderung**

Bei einer MRT- Untersuchung wird **immer nur eine Schicht** in der xy-Ebene untersucht. Um verschiedene Schichten im Körper unterscheiden zu können, wird an einem Ende des Patienten ein zusätzliches Gradientenfeld erzeugt. Infolgedessen steigen in dieser Richtung graduell die einzelnen Larmorfrequenzen. Dadurch spricht man **mit einer bestimmten Frequenz nur eine Schicht** an, da nur dort die Resonanz stimmt und dadurch nur dort die Spins angeregt werden. Auf den Rest des Körpers hat dies keine Auswirkungen.

Abb. 5-348 zeigt die Variationen der Flussdichte B(x,y,z) im Raum des Tomografen:

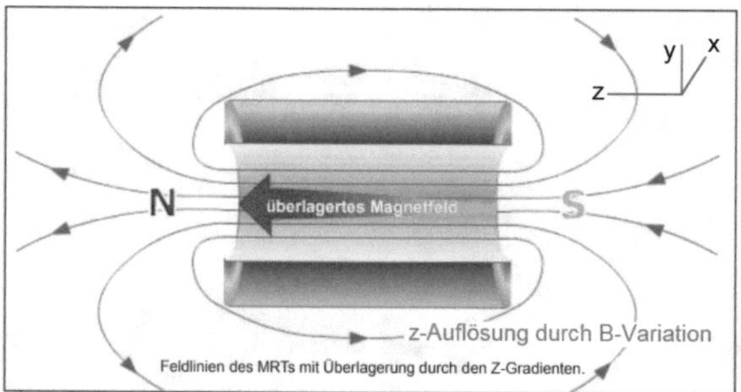


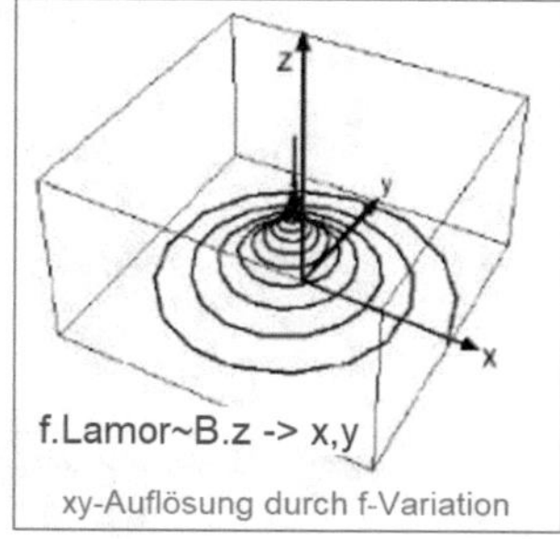


**Abb. 5-348 Die Hauptspule eines Kernspintomografen: Zur Ortsbestimmung in z-Richtung hat die magnetische Flussdichte B einen Gradienten dB/dz (ca. 0,1T/m). Die Lamorfrequenz λ.Lam bestimmt den Messpunkt in der xy-Ebene.**

**x-Kodierung durch Phasenverschiebungen**
Das Gleiche passiert auch vertikal. Man schaltet an der Röhrendecke einen sogenannten **Phasengradienten** ein. Dieser bewirkt, dass die oberen Spins in der Röhre etwas schneller präzessieren (höhere Larmorfrequenz f.Lamor). Lässt man f.Lamor laufen, so verschieben sich die einzelnen Phasen, die anfangs alle gleichphasig waren. Schaltet man den Gradienten nach der Anregungszeit (typisch 100ms) wieder ab, so kann man jede Zeile anhand ihrer Phase identifizieren.

Durch Ortskodierung wird jeder Messung durch die HF-Antenne ein Punkt im Innern der MRT-Spule zugeordnet.

- Durch den linearen Abfall des Hauptfeldes mit einem bestimmten Gradienten (typisch dB/dz≈20mT/m) kennt man den Ort in der Horizontalen z.
- Durch stufige Umschaltung der **Lamorfrequenz (f.Lamor=42,6MHz·B.z/T)** kennt man die Position quer zum Patienten (xy-Ebene im Abstand z vom Kopf).

**Die Signale eines Kernspin-Tomografen**
Bringt man Materialien mit beweglichen Atomen – keine Festkörper (Kristalle) – in ein äußeres magnetisches Feld, so werden die Elementarmagnete ausgerichtet (→ Influenz). Schaltet man das äußere Feld ab, so stellt sich das Durcheinander durch thermische Bewegungen wieder ein. Dabei induzieren die Elementarmagnete in einer sie umgebenden Spule kurzzeitig Spannungen, deren Höhe von der Dichte des Materials abhängt. Das wird in Kernspintomografen zur Kontrastdarstellung ausgenutzt.

Dazu werden Radioimpulse mit einer Frequenz eingestrahlt, die der Drehgeschwindigkeit (Resonanz) der Atomkerne entspricht, denn nur dabei absorbieren und emittieren sie Strahlungsleistung (→ Magnet-Resonanz-Tomografie MRT).

Zur Ortskodierung in x-Richtung erfolgt die Hochfrequenz (HF)-Anregung durch um 90° und 180° verschobene Impulse. Abb. 5-349 zeigt das damit erzeugte Kernresonanzsignal:

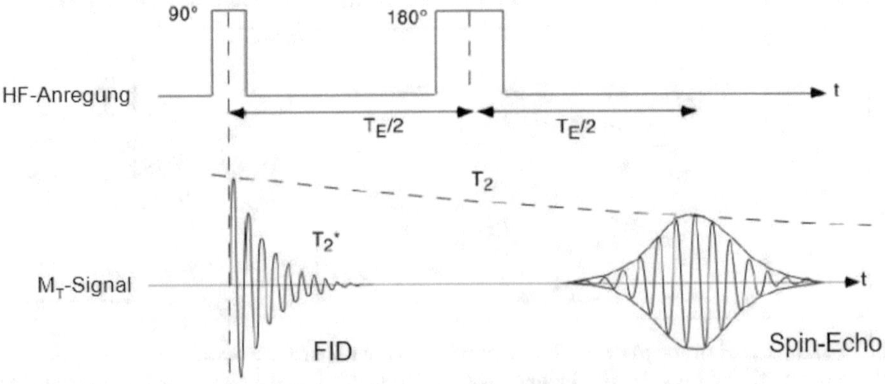


https://studylibde.com/doc/5544039/magnetresonanzTomografie–mrt–kernspin

**Abb. 5-349 freier Induktionszerfall (FID) und Spinecho: FID = *free induction decay* ist das Kürzel für den freien Induktionszerfall.**

Die Aufgabe der Tomografen-Software besteht darin, aus den Spinechos Schnittbilder von Körpern zu berechnen. Wie – soll nun kurz erklärt werden.

**Relaxationen**
Nach dem Verschwinden der HF-Anregung drehen sich die Kernspins wieder in Richtung des Hauptfeldes. Das induziert in einer nahen Antenne HF-Spannungen im µV-Bereich. Sie sind das MRT-Signal.

Wie Abb. 5-349 zeigt, entstehen bei der Relaxation zwei Impulse mit den Zeitkonstanten T1 für die Längsrelaxation in z-Richtung und T2 für die Querrelaxation senkrecht dazu.

- Die T1-Relaxation beschreibt das Zurückkippen der Kernspins in ihren Grundzustand.
- Die T2-Relaxation entsteht durch den Verlust der Phasengleichheit.

Abb. 5-350 zeigt, dass sich T1 und T2 je nach der Gewebedichte unterscheiden. So lässt sich diese durch die Messung der Relaxationszeiten bestimmen. Die unterschiedlichen Relaxationszeiten erzeugen den **Weichteilkontrast** der MRT.

Abb. 5-350 zeigt die Messzeiten der MRT für wichtige Weichteile:

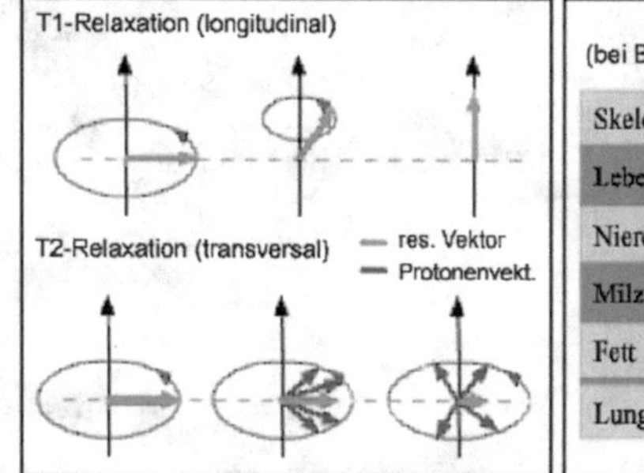

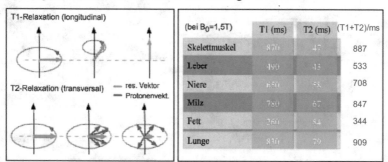

| (bei $B_0$=1,5T) | T1 (ms) | T2 (ms) | (T1+T2)/ms |
|---|---|---|---|
| Skelettmuskel | 870 | 47 | 887 |
| Leber | 490 | 43 | 533 |
| Niere | 650 | 58 | 708 |
| Milz | 780 | 67 | 847 |
| Fett | 260 | 84 | 344 |
| Lunge | 830 | 79 | 909 |

https://www.ukgm.de/ugm_2/deu/umr_rdi/Teaser/Grundlagen_der_MagnetresonanzTomografie_MRT_2013.pdf

**Abb. 5-350 Die Messzeiten der MRT bei einer Flussdichte von 1,5T - Bei höheren Flussdichten sind sie entsprechend kleiner. Das bedeutet kürzere Messzeiten.**

**Tab. 5-25 die Lamorfrequenzen lebender Materie**

| ***Magnet*** Bereich | Feldstärke | Lamor-frequenz | T1 weiße Hirnmasse | Chemische Verschiebung Fett/Wasser (3,5 ppm) | SNR für weiße Hirnmasse (rel. Einheiten) |
|---|---|---|---|---|---|
| sehr klein | 0,02 T | 852 kHz | ? | 3 Hz | ≈ 0,02 |
| klein | 0,5 T | 21,3 MHz | 540 msec | 75 Hz | 0,6 |
| mittel | 1 T | 42,6 MHz | 680 msec | 149 HZ | 1 |
| groß | 4T | 170,4 MHz | 1080 msec | 595 Hz | 2,3 |

**Die Hauptspule eines Kernspin-Tomografen**

Zentraler Teil eines Kernspintomografen ist die Hauptspule zur Erzeugung des magnetischen Feldes B.z in z-Richtung. Ihre wichtigsten Parameter sind Größe (Länge, Durchmesser), Windungszahl N und die Drahtlänge l.Dr. Sie sollen nun für einen Kernspintomografen, der auch Menschen aufnehmen kann, berechnet werden.

**Junge stirbt im Tomographen**

**New York.** (dpa/tlz) Tödliche Kräfte eines Kernspintomographen: Ein Sechsjähriger wurde von einem Sauerstoffkanister getroffen, den das Gerät angesogen hatte.

Abb. 5-351 zeigt den

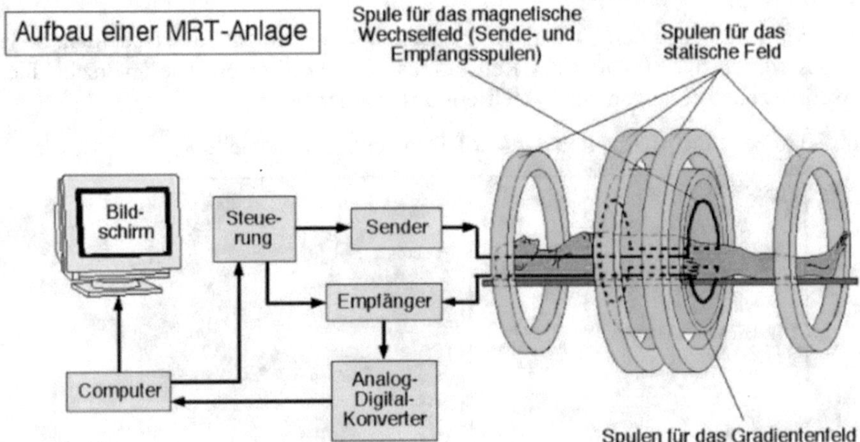


LHFT Dr.-Ing. Rainer Engelbrecht – Lehrstuhl für Hochfrequenztechnik – Uni Erlangen

**Abb. 5-351 Die Hauptspule eines Kernspintomografen: Der Patient liegt in der Mitte. Zur Ortsbestimmung in z-Richtung hat die magnetische Flussdichte B einen Gradienten dB/dz.**

Angaben zur Hauptspule der MRT:

Die Berechnungen von Abb. 5-354 zu Abb. 5-351 zeigt, dass die Hauptspule **supraleitend** sein muss. Das wird durch **Niob-Titandrähte** in **flüssigem Helium** erreicht (T.C=4,2K).

- Spulendurchmesser ca. 1m, damit ein Mensch darin liegen kann
- Der **Spulendraht** ist einige 10km lang (Berechnung unter Abb. 5-354).
  Er besteht aus ca. 300 Niob-Titan-Fäden mit 0,1mm Durchmesser.
  Das ergibt einen Drahtquerschnitt von ca. 2,4mm².
- Die **Spulenströme** erreichen bis zu 500A (typisch 200A).
  Die Berechnung nach Abb. 5-354 zeigt, dass sie in Luft Feldstärken von einigen T erzeugen.

**Berechnung der Hauptspule eines Kernspin-Tomografen**

Berechnet werden sollen alle zum Bau einer Luftspule benötigten elektrischen und magnetischen Größen und Parameter. Welche dies sind, zeigt Abb. 5-352:

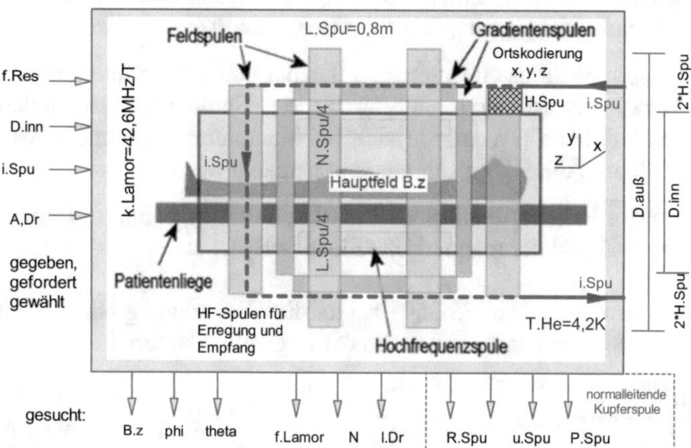


**Abb. 5-352 Die zur Berechnung der Hauptspule eines Tomografen benötigten Messwerte und Parameter**

Zunächst soll der Rechengang (Algorithmus) zur Spulendimensionierung gezeigt werden. Das Ziel der Spulenberechnung besteht darin, alle zum Bau der Spule benötigten Parameter (Leistung, Feldstärke, Strom) anzugeben. Dazu ist zuerst zu klären, welche Größen gefordert, gewählt und gesucht werden.

**Gefordert** werden Flussdichten B von einigen Tesla für atomare Resonanzfrequenzen im UKW-Bereich bis zu einigen 100MHz (Lamorfrequenzen) in einem Luftvolumen von etwa $1m^3$. Daraus folgen die benötigten elektromagnetischen Parameter (Feldstärken H, Spulenabmessungen, Ströme und Windungszahlen).

Gefordert werden die Lamorfrequenz und damit auch die Flussdichte B.

Abb. 5-353 zeigt, wie sich die Länge des Spulendrahtes und damit auch die Windungszahl mit steigendem Spulenstrom verringern.

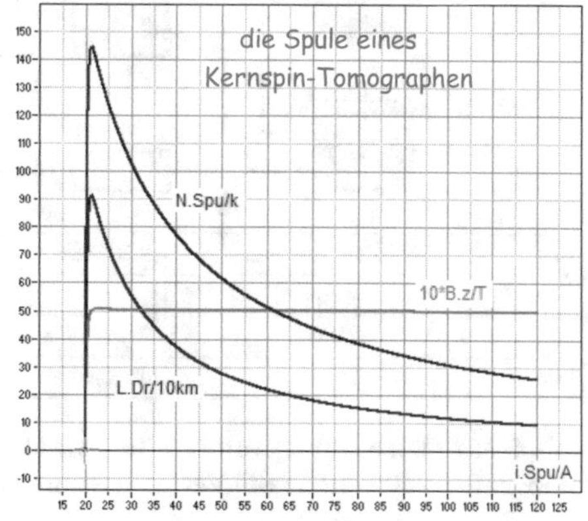


**Abb. 5-353 Verkleinerung von Windungszahl und Drahtlänge der Hauptspule eines Tomografen mit steigendem Spulenstrom**

**Vorgegeben** werden ihre Abmessungen und der Spulen-Gleichstrom (DC, einige 100A) für das Hauptfeld von einigen Tesla.

**Gefordert** wird die interne Flussdichte B (einige Tesla) mit einem Gradienten im Bereich T/m. Dazu gehören Feldstärken H=B/μ.0 im Bereich MA/m!

**Gesucht** werden die wichtigsten Daten zum Bau der Spule (Windungszahl N, Wicklungswiderstand R,Spu, Verlustleistung P.Spu, die die Spule im normalleitenden Betrieb (Zimmertemperatur) hätte). Wenn sie sich bei Raumtemperatur nicht realisieren lässt, muss die Spule durch Abkühlung supraleitend gemacht werden.

Dazu ist die erforderliche Feldstärke H=I/l.Spu zu berechnen. Daraus folgen die Flussdichte B=μ.0·H und der magnetische Fluss ϕ=B·A.Spu.

Die folgende Struktur Abb. 5-354 zeigt die Berechnung der oben genannten Spulenparameter. Sie wird anschließend in der Legende erläutert.

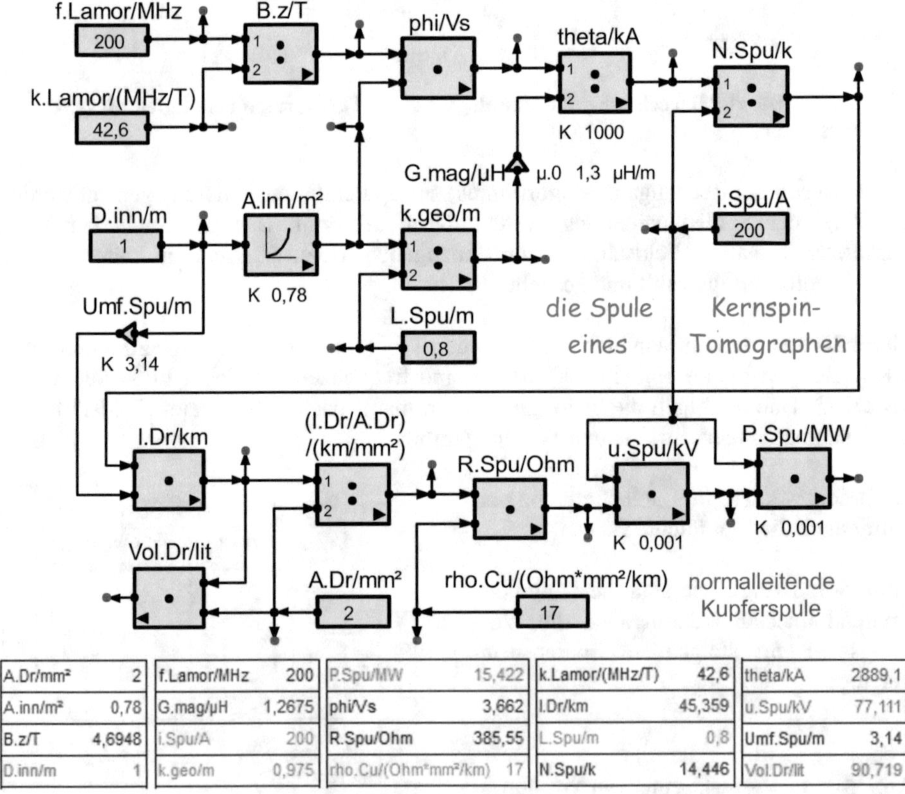


| | | | | | | | | | |
|---|---|---|---|---|---|---|---|---|---|
| A.Dr/mm² | 2 | f.Lamor/MHz | 200 | P.Spu/MW | 15,422 | k.Lamor/(MHz/T) | 42,6 | theta/kA | 2889,1 |
| A.inn/m² | 0,78 | G.mag/μH | 1,2675 | phi/Vs | 3,662 | l.Dr/km | 45,359 | u.Spu/kV | 77,111 |
| B.z/T | 4,6948 | i.Spu/A | 200 | R.Spu/Ohm | 385,55 | L.Spu/m | 0,8 | Umf.Spu/m | 3,14 |
| D.inn/m | 1 | k.geo/m | 0,975 | rho.Cu/(Ohm*mm²/km) | 17 | N.Spu/k | 14,446 | Vol.Dr/lit | 90,719 |

**Abb. 5-354 Berechnung von Windungszahl und Drahtlänge der Hauptspule eines Kernspintomografen – Darunter: die Verlustleistung, die eine normalleitende Kupferspule hätte**

**Kommentierte KST-Legende**
zur Berechnung der **Hauptspule eines Kernspintomografen (KST)** nach Abb. 5-354

**Eingestellt** werden soll eine Lamorfrequenz f.Lamor=200MHz durch einen Spulenstrom i.Spu=200A.

f.Lamor =k.Lamor·B.z – Kernspin-Resonanzfrequenz, die nach Abb. 5-354 durch die Variation des Hauptfeldes B.z eingestellt werden kann - mit der Lamorkonstante k.Lamor=42,6MHz/T.

**Gegeben** bzw. gefordert sind die Abmessungen der Spule:

L.Spu = Gesamtlänge der Hauptspule – Abb. 5-352 zeigt, dass sie aus vier Einzelspulen besteht, die wie eine Helmholtzspule ein möglichst konstantes Magnetfeld B.z erzeugen.

l.Dr = N.Spu·D.inn = Drahtlänge der Hauptspule

Vol.Dr=A.Dr·l.Dr = Volumen des Spulendrahtes - Aus ihm folgen die Masse (das Gewicht) und der Beschaffungspreis nach Abb. 5-341.

**Gesucht** werden die elektrischen und magnetischen Parameter einer supraleitenden Hauptspule.

- B.z = magnetische Feldstärke längs des Patienten
- Phi ($\phi$=B.z·A.Spu) = magnetischer Fluss im Innern des KST
- Theta ($\theta$=N.Spu·i.Spu) = Durchflutung (magnetische Quellenspannung)
- G.mag = $\mu$·A.inn/L.Spu = magnetischer Leitwert nach Gl. 5-54
- A.inn=D.inn$^2$·$\pi$/4 = innerer Querschnitt der Hauptspule

**Anzahl der Windungen und Lagen**
In Abb. 5-355 wird die benötigte Gesamtzahl der Windungen N.Spu der Hauptspule aus dem realisierbaren Spulenstrom i.Spu und der benötigten Durchflutung $\theta$ berechnet. Die Spule besteht aus **N.Wdg hintereinander** und **N.Lag Lagen übereinander**. Das Produkt ist die Gesamtzahl der Windungen:

**Gl. 5-200** $N.Spu = N.Wdg \cdot N.Lag$

Zum Bau der Hauptspule muss angegeben werden, wie viele Windungen N.Wdg nebeneinander und N.Lag Lagen übereinander zu wickeln sind.

Bei quadratischem Querschnitt der Spule wären die Anzahl der Windungen nebeneinander und übereinander gleich:

**Gl. 5-201 Windungszahlen einer quadratischen Spule**

$$N.Lag = Wdg = \sqrt{N.Spu}$$

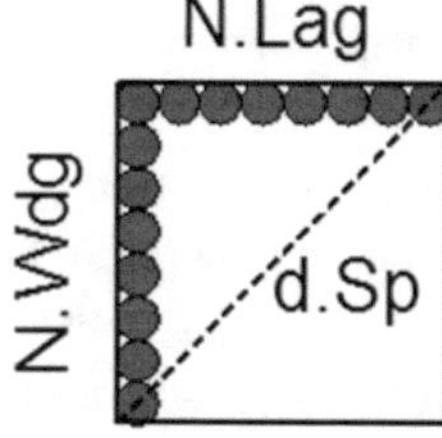


**Abb. 5-355 Die Windungszahl N ist das Produkt der Windungen nebeneinander und der Lagen übereinander.**

Wenn die Spulenlänge L.Spu und der Durchmesser D.Dr des Spulendrahtes vorgegeben sind, liegt die Anzahl der Windungen nebeneinander fest:

**Gl. 5-202 Anzahl der Lagen übereinander**

$$N.\mathrm{Wdg} = L.Spu/D.Dr$$

Abb. 5-356 zeigt:

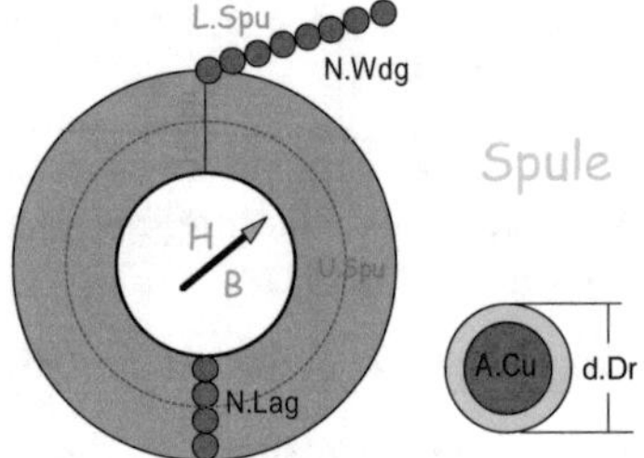


**Abb. 5-356 Die Windungszahl N ist das Produkt der Windungen nebeneinander und der Lagen übereinander.**

Mit N.Wdg nebeneinander liegt auch die Anzahl der Lagen übereinander fest:

**Gl. 5-203 Anzahl der Windungen nebeneinander** $N.Lag = N.Spu\,/\,N.Wdg$

**Kernspin-Tomograf mit normalleitender Kupferspule?**

i.Spu ist der geforderte Spulenstrom zur Erzeugung magnetischer Flussdichten im Tesla-Maßstab (hier i.Spu=200A).

R.Spu = $\rho$.Cu·l.Dr/A.Dr wäre der Widerstand einer normalleitenden Hauptspule. Für Kupfer muss mit dem spezifischen Widerstand $\rho$.Cu=0,018Ω·mm²/m=18Ω·mm²/km gerechnet werden. Damit errechnet Abb. 5-354 den Spulenwiderstand R.Spu192Ω.

u.Spu = R.Spu·i.Spu = Betriebsspannung einer normalleitenden Spule (hier 38kV)

P.Spu = u.Spu·i.Spu = R.Spu·i.Spu² = die Leistung einer normalleitenden Spule (hier 7,7MW).

Die Leistungen normalleitender Spulen liegen im MW-Bereich. Das erfordert ein eigenes Kraftwerk und ist in dem vorgegebenen Raum medizinischer Praxen nicht realisierbar. Deshalb können Kernspintomografen **nur supraleitend** gebaut werden.

In Abb. 5-354 wird auch das Volumen des Spulendrahtes berechnet (hier 45lit). Mit dem spezifischen Gewicht (der Dichte $\rho$.me) liegen seine Masse und sein Gewicht fest. Nach Abb. 5-341 kann damit der Preis des Spulendrahtes angegeben werden.

**Fazit zu Luftspulen**

Luftspulen haben größte magnetische Widerstände. Sie bestimmen die Baugröße, die entsprechend der benötigten Durchflutung riesig werden kann. Was das für die Windungszahlen und Drahtlängen bedeutet, haben wir für Magnetresonanzspulen gezeigt.

Ein weiteres Beispiel für Luftspulen sind die Drosseln der Hochspannungs-Gleichstrom-Übertragung (HGÜ). Wir haben sie in Bd. 2, Teil 1, Absch. 3.3 berechnet. Dort müssen es immer Luftspulen sein, weil keine magnetische Sättigung auftreten darf.

Wenn magnetische Sättigung kurzzeitig erlaubt ist (z.B. beim Einschalten von Trafos – Kap. 6, Absch. 6.2.4), können **Spulen mit ferromagnetischem Kern** gebaut werden. Dadurch werden sie wesentlich kleiner als Luftspulen. Das soll im folgenden Abschnitt ‚Spulen für Wechselstrom' gezeigt werden.

### 5.7.5 Spulen für Wechselstrom (AC)

Im vorherigen Abschnitt haben wir die Daten von **Gleichstromspulen** berechnet. Im Gegensatz zum Gleichstrom ist Wechselstrom aus dem Versorgungsnetz fast überall verfügbar und lässt sich leicht auf gewünschte Spannungen transformieren, z.B. 24V bei speicherprogrammierten Steuerungen (SPS) bis zu 480V für die Elektromobilität.

Abb. 5-357 zeigt zwei wichtige Anwendungen des Wechselstroms: Relais und Motoren. Berechnet werden sollen die Parameter ihrer Spulen (u.a. die Baugröße) als Funktion der geforderten Nennleistung P.Nen.

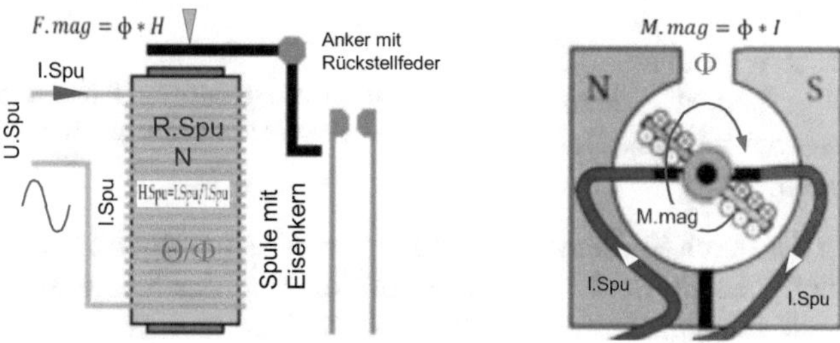


**Abb. 5-357 links: die Anzugskraft eines Relais, rechts: das Drehmoment eines Motors - Beide sind proportional zum magnetischen Fluss, der wiederum proportional zur Baugröße ist.**

**Relais** sind das Thema in Absch. 5.8.5. Bei ihnen entstehen magnetische Kräfte auf den Anker durch das Produkt aus dem *magnetischen Fluss ϕ* im Spulenkern und der

magnetischen *Feldstärke H=Spulenstrom I.Spu/Spulenlänge l.Spu*

An den Grenzen des Eisenkerns entsteht die

**Gl. 5-204 magnetische Kraft** $$F.mag = \phi * H.Spu \sim I.Spu^2$$

Bei **Elektromotoren** (hier Absch. 5.4 und in Bd. 4/7) entstehen **magnetische Drehmomente** durch den magnetischen Fluss ϕ im Eisenkern und das Feld eines Spulenstroms I.Spu:

**Gl. 5-205 elektromagnetisches Drehmoment** $$M.mag = \phi * I.Spu \sim I.Spu^2$$

Gl. 5-204 und Gl. 5-205 zeigen, dass der **magnetische Fluss ϕ** zur Berechnung magnetischer Kräfte und Drehmomente gebraucht wird. Deshalb soll hier gezeigt werden, wie ϕ als Funktion des Spulenstroms I.Spu berechnet wird. Dabei wird sich zeigen, dass ϕ im nichtübersteuerten Betrieb zum Spulenstrom I.Spu proportional ist. Deshalb sind elektromagnetische **Kräfte und Drehmomente proportional zum Quadrat des Spulenstroms**.

Hier sollen Spulen im Wechselstrombetrieb simuliert werden. Dazu muss der Zusammenhang zwischen dem leicht zu messenden Spulenstrom I.Spu und dem nicht so leicht zu messenden, aber mit dem Ohm'schen Gesetz des Magnetismus (Absch. 5.2.2) relativ einfach zu berechnenden magnetischen Fluss bekannt sein. Die Windungsinduktivität L.Wdg=L/N ist der Proportionalitätsfaktor: ϕ = L.Wdg·I.Spu.

**Zur Berechnung von Wechselstromspulen**

Bei Wechselstrom fällt die Spulenspannung weitgehend über der Iiduktivität L ab. Deshalb ist der Spulenstrom ein Blindstrom.

Abb. 5-358 zeigt die Ersatzschaltung einer Spule.

Ihre Daten, die **Induktivität L** und der **Wicklungswiderstand R.W**, können gemessen oder berechnet werden.

Wenn L und R.W **durch die Anwendung gefordert** sind, müssen sie berechnet werden. Das soll hier geschehen.

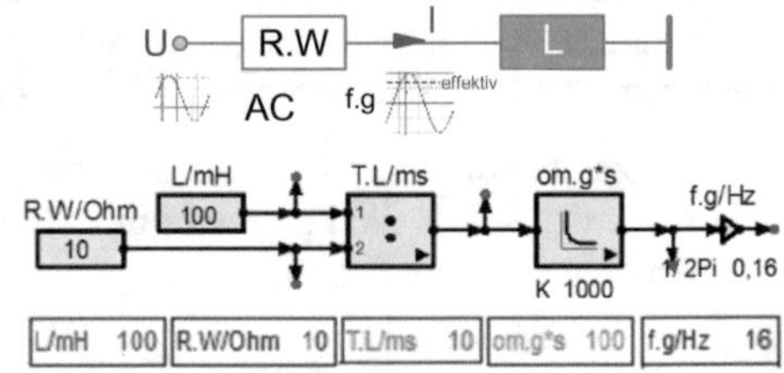


**Abb. 5-358 Ersatzschaltung, Parameter, Messgrößen und die untere Grenzfrequenz einer Spule**

Die Berechnung der durch **Spulenströme erzeugten Kräfte** folgt im nächsten Abschnitt. Dort wird gezeigt, dass **Spulenkräfte mit dem Quadrat des Spulenstroms** ansteigen. Deshalb kann die Klingel in Abb. 5-359 mit Gleich- und Wechselstrom (DC/AC) betrieben werden.

Bei **Wechselstromspulen** ist der Spulenstrom weitgehend ein Blindstrom. Deshalb sind die Spulenverluste bei ihnen geringer als bei Gleichstromspulen bei gleicher Nennleistung. Entsprechend sind Wechselstromspulen bei gleichem Nennstrom kleiner als Gleichstromspulen. Wie groß sie in Abhängigkeit von der Nennleistung sind, soll nun berechnet werden.

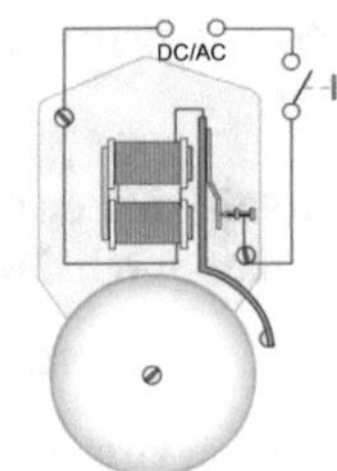


**Abb. 5-359 Klingel: Immer, wenn der Klöppel gerade angezogen hat, unterbricht er den Spulenstrom.**

Auch im Wechselstrombetrieb muss die Spule den für die Anwendung erforderlichen magnetischen Fluss $\phi = B \cdot A$ erzeugen. Abb. 5-360 zeigt, wie er durch den Spulenstrom entsteht.

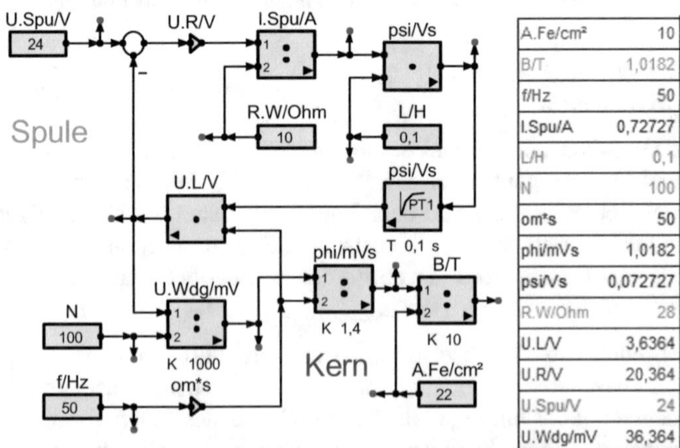


**Abb. 5-360 Berechnung der Daten einer Spule und ihres Kerns: Die Flussdichte B muss kleiner als die Grenzflussdichte B.gr des Kernmaterials sein. Das wird entweder durch den Spulenwiderstand R.W oder durch den Kernquerschnitt A.Fe erreicht.**

**Simulation von Wechselstromspulen** mit Eisenkern und Luftspalt als Funktion der Nennleistung P.Nen.

Betriebsart: Spannungssteuerung

Gegeben bzw. gefordert seien

1. die Nennspannung U.Nen
2. die Nennleistung P.Nen und
3. die Betriebsfrequenz f.

Berechnet werden sollen

1. die Windungszahl N
2. der Eisenquerschnitt A.Fe und
3. die Eisenlänge l,Fe.

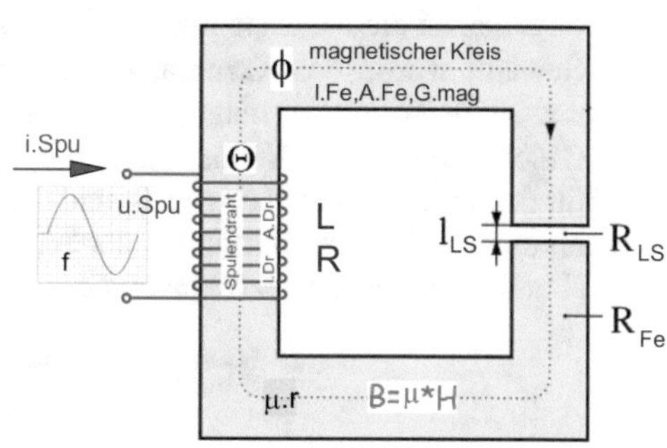


**Abb. 5-361 Spule mit Eisenkern und Luftspalt**

Freier Parameter ist das *magnetische Spannungsverhältnis MSV=V.LS/V.Fe=R.LS/R.Fe* als Verhältnis der magnetischen Spannungen und Widerstände von Luftspalt und Eisenkern. Für den Fall ‚ohne Luftspalt' wird MSV=0 gesetzt.

Abb. 5-362 zeigt die

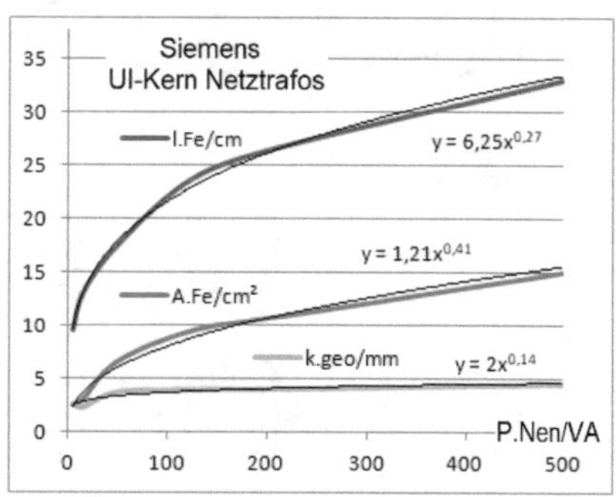


**Abb. 5-362 Fläche und Länge von Trafokernen als Funktion der Nennleistung**

1. Abb. 5-362 zeigt, dass die Kernlänge etwa mit der dritten Wurzel und die Kernfläche etwa mit der zweiten Wurzel der Nennleistung zunehmen.
2. Abb. 5-363 zeigt, dass die Luftspaltlänge l.LS proportional und die Windungszahl N linear mit dem magnetischen Spannungsverhältnis MSV zunehmen.

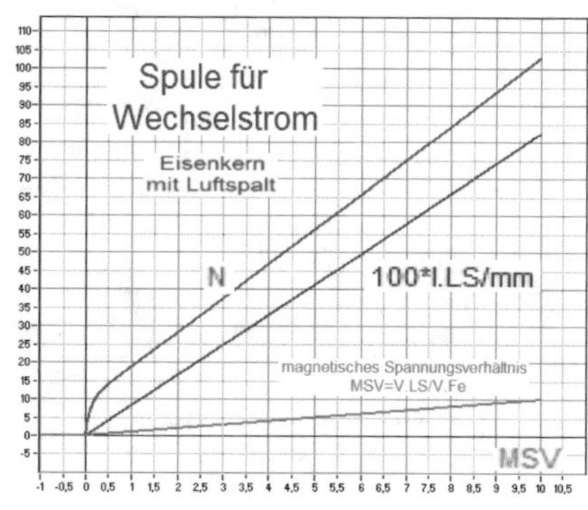


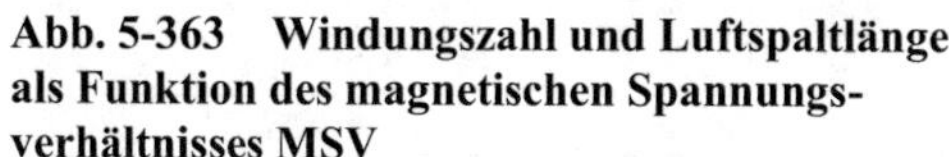

**Abb. 5-363 Windungszahl und Luftspaltlänge als Funktion des magnetischen Spannungsverhältnisses MSV**

Abb. 5-364 zeigt die Berechnung der Daten einer Spule mit Eisenkern und Luftspalt.

- Gegeben ist die Nennspannung U.Nen, gefordert wird die Nennleistung P.Nen.
- Gewählt wurde das Kernmaterial ‚Dynamoblech' mit der relativen Permeabilität μ.r=3000=3k und das magnetische Spannungsverhältnis MSV=V.LS/V.Fe=3.
- Gesucht werden der Nennstrom I.Nen,
  für den Eisenkern die Länge l.Fe und der Querschnitt A.Fe und die Luftspaltlänge l.ls,
  für die Spule die Induktivität L, der Wicklungswiderstand R.W und die Windungszahl N und die untere Grenzfrequenz f.g.

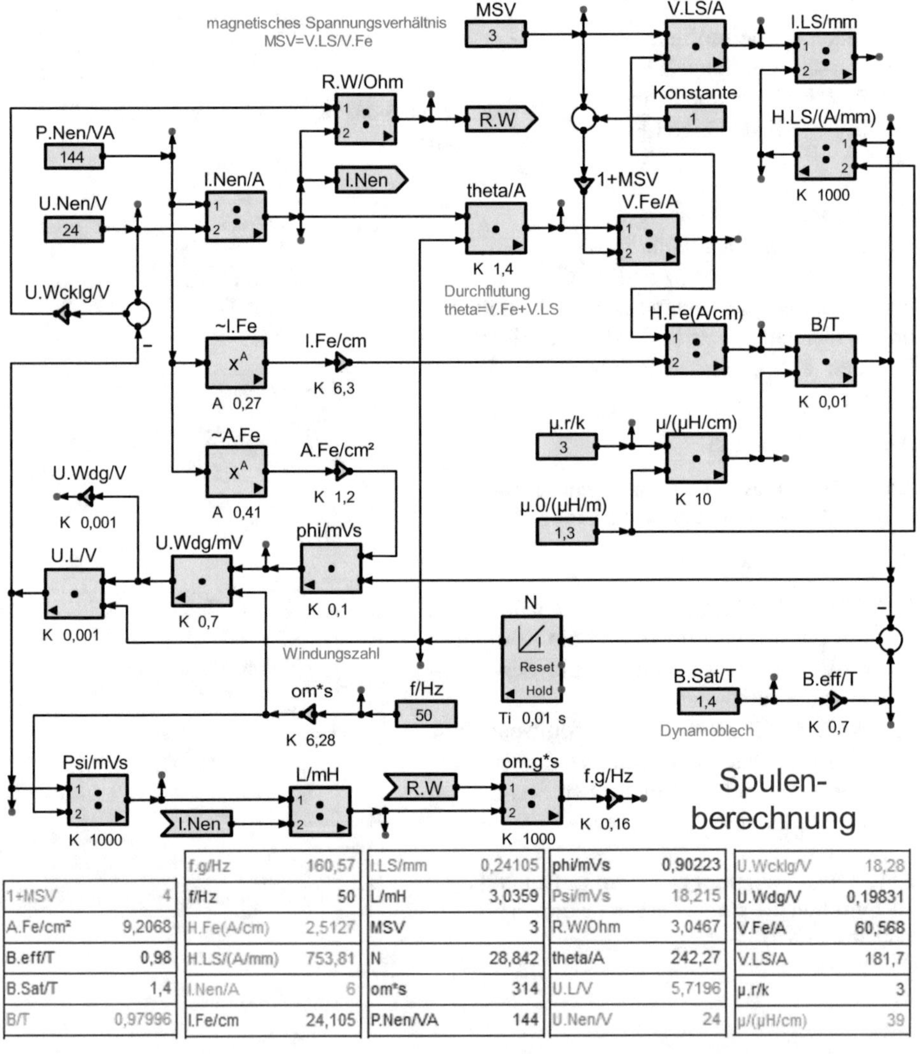


| | | | | | | | | | |
|---|---|---|---|---|---|---|---|---|---|
| | | f.g/Hz | 160,57 | I.LS/mm | 0,24105 | phi/mVs | 0,90223 | U.Wcklg/V | 18,28 |
| 1+MSV | 4 | f/Hz | 50 | L/mH | 3,0359 | Psi/mVs | 18,215 | U.Wdg/V | 0,19831 |
| A.Fe/cm² | 9,2068 | H.Fe(A/cm) | 2,5127 | MSV | 3 | R.W/Ohm | 3,0467 | V.Fe/A | 60,568 |
| B.eff/T | 0,98 | H.LS/(A/mm) | 753,81 | N | 28,842 | theta/A | 242,27 | V.LS/A | 181,7 |
| B.Sat/T | 1,4 | I.Nen/A | 6 | om*s | 314 | U.L/V | 5,7196 | μ.r/k | 3 |
| B/T | 0,97996 | I.Fe/cm | 24,105 | P.Nen/VA | 144 | U.Nen/V | 24 | μ/(μH/cm) | 39 |

**Abb. 5-364 Berechnung der Daten einer Spule mit Eisenkern und Luftspalt als Funktion der Nennleistung P.Nen: Parameter ist das magnetische Spannungsverhältnis MSV im Kern.**

### 5.7.5.1 Drosseln – Konzeption und Dimensionierung

Drosseln (engl. *Choke*) sind entweder reine Luftspulen oder Spulen mit weichmagnetischem Eisenkern und Luftspalt. Durch ihre Induktivität L dienen sie

- zur Speicherung magnetischer Energie in ihrem Magnetfeld
- zur Begrenzung von Wechselströmen und
- zur Frequenztrennung in Störfiltern und Audio-Frequenzweichen.

Drosseln werden in Reihe zu einer Lastimpedanz geschaltet. Sie bilden mit ihr einen **verlustarmen** Spannungsteiler (dynamischer Tiefpass). Sie dienen z.B.

- als **Vorschaltdrosseln** zur Anpassung der Betriebsspannung an eine zu hohe Versorgungsspannung.

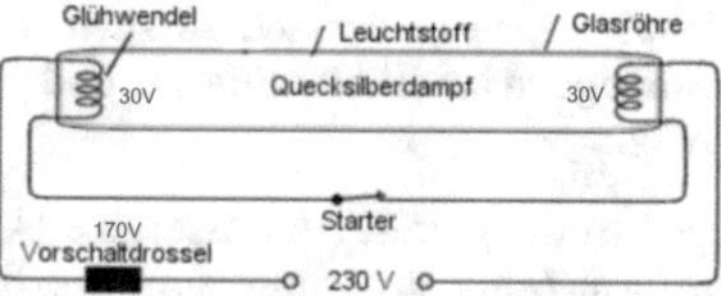


**Abb. 5-365 Leuchtstoffröhre: Der Starter öffnet, wenn die Glühwendel ihre Betriebstemperatur erreicht hat. Weil die Quecksilberdampflampe den Strom (ähnlich einer Z-Diode) nicht begrenzen kann, muss eine Drossel vorgeschaltet werden.**

**PFC - Drosseln** (Power Factor Correction Chokes) sind Speicherdrosseln. Sie dienen

- zur aktiven Korrektur des Leistungsfaktor(cos φ). Diese ermöglichen als sogenannte *Hochsetzsteller* mit einem PFC-Controller höchste Wirkungsgrade cos φ> 0,9.
- als **Entstördrosseln** zur Unterdrückung höherfrequenter Netzstörungen. Das zeigt Abb. 5-366.

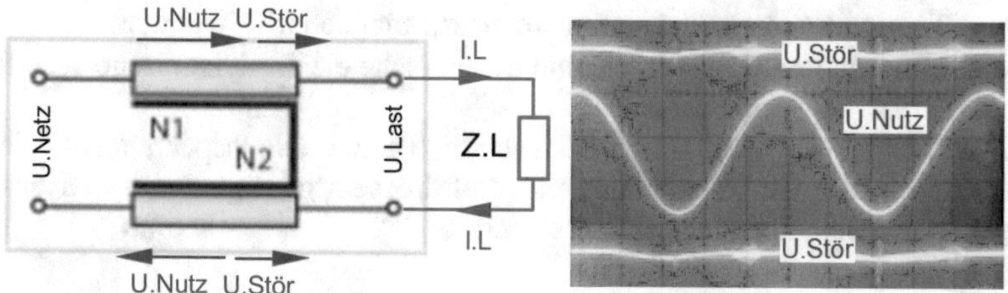


**Abb. 5-366 Stromkompensierte Entstördrossel: Der Laststrom durchfließt die Drossel in direkter und entgegengesetzter Richtung und verhindert so die Sättigung des Eisenkerns.**

Abb. 5-367 zeigt die Wirkungsweise einer stromkompensierten Drossel:

- Der Nutzstrom durchfließt beide Spulen in entgegengesetzter Richtung, sodass sich seine Wirkung addiert.
- Die Störströme durchfließen die magnetisch gekoppelten Spulen in entgegengesetzter Richtung, sodass sich die durch sie induzierten Störspannungen kompensieren.

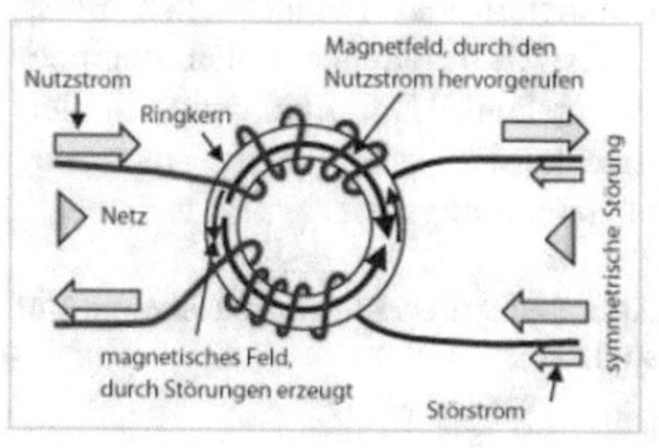


**Abb. 5-367 stromkompensierte Drossel**

Weitere Drossel-Grundlagen finden Sie unter https://kompendium.infotip.de/home.html

**Ringkerndrosseln**
**HF-Ringkerndrosseln** sollen bei hohen Frequenzen Ströme verlustarm begrenzen. Dazu werden sie auf Ferrit- oder Pulverringkerne gewickelt.

Ringkerne haben nur geringe magnetische Streufelder. Sie eignen sich zur Dämpfung symmetrischer Störspannungen in Stromversorgungsleitungen, als Kommutierungsdrosseln, Strombegrenzungs- und Siebdrosseln.

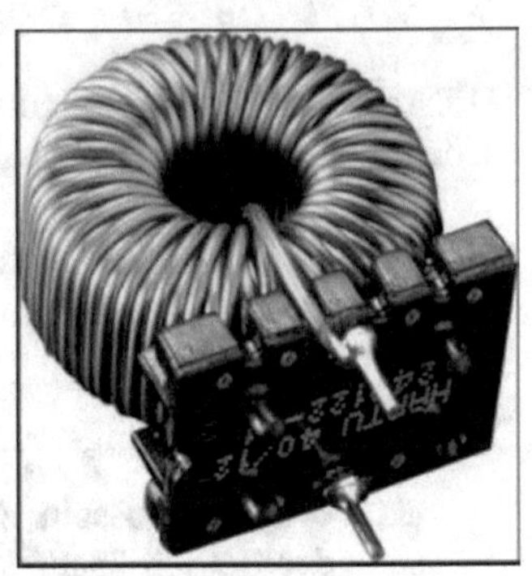

**Abb. 5-368 Speicherdrossel: Sie speichert kurzzeitig überschüssige magnetische Energie und glättet so die Spannung.**

Geringe Streuung trägt zur besseren elektromagnetischen Verträglichkeit (EMV) bei. Eine Extremform (eine Windung) von Ferrit-Ringkerndrosseln sind über Drähte geschobene Ferritperlen. Ferritkerndrosseln ohne Luftspalt werden nur für stromkompensierte Drosseln oder für Sättigungsdrosseln verwendet.

Anwendung: Verbesserung der elektromagnetischen Verträglichkeit (EMV): https://www.elektroniknet.de/e-mechanik-passive/induktivitaeten-in-der-emv-797-Seite-3.html

**Zur Berechnung elektrischer Drosseln**
Elektromagnetisch können Spannungen und Ströme in Kräfte und Drehmomente gewandelt werden.

- Transformatoren sind stationäre elektromagnetische Wandler.
- Motoren und Generatoren sind dynamische elektrodynamische Wandler.

Im Bd. 1, Teil 1, Kap. 3.3 haben wir beim Thema ‚Hochspannungs-Gleichstrom-Übertragung (HGÜ)‘ die Verwendung von Luftdrosseln gezeigt. Sie waren riesig, weil nur reine Luftdrosseln übersteuerungsfest sind.

Hier sollen Drosseln mit **Eisenkern mit und ohne Luftspalt** berechnet werden. Durch den **Eisenkern** sind sie wesentlich kleiner als reine Luftspulen. Der Eisenkern kanalisiert den magnetischen Fluss, der **Luftspalt linearisiert** den magnetischen Widerstand. Dadurch sind Spulen mit Eisenkern und Luftspalt begrenzt übersteuerungsfest.

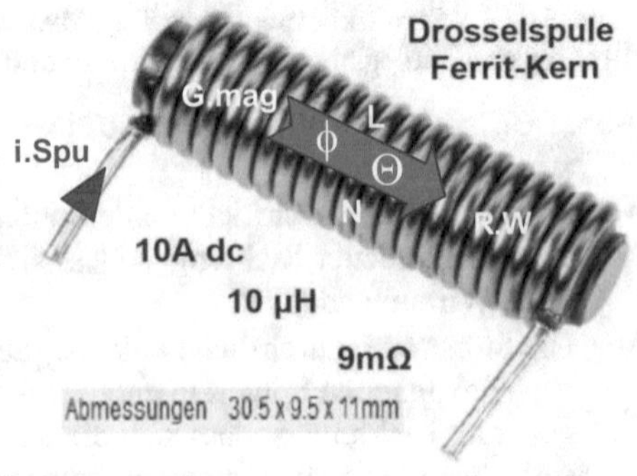


**Abb. 5-369 Ferritkerndrossel ohne Luftspalt**

**Zur Konzeption einer Drossel**
Beim Bau elektromagnetischer Wandler interessiert zweierlei:

1. Welche Materialien sollen für Kern und Spule verwendet werden und
2. Welche Abmessungen müssen Kern und Spule haben?

Diese Fragen sollen für elektromagnetische Wandler zunächst für elektrische Spulen beantwortet werden, z.B. für Relais und Elektromotoren. Entsprechende Überlegungen gelten auch für die Spulen und Kerne von Transformatoren.

Abb. 5-370 zeigt eine

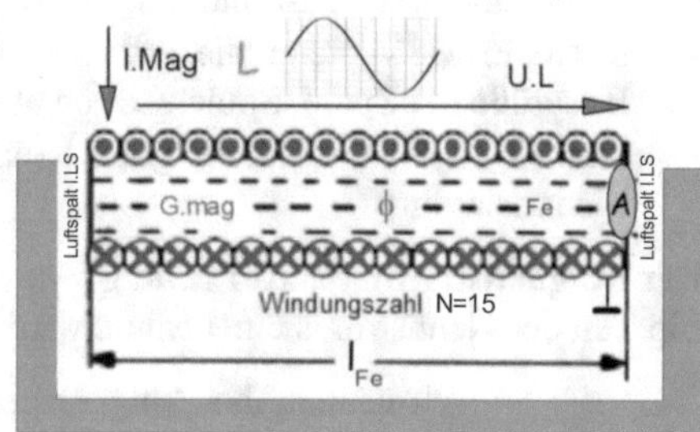


**Abb. 5-370 Drossel mit Joch und zwei Luftspalten**

Abb. 5-371 zeigt die magnetische Ersatzschaltung dazu. Sie dient bei der folgenden Strukturentwicklung als Berechnungsgrundlage.

**Zur Drossel-Dimensionierung**
Die Länge l.Fe des Eisenkerns bestimmt das Eisenvolumen und damit die durch den Eisenkern übertragbare Leistung (Nennleistung) der Spule. Das zeigt Abb. 5-372.

- Das Volumen Vol=A·l elektromagnetischer Wandler ist das Produkt aus Querschnitt A und Länge l des magnetisierten Kerns.
- Die Leistung von elektrischen Maschinen ist das Produkt aus Drehmoment und Drehzahl.
- Das Drehmoment ist das Produkt aus Ankerstrom und magnetischem Fluss.
- Der magnetische Fluss ist das Produkt aus Flussdichte und Flussquerschnitt.

**Berechnung der Luftspaltlänge**
Bei Spulen mit Eisenkern und Luftspalt teilt sich die Durchflutung Θ=V.Fe+V.LS auf den Eisenkern und den Luftspalt auf.

Wie sich die magnetischen Spannungen V.Fe für den Eisenkern und V.LS für den Luftspalt verhalten, wird durch das magnetische Spannungsverhältnis festgelegt.

**Gl. 5-206 magnetisches Spannungsverhältnis**

$$MSV = \frac{V.LS}{V.Fe} = \frac{R.LS}{R.Fe} = \frac{\mu.r * l.LS}{l.Fe}$$

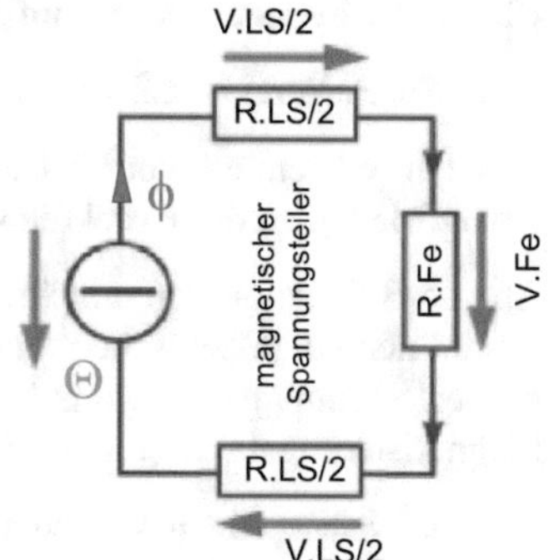


**Abb. 5-371 Ersatzschaltung zu einer Spule mit Kern und zwei Luftspalten: Sie werden wie einer behandelt.**

Durch das MSV liegt die Länge l.LS des Luftspalts fest. Das folgt aus Gl. 5-206:

**Gl. 5-207 Luftspaltlänge** $l.LS = MSV * l.Fe/\mu.r$

**Zum magnetischen Spannungsverhältnis MSV**

Bei der Dimensionierung muss das magnetische Spannungsverhältnis MSV gewählt werden.

- Bei reinen Luftspulen ist V.Fe=0. Dann geht das MSV $\rightarrow \infty$
- Bei Spulen mit Eisenkern ohne Luftspalt ist das MSV=0.
- Bei Netzdrosseln sollte das MSV bei 3 liegen.

Warum, soll nun begründet werden.

- Wenn das MSV<1 ist, nützt der Luftspalt nicht viel.
- Mit dem MSV steigt die erforderliche Durchflutung Θ=N·I.Spu - und damit die Baugröße der Spule. Spulen sollen aber möglichst klein sein.
- Deshalb ist MSV=3 oft ein guter Kompromiss zwischen Baugröße und magnetischer Linearisierung.

**Der Magnetisierungsfaktor k.mag**

Ein Teil des Nennstroms einer Spule wird zur Magnetisierung des Eisenkerns verwendet.

Wir nennen ihn ‚Magnetisierungsfaktor *k.mag = i.mag/i.Nen*

Wie groß k.mag ist, hängt vom magnetischen Spannungsverhältnis MSV ab. Um es zu bestimmen, wird in Abb. 5-372 der durch den magnetischen Fluss ϕ errechnete Eisenquerschnitt A.Fe durch den Magnetisierungsfaktor k.mag so eingestellt, dass er mit dem mit
Gl. 5-208 errechneten Querschnitt A.Fe# übereinstimmt.

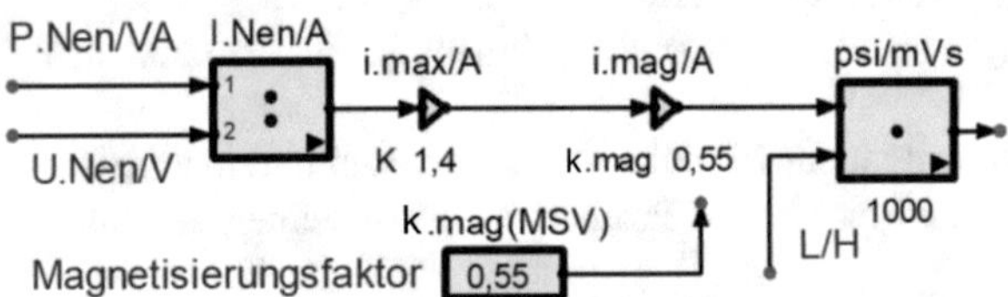


**Abb. 5-372 Einstellung des Magnetisierungsfaktors k.mag in Abb. 5-373**

**Gl. 5-208 Eisenquerschnitte auf zwei verschiedenen Wegen**

$$A.Fe(P.Nen) = 1{,}2 * (P.Nen/VA)^{0{,}4} \quad \rightarrow \quad A.Fe\#(\phi) = \phi/B.gr$$

Aus der Gleichheit von A.Fe und AFe# erhält man eine Anzahl von Messpunkten k.mag(MSV), zu der Excel die Funktion in Abb. 5-373 angeben kann.

Abb. 5-373 zeigt den annähernd linearen Zusammenhang zwischen dem magnetischen Spannungsverhältnis MSV und dem Magnetisierungsfaktor k.mag. Der

**Gl. 5-209 Magnetisierungsfaktor**

$$\mathbf{k.mag(MSV) \approx 0,3 + 0,08 * MSV}$$
$$\mathbf{\approx 0,5 \ldots \text{ für } MSV = 3}$$

ist in Abb. 5-373 dargestellt. Abb. 5-372 zeigt seine Verwendung bei der Berechnung des Spulenflusses ψ(i.mag).

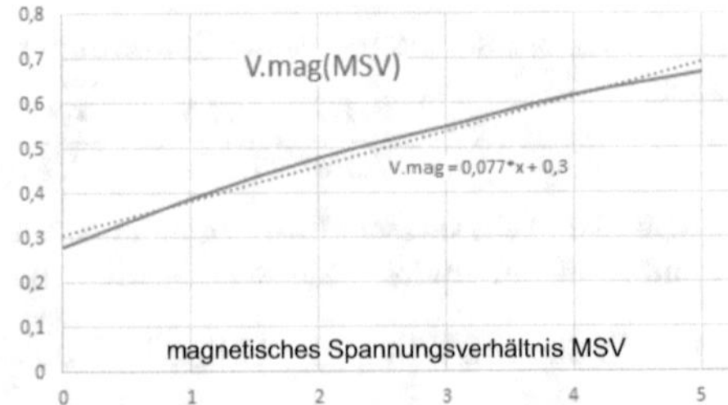


**Abb. 5-373 Der Magnetisierungsfaktor als Funktion des magnetischen Spannungsverhältnisses MSV**

**Wirk- und Magnetisierungsströme**
Bei Spulen interessieren der Wirkstrom und der Blindstrom (Magnetisierungsstrom). Der Wirkstrom leistet Arbeit, der Blindstrom baut das magnetische Feld auf.

Als Spulenstrom gemessen wird die geometrische Addition aus Wirk- und Blindstrom, genannt Scheinstrom: $I.Spu^2=I.Wirk^2+I.Blind^2$. Hier soll gezeigt werden, wie er mit dem Magnetisierungsfaktor k.mag in seinen Wirk- und Blindanteil zerlegt werden kann.

Für einen gegebenen Nennstrom I.Nen (Scheinstrom) und ein gegebenes magnetisches Spannungsverhältnis MSV sollen die Wirk- und Blindströme berechnet werden:

1. Aus dem MSV folgt der Magnetisierungsfaktor k.mag=0,3·0,08·MSV.
2. Daraus folgt der Magnetisierungsstrom *I.mag=k.mag·I.Nen.*
3. Aus $I.Nen^2 = I.Wirk^2 + I.mag^2$
folgt der Wirkstrom
$$I.wirk = I.Nen * \sqrt{1 - V.mag^2}$$

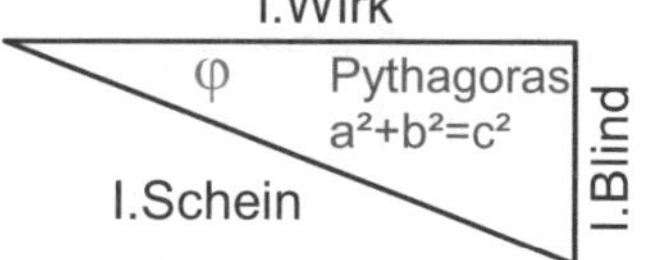


Zahlenwerte:
I.Nen=5A, MSV=3 → k.mag=0,54 → $k.mag^2$=0,3 → I.mag=1,5A und I.Wirk=4,2A

**Zur Drossel-Dimensionierung**
Drosseln sollen möglichst kompakt, d.h. klein und leistungsstark gebaut werden. Um das ohne umständliches Probieren zu erreichen, müssen sie berechnet werden.

- Gegeben ist die Betriebsfrequenz f.
- Gefordert werden die Nennspannung und der Nennstrom.
- Daraus folgt die Nennleistung P.Nen, die die Baugröße bestimmt.
- Gesucht werden die Parameter des Kerns (l.Fe, A.Fe), der Spule (l.Spu, d.Spu) mit dem Spulendraht (l.Draht, A.Draht).

Abb. 5-374 zeigt links die gegebenen und rechts die gesuchten Messgrößen und Parameter:

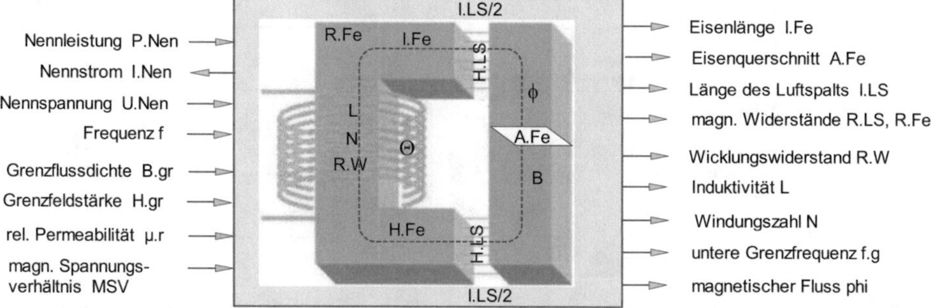


**Abb. 5-374 Die zur Berechnung von Drosseln benötigten Messgrößen und Materialkonstanten: Gefordert werden möglichst geringe Abmessungen.**

Wegen der Komplexität der Aufgabe hat der Autor die Berechnungsstruktur in vier Blöcke unterteilt. Abb. 5-375 zeigt die Messgrößen, durch die sie gekoppelt sind.

Abb. 5-375 zeigt die Dimensionierung einer Drossel mit Eisenkern und Luftspalt durch vier Anwenderblöcke. Sie werden im Anschluss erklärt.

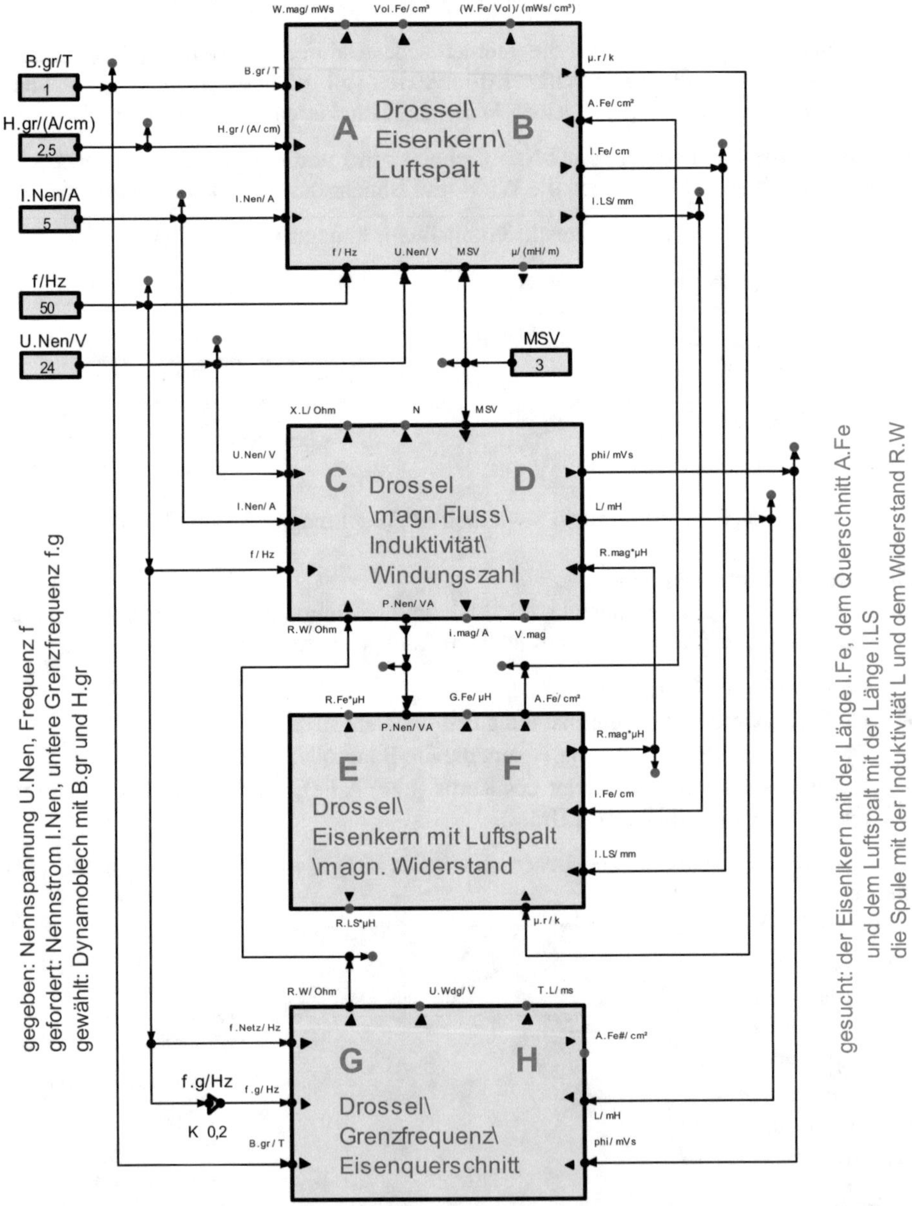


**Abb. 5-375 Drossel-Dimensionierung zu Abb. 5-374 durch vier Anwenderblöcke und ihre Verknüpfungen: Zunächst werden die damit errechneten Messgrößen vorgestellt. Dann folgt die Erklärung der internen Blockstrukturen.**

Erläuterungen zur Drosselberechnung nach Abb. 5-375:
Abb. 5-376 listet die Messgrößen der Drosselberechnung für zwei Fälle auf: links ohne und rechts mit Luftspalt. Die Luftspalteinstellung erfolgt nach Gl. 5-207 durch das magnetische Spannungsverhältnis MSV.

| MSV | 0 | 3 |
|---|---|---|
| l.LS/mm | 0 | 0,22846 |
| A.Fe#/cm² | 9,7171 | 9,6996 |
| i.mag/A | 2,0417 | 4,0104 |
| N | 30,834 | 60,676 |
| PHI/mVs | 0,68019 | 0,67897 |
| psi/mVs | 29,962 | 58,854 |
| R.LS*µH | 0 | 0,18202 |
| R.mag*µH | 0,06065 | 0,24267 |
| U.Wdg/V | 0,21358 | 0,2132 |
| V.mag | 0,28 | 0,55 |

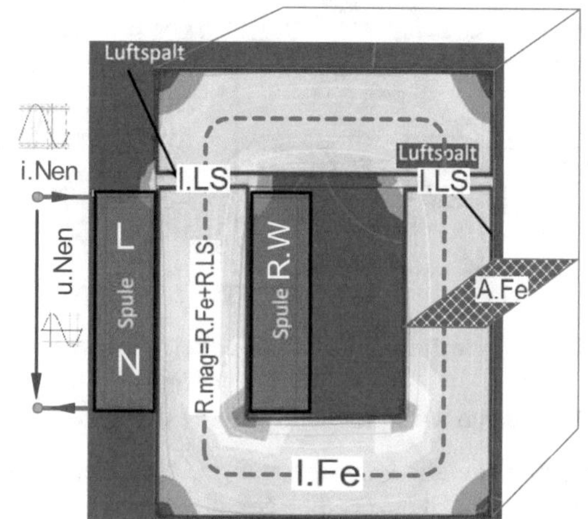


**Abb. 5-376 Vergleich der Messgrößen von Drosseln gleicher Leistung ohne und mit Luftspalt**

Der Vergleich der Drosseln ohne und mit Luftspalt zeigt:

- Annähernd konstant bleiben die Windungsspannung U.Wdg, der Windungsfluss Phi und der Eisenquerschnitt A.Fe#. Das zeigt, dass die Berechnung des Magnetisierungsfaktors k.mag(MSV) richtig ist.
- Es verdoppeln sich der Magnetisierungsstrom i.mag, die Windungszahl N, der Magnetisierungsfaktor k.mag und der Spulenfluss psi.

Tab. 5-26 zeigt die

**Tab. 5-26 vom Luftspalt unabhängigen Messgrößen und Parameter der Drosseldimensionierung**

| A.Fe/cm² | 9,6581 | i.max/A | 7,2917 | | | | |
|---|---|---|---|---|---|---|---|
| B.gr/T | 1 | I.Nen/A | 5,2083 | P.max/W | 245 | R.W/Ohm | 0,9216 |
| f.g/Hz | 10,048 | k.geo/cm | 0,42276 | P.Nen/VA | 125 | T.L/ms | 15,924 |
| f.Netz/Hz | 50 | l.Fe/cm | 22,846 | R.Fe*µH | 0,0606 | u.max/V | 33,6 |
| G.Fe/µH | 16,487 | L/mH | 14,675 | Vol.Fe/cm³ | 222,93 | U.Nen/V | 24 |
| H.gr/(A/cm) | 2,5 | om.g*s | 62,8 | W.mag/mWs | 780,25 | µ.r/k | 3 |
| i.mag/A | 4,0104 | om.Netz*s | 314 | X.L/Ohm | 4,608 | µ/(µH/cm) | 39 |

Nun folgt die Erklärung der vier Blöcke der Drosselberechnung im Einzelnen.

**Der Block A & B: Eisenkern und Luftspalt**

Abb. 5-377 berechnet

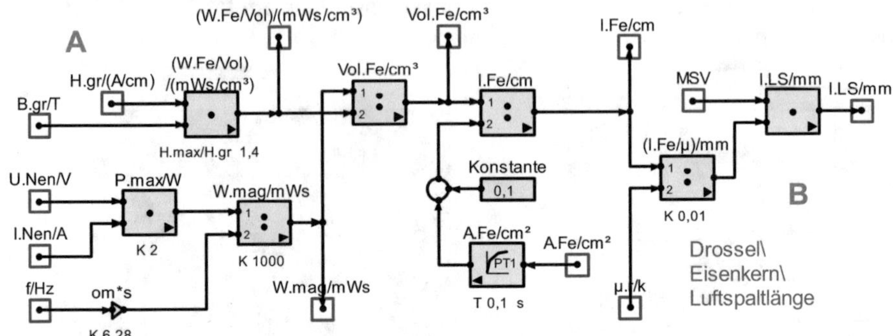


**Abb. 5-377 die Parameter des Eisenkerns mit seiner Luftspaltlänge l.LS**

Erläuterungen zur Spulenberechnung der Zonen A & B:

Vorgaben sind die Nennspannung U.Nen, der Nennstrom I.Nen und die Frequenz f. Aus ihnen errechnen sich die Nennleistung P.Nen und die im Eisenkern umgesetzte magnetische Energie W.mag.

Zum Eisenkern gehören sein Volumen Vol.Fe, seine magnetische Energie W.mag und seine Energiedichte W.mag/Vol (Abb. 5-119). Sie ist nach Gl. 5-83 etwa das 1,4-fache des Produkts aus Grenzflussdichte B.gr und Grenzfeldstärke H.gr.

Die mittlere Eisenlänge l.Fe=Vol.Fe/A.Fe folgt aus dem Eisenvolumen Vol.Fe und dem Eisenquerschnitt A.Fe, der im Block A & B berechnet wird.

Abb. 5-378 zeigt die Verläufe von Windungszahlen N und Luftspaltlängen l.LS bei Variation des magnetischen Spannungsverhältnisses MSV.

Die Windungszahl N erreicht bei MSV≈3 ihren Grenzwert (hier ca. N=530 für U.Nen=24V).

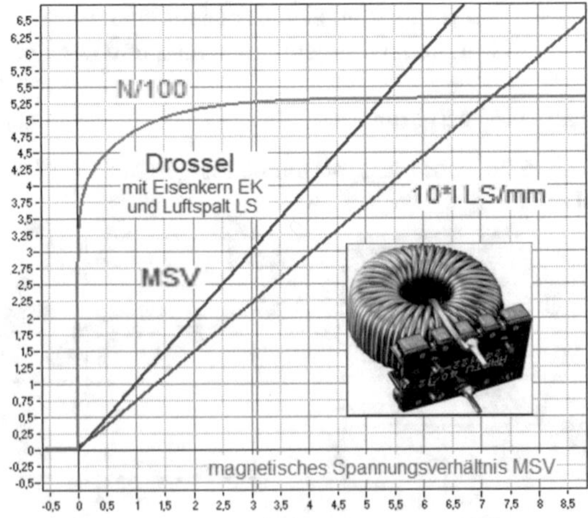


**Abb. 5-378 Funktionen des magnetischen Spannungsverhältnisses MSV: Die Luftspaltlänge l.LS ist proportional zum MSV.**

**Der Block C & D: magn. Fluss, Induktivität & Windungszahl**

Abb. 5-379 berechnet den magnetischen Fluss $\phi$. Er wird in Block G & H zur Berechnung des Eisenquerschnitts A.Fe# gebraucht (Kontrollrechnung zu A.Fe aus Abb. 5-380 in Block E & F).

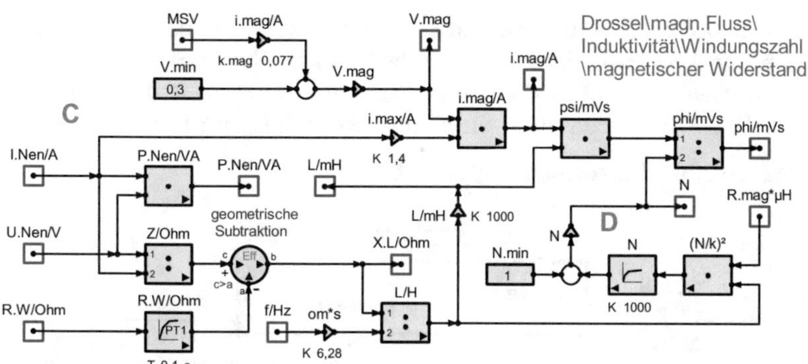


**Abb. 5-379 Berechnung der Induktivität L und der Windungszahl N mit dem magnetischen Widerstand R.mag aus Block E & F**

Erläuterungen zu Block C & D

Der Spulenfluss $\psi = N\cdot\phi$ ist das Produkt aus Windungszahl N und Windungsfluss $\phi$. $\Psi = L\cdot i.mag$ errechnet sich aus der Induktivität L und dem Magnetisierungsstrom i.mag. Die Berechnung von L folgt aus dem induktiven Widerstand $X.L = \omega\cdot L$. Der Blindwiderstand X.L berechnet sich aus der Spulenimpedanz Z=U.Nen/I.Nen und dem Wicklungswiderstand R.W, der geometrisch subtrahiert werden muss:

$$X.L^2 = Z^2 - R.W^2 \rightarrow X.L \rightarrow L = X.L/\omega$$

Jetzt fehlt noch die Berechnung der Windungszahl N. $N^2 = L\cdot R.mag$ folgt aus L und dem magnetischen Widerstand R.mag des Eisenkerns mit Luftspalt, der im Block E & F errechnet wird.

**Der Block E & F: Eisenkern und Luftspalt**

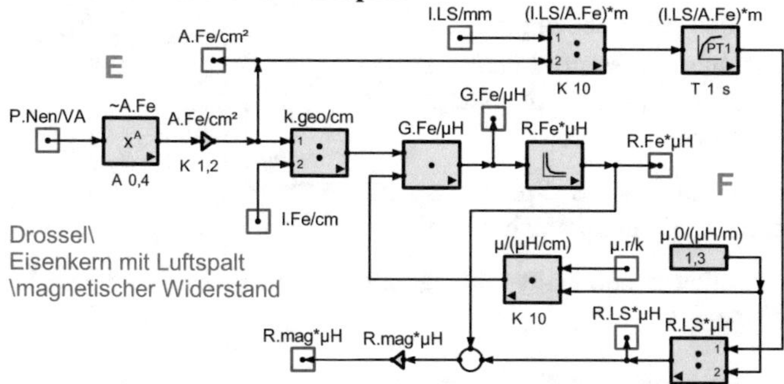


**Abb. 5-380 Berechnung des magnetischen Widerstands R.mag eines Eisenkerns mit Luftspalt**

Erläuterungen zu Block E & F:

Der magnetische Widerstand R.mag=R.Fe+R.LS ist die Summe der Widerstände von Eisenkern und Luftspalt. Zur Berechnung der magnetischen Widerstände werden die Materialkonstante $\mu$, der Eisenquerschnitt und die zugehörigen Längen benötigt.

Den Eisenquerschnitt A.Fe(P.Nen) errechnen wir nach Gl. 6-42.

**Der Block G & H: Eisenquerschnitt und Wicklungswiderstand**

In Abb. 5-377 wurde der Eisenkernquerschnitt A.Fe nach Gl. 6-42 berechnet, die aus gemessenen Trafokernen gewonnen worden war. Dazu wurde eine Funktion k.mag(MSV) zur Berechnung des Magnetisierungsfaktors verwendet.

Im Block C & D wurde der magnetische Fluss ϕ berechnet. Da die Grenzflussdichte B.gr (hier 1T) bekannt ist, kann der Eisenquerschnitt A.Fe#=ϕ/B.gr auf einem zweiten Weg berechnet werden. Das bietet die Möglichkeit, die Richtigkeit der Magnetisierungsfunktion Abb. 5-372 zu überprüfen. Sie stimmt, wenn A.Fe#=A.Fe ist.

Abb. 5-381 zeigt die Berechnung von A.Fe#:

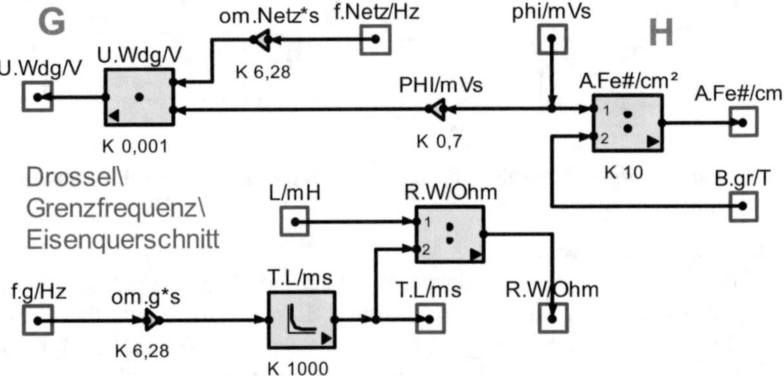


**Abb. 5-381 Berechnung des Eisenquerschnitts A.FE# und des Wicklungswiderstands R.W**

Abb. 5-382 zeigt die Ähnlichkeit von A.Fe und A.Fe#.

Abb. 5-382 zeigt die Eisenquerschnitte A.Fe und A.Fe#, die Eisenlänge l.Fe und die Luftspaltlänge l.Fe als Funktion der Frequenz f:

- A.Fe und A.Fe# sind nahezu gleich.
- Zufällig ist hier l.LS/mm=l.Fe/m. Beide werden gleichermaßen mit steigender Frequenz kleiner.

Das bedeutet: Wenn kleine Spulen gebaut werden sollen, muss die Frequenz hoch sein.

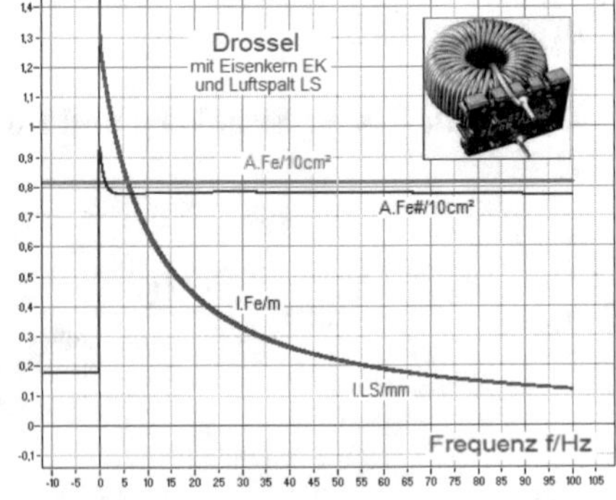


**Abb. 5-382 Eisenkern- und Luftspaltlänge als Funktion der Frequenz**

Im Wechselstrombetrieb wird die untere Grenzfrequenz f.g gefordert. Abb. 5-381 zeigt unten, wie daraus die benötigte **Spulenzeitkonstante T.L=L/R.W** berechnet wird.

Aus T.L und der bekannten Induktivität L kann zuletzt der **zu realisierende Wicklungswiderstand R.W** berechnet werden.

### 5.7.5.2 Spulenzeitkonstante und -grenzfrequenz

Die Spulenzeitkonstante T.L dient zur Berechnung der Verzögerung, mit der sich der magnetische Fluss und der dazu proportionale Spulenstrom bei sprunghaftem Einschalten der Spulenspannung aufbauen.

Abb. 5-383 zeigt die auf- und abklingenden e-Funktionen des Spulenstroms nach dem Ein- und Abschalten der Spulenspannung.

Die Spulenzeitkonstante T.L ist das Maß für die elektrische Trägheit einer Spule. Bei der Sprungantwort zeigt sich T.L durch den Schnittpunkt von Anfangstangente und Asymptote an den Endwert. So wird T.L gemessen.

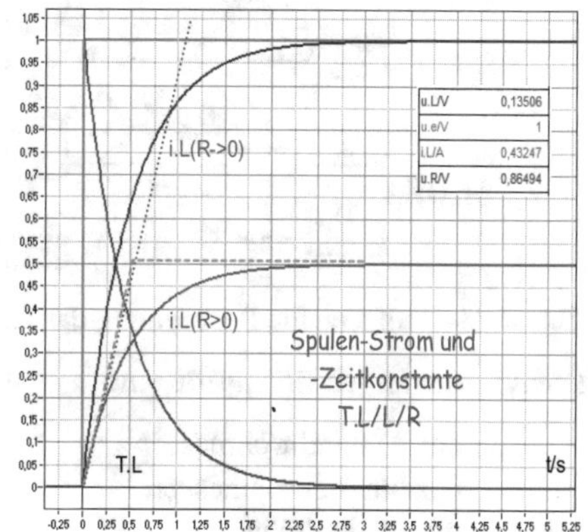


**Abb. 5-383 L und R bestimmen die Zeitkonstante T.L der Spule.**

**Berechnung der Spulenzeitkonstante**

Die Induktivität L beschreibt die Fähigkeit der Spule, gemäß Induktionsgesetz u.L=L·(di/dt) bei Stromänderung Spannung zu induzieren.

In einer realen Spule besitzt die Induktivität L einen Wicklungswiderstand R. Sie bilden die Zeitkonstante T.L Anzugeben ist auch hier, wie T.L von L und R abhängt.

Die maximale Ladegeschwindigkeit bei t=0 ist $(du.L/dt).max = u.e/T.$
Der Endwert von u.L bei t→∞ ist u.e. Daraus folgt die

**Gl. 5-210 Spulenzeitkonstante** $T.L = L/R$ - in H/Ω=s

Die Rechnung zeigt, dass große Zeitkonstanten durch große Induktivitäten L und kleine Wicklungswiderstände R entstehen.

Zahlenwerte:
Ein Induktivitätsmesser gibt L=100mH an, ein Ohmmeter ermittelt R=10Ω.
Dann ist die Spulenzeitkonstante T.L=L/R=10ms.
Im Wechselstrombetrieb wäre die untere Kreisfrequenz $\omega$.g=1/T.L=100/s → f.g=16Hz.

**Spulenzeitkonstante und Spulenvolumen**

Je kleiner R, desto größer ist der Maximalstrom einer Spule: i.max=u.L/R. Bei R→0 wird die Spule zum Integrator der Spulenspannung. Dann werden die e-Funktionen zur Rampe. Ihre Geschwindigkeit ist die Geschwindigkeit der e-Funktion d.i.L/dt=i.L;max/T.

Die Trägheit einer Spule wird mit größerer Induktivität L und kleinerem Wicklungs-Widerstand R immer größer. Bei R=0 ist die Spule ein idealer Integrator der Spannung u.L. u.L wird zum Spulenfluss $\psi = N \cdot \phi = \int u.L dt = L \cdot i$ und zum Spulenstrom i integriert.

Je größer das Spulenvolumen Vol.Spu ist, desto größer wird die Induktivität L und je kleiner wird ihr Widerstand R: Vol.Spu~T.L. Das soll nun genauer untersucht werden.

**Parametrische Berechnung der Spulenzeitkonstante T.L**

Nun soll geklärt werden, welche Spulenparameter die Spulenzeitkonstante *T.L=L/R* bei einer Ringspule (Abbildung oben) bestimmen. Dazu müssen L und R durch ihre Materialkonstanten (Permeabilität μ=μ.0·μ.r und spezifischer Widerstand ρ) und Abmessungen ausgedrückt werden. Abb. 5-384 zeigt die Berechnung einer Spulenzeitkonstante:

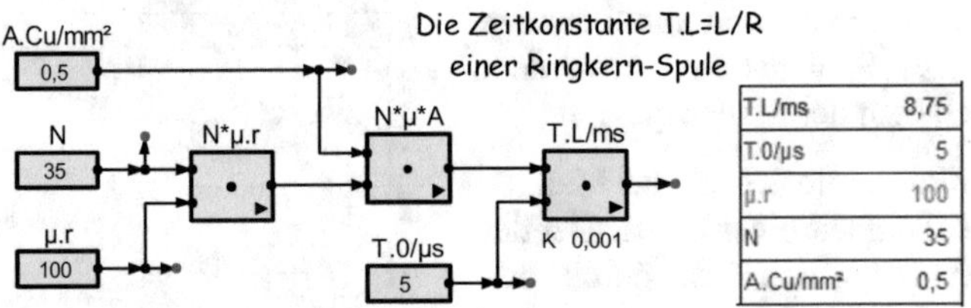


**Abb. 5-384 allgemeine Berechnung der Eigenzeitkonstante T.L einer Ringspule**

**Die Abmessungen der Spule** sind

1. der Außendurchmesser d.1 (hier 22mm)
2. der Innendurchmesser d2 ≈ d.1/3 (hier 8mm) und
3. die Spulenhöhe h = d.1/2 (hier 11mm)
4. Die Induktivität $L = N^2 * \mu.0 * \mu.r * A.Fe/l.Fe$
   mit dem Eisenquerschnitt A.Fe ≈ h·h/2 = d.1²/8
   und der mittleren Eisenlänge l.Fe ≈ (d.1+d.2)/2 = 2·d.1
5. A.Fe/l.Fe ≈ d.1/16 und L ≈ N²·μ.0·μ.r·d.1/16

Der **Wicklungswiderstand** ist $R = \rho * l.Dr/A.Cu$
Als Widerstandsmaterial nehmen wir Kupfer (ρ.Cu≈0,02μΩ·m).

Den **Kupferquerschnitt A.Cu** bestimmt der Nennstrom I.Nen der Spule. Er muss so groß sein, dass die zulässige Stromdichte J.zul<4A/mm² bleibt.
Die Drahtlänge l.Dr=N·U.Sp ist das Produkt aus der Windungszahl N und dem mittleren Spulenumfang U.Sp, die durch die **Spulenhöhe h=d.1/2** ausgedrückt werden kann: U.Sp≈2·(h+h/2)=h·3/2 = d.1·3/4.

Daraus folgt die **Drahtlänge:** l.Dr≈N·d.1·3/(4·A.Dr)

Damit berechnet sich der Wicklungswiderstand so: $R = \rho * N * d.1 * 3/(4 * A.Dr)$

Die Spulenzeitkonstante T.L ist der Quotient aus L und R. Dabei kürzt sich der Spulendurchmesser d.1 heraus.

Der **Drahtquerschnitt A.Dr** soll in mm² angegeben werden. Damit lassen sich Konstanten der T.L-Gleichung zu einer Mindestzeitkonstante zusammenfassen:

**Gl. 5-211 Referenzzeitkonstante** $\boldsymbol{T.Ref = \mu.0 * mm^2/(12 * \rho.Cu) = 5\mu s}$

Damit ist die **Eigenzeitkonstante** einer Ringspule proportional zur Windungszahl N, zur relativen Permeabilität μ.r und zum Kupferquerschnitt A.Cu des Spulendrahtes:

**Gl. 5-212 Spulenzeitkonstante** $\boldsymbol{T.L \approx T.Ref * N * \mu.r * A.Cu/mm^2}$

Zum Vergleich: Bei Spulen ist das Volumen von der Nennspannung abhängig. Deshalb kann bei ihnen nicht vom Volumen auf die Kapazität geschlossen werden.

### 5.7.5.3 Spulenfrequenzgänge simulieren

Die Einsatzmöglichkeiten einer Spule werden durch ihre untere und obere Grenzfrequenz (bzw. Resonanzfrequenz) bestimmt. Sie lassen sich aus ihrem Frequenzgang ablesen, der hier simuliert werden soll.

Abb. 5-385 zeigt eine Spule und ihren gemessenen Frequenzgang:

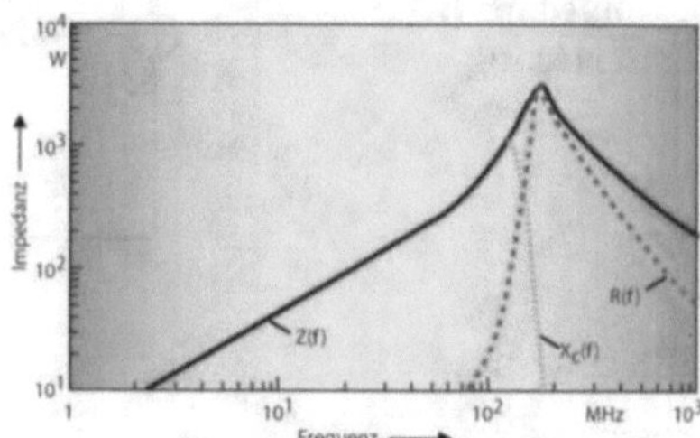


**Abb. 5-385 links: eine Spule mit ihren Komponenten – rechts: gemessener Spulenfrequenzgang - Nach dem induktiven Bereich folgen eine Resonanz und dann der kapazitive Bereich.**

**Spulen – komplex berechnet**

Die sinusförmigen Spannungen und Ströme von Spulen werden komplex, d.h. nach Betrag und Phase oder Real- und Imaginärteil, berechnet. Beispiele dazu finden Sie in Bd. 2, Teil 1 dieser ‚Strukturbildung und Simulation technischer Systeme':

1. die Drosseln der Hochspannungs-Gleichstrom-Übertragung (HGÜ) – Kap. 3.3
2. Blindstromkompensation – Kap. 3.6.5.
3. die Spule der Kernspintomografie – Kap. 3.8.2.

Dabei wurde eine feste Frequenz f angenommen (z.B. 50Hz). Bei der dynamischen Berechnung von Spulen muss die Frequenz zur Erreichung des **stationären (eingeschwungenen) Zustandes** langsam variiert werden. Das Ergebnis sind Frequenzgänge, die hier für zwei Fälle simuliert werden sollen:

*Strom- und Spannungssteuerung.*

**Die spannungsgesteuerte Spule**

Bei Spannungssteuerung wird die Spule aus niederohmiger Quelle angesteuert. Dann ist der Spulenstrom I eine Funktion der Spannung U mit der Frequenz f als Parameter. Der Quotient aus Spannung und Strom heißt

**Impedanz Z=U/I(f).**

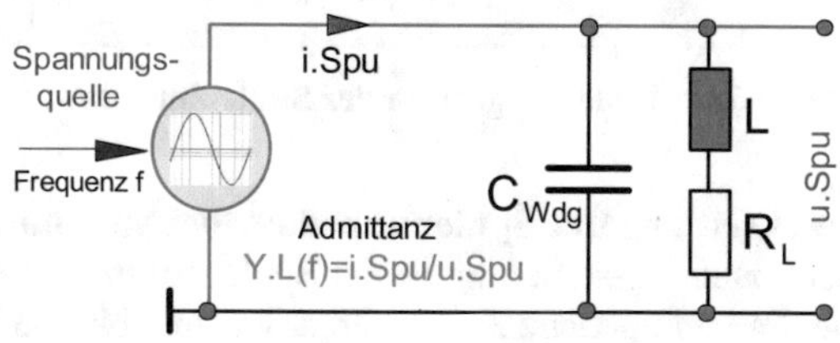


**Abb. 5-386 die Ersatzschaltung einer spannungsgesteuerten Spule**

Abb. 5-387 zeigt die

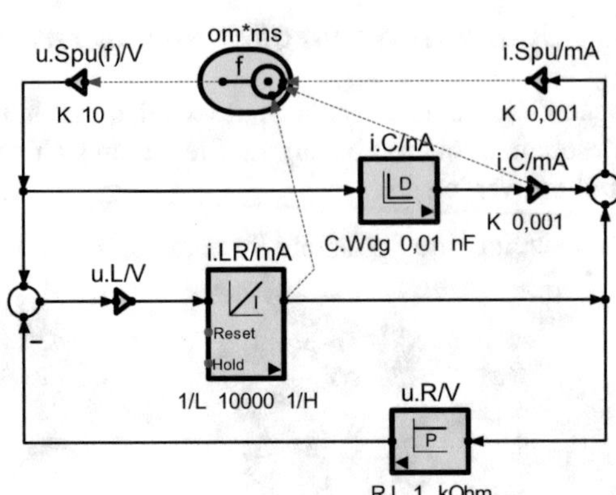


**Abb. 5-387 Struktur zur Simulation des Frequenzgangs der Spulenimpedanz bei Spannungssteuerung**

Abb. 5-388 zeigt das

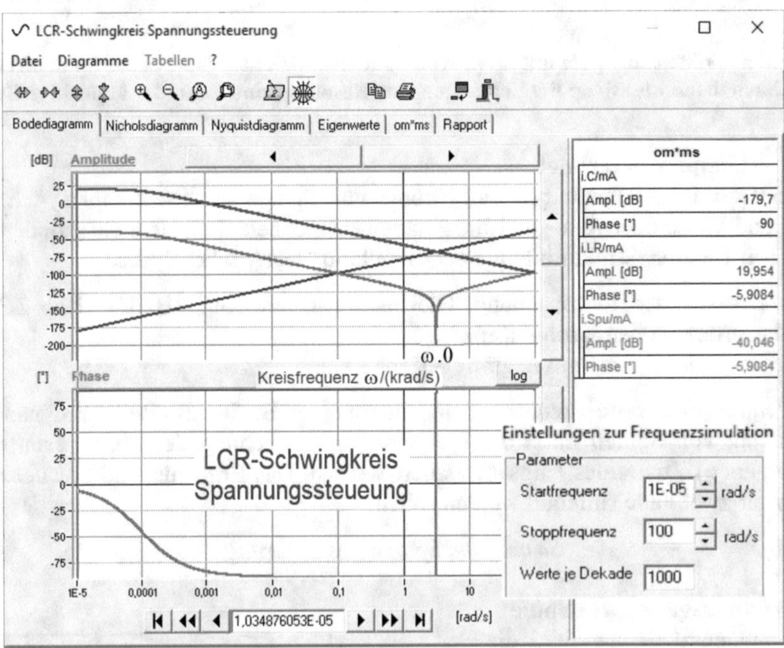


**Abb. 5-388 Bode-Diagramm der Spulenimpedanz zur spannungsgesteuerten Spule**

**Beschreibung der Spulenimpedanz bei Spannungssteuerung**

Bei Spannungssteuerung ist der Spulenstrom eine Funktion der Spannung. Der Quotient, die Spulenimpedanz Z=u/i, hängt, wie in Abb. 5-388 gezeigt, von der Frequenz ab:

- Bei tiefsten Frequenzen bestimmt der Wicklungswiderstand R die Impedanz.
- Bei tiefen Frequenzen bestimmt die Induktivität L die Impedanz X.L=ωL.
- Bei höchsten Frequenzen bestimmt die Wicklungskapazität C die Impedanz Z=1/ωC.
- Bei hohen Frequenzen erzeugen L und C eine Resonanz. Dann wird die Impedanz maximal und der Spulenstrom ist minimal.

**Die stromgesteuerte Spule**

Bei Stromsteuerung wird die Spule aus hochohmiger Quelle angesteuert. Dann ist die Spulenspannung U eine Funktion des Stroms I mit der Frequenz f als Parameter. Der Quotient aus Strom und Spannung heißt

**Admittanz Y=I/U(f).**

Abb. 5-389 zeigt die Schaltung zur Ermittlung von Spulenadmittanzen:

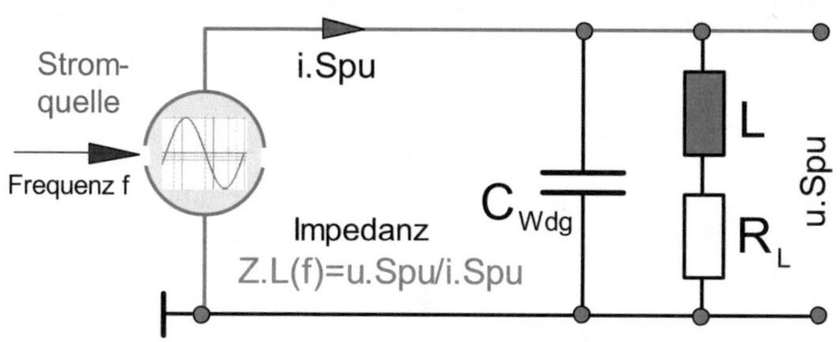


**Abb. 5-389 die Ersatzschaltung einer stromgesteuerten Spule**

Auch für Stromsteuerung wird der Frequenzgang der Spule gesucht. Hier ist dies die Spulenadmittanz Y(jω), dargestellt im Bode-Diagramm nach Betrag und Phase.

Abb. 5-390 zeigt die

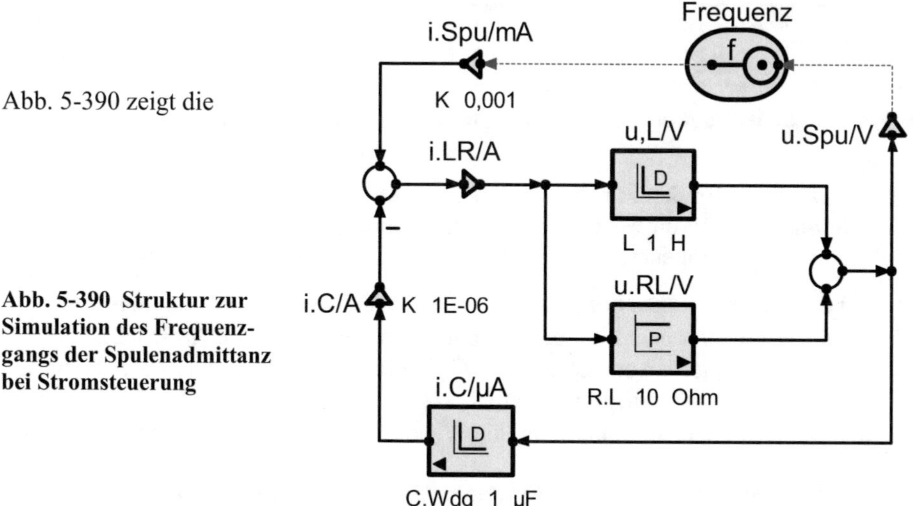


**Abb. 5-390 Struktur zur Simulation des Frequenzgangs der Spulenadmittanz bei Stromsteuerung**

Bei Stromsteuerung sind Spannung und Strom gegenüber der Spannungssteuerung vertauscht. Deshalb ist das Bode-Diagramm der Stromsteuerung das Spiegelbild der Spannungssteuerung.

Abb. 5-391 zeigt das ...

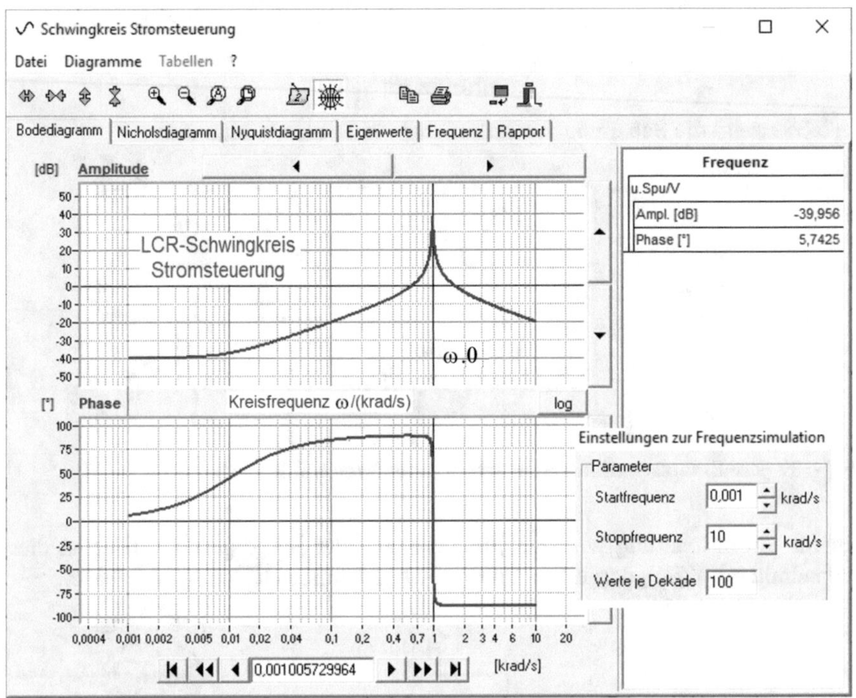


**Abb. 5-391 Bode-Diagramm der Spulenimpedanz zur stromgesteuerten Spule**

**Beschreibung der Spulenadmittanz bei Stromsteuerung**
Bei Stromsteuerung ist die Spulenspannung eine Funktion des Stroms. Der Quotient, die Spulenadmittanz Y=i/u, hängt, wie in Abb. 5-391 gezeigt, von der Frequenz ab:

- Bei tiefsten Frequenzen bestimmt der Wicklungsleitwert 1/R die Admittanz.
- Bei tiefen Frequenzen bestimmt die Induktivität L die Impedanz Y=1/(ωL).
- Bei hohen Frequenzen erzeugen L und C eine Resonanz. Dann wird die Admittanz minimal und der Spulenstrom maximal.
- Bei höchsten Frequenzen bestimmt die Wicklungskapazität C die Admittanz Y=ωC.

Nun sind Ihnen die **Methoden (Frequenzgänge, Sprungantworten)** zur Analyse elektromagnetischer Kreise soweit bekannt, dass Sie auch eigene Systeme analysieren und projektieren können.

Offen geblieben sind bisher die Fragen zu den elektromagnetischen Kräften. Sie sind das Thema des nächsten Abschnitts.

## 5.8 Elektromagnetische Kräfte

Magnetische Felder, die sich gegenseitig durchdringen, üben Kräfte aufeinander aus, die bestrebt sind, die Energiedichte im Raum zu minimieren. Hier sollen die Fälle berechnet werden, bei denen ein Magnetfeld durch einen elektrischen Strom erzeugt wird. Dadurch werden die Grundlagen gelegt, die zum Verständnis elektrischer Antriebe (Messinstrumente, Motoren → Automatisierung) gebraucht werden.

Einige Anwendungen von Elektromagneten:

1. Hubmagnete in der industriellen Produktion
2. Weichensteuerung im Schienenverkehr
3. Magnetkräne, Linearantriebe (Transrapid, Abb. 5-48)
4. Elektromotoren und -generatoren (Bd. 4, Kap. 7)
5. Schrittmotoren (auch Bd. 4, Kap. 7)

Elektrischen Motoren und Generatoren ist Bd. 4/7, Kap, 7, der ‚Strukturbildung und Simulation technischer Systeme' gewidmet. Hier sollen die Grundlagen zur Simulation von Elektromagneten anhand typischer Beispiele gelegt werden.

**Beispiel 1: ein Kraftmagnet**
Magnetische Flüsse können nicht nur durch Dauermagnete, sondern auch durch stromdurchflossene elektrische Leiter erzeugt werden. Das hat folgende Vorteile:

1. Einstellbarkeit der Stärke der Kraft durch einen elektrischen Strom
2. Erzeugung starker magnetischer Flüsse und Kräfte durch hochpermeable Materialien
3. Erhöhung der Kraft durch die Windungszahl N: Dadurch wird der Strom N-fach zur Magnetfeldbildung ausgenutzt. Das erst ermöglicht den Bau starker elektrischer Maschinen und kompakter Transformatoren.

Abb. 5-392 zeigt einen Spänemagneten und seine technischen Daten:

| Magnetleistung [W] | 6'420 |
|---|---|
| Magnetspannung [V] | 220 |
| Magnetstrom [A] | 29.19 |
| Magnetgewicht [kg] | 1'760 |
| b | 1'100 |
| d ~ | 1'190 |
| f ~ | 1'300 |
| h | 422 |

| MAGNETTYP LS-M | 1100/0 |
|---|---|
| Abreisskraft [kg] | 25'700 |
| **NUTZLAST [kg]** | |
| Blocklast (Sicherheitsfaktor = 2) | 12'900 |
| Schrottdichte 2.8t/m³ | 980 |
| Schrottdichte 1.5t/m³ | 520 |
| Schrottdichte 1.0t/m³ | 350 |
| Schrottdichte 0.6t/m³ | 210 |

Quelle: http://www.truninger.com/

**Abb. 5-392 Schrott- und Spänemagnet: Die ferromagnetischen Teile haften durch Influenz aneinander.**

Gezeigt werden soll, dass

- Schrottmagnete nur dann große Lasten heben können, wenn **kein Luftspalt** zwischen Magnet und Eisenteilen besteht und
- elektromagnetische Kräfte bei Stromumkehr nicht ihre Richtung ändern. Zu ihrer Beseitigung müssen **hochfrequente Ströme** verwendet werden (Entmagnetisierung, Abb. 5-187).

Was in diesem Abschnitt erklärt und simuliert werden soll:

1. Magnetische Grundlagen: Die Lorentzkraft auf bewegte Leiter in magn. Feldern.
2. Magnetische Kräfte: Eine Demonstration ist der in 5.8.7 behandelte Thomson'sche Ringversuch.
   Eine Anwendung ist das in Absch. 5.8.5 behandelte Relais.
3. Magnetische Energie und – Leistung: Ein Beispiel ist der in Absch. 5.45.4 behandelte Elektromotor.
4. Magnetische Dämpfung: Eine Anwendung dazu ist die in Absch. 5.8.4 behandelte elektromagnetische Bremse.
5. Elektromagnetische Levitation.

**Levitation** ist die Überwindung der Schwerkraft durch äußere Kräfte. Sie sollen hier elektromagnetisch erzeugt werden. Im Unterschied dadurch können Sie auch dauermagnetisch und diamagnetisch erzeugt werden (Abb. 5-393). Diese Themen behandeln wir in Absch 5.10.5 und Absch. 5.10.6.

Quelle: http://www.bis0uhr.de/

**Abb. 5-393 Levitation: schwebend geregelte Kugel aus Neodym**

Zur Kraft elektromagnetischer Felder lesen Sie bitte http://www.himmelmann-magnete.de/lasthebemagnete_einsatzgebiete.htm

**Die Basisgleichung zur Berechnung magnetischer Kräfte**

In dieser Schrift sollen alle zur Simulation verwendeten Gleichungen sollen möglichst anschaulich erklärt und auch abgeleitet werden. Dazu müssen die benötigten Messgrößen mit den verwendeten Materialien und ihren Abmessungen verknüpft werden.

Im hier vorliegenden Fall übt ein äußeres Magnetfeld B eine Kraft F.gr auf eine stromdurchflossene Spule mit der Windungszahl N aus. Zur Berechnung von F.mag verwendet der Autor immer wieder die

**Gl. 5-213 Basisgleichung zur Berechnung magnetischer Kräfte**

$$\vec{F}.mag = \vec{H} * \vec{\phi}$$

$$\ldots\ mit\ dem\ Betrag$$

$$F.mag = H * \phi * \cos(\alpha)$$

Abb. 5-394 zeigt, dass es bei magnetischen Kräften nur auf den durch die Spule strömenden magnetischen **Fluss ϕ** *und* die durch den Spulenstrom i erzeugte **Feldstärke H** ankommt.

ϕ und H müssen für jeden Fall individuell berechnet werden (Beispiele folgen).

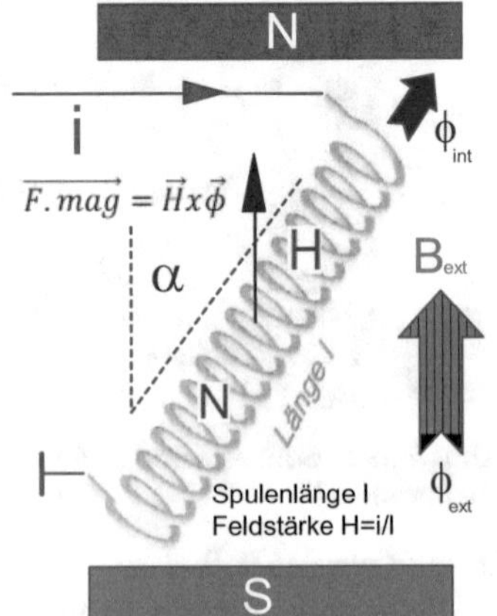


**Abb. 5-394 Die Messgrößen zur Kraftberechnung auf stromdurchflossene Spulen: Maßgeblich ist ihre Länge l, nicht ihr Querschnitt A.**

### *5.8.1 Die Lorentzkraft*

In diesem Abschnitt sollen die Grundlagen zum Verständnis elektromechanischer Wandler (Motoren und Generatoren) gelegt werden. Dazu ist zu zeigen, welche Kraft auf Ladungen q wirken, die sich die sich mit Geschwindigkeiten v durch ein magnetisches Feld B bewegen. Sie wurde nach ihrem Entdecker ‚Lorentzkraft F.L' genannt.

Abb. 5-395 zeigt eine

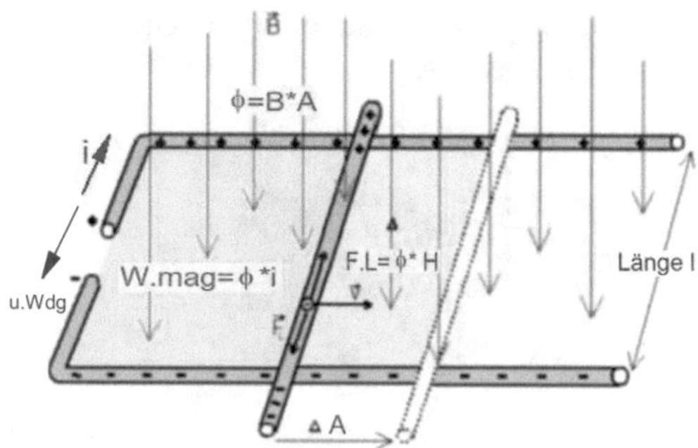


**Abb. 5-395 Leiterschleife, die mit einer Geschwindigkeit v bei veränderlichem Querschnitt A durch ein magnetisches Feld B gezogen wird.**

Die dabei auftretenden Spannungen haben wir in Absch. 5.3 ‚Induktion' berechnet. Hier berechnen wir die dazu gehörenden Kräfte.

Die in einer Windung induzierte Spannung u.Wdg hängt von der Änderung der magnetisch durchfluteten Fläche ab (generatorisches Prinzip). Die Kraft F.L auf den Leiter hängt seiner Geschwindigkeit v und vom Strom ab, der in der Leiterschleife fließt (motorisches Prinzip).

- In Absch. 5.9.3.1 wird gezeigt, wie magnetische Effekte den Bau von Sensoren ermöglichen.
- In Absch. 5.9.2 zeigen wir, die daraus **Zeigerinstrumente** entstehen.
- Wie aus den geringen magnetischen Effekten mächtige Maschinen mit Nennleistungen im MW-Bereich gebaut werden, zeigen wir in Bd.4/7.

**Zu den elektromagnetischen Kräften**

Im Gegensatz zu elektrischen Feldern, die auch ruhende Ladungen parallel zu ihrer Richtung beschleunigen (wodurch sich ihre Bewegungsenergie ändert), erzeugen magnetische Felder bei freien Ladungen nur Richtungsänderungen. Dabei bleibt der Betrag der Geschwindigkeit und damit die Bewegungsenergie konstant. Ein Beispiel dazu ist das in Abschnitt 5.9.1.3 behandelte **Massenspektrometer**.

Um zu erkennen, warum Kraftmaschinen nicht auf elektrostatischer, sondern auf elektromagnetischer Basis gebaut werden, sollen beide Kräfte berechnet und verglichen werden. Die Berechnung erfolgt in beiden Fällen für den Übergang des magnetischen Flusses von Eisen in Luft, denn dort entstehen elektromagnetische Kräfte und Drehmomente.

**Die Kraft auf bewegte Ladungen in magnetischen Feldern (Lorentzkraft)**
Magnetische Energie W.mag ist die gespeicherte Energie gegeneinander bewegter Ladungen. Entscheidend für die gespeicherte Energie ist die **Relativgeschwindigkeit** der Ladungen q. Beispielsweise sind dies die freien Elektronen in elektrischen Leitern, die sich bezüglich der ortsfesten Atomkerne bewegen.

Kräfte werden mit Federwaagen gemessen. Die folgende Anordnung von Abb. 5-396 ist eine Waage zur Messung elektrischer Kräfte. Sie dient zur Eichung der Stromstärke-einheit Ampere (A).

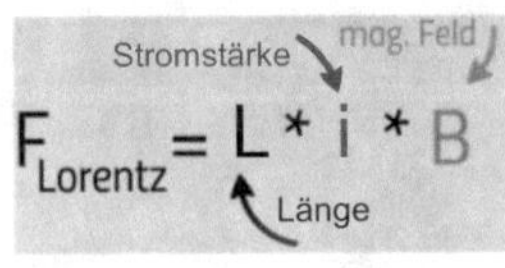


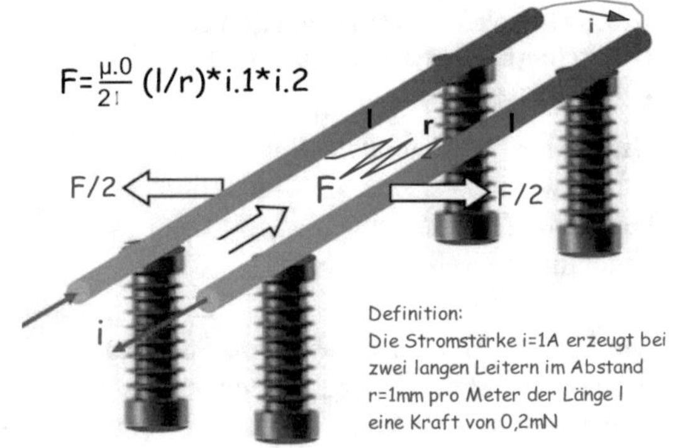


**Abb. 5-396 Messung der elektrischen Stromstärke durch die Auslenkung einer Feder durch die Abstoßungs-kraft zwischen Hin- und Rückleitung des Stroms**

**Berechnung von Lorentzkräften**
Durchdringen sich magnetische Felder, so üben sie aufeinander Kräfte aus, die das Ziel haben, die **Energiedichte im Raum zu minimieren** (Lenz'sche Regel = Gesetz des kleinsten Zwanges).

Zur Minimierung der Gesamtenergie müssen sich die magnetischen Feldlinien beider Magnete **antiparallel** einstellen. Dabei wirkt die

**Gl. 5-214 Lorentzkraft, allgemein** $\mathbf{F.L = H \cdot \phi}$

Zur Berechnung von F.L betrachten wir einen Würfel der Kantenlänge L und der Fläche $W=L^2$, den ein magnetisches Feld der Stärke B durchsetzt. Wenn sich in diesem Würfel sich eine Ladung q mit einer Geschwindigkeit v bewegt, fließt ein Strom i=dq/dt.

Dann umgibt den Strom i eine mittlere Feldstärke H=i/L. Damit – und dem Fluss $\phi=B\cdot A$ – berechnen wir die

**Gl. 5-215 Lorentzkraft, speziell**

$$F.L = B * q * v = B * l * i$$

**Nichtbeschleunigte, nur abgelenkte Bewegung** von bewegten Ladungen im magne-tischen Feld unterscheiden sich fundamental von der **beschleunigten Bewegung auf ruhender Ladungen q im elektrostatischen Feld.** Dort heißt die zur Lorenzkraft **F.L=ϕ·H** analoge Kraft **Coulombkraft F.C=q·E.** Sie war das Thema in Bd.1/7, Kap. 2.4.

Die Lorentzkraft F.L und ihre Anwendungen sind hier das Thema. Daraus ergeben sich die **Drehmomente M=F·r** in elektromagnetischen Geräten und Maschinen. Wir behandeln sie im nächsten 5.9.

**Vektorielle Berechnung der Lorentzkraft**
Wenn sich Ladungen q in Richtung eines äußeren Magnetfeldes bewegen, erfahren sie keine Lorentzkraft. Interessanter ist, wenn sie sich quer zu B bewegen. Die dabei auftretenden Kräfte sollen anhand dreier Fälle untersucht werden.

1. die Lorentzkraft auf **einen stromdurchflossenen Leiter im Magnetfeld B**, wenn sich die Ladungen q mit einer Geschwindigkeit v quer zu B bewegen
2. die Lorentzkraft F.L auf **zwei Stromdurchflossene Leiter** im Abstand r F.L diente bis 1948 zur Definition der Stromstärkeeinheit A(mpere)
3. Das **Spiralieren von Ladungen q** im Magnetfeld B durch die **Lorentzkraft** Es ist die Grundlage zum Bau der Speicherringe der Hochenergiephysik (Absch. 5.8.1).

Viele der folgenden Abbildungen stammen von Alexander FufaeV (ausgesprochen: FU-FÁ-YEF, * 20. Juni 1992 in Taschkent, Usbekistan).

https://universaldenker.de/theorien/47

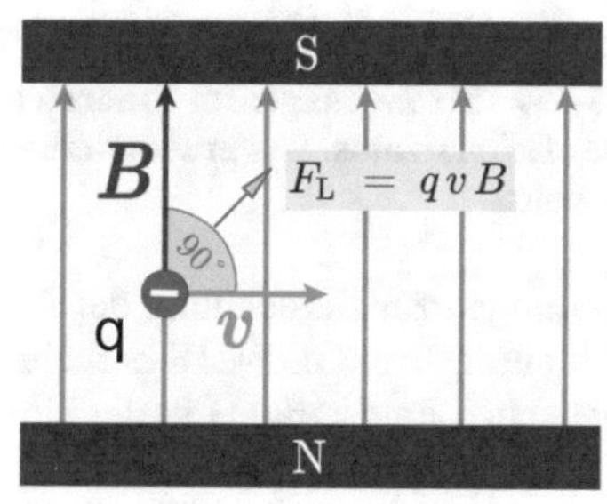


**Abb. 5-397 eine bewegte Ladung im magnetischen Feld**

**zu 1: Lorentzkraft auf einen stromdurchflossenen Leiter im Magnetfeld B**

Abb. 5-398 zeigt einen stromdurchflossenen Leiter in einem Magnetfeld B. Durch das Feld der strömenden Ladungen q=di/dt wirkt auf ihn die Lorentzkraft F.L. Das ist die Grundlage zum Bau elektrischer Maschinen (Motoren, Generatoren) und Messgeräte.

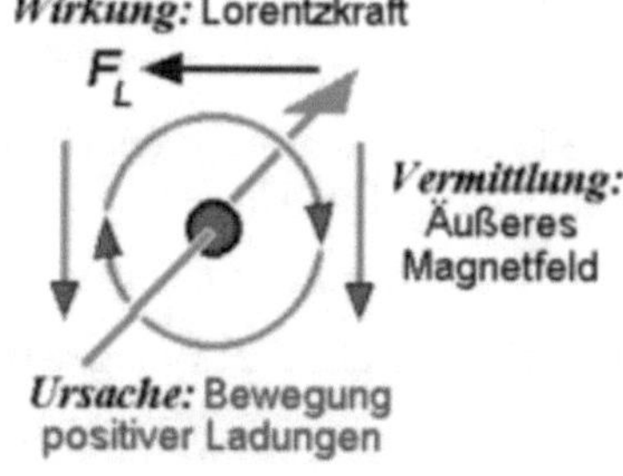


**Abb. 5-398 Entstehung der Lorentzkraft durch lokale Änderung der Flussdichte um einen stromdurchflossenen Leiter**

Die Lorentzkraft F.L ergibt sich aus der **gespeicherten** magnetischen Energie des elektrischen Stroms i:

**Gl. 5-216 elektromagnetische Energie** $$W.mag = \phi * i = F.L * l$$

Gl. 5-216 zeigt, dass die Lorentzkraft F.L (für B ⊥ i) das Produkt aus Flussdichte B, dem Strom i und der Leiterlänge l ist:

**Gl. 5-217 Berechnung der Lorentzkraft** $$F.L = B * l * i \ldots \; in\, T * m * A = N$$

Nach Gl. 5-217 lässt sich die Strommessung auf eine Kraftmessung zurückführen. Abb. 5-399 zeigt den entsprechendem Messaufbau. Er wird **Stromwaage** genannt.

**Messung der Lorentzkraft durch eine Stromwaage**

Abb. 5-399 zeigt eine **Stromwaage.** Sie besteht aus zwei Spulen, in deren Mitte sich ein stromdurchflossener Leiter befindet. Eine Federwaage misst die Kraft, die auf ihn wirkt.

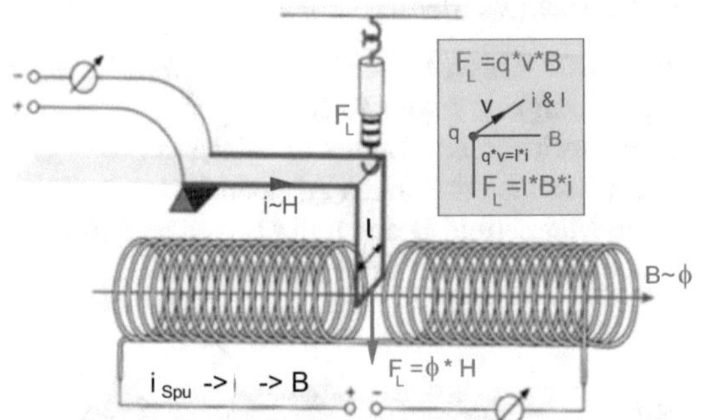


Betrag der Lorentzkraft

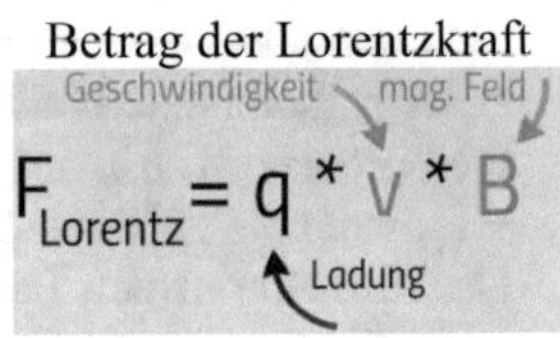


Empfehlung zur Lorentzkraft: https://www.youtube.com/watch?v=snM3g4zWeNw

**Abb. 5-399 Stromwaage: Im Inneren einer Spule kreuzen sich die Magnetfelder der Spule und des Leiterstroms. Das erzeugt eine Lorentzkraft, die den Leiter stromproportional nach unten zieht.**

Erläuterungen zur Berechnung der Lorentzkraft nach Abb. 5-400:

Zur Ableitung von Gl. 5-218 berechnen wir F.L aus dem magnetischen Fluss ϕ und der magnetischen Feldstärke H in der Umgebung des stromdurchflossenen Leiters:

**Gl. 5-218 Grundgleichung zur Berechnung von Lorentzkräften** $F.L = \phi * H$

Dazu stellen wir uns um den Leiter mit der Länge L eine Kugel mit dem Radius r=L vor.

Ihr Querschnitt ist $A = \pi \cdot L^2$. Damit ist der Fluss

$$\Phi = B \cdot A = B \cdot \pi \cdot L^2.$$

Die Feldstärke um den Strom i im Abstand r auf dem Kreisumfang Umf= π·L ist

$$H = i/U = I/\,Umf = \pi \cdot L$$

Φ und H in Gl. 5-218 eingesetzt, ergibt die Kraft

**Gl. 5-219** $F.L = B * L * I$

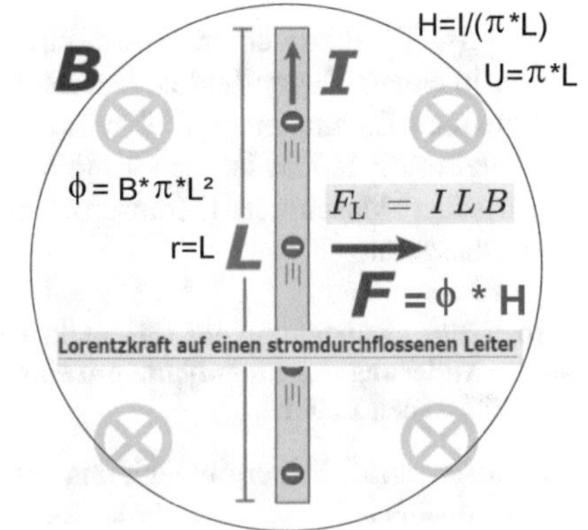


**Abb. 5-400 die Kraft auf einen stromdurchflossenen Leiter der Länge L im Magnetfeld B**

Abb. 5-401 zeigt die

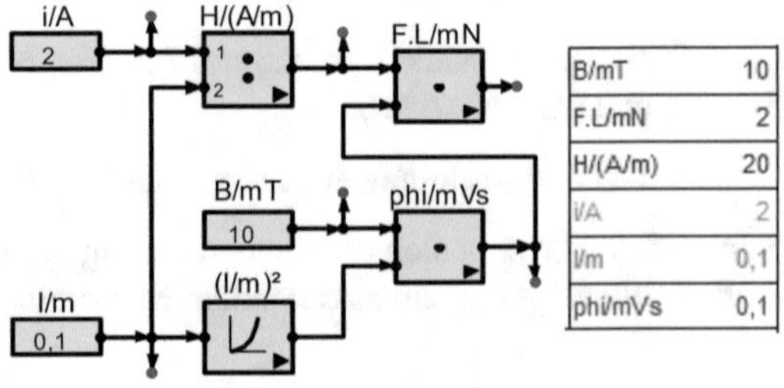


**Abb. 5-401 Berechnung der Lorentzkraft auf einen Leiter nach Gl. 5-219**

Die zur Berechnung von Gl. 5-219 willkürlich angenommene Kugelform spielt bei der Berechnung der Lorentzkraft keine Rolle mehr.

**zu 2: die Lorentzkraft zwischen zwei stromdurchflossenen Leitern**

Abb. 5-402 zeigt zwei stromdurchflossene Leiter. Die zwischen ihnen wirkende Lorentzkraft F.L soll als Funktion der Ströme I=i und ihres Abstands r berechnet werden.

Zur Berechnung von F.L nach der Grundgleichung $\boldsymbol{F.L = \phi * H}$ benötigen wir den magnetischen Fluss ϕ zwischen den stromdurchflossenen Leitern und die magnetische Feldstärke H im Abstand r von den Leiterströmen i.1 und i.2.

**Abb. 5-402 die Kraft auf leitungsgebundene Elektronen**

Zur Ableitung der Lorentzkraft stellen wir uns um die Leiter herum einen Quader mit der Kantenlänge r vor. Er hat den Querschnitt A=r² und die Geometriekonstante k.geo=A/L=L.

Der magnetische Fluss ϕ ist proportional zum Strom i.1. Die Proportionalitätskonstante dazu ist der magnetische Leitwert G.mag=µ·k.geo= µ·L. Damit wird der magnetische Fluss $\Phi = G.mag \cdot i.1 = \mu \cdot L \cdot i.1$.

Die Feldstärke H eines stromdurchflossenen Leiters auf dem Umfang Umf= 2π·L ist H = i/Umf = I/2π·r. Φ und H in ϕ eingesetzt, ergibt die

**Gl. 5-220 Kraft zwischen zwei stromdurchflossenen Leiten**

$$F.L = \phi * H = \mu.0 * L * \frac{i.1 * i.2}{2\pi * r}$$

Der zur Berechnung von Gl. 5-220 willkürlich angenommene Quader spielt bei der Berechnung der Lorentzkraft keine Rolle mehr.

Abb. 5-403 zeigt die Struktur zur ...

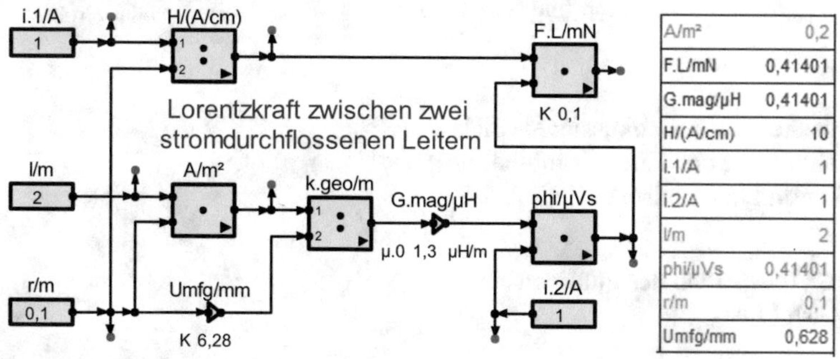


| | |
|---|---|
| A/m² | 0,2 |
| F.L/mN | 0,41401 |
| G.mag/µH | 0,41401 |
| H/(A/cm) | 10 |
| i.1/A | 1 |
| i.2/A | 1 |
| l/m | 2 |
| phi/µVs | 0,41401 |
| r/m | 0,1 |
| Umfg/mm | 0,628 |

**Abb. 5-403 Berechnung der Lorentzkraft zwischen zwei Leitern nach Gl. 5-220**

Bei Strömen mit gleicher Richtung (d.h. in Litzen mit vielen Adern) ist F.L anziehend. Bei entgegengerichteten Strömen ist F.L abstoßend. Bei gleich großen Strömen (wie z.B. in der Hin- und Rückleitung eines Stromkreises) und fehlender Reibung würde sich der Leiter zu einem Kreis formen.

**Aufbau und Funktion eines Elektronenmikroskops**

Mit Elektronenmikroskopen werden die Oberflächen fester Körper durch schnelle Elektronen abgetastet und elektronisch sichtbar gemacht. Dabei wird eine Ortsauflösung bis zu 0,1nm erreicht. Dagegen erreichen Lichtmikroskope (Wellenlänge ca. 600nm) nur eine Ortsauflösung von 200nm.

Eine **Elektronenkanone** (Abb. 5-404) erzeugt freie Elektronen in einem **Vakuum**. Durch das Vakuum werden die Elektronen nicht durch Kollision mit Gasmolekülen behindert.

Die **freien Elektronen** werden in Richtung einer ringförmig um die Strahlachse liegenden Anode **beschleunigt**. Die Spannung zwischen Kathode und Anode bestimmt die Energie der Elektronen und damit die **Ortsauflösung.**

Magnetische Elektronenlinsen (Abb. 5-405) fokussieren den Elektronenstrahl auf das Messobjekt (Target). Dabei ist die **Brennweite (d.h. die Ortsauflösung) elektrisch einstellbar.**

**Detektoren** registrieren die die Elektronen oder ihre sekundären Signale und bilden sie mit einer Elektronenröhre ab.

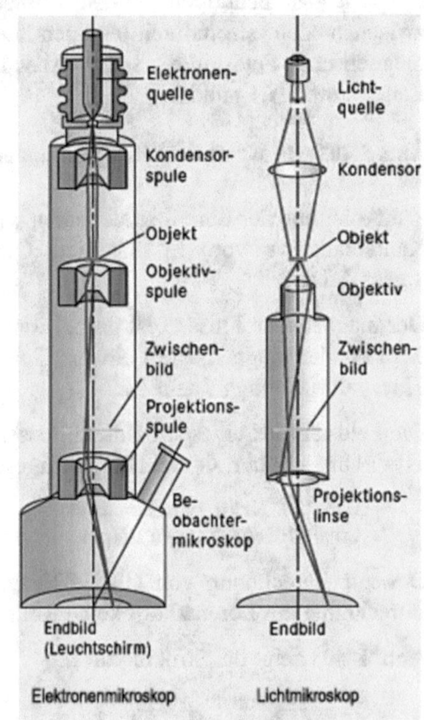


**Abb. 5-404 Elektronenmikroskop schematisch**

Quelle: https://www.wissen.de/lexikon/magnetische-linse

**Elektronische Linsen** fokussieren Elektronenstrahlen durch eine Kombination elektrischer und magnetischer Felder.

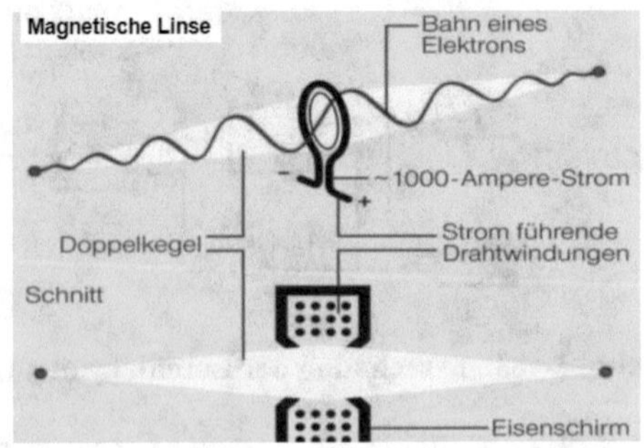


**Abb. 5-405 Illustration der Funktion einer magnetischen Linse.**

Quelle: https://learnattack.de/physik/elektronenmikroskop?display=iframe

**zu 3: Die Lorentzkraft F.L zwingt Ladungen auf eine Kreisbahn**

Zum weiteren Studium der Lorentzkraft betrachten wir die Bewegung freier elektrischer Ladungen in einem magnetischen Feld. Dazu lassen wir sie mit einer Geschwindigkeit v in das Feld eintreten. Abb. 5-406 zeigt, dass sich dabei die **Flugrichtung** ändert, nicht aber der Betrag der **Geschwindigkeit.** Das ist der entscheidende Unterschied zum elektrischen Feld – siehe Bd. 1, Kap. 2.4.

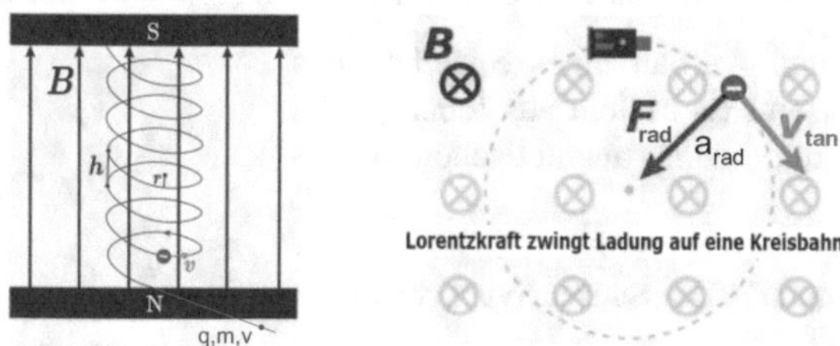


Quelle: Alexander FufaeV - https://universaldenker.de/theorien/47

**Abb. 5-406 Freie Ladungen im magnetischen Feld: Durch die Lorentzkraft bewegen sich freie Ladungen in Richtung der magnetischen Feldlinien. Indem sie um die Feldlinien herum spiralieren, versuchen sie der auf sie wirkenden Kraft auszuweichen.**

Erläuterungen zu Abb. 5-406:

Die **Radialkraft** *F.rad=F.L=F* und die radiale Feldstärke $E.rad = q * B = E.dyn$ erzeugen die Lorentzkraft $F = F.L = B * E.dyn = q * B * v \rightarrow F/v = q * B$

Der **Radius r** der Kreisbahn ist der Quotient aus Impuls p=F·t=m·v und dem tangentialen Verhältnis von Kraft und Umfangsgeschwindigkeit F/v=q·B:

$$r = v * t = \frac{F * t}{F/v} = \frac{m * v}{q * B}$$

Die **Radialbeschleunigung** a.rad=a ist eine Funktion der **Tangentialgeschwindigkeit: v.tan=v** und der Flussdichte B quer zu **v=ω·r**:

$$a = \frac{F.rad}{m} = \frac{m * v^2}{r} = q * B * v$$
$$\rightarrow q * B = m * v/r = m * \omega$$

Daraus folgt die **Kreisfrequenz** des Umlaufs $\omega = 2\pi * f = v/r = q * B/m$

Abb. 5-407 zeigt die Berechnung der Kreisbahn einer Ladung q, dem Radius r und der Umlauffrequenz f als Funktion der Eintrittsgeschwindigkeit v in das Magnetfeld mit der Stärke B. Die Erläuterungen dazu folgen im Anschluss.

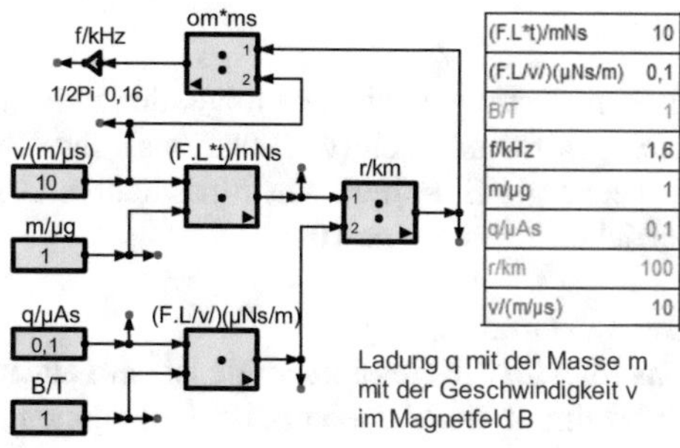


| | |
|---|---|
| (F.L*t)/mNs | 10 |
| (F.L/v/)(µNs/m) | 0,1 |
| B/T | 1 |
| f/kHz | 1,6 |
| m/µg | 1 |
| q/µAs | 0,1 |
| r/km | 100 |
| v/(m/µs) | 10 |

**Abb. 5-407 Berechnung des Radius r der Kreisbahn einer Ladung im magnetischen Feld B als Funktion der Geschwindigkeit v: r ist proportional zu v und umgekehrt proportional zu B.**

Beispiele für die Wirkung der Lorentzkraft auf nicht leitungsgebundene (d.h. freie) Ladungen sind die Speicherringe der Hochenergiephysik.

**Die Speicherringe der Hochenergiephysik**

In Leitungen und im Vakuum können sich elektrische Ladungen q nahezu reibungsfrei bewegen. Gezeigt werden soll, dass sie im Vakuum unter dem Einfluss eines magnetischen Feldes B auf eine Kreisbahn gezwungen werden. In Speicherringen () zirkulieren Elektronen oder Protonen, bis sie an Messpunkten zur Kollision gebracht werden. Wenn ihre Bewegungsenergie hoch genug ist, entstehen dabei Teilchen, die den Aufbau der Welt im Kleinsten und im Größten erklären (Standardmodell, Weltformel).

Abb. 5-408 zeigt den Aufbau eines Speicherrings vom Typ ‚Synchrotron'. Es besteht aus Ionenquelle, Vorbeschleuniger und dem magnetischen Ringspeicher.

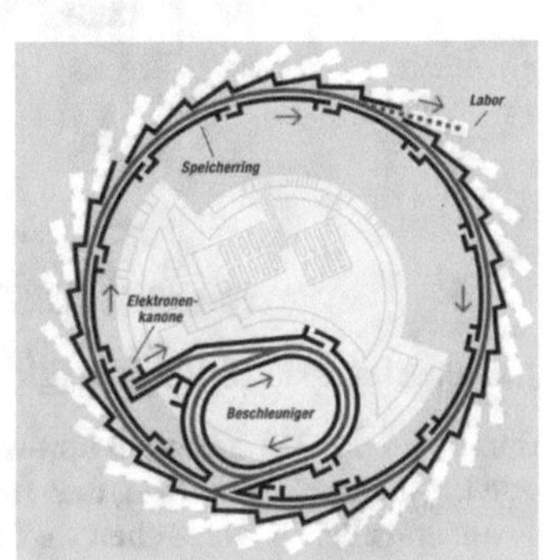


**Abb. 5-408 das Diamond Light Source Synchrotron im britischen Oxfordshire**

Zum Bau von Speicherringen wird die erreichbare Teilchenenergie (Berechnung folgt) – bzw. ihre Geschwindigkeit v – gefordert. Die folgende Berechnungen benötigen dazu nötigen Radius r.

**Der Krümmungsradius von Speicherringen**

Abb. 5-409 zeigt die Wirkung der Lorentzkraft auf freie Ladungen q. Man sieht, dass Ladungen, die sich in Richtung eines magnetischen Feldes bewegen, um dieses herum zirkulieren. Gesucht wird der Radius r als Funktion der Geschwindigkeit v, der Ladungsmasse m und der magnetischen Flussdichte B.

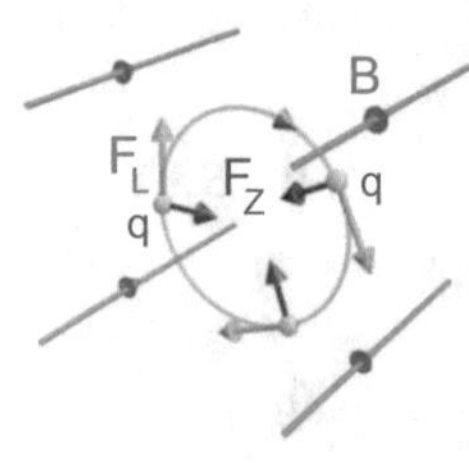


**Abb. 5-409 Die Lorentzkraft F.L ist eine Zenripetalkraft F.z**

F.L zwingt Ladungen q im magnetischen Feld B auf eine Kreisbahn mit dem Radius

r (m, v, q und B)

Aus der Zentripetalkraft

$$F.z = F.L$$

$$m * v^2/r = q * B * v$$

folgt

**Gl. 5-221 der Bahnradius**

$$r = \frac{m * v}{q * B}$$

In Speicherringen, wie dem folgenden Synchrotron, zirkulieren geladene Teilchen fast mit Lichtgeschwindigkeit (c=300km/ms). Ihre Bewegungsenergie beträgt ein Vielfaches der Ruheenergie $E.0=m\cdot c^2$. Mit Flussdichten B von einigen Tesla betragen die Radien von Speicherringen einige 100m.

**Der Lorentzfaktor γ**

Das Maß für die Gesamtenergie ist der **relativistische Faktor, genannt Lorentzfaktor γ**. Er bestimmt die Massen der bei Kollisionen erzeugbaren Elementarteilchen.

Zur Berechnung von $E.kin=E.0\cdot(\gamma-1)$ wird der **Lorentzfaktor** γ benötigt. Er spielt bei Berechnungen dann eine Rolle, wenn die Teilchengeschwindigkeit $v \rightarrow c$ geht (relativistische Geschwindigkeiten).

Der **Lorentzfaktor γ** (Abb. 5-410) ist das Maß für die Energie eines Teilchenbeschleunigers und damit auch für die Fähigkeit, bei Kollisionen die schweren Teilchen des Urknalls zu erzeugen.

**Gl. 5-222 Definition und Berech+-nung des Lorentzfaktors**

$$\gamma\left(\frac{v}{c}\right) = 1 + \frac{E.kin}{E.0} = 1 + \frac{m.kin}{m.0}$$

$$= 1/\sqrt{1-(v/c)^2}$$

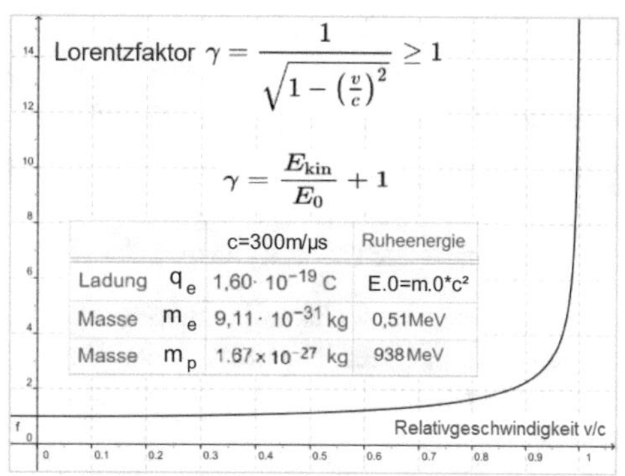


**Abb. 5-410 der Lorentzfaktor über der Teilchengeschwindigkeit**

Wenn die Flussdichte B bekannt ist, kann vom Radius r der Ablenkmagnete eines Synchrotrons auf die Teilchenenergie und den Lorentzfaktor γ geschlossen werden.

Abb. 5-411 zeigt die Berechnung des Lorentzfaktors γ (=gamma), der durch einen Ring mit dem Radius r.Ring für Protonen und Elektronen zu erreichen ist.

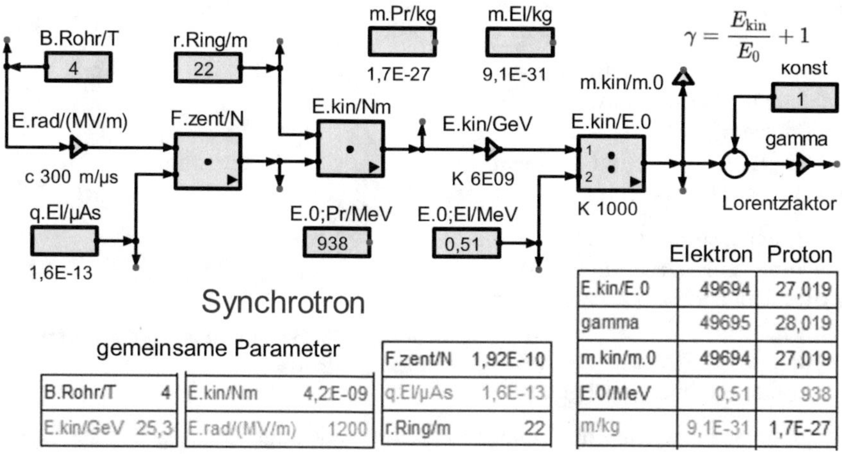


| B.Rohr/T | 4 |
|---|---|
| E.kin/GeV | 25,3 |

| E.kin/Nm | 4,2E-09 |
|---|---|
| E.rad/(MV/m) | 1200 |

| F.zent/N | 1,92E-10 |
|---|---|
| q.El/µAs | 1,6E-13 |
| r.Ring/m | 22 |

| | Elektron | Proton |
|---|---|---|
| E.kin/E.0 | 49694 | 27,019 |
| gamma | 49695 | 28,019 |
| m.kin/m.0 | 49694 | 27,019 |
| E.0/MeV | 0,51 | 938 |
| m/kg | 9,1E-31 | 1,7E-27 |

**Abb. 5-411 Berechnung des Lorentzfaktors eines Teilchens mit der Ladung q und der zugehörigen Kräfte und Energien in einem Speicherring (evakuiertes Rohr)**

Abb. 5-411 zeigt: Der Lorentzfaktor γ (gamma) des leichten Elektrons ist um das Massenverhältnis m.Pro/m.El≈1800 größer als der des schweren Protons. Entsprechend einfacher ist es, durch die Kollision von Elektronen neue Elementarteilchen zu erzeugen. Dazu dienten z.B. bis 2007 die HERA-Experimente beim DESY in Hamburg (γ≈1000). Schwere Teilchen werden beim CERN in Genf zur Kollision gebracht (Protonen, $\gamma \approx 10^6$).

**Das Synchrotron**

Als Beispiel für Ladungen, die durch ein magnetisches Feld auf eine Kreisbahn gezwungen werden, besprechen wir nun kurz das **Synchrotron**.

Synchrotron-Speicherringe dienen in der physikalischen Grundlagenforschung zur Vorbereitung von Kollisionsexperimenten, mit denen u.a. die Vorgänge bei der Entstehung des Universums (der Urknall) aufgeklärt werden sollen.

Zur Erforschung des Urknalls müssen die Elementarteilchen (Elektronen, Positronen, Protonen) erzeugt werden, die bei der Expansion und Abkühlung des Universums aus extrem heißer Strahlung ‚ausgefroren' sind. Dazu dienen die Kollisionsexperimente der Hochenergiephysik.

**Aufbau und Funktion eines Synchrotrons**

Zur Speicherung von Teilchenstrahlen müssen Ladungen in evakuierten Röhren zirkulieren. Zu ihrer Ablenkung werden magnetische Flussdichten bis über 10T benötigt. Das erfordert Ströme im kA-Bereich und supraleitende Spulen. Wir haben sie beim Thema ‚Kernspintomograf' (Abb. 5-340) erklärt.

Zur Durchführung von Kollisionsexperimenten werden geladene atomare Teilchen in Ionisatoren erzeugt und durch Hochfrequenzfelder auf annähernd Lichtgeschwindigkeit beschleunigt. Danach werden sie in einem Speicherring ( Abb. 5-412) zu einem **Teilchenstrahl fokussiert**.

Dieser Teilchenstrahl steht dann nach Auslenkung auf Detektoren (Abb. 5-52) für Kollisionsexperimente zur Verfügung. Dort wird die Teilchenerzeugung beim Urknall aus hochenergetischer Strahlung nachgestellt.

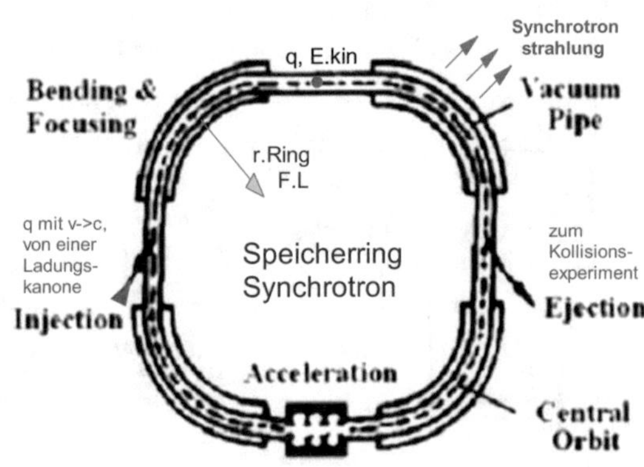


**Abb. 5-412 Synchrotron-Speicherring mit geraden Beschleunigungsstrecken**

In Ringsegmenten werden die Teilchen radial beschleunigt. Dabei geben sie eigentlich unerwünschtes Röntgenlicht im MHz-Bereich ab. Diese wird in der Chemie und bei der Materialforschung zur Durchleuchtung von Molekülen genutzt. In der biologischen Forschung wird mit Synchrotronstrahlung der Aufbau lebender Zellen untersucht.

Um atomare und Kernkräfte untersuchen zu können, werden Kollisionsexperimente mit **Teilchenenergien im GeV-Bereich** benötigt. Dafür wurden Ring- und Linearbeschleuniger für Elementarteilchen gebaut. Das Synchrotron ist ein Beispiel.

**Zur atomaren Energieeinheit Elektronenvolt (eV)**

In den Experimenten der Hochenergiephysik sollen die beim Urknall entstandenen schweren Teilchen erzeugt werden. Ihre Bewegungsenergie wird in der atomaren Energieeinheit eV, bzw. Teilen oder Vielfachen davon, angegeben. Bei Berechnungen wird die Umrechnung in die technische Energieeinheit J(oule)=Nm benötigt:

$$1\text{eV} = 0{,}16\cdot 10^{-18}\,\text{Nm} = 0{,}16\text{E-18 Nm} \leftrightarrow 1\text{Nm} = 6{,}24\cdot 10^{18}\,\text{eV} = 6{,}24\text{E+18 eV}$$

Zur Veranschaulichung des Elektronenvolts nennen wir fünf Beispiele:

1. Van-der-Waals-Bindungen zwischen Atomen und Molekülen: Größenordnung meV
2. Molekülbindungen in der Chemie: Größenordnung eV
3. Bindung des Elektrons an den Wasserstoffkern: 10eV
4. Bindungsenergien der Protonen im Atomkern, je nach der Anzahl der Nukleonen: keV bis MeV
5. Bindungsenergien der Quarks in Protonen und Neutronen: GeV bis TeV

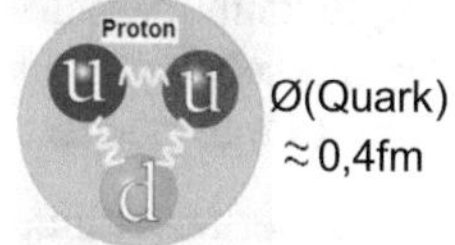


**Abb. 5-413 Proton intern**

**Zur Umwandlung von Energie in Masse - und umgekehrt**

Beim Urknall wurde das Universum als ultraheiße Strahlung auf kleinstem Raum geboren. Seitdem hat es sich ausgedehnt und abgekühlt. Dadurch sind zuerst Elementarteilchen und nach ca. 0,4 Millionen Jahren Atome und Moleküle geworden, aus denen mit der Zeit durch die Schwerkraft Galaxien entstanden. Eine von Abermilliarden ist unsere Milchstraße. Zu diesem Thema empfiehlt Ihnen der Autor die YouTube Videos von Joseph M. Gaßner und Harald Lesch:

https://urknall-weltall-leben.de/videos.html#sort=position&sortdir=desc

Im Universum und auch bei uns auf der Erde findet die Umwandlung von Masse in Energie (Strahlung, Bindung) und umgekehrt statt. Hier sind drei Beispiele:

1. Abstrahlung der Sonne: GW entspricht Mto/s oder %/ 100 Jahre
2. Kernkraftwerke (kontrolliert) und Atombomben (unkontrolliert)
3. Das Heliumatom ist leichter als die Summe aus je zwei freien Protonen, Neutronen und Elektronen. Der Unterschied ist die Bindungsenergie.

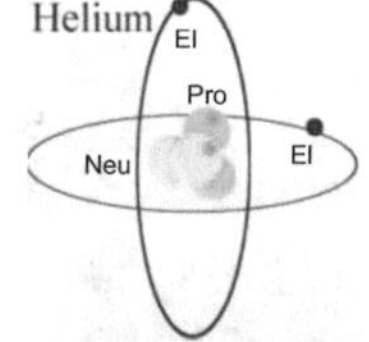


Nach Albert Einstein können Energien in Massen und Massen in Energien umgewandelt und umgerechnet werden. Der Umrechnungsfaktor ist das Quadrat der Lichtgeschwindigkeit $c^2$.

*Gesamtenergie und Teilchenmasse* $E=m\cdot c^2$ *oder* $m=E/c^2$.

**Abb. 5-414 Albert Einstein um 1910 (* 14. März 1879 in Ulm, † 18. April 1955 in Princeton, USA)**

Wie Abb. 5-412 gezeigt hat, besteht ein Synchrotron aus

- Ringsegmenten, in denen die Teilchen auf Kreisbahnen geführt werden und
- Beschleunigerstrecken, in denen den Teilchen durch **Hochfrequenzimpulse** Energie zugeführt wird. Sie dient anfangs dazu, die Teilchen auf fast Lichtgeschwindigkeit c zu beschleunigen und anschließend nur noch zur **Vergrößerung ihrer dynamischen Masse m** nach Einsteins berühmter Formel der

**Gl. 5-223 Gesamtenergie eines Teilchens** $E = E.0 + E.kin(v/c) = m.rel\cdot c^2$

Gl. 5-223 zeigt, dass E aus einer Ruheenergie E.0(v→0) und einem kinetischen Anteil E.kin besteht, der von der Relativgeschwindigkeit v/c der Teilchen abhängt.

## *5.8.2 Elektromagnetische Kraft, Energie und Leistung*

Energie kann masselos als Strahlung (z.B. als sichtbares Licht, infrarot oder ultraviolett) oder massebehaftet als Bewegungsenergie von Massen m oder als elektrischer Strom (Ladung) transportiert werden.

In Kraftwerken wandeln Generatoren Wärme in elektrische Energie um. Sie kann hochgespannt verlustarm übertragen werden. In Verbrauchern wird elektrische Energie wieder in Kraft oder Drehmoment (Motoren) zurückverwandelt.

Durch Spulen wird elektrische Energie in magnetischen Feldern gespeichert. Wenn dieses Feld eine zweite Spule periodisch wechselnd durchsetzt, kann Energie **kontaktlos** übertragen werden (Transformator, die Berechnung folgt in Kap. 6).

Das Symbol der kontaktlosen Energieübertragung:

Abb. 5-415 zeigt das Prinzip der kontaktlosen magnetischen Energieübertragung:

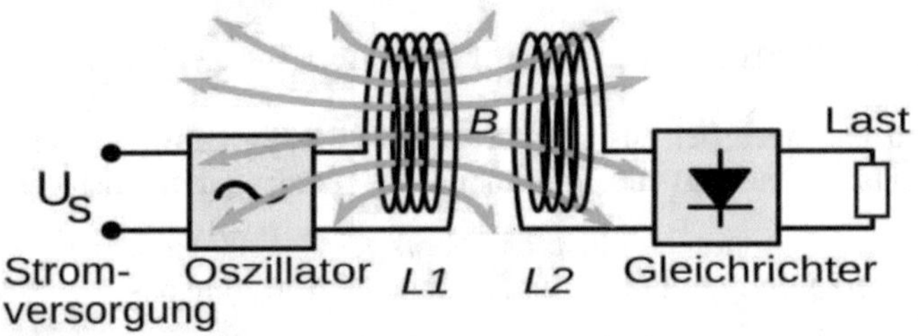


Quelle: https://de.wikipedia.org/wiki/Drahtlose_Energieübertragung

**Abb. 5-415 induktive Energieübertragung: Die Sekundärspule entzieht dem durch die Primärspule erzeugten magnetischen Feld Energie, die durch den Primärstrom elektrisch zugeführt wird. Das gelingt am effektivsten, wenn die Spulen in Resonanz betrieben werden.**

Anwendungen:

- Wasserkocher bis 2,2kW
- Smartphones
- Hörgeräte
- Theodolite (Winkelmesser)
- Akkulader für Handbohrmaschinen

Abb. 5-416 zeigt zwei weitere Beispiele zur kontaktlosen Energieübertragung:

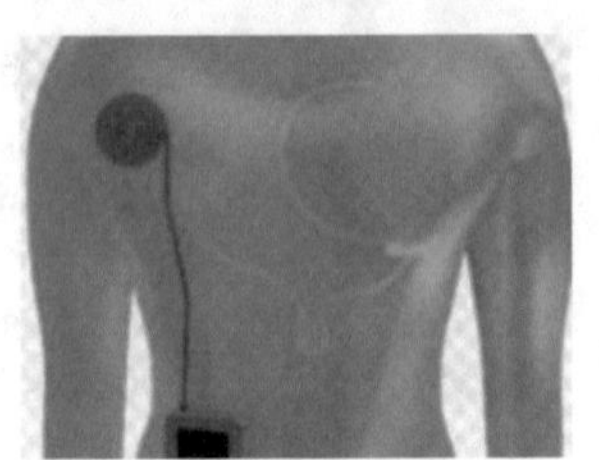

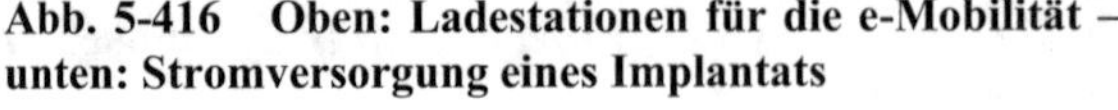

**Abb. 5-416 Oben: Ladestationen für die e-Mobilität – unten: Stromversorgung eines Implantats**

**Energiespeicher**

Die angestrebte Energiewende von Kohle und Öl zu erneuerbaren Energien wie Sonne und Wind steht und fällt mit dem Vorhandensein von Energiespeichern. Sie müssen die Zeiten überbrücken, in denen die Sonne nicht scheint und der Wind nicht weht.

Energiespeicherung kann langzeitig durch Hubarbeit (z.B. das Anheben von Gewichten oder von Wasser in Stauseen) oder kurzzeitig durch Spulen oder Kondensatoren geschehen. Das soll im Folgenden gezeigt werden.

**Elektrostatischer Energiespeicher**

Die nächsten beiden Abbildungen zeigen einen elektrostatischen und einen elektromagnetischen Energiespeicher. Sie stammen von der EnergieAgentur.NRW. Wir entnehmen sie der Seite des EnergieDienst https://blog.energiedienst.de/smes/

Diese Speicher haben spezielle Eigenschaften (spezifischer Raumbedarf/kWh, Speicherzeit, Wirkungsgrad, Kosten). Einige der wichtigsten sind nachfolgend aufgelistet.

Quelle: https://de.wikipedia.org/wiki/Lithium-Ionen-Akkumulator

Abb. 5-417 zeigt eine Lithium-Ionen-Hochleistungsbatterie. Sie hat folgende Merkmale:

- durch Lithium eine besonders leichte elektrochemische Zelle
- elektronische Schutzschaltungen gegen Tiefentladung und Überladung erforderlich

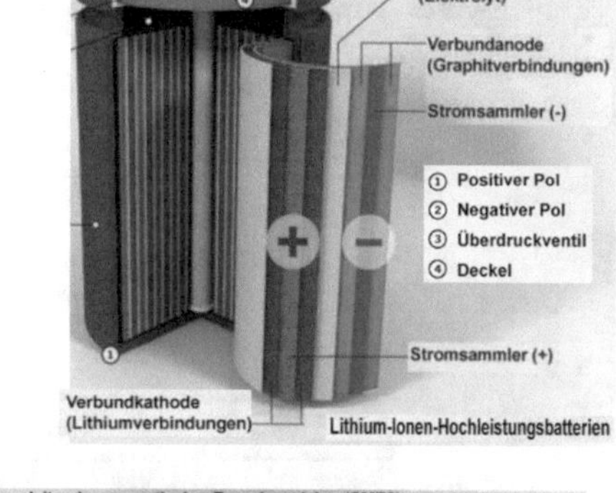


**Abb. 5-417 Lithiumionen-Hochleistungsbatterie**

## Magnetischer Energiespeicher

Abb. 5-418 zeigt einen supraleitenden magnetischen Energiespeicher (SMES). Er hat folgende Merkmale:

- Induktivität L nach Gl. 5-70
- Magn. Leitwert nach Gl. 5-54
- Gespeicherte Energie nach Gl. 5-80

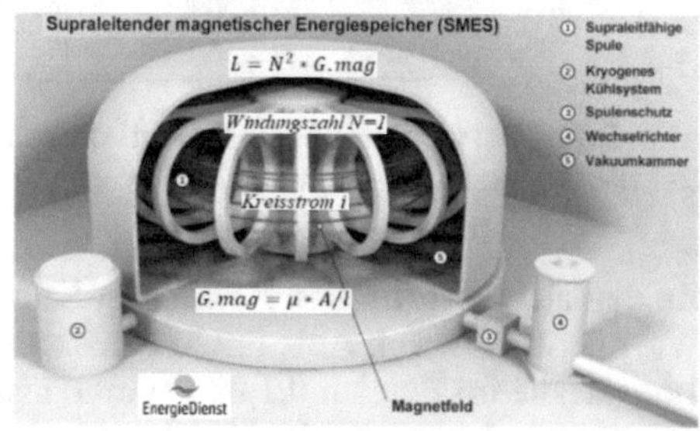


**Abb. 5-418 supraleitender magnetischer Energiespeicher (SMES)**

Quelle: https://blog.energiedienst.de/smes/

Hier soll gezeigt werden, wie elektromagnetische Speicher genutzt und berechnet werden. Dazu muss ihre magnetisch gespeicherte Energie W.mag berechnet werden. Das zeigt Gl. 5-224:

**Gl. 5-224 elektromagnetische Energie** $W.mag = \phi * \Theta = L * i^2/2$ in H·A² = Ws = Nm

Das Produkt aus dem magnetischen Fluss ϕ=G.mag·Θ und der Durchflutung Θ=N·i ist die Definition von W.mag=ϕ·Θ. W.mag ist proportional zum Quadrat des Spulenstroms, denn sowohl der magnetische Fluss ϕ als auch die Durchflutung Θ sind proportional zu i.

### Berechnung elektrostatischer Energiespeicher

Um magnetische und elektrische Kräfte vergleichen zu können, wiederholen wir hier die Berechnung elektrostatischer Kräfte auf Ladungen q im elektrischen Feld E. Die Grundlagen dazu wurden in Bd. 1/7, Kap. 2.4 gelegt.

Daraus entnehmen wir die elektrostatische Energie W.stat einer Ladung q, die auf die Spannung u geladen ist.

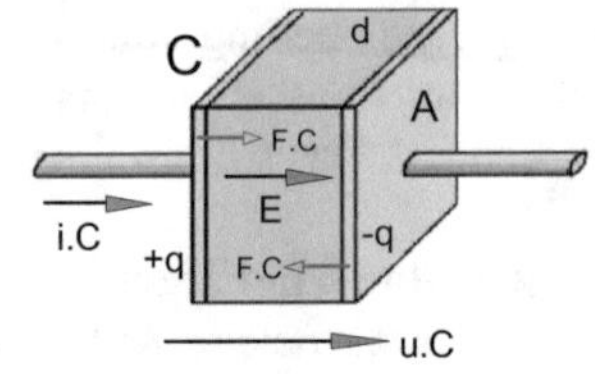


**Abb. 5-419 Kondensator mit den zu seiner Berechnung benötigten Größen**

**Gl. 5-225 die Energie eines elektrischen Feldes**

$$\boldsymbol{W.el = q * u = C * u^2/2}$$

in F(arad)·V(olt)² = W(att)s = Nm

Die Kraft F ist Energie pro Länge, die Feldstärke E ist Spannung pro Länge. Aus W.stat=q·E·l erhalten wir die Berechnung der elektrostatischen Kraft, genannt

**Gl. 5-285 Coulombkraft** $\boldsymbol{F.C = F.el = q * E}$ ... in F·V/m=N

Zahlenwerte zur elektrostatischen Kraft zwischen den Belägen eines Kondensators berechnen wir mit der Struktur von Abb. 5-420:

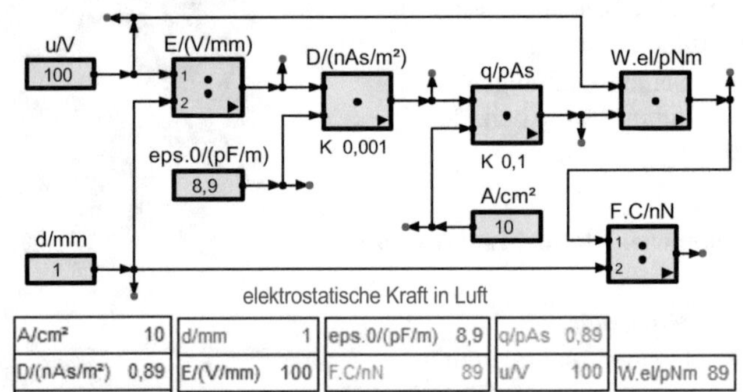


**Abb. 5-420 die Coulombkraft F.C auf die Platten eines Luftkondensators, an denen eine elektrische Spannung liegt**

### Zu den elektrostatischen Kräften in Kondensatoren

Wie die Struktur von Abb. 5-420 berechnet, wirken zwischen Ladungen im Abstand von 1mm Kräfte im Bereich 0,1µN. Wollte man damit einen elektrostatischen Motor bauen, müssten die Ladungen des Kondensators zyklisch umgepolt werden. Dann würden die Kräfte zwischen den Belägen kaum ausreichen, die eigene innere Reibung zu decken.

Im atomaren Bereich liegen die Abstände zwischen den Ladungen im pm-Bereich ($10^{-12}$m). Dann liegen die anziehenden Kräfte im kN-Bereich. Sie halten die Materie zusammen. Deshalb kommt der Bau von Motoren auf elektrostatischer Grundlage nicht in Betracht.

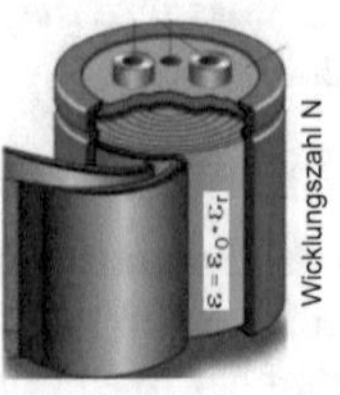


**Abb. 5-421 Wickelkondensator**

**Berechnung magnetischer Energiespeicher**

Zur Berechnung von W.mag müssen der Spulenstrom i und die Induktivität L bekannt sein. Gl. 5-224 zeigt, dass zur Berechnung von $L = N^2 * G.mag$ die Windungszahl N und der magnetische Leitwert $G.mag = \mu * A/l$ benötigt werden.

Auf die Ableitung der Gleichung $W.mag = L * i^2/2$ soll hier verzichtet werden. (Der Faktor ½ entsteht durch die Mittelung der Quadrierung von i oder auch das Integral von i·di). Anstelle der Ableitung verifizieren wir Gl. 5-224 durch Simulation. Das zeigt Abb. 5-422:

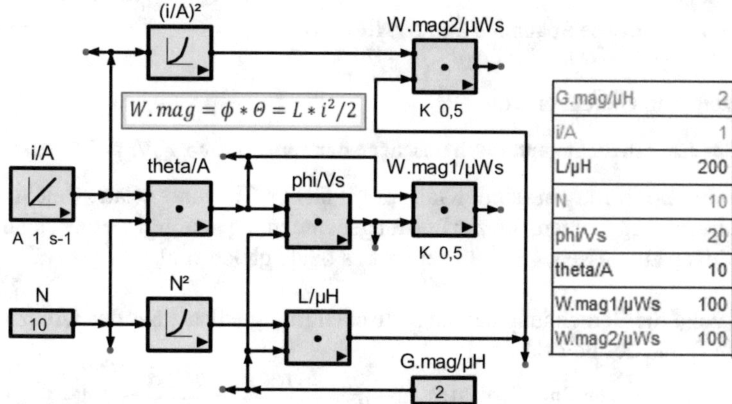


**Abb. 5-422 Berechnung der magnetischen Energie W.mag nach Gl. 5-224**

Abb. 5-423 zeigt die Berechnung von W.mag zu Abb. 5-422 auf zwei Wegen:

**1.** $W.mag = \phi * \Theta$ *(rote Kurve)* <u>und</u>

**2.** $W.mag = L * i^2/2$ (blaue Kurve)

... mit der Induktivität $L = N^2 * G.mag$

... und dem magnetischen Leitwert

$$G.mag = \mu * A/l$$

Man sieht durch die rote und blaue Linie, dass beides zum gleichen Ergebnis führt.

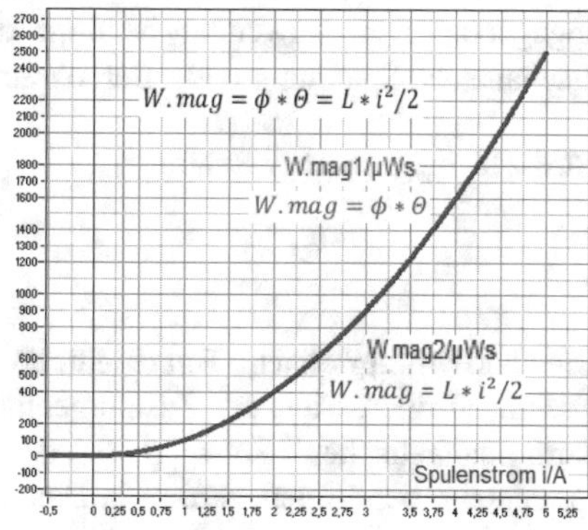


**Abb. 5-423 magnetische Energie W.mag(i)**

## Energiedichte und mechanische Spannung

In Relais und elektrischen Maschinen werden große Kräfte und Leistungen auf kleinem Raum gefordert. Das bedeutet große mechanische Spannungen σ = F/A im Material. Da die magnetische Energie W.mag = F·l und das Volumen Vol=A·l ist, ist die mechanische Spannung an den Grenzflächen A gleich der Energiedichte W/Vol im Volumen des magnetisch durchfluteten Materials,

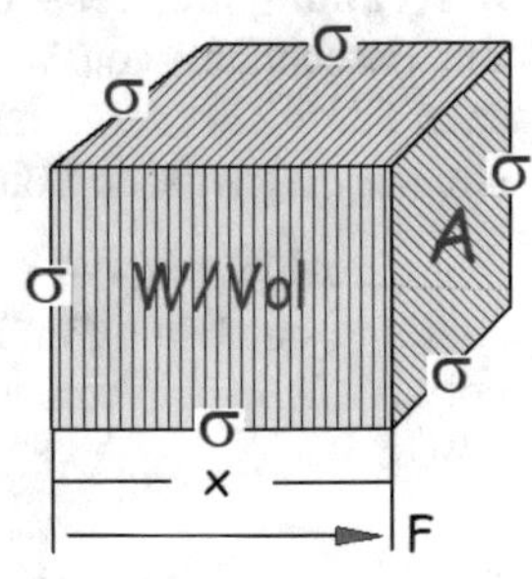


**Abb. 5-424 mechanische Spannung und Kräfte an Grenzflächen**

Gl. 5-83 zeigt die Gleichheit von

**Gl. 5-83 Energiedichte und mechanischer Spannung** $\sigma = \boldsymbol{F/A = W.mag/Vol}$

**Mechanische Spannungen** sind Kraft pro Fläche. Sie sind relativ leicht messbar. Magnetische Energiedichten, die zur Leistungsberechnung benötigt werden, sind dagegen nicht so einfach zu messen. Gl. 5-83 zeigt, dass beide gleich sind.

Gl. 5-303 zeigt die Berechnung der magnetischen Energiedichte aus den Grenzwerten der Flussdichte B und der Feldstärke H:

**Gl. 5-303 magnetische Energiedichte**

$$\sigma = \frac{E.mag}{Vol.Fe} = \frac{\phi * \Theta}{A * l} \approx 1{,}4 * B.gr * H.gr$$

Die Energiedichte W.mag/Vol von Magneten wird in den technischen Daten angegeben. Der Anwender benötigt die mechanische Spannung σ zur Berechnung

**Gl. 5-226 magnetischer Kräfte**

$$F.mag = \sigma \cdot A.$$

**Tab. 5-27 wichtige Energiedichten**

| Stoff/System Energiedichte | in MJ/kg | Anm. |
|---|---|---|
| NiCd-Akku | 0,14 | chem |
| Aluminium-Luft-Batterie | 4,7 | chem |
| Benzin | 40–42 | Hw |
| Methan ( Erdgas) | 50 | |
| Wasserstoff (flüssig an LOHC) | 13,2 | |
| Kernspaltung $^{235}$U | 79.390.000 | nukl. |

## Die elektromagnetische Energiedichte

Technisch interessiert der Zusammenhang zwischen dem magnetischen Fluss ϕ in dem zu seiner Erzeugung benötigten Strom i. Das soll nun am Beispiel einer geraden Spule untersucht werden.

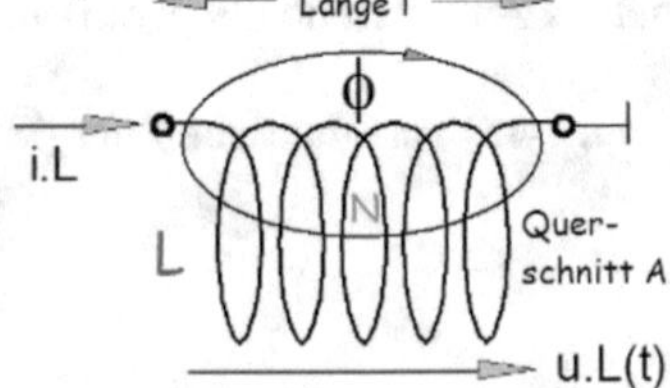


**Abb. 5-425 Spule mit Messgrößen**

**Gl. 5-227 Berechnung der elektromagnetischen Energiedichte**

$$\sigma = \frac{W.mag}{Vol} = \frac{L}{Vol} * \frac{i^2}{2} = \frac{\mu}{l^2} * \frac{i^2}{2}$$

Für Gl. 5-227 wurde die Induktivität L durch μ·A/l und das Volumen Vol durch A/l ersetzt. Sie zeigt, dass die magnetische Energiedichte nur von der Länge einer Spule und der Permeabilität ihres Kernmaterials, nicht aber vom Querschnitt A abhängt.

**Vergleich elektrischer und mechanischer Energiedichten**

Um zu verstehen, warum leistungsstarke elektrische Maschinen nur auf magnetischer und nicht auf elektrostatischer Grundlage gebaut werden können, müssen ihre gespeicherten Energien W bei gleichem Volumen (d.h. die Energiedichten) verglichen werden.

Eine für elektrostatische Felder typische Energie-Dichte wurde bereits in Abschnitt 4.2.4 abgeschätzt. Sie ergab einen Wert unter $0{,}5 N/m^3$. Die analoge Rechnung ist oben für eine Spule ohne und mit Eisenkern durchgeführt worden. Sie ist bei Luftspulen um die Wicklungszahl N größer. Bei Spulen mit magnetisierbarem Kern vergrößert sich die Energiedichte noch einmal um die relative Permeabilität $\mu.r$. Insgesamt vergrößert sich die Energiedichte um den Faktor $N \cdot \mu.r$. Damit sind Werte bis zu einer Million erreichbar!

*Vermutung: Baugröße ~ Nennleistung*

Abb. 5-426 zeigt gemessene *Leistungsdichten P.Nen/m* von V- und E-Motoren. Man erkennt die **gegenläufige** Entwicklung der

**Massenleistung P.Nen/m.**

Das zeigt: Die oben angestellte Vermutung trifft nicht zu:

Mit steigender Nennleistung (~Baugröße) wird P.Nen/m bei V-Motoren kleiner und bei E-Motoren größer.

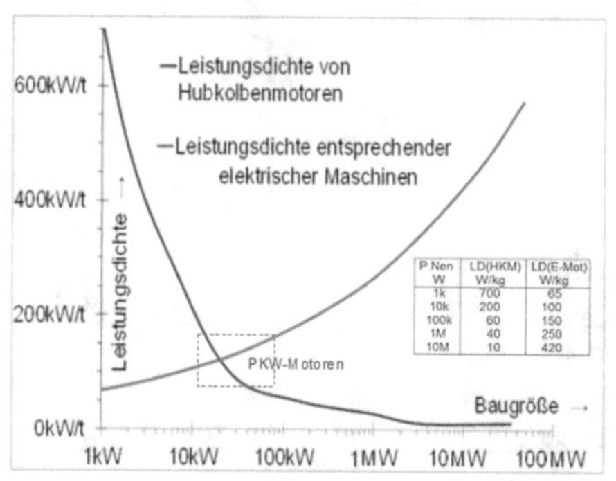


**Abb. 5-426 Leistungsdichten von V- und E-Motoren**

Daraus folgt:

**Maschinen kleinerer Leistung** (z.B. kleine Servomotoren, Modellbaumotoren) sollten mit Elektro(E)-Motoren gebaut werden.

**Maschinen größerer Leistung** (z.B. Laubpüster, Schiffsmotore) sollten mit Verbrennungs(V)-Motoren gebaut werden. (Stand: 2018)

Bei den Motoren mit **Nennleistungen um 30kW** liegen die Leistungsdichten von E- und V-Motoren bei ca. **100kW/to = 100W/kg**. Deswegen ist die Motorgröße bei Kraftfahrzeugen kein Auswahlkriterium. Sie können mit V- oder E-Motoren oder auch hybrid gebaut werden.

Warum die Massenleistung bei V-Motoren mit steigender Nennleistung kleiner und bei E-Motoren größer wird, hat der slowenische Ingenieur **Milan Vidmar** (*1885; † 1962) in seinem Buch ‚Die Transformatoren oder der Witz der Großmaschine' von 1956 untersucht:

http://www.springer.com/de/book/9783034869614

Weitere Einzelheiten zur Leistungsdichte von V- und E-Motoren finden Sie in Bd. 2/7, Kap. 2.6.3.1 ‚Vergleich von V- und E-Motoren' und in dem Artikel

https://www.elektropraktiker.de/nc/fachartikel/witz-der-grossmaschine/

Dort vergleicht Vidmar die **Leistungsdichten** (in kW/to – mit der Tonne to=1000kg) von **Transformatoren, V- und E-Motoren** und kommt zu dem oben genannten Schluss.

### 5.8.3 Spulenkräfte

Elektromagnetische Kräfte werden zum Bau von Motoren (Kapitel 5) und Relais ausgenutzt. Das Ziel ist hier die Berechnung solcher Geräte und Maschinen gemäß den Forderungen der Anwendung.

Abb. 5-427 zeigt die Vergrößerung der Kraft einer Spule durch einen Eisenkern:

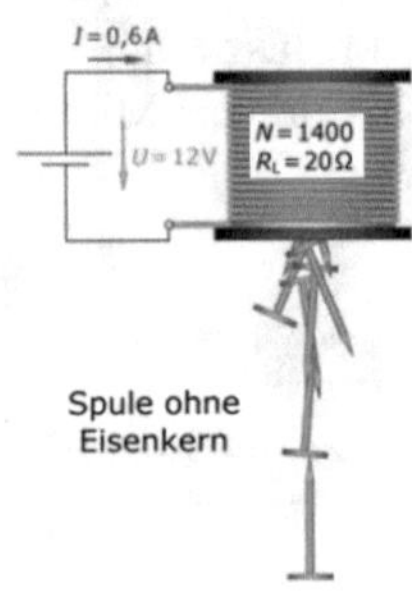


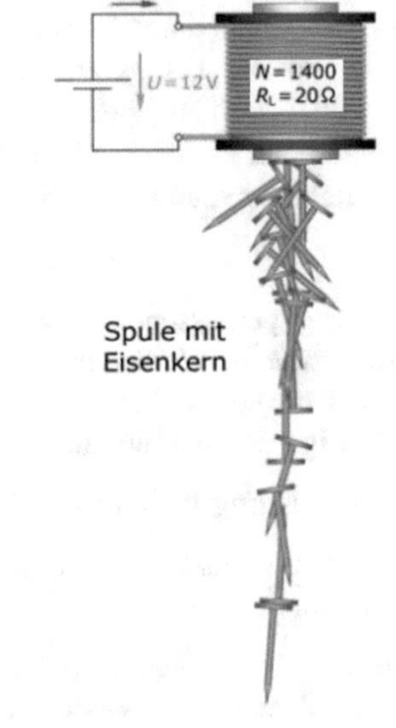


Quellen:
https://www.elektrotechnik-fachbuch.de/
und
http://www.pick-up-media.de/portfolio_illustrationen.shtml

**Abb. 5-427 Anziehungskräfte durch magnetische Influenz: links bei einer Spule ohne Eisenkern, rechts mit Eisenkern**

Abb. 5-428 zeigt die zur Berechnung elektromagnetischer Kräfte an Grenzschichten benötigten Gesetze:

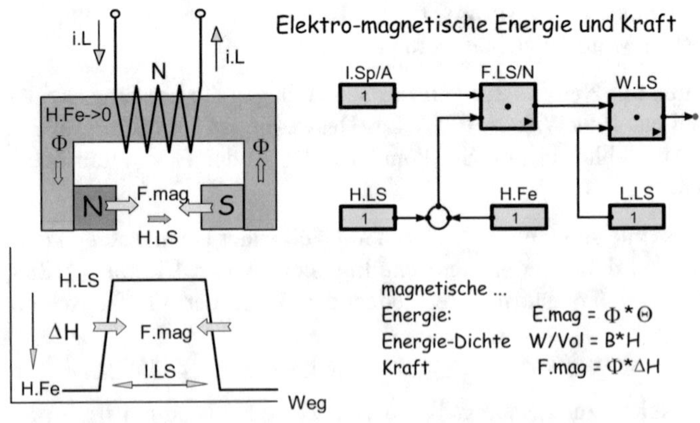


**Abb. 5-428 Energie im Luftspalt (LS) zwischen den Polen eines Magneten: Im Eisen ist die Energiedichte gering, in Luft ist sie hoch. Links steigt die Energie und die Kraft wirkt nach rechts, rechts fällt die Energie und die Kraft wirkt nach links. Daher ziehen sich die Magnetpole an.**

### 1. Die Kraft einer Spule mit Eisenkern ohne Luftspalt

Spulen üben an den Grenzen ihres Eisenkerns Kräfte auf magnetisierbare Materialien aus. Hier soll berechnet werden, wie groß sie sind und welche Leistung dazu aufgebracht werden muss. Abb. 5-429 zeigt die Messgrößen einer Zylinderspule ohne Luftspalt. Zunächst berechnen wir die

**Gl. 5-228 die magnetisch gespeicherte Energie der Spule**

$$\boldsymbol{E.mag = \phi * \Theta/2 = L * i.Spu^2/2}$$

Der Faktor ½ ist der Mittelwert der Quadrierung von i (Effektivwert). Daraus berechnet Gl. 5-229 die Kraft F.mag, die Windungen zusammendrückt:

**Gl. 5-229 elektromagnetische Kraft einer Spule**

$$F.mag = \frac{\phi * H}{2} = H^2 * \frac{\mu * A}{2} = B^2 * \frac{A}{2\mu}$$

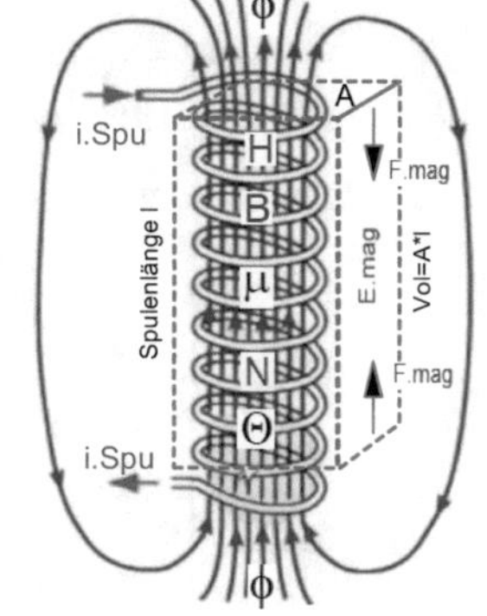


**Abb. 5-429 Spule mit ihren magnetischen Messgrößen**

Mit Gl. 5-236 (F.mag=ϕ*H) berechnet Abb. 5-430 die magnetische Kraft und Leistung einer Spule mit Eisenkern:

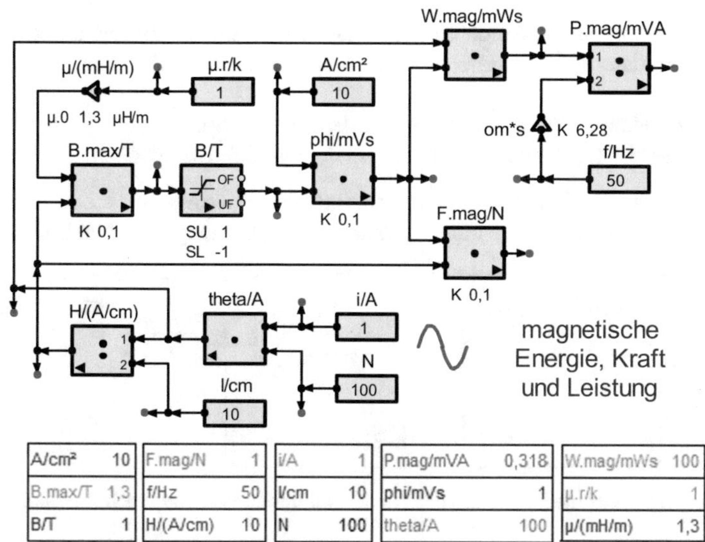


| A/cm² | 10 | F.mag/N | 1 | i/A | 1 | P.mag/mVA | 0,318 | W.mag/mWs | 100 |
|---|---|---|---|---|---|---|---|---|---|
| B.max/T | 1,3 | f/Hz | 50 | l/cm | 10 | phi/mVs | 1 | µ.r/k | 1 |
| B/T | 1 | H/(A/cm) | 10 | N | 100 | theta/A | 100 | µ/(mH/m) | 1,3 |

**Abb. 5-430 die Kraft einer Spule mit Eisenkern ohne Luftspalt: Bis der Kern in Sättigung geht, steigt sie quadratisch mit dem Spulenstrom i an, darüber nur noch linear.**

### 2. Die Kraft einer Spule mit Eisenkern und Luftspalt

In Kap. 5.6 wurde gezeigt, dass ein Luftspalt zur Linearisierung des magnetischen Kreises gebraucht wird. Dort wird auch gezeigt, wie breit er gemacht werden muss, um diesen Effekt zu erzielen. Hier soll berechnet werden, welche Kraft an so einem Luftspalt entsteht. Abb. 5-429 hat die dazu benötigten Messgrößen gezeigt.

**Elektrostatische Kräfte beim Übergang von Eisen in Luft**

Die Grundlagen zur Berechnung elektrostatischer Kräfte wurden in Kapitel 2.4 gelegt. Ihm entnehmen wir die elektrostatische Energie W.stat einer Ladung q, die auf die Spannung u geladen ist.

**Gl. 5-230 elektrostatische Energie** $W.stat = q \cdot u \quad - \text{ in } As \cdot V = Ws = Nm$

Die Kraft F ist Energie pro Länge, die Feldstärke E ist Spannung pro Länge. Aus W.stat=q·E·l erhalten wir die Berechnung der elektrostatischen Kraft: F.stat= q·E.

Die Zahlenwerte zur elektrostatischen Kraft eines Kondensators berechnen wir mit dieser Struktur:

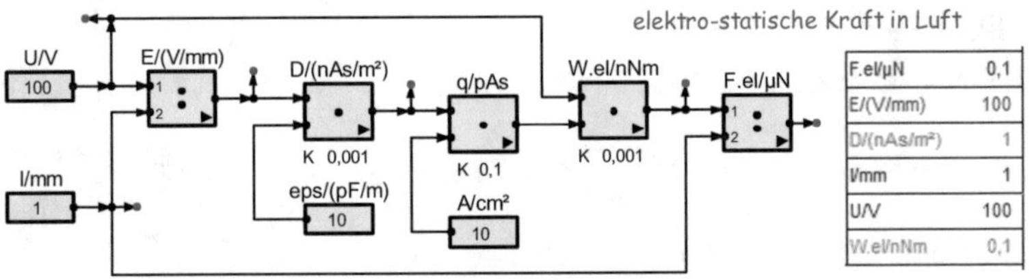


**Abb. 5-431 Kraft auf die Platten eines Luftkondensators, an denen eine elektrische Spannung liegt**

Abb. 5-431 hat gezeigt, dass elektrostatische Kräfte im µN-Bereich liegen. Nun soll gezeigt werden, dass und warum elektromagnetische Kräfte wesentlich größer sind.

**Elektromagnetische Kräfte auf Luftspalte in Eisenkernen**

Elektromagnetische Kräfte berechnen sich analog zu elektrostatischen.

Abb. 5-432 zeigt die Struktur zur Berechnung der Polkraft eines Dauermagneten als Funktion einer durch eine Spule mit der Länge l erzeugten magnetischen Spannung k.mag:

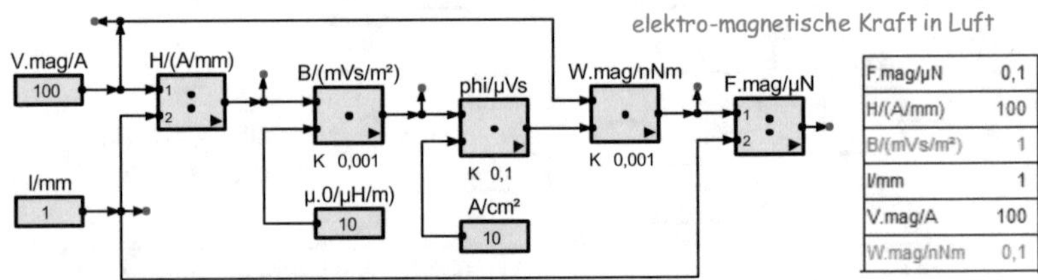


**Abb. 5-432 Kraft auf die Pole eines Magneten, an denen eine magnetische Spannung liegt**

Die magnetische Spannung V.mag in A entspricht der elektrischen Spannung in V. Bei den hier angenommenen Dimensionen sind die elektrischen und mechanischen Kräfte gleich klein. Was sind dann die Vorteile des Magnetismus?

Magnetische Spannungen Θ=N·i lassen sich durch die Windungszahl N vervielfachen.

Magnetische Flüsse lassen sich durch ferromagnetische Materialien vergrößern.

Die Stärke des Elektromagnetismus entsteht durch das Produkt aus Windungszahl N und relativer Permeabilität µ.r: Das Produkt N·µ.r kann über eine Million groß werden. Wie groß die die daraus entstehenden Kräfte und Drehmomente werden können, zeigen die folgenden Beispiele.

**Die Messgrößen einer Spule mit Eisenkern und Luftspalt**
Gegeben sei eine Spule mit geteiltem Ferritkern und einstellbarer Luftspaltlänge l.LS nach Abb. 5-433. Gesucht wird die magnetische Anziehungskraft F.LS zwischen den Kernen als Funktion der Luftspaltlänge l.LS.

Eingestellt wird der **Spulenstrom i** – und zwar so, dass der Eisenkern möglichst weit ausgesteuert wird, ohne in Sättigung zu gehen. Um das zu erkennen, muss die Kraft **F.LS am Luftspalt** als Funktion von i simuliert werden.

Gesucht wird die Verknüpfung aller Messgrößen, die die Kraft F.LS am Luftspalt bestimmen. Das zeigt die folgende Struktur:

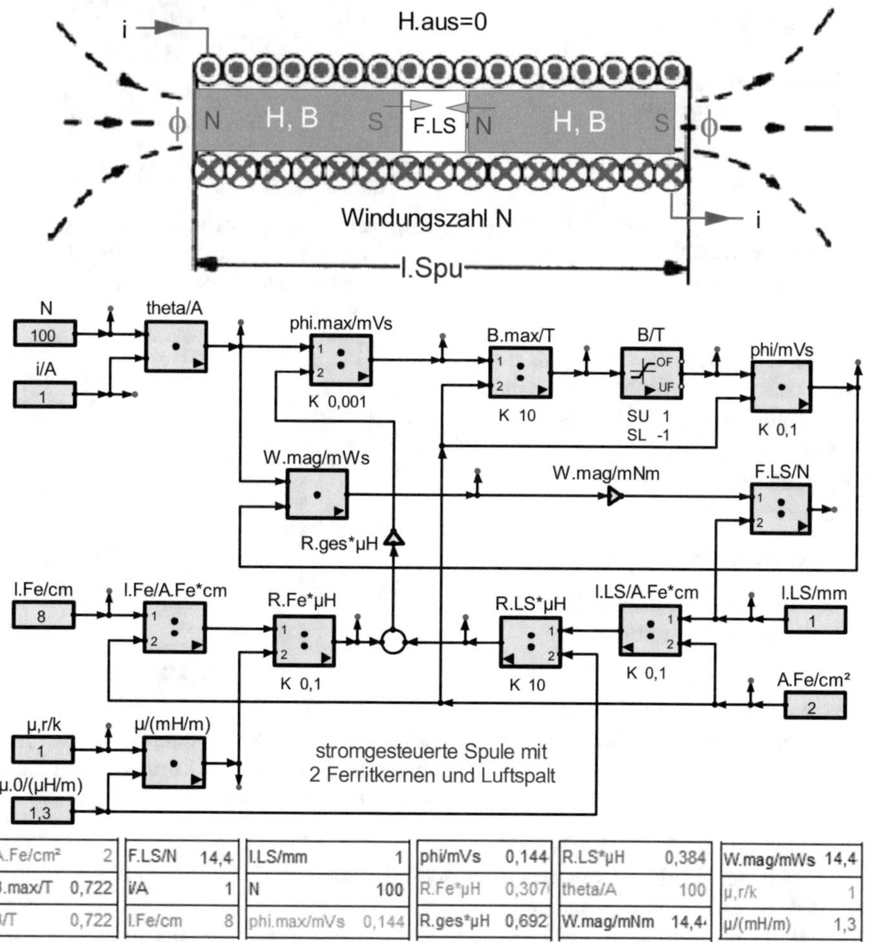


**Abb. 5-433 Berechnung der Kraft auf zwei Eisenkerne, die durch einen Luftspalt (oder ein nicht magnetisierbares Material, wie z.B. Kupfer) getrennt sind**

Die Erläuterungen zu Abb. 5-433 folgen im Anschluss an die Vorstellung der mit ihr erzeugten Kennlinien.

Die beiden nächsten Abbildungen zeigen Kennlinien, die mit der Struktur Abb. 5-433 erzeugt worden sind. Dazu gehören die folgenden Erläuterungen.

Abb. 5-434 zeigt **F.LS und B über dem Spulenstrom i** bei fest eingestellter Luftspaltlänge **l.LS=1mm**. Man sieht, dass der Kern bei i=1,4A in die Sättigung geht.

Bis zur Sättigung steigt die Kraft F.LS am Luftspalt quadratisch mit i an, darüber nur noch linear.

Man sieht, dass der Kern bis zu l.LS=0,5mm in Sättigung ist.

Bei größeren Luftspaltlängen sinkt B nach einer Hyperbelfunktion ab:

$$B \sim 1/l.LS.$$

Abb. 5-435 zeigt **F.LS und B über der Luftspaltlänge l.LS** bei fest eingestelltem **Spulenstrom i=1A**.

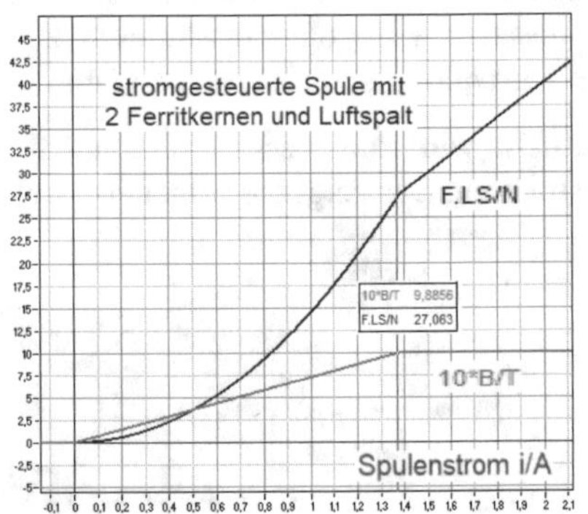


**Abb. 5-434 Bis zur Sättigung steigt die Flussdichte B linear und die Luftspaltkraft F.LS quadratisch mit dem Spulenstrom an.**

Abb. 5-435 zeigt auch, dass die Kraft F.LS mit l.LS stärker als hyperbolisch absinkt. Um die zugehörige Funktion und ihren Exponenten zu erkennen (z.B. $F.LS \sim 1/l.LS^2$), müsste der Verlauf doppel-logarithmisch aufgetragen werden.

Wie das gemacht wird, haben wir in

Bd. 2, Teil 2, Kap. 1.2
‚Bode-Diagramme'

gezeigt.
Hier verzichten wir darauf, weil es zum weiteren Verständnis ohne Bedeutung ist.

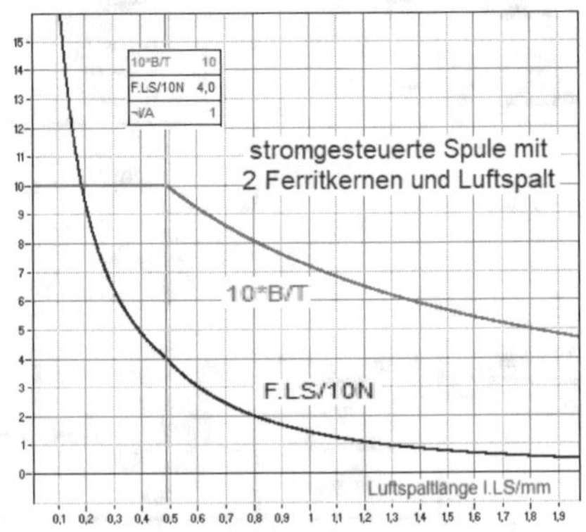


**Abb. 5-435 Bei einem Spulenstrom von 1A endet die Sättigung des Kerns ab einer Luftspaltlänge von 0,5mm.**

Erläuterungen zur Struktur Abb. 5-433:

- Durch den Luftspalt entstehen an den Eisenkernen ein Nord- und ein Südpol, deren Kraft sie zusammenzieht.
- Die Struktur berechnet die magnetische Energie des Luftspalts und daraus die Anziehungskraft $F.LS(\Theta=N\cdot i)$. Sie wird mit steigender Luftspaltlänge l.LS kleiner und steigender Windungszahl N größer.
- Wie stark F.LS ist, hängt außer von $N\cdot i$ noch vom magnetischen Fluss $\phi$ ab. Zu seiner Berechnung muss der magnetische Gesamtwiderstand R.ges aus den Abmessungen und dem Material des Eisenkerns errechnet werden.

**3. Die Kraft auf Spulenkerne mit veränderlichem Luftspalt**

Im nächsten Abschnitt soll ein elektrisches Relais berechnet werden. Bei ihm variiert die Luftspaltlänge je nachdem, ob der Anker angezogen hat oder nicht. Dazu muss bekannt sein, wie groß die magnetische Anziehungskraft in beiden Fällen ist. Das soll nun untersucht werden.

Als Beispiel für eine Spule mit Eisenkern und variablem Luftspalt zeigt Abb. 5-436 eine

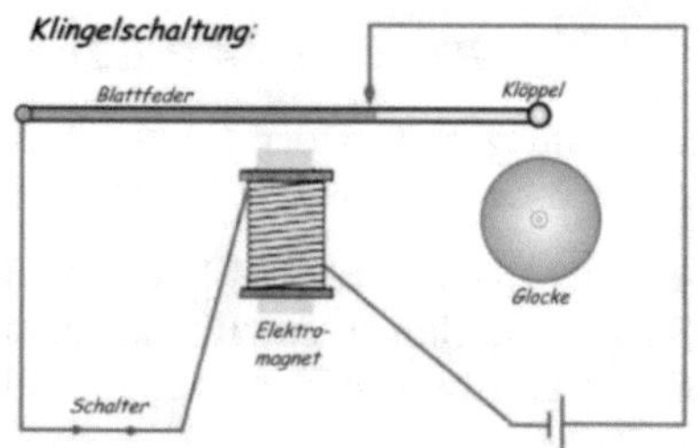


**Abb. 5-436 Klingelschaltung: Der anziehende Klöppel unterbricht den Stromfluss und fällt dadurch immer wieder ab.**

Elektrische Maschinen haben Eisenkerne mit mindestens zwei Luftspalte, damit sich der Anker im Feld des Stators drehen kann. Sie sind das Thema in Bd. 4/7. Hier soll gezeigt werden, dass Motoren und Generatoren umso **kompakter** (d.h. kleiner und leistungsstärker) gebaut werden können, **je schmaler der Luftspalt** zwischen Stator und Rotor (Anker = beweglicher Teil) gebaut wird.

Unterschiedlich ist nur die Nichtlinearität magnetischer Systeme durch Sättigung des Eisenkerns. Zur Simulation magnetisierbarer Systeme werden wir deren Kennlinien in Kapitel 5.2 durch Funktionen beschreiben und Tabellen nachbilden.

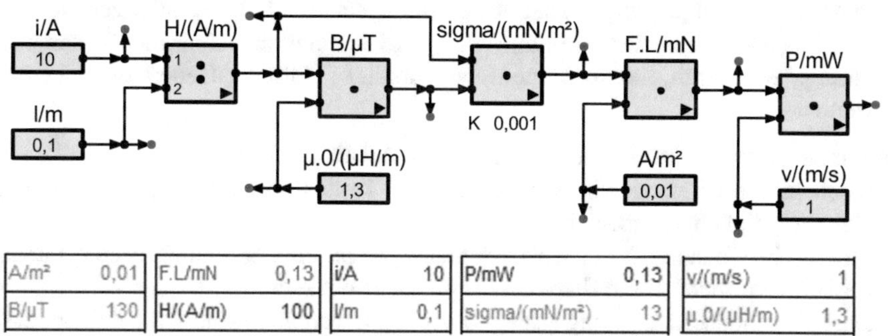


**Abb. 5-437 die Messwerte eines stromdurchflossenen Leiters mit der Länge l und dem Querschnitt A, der mit einer Geschwindigkeit v durch ein magnetisches Feld H gezogen wird**

**Magnetischer Energietransfer durch die Lorentzkraft**

Das folgende Beispiel dient zur Vorbereitung der Berechnung elektrischer Maschinen. Dazu wird eine Leiterschleife quer durch ein magnetisches Feld eines Dauermagneten gezogen. Der Dauermagnet wird dann der Stator, die Leiterschleife ist der Rotor.

**Zur magnetisch transportierten Leistung**

Um elektrische Maschinen planen zu können, muss bekannt sein, wieviel Spannung u.0 in einer Leiterschleife im Leerlauf und wieviel Strom i.K in ihr bei Kurzschluss induziert wird. Daraus folgt die maximale Leistung pro Leiterschleife:

$$P.max = F \cdot v = (u.0/2) \cdot (i.K/2)$$

Da die Leistung P von der Geschwindigkeit v der Schleife abhängt, ist v die unabhängige Variable.

Parameter ist die Flussdichte B des Magneten. Sie wird bei elektrischen Maschinen durch **Dauermagnete oder Statorspulen** erzeugt. Abb. 5-438 zeigt einen Aufbau zur Messung der

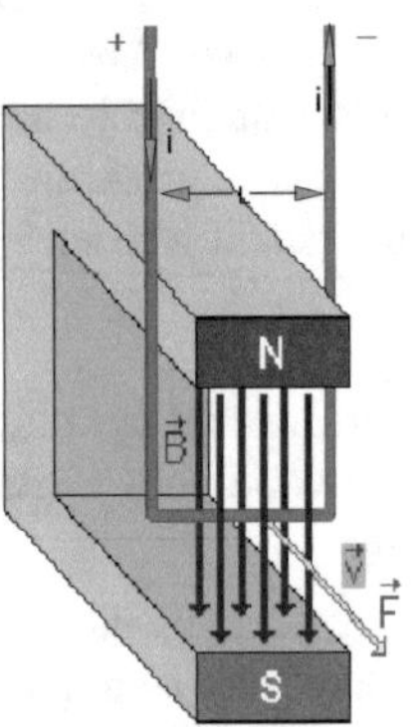


**Abb. 5-438 Kraft auf einen stromdurchflossenen Leiter, der quer durch ein magnetisches Feld gezogen wird**

Elektrische Maschinen (Motoren, Generatoren) sind Wandler von elektrischer in mechanische Energie und umgekehrt. Das transportierende Medium ist ein magnetischer Fluss $\phi$. Er ist ein Maß für die Kraft und Größe einer elektromagnetischen Maschine.
Um Maschinen an die jeweilige Anwendung anpassen zu können, müssen folgende Begriffe bekannt sein: *Kraft F, Energie und Arbeit W und Leistung P.*

Die Begriffe wurden bereits im Absch. 5.2 geklärt. Nun folgt die magnetisch transportierte Leistung P.mag.

- In Absch. 5.4 zeigen wir, wie damit elektromagnetische Messwandler gebaut werden.
- In Bd.4 dieser Reihe zur ‚Strukturbildung und Simulation technischer Systeme' wird gezeigt, wie damit elektromagnetische Wandler (Motoren, Generatoren) berechnet werden.

Definitionen, kurzgefasst: Leistung *P=dW/dt* ist Arbeit pro Zeit.

- Mechanische Leistung wird verrichtet, wenn Kraft F ihren Angriffspunkt mit einer Geschwindigkeit v verschiebt.
- Elektrische Leistung P=u·i wird vollbracht, wenn eine Spannung u eine Ladung q zeitlich verschiebt. Dann fließt ein Strom als Strom i=dq/dt.
- Durch magnetische Leistung P.mag=dW.mag/dt werden magnetische Felder auf- und abgebaut. Sie kann auf zwei Arten berechnet werden:

... entweder mit der Durchflutung Θ=N·i und Windungsspannung u.Wdg=d$\phi$/dt

**Gl. 5-231 P.mag mit Θ und u.Wdg**
$$P.mag = \Theta * \phi/dt = \Theta * u.Wdg$$

… oder mit dem Spulenfluss ψN·$\phi$ und der Ladungsbeschleunigung di/dt=dq/dt²

**Gl. 5-232 P.mag mit ψ und der Ladungsbeschleunigung di/dt**

$$P.mag = N * \phi * di/dt = \psi * dq/dt^2$$

Welche der beiden Alternativen gewählt wird, hängt vom Kontext ab und muss von Fall zu Fall entschieden werden. Kriterium ist die möglichst einfache Erklärung elektromagnetischer Messwandler und Maschinen.

**Zur Funktion mechanischer und elektrischer Maschinen**
Maschinen können mechanisch und elektrisch – statisch und dynamisch – realisiert werden.

**Mechanische Maschinen**
verbrennen einen Treibstoff und erzeugen damit Bewegungsenergie. Abb. 5-439 zeigt den Zylinder eines Explosionsmotors.

1. Bei statischen Speichern (Federn, Kondensatoren) sind die beteiligten Massen und Ladungen in Ruhe (v=0).
2. Bei dynamischen Speichern (Massen, Induktivitäten) werden Massen und Ladungen bewegt (v ≠0).

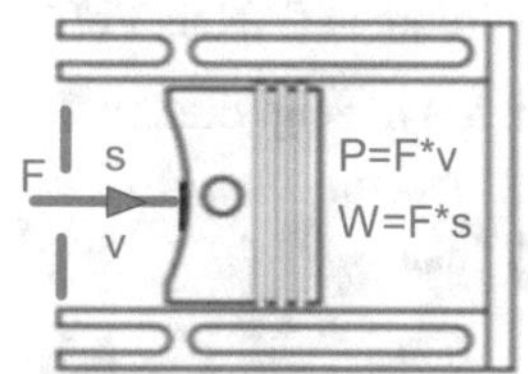


**Abb. 5-439 Verbrennungsmotor = Gasfeder aus Kolben und Zylinder**

Verbrennungsmotoren wurden in Bd. 2, Teil 2, Kap. 2.6 behandelt.

**Elektrische Maschinen**
E-Generatoren sind Wandler von mechanischer in elektrische Energie. Bei E-Motoren ist es umgekehrt.

Abb. 5-440 zeigt eine

**Abb. 5-440 Drehstrom-Schwungrad-Dynamomaschine um 1880 von Siemens u. Halske**

Elektrische Maschinen können als Generatoren (Stromerzeuger) oder Motoren (Krafterzeuger) betrieben werden. Dann wird eine Energiemenge W mit einer Frequenz f periodisch umgesetzt. Das zeigt Abb. 5-441: Ein Energiespeicher W wird pro Umdrehung N-fach (**N=Nutzungsfaktor**) ge- und entladen.

Die dabei umgesetzte Leistung P ist das Produkt aus der gespeicherten Energie W, der Frequenz (f ~ Drehzahl n) und einem Nutzungsfaktor N pro Umdrehung:

**Gl. 5-233 Energiewandlung**

$$\boldsymbol{P = F * v = N * W * f}$$

Anmerkung: Bei elektrischen Maschinen ist die
Umfangsgeschwindigkeit $v = \omega * r$.

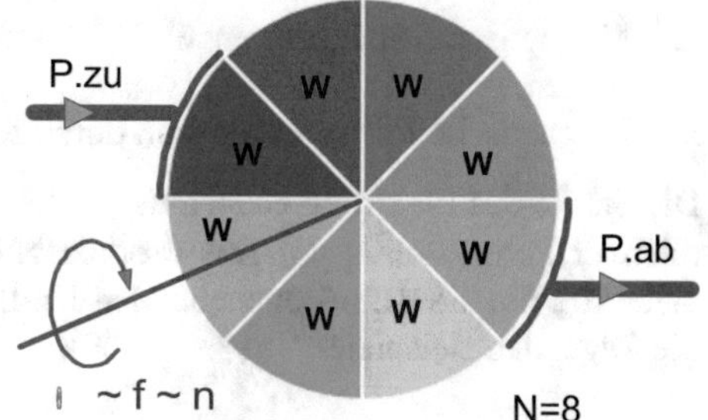


**Abb. 5-441 Prinzip eines Energiewandlers durch portionierten Energiefluss**

Elektrische Maschinen sind das Thema von Bd. 4.

**Zur Leistungsdichte elektrischer Maschinen**

Maschinen (allgemein: Energiewandler) sollen die geforderte Nennleistung möglichst kompakt erbringen, d.h. sie sollen klein und leistungsstark sein. Das Maß für **Kompaktheit** ist die **Leistungsdichte.** Wir definieren sie als Quotienten aus Nennleistung und Volumen (P.Nen/Vol).

Abb. 5-442 zeigt die ...

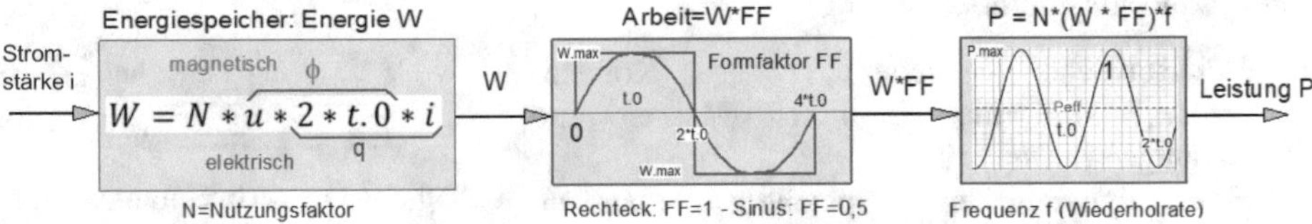


**Abb. 5-442 Berechnung von Arbeit und Leistung eines Energiespeichers, der mit Wechselstrom betrieben wird**

Der Auf- und Abbau magnetischer Energie braucht Zeit. Das macht die Änderung der damit verbundenen Ströme träge. Deshalb entspricht die magnetische Energie der kinetischen Energie bewegter Massen. Die Optimierung elektromagnetischer Vorgänge und die Dimensionierung der dazu benötigten Spulen sind die Themen der folgenden Kapitel.

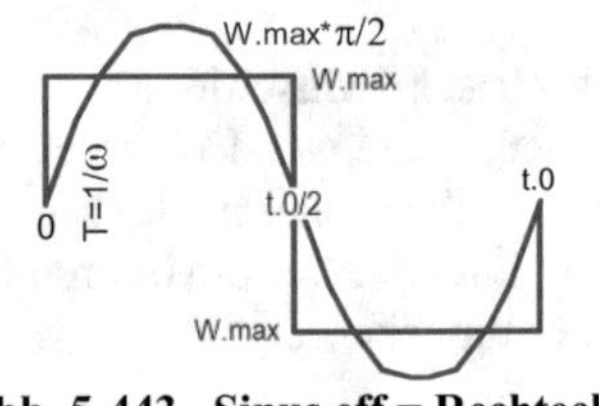


**Abb. 5-443 Sinus.eff = Rechteck**

**Die Vorteile der elektromagnetisch transportierten Leistung**

Durch das magnetische Feld wird eine Leistung P=u·i =F.L·v transportiert.
Leistung wird magnetisch transportiert, wenn die Energie sich zeitlich ändert. Zu ihrer Berechnung werden die magnetisch gespeicherte Energie W.mag und die Frequenz f benötigt.

Die magnetische Spannung V.mag in A entspricht der elektrischen Spannung in V(olt). Bei den hier angenommenen Dimensionen sind die elektrischen und mechanischen Kräfte gleich klein. Was sind dann die Vorteile des Magnetismus?

1. Magnetische Spannungen Θ=N·i lassen sich durch die Windungszahl N vervielfachen.
2. Magnetische Flüsse lassen sich durch ferromagnetische Materialien vergrößern.

Die Stärke des Elektromagnetismus entsteht durch das Produkt aus Windungszahl N und relativer Permeabilität μ.r. Das Produkt N·μ.r kann Werte weit über tausend erreichen. Wie groß die die daraus entstehenden Kräfte und Drehmomente werden können, zeigen die folgenden Beispiele.

**Feldstärken und Kräfte in elektromagnetischen Maschinen**
Durch die Vermittlung des magnetischen Feldes können Energien umgewandelt werden: elektrische Leistung (P.el=u·i) in mechanische und mechanische Leistung (P.mech=F·v) in elektrische. Die Umwandlung funktioniert gleichermaßen in beide Richtungen. Z. B. ist bei Kraftfahrzeugen der Anlasser auch die Lichtmaschine.

Zur Simulation magnetischer Wandler sind die Zusammenhänge zwischen den elektrischen Größen (Spannung u, Strom i) und den mechanischen Größen (Kraft F, Geschwindigkeit v) mit den magnetischen Größen als Vermittler zu berechnen.

Zuvor ist zu klären, welche Größen bei Generatoren und Motoren als Ursache und welche als Wirkung betrachtet werden. Dazu muss festgelegt werden, wie mechanische, elektrische und magnetische Größen positiv gezählt werden.

Die folgende Struktur Abb. 5-444 zeigt, wie aus einer magnetisch gespeicherten Energie W, erzeugt durch die Feldstärke H und Flussdichte B, die Kraft F auf einen stromdurchflossenen Leiter entsteht:

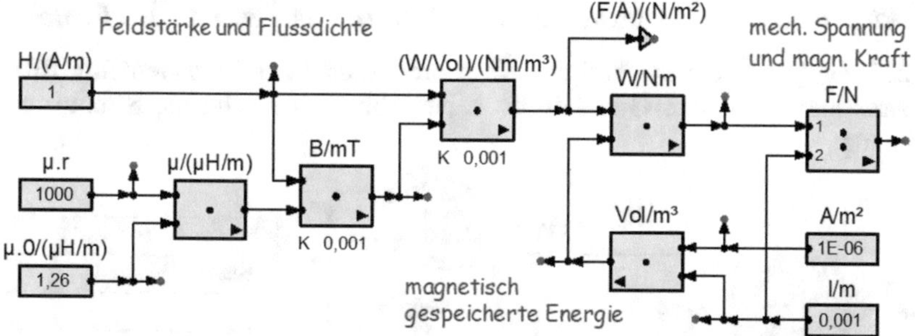


**Abb. 5-444 Berechnung einer magnetischen Kraft F auf stromdurchflossene Leiter durch eine magnetische Feldstärke H: Die Permeabilität μ bestimmt die Flussdichte B und damit die Stärke (den Betrag) von F.**

Damit magnetische Kräfte groß werden, muss die Flussdichte B hoch sein. Wie groß sie bei ferromagnetischen Materialien werden darf, wenn Linearität gefordert wird, entnimmt man der Magnetisierungskennlinie (Abb. 5-296).

Beispiel Dynamoblech: B.max=1T

Dazu gehört die Feldstärke H.max=25A/mm, entsprechend der Permeabilität μ=B/H=40μH/m. Aus μ=μ.0·μ.r folgt die relative Anfangs-Permeabilität μ.r≈3000=3k.

A=1m² und l=1m

| | |
|---|---|
| (F/A)/(N/m²) | 0,00126 |
| H/(A/m) | 1 |
| μ.r | 1000 |
| μ.0/(μH/m) | 1,26 |
| Vol/m³ | 1 |
| F/N | 0,00126 |
| B/mT | 1,26 |
| l/m | 1 |
| A/m² | 1 |
| W/Nm | 0,00126 |

A=1mm² und l=1mm

| | |
|---|---|
| (F/A)/(N/m²) | 0,00126 |
| H/(A/m) | 1 |
| μ.r | 1000 |
| μ.0/(μH/m) | 1,26 |
| Vol/m³ | 1E-09 |
| F/N | 1,26E-09 |
| B/mT | 1,26 |
| l/m | 0,001 |
| A/m² | 1E-06 |
| W/Nm | 1,26E-12 |

**Abb. 5-445 Zahlenwerte zu Abb. 5-444 für zwei ferromagnetische Würfel mit unterschiedlicher Kantenlänge**

Diese allgemeinen Aussagen sollen nun durch Beispiele konkretisiert werden.

**Berechnung der magnetischer Leistungen**

Wie wir unten zeigen werden, ist die magnetische Leistungsdichte W.mag/Vol=B·H. Deshalb ist die in einem Eisenkern gespeicherte Energie dem Eisenvolumen proportional:

**Gl. 5-234** *W.mag = (B·H/2) · Vol* **... mit dem Eisenvolumen Vol=A.Fe·l.Fe.**

Leistung ist Energie pro Zeit: Je öfter die Energie W.mag pro Zeiteinheit umgesetzt wird, desto größer ist die übertragene Leistung. Sie ist der Betriebsfrequenz f bzw. der Geschwindigkeit v proportional:

**Gl. 5-235 Ummagnetisierungsleistung** $P.mag = W.mag * f = F.mag * v$

**Elektromagnetische Kräfte** auf eine Leiterschleife sind das Produkt aus **magnetischem Fluss ϕ und elektrischer Feldstärke H:**

**Gl. 5-236 Basisgleichung der magnetischen Kraft** $\boldsymbol{F.mag = \phi * H}$

Mit ϕ=B·A und H=i/l erhalten wir die Gleichung zur

**Gl. 5-237 Berechnung magnetischer Kräfte** $\boldsymbol{F.mag = A * \sigma = A * B * V.mag/l.LS}$

Gl. 5-237 zeigt, dass die magnetische Kraft proportional zur **Energiedichte B·H/2** des Eisenkerns und zu seinem **Querschnitt A** ist. Abb. 5-446 zeigt die Struktur zu ihrer Berechnung:

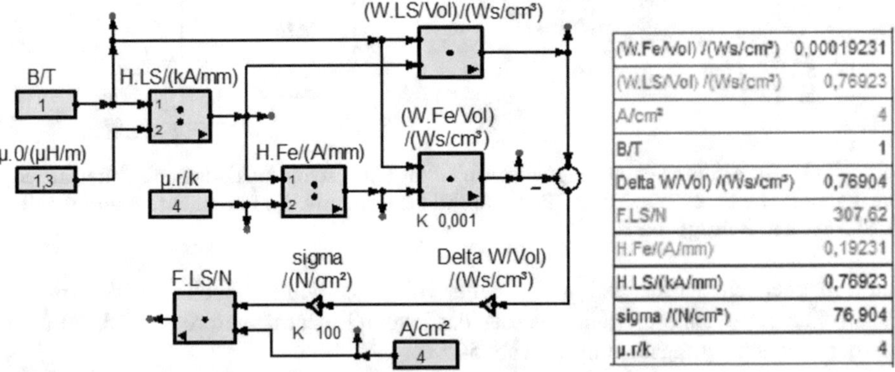


| | |
|---|---|
| (W.Fe/Vol) /(Ws/cm³) | 0,00019231 |
| (W.LS/Vol) /(Ws/cm³) | 0,76923 |
| A/cm² | 4 |
| B/T | 1 |
| Delta W/Vol) /(Ws/cm³) | 0,76904 |
| F.LS/N | 307,62 |
| H.Fe/(A/mm) | 0,19231 |
| H.LS/(kA/mm) | 0,76923 |
| sigma /(N/cm²) | 76,904 |
| μ.r/k | 4 |

**Abb. 5-446 Berechnung der Kraft am Luftspalt eines Eisenkerns**

Abb. 5-446 ist die Grundlage zur Berechnung magnetischer Wandler (Motoren, Generatoren, Sensoren und Messwerke). Beispiele dazu folgen in den nächsten Abschnitten. Zu deren Verständnis soll simuliert werden, wie die Kraft F.LS am Luftspalt von seiner Länge l.LS und seinem Querschnitt A abhängt.

## Simulation magnetischer Kräfte

In verlustfreien Systemen ist die magnetische Energie **W.mag=ϕ·Θ** (Fluss ϕ mal Durchflutung Θ=N·i) gleich der mechanischen Energie **W.mech=F·x** (Kraft mal Weg). Das zeigt Abb. 5-448, in der die Kräfte am Luftspalt eines Eisenkerns durch den Spulenstrom i berechnet werden.

Durch die Gleichsetzung beider Energien und Ersetzen von Θ/x=H durch die Feldstärke H erhält man die allgemeine Gleichung zur Berechnung magnetischer Kräfte. Sie sind immer das Produkt aus Feldstärke und magnetischem Fluss:

**Gl. 5-238 Kraft und magnetische Feldstärke**

$$F.mag = \phi * \mathrm{H} \; - \; in\, Vs * A/m = N$$

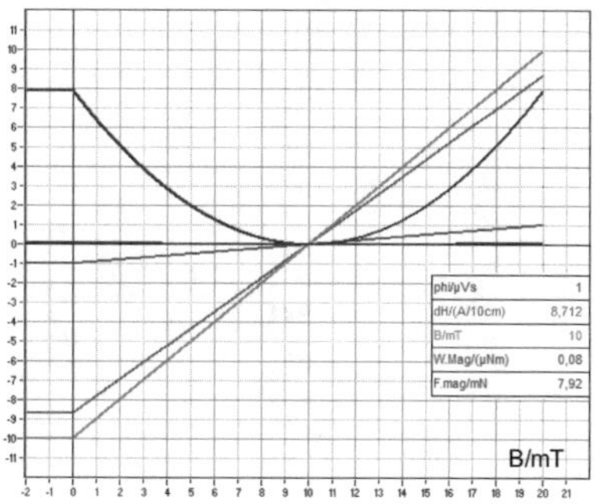


**Abb. 5-447 Magnetische Kräfte steigen mit dem Quadrat der Flussdichte B an – und damit auch mit dem Quadrat des Spulenstroms.**

Bei Eisenkernen mit Luftspalt (LS) bestimmt dieser mit seiner Länge l.LS den magnetischen Fluss.ϕ=B·A. Er ist proportional zur Feldstärke H=Θ/l.LS. Beides in die F.mag-Gleichung Gl. 5-238 eingesetzt ergibt den Zusammenhang

**Gl. 5-239 magnetische Kraft und Flussdichte** $F.mag \; = B^2 * A/2\mu$

Elektromagnetische Kräfte F.mag

- steigen mit dem Quadrat der Flussdichte B an. Deshalb ist ihre Richtung unabhängig von der Richtung des erzeugenden Stroms und
- sind proportional zur vom Strom umfassten Fläche A.

Beides ist bei der Konstruktion elektrischer Maschinen von Bedeutung (Bd. 4/7).

Die folgende Struktur Abb. 5-448 zeigt die Einzelheiten der magnetischen Kraftberechnung für den Fall, dass die Flussdichte B gefordert wird.

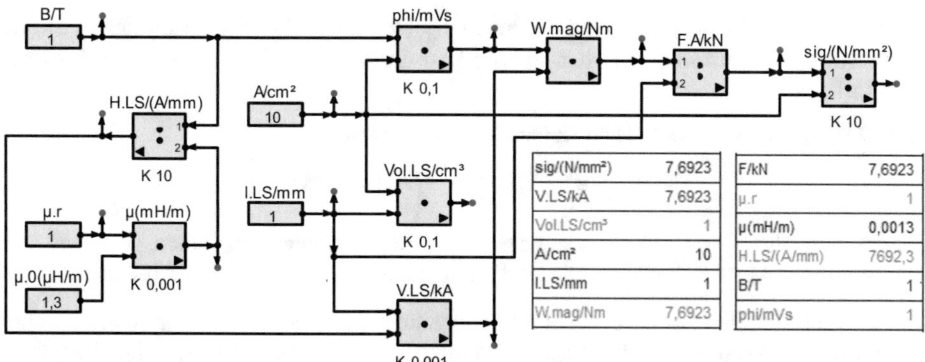


**Abb. 5-448 Berechnung magnetischer Kräfte – hier für eine Flussdichte B=1T bei einer gesamten Luftspaltlänge l.LS=1mm**

Erläuterungen zur Struktur der magnetischen Kräfte:
Die angegebenen Zahlenwerte beziehen sich auf eine **Flussdichte B=1T** und eine **Luftspaltlänge von 2·0,5mm=1mm**. Die geforderte Flussdichte B (hier 1T) bestimmt die **Feldstärke im Luftspalt** H.LS=B/μ.0 (hier H.LS=7,7kA/mm).

Abb. 5-449 zeigt den quadratischen Abfall der magnetischen Anziehungskraft mit wachsendem Abstand:

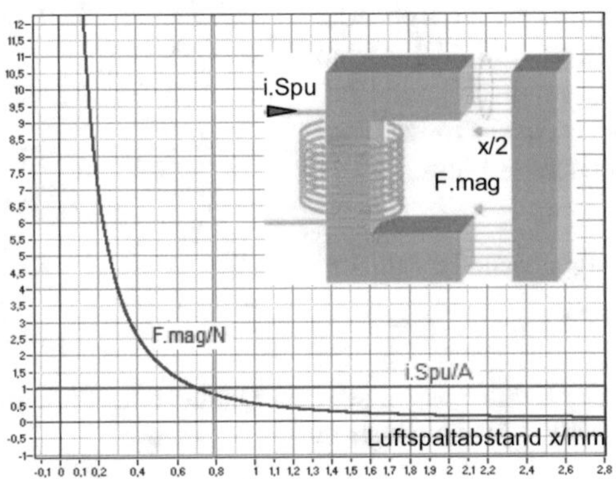


**Abb. 5-449 Je schmaler der Luftspalt, desto größer wird die magnetische Anziehungskraft.**

Die **Luftspaltlänge l.LS** (hier 1mm) bestimmt die magnetische Spannung V.LS am Luftspalt: *V.LS=H.LS·l.LS* (hier V.LS=7,7kA).

Wegen der hohen Permeabilität des Eisens bestimmt der Luftspalt den magnetischen Widerstand des Ankerkreises und damit die durch die Ankerspule aufzubringende **Durchflutung Θ≈V.LS·l.LS** (hier V.LS=7,7kA).

Die Durchflutung Θ=N·i ist das Produkt aus **Windungszahl N und Spulenstrom i.** Wie diese ermittelt werden, zeigen wir bei der Spulendimensionierung.

Zur Berechnung der

**Gl. 5-240 Ankerkraft** $F.A = W.mag\,/\,l.LS$

(hier 7700N≈785kp) benötigt man die magnetische Energie W.mag im Luftspalt. Sie ist das Produkt aus dem magnetischen Fluss ϕ und der magnetischen Spannung V.LS über dem Luftspalt.

**Gl. 5-241 magnetische Energie im Luftspalt eines Magneten**

$$W.mag = \phi \cdot V.LS \approx \phi \cdot \Theta - \textbf{ in Vs·A = Nm}$$

Wenn sich die Pole von Stator und Rotor nicht gegenüber stehen, entsteht ein **Drehmoment** M.A=F.A x l.LS. Diesen Fall behandeln wir im nächsten Abschnitt.

Der magnetische Fluss ϕ=B·A (hier 1mVs) berechnet sich aus der geforderten Flussdichte B und dem **Eisenquerschnitt A** (hier 10cm²). Wie zu erwarten war, zeigt dies, dass magnetische Systeme umso stärker werden, je größer der magnetische Querschnitt A ist.

**Wie können magnetische Kräfte gemessen werden?**
Um zu zeigen, wie **magnetische Kräfte als Funktion des Spulenstroms** und der **Luftspaltlänge** gemessen werden, wählen wir einen magnetischen Kern, dessen Luftspaltabstand durch die Kraft eines Elektromagneten eingestellt wird. Zur Messung der Magnetkraft F.mag=F.F=k.F·x als Funktion der Auslenkung x muss die Federkonstante k.F bekannt sein. Sie kann gemessen oder berechnet werden. Hier soll die Federkraft F.F=k.F· **Δl** durch einen magnetisch leitenden Blechstreifen erzeugt werden.

Zur Auswahl des Streifenmaterials und Berechnung seiner **Federkonstante k.F=F.F/Δl (in N/mm)** muss als Materialkonstante das **Elastizitätsmodul E.Mod** angegeben werden.

**Gl. 5-242 Definition und Berechnung des E-Moduls**

$$E.Mod = \frac{\sigma}{\varepsilon} = \frac{F.F/A}{\Delta l/l} = k.F * \frac{l}{A}$$

Länge l und Querschnitt A des federnden Materials sind durch die Anwendung gegeben, k.F wird gefordert. Damit lässt sich das E.Mod nach Gl. 5-242 berechnen.

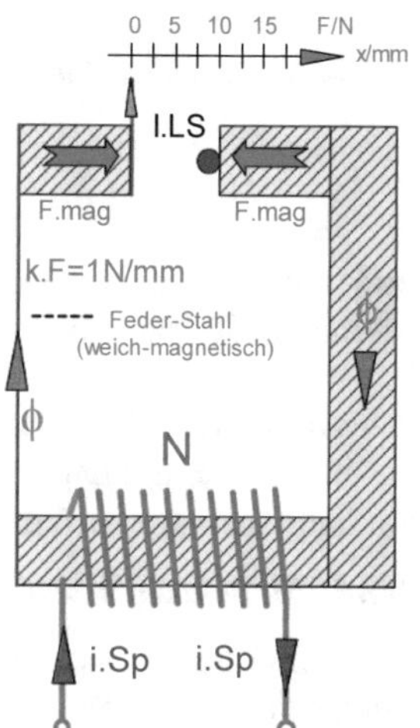


**Abb. 5-450 Spule mit federndem Eisenkern: Die dazu angegebenen Messgrößen für den angezogenen Zustand (A) und den abgefallenen Zustand (B) werden durch die Struktur Abb. 5-455 berechnet.**

**Berechnung der Kraft am Luftspalt eines Eisenkerns**
Die Kraft auf den Luftspalt magnetisierbarer Spulenkerne ist infolge Influenz immer anziehend (Gesetz des kleinsten Zwanges = Minimierung der Energiedichte). Dadurch wird der magnetische Widerstand minimiert und die Induktivität der Spule maximiert. Im Beispiel wirkt die Kraft so, dass der Luftspalt verkleinert wird.

Weil der Anker zwei Anschläge hat, sind zwei Fälle zu unterscheiden:

*Der Anker hat angezogen oder ist abgefallen.*

Die dazu gehörenden Spulenströme sind leicht zu messen, die entsprechenden Kräfte nicht. Deshalb sollen nun die Kräfte des Relais beim Ein- und Ausschalten berechnet werden. Berechnungsgrundlage ist die Struktur der Abb. 5-448.

Zunächst benötigen wir den Zusammenhang zwischen den Feldstärken H.LS im Luftspalt und den Kräften F.mag=ϕ·H am Luftspalt. Mit ϕ=B·A und B=μ.0·H wird

**Gl. 5-243 die Kraft an einem Luftspalt** $F.LS = H^2 \cdot \mu.0 \cdot A$

Gl. 5-243 zeigt, dass **elektromagnetische Kräfte F.mag** quadratisch mit der Feldstärke H am Luftspalt zunehmen. Da H~i.Spu proportional zum Spulenstrom ist, ist F.mag unabhängig von der Stromrichtung **immer anziehend** (das Kennzeichen magnetischer Influenz auf para- und ferromagnetischen Materialien). Deshalb können Kraftspulen mit Gleich- und mit Wechselstrom betrieben werden.

**Kraft und Feldstärke am Luftspalt**

Aus Gl. 5-243 folgt, dass die Feldstärke H.LS nur mit der Wurzel aus der magnetischen Kraft (die immer anziehend=positiv ist) zunimmt:

$$H.LS(F.mag) = \sqrt{F.\text{LS}/(\mu.0 * A)} = \sqrt{\frac{F.\text{LS}/N}{A/cm^2}} * \sqrt{N/(\mu.0 * cm^2)}$$

Mit μ.0=1,26μVs/Am wird der Einheitenfaktor $k.Ein = \sqrt{N/\mu.0 * cm^2} = 90A/mm.$

Damit errechnet sich allgemein die

**Gl. 5-244 Feldstärke am Luftspalt** $$H.LS(F.mag) = 90\frac{A}{mm} * \sqrt{\frac{F.\text{L}/N}{A/cm^2}}$$

Zahlenwerte: Die **Ankerfläche** sei **A=4cm².** Damit wird

$$H.LS(F.mag) = \Theta/l.LS = 45\,A/mm * \sqrt{F.mag/N}$$

Das heißt: Pro Newton und mm Luftspalt muss die Spule eine Durchflutung $\Theta$=N·i=45A aufbringen. Soll sie z.B. mit **0,1A** betrieben werden, muss ihre Windungszahl **N=450** sein.

**Elektromagnetische Kraftübertragung**

Die induzierte Spannung u.L einer Spule mit N Windungen ist das N-fache der Windungsspannung u.Wdg=dϕ/dt:

**Abb. 5-451 induzierte Spulenspannung** $u.L = N \cdot u.Wdg = N \cdot d\phi/dt = L \cdot di/dt$

Die Proportionalitätskonstante zur Berechnung induzierter Spannungen aus der Ladungsbeschleunigung di/dt heißt **Induktivität L**. L ist das Maß für die Fähigkeit einer Spule, bei Stromänderung Spannung zu erzeugen (induzieren). Die Berechnung von Induktivitäten als Funktion des Materials und seinen Abmessungen folgt unter 4.7.

Durch elektrischen Strom i und magnetischen Fluss ϕ entsteht die gespeicherte magnetische Energie. Mechanisch erscheint sie als Produkt aus Kraft F.mag und Weg x:

**Gl. 5-245** **W.mag** = F.mag·x = ∫ i·u.L·d t = i · ∫ u.L·d t =**N· i · ϕ** - in A·Vs = Ws = Nm

Aus der magnetischen Energie folgt zweierlei:

1. Spannungen werden bei **zeitlicher Flussänderung** u.Wdg = dϕ/dt induziert. Induzierte Spannungen waren das Thema von Absch. 5.3.
2. Magnetische Kräfte entstehen bei **örtlicher Energieänderung** F.mag = dW.mag/dx. Wir behandeln sie in diesem Abschnitt.
3. Magnetische Drehmomente entstehen, wenn magnetische Kräfte in einem Abstand von einem Drehpunkt angreifen. Sie sind das Thema von Absch. 5.9.

Grundlage zur Berechnung elektromagnetischer Systeme ist die

**Gl. 5-214 Lorentzkraft** $\boldsymbol{\vec{F}.L = q * (\vec{v}x\vec{B})}$ (aus Absch. 5.8.1).

Wir werden sie zu den Simulationen in den folgenden Anwendungen benötigen.

**Zur Analogie zwischen elektrischem Strom und magnetischem Fluss**

Ströme i sind leicht messbar, magnetische Flüsse ϕ nicht. Deshalb wird in Abschnitt 5.3 gezeigt, wie ϕ simuliert wird. In Abschnitt 5.4 zeigen wir die Berechnung von ϕ=(L/N)·i.L aus dem Spulenstrom i.L. Dadurch werden magnetische Systeme genau wie elektrische Schaltungen berechenbar.

**Messung magnetischer Kräfte**

Magnetische Kräfte können mit magnetisierbaren Federn gemessen werden.

Abb. 5-452 zeigt eine Kraftmessung mit einem weichmagnetischen Blechstreifen als Rückstellfeder. Durch sie kann von der Änderung der Luftspaltlänge l.LS=x auf die wirkende Kraft F geschlossen werden, wenn die

**Federkonstante** *k.F = F / x ... z.B. in N/mm*

bekannt ist.

k.F dient zur Berechnung der Federkraft als Funktion der Auslenkung x:

**Gl. 5-246** $F.F = k.F \cdot x$

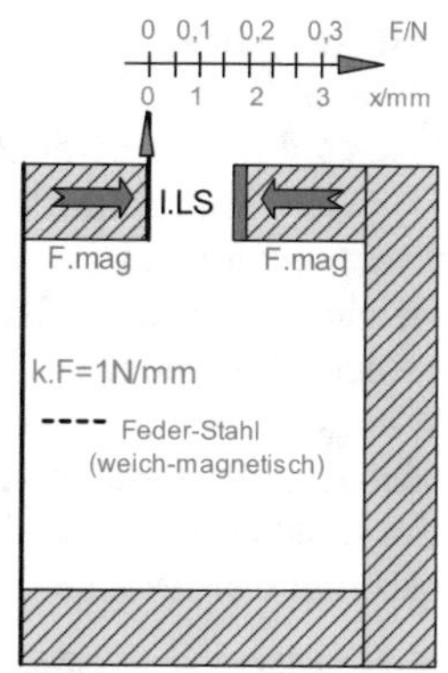


**Abb. 5-452 offener magnetischer Kreis mit der Möglichkeit, die Kraft auf den Luftspalt zu messen**

**Die Federkonstante eines Blechstreifens**

Wie mit dem E-Modul die Federkonstante k.F=F/x eines Blechstreifens berechnet werden kann, finden wir in der Formelsammlung Gieck als Gleichung q 29 (siehe Abb. 5-453 ).

Die Federkonstante k.F=F/x ergibt sich aus dem **Hook'schen Gesetz:** $\sigma$ **= E.mod·** $\varepsilon$ ...
... mit der **mechanischen Spannung** $\sigma$**=F/A,** der Dehnung $\varepsilon$=x/l und dem **Elastizitäts-Modul E.mod** (Tab. 5-28).

Das E-Modul ist eine Konstante zur Beschreibung der Dehnbarkeit eines Materials. Es wird von Herstellern in GPa angegeben.

$$GPa = 10^9 N/m^2 = kN/mm^2$$

Die Daten zur Berechnung eines weichmagnetischen Blechstreifens finden wir z.B. bei der Fa.

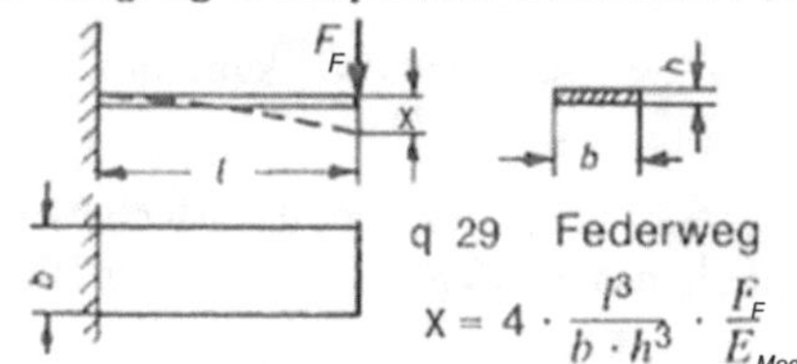


**Abb. 5-453 Kraft und Weg einer auf Biegung beanspruchten Feder**

Weichmagnetische Eisen-Nickel-Legierungen

**Abb. 5-454 weichmagnetische Metallfolie (FeNi-Legierung)**

**Berechnung einer Federkonstante**

Zu dem Kraftmesser mit einer magnetisierbaren Feder sind drei Fragen zu beantworten:

1. Wie berechnet man k.F aus den Abmessungen des Blechstreifens und seinem Material?
2. Wie kalibriert man die Feder?
   Da hier Magnetkräfte im Bereich N(ewton) erzeugt werden sollen und die Auslenkung x bei 1mm liegt, soll k.F im Bereich N/mm liegen. Solch eine Feder aus weichmagnetischem Stahl ist zu beschaffen. Die dazu nötigen Angaben müssen zuvor berechnet werden.
3. Wie groß ist die Restkraft F.R durch Remanenz des weichmagnetischen Materials nach einer Magnetisierung? Diese Restkraft begrenzt den Messbereich nach unten. Bei Relais bewirkt sie das ‚Kleben' des Ankers. Ob diese Gefahr besteht und wie sie beseitigt werden kann, muss geklärt werden.

**Tab. 5-28 Diese von der Fa. AUERHAMMER angegebenen Daten werden zur Berechnung weichmagnetischer Federbleche benötigt, z.B. aus Normaperm.**

| AMW -BEZEICHNUNG | DICHTE | $B_s$ | $H_c$ | $\mu/\mu_0$ | $\mu_{max}$ | E-MODUL |
|---|---|---|---|---|---|---|
| | | | | Gemessen an Ringbandkernen Banddicke 0,2 mm | | |
| | g/cm³ | T | A/m | DC-/AC-WERTE | DC-/AC-WERTE | GPa |
| Normaperm | 8,2 | 1,2 | 10 | 6000/5000 | 25000/20000 | 135 |

Die Umstellung von Gl. 5-242 ergibt die Berechnung der Federkonstante:

**Gl. 5-247 mechanische Federkonstante** $$k.F = F.F/x = E.mod * (b/4 * (h/l)^3)$$

Zahlenwerte:

Gewählt wird z.B. die Dicke des Blechs: h=1mm und seine Breite: b=10mm. Dann kann die Federkonstante durch die Länge des Bleches eingestellt werden.

Die folgende Berechnung zeigt, dass sich bei l=70mm die gewünschte Federkonstante k.F≈1N/mm ergibt:

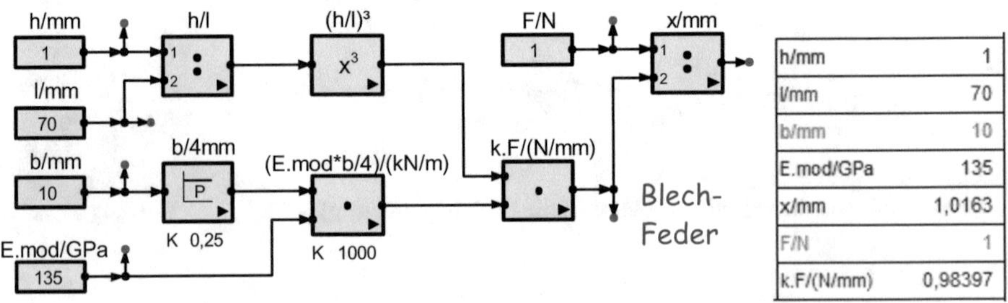


**Abb. 5-455 Berechnung der Federkonstante k.F einer Blechfeder: Die Auslenkung x ist proportional zur Kraft F und umgekehrt-proportional zu k.F.**

## 5.8.4 Elektromagnetische Bremse

Bei Scheibenbremsen wird die Bremskraft über ein Pedal mechanisch erzeugt. Diese Kraft wird bei elektromagnetischen Bremsen durch die Kraft einer Spule ersetzt. Die Bremsleistung wird in beiden Fällen in Reibungswärme umgesetzt.

Eine Alternative zur elektromagnetischen Bremse ist die Wirbelstrombremse. Bei ihr wird die Bremsleistung zur Stromerzeugung ausgenutzt. Wir behandeln sie in Absch. 5.8.4.

Elektromagnetische Kupplungen zwischen Motor und Fahrwerk funktionieren nach dem gleichen Prinzip wie die nun beschriebenen Bremsen.

Um die Daten der Komponenten einer Magnetbremse zu ermitteln, soll sie simuliert werden. Dazu muss zuerst ihre Funktionsweise erklärt werden.

**Abb. 5-456 elektromagnetische Bremse mit Spule, Anker- und Spulenscheibe**

Quelle: http://www.suco.de/antriebstechnik/elektromagnet_kupplungen_und_bremsen/b-typ.php

**Aufbau und Funktion der elektromagnetischen Bremse**

Die Elektromagnetbremse besteht aus einem Spulenkörper mit eingegossener Magnetspule und einer Ankerscheibe, die mit der Federscheibe vernietet ist. Der Reibbelag ist direkt in den Spulenkörper eingearbeitet. Der Spulenkörper muss zentriert zur Abriebseite montiert werden.

Der Bremsbelag wird durch eine Feder von der Ankerscheibe auf Abstand gehalten. Je nach Größe der Bremse muss zwischen Reibbelag und Ankerscheibe ein Luftspalt von 0,2 bis 0,5 mm eingehalten werden.

Wird der Spulenstrom eingeschaltet, zieht der Anker an. Die dann entstehende Reibungskraft (Bremswirkung) ist proportional zum Spulen-strom i.Sp und der Umfangsgeschwindigkeit v der Federscheibe.

Durch elektrisch betriebene Bremsen lassen sich auch größte Fahrzeuge fast ohne manuellen Kraftaufwand bremsen. Durch sie lässt sich der Bremsvorgang automatisieren.

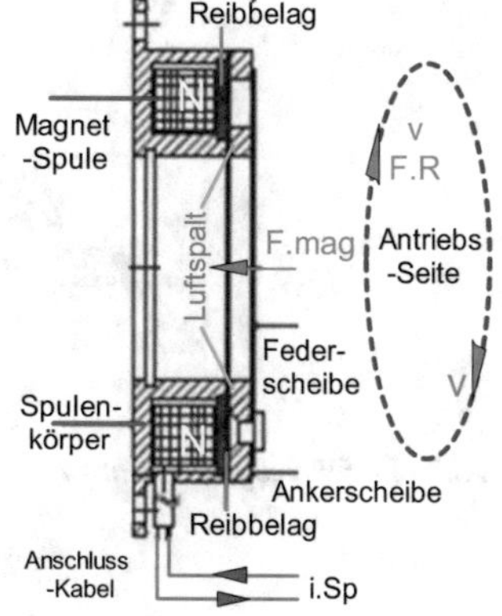


**Abb. 5-457 elektromagnetische Bremse**

Zur Simulation der Magnetbremse muss bekannt sein, welche Kräfte an ihr wirken. Das klären wir zuerst.

**Die Daten einer Magnetpulverkupplung**

Die Kupplung besteht aus zwei konzentrischen Teilen:
einem Eingangsteil mit der Spule und in seinem Inneren, getrennt durch einen ringförmigen Zwischenraum, dem internen Rotor bzw. Ausgangsteil.

Der ringförmige Zwischenraum enthält (Eisen-) Magnetpulver, welches durch das Ansprechen der Spule aktiviert wird.

Max. Drehmoment 12 Nm
Restdrehmoment 0,06 Nm oder 5% vom Max
Max. Stromaufnahme 1 A
Widerstand bei 20 °C 24 Ohm
Spannung 24 V (PWM)
Verlustleistung 80 W
Verlustleistung mit Radiator 160 W
Verlustleistung mit Lüfter 1350 W
Verlustleistung der Kupplung
bei 500 U/min. 140 W
mit Radiator bei 500 U/min. 400 W
Verlustleistung der Kupplung
bei 1000 U/min. 180 W
mit Radiator bei 1000 U/min. 560 W
U/min. min.-max. 40-2000
Max. Arbeitstemperatur 70 °C
Masse W ( weight) = 2,5kg

Quelle: http://www.ibd-wt.de/leistungen-produkte/bremsen/magnetpulverbremsen-und-kupplungen.html

**Abb. 5-458 Bei einer Magnetkupplung ist das Reibmoment durch die Stromstärke einstellbar**

Abb. 5-459 zeigt die ...

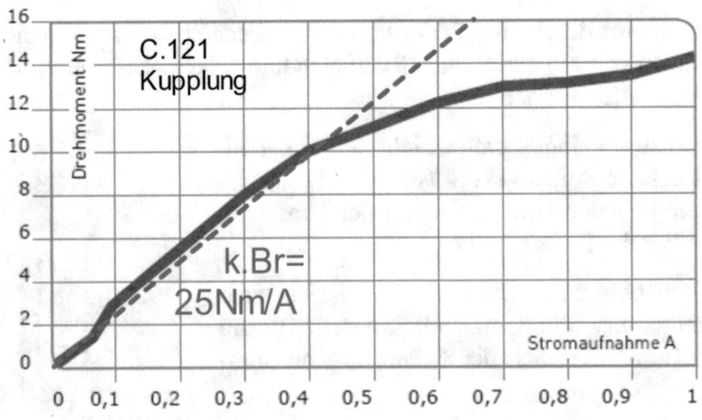


**Abb. 5-459 Kennlinie einer Magnetkupplung: Sie ähnelt der einer Magnetbremse**

**Die auf eine Federscheibe wirkende Kraft**

Auf die Bremsbeläge der Federscheibe wirken zwei Kräfte:

- Die Reibungskräfte F.R auf dem Umfang der Scheibe sind proportional zur Umfangsgeschwindigkeit v und der Fläche
  A.Br=l.Br·b.Br der Bremsbeläge:
  *F.Rbg=c.R·A.Br·v.*

Darin ist c.R eine auf die Fläche bezogene Materialkonstante.

- In radialer Richtung wirkt die magnetische Anziehungskraft
  *F.mag = B·l.Sp·Θ*

mit der magnetischen Durchflutung Θ=N·i.Sp und der Spulenlänge l.Sp.

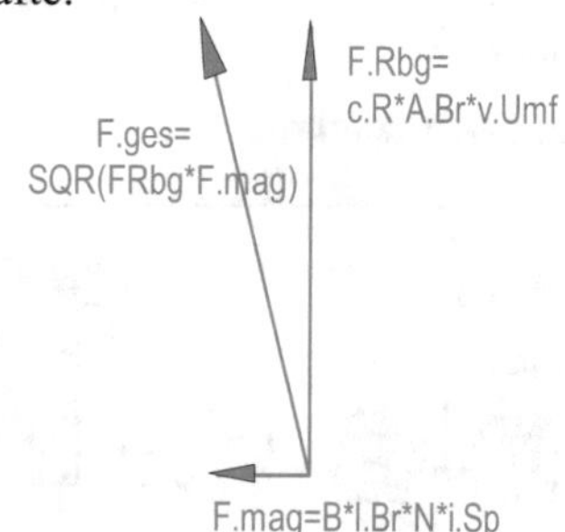


**Abb. 5-460 Die Kraft einer Magnetbremse ist das geometrische Mittel der Reibungs- und der Magnetkraft.**

Für die Abbremsung der Federscheibe muss die Gesamtkraft F.ges aus der Reibungskraft F.R und der Magnetkraft F.mag gebildet werden. F.ges wird null, wenn eine der beiden Kräfte null ist – d.h., wenn die Geschwindigkeit v=0 oder der Spulenstrom i.Sp=0 ist. Diese Forderung erfüllt nur das geometrische Mittel aus beiden Kräften:

**Gl. 5-248 magnetische Bremskraft**

$$F.ges = \sqrt{F.Rbg * F.mag} \sim \sqrt{v * i.Sp}$$

**Die Struktur einer Magnetbremse**

Die Struktur der Magnetbremse zeigt, wie F.ges die Bremsscheibe – und damit die Masse m des an ihr befestigten Rades – verzögert. Aus der negativen Beschleunigung a=F.ges/m errechnet sich die Geschwindigkeitsabnahme dv. Weitere Einzelheiten der Berechnung werden hier erklärt.

Erläuterungen zur Struktur Abb. 5-461 des Bremsmagneten:

1. Links erkennen Sie die vorher beschriebene Bildung des geometrischen Mittels aus der Reibungs- und der Magnetkraft.
2. Unten erfolgt die Berechnung der Magnetkraft F.mag=B·l.Sp·N·i.Spmit der Flussdichte B=μ.0·H.LS (LS für Luftspalt)mit der Feldstärke im Luftspalt H.LS=Θ/l.LS mit der Länge des Luftspalts l.LS, hier 0,3mm und der Durchflutung Θ=N·i.sp mit dem Spulenstrom i.Sp, hier 10A und
3. der Windungszahl N.Sp, hier 50 für B.max=1,3T.
4. In der oberen Zeile wird die Bremsleistung P.Br=F.R·v berechnet.
   Mit der Geschwindigkeit v der Bremsbeläge errechnet sich die Reibungskraft F.Rbg=c.R·v (siehe Abb. 5-460).
5. Oben rechts in Abb. 5-461 wird die induzierte Spannung als N-faches der Windungsspannung u.Wdg=B·l.Sp·v berechnet: u.L=N·U.Wdg. Aus u.L und i.Sp ergibt sich die beim Abbau des magnetischen Feldes frei werdende Leistung.
6. Die Bremsleistung P.Br= F.Rbg·v erzeugt Abrieb, erwärmt die Bremsscheibe und wird als Wärmestrahlung abgegeben (meist infrarot). Sie kann bei Funkenbildung auch als sichtbares Licht abgestrahlt werden.

Bei ständig eingeschaltetem Strom i.Sp würde die Geschwindigkeit v mit der Zeit gegen null gehen. Dann kann i.Sp abgeschaltet werden, denn bei v=0 verschwindet auch die Bremswirkung.

Abb. 5-461 zeigt die ...

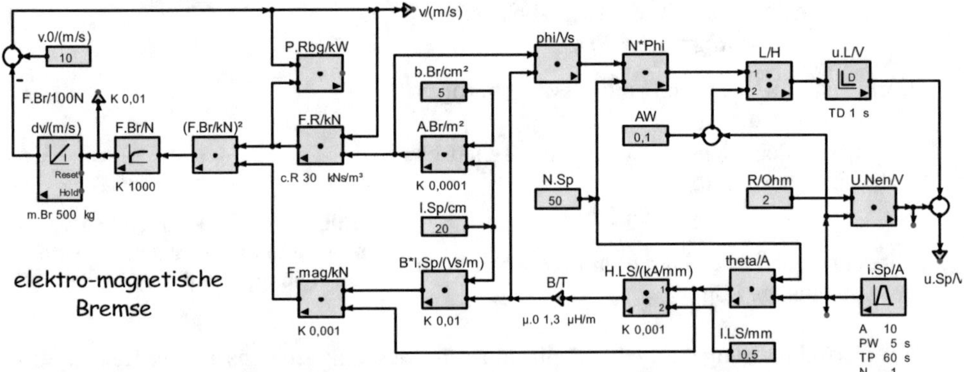


**Abb. 5-461 Simulation einer Magnetbremse: Berechnet werden alle Messgrößen zur Ermittlung der Geschwindigkeit v (oben) als Funktion des Spulenstroms i.Sp (rechts unten).**

Die Simulationsergebnisse zu Abb. 5-461:
Die folgende Abbildung zeigt den Verlauf der Geschwindigkeit v für den Fall, dass ein Spulenstrom i.Sp=10A für 5s eingeschaltet wird. Dadurch sinkt die Geschwindigkeit v von ihrem Anfangswert v.0=10m/s auf 6m/s ab.

Die folgende Abbildung Abb. 5-462 zeigt den Verlauf der Geschwindigkeit v für den Fall, dass ein Spulenstrom i.Sp=10A für 5s eingeschaltet wird. Dadurch sinkt die Geschwindigkeit v von ihrem Anfangswert v.0=10m/s auf 6m/s ab.

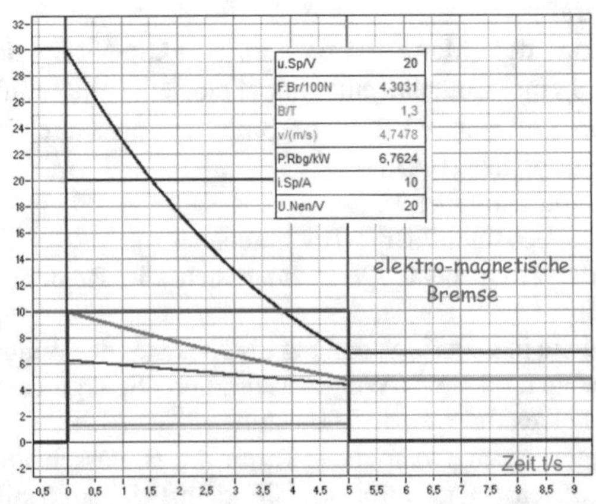


Zeit t=5s

| | |
|---|---|
| B/T | 1,3 |
| v/(m/s) | 4,8258 |
| P.Rbg/kW | 6,9866 |
| F.R/kN | 1,4477 |
| F.mag/kN | 0,13 |
| i.Sp/A | 10 |
| L/mH | 65 |
| U.Nen/V | 10 |
| H.LS/(kA/mm) | 1 |
| phi/Vs | 0,013 |
| R/Ohm | 1 |
| l.LS/mm | 0,5 |
| u.L/V | 0 |
| N.Sp | 50 |

**Abb. 5-462 Ein Bremsvorgang für den Fall, dass der Strom für 5s eingeschaltet wird: rechts: die Messwerte nach 5s**

### 5.8.5 Elektromagnetische Relais

Relais sind elektromagnetische Schalter. Sie bestehen aus einer Spule mit Eisenkern und beweglichem Anker, der mindestens einen, aber meist mehrere Kontakte schaltet.

Relais sind rückwirkungsfreie Schaltverstärker. Ihre Spule bestimmt die schaltende Leistung, die Lasten an den Kontakten bestimmen die geschaltete Leistung. Abb. 5-463 zeigt ein

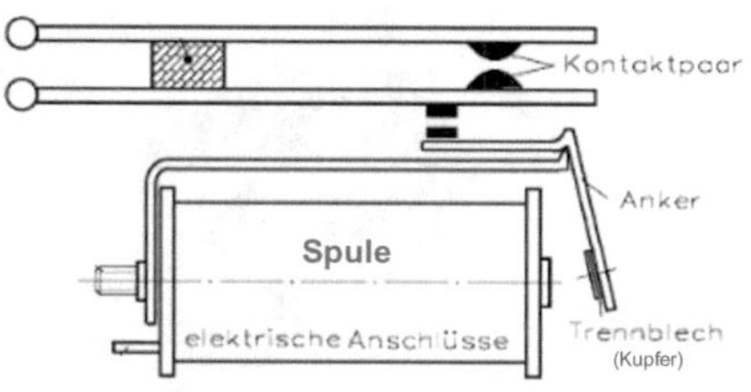


**Abb. 5-463 Relais mit Spule, Joch, Anker mit Trennblech und nur einem Kontakt**

**Die Schaltung eines Relais**

Abb. 5-464 zeigt ein Relais, das eine Lampe steuert. Der Arbeitskreis kann bis zur Stromgrenze des Kontakts belastet werden, ohne dass der Steuerkreis etwas davon merkt.

Die ersten Computer des Ingenieurs **Konrad Zuse (Z3, 1941)** arbeiteten nur mit Relais zur Realisierung logischer Verknüpfungen. Sie wurden später durch Elektronenröhren ersetzt. Diese schalten zwar viel schneller als Relais, jedoch war der Stromverbrauch immer noch immens.

Das Entwicklungsziel (hier das Simulationsziel) besteht darin, die erforderliche Kontaktkraft bei kurzen Schaltzeiten durch möglichst geringe Schaltleistungen zu erreichen.

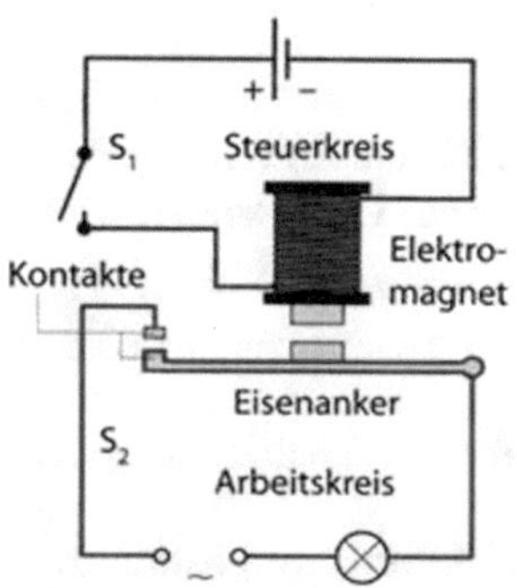


**Abb. 5-464 Schaltkreis mit Relais**

Relais sollen möglichst schnell schalten. Auch das soll simuliert werden. Zur dynamischen Analyse werden elektrische, mechanische und magnetische Grundlagen benötigt. Wir haben sie in den vorangegangenen Bänden gelegt und werden sie hier kurz wiederholen.

Dies sind einige **Bauformen** von Relais:

- Sicherungsrelais, z.B. Fehlerstrom FI-Schutzschalter
- Blinkrelais in Kraftfahrzeugen
- Bistabile Relais, z.B. zur Weichensteuerung

**Abb. 5-465 Weichensteuerung**

Im 19. und bis zur Mitte des 20. Jahrhunderts wurden die Relais in der Fernsprechtechnik massenweise in Relaisschränken zur automatischen Verbindung aller Teilnehmer mittels Wählscheiben eingesetzt. Dadurch wurde das ‚Fräulein vom Amt' ersetzt.

**Miniaturrelais**

Als weiteres Beispiel zeigen wir hier ein Miniaturrelais mit seinen technischen Daten.

| Typ | G6AK-274P-ST-US 24 VDC |
|---|---|
| Nennspannung | 24 V/DC |
| Schaltleistung | Max. 125 VA/60 W |
| Schaltspannung | Max. 220 V/DC/250 V/AC |
| Kontaktart | 2 Wechsler |
| $R_{Spule}$ | 3200 Ω |
| Elektrische Lebensdauer | Min. 500000 Schaltspiele |
| Ausführung | bistabil |
| Max. Dauerstrom | 3 A |

**Abb. 5-466 Ein Subminiaturrelais und wichtige technischen Daten: Dazu gehören auch die Schaltzeiten, die hier fehlen. Um Relais den Erfordernissen anpassen zu können, sollen sie berechnet werden.**

Zu den **Nenndaten** eines mechanischen Relais:
Um für seine Anwendung das passende Relais auswählen zu können, geben die Hersteller technische Daten an. Die wichtigsten sind

1. Nennspannung und Nennstrom der Kontakte: Das Produkt ist die Schaltleistung.
2. Steuerspannung und -strom, bzw. den Wicklungswiderstand R.W=u/i
3. die Art der Kontakte: Schließer – Öffner – Wechsler
4. die Schaltzeiten bzw. die maximale Schaltfrequenz

**Kontaktkraft und Kontaktwiderstand**

Nun soll gezeigt werden, wie die Baugröße eines Relais und die Steuerleistung von der Anzahl der Kontakte abhängt und wie man die Schaltzeiten von Relais berechnet.

Nachfolgend sollen die **Kräfte von Relais als Funktion des Spulenstroms** berechnet werden.

Abb. 5-467 zeigt, dass **Kontaktwiderstände** im m$\Omega$ bis $\Omega$-Bereich liegen. Je höher die Kontaktkraft, desto kleiner sind sie.

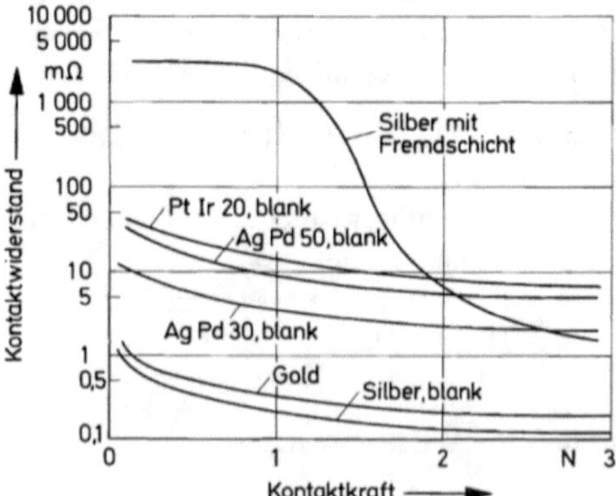


**Abb. 5-467 Kontaktwiderstände als Funktion der Kontaktkraft: Parameter ist die Kontaktbeschichtung.**

http://www.hansbruemmer.de/tl_files/pdf-ordner/EGT_3_2.pdf

In Absch. 5.8.5.2 soll das dynamische Verhalten von Relais untersucht werden. Dazu wird außer der Masse des Ankers noch die Federkonstante k.F der Kontakte gebraucht. Zu ihrer Bestimmung müssen die Rückstellkraft aller Kontakte und der Kontaktabstand bekannt sein.

**Schütze**
In der elektrischen Energietechnik heißen die Relais ‚Schütze'. Sie dienen zum Schalten großer Ströme bei Netzspannung (230V). Schütze sind robuster als Relais gebaut.

Abb. 5-468 zeigt ein ...

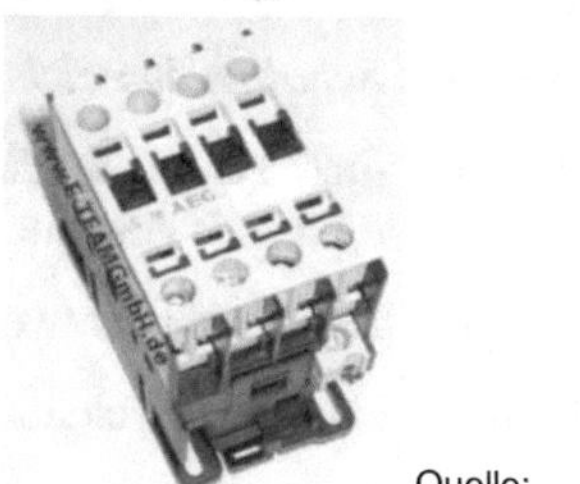


Quelle:
http://www.aeg-ie.com/deutsch/industrieelektronik_umrichter_thyristoranlagen.htm

**Abb. 5-468 Schütz = Wechselstrom-Leistungsrelais mit Schaltsymbol**

**Elektronische Lastrelais (ELR)**
Das ELR ist eine elektronische Alternative zu mechanischen Relais. Wenn Sie ein Relais benötigen, sollten Sie prüfen, ob Sie ein mechanisches oder ein elektronisches Relais einsetzen. Deshalb erklären wir hier kurz die Funktion des ELR. Die interne Schaltungstechnik des ELR und seine Vor- und Nachteile finden Sie in Band 5/7.

**Abb. 5-469 elektronisches Lastrelais (ELR)**

Abb. 5-470 zeigt den Aufbau des ELR und dessen Funktion: das galvanisch getrennte Schalten von Wechselstrom durch einen Triac (Wechselstromschalter) mittels Gleichspannung (5V bis 15V). Der Steuerstrom ist etwa 5mA.

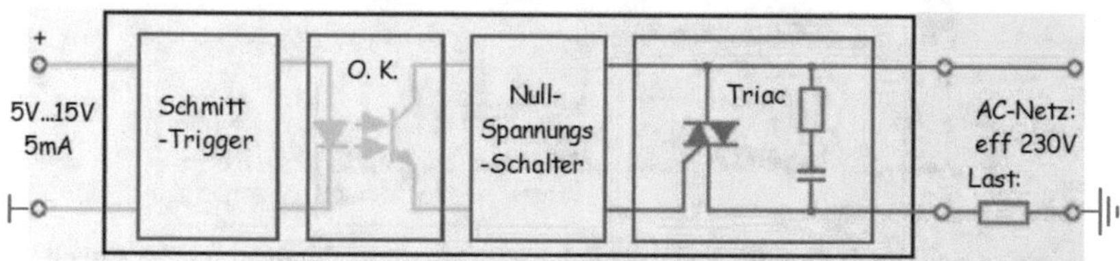


Quelle: http://www.hermuth.de/

**Abb. 5-470 Schaltung eines elektronischen Lastrelais: Es schaltet immer nur einen Stromkreis – und zwar genau im Nulldurchgang des Laststroms (keine Funkenbildung).**

Elektronische Lastrelais für Gleichstrom heißen **Solid-State-Relais SSR.** Sie enthalten anstelle des Triac einen MOS-Fet (Gleichstromsteller). Der Nullspannungsschalter entfällt. Sonst funktionieren sie wie das ELR.

ELR und SSR werden für Spannungen bis 400V und Ströme bis 60 Ampere angeboten. Um mehrere Stromkreise gleichzeitig schalten zu können, können beliebig viele einzelne ELR oder SSR parallelgeschaltet werden.

### *5.8.5.1 Das Betriebsverhalten eines Relais*

Damit ein Relais sicher schaltet, muss der Eisenkern übersteuert werden. Ist die Übersteuerung zu groß, fällt der Anker bei stromloser Spule nicht wieder ab: Er ‚klebt' am Eisenkern. Durch die Dimensionierung der Spule muss sichergestellt werden, dass die

*Übersteuerung möglichst gering, aber für sicheres Schalten ausreichend* ist.

Dann kann das Relais **sicher und so schnell wie möglich schalten**. Damit sind die wichtigsten Ziele bei der Entwicklung und Beschaffung von Relais genannt.

Durch die Simulation sollen zwei Fragen zum Verhalten des Relais beantwortet werden:

1. Wie schnell kann ein Relais schalten? Dadurch kann die erreichbare Maximalfrequenz des Relais angegeben werden.

**Zu den Schaltzeiten eines Relais**
Die gesamte Umschaltzeit eines Relais entsteht durch eine elektrische und eine mechanische Verzögerung. Die Verzögerung des Spulenstroms T.Sp=L/R tritt nur bei Spannungssteuerung auf. Wir werden T.el bei der Spulendimensionierung berechnen.

Bei Relais interessiert die Maximalfrequenz, mit der sie schalten können. Um sie berechnen zu können, müssen alle Zeiten eines Ein- und Ausschaltvorgangs berücksichtigt werden. Abb. 5-471 zeigt, welche dies sind:

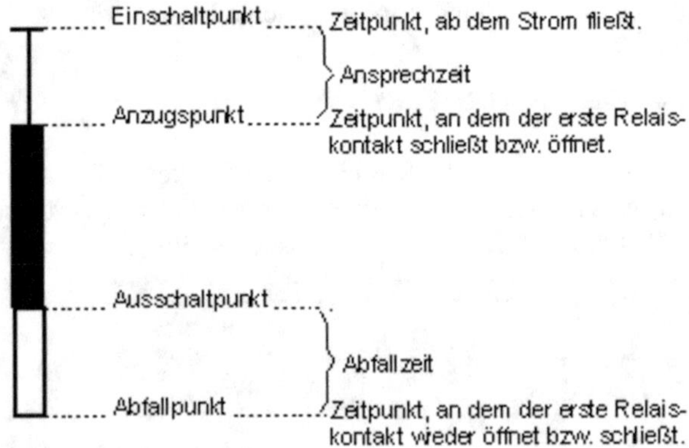


**Abb. 5-471 Die Schaltzeiten eines Relais: Sie können entweder gemessen oder durch Simulation ermittelt werden.**

Die Schaltzeiten von Relais hängen davon ab, wie weit der Eisenkern bei angezogenem Anker **übersteuert** wird. Ihre manuelle Berechnung wäre zu kompliziert. Sie sollen hier für einen konkreten Fall durch Simulation durchgeführt werden.

**Zum Prellen der Kontakte**

Bei zu geringer Reibung des Ankerlagers prellen die Kontakte, was die Maximalfrequenz der Relais verringert, zur **Funkenbildung** und zum übermäßigem Verschleiß der Kontakte führt.

**Abb. 5-472 Das Prellen eines Kontakts erzeugt schnelle Stromänderungen, die kurze Spannungsspitzen induzieren. Wie dies durch Lagerreibung verhindert werden kann, soll im nächsten Abschnitt gezeigt werden.**

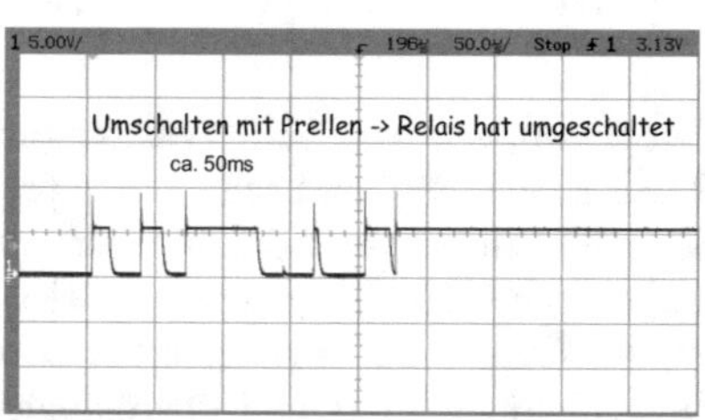


Das Kontaktprellen kann durch die Reibung des Ankers verhindert werden (Kapitel 4 in Band 2). Wie der Dämpfer zu bemessen ist, soll nun gezeigt und berechnet werden. Durch gute Dämpfung lässt sich die Schaltzeit des Relais minimieren.

Bei zu starker Reibung schaltet das Relais zu schwach. Hier soll die Reibung für den aperiodischen Grenzfall (Dämpfung d=1) berechnet werden. Das Resultat wird durch Simulation überprüft.

In der folgenden Simulation des Relais kann das Prellen bzw. Nichtprellen durch die Dämpfung eines T2-Gliedes nachgebildet werden. Der Zusammenhang von Reibung und Dämpfung ist zu klären, um den Dämpfer dimensionieren (beschaffen) zu können.

**Zur Funkenbildung der Kontakte**

In Abb. 5-464 liegt im Spulenkreis eine Induktivität L. Deshalb muss beim Abschalten mit Funkenbildung über S.1 gerechnet werden. Maßnahmen zur Funkenlöschung haben wir in Absch. 5.7.3 simuliert.

Falls im Lastkreis nur ein reeller Widerstand liegt, tritt über S.2 keine Funkenbildung auf. Das ist jedoch nur ein theoretischer Fall, denn jeder Stromkreis hat mindestens eine Windung und damit eine Minimalinduktivität.

**Zum ‚Kleben' des Ankers**

Schaltet man den Spulenstrom wieder ab, bleibt ein Teil der Magnetisierung durch die **Remanenz** des ferromagnetischen Kreises erhalten. Bei schwachen Federkräften kann das dazu führen, dass der Anker nicht wieder abfällt, was ‚Kleben' genannt wird.

Abhilfe bringt ein schmaler nichtmagnetisierbarer Streifen im Luftspalt, genannt **Trennblech**. Es begrenzt den Luftspalt zwischen Anker und Joch auf einen Mindestabstand.
Je dicker das Trennblech, desto sicherer wird das Kleben verhindert, aber desto schwächer ist auch die Haltekraft des Ankers.

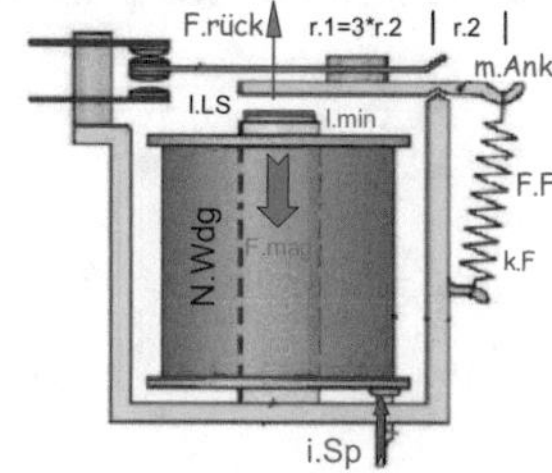


**Abb. 5-473 die Größen zur Berechnung der Rückstellfeder eines Ankers**

Die optimale Dicke des Trennblechs hängt von den wirkenden Spulen- und Federkräften ab. Wir können sie durch Simulation ermitteln. Dazu benötigen wir die Struktur des Elektromagneten mit variierendem Luftspalt (Abb. 5-478).

*Für Trennbleche soll geklärt werden: Wie dünn dürfen bzw. wie dick müssen sie sein?*

**Zur Simulation von Schaltvorgängen**

Relais sollen möglichst schnell und prellfrei umschalten. Schnelligkeit entsteht durch Überdimensionierung der magnetischen Kraft (F.mag > F.Rück). Damit verbunden ist die Gefahr des **Prellens der Kontakte,** was zur Funkenbildung führt und übermäßigen Verschleiß zur Folge hat.

Hier soll das Umschalten und Prellen eines Relais simuliert werden. Dadurch kann gezeigt werden, wie es zu verhindern ist.

Quelle: http://www.elektronik-kompendium.de/sites/bau/0207211.htm

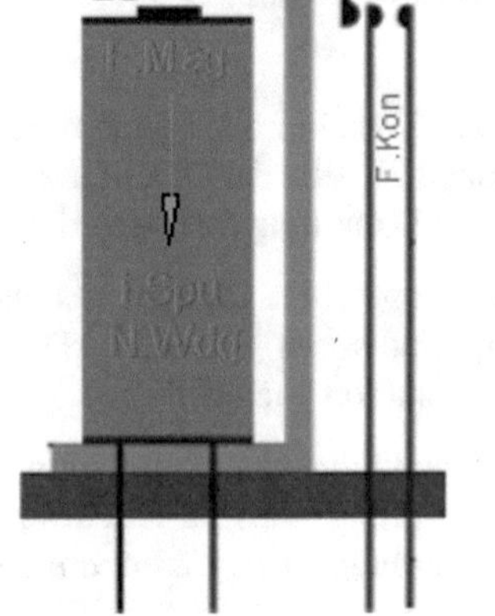


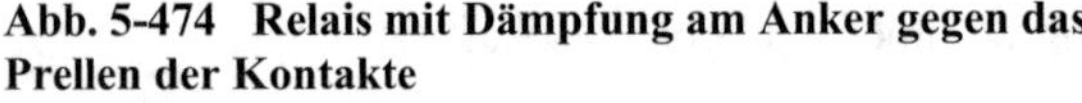

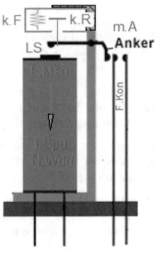

**Abb. 5-474 Relais mit Dämpfung am Anker gegen das Prellen der Kontakte**

Durch die Simulation können zwei Fragen zum Verhalten des Relais beantwortet werden:

- Wird der Eisenkern bei angezogenem Anker übersteuert?
  Dazu muss die Sättigungsflussdichte des Kernmaterials bekannt sein, z.B. B.Sat≈1T bei Dynamoblech.
- Klebt der Anker nach dem Abschalten des Stroms?
  Dazu muss man die Remanenzflussdichte B.Rem des Kernmaterials kennen.

Beide Fragen werden durch die folgenden Simulationen beantwortet. Dazu betrachten wir die Messwerte beim Anzug und beim Abfall des Ankers:

Die Flussdichte B ist beim Anzug des Ankers 58mT und beim Abfall 18mT.

Beantwortung der Frage 2:
Bei diesen Flussdichten wird der Eisenkern ungesättigt betrieben. Der Anker klebt nicht.

**Zu den Anzugs- und Abfallzeiten eines Relais**

Zur Dimensionierung des Elektromagneten müssen die Schaltpunkte i.1 (angezogen) und i.2 (abgefallen) des Spulenstroms aus den Parametern der Spule (N) und des Eisenkerns berechnet werden. Wie das gemacht wird, soll im Folgenden gezeigt werden.

Abb. 5-475 zeigt zweimal die Umsteuerung des Ankers:

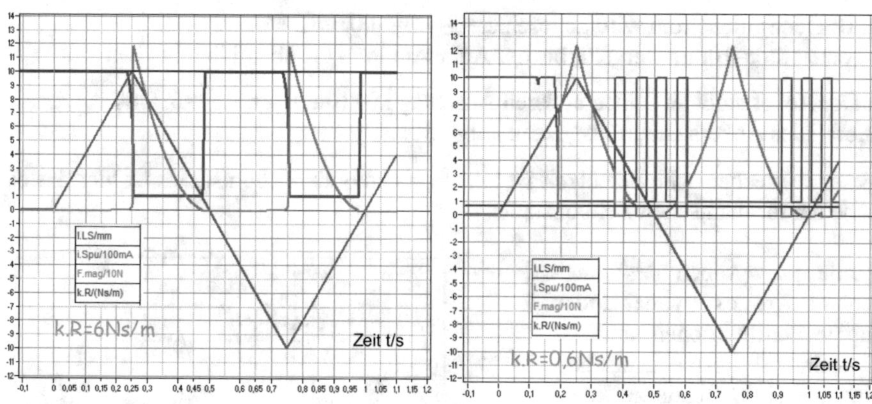


**Abb. 5-475 links ohne zu Prellen (ausreichende Reibung), rechts: mit Prellen (zu geringe Reibung). Die Simulation dazu folgt.**

Zur Simulation der An- und Abfallzeiten (t.me = t.an + t.ab) schalten wir das Relais durch Stromeinprägung (Innenwiderstand der Quelle groß gegen den Wicklungswiderstand der Spule) ein und aus, denn dann tritt keine elektrische Verzögerung auf.

Abb. 5-476 zeigt mit Abb. 5-478 simulierte

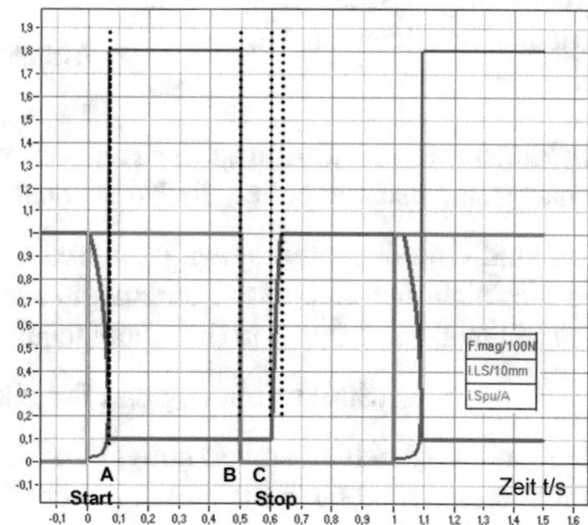


**Abb. 5-476 Ein- und Ausschaltvorgänge eines Relais**

Die Anzugs- und Abfallzeiten des Ankers bestehen aus einer Totzeitphase und einer Bewegungsphase.

Die Totzeit ist die Zeit zwischen dem Einschalten des Spulenstroms und dem Schalten der Kontakte. Sie entsteht durch die Trägheit des Ankers.

**Die Chronologie eines Umschaltvorgangs**
t.Start=0: Der Anker ist in seiner Ruhelage l.0=10mm.
Der Spulenstrom i.Sp=1A wird eingeschaltet, der Anker wird beschleunigt.

Punkt A: Der Anker stößt an seinen inneren Anschlag - l.min=1mm – t.A=67ms
Der Anzug dauert t.an=67ms.

Punkt B: Der Spulenstrom wird abgeschaltet – t.B=500ms.
Eine Totzeit t.tot=100ms vergeht, bis der Anker im Punkt C abzufallen beginnt.

Stop: Der Anker stößt an seinen äußeren Anschlag l.0=10mm – t.Stop=630ms.
Der Abfall des Ankers dauert insgesamt t.ab=130ms.

Die gesamte mechanische Schaltzeit ist t.mech = t.an+t.ab ≈ 200ms. Das ist hier das ca. 11-fache der mechanischen Zeitkonstante.

Weil alle Messgrößen des magnetischen Kreises voneinander abhängige Zeitfunktionen sind, ist die Berechnung der mechanischen Schaltzeiten eines Relais zu kompliziert. Wir können sie aber durch Simulation ermitteln. Referenz ist die mechanische Zeitkonstante,

hier **T.mech=18ms**.

Als Test wählen wir nun einen Stromsprung. Der Verlauf der Luftspaltlänge l.LS zeigt die gesuchten Schaltzeiten.

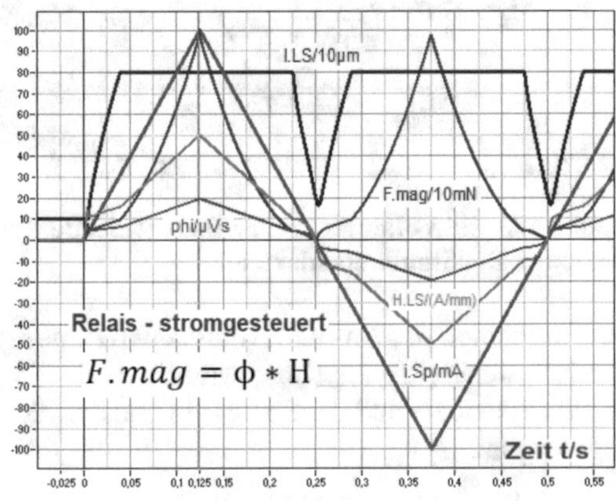


**Abb. 5-477 Messgrößen beim Schalten eines Relais**

**Zur Konstantenbestimmung der Relaissimulation**
Im nächsten Abschnitt sollen die Konstanten zur Relaisberechnung ermittelt werden.

Dazu sind Grundkenntnisse aus mehreren Gebieten der Physik erforderlich. Bei Relais sind dies nicht nur elektrische und magnetische, sondern auch mechanische, z.B. für die Lagerreibung. Sie wurden in den vorangegangenen Bänden dieser

‚Strukturbildung und Simulation technischer Systeme'

gelegt und werden hier, soweit nötig, kurz wiederholt. Falls Sie dieses Thema momentan nicht interessiert, können Sie diesen Abschnitt überfliegen oder übergehen.

**Berechnung der Anzugskraft eines Relaisankers**
Hier sollen zunächst die Kräfte beim Anzug und Abfall des Ankers aus den leicht messbaren Spulenströmen berechnet werden. Sind diese Zusammenhänge bekannt, können die optimalen Spulenströme zu geforderten Kräften angegeben werden.

Berechnet werden soll die Einstellbarkeit der magnetischen Kraft über die Magnetisierung des Eisenkerns durch den Spulenstrom. Die folgende Struktur Abb. 5-478 berechnet die Zusammenhänge:

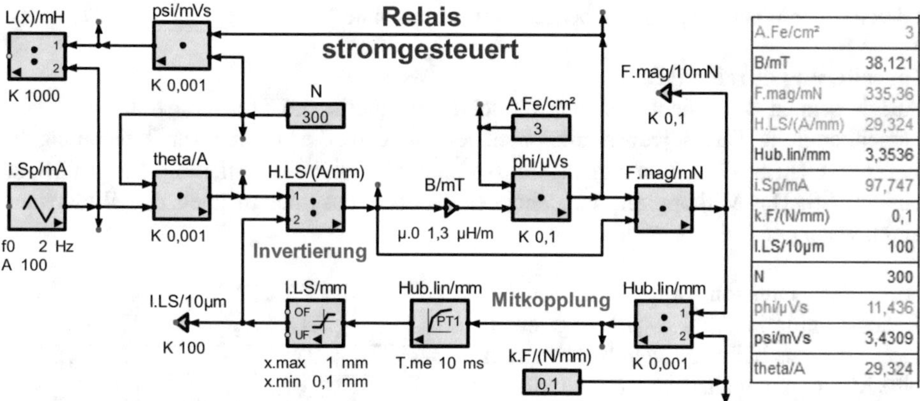


**Abb. 5-478 Berechnung des Ankerhubs des unter Abb. 5-474 dargestellten Elektromagneten**

Erläuterungen zur Struktur Abb. 5-478
Im **Vorwärtsteil** wird die magnetische Kraft F.mag aus den magnetischen Größen berechnet: Durchflutung, Feldstärke im Luftspalt, Induktion B und magnetischer Fluss.
Der Fluss $\phi$ mal Feldstärke H.LS ergibt die Kraft F.mag auf den Anker. Sie ist immer positiv = anziehend. In der Struktur wird dies ‚Betragsbildung' genannt.

Im **Rückwärtsteil** wird die Länge l.LS= l.0-x des Luftspalts aus der Bewegung x des Ankers berechnet. Ausgehend von der Ruhe-Länge l.0 – hier 10mm – wird l.LS durch den Ankerweg x(F.mag) verkleinert.

Die **Luftspaltlänge l.LS** wird zur Berechnung der Feldstärke H.LS=Θ/l.LS im Vorwärtszweig benötigt. Beginnt die Verringerung der Luftspaltlänge, so steigen der magnetische Fluss – und damit die Kraft auf die magnetisierten Flächen - explosionsartig an. Einen stabilen Zustand gibt es nicht, bis der untere Anschlag l.min erreicht ist.

Beim **Abschalten des Stroms** erzwingt die beschriebene Mitkopplung die Trennung der Ankerflächen. Durch die Feder liegt der Anker wieder in seiner Ruhelage l.0. Der Luftspalt kann nur ein- und ausgeschaltet werden. Dieses Verhalten wird bei Relais gefordert.

**Zur magnetischen Mitkopplung**

In der Rückkopplung des magnetischen Kreises erkennen Sie eine Verzögerung mit der Zeitkonstante T.mech. Sie entsteht durch die träge Masse des Ankers. Mit T.mech lässt sich die Schaltzeit des Relais simulieren. Das Zeitverhalten eines Relais ist das Thema der dynamischen Relaissimulation im nächsten Abschnitt.

Infolge Influenz ist die Polarisierung magnetisierbarer Materialien immer der Polarität des äußeren Feldes entgegengerichtet. Entsprechend sind elektromagnetische Kräfte unabhängig von der Richtung des Stroms immer anziehend. Daraus folgt, dass Relais mit Gleich- oder Wechselspannung betrieben werden können.

**Invertierung durch Division**

Auf den ersten Blick sieht es so aus, als sei der magnetissche Kreis von Abb. 5-478 eine Gegenkopplung. Das ist jedoch mitnichten der Fall, denn die Division zur Berechnung der Feldstärke H.LS=Θ/l.LS ist signaltechnisch eine zusätzliche Invertierung: Steigt l.LS, so sinkt H.LS. Die Mitkopplung entsteht hier dadurch, dass der magnetische Widerstand sinkt, wenn der Anker anzieht.

Aus der Division am Eingang der Relaisstruktur in Abb. 5-478 folgt auch, dass der Kreis bei negativem Spulenstrom eine Mitkopplung ist. Sie ist der Grund für das Schaltverhalten.

Abb. 5-479 zeigt einen

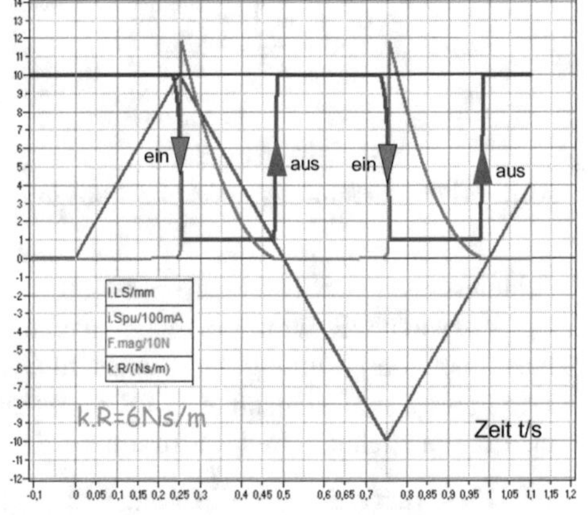


**Abb. 5-479 Schaltvorgang des Elektromagneten bei linearem Stromanstieg**

Mitgekoppelte Kreise werden zu Schaltern, wenn die Kreisverstärkung G.0=>1 wird (Kapitel 1.5). Wo diese Mitkopplung einsetzt, hängt hier vom Spulenstrom i.Sp ab, denn G.0~Θ=N·i.Sp.

Wo die beiden Schaltpunkte des Ankers (ein/aus) liegen, soll zuerst die Simulation zeigen. Danach werden wir die Schaltkräfte berechnen. Dadurch erkennt man, wie groß die Ströme zum Schalten des Ankers gemacht werden müssen.

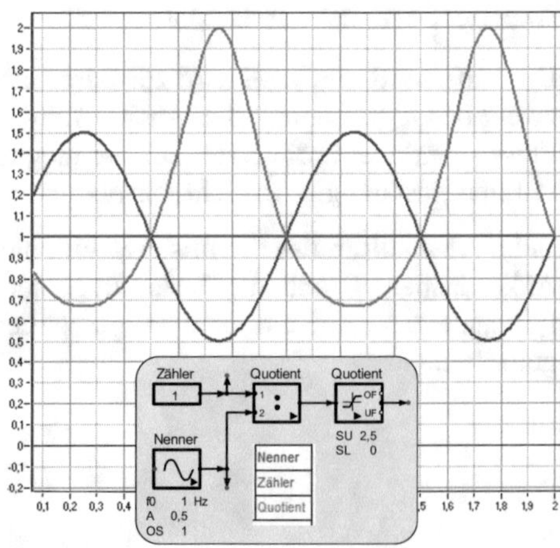


**Abb. 5-480 ein Dividierer als Inverter**

**Die Umschaltpunkte**

Gesucht werden die beiden Spulenströme i.1, bei dem der Anker anzieht und i.2, bei dem der Anker abfällt.

Am Schluss dieses Abschnitts soll die Relaisspule dimensioniert werden. Dazu müssen die Schaltströme zum Ein- und Ausschalten als Funktion der Rückstell- und Kontakt-Kräfte bekannt sein. Deshalb zeigen wir nun, wie sie zu geforderten Kräften F.mag berechnet werden können.

Abb. 5-481 zeigt

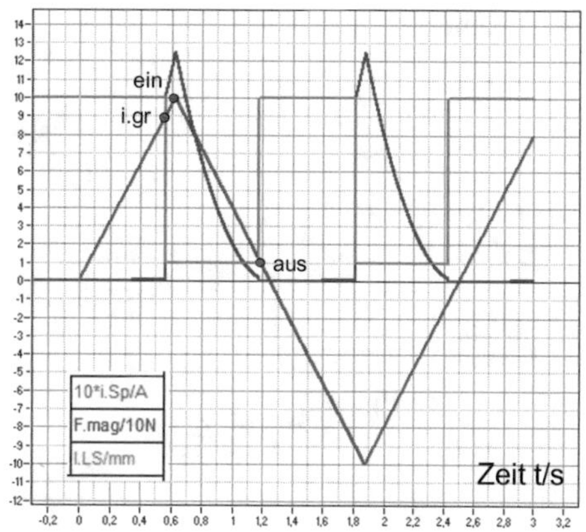


**Abb. 5-481 die 10%-Grenzen für den ein- und ausgeschalteten Zustand eines Relais**

**Berechnung der Umschaltpunkte**

Berechnet werden sollen die Messgrößen des Elektromagneten bei den beiden Schaltpunkten ‚SP1=Anker zieht an' und ‚SP.2=Anker fällt ab'.

Bezugsgröße ist die Rückstellkraft F.Rück der Ankerfeder. Die Berechnung des Anzugsstroms i.a und des Abfallstroms i.ab geht davon aus, dass der Anker bei dieser Kraft F.Rück anzieht und abfällt. Weil die Ankerabstände angezogen (l.min) und abgefallen (l.0) verschieden sind, ergeben sich zwei unterschiedliche Ströme beim Anzug und Abfall des Relais. Die Parameter sind

1. die Windungszahl N der Spule
2. der magnetisierte Querschnitt A des Ankers
3. der Ruheabstand l.0 des Ankers bei stromloser Spule und
4. der Minimalabstand l.min des Luftspalts bei angezogenem Anker.

Mit der Kenntnis der Anzugskraft von Spulen mit Kern und variablem Luftspalt als Funktion des Spulenstroms können wir, wie im nächsten Abschnitt gezeigt, den Umschaltvorgang eines Relais berechnen.

Die folgende Struktur Abb. 5-482 zeigt die Berechnung der Schaltströme i.an (Anzug) und i.ab (Abfall). Außerdem berechnet sie die zur Rückstellkraft F.Rück gehörende Flussdichte B. Sie muss größer als die im vorherigen Abschnitt berechnete Remanenzflussdichte B.R=75mT sein, damit der Anker nicht klebt. Weitere Erläuterungen erfolgen im Anschluss.

Abb. 5-482 zeigt ...

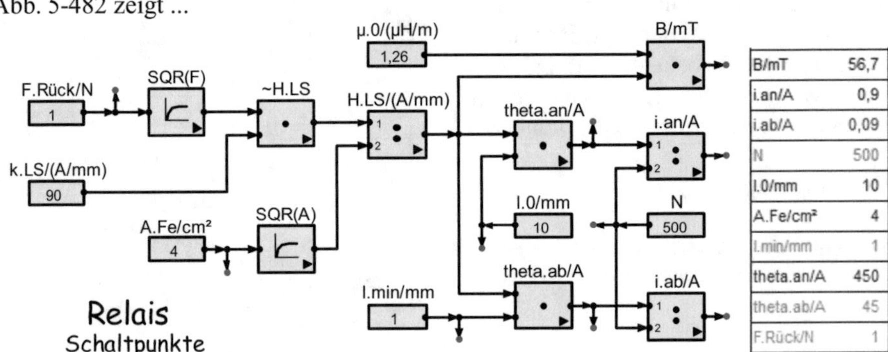


| | |
|---|---|
| B/mT | 56,7 |
| i.an/A | 0,9 |
| i.ab/A | 0,09 |
| N | 500 |
| l.0/mm | 10 |
| A.Fe/cm² | 4 |
| l.min/mm | 1 |
| theta.an/A | 450 |
| theta.ab/A | 45 |
| F.Rück/N | 1 |

**Abb. 5-482 die Schaltpunkte eines Relais als Funktion der Rückstellkraft F.Rück: – oben: der Anzugsstrom – unten: der Abfallstrom**

**Die Simulationsergebnisse zur Spule mit federndem Eisenkern**

Bevor wir die Einzelheiten besprechen, zeigen wir Ihnen hier die Ergebnisse der Simulation einer Spule mit Eisenkern und federndem Luftspalt. Sie lässt einen Ein- und einen Ausschaltpunkt erkennen.

Um das Schaltverhalten zu zeigen, steuern wir das Relais mit einem zeitlich linear ansteigenden und wieder abfallenden Strom an. Dadurch zeigen sich die zu berechnenden Schaltpunkte.

Abb. 5-482 zeigt die Struktur zur Simulation von Schaltvorgängen. Abb. 5-483 zeigt

Anzug

| | |
|---|---|
| F.mag/10N | 0,10855 |
| N/100 | 6 |
| l.LS/mm | 10 |
| theta/100A | 4,6594 |
| phi/mVs | 0,023297 |
| H.LS/(A/mm) | 0,46594 |
| B/T | 0,058243 |
| F.Ank/10N | 0,0085514 |
| i.Spu/A | 0,77657 |
| L/H | 0,018 |

Abfall

| | |
|---|---|
| F.mag/10N | 0,01117 |
| N/100 | 6 |
| l.LS/mm | 1 |
| theta/100A | -0,14946 |
| phi/mVs | -0,0074732 |
| H.LS/(A/mm) | -0,14946 |
| B/T | -0,018683 |
| F.Ank/10N | -0,08883 |
| i.Spu/A | -0,024911 |
| L/H | 0,18 |

**Abb. 5-483 simulierte Messwerte der Abb. 5-482 beim Anzug und Abfall des Ankers**

#### 5.8.5.2 Dynamische Relaissimulation

Ziel der dynamischen Relaissimulation ist die Minimierung der Umschaltzeiten. Da ihre manuelle Berechnung zu schwierig wäre müssen sie simuliert werden. Simulationen beginnen immer mit der Strukturbildung des Systems, das analysiert werden soll. Sind die Algorithmen (Rechenschritte) und ihre Zusammenhänge geklärt, müssen die Konstanten dazu bestimmt werden. Dazu bestehen folgende Alternativen:

1. Herstellerangaben – Das ist der bequemste Weg.
2. Messungen – Das ist der aufwändigste Weg. Hersteller müssen ihn gehen.
3. Abschätzungen – Das erfordert einige Erfahrung und
4. Berechnung – Dieser Weg soll hier beschritten werden, denn er erklärt auch, wie die Parameter gemessen werden.

Die zugehörigen Grundlagen und Formeln entnehmen wir Bd. 2, Kap. 2.2 ‚Dynamische Analyse ...' dieser Reihe zur ‚Strukturbildung und Simulation technischer Systeme'.

**Das Relais als gedämpfter Oszillator**
Abb. 5-484 zeigt, dass die Mechanik eines Relais aus der Ankermasse und einer Rückstellfeder besteht.

Wie Dämpfungen technisch realisiert werden, finden Sie in Bd. 2 ‚Mechanik', Teil 2, Kap. 2.2 4. Hier entsteht sie durch die Reibung des Ankers.

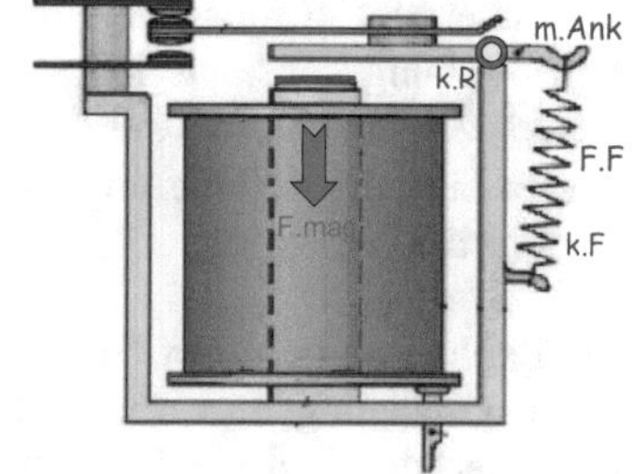


**Abb. 5-484 Zur dynamischen Optimierung eines Relais werden drei Parameter benötigt: die Masse des Ankers, die Feder- und die Reibungskonstante.**

Die dynamische Simulation soll das Zeitverhalten beim Ein- und Ausschalten der Kontakte klären. Damit können diese Zeiten minimiert und die Schaltfrequenz des Relais maximiert werden.

**Simulation der Ankerschwingungen**
Der Anker eines Relais kann nach Abb. 5-485 als federgefesselte Masse mit Dämpfer beschrieben werden. Die Simulation erfolgt durch eine Verzögerung 2.Ordnung. Dazu sind drei Konstanten einzugeben:

1. die reziproke Federkonstante 1/k.F
2. die Dämpfung d eines Relais
3. die mechanische Eigenzeitkonstante T.mech.

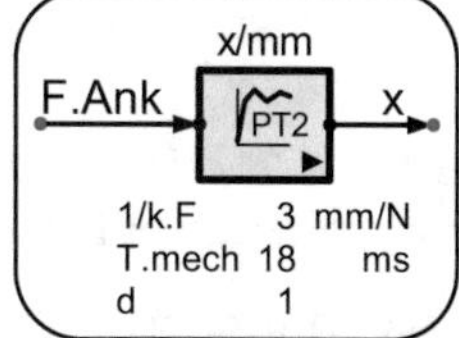


**Abb. 5-485 Ersatz zur Berechnung einer gedämpften Feder mit den dazu benötigten Konstanten 1/k.F, T.me und d**

Die Parameter 1/k.F, T.mech und d werden hier zur Berechnung der Resonanz des Ankers bestimmt.

**Konstantenbestimmung zur Relais-Simulation**

Eine immer wiederkehrende Aufgabe bei Simulationen ist die **Konstantenbestimmung**. Wenn keine Herstellerangaben vorliegen, die Messung zu aufwändig und die Abschätzung zu ungenau wäre, bleibt nur die Berechnung. Wie die Berechnung der Parameter für Gleitlager aussieht, soll nun gezeigt werden.

Mechanische Oszillatoren bestehen immer aus Massen und Federn mit einem Dämpfer. Zu zeigen ist,

- wie daraus ihre Eigenfrequenz berechnet wird, denn sie bestimmt die maximal mögliche Schaltfrequenz und
- wie die Reibung des Ankerlagers eingestellt werden muss, damit der Anker optimal gedämpft einschwingt.

Für **optimale Dämpfung ist 2d=1**. Dazu gehört bei Sprunganregung ein Überschwingen von ca. 15%. Ein Beispiel dazu zeigt Abb. 5-488.

Die Realisierung des Dämpfers ist hier nicht das Thema (sieheBd.2, Teil 2, Kapitel 2 Mechanik).

Berechnet werden soll nur die zum Bau oder der Beschaffung benötigte Reibungskonstante k.R. Wir werden zeigen, wie sich aus k.R die Viskosität η des Schmiermittels für die Ankerachse ergibt.

Bei Explosionsgefahr ist Funkenbildung unbedingt zu vermeiden. Dann darf der Spulenstrom nicht schlagartig abgeschaltet werden. Das zeigt Abb. 5-486.

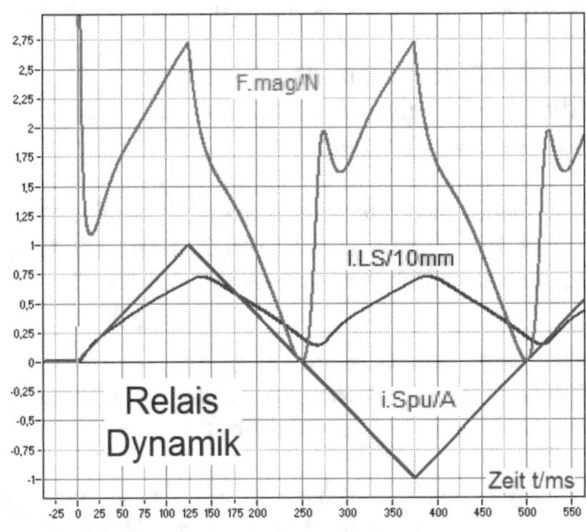


**Abb. 5-486 Kraft und Abstand des Luftspalts bei rampenförmiger Änderung des Spulenstroms**

Die **Eigenwiderstände** von Oszillatoren heißen allgemein Z.0. Sie hängen nur von ihren Energiespeichern ab. Dies sind

**Gl. 5-249 die Parameter mechanischer und elektrischer Oszillatoren**

$$Z.me = \sqrt{m * k.F} \quad \text{und} \quad Z.el = \sqrt{L/C}$$

In Gl. 5-261 ist m die bewegte Masse, die Konstante k.F beschreibt die Stärke der Rückholfeder am Luftspalt des Ankers.

T.me wird zur nachfolgenden Berechnung der Schaltzeiten des Relais gebraucht.

- Die **Federkonstante** k.F=0,32N/mm=320N/m → 1/k.F=3mm/N und
- die **Ankermasse** m.Ank=100g wurden oben bereits berechnet.
- Damit wird die mechanische **Eigenzeitkonstante** T.me=18ms.

Die **Dämpfung** des Oszillators ist der Quotient aus der **Reibungskonstante k.R** und Z.0:

**Gl. 5-250 mechanische Dämpfung** $$2d = k.R/Z.0$$

Gl. 5-250 definiert k.R und berechnet sie aus der gewünschten Dämpfung und dem mechanischen Eigenwiderstand Z.me des Lagers.

**Gl. 5-251 Reibungskonstante** $$k.R = \frac{F.Rbg}{v} = 2d * Z.me \dots in\ \frac{Ns}{m^2} = Pa * s$$

Für das Relais werden wir zeigen, dass k.R proportional zur **Viskosität η** des Schmiermittels des Ankerlagers ist. Zahlenwerte zu k.R und η finden Sie in Abb. 5-492.

Dort ist k.R=5,6 Ns/m und η ≈ 0,45 Pa·s. Der Formelsammlung Gieck entnehmen wir in Z 12, dass dies das 4,5-fache der Zähigkeit des **Motoröls SAE 40** ist: η≈0,1Pa·s.

Zu Realisierung der geforderten Dämpfung muss das Gleitmittel gewählt werden. Es ist durch seine Viskosität η gekennzeichnet. Deshalb zeigen wir nun, dass k.R~η ist und wie η zu der geforderten Reibungskonstante k.R berechnet wird.

**Die Struktur zur dynamischen Relais-Simulation**
Durch die dynamische Relais-Simulation wird der Zusammenhang zwischen den Ankerkräften und -bewegungen hergestellt. Abb. 5-487 zeigt zur Berechnung des zeitlichen Verlaufs von Schaltvorgängen bei Relais:

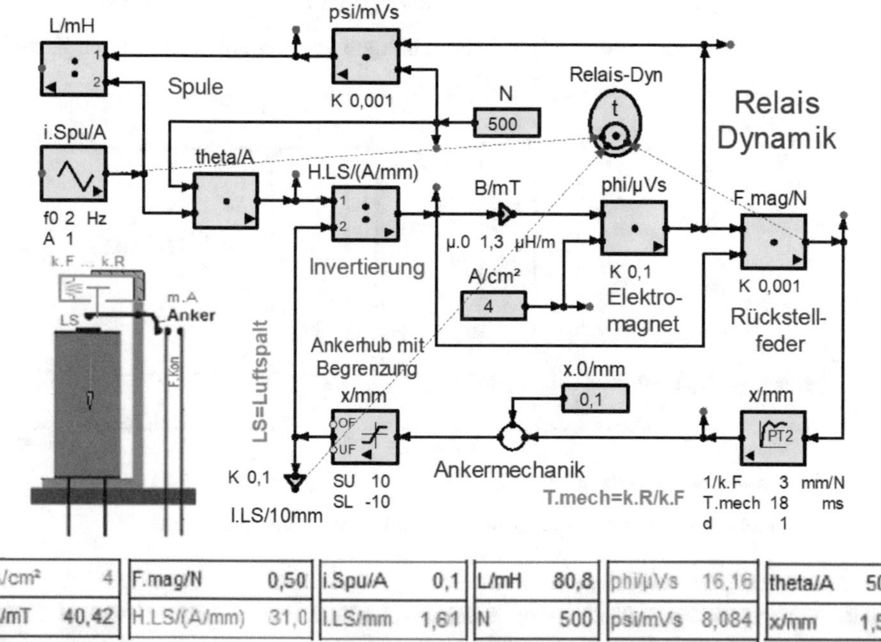


**Abb. 5-487 Die Struktur zur dynamischen Relaisanalyse: Berechnet wird die Kraft des Ankers und der Weg der Kontakte. Die Eingangsinvertierung bewirkt die Gegenkopplung des Kreises. Dadurch und durch die Begrenzung des Ankerhubs kann der Ankerstrom das Relais umschalten.**

**Erläuterung der mechanischen Relaisstruktur**

Zu Abb. 5-487: Die Mitkopplung der magnetischen Kraft und die Begrenzung der Luftspaltlänge x.LS wurde vorher bereits erklärt. Hinzugekommen ist (oben rechts) die Einstellbarkeit der Rückstellkraft. Sie ist der Anzahl N.Kon der Kontakte proportional.

Zur Untersuchung der Relaisdynamik wird die Rückstellfeder mit Dämpfer durch ein PT2-Glied simuliert.

Seine Proportionalitätskonstante ist die bereits bekannte, reziproke Federkonstante 1/k.F. Um ein Beispiel angeben zu können, rechnen wir hier mit

**k.F = 1N/mm.**

Seine Eigenzeitkonstante

**Gl. 5-252** $T.me = \sqrt{m/k.F}$

muss aus der Federkonstante k.F und der gesamten bewegten Masse m berechnet werden. Die Masse m.A des Ankers hängt von der Größe des Relais ab.

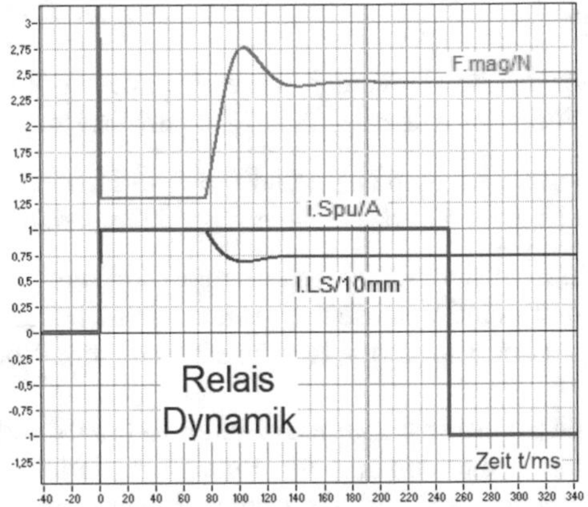


**Abb. 5-488 optimal gedämpfter Einschwingvorgang eines Luftspaltabstands l.LS**

Abb. 5-489 zeigt dagegen die induzierten Spannungen an einem nichtentprellten Kontakt:

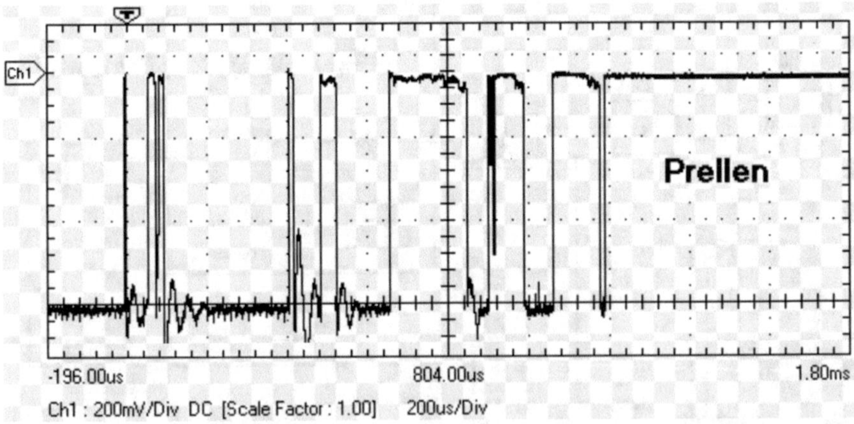


**Abb. 5-489 nichtentprellter Kontakt beim Ein- und Ausschalten des Stroms**

Zur Optimierung der Dämpfung:

Mit k.F=1N/mm und m=100g wird die mechanische Zeitkonstante **Tmech=10ms**. Damit das Relais beim Schalten nicht prellt, benötigt es einen Dämpfer. Seine Stärke, repräsentiert durch eine Reibungskonstante k.R, soll so bemessen sein, dass der Umschaltvorgang aperiodisch verläuft. Dazu gehört die Dämpfung d=1.

**Zur Lagerdämpfung eines Relais**
Dämpfung wird nur durch geschwindigkeitsabhängige Gleitreibung erzeugt F.Rbg=k.R·v.

Gleitreibung lässt sich durch Luft- oder Öl-Dämpfer erzeugen. Für Relais ist das meist zu aufwändig. Am einfachsten ist es, die Reibung der Ankerachse zur Dämpfung zu nutzen.

Abb. 5-490 zeigt ein selbstschmierendes Wälzlager und darunter, wie es sich losreißt.

Wie man Haftreibungen simuliert, können. Sie in Bd. 2, Teil 2, Kap. 2.2.3 nachlesen. Die Haftreibung bewirkt, dass sich der Anker plötzlich losreißt, was das Kontaktprellen noch verschlimmert.

Quelle: wsw@wsw-waelzlager.de

Die Hersteller von Gleitlagern machen zu deren Reibungskonstanten k.R keine Angaben. Hier wollen wir zeigen, wie k.R aus der Viskosität des Schmiermittels berechnet werden kann.

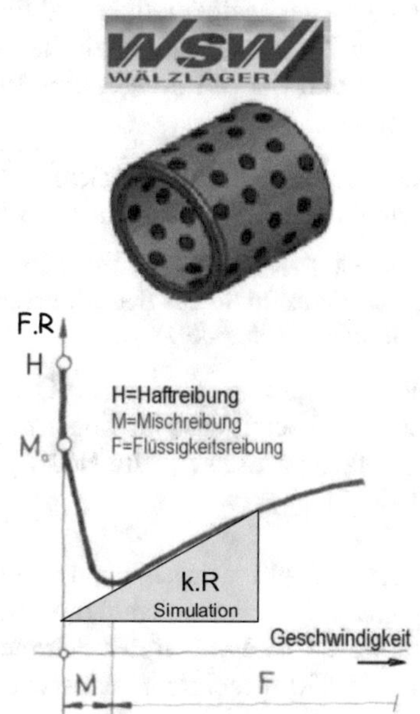


**Abb. 5-490 reale und simulierte Reibung**

**Reibungskonstante und Viskosität**
Die **Reibungskonstante k.R** des Ankers beschreibt wie die Viskosität der Schmierung die Gleiteigenschaften des Lagers. Beide hängen vom Schmiermittel und den Abmessungen des Lagers ab (Breite B, Durchmesser D, Lagerspiel S=Schmierfilmbreite).

Nun soll die bei einem Relais erforderliche **Reibungskonstante k.R=F.Rbg/v** ermittelt werden. Sie wird zum Bau oder bei der Beschaffung des Dämpfers, aber auch zur dynamischen Simulation des Kontaktprellens benötigt.

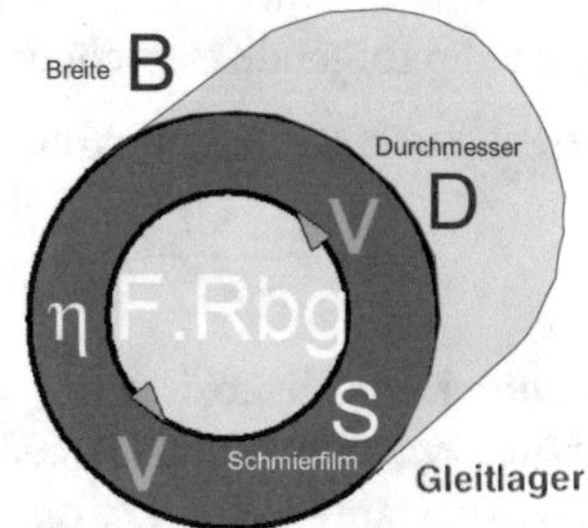


**Abb. 5-491 die Messgrößen (v, F.Rbg) und Parameter (B, D, S und η) eines Gleitlagers**

Legende zum Gleitlager von Abb. 5-491:

- **B ist die Breite** des Lagers. Als Beispiel rechnen wir hier mit B=10mm.
- **D ist der Durchmesser**. Hier rechnen wir z.B. mit D=2mm.
- **S ist die ist die Stärke** des Schmierfilms (auch **Exzentrizität**).
  Als Beispiel rechnen wir hier mit S=0,1mm.

**Viskosität und Sommerfeldzahl So**
Arnold Johannes Wilhelm Sommerfeld (*1868 in Königsberg, † 1951 in München) war ein deutscher Mathematiker und Physiker. Nach ihm ist die **Sommerfeldzahl So** benannt, die den Zusammenhang zwischen **Lagerdruck p=F.Rbg/A, Viskosität η** des Schmiermittels und der **Winkelgeschwindigkeit *Ω* = v/r** als Maß für die Drehzahl der Welle beschreibt.

Der Formelsammlung Gieck, 30. Auflage, Abschnitt Q 10 bis Q 12 entnehmen wir die Formeln und Kennlinien zur Berechnung der Sommerfeldzahl So für Gleitlager.

**Gl. 5-253 Berechnung des Logarithmus der Sommerfeldzahl So aus den Abmessungen des Gleitlagers (Abb. 5-491)**

$$x = lg\left\{So(S,B,D) = 2 * \frac{S}{D} * \frac{B}{D}\right\}$$

Die Auswertung der unter Q12 angegebenen Kennlinien der Sommerfeldzahl lg So(ε=S/D) zeigt, dass ihr Logarithmus proportional zur **relativen Exzentrizität S/D** und zur **relativen Lagerbreite B/D** ist. Durch den Faktor 2 wird aus der Proportionalität die Gl. 5-253.

In Abb. 5-492 werden die Parameter zur Relaissimulation berechnet. Dort wird aus x=lg(So) die **Sommerfeldzahl So=10$^x$ gebraucht**. Damit kann nach Gl. 5-254 die benötigte **Viskosität η** des Schmiermittels zum Gleitlager bestimmt werden. In dem in Abb. 5-490 gezeigten, selbstschmierenden Wälzlager ist das Schmiermittel in der atomaren Struktur gebunden.

**Berechnung der Sommerfeldzahl So(η)**
Unter Gl. q 56 finden wir die Berechnung der Sommerfeldzahl So mit der Viskosität η als Parameter. Sie verwendet einige Abkürzungen (=Verschlüsselungen), z.B. die relative Schmierfilmdicke ψ = S/D und die relative Exzentrizität ε = D/S.

Der Autor übernimmt diese Verschlüsselungen nicht und erhält mit der Reibungskonstante k.R=F.r/v die folgende Berechnung der Sommerfeldzahl

**die verschlüsselte Originalfunktion**

$$So = \frac{p_m \cdot \Psi^2}{\eta \cdot \Omega}$$

**Gl. 5-254 die unverschlüsselte Sommerfeldzahl**

$$So(\eta) = \frac{k.R}{\eta} * \frac{(S/D)^2}{2\pi * B}$$

**Berechnung der Viskosität η**
Durch die Umstellung von Gl. 5-253 erhält man die Berechnung der Reibungskonstante **k.R = F/v** und daraus die gesuchte **Viskosität η**:

**Gl. 5-255 die Viskosität eines Gleitlagers**

$$\eta = \frac{k.R}{So} * \frac{(S/D)^2}{2\pi * B}$$

Gl. 5-255 zeigt: Die optimale Viskosität η der Lagerschmierung

- ist proportional zur gewünschten Reibungskonstante k.R und zur Exzentrizität S des Lagers,
- sinkt mit der Breite B des Lagers und der Sommerfeldzahl So und
- ist unabhängig vom Lagerdurchmesser D.

**Die Parameter zur Relais-Simulation**

Eine immer wiederkehrende Aufgabe bei Simulationen ist die **Konstantenbestimmung**. Wenn keine Herstellerangaben vorliegen, die Messung zu aufwändig und die Abschätzung zu ungenau wäre, bleibt nur die Berechnung. Wie die Berechnung der Parameter für das Relais und sein Gleitlager aussieht, soll zum Schluss dieses Abschnitts gezeigt werden.

Abb. 5-492 zeigt die ...

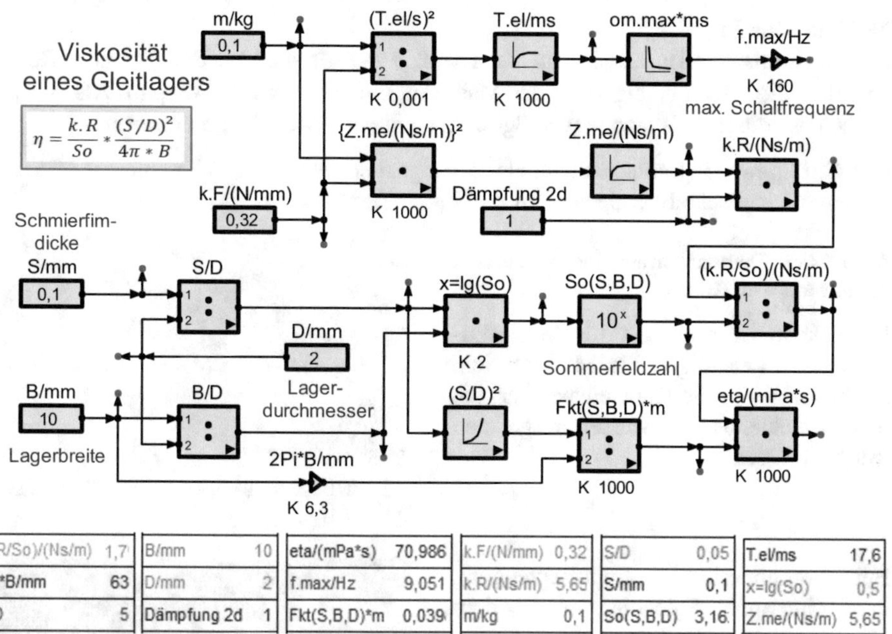


| | | | | | | | | | | | |
|---|---|---|---|---|---|---|---|---|---|---|---|
| (k.R/So)/(Ns/m) | 1,7 | B/mm | 10 | eta/(mPa*s) | 70,986 | k.F/(N/mm) | 0,32 | S/D | 0,05 | T.el/ms | 17,6 |
| 2Pi*B/mm | 63 | D/mm | 2 | f.max/Hz | 9,051 | k.R/(Ns/m) | 5,65 | S/mm | 0,1 | x=lg(So) | 0,5 |
| B/D | 5 | Dämpfung 2d | 1 | Fkt(S,B,D)*m | 0,039 | m/kg | 0,1 | So(S,B,D) | 3,16 | Z.me/(Ns/m) | 5,65 |

**Abb. 5-492 Berechnung der Parameter zur dynamischen Simulation eines Relais und der Viskosität des Gleitlagers des Ankers**

Erläuterungen zu Abb. 5-492 (von oben nach unten):

1. Die Struktur beginnt mit der Berechnung der mechanischen Zeitkonstante T.me nach Gl. 5-270. Dazu werden die beweglichen Massen des Relais und die Federkonstante k.F der Kontakte benötigt. Aus T.me folgen die Eigenperiode t.0 des Relais und seine Maximalfrequenz.
2. Darunter wird die zur Berechnung der Viskosität nach Gl. 5-254 benötigte Sommerfeldkonstante bestimmt. Sie hängt nach Gl. 5-255 von den Abmessungen des Gleitlagers des Ankers ab.
3. Unten rechts wird die Viskosität des Gleitlagers berechnet. Sie beträgt hier 71mPa·s. Das ist in etwa der Wert von Motoröl bei 25°C.

| Substanz | $\eta$ in mPa·s |
|---|---|
| Motoröl (25 °C) | ≈ 100 |

Nach diesem Ausflug in die Hydraulik können wir uns wieder ganz dem Thema ‚Magnetismus' zuwenden. Wir fahren fort mit elektromagnetischen Antrieben.

### 5.8.6 Elektromagnetische Antriebe

Mit **elektromagnetischen Antrieben** lassen sich die Geschwindigkeiten nach dem Rückstoßprinzip (Reaktion=Aktion) inertial (d.h. auch im Weltraum) von elektrisch leitenden Körpern ohne chemische Verbrennung ändern. Um das Rückstoßprinzip technisch nutzen zu können, muss bekannt sein, wie es funktioniert und berechnet wird.

**Mechanische Impulse**

Ein **mechanischer Impuls** ist ein **Kraftstoß** $\boldsymbol{p = F \cdot \Delta t = m \cdot \Delta v}$**.** Bei fehlender Reibung ändert er die Geschwindigkeit v der Masse m, auf die er wirkt: $\Delta v = p/m$. Als Beispiele nennen wir die Impulskanone (Gaußgewehr) und den **Solenoidspulenmotor.**

**Das Gaußgewehr** (Impulskanone, elektromagnetisches Katapult) beschleunigt Geschosse, deren kinetische Energie sich im Ziel durch Zerstörung zeigt.

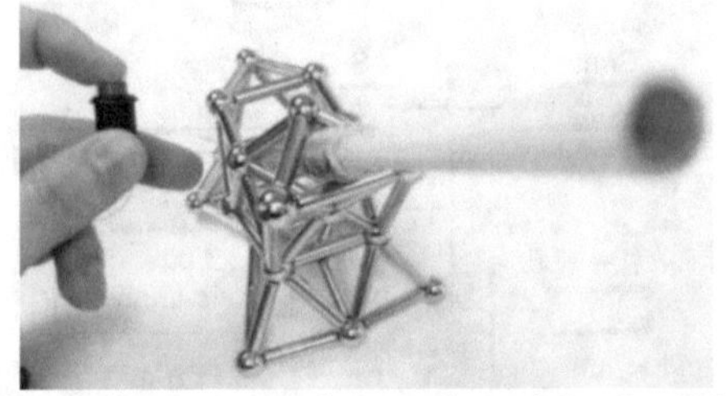

**Abb. 5-493 Demonstration einer Impulskanone auf YouTube**

Impulskanonen erreichen für Millisekunden (ms) Leistungen bis MW-Bereich. Sie benötigen große Kurzzeitspeicher, die in den Schießpausen wieder aufgeladen werden müssen.

Quelle: https://www.youtube.com/watch?v=2wfo2QqkXMU

Bei kontinuierlicher Impulserzeugung durch eine Spule (Solenoid) wird aus dem Impulsantrieb ein Motor.

**Abb. 5-494 Solenoidspulenmotor auf YouTube**

Hinweis: Elektromotoren sind das Thema von Bd. 4/7 dieser Reihe zur ‚Strukturbildung und Simulation technischer Systeme'.

Quelle: https://www.youtube.com/watch?v=Z5WY-ZXByC8

Zur Planung und Entwicklung elektrischer Maschinen müssen magnetische Kräfte und induzierte Spannungen in Abhängigkeit von der Zeit t bzw. der Frequenz f und dem **Material und seinen Abmessungen** (Querschnitt A, Länge l) berechnet werden. Das soll nun gezeigt werden.

Für Impulsantriebe ist zu klären, welche Kräfte sie entwickeln und wie hoch und weit sie schießen können. Das gelingt auch hier mit Hilfe der Lorentzkraft.

Als Beispiel folgt zum Schluss die Simulation des Fluges einer **Kanonenkugel.**

**Messgrößen und Gesetze zur Berechnung elektromagnetischer Antriebe**
Zum Bau und zur Simulation elektromagnetischer Wandler (Messinstrumente, Motoren und Generatoren) muss bekannt sein, wie deren Kräfte und Leistungen aus den Eigenschaften der Magnete, die die Wandlung bewirken, berechnet werden. Die dazu nötigen elektrischen, mechanischen und magnetischen Gesetze sind nachfolgend zusammengestellt.

**Geschwindigkeitsinduktion**
In Abb. 5-399 haben wir die Lorentzkraft F.L auf einen stromdurchflossenen Leiter gezeigt, der quer durch ein magnetisches Feld gezogen wird.

Abb. 5-495 zeigt die Berechnung der Lorentzkraft F.L nach Gl. 5-259 als Funktion der Geschwindigkeit des stromführenden Drahtes und den ...

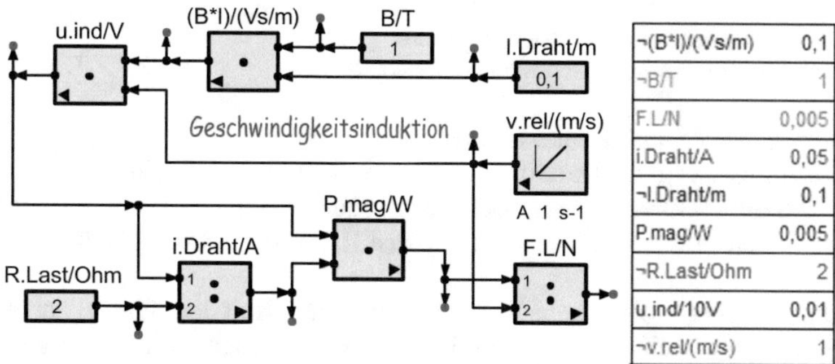


**Abb. 5-495 elektromagnetischen Energietransfer einer Leiterschleife und die dazu benötigte Lorentzkraft**

Erläuterungen zu Abb. 5-495 (von oben nach unten)
In der oberen Zeile wird die Lorentzkraft F.L=P.mag/v aus der magnetischen Leistung P.mag=u.0·i.Draht und der vorgegebenen Geschwindigkeit v des Drahtes berechnet. Die Leerlaufspannung u.0=E.ind·l.Draht ist das Produkt aus der induzierten Feldstärke E.ind=B·v und der Drahtlänge im magnetischen Feld B.

Die in Abb. 5-495 gezeigte Struktur berechnet die Kennlinien von Abb. 5-496. Sie zeigt folgende Funktionen der Geschwindigkeit v:

- die Leerlaufspannung u.ind
- den Strom i.Draht durch einen Lastwiderstand R.Last
- die Lorentzkraft F.L auf den Draht der Länge l im Feld B
- die magnetisch umgesetzte Leistung P.mag

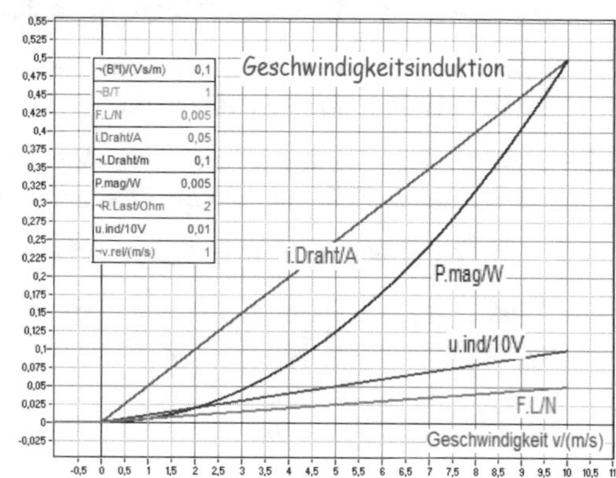


**Abb. 5-496 Geschwindigkeitsinduktion**

**Energie und Leistung eines magnetischen Flusses**
Bewegt sich ein Leiter auf der Länge l mit einer Geschwindigkeit v senkrecht durch ein magnetisches Feld B, so wird eine Spannung u.L induziert. Die folgende Rechnung zeigt, dass u.L~v ist.

Den Ingenieur interessiert weniger die Energie eines Systems, sondern vielmehr die damit umgesetzte oder übertragene Leistung.

$P = dW/dt = F \cdot v$ – *in W=Nm/s*

Die **mechanische Leistung** ist das Produkt

*aus Kraft F und Geschwindigkeit v.*

F und v werden durch die Anwendung gefordert.

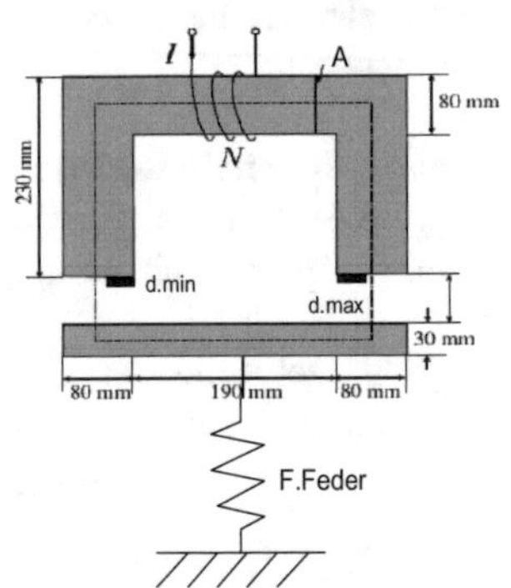


**Abb. 5-497 Prinzip eines Relais: Ein elektrischer Strom erzeugt über ein magnetisches Feld eine Kraft.**

Elektromagnete sind **Spulen mit Eisenkern**.
Der Spulenstrom erzeugt die Durchflutung **$\Theta$=N·i**. $\Theta$ ist die Quelle für den magnetischen Fluss **ϕ=$\Theta$·G.mag= ϕ=$\Theta$/R.mag.** Bei elektrischen Maschinen bestimmt der Luftspalt den magnetischen Widerstand: Nach Gl. 5-49 ist **R.mag≈R.LS=l.LS/(μ.0·A.Fe).**

Damit werden Linearmotoren gebaut, die **Arbeit W=F·s** (mit dem Weg s) durch Leistung **P=F·v** (mit der Geschwindigkeit v=ds/dt=ω·s) verrichten. Ein Beispiel sind die Hochgeschwindigkeitszüge Maglev (Abb. 5-538) und Transrapid (Abb. 5-48).

**Elektromagnetische Maschinen** sind Wandler von elektrischer in mechanische Leistung und umgekehrt. Von Interesse ist, wie dies prinzipiell funktioniert und wie hoch die Umwandlungsverluste sind. Hier soll die Funktion eines Gleichstrommotors berechnet werden. In der die Struktur von Abb. 5-498 zeigt sie symbolisch. Zu ihrem Verständnis werden die Messgrößen **Drehmoment, Leistung** und **Wirkungsgrad** gebraucht.

**Mechanische Leistung** entsteht, wenn eine Kraft ihren Angriffspunkt verschiebt.
Die **translatorische Leistung P.me=F·v** ist das Produkt aus Kraft und Geschwindigkeit.

**Rotatorische Leistung** ist das Produkt aus **Drehmoment M=F·r** und **Winkelgeschwindigkeit ω=v/r: P.rot = M·ω.**

Bei verlustfreien elektromechanischen Wandlern ist **P.el=P.mech.** Das ist die Basis zu ihrer Berechnung. Wie gut die Umwandlung gelingt, beschreibt der **Wirkungsgrad**

**Gl. 5-284** $$\eta = P.mech/P.el \;\rightarrow\; P.Verl = (1-\eta) * P.Nen$$

Die Wirkungsgrade ihrer Maschinen werden von Motorherstellern gemessen (z.B. der Faulhaber-Kleinmotor Tab. 5-11, Zeile 3). Hier soll er berechnet werden.

**Elektromagnetischer Wandler (siehe auch Absch. 5.4)**
**Magnetische Kräfte F.mag=dW.mag/dr** treten bei **örtlicher Änderung** ($\Delta r$) der inneren Energie von Materialien auf, besonders beim Übergang des Flusses $\phi$ von Eisen in Luft (im Luftspalt). Die dadurch erreichbare Leistung soll nun berechnet werden.

Motoren und Generatoren sind Beispiele für elektromagnetische Wandler. Generatoren erzeugen aus der Drehzahl der Welle elektrische Spannung und Strom. Bei Motoren ist es umgekehrt: Die Ankerspannung bestimmt die Drehzahl, der Ankerstrom bestimmt das Drehmoment. Abb. 5-498 zeigt die ...

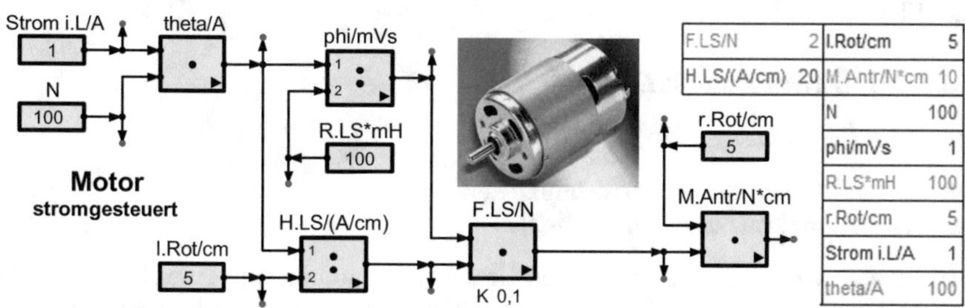


**Abb. 5-498 Grundstruktur zur Berechnung elektromechanischer Wandler: Sie zeigt die Kopplung der mechanischen und elektrischen Messgrößen durch den magnetischen Fluss $\phi$. (Die Zahlenwerte sind für einen Kleinmotor abgeschätzt.)**

Die beiden nächsten Gleichungen zeigen die Ähnlichkeit der Berechnung elektrischer und magnetischer Kräfte. Im magnetischen Feld herrschen ein Fluss $\phi$ und eine Feldstärke H=i/l. Die entsprechenden Größen des elektrostatischen Feldes sind die Ladung q $\triangleq$ $\phi$ und die elektrische Feldstärke E=u/d $\triangleq$ $H=\Theta/l$.

**Gl. 5-256 elektrostat. Energie und Kraft** $W.el = q \cdot u \rightarrow F.el = q \cdot E$ ... *in As·V/m=N*

Der magnetische Fluss ist $\phi$=B·A. Daraus folgt die

**Gl. 5-257 magnetische Energie** $W.mag = \phi \cdot \Theta$ ... *in Vs·A=Nm*

und die Grundgleichung zur Berechnung

**Gl. 5-258 magnetischer Kräfte** $F.mag = \phi \cdot H$ ... *in Vs·A/m=N*

Zur Simulation **elektromagnetischer Impulsantriebe** werden das **Induktionsgesetz** für Stromänderungen bei Spulen und das **Ladungsgesetz** für Spannungsänderungen bei Kondensatoren gebraucht. Wir wiederholen sie hier kurz.

**Elektrische Impulse** können Spannungs- oder Stromstöße sein:

- Spannungsstöße t·Δi ändern den **magnetischen Fluss $\psi$** von **Induktivitäten L.**
  Aus dem Spulenfluss $\Psi = N \cdot \phi = L \cdot i$ folgt das **Induktionsgesetz** $\Delta u = L \cdot \Delta i$
- Stromstöße t·Δu ändern die **Ladung q** von **Kondensatoren C**.
  Das äußert sich durch die Änderung ihrer Spannung u:
  Aus der Ladung $q = i \cdot t = C \cdot u$ folgt das **Ladungssgesetz** $\Delta q = C \cdot \Delta u$

**Die Kraft eines elektromagnetischen Impulsantriebs**

Hier sollen die Grundlagen zur Berechnung elektromagnetischer Impulsantriebe gelegt werden. Dann ist die Antriebskraft die Lorentzkraft F.L. Zur Berechnung von Impulsantrieben muss gezeigt werden, wie stark F.L auf einen elektrisch leitenden Ring wirkt, den ein magnetischer Fluss ϕ durchsetzt.

Die Lorentzkraft ist umso größer, le schneller sich ein Leiter mit der Ladung q und der Geschwindigkeit v quer durch ein Magnetfeld mit der Flussdichte B bewegt:

**Gl. 5-259 Lorentzkraft** $F.L = q \cdot v \cdot B$

*(Bedingung: v ⊥ B)*

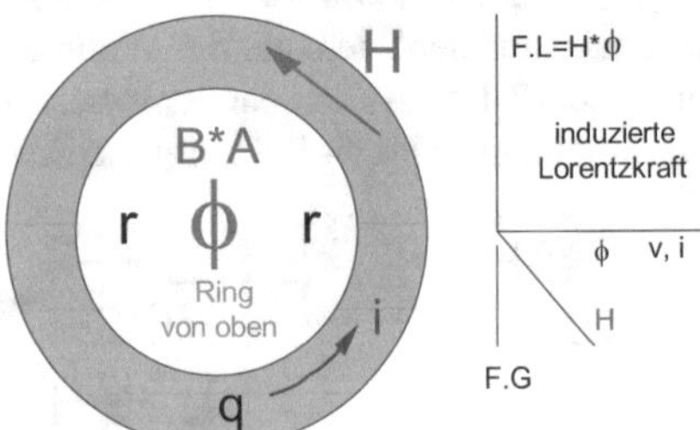


**Abb. 5-499 die Messgrößen zur Berechnung der induzierten Lorentzkraft in einem Ringleiter**

Nun betrachten wir in Abb. 5-499 einen Umlauf der Ladung q in einer Periode T. Dann fließt der Ringstrom i=q/T. Die Ladung q=i·T hat die Umlaufgeschwindigkeit v=2πr/T. Das in Gl. 5-259 eingesetzt, ergibt $F.L = 2 * i * \phi/r$.

Der Quotient 2·i/r ist die **Feldstärke H** am Rand des Ringes. Im Mittel ist sie nur die Hälfte. Damit erhalten wir die Berechnung der

**Gl. 5-260 Lorentzkraft auf einen Ringleiter** $F.L = H.Ring * \phi.Spu$

Nach Gl. 5-260 ist F.L das Produkt aus dem magnetischen Fluss ϕ=B·A (einer Spule mit der Flussdichte B über den Querschnitt A) und der am Ring herrschenden magnetischen Feldstärke H=i/r eines Stromes i, der mit dem Radius r zirkuliert.

In Abb. 5-501 berechnen wir die Lorentzkraft und den zugehörigen Ringstrom. Den dazu benötigten Ringwiderstand errechnen wir so:

$$R.Ring = \rho.el * Umfang/Querschnitt$$

Zahlenwerte für spezifische elektrische Widerstände $\rho$.el finden Sie in Tab. 5-29.

**Der Induktionsstrom in einem Ringleiter**

Zur Berechnung der Lorentzkraft auf einen Ringleiter nach Gl. 5-260 wird der induzierte Ringstrom bei Änderung (Δ oder d) des Magnetflusses ϕ benötigt. Die zeitliche Änderung dϕ nach dt induziert im Ring die

Gl. 5-13 Windungsspannung u.Wdg= dϕ/dt.

Bei der Simulation des **Thomson'schen Ringversuchs** (nächster Abschnitt) wird eine Spule mit **Wechselstrom** betrieben. Dann wird aus dem Geschwindigkeitsoperator d/dt die **Kreisfrequenz ω=2π·f**. Damit wird die

Gl. 5-13 sinusförmige Windungsspannung u.Wdg= ω · ϕ

Je nach Widerstand R.Ring des Ringes folgt daraus der

**Gl. 5-261 induzierte Ringstrom** *i.Ring = u.Wdg/R.Ring*

Zahlenwerte dazu berechnen wir in Abb. 5-501.

**Simulation der Lorentzkraft auf einen Ringleiter**

In Absch. 5.8.7 soll der Thomson'sche Ringversuch simuliert werden (Abb. 5-507). Darin wird ein elektrisch leitender, nicht magnetisierbarer Ring durch das Magnetfeld einer Spule in die Höhe geschleudert. Hier soll gezeigt werden, wie die Ursache (die Lorentzkraft F.L) berechnet wird.

Abb. 5-500 zeigt die Messgrößen zur Berechnung der Lorentzkraft F.L auf einen Ringleiter und ihre Richtung im Raum.

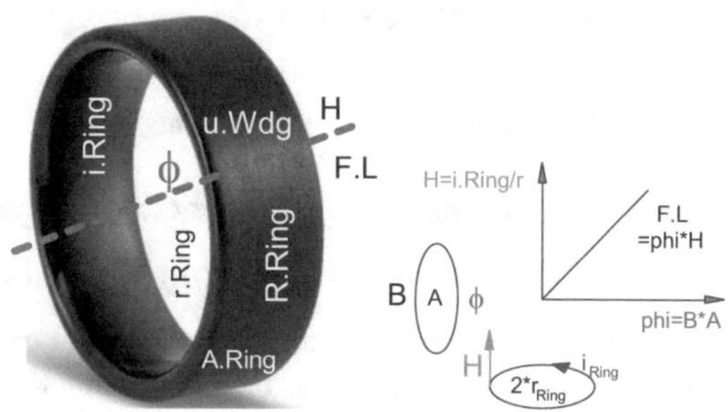


**Abb. 5-500 Ringleiter: Damit seine Beschleunigung groß wird, soll er möglichst leicht sein. Diese Forderung erfüllt Aluminium (Al) am besten.**

Abb. 5-501 zeigt die Berechnung der Lorentzkraft auf einen Ringleiter

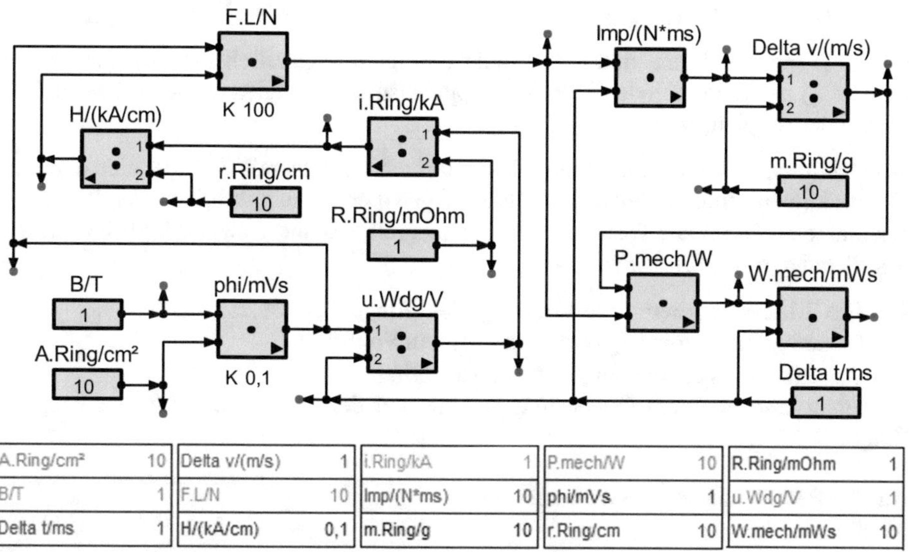


| | | | | | | | | | |
|---|---|---|---|---|---|---|---|---|---|
| A.Ring/cm² | 10 | Delta v/(m/s) | 1 | i.Ring/kA | 1 | P.mech/W | 10 | R.Ring/mOhm | 1 |
| B/T | 1 | F.L/N | 10 | Imp/(N*ms) | 10 | phi/mVs | 1 | u.Wdg/V | 1 |
| Delta t/ms | 1 | H/(kA/cm) | 0,1 | m.Ring/g | 10 | r.Ring/cm | 10 | W.mech/mWs | 10 |

**Abb. 5-501 Berechnung von Abb. 5-500 mit dem Ringstrom, der Lorentzkraft und der Energie und Leistung eines Kraftstoßes**

**Zur Nomenklatur**

Bei sinusförmigen Signalen in linearen Systemen werden

*aus den Beträgen (u, i, $\phi$) die Effektivwerte ($U=u/\sqrt{2}$, $I=i/\sqrt{2}$, $\phi=\phi/\sqrt{2}$).*

Sie lassen sich nach Kap. 2 komplex berechnen und im Frequenzbereich simulieren.

**Zur Ballistik eines fliegenden Ringes**

Nach der Beschleunigungsphase steigt der Ring noch kurzzeitig antriebslos an, bis er auf die Erde zurückfällt. Die dadurch entstehende Flugbahn heißt ‚ballistisch'. Ihr zeitlicher Verlauf soll berechnet werden.

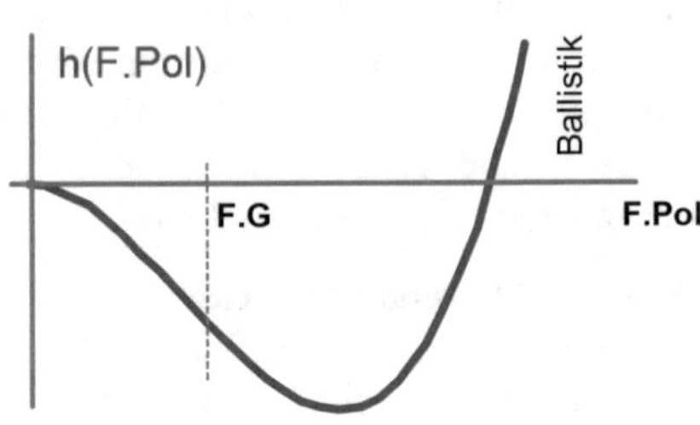


**Abb. 5-502 der Start eines fliegenden Ringes**

Der Kern fliegt umso höher, je größer die Anfangsbeschleunigung ist:

$$a.max = F.Pol/m.Ring \rightarrow v = \int a * dt \rightarrow h(t) = \int v * dt$$

a.max ist der Quotient aus der magnetischen Lorentzkraft F.Pol am Pol des Eisenkerns und der Masse m.Ring des elektrisch leitenden Ringes.

Grundlage des Thomson'schen Ringversuchs ist die

**Gl. 5-260 Lorentzkraft F.L** $$F.L = H.Ring * \phi.Spu$$

F.L ist proportional zum durch die Spule erzeugten magnetischen Fluss (maximal $\phi$, effektiv $\phi$) und der durch den induzierten Spulenstrom erzeugten mittleren Feldstärke H am Ort des Ringleiters.

Bei elektromagnetischen Impulsantrieben wirkt die Lorentzkraft F.L über eine durch die Konstruktion bestimmte Zeit Δt auf die Ladungen q eines elektrisch leitenden Ringes mit der Masse m. Durch die Differenz aus Lorentzkraft F.L und Gewichtskraft F.G wird m beschleunigt: $a = (F.L - F.G)/m$.

- Die Masse m.Ring=$\rho$.me·Vol.Ring des Ringes ergibt sich aus seiner Dichte (Aluminium: $\rho$.me=2,7g/cm$^3$) und seinem Volumen.
- Das Ringvolumen Vol.Ring = A.Ring·π·d.Ring

erhält man aus dem Querschnitt A.Ring und dem mittleren Umfang d.Ring des Ringes.

Aus der Beschleunigung a wird bei fehlender Reibung die

**Geschwindigkeitsänderung**

$$\Delta v = \int a * dt$$

und daraus zuletzt die

**Wegänderung** $\Delta h = \int v * dt.$

Diese Gleichungen werden in Absch. 5.8.7.1 zur Simulation der ballistischen Flugbahn eines Ringleiters verwendet.

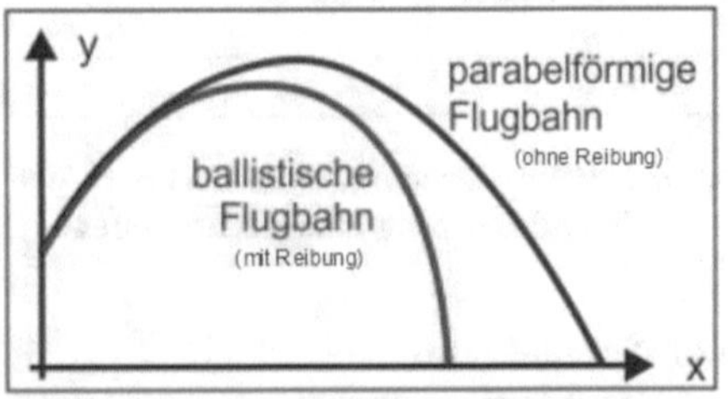


**Abb. 5-503 Die ballistische Flugbahn ist eine durch die Reibung verkürzte Parabel.**

**Der schräge Abschuss**

Beim Militär interessiert, wie weit eine Kanone schießt.

Simuliert werden soll, wie die Schussweite vom Anstellwinkel γ der Kanone abhängt. Parameter sind die Schusskraft der Kanone und die Masse der Kanonenkugel, aber auch die Luftreibung.

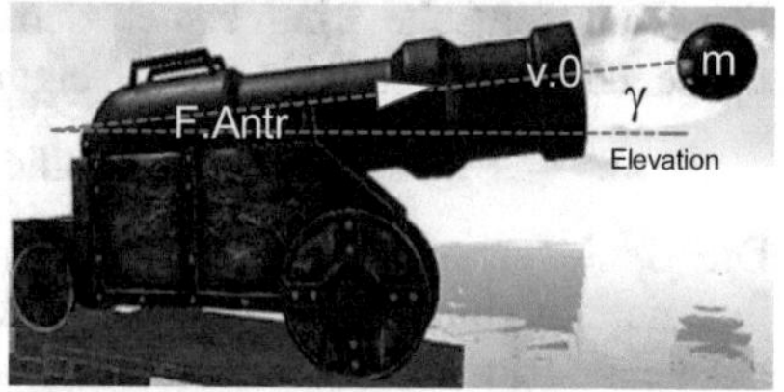


**Abb. 5-504 Spielzeugkanone zum Test eines schiefen Abschusses**

Abb. 5-505 zeigt die Berechnung der ballistischen Messwerte als Funktion des Anstellwinkels, der Elevation γ:

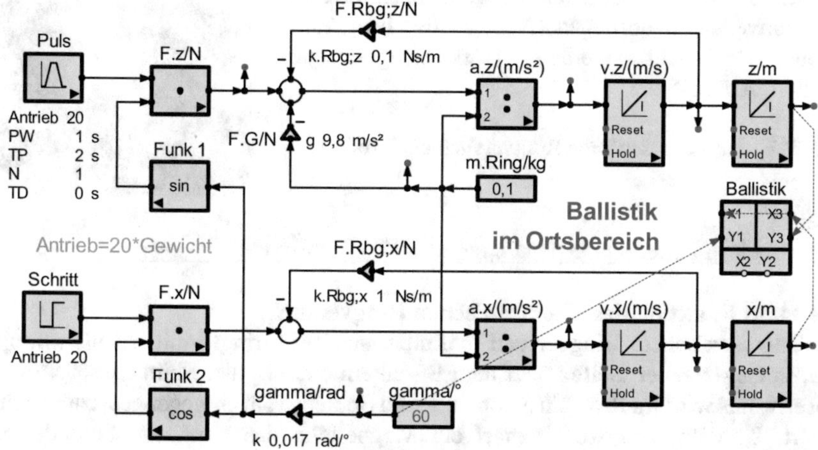


**Abb. 5-505 Berechnung der Kräfte an einer Kanonenkugel mit der Masse m und die dazu gehörenden Beschleunigungen a, Geschwindigkeiten v und Orte x in der Waagerechten und z in der Senkrechten (Höhe h) als Funktion der Antriebskraft F.Antr und des Elevationswinkels γ**

Abb. 5-506 zeigt die Simulation der Ballistik einer Masse m für vier Anstellwinkel

γ=20°-40°-60°-80°.

γ=40° schießt am weitesten,
γ=80° schießt am höchsten.

Nur wenn die simulierte Höhe über der Nulllinie verläuft, fliegt die Kugel.

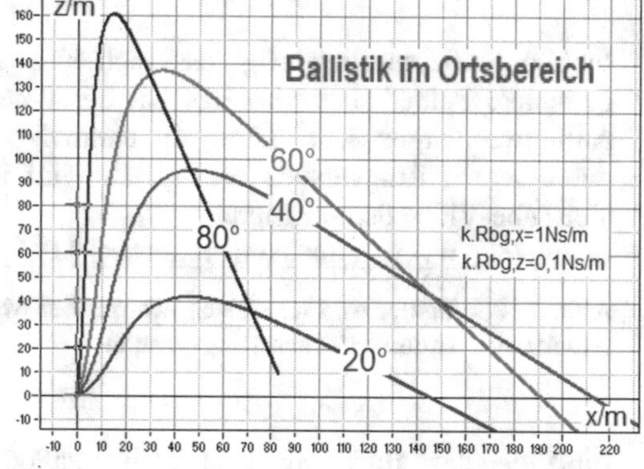


**Abb. 5-506 Ballistik einer Kanonenkugel bei vier Elevationswinkeln**

Beim nun folgenden Thomson'schen Ringversuch (Absch. 5.8.7) werden ballistische Kurven als Funktion der Zeit t simuliert. Dazu interessiert die maximal erreichbare Höhe z.max bei senkrechtem Abschuss (γ=90°).

### 5.8.7 Der Thomson'sche Ringversuch

Der Thomson'sche Ringversuch demonstriert eindrucksvoll die Kraft der elektromagnetischen Induktion. Abb. 5-507 zeigt den Aufbau zum Thomson'schen Ringversuch:

Er besteht aus Spule, Eisenkern und Aluminiumring.

Die Spule erzeugt ein magnetisches Wechselfeld. Es induziert in einem Ringleiter einen Wechselstrom, den auch ein magnetisches Feld umgibt. Da sich beide Felder abstoßen, wird der Ring, je nach Stärke des Wechselstroms, entweder emporgeschleudert oder nur sanft emporgehoben. Dann kann der Ring, je nach Stromstärke, entweder davonfliegen (Abb. 5-509) oder zum Schweben gebracht werden (elektromagnetische Levitation, Abb. 5-540).

**Abb. 5-507 der Thomson'sche Ringversuch als Experimentiersatz**

Quelle:
https://cornelsen-experimenta.de/shop /de/54000 -Demo-Set+Transformator.html

**Aufbau und Funktion des Thomson'schen Ringversuchs**
Beim Thomson'schen Ringversuch befindet sich ein ringförmiger, **nichtmagnetisierbarer elektrischer Leiter** über dem Eisenkern einer Spule. Beim Einschalten eines Wechselstroms wird im Ring ein Strom mit zum Spulenstrom entgegengesetzter Richtung induziert. Zu dem Ringstrom gehört ein Magnetfeld, das eine zum Feld der Spule entgegengesetzte Richtung hat.

**Aufbau und Funktion des Thomson'schen Ringversuchs**
Beim Thomson'sche Ringversuch überlagern sich zwei Magnetfelder:

*das Feld des Spulenstroms und das Feld des induzierten Ringstroms.*

In Abb. 5-402 wurde gezeigt, dass sich entgegengesetzt gerichtete Felder abstoßen. Das hat der Physiker und **Nobelpreisträger J. J. Thomson** erstmalig um 1900 durch seinen Ringversuch gezeigt. Es wird in diesem YouTube-Video demonstriert.
https://www.youtube.com/watch?v=P11k5FfryRk

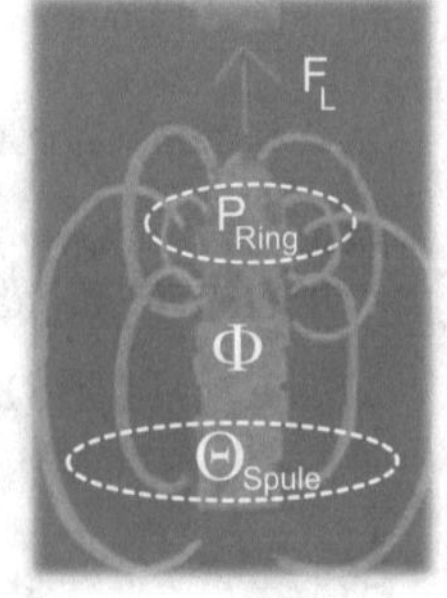


**Abb. 5-508 Felder und Kraft sich kreuzender Magnetfelder beim Thomson'schen Ringversuch**

Ein Video dazu finden Sie u.a. bei ChemgaPedia:

http://www.chemgapedia.de/vsengine/vlu/vsc/de/ph/14/ep/einfuehrung/magnetfeld/induktion.vlu/Page/vsc/de/ph/14/ep/einfuehrung/magnetfeld/induktion/induktion07.vscml.html

**Zum Ringmaterial**

Wäre der Ring magnetisierbar, so würden sich das im Ring induzierte magnetische Feld und das Feld der Spule anziehen (magnetische Influenz). Wäre der Spulenstrom ein Gleichstrom, so würde der Ring beim Einschalten nur einen einmaligen kurzen Impuls erhalten, der nicht ausreicht, ihn emporzuschleudern. Daraus folgt:

*Für eine gleichmäßige Kraftentfaltung darf der Ring nicht magnetisierbar sein und der Spulenstrom muss ein Wechselstrom sein.*

Beim Einschalten eines Wechselstroms wird der Ring je nach Stärke des Stroms entweder explosionsartig in die Höhe geschleudert (**fliegender Ring)** oder nur sanft emporgehoben (**schwebender Ring**).

In diesem Abschnitt simulieren wir den fliegenden Ring. Das zeigt Abb. 5-509.

**Abb. 5-509 YouTube-Demo zum Thomson'schen Ringversuch: Je höher der Strom und je länger der Eisenkern, desto höher fliegt der Aluminiumring.**

Beim **fliegenden Ring,** Abb. 5-509, (Simulation in Abb. 5-511) soll untersucht werden, wie die **Flughöhe vom Spulenstrom** (der Kraftquelle) und der **Länge des Eisenkerns** (der Beschleunigungsstrecke) abhängt.

Im nächsten Abschnitt folgt der **schwebende Ring (elektromagnetische Levitation**, Abb. 5-540, Simulation in Absch. 5.8.7.2). Dazu wird der Spulenstrom konstant gehalten. Das kann per Hand oder durch eine automatische Regelung erfolgen. Zu zeigen ist, ob ein Mensch dazu schnell genug ist.

Für Simulationen

- muss zuerst die in Abb. 5-529 **gezeigte Struktur** des Thomson'schen Ringversuchs entwickelt werden. Mit ihr sind die nachfolgend gezeigten Diagramme simuliert worden.
- Dann müssen die **Parameter von Spule, Eisenkern und Ring** bestimmt werden. Welche dies sind, zeigt Abb. 5-512:
    - Variabel sind Kräfte, Geschwindigkeiten und die Flughöhe des Rings.
    - Konstant sind die Abmessungen von Kern und Spule, die Dichte und Masse des Ringkerns.
    - Die Reibungskonstante k.Rbg ist ein Parameter, der so eingestellt wird, dass die gemessene Flughöhe richtig errechnet wird.

**Zur Ballistik des Thomson'schen Ringversuchs**

Beim Thomson'schen Ringversuch wird ein Aluminiumring durch die Abstoßungskraft des Magnetfelds einer Spule und des induzierten Magnetfelds im Ring emporgeschleudert. Wie hoch der Ring fliegt, hängt von der Kraft des Spulenstroms und dem Gewicht des Ringes ab. Das soll berechnet werden.

**Variation der Reibung**

Abb. 5-510 zeigt, dass die erreichbare Flughöhe entscheidend von der Reibung des Rings an seiner Umgebung abhängt. Das wird bei Simulationen durch einen

*Reibungsparameter*
*k.Rbg = F.Rbg/v – in Ns/m*

berücksichtigt. Er wird so eingestellt, dass die simulierte Flughöhe mit der gemessenen übereinstimmt.

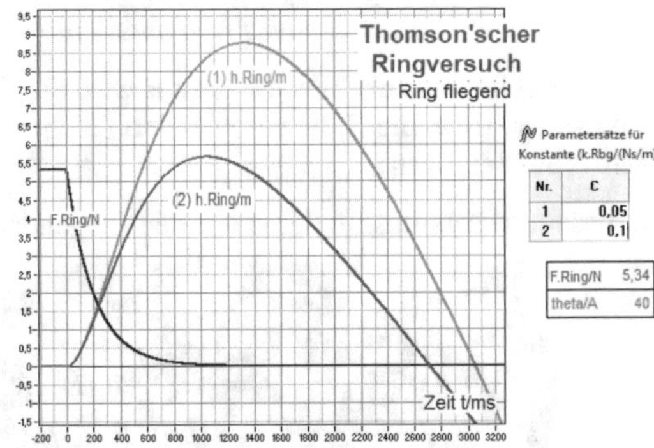


**Abb. 5-510 simulierte Flughöhen bei größerer und kleinerer Reibung**

Beim Thomson'schen Ringversuch wird der magnetische Fluss $\phi$ durch den Spulenstrom und die Feldstärke H durch den induzierten Ringstrom erzeugt. Um die durch F.Pol erzeugte ballistische Flugbahn des Ringes simulieren zu können, muss die **Polkraft F.Pol** des Elektromagneten berechnet werden. Das soll anschließend geschehen. Berechnungsgrundlage ist die aus Absch. 5.8.1 bekannte

**Gl. 5-262 Grundgleichung zur Berechnung von Polkräften** $F.Pol = \phi(I.Spu) * H(\omega)$

Gl. 5-262 zeigt, was zur Berechnung der Kraft des Thomson'schen Ringversuchs zu tun ist:

1. Zuerst muss der durch die Spule erzeugte und den Ring durchsetzende magnetische Fluss $\phi$ berechnet werden. Dazu benötigen wir die Durchflutung $\Theta = N \cdot I.Spu$ und den magnetischen Leitwert G.mag des Spulenkerns.
2. Dann muss die durch den Ringstrom hervorgerufene magnetische Feldstärke H am Rand des Rings berechnet werden. H(r, $\omega$) hängt nur von der Frequenz des im Ring induzierten Wechselstroms ab.

**Zur Leistungsbilanz**

Gesucht wird die erreichte **Flughöhe h.max** als Funktion des Spulenstroms I.Spu, bzw. der zugeführten **Leistung** *P.Spu=U.Spu·I.Spu = U.Kern·I.Kern.* Ihr **Wirkanteil** ist gleich der vom fliegenden Kern abtransportierten Leistung.

Die aus dem **Wirkanteil** entstehende **Arbeit** *W.Ring=∫P.Spu·dt* wird in Bewegungsenergie und Erwärmung des Rings umgesetzt.

Der **Blindanteil** der Spulenleistung dient zum Aufbau der magnetischen Felder von Spule und Kern. Sein Betrag ist beim Ringversuch groß gegen den Wirkanteil.

**Simulation der Flugbahn**

Zur Simulation des Thomson'schen Ringversuchs sind die Einzelheiten seiner Berechnung zu klären. Wir beginnen mit der Berechnung der ballistischen Flugbahn des Rings im Zeitbereich. Abb. 5-213 zeigt die Struktur dazu. Abb. 5-511 zeigt den damit errechneten zeitlichen Verlauf wichtiger Parameter der Flugbahn des Rings.

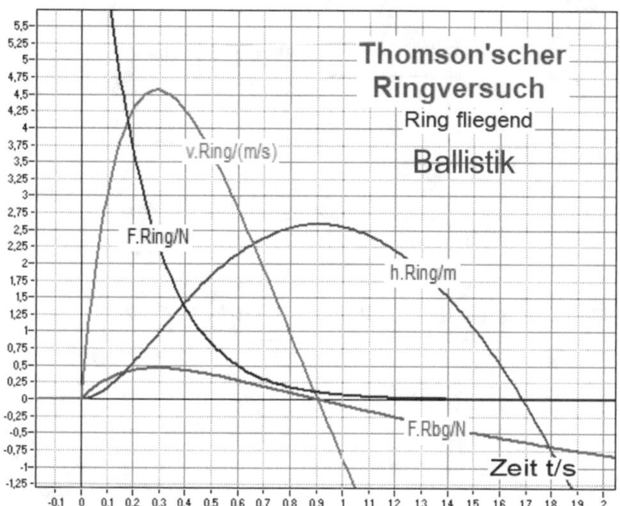


**Abb. 5-511 Der Thomson'sche Ringversuch: Im Maximum der Ringhöhe ist die Geschwindigkeit null. Beim Maximum der Geschwindigkeit ist die Reibung maximal**

Zur Flugbahn eines vertikal abgeschossenen Rings:
Es interessiert die maximal erreichbare Flughöhe als Funktion des Spulenstroms. Die Simulation erfolgt im Zeitbereich. Durch die Kalibrierung **x/m = t/s** ist dies auch die Flugbahn im Ortsbereich.

Aus der Anfangsbeschleunigung $a.0 = F.Pol/m.Ring$ mit der

**Gl. 5-263 Ringmasse** $$m.Ring = \rho.me * Vol.Ring$$

wird durch Integration die Ringgeschwindigkeit v und daraus wiederum die Flugbahn h(t) mit der gesuchten Flughöhe h.max.

Abb. 5-512 zeigt die ballistischen Gesetze zum Thomson'schen Ringversuch und nennt die beteiligten Messgrößen.

**m.Ring** ist die Masse des Rings. Sie ist das Produkt aus seiner mechanischen Dichte $\rho$.me und dem Ringvolumen $Vol.Ring = A.Ring \cdot Umf.Ring$. Damit der Kern fliegen kann, muss die spezifische Masse $\rho$.me des Ringleiters möglichst klein sein.

Die Berechnung des Thomson'schen Ringversuchs erfolgt in zwei Abschnitten:

1. Zusammenstellung und Erläuterung der Gesetze zum Thomson'schen Ringversuch als Struktur (Abb. 5-512)
2. Darstellung der damit simulierten ballistischen Flugbahn des Rings
   Das haben wir bereits in Abb. 5-511 gezeigt.

Abb. 5-512 zeigt die Struktur zur Berechnung der Flughöhe h(t). Sie ähnelt der in Abb. 5-506 gezeigten Struktur einer Ballistik mit dem Unterschied, dass hier die **Geschwindigkeitsänderung des Rings im Zusatzkern** berechnet wird.

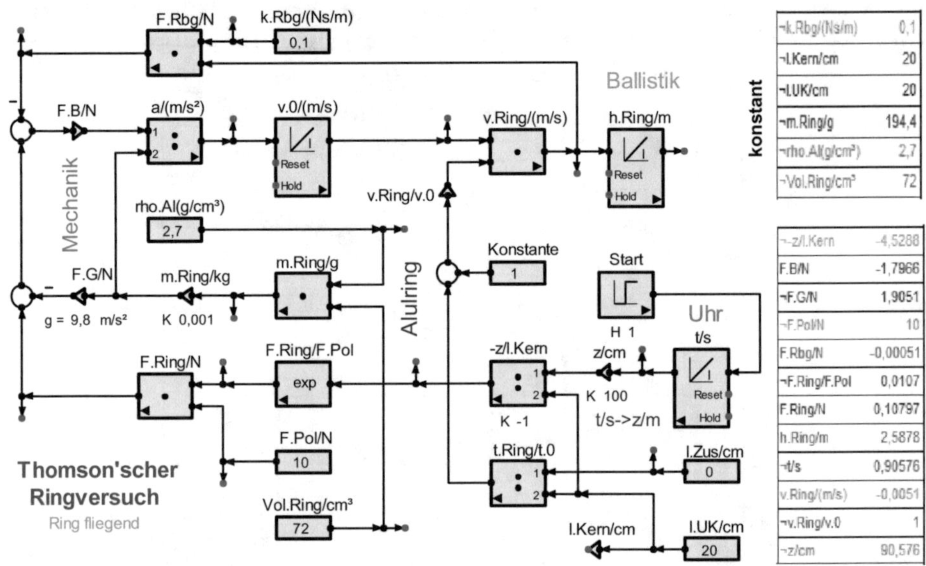


**Abb. 5-512 Berechnung einer ballistischen Flugbahn nach dem Einschalten des Spulenstroms: Ab dem Abschuss bei t=0 wirkt die Polkraft F.Pol.**

Erläuterungen zu Abb. 5-512 – von unten nach oben

1. Vorgegeben wird die Polkraft F.Pol eines Magneten. Sie treibt einen Ring mit der Masse m.Ring und dem Gewicht F.G.
2. Außerhalb des Kernes geht die auf den Ring wirkende Kraft wegen des fehlenden Antriebs exponentiell gegen null. Dann wirkt nur noch die Schwerkraft F.G=m·g.
3. Die Differenz aus F.Pol und F.G beschleunigt den Ring. Aus der beschleunigenden Kraft F.B=m·a=F.Pol-F.Rbg wird durch doppelte Integration aus der Beschleunigung a=F.B/m die Geschwindigkeit v die Höhe h.
4. Der Reibungsparameter k.Rbg bestimmt die Flughöhe h.max. Er wird so eingestellt, dass die gemessene Höhe mit der berechneten Höhe übereinstimmt. So wird R.Rbg für den jeweiligen Fall praktisch ermittelt.
5. Im Zusatzkern wirkt die Polkraft. Durch sie vergrößert sich die Geschwindigkeit des Rings von v.0 am Anfang des Kerns auf die Maximalgeschwindigkeit v.max an seinem Ende.
6. Über dem Zusatzkern hat der Ring die mittlere Geschwindigkeit $\bar{v} = max/2$. Damit lässt sich die Zeit, in der der Ring beschleunigt wird, angeben: $t.Ring = l.Zus/\bar{v}$.

Damit kann v.max=k.V·v.0 aus dem Verhältnis der Längen l.UK des U-Kerns und l.Zus des Zusatzkerns berechnet werden:

**Gl. 5-264 Geschwindigkeitsparameter**

$$k.V = \frac{v.max}{v.0} = \frac{l.ges/\bar{v}}{l.Zus/\bar{v}} = 1 + \frac{l.Zus}{l.UK}$$

**Funktionen zur Berechnung der Flughöhe**

Zur Berechnung der Flugbahn des fliegenden Rings wird die Polkraft F.Pol des Elektromagneten benötigt. In Abb. 5-523 wird sie durch den Anwenderblock ‚Spule' errechnet.

Die in Abb. 5-512 angegebene Basiseinstellung ist der Anfangszustand zur folgenden Variation von Messgrößen und Parametern.

Der quadratische Anstieg bedeutet, dass F.Pol unabhängig von der Richtung des Spulenstroms I.Spu ist. Deshalb kann mit seinem Effektivwert gerechnet werden.

Abb. 5-513 zeigt:

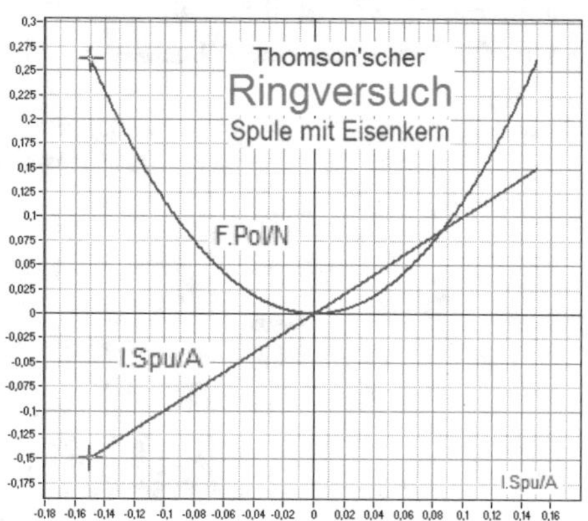


**Abb. 5-513 quadratischer Anstieg der Polkraft F.Pol mit dem Spulenstrom I.Spu**

Abb. 5-514 zeigt den Anfangsverlauf der Flugbahn h(t) eines Ringleiters (das Projektil) über dem Eisenkern einer Spule und seinen Austritt aus einer Kanone als Funktion der linear ansteigenden **Polkraft F.Pol ~ Zeit t** der Spule.

Bei steigender Polkraft fällt der Ring zunächst durch die Schwerkraft in Richtung Boden und steigt hier ab 2,8s, entsprechend 2,8N, parabelförmig an.

Bei senkrechtem Austritt des Rings muss die Polkraft F.Pol größer als die seine Gewichtskraft F.G sein, damit der Ring fliegt.

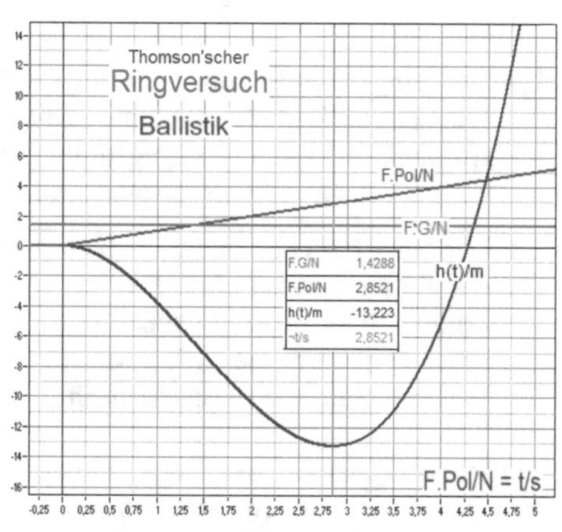


**Abb. 5-514 Flughöhe eines Projektils bei linear ansteigender Polkraft**

Mit der **Geschwindigkeitskonstante k.Rbg** wird in Abb. 5-512 aus der Anfangsgeschwindigkeit v.max am Ende des Zusatzkerns berechnet. Ob die damit simulierte Flughöhe richtig ist, sollen die nun folgenden Diagramme und Parametervariationen zeigen.

Mit den angegebenen Berechnungen der Lorentzkraft (Gl. 5-262) und der Ballistik eines Ringleiters (Abb. 5-511) sind die Voraussetzungen zur Simulation des Thomson'schen Ringversuchs geschaffen. Als Beispiele bringen wir zuerst den fliegenden und danach den schwebenden Ring.

### 5.8.7.1 *Simulation des Thomson'schen Ringversuchs*

Um einen elektrisch leitenden, aber nicht magnetisierbaren Ring in die Höhe h zu katapultieren, wird er auf einen oben offenen Zusatzkern einer Spule gesteckt, der den U-Kern (das Joch) verlängert. Das zeigt Abb. 5-515.

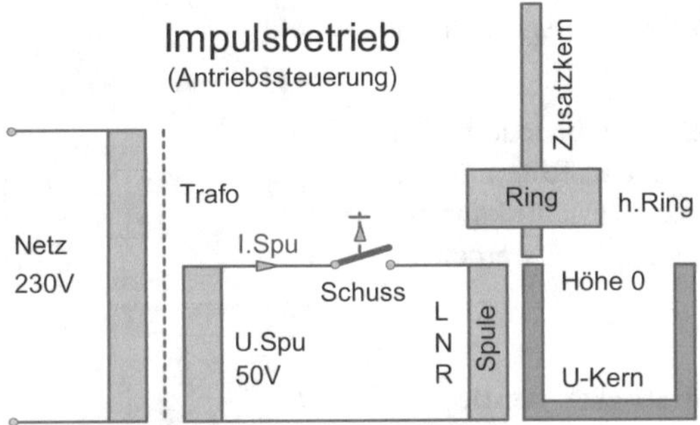


**Abb. 5-515 Die Schaltung zum Thomson'schen Ringversuch: Ein Stromimpuls katapultiert den Ring in die Höhe.**

**Aufbau und Funktion des Thomson'schen Ringversuchs**
Wenn der Aluminiumring aus dem Joch der Spule herausgeschleudert wird, sind zwei Fälle zu unterscheiden:

1. Der Ring befindet sich noch im Kern des Magneten. Dann wirkt die antreibende Magnetkraft F.Mag auf ihn beschleunigend. Hier wird davon ausgegangen, dass die Antriebskraft F.Pol groß gegen die Gewichtskraft F.G des Rings ist, denn nur dann wird der Ring aus dem Magnetkern herausgeschleudert.
2. Der Ring befindet sich außerhalb des Kerns, ist also ohne Antrieb. Dann fällt er nach einer ballistischen Kurve auf die Erde zurück. Das zeigt Abb. 5-516 schematisch.

Antrieb und freier Fall des Rings sollen nun berechnet werden. Abb. 5-517 zeigt auch die dazu verwendeten Messgrößen. Sie sind in Abb. 5-512 zusammengestellt, unterteilt in Parameter, steuernde und gesteuerte Größen.

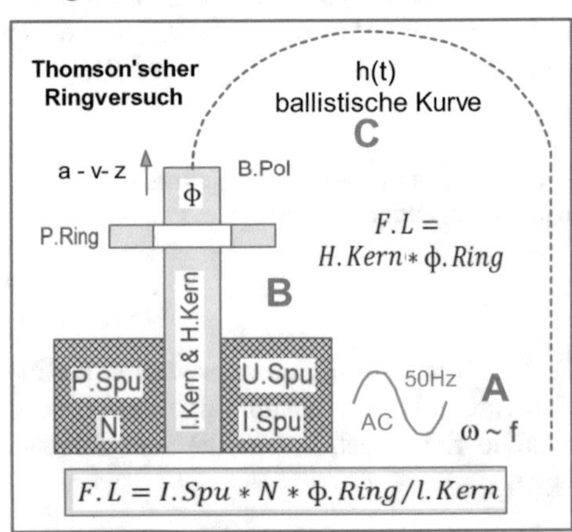


**Abb. 5-516 die Messgrößen zur Berechnung einer Ringkernballistik**

Zur Simulation des Thomson'schen Ringversuchs sollen nun seine Komponenten so beschrieben werden, dass sie danach simuliert werden können.

**Die Komponenten des Thomson'schen Ringversuchs**

Die Struktur der Abb. 5-534 zeigt die Berechnung des Antriebs des Rings durch die Polkraft F.Pol der Spule und des ballistischen Flugs im Zusammenhang. Um sie erklären zu können, müssen die Komponenten des Thomson'schen Ringversuchs berechenbar sein. Dies sind

*die Spule mit Vorwiderstand, der Eisenkern, der Aluminiumring.*

Abb. 5-517 zeigt noch einmal den Versuchsaufbau und die Messgrößen zum Thomson'schen Ringversuch.

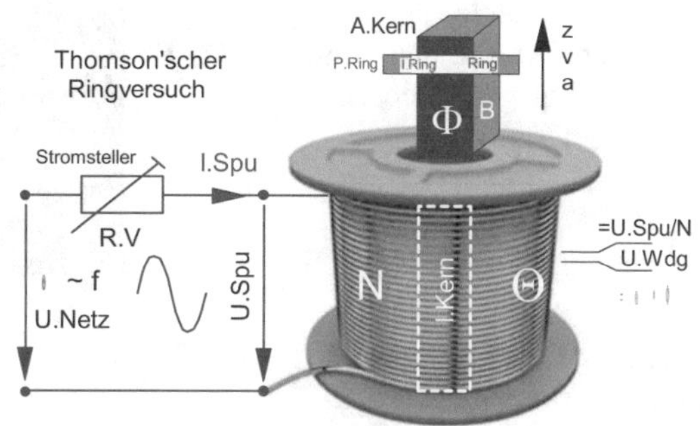


**Abb. 5-517 Die Messgrößen und Parameter des Thomson'schen Ringversuchs: Mit einem Vorwiderstand ist der Spulenstrom und damit die Kraft auf den (Aluminium-)Ring einstellbar.**

Die Komponenten des Thomson'schen Ringversuchs werden nun im Einzelnen erklärt. Dazu werden Diagramme verwendet, die mit der Struktur des fliegenden Rings (Abb. 5-524) erzeugt worden sind.

Der Ringversuch soll mit ungefährlichen Wechselspannungen durchgeführt werden. Deshalb wird die Netzspannung auf Werte um 50V heruntertransformiert. Damit sollen zwei Experimente gemacht werden:

- der fliegende Ring in Abb. 5-516: Dazu wird eine kurzzeitig belastbare Sekundärspannung benötigt. (z.B. 50V, 1A).
- der schwebende Ring in Abb. 5-517: Dazu wird ein Dauerstrom benötigt, dessen Spannung die Leistung des Experiments bestimmt (33VA in Abb. 5-529).

**Flughöhe und Spulenstrom**

Zur Beschaffung des Netztrafos (primär 230V) muss dessen Sekundärspannung U.Spu gewählt werden. Sie muss kleiner als die zulässige Kleinspannung von 50V (effektiv) sein. In Abb. 5-529 werden wir zeigen, wie U.Spu berechnet wird.

Abb. 5-518 zeigt,

- wie der fliegende Ring anfangs an Höhe gewinnt, nach ca. 0,8s sein Maximum erreicht und danach zu Boden fällt
- dass der Spulenstrom anfangs maximal ist und dann gegen null sinkt.
- Der Maximalstrom bestimmt die Anfangsbeschleunigung und dadurch den Verlauf und das Maximum der Flugbahn.

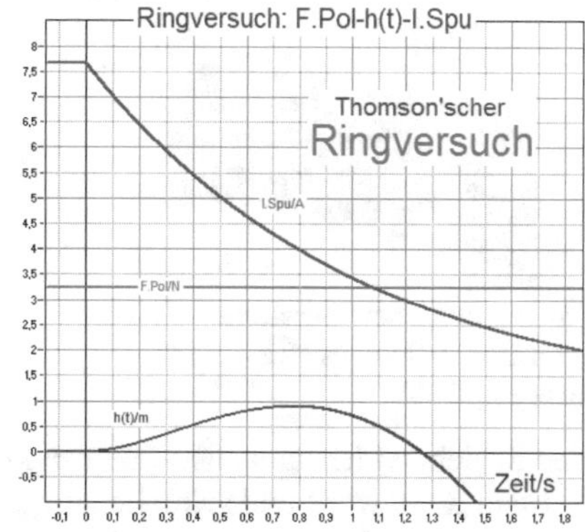


**Abb. 5-518 die Flughöhe des Rings und der Spulenstrom als Funktion der Flugzeit**

**Der Netztrafo**

Ein Transformator ist zunächst eine niederohmige Spannungsquelle. Dann kann er für den fliegenden Ring kurzzeitig hohe Ströme liefern. Für ungefährliche Versuche soll die Sekundärspannung nicht größer als 50V sein.

Durch einen Vorwiderstand R.V wird er zur kurzschlussfesten Stromquelle.
Dann kann er für den schwebenden Ring genau dosierbare Ströme liefern.

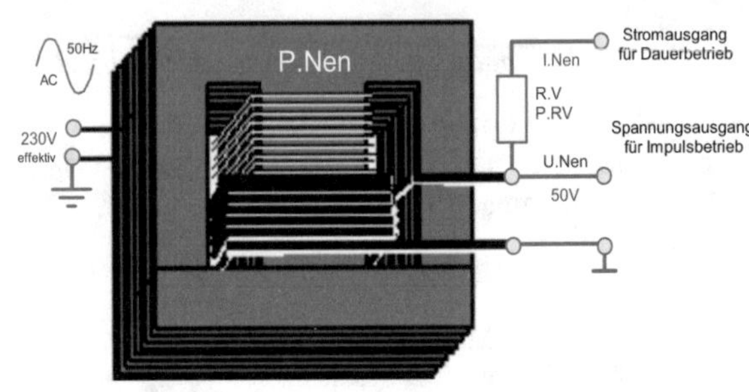


**Abb. 5-519 Netztrafo mit Spannungs- und Stromausgang**

Abb. 5-520 zeigt den mit der Struktur Abb. 5-528 simulierten zeitlichen Verlauf der Flugbahn h(t) des Rings für Spulen mit drei verschiedenen Windungszahlen N.

Bei N<50 ist h negativ. Das bedeutet, dass der Ring nicht abhebt.

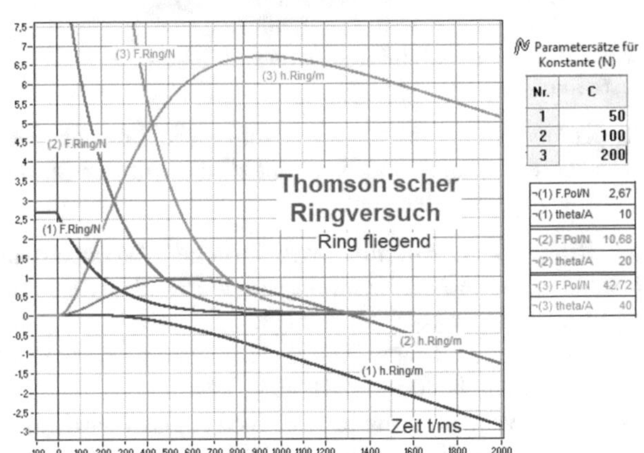


**Abb. 5-520 Flugbahnen für die Spulenwindungen N=50, 100 & 200.**

**Der Vorwiderstand R.V**

Beim Thomson'schen Ringversuch bestimmt der Spulenstrom I.Spu die Kraft des Elektromagneten und damit die Höhe der Flugbahn. Um ihren Verlauf einstellen zu können, verwendet man einen einstellbaren (‚regelbaren') Vorwiderstand R.V.

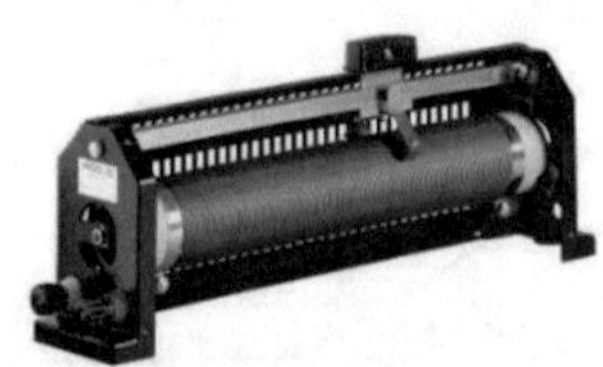

**Abb. 5-521 Schiebewiderstand (sogenannter ‚Schieberegler'), Nennleistung 350W**

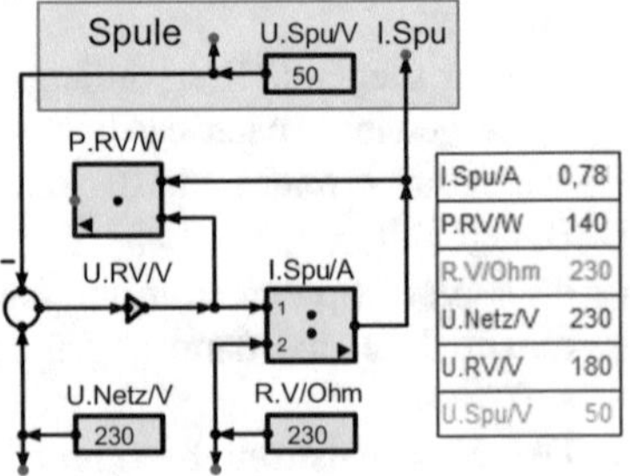


Um den Schiebewiderstand auswählen zu können (Widerstand R.V, Nennleistung P.RV), müssen sein ‚Ohmwert' und seine Leistung aus Spannungsabfall und Laststrom berechnet werden. Wie groß diese sind, muss die Simulation zeigen.

**Die Messgrößen und Parameter von Spule, Eisenkern und Ring**

Nachdem die Komponenten erklärt sind, kann der Thomson'sche Ringversuch simuliert werden.

Abb. 5-522 zeigt

**Abb. 5-522 die Mechanik zum Thomson'schen Ringversuch und die zugehörigen Messgrößen und Parameter.**

Abb. 5-523 zeigt die

**Abb. 5-523 Legende zu den Messgrößen und Parametern des Thomson'schen Ringversuchs.**

Die Einzelheiten zu den verwendeten Messgrößen und Parametern werden bei den damit durchgeführten Berechnungen erklärt.

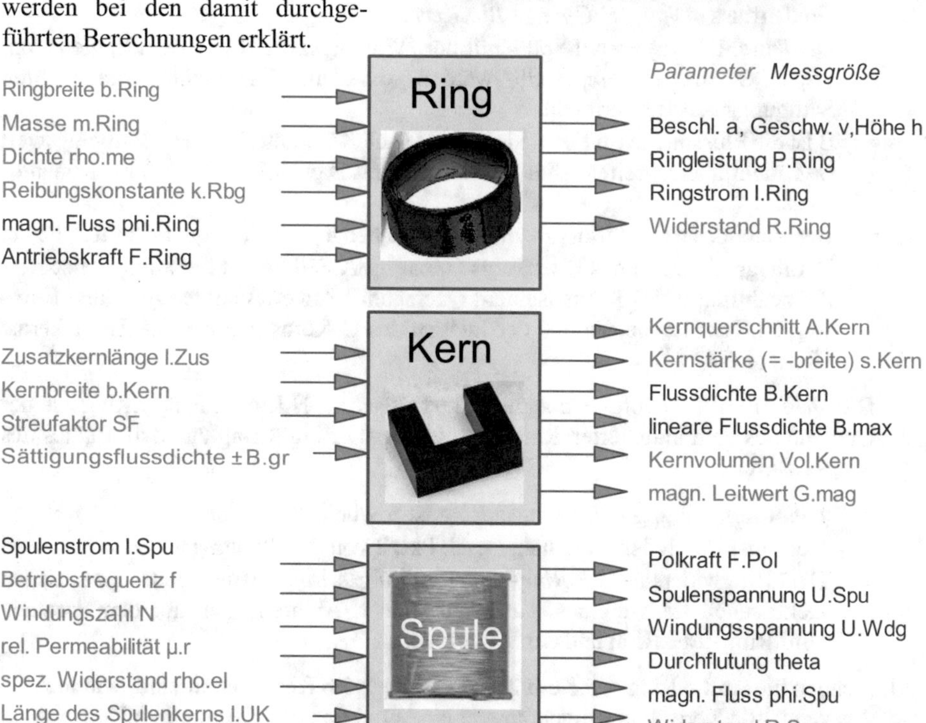

**Berechnung des Thomson'schen Ringversuchs**

In diesem Abschnitt erklären wir die Gesetze, die zur Simulation des Thomson'schen Ringversuchs benötigt werden. Sie gelten allgemein für die Berechnung von Impulsantrieben.

Berechnet werden sollen

1. die Antriebskraft $F.Ring = \phi.Ring * H.Ring$ nach Gl. 5-262
2. die Parameter der Komponenten des Ringversuchs (Abb. 5-523)
3. die Bahn des fliegenden Ringes (Abb. 5-520) und
4. die Höhe des schwebend geregelten Ringes (Absch. 5.8.7.2).

Nun folgen die Berechnungen im Einzelnen. Sie sind in den Strukturen von Abb. 5-524 (Kräfte und Leistungen) und Abb. 5-529 (Ring, Kern und Spule) zusammengefasst. Darin finden Sie auch die Zahlenwerte zu den folgenden Berechnungen.

**1.** Die Polkraft F.Pol der Spule ist ist nach Gl. 5-262 das Produkt aus dem Fluss ϕ.Ring durch den Ring und der Feldstärke H.Ring am Ring: $F.Pol = \phi.Ring \cdot H.Ring$.

2. Der Fluss $\phi.Ring= \phi.Spu\cdot(1\text{-}SF)$ ist der um den Streufluss verringerte Fluss der Spule. Darin ist der Streufaktor $SF= \phi.Ring/\phi.Spu$.

3. Der Spulenfluss $\phi.Spu =\Theta\cdot G.mag= B\cdot A.Kern$.
   - Die Durchflutung Θ=N·I.Spu - mit der Windungszahl N und dem Spulenstrom I.Spu. Θ soll so eingestellt werden, dass die Flussdichte gerade ihren Sättigungswert B.gr erreicht.
   - B ist die Flussdichte im Kern. Sie kann je nach Kernmaterial einen Sättigungswert B.gr nicht überschreiten. Hier rechnen wir mit B.gr=0,8T(effektiv) für Dynamoblech.
   - Der zugehörige Grenzfluss ϕ.gr=A.Fe·B.gr hängt vom Eisenquerschnitt A.Fe ab.
   - Der magn. Leitwert des Eisenkerns G.mag=μ·A.Fe/l.Fe – mit der magnetischen Permeabilität μ des Kerns, seinem Querschnitt A.Kern und der gesamten Kernlänge. l.Kern ist die Summe der Längen des U-Kerns und der des Zusatzkerns: $l.Kern=l.UK+l.Zus$.

4. Die unter Pkt. 1 benötigte magnetische Feldstärke H.Ring=I.Ring/r.Ring ist der Quotient aus dem induzierten Ringstrom I.Ring=U.Ring/R.ring und dem Radius des Rings r.Ring.

   - Die Ringspannung $U.Ring=\omega\cdot\phi.Ring$ ist frequenzproportional.
   - Der Fluss durch den Ring hängt nach Pkt. 2 von der Streuung ab.
   - Der Ringwiderstand $R.Ring=\rho.el\cdot Umf.Ring/A.Ring$ hängt vom spezifischen elektrischen Leitwert des Rings und seinen Abmessungen ab: dem Umfang Umf.Ring=2π·r.Ring und der Ringbreite.

Wir rechnen hier mit b.Ring = b.Kern/2 und r.Ring=1,5·b.Kern. Damit sind, wie in Abb. 5-524 gezeigt, alle Kern- und Ringparameter eine Funktion der Kernbreite b.Kern.

Tab. 5-29 zeigt die mechanische Dichte ρ.me und den spezifischen elektrischen Widerstand ρ.Ring des Ringmaterials.

**Tab. 5-29 ρ.me und ρ.Ring für drei verschiedene Materialien**

| Material | Spezifischer Widerstand in $\Omega \cdot mm^2/m$ | Dichte rho.me in g/cm³ |
|---|---|---|
| Aluminium | $2{,}65 \cdot 10^{-2}$ | 2,7 |
| Eisen | $1{,}0 \cdot 10^{-1}$ bis $1{,}5 \cdot 10^{-1}$ | 7,85 |
| Kupfer | $1{,}721 \cdot 10^{-2}$ | 8,9 |

Eisen wäre für den Ring unbrauchbar, denn es ist ferromagnetisch (Es erzeugt nur anziehende Kräfte).

Für den hier gewählten **Aluminiumring** ist

$$\rho.\mathrm{me}=2{,}7\mathrm{g/cm^3} \quad \text{und} \quad \rho.\mathrm{el}=26{,}5\mathrm{m}\Omega\cdot\mathrm{mm^2/m}=2{,}65\mu\Omega\cdot\mathrm{cm}$$

Tab. 5-29 zeigt auch die mechanische Dichte und spezifische Widerstände von möglichen Kernmaterialien. Hier kommt nur das ferromagnetische Eisen in Frage. Weil es hochpermeabel ist, erzeugt es die größten Magnetflüsse bei kleinsten Durchflutungen.

**Parametervariationen** zum fliegenden Ring
Mit der Struktur Abb. 5-524 soll nun der Thomson'sche Ringversuch durch Parametervariationen veranschaulicht werden. Bei t=0 wird der Spulenstrom eingeschaltet.

Tab. 5-30 zeigt die Messgrößen des Thomson'schen Ringversuchs und seine Parameter.

Links stehen die steuernden Messgrößen und Parameter, mit denen die rechts angegebenen Messgrößen berechnet werden sollen. Sie zu kennen ist die Voraussetzung zur folgenden Simulation der Flugbahn des Aluminiumrings. Tab. 5-30 zeigt auch die hier gewählten

**Tab. 5-30 Basiseinstellungen und ihre Variationen**

| | Parameter | Basiseinstellung | Variation | Abbildung |
|---|---|---|---|---|
| A | **Windungszahl N** | 200 | ±100 | Abb. 6-114 |
| B | **Kernbreite b.Kern** | 2cm | ±1cm | Gl. 5-333 |
| C | **Ringbreite b.Ring** | 1cm | ±1cm | Abb. 5-527 |
| D | **Kernzusatzlänge l.Zus** | 0cm | 10cm | Abb. 5-536 |
| E | **Streufaktor SF** | 0,5 | ±0,25 | Abb. 5-537 |
| F | **Frequenz f** | 50Hz | 25Hz & 100Hz | fehlt |
| G | **Reibungskonst. k.Rbg** | 0,1Ns/m | ±0,05Ns/m | Abb. 5-698 |

In der Basiseinstellung sollen die Parameter in beiden Richtungen veränderbar sein (Vergrößerung und Verkleinerung). Eine Ausnahme bildet hier nur die Länge l.Zus des Zusatzkerns, die nicht negativ werden kann.

## 1. Der Eisenkern

Nach Abb. 5-523 sind die Breite b.Kern und Länge l.UK des U-förmigen Eisenkerns frei wählbar. Abb. 5-523 zeigt, dass die Abmessungen des Rings von der Breite b.Kern des Eisenkerns abhängen. Wir rechnen hier mit b.Ring = b.Kern/2 und r.Ring=1,5·b.Kern. Damit sind, wie in Abb. 5-524 (unten) gezeigt, alle Kern- und Ringparameter eine Funktion der Kernbreite b.Kern.

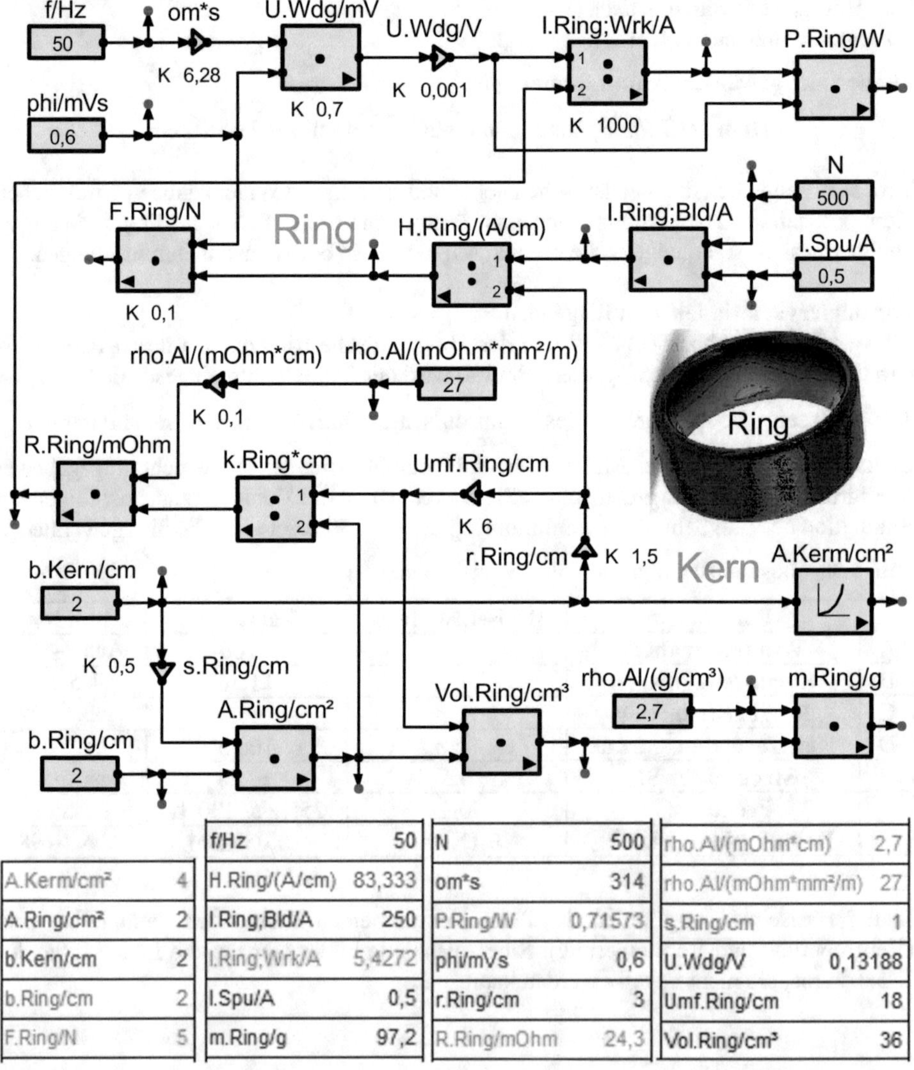


| | | | | | | | |
|---|---|---|---|---|---|---|---|
| | | f/Hz | 50 | N | 500 | rho.Al/(mOhm*cm) | 2,7 |
| A.Kern/cm² | 4 | H.Ring/(A/cm) | 83,333 | om*s | 314 | rho.Al/(mOhm*mm²/m) | 27 |
| A.Ring/cm² | 2 | I.Ring;Bld/A | 250 | P.Ring/W | 0,71573 | s.Ring/cm | 1 |
| b.Kern/cm | 2 | I.Ring;Wrk/A | 5,4272 | phi/mVs | 0,6 | U.Wdg/V | 0,13188 |
| b.Ring/cm | 2 | I.Spu/A | 0,5 | r.Ring/cm | 3 | Umf.Ring/cm | 18 |
| F.Ring/N | 5 | m.Ring/g | 97,2 | R.Ring/mOhm | 24,3 | Vol.Ring/cm³ | 36 |

**Abb. 5-524 Berechnung von Kräften und Leistungen zum Thomson'schen Ringversuch: Zu unterscheiden sind die Blindleistung zum Aufbau der magnetischen Felder und die Wirkleistung zur Katapultierung des Ringkerns (Die zugehörigen Verluste sind hier nicht berücksichtigt.)**

**2. Der Aluminiumring**

Die Berechnung der Flugbahn des Rings beginnt mit seiner Anfangsbeschleunigung a. Gl. 5-265 zeigt, wie aus ihr die Geschwindigkeit v und die Flughöhe h durch Integration berechnet werden:

**Gl. 5-265** $$\boldsymbol{a = F.L/m.Ring \rightarrow v = \int a * dt \rightarrow h(t) = \int v * dt}$$

Abb. 5-525 zeigt den

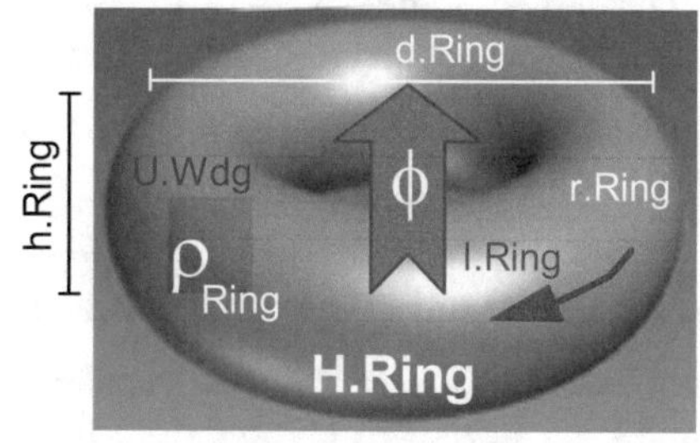


**Abb. 5-525 Aluminiumring mit seinen Messgrößen**

Die Windungsspannung ist ein Parameter des Ringversuchs. Sie gilt sowohl für die Spule als auch für den Ringleiter:

$$U.Wdg = U.Spu/N = \omega * \phi \rightarrow \phi(\omega)$$

- U.Wdg ist nur von der Betriebsfrequenz der Spule und dem magnetischen Fluss ϕ im Ring, d.h. seiner Größe, abhängig.
- Φ entsteht durch den Ringstrom, zu dessen Berechnung der spezifische Widerstand ρ.Ring gebraucht wird. Er soll möglichst klein sein.
- Die Anfangsbeschleunigung des Rings hängt von seiner Masse ab. Zu ihrer Berechnung wird die Dichte ρ.me des Ringmaterials benötigt. Sie soll für große Beschleunigungen auch möglichst klein sein.

Abb. 5-526 zeigt einen Ring, der einen Eisenkern umschließt, im Querschnitt. Hier soll gezeigt werden, wie die zur Berechnung seiner Masse und des elektrischen Widerstands benötigten geometrischen Parameter als Funktion der Kernbreite b.Kern bestimmt werden können.

Die Anfangsbeschleunigung

$$a.0=F.Ring/m.Ring$$

bestimmt die maximale Flughöhe des Rings.

Die Masse des Rings folgt aus seinem Volumen und dem Ringmaterial:

$$m.Ring = \rho.Al \cdot Vol.Ring$$

mit dem Ringvolumen

$$Vol.Ring=Q.Ring \cdot Umf.Ring.$$

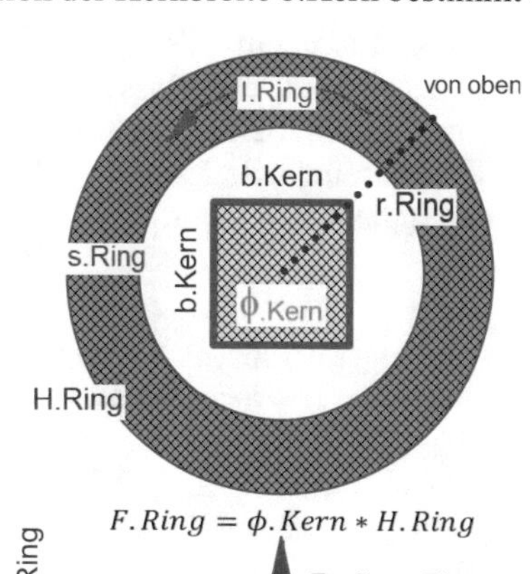


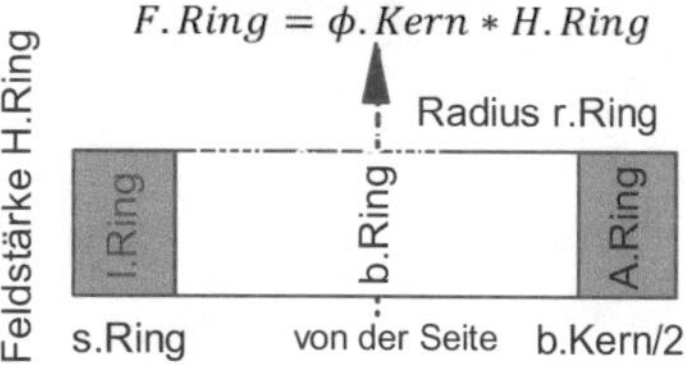


**Abb. 5-526 Der Ring umschließt den Eisenkern: Die Kernbreite b.Kern bestimmt die Abmessungen des Rings.**

**Abschätzung der Parameter des Rings als Funktion der Kernbreite**
Die Abmessungen des Rings richten sich nach der Breite des Eisenkerns b.Kern, die vorgegeben wird. Aus Abb. 5-526 entnehmen wir:

Der **Radius** des Rings ist ist etwa 1 ½ mal so groß: **r.Ring=1,5·b.Kern.**

Zur Berechnung der **Masse** des Rings wird sein Volumen Vol.Ring=A.Ring·b.Ring gebraucht. Die Breite des Rings ist ein freier Parameter.
In der Basiseinstellung (tab) setzen wir sie gleich der Kernbreite: b.Ring=b.Kern.

Der **Ringumfang** ist etwa das 6-fache seines Radius: *Umf.Ring=6·r.Ring.*

Der **Querschnitt** des Ringes ist das Produkt aus Ringbreite und -stärke:

*A.Ring=Umf.Ring·s.Ring.*

Die Ringstärke soll halb so groß wie die Kernbreite sein: *s.Ring=b.Kern/2.*

Dann wird der **Querschnitt** des Rings *A.Ring≈3·B.Kern·r.Ring≈5·b.Kern*$^2$.
Damit kann auch das **Volumen** des Rings als Funktion der Kernbreite angegeben werden: *Vol.Ring≈5·b.Ring·b.Kern.*

**Variation der Ringbreite b.Ring**

Gesucht wird die Polkraft **F.Pol(t)** und die Flughöhe h für

**b.Ring = 0,5 – 1 - 2cm.**

Abb. 5-527 zeigt, dass die erreichbare Flughöhe umso kleiner wird, je länger der Eisenkern ist.

Der Grund:
Je länger der Eisenkern, desto kleiner wird der magnetische Fluss und damit nach Gl. 5-262 die Polkraft F.Pol. Seine minimale Länge ist gleich der Spulenlänge l.Spu.

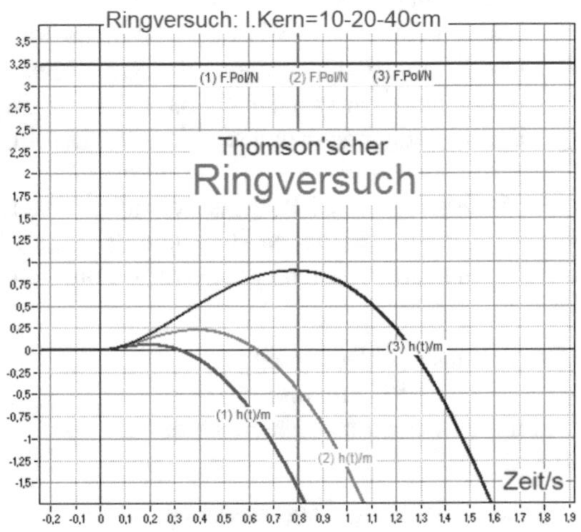


**Abb. 5-527 Je länger der Eisenkern der Spule, desto kleiner werden die Flughöhe und -weite. Abb. 5-523 zeigt, dass dies nicht für die Beschleunigungsstrecke im Zusatzkern gilt.**

**3. Die Spule zum Thomson'schen Ringversuch**

Die nun angegebenen Gleichungen zur Spulenberechnung werden bei den folgenden Simulationen benötigt und verwendet. Dort finden Sie auch die Zahlenwerte dazu.

Die Spule erzeugt den magnetischen Fluss $\phi$, der in Gl. 5-259 zur Berechnung der Lorentzkraft gebraucht wird. Dies sind die Messgrößen der Spule:

- Die Leistung der Spule wird durch den Eisenkern auf den Ring übertragen:
$$P.Spu = U.Spu * I.Spu = P.Kern$$
- Die Leistung des Kerns bestimmt seine Anfangsbeschleunigung und damit die Flughöhe: $P.Kern = U.Wdg * I.Kern$
- Zur Berechnung der Kernleistung P.Kern muss der induzierte Kernstrom aus der induzierten Kernspannung und dem Kernwiderstand R.Kern berechnet werden:

$$U.Wdg = \omega * \phi \rightarrow I.Kern = U.Wdg/R.Kern$$

Abb. 5-528 zeigt die Oberfläche des Spulenblocks mit ihren Ein- und Ausgängen:

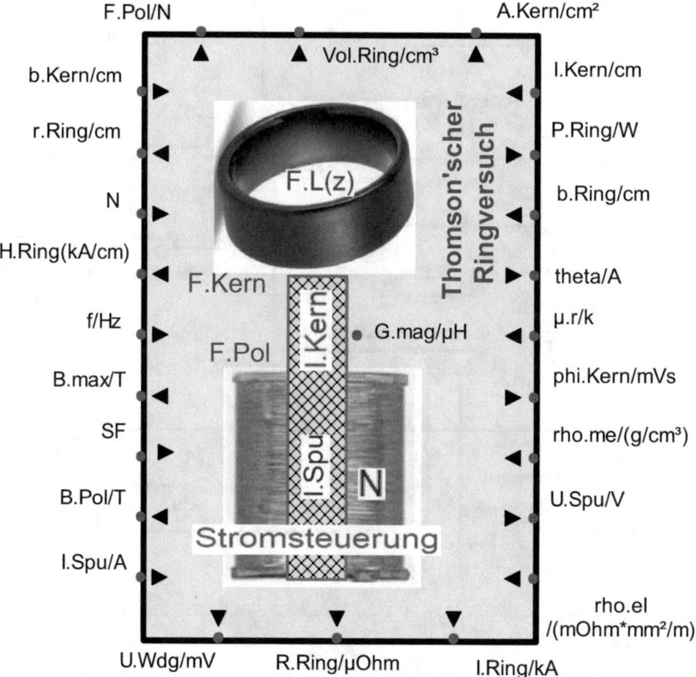


**Abb. 5-528 Der Anwenderblock zur Spulenberechnung zeigt durch Pfeile seine Ein- und Ausgänge.**

Nach der in Tab. 5-30 angegebenen Einstellung der Parameter des Thomson'schen Ringversuchs folgt nun die Simulation des Schwebezustands. Dazu werden Grundkenntnisse der Regelungstechnik benötigt. Wir haben sie in Bd.1/7, Kap 1.5 gelegt und wiederholen sie hier in Kürze.

Abb. 5-529 zeigt die interne Struktur des Anwenderblocks zum Thomson'schen Ringversuch:

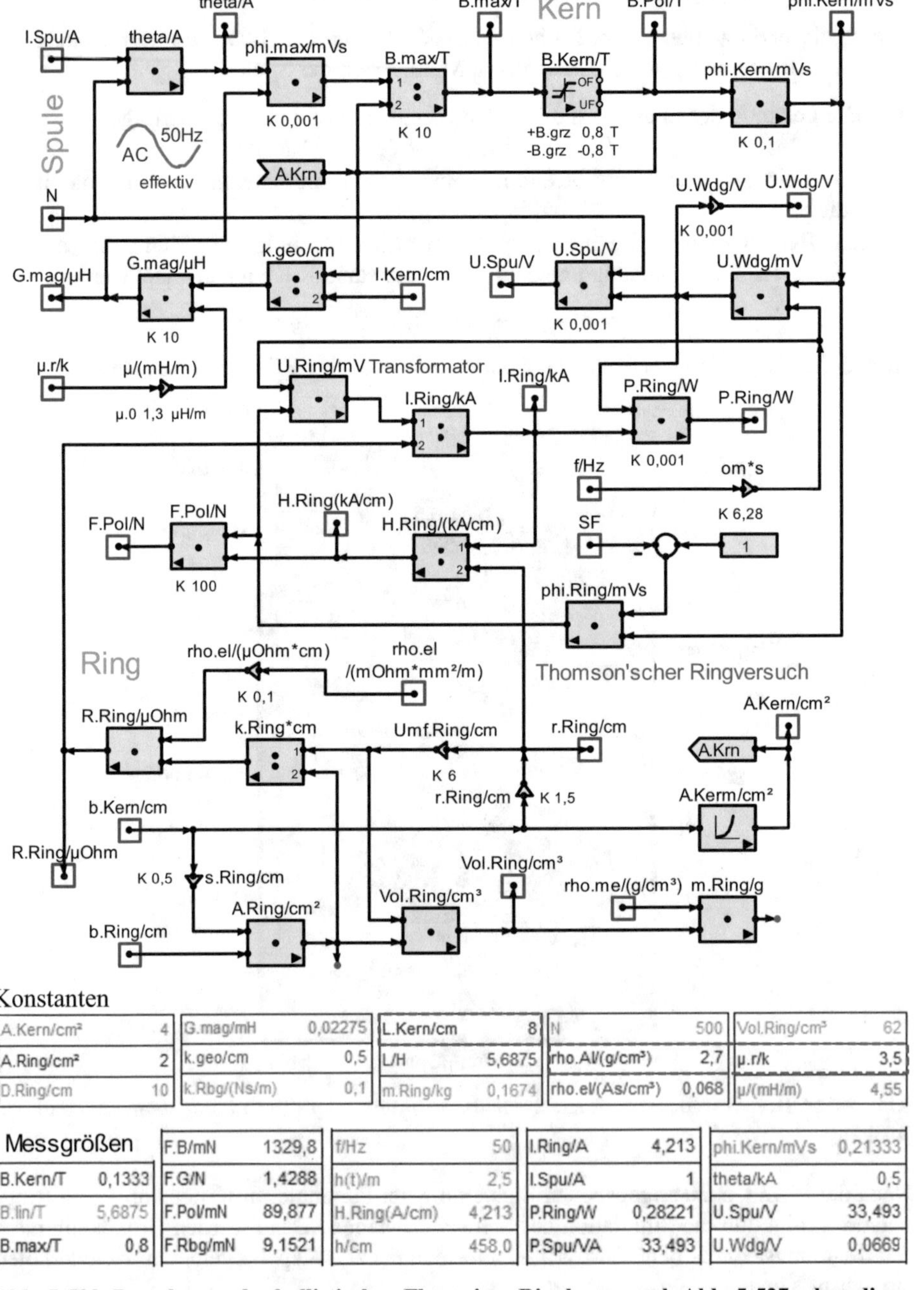


Konstanten

| | | | | | | | | | |
|---|---|---|---|---|---|---|---|---|---|
| A.Kern/cm² | 4 | G.mag/mH | 0,02275 | L.Kern/cm | 8 | N | 500 | Vol.Ring/cm³ | 62 |
| A.Ring/cm² | 2 | k.geo/cm | 0,5 | L/H | 5,6875 | rho.Al/(g/cm³) | 2,7 | µ.r/k | 3,5 |
| D.Ring/cm | 10 | k.Rbg/(Ns/m) | 0,1 | m.Ring/kg | 0,1674 | rho.el/(As/cm³) | 0,068 | µ/(mH/m) | 4,55 |

Messgrößen

| | | | | | | | | | |
|---|---|---|---|---|---|---|---|---|---|
| | | F.B/mN | 1329,8 | f/Hz | 50 | I.Ring/A | 4,213 | phi.Kern/mVs | 0,21333 |
| B.Kern/T | 0,1333 | F.G/N | 1,4288 | h(t)/m | 2,5 | I.Spu/A | 1 | theta/kA | 0,5 |
| B.lin/T | 5,6875 | F.Pol/mN | 89,877 | H.Ring(A/cm) | 4,213 | P.Ring/W | 0,28221 | U.Spu/V | 33,493 |
| B.max/T | 0,8 | F.Rbg/mN | 9,1521 | h/cm | 458,0 | P.Spu/VA | 33,493 | U.Wdg/V | 0,0669 |

**Abb. 5-529 Berechnung des ballistischen Flugs eines Ringkerns nach Abb. 5-527: oben die Kinetik, darunter die Krafterzeugung durch die Spule mit Eisenkern**

Erläuterungen zu Abb. 5-529

Zur Spulenberechnung wird der durch die Spule erzeugte Fluss ϕ.Kern und der im Ring fließende Strom I.Ring benötigt. Die Berechnung

- des Flusses $\phi = G.mag * \Theta$ erfordert außer
- der Durchflutung $\Theta = N * I.Spu$ noch die Kenntnis
- des magn. Leitwerts des Eisenkerns: $G.Kern = \mu * A.Kern/l.Kern$.

**Spulendimensionierung**

Bei der Planung des Thomson'schen Ringversuchs muss die Spule mit Eisenkern ausgewählt werden. Dazu müssen ihre Parameter bekannt sein. Bei dem in Abb. 5-530 gezeigten Anwenderblock können die Messgrößen und Parameter der Spule so eingestellt werden, dass die zum Ringversuch benötigte Spulenleistung P.Spu erreicht wird.

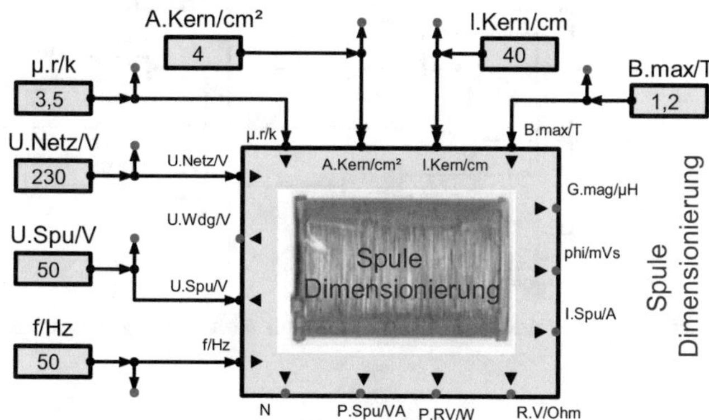


| A.Kern/cm² | 4 | G.mag/µH | 4,55 | N | 473,92 | phi/mVs | 0,336 | U.Spu/V | 50 |
|---|---|---|---|---|---|---|---|---|---|
| B.max/T | 1,2 | I.Spu/A | 0,155 | P.RV/W | 28,048 | R.V/Ohm | 1155,2 | U.Wdg/V | 0,1055 |
| f/Hz | 50 | l.Kern/cm | 40 | P.Spu/VA | 7,7911 | U.Netz/V | 230 | µ.r/k | 3,5 |

**Abb. 5-530 Berechnung der Spulenparameter durch einen Anwenderblock: Seine interne Struktur wird nachfolgend erklärt.**

Bezug zur Spulendimensionierung ist die Messschaltung Abb. 5-517 zum Thomson'schen Ringversuch.

- Gegeben sind die Abmessungen des Kerns (A.Kern, l.Kern) und seine relative Permeabilität µ.r.
- Bekannt ist die maximal zulässige Flussdichte des Eisenkerns aus Trafoblech: B.max≈1,2T≈0,8T(eff).
- Gesucht werden die Windungszahl N, der Vorwiderstand R.V und die Leistung der Spule als Maß für die Spulengröße.

**Zur Spulensimulation**

Simuliert werden sollen die zum Verständnis wichtigsten Kennlinien des Thomson'schen Ringversuchs. Dazu muss zuerst seine Struktur entwickelt werden. Das wird im nächsten Abschnitt geschehen.

Um die Konstanten zu Abb. 5-531 bestimmen zu können, muss ihre Bedeutung für die Polkraft F.Pol bekannt sein. Um sie besser zu verstehen, werden sie in der Struktur von Abb. 5-530 **nacheinander einzeln** variiert. Dabei wird anfangs immer von in der in Tab. 5-30 angegebenen Basiseinstellung ausgegangen.

Abb. 5-531 zeigt die ...

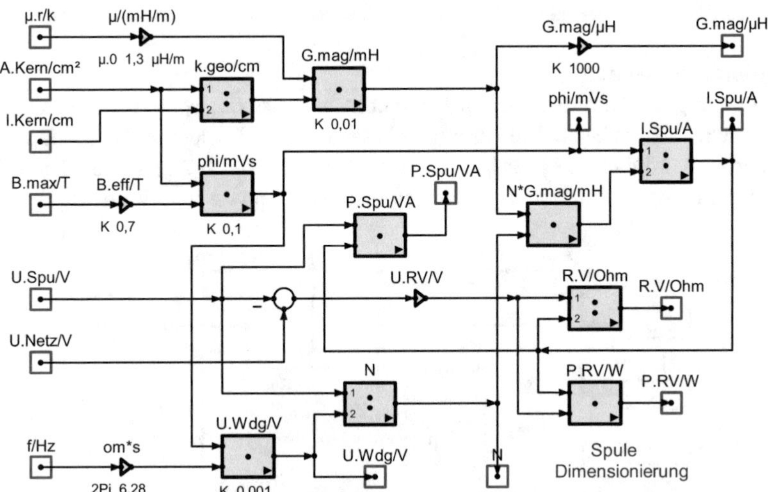


**Abb. 5-531 interne Struktur des Anwenderblocks von Abb. 5-530 zur Spulendimensionierung**

Erläuterungen zu Abb. 5-531 – von oben nach unten:

- Gesucht werden die Parameter einer Spule und der zu ihrem Betrieb erforderliche Vorwiderstand.
- Gegeben sind die Nennspannung und der Nennstrom der Spule und die Netzspannung und die Netzfrequenz.

1. Berechnung des magnetischen Leitwerts des Eisenkerns
2. Berechnung des magnetischen Flusses phi=$\phi$: Daraus folgt der Spulenstrom I.Spu.
3. Aus der Differenz der Netzspannung und der Nennspannung der Spule folgen die Spulenleistung P.Spu und der erforderliche Vorwiderstand R.V.
4. Aus der gegebenen Netzfrequenz und der Spulenspannung folgt zuletzt die Windungszahl N der Spule.

Mit diesen Daten kann die Spule zum Thomson'schen Ringversuch beschafft oder gebaut werden. Dabei sind Toleranzen von bis zu 20% kein Problem.

**Variation von Spulenparametern**

Die Bedeutung der Parameter eines Experiments versteht man, indem man sie variiert. Das ist in der Realität oft schwierig oder sogar praktisch unmöglich. Dagegen sind simulierte Parametervariationen ganz einfach.

Zur Durchführung des Thomson'schen Ringversuchs müssen die Komponenten Spule, Kern und Ring gewählt werden. Dazu müssen deren Parameter bekannt sein:

1. die Windungszahl N der Spule und
2. die Betriebsfrequenz f.

Zur Erklärung der Bedeutung von N und f werden sie nachfolgend variiert.

**Variation der Windungszahl N**

Gesucht wird die Polkraft **F.Pol(I.Spu)** für **N = 500 – 250 - 125**

Abb. 5-532 zeigt, dass der Ring bei durch R.V>>X.L=ω·L eingeprägtem Spulenstrom umso leichter in die magnetische Sättigung geht, je höher die Windungszahl N der Spule ist.

Sättigung bedeutet den steilen Anstieg des Spulenstroms und damit der Eisenverluste. Deshalb sollte nur die Windungszahl N gewählt werden, mit der die gewünschte Flughöhe erreicht wird.

Zu kleinen Windungszahlen gehören nach Gl. 5-64 auch kleine, d.h. ungefährliche Spulenspannungen.

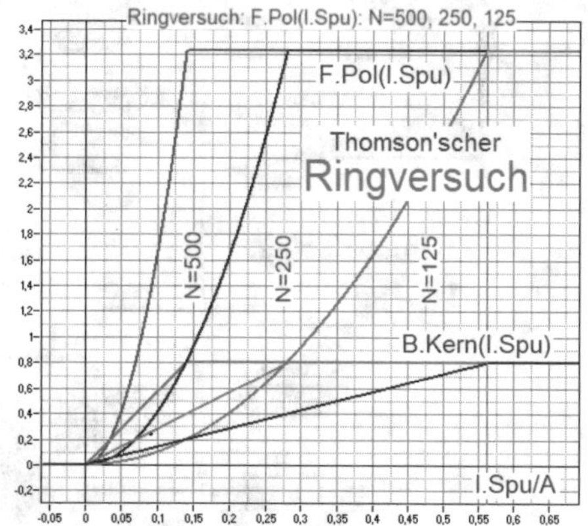


**Abb. 5-532 Polkraft F.Pol und Flussdichte B als Funktion des Spulenstroms I.Spu**

**Variation der Betriebsfrequenz f**

Gesucht wird die Polkraft **F.Pol(I.Spu)** und die Flughöhe h für **f=25-50-100Hz.**

Die Betriebsfrequenz ist hier die Netzfrequenz von 50Hz. Falls die damit erreichbare Flughöhe nicht den gewünschten Wert erreicht, müsste f verändert werden. Wie, soll gezeigt werden.

Abb. 5-533 zeigt, dass die Flughöhe mit der Frequenz überproportional ansteigt.

Der Grund: Mit steigender Frequenz steigen die induzierte Ringspannung und damit auch der Ringstrom und die zu ihm gehörende Feldstärke

$$H.Ring=I.Ring/r.Ring.$$

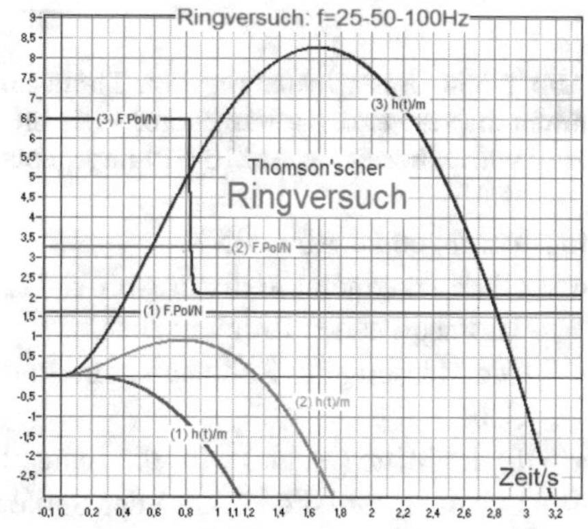


**Abb. 5-533 Polstärke und Flughöhe als Funktion der Zeit mit der Betriebsfrequenz als Parameter**

**Die Struktur zum Thomson'schen Ringversuch**

Abb. 5-534 zeigt die Blockstruktur des Thomson'schen Ringversuchs als **Basiseinstellung** für die folgenden Simulationen von Kennlinien und Parametervariationen:

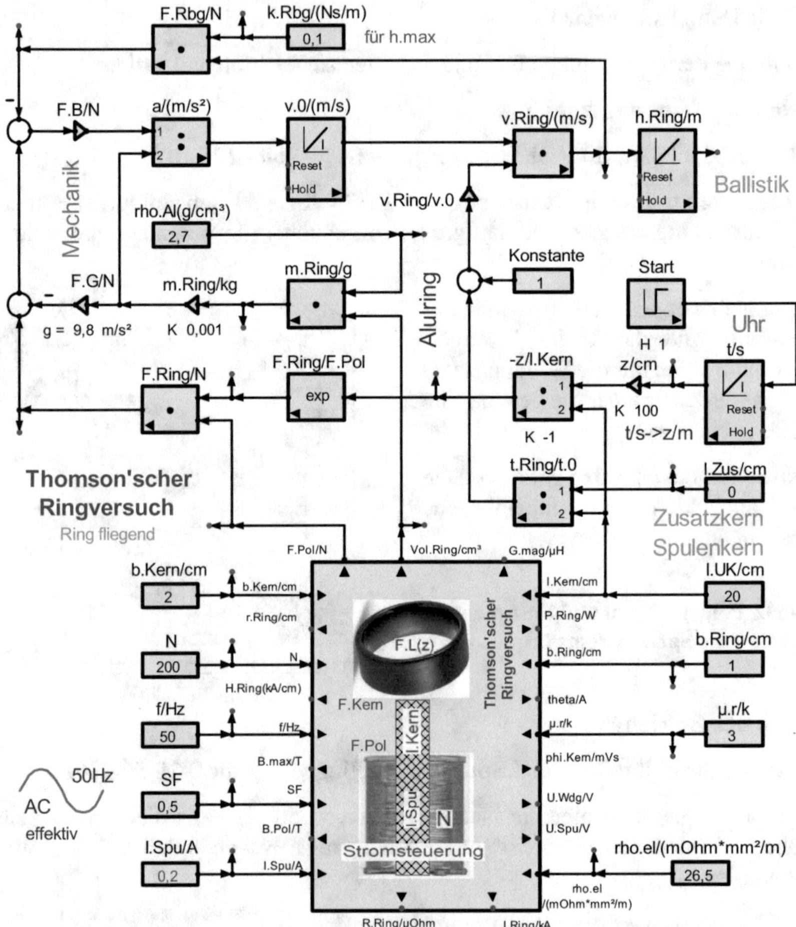


**Abb. 5-534 Basiseinstellung zum Thomson'schen Ringversuch: oben die Messgrößen und unten die verwendeten Parameter - Die interne Struktur des Anwenderblocks ‚Stromsteuerung' wurde bereits in Abb. 5-529 angegeben.**

Erläuterungen zu Abb. 5-534

- Oben erkennen Sie die in Abb. 5-512 erklärte Struktur der Ballistik des Thomson'schen Ringversuchs.
- Die Messung der Zeit nach dem Start des Versuchs erfolgt durch den Integrator ‚Uhr'.
- In der Mitte (rechts) wird die Länge l.Zus des Zusatzkerns berücksichtigt.
- Darunter wird die Polkraft der Spule als Anwenderblock berechnet. Abb. 5-528 zeigt seine interne Struktur. Dort wurde sie auch erläutert.

Erläuterungen zu Abb. 5-534

1. Zuerst wird die **Flussdichte B=ϕ/A.Ring** aus dem magnetischen Fluss ϕ=I.Spu·L/N aus dem Spulenstrom I.Spu ind ihrer Windungsinduktivität L/N errechnet. B ist innerhalb des Eisenkerns maximal und nimmt oberhalb exponentiell mit der Höhe z ab.
2. Die **Induktivität L=N²·G.mag** steigt linear mit dem magnetischen Leitwert G.mag des Spulenkerns und dem Quadrat der Windungszahl N.
3. Nach Gl. 5-54 ist der **magnetische Leitwert G.mag**=μ.0·μ.r·A.Kern/L.Kern.
4. Die Flussdichte B=ϕ/A.Ring wird aus dem magnetischen Fluss ϕ und dem Querschnitt A.Ring des Rings errechnet.
5. Zuletzt muss die frei **bewegliche Ladung q=ρ.el·Vol.Ring** im Metallring aus dem spezifischen Widerstand ρ.el des Aluminiumrings und seinem Volumen Vol.Ring berechnet werden.

**Simulierte Kennlinien zum Thomson'schen Ringversuch**

Zum Schluss dieses Abschnitts soll der Thomson'sche Ringversuch noch durch einige simulierte Kennlinien genauer erläutert werden. Dabei wird von den in Abb. 5-534 angegebenen Basiseinstellungen ausgegangen. Verändert wird immer nur ein Parameter zurzeit. So erkennt man seinen Einfluss z.B. auf die Flughöhe des Rings.

**Funktionen der Breite des Eisenkerns**

Ein freier Parameter ist die Breite b.Kern des Eisenkerns. Sie soll zuerst variiert werden.

Abb. 5-535 zeigt,

- dass die Flughöhe mit der Kernbreite überproportional steigt und
- dass der Ring bei Kernbreiten unter 1cm nicht mehr abhebt.

Damit kann

- entweder die Kernbreite zu einer geforderten Flughöhe ausgewählt werden
- oder die Flughöhe (bei gefordertem Spulenstrom) für eine gegebene Kernbreite angegeben werden.

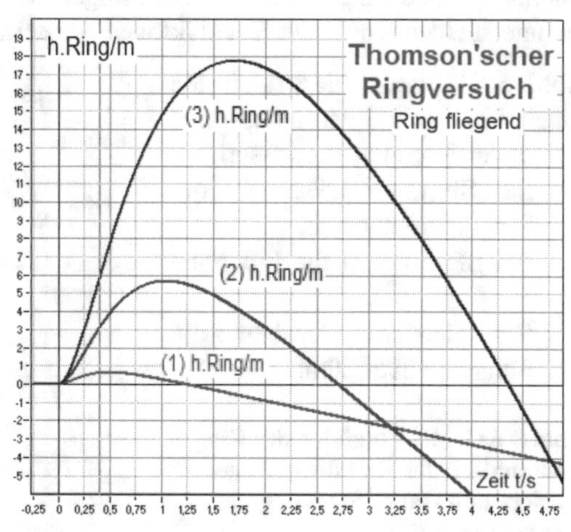


Parametersätze für Konstante (b.Kern/cm)

| Nr. | C |
|---|---|
| 1 | 1 |
| 2 | 2 |
| 3 | 3 |

| | |
|---|---|
| ¬(1) F.Pol/N | 0,6675 |
| ¬(2) F.Pol/N | 5,34 |
| ¬(3) F.Pol/N | 18,022 |

**Abb. 5-535 Die Flughöhe über der Zeit für drei verschiedene Kernbreiten: daneben die zugehörigen Polkräfte**

**Funktionen der Zusatzlänge des Eisenkerns**

Durch die Zusatzlänge des Eisenkerns erfährt der Ring nach dem Austreten aus dem U-Kern der Spule eine zusätzliche Beschleunigung. Dadurch steigt die Austrittsgeschwindigkeit v.Ring am Kernende gegenüber der Angangsgeschwindigkeit v.0 an der Spule an. Wie dies die Flughöhe vergrößert, soll mit Abb. 5-534 simuliert werden.

Abb. 5-536 zeigt

- den starken Anstieg der Geschwindigkeit und
- den schwachen Anstieg der Flughöhe des Ringes.

Der Grund dafür ist, dass die Flughöhe von der Flugzeit abhängt und die ist hier nur kurz.

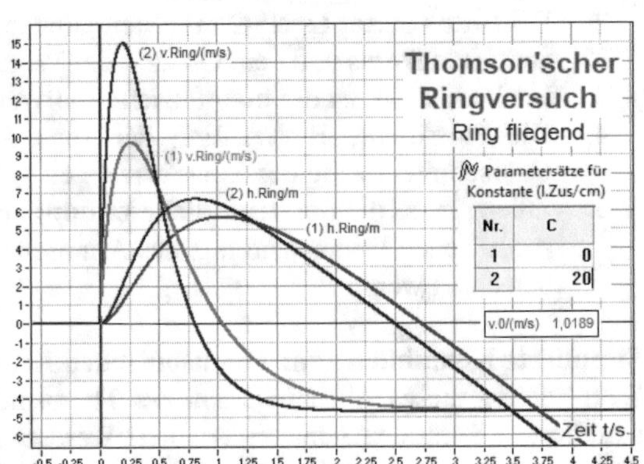


**Abb. 5-536 Höhe und Geschwindigkeit des Rings über der Zeit t**

**Funktionen der magnetischen Streuung**

Die Vermutung war, dass die Flughöhe des Rings mit größer werdender Streuung zwischen Spulenfluss und Ringkernfluss kleiner wird. Deshalb wurde beim Thomson'schen Ringversuch ein U-förmiger Eisenkern verwendet (Abb. 5-522). Um dies zu untersuchen, wurde der Streufaktor SF variiert.

Abb. 5-537 zeigt, dass sich die Flughöhe, wie vermutet, mit steigender Streuung verkleinert.

- Bei SF unter 25% hebt der Ring kaum noch ab.
- Bei SF=50% ist die Flughöhe fast 6m.
- Bei SF>75% erreicht die Flughöhe über 20m.

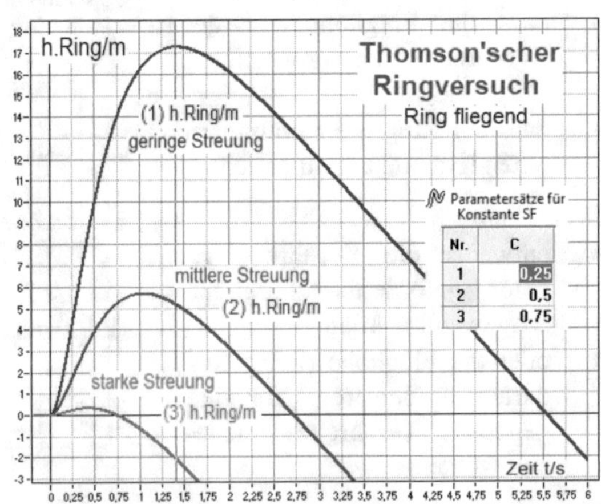


**Abb. 5-537 die Flughöhe des Ringes als Funktion der Zeit für geringe, mittlere und starke Streuung des magnetischen Flusses**

Damit sind die Verhältnisse des fliegenden Rings beim Thomson'schen Ringversuch soweit geklärt, dass

- die Planung des Versuchs ohne langes Probieren erfolgen kann und auch
- der schwebende Ring (die elektromagnetische Levitation) simuliert werden kann.

### 5.8.7.2 *Elektromagnetische Levitation*

Elektromagnetische Kräfte lassen sich zur Überwindung der Schwerkraft einsetzen (Levitation). Dabei muss ein dauerndes Gleichgewicht zwischen magnetischer Abstoßung und gravitativer Erdanziehung durch Regelung hergestellt werden.

Dass mit elektrodynamischen Kräften Höhen- und Abstandsstabilisierungen möglich sind, wird durch **Hochgeschwindigkeitszüge ohne Räder** eindrucksvoll belegt.

**Elektromagnetische Levitation (*Mag Lev*)**
Die elektrodynamische Schwebung (Levitation), EDS mit Wechselstrom (AC), z.B. der japanische JR-Maglev oder EMS, z.B. der deutsche Transrapid (Abb. 5-48) mit Gleichstrom (DC).

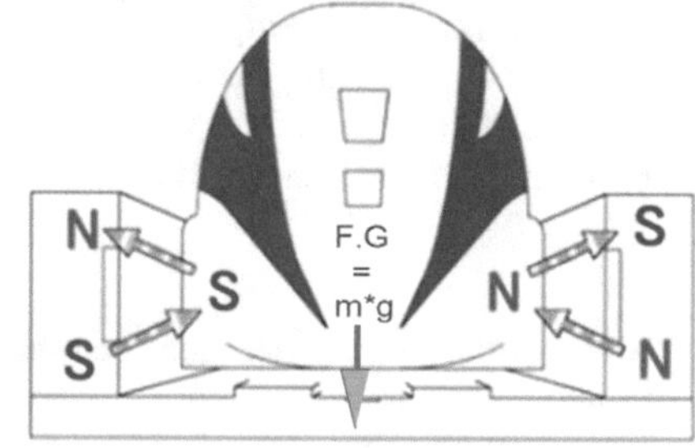


**Abb. 5-538 magnetische Schwebebahn JR-Maglev**

Quelle: https://de.wikipedia.org/wiki/Magnetschwebebahn#Magnetisches_Schweben

Magnetschwebebahnen haben ihren Linearantrieb im Schienenweg. Sie sind besonders leicht, weil sie weder einen Motor noch einen Treibstofftank benötigen. Mit ihnen lassen sich Geschwindigkeiten über 500 km/h erreichen. Dazu muss ihre Form windschnittig und wirbelarm sein.

Weiter Informationen zu Magnetschwebebahnen finden Sie unter

https://de.wikipedia.org/wiki/JR-Maglev

Abb. 5-539 zeigt eine weitere Anwendung der elektromagnetischen Levitation in der Materialforschung. Dort müssen Metallschmelzen (nicht magnetisierbar wegen der hohen Temperatur) berührungslos bearbeitet werden.

Quelle:
https://www.dlr.de/mp/desktopdefault.aspx/tabid-3094/4704_read-6905/

**Abb. 5-539 Aufnahme einer freischwebenden Metallschmelze in einer Levitationsspule**

**Zur Simulation eines schwebenden Aluminiumrings**

Bei elektromagnetischer Levitation schwebt ein Aluminiumring nach Abb. 5-540 innerhalb des Eisenkerns durch die Kraft eines Spulenstroms I.Spu.

I.Spu erzeugt ein Magnetfeld mit der Lorentzkraft F.L auf den Ring, der ihn entweder emporschleudert oder - bei genauer Dosierung des Spulenstroms - sanft emporhebt. Die Schwerkraft F.G drückt den Ring zu Boden. Bei Levitation herrscht Gleichgewicht zwischen der Polkraft F.Pol und der Gewichtskraft F.G.

**Abb. 5-540 elektromagnetische Schwebung (Levitation)**

Abb. 5-541 zeigt die ...

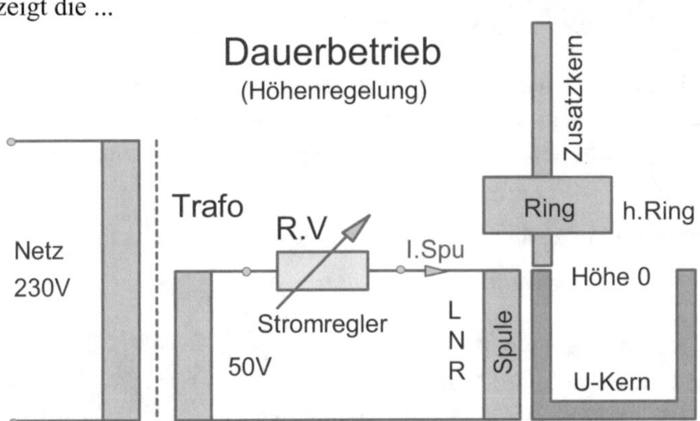


**Abb. 5-541 Schaltung zur elektromagnetischen Levitation: Bei geeigneter Einstellung des Spulenstroms hebt die magnetische Abstoßung das Gewicht auf. Der Ring schwebt.**

**Zur Mess- und Regelungstechnik**

Die elektromagnetische Levitation ist eine Höhenregelung. Sie wird hier nur kurzgefasst behandelt, soweit es zur Konfiguration und Dimensionierung des Reglers erforderlich ist. Die Grundlagen dazu finden Sie in Absch. 2.1.

Durchgerechnete Beispiele zur Messtechnik finden Sie in

Bd. 5/7, Kap. 8 ‚Simulierte Elektronik' und Kap. 9 ‚Simulierte Messtechnik'
Bd. 6/7, Kap. 10 ‚Simulierte Sensorik' und Kap. 11 ‚Simulierte Aktorik'

In der Schrift ‚Simulierte Regelungstechnik' finden Sie eine ausführliche, aber dennoch relativ leicht verständliche Darstellung der regelungstechnischen Methoden. Sie finden sie auf der Webseite des Autors

http://strukturbildung-simulation.de/

**Der Regelkreis zur elektromagnetischen Levitation**

Um Schwebung zu erreichen, muss ein Gleichgewicht zwischen elektromagnetischer Abstoßung und gravitativer Erdanziehung hergestellt werden. Dazu muss der Spulenstrom i.Spu entsprechend der gewünschten Höhe des Rings (der Sollwert) eingestellt werden. Das kann entweder per Hand oder automatisch geschehen. Um zu zeigen, wie schwierig die Handregelung wäre, soll eine automatische Regelung konstruiert werden. Dabei wird sich zeigen, dass Stabilität nur durch einen **Regler mit Vorhalt (PD-Regler)** zu erreichen ist. Abb. 5-542 zeigt die dazu nötige Übersichtsstruktur.

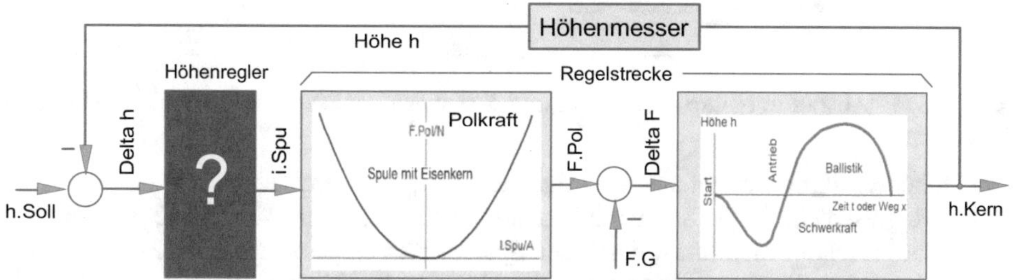


**Abb. 5-542 Regelkreis zur Stabilisierung der Lage eines Ringleiters durch ein elektromagnetisches Feld: Die Kennlinien der Regelstrecke sollen berechnet werden. Wie der Höhenregler zu bauen und zu optimieren ist, soll gezeigt werden.**

**Zur Schwebungsregelung (Höhenregelung)** muss die Struktur *vom Spulenstrom über die Polstärke bis zum Verlauf des Projektils* bekannt sein. In Abb. 5-544 wird sie gezeigt. Zu ihrer Entwicklung benötigen wir die Gesetze des Thomson'schen Ringversuchs in Absch. 5.8.7.

Das Ziel einer Regelung besteht darin, die bleibende Regelabweichung x.d=w-x (Sollwert minus gemessenen Istwert) in kürzester Zeit so klein wie möglich zu machen. Dabei ist **Stabilität** die unabdingbare Voraussetzung.

Abb. 5-543 zeigt den Einschwingvorgang eines optimal gedämpften Regelkreises. Gesucht werden die zugehörigen Reglerparameter.

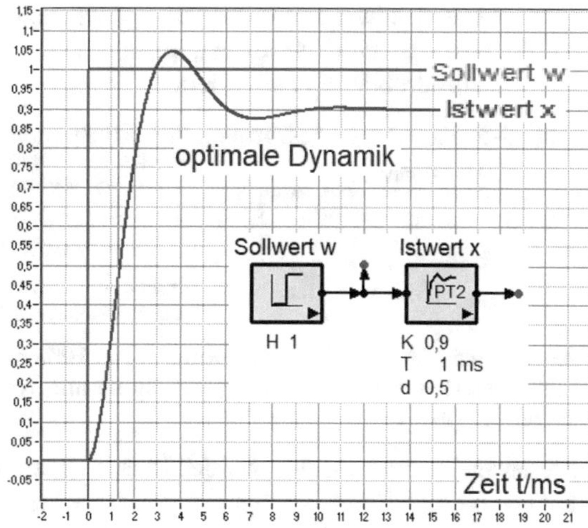


**Abb. 5-543 die angestrebte Einregelung eines Sollwerts mit optimaler Dynamik**

**Aufbau und Funktion zur elektromagnetischen Levitation**

Abb. 5-544 zeigt den Höhenregelkreis für den Ringleiter des Thomson'schen Ringversuchs mit Regelstrecke, Messwandler, Regler und Stellverstärker:

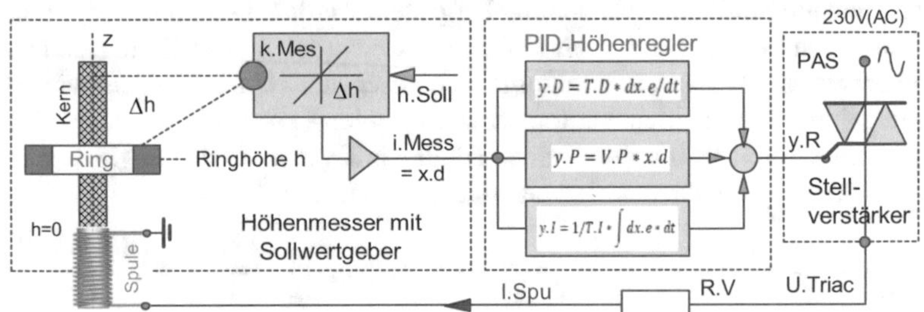


**Abb. 5-544 Abstandsregelung mit Spule und Eisenkern, Höhenmesser, Stellverstärker und Höhenregler**

Der Höhenregelkreis besteht aus den folgenden Komponenten:

1. **Regelstrecke** ist die Spule mit Eisenkern und Ringleiter. Abb. 5-542 zeigt, dass die Ringhöhe nichtlinear durch den Spulenstrom eingestellt werden kann.
2. Zur **Schwebungsregelung** muss die **Höhe h des Ringes gemessen** werden. Da dies reibungslos erfolgen soll, geschieht es z.B. optisch durch Leuchtdioden und Photozellen. Abb. 5-542 zeigt das Prinzip.
   Gewünscht ist nur, dass der **Höhenmesser linear** arbeitet. Wichtig ist, dass er die Höhe schnell (d.h. fast unverzögert) misst.
3. Mit dem **Höhenregler** wird eine gewünschte Sollhöhe h.Soll im Regelbereich vorgegeben. Er vergleicht sie mit der Isthöhe h und stellt danach den Spulenstrom (Stellgröße) so ein, dass die Regelabweichung Δh=h.Soll-h möglichst klein wird.
4. Mit dem **Stellverstärker** kann der Regler den Wechselstrom der Spule exakt so einstellen, wie es zur Beseitigung der Regelabweichung (u.Mess=0) nötig ist. Abb. 5-545 beschreibt die dazu erforderlichen Berechnungen. Sie werden elektronisch realisiert oder hier simuliert.

Abb. 5-545 zeigt die Messgrößen und Konstanten der Höhenregelung:

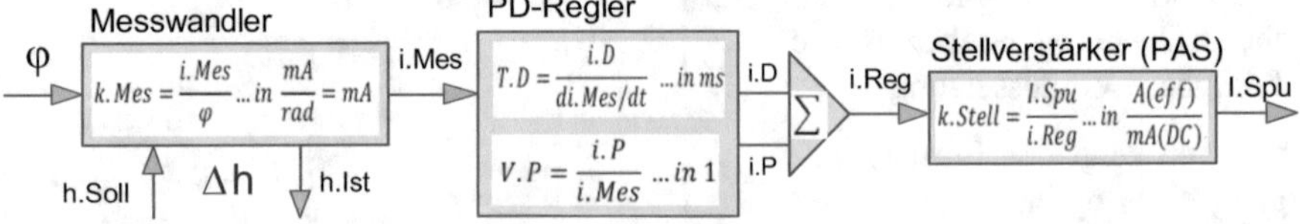


**Abb. 5-545 die Signalverarbeitung vom Höhenmesser über den Höhenregler bis zum Stellverstärker zur Ansteuerung der Spule mit Wechselstrom durch eine Phasenanschnittsteuerung (PAS)**

Messwandler und Regler werden durch Operationsverstärker realisiert. Ihre Ströme können bis zu ±10mA bei Spannungen zwischen ±10V groß werden.

Die Simulation wird zeigen, dass der Stellverstärker, je nach gewünschter Flughöhe des Rings, Spulenströme bis zu 1A abgeben soll.

Die Funktionen der Komponenten der Schwebungsregelung werden nun durch ihre Strukturen beschrieben.

**Vom Höhenmesser über den Höhenregler zum Stellverstärker**

Abb. 5-546 zeigt das Zusammenwirken der Komponenten, die zur Regelung der Ringhöhe benötigt werden.

Gesucht werden die technischen Daten, die zum Bau oder der Beschaffung dieser Komponenten benötigt werden. Dazu wird ihre Funktion nun kurz erklärt.

1. Der Höhenmesser erzeugt eine Messspannung u.Mess=k.Mess·Δh, die proportional zur Abweichung Δh der Ringhöhe h von einem vorzugebenden Sollwert ist.

Die Messwandlerkonstante

*k.Mes=u.max/h.max*

bestimmt den Messbereich.

2. Der Höhenregler erzeugt aus der Regelabweichung x.d=u.Mes~Δh ein Stellsignal u.Reg, das so groß ist, dass x.d möglichst klein wird.

Wie dieser Regler beschaffen sein muss und wie seine Parameter ermittelt werden, muss gezeigt werden.

3. Der Höhenregler stellt die Ringhöhe h durch den Spulenstrom I.Spu ein. I.Spu ist ein effektiver Wechselstrom, der verlustarm durch eine Phasenanschnittsteuerung PAS (Abb. 5-544 ) mit Triac als Schalter eingestellt wird.

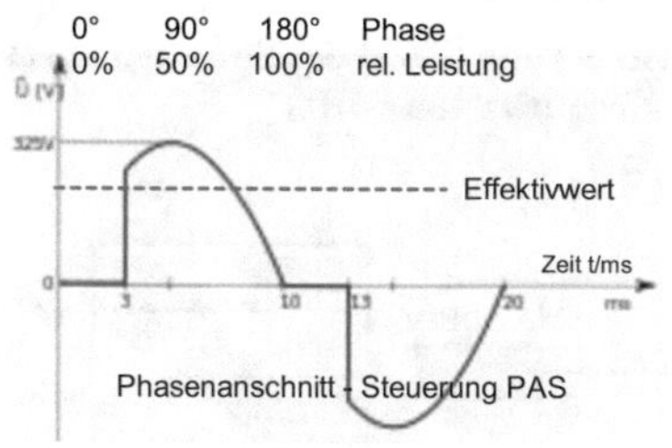


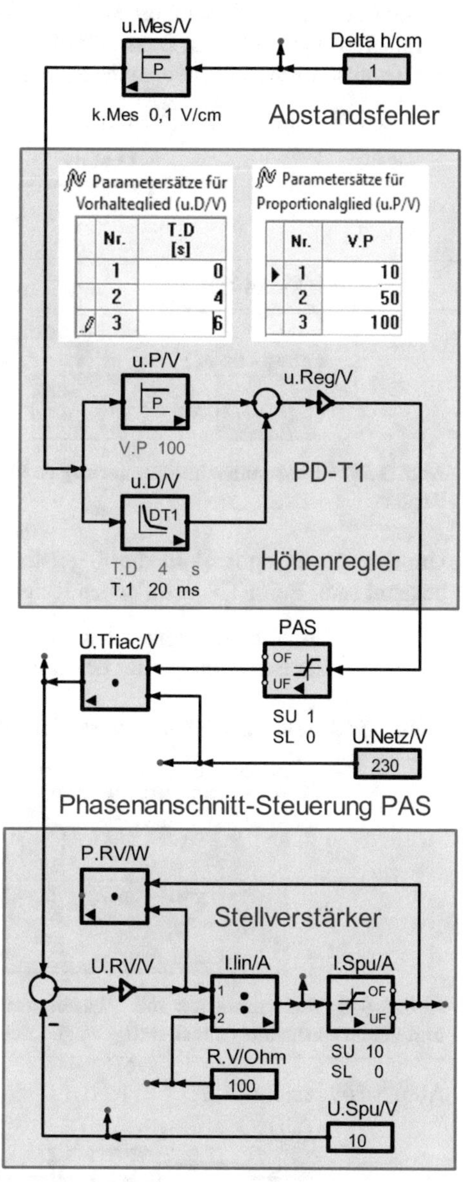


**Abb. 5-546 die Komponenten zur Regelung der Ringhöhe des Thomson'schen Versuchs**

Die genannten Komponenten der Höhenregelung werden nun soweit erklärt, dass ihre Struktur entwickelt werden kann.

**Die Regelstrecke des Höhenregelkreises**

Damit ein Regelkreis simuliert werden kann, muss die Struktur der Regelstrecke mit allen Parametern bekannt sein. Dass soll hier am Beispiel einer Höhenregelung für den Ring des Thomson'schen Ringversuchs gezeigt werden.

Abb. 5-547 zeigt das Schema einer ...

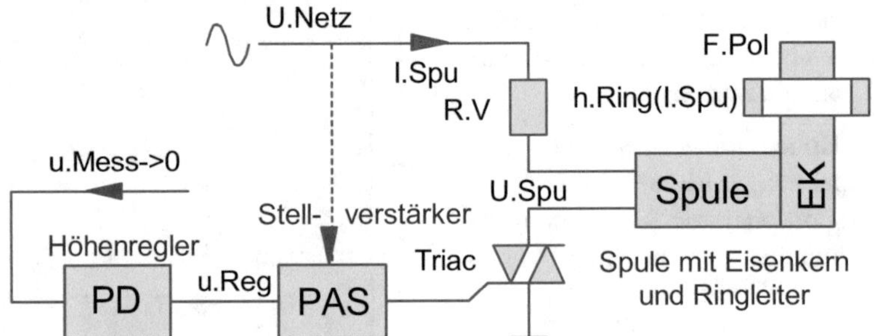


**Abb. 5-547 Phasenanschnittsteuerung des Spulenstroms mittels Triac durch einen PD-Regler**

Um den Regler optimal an die Regelstrecke anpassen zu können, muss ihre Kennlinie bekannt sein. Beim Thomson'schen Ringversuch besteht sie aus zwei Teilen:

1. der Krafterzeugung durch die Spule und
2. der Schwebung oder der ballistischen Flugbahn.

Abb. 5-548 zeigt das Schaltschema einer Phasenanschnittsteuerung PAS:

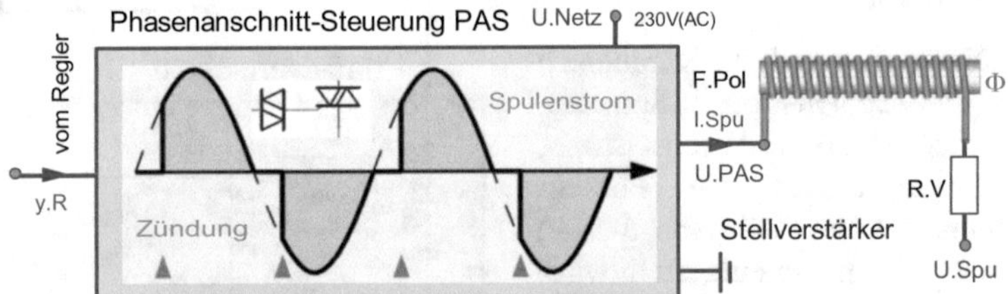


**Abb. 5-548 Stellverstärker mit Phasenanschnittsteuerung (PAS) des Spulenstroms schnell und genau dosierbar (quasi-stetig, wegen der Netzfrequenz von 50Hz)**

Abb. 5-549 zeigt die ...

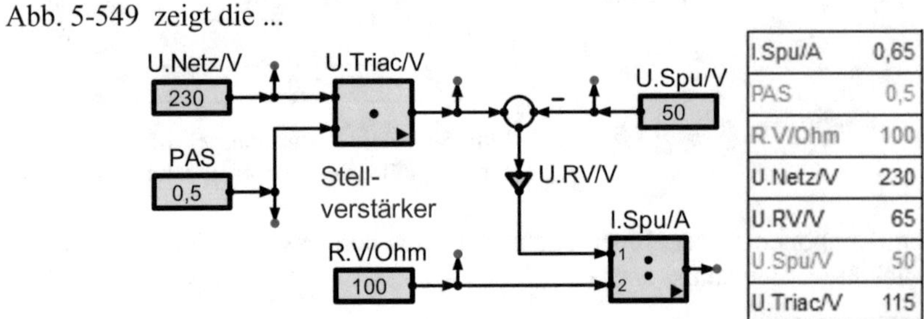


**Abb. 5-549 Berechnung des mittleren Spulenstroms einer Phasenanschnittsteuerung (PAS)**

**Zum Höhenmesser**

Zur Regelung der Ringhöhe h muss sie möglichst reibungsfrei gemessen werden. Dann scheidet ein Potentiometer aus. Geeignet sind transformatorische und optische Messverfahren. Ihre Realisierung soll in Bd. 6/7, Kap. 10 gezeigt werden. Zur Simulation des Thomson'schen Ringversuchs zeigt Abb. 5-550 das Prinzip dazu:

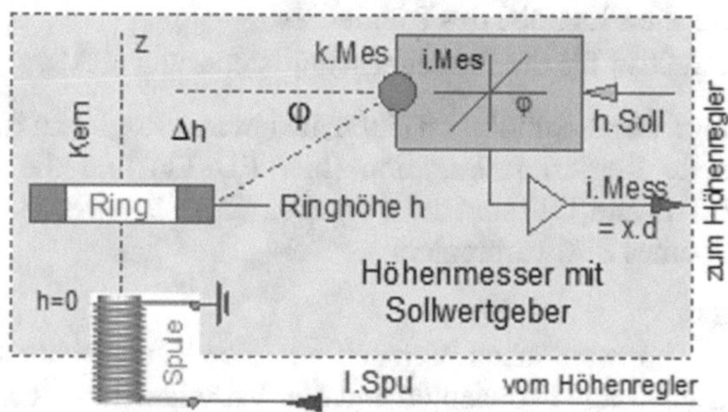


**Abb. 5-550 schematischer Aufbau des Höhenmessers: Durch seine vertikale Verschiebung wird der Sollwert h.Soll vorgegeben. Den Istwert h der Ringhöhe stellt der Regler durch den Spulenstrom I.Spu ein.**

*Das Ziel der Regelung ist, den Ring auf die Höhe des Messwandlers zu bringen. Dann gehen φ und Δh gegen null und der Messstrahl liegt in der Waagerechten.*

**Zum Arbeitspunkt der Höhenregelung**

Abb. 5-551 zeigt die starken Nichtlinearitäten der Regelstrecke. Um damit einen Regelkreis aufbauen zu können, müssen die Stellbereiche begrenzt werden. Nur dann kann der Regler einen Arbeitspunkt (AP) einstellen. Um ihn herum verhält sich die Regelstrecke annähernd linear. Dann kann die Ringhöhe durch einen linearen Regler geregelt werden.

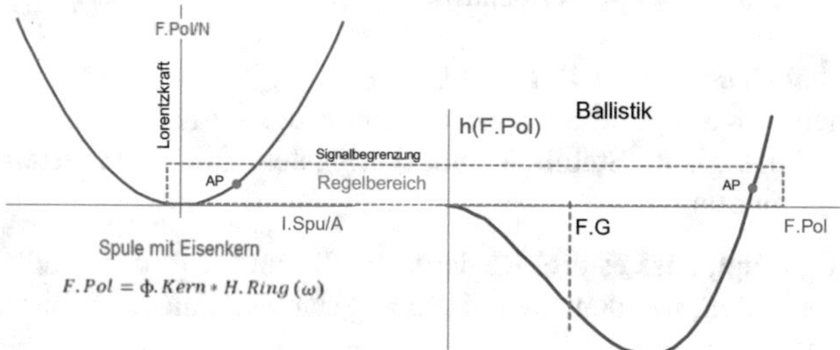


**Abb. 5-551 Die Kennlinien des Thomson'schen Ringversuchs: Sie wurden mit der Struktur Abb. 5-553 simuliert.**

Eine Regelstrecke mit den in Abb. 5-542 gezeigten Kennlinien ist so nicht regelbar, weil sich dazu kein **Arbeitspunkt (AP)** einstellen lässt. Das ändert sich durch passende **Signalbegrenzungen.** Das zeigt Abb. 5-551. Wie diese Begrenzungen einzustellen sind soll, genau wie die Regleroptimierung, nicht durch umständliche manuelle Berechnungen, sondern durch Simulation gezeigt werden.

Die dadurch bestimmten Parameter sind die **Vorgaben zur Realisierung des Reglers** (bzw. bei Softwarereglern zu ihrer Programmierung).

**Zu den Messbereichsbegrenzungen**
Zur Regelung der Ringhöhe muss der Regler einen Arbeitspunkt für die in Abb. 5-542 gezeigten Kennlinien einstellen. Abb. 5-551 zeigt, dass dies **nur** bei passenden Messgrößenbegrenzungen möglich ist. Hier sind dies

- ±10V und ±10mA für den elektronischen Regler und Messwandler
- ca. 1m für die Flughöhe des Ringleiters
- ca. 1A(effektiv) für die Phasenanschnittsteuerung (PAS)

Wie es dadurch gelingt, durch Simulation einen geeigneten Regler zu finden, ist zu zeigen. Die dadurch ermittelte Reglerkonfiguration (hier PD-T1) und die optimalen Reglerparameter (hier V.P, T.D und T.1) sind die Vorgaben zum Bau eines Hardwarereglers oder zur Programmierung eines Softwarereglers.

**Zum Stellverstärker**
Um den Ring beim Thomson'schen Versuch auf eine gewünschte Höhe einzustellen, könnte ein Mensch seine Lage beobachten und den Vorwiderstand R.V in Abb. 5-541 so einstellen, dass der erforderliche Spulenstrom I.Spu fließt (**Handregelung**). Das ist ermüdend und langsam. Außerdem erzeugt R.V ständig Verluste $P.RV=R.V\cdot I.Spu^2$.

Um den Regelvorgang zu **automatisieren,** könnte R.V mittels **Servomotor** durch einen Höhenregler R.V eingestellt werden. Dazu muss die momentane Lage des Ringes **gemesssen** werden. Die Messung könnte durch ein Potentiometer, das der Ring betätigt, erfolgen. Diese Lösung wäre reibungsbehaftet, aufwändig und langsam – also schlecht. Deshalb gehen wir hier von der reibungslosen Messung (z.B. optisch) aus.

Viel besser, weil schnell und verlustarm, ist eine **Phasenanschnitt-Steuerung (PAS)**. Bei dieser elektronischen Lösung verzögert der Regler den Einschaltzeitpunkt der Wechselspannung. Das bestimmt den Mittelwert des Spulenstroms I.Spu und damit die Polkraft F.Pol. Das geschieht schnell und verlustarm.

**Zur Wirkung der Grundregler P, I und D**
Von den möglichen Konfigurationen ist diejenige die beste, die die gesteckten Ziele (Genauigkeit, Schnelligkeit, Stabilität) mit geringstem Aufwand erreicht (besonders bezüglich der Optimierung).

Abb. 5-544 hat gezeigt, dass es drei Reglertypen P, I und D gibt. Sie unterscheiden sich durch das **Zeitverhalten**, mit dem sie auf die Regelabweichung x.d (hier der Messstrom I.Mess) reagieren:

1. Der Proportionalregler P verstärkt x.d unverzögert mit der Reglerverstärkung V.P zu seinem Stellsignal $V.P=V.P\cdot x.d$. Deshalb kann x.d nur klein gegen den Sollwert w werden, aber nicht null.
2. Der Integralregler I vergrößert sein Stellsignal $y.I=\int x.d\cdot dt/T.I$ umso mehr, je länger die Regelabweichung x.d ansteht. In einer Gegenkopplung bedeutet dies, dass x.d mit der Zeit (statisch) verschwindet.
3. Der Differentialregler D reagiert nur auf Geschwindigkeiten dx.d/dt der Regelabweichung x.d. Indem er die Signalgeschwindigkeiten im Regelkreis bekämpft, erhöht er die Dämpfung des Kreises. Statisch hat der D-Regler keine Funktion.

Mit diesem Wissen kann ein Höhenregler für den Ringleiter in Abb. 5-547 konzipiert und optimiert werden (siehe Abb. 5-543). Dadurch erhält man die zum Bau des Reglers benötigten Parameter V.P, T.D und T.I.

**Simulation der Grundregler P, I und D**

Regler haben die Aufgabe, die Regelabweichung x.d so schnell es geht zu minimieren (x.d→0). Die aufwändigsten Regler haben drei Komponenten:

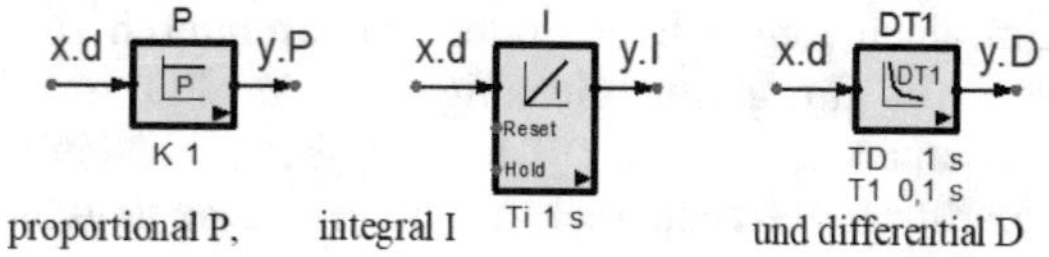

proportional P, integral I und differential D

**Abb. 5-552 Die drei Grundregler P, I und D-T1: Der D-Regler muss eine Verzögerung T1 haben, damit sein Ausgang bei Sprunganregung nicht gegen unendlich geht. Sie begrenzt die maximale D-Verstärkung auf TD/T1.**

Die drei Reglertypen P, I und D unterscheiden sich durch das Zeitverhalten, mit dem sie auf **sprunghafte Regelabweichungen x.d** reagieren. Wie ausgeprägt dies ist, hängt von den **Reglerparametern V.P, T.I und T.D** ab. Wie sie an die jeweilige Regelstrecke angepasst werden, wird am Schluss dieses Abschnitts gezeigt. Damit dies erklärt werden kann, müssen die Funktionen der einzelnen Reglertypen bekannt sein. Sie werden nun kurz erklärt.

1. Der Proportionalregler verstärkt die Regelabweichung x.d mit seiner Proportionalverstärkung V.P:

$$y.P = V.P * x.d$$

Je größer V.P eingestellt ist, desto schneller wird der Regelkreis und desto kleiner wird x.d. Deshalb wird V.P so groß wie möglich eingestellt. Was möglich ist, hängt von den Verzögerungen der Regelstrecke ab: Je mehr es sind, desto **instabiler** wird die Proportionalregelung.

In Abb. 5-558 wird gezeigt, dass ein Regelkreis durch zu hohe P-Verstärkung **komplett instabil** geworden ist. Das ist der schlimmste Fall. Deshalb wird die Regelabweichung einer P-geregelten, verzögernden Regelstrecke nur klein gegen den Sollwert w, aber nicht null.

2. Ein I-Regler beseitigt die Regelabweichung x.d, wenn er genug Zeit dazu hat. Er reagiert umso schneller und stärker, je kleiner seine **Zeitkonstante T.I** eingestellt ist.

$$y.I = x.d * \Delta t/T.I$$

Je kleiner T.I, desto schneller ist eine I-Regelung und desto größer wird die Gefahr der Instabilität. Wegen der unabdingbaren Forderung nach Stabilität im Regelkreis darf T.I nur so klein wie möglich eingestellt werden.

3. Ein D-Regler reagiert auf Geschwindigkeitsfehler: $y.D=T.D\cdot dx.d/dt$. Indem er dx.d/dt klein regelt, bedämpft er den Regelkreis. Deshalb ist er da unverzichtbar, wo durch P- und I-Regler keine ausreichende Stabilität zu erreichen ist.

**Zur D-Reglerverzögerung T.1**

Reine D-Regler reagieren umso heftiger, je schneller sich die Regelabweichung ändert. Dadurch wird ihre dämpfende Wirkung zu stark.

Die Gleichung des realen D-Reglers zeigt, dass das Stellsignal y.D durch eine Verzögerungszeitkonstante T.1 begrenzt wird. Sie bestimmt den Anfangswert von y.D(Δt=0).

$$y.D = x.d * \frac{T.D}{T.1 + \Delta t}$$

Deshalb soll T.1 so klein wie möglich, aber so groß wie nötig eingestellt werden. In Abb. 5-560 wird gezeigt, wie der optimale Wert für T.1 durch Simulation gefunden wird.

**Zum Höhenregler**

Um einen Regler bauen oder programmieren zu können, müssen dessen Konfiguration (z.B. PI für größte Genauigkeit oder PD für Schnelligkeit und Stabilität) und die Reglerparameter (V.P, T.I ,T.D) bekannt sein. Sie rechnerisch zu ermitteln ist bei nichtlinearen Regelstrecken (... und so eine liegt hier vor, siehe Abb. 5-553) schwierig bis unmöglich.

Immer möglich ist die **systematische praktische Optimierung**. Wie das gemacht wird, soll hier durch Simulation am Beispiel eines Höhenreglers für den Thomson'schen Ringversuch gezeigt werden.

Abb. 5-553 zeigt die Struktur eines Höhenreglers, der optimiert werden soll.

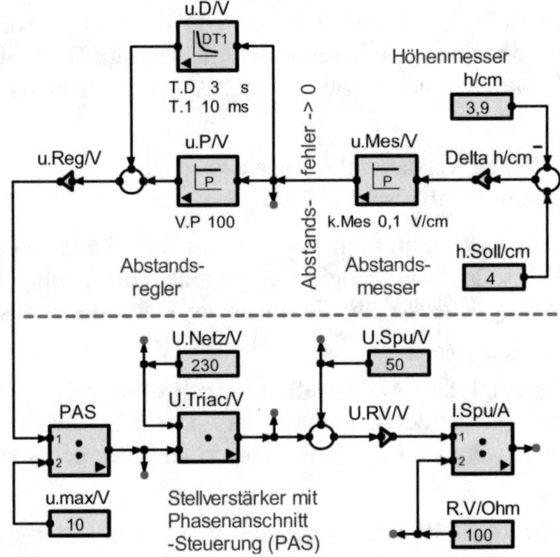


**Abb. 5-553 Struktur des Höhenreglers mit Höhenmesser und Stellverstärker**

Zu zeigen ist, welche Konfiguration der Regler haben muss (P, PD oder PID) und wie seine Parameter ermittelt werden. Gesucht sind die **optimalen Reglerparameter**

- die Proportionalverstärkung V.P und
- die Zeitkonstanten T.D des Differenzierers und des Integrators T.I

Um die Höhenregelung simulieren zu können, muss die **Regelstrecke vom Spulenstrom I.Spu über die Polkraft F.Pol bis zur Höhe h(t) des Rings** modelliert werden. Abb. 5-557 zeigt, was dazu zu tun ist:

Zuerst muss die Struktur der Regelstrecke entwickelt werden. Sie besteht hier aus zwei Teilen:

- der Spule mit Eisenkern, an dessen Pol die Polkraft wirkt und
- der ballistischen Flugbahn des abgeschossenen Rings (das Projektil).

Zuletzt soll ein Höhenregler konfiguriert und getestet werden.

**Simulation der Höhenregelung eines Ringleiters (Abstandsregler, Positionsregler)**
Abb. 5-554 zeigt die Struktur eines PD-Reglers in Abb. 5-547 und die zeitlichen Verläufe des Spulenstroms (Stellgröße) und der Höhe des Metallrings (Istwert).

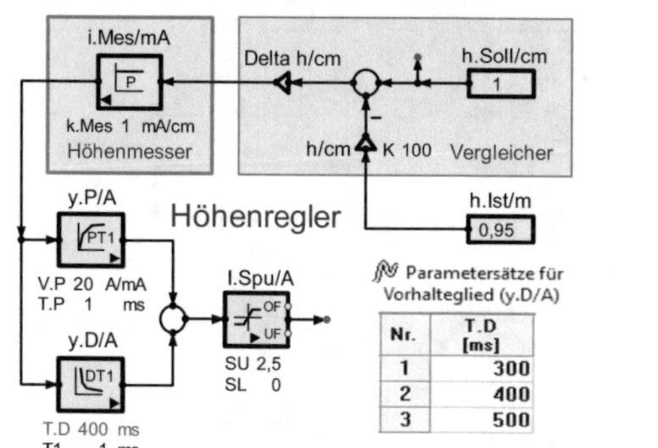


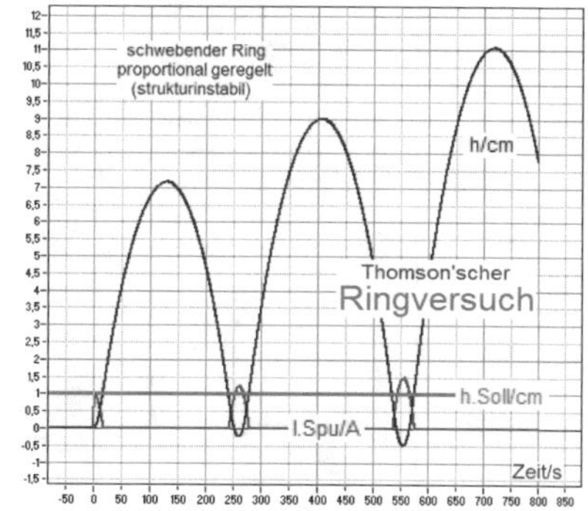


**Abb. 5-554 Flughhöhe (violett) und Spulenstrom (rot) mit noch nicht optimiertem Regler – rechts: Bei reiner P-Regelung wäre die Höhenregelung des Ringes instabil. Warum dies so ist, erklären wir in Abb. 5-558.**

Wie ein Höhenregler für den Thomson'schen Ringversuch konzipiert werden muss, zeigen wir am Schluss dieses Abschnitts.

Gefordert werden Genauigkeit, Schnelligkeit und **optimale Dynamik** (ca. 15-prozentiges Überschwingen) der Regelgröße über den Sollwert.

Abb. 5-555 zeigt

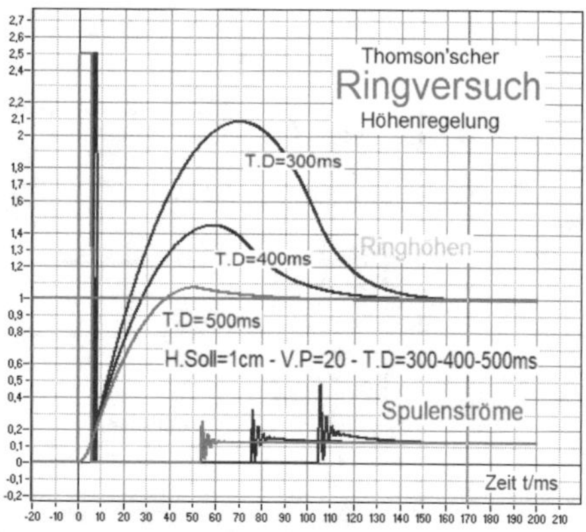


**Abb. 5-555 die dynamisch optimierte Einregelung der Ringhöhe durch einen PD-Regler**

Abb. 5-556 zeigt

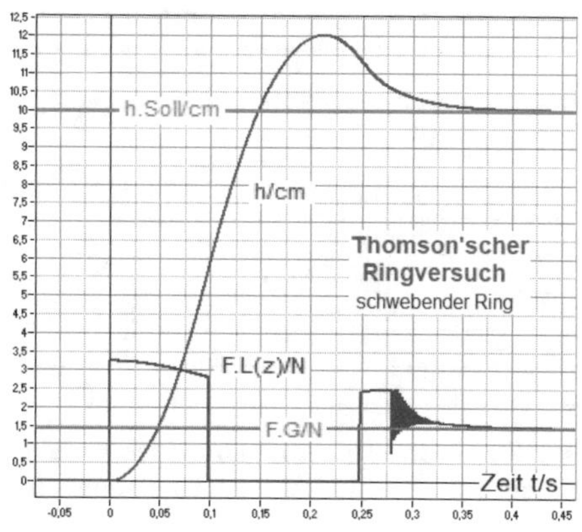


**Abb. 5-556 die Polkraft bei der Einregelung des Sollwerts der Ringhöhe: Sie pendelt sich auf das Gewicht des Rings ein.**

Abb. 5-557 zeigt den Regelkreis zur elektromagnetischen Levitation des Metallrings beim Thomson'schen Ringversuch:

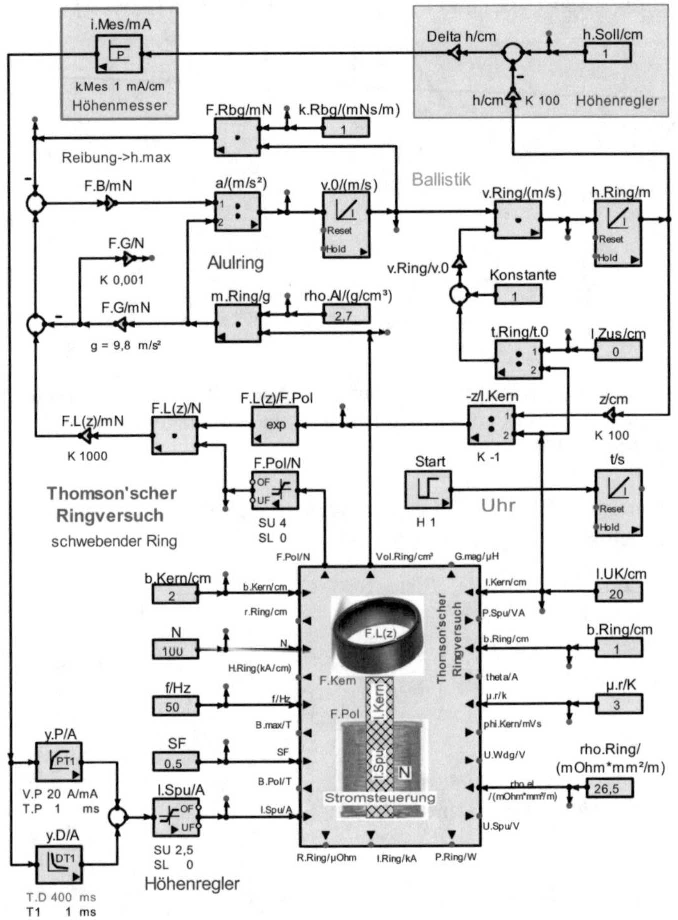


| b.Kern/cm | 2 | G.mag/µH | 7,8 | l.Zus/cm | 0 | R.Ring/µOhm | 47,7 | SF | 0,5 |
|---|---|---|---|---|---|---|---|---|---|
| b.Ring/cm | 1 | k.Rbg/(mNs/m) | 1 | N | 100 | rho.Al/(g/cm³) | 2,7 | Vol.Ring/cm³ | 18 |
| f/Hz | 50 | l.UK/cm | 20 | r.Ring/cm | 3 | rho.Ring/ (mOhm*mm²/m) | 26,5 | µ.r/K | 3 |

oben die Parameter, unten die Messwerte zur Höhenregelung von Abb. 5-557, darunter die Messgrößen dazu

| -z/l.Kern | -0,049694 | F.G/mN | 476,28 | h.Soll/cm | 1 | P.Spu/VA | 0,36732 | U.Wdg/V | 0,029994 |
|---|---|---|---|---|---|---|---|---|---|
| a/(m/s²) | 1,122E-07 | F.G/N | 0,47628 | h/cm | 0,99388 | phi.Kern/mVs | 0,095523 | v.0/(m/s) | -2,7911E-09 |
| B.max/T | 0,23881 | F.L(z)/mN | 476,28 | i.Mes/mA | 0,0061232 | t.Ring/t.0 | 0 | v.Ring/(m/s) | -2,7911E-09 |
| B.Pol/T | 0,23881 | F.Pol/N | 0,50055 | I.Ring/kA | 0,3144 | t/s | 0,45456 | y.D/A | 1,454E-07 |
| Delta h/cm | 0,0061232 | F.Rbg/mN | -2,79 E-09 | I.Spu/A | 0,12247 | theta/A | 12,247 | y.P/A | 0,12246 |
| F.B/mN | 5,453E-06 | H.Ring(kA/cm) | 0,1048 | P.Ring/W | 0,0094303 | U.Spu/V | 2,9994 | z/cm | 0,99388 |

**Abb. 5-557 Die Höhenregelung des Metallrings beim Thomson'schen Ringversuch: Der Regler stellt den Spulenstrom so ein, dass der Ring in der gewünschten Sollhöhe schwebt.**

Erläuterungen zu Abb. 5-557:
Die Regelstrecke zur Einstellung der Ringhöhe h durch die am Ring angreifende Kraft über die Geschwindigkeit v ist eine **doppelte Integration**. Jeder Integrator bildet eine Verzögerung im Regelkreis, der bei reiner P-Regelung **sofort instabil** wird. Das wird Abb. 5-559 zeigen.

Stabilität wird erreicht, indem eine Verzögerung durch den Vorhalt eines Differenzierers **kompensiert** wird. Wenn die Differenzier-Zeitkonstante T.D richtig dimensioniert ist, lässt sich durch die Verstärkung V.P des P-Reglers die optimale Dynamik einstellen. Das soll durch die folgende Regleroptimierung gezeigt werden.

**Praktische Regleroptimierung**
Regler wie der von Abb. 5-554 können durch aufwändige Analysen berechnet werden Sie können aber auch – einfacher und schneller – durch **systematisches Probieren** gefunden werden. Wie man dabei vorgeht, ist in der Praxis und bei Simulationen gleich. Das zeigen wir nun am Beispiel der Höhenregelung von Abb. 5-544 (allgemein: Positionsregelung).

- Gefordert wird ein schneller und genauer Regelkreis mit optimaler Dynamik (ca. **15-prozentigem Überschwingen).**
- Gesucht werden die Reglerkonfiguration, die diese Ziele **mit minimalem Aufwand** erreicht, und seine Parameter.

Abb. 5-558 zeigt drei mögliche Sprungantworten:

1. reine P-Regelung: Sie ist wegen des quadratischen Zusammenhangs zwischen Polstärke und Spulenstrom instabil.
2. PD-Regelung: Der P-Regler bestimmt die statische Genauigkeit und der D-Regler sorgt für optimale Dynamik.
3. PID-Regelung: Ein I-Anteil würde die bleibende Regelabweichung ganz beseitigen. Da sie hier durch den P-Anteil bereits gegen null geht, kann auf den I-Regler verzichtet werden.

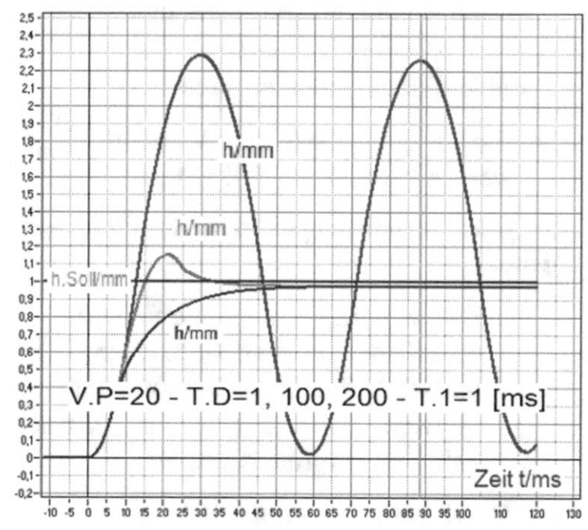


**Abb. 5-558 Sprungantworten zum schwebenden Ring bei steigender Differenzierkonstante**

Damit ist ein **PD-Regler** zur Regelung des schwebenden Rings die minimale Konfiguration. Der P-Anteil erzeugt die optimale Dynamik, der D-Anteil sorgt für die richtige Dämpfung. Ein I-Anteil wird hier nicht benötigt.

**Regler-Optimierung im Probierverfahren**
Mit den durch Simulation ermittelten Reglerparametern kann ein **elektronischer Regler gebaut oder beschafft** werden.

1. Zuerst wird die geeignete Reglerkonfiguration gesucht.

Die Alternativen sind

*Rein P – PD-T1 und PID-T.1*

Am besten ist der Regler, der die geforderte Genauigkeit bei optimaler Dynamik mit **geringstem Aufwand** (Hardware und Abgleich) erreicht.

Abb. 5-559 zeigt:

- Rein P geht hier gar nicht
- PD ist dynamisch optimal
- I-Anteil ist hier entbehrlich, da der statische Fehler des PD-Reglers gering ist (x.B≈1%)

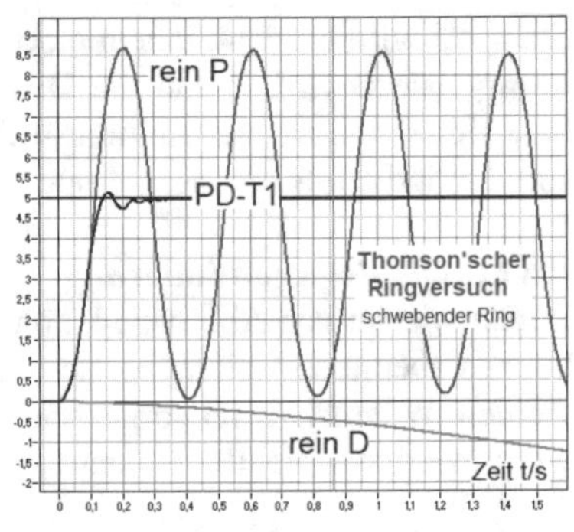


**Abb. 5-559 praktische Reglerkonfiguration**

2. Zur Realisierung des Reglers werden seine Parameter gesucht, hier

- die Proportionalverstärkung V.P und
- die Differenzierzeitkonstante T.D

Abb. 5-560 zeigt, dass hier **V.P≈100** eingestellt werden kann, wenn **T.D=2s** ist.

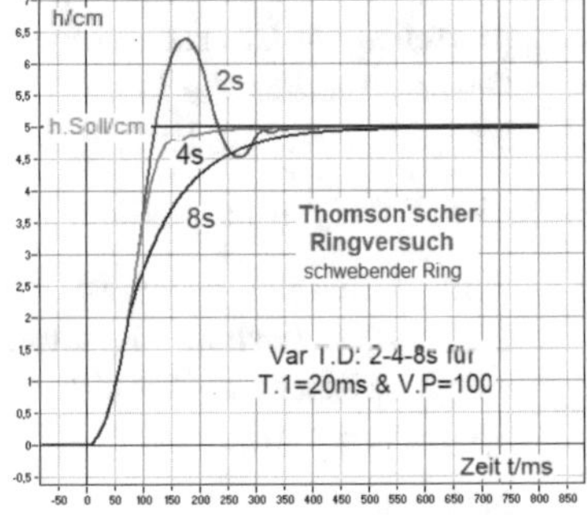


**Abb. 5-560 Ermittlung der optimalen Reglerdaten**

3. Zuletzt wird versucht, die Regelung so schnell wie möglich zu machen. Dazu müssen V.P und T.D bei sprunghaftem Sollwert abwechselnd in kleinen Schritten vergrößert werden.

Abb. 5-561 zeigt die Simulation dazu.

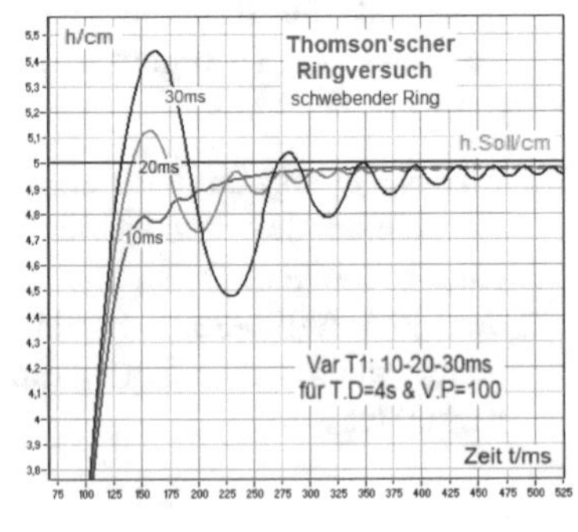


**Abb. 5-561 dynamische Regler-Optimierung**

Zur Inbetriebnahme einer Regelung:

- Bei der **Inbetriebnahme** erfolgt die **Feinabstimmung** der Reglerparameter. Testsignal ist ein Sollwertsprung. Die Regelabweichung soll **bei optimaler Dynamik** in kürzester Zeit minimiert werden.
- Die Reihenfolge der Regleroptimierung ist:
  zuerst den P-Anteil allein vergrößern, dann, falls nötig, den D-Anteil hinzufügen und zuletzt, falls nötig, einen I-Anteil einstellen.

Das hier gezeigte Optimierungsverfahren lässt sich auf beliebige Regelkreise anwenden.

## 5.9 Elektromagnetische Drehmomente

Mechanische Drehmomente *M.mech=F·r* entstehen nach Abb. 5-562, wenn eine Kraft F an einem Hebel r um einen Drehpunkt angreift. Dadurch können sie Rotationsbewegungen erzeugen:

- Verdrehungen φ
- Winkelgeschwindigkeiten $\Omega$=dφ/dt
- Winkelbeschleunigungen α=d $\Omega$/dt

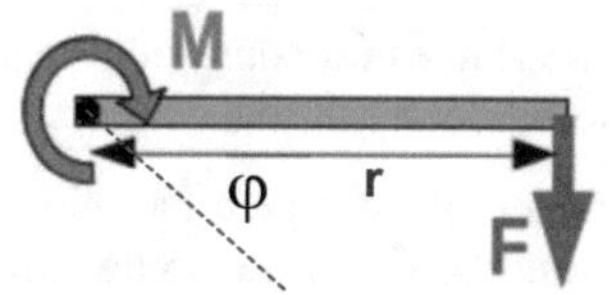


**Abb. 5-562 Entstehung eines Drehmoments**

Elektromagnetische Drehmomente *M.mag=ϕ·Θ* (mit ϕ=B·A und Θ=N·i) entstehen nach Abb. 5-563, wenn elektrische Ströme i versuchen, einem magnetischen Feld ϕ auszuweichen. Das haben wir bei der Erklärung der Lorentzkraft in Gl. 5-259 und am Beispiel des Synchrotrons (Abb. 5-408) gezeigt.

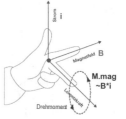

**Abb. 5-563 linke-Hand-Regel zur Bestimmung magnetischer Antriebsmomente**

Innerhalb von drei Monaten entwickelte **Michael Faraday** um 1820 alle wichtigen Grundversuche zur elektromagnetischen Induktion und eine Urform eines elektrischen Generators. Er entdeckte damit die physikalischen Zusammenhänge, die die **Grundlage der gesamten Elektrotechnik** sind.

Darüber hinaus entdeckte Faraday bei seinen Untersuchungen auch den elektromotorischen Antrieb:

- Bei Stromfluss existiert um den stromdurchflossenen Leiter ein kreisförmiges Magnetfeld (Abb. 5-26).
- Bringt man einen kleinen Magneten in das Gefäß, so **schwimmt er auf einer kreisförmigen Bahn** um den stromdurchflossenen Draht herum. Das zeigt Abb. 5-564.

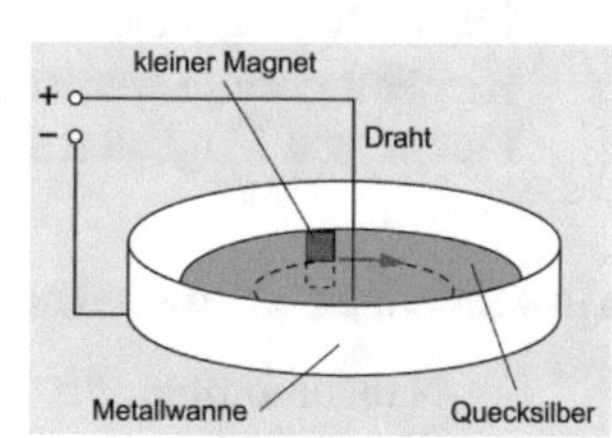


**Abb. 5-564 zirkulierender Magnet: Ein elektrischer Strom erzeugt das dazu nötige Drehmoment.**

Hier sollen Beispiele zur technischen Nutzung elektromagnetischer Drehmomente simuliert werden:

1. Elektromagnetische Drehmomente in Motoren und Generatoren
2. Verschleißfreie Wirbelstrombremsen und Kupplungen
3. Drehspul- und Dreheiseninstrumente
4. Kräfte und Momente von Wirbelströmen
5. Wirbelstromsensoren, z.B. zur Drehzahlmessung
6. das Massenspektrometer zur Analyse von Stoffgemischen
7. das Synchrotron zur Speicherung geladener Teilchen in der physikalischen Grundlagenforschung
8. das Magnetometer zur Messung räumlicher Magnetfelder

Dieses Kapitel dient auch zur Vorbereitung der Simulation elektrischer Maschinen, die in Bd.4/7 ausführlich behandelt werden.

**Die Basisgleichung zur Berechnung elektromagnetischer Drehmomente**
In dieser Schrift sollen alle zur Simulation verwendeten Gleichungen möglichst anschaulich erklärt und auch möglichst einfach abgeleitet werden. Dazu müssen die benötigten Messgrößen mit den Materialien und ihren Abmessungen verknüpft werden.

Im hier vorliegenden Fall übt ein äußeres Magnetfeld B ein Drehmoment M.mag auf eine stromdurchflossene Spule mit der Windungszahl N aus. Zur Berechnung von M.mag verwendet der Autor wiederholt die

**Gl. 5-266 Basisgleichung zur Berechnung elektromagnetischer Drehmomente**

$$\vec{M}.mag = \vec{\Theta}\, x\, \vec{\phi}$$

$$\ldots\ mit\ dem\ Betrag\quad M.mag = \Theta * \phi * \sin(\alpha)$$

Abb. 5-565 zeigt, dass es bei magnetischen Drehmomenten nur auf den durch die Spule strömenden magnetischen **Fluss ϕ=B·A** *und* die durch den Spulenstrom i erzeugte **Durchflutung Θ=N·i** ankommt. Φ und Θ müssen immer individuell berechnet werden (Beispiele folgen).

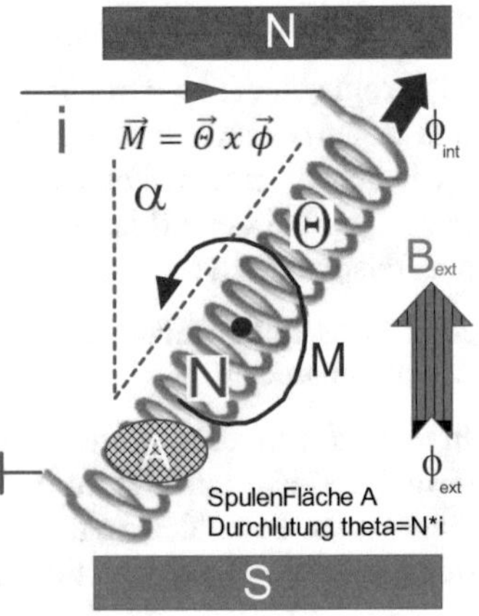


**Abb. 5-565 Die Messgrößen zur Drehmomentberechnung bei Spulen: Maßgeblich ist ihre Fläche A, nicht ihre Länge l.**

- In Absch. 5.8.1 haben wir gezeigt, dass magnetische **Kräfte proportional zur Länge** der Magnete sind.
- Hier soll gezeigt werden, dass magnetische **Drehmomente proportional zur Fläche** von Magneten sind. Das erklärt die Form von Torque-Motoren (Abb. 5-566).

Anwendungen elektromagnetischer Drehmomente

1. Nabenmotoren für Elektrofahrzeuge
2. Elektromagnetische Kupplungen für Lastmomente bis 24kNm bei Drehzahlen bis zu 10kUpm
3. Torquemotoren (Abb. 5-566) für größte Drehmomente bei kleinsten Drehzahlen

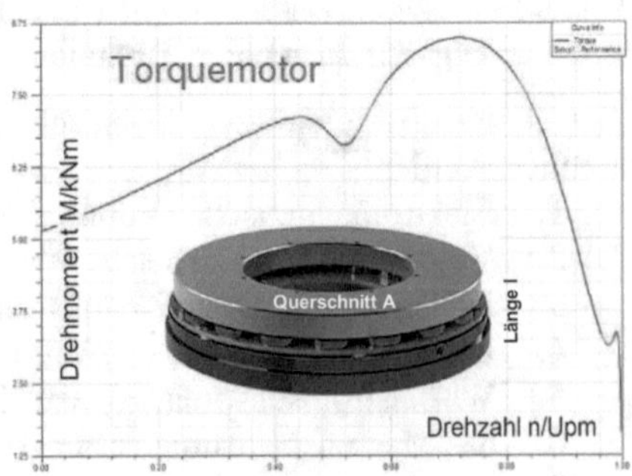


**Abb. 5-566 Torquemotor und seine Drehmomenten-Kennlinie**

Quelle: https://www.physikinstrumente.de/de/technologie/elektromagnetische-antriebe/pimag-magnetische-direktantriebe/

### 5.9.1 Drehmoment, Arbeit und Leistung

Zur Behandlung elektromagnetischer Systeme werden mechanische Grundkenntnisse benötigt. Wir finden sie z.B. in Bd.2, Teil 2 dieser Reihe zur ‚Strukturbildung und Simulation technischer Systeme'. Daraus fassen wir hier das Wichtigste zusammen und formulieren es so, wie wir es zur Berechnung magnetischer Systeme brauchen.

**Kraft und Drehmoment**

Drehbewegungen werden durch Kräfte F erzeugt, die **senkrecht** an einem Hebelarm r angreifen. Die Wirkung heißt Drehmoment M.

Abb. 5-567 zeigt die Erzeugung eines mechanischen Drehmoments und seine Berechnung

**Gl. 5-267 Drehmoment, Betrag**

$$|M| = |F| \cdot r - in\ Nm$$

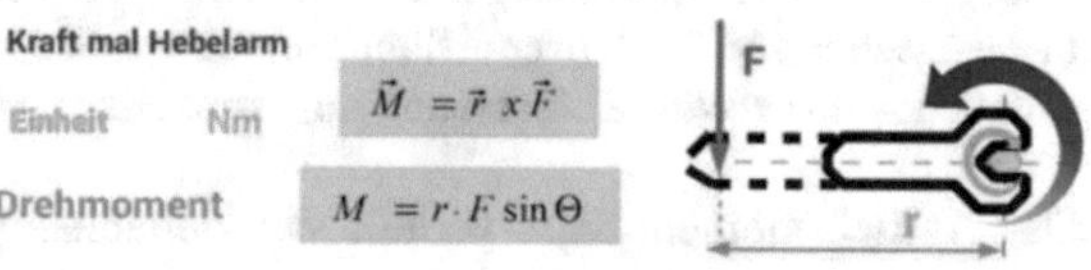


**Abb. 5-567 Drehmoment: Vektor und Betrag**

Quelle: https://www.youtube.com/watch?v=WA0ry1H4LZ4

Das Drehmoment M der Rotation ist die analoge Größe zur Kraft F der Translation. Verschiebt sich eine Masse m auf einer Kreisbahn um einen Weg s, so wird Arbeit W geleistet.

Bei translatorischer Arbeit W.trans=F·s haben F und s die gleiche Richtung (F//s).

Bei **rotatorischer Arbeit W.rot=M·φ** erzeugt das Drehmoment M=F·r eine Drehung um den Winkel φ=s/r. **F und r stehen senkrecht aufeinander (F⊥r).**

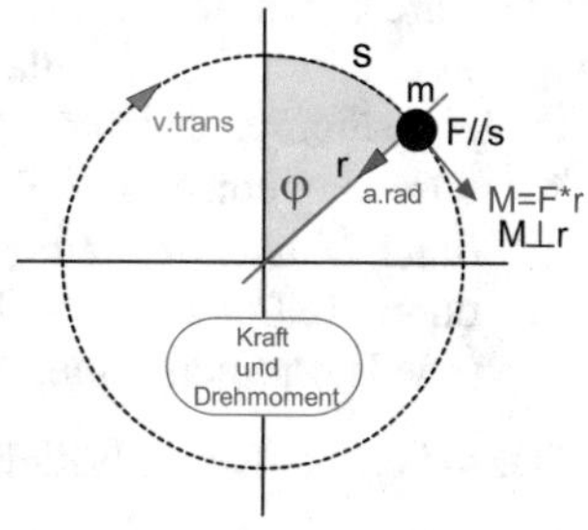


**Abb. 5-568 Entstehung und Definition eines Drehmoments**

**Arbeit und Leistung**

Maschinen sollen bei kleinem Volumen möglichst stark sein. Zur Berechnung der Leistungsdichte P/Vol muss die Leistung P berechnet werden. Sie ist das Produkt aus Drehmoment M und Drehzahl Ω.

**Tab. 5-31 analoge Größen der linearen und drehenden Bewegung**

| Translation | Rotation |
|---|---|
| *Weg x* | *Winkel φ* |
| *Geschw. v* | *Wnkgeschw. Ω* |
| *Kraft F* | *Drehmom. M=F·r* |
| *Arbeit W=F·x* | *W=M·φ* |
| *Leistung P=F·v* | *P=M·Ω* |

Gl. 5-268 zeigt die Berechnung der

**Gl. 5-268 mechanischen Leistung aus Drehmoment und Winkelgeschwindigkeit**

$$P.mech = \frac{\Delta W}{\Delta t} = M * \Omega - in\frac{Nm}{s} = W$$

... mit der Winkelgeschwindigkeit Ω=dφ/dt in rad/s ~ Drehzahl n in Umd/min≈0,1rad/s

Zahlenwerte:
Drehzahl n=1000Umd/min≈100rad/s; Drehmoment M=10Nm → P=M·Ω=1kW

**Die möglichen Reaktionsmomente der Rotation**

Antriebsmomente können in mechanischen Systemen drei Reaktionen hervorrufen:

- Massenbeschleunigung
- Erwärmung durch Reibung
- das Spannen von Federn

Abb. 5-569 zeigt:

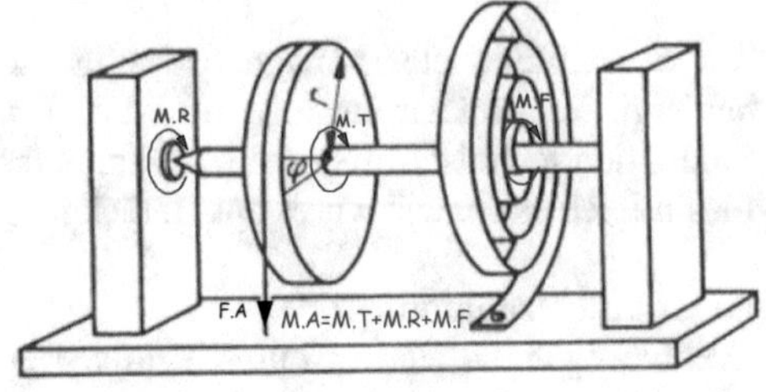


**Abb. 5-569 Drei Reaktionsmomente sind möglich: M.F~φ, proportional zur Drehung φ bei Federfesselung, M.R~Ω, proportional zur Drehzahl Ω=dφ/dt durch Reibung und M.T~α, proportional zur Winkelbeschleunigung α=dΩ/dt.**

Das Antriebsmoment M.A verteilt sich zeitabhängig auf alle vorhandenen Reaktionsmomente:

**Gl. 5-269 Antriebs- und Reaktionsmomente** $\boldsymbol{M.A = F.A * r} = \mathbf{J} * \alpha + \mathbf{c.R} * \boldsymbol{\Omega} + \mathbf{c.F} * \varphi$

Wie diese Verteilung durch die Parameter der Maschine (J, c.R und C.F) gestaltet ist, bestimmt ihre Dynamik (Schnelligkeit und Stabilität). Die Details dazu werden wir durch Simulation erhalten. Zur Simulation elektromagnetischer Systeme wird die Berechnung von Reaktionsmomenten benötigt:

1. durch Federn: M.F=c.F·φ - mit der Federkonstante c.F
2. durch Massenträgheit: M.T=J·α - mit dem Massenträgheitsmoment J~m.r²
3. durch Reibung: M.R=c.R·Ω – mit der Reibungskonstante c.R
   (Die Haftreibung spielt dynamisch keine Rolle).

- Der Winkel φ=Bogen b/Radius r entspricht dem Weg x.
- Die Winkelgeschwindigkeit $\Omega=d\varphi/dt$ entspricht der Geschwindigkeit $v=\Omega\cdot r$.
- Die Winkelbeschleunigung α=d$\Omega$/dt entspricht der Linearbeschleunigung $a=dv/dt=d^2x/dt^2$.

**Tab. 5-32 Reaktionen durch Feder, Reibung und Massen**

| Translation | Rotation |
|---|---|
| *F.F=k.F·x* | *M.F=c.F·φ* |
| *F.R=k.R·v* | *M.R=c.R·Ω* |
| *F.T=m·a* | *M.R=J·α* |

Abb. 5-570 zeigt,

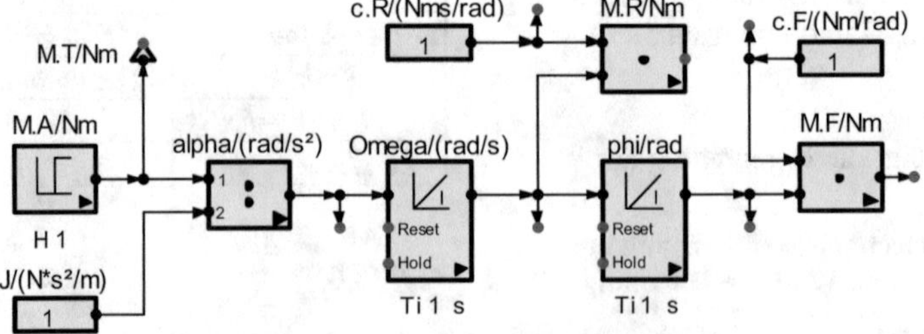


**Abb. 5-570 ... wie durch zweifache Integration aus der Winkelbeschleunigung α die Winkelgeschwindigkeit und daraus wiederum die Winkeländerung φ bildet.**

**Zu mechanischen Oszillatoren**

Wenn **Masse und Feder** zusammenwirken, bilden sie ein **schwingungsfähiges System**. Seine Eigenfrequenz $\omega.0 = 1/T.me$ folgt aus der trägen Drehmasse, genannt Massenträgheitsmoment J und der Drehfederkonstante c.F:

**Gl. 5-270 mechanische Zeitkonstante** $$T.me = \sqrt{J/c.F}$$

Es muss durch einen Dämpfer dynamisch optimiert werden. Wie das gemacht wird, zeigen wir z.B.

- in Absch. 5.9.2 am Beispiel ‚Zeigerlinstrumente' und
- in Absch. 5.8.5.2 bei der dynamischen Simulation eines Relais.

**Berechnung von Massenträgheitsmomenten**

Massenträgheitsmomente **J=M.T/α** sind Quotient aus den Messgrößen **Trägheitsmoment M.T** und **Winkelbeschleunigung α**. Sie sind proportional zur Drehmasse m und dem Quadrat ihres Radius r:

**Gl. 5-271 das Massenträgheitsmoment** $$J = M.T/\alpha = k.Form \cdot m \cdot r^2$$

Der **Formfaktor k.Form** muss für jede Massenverteilung individuell gemessen oder berechnet werden. Er kann Formelsammlungen entnommen werden. Bei einem Kreisring ist k.Form=1.

Hier benötigen wir den Formfaktor einer Vollmaterialscheibe. Dafür ist k.Form = 0,5.

Zahlenwerte für eine Aluminiumscheibe mit dem Radius r=5cm und der Höhe h=1mm:

Volumen $Vol=\pi \cdot r^2 \cdot h=7{,}85cm^3$
Dichte: $\rho.Al=2.7g/cm^3$
Masse $m=\rho \cdot Vol=21g$
Massenträgheitsmoment:
$J = 0{,}5 \cdot m \cdot r^2 = 25\mu Nms^2$

**Abb. 5-571 Drehzahl bei konstanter Winkelbeschleunigung**

Abb. 5-572 zeigt die

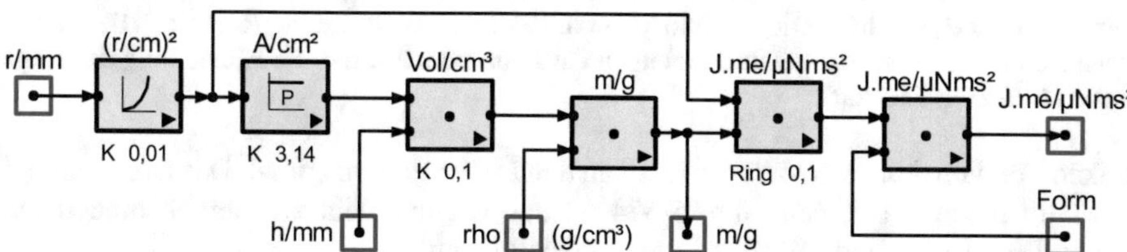


**Abb. 5-572 Blockstruktur zur Berechnung von Massenträgheitsmomenten nach Gl. 5-271**

**Magnetische Kräfte und Drehmomente**

Nun sollen die Grundlagen zum Verständnis elektromagnetischer Wandler (Mess-Instrumente, Motoren) gelegt werden. Dazu muss die Leistung P und Arbeit W rotierender ferromagnetischer Massen im magnetischen Feld von Spulen berechnet werden. Die dazu erforderlichen Grundlagen wurden in Kapitel 4 Mechanik behandelt. Hier geben wir eine Kurzfassung der im Folgenden benötigten Messgrößen und Gesetze.

**Magnetische Kräfte** treten immer dann auf, wenn magnetische Flüsse unterschiedliche Materialien durchfluten. Ihr Bestreben ist, die Dichteunterschiede im Material auszugleichen (Erzeugung größter Unordnung = Entropie-Maximierung). Das bestimmt die Richtung der Kräfte. Wenn sie an einem Hebelarm angreifen, bilden sie ein **Drehmoment.** Gezeigt werden soll, wie es zum Bau elektrischer Geräte und Maschinen genutzt wird.

Abb. 5-573 zeigt eine historische Messapparatur für magnetische Kräfte und Drehmomente.

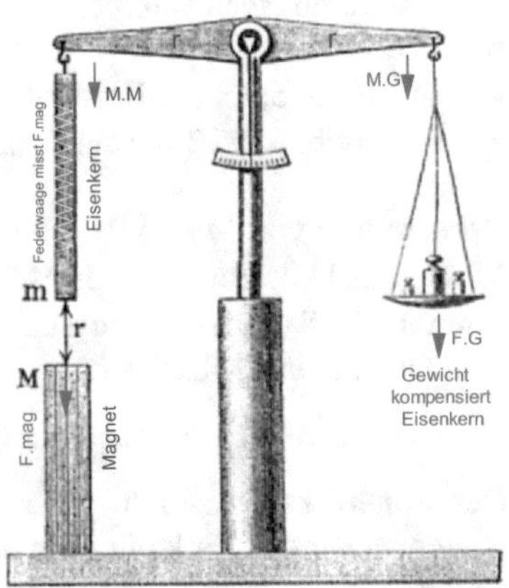


**Abb. 5-573 Messung der Kraft zweier Permanentmagnete durch Wiegen, hier durch den Vergleich mit einem Gewicht**

**Dauermagnetische Drehmomente**

Liegt ein magnetisierbarer Probekörper antiparallel zu einem magnetischen Feld B, so wird er von zwei gleich großen Kräften in die entgegengesetzten Richtungen gezogen. Er bewegt sich nicht. Wäre das magnetische Feld inhomogen (Abb. 5-26), so entstünde eine resultierende Kraft, die den Probekörper gegen einen Pol zieht.

Abb. 5-574 zeigt einen Dauermagneten, in dessen Luftspalt sich ein Probemagnet befindet. Je nach Lage erzeugt er ein unterschiedlich starkes Drehmoment.

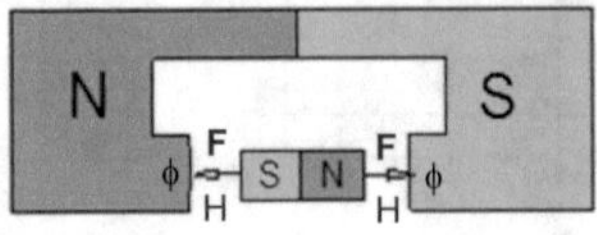


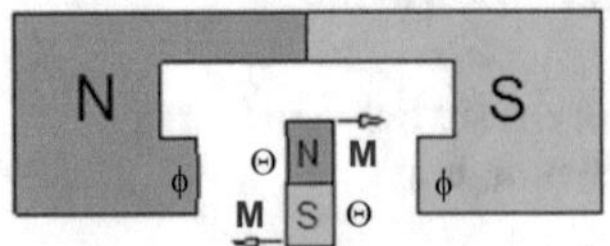


**Abb. 5-574 magnetischer Probekörper im Feld eines äußeren Magneten - Links: Beide Felder liegen antiparallel. Die Richtkraft stabilisiert diese Position. Rechts: Die Felder kreuzen sich im rechten Winkel und erzeugen ein Drehmoment, das die Einstellung der Lage im linken Bild zum Ziel hat.**

Im linken Teil von Abb. 5-574 ist die Kraft an den Luftspalten maximal. Das Drehmoment ist null. Im rechten Teil von Abb. 5-574 ist das Drehmoment auf den Stabmagneten maximal. Die resultierende Kraft auf den Luftspalt ist null.

Zur Entwicklung elektrischer Maschinen müssen die Maximalwerte der magnetischen Kräfte und Momente bekannt sein. Wie die Kräfte **F.mag=H·ϕ** berechnet werden, haben wir im vorherigen Kap. 5.8 gezeigt. Wie die Drehmomente **M.mag=*Θ*·ϕ** berechnet werden, soll in diesem Kap. 5.9 gezeigt werden.

### 5.9.1.1 Elektromagnetische Drehmomente

Zur Berechnung magnetischer Drehmomente müssen die Stärke des äußeren Felds B und die innere Durchflutung Θ bekannt sein. Wie sie bestimmt werden, soll anhand konkreter Fälle gezeigt werden. Gl. 5-272 zeigt das Drehmoment eines Dauermagneten mit dem Querschnitt A im Magnetfeld B:

**Gl. 5-272 magn. Drehmoment** $M = \phi * \Theta * \sin\alpha$

mit dem externen magn. Fluss $\phi = B \cdot A$

und der internen Durchflutung $\Theta = N \cdot i$

Der Betrag des Drehmoments hängt vom Winkel α zwischen den Richtungen des äußeren und inneren Feldes ab.

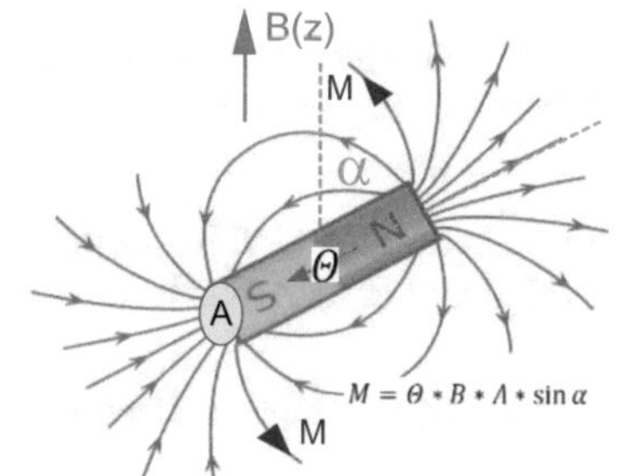


**Abb. 5-575 Entstehung eines magnetischen Drehmoments M im äußeren Feld B durch eine innere Durchflutung Θ im Dauermagneten**

Abb. 5-576 zeigt das Drehmoment einer stromdurchflossenen Spule mit dem Querschnitt A im Magnetfeld B. Hier liegen die gleichen Verhältnisse vor wie beim in Abb. 5-575 gezeigten Dauermagneten mit dem Unterschied, dass der die innere Durchflutung Θ erzeugende Strom i und die zugehörige Windungszahl N sofort zu erkennen sind.

**Abb. 5-576 Steht die Spulenachse senkrecht zum magnetischen Feld, ist das Drehmoment M maximal, steht sie parallel zum Feld, so wird es null. Allgemein hängt M vom Sinus des Winkels ab.**

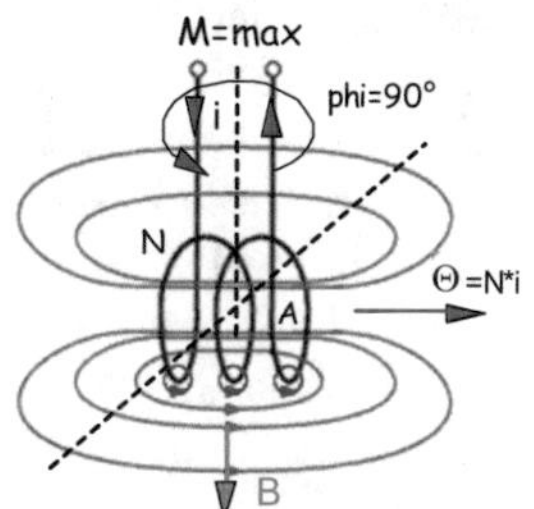


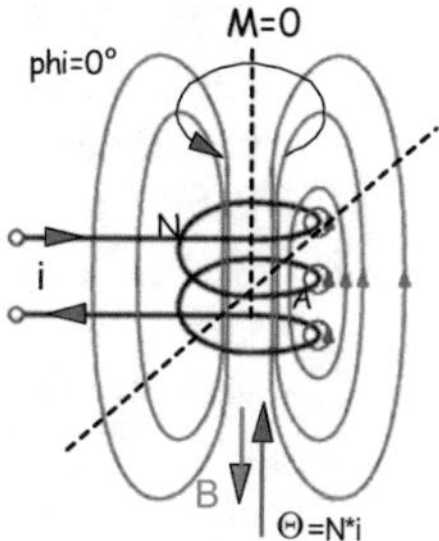


Magnetische Drehmomente werden technisch zum Bau rotierender Systeme (Messwerke, Maschinen) genutzt. Sie sollen hier durch Simulation berechnet werden. Dadurch lernen Sie alles, was Sie zur Konstruktion oder der Beschaffung magnetischer Komponenten wissen müssen:

- bei Messwerken die Ermittlung ihrer Kennlinie (Ausschlag/Strom)
- bei Antrieben die Berechnung des Drehmoments und der Leistung und
- die geforderte Leistungsdichte (Leistung/Baugröße).

**Drehmomente bei Gleich- und Wechselstrom**

Allgemein gilt: Das Drehmoment $M = \phi \cdot i$ einer Leiterschleife ist proportional zu dem magnetischen Fluss $\phi = B \cdot A$ und einem elektrischen Strom i.

- Bei Gleichstrommotoren mit Dauermagnet ist ϕ konstant. Dann ist **M~i**. Wenn i seine Richtung wechselt, wechseln auch die Richtungen von M und der Drehzahl n.
- Bei Wechselstrommotoren erzeugt der Strom i den magnetischen Fluss ϕ~i. Dann ist das Drehmoment **M~i²**. Bei wechselnder Stromrichtung bleiben die Richtungen von M und n erhalten.

**Elektromagnetische Drehmomente**

Das elektromagnetische Drehmoment M ist bestrebt, das magnetische Moment m.mag antiparallel zur Flussdichte B zu stellen. Um das technisch zu nutzen, wird die Spule drehbar gelagert.

Eine stromdurchflossene Spule erzeugt ein internes magnetisches Feld B.int~i. Befindet sich die Spule in einem äußeren magnetischen Feld B, so üben beide Felder ein Drehmoment M aufeinander aus mit dem Ziel, die Stärke des Gesamtfeldes zu minimieren (Gesetz des kleinsten Zwanges, Lenz'sche Regel).

Das Drehmoment M ist proportional zum Produkt aus Θ=N·i und ϕ=B·A, vektoriell als Kreuzprodukt:

**Gl. 5-273 vektorielles Drehmoment** $\vec{M} = \vec{\Theta}\, x\, \vec{\phi}$

... und ausgeschrieben als

**Gl. 5-274 Betragsprodukt des Drehmoments**

$$M = (N * i) * (B * A) * \sin \alpha$$

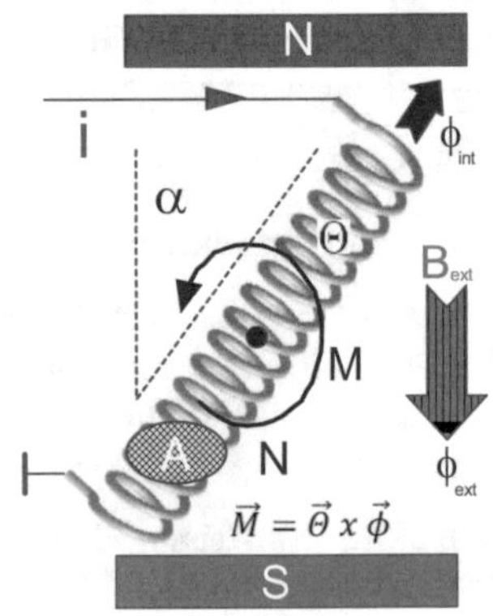


**Abb. 5-577 die Messgrößen zur Berechnung elektromagnetischer Drehmomente**

## Zu Betrag und Richtung des elektromagnetischen Drehmoments

1. Wenn das Gesamtfeld minimiert ist, stehen das interne und externe Feld antiparallel zueinander. Dann sind α=0 und M=0. Das System bildet ein stabiles Gleichgewicht, es ist drehmomentfrei. Wird die Spule ein wenig ausgelenkt, so kehrt sie danach wieder in diesen Zustand zurück.
2. Nach Gl. 5-274 ist auch bei α=180° das Drehmoment M=0. Dieses Gleichgewicht ist jedoch labil, denn: Wird die Spule nur ein wenig ausgelenkt, versucht sie sofort, das stabile Gleichgewicht zu erreichen.
3. Bei α=0 und 180° ist der Betrag des Drehmoments maximal. Das bedeutet für elektrische Messwerke und Maschinen: Ihr **Drehmoment** entsteht nur durch den **Querschnitt** A der Spule und ist von ihrer Länge unabhängig.

Wenn die Richtungen der Kräfte bekannt sind, interessieren nur noch die Beträge. Sie sind bei der Entwicklung von Maschinen zu berechnen. Das soll hier durch Simulation geschehen. Dazu sind die Strukturen der Systeme zu entwickeln.

Ausblick:
In den folgenden Beispielen sollen die Formeln zur Berechnung magnetischer Antriebe angewendet werden. Obwohl einige davon technisch veraltet sind, ist ihre Berechnung beispielhaft zum Erlernen der Strukturbildung und Simulation elektromagnetischer Systeme.

Im nächsten Bd. 4/7 werden mit dem hier gewonnenen Wissen elektrische Maschinen simuliert. Zur Berechnung sämtlicher Beispiele werden Grundlagen benötigt, die zuerst geklärt werden müssen.

**Das Drehmoment einer Leiterschleife im magnetischen Feld**

Der einfachste Fall der elektrischen Krafterzeugung ist eine stromdurchflossene Leiterschleife im Magnetfeld. Wir zeigen nun,

1. dass ihr **Drehmoment M** dem **Windungsstrom i** und dem magnetischen **Fluss ϕ=B·A proportional** ist,
2. wie M von ihrer Orientierung im magnetischen Feld B abhängt und
3. dass die **magnetisch durchflutete Fläche** die **Größe einer Maschine** bestimmt.

Durch Spulen mit mehreren Windungen N wird der Strom mehrfach zur Magnetfeldbildung ausgenutzt. Entsprechend N vergrößert sich das Drehmoment im magnetischen Feld B. Mit der umströmten Fläche A bilden sie ein magnetisches Moment m.mag=Θ·A. Elektromagnetische Drehmomente M=m.mag·B werden umso größer, je stärker das äußere Feld B und das magnetische Moment m.mag ist.

Gl. 5-274 zeigt das Drehmoment einer stromdurchflossenen Spule mit dem Querschnitt A im Magnetfeld B:

**Gl. 5-274** $\boldsymbol{M = \phi * \Theta * \sin\alpha}$

mit dem magn. Fluss $\phi = B{\cdot}A$

und der Durchflutung $\Theta = N{\cdot}i$

Gl. 5-274 berechnet den Betrag ...

$$M = i * N * B * A * \sin\alpha$$

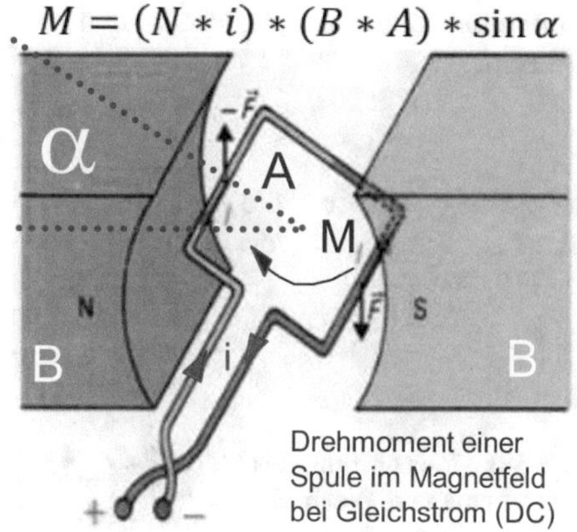


**Abb. 5-578 das Drehmoment einer Windung im Feld eines Dauermagneten**

**Das Drehmoment von Gleichstromspulen**

Bei Spulen mit N Windungen ist das Drehmoment das N-fache des **Windungsmoments** $\boldsymbol{M.Wdg = \phi \cdot i}$. Abb. 5-579 zeigt seine Berechnung:

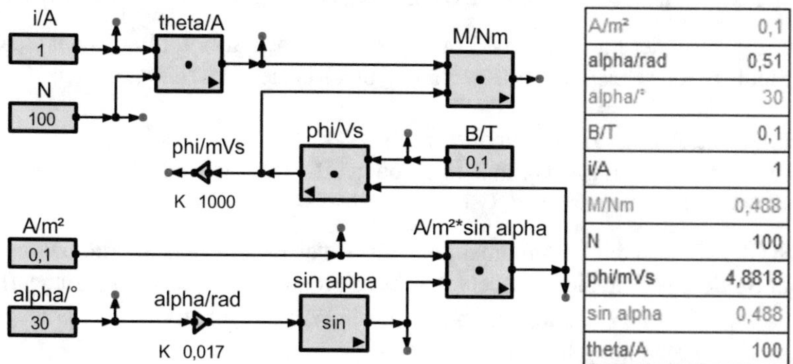


| | |
|---|---|
| A/m² | 0,1 |
| alpha/rad | 0,51 |
| alpha/° | 30 |
| B/T | 0,1 |
| i/A | 1 |
| M/Nm | 0,488 |
| N | 100 |
| phi/mVs | 4,8818 |
| sin alpha | 0,488 |
| theta/A | 100 |

**Abb. 5-579 das Drehmoment einer Spule mit N Windungen im Feld eines Magneten mit der Flussdichte B**

**Das Drehmoment von Wechselstromspulen**

Drehmomente M~ϕ·i von Spulen mit einem Strom i in einem magnetischen Feld ϕ sind proportional zu ϕ und i.

- Im ungesättigten Fall ist ϕ~i. Dann ist m ~$i^2$. Weil M unabhängig von der Stromrichtung ist, kann es durch Gleich- oder Wechselstrom erzeugt werden. Das zeigt Abb. 5-580.
- Im gesättigten Fall bleiben B und ϕ=B·A fast konstant. Dann steigt M nur noch proportional mit i. Da ϕ aber mit i die Richtung umkehrt, ist M auch hier unabhängig von der Richtung des Stroms.

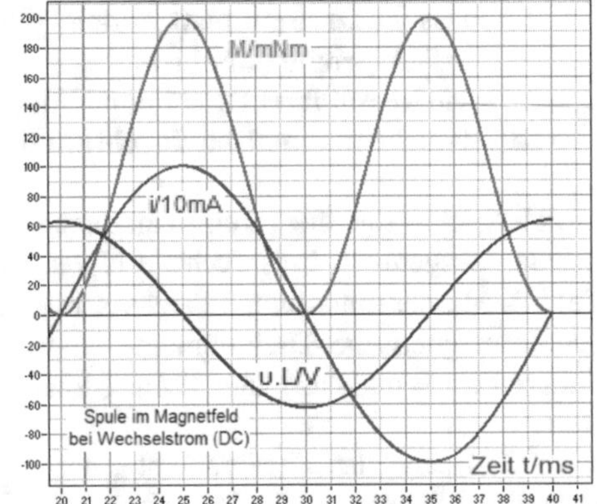


**Abb. 5-580 das Drehmoment bei Wechselstrom**

Abb. 5-581 zeigt die Struktur zur Simulation von Gl. 5-275.

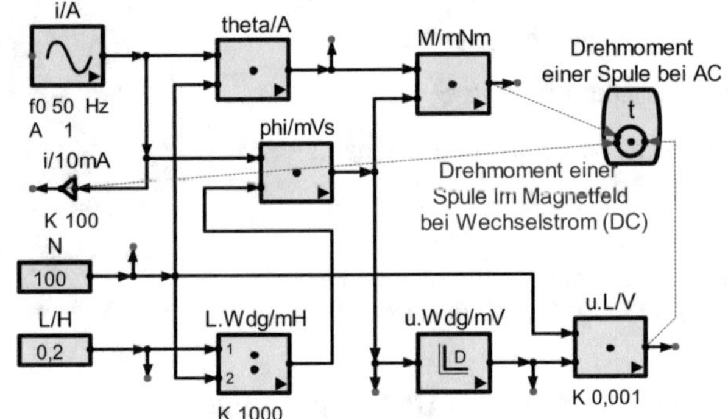


**Abb. 5-581 Berechnung des Drehmoments von Wechselstrom und des zugehörigen Wechselstroms**

Zusammengefasst folgt aus Abb. 5-581 das

**Gl. 5-275 elektromagnetische Drehmoment einer Spule** $M = N * A * B * i$

Mit Gl. 5-275 kann der nun folgende Lorentz'sche Elementarmotor berechnet werden. Er ist ein grundlegendes Beispiel zur Berechnung elektrischer Maschinen.

Erläuterungen zu Abb. 5-581 – von oben nach unten:

Berechnet wird der Betrag (maximal mit i oder effektiv mit I=i/√2) des Drehmoments einer Spule in einem magnetischen Feld für Wechselstrom.

- Nach Gl. 5-266 ist das Drehmoment $M = \Theta \cdot \phi$ das Produkt aus interner Durchflutung Θ der Spule und dem sie senkrecht durchsetzenden magnetischen Windungsfluss ϕ.
- Elektrische Ströme i, die in einer Spule mit N Windungen zirkulieren, erzeugen eine magnetische Spannung Θ=N·i.
- Mit der Induktivität L und der Windungszahl N ist der Spulenfluss ψ=N·ϕ=i·L.
- Daraus folgen die **Windungsinduktivität L.Wdg=L/N** und der Fluss ϕ=L.Wdg·i auf die N Windungen einer Spule.

### 5.9.1.2 Der Lorentz'sche Elementarmotor

In Abb. 5-578 haben wir eine stromdurchflossene Windung gezeigt, die in einem magnetischen Feld drehbar gelagert ist. Dieser einfachste Fall eines Motors wird ‚Lorentz'scher Elementarmotor' genannt. Um den Entwicklungsfortschritt bei industriell gefertigten Motoren beurteilen und würdigen zu können, sollen seine Daten (Drehmoment, Leistung) zunächst durch **Vierpol-Parameter** beschrieben werden. Zum Schluss folgt dann die physikalische Berechnung seiner Eigenschaften durch eine Originalstruktur (Abb. 5-587).

**Lorentz-Generator und Lorentz-Motor**

Elektromotoren erzeugen ein Drehmoment M aus elektrischem Strom i. Mittler zwischen Elektrik und Mechanik ist ein magnetischer Fluss $\phi$. Elektromotoren können immer auch als Generator betrieben werden. Dann erzeugen sie Spannungen u aus der Drehzahl $n \sim \Omega$.

Abb. 5-582 zeigt einen Versuchsaufbau zur Demonstration des elektromotorischen Prinzips:

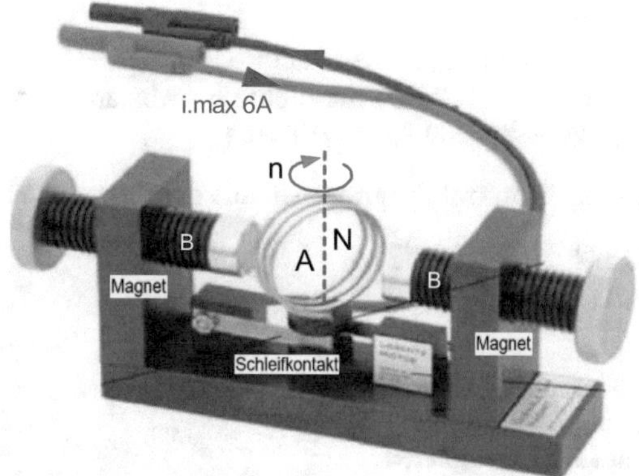


Quelle:
https://meinlehrmittel.de/media/files_public/7ef51a5c9434a08bd0810c6e80545d34/Produktbeschreibung-1002662_DE.pdf

**Abb. 5-582 Magnetischer Elementarmotor und -generator: Nach einem Kickstart wird die Spule durch die Lorentzkraft gedreht. Die Drehrichtung hängt von der Stromrichtung ab.**

Der Lorentzmotor besteht aus einem Permanentmagneten, in dessen Luftspalt eine Spule drehbar gelagert ist und einem Schleifer mit Stromwender zur Stromzufuhr. Er dient zur Demonstration des elektromotorischen Prinzips nach Faraday (Abb. 5-95).

Das sind die Merkmale eines Lorentzmotors:

- große magnetische Streuung
- geringe Windungszahlen und Spannungen
- geringe Drehmomente trotz großer Ströme

Der Lorentz'sche Elementarmotor soll im Motor- und Generatorbetrieb berechnet werden. Dazu werden seine Messgrößen und Parameter benötigt.

**Die Messgrößen des Lorentz-Motors**

Elektrische Maschinen verknüpfen elektrische Spannungen u und Ströme i mit mechanischen Drehmomenten M und Drehzahlen n. Wie, hängt davon ab, ob sie als Motor oder Generator betrieben werden. Das wird in den dazu angegebenen Strukturen gezeigt.

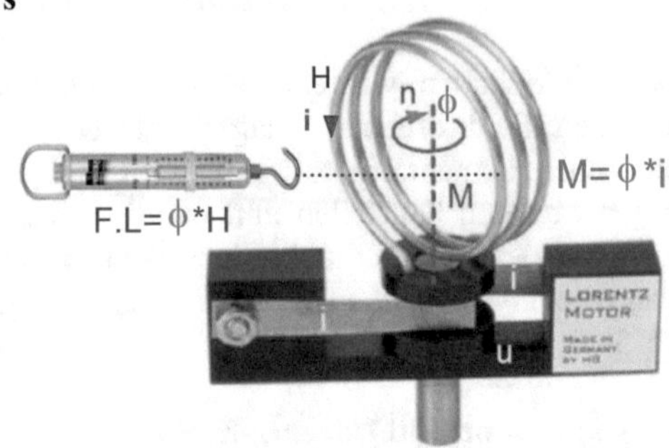


Abb. 5-583 zeigt

**Abb. 5-583 die Messgrößen eines Motors und Generators (Drehzahl, Drehmoment)**

**Die Parameter des Lorentz-Motors**

Abb. 5-585 zeigt, dass zur Berechnung des Lorentz-Motors folgende Parameter benötigt werden. Ihre Zahlenwerte schätzen sie aus Abb. 5-582 und Abb. 5-583 ab:

1. die Windungszahl, hier N=3
2. der Spulenquerschnitt, hier $A=16cm^2$
3. Abb. 5-584 zeigt, dass die Flussdichte im Abstand x=5,3cm etwa B=0.1T ist.
4. der Streufaktor SF - Schätzung SF≈0,4

Die Flussdichte B(x) kann mit Programmen aus dem Internet berechnet werden, z.B.:

https://www.ibsmagnet.de/knowledge/flussdichte.php

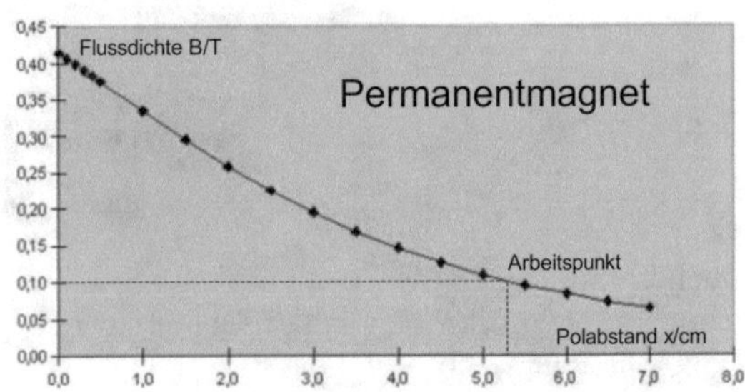


**Abb. 5-584 das berechnete Absinken der Flussdichte in der Umgebung der Pole eines Dauermagneten als Funktion des Abstands x**

**Streu- und Koppelfaktor**

Als Koppelfaktor wird der in der Spule wirksame Fluss ϕ.Spu, bezogen auf den Fluss des Eisenkerns ϕ.Kern definiert. Der Streufaktor SF ist der zu 1 fehlende Rest:

**Gl. 5-276 Streu- und Koppelfaktor**

$$KF = \frac{\phi.Spu}{\phi.Kern} = 1 + SF \approx \frac{A.Kern}{A.Spu}$$

Abschätzung des Koppelfaktors für den Lorentz'schen Elementarmotor:
Der Koppelfaktor KF ≈ A.Spu/A.Kern lässt sich aus der Überlappung der Kernfläche A.Kern mit der Spulenfläche A.Spu abschätzen.

In Abb. 5-582 ist die Spulenfläche etwas kleiner als der doppelte Querschnitt des Eisenkerns. Deshalb rechnen wir hier mit dem **Koppelfaktor KF ≈ 0,6.**

**Der Elementar*generator* als Vierpol**

Generatoren sind Wandler von Drehzahl n in Spannung u. Bei Belastung des Ausgangs mit einem Strom i entsteht als Rückwirkung an der Welle ein Drehmoment M. Dann wird mechanische Leistung in elektrische umgewandelt.

Formal beschreibt dies der in Abb. 5-585 gezeigte Vierpol. Er definiert auch die vorliegende Aufgabenstellung: Beim Generator sollen ausgangsseitig die Ankerspannung und eingangsseitig das aufzubringende Drehmoment berechnet werden.

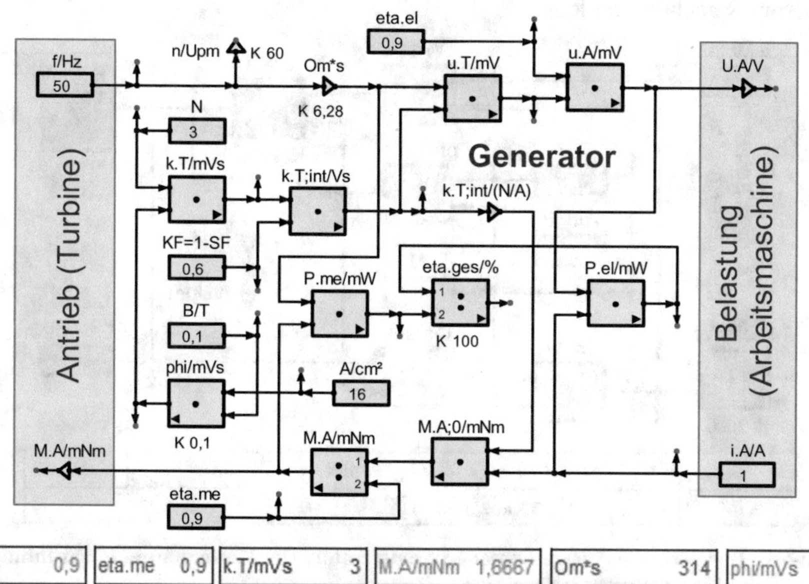


| | | | | | | | | | | | |
|---|---|---|---|---|---|---|---|---|---|---|---|
| eta.el | 0,9 | eta.me | 0,9 | k.T/mVs | 3 | M.A/mNm | 1,6667 | Om*s | 314 | phi/mVs | 1 |
| eta.ges/% | 81 | f/Hz | 50 | k.T;int/(N/A) | 1,5 | N | 3 | P.el/mW | 423,9 | U.A/V | 423 |
| eta.mag | 0,5 | i.A/A | 1 | k.T;int/Vs | 1,5 | n/Upm | 3000 | P.me/mW | 523,3 | u.T/mV | 471 |

**Abb. 5-585 Der als verlustlos angenommene Lorentzgenerator: Dass sein Wirkungsgrad nur knapp 10% beträgt, liegt an der schwachen Kopplung der Spule an den Dauermagneten.**

**Berechnung der Tachokonstante**

Generatoren erzeugen Drehzahl aus Spannung. Bei Belastung der Welle entstehen Drehmoment und Ankerstrom. Das beschreibt die

**Gl. 5-277 Definition der Tachokonstante** $$k.T = u.T/\Omega = M.A/i.A$$

Gl. 5-278 zeigt die Berechnung der Tachokonstante aus Windungsfluss ϕ und Windungszahl N:

**Gl. 5-278 Berechnung der Tachokonstante** $$k.T = N * \phi = \psi$$

Zu den Drehzahleinheiten:

Anstelle der Umdrehung pro Minute Upm für Drehzahlen n werden auch die Begriffe *Frequenz f in Hz und Winkelgeschwindigkeit Ω* in rad/s =1/s verwendet. Dies sind die

**Gl. 5-279 Umrechnungsfaktoren für Drehzahlen** $$\frac{f}{Hz} = 60 * \frac{n}{Upm} = \frac{\Omega * s}{2\pi}$$

**Der Elementar*motor* als Vierpol**

Motoren sind Wandler von Spannung u in Drehzahl n. Im Leerlauf ist n maximal. Durch interne Reibungsverluste sinkt n mit steigender Belastung der Welle. Dann gibt der Motor mechanisch Leistung ab, die elektrisch zugeführt werden muss. Der Ankerstrom ist die Rückwirkung des Motors.

Formal beschreibt Abb. 5-586 den Motor als Vierpol. Er definiert die vorliegende Aufgabenstellung: Beim Motor sollen ausgangsseitig die Drehzahl und eingangsseitig der Motorstrom berechnet werden.

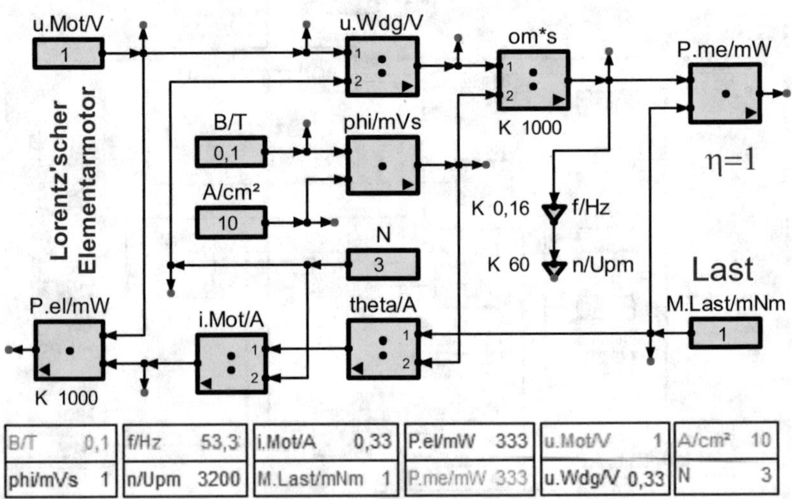


**Abb. 5-586 Der verlustlos angenommene Lorentzmotor: Die Motorspannung bestimmt die Drehzahl, das Lastmoment bestimmt die Leistung.**

**Der Wirkungsgrad η elektrischer Maschinen** ist das Maß für ihre Effizienz. Durch Reibungsverluste ist η kleiner als 1. Gl. 5-297 zeigt, dass sie bei elektrischen Maschinen das Produkt der Konstanten k.M und k.T von Motor und Generator ist.

**Gl. 5-280 der Wirkungsgrad einer Motor-Tacho-Kombination** $\eta.ges = k.M * k.T$

Gl. 5-280 zeigt, dass sich der gesamte Wirkungsgrad auch aus den partiellen Wirkungsgraden des elektrischen und mechanischen Teils des Motors berechnen lässt:

**Gl. 5-281 die partiellen und der gesamte Wirkungsgrad** $\eta.ges = \eta.me * \eta.el$

Bei *η.el=η.me* wird die Leistungsdichte elektrischer Maschinen maximal. Dafür können die partiellen Wirkungsgrade aus dem gesamten Wirkungsgrad η.ges (Herstellerangabe) errechnet werden:

**Gl. 5-282 Abschätzung der partiellen Wirkungsgrade** $\boldsymbol{\eta.me \approx \eta.el \approx \sqrt{\eta.ges}}$

Zahlenwerte zum Faulhaber-Kleinmotor der Baureihe 1016 (Tab. 5-11): $\eta.ges=0{,}75 \rightarrow \eta.me \approx \eta.el = 0{,}86 = 86\%$

**Der Wirkungsgrad des Lorentz-Motors**

Im Idealfall haben elektrische Maschinen keine Verluste durch mechanische Reibung und elektrische Widerstände. Dann ist die aufgenommene Leistung gleich der abgegebenen.

**Gl. 5-283 mechanische und elektrische Leistung** $\boldsymbol{P.me = M * \Omega \quad \leftrightarrow \quad P.el = u * i}$

Reale Maschinen haben elektrische und mechanische Verluste. Sie lassen sich durch den gemessenen Wirkungsgrad η berechnen:

**Gl. 5-284** $\boldsymbol{\eta = P.Nen/(P.Nen + P.Verl) \quad \rightarrow \quad P.Verl = (1 - \eta) * P.Nen}$

Zur Ermittlung des Wirkungsgrades η=P.me/P.el des Motors müssen auf der elektrischen Seite Spannung und Strom gemessen werden. Das ist nicht weiter schwierig.
Auf der mechanischen Seite müssen Drehzahl und Drehmoment gemessen werden. Das ist nicht ganz so einfach:

- Die Drehzahl kann z.B. optisch durch die Frequenz der Welle mit einer Photozelle gemessen werden.
- Zur Messung des Drehmoments muss eine Federwaage mit der Spule verbunden werden (Abb. 5-583). Dann ergibt sich bei der Drehzahl n=0 das Drehmoment M=F·r aus der gemessenen Umfangskraft F und dem Radius r der Spule.

Zur Berechnung des Wirkungsgrades wird die Originalstruktur des Elementarmotors (Abb. 5-587) gebraucht. Weil die wenigen Ankerwindungen sehr niederohmig sind, muss er stromgesteuert betrieben werden. Abb. 5-587 zeigt die ...

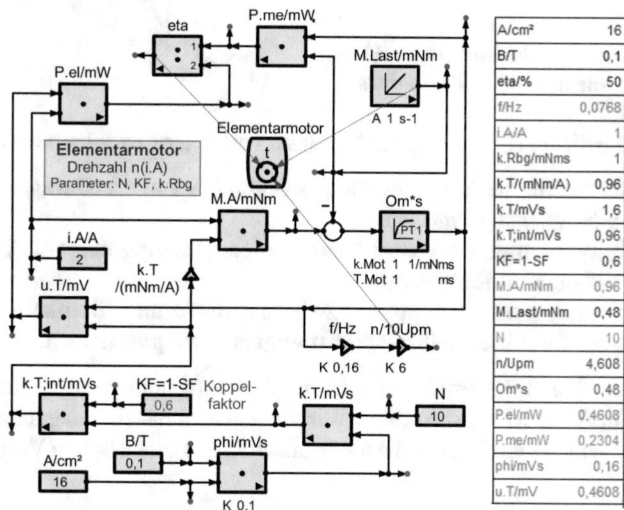


**Abb. 5-587 Ermittlung des Wirkungsgrads η aus Spannung und Strom einerseits und Drehzahl und Drehmoment andererseits**

Erläuterungen zu Abb. 5-587:
Die Grundlagen zur Entwicklung der Struktur des Elementarmotors haben wir in 5.4 5.4.2 gelegt. Wichtigster Unterschied ist hier die Berücksichtigung der magnetischen Streuung zwischen Magnet und Ankerspule durch den **Koppelfaktor KF=1...0**. Durch ihn verringert sich die Tachokonstante von k.T;max nach k.T;int=KF·k.T;max.

**Simulierte Kennlinien des stromgesteuerten Motors**

Durch Simulation mit Abb. 5-585 soll der Wirkungsgrad des Elementarmotors für zwei Fälle untersucht werden:

1. **Die Steuerbarkeit der Drehzahl**

Abb. 5-588 zeigt den linearen Anstieg der Drehzahl mit dem Ankerstrom.

Parameter ist der Koppelfaktor KF.

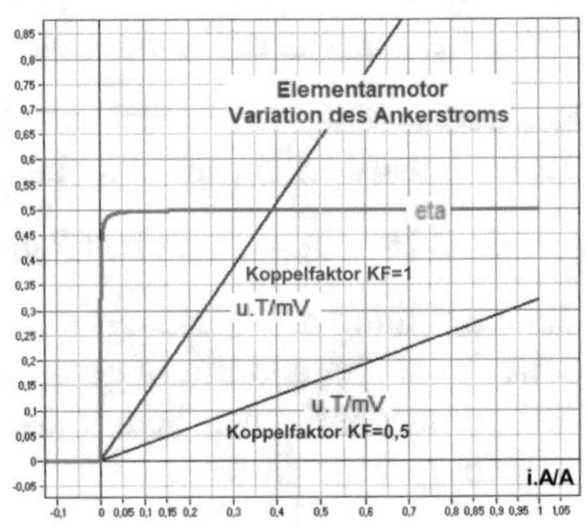


**Abb. 5-588 Je größer die magnetische Kopplung zwischen Spule und Kern, desto besser lässt sich die Drehzahl durch den Ankerstrom steuern.**

2. **Die Lastabhängigkeit der Drehzahl**

Nun interessiert der Verlauf von Drehzahl und Wirkungsgrad bei steigender Belastung des Motors.
Variiert wird das Lastmoment M.Last=k.Rbg·$\Omega$ durch die Reibungskonstante k.Rbg.

Abb. 5-589 zeigt die entsprechenden Kennlinien.

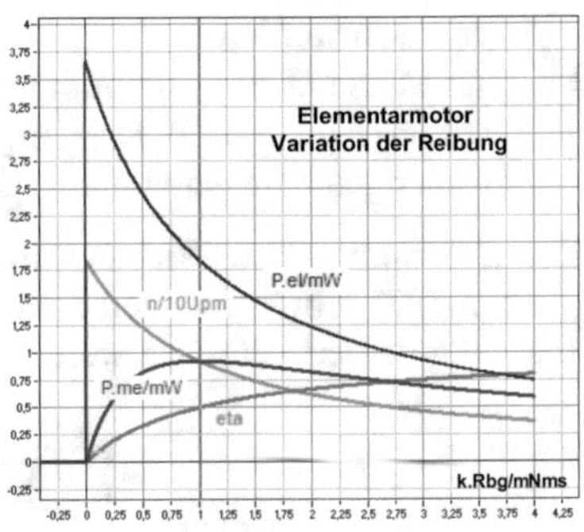


**Abb. 5-589 Wirkungsgrad und Drehzahl bei Belastung der Welle des Elementarmotors**

Um die Leistungsdichte (Effizienz) der Motor zu verbessern ist folgendes zu tun:

1. Es muss die interne Reibung des Motors durch die **Lagerreibung** und den **Innenwiderstand** möglichst gering sein.
2. Es muss die Windungszahl N vergrößert werden. Das vergrößert die Tachokonstante und damit die **maximale Drehzahl**.
3. Es muss die magnetische Kopplung zwischen Spule und Eisenkern enger werden. Dazu muss ein Eisenkreis mit **möglichst engem Luftspalt** konstruiert werden.

Die Maßnahmen 2 und 3 vergrößern nur die Tachokonstante und damit die Effizienz (=Leistungsdichte) des Motors. Auf den Wirkungsgrad $\eta$ hat die magnetische Kopplung keinen Einfluss, denn er wird durch die mechanischen und elektrischen Verluste bestimmt.

Hinweise:

- Abb. 5-599 zeigt, dass der Wirkungsgrad des Lorentz'schen Elementarmotors kleiner als 50% ist. Das liegt an der großen magnetischen Streuung im Luftspalt zwischen den Polen des Dauermagneten. Einzelheiten zum Thema ‚Streuung' finden Sie in Kapitel 6 ‚Transformatoren' und in Absch. 6.2.6 ‚Übertrager mit Streuung' und Absch. 6.1.4 ‚Kontaktlose Energieübertragung'.
- Der in Absch. 5.4.2 behandelte Faulhaber-Kleinmotor (Tab. 5-11) ist dem hier simulierten, stromgesteuerten Elementarmotor ähnlich, denn bei ihm ist die Tachospannung u.T klein gegen die Ankerspannung u.A.

### 5.9.1.3 Das Massenspektrometer

Mit Massenspektrometern werden die Massen von Atomen und Molekülen in Stoffgemischen anhand bekannter Atommassen ermittelt. Zusammengestellt sind die Atommassen im ‚Periodischen System der Elemente (PSE)', das Ihnen vermutlich aus dem Chemieunterricht bekannt ist.

Anwendungen: Archäologie – Kriminologie – Klimaforschung – Atomphysik

Abb. 5-590 zeigt ...

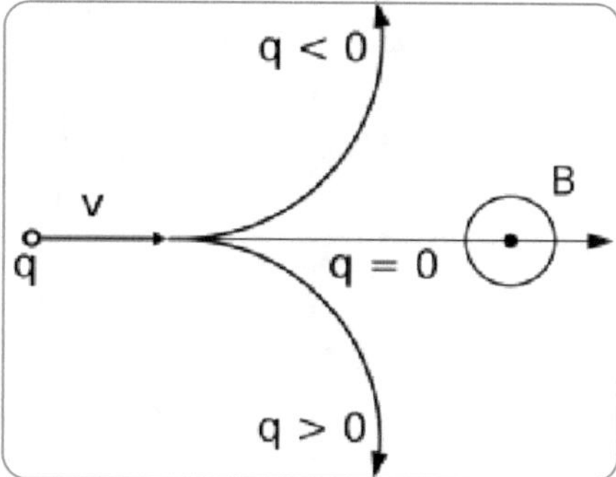


**Abb. 5-590 die Ablenkung einer positiven und einer negativen Ladung in einem Magnetfeld B (senkrecht zur Zeichenebene)**

Als Beispiel für eine chemische Strukturanalyse zeigt Abb. 5-591 den Nachweis von Dioxin (= Tetrachlordibenzofuran). Es wird nach dem norditalienischen Städtchen Seveso auch Sevesogift genannt, weil es dort damit 1976 zu einem der schlimmsten Chemieunfälle in der Geschichte Europas kam. Im Vietnamkrieg wurde Dioxin von 1965 bis 1970 als Entlaubungsmittel Agent Orange eingesetzt.

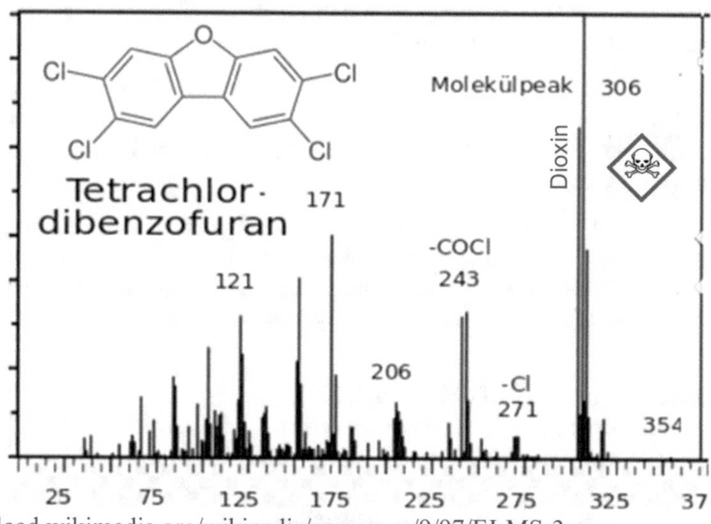


https://upload.wikimedia.org/wikipedia/commons/9/97/EI-MS-3.png

**Abb. 5-591 das Massenspektrogramm zum Nachweis von Dioxin**

**Physikalische Teilchenanalyse durch Massenspektrometrie**
In der Kernphysik interessieren die Massen von Atomkernen und Elementarteilchen sowie der Nachweis von noch unbekannten Teilchen. Wie die dazu benötigten Massenspektrometer funktionieren, soll hier gezeigt werden.

Abb. 5-592 zeigt die ...

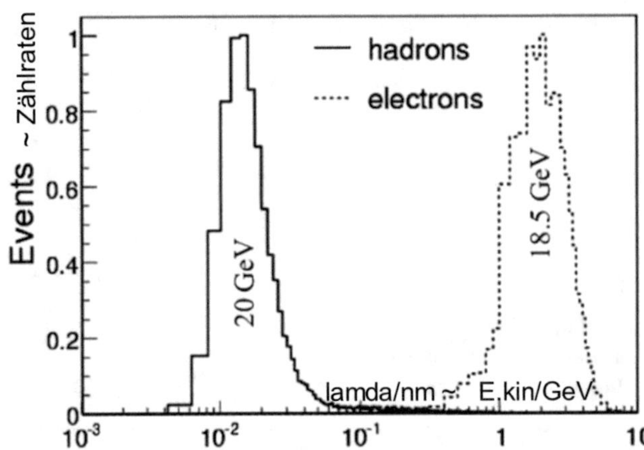


**Abb. 5-592 Teilchenidentifikation in der Hochenergiephysik durch Spektroskopie: Anstelle der Masse m tritt hier entweder ihr Impuls |p|=m·v oder ihre Bewegungsenergie E.kin=m·v².**

**Zentripetalkräfte in magnetischen Feldern**
In *elektrischen* Feldern werden freie Ladungen in Richtung des Feldes beschleunigt. Dadurch ändert sich ihre Geschwindigkeit und ihre Bewegungsenergie. Diesen Fall haben wir in Kapitel 2.4 ‚Das elektrostatische Feld' behandelt.

Beispiele:
1. Das **Elektrofilter** (→ Bd. 1/7, Kapitel 2.4) und
2. die Ablenkung des Elektronenstrahls in **Braun'schen Röhren** (alte Fernseher und Oszilloskope)

In *magnetischen* Feldern werden mit einer Geschwindigkeit v bewegte Ladungen quer zum Feld beschleunigt. Dadurch werden sie abgelenkt. Der Betrag der Geschwindigkeit – und damit die Bewegungsenergie – ändert sich nicht. Die aufgenommene Leistung wird durch elektromagnetische Wellen abgestrahlt (Wärme, Licht, Synchrotronstrahlung).

Beispiele:
1. der **Kernspintomograf** (Absch. 5.7.4.2)
2. die **Speicherringe** der Hochenergiephysik (z.B. das CERN bei Genf, das BESSY in Berlin und das DESY in Hamburg) und das in Absch. 5.8.1 behandelte Synchrotron und
3. das nachfolgend berechnete **Massenspektrometer**

**Der Aufbau und Funktion eines Massenspektrometers**

Mittels Massenspektrometer soll untersucht werden, welche Substanzen in einem Stoffgemisch in welcher Menge vorhanden sind. Dazu bestehen sie aus drei Teilen: Ionenquelle, Analysator und Detektor. Das zeigt Abb. 5-593:

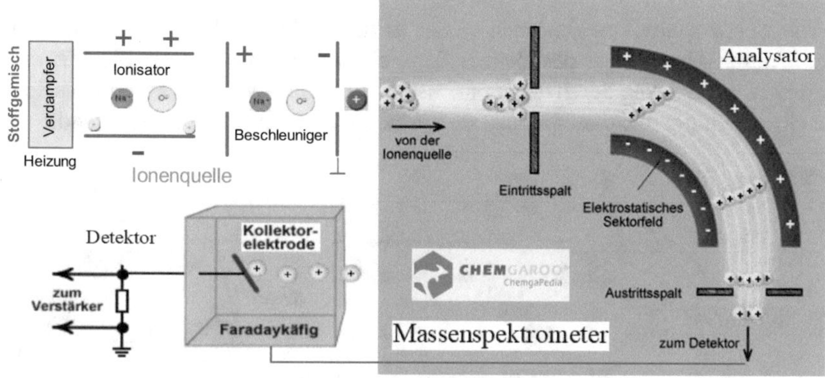


Quelle: Chemgaroo\Chemgapedia

**Abb. 5-593 Massenspektrometer**

Um ein Massenspektrogramm aufnehmen zu können, ist Folgendes zu tun:

- Die Probe muss in den **gasförmigen Zustand** überführt und **ionisiert** werden. Das kann durch Erhitzen, Elektronenbeschuss oder durch ultraviolettes Licht geschehen.
- Durch moderate elektrische Querfelder (Abb. 5-593) werden Atome und Moleküle **einfachionisiert**. Dann ist ihre Ladung q gleich der Elementarladung e. Davon soll hier ausgegangen werden.
- Danach kann das ionisierte Gas in einem transversalen elektrischen Feld E auf eine **Anfangsgeschwindigkeit v.0** beschleunigt werden. v.0 bestimmt den **Messbereich** des Spektrometers. Im Analysator wird der Ionenstrahl einem magnetischen Feld ausgesetzt. Die Ablenkung steigt mit der Ionenladung q, der Radius r des Strahls steigt mit der Masse m der Ionen. Dadurch wird der Strahl aufgefächert.
- Im Detektor wird der Ionenstrom in Abhängigkeit vom Krümmungsradius r gemessen. Damit kann die ladungsspezifische Masse m/q nach Gl. 5-289 errechnet werden.
- Die **Kalibrierung** des Massenspektrometers erfolgt mit einfachionisiertem Wasserstoff (Protonen) bekannter Konzentration.
- Auswertung:
  Gemessen werden die **Zählraten** für die Teilchenkonzentrationen und die **ladungsspezifische Masse m/q** für die Teilchenart.

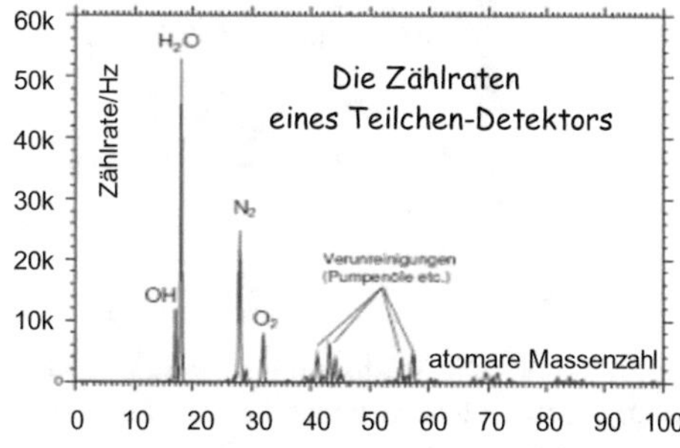


**Abb. 5-594 Zählraten eines Teilchendetektors über der Massenzahl**

Zur Funktion eines Massenspektrometers:
Die *langsameren Ionen* werden stärker vom elektrischen Feld beeinflusst und bewegen sich mehr zum negativen Potential hin. Sie gelangen damit auf einem relativ kurzen Weg durch das Feld hindurch.

Die *schnelleren Ionen* bewegen sich weiter in den elektrostatischen Analysator hinein, bevor sie durch den Einfluss des elektrischen Feldes abgelenkt werden. Sie müssen damit einen relativ weiten Weg durch den Kondensator zurücklegen. Beim Austritt aus dem Feld ist die Geschwindigkeitshomogenität des Ionenstrahls zur Analyse ausreichend.

Abb. 5-595 zeigt ...

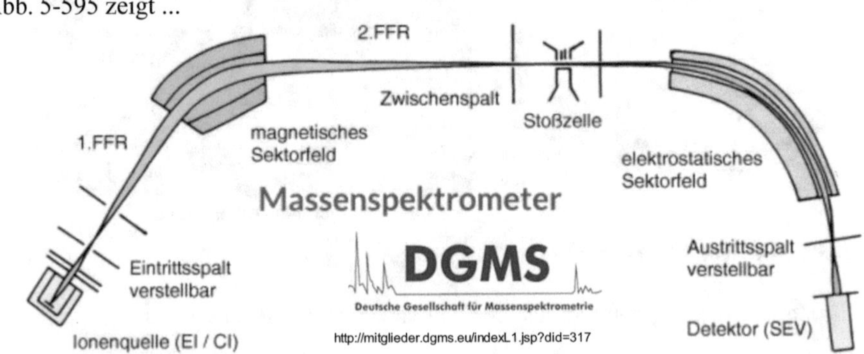


Quelle: http://mitglieder.dgms.eu/indexL1.jsp?did=317

**Abb. 5-595 die Komponenten eines Massenspektrometers**

Abb. 5-596 zeigt ...

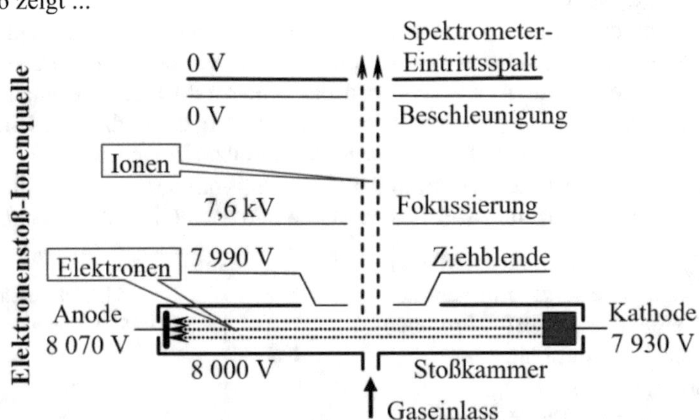


Quelle: https://home.uni-leipzig.de/energy/pdf/freusd10.pdf

**Abb. 5-596 die Spannungspotentiale in einem Massenspektrometer: Durch sie wird die zu analysierte Substanz zuerst ionisiert und dann elektrostatisch beschleunigt. Abb. 5-595 zeigt die Komponenten dazu.**

**Berechnung des Ionenstrahldurchmessers**

Zur Auswertung der Bahnkurve eines Massenspektrometers (Abb. 5-595) muss der Zusammenhang zwischen der Masse m, ihrer Ladung q, der Beschleunigungsspannung u.B und dem Bahnradius r bekannt sein. Dazu müssen die an dem Teilchen m wirkenden Kräfte berechnet werden. Das soll nun gezeigt werden.

Im Ionisierer erhält der Ionenstrahl seine Geschwindigkeit v.0. Sie ist durch die Batteriespannung U.B einstellbar. Durch die elektrische Feldstärke E.el=U.B/L wirkt auf die Ionen q die Coulombkraft, die sie auf v.0 beschleunigt:

**Gl. 5-285 Coulombkraft** $|F.C| = q \cdot E.el - mit\ E.el = U.B/d.0/2 \parallel E.el$

Der Ionenstrahl tritt mit einer Geschwindigkeit v.0(U.B) in den Analysator ein.
Im Analysator spürt der Ionenstrahl das senkrecht zu seiner Flugbahn verlaufende Magnetfeld. Seine Stärke B ist durch einen Spulenstrom einstellbar (hier nicht dargestellt).

Durch die Lorentzkraft ändert sich die Richtung des Ionenstrahls kontinuierlich:

**Gl. 5-286 Lorentzkraft** $|F.L| = q \cdot v \cdot B = Zentripedalraft \perp B - mit\ E.mag = v \cdot B$

Die Zentrifugalkraft F.Z hält der Lorentzkraft F.L das Gleichgewicht. Dadurch beschreiben die Ionen eine Kreisbahn. Ihr Radius r folgt aus der

**Gl. 5-287 Zentrifugalkraft** $F.rad = m \cdot a.rad = m \cdot (dv/dt) = m \cdot \Omega \cdot (dr/dt) = m \cdot v^2/r$

Durch die Zusammenfassung von F.C, F.L und F.Z erhält man die Funktion zur Berechnung des Strahldurchmessers:

**Gl. 5-288 Durchmesser eines Ionenstrahls** $2 * r = \sqrt{2 * U.B * (m/e)}/B$

Die folgende Struktur Abb. 5-597 berechnet den Radius der Kreisbahn im Analysator des Massenspektrometers nach Abb. 5-598.

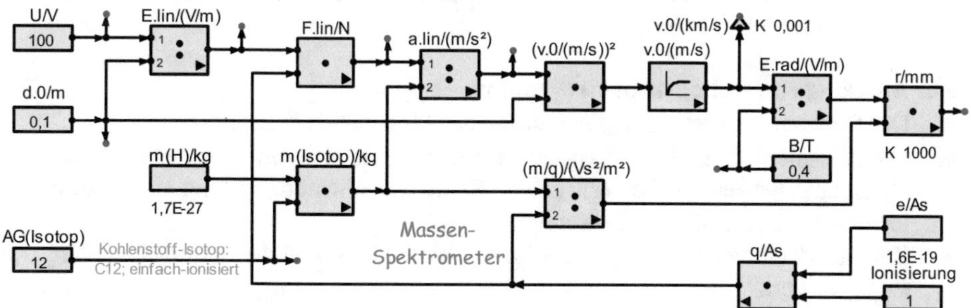


**Abb. 5-597 Die Struktur zur Berechnung des Strahlradius zeigt, wie er von den Parametern des Massenspektrometers (U.B, d.0), dem Atomgewicht AG und der Ionisation q abhängt. In der obigen Abbildung sind zwei damit berechnete Durchmesser angegeben.**

**Ermittlung der ladungsspezifischen Masse Ladung m/q**

Abb. 5-596 hat gezeigt: Zur Identifikation der Teilchenart muss der Zusammenhang zwischen den Massen (=Atomgewichten), der Ionenladung und dem Strahlradius bekannt sein. Er soll nun berechnet werden. Dazu dient die nächste Abbildung Abb. 5-598.

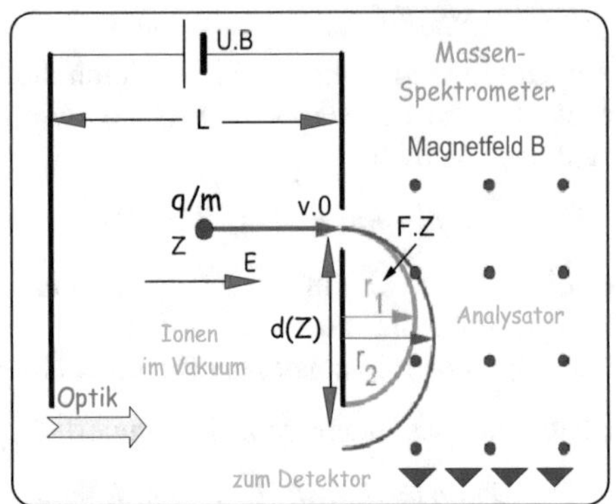


Kohlenstoff-Isotop: C12; einfach-ionisiert

| B/T | 0,4 |
|---|---|
| U.B/V | 100 |
| (1) Z=AG | 12 |
| (2) Z=AG | 1 |
| (1) d(Z)/mm | 17,321 |
| (2) d(Z)/mm | 5 |

**Abb. 5-598 Ein Massenspektrometer besteht aus einer Ionenquelle, einem Analysator und dem Ladungsdetektor. Der Analysator trennt das ionisierte Gas nach dem Verhältnis m/q der Ionen – rechts die berechneten Durchmesser zweier Massen (Wasserstoff: Z=1 – Kohlenstoff Z=12).**

Gesucht wird der Strahlradius r(U.B, m, q, B) als Funktion der in der Klammer genannten Parameter. Die Berechnung kann auf zweierlei Weise erfolgen:

1. detailliert, hier als Struktur: So erkennt man das Zusammenwirken aller Signale.
2. analytisch durch eine Formel für den Radius r: So erkennt man die Parameter-Abhängigkeit der Strahlkrümmung. Beides soll nun gezeigt werden.
3. Aus Abb. 5-598 erkennt man die Justiermöglichkeiten für den Radius r des Ionenstrahls durch die Batteriespannung U.B und die Flussdichte B des magnetischen Feldes.

**Zur Messung eines Massenspektrogramms**

- Der Strahlradius r ist durch die Position der Messblende bekannt.
- Die Flussdichte B im Spektrometer kann durch eine **Hallsonde** gemessen werden. Hallsonden sollen in Bd. 6/7 dieser Reihe zur ‚Strukturbildung und Simulation technischer Systeme' erklärt werden.
- Zur Bestimmung der ladungsspezifischen Masse m/q wird die Batteriespannung U.B stufig variiert.

Durch Umstellung von Gl. 5-289 kann mit diesen Angaben die ladungsspezifische Masse m/e errechnet werden:

**Gl. 5-289 Bestimmung der ladungsspezifischen Masse**

$$\frac{m}{e} = \frac{2 * (r * B)^2}{U.B}$$

In kommerziellen Massenspektrometern läuft der beschriebene Messvorgang selbstverständlich vollautomatisch ab. Das Ergebnis sind die gezeigten Massenspektrogramme.

## 5.9.2 Elektromagnetische Messwerke

Elektromagnetische Messwerke zeigen die Messgröße durch einen Zeigerausschlag an. Sie sind Musterbeispiele zur dynamischen Simulation beliebiger magnetischer Systeme. Deshalb spielt es **hier** keine Rolle, dass Messwerke inzwischen in vielen Bereichen durch elektronische Anzeigen ersetzt worden sind.

Abb. 5-599 zeigt die beiden wichtigsten elektromagnetischen Messwerke:

**Abb. 5-599 links ein Drehspul-Instrument (Kennzeichen: lineare Skala) und rechts ein Dreheisen-Instrument (Kennzeichen: nichtlineare Skala)**

Ob ein Messgerät zur Lösung einer Messaufgabe geeignet ist, hängt von seiner statischen **Kennlinie** und seiner **Trägheit** ab. Beide sollen nun für das Drehspul- und das Dreheisen-Messwerk erklärt und berechnet werden.

Die Kennlinie eines Messwerks verläuft im Idealfall linear. Dann ist die gemessene Größe y proportional zur Messgröße x: x wird vorzeichenrichtig angezeigt. Das **Drehspulmesswerk** ist ein Beispiel.

Aber auch quadratisch anzeigende Messwerke sind möglich: $y \sim x^2$. Dann wird bei schnellen Änderungen der Messgröße infolge der **Trägheit** der **Effektivwert** angezeigt. Dass **Dreheisen-Instrument** ist ein Beispiel.

Abb. 5-600 zeigt die Kennlinien des Drehspul- und Dreheisen-Messwerks:

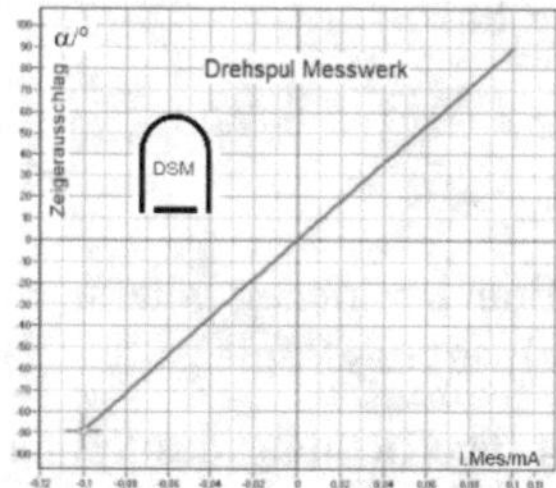


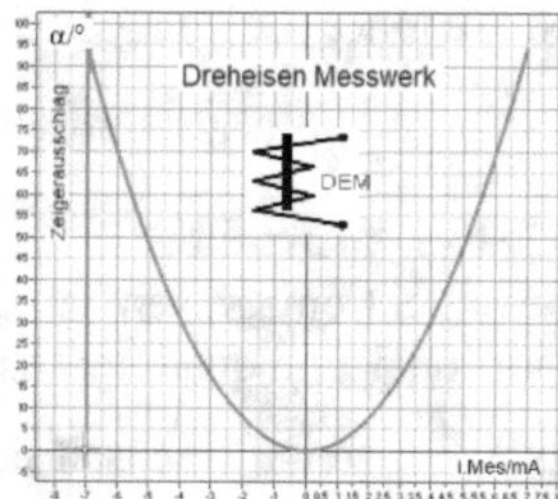


**Abb. 5-600 links: Das Drehspul-Instrument misst Gleichströme vorzeichenrichtig – rechts: Das Dreheisen-Instrument hat eine quadratische Skala. Es misst die Effektivwerte elektrischer Wechselströme.**

In diesem Abschnitt werden elektromagnetische Messwerke statisch und dynamisch analysiert. Die Berechnungen liefern alle elektrischen, mechanischen und magnetischen Parameter, die zu ihrer Simulation, aber auch zu ihrer Konstruktion, benötigt werden.

Wir beginnen mit einigen Beispielen zu Anwendungen elektromagnetischer Messwerke.

1. **Das Drehspul-Instrument**

Sein Drehmoment entsteht zwischen einem **Dauermagneten** und dem Magnetfeld einer **Spule**, an der der Zeiger zur Anzeige der Auslenkung befestigt ist. Die Spule ist durch eine **Drehfeder** gefesselt. Dadurch ist die Anzeige proportional zum arithmetischen **Mittelwert** des Spulenstroms.

Die Richtung der Anzeige eines Drehspul-Messwerks wechselt mit der Richtung des Spulenstroms. Will man damit Wechselströme messen, so muss es in eine Messbrücke gelegt werden. Das zeigt Abb. 5-601.

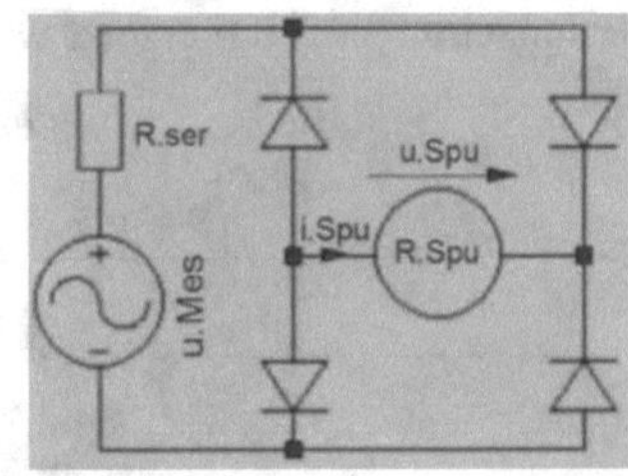


**Abb. 5-601 Messung einer Wechselspannung mit Drehspul-Messwerk in einer Diodenbrücke**

**Leistungsmesser (Wattmeter)**

Leistung ist das Produkt aus Strom und Spannung. Entsprechend ist ein Leistungsmesser eine Kombination aus Volt- und Amperemeter.

Die Spulen eines Wattmeters werden so geschaltet, dass durch eine Spule der durch den Verbraucher fließende Strom fließt und an der anderen die am Verbraucher anliegende Spannung liegt. Das zeigt Abb. 5-602.

Der Leistungsmesser ist sowohl für Gleichstrom als auch für Wechselstrom verwendbar.

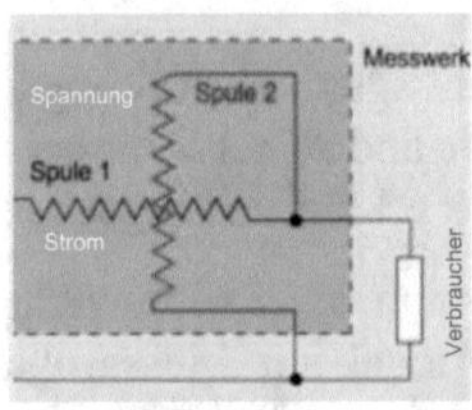


**Abb. 5-602 Leistungsmessung**

**Blindleistung und Leistungsfaktor**

Bei Leistungsmessern sind die beiden Spulen im rechten Winkel angeordnet. Dadurch entsteht bei Wechselstrom nur bei Gleichphasigkeit von u und i ein Drehmoment. D.h. ein Messwerk nach Abb. 5-602 misst nur Wirk-, keine Blindströme. Einzelheiten zu diesem Thema finden Sie unter ‚Leistungsfaktor cos $\varphi$' bei

https://de.wikipedia.org/wiki/Blindleistung

2. **Das Dreheisen-Instrument**

Die Spule des Elektromagneten ist durch eine Drehfeder gefesselt. Dadurch ist die Anzeige proportional zum quadratischen Mittelwert des Spulenstroms.

Die Richtung der Anzeige wechselt nicht mit der Richtung des Spulenstroms. Deshalb messen Drehspulinstrumente **Effektivwerte**.

Sein Drehmoment entsteht durch die magnetischen Felder zweier Eisenkerne. Einer ist ein Dauermagnet, der andere ist ein Elektromagnet. Beide Felder haben immer die gleiche Richtung, entsprechend auch der Zeigerausschlag.

3. **Das Galvanometer**

Bei Galvanometern (Abb. 5-603) erzeugen ein Spulenstrom und das Feld eines Dauermagneten das Antriebsmoment (deshalb die lineare Skala). Die Spule hängt nur hier nur an einem dünnen Faden oder Draht, der das geringe Rückstellmoment erzeugt.

Deshalb ist **Anzeige eines Galvanometers hochempfindlich**. Sie erfolgt optisch durch einen an der Spule angebrachten **Spiegel, der einen Lichtstrahl** ablenkt. Entsprechend dem Rückstellmoment unterscheidet man zwei Bauformen:

- Beim **proportionalen** Galvanometer ist die Aufhängung ein **elastischer Draht**. Er wirkt wie eine Rückstellfeder.

Dann misst es bei Reihenschaltung elektrische Ströme i und bei Parallelschaltung elektrische Spannungen u.

- Beim **integrierenden** Galvanometer ist die Aufhängung ein **unelastischer Faden**. Dann gibt es **fast kein Rückstellmoment** und das Messwerk integriert den fließenden Strom.

Es misst

→ bei Reihenschaltung die elektrische **Ladung q**=∫N·i·dt des Stroms i und

→ bei Parallelschaltung den magnetischen **Fluss ϕ** zur Spannung u: ψ=N·ϕ=∫u·dt.

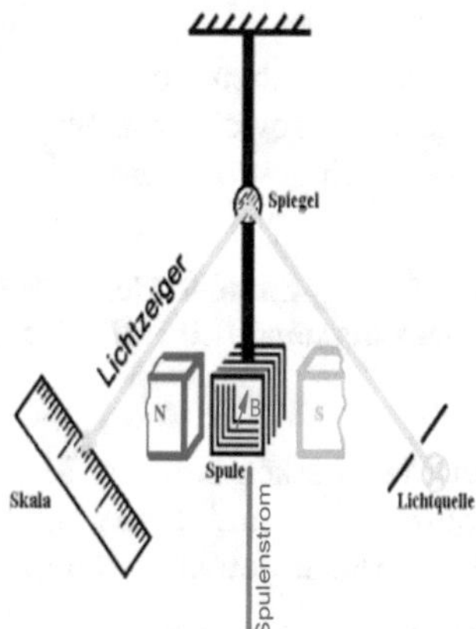


**Abb. 5-603 Lichtzeiger-Galvanometer**

**Messtechnische Definitionen**

Nachfolgend werden wichtige Begriffe der Messtechnik erklärt.

Der **Messbereich** ist die maximal anzeigbare Messgröße. In der Instrumentenkennlinie erkennt man ihn am Endausschlag der Messskala. Bei Multimetern ist der Messbereich stufig einstellbar.

Unter der **Empfindlichkeit S** eines Messgeräts versteht man die Änderung der Anzeige bei Änderung der Messgröße, d.h. die Steigung seiner Kennlinie. Zwei Definitionen sind gebräuchlich:

1. Die momentane Empfindlichkeit ist auf den jeweiligen **Messwert** bezogen:
$$S.mom = \Delta Anzeige/\Delta Messwert$$
2. Die mittlere Empfindlichkeit ist auf den **Messbereich** bezogen:
$$S.mit = \Delta Anzeige/Messbereich$$

Bei idealen Messwerken wären beide Angaben gleich. Reale Messwerke haben nicht exakt lineare Kennlinien. Dann ist die momentane Empfindlichkeit kleiner als die mittlere.

Die **Auflösung** gibt den kleinsten wahrnehmbaren Unterschied bei einer Messung an. Dabei kann es sich um Spannungen, Winkel, Entfernungen, Frequenzen oder beliebige andere physikalische Größen handeln. Die Auflösung ist eine Geräteeigenschaft. Sie kann durch differenzbildende Maßnahmen erheblich gesteigert werden, z.B. eine Wheatstone-Brücke. Bei den hier behandelten Zeigerinstrumenten hängt die Auflösung von der mechanischen **Haftreibung** ab.

Mögliche **Nichtlinearitäten** sind eine Ansprechschwelle oder ihre Begrenzung des Messbereichs. Zu ihrer Simulation stellt das hier verwendete Programm SimApp vordefinierte Blöcke zur Verfügung. Hier gehen wir davon aus, dass diese Nichtlinearitäten vernachlässigbar sind.

**Strom- und Spannungs-Messungen mit elektromagnetischen Messwerken**
Wenn ein Messgerät in Reihe zum Verbraucher geschaltet ist, misst es den Strom. Wenn es parallelgeschaltet ist, misst es die Spannung. Das zeigen die Abb. 5-604 und Abb. 5-605.

Messwerke haben nur geringen Eigenverbrauch. Deshalb können sie sowohl zur Strom- als auch zur Spannungsmessung eingesetzt werden.

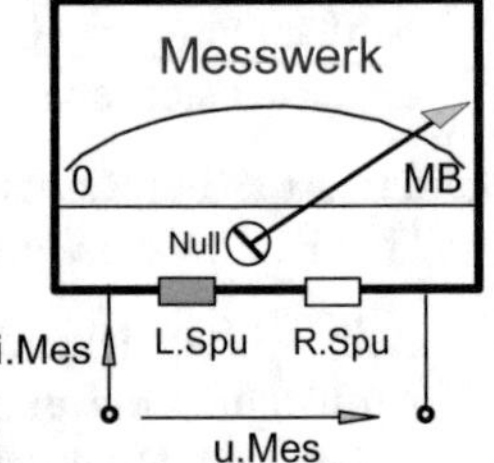


**Abb. 5-604 Minimale Messbereiche sind 50mV und 50μA (→ Innenwiderstand R.i=1kΩ, Eigenverbrauch 2,5mW).**

Bei Messwerken sind die Messbereiche am kleinsten. Erhältliche Werte bei Drehspul-Instrumenten sind 50mV und 50μA. Bei Dreheisen-Messwerken sind die kleinsten Messbereiche deutlich größer. Warum dies so ist, müssen die Berechnungen klären.

**Messbereichserweiterung**

- Durch **Parallelwiderstände** lässt sich der **Strommessbereich vergrößern,**
- durch **Serienwiderstände** lässt sich der **Spannungsmessbereich vergrößern**.

Wie diese Widerstände zu geforderten Messbereichen berechnet werden, soll nun gezeigt werden.

**Spannungsmessung**
Durch **Serienwiderstände** R.Ser wird ein Messwerk zum **Spannungsmesser.** Zur Dimensionierung von R.Ser müssen der Strom des Messwerks und der gewünschte Spannungs-Messbereich U.MB>U.MW bekannt sein.

Abb. 5-605 zeigt ein Drehspulinstrument, das durch einen Vorwiderstand R.ser zum Spannungsmesser gemacht wurde.

**Gl. 5-290 Vorwiderstand**

$$R.ser = \frac{u.MB}{i.Mes} - R.Mes$$

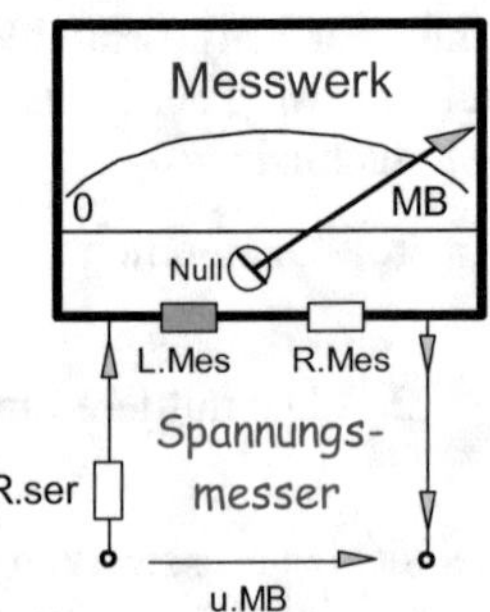


**Abb. 5-605 ein Messwerk als Spannungsmesser**

Abb. 5-606 zeigt ein Drehspulinstrument, das durch einen Parallelwiderstand R.par zum Strommesser gemacht wurde.

**Strommessung**
Durch **Parallelwiderstände** R.par wird ein Messwerk zum **Strommesser**. Zur Dimensionierung von R.par müssen die Spannung des Messwerks und der gewünschte Strommessbereich I.MB>I.MW bekannt sein.

**Gl. 5-291 Parallelwiderstand**

$$\frac{1}{R.par} = \frac{i.MB}{u.Mes} - \frac{1}{R.Mes} \rightarrow R.par$$

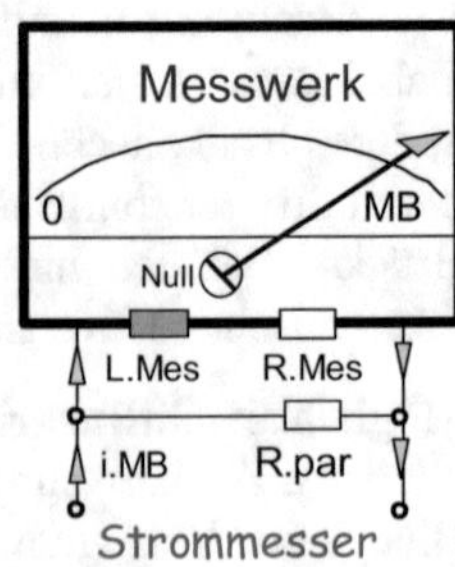


**Abb. 5-606 ein Messwerk als Strommesser**

**Statische und dynamische Kennlinien**

Zur Auswahl eines Messinstruments muss bekannt sein, was es anzeigt und wie träge die Anzeige ist. Das beschreiben ihre statischen und dynamischen Kennlinien.

Abb. 5-607 zeigt die statische und dynamische Kennlinie eines Messinstruments.

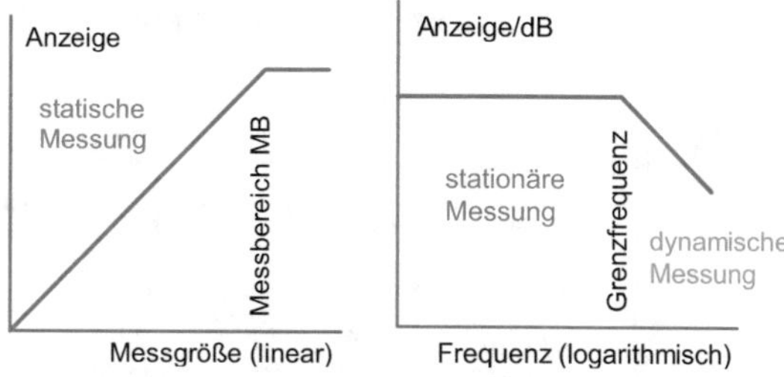


**Abb. 5-607 eine Kennlinie im linearen und eine im doppellogarithmischen Maßstab**

Messwerke unterscheiden sich durch den **Messbereich (MB)** und die **Langsamkeit (T.Mes),** mit der sie auf ihre Messgrößen reagieren. Wenn man sie berechnen kann, könnten sie mit diesem Wissen sogar gebaut werden. Hier sollen Messwerke nur simuliert werden. Dadurch soll herausgefunden werden, wie der Messbereich (MB) und die Trägheitskonstante (T.Mes) bestimmt werden können.

- Wenn es um Schnelligkeit geht, interessiert die obere Grenzfrequenz f.max,
- wenn eine Messgröße gemittelt werden soll, interessiert die Zeitkonstante T.Mes eines Messgeräts.

**Ersatzstruktur und Sprungantwort**

Die Ersatzstruktur der

Abb. 5-608 beschreibt die Dynamik eines Messinstruments durch eine Verzögerung 2. Ordnung. Sie ermöglicht die Simulation von Sprungantworten und Frequenzgängen. Um damit die hier behandelten Messwerke simulieren zu können, ist zu zeigen, wie deren Komponenten (Spule mit Zeiger, Drehfeder, Dämpfer) die drei Parameter bestimmen.

Abb. 5-608 zeigt den Test durch einen Einschaltvorgang.

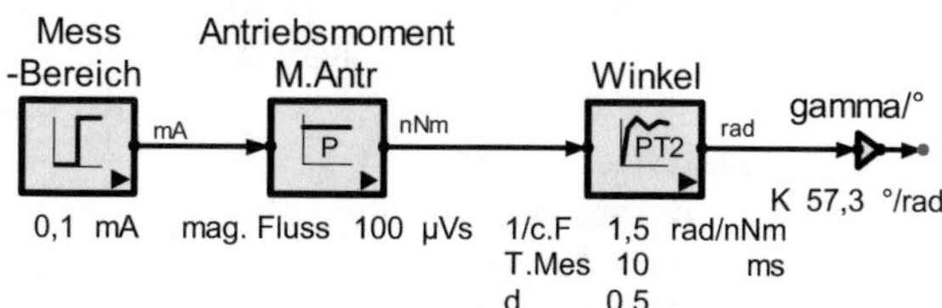


**Abb. 5-608 dynamischer Test eines Messwerks durch das Einschalten eines Messstroms**

- Die statische Federkonstante 1/c.F bestimmt den Zeigerausschlag als Funktion des Messstroms,
- die Zeitkonstante T.Mes beschreibt die Anzeigeverzögerung und
- die Dämpfung d legt die Dynamik des Einschwingvorgangs fest.

Im Abschn. werden wir untersuchen, ob sich die Zeitkonstante T.Mes und damit die Grenzfrequenz des Instruments gegenüber der des Messwerks bei Messbereichserweiterung ändert. Dabei wird sich zeigen, dass die Trägheit der Anzeige durch die **Mechanik des Messwerks** bestimmt wird. Deshalb spielen elektrische Verzögerungen und auch ihre Änderung bei Messbereichserweiterungen keine Rolle. Bei starker Dämpfung (d>1) kann ein Messwerk auch als Verzögerung 1.Ordnung behandelt werden.

Die **Messwerkszeitkonstante T.Mes** ist eine Materialkonstante. Zu zeigen ist, wie sie bei Messwerken von der Drehmasse (Spule mit Eisenkern und Zeiger) und der Drehfeder abhängt:

Je größer T.Mes, desto kleiner wird f.max. Abb. 5-609 zeigt den Zusammenhang:

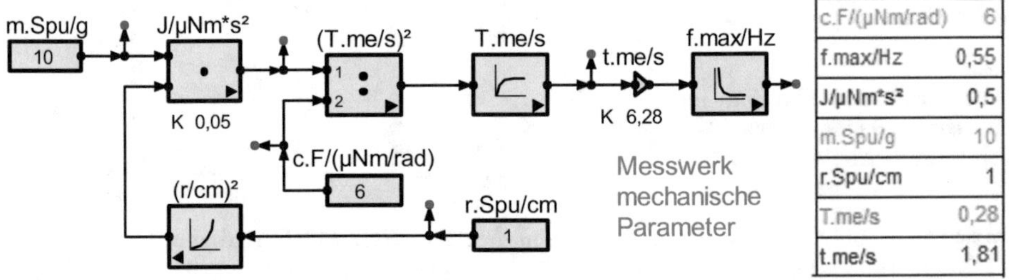


**Abb. 5-609 Die mechanischen Parameter (Massenträgheitsmoment J und Federkonstante c.F) bestimmen das Zeit- und Frequenzverhalten eines Messwerks.**

**Auswertung einer Sprungantwort**

Der einfachste aller Tests ist ein Einschaltvorgang (Sprung, Schritt). Aus der Sprungantwort f(t) lässt sich sofort das statische als auch das dynamische Verhalten eines Messwerks erkennen. Das zeigt der optimale Einschwingvorgang in Abb. 5-610.

Elektromagnetische Messwerke haben eine elektrische und eine mechanische Zeitkonstante. Die größere von beiden ist für ihre Verzögerung maßgeblich. Hier ist

$$T.me \gg T.el \rightarrow T.0 \approx T.me.$$

- Bei **mittelwertbildenden Instrumenten** beschreibt T.0 die Verzögerung, mit der Messwerte angezeigt werden.
- Bei **effektivwertmessenden Instrumenten** bestimmt T.0 die obere Grenzfrequenz der Anzeige:

$$2\pi \cdot f.g = \omega.g = 1/T.0.$$

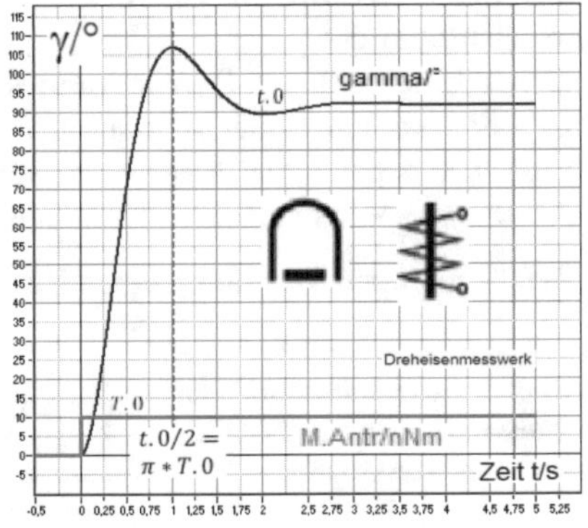


**Abb. 5-610 Messwertanzeige mit optimaler Dynamik**

Zur Berechnung des Zeigerausschlags $\gamma = M.Antr/c.F$ müssen das Antriebsmoment M.Antr und die Federkonstante c.F bekannt sein:

- M.Antr werden wir für beide Messwerkstypen berechnen.
- Damit kann die Stärke der Feder, gekennzeichnet durch c.F, so ausgewählt werden, dass bei dem gewählten Strommessbereich Vollausschlag erzielt wird.

**Zur Messwerksberechnung**

Abb. 5-611 fasst die vor uns liegenden Berechnungen zusammen. Sie vergleicht beide Messwerkstypen und zeigt, warum Drehspulinstrumente eine lineare und Dreheiseninstrumente eine quadratische Skala haben:

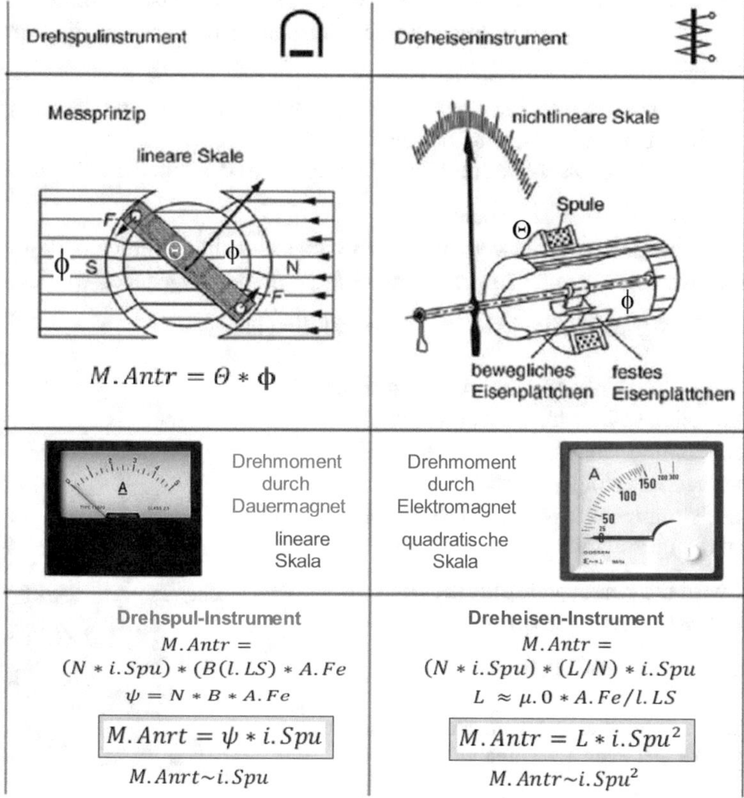


**Abb. 5-611 Berechnung der Drehmomente elektromagnetischer Messwerke**

Abb. 5-611 zeigt:

- Bei Drehspulinstrumenten mit Dauermagneten und dem **Spulenfluss ψ=N·B·A.Fe** ist M.Antr=ψ·i.Spu.
- Bei Dreheiseninstrumenten mit Elektromagneten und der **Induktivität L≈μ.0·A.Fe/l.LS** ist M.Antr=L·i.Spu².

Drehspul- und Dreheisen-Messwerke sollen statisch und dynamisch berechnet werden. Gesucht werden

1. das **Drehmoment M.Antr** für geforderte Messströme und
2. die **Zeitkonstante T.Mes** (Trägheit) bzw. Grenzfrequenz der Anzeige.

Die Berechnung der Messwerke erfolgt durch ihre **Strukturen**. Die dazu nötige **Konstantenbestimmung** kann ganz allgemein zum Bau und zur Beschaffung elektromagnetischer Systeme verwendet werden.

### *5.9.2.1 Die Dynamik elektromagnetischer Messwerke*

In

Abb. 5-608 wurde gezeigt, dass sich

- das statische Verhalten eines Messwerks durch die Federkonstante c.F und
- sein dynamisches Verhalten durch die Zeitkonstante T.0≈T.me und die Dämpfung d

beschreiben lässt.

Nun soll gezeigt werden, wie sich diese Konstanten durch die Parameter der Komponenten eines Messwerks berechnen lassen. Dies sind

die Drehfeder c.F, das Massenträgheitsmoment $J=m.r^2/2$ und der Dämpfer c.R.

Wenn diese Zusammenhänge bekannt sind,

- können entweder das Messwerksverhalten vorausberechnet werden oder
- die Messwerkskonstanten zu geforderten Eigenschaften angegeben werden.

Das sind die Forderungen, die jede Theorie zu erfüllen hat.

**Die Forderungen an die Messwerkskonstanten**

Messwerke sollen so konstruiert werden, dass

- Gleichstrommessungen möglichst schnell hintereinander erfolgen können und
- Wechselstrommessungen bei Messfrequenz zitterfrei angezeigt werden.

Gefordert wird die **Anzeigeempfindlichkeit**

*Empf=Ausschag/Messstrom,*

hier z.B. Empf=90°/0,1mA.

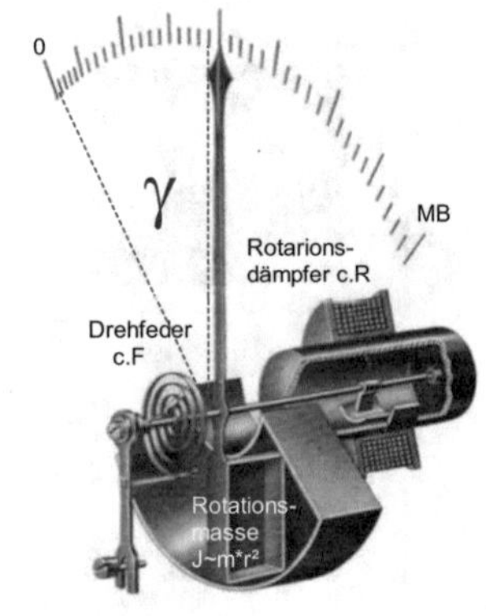


**Abb. 5-612 traditionelles elektromechanisches Dreheisen-Messwerk mit Federfesselung und Dämpfer**

**Berechnung der Ersatzgrößen eines Messwerks**

Nun soll gezeigt werden, wie die Ersatzgrößen elektromechanischer Messwerke (die inverse Federkonstante 1/c.F, die mechanische Zeitkonstante Z.me und die Dämpfung d) aus den Parametern ihrer Komponenten (bewegliche Masse, Dämpfer und Drehfeder) berechnet werden.

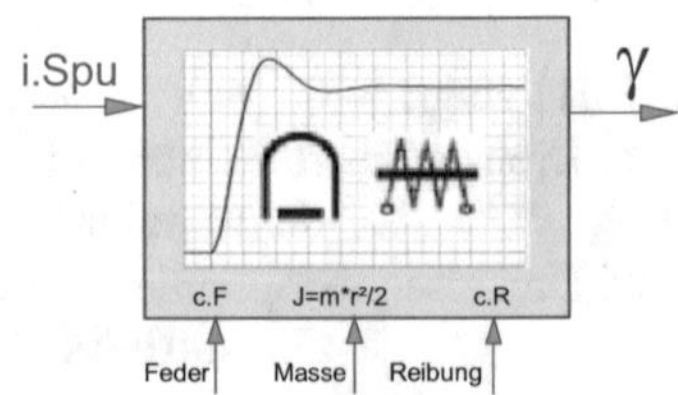


**Abb. 5-613 die Messgrößen und Parameter eines Dreheisenmesswerks**

Zur Berechnung der Messwerkskonstanten c.F, J und c.R wird die in Abb. 5-610 gezeigte Sprungantwort des Zeigerausschlags mit optimaler Dynamik gefordert.

Die Kennlinien von Drehspul- und Dreheisenmesswerken sollen nun simuliert werden. Dadurch können die Parameter angegeben werden, die zum Bau von Messwerken benötigt werden (Windungszahlen, Magnetstärken).

## Die Originalstruktur eines elektromagnetischen Messwerks

Um zu erkennen, wie Einschwingvorgänge entstehen, müssen wir die Originalstruktur eines Messwerks betrachten. Abb. 5-614 zeigt die Struktur zur dynamischen Simulation von Messwerken. Zu zeigen ist, wie daraus die dynamischen Ersatzdaten T.me und d berechnet werden.

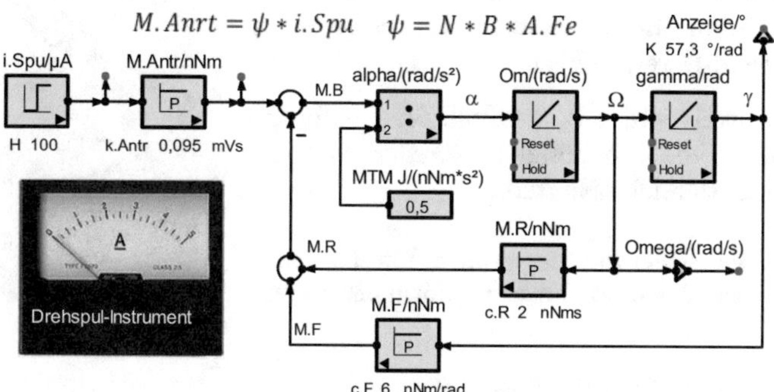


**Abb. 5-614 Das Drehspulmesswerk als elektrisch angetriebener Drehschwinger: Masse und Feder bestimmen die Eigenperiode, die Reibung bestimmt die Dämpfung.**

## Die dynamischen Parameter eines Drehspul-Messwerks

Zur dynamischen Simulation eines Messwerks sind drei Parameter zu bestimmen:

1. das **Massenträgheitsmoment J~m·r²:** Es bestimmt die erreichbare Beschleunigung α=M.Antr/J und damit die Geschwindigkeit des Zeigers.
2. die **Federkonstante c.F**: Das Federmoment M.F=c.F·γ muss an das durch die Spule erreichbare Drehmoment M.Antr so angepasst werden, dass der Strommessbereich den Vollausschlag bewirkt. Dazu muss M.Antr berechnet werden.
3. Die **Reibungskonstante c.R** erzeugt die Dämpfung der Anzeige. Für minimale Messzeiten muss c.R optimiert werden. Das geht bei Simulationen wie in der Praxis ohne manuelle Berechnungen.

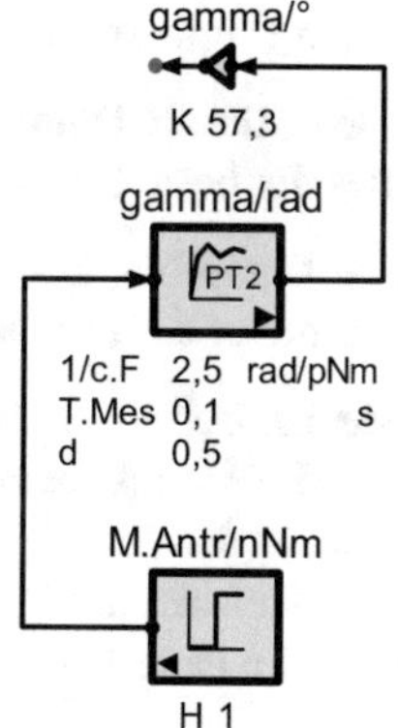

**Abb. 5-615 Simulation einer Sprungantwort mit einer Ersatzstruktur**

Das **Massenträgheitsmoment** *MTM oder J =M.T/α* – mit der Winkelbeschleunigung α Berechnung aus Drehmasse m und Radius r: *J = m · r²/2* - siehe Abb. 5-569

**Gl. 5-292 Reaktionsmoment durch Trägheit** $M.T = J * \alpha$

Zahlenwerte, z.B. aus Bd. 2, Teil 2, Abb. 2-134:
Die Massenträgheitsmomente von Zylinderspulen J=m·r²/2 errechnen sich aus der Masse m der Spule mit Zeiger und ihrem Radius r zum Quadrat.
Mit der Spulenmasse m.Spu=10g und dem Radius R=1cm wird das MTM J=0,5µNms².

**Die Drehfederkonstante c.F = M.A/Winkel** beschreibt das winkelproportionale Rückstellmoment. Die Stärke der Drehfeder, d.h. ihre Federkonstante c.F=M.Antr/Ausschlag γ, muss so gewählt werden, dass der Zeiger bei dem geforderten Strommessbereich (z.B. 100μA oder 1mA) voll ausschlägt.

Bei elektromechanischen Messwerken wird gefordert, dass die Messströme in mA-Bereich und die Antriebsmomente im nNm-Bereich liegen.

Als Anzeigewinkel wird z.B. γ=90°≈1,6rad gefordert. Damit liegen die benötigten *Federkonstanten c.F=M.Antr/γ* im Bereich nNm/rad.

**Abb. 5-616 Torsionsfeder mit Messgrößen: Spezialisten können c.F aus dem Material und seiner Form berechnen.**

**Der mechanische Kennwiderstand Z.me**
Zur Berechnung der Dämpfung von **Drehschwingungen** wird **analog zu Gl. 5-250** die Reibungskonstante c.R benötigt. Z.me entsteht nach Gl. 5-293 aus dem Produkt von Massenträgheitsmoment (MTM oder J) und Federkonstante c.F.
Für optimale Dynamik fordern wir **2d=c.R/Z.me=1.**

Wenn Z.me durch Masse und Feder festgelegt sind, benötigt das Drehspulinstrument eine Dämpfung mit c.R=Z.0, hier c.R=1μNm·s. Das kann z. B. durch einen kleinen mechanischen Dämpfer oder einen Ventilator (Abb. 5-618) erreicht werden.

Die **optimale Dämpfung** ist **d=1/2=0,5**. In Abb. 5-617 wird noch einmal gezeigt, dass dies der beste Kompromiss zwischen Stabilität und Schnelligkeit ist.

Die Dämpfung 2d=c.R/Z.0 ist entsprechend Gl. 5-250 der Quotient aus dem Reibungsparameter c.R des Dämpfers und dem mechanischen Kennwiderstand Z.0 des Messwerks.

Mechanische Kennwiderstände Z.0 errechnen sich nach Gl. 5-293 aus dem Produkt der Energiespeicher des Messwerks

- das Massenträgheitsmoment J und
- die Federkonstante c.F:

**Gl. 5-293 der mechanische Kennwiderstand**

$$Z.me = \sqrt{J * c.F}$$

Bei schwacher oder optimierter Dämpfung zeigt sich die doppelte Verzögerung durch die Mechanik (dominant) und die Elektrik. Zahlenwerte dazu finden Sie in Abb. 5-614.

Abb. 5-617 zeigt

**Abb. 5-617 die dynamisch optimale Sprungantwort eines Drehspulinstruments**

**Die Eigenperiode eines Drehspulinstruments**

Messwerke haben eine Masse und eine Feder. Deshalb sind sie ein System 2. Ordnung. Die dynamischen Grundlagen dazu haben wir in Kapitel 3 Dynamik gelegt. Danach errechnet sich die

**Gl. 5-294 mechanische Eigenperiode** $T.me = \sqrt{J/c.F}$

aus dem Verhältnis von Massenträgheitsmoment MTM=J und Federkonstante c.F.

- Die *Zeitkonstante T.Mes ≈ 1s* des Messwerks sollte bei einer Sekunde liegen. Dann ist die Anzeigeperiode t.Mes=2π·T.Mes≈6s.

Das ist einerseits für **Gleichstrom-Messungen** kurz genug, andererseits werden bei **Wechselstrom-Messungen** die Schwankungen der Netzfrequenz (50Hz ≙ 20ms) gut gemittelt.

**Reibungskonstante c.R und Dämpfung d**

Bei laminarer Strömung, d.h. niedrigen Drehzahlen, ist das Reibungsmoment M.R eines Dämpfers proportional zur Drehzahl n. Die Berechnung erfolgt durch die Winkelgeschwindigkeit *Ω*~n: M.R=c.R·*Ω*.

Der **Reibungsparameter c.R** beschreibt einen Dämpfer wie den in Abb. 5-618. Er erzeugt das geschwindigkeitsproportionale Reibungsmoment *M.R = c.R · Ω*.

Die **Dämpfung 2d=c.R/Z.me** ist die Dämpferkonstante c.R, bezogen auf den

**Gl. 5-295 mechanischen Kennwiderstand**

$Z.me = \sqrt{J * c.F}$ ... in Nm·s

**Abb. 5-618 Axiallüfter = Rotationsdämpfer mit Messgrößen: Spezialisten können c.R aus dem Material und seiner Form berechnen.**

Abb. 5-619 zeigt ...

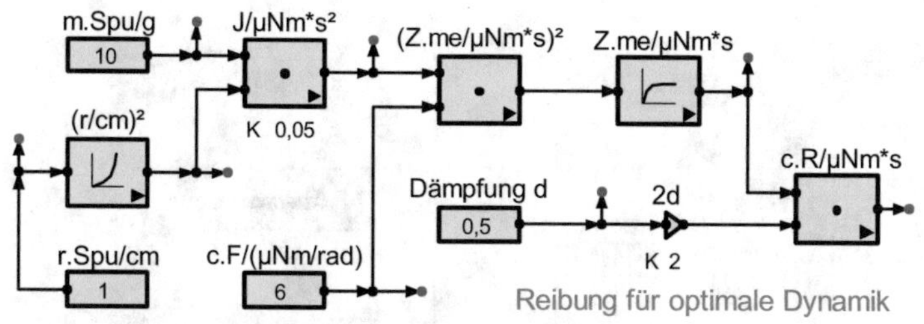


| | |
|---|---|
| c.F/(µNm/rad) | 6 |
| c.R/µNm*s | 1,7321 |
| Dämpfung d | 0,5 |
| J/µNm*s² | 0,5 |
| m.Spu/g | 10 |
| r.Spu/cm | 1 |
| Z.me/µNm*s | 1,7321 |

**Abb. 5-619 die Berechnung des mechanischen Kennwiderstands eines Messwerks und des Reibungsparameters c.R zu vorgegebener Dämpfung**

Damit sind alle mechanischen Parameter zur Simulation elektromagnetischer Messwerke bekannt. Die außerdem nötigen elektrischen Parameter werden in den folgenden beiden Abschnitten bestimmt.

### 5.9.2.2 *Drehspul-Messwerke*

Wie bereits in der Einführung gesagt, erzeugt der Spulenstrom eines Drehspul-Messwerks sein Drehmoment mit Hilfe eines Dauermagneten. Hier soll gezeigt werden, wie groß diese Drehmomente für geforderte Strommessbereiche werden können. Mit diesem Wissen kann die erforderliche Drehfeder beschafft werden.

Drehspulmesswerke messen den arithmetischen Mittelwert des Spulenstroms. Wird ein Drehspulmesswerk mit technischem Wechselstrom (50Hz) gespeist, so kann der Zeiger nicht folgen und verharrt in Mittelstellung.

DSM

**Abb. 5-620 Das Symbol eines Drehspul-Messwerks deutet den darin verwendeten Dauermagneten an.**

**Aufbau und Funktion eines Drehspul-Messwerks**

Im Drehspulinstrument kreuzt der magnetische Fluss des Stroms i.Spu einer drehbar gelagerten Spule den Fluss ϕ eines **Dauermagneten**.

Das dadurch entstehende Antriebsmoment lenkt eine Drehfeder soweit aus, bis die von ϕ und i.Spu erzeugten Drehmomente gleich groß sind:

$$M.F = M.A \sim \phi \cdot i.Spu.$$

Dadurch dreht sich die Spule, an der ein Zeiger befestigt ist, proportional zum Spulenstrom i.Spu. Mit einer kalibrierten Skala ergibt dies einen Strommesser. Abb. 5-621 zeigt, wie er aussehen kann:

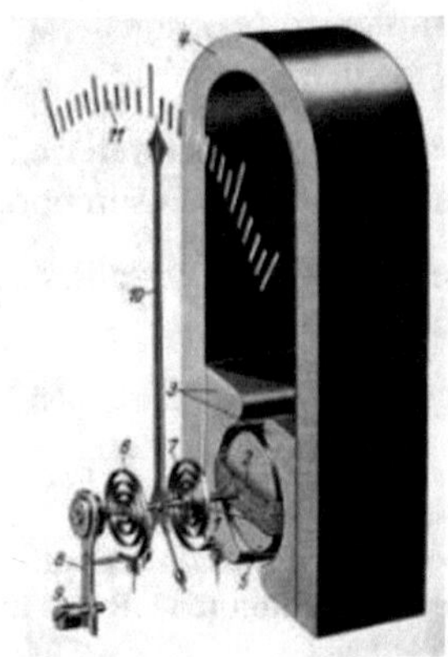

**Abb. 5-621 Drehspulinstrument: Eine Drehfeder wiegt das durch den Spulenstrom erzeugte Drehmoment auf. Dadurch ist der Zeigerausschlag dem Messstrom proportional.**

Abb. 5-622 zeigt ein ...

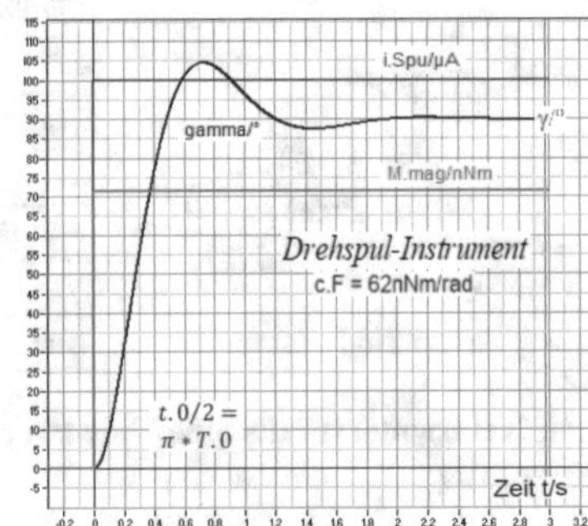


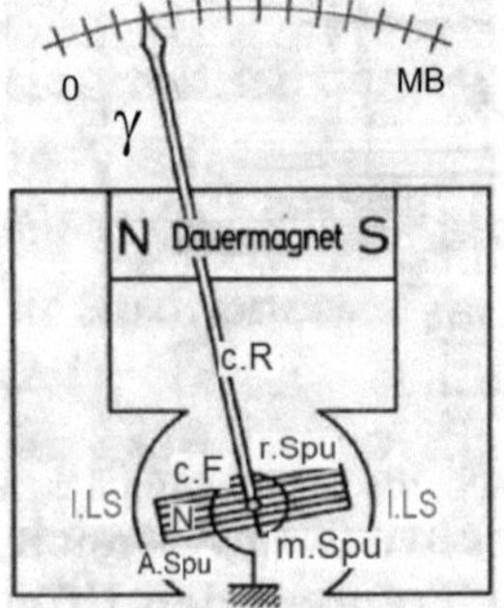


**Abb. 5-622 Drehspulinstrument als Strommesser: Die Sprungantwort zeigt die Anzeigeverzögerung bei optimaler Dämpfung.**

**Berechnung des Drehmoments eines Drehspul-Messwerks**

In Abb. 5-600 haben wir die lineare Kennlinie γ(i.Spu) eines Drehspul-Messwerks gezeigt. In Abb. 5-623 wird gezeigt, wie sie berechnet wird.

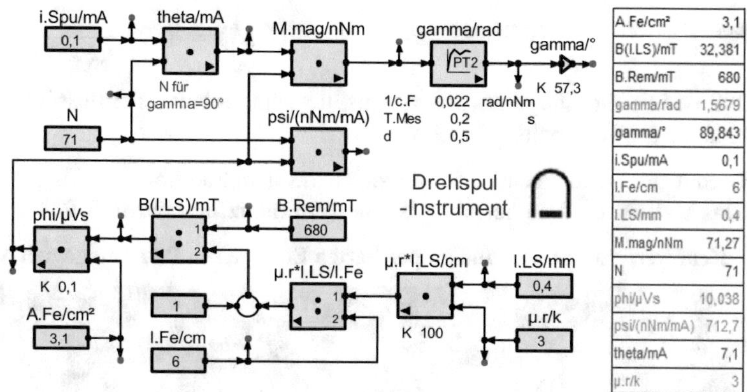


| | |
|---|---|
| A.Fe/cm² | 3,1 |
| B(l.LS)/mT | 32,381 |
| B.Rem/mT | 680 |
| gamma/rad | 1,5679 |
| gamma/° | 89,843 |
| i.Spu/mA | 0,1 |
| l.Fe/cm | 6 |
| l.LS/mm | 0,4 |
| M.mag/nNm | 71,27 |
| N | 71 |
| phi/µVs | 10,038 |
| psi/(nNm/mA) | 712,7 |
| theta/mA | 7,1 |
| µ.r/k | 3 |

**Abb. 5-623 der Zeigerausschlag eines Drehspul-Instruments als Funktion des Spulenstroms**

Erläuterungen zu Abb. 5-623:

Grundlage zur Berechnung magnetischer Wandler ist das aus Gl. 5-266 bekannte Gesetz zum

**Gl. 5-296 Drehmoment elektromagnetischer Wandler** $\boldsymbol{M.Antr = \Theta * \phi}$

Man kann M.Antr auch mit dem Spulenfluss ψ=N·ϕ berechnen. Dann wird aus der Durchflutung der Spulenstrom i=$\Theta/N$. Damit errechnet sich

**Gl. 5-297 das Drehmoment eines Drehspul-Instruments** $M.Antr = \psi * i.Spu$

- In magnetischen Kreisen ist die Durchflutung $\Theta = N * i.Spu$ das Produkt aus der Windungszahl N und dem Spulenstrom i.Spu, während
- der magnetische Fluss $\phi = B * A.Fe$ das Produkt aus Flussdichte B und Flussquerschnitt A.Fe ist.

Bei **Drehspul-Messwerken** ist der **Spulenfluss ψ** der Proportionalitätsfaktor zwischen Antriebsmoment und Spulenstrom. In Abb. 5-623 wird ψ in nNm/mA berechnet.

Dass sich damit Drehmomente pro (mA)² berechnen lassen, zeigt die Umrechnung:

$$mH = \frac{mVs}{A} = \frac{mVA * s}{A^2} = \frac{nNm}{(mA)^2}$$

Bei der Umrechnung wurde die Gleichheit der magnetischen und elektrischen Energie verwendet: Nm=VAs.

Daraus folgt der

**Gl. 5-178 Spulenfluss** $\boldsymbol{\psi = N * \phi = N * B * A.Fe}$

Nach Gl. 5-178 ist der Spulenfluss ψ - und damit das Drehmoment M.Antr=ψ·i - nur vom Querschnitt A der Spule abhängig und nicht von ihrer Länge l.

Eine technische Anwendung von Gl. 5-178 sind Torque-Motoren (Abb. 5-566). Damit sie große Drehmomente bei kleinen Drehzahlen erzeugen, sind sie breit und kurz. Wie dies durch hohe Polpaarzahlen erreicht wird, erfahren Sie in Bd. 4/7.

Die **Flussdichte B** hängt bei Messwerken von der **Stärke, d.h. Remanenz B.R**, des Dauermagneten und der Länge l.LS=2·l.Spalt des **Luftspalts** ab, in der sich die Spule dreht. Wie B(l.LS) berechnet wird, berechnen wir mit Gl. 5-298:

**Gl. 5-298 Flussdichte im Luftspalt**

$$B(l.LS) = B.R * \frac{l.Fe}{l.Fe + \mu.r * l.LS}$$

In Gl. 5-298 ist l.Fe die Länge des Eisenkerns, μ.r seine relative Permeabilität und l.LS die Gesamtlänge des Luftspalts.

Tab. 5-33 nennt zwei relativ schwache Magneten aus dem traditionellen Magnetwerkstoff **AlNiCo**. Das Maß für die Magnetstärke ist die **Remanenzflussdichte B.R**.

**Tab. 5-33 Kennwerte zur Stärke und gespeicherten Energie von Dauermagneten AlNiCo**

| Material material | Remanenz remanence Br 1kGs=0,1T | Remanenz remanence Br | Koerzitivfeldstärke coercive force jHc 1kOe=80A/mm | | kJ/m³=J/lit Energieprodukt energy product (BH) max. | | Dichte density | Max. Temp. mag. op. temp. |
|---|---|---|---|---|---|---|---|---|
| | Gs | T[esla] | A/mm | Oe | kJ/m³ | MGsOe | g/m³ | |
| AlNiCo3 | 6800 | 0,68 | 30,2 | 380 | 9 | 1,13 | 6,9 | ~ 450°C |
| AlNiCo5DG | 13000 | 1,3 | 55,7 | 700 | 52 | 6,5 | 7,3 | ~ 525°C |

Die Einzelheiten zu Dauermagneten folgen in Kap 5.10.

Mit der Remanenzflussdichte B.R kann in Abb. 5-623 das Drehmoment eines Messwerks als Funktion des Spulenstroms berechnet werden. Dort finden Sie auch Zahlenwerte zu Gl. 5-298.

## Konstantenbestimmung für Drehspul-Messwerke

Abb. 5-624 zeigt: Die Federkonstante c.F wird gefordert, die Spulenmasse m.Spu ist gegeben und der Spulenradius r und die Dämpfung d werden gewählt. Damit liegen die Reibungskonstante c.R des Dämpfers und die dynamischen Daten T.0 und die Grenzfrequenz f.max des Messwerks fest.

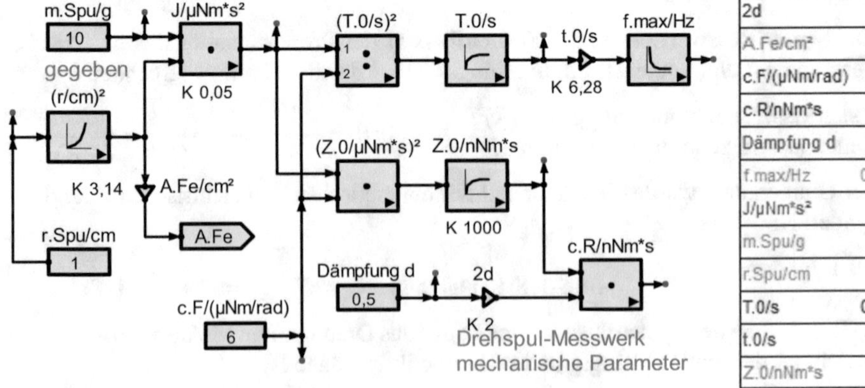


**Abb. 5-624 Berechnung der Parameter eines Drehspul-Messwerks**

### 5.9.2.3 Dreheisen- Messwerke

Dreheiseninstrumente zeigen den **quadratischen Mittelwert** des Spulenstroms an. Ihr Zeiger schlägt unabhängig von der Richtung des Stroms immer in eine Richtung aus. Sie messen daher die **Effektivwerte** von sich schnell ändernden Wechselströmen. Um beurteilen zu können, was ‚schnell' ist, muss die Spulenzeitkonstante T.Spu bekannt sein. Hier soll sie aus den Eigenschaften von Drehmasse und Drehfeder berechnet werden.

**Abb. 5-625 die quadratische Skala eines Dreheisenmesswerks: γ~i.Spu²**

Wieder soll der Zeigerausschlag γ(i.Spu) berechnet werden. Die dazu nötigen Formeln sind nachfolgend zusammengestellt. Sie werden in der Struktur des Dreheisen-Messwerks (Abb. 5-629) verwendet.

Die in Abb. 5-600 gezeigte, quadratische Kennlinie eines Dreheisenmesswerks ist mit der in Abb. 5-629 angegebenen Struktur simuliert worden. Sie soll nun erklärt werden. Dadurch können die Parameter angegeben werden, die zum Bau von Dreheisenmesswerken benötigt werden (Windungszahlen, die Feder- und Reibungskonstanten, Magnetstärke B.R).

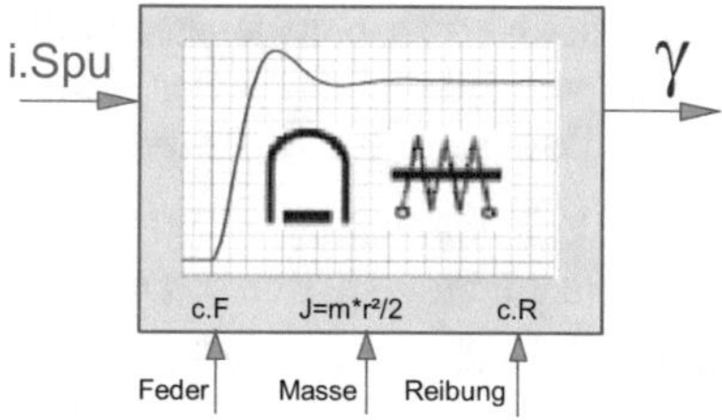


**Abb. 5-626 Messgrößen und Parameter eines Dreheisen-Instruments**

**Aufbau und Funktion des Dreheisen-Messwerks**

Eine Spule umschließt einen drehbar gelagerten **Dauermagneten**. In ihm erzeugt der Spulenstrom einen magnetischen Fluss ϕ. Da das Drehmoment $M.Antr \sim i.Spu \cdot \phi \sim i.Spu^2$ ist, ist es proportional zum Quadrat des Spulenstroms. Das erklärt die nichtlineare Skala in Abb. 5-625. Abb. 5-627 zeigt

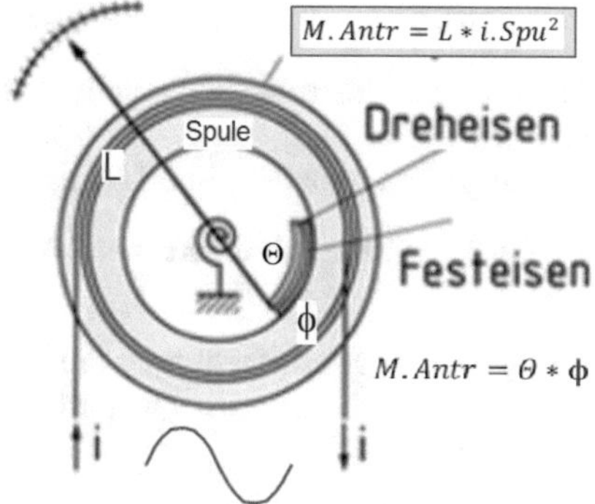


**Abb. 5-627 die Mechanik eines Dreheisen-Messwerks: Ein Elektromagnet erzeugt das Drehmoment, das den Zeiger ausschlagen lässt.**

**Das Drehmoment eines Dreheisen-Messwerks**

In Abb. 5-600 haben wir die quadratische Kennlinie γ(i.Spu²) eines Dreheisen-Messwerks gezeigt. Nun soll gezeigt werden, wie sie entsteht und berechnet wird.

Dreheisenmesswerke messen Gleichströme und die Effektivwerte von Wechselströmen. Um zu klären, warum das so ist, muss ihr Aufbau betrachtet werden.

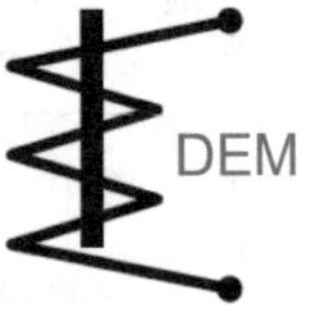

DEM

**Abb. 5-628 Das Symbol eines Dreheisen-Messwerks deutet den darin verwendeten Elektromagneten an.**

Die Empfindlichkeit eines Messwerks als Verhältnis von Ausschlag und Strom wird gefordert. Sie wird durch die Stärke der Rückstellfeder bestimmt. Je schwächer sie ist, desto empfindlicher ist das Instrument. Je empfindlicher es ist, desto stärker reagiert es auch auf Erschütterungen. Deshalb muss die Feder optimiert werden. Dazu gehört auch ein passender Dämpfer zur Optimierung der Dynamik.

Die Berechnungen werden zeigen, dass elektromagnetische Flussdichten B von Dreheisen-Messwerken bei gleicher Größe wie die der Dauermagnete von Drehspul-Instrumenten wesentlich schwächer sind. Das heißt, dass die Durchflutungen Θ=N·i.Spu für gleiche Drehmomente M.Antr=Θ·B·A.Fe entsprechend größer gemacht werden müssen.

Da der Zeigerausschlag γ=M.Antr/c.F ist, könnte man auch daran denken, die Federkonstante c.F zu verkleinern. Das wäre jedoch schlecht, denn kleineres c.F vergrößert die mechanische Zeitkonstante $T.me = \sqrt{J/c.F}$. Das würde die Anzeige zu träge machen.

**Berechnung des Drehmoments eines Dreheisen-Messwerks**

In Abb. 5-600 haben wir die quadratische Kennlinie γ(i.Spu) eines Dreheisen-Messwerks gezeigt. Hier soll gezeigt werden, wie sie berechnet wird. Die Berechnung beginnt wieder genau wie beim Drehspul-Instrument mit dem Antriebsmoment:

**Gl. 5-266 Drehmoment elektromagnetischer Wandler** $\boldsymbol{M.Antr = \Theta * \phi}$

Bei Dreheisen-Instrumenten erzeugt kein Magnet, sondern der Spulenstrom i.Spu zusammen mit der Induktivität L der Spule den Spulenfluss ψ=L·i.Spu. Daraus folgen der Windungsfluss ϕ=ψ/N=i.Spu·L/N und das

**Gl. 5-299 Antriebsmoment von Dreheisen-Instrumenten** $\boldsymbol{M.Antr = L * i.Spu^2}$

Bei **Dreheisen-Messwerken** ist die **Induktivität L** der Proportionalitätsfaktor zwischen dem Antriebsmoment pro Quadrat des Spulenstroms. In Abb. 5-629 wird L in mH berechnet.

Dass sich damit auch Drehmomente berechnen lassen, zeigt die Umrechnung:

$$mH = \frac{mVs}{A} = \frac{mVA * s}{A^2} = \frac{nNm}{(mA)^2}$$

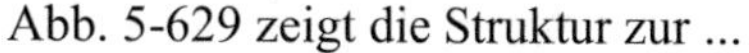
Abb. 5-629 zeigt die Struktur zur ...

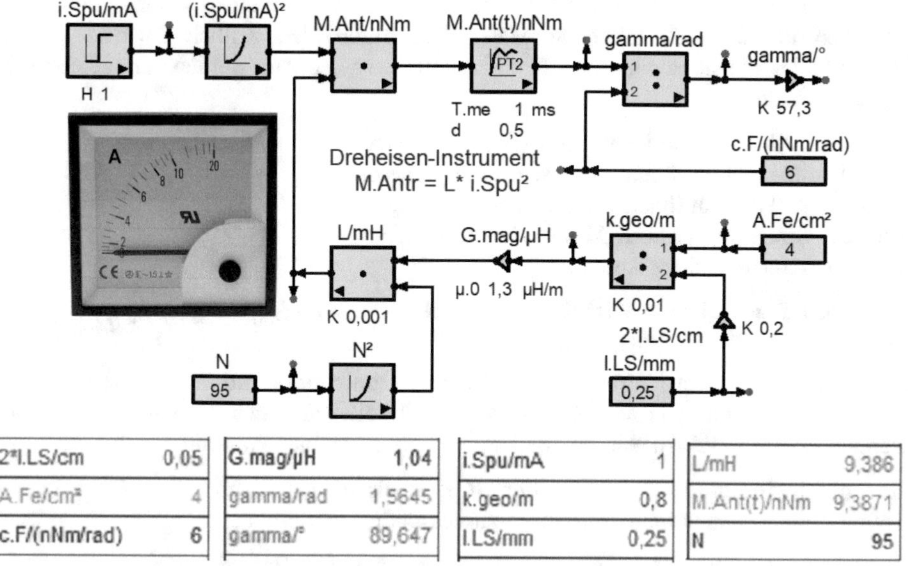


| 2*l.LS/cm | 0,05 | G.mag/µH | 1,04 | i.Spu/mA | 1 | L/mH | 9,386 |
|---|---|---|---|---|---|---|---|
| A.Fe/cm² | 4 | gamma/rad | 1,5645 | k.geo/m | 0,8 | M.Ant(t)/nNm | 9,3871 |
| c.F/(nNm/rad) | 6 | gamma/° | 89,647 | l.LS/mm | 0,25 | N | 95 |

**Abb. 5-629 Berechnung des Ausschlags eines Dreheisenmesswerks als Funktion des Spulenstroms: oben mit den dynamischen Ersatzgrößen und darunter als physikalisches Original mit der Berechnung der Spulen-Induktivität**

Zu den Ersatzgrößen eines Dreheisen-Messwerks:

- die inverse Federkonstante 1/c.F zur Berechnung des Zeigerausschlags
- die Eigenzeit T.Mess zur Berechnung der Einschwingperiode $2\pi \cdot$T.Mes
- und die Dämpfung d zur Einstellung der Dynamik des Einschwingvorgangs

Wie diese Parameter berechnet werden, finden Sie in Kap 2.4.3 ‚Rotations-Oszillatoren' in Bd.2, Teil 2 dieser ‚Strukturbildung und Simulation technischer Systeme'.

Dreheisen-Instrumente mitteln die Anzeige durch ihre mechanische Trägheit.

Ist der Spulenstrom ein sinusförmiger Wechselstrom, muss dies durch einen *Formfaktor* berücksichtigt werden:

$$k.Form = \frac{Mittelwert}{Effektivwert} = \frac{2/\pi}{1/\sqrt{2}} \approx 0{,}9$$

Abb. 5-629 zeigt die Berechnung des Drehmoments und Anzeigewinkels $\gamma$ eines Dreheisen-Messwerks als Funktion des Spulenstroms. Danach ist das Drehmoment von Dreheisen-Messwerken ist bei gleicher Baugröße wesentlich schwächer als das von Drehspul-Messwerken. Das bedeutet, dass die Federn von Dauermagneten viel stärker sind als die von gleichgroßen Spulen.

Fazit:
Damit schließt die Berechnung elektromagnetischer Messwerke. Das darin gewonnene Wissen über elektromagnetische Wandler wird ganz allgemein zur Simulation elektrischer Maschinen gebraucht, z.B. im folgenden Bd. 4/7.

## 5.9.3 Wirbelstrom-Drehmomente

Wirbelströme i.Wirb (Abb. 5-630) sind Turbulenzen des elektrischen Stroms. Sie entstehen in elektrisch leitenden Materialien durch sich zeitlich ändernde äußere Magnetfelder, die sie durchsetzen. Die Magnetfelder wiederum werden durch elektrische Ströme erzeugt.

In diesem Abschnitt soll gezeigt werden, wie sich Wirbelströme technisch nutzen lassen. Dazu müssen sie selbst und die mit ihnen verbundenen Leistungen mit den **Abmessungen und Materialeigenschaften als Parameter** berechnet werden.

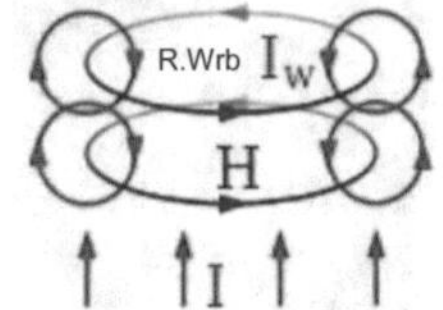


**Abb. 5-630 Erzeugung von Wirbelströmen durch elektrische Kreisströme**

**Gl. 5-300** $P.Wrb = R.Wrb \cdot i.Wrb^2$

Mit dem Wirbelstrom i.Wrb und dem **Wirbelstromwiderstand R.Wrb**, der auch zu berechnen ist, kann dann nach Gl. 5-300 die Wirbelleistung des Wirbelstroms ermittelt werden. Wie groß P.Wrb sein muss, hängt von der jeweiligen Anwendung ab.

**Hochgeschwindigkeitszüge** wie der **ICE** speisen den beim Bremsen gewonnenen Induktionsstrom zurück in die Oberleitung.

Elektrisch einstellbare Belastung bei **Hometrainern:** Die Bremsenergie versorgt die elektronischen Komponenten zur medizinischen Überwachung des Trainierenden.

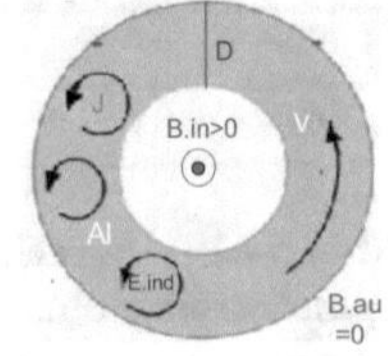


**Abb. 5-631 In einer elektrisch leitenden Scheibe werden Wirbelströme induziert, wenn sie sich in einem räumlich nicht konstanten (inhomogenen) Magnetfeld dreht.**

### 5.9.3.1 Wirbelstrom-Sensoren

Ein Wirbelstromsensor, auch **Strommitnahmesensor** genannt, ermöglicht die reibungsfreie Messung von Drehmomenten durch Wirbelströme, bzw. durch die durch sie induzierten Torsionsspannungen.u.Tor. Das ist in Abb. 5-632 dargestellt. Ohne Torsion (Verdrillung) wäre ihr Mittelwert null.

Ein zylindrischer Rotor aus Kupfer oder Aluminium ist drehbar gelagert mit der Welle verbunden. Erreger- und Empfängerspulen sind senkrecht zu seiner Drehachse - und gegeneinander um 90° verdreht - angebracht.

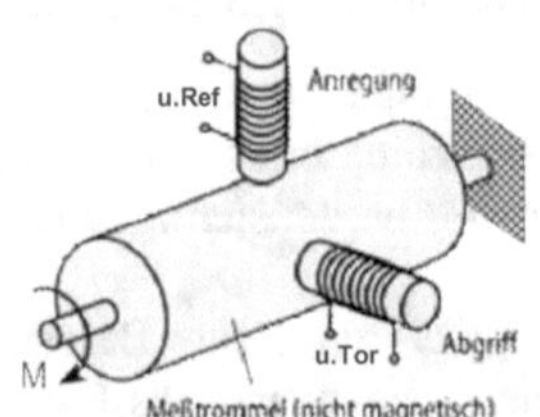


**Abb. 5-632 Wirbelstromsensoren benötigen eine Anregungs- und eine Messspule (u.Ref und u.Tor).**

Die Erregerspule wird mit Wechselspannung (5 bis über 100V) konstanter Frequenz (50 bis 500 Hz) gespeist. Das dadurch aufgebaute Magnetfeld induziert an der Oberfläche des Rotors Wirbelströme. Diese Wirbelströme werden durch die Drehbewegung mitgenommen. Das bewirkt eine Änderung der magnetischen Kopplung zwischen der Erreger- und Empfängerspule. An der Empfängerspule entsteht eine sinusförmige Spannung, deren Amplitude der Drehzahl proportional ist.

**Drehmomentmessung durch Wirbelströme**

Zur verschleißfreien Messung von Drehmomenten werden auf der Welle abwechselnd scheibenförmige Bauteile mit elektrisch leitenden Bauteilen in nichtleitenden Zonen aufgebracht, die sich bei Verdrillung der Welle verschieben.

Von der Messspule, die von einem hochfrequenten Strom gespeist wird, werden Wirbelströme auf den Segmentstreifen erzeugt. Die **Spulenimpedanz** ist ein Maß für das Drehmoment an der Welle.

Ändert sich die Überdeckung der Segmentscheiben durch ein Drehmoment, wird durch Rückwirkung die Impedanz der Spule verändert.

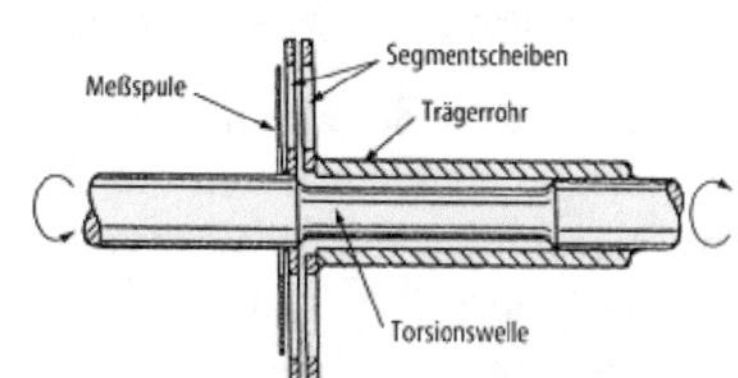


**Abb. 5-633 Messung der Verdrillung eines Rohres durch Wirbelströme**

Weitere Anwendungen sind die Messung von Drehzahlen und Drehmomenten durch **Wirbelstromsensoren** und die **induktive Strömungsmessung** (→ Band 6 ‚Sensorik', Kapitel 10.1). Obwohl diese Geräte z.T. technisch veraltet sind, ist ihre Simulation interessant, denn hier wirken mechanische, elektrische und magnetische Komponenten zusammen.

Zur Simulation von Wirbelstrom-Messgeräten folgen diese Beispiele:

1. das Wirbelstromtachometer zur Drehzahlmessung ohne Hilfsspannung
2. Der Wechselstromzähler dient zur Messung elektrischer Wirkleistungen.

Die Kenntniss der ‚verbrauchten' Strommenge (die gelieferte Ladung $q=i\cdot t$) ist die Voraussetzung zur Stromkostenberechnung.

### 5.9.3.2 Die Wirbelstrombremse

Durch Wirbelströme ändert sich die magnetische Energiedichte im Raum. Um sie auszugleichen, entstehen bremsende Kräfte. Das wird bei Wirbelstrombremsen zur **verlustfreien Abbremsung** ausgenutzt. Die dabei gewonnene Energie kann entweder in Heizwiderständen ‚vernichtet', aber auch in das Stromversorgungsnetz zurückgespeist oder in Batterien gespeichert werden.

Quelle:
https://www.youtube.com/watch?v=XbLZjjTi000

Empfehlung:
https://www.youtube.com/watch?v=uhOT6GenU_0

Darin werden Wirbelströme und die Wirbelstrombremse durch Animationen erklärt. Abb. 5-634 zeigt die

**Abb. 5-634 Entstehung von Wirbelströmen in einer elektrisch leitenden Scheibe, die in einem zu ihr senkrechten magnetischen Feld B rotiert.**

**Bremskraft und Bremsleistung**
Technisch interessiert die Bremskraft als Funktion der Umfangsgeschwindigkeit - mit den Abmessungen der Bremsscheibe als Parameter.

Die Lorentzkraft der Wirbelströme entsteht durch Induktion. Sie wirkt immer bremsend auf den elektrischen Leiter.

Hier soll der Zusammenhang zwischen der Bremsleistung P.Br und der Geschwindigkeit v der Metallscheibe berechnet werden.

Zur Erwärmung der Bremsscheibe:
Bremsleistungen erwärmen die Bremsscheibe. Wie stark, hängt von ihrer Oberfläche ab. Zur Berechnung der Erwärmung um $\Delta T$ benötigt der Anwender die **flächenbezogene Bremsleistung** P.Pr/A, denn $\Delta T \sim$ P.Pr/A. Bei Werten über 1W/cm² ist typischerweise eine zusätzliche Kühlung erforderlich, z.B. durch einen Lüfter für Mikroprozessoren in PC's.

Berechnung von Bremskraft und Bremsleistung:
Wirkt die Lorentzkraft F.L = q·v.x·ΔB.z auf Ladungen q in einer Leiterschleife, die mit einer Geschwindigkeit v.x durch ein magnetisches Feld B.z mit der Änderung ΔB.z gezogen wird, so erzeugt sie in ihr eine Feldstärke E.y = ΔB.z · v.x. E.y ruft eine örtliche Stromdichte J.y=κ·E.y hervor (mit der spezifischen Leitfähigkeit κ=1/ρ). Das Produkt aus E.y und J.y ergibt die Leistungsdichte P/Vol. Die erzielte Bremsleistung P.Br ist daher dem Volumen Vol der Bremsscheibe proportional.

Das **Bremsmoment** der Drehscheibe ist M.A=ϕ·i.Wirb mit dem magnetischen Fluss ϕ durch die Scheibe und dem Wirbelstrom i.Wirb in der Scheibe.

Abb. 5-635 zeigt die **Bremsleistung P.Br** als Funktion der mittleren Umfangsgeschwindigkeit.

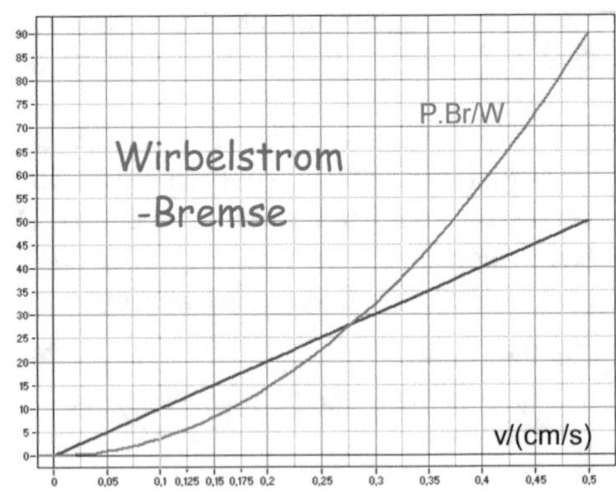


**Abb. 5-635 Die Leistung einer Wirbelstrombremse steigt mit dem Quadrat der Umfangsgeschwindigkeit v.**

**Die Wirbelstrombremse als Anwenderblock**

Die Wirbelstrombremse wird auch im folgenden Beispiel ‚Wechselstromzähler' gebraucht. Deshalb berechnen wir die Wirbelstromleistung P.Wrb durch einen Anwenderblock, der im Anschluss erklärt wird. Das zeigt Abb. 5-636:

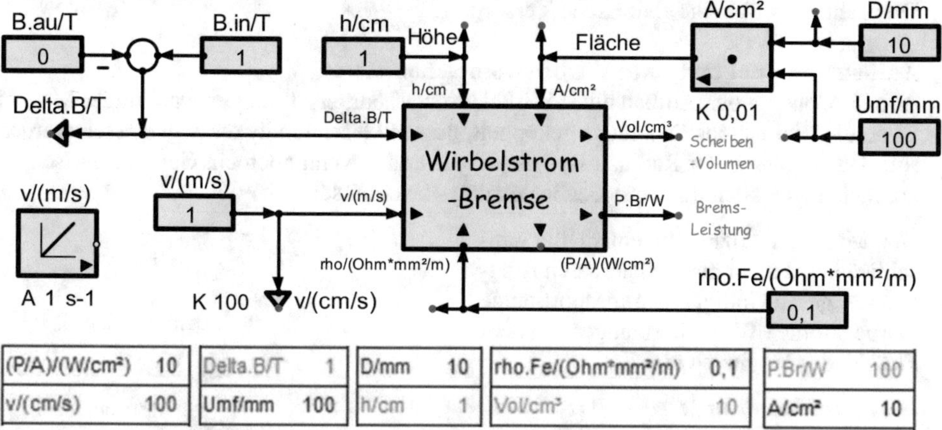


**Abb. 5-636 Simulation der Bremsleistung einer magnetischen Scheibenbremse**

Die Struktur Abb. 5-636 zeigt die Berechnung der Bremsleistung und der Flächenleistung P/A, die für die Kühlung der Scheibe maßgeblich ist:

Abb. 5-637 zeigt die Struktur einer ...

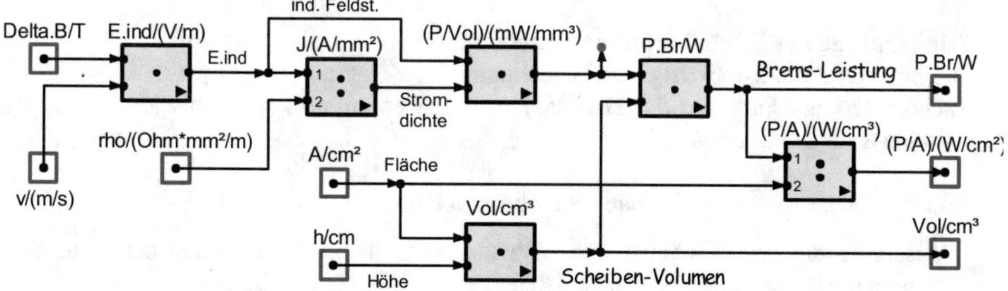


**Abb. 5-637 Wirbelstrombremse: Berechnet wird die Bremsleistung P.Br. Dass sie mit dem Quadrat der Geschwindigkeit v ansteigt, zeigt Abb. 5-635.**

### 5.9.3.3 Das Wirbelstromtachometer

In älteren Fahrzeugen findet man noch magnetomechanische Geschwindigkeitsmesser, die auf dem Wirbelstromeffekt beruhen. Sie benötigen im Gegensatz zu elektronischen Drehzahlmessern keine elektrische Versorgung.

**Aufbau und Funktion eines Wirbelstromtachometers**
Abb. 5-638 zeigt den Aufbau eines Wirbelstromtachometers: Ein zylinderförmiger Magnet ist an die Welle eines Fahrzeugs gekoppelt, dessen Geschwindigkeit v gemessen werden soll. Dazu müssen der Radius r.Rad der Räder und – wenn noch ein Getriebe zwischengeschaltet ist – auch die Getriebeübersetzung - bekannt sein.

Der Magnet induziert in einem ihn umschließenden nicht magnetisierbaren Ringleiter geschwindigkeitsproproportionale Wirbelströme i.Wrb. Sie erzeugen mit dem Fluss $\phi$ des Magneten ein

*Drehmoment* $M = \phi \cdot i.Wrb$,

das eine Drehfeder mit Zeiger auslenkt. Sie erzeugt die Anzeige $\gamma \sim n$.

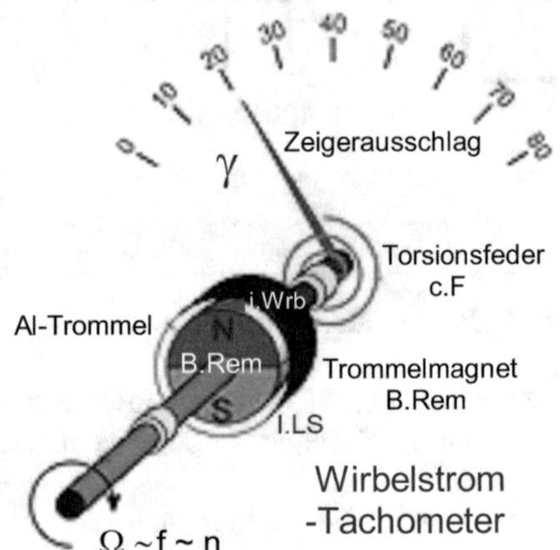


**Abb. 5-638 Wirbelstromtachometer**
http://www.gs-classic.de/technik/tech_instrum01.htm

**Zur Struktur des Wirbelstromtachometers**
Die Struktur Abb. 5-639 zeigt die Berechnung des Zeigerausschlags $\gamma$ des Wirbelstrom-Tachometers als Funktion der Drehzahl n. Wir werden sie zuerst kurzgefasst und im Anschluss im Detail erklären.

Abb. 5-639 hat folgenden Aufbau (von oben nach unten):

1. Berechnung des **Wirbelstroms i.Wrb** aus der durch die Drehung des Magneten induzierten Spannung u.Wrb.
2. Berechnung des **Drehmoments M.Antr** bei Maximalgeschwindigkeit (hier z.B. in nNm) und Einstellung der inversen Federkonstante 1/c.F (hier z.B. in rad/nNm) und der dynamischen Ersatzstruktur für Vollausschlag
3. Berechnung der **Flussdichte B(l.LS)** aus der Remanenzflussdichte B.Rem des Magneten und der Länge l.LS des Luftspalts
4. Berechnung des elektrischen **Ringwiderstands R.Ring** aus dem spezifischen Widerstand $\rho$.Al des Aluminiumringes und seinen aus Abb. 5-638 **abgeschätzten** Abmessungen (Radius, Länge des Ringes und Magneten)

Abb. 5-639 zeigt die Berechnung des Zeigerausschlags γ als Funktion der Fahrzeuggeschwindigkeit v:

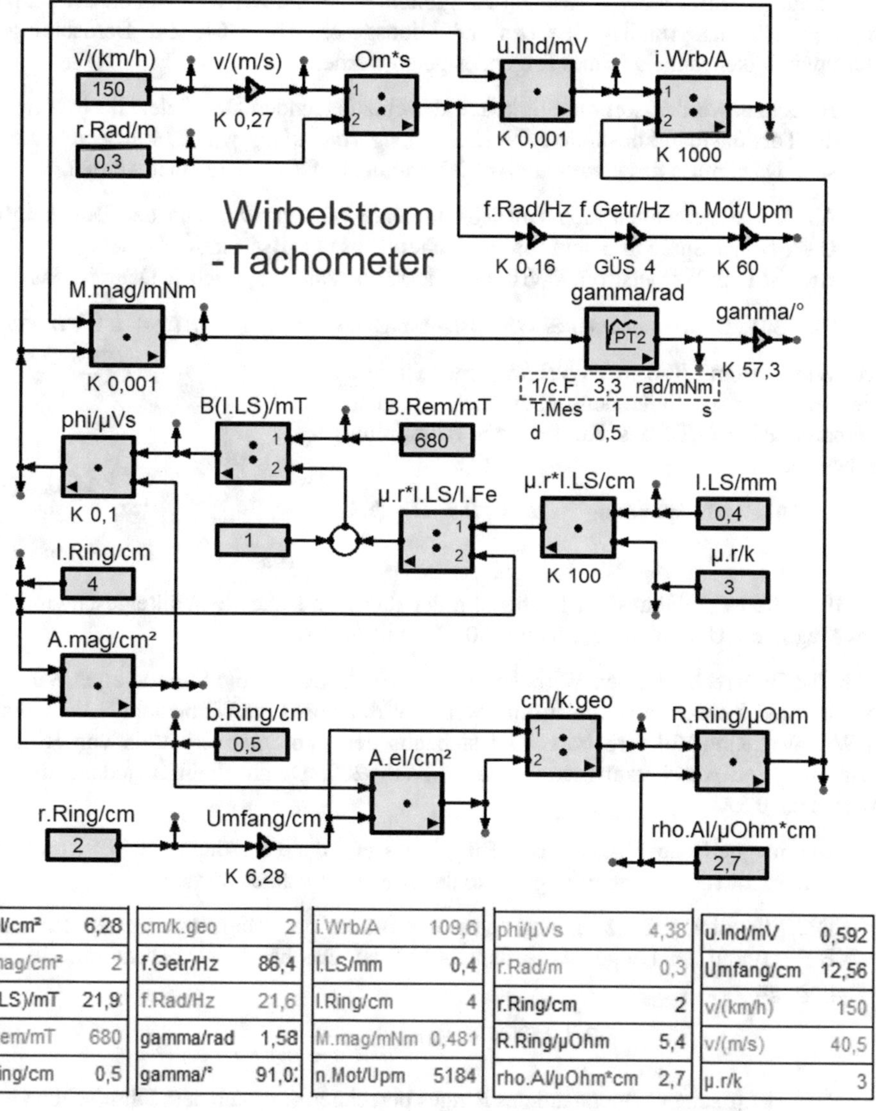


| A.el/cm² | 6,28 | cm/k.geo | 2 | i.Wrb/A | 109,6 | phi/µVs | 4,38 | u.Ind/mV | 0,592 |
|---|---|---|---|---|---|---|---|---|---|
| A.mag/cm² | 2 | f.Getr/Hz | 86,4 | I.LS/mm | 0,4 | r.Rad/m | 0,3 | Umfang/cm | 12,56 |
| B(I.LS)/mT | 21,9 | f.Rad/Hz | 21,6 | I.Ring/cm | 4 | r.Ring/cm | 2 | v/(km/h) | 150 |
| B.Rem/mT | 680 | gamma/rad | 1,58 | M.mag/mNm | 0,481 | R.Ring/µOhm | 5,4 | v/(m/s) | 40,5 |
| b.Ring/cm | 0,5 | gamma/° | 91,0 | n.Mot/Upm | 5184 | rho.Al/µOhm*cm | 2,7 | µ.r/k | 3 |

**Abb. 5-639 Wirbelstromtachometer: Die Berechnung des Zeigerausschlags erfolgt in vier Teilen, die vorher beschrieben worden sind: Wirbelstrom und Drehmoment, Flussdichte und Ringwiderstand.**

Mit Abb. 5-639 können die Funktion des Wirbelstromtachometers simuliert, aber auch die zu dessen Bau benötigten Daten berechnet werden.

**Berechnung eines Wirbelstromtachometers**

Ein Wirbelstromtachometer erfasst die Drehzahl n einer Welle und zeigt sie durch die Auslenkung $\gamma$ eines federgefesselten Ringleiters an. Simuliert werden soll die Funktion $\gamma$(n). Berechnungsgrundlage ist das Induktionsgesetz Gl. 5-64. Zur Berechnung der Geschwindigkeitsanzeige muss folgendes getan werden:

1. Berechnet werden soll die Stärke c.F der einzubauenden Drehfeder. Ihr Merkmal ist die Torsionsfederkonstante *c.F=M.Antr/Zeigerausschlag γ*. Hier soll $\gamma$=90°=1,57rad sein. Dazu muss das erzielbare Antriebsmoment M.Antr berechnet werden.

2. Allgemein berechnen sich Antriebsmomente M.Antr=$\Theta\cdot\phi$ aus der **Durchflutung $\Theta$=N·i** einer Spule und dem **magnetischen Fluss $\phi$=B·A** eines Magneten. Hier ist i ein Wirbelstrom i.Wrb und die Wirbelzahl sei gleich 1. Dann ist das

**Gl. 5-301 Drehmoment eines Wirbelstromtachometers** $$M.Antr = i.Wrb * \phi$$

Der Wirbelstrom *i.Wrb=u.Wrb/R.Ring* entsteht durch die im elektrisch leitenden, aber nicht magnetisierbaren Ring (z.B. aus Kupfer oder Aluminium) induzierte

**Gl. 5-302 Wirbelspannung** $$u.Wrb = \Omega * \phi.$$

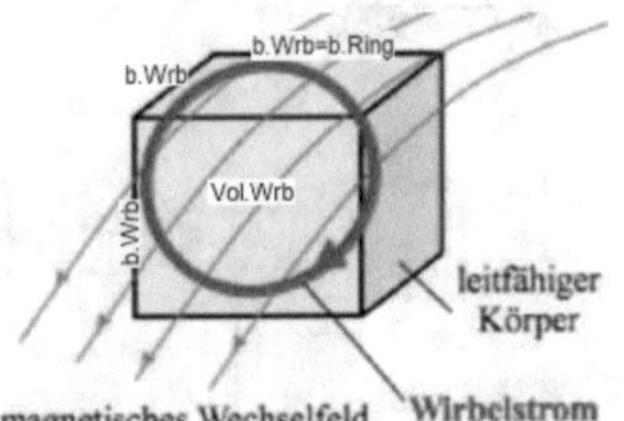


In Gl. 5-302 ist $\Omega$ die aus der Drehzahl n der Räder entstehende Winkelgeschwindigkeit des Magneten. Umrechnung: n/Upm=60·f/Hz mit f/Hz=2π· $\Omega$s.

Abb. 5-639 berechnet einen Wirbelstrom von 109A. Das ist die Summe aller Wirbel im Aluring. Jeder einzelne Wirbelstrom i.Wrb/N.Wrb ist um eine Wirbelzahl N.Wrb kleiner. N.Wrb=Vol.Ring/Vol.Wrb berechnet sich aus dem Volumenverhältnis von Ring und Wirbeln. Eine Abschätzung ergibt hier N.Wrb≈200. Damit fließt in jedem einzelnen Wirbel ca. 0,5A.

3. Der magnetische Fluss $\phi$=B·A.Ring muss aus der Flussdichte B(l.LS) und dem Querschnitt A.Ring=Umfang·Breite des Rings berechnet werden.

   Die Flussdichte B(l.LS) hängt von der Stärke des Magneten (seiner Remanenz B.Rem) und der Länge des Luftspalts l.LS ab. Das haben wir bereits mit Gl. 5-298 gezeigt:

$$B(l.LS) = B.Rem * \frac{l.Fe}{l.Fe + \mu.r * l.LS}$$

4. Den elektrischen Widerstand des Ringes berechnen wir nach dem Ohm'schen Gesetz aus dem spezifischen Widerstand des Ringmaterials (hier Aluminium mit ρ.Al=2,7μ$\Omega$·cm) und den Abmessungen des Rings: Umfang = 2π·r.Ring und dem Querschnitt A.Ring =b·h.

**Zur Federkonstante** (blauer Rahmen in Abb. 5-639)**:**

Aus dem Drehmoment folgt die Stärke c.F der Drehfeder. Ihr Kehrwert wurde für Vollausschlag bei Höchstgeschwindigkeit eingestellt 1/c.F=3,3rad/mNm. Daraus folgt **c.F=0,3mNm/rad**. Damit kann die Drehfeder beschafft oder gebaut werden.

**Parametervariation zum Wirbelstromtachometer**

Elektrische Maschinen werden mit möglichst schmalen Luftspalten gebaut. Warum das so sein muss, kann am Beispiel des Wirbelstromtachometers gezeigt werden. Dazu muss wieder seine Struktur entwickelt werden. Abb. 5-640 zeigt das Ergebnis:

die Abhängigkeit der Empfindlichkeit von der Länge l.LS des Luftspalts.

Abb. 5-640 zeigt, dass ein Wirbelstromtachometer die Drehzahl umso besser in einen Zeigerausschlag umsetzt, je schmaler der Luftspalt ist.

Für **elektrische Maschinen** bedeutet dies, dass ihr **Wirkungsgrad** umso höher wird, je schmaler der Luftspalt ist.

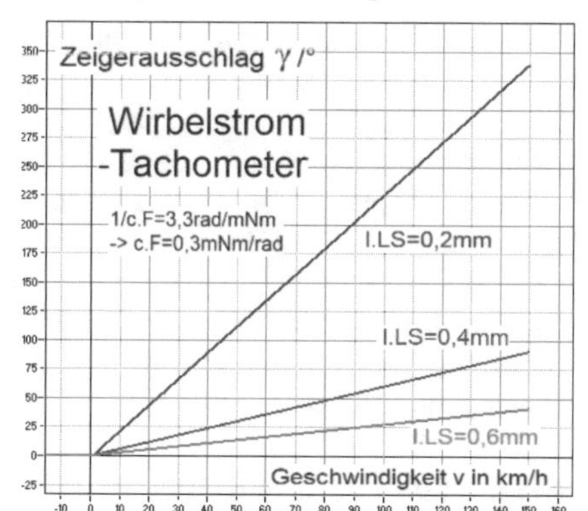


**Abb. 5-640 Mit steigender Luftspaltlänge verringert sich die Empfindlichkeit des Wirbelstromtachometers. Andererseits bedeutet dies, dass sich der Messbereich vergrößert.**

**Tachometer-Alternativen**

Das hier behandelte Wirbelstromtachometer ist nur eine Möglichkeit zur Messung von Drehzahlen. Unter dieser Adresse beschreibt Lutz Seyfarth noch drei mechanische:

http://www.oldtimer-tacho-werkstatt.de/tacho-wissen/

- Das Fliehpendelprinzip

Ein Wendekreisel (siede Bd. 2, Teil 2, Kap. 2.5.3) kippt umso weiter aus seiner Ruhelage, je größer die Drehzahl um seine Empfindlichkeitsachse ist.

- Das Chronometer-Prinzip

Die Drehung der Welle spannt wie bei einem Uhrwerk eine Feder mit Unruh und Zeiger. Das erzeugt einen geschwindigkeitsproportionalen Ausschlag.

- Das Luftreibungsprinzip

Die Anzeige entsteht durch die Reibung des Zeigers an der Welle.

Abschließend zeigt Abb. 5-641 einen ...

**Abb. 5-641 Fahrrad-Wegmesser, der die Geschwindigkeit durch eine Zälrate Z (Impulse/Zeit) misst. Daraus kann die Geschwindigkeit v (Weg/Zeit) berechnet werden.**

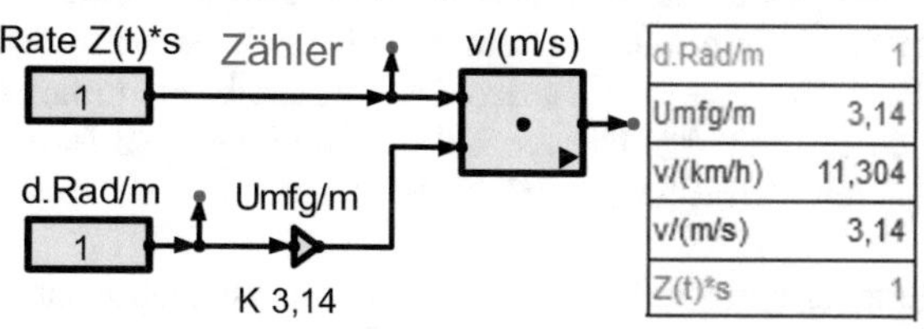


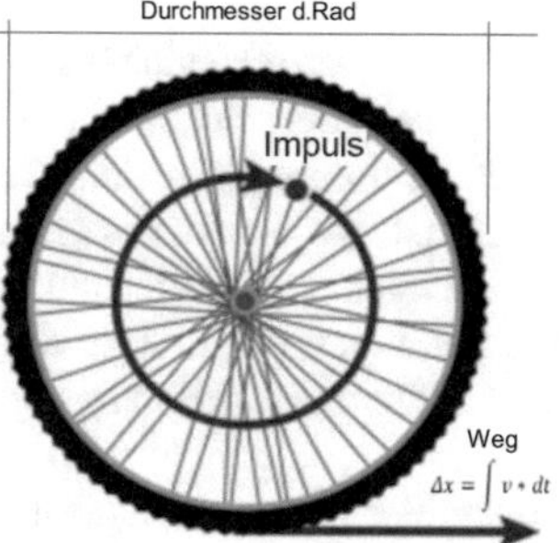


Keine der genannten Alternativen misst genauer als das Wirbelstromtachometer. Dazu funktioniert es ohne externe Stromversorgung.

### 5.9.3.4 Der Wechselstromzähler

Wechselstromzähler (sog. Strom- oder Ferrais-Zähler, Abb. 5-642) messen die vom Stromnetz abgegebene elektrische Arbeit $W=U \cdot I \cdot \cos\,\varphi$. Sie ist die Grundlage zur Stromkostenermittlung.

Wechselstromzähler sind Ladungsmesser. In ihnen dreht sich eine Aluminiumscheibe mit einer zur Wirkleistung proportionalen Geschwindigkeit. Ein angeschlossener Zähler integriert die Drehzahl zu dem Zählerstand, der in kWh kalibriert wird.

**Abb. 5-642 historischer Stromzähler nach dem Wirbelstromprinzip**

Wechselstromzähler funktionieren nach dem gleichen Prinzip wie die vorher behandelte Wirbelstrombremse.

**Aufbau und Funktion eines Wechselstromzählers**

Abb. 5-643 zeigt den Aufbau eines Wechselstromzählers: Eine Aluminiumscheibe dreht sich im Luftspalt des Eisenkerns einer Spule, in der der zu messende Wechselstrom fließt:

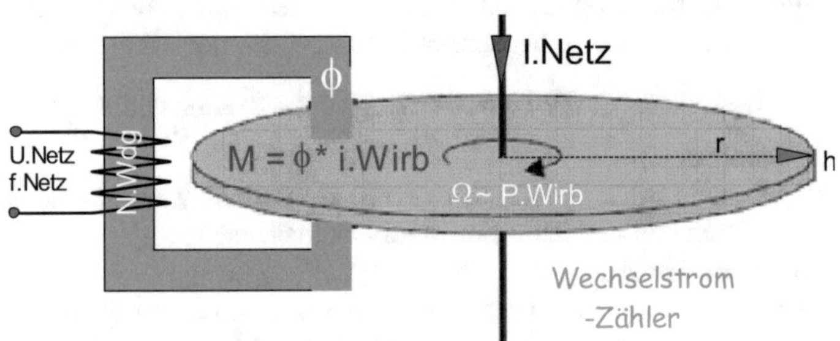


**Abb. 5-643 Wechselstromzähler: Gemessen werden soll die elektrische Arbeit. Sie ist der Anzahl der Umdrehungen einer Aluminiumscheibe proportional. Die Simulation wird zeigen, dass ihre Drehzahl proportional zur momentanen Wirkleistung ist.**

Der Wechselstrom induziert in einer drehbar gelagerten, elektrisch leitenden, aber nicht magnetisierbaren Scheibe (meist aus Aluminium) einen Wirbelstrom. Dessen magnetisches Feld erzeugt zusammen mit dem Feld des Wechselstroms ein Drehmoment, das bestrebt ist, die Stärke des Gesamtfeldes zu minimieren (Lenz'sche Regel). Dazu müssen die Ladungen der Scheibe aus dem Feld herausgedreht werden. Da die Scheibe aber immer neue Ladungen nachliefert, dreht sich die Scheibe. Die Anzahl der Umdrehungen ist ein Maß für die transportierten Ladungen und damit für die geleistete Arbeit.

Stromzähler messen zunächst die Ladung einer rotierenden Scheibe. Sie ist proportional zum magnetischen Fluss des zu messenden Stroms. Zu zeigen ist, wie dazu die elektrische Arbeit berechnet wird.

**Simulation eines Wechselstromzählers**

Elektrische Zähler messen die Arbeit *W.el = u·i·t = u·q = i·ϕ* mit der Spannung u, der Ladung q=i·t und dem magnetischen Fluss ϕ=u·t.

Die Arbeit W ist

- bei Widerständen das Produkt aus Spannung und Strom, integriert über die Zeit,
- bei Kondensatoren das Produkt aus Spannung und transportierter Ladung und
- bei Spulen das Produkt aus Strom und magnetischem Fluss.

Aus Strom und Spannung des Netzes soll die der Wirkleistung proportionale Drehzahl eines Stromzählers berechnet werden. Das Integral der Drehzahl n~Ω·t ist die Anzahl der Umdrehungen. Sie wird in der Einheit der gelieferten elektrischen Arbeit kWh kalibriert.

Zur Erklärung des Zählers betrachten wir zunächst seine Struktur in Abb. 5-644. Die darin vorkommenden Blöcke erklären wir im Anschluss.

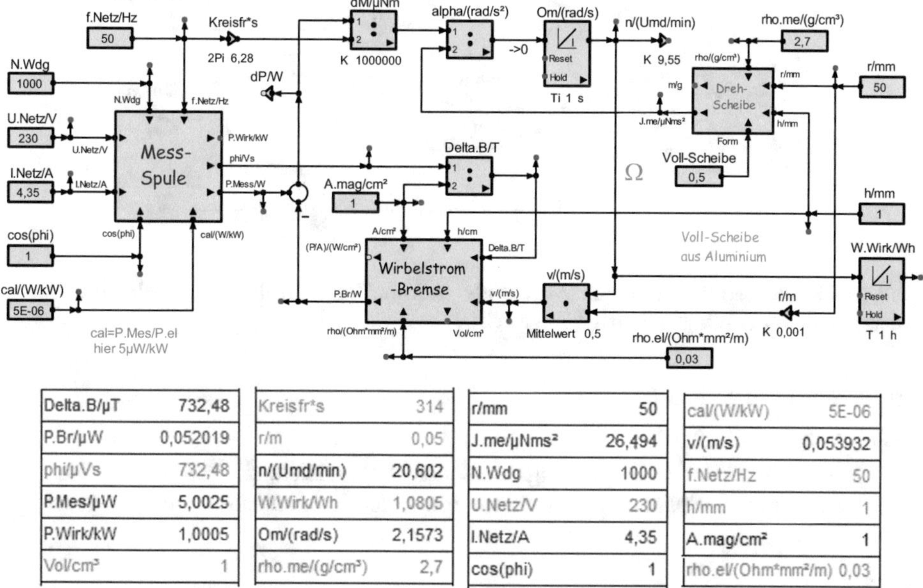


| Delta.B/µT | 732,48 |
|---|---|
| P.Br/µW | 0,052019 |
| phi/µVs | 732,48 |
| P.Mes/µW | 5,0025 |
| P.Wirk/kW | 1,0005 |
| Vol/cm³ | 1 |

| Kreisfr*s | 314 |
|---|---|
| r/m | 0,05 |
| n/(Umd/min) | 20,602 |
| W.Wirk/Wh | 1,0805 |
| Om/(rad/s) | 2,1573 |
| rho.me/(g/cm³) | 2,7 |

| r/mm | 50 |
|---|---|
| J.me/µNms² | 26,494 |
| N.Wdg | 1000 |
| U.Netz/V | 230 |
| I.Netz/A | 4,35 |
| cos(phi) | 1 |

| cal/(W/kW) | 5E-06 |
|---|---|
| v/(m/s) | 0,053932 |
| f.Netz/Hz | 50 |
| h/mm | 1 |
| A.mag/cm² | 1 |
| rho.el/(Ohm*mm²/m) | 0,03 |

**Abb. 5-644 Die Blockstruktur des Wechselstromzählers zeigt die Verknüpfung wichtiger Signale zur Messung der Wirkleistung *P.Netz=U.Netz·I.Netz·cos(φ)* und die dazu benötigten Parameter. Der Wirbelstromblock wurde vorher bereits entwickelt Die Blöcke für die Messspule und die Drehscheibe werden im Text erklärt.**

Zu den Messwerten des Zählers:

Eingestellt worden ist die Wirkleistung P.Wirk=1kW. Bei einer Messzeit t=1h ist die elektrische Arbeit P.Wirk=1kWh. Die obige Zusammenstellung zeigt die Messwerte des Zählers zu Abb. 5-643.

**Die Spule eines Wechselstromzählers**

Bei Wechselstromzählern erzeugt der elektrische Strom i in der Mitte einer elektrisch leitenden Kreisscheibe Wirbelströme. Deren magnetisches Feld kreuzt sich mit dem Magnetfeld des Stroms. Durch den Wirbelstrom entsteht ein Drehmoment M, das die Scheibe rotieren lässt. Das dreht einen Zähler mit einer leistungsproportionalen Geschwindigkeit. Dadurch wird die verbrauchte Energie (elektrische Arbeit W=P·t) angezeigt.

Abb. 5-645 zeigt ...

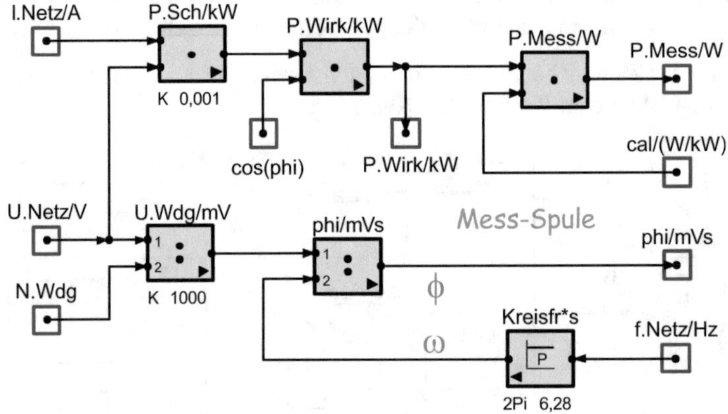


**Abb. 5-645 die Details zum Block ‚Messspule' in Abb.: Durch Kalibrierung wird die Anzeige z.B. auf ‚1Wh pro Schritt' eingestellt.**

Erläuterungen zu Abb. 5-645:

Oberer Teil:
Zur Berechnung der Wirkleistung aus der Scheinleistung P.Sch=U·I aus den Effektivwerten von Spannung und Strom muss der Leistungsfaktor cos φ gemessen werden.

Unterer Teil:
Zur Berechnung des magnetischen Flusses $\phi = U.Wnd/\omega$ mit der Windungsspannung U.Wdg/N wird außer der Netzspannung noch die Windungszahl N benötigt.

Achtung: Bei magnetischen Messgrößen muss mit Maximalwerten gerechnet werden. Sie sind um den Faktor √2 größer als der hier berechnete Effektivwert.

**Drehzahlberechnung**

Zur Berechnung der Drehzahl des Wechselstromzählers benötigen wir das Massenträgheitsmoment J der Scheibe. Zu seiner Berechnung verwenden wir den Block ‚Drehscheibe', der anschließend erklärt wird.

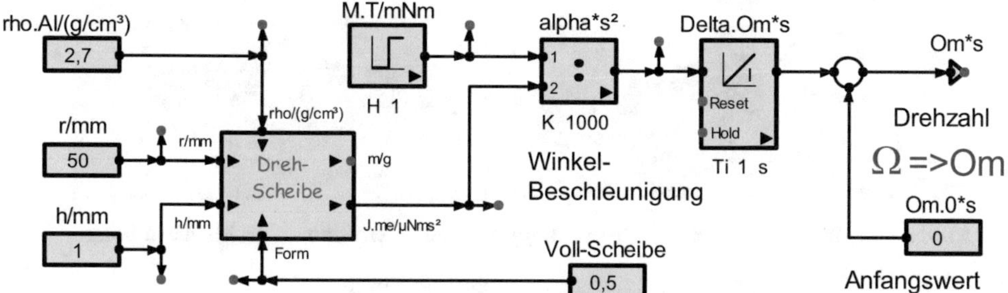


**Abb. 5-646 Berechnung von Drehzahländerungen durch das die Scheibe antreibende Moment M.T: Daraus folgen die Winkelbeschleunigung α=M.T/J und daraus wiederum durch Integration die Änderung der Drehzahl *Ω*.**

**Die Drehscheibe eines Wechselstromzählers**

In Abb. 5-647 wird das Massenträgheitsmoment J=m.r² der ‚Drehscheibe' gebraucht. Die interne Struktur des Anwenderblocks zeigt, dass es mit dem Quadrat des Radius r zunimmt.

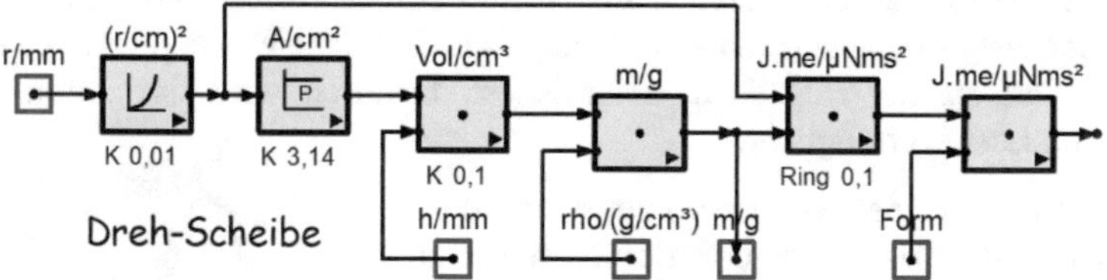


**Abb. 5-647 Berechnung des Massenträgheitsmoments einer Drehscheibe**

Damit sind die in Abb. 5-644 verwendeten Anwenderblöcke erklärt. Damit konnten in Abb. 5-644 die Messgrößen eines Zählers zu vorgegebenen Verbrauchsleistungen berechnet werden.

Fazit:

Damit schließt das Kapitel ‚Elektromagnetische Drehmomente'. Darin haben wir gezeigt,

- dass magnetische Drehmomente M=Durchflutung Θ·Fluss ϕ sind
- dass magnetische Flüsse ϕ=G.mag·Θ von der Durchflutung *Θ*=N·i und vom magnetischen Leitwert G.mag abhängen und
- dass magnetische Leitwerte G.mag=µ·A/l vom Material und seinen Abmessungen abhängen.

Mit diesem Wissen zu elektromagnetischen Drehmomenten und den Kenntnissen aus dem vorherigen Kapitel ‚Elektrische Kräfte' können beliebige elektromagnetische Systeme berechnet werden, z.B. Elektromotoren und -generatoren, Sensoren oder auch die im nächsten Kapitel folgenden Dauermagnete.

## 5.10 Dauermagnete

Dauermagnete haben einen Nord- und einen Südpol. Sie umgibt ein magnetisches Feld, das im Einflussbereich eines externen Magnetfelds **Kräfte und Drehmomente** erzeugt. Das lässt sich technisch zum Bau von elektrischen Maschinen nutzen.

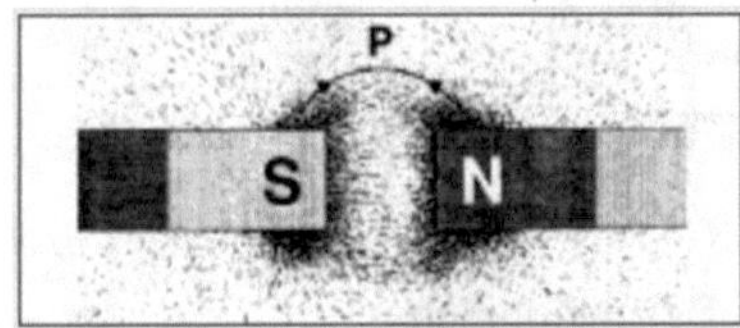

**Abb. 5-648 Magnetpole mit Feld(=Kraft-)linien: links Anziehung, rechts Abstoßung**

- Gleichstrommotoren, Läufer in Synchronmotoren
- Läufer von Generatoren, z. B. beim Fahrraddynamo und in Windkraftanlagen
- Feldmagnete von Lautsprechern und dynamischen Mikrofonen
- Felderzeugung in Drehspulmesswerken, Wirbelstrombremsen und Stromzählern
- Magnete zur Betätigung von Reedkontakten, Magnetverschlüsse an Möbeltüren
- Magnetrührer zum Rühren von Flüssigkeiten in Laborgefäßen

Um diese Anwendungen verstehen und simulieren zu können, sind Grundlagen erforderlich, die in diesem Kapitel gelegt werden sollen.

**Abschaltbare Haftmagnete** bestehen aus einem Permanentmagneten zum Halten ferromagnetischer Werkstücke und aus einer Erregerwicklung, die im eingeschalteten Zustand das Magnetfeld an der Haftfläche neutralisiert. Dadurch wird das Aufnehmen und Absetzen von Lasten ermöglicht.

Abschaltbare Haftmagnete werden vorzugsweise dort eingesetzt, wo lange Haftzeiten erforderlich sind und nur für kurze Zeit oder gelegentlich keine Haftkraft erforderlich ist.

Abb. 5-649 zeigt einen elektrisch abschaltbaren Permanentmagneten der Fa. SAV GmbH,

https://www.sav.de/de/produkt/permanent-elektro-haftmagnete-elektrisch-ausschaltbare-permanent-magnete/

**Abb. 5-649 abschaltbarer Haftmagnet**

Dauer- oder Permanentmagnete erzeugen in ihrer Umgebung über viele Jahre ein Magnetfeld von gleichbleibender Stärke. Sie erzeugen magnetische Felder wie stromdurchflossene Spulen **scheinbar,** ohne dass Ströme fließen. In Absch. 5.10.2 werden wir zeigen, **dass dies atomar doch der Fall** ist. Das wird die Grundlage zur Berechnung von **Kräften und Drehmomenten** von Magneten in äußeren Magnetfeldern sein.

**Zur Herstellung von Dauermagneten**

Ein Dauermagnet entsteht, wenn die Schmelze eines magnetisierbaren Materials (Eisen, Kobalt, Nickel und ihre Legierungen) in einem äußeren Magnetfeld abkühlt. Ein äußeres Magnetfeld richtet die Elementarmagnete antiparallel zu seiner Richtung aus (Gesetz des kleinsten Zwanges = Energieminimierung). Die Ausrichtung wird bei Abkühlung ‚eingefroren', sodass die Magnetisierung erhalten bleibt.

https://supermagnetic.de/herstellung-neodym-magnete/

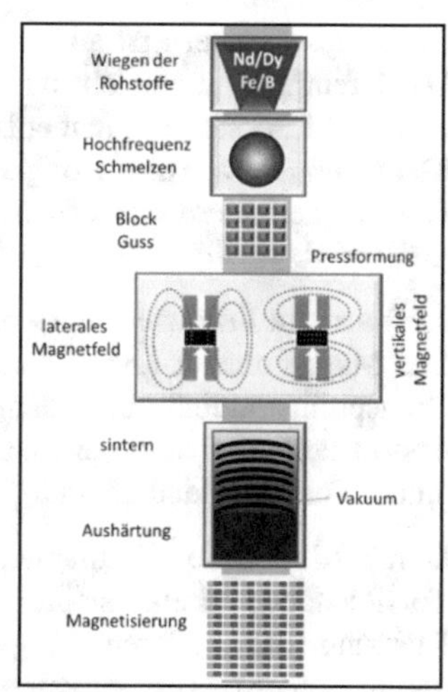


**Abb. 5-650 Auszug aus der Herstellung von Dauermagneten**

**Zum Dauermagnetismus**

In elektrisch leitenden Materialien zirkulieren **atomare Kreisströme nahezu verlustfrei**. Durch den Herstellungsprozess (Schmelzen eines Pulvers und Abkühlen in einem äußeren Magnetfeld) wird ein Teil der Elementarmagnete antiparallel gestellt. Dadurch bleibt ein Restmagnetismus der Stärke B.Rem (Remanenz) dauerhaft erhalten. Taucht ein Dauermagnet in ein **externes Magnetfeld** ein, so entstehen Kräfte, die das Ziel haben, die Gesamtenergie zu minimieren.

Um in einem äußeren Magnetfeld B den energetisch niedrigsten Zustand - bei dem das magnetische Moment $\vec{m}$ antiparallel zum äußeren Feld $\vec{B}$ steht - zu erreichen, müssen sich Magnete **linear bewegen** und **drehen** können. Welche **Kräfte und Drehmomente** dabei entstehen, soll im Folgenden als Funktion der **Abmessungen** der Magnete und des **magnetischen Materials** berechnet werden.

**Supermagnete**

Die zurzeit stärksten Magnete bestehen aus dem Selteneerdenmetall **Neodym** mit Zusätzen von Eisen und Bor ($Nd_2Fe_{14}B$). Ein Neodymmagnet mit ein paar Zentimeter Kantenlänge kann eine Haftkraft von mehreren 100 kp erreichen (1kp=10N).

Neodym-Magnete können in verschiedenen Formen hergestellt werden: Scheiben, Quader, Würfel, Ringe, Stäbe und Kugeln. Durch eine Kupfer-Nickel-Beschichtung erhalten sie eine silberne Oberfläche.

https://de.wikipedia.org/wiki/Neodym-Eisen-Bor

**Abb. 5-651 Ein Neodym-Eisen-Bor-Magnet (kleine Scheibe zwischen den Kugeln) trägt das 1300-fache seines Eigengewichtes!**

**Das Magnetometer**

Bei Magnetometern ist an einem drehbar aufgehängten Magneten ein Spiegel befestigt. Das Drehmoment entsteht durch das Feld des Dauermagneten und ein externes Magnetfeld. Das Rückstellmoment entsteht durch die Torsion der Aufhängung. Dadurch zeigt das Magnetometer wie eine Kompassnadel die Richtung externer Magnetfelder an. Die Stärke von Magnetfeldern misst es nicht. Dazu gibt es Hallsonden. Wir behandeln sie in Bd. 6/7 ‚Sensorik'.

**Aufbau und Funktion eines Magnetometers**

Das Magnetometer (Abb. 5-652) ähnelt dem Drehspulinstrument mit dem Unterschied, dass anstelle der Spule ein **Dauermagnet** an einem Torsionsfaden hängt.

Durch die freie Aufhängung an einem Torsionsfaden dreht sich der Magnet in Richtung des äußeren Magnetfeldes (z.B. durch Spulen). Die Anzeige der Drehung erfolgt hochempfindlich durch einen Spiegel, der einen Lichtstrahl reflektiert.

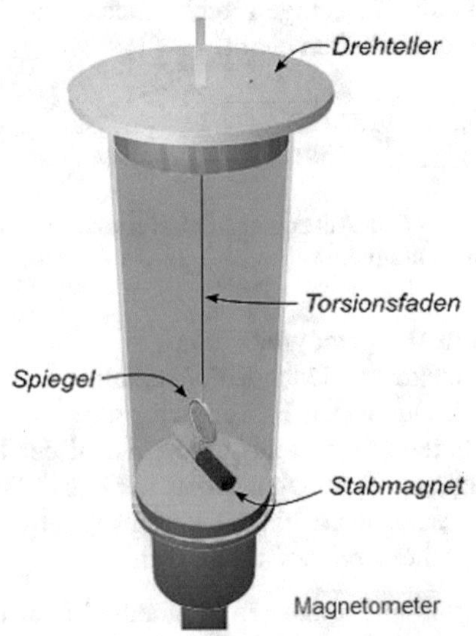


**Abb. 5-652 Magnetometer: Ein Dauermagnet mit Spiegel hängt an aus einem am Torsionsfaden.**

https://lp.uni-goettingen.de/get/text/4203

Magnetometer dienen zur Messung äußerer Magnetfelder nach Größe und Richtung im Raum. Wenn keine stromdurchflossenen Spulen in der Nähe sind, richtet sich der Magnet wie eine Kompassnadel nach Norden aus.

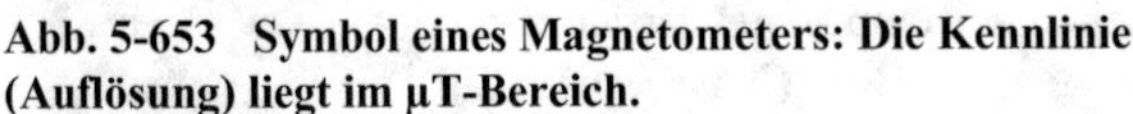

**Abb. 5-653 Symbol eines Magnetometers: Die Kennlinie (Auflösung) liegt im µT-Bereich.**

Anwendung: Messung des Erdmagnetfelds: *Abenteuer Forschung – Verkehrte Welt*

https://www.youtube.com/watch?v=0DF6Z-Trq6M

**Die Magnetisierungskennlinie eines Dauermagneten**

Die Stärke von Magneten ist für die Entwicklung kompakter Elektromotoren von entscheidender Bedeutung. Abb. 5-654 zeigt die Entwicklung im Laufe der Zeit.

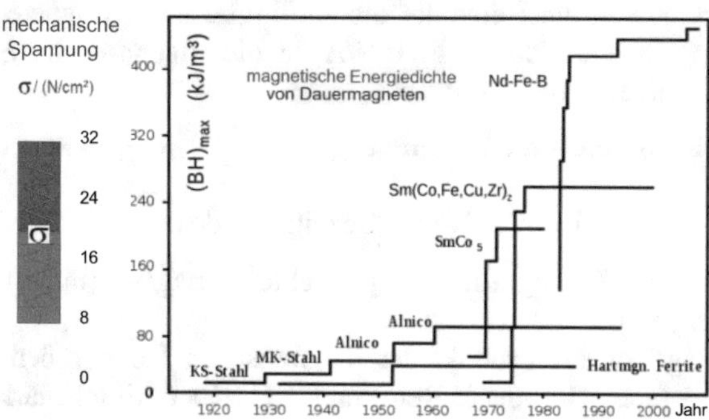


**Abb. 5-654 zeitliche Entwicklung der Energiedichte von Dauermagneten**

Um die Stärke von Magneten vergleichen zu können, müssen ihre Kräfte auf die Angriffsfläche (σ=F/A) bezogen werden. Das tun die Hersteller, indem sie die magnetische Energiedichte angeben (σ=E,mag/Vol, siehe die Magnetisierungskennlinie Abb. 5-655). Um die Wirkungen von Dauermagneten berechnen zu können, wird die magnetische Kraft F.Pol an seinen Polen benötigt.

Zu Berechnung von σ messen die Hersteller die Remanenzflussdichte B.R und die Koerzitivfeldstärke H.C. Das zeigt Abb. 5-655 und berechnet Gl. 5-303.

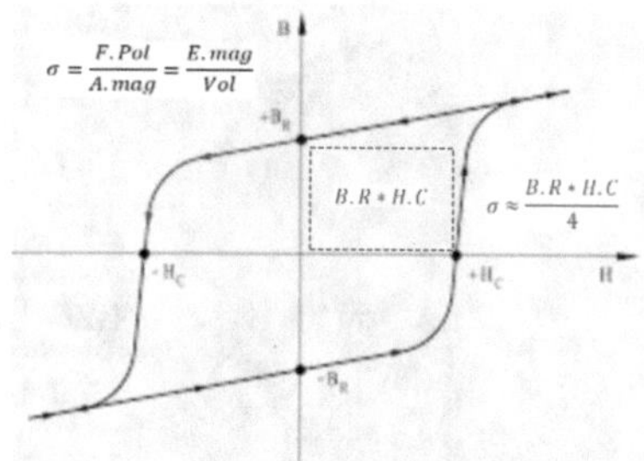


**Abb. 5-655 Hystereseschleife eines Hartmagneten: Seine Kennzeichen sind die Koerzitivfeldstärke H.C und die Remanenzflussdichte B.R**

## Magnetische Energiedichte und mechanische Spannung

Bei einem einzelnen Dauermagneten bewirken die Polkäfte an den Oberflächen des Nord- und Südpols nur eine minimale Kontraktion des Magneten. Ist jedoch ein magnetisierbarer Körper oder gar ein zweiter Magnet in der Nähe, so können sich die Polkräfte frei entfalten. Dann zeigt sich, wie stark sie sind Das soll im Folgenden an typischen Beispielen gezeigt und berechnet werden.

*Mechanische Spannung σ=F.mag/A = Energiedichte E.mag/Vol*

Gl. 5-303 zeigt, dass die mechanische Spannung σ=F/A (mit A=b·h) gleich der Energiedichte E/Vol ist (mit Vol =A·l):

**Gl. 5-303 Energiedichte und magnetomechanische Spannung**

$$\sigma = \frac{E.mag}{Vol} = \frac{F.Pol}{A.mag} \approx B.R * H.C$$

**Die Güte von Dauermagneten**

Dauer (Permanent)-magnete unterscheiden sich durch ihre Haftkraft an ferromagnetischen Materialien (z.B. Eisen). Haftkräfte F.Haft sind proportional zum Querschnitt A der Magnete. Deshalb messen die Hersteller die Haftkräfte ihrer Magnete und beziehen sie auf die Fläche A. Der Quotient **σ=F.Haft/A** ist die **mechanische Spannung** an der Oberfläche des Magneten. Man nennt sie

**Gl. 5-304 magnetische Güte = mech. Spannung** $$\boldsymbol{Q.mag = \sigma = (B * H).max}$$

Die Einheiten der Güte sind J/m³ = N/m². Gezeigt werden soll,

1. dass die Güte Q.mag die Energiedichte E.mag/Vol(umen) im Inneren des Magneten ist und
2. dass E.mag/Vol das Produkt der magnetischen Kenngrößen B.R (Remanenzflussdichte (auch B.r oder B.Rem) und H.C (Koerzitivfeldstärke, auch H.K) ist.

Tab. 5-34 zeigt die

**Tab. 5-34 magnetischen Parameter von Neodym (NdFeB)-Magneten (Br=B.Rem)**

| Neodym-Magnete | Remanenz Br | Koerzitivfeldstärke | | Güte |
|---|---|---|---|---|
| | | bHc | iHc | (BxH)max |
| | Tesla (T) | kA/m | kA/m | kJ/m³ |
| N30 | 1.08-1.12 | 780-836 | ≥955 | 223-239 |
| N33 | 1.14-1.17 | 820-876 | ≥955 | 247-263 |
| N35 | 1.17-1.21 | 860-915 | ≥955 | 263-279 |
| N38 | 1.22-1.26 | 860-915 | ≥955 | 287-303 |
| N40 | 1.26-1.29 | 860-955 | ≥955 | 303-318 |
| N42 | 1.29-1.32 | 860-955 | ≥955 | 318-334 |
| N45 | 1.32-1.37 | 860-995 | ≥955 | 342-358 |
| N48 | 1.37-1.42 | 860-995 | ≥955 | 358-382 |
| N50 | 1.40-1.46 | 860-995 | ≥955 | 374-406 |
| N52 | 1.42-1.47 | 860-995 | ≥955 | 380-422 |

Erläuterungen zu Tab. 5-34 finden Sie bei der Fa. Webcraft GmbH unter
https://www.supermagnete.de/faq/Was-bedeutet-die-Angabe-N42-N45-N50-usw

Zu Pkt 1:
Das Volumen des Magneten ist Querschnitt A mal Länge l. Deshalb ist die Güte

**Gl. 5-305 Definition der magnetischen Güte** $$Q.mag = F.Haft/A = E.mag/Vol$$

Die magnetische Energie E.mag wird bei der Herstellung des Magneten in seinem Volumen Vol gespeichert.
Die Haftkraft F.Haft wird für jeden Magnettypen (=Magnetklasse) gemessen und in den technischen Daten als Güte Q.mag=F.Haft/A angegeben.

Mit der Angabe Q.mag kann der Anwender die Haftkraft aus dem Querschnitt A berechnen:

**Gl. 5-306 magnetische Haftkraft** $$F.Haft = Q.mag * A$$

Zu Pkt 2:
Die gespeicherte magnetische Energie E.mag=$\phi \cdot \Theta$ eines Magneten mit der Länge l und dem Querschnitt A ist das Produkt aus magnetischem Fluss $\phi$ und Durchflutung $\Theta$. Die Flussdichte B=$\phi$/A, die Feldstärke H=$\Theta$/l. Deshalb ist die in einem Magneten gespeicherte Energiedichte das Produkt

**Gl. 5-307 Berechnung der magnetischen Güte** $$Q.mag \approx B.R * H.C$$

Zur Bestimmung von Q.mag messen die Hersteller von Dauermagneten deren Hysteresekurven (Abb. 5-655) und geben das Produkt B.R·H.K als Maß für ihre Stärke an.

**Beispiel: Dauermagnete aus AlNiCo**
Preiswerte und daher häufig verwendete Magnete bestehen außer aus einer Legierung aus Eisen (Fe) noch aus den ferromagnetischen Elementen Nickel (Ni), Cobalt (Co) und dem diamagnetischen Aluminium (Al), genannt AlNiCo. Es soll hier als Berechnungsbeispiel dienen. Dazu werden die in Tab. 5-35 angegebenen Daten gebraucht. Wie und wozu, wird nachfolgend erklärt.

Um Beispiele rechnen zu können, müssen Magnete ausgewählt werden. Angeboten werden z.B. schwache Spielzeugmagnete und extrem starke Supermagnete, die wegen ihrer Anziehungskräfte nicht ungefährlich sind.

**Tab. 5-35 zwei Beispiele zu den Daten des Dauermagneten AlNiCo**

Die Remanenzflussdichten B.r beider Magnete sind ähnlich.

Ihre Kraft zeigt sich in der Koerzitivfeldstärke H.C und der Energiedichte (B·H).

AlNiCo **Stabmagnet**

| | Magnet | stärker | schwächer |
|---|---|---|---|
| $B_r$ | Remanenz | 1.270 T | 1,3T |
| $H_c$ | Koerzitivfeldstärke | 55,3 kA/m | 2,7kA/m |
| (BH) | Energiedichte | 46,9 kJ/m³ | 3,2kJ/m³ |
| $\mu_{rec}$ | relative Permeab. | 2,5 ... 4,0 | 3,2 |

Um zu zeigen, wie die Kräfte von Dauermagneten berechnet werden, sind schwache Magnete wie solche aus **AlNiCo**, als Beispiel völlig ausreichend.

**Legende zur Berechnung von Dauermagneten**

Zur Berechnung und Simulation von Dauermagneten werden **Messgrößen und Gesetze** benötigt. Die Gesetze erklären wir in diesem Kapitel. Die Legende zu den Messgrößen folgt hier.

Die folgende Auflistung von Formeln des Magnetismus soll Ihnen zum **Nachschlagen** beim Lesen der kommenden Strukturen dienen. Die Namen und ihre Indizierungen sind so gewählt, dass sie möglichst selbsterklärend sind.

**Dimensionen** l.mag, b.mag, h.mag = **Länge, Breite und Höhe** eines Dauermagneten
Koordinaten x, y, z – r = Radius, Abstand, z.G = **Gleichgewichtsabstand** zweier Magnete
A.mag=b.mag·h.mag = **Querschnitt** des Magneten
**Volumen** Vol.Fe = l.mag·b.mag·h.mag = **Volumen** des Dauermagneten
rho = **Dichte** des Dauermagneten – hier AlNiCo ca. 6g/cm³
**Kraft F** = Energie E/ Länge l – Energien werden in J(oule)=Nm=VAs gemessen.

**Magnetische Energiedichte** E.mag/Vol, z.B. in kJ/m³ - Energieeinheit: J(oule)=Nm
**Mechanische Spannung σ** = Fläche F/Querschnitt A
μ=μ.0·μ.r = **Permeabilität** des Dauermagneten – hier AlNiCo mit μ.r≈3
interner **Magnetisierungsstrom** i.mag in A

| | | |
|---|---|---|
| **Gl. 5-311** | **Zirkulationszahl** | N.Zirk (Windungszahl N bei Spulen) |
| **Gl. 5-310** | **Durchflutung** (theta) | *Θ*.mag=N.Zirk·i.mag i A |
| **Gl. 5-313** | **Polstärke** | p.mag = *Θ* ·l.mag, z.B.in A·m |

**Gl. 5-316 magnetisches Moment** m.mag=i.mag·A.mag, z.B. in A·m²
**hartmagnetische Masse** des Dauermagneten m.Fe = = rho.Fe·Vol.Fe

**Molzahl n=m/M**

**Abb. 5-656 Auszug aus dem Periodischen System der Elemente PSE**

Chemische Einheit von Teilchenzahlen:
1 **Mol** = $6 \cdot 10^{23} \approx$ 600 Trilliarden Teilchen
**Avogadrozahl** N.A = $6 \cdot 10^{23}$ Teilchen/mol

Der Ferrit AlNiCo hat eine **mittlere Molmasse** M.Mol≈26g/mol
M.mol = **Masse von 1 Mol** Teilchen einer Substanz = rel. Atomgewicht in g/mol
N.mol = M.Mol·m.Fe = **Anzahl der Mole** der Magnetmasse m.Fe

**Anzahl parallel ausgerichteter Elementarmagnete** Z.mag = m.mag/μ.Bohr
N.Fe = Z.mag·N.Mol = Anzahl der parallelen **Elementarmagnete pro Mol**
μ.Bohr = **Bohrsches Magneton** = magnetisches Moment eines Elektrons
k.mag = N.Fe/N.A = **relativer Anteil der Elementarmagnete**, hier in ppm=$10^{-6}$

**Magnetfeldrechner**
Zur Berechnung magnetischer Kräfte (Gl. 5-213) und Drehmomente (Gl. 5-266) werden Betrag und Richtung des äußeren Magnetfelds benötigt. Zu deren Berechnung stellen die Hersteller von Dauermagneten Magnetfeldrechner zur Verfügung. Abb. 5-657 zeigt ein Beispiel:

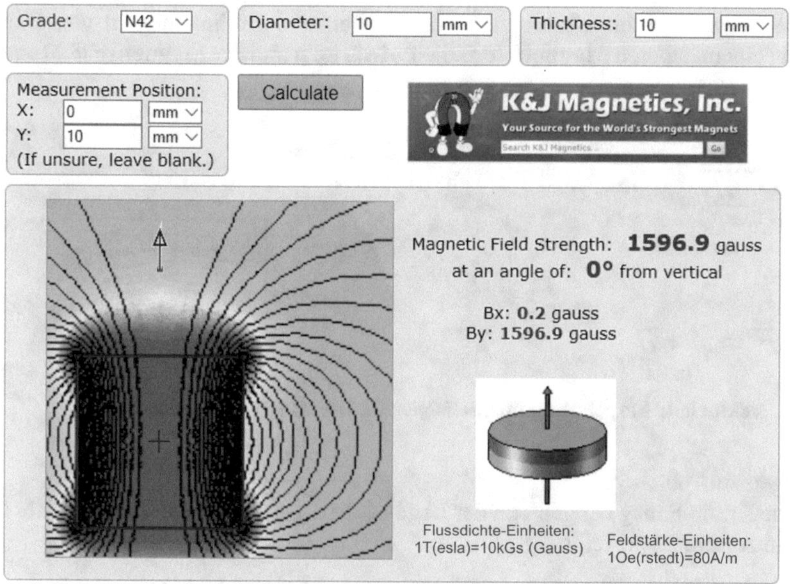


Quelle: http://www.kjmagnetics.com/calculator.asp

**Abb. 5-657 Magnetfeldrechner zur Berechnung magnetischer Kräfte als Funktion des Abstands durch ein Programm der Fa. K&J Magnetics**

Zur Handhabung des Magnetfeldrechners:
Berechnet werden Betrag B und Richtung α der Flussdichte in einem beliebigen Punkt (x,y) des Raums (Methode: finite Elemente). Im Angelsächsischen werden Flussdichten B noch in G(auss) angegeben. Abb. 5-657 zeigt auch die Umrechnung in die internationale Einheit T(esla).

Vorzugeben sind die Magnetstärke (Güte = Grade, siehe Abb. 5-657) und Größe des Magneten.
Einzustellen ist der Ort durch die Koordinaten x und y, für den die Flussdichte B berechnet werden soll.

Hier sollen die **Messwerte von Systemen** mit Dauermagneten berechnet werden. Das geht mit Magnetfeldrechnern nicht. Beispiele:

*die dauermagnetische Levitation (Absch. 5.10.5) und*
*die diamagnetische Levitation (Absch. 5.10.6).*

Dazu muss für Dauermagnete gezeigt werden, wie ihre magnetischen Parameter (die Polstärke p.mag für Kräfte und das magnetische Moment m.mag für Drehmomente) aus dem magnetischen Material (repräsentiert durch die Energiedichte σ=Güte) und Abmessungen der Magnete berechnet werden.

### *5.10.1 Polstärke und magnetisches Moment*

Zur Berechnung der Wirkungen von Dauermagneten werden Kräfte und Drehmomente benötigt, die wir in den vorherigen Abschnitten behandelt haben. Deshalb fassen wir das Wichtigste daraus noch einmal kurz zusammen.

Abb. 5-658 zeigt, dass zur Berechnung von Kräften und Drehmomenten von Dauermagneten in einem äußeren **Magnetfeld B** die **Polstärke p** und das **magnetische Moment m** benötigt wird.

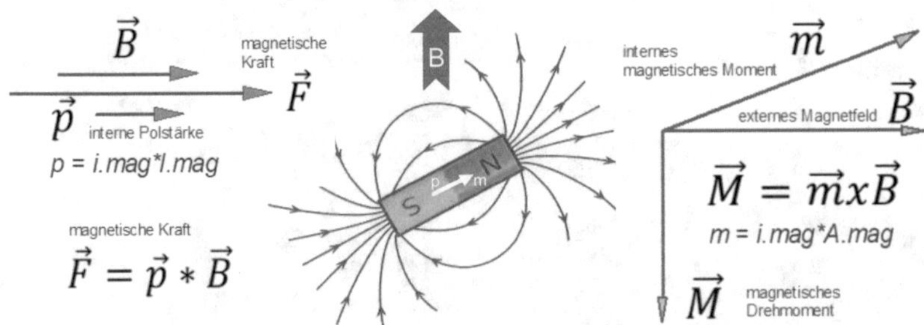


**Abb. 5-658 vektorielle Berechnung magnetischer Kräfte und Drehmomente**

Erläuterungen zu Abb. 5-658

Magnetische Kräfte F.mag hängen von der Lage des Magneten im äußeren Feld B ab. Das haben wir in Absch. 5.9 gezeigt.

Zeigt der Nordpol in Feldrichtung, so ist F.mag maximal, zeigt der Südpol in Feldrichtung, so ist F.mag=0. Gl. 5-308 berechnet sie mit dem Cosinus des eingeschlossenen Winkels α. Proportionalitätskonstante ist die **Polstärke p.**

**Gl. 5-308 magnetische Kraft** $F.mag = |\vec{p} * \vec{B}| = p * B *\cdot \cos\alpha$

Bei Drehmomenten M.mag ist es umgekehrt: Sie sind – je nach Ausrichtung des Nordpols – maximal oder null, wenn der Magnet quer zum äußeren Feld steht. Das haben wir in Absch. gezeigt. Gl. 5-309 berechnet M.mag mit dem Sinus des eingeschlossenen Winkels α. Proportionalitätskonstante ist das **magnetische Moment m.**

**Gl. 5-309 magnetisches Drehmoment** $M.mag = |\vec{m} * \vec{B}| \cdot \sin\alpha$

Zur Berechnung von B und α für vorgegebene Magnete stellt die Industrie Magnetfeldrechner zur Verfügung (Abb. 5-657). Die damit errechneten statischen Messwerte sind für Simulationen ungeeignet, denn die Abstandsfunktionen B(r) werden nicht angegeben.

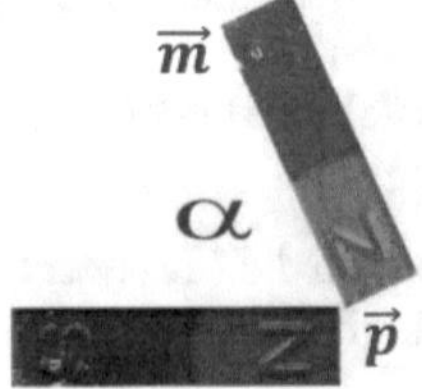


**Abb. 5-659 Polstärke und magnetisches Moment**

Wie Polstärken p und magnetische Momente m von Dauermagneten als Funktion ihrer Abmessungen berechnet werden, wird nachfolgend gezeigt. Das schafft die Voraussetzung zur Konstruktion elektrischer Maschinen im weitesten Sinne.

**Zur Zirkulationszahl N.Zir**

Zuerst soll gezeigt werden, wie Polstärken p und magnetische Momente m berechnet werden können. Dazu wird die Anzahl N.Zir der im Dauermagneten zirkulierenden Kreisströme (Wirbel) benötigt.

In Dauermagneten zirkuliert ebenfalls ein Magnetisierungsstrom mit einer Umdrehungszahl, die hier **Zirkulationszahl N.Zir** heißen soll:

**Gl. 5-310 Durchflutung eines Dauermagneten** $\boldsymbol{\Theta = N.Nir * i.mag}$

N.Zir ist analog zur Windungszahl N elektrischer Spulen. Im Absch. 5.10.8 ‚Modelle für Dauermagnete' werden wir zeigen, wie sie aus den Abmessungen des Magneten und seiner relativen Permeabilität µ.r berechnet werden kann:

**Gl. 5-311 Zirkulationszahl eines Dauermagneten** $N.Zir = 4\pi * l^2/A$

Zahlenwerte zur Zirkulationszahl berechnen wir in Abb. 5-661.

Zunächst ist zu zeigen, wie man die Durchflutung $\Theta$ misst und wie sie berechnet werden kann. Dazu dienen die im nächsten Abschnitt folgenden Modelle für Dauermagnete.

**Die magnetische Polstärke p**

Zur Berechnung des magnetischen Moments zeigen wir noch einmal den

**Gl. 5-312 Betrag einer magnetischen Kraft** $\boldsymbol{F.mag = p * B}$

Abb. 5-660 zeigt ...

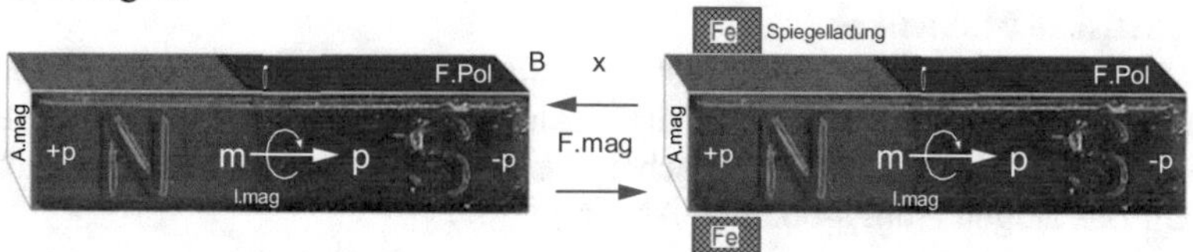


**Abb. 5-660 die Anziehungskraft zweier Magnete: Sie hängt von der Polstärke und dem Abstand der Pole ab. Abb. 5-661 zeigt, wie Polstärken nach Gl. 5-313 berechnet werden.**

Zur Berechnung der Polstärke p gehen wir wieder von der Basisgleichung Gl. 5-213 für magnetische Kräfte aus: F.mag=Feldstärke H·mag · Fluss ϕ. Mit H=Θ/l und ϕ=B·A erhalten wir den Betrag

$$F.mag = (i * N) * (A/l) * B = p * B$$

Hier wird aus der Windungszahl N die Zirkulationszahl N.Zir. Damit folgt aus F.mag die Berechnung der

**Gl. 5-313 Polstärke** $\boldsymbol{p = (i * N.Zir) * (A/l)}$

Zahlenwerte zur Polstärke p, z.B. in A·m, berechnen wir in Abb. 5-661.

Polstärken p können auch negativ werden, weil es nicht nur magnetische Anziehungs-, sondern auch Abstoßungskräfte gibt.

Abb. 5-661 zeigt die Berechnung von ...

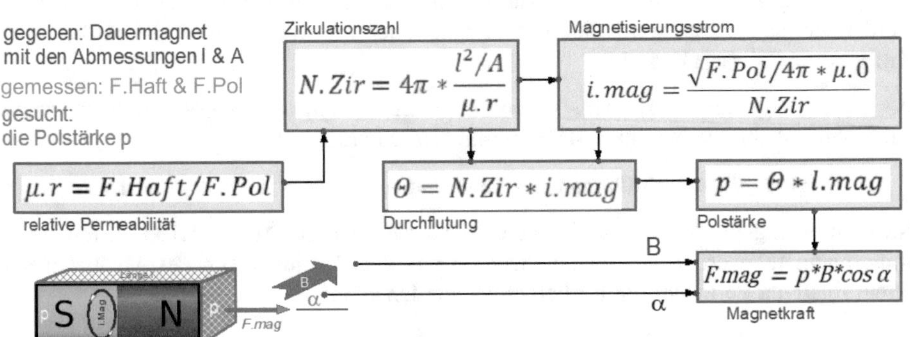


**Abb. 5-661 Polstärke p und Kraft eines Dauermagneten als Funktion der externen Feldstärke B und seines Winkels α zu B**

Den Ingenieur, der Kraftmaschinen und Relais bauen will, interessiert insbesondere die magnetische Kraft in **axialer Richtung z**. Dazu benötigt er – wie gezeigt – nur die Remanenzflussdichte B.r(z). Mit der Polstärkengleichung Gl. 5-313 kann ein Techniker nicht viel anfangen, denn die Polstärke p ist für ihn keine Messgröße. Deshalb werden wir – abgesehen von dem nun folgenden Beispiel – das Polstärkenkonzept hier nicht weiterverwenden.

**Das magnetische Moment m**

Auf einen magnetischen Dipol wirkt in einem externen Magnetfeld mit der Flussdichte B ein Drehmoment M, durch das es in die Feldrichtung gedreht wird. Seine Stärke ist abhängig vom Einstellwinkel α zwischen Feldrichtung und der Längsrichtung des Magneten. Das zeigen Abb. 5-662 und Abb. 5-663:

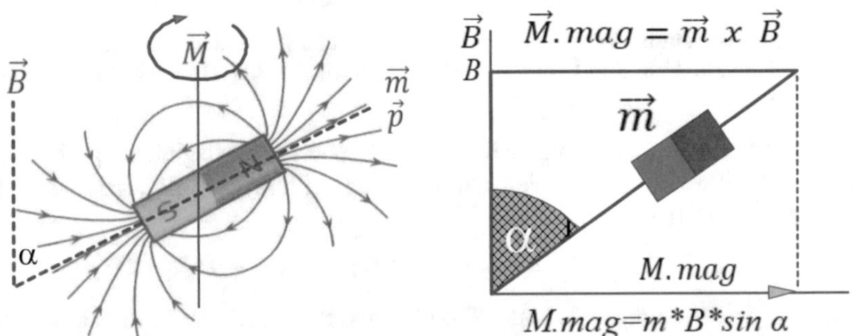


**Abb. 5-662 Das magnetische Drehmoment eines Dauermagneten in einem externen Magnetfeld: Bei Bewegungsfreiheit stellt sich der Magnet antiparallel zum äußeren Feld (Kräftefreiheit, energetisches Minimum).**

Das **magnetische Dipolmoment m=M/B** ist das Drehmoment M bezogen auf seine Ursache, die Flussdichte B. Das magnetische Moment m ist das Maß für die Stärke eines magnetischen Dipols Die Einheit des magnetischen Moments im Internationalen Einheitensystem (SI) ist das **A·m²**. (m ist analog zum elektrischen Dipolmoment p=q/d = Ladungen pro Abstand).

Zur Berechnung des magnetischen Moments zeigen wir noch einmal den

**Gl. 5-314 Betrag eines magnetischen Drehmoments** $\boldsymbol{M.mag = m * B}$

Das magnetische Moment m ist ein Maß dafür, wie stark Kreisströme versuchen, sich nach dem äußeren Magnetfeld B auszurichten. Dieses Konzept kann auf Dauermagnete genauso angewendet werden wie auf die den Atomkern umkreisenden Elektronen.

Zur Berechnung des magnetischen Moments m gehen wir wieder von der Basisgleichung Gl. 5-266 für magnetische Drehmomente aus: M.mag=Fluss $\phi \cdot \Theta$. Mit $\Theta$=N.Zir·i und $\phi$=B·A erhalten wir den Betrag

**Gl. 5-315** $\boldsymbol{M.mag = m * B = N.Zir * i * A * B}$ ... in A·m²=Nm/T

In Gl. 5-315 wird aus der Windungszahl N die Zirkulationszahl N.Zir. Damit folgt aus Gl. 5-316 die Berechnung für das

**Gl. 5-316 magnetische Moment** $\boldsymbol{m = N.Zir * A * i}$

Aus Gl. 5-316 folgt, dass magnetische Drehmomente umso größer sind,

1. je permeabler der Magnet ist (die Materialkonstante μ) und
2. je größer der Querschnitt A ist (siehe Torquemotor Abb. 5-566).

Zahlenwerte zum magnetischen Moment, z.B. in A·m², berechnen wir in Absch. 5.10.9.

Abb. 5-663 zeigt die Berechnung des Drehmoments M=m·B eines Dauermagneten mit dem magnetischen Moment m in einem äußeren magnetischen Feld B:

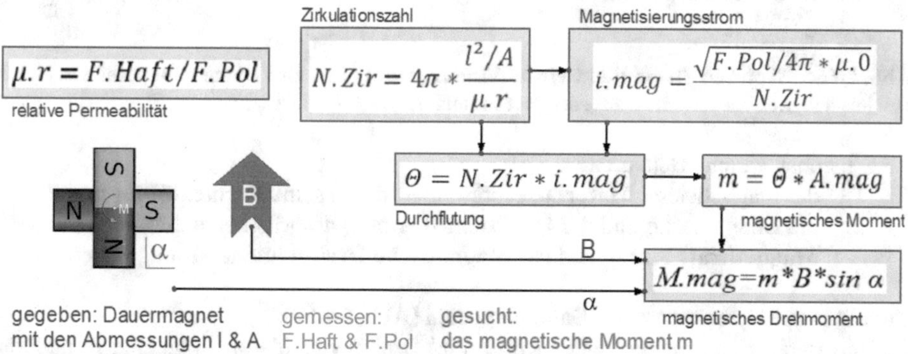


**Abb. 5-663 Berechnung des magnetischen Drehmoments aus der Flussdichte B und dem magnetischen Moment m: Zur Berechnung von m müssen die interne Durchflutung Θ des Dauermagneten und der Magnetisierungsstrom i.mag und die Zirkulationszahl N.Zir berechnet werden.**

Magnetische Momente können auch negativ werden. Deshalb können Motoren mit Dauermagneten je nach Stromrichtung rechts- und linksherum drehen.

## 5.10.2 Magnetische Monopole und Dipole

Magnetische Effekte (Kräfte, Drehmomente) lassen sich durch die Wechselwirkung zwischen magnetischen Dipolen erklären und berechnen. Deshalb muss zuerst gezeigt werden, was ein magnetischer Dipol ist.

Die beiden Pole magnetische Dipole (elektrodynamische Energiespeicher) entsprechen den Polen getrennter elektrischer Ladungen (elektrostatische Speicher) – mit dem Unterschied, dass isolierte magnetische Pole bisher nicht gefunden worden sind.

Für die Berechnung von Dipolkräften ist es jedoch unerheblich, ob es magnetische Monopole gibt oder nicht. Das soll im Folgenden gezeigt werden.

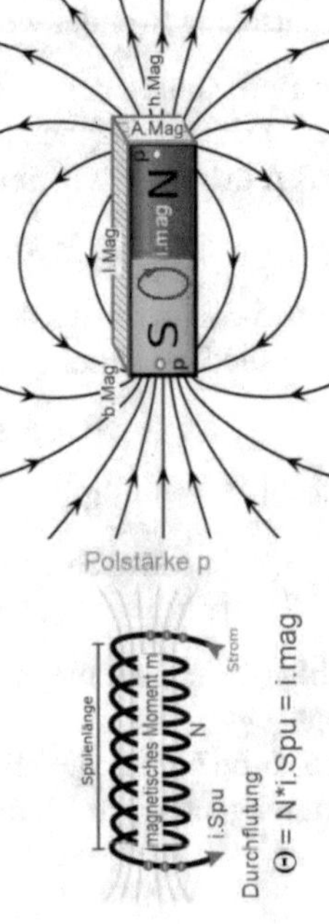


**Zum internen Kreisstrom eines Dauermagneten**
Durch die Ausrichtung der Elementarmagnete bei der Herstellung eines Dauermagneten entsteht ein **interner Kreisstrom i.mag**. Er besteht aus nahezu **verlustfrei parallel zirkulierenden** Elektronen.

Zum **Magnetisierungsstrom i.mag** gehört ein **interner magnetischer Fluss ϕ**, der mit einem äußeren Magnetfeld (Flussdichte B.ext) wechselwirkt, was die auf den Magneten wirkenden Kräfte und Drehmomente erzeugt.

**Abb. 5-664 Welchen Strom und welche Windungszahl muss eine Spule haben, die ein gleich starkes Magnetfeld wie ein Dauermagnet erzeugt?**

Zu zeigen ist, welche Bedeutung

1. das magnetisierte **Material,** repräsentiert durch seine **Permeabilität μ** und
2. die **Länge l.mag** und der **Querschnitt A.mag** des Magneten für die **Magnetkraft F.mag** und das **magnetische Drehmoment M.mag** haben.

Zum Plan zur Berechnung von Dauermagneten (Abb. 5-665):
Für die Berechnung magnetischer Kräfte und Drehmomente von Magneten in äußeren **magnetischen Feldern B** müssen folgende Parameter bestimmt werden:

1. die **Polstärke p.mag** für die Kraft **F.max=p·B** – mit der externen Flussdichte B
2. die **interne Durchflutung *Θ*=N.Zir·i.mag** - mit dem **Magnetisierungsstrom i.mag** und der **Anzahl N.Zir** seiner Umdrehungen
3. der interne **magnetische Fuss ϕ=*Θ*/G.mag** – mit dem magnetischen Leitwert **G.mag=μ·A/l**
4. das **magnetische Moment m** für das **Drehmoment M.max=m·B**

**Der Plan zur Berechnung von Dauermagneten**
In diesem Kapitel sollen die Kräfte F und Drehmomente M von Dauermagneten als Funktion des Materials (der Permeabilität μ und seiner Abmessungen (Länge l, Querschnitt A) berechnet werden. Mit diesem Wissen lassen sich Magnete an die Forderungen der Anwendung anpassen.

Abb. 5-665 zeigt das Schema zur Berechnung von Dauermagneten. Es wird zunächst als Kurzfassung und anschließend im Einzelnen erläutert.

Um die Kräfte F und Drehmomente M von Magneten in einem **äußeren Magnetfeld B** berechnen zu können, müssen die Eigenschaften der Magnete selbst bekannt sein. Die beiden wichtigsten sind

1. die **Polstärke p.mag** und
2. das **magnetische Moment m.**

Damit wird die maximale

1. **magnetische Kraft F.max=p·B** und
2. das **Drehmoment M.max=m·B**.

Die **magn. Energiedichte σ=E.mag/Vol** ist das Maß für die Stärke des magnetischen Materials (Herstellerangabe).

**Magnetische Kräfte F.mag=σ·A** sind das Produkt aus σ und dem magnetischen Querschnitt A.

In Dauermagneten zirkulieren **Magnetisierungsstöme i.mag N-fach** fast reibungsfrei. Das Produkt ist die

**Durchflutung *Θ*=N·i.mag**.

Mit ***Θ*** lassen sich die Polstärke p.mag und das magnetische Moment m berechnen:

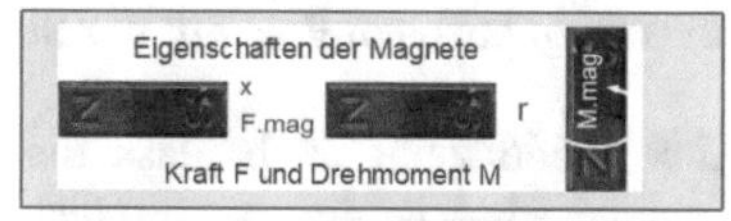


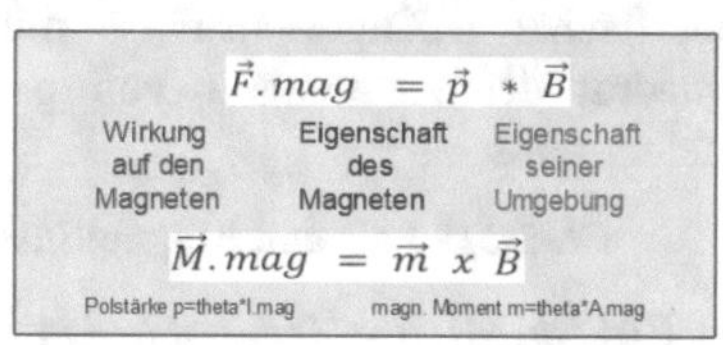


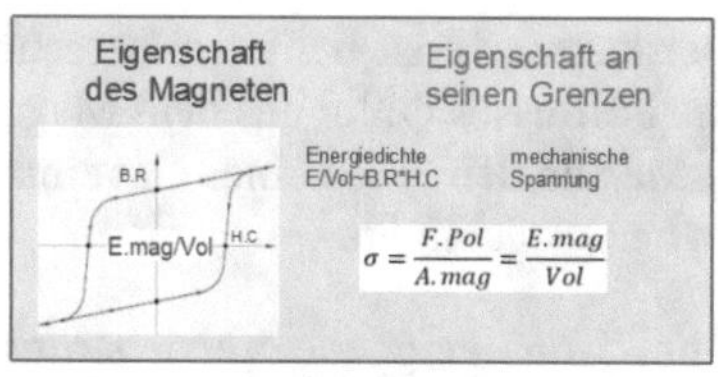

**Abb. 5-665 die Schritte zur Berechnung von Dauermagneten**

Gl. 5-317 und Gl. 5-318 zeigen die

**Gl. 5-317 Berechnung der Polstärke p=*Θ*·l** **Gl. 5-318 Berechnung magn. Momente m=*Θ*·A**

1. Die ***Kraft F*** *von Magneten wird umso größer, je größer ihre* ***Länge*** **l** und
2. das ***Drehmoment M*** *wird umso größer, je größer der* ***Querschnitt*** **A** ist.

Dadurch kann erklärt werden, **wie groß** elektromagnetische Maschinen gebaut werden müssen, wenn **Kräfte und Drehmomente** gefordert werden.

In Absch. 5.10.9 werden wir zeigen, wie die in Abb. 5-665 angegeben Parameter von Dauermagneten bestimmt werden. Dieses Wissen ist die Grundlage zur Analyse und Konstruktion beliebiger elektromagnetische Systeme:

- **elektrische Messewerke** haben wir in Absch. 5.9.2behandelt.
- **elektrische Maschinen** folgen im nächsten Band. 4/7.

**Magnetische Monopole**

Ein magnetischer Dipol kann analog zum elektrischen Dipol aus einem positiven Nordpol und einem negativen Südpol gedacht werden. Klassisch kann es jedoch keine magnetischen Dipole geben, denn dazu würden nicht geschlossene Kreisströme gehören.
Trotzdem werden wir Dauermagnete wie aus magnetischen Monopolen aufgebaut behandeln, denn das entspricht der Praxis und lässt sich auch leicht berechnen.

Abb. 5-666 zeigt die radiale Ausbreitung des magnetischen Flusses ϕ in der Umgebung eines magnetischen Pols mit der Stärke p.

Abb. 5-666 zeigt auch, dass die Flussdichte B=ϕ/A.Kugel - mit der Kugeloberfläche A.Kugel=4π·r² - mit dem Quadrat des Abstands r von p immer kleiner wird.

**Gl. 5-319 Pol- und Magnetfluss**

$$\boldsymbol{\phi.Pol/\phi.Mag = OF.Kugel/r^2 = 4\pi}$$

Der Faktor 4π ist bei allen Berechnungen des Polflusses ϕ.Pol aus dem Magnetfluss ϕ.Mag an den Polen eines Dauermagneten zu berücksichtigen.

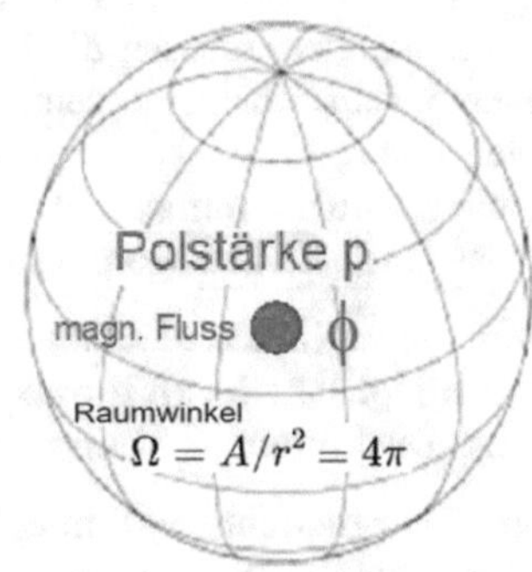


**Abb. 5-666 die Messgrößen zur sphärischen Berechnung der Polstärke**

Abb. 5-667 zeigt die Verringerung des Polflusses ϕ.Pol zum Fluss ϕ.Mag im Dauermagneten.

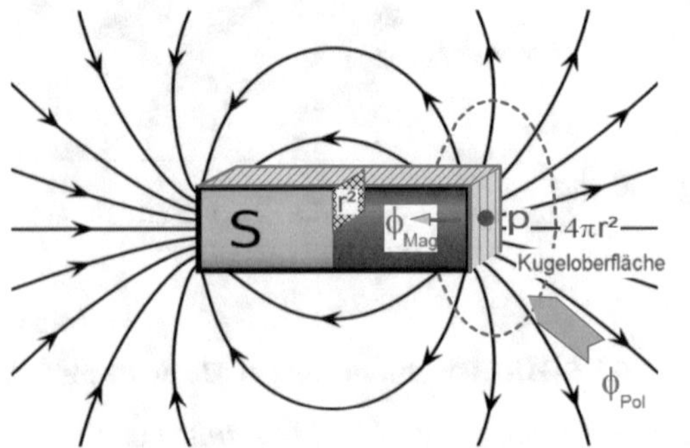


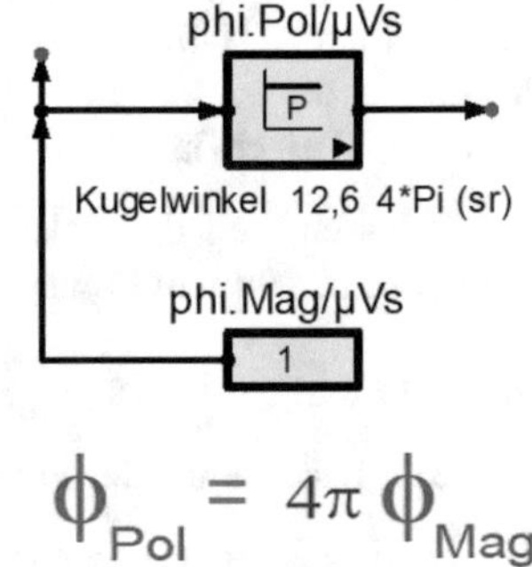


**Abb. 5-667 links: Verringerung des radialen Polflusses zum linearen Magnetfluss – rechts: Berechnung des Polflusses aus dem gesamten Magnetfluss**

Zur Berechnung der Felder und Kräfte von Dauermagneten können wir sowohl das **Ladungsmodell** mit der **Polstärke p.mag** als auch das **Strömungsmodell** mit dem **magnetischen Fluss ϕ** verwenden, denn ϕ in einem Magneten ist proportional zu p. Einzelheiten dazu folgen in Absch. 5.10.8 beim Thema ‚Modelle für Dauermagnete'.

### *5.10.3 Dauermagnetische Felder*

In den folgenden Abschnitten sollen Kräfte und Drehmomente von Dauermagneten berechnet werden. Voraussetzung dazu ist die Kenntnis des räumlichen Verlaufs ihrer magnetischen Felder. Das Berechnungsverfahren soll am Beispiel von Zylindermagneten erklärt werden.

**Zylindermagnete** bestehen aus gepresstem Ferrit, der bei Temperaturen von einigen 100°C gebacken wird. Dauermagnetisch wird er dadurch, dass er im Feld eines äußeren Magnetfeldes, das die Elementarmagnete ausrichtet, abkühlt.

Abb. 5-668 zeigt einen Zylindermagneten mit seinen für die Berechnung benötigten Parametern und den Verlauf seines äußeren Magnetfeldes.

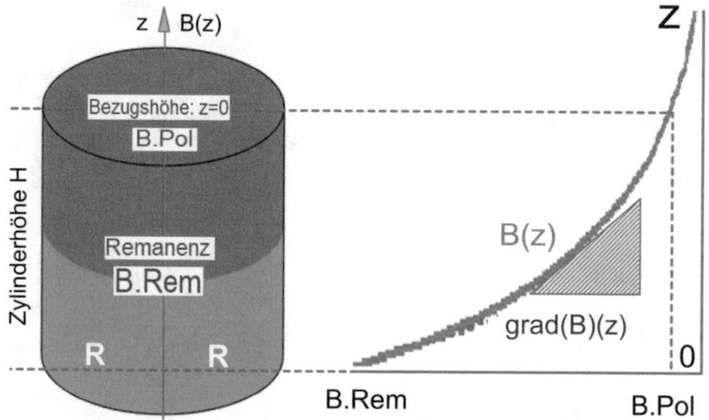


**Abb. 5-668 Zylindermagnet und sein magnetisches Feld: Seine technischen Daten (B.Rem, H, R) haben wir in Tab. 5-35 angegeben. Die Änderung der Flussdichte (grad(B) wird bei der Berechnung der Kräfte inhomogener Magnetfelder gebraucht.**

Um die Kräfte des Zylindermagneten berechnen zu können, muss die Flussdichte B(z) außerhalb des Magneten bekannt sein. Ihre Berechnung finden wir bei der Fa. Webcraft:

https://www.supermagnete.de/faq/Wie-berechnet-man-die-magnetische-Flussdichte#formel-fr-flussdichte-zylindermagnet

Darin finden wir den

**Gl. 5-320 Abfall der Flussdichte B mit steigender Höhe z**

$$B(z) = \frac{B.Rem}{2} * \left[\frac{H+z}{\sqrt{R^2+(H+z)^2}} - \frac{z}{\sqrt{R^2+z^2}}\right]$$

Herstellerangaben sind die Remanenzflussdichte B.Rem, die Höhe H und der Radius R des Magneten (siehe Abb. 5-668 ). Bei Berechnungen wird die Polflussdichte B.Pol benötigt. Dazu setzen wir in Gl. 5-320 z=0 und erhalten die

**Gl. 5-321 Polflussdichte**

$$B.Pol(z=0) = \frac{B.Rem}{2} * \left[\frac{H}{\sqrt{R^2+H^2}}\right] = Fkt(B.Rem, L\ und\ R)$$

1. Bei langen Magneten (H>>R) ist B.Pol≈B.Rem/2.
2. Bei kurzen Magneten (H<R) ist B.Pol≈B.Rem·H/2R.

**Stapelmagnete**

Zur Vergrößerung der Polflussdichte B.Pol lassen sich beliebig viele gleiche Magnete übereinanderstapeln. Dadurch vergrößert sich die magnetische Länge von H für den Einzelmagneten nach $L = Z * H$ *für den Stapel aus Z Magneten*. Das zeigt Abb. 5-669 .

Für einen Stapel von Zylindermagneten soll die Kraft des magnetischen Feldes B(z) auf magnetisierbare Körper berechnet werden.

Dazu wird nach Gl. 5-321

- das magnetische Feld B(z) und
- der Feldgradient grad(B)=dB/dz

gebraucht.

Maßgeblich für die magnetische Kraft

$$F.mag \sim B(z) * grad(B)$$

ist das

**Gl. 5-322 Flussdichte-Gradientenprodukt**

$$FDGP = B(z) \cdot grad(B) \ \ldots \ in\ T^2/m$$

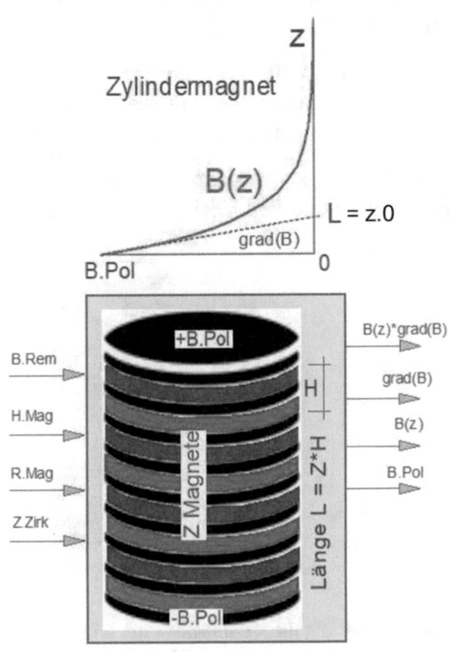


**Abb. 5-669 ein Stapelmagnet, seine Messgrößen und Parameter: magnetische Länge L=z.0**

**Die Zirkulationszahl von Zylindermagneten**

Bei Dauermagneten erzeugt ein interner, atomarer Magnetisierungsstrom i.mag das äußere Magnetfeld B(z). Wäre die **Magnethöhe L** gleich dem **Radius R**, so würde i.mag nur einmal zirkulierten. Meist ist $L \neq R$. Dann muss dies in Berechnungen der magnetischen Flussdichte B(z) durch eine Zirkulationszahl N.Zir berücksichtigt werden.

**Gl. 5-323 die Zirkulationszahl für Dauermagnete** $N.Zir = L/R$

- Gl. 5-323 zeigt, dass N.Zir im Allgemeinen ein Dezimalbruch ist. Er kann aber in Berechnungen zu einer ganzen Zahl **auf**gerundet werden.
- Bei Stapeln aus mehreren Magneten mit der Höhe H ist die *Gesamtlänge* $L = N.Zir \cdot R$.
- Im Absch. 5.10.6 wird die die diamagnetische Levitation berechnet. Dort wird gezeigt, dass der Levitationsabstand nur mit der **Zirkulationszahl N.Zir=L/Z** richtig berechnet wird.

**Die Flussdichte eines Zylindermagneten**

Abb. 5-670 zeigt die Berechnung der magnetischen Flussdichte B(z) in Richtung der Hochachse z nach Gl. 5-320 und der Polflussdichte B.Pol nach Gl. 5-321 durch einen Anwenderblock:

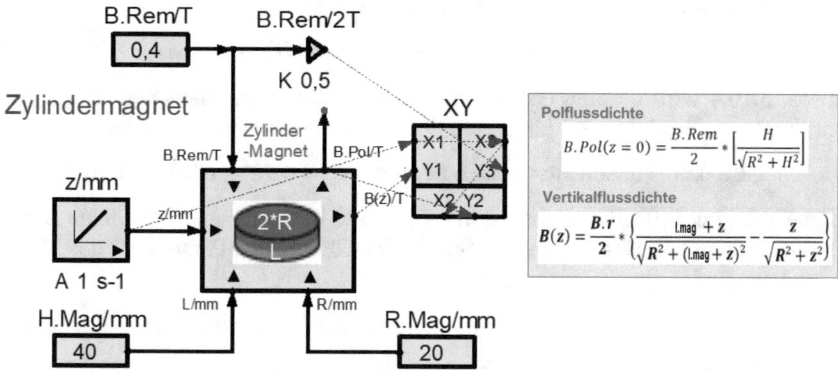


**Abb. 5-670 die Flussdichte eines Zylindermagneten in Richtung der Zylinderachse**

Abb. 5-671 zeigt ...

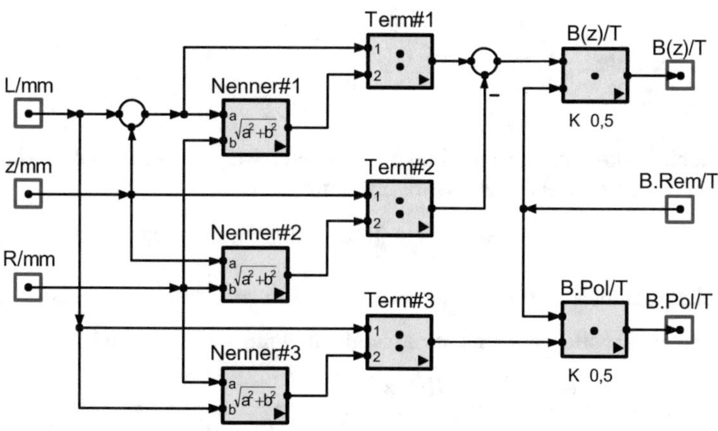


**Abb. 5-671 die interne Struktur des Anwenderblocks in Abb. 5-670**

In Abb. 5-671 müssen die Nenner durch geometrische Addition nach Pythagoras berechnet werden. SimApp stellt diese als Block zur Verfügung. Das zeigt Abb. 5-672:

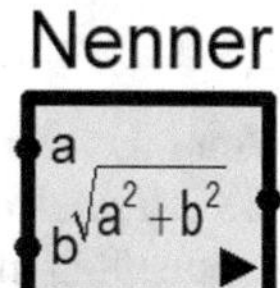


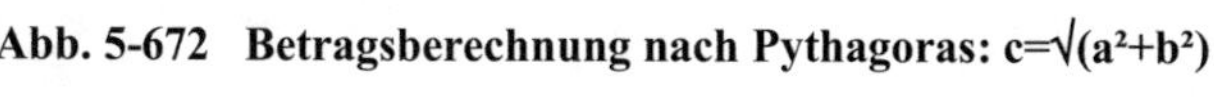

**Abb. 5-672 Betragsberechnung nach Pythagoras: c=√(a²+b²)**

**Berechnung inhomogener magnetischer Felder**

In den folgenden Abschnitten sollen die Kräfte auf magnetisierbare Materialien in magnetischen Feldern berechnet werden. In Abb. 5-15 haben wir gezeigt, dass sie sich in homogenen Feldern kompensieren. Wie stark magnetische Kräfte sind, hängt daher von der Inhomogenität des Feldes ab. Das Maß dafür ist der

**Gl. 5-324 Flussdichtegradient** $\boldsymbol{grad\ (B) = dB/dz}$

In Absch. 5.10.4 wird gezeigt, dass magnetische Kräfte in inhomogenen Magnetfeldern proportional zum Produkt aus Flussdichte B(z) und Grad(B) sind. Wir nennen es

**Gl. 5-325 Flussdichte-Gradientenprodukt** $\boldsymbol{FDGP = B(z) * dB/dz}$

Zur Berechnung des FDGP muss die durch Gl. 5-320 beschriebene Flussdichte B(z) nach z differenziert werden. Das soll zeigen, wie das FDGP von den Parametern des Magneten abhängt. Dies sind

*die Remanenzflussdichte B.Rem, die Länge L des Magneten und sein Radius R*

Dazu zeigt Tab. 5-36 zeigt die von Herstellern angegeben Werte:

**Tab. 5-36 die Daten von Neodym-Magneten**

| Neodym-Magnete | Remanenz Br | Koerzitivfeldstärke | | Güte |
|---|---|---|---|---|
| | | bHc | iHc | (BxH)max |
| | Tesla (T) | kA/m | kA/m | kJ/m³ |
| N42 | 1.29-1.32 | 860-955 | ≥955 | 318-334 |

| Werkstoff | NdFeB |
|---|---|
| Topfhöhe H | 15 mm |
| Topfdurchmesser D | 60 mm |
| Haftkraft | 1270 N |
| Magnetisierung | N42 |

Die Flussdichtefunktionen gelegentlich verwendeter Magnetformen (Zylinder, Quader, Ring, Kugel) finden sie bei der Fa. Webcraft unter

https://www.supermagnete.de/faq/Wie-berechnet-man-die-magnetische-Flussdichte

Als Beispiel dienen hier **Zylindermagnete.** Gl. 5-326 zeigt noch einmal analytisch

**Gl. 5-326 den exponentiellen Abfall der Flussdichte B mit steigender Höhe z**

$$B(z) = \frac{B.Rem}{2} * \left[\frac{H+z}{\sqrt{R^2 + (H+z)^2}} - \frac{z}{\sqrt{R^2 + z^2}}\right] \sim AW * e^{-z/z.0}$$

Zur Differenzierung von Gl. 5-320 wäre höhere Mathematik erforderlich (mit Produktregel, Quotientenregel und Kettenregel). Gl. 5-326 hat aber gezeigt, dass die Flussdichte B(z) nach einer abfallenden Exponentialfunktion zu verlaufen scheint.

Wenn das stimmt, ist die Differenzierung einfach: Die Originalfunktion wird mit der Konstante im Exponenten multipliziert.

$$\frac{d}{dz}\left[e^{-z/z.0}\right] = \frac{1}{z.0} e^{-z/z.0}$$

Wenn B(z) exponentiell gegen null geht, sind nur der Anfangswert AW bei z=0 und der Exponentenparameter z.0=magnetische Länge L zu bestimmen (siehe Abb. 5-709).

**Gradientenberechnung für magnetische Felder**

Der Gradient grad(B) der Flussdichtefunktion B(z) (Gl. 5-324) lässt sich durch Simulation auf zweierlei Weise erzeugen:

1. dynamisch durch Differenzierung der Funktion B(z) nach Gl. 5-320
   Zur möglichst einfachen dynamischen Berechnung muss der Messpunkt z linear ansteigen. Das zeigt Abb. 5-673.

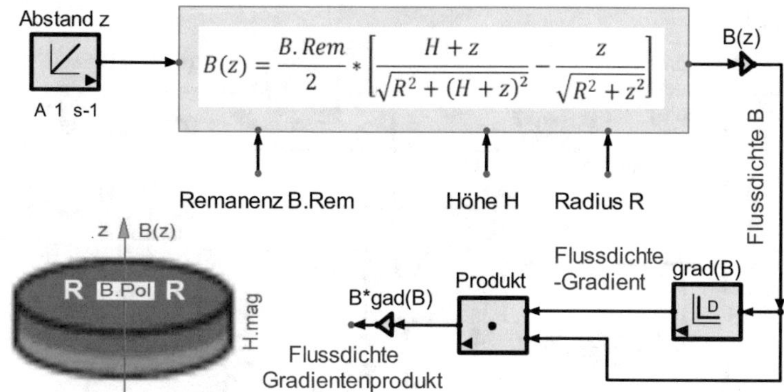


**Abb. 5-673 die dynamische Berechnung eines Flussdichte-Gradienten**

2. statisch durch die Berechnung nach Gl. 5-326
   Dabei ist der Messpunkt z ein freier Parameter, der auch konstant sein kann.

Bei Simulationen muss die Flussdichte B(z) statisch berechnet werden. Deshalb ist zu überprüfen, ob der exponentielle Ansatz in Gl. 5-326 mit Gl. 5-320 übereinstimmt. Das geschieht in Abb. 5-674.

**Die Parameter zur exponentiellen Berechnung des Flussdichte-Gradienten**

Ziel: Berechnung des Flussdichte-Gradientenprodukts FDGP mit freien Parametern:

B.Rem, Länge L und Radius R

**Gl. 5-327 exponentieller Abfall der Flussdichte B mit steigender Höhe z**

$$B(z) \approx B.Pol * e^{-z/L}$$

... mit der Polflussdichte B.0 aus Gl. 5-321 für z=0

**Gl. 5-328 der Flussdichtegradient**

$$grad(B) = \frac{dB}{dz} = -Z.Zir * \frac{B.Pol}{L} * e^{-z/L} = -\frac{B.Pol}{R} * e^{-z/L}$$

... mit der

**Gl. 5-329 Zirkulationszahl für Dauermagnete** N.Zir = *L/R*

wird der Anfangswert des Flussdichtegradienten $dB/dz(0) = -B.Pol/R$

Durch Simulation soll nun der exponentielle Ansatz überprüft werden. Darin ist

der **Anfangswert AW = P.Pol/R** und der **Exponentenparameter z.0 = R**.

**Statische und dynamische Berechnung inhomogener magnetischer Felder**
Abb. 5-673 zeigt die Struktur zur statischen Berechnung des Flussdichtegradienten eines Zylindermagneten. Sie unterscheidet sich von der dynamischen Berechnung dadurch, dass die Differenzierung der Flussdichte B(z) durch eine Kennlinie dB/dz(z) ersetzt worden ist. Wie diese Kennlinie erzeugt wird, soll nun gezeigt werden.

Abb. 5-674 vergleicht die statische Berechnung des Flussdichte-Gradientenprodukts mit der dynamischen:

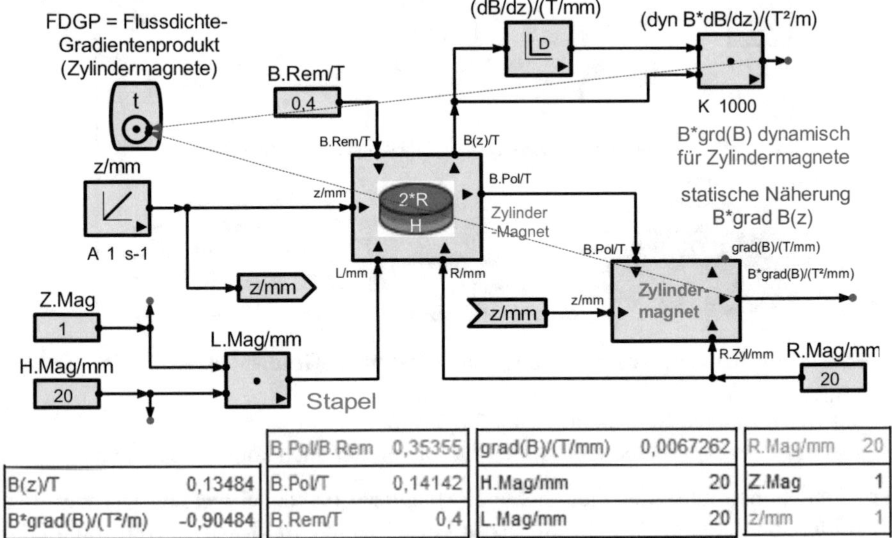


| | | | | | | | |
|---|---|---|---|---|---|---|---|
| | | B.Pol/B.Rem | 0,35355 | grad(B)/(T/mm) | 0,0067262 | R.Mag/mm | 20 |
| B(z)/T | 0,13484 | B.Pol/T | 0,14142 | H.Mag/mm | 20 | Z.Mag | 1 |
| B*grad(B)/(T²/m) | -0,90484 | B.Rem/T | 0,4 | L.Mag/mm | 20 | z/mm | 1 |

**Abb. 5-674 oben: die dynamische Berechnung des Flussdichte-Gradientenprodukts d.B/dz, darunter die statische Berechnung mit dem exponentiellen Ansatz**

Abb. 5-675 zeigt die

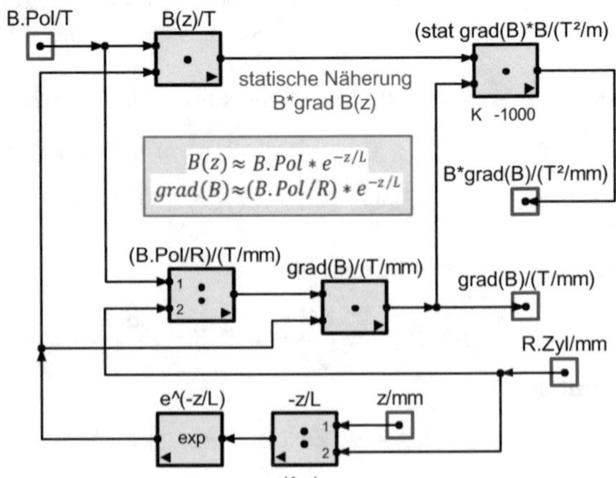


**Abb. 5-675 Berechnung magnetischer Kräfte im inhomogenen Magnetfeld nach Gl. 5-325**

**Test des exponentiellen Ansatzes zur Berechnung des Flussdichtegradienten**

Zur Überprüfung des exponentiellen Ansatzes Gl. 5-326 zur Flussdichteberechnung werden in Abb. 5-676 die Parameter B.Rem, L und R des Zylindermagneten variiert.

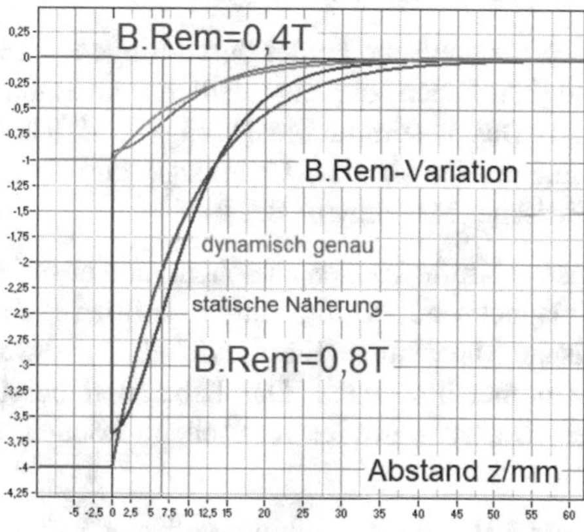


**Abb. 5-676 Flussdichteberechnungen bei Variation der Remanenz B.R**

Verglichen wird die postulierte statische Berechnung mit der dynamischen Berechnung durch Differenzierung der Flussdichtefunktion B(z).

Die Abb. 5-676, Abb. 5-677 und Abb. 5-678 zeigen weitgehende Übereinstimmung.

Wenn die Kennlinie grad B=dB/dr des Magneten bekannt ist, wird die dynamische Berechnung nicht mehr gebraucht – es sei denn, ein weiterer Magnet mit anderer Abstandsfunktion B(z) soll simuliert werden.

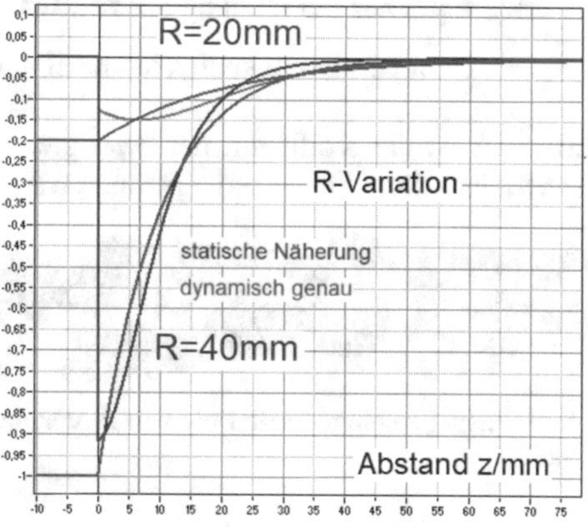


**Abb. 5-677 Flussdichteberechnungen bei Variation des Zylinderradius R**

Mit dem exponentiell berechneten Flussdichte-Gradientenprodukt ist die Voraussetzung zur Berechnung diamagnetischer Kräfte auf magnetisierbare Körper in inhomogenen magnetischen Feldern erfüllt. Das wird in Absch. 5.10.6 bei der Berechnung der diamagnetischen Levitation gezeigt.

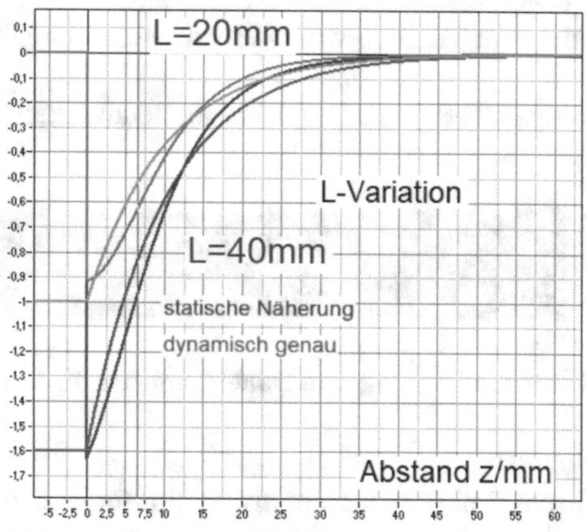


**Abb. 5-678 Flussdichteberechnung bei Variation der Zylinderlänge L**

## 5.10.4 Dauermagnetische Kräfte

Wenn sich magnetische Felder durchdringen, erzeugt dies Kräfte und Drehmomente, die das Bestreben haben, die Energiedichte im Raum zu minimieren (Gesetz des kleinsten Zwanges). Das bestimmt die Beträge und Richtungen der magnetischen Kräfte und Drehmomente. Sie sind die Grundlage zum Bau magnetischer Messgeräte (Kap. 5.9.2) und elektrischer Maschinen (Bd. 4).

Magnetische Kräfte können anziehend und abstoßend sein:
Wenn magnetische Kräfte durch **Influenz** eines Magneten auf para- und ferromagnetische Materialien (Eisen, Nickel, Cobalt, einige Ferrite) entstehen, sind sie durch Influenz immer anziehend. Das haben wir bereits in Absch. 5.1.1 gezeigt. Wenn sie zwischen **Dauermagneten** entstehen, können sie je nach Polung anziehend oder abstoßend sein.

Der zweite Fall, die Abstoßung, soll hier näher untersucht werden. Dabei werden die Begriffe erklärt, die zur Berechnung der Kräfte von Dauermagneten benötigt werden.

**Dauermagnete** kennzeichnet eine **Haft- und eine Polkraft**.

Die **Haftkraft** ist die Kraft, mit der zwei gleiche Magnete aneinanderhaften. Sie wird gemessen, indem diese auseinandergezogen werden.

**Abb. 5-679 Entgegengengesetzte Pole von Dauermagneten ziehen sich mit der Haftkraft F.Haft an.**

Entgegengesetze Pole zweier Magnete ‚kleben' aneinander. Die **Haftkraft F.Haft** ist die Kraft, die zum Trennen von **Dauermagneten** benötigt wird.

Die **Polkraft P.Pol** wird zum Zusammendrücken gleicher Pole von zwei Dauermagneten benötigt.

**Abb. 5-680 Gleiche Pole von Dauermagneten stoßen sich mit der Polkraft F.Pol ab.**

Zu zeigen ist,

- warum Polkräfte kleiner als Haftkräfte sind und
- wie beide vom Material des Magneten und seinen Abmessungen bestimmt werden.

Wir beginnen mit der Berechnung magnetischer Kräfte. Die Berechnung der Drehmomente von Dauermagneten folgt in Absch. 5.10.7.

**Die Messung dauermagnetischer Haftkräfte**
Die Haftkraft ist das Maß für die Stärke eines Dauermagneten. Deshalb wird sie von Herstellern gemessen und in ihren technischen Daten angegeben.

Ein Beispiel dafür ist die Fa. Webcraft. Ihren Teststand zur Messung von Haftkräften finden Sie unter
https://www.supermagnete.de/adhesive-force-calculation/result?paramset=i/S-10-20-N/Pure%20Iron/1/250

Mit ihrem Teststand misst die Fa. Webcraft auch die Entfernungsabhängigkeit magnetischer Kräfte. Abb. 5-681 zeigt zwei Beispiele:

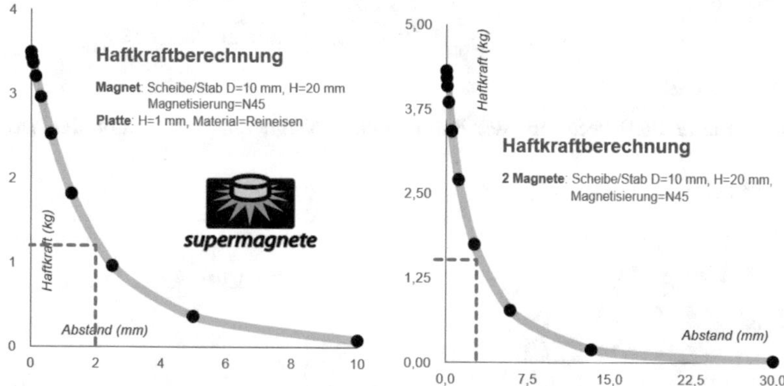


**Abb. 5-681 zeigt die magnetischen Kräfte als Funktion des Abstands: links zwischen einem Dauermagneten und einer ferromagnetischen Platte (Eisen) – rechts zwischen zwei gleichen Dauermagneten.**

Abb. 5-681 zeigt dreierlei:

1. Magnetische Kräfte sind bei Annäherung zweier Magnete maximal.
2. Sie gehen quadratisch mit dem Abstand gegen null.
3. Für den Betrag der magnetischen Kraft ist es egal, ob sich in der Nähe ein zweiter Magnet oder ein ferromagnetischer Körper befindet (**Spiegelladung durch Influenz** – siehe Abb. 5-10 und Abb. 5-11).

Spiegelladungen haben immer die entgegengesetzte Polarität der realen Ladung. Deshalb sind sie immer anziehend. Dagegen können die Kräfte zwischen zwei Magneten auch abstoßend sein, wenn sich gleiche Pole gegenüberstehen.

Hier soll zunächst die Stärke magnetischer Kräfte zwischen zwei Dauermagneten berechnet werden. Zu klären ist, wie sie von den Parametern der Magnete abhängen. Dies sind

1. ihre Größe (Länge, Querschnitt)
2. ihr Material (die Permeabilität $\mu$)
3. ihr Abstand von anderen Magneten

*Wenn dies bekannt ist, kann angegeben werden, wie groß und stark elektrische Maschinen werden und aus welchen Materialien sie am besten gefertigt werden.*

**Berechnung dauermagnetischer Haftkräfte**

Gl. 5-330 zeigt die Berechnung der Haftkraft aus der mechanischen Spannung σ und dem Querschnitt A.mag des Magneten:

**Gl. 5-330 Haftkraft** $$F.Haft = \sigma * A.mag$$

Abb. 5-682 zeigt die ...

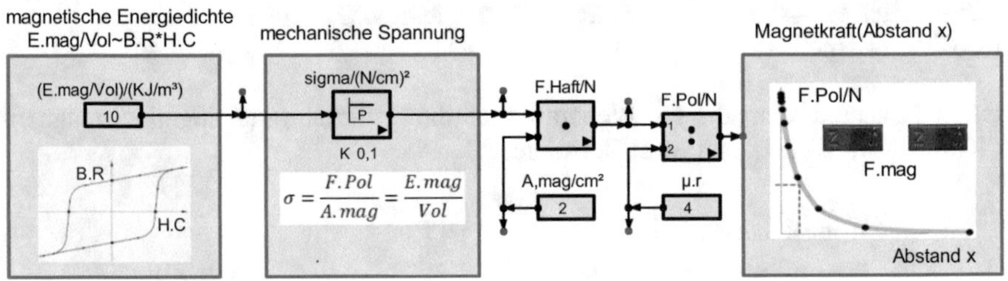


**Abb. 5-682 manuelle Berechnung der Polkraft eines Magneten als Funktion des Abstands**

Abb. 5-683 zeigt ...

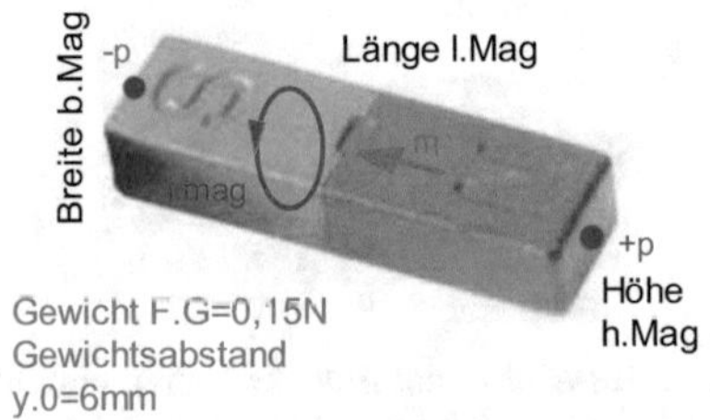


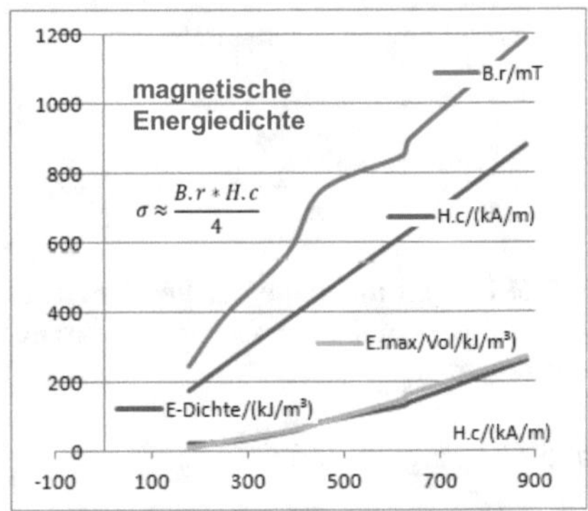


**Abb. 5-683 die magnetische Energiedichte von AlNiCo als Funktion der Koerzitivfeldstärke H.C**

Abb. 5-684 zeigt die ...

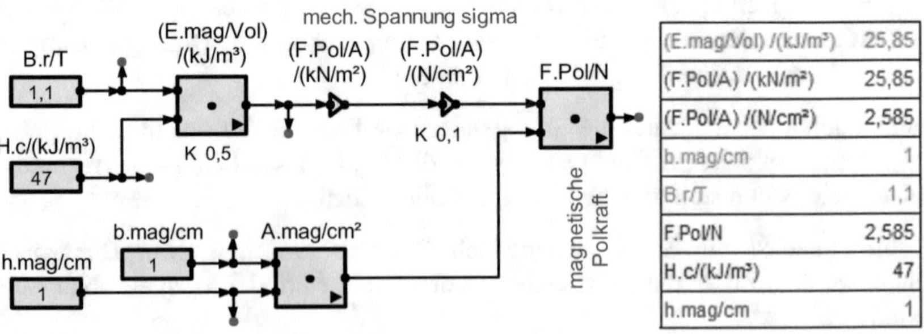


| | |
|---|---|
| (E.mag/Vol) /(kJ/m³) | 25,85 |
| (F.Pol/A) /(kN/m²) | 25,85 |
| (F.Pol/A) /(N/cm²) | 2,585 |
| b.mag/cm | 1 |
| B.r/T | 1,1 |
| F.Pol/N | 2,585 |
| H.c/(kJ/m³) | 47 |
| h.mag/cm | 1 |

**Abb. 5-684 Berechnung der Kraft zwischen zwei Magnetpolen aus der im magnetischen Feld gespeicherten Energiedichte σ**

**Dauermagnetische Anziehung**

Entgegengesetze Magnetpole ziehen sich an. Zur Simulation magnetischer Systeme muss bekannt sein, wie Magnetkräfte F.mag als Funktion des Abstands (x oder y in der Ebene, z in der Höhe – allgemein r) berechnet werden. Hier soll gezeigt werden, wie sie gemessen werden können.

Polkräfte F.Pol zwischen zwei Magneten können durch Federwaagen gemessen werden. Allerdings wird die Messung bei horizontaler Anordnung durch die Haftreibung verfälscht. Sie kann bei vertikaler Anordnung minimiert werden. Das zeigt Abb. 5-685.

Bei vertikaler Anordnung misst die Feder das Gewicht F.G des oberen Magneten **plus** der Magnetkraft F.mag bei Anziehung. Entsprechend muss die gemessene Federkraft F.F um F.G vermindert werden.

Abb. 5-685 zeigt die mit Abb. 5-682 simulierte Abstandsabhängigkeit der Magnetkraft F.mag als Funktion von z:

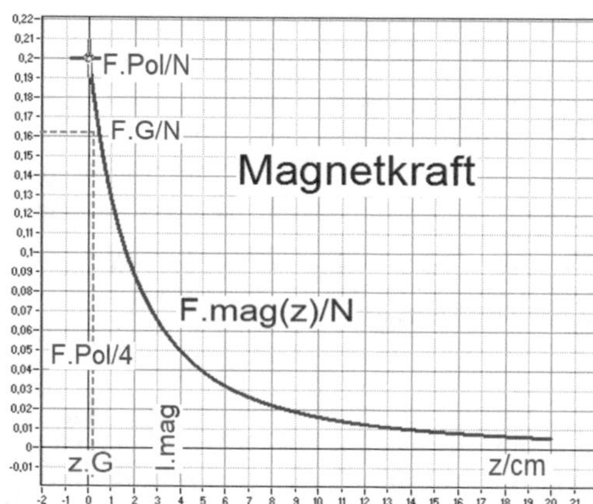


**Abb. 5-685 die Messung magnetischer Anziehungskräfte ab einem Mindestabstand z.min=l.Mag**

Abb. 5-687 zeigt,

- dass sich die Kraft zwischen zwei Magneten beim Losreißen um den Faktor µ.r sprunghaft von F.Haft nach F.Pol verringert und
- dass sie bei weiterer Entfernung mit dem Quadrat des Abstands gegen null geht.

Deshalb berechnet sich die Abstandsabhängigkeit der Magnetkraft nach Gl. 5-331:

**Gl. 5-331 Kraft zwischen Magneten als Funktion des Abstands**

$$F.mag(z) = \frac{F.Pol}{(1 + z/l.mag)^2}$$

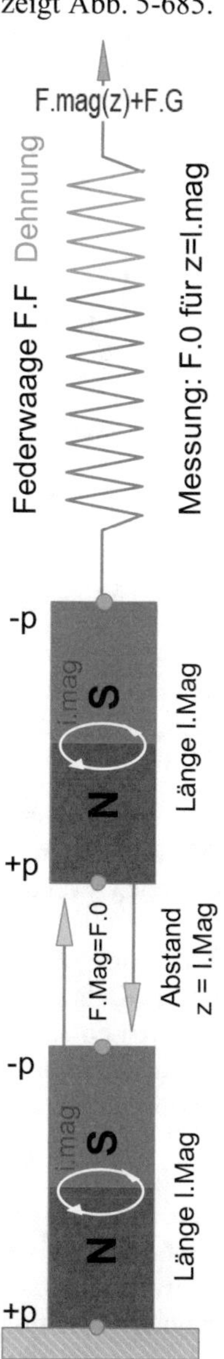


**Abb. 5-686 Messung magnetischer Anziehungskräfte durch die Federkraft F.F=F.G+F.mag**

**Die vollständige Kraftkennlinie eines Dauermagneten**

Magnetische Kräfte müssen möglichst reibungsfrei gemessen werden. Dazu werden zwei Dauermagnete, wie in Abb. 5-686 gezeigt, übereinander angeordnet. Bei Abstoßung stellt sich ein leicht zu messender **Gewichtsabstand z.G** ein. Gezeigt werden soll, wie von z.G auf die Polkraft F.Pol geschlossen werden kann.

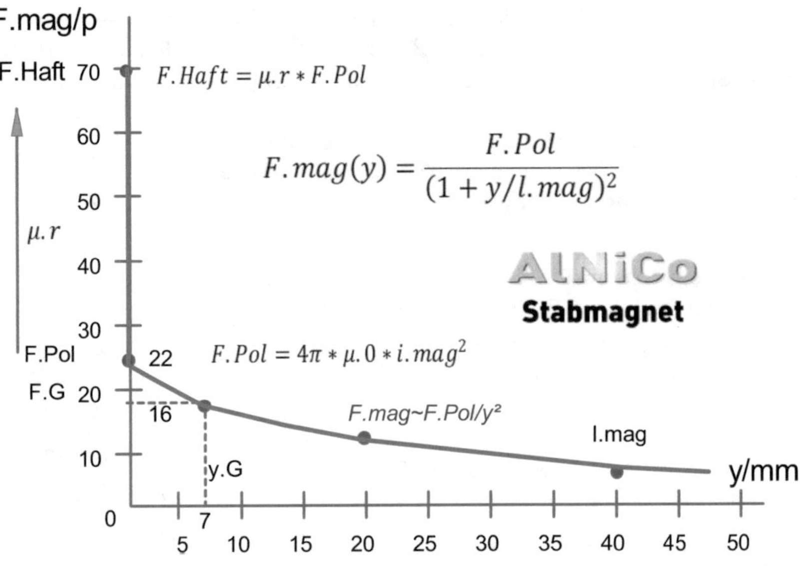


**Abb. 5-687 magnetische Kräfte in p(ond)=0,1N(ewton)**

Der experimentelle Befund:
Beim Losreißen zweier Magnete sinkt die Anziehungskraft schlagartig von der Haftkraft F.Haft zur Polkraft F.Pol. Mit steigendem Abstand geht die Anziehungskraft gegen null.

Abb. 5-687 zeigt den Verlauf der Kraft zwischen zwei Magneten vom Losreißen bei y=0 bis zu größeren Abständen. Die Berechnung der Abstandsabhängigkeit der Magnetkraft zwischen zwei Magneten soll nun gezeigt werden.

**Die relative Permeabilität μ.r eines Dauermagneten**

Beim ‚Kleben' von zwei entgegengesetzten Magnetpolen und bei zusammengedrückten gleichen Polen ist der Abstand zwischen den Magneten null. Trotzdem sind die magnetischen Flüsse $\phi$ im Innern der Magnete verschieden. Sie unterscheiden sich durch einen Faktor, der relative Permeabilität μ.r genannt werden soll:

**Gl. 5-332 relative Permeabilität** $\boldsymbol{\mu.r = F.Haft/F.Pol}$

Abb. 5-687 zeigt, dass sich die Magnetkraft von F.Haft nach F.Pol sprunghaft verringert, sobald sich zwischen beiden Magneten ein Luftspalt bildet. Dadurch sinkt der magnetische Leitwert um einen Faktor μ.r (hier 3,2). Entsprechend vergrößert sich der interne magnetische Fluss $\phi$ eines Dauermagneten, wenn er mit einem zweiten ‚zusammenklebt'.

**Zur vektoriellen Berechnung magnetischer Kräfte**
Zu unterscheiden sind Skalare und Vektoren. Skalare sind z.B. Temperaturen oder die Kräfte von in einer Linie angeordneten Dauermagnete:

*anziehend bei Gegenpoligkeit und abstoßend bei Gleichpoligkeit.*

**Skalare** haben einen **Betrag und eventuell ein negatives Vorzeichen**.

Ein Beispiel für die Nutzung magnetischer Kräfte ist der in Abb. 5-48 gezeigte **Transrapid.**

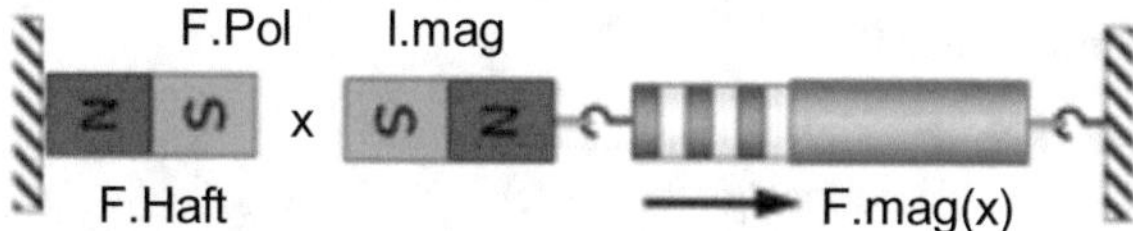


**Abb. 5-688 Messung der Kraft magnetischer Dipole**

**Vektoren** sind Messgrößen mit **Betrag und Richtung (α)**. Wie sie berechnet werden, soll hier für magnetische Kräfte gezeigt werden.

Um Dauermagnete für eine geplante Anwendung auswählen zu können, muss bekannt sein, wovon ihre Kräfte und Drehmomente abhängen. Abb. 5-689 zeigt deren Berechnung.

Abb. 5-689 zeigt, dass die Stärke magnetischer Kräfte außer von der Stärke B des äußeren Magnetfeldes noch von der Polstärke p=p.mag ~ l.mag des Magneten abhängt:

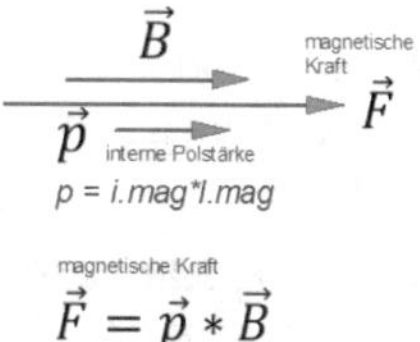

**Abb. 5-689 Magnetische Kraft ist das vektorielle Produkt aus Polstärke p (in Am) und Flussdichte B (in T=Vs/m²).**

Sofern m nicht parallel zu B liegt, bewirkt nur der Cosinus des eingeschlossenen Winkels α die Verringerung der magnetischen Kraft.

Zur Berechnung **magnetischer Kräfte** $\vec{F}.mag = \vec{p} * \vec{B}$ mit dem Betrag

**Gl. 5-333 Betrag magnetischer Kräfte** $\boldsymbol{F.mag = p * B * cos\,(\alpha)}$

werden die Stärke B und Richtung des äußeren Magnetfeldes und die Polstärke p des Dauermagneten benötigt. p ist proportional zur Länge l.mag des Magneten. Die Proportionalkonstante ist der interne Magnetisierungsstrom i.mag:

**Gl. 5-334 magnetische Polstärke** $p = l.mag \cdot i.Mag$ ... *in Am*

Aus Gl. 5-334 folgt: Magnetische Kräfte sind umso größer,

1. je leitfähiger das magnetische Material, d.h. seine Permeabilität μ ist und
2. je länger ein Magnet ist.

Der Querschnitt spielt dabei keine Rolle. Das bedeutet, dass die mechanische Spannung σ=F/A konstant ist. Dass σ die magnetische Energiedichte ist (W.mag/Vol), haben wir in Absch. 5.5.3.1 gezeigt.

### 5.10.5 Dauermagnetische Levitation

Gleiche Magnetpole stoßen sich ab. Bei Gleichgewicht ist die magnetische Abstoßung F.mag=F.G gleich der Gewichtskraft F.G=m·g. Das lässt sich zur Berechnung des Gleichgewichtsabstands z.G verwenden. Dazu lässt man einen Magneten über einem zweiten, gleichartigen Magneten schweben (**dauermagnetische Levitation,** Abb. 5-690).

**Polkraft F.Pol und Gewichtsabstand**

Gl. 5-335 zeigt, dass zur Berechnung des Kraftfeldes von Magnetfeldern die Polkraft F.Pol als Anfangswert benötigt wird.

Hier soll gezeigt werden, wie sich F.Pol aus dem Abstand zweier sich gleichpolig senkrecht gegenüberstehender Magnete ermitteln lässt.

Gl. 5-335 beschreibt die

**Gl. 5-335 Verringerung der Polkraft mit steigender Höhe z**

$$F.mag(z) = \frac{F.Pol}{(1 + z/l.mag)^2}$$

Im Ruhezustand z=z.G ist die Magnetkraft F.Mag gleich der Gewichtskraft F.G des schwebenden Magneten:

**Gl. 5-336 Gewichtskraft als Funktion des Gleichgewichtsabstands z.G**

$$F.G = \frac{F.Pol}{(1 + z.G/l.mag)^2}$$

F.G wird mit einer Federwage gemessen, z.G z.B mit einer Schieblehre. Dann kann die Polkraft mit Gl. 5-337 berechnet werden:

**Gl. 5-337 Polkraft als Funktion des Gleichgewichtsabstands z.G**

$$F.Pol = F.G * (1 + z.G/l.mag)^2$$

Zahlenwerte:
F.G=160mN; l.mag=40mm, z.G=8mm
→ F.Pol=220mN

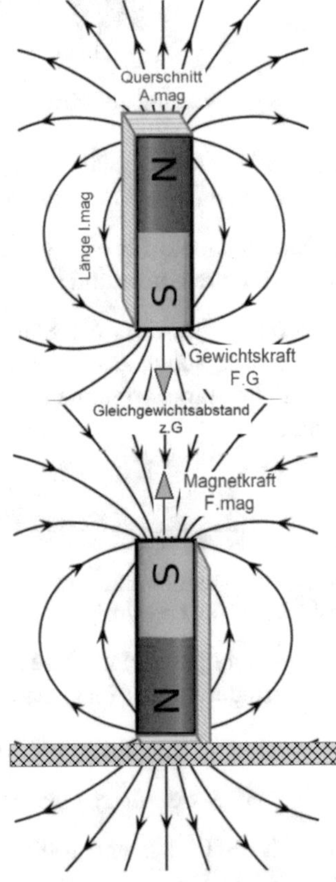


**Abb. 5-690 dauermagnetische Levitation: Es stellt sich ein Gleichgewichtsabstand z.G ein.**

**Der Gewichtsabstand z.G**

Wenn die Polkraft F.Pol eines Magneten, sein Gewicht (die Gewichtskraft F.G=m·g) und die Länge l.mag eines Magneten bekannt sind, kann aus Gl. 5-338 der Gewichtsabstand z.G berechnet werden:

**Gl. 5-338 Gewichtsabstand** $$z.G = L.mag * \left(\sqrt{F.Pol/F.G} - 1\right)$$

Sonderfälle:

Gl. 5-338 gilt nur für F.Pol >F.G. Wäre die Polkraft F.Pol gleich Gewichtskraft F.G=m.G·g, so würde z.G=0. Bei F.Pol<F.G könnte der Magnet sein eigenes Gewicht nicht anheben.

**Berechnung des Gewichtsabstands z.G**

Aus Gl. 5-338 folgt die Bestimmungsgleichung für die Polkraft F.Pol:

**Gl. 5-339** $$\boldsymbol{F.Pol = F.G * (1 + z.G/L.mag)^2}$$

In Abb. 5-695 folgt die dynamische Simulation des Einschwingvorgangs des wegkatapultierten Magneten von Abb. 5-690. Dazu wird die Masse m.G des Magneten benötigt. Sie errechnet sich aus der gemessenen **Gewichtskraft F.G** und der **Erdbeschleunigung G≈9,8m/s²:**

**Gl. 5-340 Gewicht und Masse eines Dauermagneten** $$\boldsymbol{m.G = F.G/g}$$

Zahlenwerte:

F.mag=160mN; l.mag=40mm; gemessen mit Abb. 5-690: z.G=8mm → F.Pol=192mN

F.mag=160mN; g=9,8m/s² → m.mag≈16g

Abb. 5-691 zeigt die Berechnung des Gewichtsabstands z.G als Funktion der magnetischen Energiedichte σ.

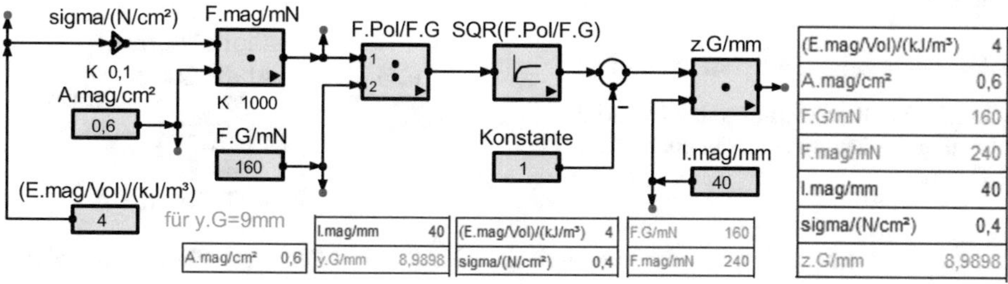


**Abb. 5-691 Berechnung des Gleichgewichtsabstands z.G nach Gl. 5-338**

**Die Dynamik abstoßender Magnetpole**

Abb. 5-692 zeigt den Aufbau zweier Magnete für Abstoßung zur Messung des Einschwingverhaltens. Die dynamische Simulation mit der Originalstruktur Abb. 5-695 zeigt eine Verzögerung 2.Ordnung.

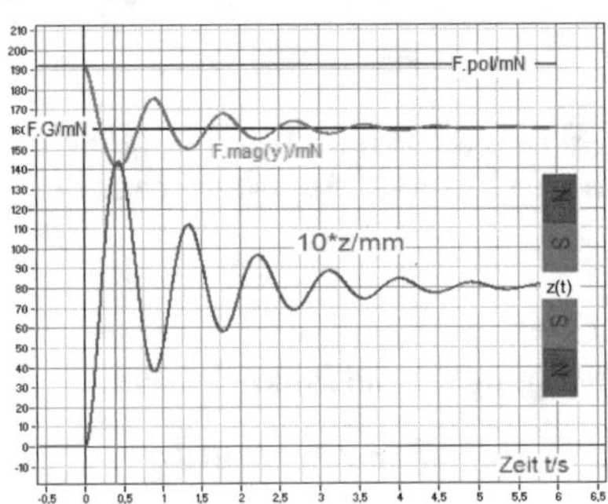


**Abb. 5-692 Sprungantwort des Einschwingens eines Dauermagneten bei Abstoßung**

Abb. 5-692 zeigt

**Abb. 5-693 das Einschwingen eines Magneten in seinen Gleichgewichtsabstand zu einem zweiten, gleich starken Magneten**

Der schwebende Magnet ist ein **nichtlineares System.** Es lässt sich bei kleinen Aussteuerungen um den Arbeitspunkt (hier der Gleichgewichtsabstand z.G) linearisieren.

**Die Parameter zur Abstoßungsdynamik zweier Dauermagnete**

Wie Abb. 5-692 zeigt, bilden die abstoßenden Kräfte zweier Magnete ein schwingungsfähiges System, auf das die Schwerkraft wirkt.

Abb. 5-694 zeigt die Ersatzstruktur zur

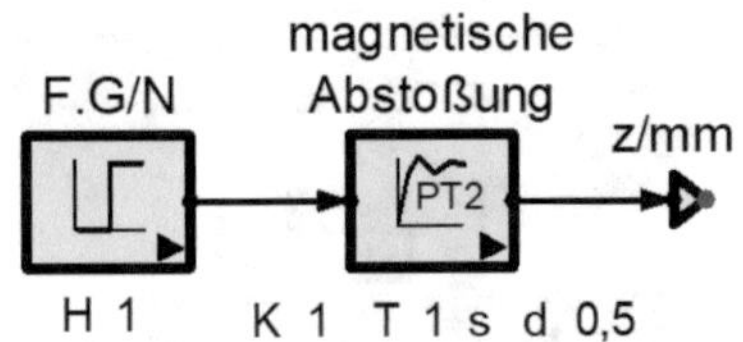


**Abb. 5-694 Beschreibung der Dynamik abstoßender Magnete durch ein System 2.Ordnung**

Wie Abb. 5-694 zeigt, ist der magnetische Oszillator durch drei Parameter gekennzeichnet:

*eine statische Konstante K, eine Eigenperiode T und die Dämpfung d.*

Diese Parameter des Ersatzsystems sollen aus den Konstanten des Originalsystems errechnet werden. Dies sind

*eine Ersatzfederkonstante k.F, die schwingende Masse m und die Reibungskonstante k.R.*

Zu zeigen ist, wie die Parameter des Ersatzsystems (K, T, d) aus den Konstanten des Originalsystems (k.F, m.Mag, k.R) berechnet werden. Dabei ist zu beachten, dass die errechneten **‚Konstanten' nur die Parameter** der Aussteuerung $\Delta z \ll z.G$ um den hier gültigen Gleichge wichtsabstand z.G sind.

**Die Ersatzparameter**
Diese Parameter des schwebenden Magneten sollen aus der Masse des freien Magneten und seiner Polstärke berechnet werden. Berechnungsgrundlage sind die aus Absch. 4.2 bekannten Bestimmungsgleichungen

$$k.F = F.G/z.G \qquad T.0 = \sqrt{m.mag/k.F} \qquad 2d = k.R/Z.0$$

mit dem Eigenwiderstand $Z.0 = \sqrt{m * k.F}$

**Die Ersatzfederkonstante k.F:** Bei massiven Federn ändert sich die Kraft F.F proportional zur Auslenkung y: *F.F=k.F·y*. Ihre Federkonstante *k.F=F.F/y* ist - solange keine Überdehnung auftritt - konstant.

Zahlenwerte: Aus $k.F = m/T.0^2$ mit m.mag=15g folgt k.F=0,77N/m

Bei Magneten sinkt die Kraft auf andere Magnete oder magnetisierbare Materialien (Influenz) nach Gl. 5-339 mit dem Quadrat des Abstands. Das bedeutet, dass die Federkonstante bei Magneten keine Konstante, sondern nur ein Parameter ist, der für den hier untersuchten Fall gilt für

*zwei gleiche, sich gegenseitig abstoßende Magnete im Gleichgewichtsabstand.*

Der feste und der freie Magnet bilden, wie Abb. 5-692 gezeigt hat, ein gedämpft schwingendes System. Die Analyse soll zeigen, wie dessen Eigenperiode T.0 von den mechanischen und magnetischen Eigenschaften der Magnete abhängt.

**Die träge Masse m.mag** wird aus der schweren Masse durch die Gewichtskraft F.G berechnet: hier F.G=m.mag·g=15g·9,8m/s²=150mN.

Damit und mit dem Gleichgewichtsabstand z.G aus Abb. 5-692 kann die magnetische Federkonstante berechnet werden:

**Gl. 5-341 magn. Federkonstante** $\boldsymbol{k.F = F.G/z.G}$

**Die Einschwingperiode**
Gemessen oder simuliert wird ein Einschwingvorgang, aus dem die Eigenzeit $t.0 \approx 2\pi \cdot T.0$ entnommen wird. Aus ihr folgt die für Berechnungen und zur Simulation benötigte Eigenzeitkonstante $T.0 = t.0/2\pi$.

**Gl. 5-342** $\boldsymbol{T.0 = \sqrt{m/k.F} = t.0/2\pi}$ - $t.0 \approx 0{,}9s \rightarrow T.0=0{,}14s$

**Überschwingen und Dämpfung**
Gl. 5-343 entnehmen wir Bd. 2, Teil 2, Gl. 3-149: Sie berechnet die zur Simulation schwingender Magnete einzustellende Dämpfung d aus dem maximalen Überschwingen ÜS einer gemessenen Sprungantwort.

**Gl. 5-343** $\boldsymbol{d \approx 1 - \sqrt[3]{ÜS}}$

Z.W. aus Abb. 5-692:
ÜS=142/80-1=0,78 → d=0,08

**Die Reibungskonstante**
Aus $2d = k.R/Z.0$ – mit $Z.0 = \sqrt{m * k.F}$ - hier **Z.0=0,11Ns/m**
folgt $k.R = 2d * Z.0$ – hier 2d=0,16 → **k.R=0,018Ns/m**

**Kontrolle des dynamischen Ersatzes eines Dauermagneten**

Abb. 5-695 berechnet die Parameter des Ersatzsystems K=1/k.F, T=T.0 und d aus den Konstanten k.F, m.mag und dem gemessenen Überschwingen ÜS mit den zuvor angegebenen Gleichungen.

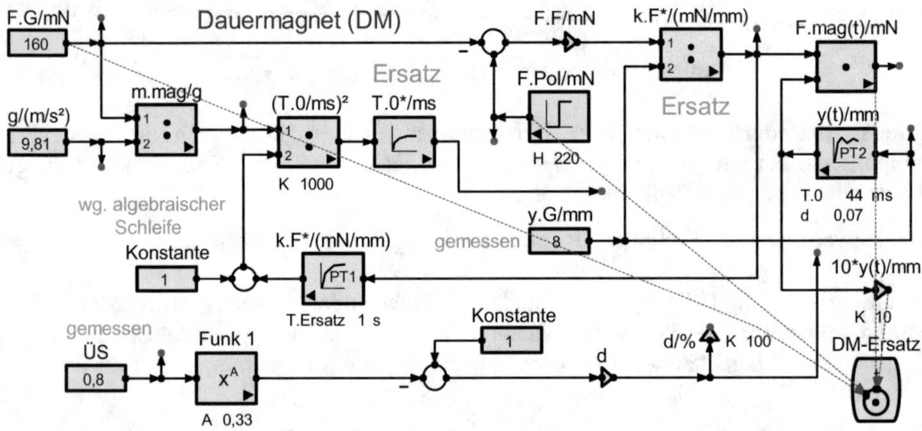

**Abb. 5-695 abstoßende Dauermagnete: Berechnung der Parameter k.F, T.0 und d aus der schwingenden Masse m.mag und dem Überschwingen einer Sprungantwort**

Abb. 5-696 zeigt die mit den Parametern 1/k.F, T.0 und d:

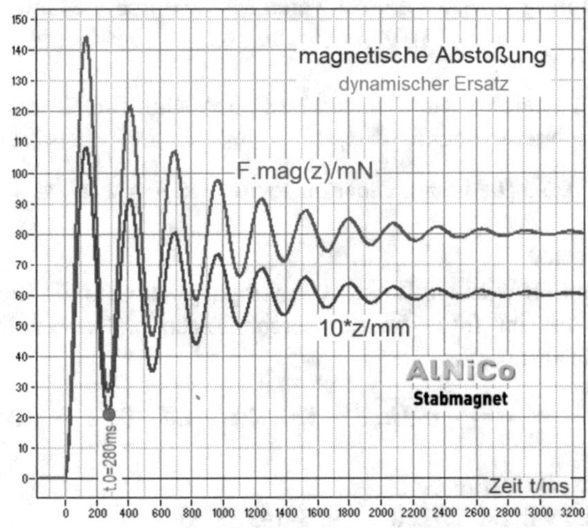


**Abb. 5-696 simulierte Einschwingvorgänge abstoßender Dauermagnete: magnetische Abstoßungskraft F.mag(t) und der Abstand z(t) zwischen den Magneten**

Zum Vergleich der Simulation mit der Realität müssen nun die entsprechenden Sprungantworten des Originalsystems simuliert werden.

## Die Originalstruktur zur dynamischen Simulation abstoßender Magnete

Abb. 5-698 zeigt die Struktur zur Berechnung des Abstands y zwischen den abstoßenden Magneten. Die dazu benötigte schwingende Masse m.mag und die Reibungskonstante k.Rbg wurden vorher aus dem Gewicht des Magneten und aus dem Überschwingen ÜS einer Sprungantwort berechnet.

Abb. 5-697 zeigt den mit der Originalstruktur Abb. 5-698 errechneten

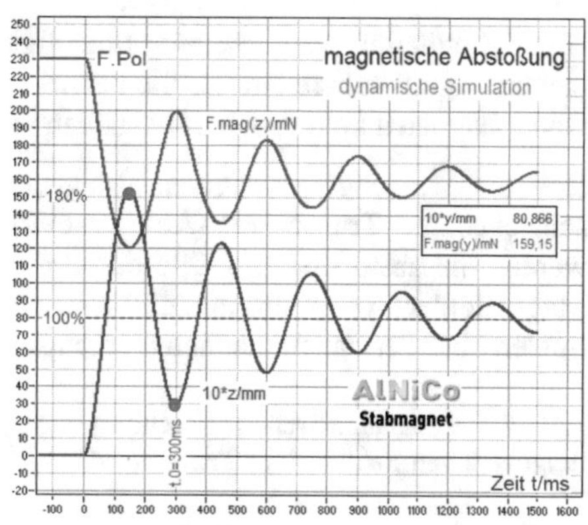


**Abb. 5-697 Einschwingvorgang abstoßender Magnete**

Abb. 5-698 zeigt die Originalstruktur zur dynamischen Simulation eines schwingenden Magneten:

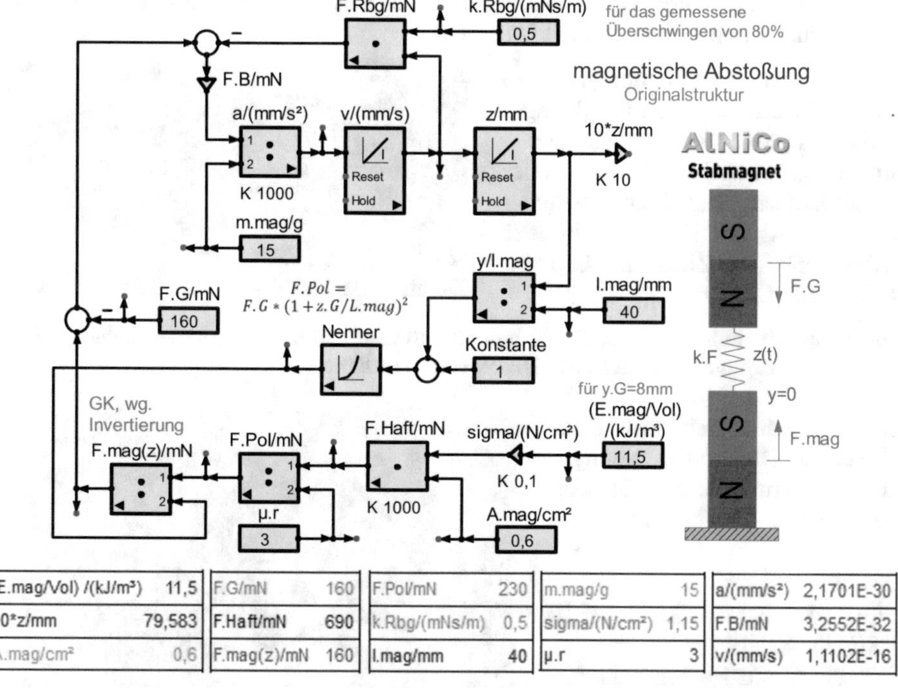


| | | | | | | | | | |
|---|---|---|---|---|---|---|---|---|---|
| (E.mag/Vol) /(kJ/m³) | 11,5 | F.G/mN | 160 | F.Pol/mN | 230 | m.mag/g | 15 | a/(mm/s²) | 2,1701E-30 |
| 10*z/mm | 79,583 | F.Haft/mN | 690 | k.Rbg/(mNs/m) | 0,5 | sigma/(N/cm²) | 1,15 | F.B/mN | 3,2552E-32 |
| A.mag/cm² | 0,6 | F.mag(z)/mN | 160 | l.mag/mm | 40 | µ.r | 3 | v/(mm/s) | 1,1102E-16 |

**Abb. 5-698 Struktur zur Simulation eines schwingenden Dauermagneten**

Fazit: Mit einem Ersatzsystem können Einschwingvorgänge sehr einfach simuliert werden. Die dazu benötigten Parameter müssen aus den Konstanten des Originalsystems errechnet werden. Wie das gemacht wird, haben wir hier am Beispiel abstoßender Magnete gezeigt.

### 5.10.6 Diamagnetische Levitation

Unter ‚Levitation' (lat. levitas = Leichtigkeit) versteht man das Überwinden der Erdanziehung durch äußere Kräfte. Sie bewirkt das Schweben massiver Körper. Dass dies mit Dauermagneten kein Problem ist, haben wir im vorherigen Abschnitt gezeigt.

Bei der eingangs erwähnten Magnetschwebebahn Transrapid (Abb. 5-699) werden die abstoßenden Kräfte durch die Magnetfelder von stromdurchflossenen Spulen über Permanentmagneten erzeugt.

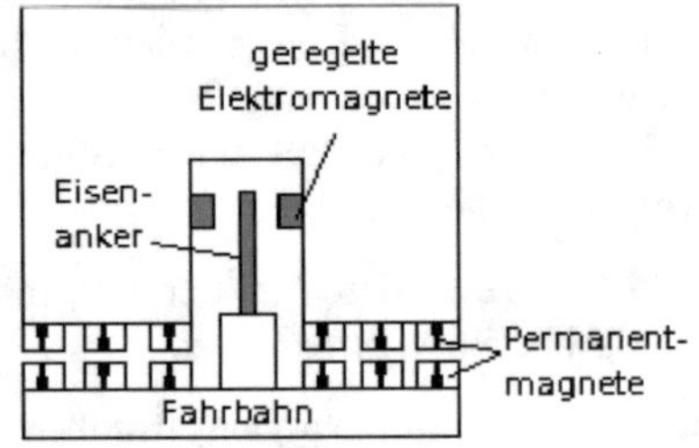


**Abb. 5-699 schematische Darstellung der magnetischen Felder eines Transrapid**

Weitere Beispiele zur Levitation aus https://de.wikipedia.org/wiki/Levitation_(Technik)

1. Druckluft-Levitation: Der Druck eines Gasstrahls trägt Massen.
2. Wechselfeld-Levitation: Abb. 5-700
3. Laser-Levitation: Der Strahlungsdruck des Laserlichts trägt das Masseteilchen.
4. Photonische Levitation mit Laserlicht

Licht sind **elektromagnetische** Wellen. Deshalb müsste es auch angestrahlte massive Körper durch den **Strahlungsdruck** beschleunigen oder tragen können. Das Thema befindet sich zurzeit (2019) noch in der Erforschung. Das Ziel ist der Bau von Raketen mit Lichtantrieb.

Quelle: https://www.pro-physik.de/nachrichten/schweben-mit-licht

**Abb. 5-700 das Schweben eine 500 Nanometer dünnen und Dutzende Mikrometer großen Fläche aus Siliziumdioxid durch den Druck von Laserlicht**

Levitation lässt sich auch dazu verwenden, Drehkörper reibungsfrei zu lagern (z.B. Kreisel oder die Anker von E-Motoren).

Quelle: https://www.heise.de/make/meldung/Mendocino-Motor-Solarantrieb-trifft-Elektromotor-4286917.html

**Abb. 5-701 diamagnetische Lagerung mit Solarstrom**

**Diamagnetische Kräfte**

Welche Möglichketen die diamagnetische Levitation eröffnet und welche Schwierigkeiten dabei zu überwinden sind, soll durch Simulation gezeigt werden. Dazu muss zuerst gezeigt werden, wie diamagnetische Kräfte in inhomogenen Feldern berechnet werden.

**Zur diamagnetischen Levitation**

Abb. 5-702 hatte gezeigt, dass die Kraft auf magnetisierbare Körper in **räumlich konstanten** Magnetfeldern null ist, denn dort heben sich Anziehung und Abstoßung gegeneinander auf. Hier soll gezeigt werden, dass Levitation auch durch **Influenz** möglich ist. Dazu müssen diamagnetische Materialien in das **inhomogene Feld** von Dauermagneten gebracht werden.

Wie bereits in Absch. 5.2.4 gezeigt, sind nur diamagnetische Kräfte abstoßend. Trotz ihrer Kleinheit sind sie bei kleinen Abständen immer noch größer als die Gravitationskräfte. Deshalb ist es grundsätzlich möglich, diamagnetische Körper zum Schweben zu bringen. Welche Bedingungen dazu zu erfüllen sind, soll hier gezeigt werden.

Empfehlung: Der Vortrag von Prof. Göring, Uni Stuttgart, auf Youtube:

*Magnetismus: Schlüsseltechnologie der Zukunft?*

https://www.youtube.com/watch?v=0Q2wxSRke3k

**Abb. 5-702 Ein pyrolytischer Graphit schwebt im starken Magnetfeld, weil Graphit leicht und stark diamagnetisch ist (vergleiche Tab. 5-37).**

Abb. 5-703 zeigt das Schweben eines rotierenden diamagnetischen Kreisels über einem Dauermagneten.

Die Rotation bewirkt, dass der Kreisel nicht kippt. Wenn man ihn leicht anstößt, dreht er sich ganz langsam einige Minuten lang und demonstriert so die minimalen Reibungsverluste eines Magnetlagers.

Empfehlung: https://www.henrik-gebauer.de/docs/2006-Facharbeit.pdf

**Abb. 5-703 diamagnetische Levitation mit rotierendem Kreisel**

Anwendung der diamagnetischen Levitation zur Drogenfahndung, beschrieben unter

https://www.pro-physik.de/nachrichten/drogenfahndung-mit-levitation

**Zur Berechnung der diamagnetischen Levitation**

Gezeigt werden soll, wie der Gleichgewichtsabstand der diamagnetischen Levitation von den Eigenschaften des Dauermagneten, der den Flussdichtegradienten grad(B)=dB/dz erzeugt, und des Diamagneten abhängt. Wenn man dies weiß, kann das für die diamagnetische Levitation geeignete Material ausgesucht werden.

Intuitiv ist klar: Es muss eine negativ große Suszeptibilität χ=μ.r-1 und ein geringes spezifisches Gewicht (entspricht der Dichte $\rho$) besitzen. Tab. 5-37 zeigt, dass das Verhältnis $\chi/\rho$ bei **Graphit** am größten ist.

**Tab. 5-37 die Daten diamagnetischer Materialien**

| diamagnetisches Material | [illegible] m | ρ /(g/cm³) | χ/ρ $10^{-6}\, cm^3/g$ |
|---|---|---|---|
| Bismut = Wismut | $-1{,}7 \cdot 10^{-4}$ | 9,78 | 17 |
| Kohlenstoff (Diamant) | $-2{,}2 \cdot 10^{-5}$ | 3,52 | 6,2 |
| Kohlenstoff (pyrolytischer Graphit, senkrecht) | $-4{,}5 \cdot 10^{-4}$ | 3,51 | 128 |

Tab. 5-37 zeigt, dass sich Graphit am besten zur diamagnetischen Levitation eignet.

Gl. 5-345 beschreibt die Kraft F.Dia auf elektrisch geladene Materialien in **inhomogenen Magnetfeldern** (Abb. 5-704). Sie ist proportional zum Produkt aus der Flussdichte B und ihrer räumlichen Änderung dB/dz (=**Flussdichtegradient**).

Abb. 5-704 zeigt:
Der Flussdichtegradient grad B= dB/dz ist immer negativ, weil die Flussdichte B(z) anfangs am größten ist und mit steigendem Abstand z zwischen Dauer- und Diamagnet gegen null geht.

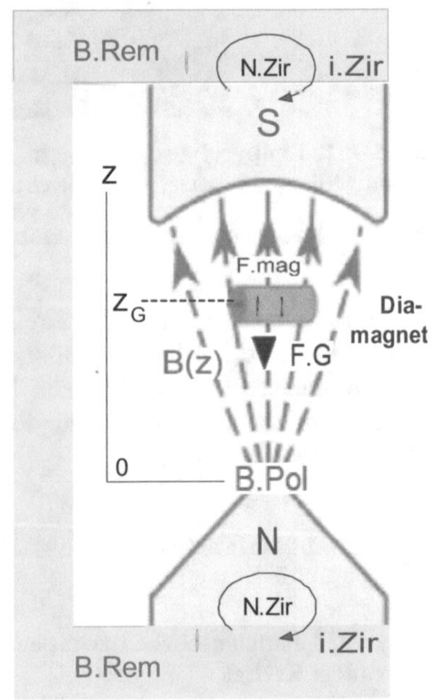


**Abb. 5-704 die Messgrößen der diamagnetischen Levitation im inhomogenen Magnetfeld**

**Diamagnetische Levitation mit Dauermagneten**
Von den vielen Möglichkeiten der Levitation soll hier die diamagnetische Levitation erklärt und berechnet werden. Zu klären ist, welche Materialien levitationsfähig sind und wie stark die dazu benötigten magnetischen Felder sein müssen.

Abb. 5-705 zeigt einen diamagnetischen Körper, der mit seinem **Gewichtsabstand z.G** über einem Dauermagneten schwebt. Berechnet werden soll, wie stark der Magnet gemacht werden muss, damit Levitation möglich ist.

Mit Gl. 5-334 wurde gezeigt, dass Magnete umso **stärker** werden, je **länger** sie sind. Deshalb lässt sich die erforderliche Stärke durch die Hintereinanderanordnung mehrerer Magnete erreichen.

Deshalb reduziert sich die Frage nach der Stärke eines Magneten auf die Frage der **erforderlichen Gesamtlänge** L.

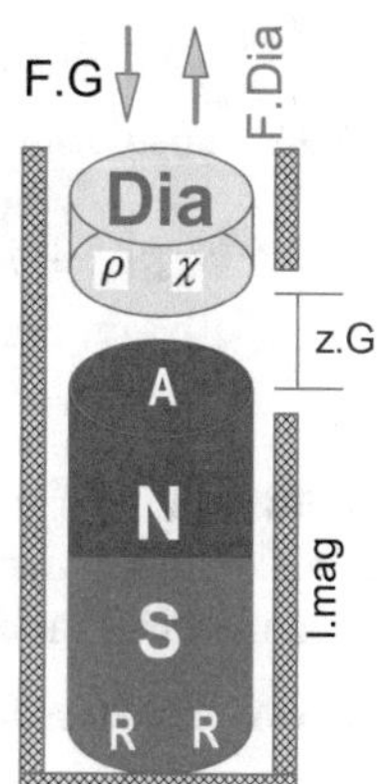


**Abb. 5-705 Abstoßung durch diamagnetische Influenz**

Abb. 5-712 zeigt die Struktur zur Berechnung der Levitation mit l.mag als freiem Parameter. Um sie zu verstehen, müssen zuerst die dazu nötigen Grundlagen erklärt werden. Das zu ihrem Verständnis erforderliche Wissen wird nachfolgend vermittelt.

Um ein konkretes Beispiel zur Levitation angeben zu können, muss ein Magnet gewählt werden. Wir verwenden hier Zylindermagnete der Fa. Webcraft GmbH.

**Tab. 5-38 Zylindermagnet: Zur diamagnetischen Levitation können mehrere davon hintereinander angeordnet werden.**

Stabmagnet

| | |
|---|---|
| Artikel-ID: | S-03-06-N |
| Form: | Stab |
| Durchmesser: | 3 mm |
| Länge: | 6 mm =H |
| Haftkraft: | ca. 350 g |
| Gewicht: | 0,32 g |
| Beschichtung: | vernickelt (Ni-Cu-Ni) |
| Magnetisierung: | N48 (B.Rem=1,4T) |

6 mm
3 mm

Zur Anzahl der zur Levitation benötigten Magnete:
Die Berechnungen werden zeigen, dass solch ein einzelner Magnet für die Levitation zu schwach ist. Aus Absch. 5.10.4 wissen wir jedoch, dass Magnete umso stärker werden, je länger sie sind. Deshalb werden wir die erforderliche Gesamtlänge L.Mag bestimmen. Damit wissen wir auch, wie viele Magnete dieses Typs mit der Länge H.mag hintereinander angeordnet werden müssen:

**Gl. 5-344 Anzahl übereinanderliegende Magnete** $N.Mag = L.mag/H.mag$

In Gl. 5-344 ist N.Mag ist ein Dezimalbruch. Er kann aber zu einer ganzen Zahl aufgerundet werden.

**Berechnung der diamagnetischen Levitation**

Berechnet werden soll, wie stark ein Magnet sein muss, damit ein diamagnetischer Körper über ihm schwebt. Als Beispiel wählen wir wieder einen Zylindermagneten nach Tab. 5-38.

Gl. 5-345 zeigt die

**Gl. 5-345 abstoßende Kraft auf einen diamagnetischen Körper im inhomogenen Magnetfeld**

$$F.Dia = \underbrace{B.Pol * e^{-z/L} * \frac{B.Pol}{R} * e^{-z/L}}_{\text{Dauermagnet}} * Z.Mag * \underbrace{\frac{\chi}{\mu.0} * Vol.Dia}_{\text{Diamagnet}}$$

**Das Flussdichte-Gradientenprodukt**

Gl. 5-345 zeigt, dass magnetische Kräfte auf magnetisierbare Materialien proportional zur räumlichen Änderung der Flussdichte B(z) sind. Wir nennen sie

**Gl. 5-346 das Flussdichte-Gradientenprodukt**

$$B(z) * grad(B) \approx B.Pol * e^{-z/L} * (B.Pol/R) * e^{-z/L}$$

Abb. 5-706 zeigt das mit Abb. 5-712 simulierte Flussdichte-Gradientenprodukt als Funktion der Höhe z beim Einlauf in den Gleichgewichtsabstand z.G

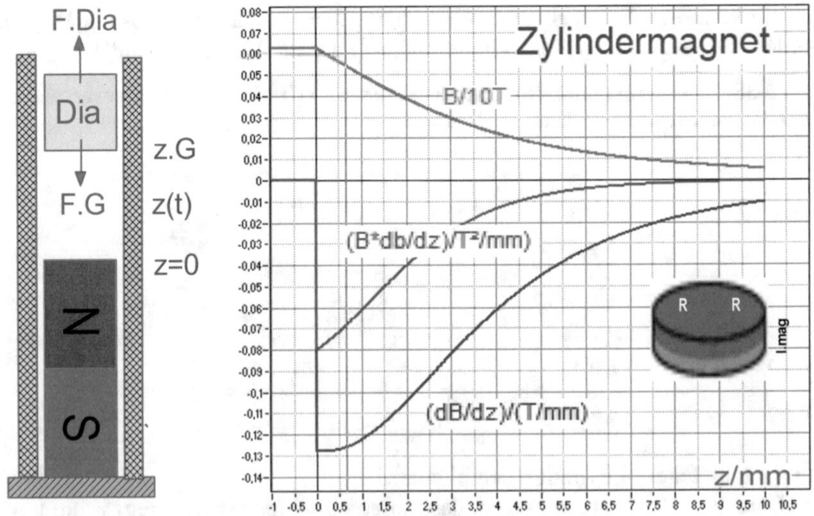


**Abb. 5-706 links: die Messgrößen der diamagnetischen Abstoßung – rechts: ihre Entwicklung mit steigendem Abstand des Diamagneten**

**Zum Gleichgewichtsabstand z.G bei diamagnetischer Levitation**

Weil die Flussdichte B(z) mit steigendem Abstand z zwischen Dauer- und Diamagnet gegen null geht, gilt dies auch für diamagnetische Kräfte F.Dia. Im Gleichgewicht kompensieren sie die Gewichtskraft F.G=m·g. Dann ist F.Dia gleich der Gewichtskraft F.G=m·g. Das bestimmt den Gleichgewichtsabstand z.G:

Abb. 5-707 zeigt die Berechnung diamagnetischer Kräfte nach Abb. 5-712. Man sieht,

1. dass die diamagnetische Abstoßung F.Dia an der Oberfläche des Magneten (z=0) maximal ist und dass F.Dia mit steigendem Abstand z vom Magneten immer kleiner wird.
2. Bei der Gleichgewichtshöhe z.G ist F.Dia gleich der Gewichtskraft F.G=m·g des diamagnetischen Körpers.

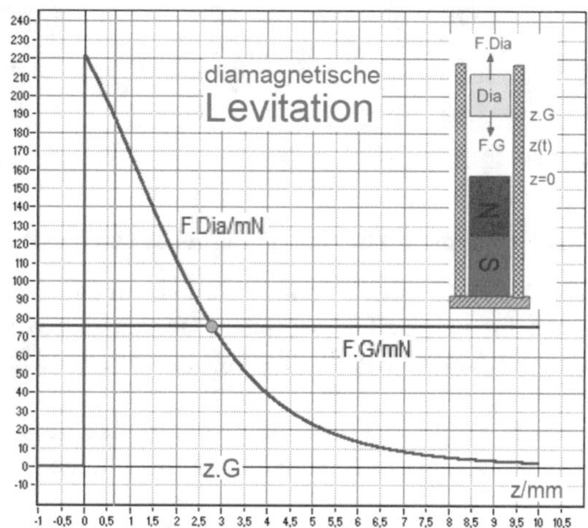


**Abb. 5-707 die Kräfte zur Einstellung des Gleichgewichtsabstands z.G in Abb. 5-712**

**Die Parameter einer diamagnetischen Kraft**

1. Die Zirkulationszahl N.Zir wird bei Dauermagneten nach Gl. 5-329 durch das Verhältnis von Länge L zu Radius R bestimmt.
2. Die mechanische Dichte $\rho$=m.Dia/Vol ist der Quotient aus diamagnetischer Masse und dem zugehörigen Volumen.
3. Die **magnetische Suszeptibilität** $\chi$=μ.r-1<1 ist beim Diamagnetismus negativ. Das bedeutet, dass die Kraft zwischen Dauer- und Diamagnet abstoßend ist.

Gl. 5-345 zeigt, dass die Kraft der Levitation proportional zur Anzahl Z.mag der hintereinander angeordneten Dauermagnete mit der Höhe H.mag ist.

H und Z.mag bestimmen die **Gesamtlänge des Magneten** $L = Z.Mag \cdot H.$mag

**Die Eigenschaften von Graphit**

Das Video https://www.youtube.com/watch?v=0Q2wxSRke3k zu Abb. 5-702 zeigt eine Graphitplatte, die über einem Dauermagneten gedämpfte Schwingungen ausführt. Hier soll berechnet werden, wie der

*Einschwingvorgang in den Gleichgewichtsabstand z.G*

bei magnetischer Levitation von der Stärke des Magneten und der Magnetisierbarkeit des diamagnetischen Materials abhängt. Auch hier soll zur Simulation des Diamagnetismus Graphit als Beispiel dienen.

Zur Simulation des Schwebens eines diamagnetischen Körpers muss dessen Gewicht F.G, bzw. dessen Masse m=ρ·Vol, bekannt sein. Dazu zeigt

**Tab. 5-39 die technischen Daten einer Ferritscheibe**

Micro to Nano
Innovative Microscopy Supplies

**Graphit Schrötlinge oder Scheiben**

| Hochreiner Graphit-Rohling / Scheibe, Ø 12,7 x 1,6 mm |
|---|
| Hochreiner Graphit-Rohling / Scheibe, Ø 12,7 x 1,6 mm |

| Physikalische Eigenschaften von reinem Kohlenstoff | |
|---|---|
| Dichte, g/cm$^3$ | 1.6 |
| Elastizitätsmodul, Mpa | 22 |
| Elektrischer Widerstand, Ωμm | 65 |
| Wärmeausdehnung, /K | 1.9x10$^{-6}$ |

Quelle: https://www.microtonano.com/de/Glas-Kohlenstoff-und-Graphit-Scheiben.php

## Das Experiment zur dauermagnetischen Levitation

Abb. 5-708 zeigt den Versuchsaufbau zur dauermagnetischen Levitation. Die seitlichen Begrenzungen verhindern das Ausbrechen der diamagnetischen Scheibe.

Gesucht wird ein Einschwingvorgang des Levitationsabstands z(t) bei Levitation einer Ferritscheibe.

Die Parameter der diamagnetischen Levitation sind

1. Die Daten des Dauermagneten:
   die Form (hier Zylinder) und Abmessungen (Länge L.Mag und Radius R.Mag), die Anzahl Z.Mag der gestapelten Einzelmagnete und die Remanenzflussdichte B.Rem (Tab. 5-38)

2. Die Daten des Diamagneten:
   die Abmessungen (Querschnitt A.Dia, Höhe H.Dia, die Dichte $\rho$ und die magnetische Suszeptibilität $\chi$, siehe Tab. 5-37)

Abb. 5-708 zeigt die technischen Daten einer Ferritscheibe, die zur Levitation gebracht werden soll.

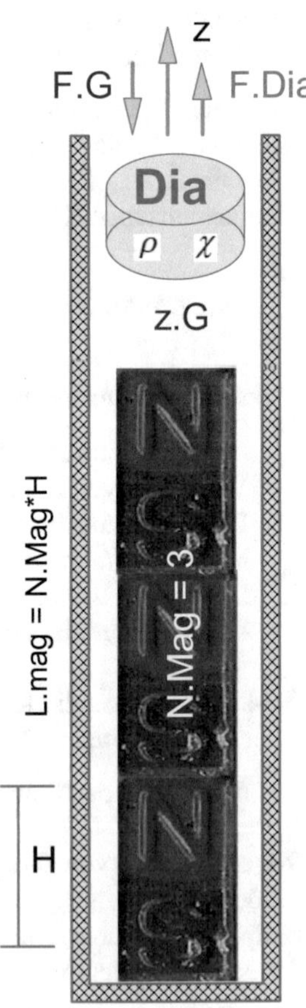


**Abb. 5-708 das Schweben einer diamagnetischen Scheibe über einem Stapel von N.Mag Dauermagneten (hier N.Mag=3)**

**Simulierte Levitationsdynamik**

Bevor wir die Struktur Abb. 5-712 zur dynamischen Berechnung der diamagnetischen Levitation erklären, zeigen wir mit ihr erzeugte Sprungantworten zum Versuchsaufbau von Abb. 5-708.

Abb. 5-709 zeigt den Einlauf des diamagnetischen Körpers in seinen Gleichgewichtsabstand z.G. Dann ist die Abstoßung F.Dia gleich dem Gewicht F.G des diamagnetischen Körpers.

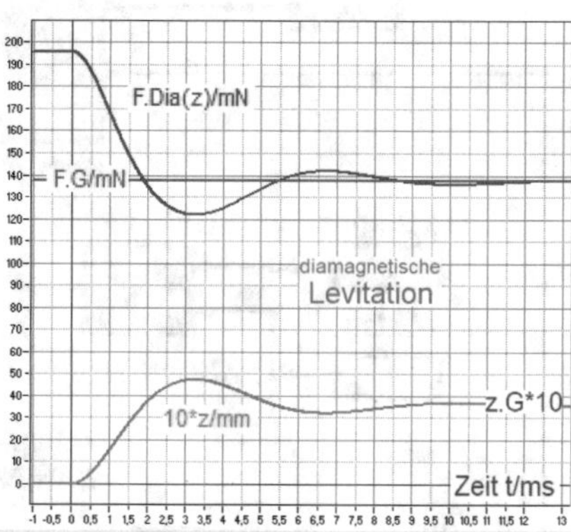


**Abb. 5-709 Gleichgewichts-Dynamik**

Ob der schwebende Körper kriechend oder schwingend in seinen Endwert z.G einläuft, hängt von der Reibung seiner Umgebung ab.

**Reibungskräfte** *F.Rbg=k.Rbg·v* sind geschwindigkeitsproportional. In Abb. 5-712 (Zone F) kann ihre Stärke durch den

*Reibungsparameter k.Rbg – in Ns/m*

eingestellt werden. Abb. 5-710 zeigt drei typische Einlaufvorgänge.

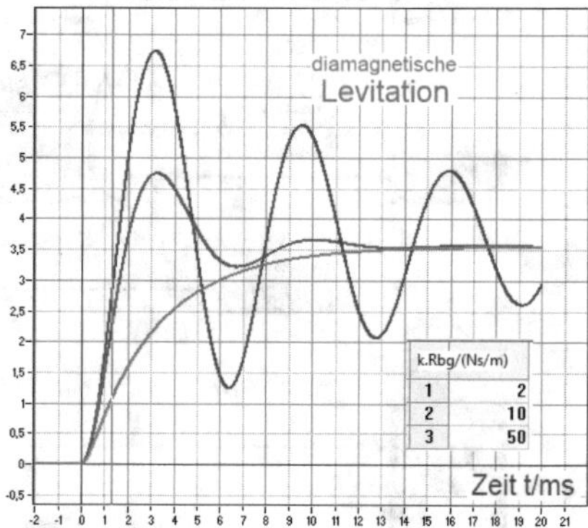


**Abb. 5-710 Einstellung der Levitationsdynamik durch den Reibungsparameter k.Rbg**

Wie groß der Gleichgewichtsabstand z.G ist, hängt außer von der

*Suszeptibilität $\chi$ (chi)*

des diamagnetischen Materials noch von der Polstärke des Dauermagneten (B.Pol) ab. In der Struktur von Abb. 5-712 (Zone B) kann sie durch die Anzahl N.Mag der Einzelmagnete eines Stapels stufig vergrößert werden. Das zeigt Abb. 5-711.

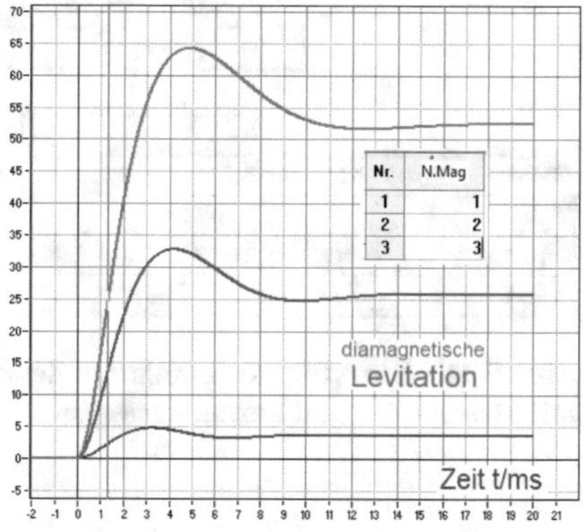


**Abb. 5-711 Die proportionale Vergrößerung des Gleichgewichtsabstandes z.G mit der Anzahl N.Mag der Magnete in einem Stapel: Sie vergrößert die wirksame magnetische Länge L.**

Abb. 5-712 zeigt die Struktur zur dynamischen Berechnung eines diamagnetischen Schwebezustandes. Sie wird anschließend erklärt.

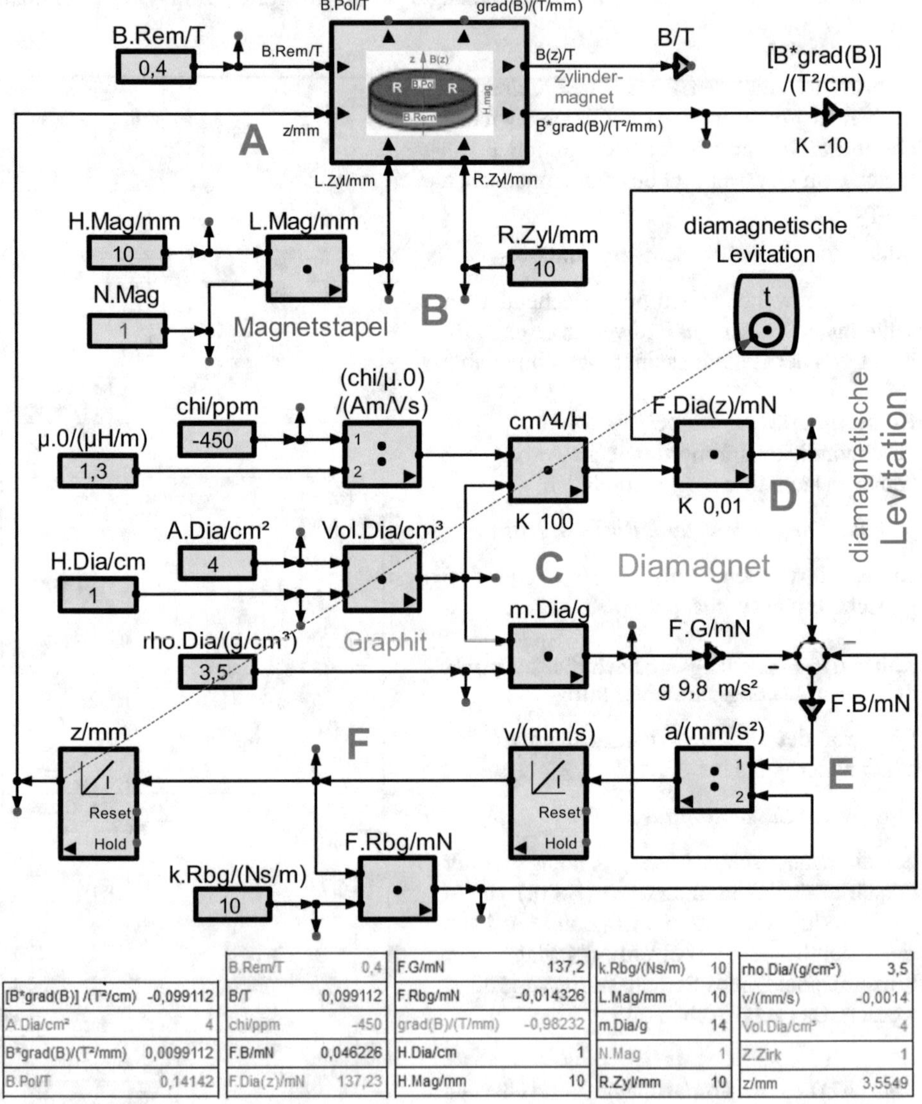


| | | | | | | | | | |
|---|---|---|---|---|---|---|---|---|---|
| | | B.Rem/T | 0,4 | F.G/mN | 137,2 | k.Rbg/(Ns/m) | 10 | rho.Dia/(g/cm³) | 3,5 |
| [B*grad(B)] /(T²/cm) | -0,099112 | B/T | 0,099112 | F.Rbg/mN | -0,014326 | L.Mag/mm | 10 | v/(mm/s) | -0,0014 |
| A.Dia/cm² | 4 | chi/ppm | -450 | grad(B)/(T/mm) | -0,98232 | m.Dia/g | 14 | Vol.Dia/cm³ | 4 |
| B*grad(B)/(T²/mm) | 0,0099112 | F.B/mN | 0,046226 | H.Dia/cm | 1 | N.Mag | 1 | Z.Zirk | 1 |
| B.Pol/T | 0,14142 | F.Dia(z)/mN | 137,23 | H.Mag/mm | 10 | R.Zyl/mm | 10 | z/mm | 3,5549 |

**Abb. 5-712 Struktur zur Simulation des diamagnetischen Schwebezustandes von Abb. 5-708 mit Messgrößen und Parametern**

Erläuterungen zu Abb. 5-712:
Gl. 5-347 zeigt noch einmal die Berechnung der diamagnetischen Abstoßungskraft F.Dia. Die Struktur Abb. 5-712 zeigt, wie sie der Gewichtskraft F.G einer diamagnetischen Scheibe aus Graphit im Magnetfeld eines Dauermagneten das Gleichgewicht hält.

**Gl. 5-347 die abstoßende Kraft auf einen diamagnetischen Körper im inhomogenen Magnetfeld eines Dauermagneten**

$$F.Dia = \underbrace{B.Pol * e^{-z/L} * \frac{B.Pol}{R} * e^{-z/L}}_{\text{Dauermagnet}} * \underbrace{Z.Mag}_{\text{Stapel}} * \underbrace{\frac{\chi}{\mu.0} * Vol.Dia}_{\text{Diamagnet}}$$

Gl. 5-347 ist die Grundlage zur Struktur zur dynamischen Berechnung des Schwebezustandes. Hier folgt die Erläuterung der einzelnen Zonen von Abb. 5-712.

## Zone A:

Der Anwenderblock ‚Zylindermagnet' berechnet das Flussdichte-Gradientenprodukt B(z)·grd(B) als Funktion der Höhe z. Er ist die Zusammenfassung der beiden Blöcke ‚Polflussdichte B.Pol' und Gradient grad(B) in Gl. 5-347.

Abb. 5-713 zeigt die Oberfläche des Blocks ‚Zylindermagnet' mit seinen Ein- und Ausgängen.

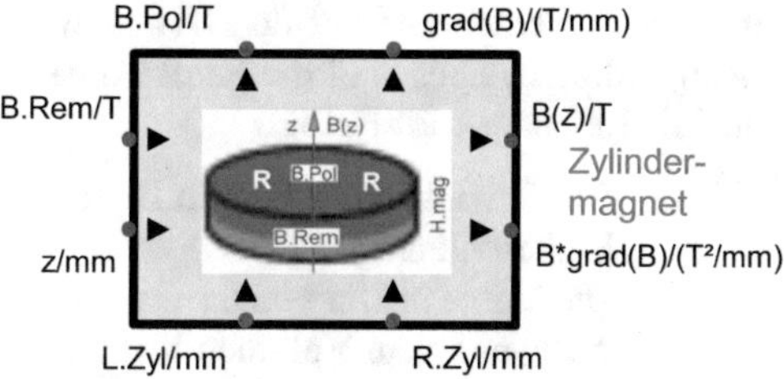


**Abb. 5-713 das Blocksymbol ‚Zylindermagnet'**

Abb. 5-714 zeigt die interne Struktur des Blocks ‚Zylindermagnet'.

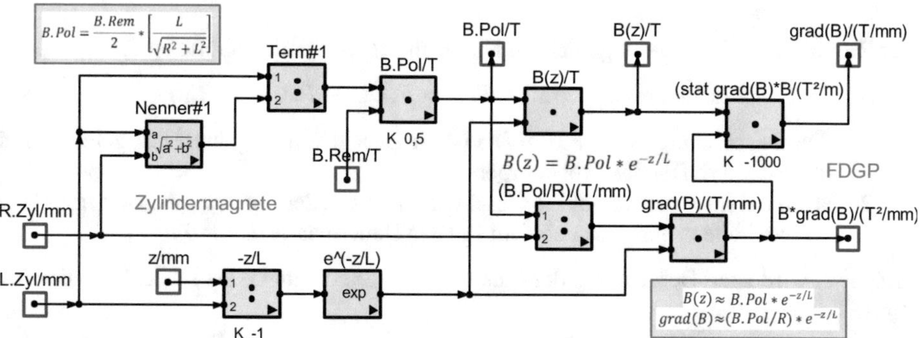


**Abb. 5-714 Die interne Struktur des Blocks ‚Zylindermagnet': Sie symbolisiert Gl. 5-321 zur Berechnung der Polflussdichte B.Pol und Gl. 5-346 zur Berechnung des Flussdichte-Gradientenprodukts.**

**Zone B:**
Der Block ‚Zylindermagnet' benötigt außer der Höhe z über dem Dauermagneten, die in Zone G berechnet wird, als Parameter die Magnetlänge L und den Radius R.

Bei einem Stapelmagneten ist L=H·N.Mag das Produkt aus der Höhe H des Einzelmagneten und ihrer Anzahl N.Mag. Mit N.Mag lässt sich die Magnetlänge stufig variieren.

**Zone C:**
Hier wird die Magnetisierung des Diamagneten in Gl. 5-345 berechnet. Sie ist das Produkt aus der Suszeptibilität $\chi$, geteilt durch die Permeabilität μ.0 der Luft, und dem Volumen des Diamagneten. Bei Quaderform ist Vol.Dia=A.Dia·H.Dia.

**Zone D:**
In D wird die Kraft F.Dia auf den Diamagneten berechnet. Sie ist das Produkt aus dem Flussdichte-Gradientenprodukt B(z)·grd(B) (Zone A) und den diamagnetischen Parametern (Zone C).

Bei Diamagneten ist die Suszeptibilität $\chi$ negativ. Damit wird die F.Dia auf den Diamagneten abstoßend.

**Zone E:**
In Zone E werden alle auf den Diamagneten wirkenden Kräfte überlagert (vorzeichenrichtig addiert). Dies sind die Kraft F.Dia auf den Diamagneten, die Gewichtskraft F.G und die Reibungskraft F.Rbg.

1. Die Gewichtskraft F.G=m.Dia·g ist das Produkt aus Probenmasse m.Dia und der Erdbeschleunigung g.
2. Die Masse m.Dia= $\rho$.Dia·Vol.Dia ist das Produkt aus der diamagnetischen Dichte $\rho$.Dia und dem Volumen Vol.Dia=A.Dia·H.Dia.
3. Reibungskräfte F.Rbg=k.Rbg·v sind proportional zur Geschwindigkeit v des Probekörpers. F.Rbg wird in Zone F berechnet.

**Zone F:**
Der Rest aus der Überlagerung aller am Diamagneten wirkenden Kräfte ist die

$$\text{Beschleunigungskraft} \quad F.B = F.Dia - F.G - F.Rbg$$

1. Die Beschleunigung a=F.B/m.Dia ist die Beschleunigungskraft F.B geteilt durch die Masse m.Dia des Probekörpers.
2. a einmal integriert ergibt die Geschwindigkeitsänderung v, v integriert ergibt die Probenhöhe z, gemessen ab dem Pol des Dauermagneten (z=0).

In Zone A wird z zur Berechnung der Flussdichte B(z) gebraucht. Damit schließt sich der Kreis.

**Schlusswort zur diamagnetischen Levitation**
Berechnet wurde der Gleichgewichtsabstand z.G und die Dynamik diamagnetischer Körper bei Levitation im Feld eines Dauermagneten.

Die Materialkonstanten und Abmessungen von Dauermagnet und Diamagnet waren frei wählbare Parameter. Daher gilt das Berechnungsverfahren für beliebige Formen von Dauermagneten und diamagnetischen Körpern.

**Zusammenfassung: dauermagnetische Kräfte**

Die **Kräfte zwischen zwei Dauermagneten** können je nach ihrer Ausrichtung **anziehend oder abstoßend** sein.

Die Kräfte zwischen einem Dauermagneten und **magnetisierbarem Material** (z.B. Eisen) sind betragsmäßig gleich groß. Sie können aber **immer nur anziehend** sein.

Bei aneinanderhaftenden Dauermagneten sind die Anziehungskräfte maximal. Wie groß sie sind, bestimmt der interne

**Magnetisierungsstrom i.mag**.

Er soll im nächsten Abschnitt berechnet werden.

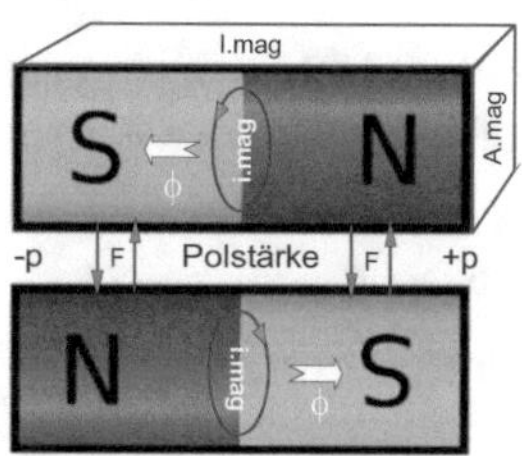

**Abb. 5-715 Im energetisch günstigsten Zustand stehen zwei Dauermagnete antiparallel zueinander. Dann ‚kleben' sie aneinander.**

Magnetische Kräfte verringen sich mit dem Quadrat des Abstands. Das entspricht der Anziehung von Massen (Gravitationsgesetz Gl. 5-349).

Die **Polstärke p** von Dauermagneten steigt mit ihrer Länge: p=i.mag·l.mag.

**Abb. 5-716 Die Vergrößerung der Polstärke durch Hintereinanderanordnung mehrerer Magnete zeigt: F.Mag=p·l ~ l**

Das **magnetische Moment m=i.mag·A** von Dauermagneten steigt mit ihrem Querschnitt A. Das wird in Absch. 5.10.7 noch genauer besprochen.

Zur Berechnung von magnetischen Polstärken und Momenten wird der interne **Magnetisierungsstrom i.mag** des Dauermagneten gebraucht. Wie i.mag

1. aus der magnetischen Anziehungskraft ermittelt und
2. aus dem ferromagnetischen Material und seinen Abmessungen

berechnet wird, zeigt Absch. 5.10.8 ‚Modelle für Dauermagnete'.

Ausblick: **Flüssige Dauermagnete**

Mittels Nanotechnik können dauermagnetische Lösungen hergestellt werden, deren Lichtdurchlässigkeit durch winzige magnetische Felder gesteuert werden kann. Das ermöglicht den Bau neuartiger Monitore und Speicher. Ob und welche Vorteile sie gegenüber Flüssigkristallen haben, müssen die anstehenden Untersuchungen zeigen.

**Abb. 5-717 Magnetische Flüssigkeiten verformen sich im äußeren Magnetfeld**

https://www.faz.net/aktuell/wissen/physik-mehr/fluessige-dauermagnete-die-anziehungskraft-kuenftiger-fernseher-12714387.html

## 5.10.7 Dauermagnetische Drehmomente

Drehmomente $\vec{M} = \vec{F} x \vec{r}$ entstehen durch Kräfte F, die an einem Hebelarm r angreifen. Bei drehbar gelagerten Körpern bewirken sie eine Anfangsbeschleunigung um die Drehachse.

**Elektrische Drehmomente**

Auch elektrische Ströme, bzw. die mit ihnen verketteten magnetischen Felder, erzeugen in der Umgebung externer magnetischer Felder Drehmomente. Das wurde bereits in Kap. behandelt. Als Beispiele dienten dort **Drehspul-** und **Dreheiseninstrumente** und das **Magnetometer** zur Messung magnetischer Felder im µT-Bereich.

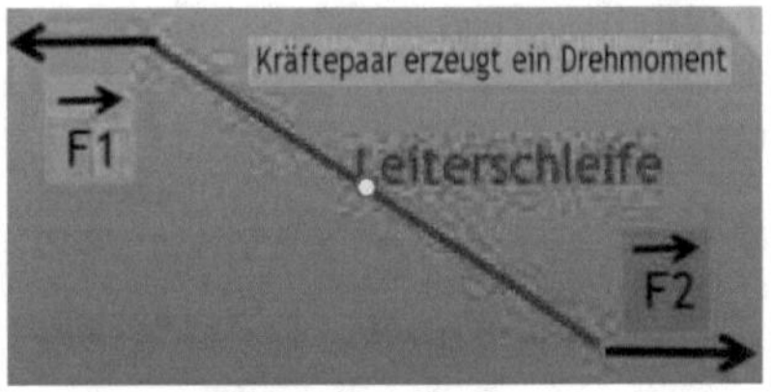


**Abb. 5-718 Kräftepaar erzeugt Drehmoment**

Um magnetische Systeme mit Drehmomenten konzipieren und dimensionieren zu können, müssen sie berechnet werden. Die dazu nötigen Grundbegriffe sind die ‚magnetische Polstärke p‘ für die Kräfte der Translation und das ‚magnetische Moment m‘ für die Drehmomente der Rotation. Wie sie definiert sind und wie damit gerechnet wird, soll hier gezeigt werden.

Abb. 5-719 zeigt, dass die Wirkungen F.mag und M.mag durch das Zusammenwirken von inneren Eigenschaften des Magneten (p und m) mit der Eigenschaft B des äußeren magnetischen Feldes entstehen.

$$\vec{M}.mag = \vec{m} \; x \; \vec{B}$$

| Wirkung auf den Magneten | Eigenschaft des Magneten | Eigenschaft seiner Umgebung |
|---|---|---|

$$\vec{F}.mag = \vec{p} * \vec{B}$$

**Abb. 5-719 vektorielle Berechnung magnetischer Kräfte und Drehmomente**

**Zur Berechnung magnetischer Drehmomente**

In den folgenden Abschnitten soll gezeigt werden, wie die Drehmomente von Dauermagneten berechnet werden und wie dies technisch genutzt wird. Dazu muss zuerst die Entstehung magnetischer Drehmomente erklärt werden.

Zur Entstehung magnetischer Drehmomente

In Atomen zirkulieren reibungsfrei atomare Kreisströme. In Dauermagneten sind sie parallel ausgerichtet. Das erzeugt ein internes Magnetfeld, dessen Feldlinien an den Polen ein- und austreten. Wenn sie ein externes Magnetfeld kreuzen, entsteht ein Drehmoment, das das Ziel hat, beide Felder antiparallel zu stellen (Gesetz des kleinsten Zwanges).

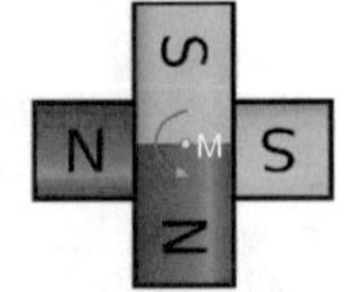


**Abb. 5-720 magnetisches Drehmoment**

**Kreisströme und Drehmomente**

In Absch. 5.10.2 haben wir gezeigt, dass im Innern eines Dauermagneten ein Kreisstrom i.mag fließt, mit dem ein magnetischer Fluss ϕ verkettet ist. Hier soll gezeigt werden, dass dadurch in einem äußeren Magnetfeld B ein Drehmoment M entsteht, das bestrebt ist, die Gesamtenergie in der Umgebung des Magneten zu minimieren. Wenn das erreicht ist, ist die Spule kräfte- und drehmomentfrei.

Abb. 5-721 zeigt eine stromdurchflossene Leiterschleife in einem äußeren Magnetfeld B.

Das Drehmoment M entsteht, weil sich das Feld des Spulenstroms und das Feld B durchdringen. Wenn das zur Drehung der Spule führt, verschwindet M, wenn beide Felder parallel stehen (Winkel $\alpha = 0$).

Abb. 5-721 zeigt

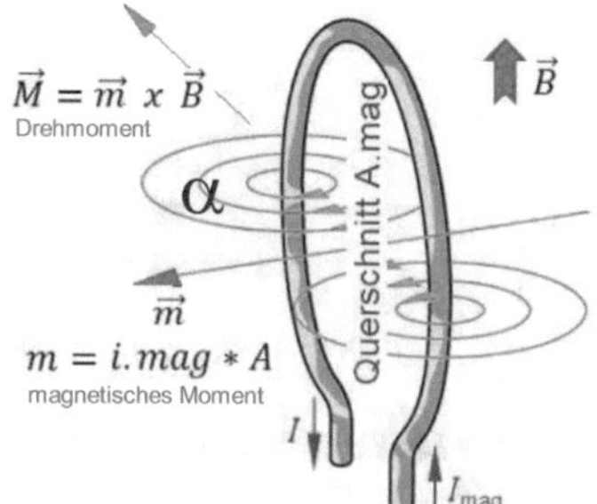


**Abb. 5-721 das Drehmoment eines Ringleiters im magnetischen Feld in vektorieller Schreibweise**

Abb. 5-722 berechnet den Betrag eines elektromagnetischen Drehmoments nach Gl. 5-205:

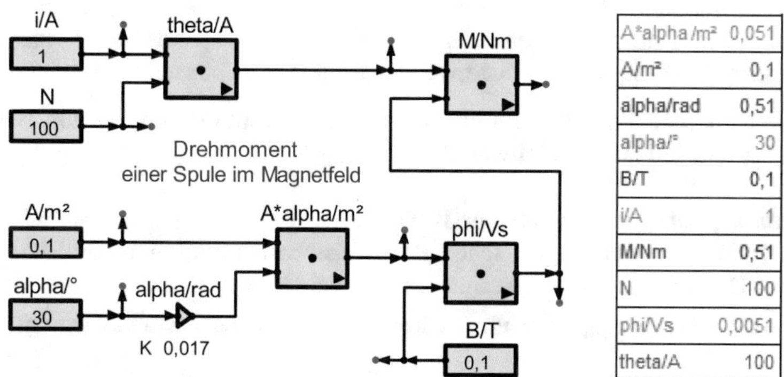


| | |
|---|---|
| A*alpha /m² | 0,051 |
| A/m² | 0,1 |
| alpha/rad | 0,51 |
| alpha/° | 30 |
| B/T | 0,1 |
| i/A | 1 |
| M/Nm | 0,51 |
| N | 100 |
| phi/Vs | 0,0051 |
| theta/A | 100 |

**Abb. 5-722 das Drehmoment einer Spule mit N Windungen in einem äußeren Magnetfeld**

Dies sind einige Anwendungen für elektromagnetische Drehmomente:

1. **Elektromagnete** (Kap. 5.8) und **Messwerke** (Absch. 5.9.2): Drehspul- und Dreheiseninstrumente und das Magnetometer zur Messung magnetischer Felder im µT-Bereich
2. **elektrische Maschinen**, z.B. der Torquemotor in Abb. 5-566: Wir behandeln sie in Bd. 4/7 dieser Reihe zur ‚Strukturbildung und Simulation technischer Systeme'
3. **Sensoren**, z.B. durch Magnetostriktion. Abb. 5-723 zeigt ein Beispiel.

**Abb. 5-723 berührungsloser Drehmomentsensor**

Quelle: https://www.computer-automation.de/feldebene/sensoren/artikel/108370/

### 5.10.8 Modelle für Dauermagnete

Bei der Entwicklung magnetischer Systeme (Messwerke, Relais, elektrische Maschinen) müssen deren Kräfte und Drehmomente berechnet werden. Dazu werden Polstärken p und Durchflutungen $\Theta$ benötigt. Entsprechend gibt es zwei Modelle zur Berechnung der Kräfte von Dauermagneten:

*das Polmodell und das Flussmodell*

Abb. 5-724 zeigt ihre Symbolisierung:

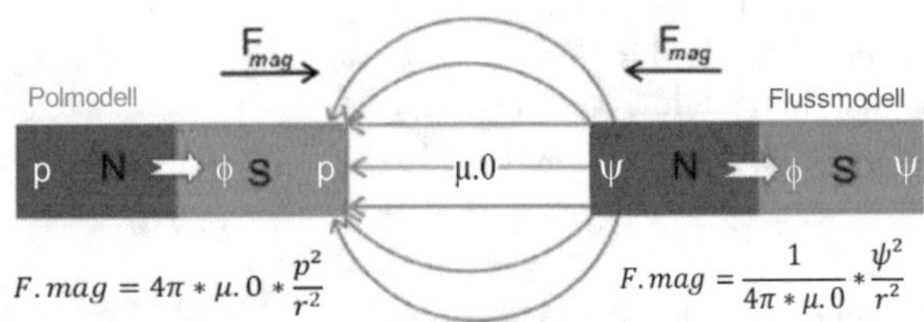


**Abb. 5-724 Kraft zwischen magnetischen Dipolen – links: Berechnung durch die Polstärke p und rechts durch den magnetischen Fluss $\psi$=N.Zir·$\phi$**

Durch diese Modelle werden alle für die Stärke von Dauermagneten relevanten Parameter (Polstärke p, magnetisches Moment m) aus der Anzugskraft berechnet. Bei der Entwicklung von Dauermagneten zeigt der Vergleich die Fortschritte und wo noch **Verbesserungspotential** durch die verwendeten Materialien besteht.

Gezeigt werden soll, dass das Ladungs- und das Strömungsmodell zur Berechnung magnetischer Kräfte F.mag **gleichwertig** sind.

**Das Abstandsgesetz für magnetische Kräfte**
Die Kraft zwischen zwei magnetischen Polen lässt sich mittels ihrer Polstärken p und mittels ihrer Durchflutungen $\Theta$ berechnen. Das zeigt Gl. 5-348:

**Gl. 5-348 Abstandsabhängigkeit magnetischer Kräfte (allgemeine Kraftgleichung)**

$$F.mag = 4\pi * \mu.0 * \frac{p^2}{r^2} = \frac{1}{4\pi * \mu.0} * \frac{\psi^2}{r^2}$$

Gl. 5-348 zeigt,

1. dass die Kräfte zwischen zwei Magnetpolen bei Berührung maximal sind,
2. dass sie mit dem Quadrat des Abstands r gegen null gehen und
3. dass sie je nach Polarität anziehend oder abstoßend sein können.

Gl. 5-348 ist analog

1. zum elektrostatischen Kraftgesetz zwischen zwei elektrischen Ladungen q.1 und q.2 und
2. zum Gravitationsgesetz Gl. 5-349 für die Anziehungskraft zwischen zwei Massen m.1 und m.2 – mit dem Unterschied, dass Gravitationskräfte immer nur anziehend sind.

Gravitationskräfte sind die schwächsten im Universum. Sie zeigen sich im Weltraum bei riesigen Massen durch die Ablenkung von Licht (Gravitationslinsen). Die Berechnung erfolgte um 1910 durch A. Einstein, die Beobachtung erfolgte danach bei einer Sonnenfinsternis in Südafrika 1919 durch A. Eddington.

**Zur Analogie zwischen Elektromagnetismus und Gravitation**
Gleiche Magnetpole stoßen sich ab. Im Gegensatz dazu sind abstoßende Gravitationskräfte noch nicht beobachtet worden – zumindest nicht auf der Erde.

Ein Stück Eisen fällt durch die Gravitation der Erde auf den Boden. Ein nicht beson-ders starker Magnet drückt es wieder nach oben. Seine Kraft ist bei kleinen Abständen stärker als die Anziehungskraft der gesamten Erde! So entsteht Levitation (dauermagnetisch Absch. 5.10.5 und diamagnetisch 5.10.6).

Nun soll gezeigt werden, dass Magnetkräfte bei kleinen Abständen viel stärker sind als Gravitationskräfte. Dazu müssen beide berechnet werden.

Die Anziehungskräfte zwischen zwei Massen m.1 und m.2 gehen wie die Anziehungskräfte entgegengesetzter Magnetpole mit dem

*Quadrat des Abstands r gegen null.*

**Gl. 5-349 Gravitation**

$$F.G = G * \frac{m.1 * m.2}{r^2}$$

**Gl. 5-350 Polkraft**

$$F.mag = 4\pi * \mu.0 * \frac{p.1 * p.2}{r^2}$$

**Gl. 5-285 Coulombkraft**

$$F.C = \frac{1}{4\pi * \varepsilon.0} * \frac{q.1 * q.2}{r^2}$$

**Abstoßende Gravitation?**
Die Galaxien des **Weltalls expandieren beschleunigt**. Das wird durch eine **Dunkle Energie** beschrieben, deren Natur bis Dato (Jahr 2020) ungeklärt ist. Ihre Wirkung entspricht der einer **gravitativen Abstoßung** im Raum zwischen den Galaxien. Innerhalb der Galaxien dominiert jedoch die immer anziehende und nicht abschirmbare Gravitation. Sie formt z.B. unsere Milchstraße zu einer Spirale.

**Polstärke p und Magnetfluss $\psi$**
Um die in Abb. 5-724 gezeigten Modelle zur Berechnung magnetischer Kräfte verwenden zu können, müssen die Zusammenhänge mit der Polstärke p und dem Magnetfluss $\psi$ bekannt sein. Verschiedene Magnete haben unterschiedliche Polstärken und Durchflutungen. Zur Vereinfachung der Berechnung gehen wir hier von **zwei gleichen Magneten** aus: p.1=p.2→p und $\psi$.1= $\psi$.2→ $\psi$

$$\boldsymbol{p^2 \rightarrow p.1 * p.2} \quad \text{und} \quad \boldsymbol{\psi^2 \rightarrow \psi.1 * \psi.2}$$

Damit wird aus der allgemeinen Kraftgleichung Gl. 5-351 die

**Gl. 5-351 spezielle Kraftgleichung zwischen zwei gleichen Magnetpolen**

$$F.mag = 4\pi * \mu.0 * \frac{p^2}{r^2} = \frac{1}{4\pi * \mu.0} * \frac{\psi^2}{r^2}$$

Bei gleicher Polarität sind die Produkte positiv und die Kräfte anstoßend. Bei entgegengesetzter Polarität sind die Produkte negativ und die Kräfte abstoßend. Entsprechendes gilt für Drehmomente, die einmal rechtsdrehend und zum andern linksdrehend sind.

Aus Gl. 5-351 folgt die Proportionalität zwischen Polstärke p und Magnetfluss $\psi$. Konstant ist der Quotient

**Gl. 5-352 Magnetfluss/Polstärke** $\boldsymbol{\psi/p = 4\pi * \mu.0 = 16,3\mu H/m}$

**Magnetfluss $\psi$ und Windungsfluss $\phi$**
Gl. 5-353 zeigt die Berechnung der Messgrößen eines Dauermagneten nach dem Ladungs- und Strömungsmodell. Zur Vereinfachung haben wir zwei Magnete mit gleicher Polstärke p angenommen. Dann sind ihre internen Magnetflüsse gleich groß:

**Gl. 5-353 Magnetfluss $\psi$ und Windungsfluss $\phi$ eines Dauermagneten**

$$\psi = Z.Zir * \phi = 4\pi * \mu * p$$

Der Magnetfluss $\psi$=N.Zir·$\phi$ heißt bei Spulen ‚Spulenfluss'. Er ist das N-fache des Windungsflusses $\phi$ (Messgröße). $\psi$ ist wie die Durchflutung $\Theta$=N.Zir·i.mag nur eine Rechengröße, keine Messgröße.

**Berechnung des Windungsflusses $\phi$**
Allgemein errechnen sich magnetische Flüsse $\phi$ aus der Durchflutung $\boldsymbol{\Theta}$=N·i und dem magnetischen Leitwert **G.mag=μ·A/l** eines magnetischen Kreises:

**Gl. 5-354 Ohm'sche s Gesetz magnetischer Kreise**

$$\phi = \Theta * G.mag$$

**Berechnung des magnetischen Flusses in einem Dauermagneten DM**
Für die Polstärke p und das magnetische Moment m ist ihr Produkt maßgeblich. Es heißt

**Gl. 5-355 Durchflutung eines DM**

$$\boldsymbol{\Theta = N.Zir * i.mag}$$

Aus $\Theta$ und dem magnetischen Leitwert $G.mag = \mu{\cdot}A/l$ folgt nach dem Ohm'schen Gesetz des Magnetismus der

**Gl. 5-356 magnetischer Fluss eines DM**

$$\boldsymbol{\phi = \Theta/G.mag}$$

**Die Zirkulationszahl N.Zir**
**N.Zir** ist die Anzahl der Umdrehungen des **Magnetisierungsstroms i.mag** in einem Dauermagneten. Sie entspricht der Windungszahl N einer Spule.

**Gl. 5-357 Definition der Zirkulationszahl**

$$N.Zir = \frac{\Theta}{i.mag} = \frac{\psi}{\phi}$$

Nun soll gezeigt werden, wie die **Zirkulationszahl N.Zir=$\psi$/$\phi$** von den Abmessungen (Länge l, Querschnitt A) eines Dauermagneten abhängt.

Nach Gl. 5-354 ist der **Magnetfluss $\psi$=4π·μ·p** proportional zu den Materialkonstanten Permeabilität μ und Polstärke p. p=$\Theta$·l wiederum ist nach Gl. 5-313 das Produkt aus der Durchflutung $\Theta$ und der Länge l des Magneten.

Der Windungsfluss $\phi$=$\Theta$·G.mag ist nach Gl. 5-54 ist das Produkt aus $\Theta$ und dem **magnetischen Leitwert G.mag=μ·A/l.** Darin ist μ die Materialkonstante und A/l die Geometriekonstante des Magneten. Dies in Gl. 5-357 eingesetzt, ergibt die

**Gl. 5-358 Berechnung der Zirkulationszahl**

$$\boldsymbol{N.Zir = 4\pi * l^2/A}$$

Gl. 5-358 zeigt, dass die N.Zir **nur von der Länge l.mag** des Magneten und seinem **Querschnitt A** abhängt.

**Magnetisierungsstrom i.mag und Zirkulationszahl N.Zir**

In Abb. 5-32 haben wir gezeigt, dass stromdurchflossene Spulen die gleichen magnetischen Felder wie Dauermagnete erzeugen. Nun soll geklärt werden, welche Ströme i.mag und Windungszahlen N.Zir dazu erforderlich sind. Gl. 5-359 zeigt den

**Gl. 5-359 Magnetisierungsstrom eines Dauermagneten** $\boldsymbol{i.mag = \Theta/N.Zir}$

Gl. 5-360 zeigt den Zusammenhang zwischen der

**Gl. 5-360 Polkraft (Messgröße) und dem internen Magnetisierungsstrom (Rechengröße):**

$$i.mag = \frac{\sqrt{F.Pol/4\pi * \mu.0}}{N.Zir} \sim \sqrt{F.Po} * \frac{l^2}{A}$$

i.mag ist proportional zu √F.Pol und $l^2$ und umgekehrt proportional zur Polfläche A.

Der magnetische Fluss eines Dauermagneten entsteht durch einen **Magnetisierungsstrom i.mag,** der mit der Zirkulationszahl N.Zir rotiert. Zusammen bilden sie die

**Gl. 5-310 Durchflutung eines DM**

$$\boldsymbol{\Theta = N.Zir * i.mag}$$

Zu zeigen ist, wie N.Zir und i.mag durch Messung magnetischer Kräfte ermittelt werden können. Dazu benötigen wir die Magnetisierungsgleichung Gl. 5-360.

**Abb. 5-725 Magnet mit internen Kreisströmen**

Abb. 5-726 zeigt die Berechnung des Magnetisierungsstroms eines Dauermagneten:

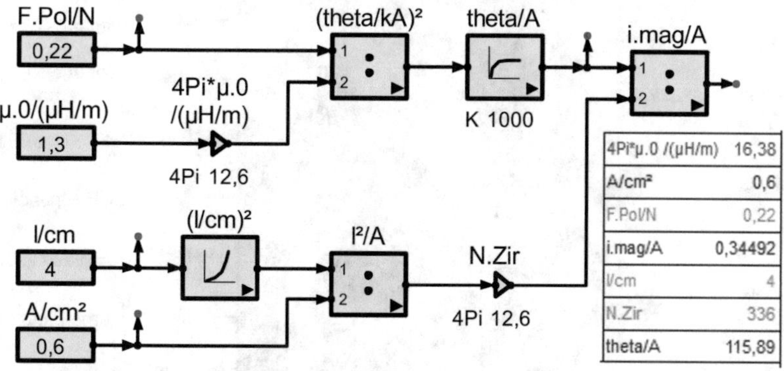


**Abb. 5-726 Berechnung der Zirkulationszahl und des Magnetisierungsstroms aus der Polkraft eines Dauermagneten**

Die Analyse von Dauermagneten ist ein Beispiel dafür, wie tief man durch Strukturbildung in die Physik eines Systems eindringen kann. Weitere Beispiele dazu folgen bei der Berechnung der dauermagnetischen Parameter im letzten Abschnitt dieses Kapitels.

### 5.10.9 Dauermagnetische Parameter

*Durch die folgende Analyse wird gezeigt, wie von gemessenen äußeren Kraftwirkungen auf die internen elektromagnetischen Größen eines Dauermagneten geschlossen werden kann.*

Bei der Analyse wird nach den Eigenschaften eines gegebenen Bauteils gefragt. Bei Dauermagneten sind dies

1. die Länge l und der Querschnitt A
2. die Polstärke p=$\Theta$·l und das magnetische Moment m=$\Theta$·A
3. Zur Berechnung von $\Theta$=i.mag·N.Zir werden der Magnetisierungsstrom i,mag und seine Zirkulationszahl N.Zir gebraucht,
4. der magnetische Fluss ϕ=$\Theta$·G.mag, mit magnetischen Leitwert G.mag=μ·A/l
5. Zur Berechnung der Permeabilität μ=μ.0·μ.r wird die relative Permeabilität μ.r gebraucht.

Wir beginnen die Magnetanalyse mit dem speziellen Fall, dass sich zwei Magnete in gerader Linie gegenüberstehen. Danach folgt der allgemeine Fall, in dem zwei Magnete einen Winkel α bilden.

Abb. 5-727 zeigt links, welche Größen zur Systemanalyse eines Dauermagneten gemessen werden und rechts, welche Größen damit berechnet werden:

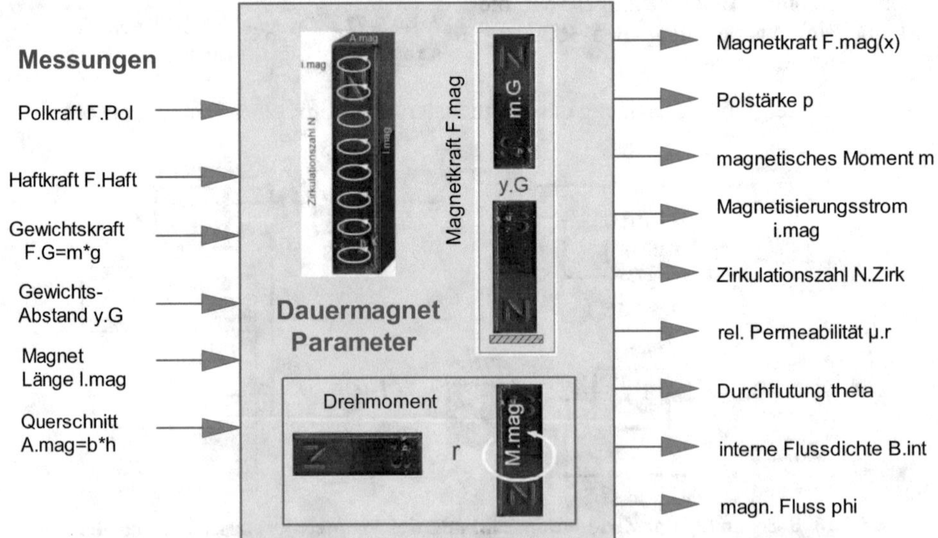


**Abb. 5-727 links: die Messgrößen eines Dauermagneten – rechts: berechnete technische Daten**

**Drei Alternativen zur Analyse von Dauermagneten**
Wie immer lassen sich Berechnungen auf drei Arten durchführen:

*manuell, halbautomaisch und vollautomatisch.*

Das soll nun am Beispiel eines Dauermagneten gezeigt werden.

Die **manuelle Berechnung**: Sie kommt ohne Simulationsprogramm und Strukturbildung aus, verzichtet aber auch auf deren spezielle Vorteile, z.B. die Kennliniendarstellung und Parametervariation. Der Rechenaufwand ist immens und unübersichtlich.

Abb. 5-728 zeigt eine **halbautomatische Berechnung**. In diesem Beispiel werden noch einige Formeln per Hand berechnet. Das ist kompakt und übersichtlich.

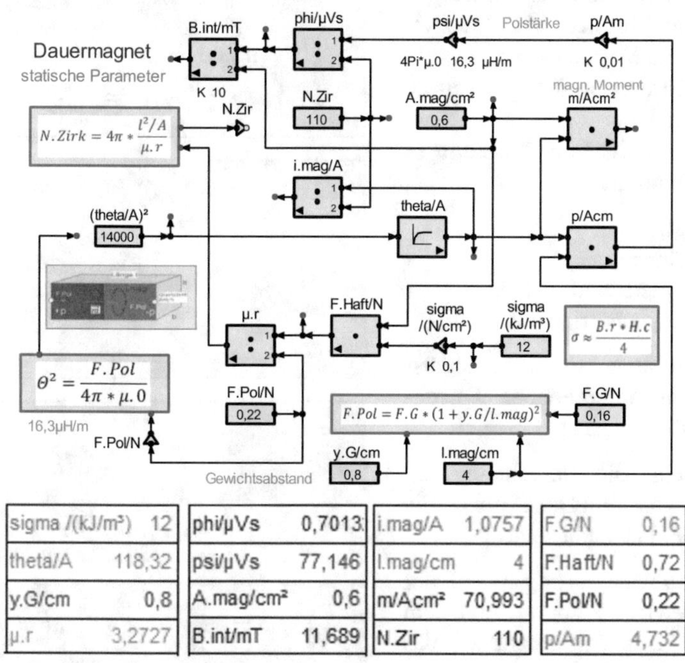


| | | | | | | | |
|---|---|---|---|---|---|---|---|
| sigma /(kJ/m³) | 12 | phi/µVs | 0,7013 | i.mag/A | 1,0757 | F.G/N | 0,16 |
| theta/A | 118,32 | psi/µVs | 77,146 | l.mag/cm | 4 | F.Haft/N | 0,72 |
| y.G/cm | 0,8 | A.mag/cm² | 0,6 | m/Acm² | 70,993 | F.Pol/N | 0,22 |
| µ.r | 3,2727 | B.int/mT | 11,689 | N.Zir | 110 | p/Am | 4,732 |

**Abb. 5-728 Die halbautomatische Berechnung der Parameter eines Dauermagneten: Vier Gleichungen müssen noch per Hand berechnet werden.**

Zu Abb. 5-728:

1. Oben werden die Haft- und Polkraft aus der magnetischen Energiedichte σ mittels Strukturbildung errechnet.
2. In der Mitte werden zwei Gleichungen per Hand errechnet:
   - die Zirkulationsgleichung $N.Zir \cdot \mu.r = 4\pi \cdot (l^2/A)$ und
   - die Polkraft aus dem Gewichtsabstand: $F.Pol = F.G \cdot (1+z.G/l,mag)^2$
3. Unten werden die Polstärke p und die magnetischen Messgrößen ϕ und B.int wieder automatisch berechnet.

Abb. 5-729 zeigt das Schema zur **vollautomatischen Berechnung** der Parameter eines Dauermagneten. Das erfordert den größten Aufwand an Strukturbildung, ist dafür aber auch allgemein gültig. Die Erklärung von Abb. 5-728 erfolgt im Anschluss.

**Das Schema zur Berechnung von Dauermagneten (Kurzfassung)**
Zur Auswahl von Dauermagneten müssen deren Parameter bekannt sein. Abb. 5-729 zeigt, welche diese sind und was mit ihnen berechnet werden kann.

Erläuterung der Formeln zur Berechnung von Dauermagneten
Die Rechnungen in Abb. 5-729 zeigen, wodurch magnetische Kräfte entstehen. Durch ihre Parameter lassen sich die Stärken der **Magnetfelder von Dauermagneten** mit denen **stromdurchflossener Spulen vergleichen.**

**Block 1** zeigt die in Gl. 5-308 gezeigte vektorielle Berechnung magnetischer Kräfte und Drehmomente. Sie hängen vom **externen Magnetfeld B** und zwei Parametern des Magneten ab:

- der **Polstärke p** für transversale Kräfte und
- dem **magnetischen Moment m** für Drehmomente.

**Block 2** zeigt,
dass p der Länge l.mag
und m dem Querschnitt A.mag
der Magneten proportional ist.

Der gemeinsame Proportionalitätsfaktor ist die **magnetische Durchflutung *Θ*=N.Zir·i.mag**.

**Block 3** zeigt die Berechnung zur Ermittlung von ***Θ***. Dazu muss die **Polkraft F.Pol** bekannt sein.

In Abb. 5-719 wurde gezeigt, wie F.pol aus dem Gewicht F.G=m·g und dem gemessenen Gewichtsabstand z.G des Magneten bestimmt wird.

**Block 4** berechnet aus der Polstärke p den **internen magnetischen Fluss ϕ** und die **Flussdichte B.int** des Magneten.

**Block 5** berechnet den in Block 3 benötigten Magnetisierungsstrom i.mag und die **Anzahl N.Zir** seiner Zirkulationen im Magneten.

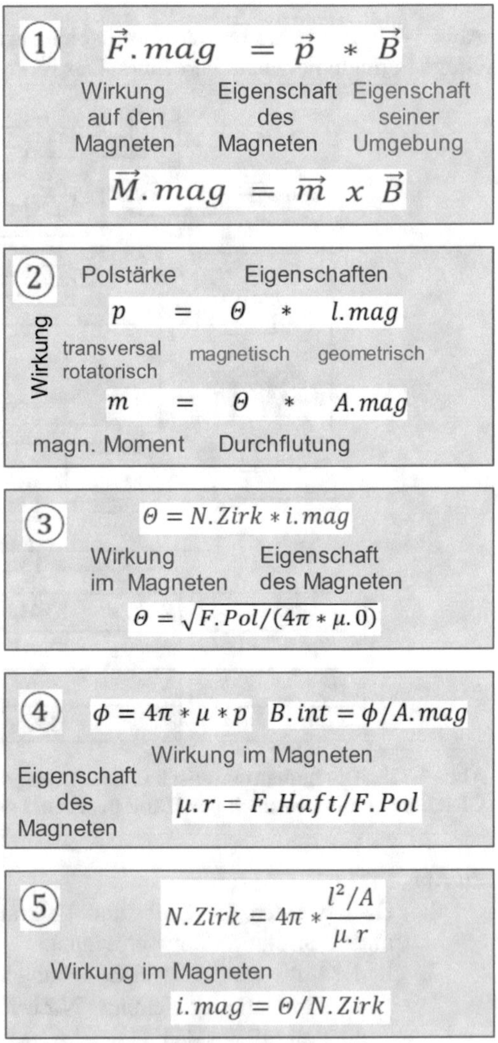

(1)
$$\vec{F}.mag = \vec{p} * \vec{B}$$
Wirkung auf den Magneten | Eigenschaft des Magneten | Eigenschaft seiner Umgebung
$$\vec{M}.mag = \vec{m} \; x \; \vec{B}$$

(2) Wirkung
Polstärke | Eigenschaften
$$p = \Theta * l.mag$$
transversal rotatorisch | magnetisch | geometrisch
$$m = \Theta * A.mag$$
magn. Moment | Durchflutung

(3)
$$\Theta = N.Zirk * i.mag$$
Wirkung im Magneten | Eigenschaft des Magneten
$$\Theta = \sqrt{F.Pol/(4\pi * \mu.0)}$$

(4)
$$\phi = 4\pi * \mu * p \quad B.int = \phi/A.mag$$
Wirkung im Magneten
Eigenschaft des Magneten
$$\mu.r = F.Haft/F.Pol$$

(5)
$$N.Zirk = 4\pi * \frac{l^2/A}{\mu.r}$$
Wirkung im Magneten
$$i.mag = \Theta/N.Zirk$$

**Abb. 5-729 das Schema zur Berechnung von Polstärke und magnetischem Moment**

Die in Abb. 5-729 angegebenen Formeln sollen nun erläutert und zur Strukturbildung verwendet werden.

**Manuelle Analyse eines Dauermagneten**

Durch die Analyse sollen seine magnetischen Parameter (u.a. der interne Kreisstrom i.mag und die Zirkulationszahl N.Zir) aus seinen **Kraftwirkungen zu einem zweiten, gleichartigen Magneten** ermittelt werden. Gesucht sind seine wichtigsten Parameter:

die **Polstärke p** und das magnetische **Moment m**.

Zuerst müssen die Länge l des Magneten (in Flussrichtung) und sein Querschnitt A (quer zur Flussrichtung gemessen werden.

**Block A** zeigt die vektorielle Berechnung der Kraft F.mag und des Drehmoments M.mag eines Dauermagneten in einem äußeren Magnetfeld B.

**Block B** zeigt die Berechnung der Beträge von F.mag und M.mag. Sie hängen nach Abb. 5-719 vom Winkel α zwischen B und der Längsrichtung (=Flussrichtung) des Magneten ab. Das Produkt m·B ist die maximale Kraft (bei α=0°). Das Produkt p·B ist das maximale Drehmoment (bei α=90°).

**Block C** zeigt, dass zur Berechnung von p und m die magnetische Durchflutung $\Theta$ benötigt wird.

**Block D** zeigt, dass $\Theta$ auf zwei Wegen bestimmt werden kann:
oben durch Messung der Polkraft F.Pol und darunter durch Berechnung aus dem magnetischen Kreisstrom i.mag und seiner Zirkulationszahl N.Zirk.

**Block E** zeigt die Berechnung von N.Zir aus den Abmessungen des Magneten und der relativen Permeabilität

*μ.r=F.Haft/F.Pol.*

**Block F** zeigt die Berechnung von F.Haft aus der magnetischen Energiedichte σ und F.Pol aus dem gemessenen Gewichtsabstand z.G.

**Block G** zeigt die Berechnung des Gewichtsabstands z.G aus der Polkraft F.Pol und dem Gewicht F.G=g·m des Magneten.

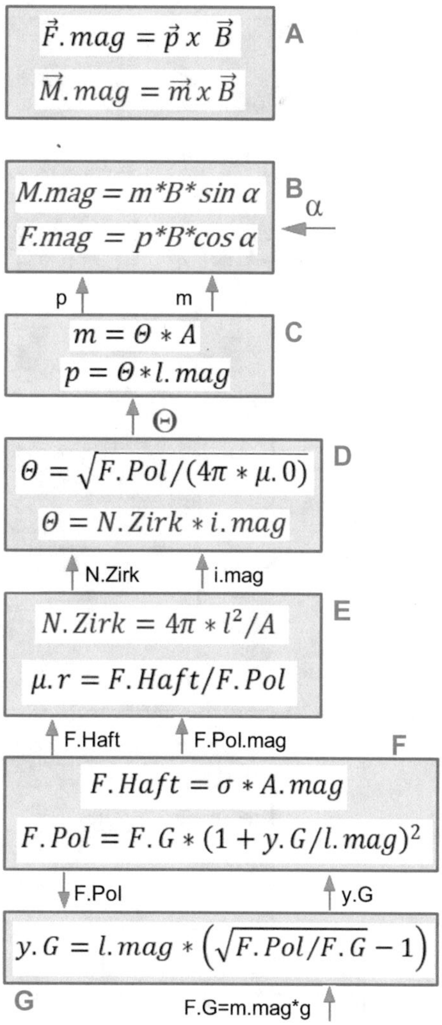

A

$\vec{F}.mag = \vec{p}\ x\ \vec{B}$

$\vec{M}.mag = \vec{m}\ x\ \vec{B}$

B (α)

$M.mag = m^*B^*\sin\alpha$

$F.mag = p^*B^*\cos\alpha$

↑ p ↑ m

C

$m = \Theta * A$

$p = \Theta * l.mag$

↑ Θ

D

$\Theta = \sqrt{F.Pol/(4\pi * \mu.0)}$

$\Theta = N.Zirk * i.mag$

↑ N.Zirk ↑ i.mag

E

$N.Zirk = 4\pi * l^2/A$

$\mu.r = F.Haft/F.Pol$

↑ F.Haft ↑ F.Pol.mag

F

$F.Haft = \sigma * A.mag$

$F.Pol = F.G * (1 + y.G/l.mag)^2$

↓ F.Pol ↑ y.G

$y.G = l.mag * \left(\sqrt{F.Pol/F.G} - 1\right)$

G

F.G=m.mag*g ↑

**Abb. 5-730 der Algorithmus zur Analyse von Dauermagneten**

**Halbautomatische Analyse von Dauermagneten**

Abb. 5-731 zeigt die Verknüpfung der Messgrößen eines Dauermagneten. Darin müssen noch einzelne Blöcke per Hand berechnet werden. Das ermöglicht eine besonders kompakte Darstellung. des Algorithmus.

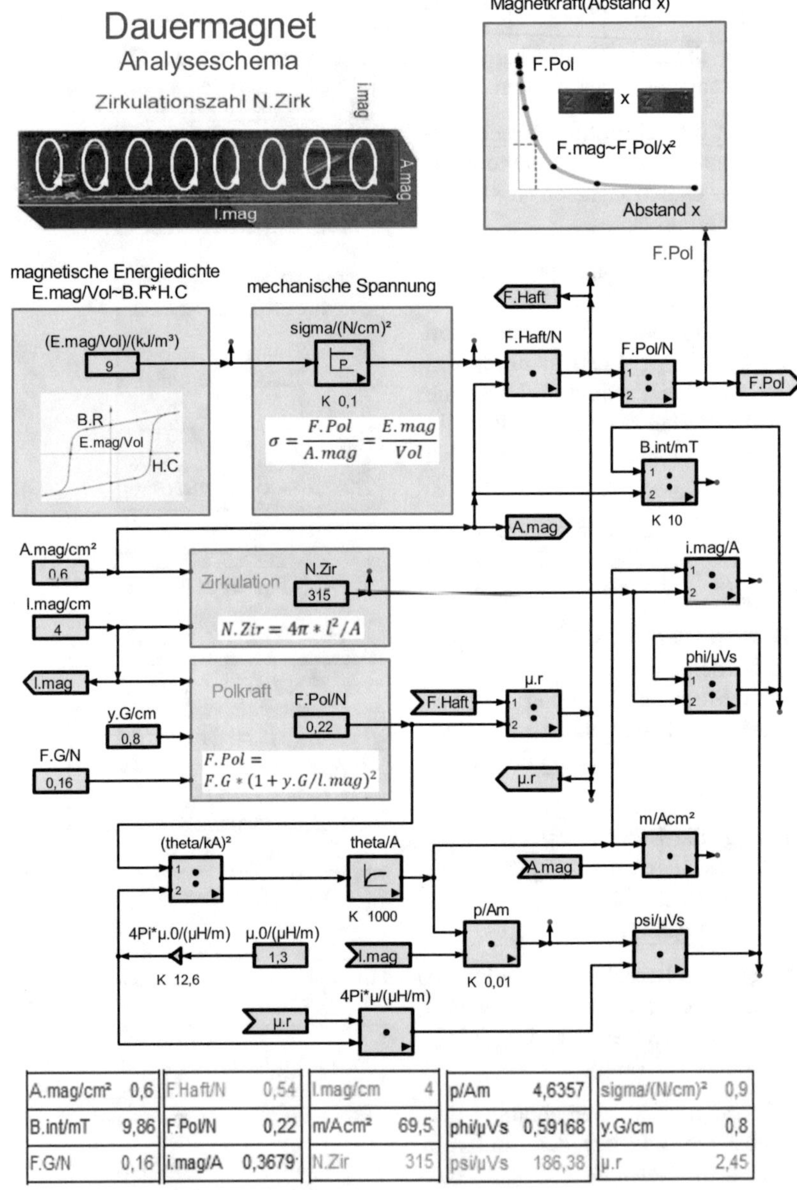


| | | | | | | | | | |
|---|---|---|---|---|---|---|---|---|---|
| A.mag/cm² | 0,6 | F.Haft/N | 0,54 | l.mag/cm | 4 | p/Am | 4,6357 | sigma/(N/cm)² | 0,9 |
| B.int/mT | 9,86 | F.Pol/N | 0,22 | m/Acm² | 69,5 | phi/µVs | 0,59168 | y.G/cm | 0,8 |
| F.G/N | 0,16 | i.mag/A | 0,3679 | N.Zir | 315 | psi/µVs | 186,38 | µ.r | 2,45 |

**Abb. 5-731 Berechnung der Parameter eines Dauermagneten**

Erläuterungen zur **halbautomatischen Analyse** von Dauermagneten
Mit Abb. 5-731 wird der spezielle Fall untersucht, bei dem sich zwei Magnete in gerader Linie gegenüberstehen. Dann üben sie, je nach Ausrichtung der Pole, anziehende oder abstoßende Kräfte aufeinander aus.

Gegeben sind die Energiedichte σ des Magneten und der gemessene Gleichgewichtsabstand z.G

- Bekannt sind dic Abmessungen der Magnete: l.mag und A.mag.
- Gesucht werden die Polstärke p und das magnetische Moment m.
- Dazu müssen Polkräfte F.Pol der Magnete und ihre internen Magnetisierungsstöme i.mag berechnet werden. Zu deren Berechnung werden die interne Durchflutung Θ und der die Magnete durchflutende magnetische Gesamtfluss ψ=N.Zir·ϕ benötigt.

Abb. 5-731 zeigt diese teilweise manuell ausgeführten Berechnungen und nennt die Zahlenwerte aller beteiligten Messgrößen.

Von der halbautomatischen zur vollautomatischen Berechnung von Dauermagneten in Abb. 5-733 ist es nur ein kleiner Schritt. Dazu müssen die in den Abb. 5-731 angegebenen Formeln symbolisch berechnet werden.

Erläuterungen zur **vollautomatischen Analyse** von Dauermagneten
Mit der in der letzten Abb. 5-733 gezeigten, vollautomatischen Berechnung ist der allgemeine Fall untersucht worden: Zwei Dauermagnete stehen in einem Winkel α gegenüber. Dann üben sie nicht nur Kräfte, sondern auch ein Drehmoment aufeinander aus, das das Ziel hat, entgegengesetzte Pole zusammenzubringen.

Abb. 5-732 zeigt, was womit berechnet werden soll:

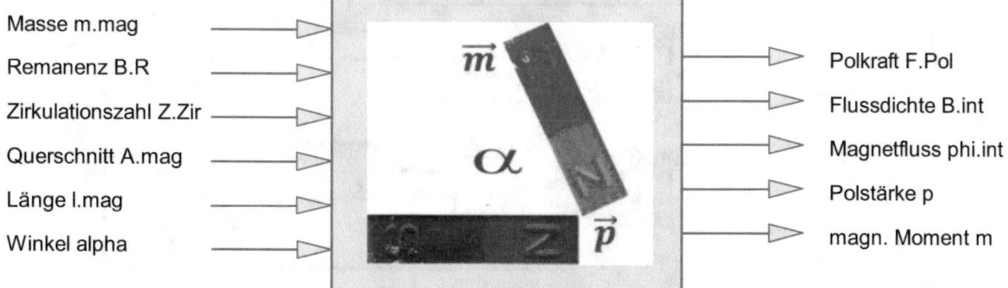


**Abb. 5-732 die Messgrößen der vollautomatischen Berechnung der Messgrößen zu zwei Magneten, die in einem Winkel α zueinanderstehen**

Bei der vollautomatischen Analyse zweier Dauermagnete sollen die gleichen Messgrößen wie bei der halbautomatischen Analyse berechnet werden, z.B. die Polstärke p und das magnetische Moment m.

Zusätzlich zu diesen Messgrößen werden die magnetische Kraft F.mag an den Magneten und das Drehmoment M.Mag berechnet. Dazu muss der Winkel α zwischen den Magneten als Parameter vorgegeben werden.

Abb. 5-733 zeigt diese Berechnungen im Einzelnen. Sie werden anschließend noch einmal erläutert.

**Vollautomatische Analyse für Dauermagnete**

Abb. 5-733 zeigt die Berechnung der in Abb. 5-732 angegebenen Messgrößen und Parameter eines Dauermagneten im Detail:

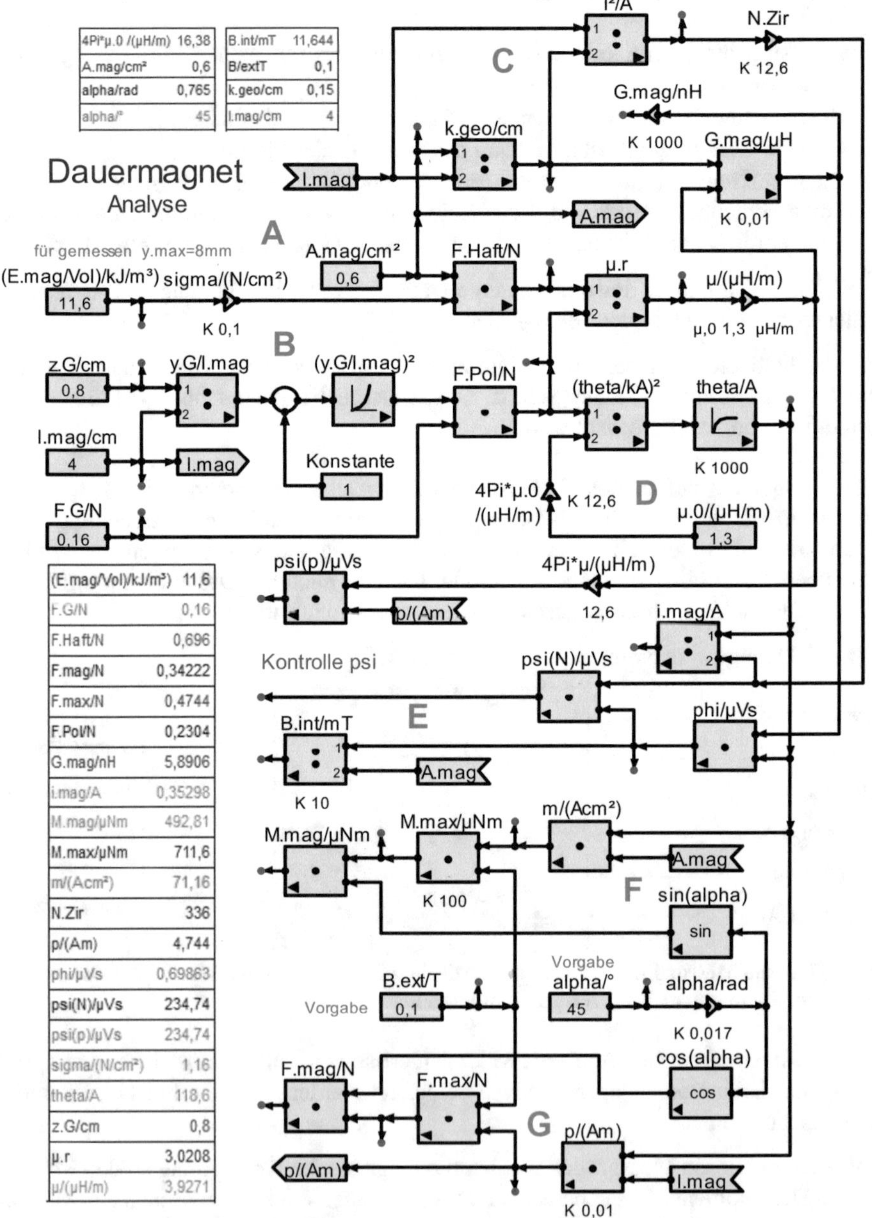


**Abb. 5-733 Die Parameter eines Dauermagneten: Berechnet werden die Polstärke p eines Magneten aus dem gemessenen Gleichgewichtsabstand z.G und das magnetische Drehmoment M.mag für einen gewählten Winkel α zwischen zwei Magneten mit dieser Polstärke.**

Erläuterungen zur **vollautomatischen Analyse** von Dauermagneten im Detail:
Die Struktur Abb. 5-733 berechnet die in Abb. 5-732 angegebenen Daten eines Dauermagneten in 8 Zonen A bis H.

Bekannt sind die Länge l und der Querschnitt A des Magneten.
Vorgegeben oder gefordert wird die magnetische Energiedichte σ.

Zone A:
Berechnete Messgrößen: magnetische Spannung σ, Haftkraft F.Haft, Permeabilität μ.r

Zone B:
Vorgabe: gemessener Gewichtsabstand z.G, daraus folgt die Polkraft F.Pol, die unter A zur Berechnung der Permeabilität μ.r benötigt wird

Zone C berechnet die Zirkulationsgleichung Gl. 5-311 durch $4\pi \cdot l^2/A = N.Zir \cdot \mu.r$.
Sie wird in Zone D zur Berechnung der Zirkulationszahl N.Zir gebraucht.

Zone D:
Aus der in Zone B bekannten Polkraft F.Pol = $4\pi \cdot \Theta$ folgt die Durchflutung $\Theta$=N.Zir·i.mag – mit N.Zir aus Zone C und μ.r aus Zone A. Daraus erhält man den Magnetisierungsstrom i.mag.

Zone E:
Aus $\Theta$ und N.Zir folgen in Zone F der interne magnetische Fluss ϕ des Magneten und die interne Flussdichte B.Int= ϕ/A

Zone F:
Hier wird der Magnetfluss $\psi$ auf zweierlei Weise berechnet:
oben nach Gl. 5-353 aus $\psi$(p)=$4\pi \cdot \mu.0 \cdot p$ - und zur Kontrolle darunter aus $\psi = N.Zir \cdot \phi$.

Beide Rechnungen liefen den gleichen Wert für $\psi$. Das ist ein starkes Indiz dafür, dass die zur Berechnung von Dauermagneten verwendete Gleichungen richtig sind,

Zone G:
Oben wird das magnetische Moment m des Dauermagneten berechnet und damit das Drehmoment in einem externen Magnetfeld B.
Unten wird die Polstärke p des Dauermagneten berechnet und damit die Polkraft F.Pol in einem externen Magnetfeld B.

Für beide Berechnungen (m nach Gl. 5-316 und p nach Gl. 5-313) müssen die externe Flussdichte B und der Winkel α zwischen den Richtungen von B und dem Magneten (m, p) bekannt sein.

**Simulationen zu Dauermagneten**

Hat man die Struktur eines Systems entwickelt, kann man sich aussuchen, welche Zusammenhänge wie bei einem Teststand untersucht werden. Das soll hier noch einmal an zwei Beispielen gezeigt werden.

Bei Dauermagneten interessiert z.B. wie die Polkraft F.Pol in Abb. 5-690 vom Gleichgewichtsabstand z.G abhängt. Das zeigt Abb. 5-734.

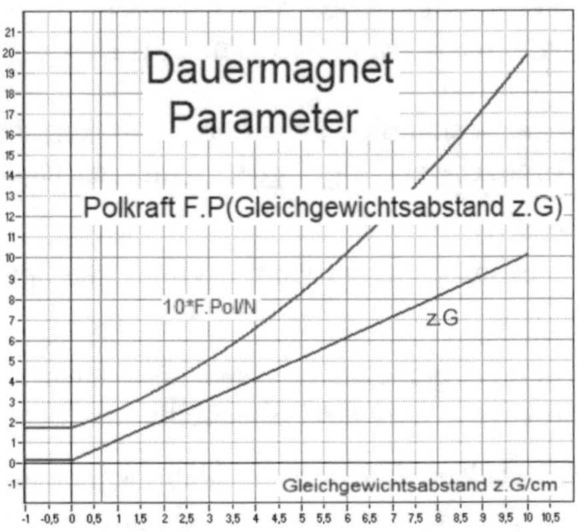


**Abb. 5-734 Gleichgewichtsabstand und Polkraft sind proportional.**

.. oder wie die Zirkulationszahl N.Zir des Magnetstroms i.Mag von der Länge l.Mag des Magneten abhängt. Das zeigt Abb. 5-735.

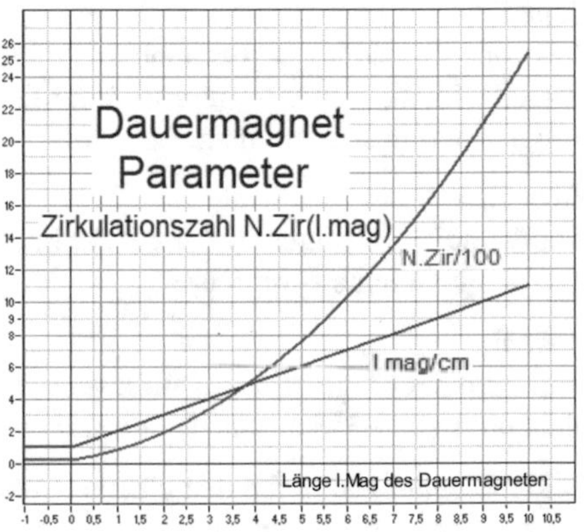


**Abb. 5-735 Mit steigender Magnetlänge steigt die Zirkulationszahl der Magnetisierungswirbel quadratisch an**

Auf diese Weise werden auch komplexe Systeme immer besser verstanden.

**Fazit zum Thema ‚Dauermagnete'**

In den einzelnen Abschnitten dieses Kapitels wurde eine Vielzahl elektromagnetischer Komponenten analysiert (Antriebe, Arbeitsmaschinen, Messgeräte). Wir haben

- ihre Funktionen erklärt und optimiert
- geeignete Materialen ausgewählt und
- ihre Abmessungen minimiert.

Das sind die Voraussetzungen zur Beschaffung und Entwicklung kompletter Systeme. Damit hat sich der zugegebenermaßen erhebliche Aufwand gelohnt.

*Vergleicht man Simulationen mit realen Messungen, zeigt sich, wie viel leichter und genauer ein System durch Simulation untersucht werden kann. Das setzt allerdings die Fähigkeit zur Strukturbildung voraus, was hier am Beispiel des ‚Magnetismus' gezeigt worden ist.*

Ungezählte Beispiele zu vielen Themen der Physik und Technik werden im nächsten Kapitel ‚Transformatoren' und in den weiteren Bänden dieser ‚Strukturbildung und Simulation technischer Systeme' folgen.

# Zusammenfassung: Kap. 5 'Magnetismus'

Abschließend haben wir noch einmal die wichtigsten elektromagnetischen Effekte zusammengestellt. Dazu sind zwei gleiche Spulen auf einem ferromagnetischen Kern angeordnet. Beobachtet wird der Galvanometerausschlag in folgenden Fällen:

In einer Spule wird der **Strom ein- und ausgeschaltet**, in der zweiten wird die induzierte Spannung gemessen.

Durch das Schließen des Schalters wird in der linken Spule ein Magnetfeld aufgebaut, das auch die zweite Spule durchsetzt. Die Magnetfeldänderung in der zweiten Spule bewirkt eine Induktionsspannung, diese einen **Induktionsstrom** und dieser einen Galvanometerausschlag.

Beim Öffnen des Schalters muss der gespeicherte magnetische Fluss wieder zu null abgebaut werden. Je schneller dies geht, desto höhere Spannungen werden induziert (**Funkenbildung**).

Durch die Bewegung des Stabmagneten mit seinem inhomogenen Magnetfeld kommt es auch in der Spule zu einer Magnetfeldänderung. Diese bewirkt eine **Induktionsspannung** und somit einen Galvanometerausschlag.

Das Auseinanderklappen der Magneten bewirkt eine Magnetfeldänderung in der Spule. Dies bewirkt eine Induktionsspannung und einen Galvanometerausschlag.

Das Leiterstück zwischen dem inneren und äußeren Kontakt bewegt sich im Magnetfeld. Aufgrund der **Lorentzkraft** kommt es zur Ladungstrennung und damit zur Induktion von Spannungen im Leiter.

Beim Wegbewegen der Spule mit zwei Windungen nimmt das Magnetfeld, das die Spule durchsetzt, ab. Diese **Magnetfeldänderung** bewirkt eine **Induktionsspannung.** Sie hat einen Strom zur Folge, der den Ausschlag des Galvanometers verursacht.

Das Magnetfeld der rechten Drahtanordnung durchsetzt die linke Anordnung. Da sich dieses **inhomogene Feld** bei der Annäherung ändert, tritt im linken Kreis eine Induktionsspannung auf. Diese Spannung bewirkt einen Strom, der das Galvanometer ausschlagen lässt.

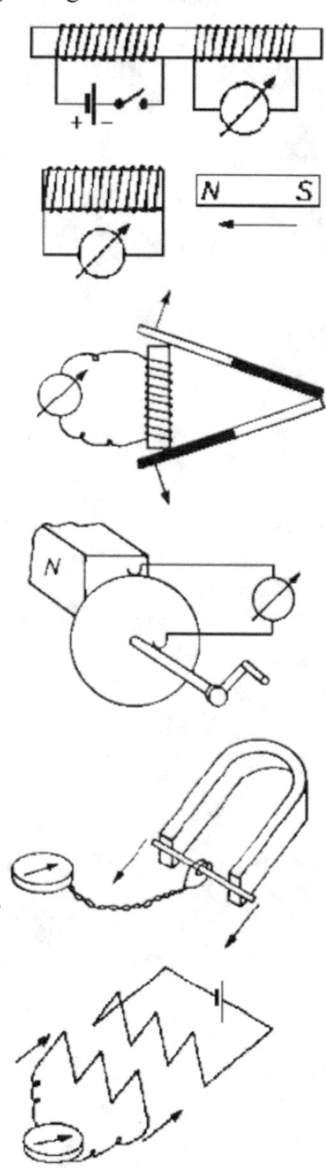


**Abb. 5-736 zum Abschluss: Beispiele zum Magnetismus**

# 6 Transformatoren

Zwei magnetisch gekoppelte Spulen bilden einen Transformator (Trafo). Transformatoren (Trafos) sind elektromagnetische Umspanner für Wechselstrom.

Transformatoren werden für unterschiedlichste **Nennspannungen, Nennströme und Nennleistungen** gebaut:

**Nennspannungen** sind Hochspannungen von 440kV, Mittelspannungen um 10kV bis zur Niederspannung von 230V und ungefährlichen Kleinspannungen von 12V oder 24V.

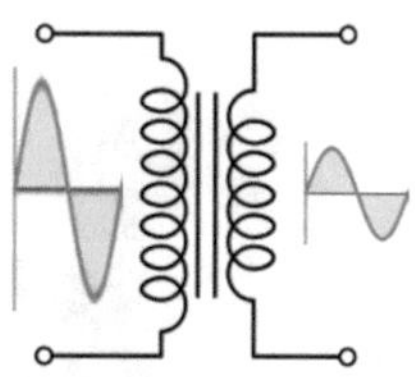

**Abb. 6-1 Trafo-Symbol**

Abb. 6-2 zeigt eine schon bei Kindern bekannte Anwendung von Transformatoren: die elektrische Eisenbahn.

Um einen Netztrafo **beschaffen** zu können, muss der Anwender nur wissen,

- mit welcher Spannung U.1 der Trafo betrieben werden soll (hier 230V)
- welche Sekundärspannung U.2 er haben soll und
- welcher Strom I.2 oder welche Leistung P.2 er ausgangsseitig abgeben soll.

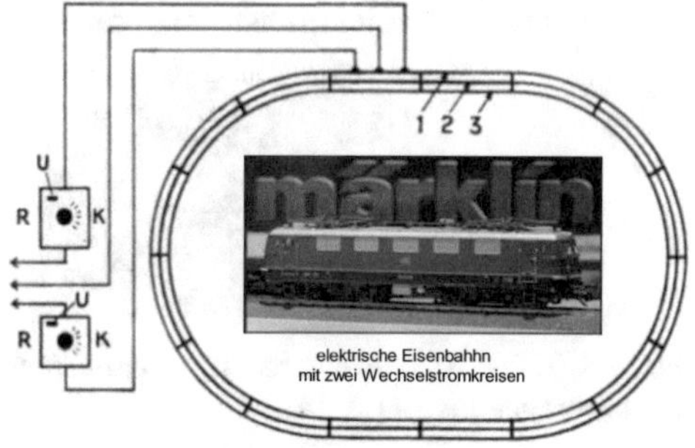


**Abb. 6-2 Transformatoren für eine Spielzeugeisenbahn mit Wechselstrom**

Die **Nennleistung** P.Nen=U.Nen·I.Nen bestimmt die **Baugröße** eines Transformators. Sie reichen

- ➢ von einigen VA bei den Impulsübertragen der Steuerungstechnik (W=V·A für Wechselstromleistungen)
- ➢ über einige 100VA zur Stromversorgung elektrischer oder elektronischer Komponenten und
- ➢ und bei der Energieversorgung bis in den MVA-Bereich (M=Mio=$10^6$).

Transformatoren ermöglichen

1. den verlustarmen Transport großer elektrischer Leistung über große Entfernungen durch hohe Spannungen (bis 440kV) und kleine Ströme,
2. die Herabsetzung der Netzwechselspannung U.Netz=230V in ungefährliche Kleinspannungen unter 40V für die Steuer- und Regelungstechnik oder
3. die galvanische Trennung elektrischer Anlagenteile.

Die **Anwendungen** von Transformatoren unterscheiden sich durch den Betrieb mit festen Frequenzen (Netztrafos, Absch. 6.2) und variablen Frequenzen (Übertrager). Dazu zeigen wir nun typische Beispiele.

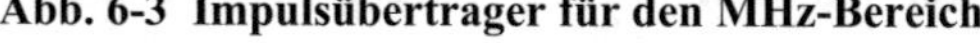

**Abb. 6-3 Impulsübertrager für den MHz-Bereich**

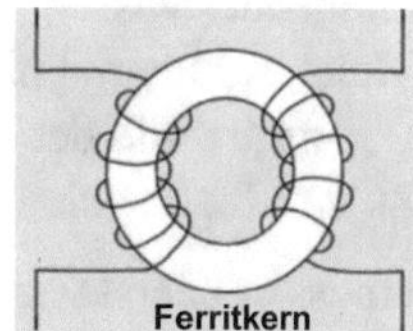



A. Rossmann, *Strukturbildung und Simulation technischer Systeme*,
https://doi.org/10.1007/978-3-662-48282-7_6

Abb. 6-4 zeigt zwei Transformatoren für unterschiedliche Nennleistungen:

**Abb. 6-4 links: Netztrafo für Nennleistungen bis zu 500VA, rechts: Drehstromtrafo für Nennleistungen bis zu 5MVA**

Abb. 6-5 zeigt zwei Kleintransformatoren:

**Abb. 6-5 links: Steckernetzteil für Nennleistungen bis 5VA, rechts: Impulsübertrager für Nennleistungen bis zu 0,1VA**

Heute werden auch **elektronische Transformatoren** angeboten (z.B. als Steckernetzteil). Sie enthalten einen **Oszillator** zum **Zerhacken (Choppen)** einer Gleichspannung (bis zu 200kHz) und einen Übertrager, der wegen der hohen **Oszillationsfrequenz** wesentlich kleiner ist als die für die Netzfrequenz (50Hz) optimierten Trafos gleicher Leistung. Hier werden wir uns mit der Berechnung von **Netztrafos** und **Audioübertragern** befassen.

**Die Aufgabenstellung**

Vorgegeben werden die Netzspannung U.1=U.Netz=230V, die Nennleistung P.Nen und die Netzfrequenz f=f.Netz= 50Hz.

Der **Anwender** muss nicht wissen, wie sein Trafo funktioniert. Er muss nur wissen

- Welche Sekundärspannung U.2 und welcher Strom I.2 werden benötigt? Damit liegt die Nennleistung P.Nen=U.2·I.2 des Trafos fest.
- Wie groß und schwer wird dieser Trafo?
- Wieviel kostet er? Das ist hier nicht das Thema.

Der **Trafoentwickler**, der Trafos für geforderte Nennleistungen dimensionieren soll, muss folgendes wissen

- Welches Material nimmt er als Trafokern (Ferrit, Trafoblech)?
- Wie groß muss der Trafokern werden (Querschnitt A.Fe, Länge l.Fe)?
- Zu den Trafospulen: Windungszahlen N und Drahtlängen und Querschnitte

Dazu muss er zuerst wissen, wie ein Transformator funktioniert. Das erklären wir nun.

**Zur Funktion von Transformatoren**

Legt man eine **Wechselspannung an die Primärspule** eines Transformators (die Primärspule), so fließt in ihr ein Wechselstrom. Er erzeugt im Eisenkern einen Wechselfluss, dessen Wechsel in der Sekundärspule eine Wechselspannung induziert.

**Belastet man die Sekundärspule**, so versucht ihr Strom den magnetischen Fluss zu schwächen. Dabei bleiben der Differenzfluss $\Delta\phi=\phi.1-\phi.2$ und die Windungsspannung U.Wdg=U.1/N.1 nahezu konstant.

Das bewirkt den Anstieg des Primärstroms I.1 und begrenzt den Abfall der Sekundärspannung U.2 und es kommt es zur Leistungsübertragung. Der hier beschriebene **Regelvorgang** wird in Absch. 6.2.5 simuliert.

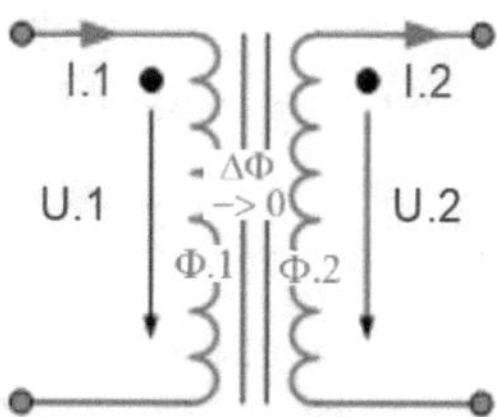


**Abb. 6-6 Transformator: Bei Belastung bleibt der Differenzfluss annähernd konstant. Entsprechend stabil ist die Ausgangsspannung bei Belastung.**

**Gleichstrom oder Wechselstrom?**

Heute ist Wechselstrom der Standard der elektrischen Energieversorgung. Das war nicht immer so. Um 1890 war der Kampf zwischen dem bekannten Erfinder, Thomas A. **Edison** (Phonograph, Glühbirne), und dem unbekannten, aber genialen Elektroingenieur Nikola **Tesla** (Abb. 5-25), in den USA voll entbrannt.

Den Ausschlag für Teslas Wechselstrom (AC) gegen Edisons Gleichstrom (DC) gaben die damit überbrückbaren Entfernungen: DC nur bis zu 800m, AC bis über 1000km. Die Komponenten dazu musste Tesla, der später auch den **Drehstrom** (Generator, Motor) erfunden hat, neu entwickeln: die Glühbirne (Patent Edison) und den **Transformator.**

Abb. 6-8 zeigt das Prinzip der Hochspannungs-Energieübertragung:

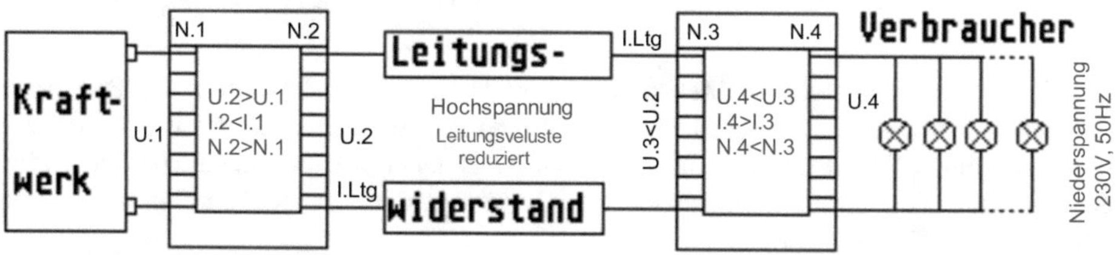


**Abb. 6-7 Spannungs- und Stromtransformation: geringere Leitungsverluste durch Hochspannungsübertragung mit geringen Strömen**

Dazu empfiehlt der Autor die folgende Sendung: Chronologie des Stromkriegs - ZDF.de
https://www.zdf.de/dokumentation/zdfinfo-doku/elektrizitaet-edison-gegen-tesla-100.html

**Zum Trafomodell**

Zum Bau von Transformatoren geben Hersteller Daten und Kennlinien an. Als Beispiel verwendet der Autor die in Tab. 6-4 gezeigten **magnetischen** und die in Tab. 6-5 gezeigten **elektrischen Daten.** Die Erstellung solcher Daten bedeutet jahrelange Entwicklungsarbeit: Der Ingenieur muss immer wieder

*rechnen, bauen, messen - und zur Optimierung mehrfach alles noch mal von vorn.*

Der Planungsaufwand ließe sich entscheidend verringern, wenn man ein **Modell** zur Berechnung der Trafodaten hätte. Damit könnten sehr einfach

- die Materialien für Kerne und Spulen optimiert,
- die Abmessungen von Trafos minimiert und
- die Trafokennlinien simuliert werden.

Solch ein Trafomodell soll hier entwickelt werden. Es wird die zum Bau von Transformatoren benötigten **Daten bereitstellen** und kann die **Anzahl der zu bauenden Muster drastisch reduzieren.** Die in Tab. 6-4 und Tab. 6-5 angegebenen Daten werden dann nur noch zur **Überprüfung des Modells auf Fehler** benötigt. Auch das soll hier geschehen.

**Zur Trafodimensionierung**

Transformatoren sind Umspanner für elektrische Wechselströme. Sie bestehen aus einem ferromagnetischen Kern mit mindesten zwei Wicklungen (Abb. 6-8). Zu zeigen ist, wie sie zwecks Dimensionierung berechnet werden.

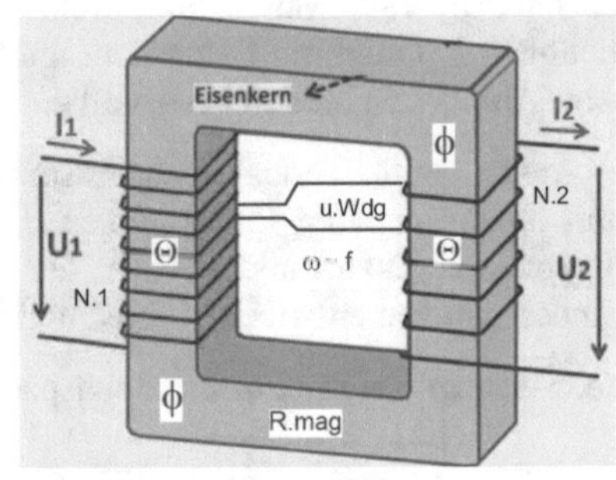


**Abb. 6-8 Transformator mit den wichtigsten Messgrößen**

Gezeigt werden soll, wie aus den technischen Daten eines Herstellers die Parameter gewonnen werden, die zum Bau und zur Simulation der **Eigenschaften des Systems (Abmessungen, Frequenzgang)** benötigt werden. Deshalb spielt es hier auch keine Rolle, dass analoge Transformatoren für kleinere Leistungen inzwischen veraltet sind. Eine Alternative sind Schaltnetzteile.

Bei **Netztrafos** (Betriebsfrequenz f.Netz=50Hz), von denen hier zunächst die Rede sein soll, ist die magnetische Kopplung der Spulen so eng, dass die Streuung vernachlässigt werden kann. Was die magnetische Streuung bewirkt, wird im Absch. 6.2.6 ‚Übertrager' gezeigt.

**Zum Berechnungsverfahren für Transformatoren**

Die folgende Trafoberechnung ist ein **Musterbeispiel für die Analyse technischer Systeme anhand gemessener Daten und Kennlinien.**

- Bei der **Analyse** werden die elektrischen Eigenschaften eines **gegebenen Transformators** als Funktion der Baugröße gesucht, z.B. die Nennleistung P.Nen oder die Grenzfrequenzen f.1 nach unten und f.2 nach oben. Sie bestimmen die **Verwendbarkeit** des Trafos.
- Bei der **Dimensionierung** werden P.Nen und f.1 **gefordert**. Gesucht werden die Abmessungen des Eisenkerns und die Daten der Spulen, z.B. ihre Induktivitäten L und ihre Wicklungswiderstände R.W. Sie sind **Vorgaben zum Bau** eines Transformators.

**Netztrafos und Übertrager**

Weil Transformatoren nach dem Induktionsgesetz funktionieren, können sie nur Wechselspannungen übertragen. Ihr Arbeitsbereich ist durch eine untere und obere Grenzfrequenz beschränkt, die bekannt sein müssen, um die Einsatzmöglichkeiten beurteilen zu können.

Abb. 6-9 zeigt die Asymptoten des Amplitudengangs eines Transformators mit seinen Kennfrequenzen im doppellogarithmischen Maßstab:

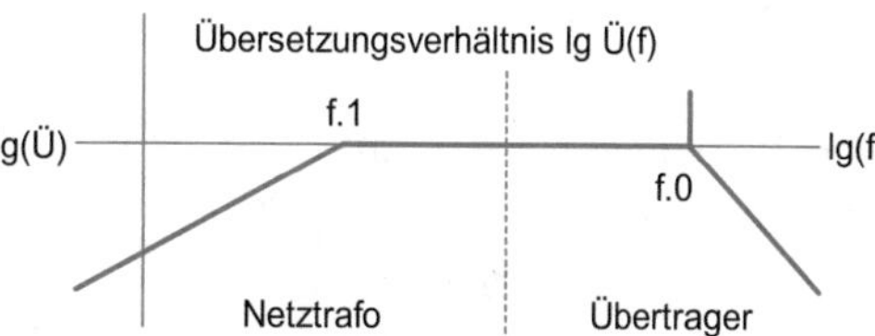


**Abb. 6-9 Übertrager haben eine untere und obere Grenzfrequenz (Resonanzfrequenz). Ihr Arbeitsbereich liegt dazwischen. Seine Bandbreite ist B=f.2-f.1.**

Bei **Transformatoren** interessiert nur der niederfrequente Teil des Frequenzgangs. Ihre untere Grenzfrequenz f.1=ω.1/2π entsteht durch den primären Wicklungswiderstand R.1, der in Reihe zur Primärinduktivität L.1 liegt. Sie erzeugen die

**Gl. 6-1 untere Grenzkreisfrequenz** $\omega.1=R.1/L.1=2\pi\cdot f.1$

Bei Netztrafos muss f.1 deutlich unter der Netzfrequenz f.Netz=50Hz liegen, mindestens bei 10Hz. Zu zeigen ist, wie dies durch die Dimensionierung der Spulen erreicht wird.

Abb. 6-10 zeigt ...

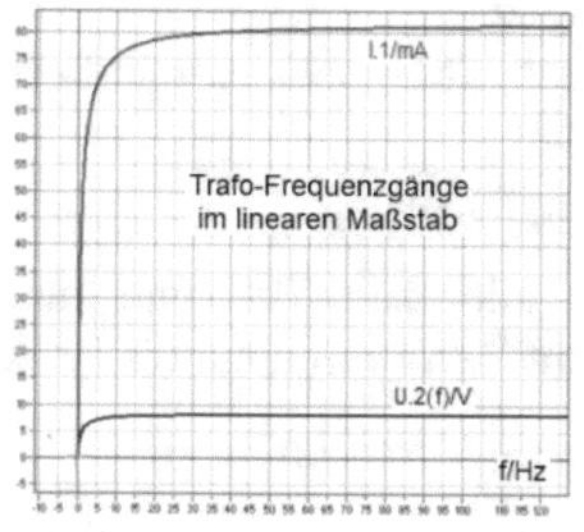


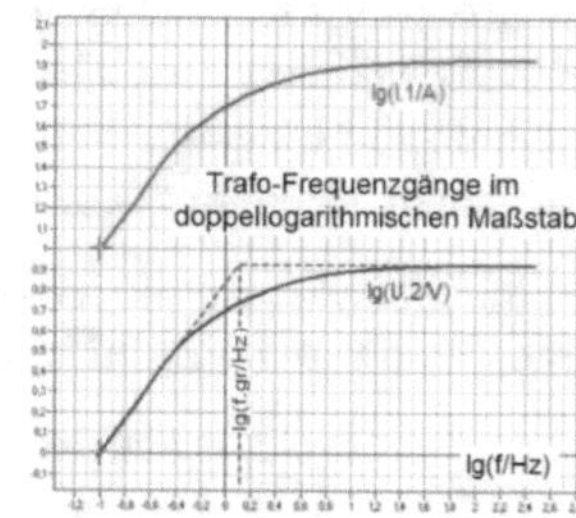


**Abb. 6-10 simulierte Trafo-Frequenzgänge: links im linearen und rechts im doppellogarithmischen Maßstab: Die Grenzfrequenz f.mag ist der Schnittpunkt der Asymptoten an den Anfangs- und den Endverlauf.**

## 6.1 Transformator-Grundlagen

Transformatoren dienen zum Umspannen (transformieren) von Wechselspannungen und -strömen durch ein magnetisches Medium (Eisenkern). Sie funktionieren nach dem Induktionsgesetz ($u(t)=N\cdot d\phi/dt \rightarrow |u(\omega)|=\omega\cdot\phi$): Aus großen Spannungen und kleinen Strömen werden kleine Spannungen und große Ströme oder umgekehrt. Das wird z. B.

- in der Energietechnik zur Überbrückung großer Entfernungen und
- in der Elektronik zum Bau von Netzteilen für die Analog- und Digital-Technik genutzt (-> Kapitel 8: Elektronik\Schaltungstechnik).

Abb. 6-11 zeigt die elektromagnetische Kopplung zwischen Ein- und Ausgang bei Transformatoren.

Abb. 6-11 zeigt auch die für die Berechnung von Transformatoren wichtigsten Messgrößen.

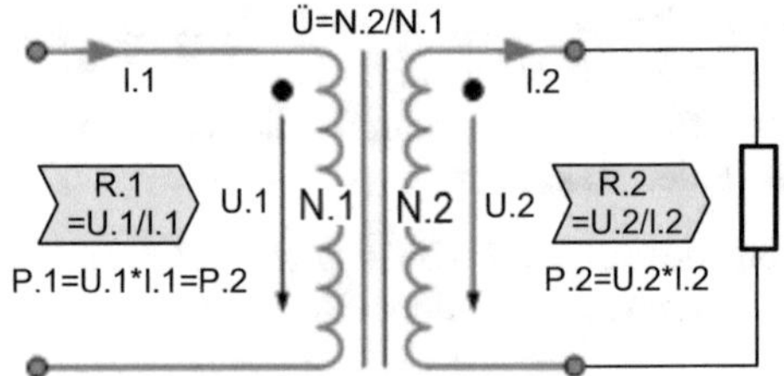


**Abb. 6-11 Transformatoren bestehen aus zwei magnetisch gekoppelten Spulen. Das koppelnde Medium ist der magnetische Fluss $\phi$.**

**Was berechnet werden soll**
Zu zeigen ist, wie die **Sekundärspannung U.2** von drei Messgrößen abhängt:

1. von der Betriebsfrequenz f
2. von der Primärspannung U.1 und
3. vom sekundären Laststrom I.2

Zu zeigen ist auch, wie der der **Primärstrom I.1** vom Sekundärstrom I.2 abhängt. Diese Stromrückwirkung sorgt für das Gleichgewicht zwischen abgegebener und aufgenommener Leistung.

**Die Themen:**

- Das Trafoprinzip: magnetisch gekoppelte Spulen
- Trafo-Nenndaten: Spannung und Strom, Leistung und Abmessungen
- Die Baugröße als Funktion der Nennleistung
- Übersetzungsverhältnis, Leerlaufüberhöhung, Magnetisierungsstrom
- Widerstände und Induktivitäten
- Zeitkonstanten, Grenzfrequenzen und Frequenzgänge

Das Ziel der Trafoanalyse ist die Berechnung aller zum Bau und zur Beschaffung benötigten Parameter **ohne die Zuhilfenahme von Kennlinien** nur als Funktion der

**Gl. 6-2 Nennleistung** $P.Nen=U.Nen\cdot I.Nen.$

Wir beginnen mit der Erläuterung der elektromagnetischen Transformation.

**Konventionen**
Wenn nicht anders üblich, erhalten Signale kleine Buchstaben (u, i, ϕ) und Konstanten große Buchstaben (R, Abb. 6-12).

Sinusförmige Spannungen und Ströme bei Transformatoren werden als **Effektivwerte** angegeben. Auch sie werden durch große Buchstaben bezeichnet (U. I, ϕ). Verwechslungen sind durch Kontext und Einheiten unwahrscheinlich.

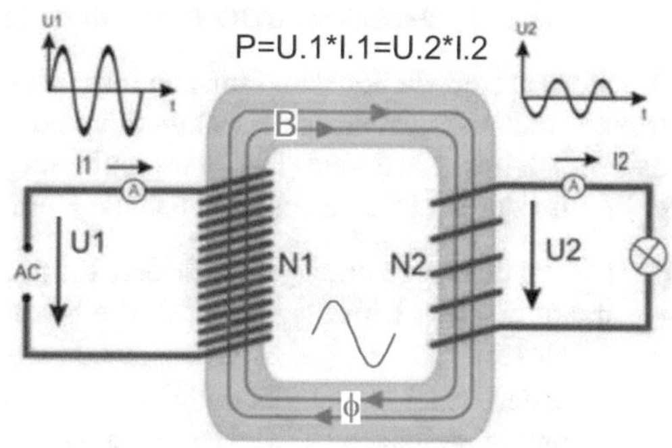


**Abb. 6-12 Transformator zur Potentialtrennung und Umspannung von Wechselströmen**

**Nennspannung und Nennstrom**
Die Nennspannung U.Nen und die Nennleistung P.Nen sind die wichtigsten Herstellerangaben.

Daraus folgt der Nennstrom I.Nen=P.Nen/U.Nen. Um ihn zu ermitteln, müssen die Spulenströme (I.1 primärseitig und I.2 sekundärseitig) gemessen werden. Wenn I.1 bei sinusförmiger Netzspannung **verzerrt** ist, ist die Nennspannung überschritten.

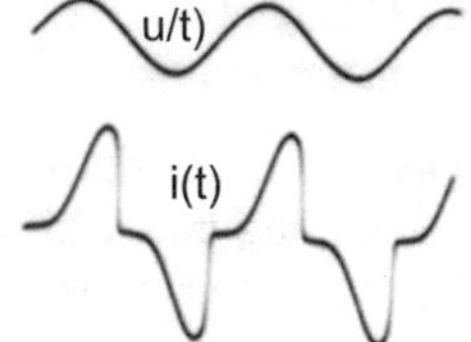


**Abb. 6-13 verzerrter Spulenstrom durch Übersteuerung**

P.Nen wird vom Anwender gefordert. Sie ist erreicht, wenn mindestens ein Parameter einen zulässigen Grenzwert erreicht.

Das ist

- oft die Temperatur, aber auch
- die Flussdichte B im Eisenkern oder auch
- die Stromdichte J.zul in den Spulendrähten.

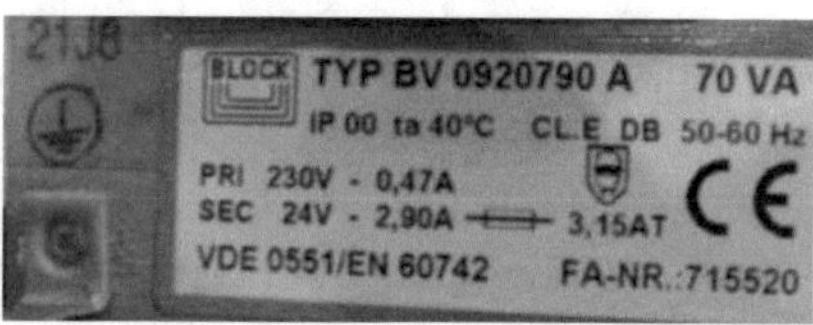


**Abb. 6-14 Typenschild eines Transformators**

Die **Überschreitung der Nennspannung** schädigt die Lackisolation der Drähte und führt mindestens zur vorzeitigen Alterung, oft aber zur Zerstörung des Trafos.

Zwei Fragen sind zu klären:

1. Was passiert am **Trafoausgang,** wenn an den Eingang eine sinusförmige Wechselspannung angelegt wird?
   Antwort: Es entsteht eine sinusförmige Ausgangsspannung. Ihr Effektivwert soll berechnet werden. Dadurch wird geklärt, wie das Spannungsverhältnis Ü=U.2/U.1 durch das Windungszahlenverhältnis N.2/N.1 eingestellt werden kann,
2. Was passiert am **Trafoeingang**, wenn am Trafoausgang ein sinusförmiger Wechselstrom abgegeben wird?
   Antwort: Der Eingangsstrom steigt an. Wie stark, soll berechnet werden, um mit geringem Aufwand die Belastung der ansteuernden Quelle angeben zu können.

## 6.1.1 Aufbau und Funktion von Transformatoren

Transformatoren dienen zur Umspannung elektrischer Ströme. Dazu besitzen sie eine Primär- und mindestens eine Sekundärspule, die über einen gemeinsamen Eisenkern magnetisch gekoppelt sind. Das energieübertragende Medium ist der **magnetische Fluss $\phi$**. Er wird durch einen ferromagnetischen Kern kanalisiert.

- Die Primärspule erzeugt durch den Primärstrom einen **magnetischen Fluss $\phi$**, der auch die Sekundärspule(n) durchflutet.
- In jeder einer Sekundärspule wird eine Sekundärspannung induziert. Bei Belastung erzeugt sie die Rückwirkung des Ausgangsstroms in der Primärspule.

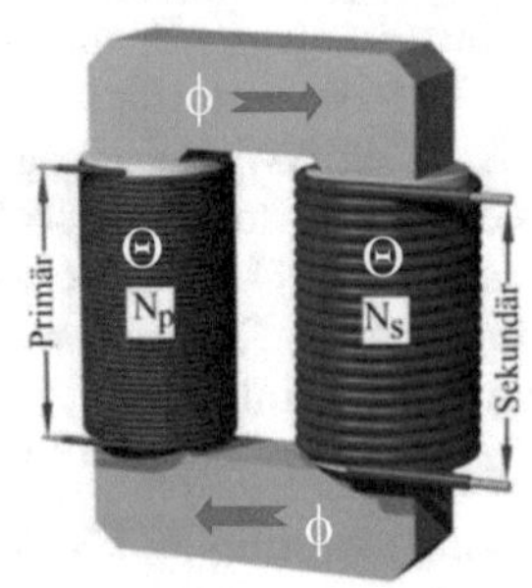


**Abb. 6-15 Zwei magnetisch gekoppelte Spulen bilden einen Transformator = Umformer für Wechsel-spannungen und -ströme.**

Die Funktionsgrundlage von Transformatoren ist das Induktionsgesetz. Bei **idealen Trafos** sind die elektrischen und magnetischen Verluste vernachlässigbar. Dann ist die eingangsseitig zugeführte Leistung gleich der ausgangsseitig abgegebenen Leistung.

Der ferromagnetische Kern kanalisiert den magnetischen Fluss $\phi$. Er wird durch die Trafospulen eng umschlossen. Dadurch können sie die Wechselstromleistung verlust- und -streuarm transportieren.

Zur Erklärung des Transformators müssen wir seine Funktionen beschreiben. Diese sind:

1. die Übersetzung der Eingangsspannung U.1 in eine Ausgangsleerlaufspannung U.2;0 durch das Übersetzungsverhältnis Ü
2. der im Leerlauf fließende Magnetisierungsstrom I.mag: Er wird durch den Blindwiderstand X.L=ω·L.1 der Primärinduktivität L.1 bestimmt.
3. der innere Spannungsverlust bei Belastung des Trafos mit dem Ausgangsstrom I.2: U.i = U.2;0 - R.i·I.2
4. die Rückwirkung des Ausgangsstroms I.2 auf den Eingangsstrom I.1

Um diese Funktionen berechnen zu können, benötigen wir eine vollständige Ersatzschaltung (Abb. 6-72, erklärungsbedürftig) – oder besser, eine Ersatzstruktur (Abb. 6-73, selbsterklärend).

Abb. 6-73 zeigt, dass das stationäre Verhalten eines idealen Transformators durch einen Vierpol mit einem Parameter berechnet werden kann, dem **Übersetzungsverhältnis ü** für die Spannungsübersetzung U.2/U.1 und die Stromrückwirkung I.1/I.2.

Bei realen Transformatoren kommen noch zwei Parameter dazu (Abb. 6-72):

1. die Eingangsimpedanz X.mag für den Magnetisierungsstrom und
2. den Ausgangswiderstand R.i für die Lastabhängigkeit des Ausgangs

Zur Beschreibung des dynamischen Verhaltens kommen dann noch **Grenz- und Resonanzfrequenzen** hinzu (Abb. 6-176).

### 1. Die magnetisch umgesetzte Energie und Leistung

Transformatoren sollen kompakt gebaut werden. Das heißt, dass die geforderte Nennleistung in einem möglichst kleinen Volumen übertragen werden soll.

Hier soll dreierlei gezeigt werden:

- Die umgesetzte Leistung ist proportional zur Frequenz. Proportionalitätsfaktor ist die im Eisenkern gespeicherte magnetische Energie:

**Gl. 5-81** $P.mag = 4 * W.mag * \omega$

Der Faktor 4 entsteht dadurch, dass der Kern pro Periode der der Netzfrequenz je zweimal auf- und entmagnetisiert wird.

- Die gespeicherte magnetische Energie ist das Produkt aus der Energiedichte σ=W.mag/Vol.Fe und dem Kernvolumen Vol.Fe.

- Die magnetische Energiedichte σ ist das Produkt aus magnetischer Flussdichte B und Feldstärke H.

**Gl. 5-83** $W.mag/Vol.Fe = B.gr * H.gr$

Damit die transformatorische Leistungsdichte im Betrieb möglichst groß wird, muss in Gl. 5-83 mit den linearen Grenzwerten gerechnet werden. Das zeigt Abb. 6-16.

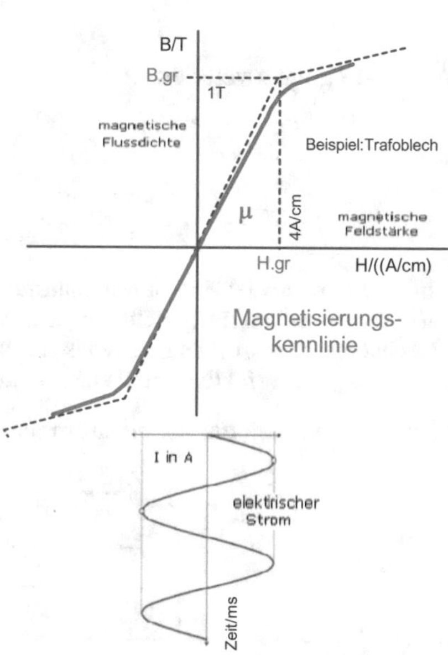


**Abb. 6-16 die Projektion einer Sinusschwingung auf eine Magnetisierungskennlinie**

Abb. 6-17 zeigt die ...

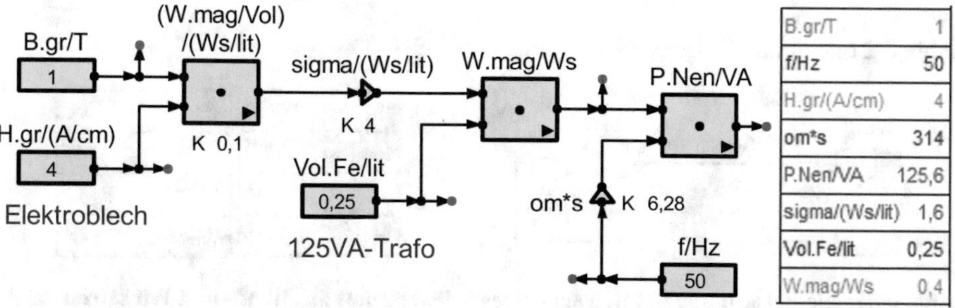


| | |
|---|---|
| B.gr/T | 1 |
| f/Hz | 50 |
| H.gr/(A/cm) | 4 |
| om*s | 314 |
| P.Nen/VA | 125,6 |
| sigma/(Ws/lit) | 1,6 |
| Vol.Fe/lit | 0,25 |
| W.mag/Ws | 0,4 |

**Abb. 6-17 Berechnung der Nennleistung (hier eines Transformators) aus den Daten des Kernmaterials (B.gr, H.gr), dem Kernvolumen Vol.Fe und der Betriebsfrequenz f: Die Messwerte stimmen mit den Herstellerangaben in Tab. 6-4 überein.**

## 2. Die Wirk-, Blind- und Scheinleistung

Abb. 6-19 zeigt

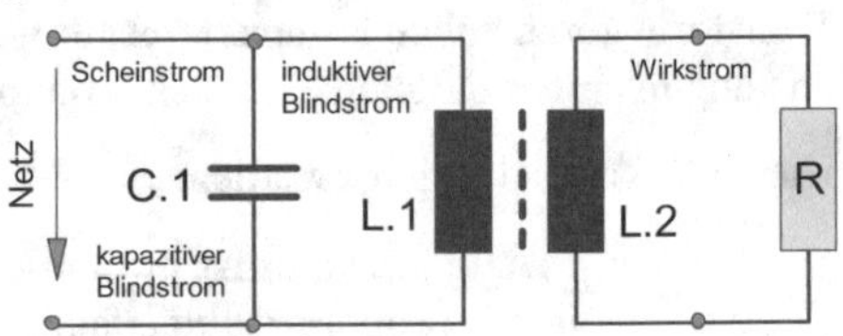


**Abb. 6-18 eine mögliche Kombination von Bauelementen L, C und R und ihre Wirk-, Blind- und Scheinströme**

Abb. 6-19 zeigt zweierlei:

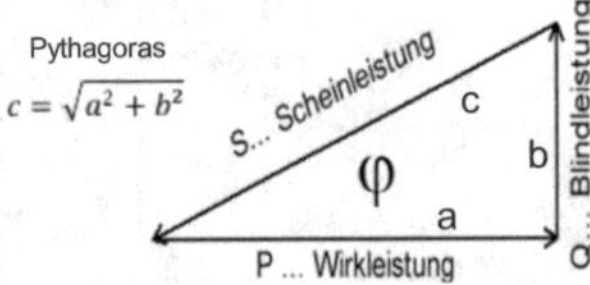


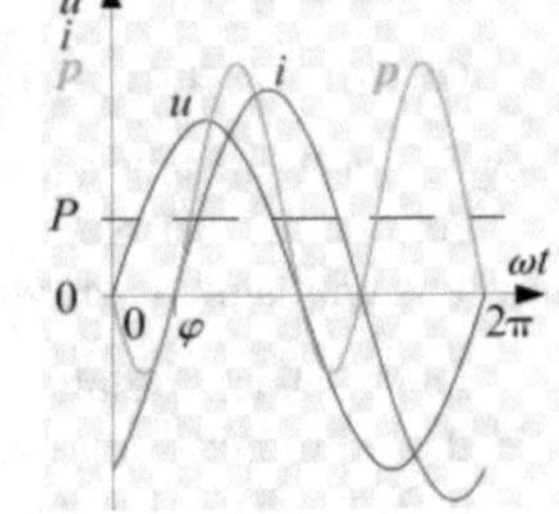


**Abb. 6-19 rechts ist eine Bezugsspannung und der phasenverschobene Strom dargestellt. Oben wird gezeigt, wie um 90° verschobene Messgrößen geometrisch addiert werden. Die Berechnug von Effektivwerten erfolgt nach Pythagoras.**

Gemessen wurden ein Scheinstrom und sein Leistungsfaktor cos φ. Abb. 6-20 zeigt ...

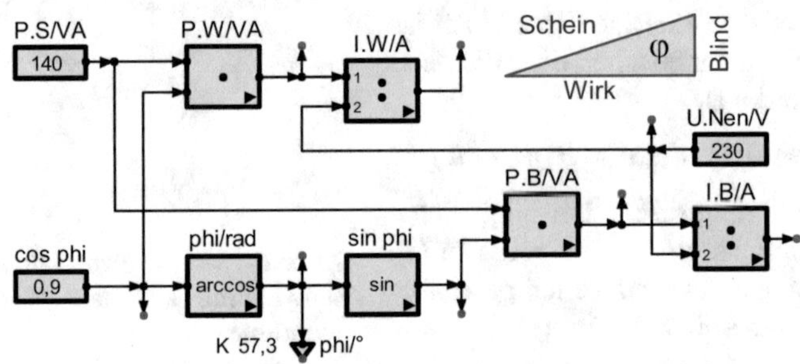


**Abb. 6-20 die Berechnung von Wirk- und Blindleistungen und -strömen**

Abb. 6-21 zeigt ...

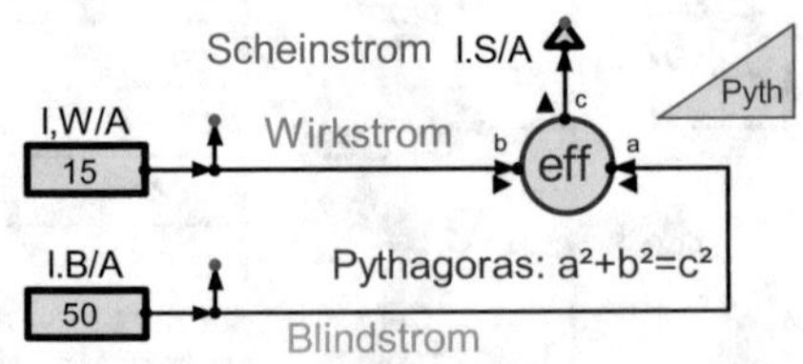


| phi/rad | 0,451 | I.B/A | 0,265 |
|---|---|---|---|
| cos phi | 0,9 | I.W/A | 0,547 |
| phi/° | 25,844 | P.B/VA | 61,02 |
| sin phi | 0,435 | P.W/VA | 126 |

**Abb. 6-21 die Berechnung des Betrages eines Scheinstroms aus Blind- und Wirkstrom nach Pythagoras**

Achtung:
Bei der Betragsbildung nach Pythagoras ($c^2=a^2 \pm b^2$) geht die **Phaseninformation** verloren. Deshalb kann sie in Strukturen **mit Gegenkopplungen nicht verwendet** werden. Dort muss mit der **linearen Näherung** gerechnet werden: $c \approx a \pm b$.

### 3. Nennleistung und magnetischer Fluss

Ferromagnetische Trafokerne dienen zur Kanalisierung magnetischer Flüsse. Sie werden aus lamelliertem Eisenblech und als weichmagnetische massive Ferritkerne angeboten.

Abb. 6-22 zeigt je ein Beispiel:
Kerne für Netztrafos mit gleichen Wickelräumen für die Primär- und die Sekundärspule.

**Abb. 6-22 oben: ein Trafokern aus gestapelten Blechen (meist mit Luftspalt), unten: ein Ringkern aus massivem Ferrit (immer ohne Luftspalt)**

$\Phi$ und P.Nen bestimmen die Baugröße von Transformatoren:

- P.Nen interessiert den Anwender, denn er weiß, welche Spannungen und Ströme er benötigt.
- Der magnetische Fluss $\phi$ interessiert den Entwickler, denn er soll den Transformator möglichst kompakt, d.h. mit großer Leistungsdichte, bauen.

Deshalb soll nun der Zusammenhang zwischen P.Nen und $\phi$ untersucht werden. Abb. 6-23 zeigt die Struktur dazu.

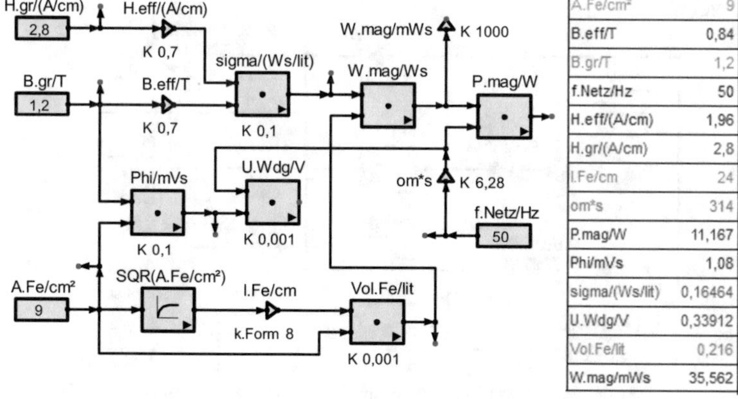


| | |
|---|---|
| A.Fe/cm² | 9 |
| B.eff/T | 0,84 |
| B.gr/T | 1,2 |
| f.Netz/Hz | 50 |
| H.eff/(A/cm) | 1,96 |
| H.gr/(A/cm) | 2,8 |
| l.Fe/cm | 24 |
| om*s | 314 |
| P.mag/W | 11,167 |
| Phi/mVs | 1,08 |
| sigma/(Ws/lit) | 0,16464 |
| U.Wdg/V | 0,33912 |
| Vol.Fe/lit | 0,216 |
| W.mag/mWs | 35,562 |

**Abb. 6-23 Berechnung des magnetischen Flusses, der Windungsspannung und der magnetischen Verluste eines Transformators**

### 4. Spezifische Trafoleistungen

Um Trafos untereinander vergleichen und Entwicklungsfortschritte beurteilen zu können (z.B. in den Materialeigenschaften), sollen zwei trafospezifische Parameter ermittelt werden:

- die Nennleistung pro Kernvolumen, genannt Volumenleistung
  *P.Vol=P.Nen/Vol.Fe – hier z.B. in KVA/lit*
- die Nennleistung pro Einheit des magnetischen Flusses $\phi$, genannt Flussleistung *P.Phi=P.Nen/$\phi$- hier z.B. in kVA/mVs.*

Beide Parameter sollen möglichst groß sein, denn das bedeutet viel Leistungstransfer in kleinem Volumen und hohe Magnetisierbarkeit des Eisenkerns.

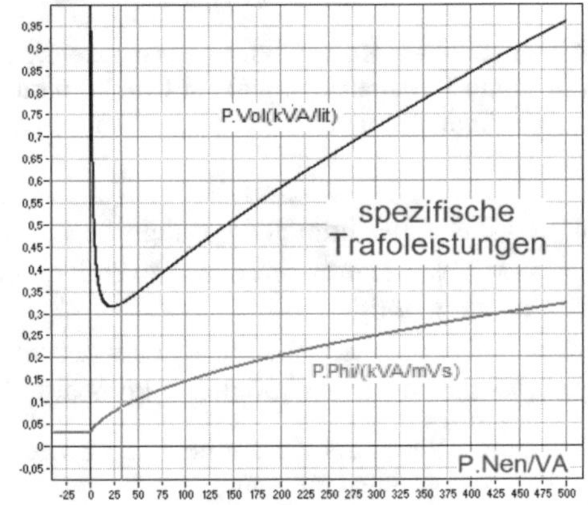


Abb. 6-24 zeigt

**Abb. 6-24 den Anstieg der spezifischen Trafoleistung mit der Nennleistung**

Abb. 6-25 zeigt ...

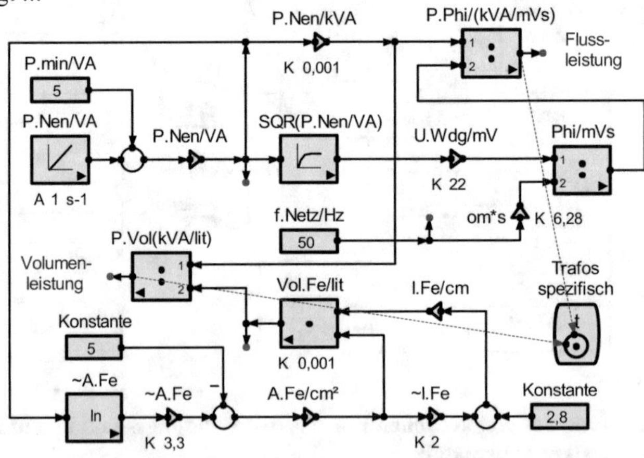


**Abb. 6-25 die Berechnung der volumenspezifischen und flussspezifischen Nennleistung als Funktion der Nennleistung**

Abb. 6-24 und Abb. 6-25 zeigen:
P.Vol steigt annähernd proportional mit P.Nen und P.Phi steigt mit √P.Nen.
D.h.: Je größer die Nennleistung eines Trafos, desto kompakter ist er.

## 5. Nennleistung und Wirkungsgrad

Bei verlustfreien Transformatoren ist die primär zugeführte Leistung P.2=U.2·I.2 gleich der sekundär angegebenen Leistung P.2=U.2·I.2. Ihr Quotient ist die

**Gl. 6-3 Definition des Wirkungsgrads** $\eta = P.2/P.1$ ... bei Trafos: $\eta \rightarrow 1$

η wird von Herstellen gemessen und in ihren technischen Daten angegeben. Tab. 6-5 zeigt in Spalte 3, dass η mit steigender Nennleistung immer größer wird.

Abb. 6-26 zeigt:

Die Wirkungsgrade von Transformatoren

- hängen vom Kernmaterial ab (die Verluste von Spulen werden in Absch. 6.2.3.2 berechnet).
- hängen von der Auslastung ab. Bei ca. 25% sind sie maximal.
- Bei Netztrafos werden Wirkungsgrade bis zu 99% erreicht. Hier soll berechnet werden, wie sie von der Nennleistung (Baugröße) abhängen.

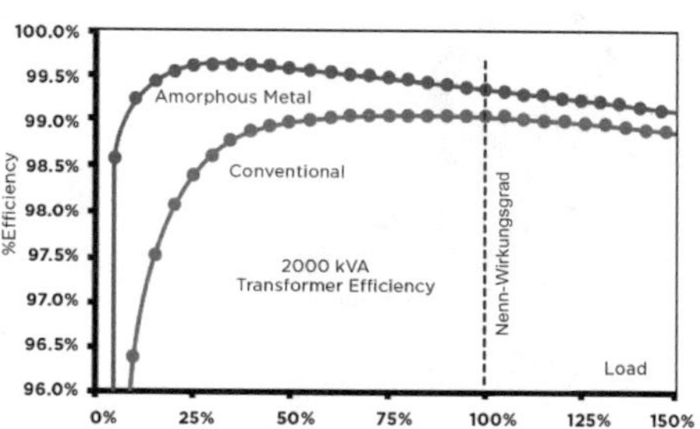


**Abb. 6-26 die Wirkungsgrade von Großtrafos mit verschiedenen Kernmaterialien**

Bei Netztrafos wird, wie bei elektrischen Maschinen ganz allgemein, möglichst hohe **Leistungsdichte P.Nen/Vol** angestrebt.

Das bedeutet möglichst keine Eisenkerne und dünne Isolationen der Spulendrähte, z.B. aus Lack.

Abb. 6-27 zeigt

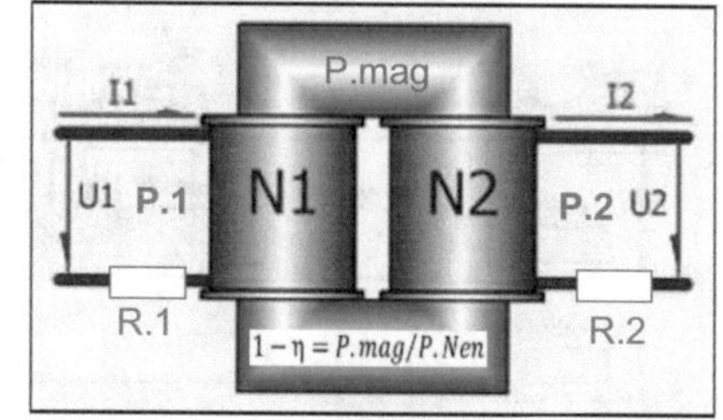


**Abb. 6-27 die elektrischen und magnetischen Verluste eines Transformators**

Die **Verlustleistung** *P.Verl=P.Nen·(1-η)* führt zur Erwärmung ΔT eines Trafos. **Zulässig ist ΔT≈20K**.

Je kleiner der Eisenkern, desto stärker erwärmt er sich bei einer bestimmten Nennleistung. Um die Erwärmung ΔT in zulässigen Grenzen zu halten, dürfen Trafos nicht zu klein gebaut werden. Durch ΔT ist auch die **Nennleistung P.Nen=U.Nen·I.Nen** definiert. Zu zeigen ist, was die zugehörigen Nennspannungen U.Nen und Nennströme I.Nen bestimmt.

Um η in die Nähe von 1 zu bringen, müssen die elektrischen und magnetischen Verluste minimiert werden. (die Berechnung folgt in Absch. 6.2.3.1).

## 6. Die Wicklungskapazitäten

Bisher sind Transformatoren nur stationär (zeit- und frequenzunabhängig) berechnet worden. In Absch. 6.2.4 ‚Einschaltvorgänge' sollen sie auch dynamisch berechnet werden (Einschaltvorgänge). Dazu werden alle Energiespeicher benötigt, also nicht nur die Induktivitäten L, sondern auch die Wicklungskapazitäten C.Wick, die hier berechnet werden sollen.

Abb. 6-28 zeigt links eine Spule mit Wicklungskapazität und rechts die zu deren Berechnung nötigen Messgrößen als Funktion der Nennleistung.

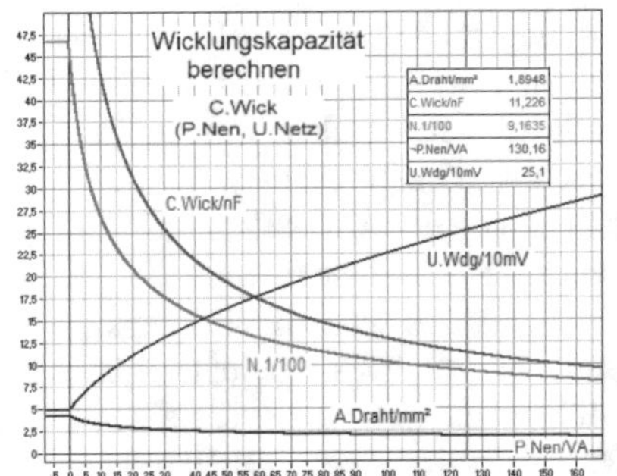


**Abb. 6-28 die Messgrößen einer Spule mit Wicklungskapazität als Funktion von P.Nen**

Abb. 6-29 zeigt die Struktur zur Berechnung von Wicklungskapazitäten. Sie wird im Anschluss erläutert.

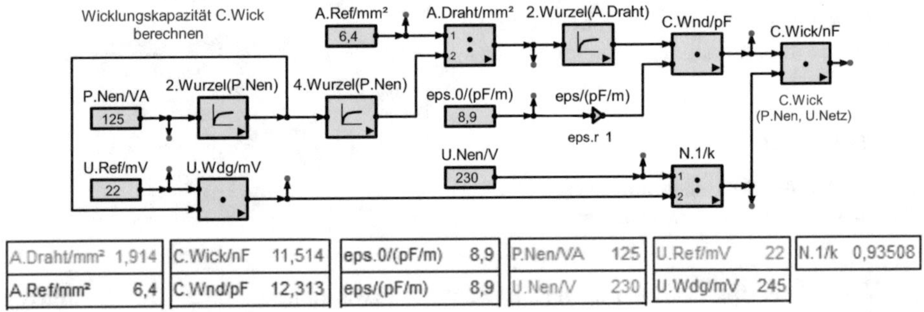


**Abb. 6-29 Berechnung der primären Wicklungskapazität C.Wick als Funktion der Nennleistung P.Nen mit der Nennspannung U.Nen als Parameter**

Erläuterungen zu Abb. 6-29 :
Allgemein berechnen sich Kapazitäten $C.Wdg=\varepsilon\cdot A/d$ aus einem Materialfaktor (der Dielektrizitätskonstente $\varepsilon=\varepsilon.0\cdot\varepsilon.r$ – mit $\varepsilon.0=8{,}9pF/n$) und einem Geometriefaktor A/d (A=Flächen, d=Abstand). Damit berechnet die Windungskapazität C.Wnd. Mit der Windungszahl N ergibt dies die Wicklungskapazität $C.Wick=N\cdot C.Wdg$.

## 7. Transformationen

Bei Transformatoren entstehen durch die Induktivitäten L und die Wicklungskapazitäten C ein - und ausgangsseitig Resonanzkreise. Ihre Resonanzfrequenz $\omega.0=1/\sqrt{(L\cdot C)}$ begrenzt den nutzbaren Frequenzbereich nach oben. Hier soll gezeigt werden, wie die niedrigste Resonanzfrequenz berechnet wird und wie sie durch den Trafo transformiert wird.

Abb. 6-30 zeigt die Ersatzschaltung eines Transformators. Bei idealen Transformatoren, von denen hier die Rede sein soll, ist

der Sekundärfluss $\phi.2=U.Wdg.2/\omega$

gleich dem Primärfluss $\phi.1=Wdg.1/\omega$.

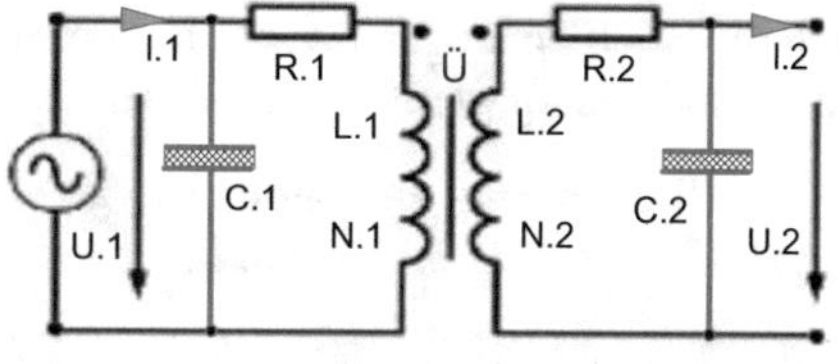


**Abb. 6-30 Trafo mit seinen Bauelementen**

Dann sind die Windungsspannungen U.Wdg=U/N in beiden Spulen gleich groß. Aus U.Wdg folgen die induzierten Spannungen $U.1=U.Wdg\cdot N.1$ und $U.2=U.Wdg\cdot N.2$.

Ideale Transformatoren übertragen Leistungen 1:1. Aus $P.1=U.1\cdot I.1$ gleich $P.2=U.2\cdot I.2$ folgt das

**Gl. 6-4 Übersetzungsverhältnis** $\ddot{U}=\boldsymbol{U.2/U.1=I.2/I.1=N.2/N.1}$

Spannungen und Ströme werden mit Ü übersetzt. Die folgenden Berechnungen werden zeigen, dass Widerstände R, Induktivitäten L, Kapazitäten C, aber auch die Eigenzeitkonstante $T.0=\sqrt{(L\cdot C)}$ von Trafos mit $\ddot{U}^2$ übersetzt werden. Abb. 6-31 fasst diese Berechnungen zusammen:

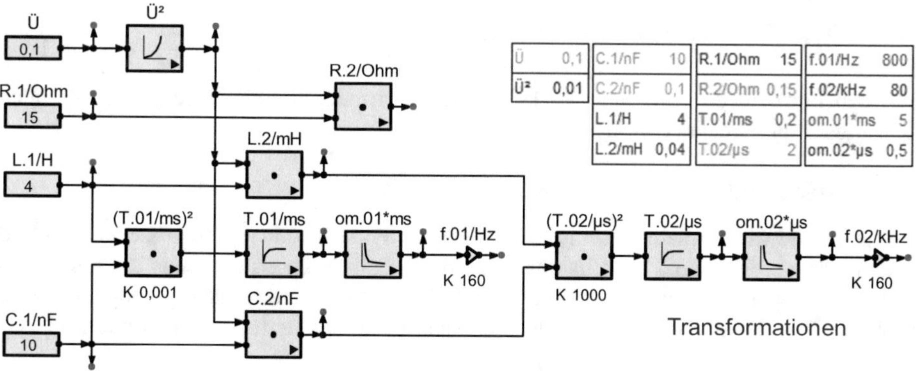


**Abb. 6-31 Berechnung der Parameter Sekundärseite aus denen der Primärseite durch das Übersetzungsverhältnis Ü=N.2/N.1**

Erläuterungen zu Abb. 6-31:
In diesem Beispiel ist das Übersetzungsverhältnis Ü<<1. Dann ist die Ausgangsseite des Trafos niederohmig gegen die Eingangsseite. Dagegen ist die Resonanzfrequenz der Ausgangsseite groß gegen die der Eingangsseite. Deshalb sind die hochohmigen Daten der Eingangsseite leichter zu messen als die sehr niederohmigen Daten der Ausgangsseite. Deshalb zeigen wir nun die Umrechnung aller L, C und R.

- **die Übersetzung von Widerständen R**
  Transformatoren werden so gebaut, dass die Verlustleistungen P.V in allen Spulen gleich groß sind. Bei zwei Spulen ist P.V2=R.2·I.2² gleich P.V1=R.1·I.1². Daraus folgt die

**Gl. 6-5 Widerstandsübersetzung** $\boldsymbol{R.2/R.1 = I.1^2/I.2^2 = \text{Ü}^2 \rightarrow R.2 = \text{Ü}^2 * R.1}$

Auch die Blindleistungen P.L der Induktivitäten L und P.C der Kapazitäten C sind primär- und sekundärseitig gleich groß. Daraus folgen

- **die Übersetzung von Induktivitäten L**
  Aus P.L1=ω·L.1·I.1² gleich P.L1=ω·L.2·I.2² folgt die

**Gl. 6-6 Induktivitätsübersetzung** $\boldsymbol{L.2/L.1 = I.1^2/I.2^2 = \text{Ü}^2 \rightarrow L.2 = \text{Ü}^2 * L.1}$

1. **die Übersetzung von Kapazitäten C**
   Aus P.C1=U.1²/(ω·C.1) gleich P.C1=U.1²/(ω·C.1) folgt die

**Gl. 6-7 Kapazitätsübersetzung** $\boldsymbol{C.2/C.1 = U.2^2/U.1^2 = \text{Ü}^2 \rightarrow C.2 = \text{Ü}^2 * C.1}$

2. **die Transformation von Eigenzeitkonstanten T.0 und Resonanzfrequenzen ω.0**
   Die Zeitkonstanten von LC-Schwingkreisen errechnen sich aus T.0=√(L·C).
   Daraus folgt

**Gl. 6-8 die Zeitkonstantenübersetzung**

$$\frac{T.2}{T.1} = \frac{\sqrt{L.2 * C.2}}{\sqrt{L.1 * C.1}} = \sqrt{\frac{L.2}{L.1}} * \sqrt{\frac{C.2}{C.1}} = \text{Ü} * \text{Ü} = \text{Ü}^2$$

Damit können wir die Impedanzen und Resonanzfrequenzen ω.0 von Transformatoren sowohl eingangsseitig als auch ausgangsseitig berechnen.

**Gl. 6-9 Transformation von Resonanzfrequenzen**

$$\frac{\omega.01}{\omega.02} = \frac{f.01}{f.02} = \frac{T.2}{T.1} = \text{Ü}^2$$

Mit den Formeln zur Umrechnung könne Transformatoren sowohl eingangs- als auch ausgangsseitig berechnet werden.

## 8. Der Transformator als Vierpol

Vierpole sind die formale Beschreibung linearer Systeme mit je einem steuernden und einem gesteuerten Signal am Eingang und am Ausgang. Sie ermöglichen die einfache - weil nicht gegengekoppelte Berechnung beliebig komplizierter, auch gegengekoppelter Systeme. Das soll zunächst für den idealen spannungsgesteuerten Transformator gezeigt werden.

**Abb. 6-32 der ideale Transformator als Vierpol: Er zeigt, welche Messgrößen als steuernd und welche als gesteuert aufgefasst werden.**

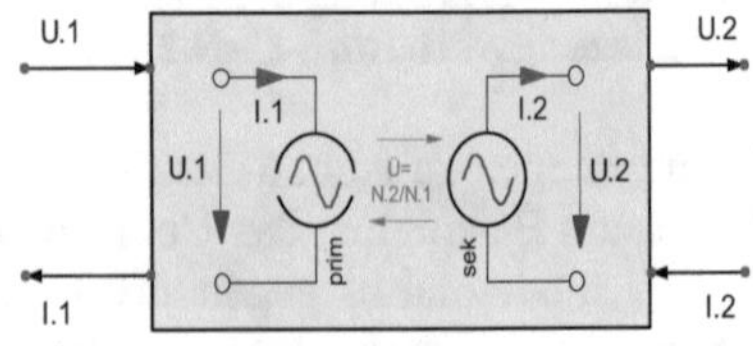


Hier ist der Transformator
- eingangsseitig spannungsgesteuert
- und ausgangsseitig stromgesteuert.

Als formale Beschreibung macht ein Vierpol keine Aussage über die interne Physik eines Systems. Berechnet wird nur das äußere Verhalten. Das zeigt Abb. 6-33.

**Berechnung eines Transformators als Vierpol**

Abb. 6-33 zeigt die Vierpolstruktur eines idealen Transformators. Er funktioniert bei beliebigen Betriebsfrequenzen f (nur nicht bei Gleichstrom (f=0), da dann der magnetische Fluss $\phi$ gegen $\infty$ geht).

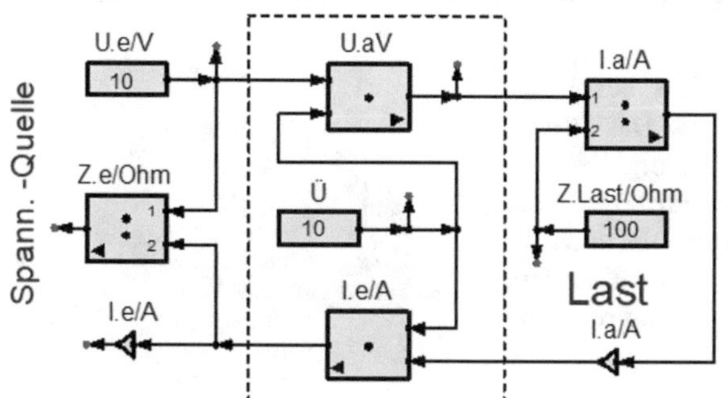


Z.e = Z.Last/Ü²

| Ü | 0,1 | 1 | 10 |
|---|---|---|---|
| U.e/V | 10 | 10 | 10 |
| U.aV | 1 | 10 | 100 |
| I.e/A | 0,001 | 0,1 | 10 |
| I.a/A | 0,01 | 0,1 | 1 |
| Z.e/Ohm | 10000 | 100 | 1 |
| Z.Last/Ohm | 100 | 100 | 100 |

**Abb. 6-33 Durch das Übersetzungsverhältnis Ü=N.2/N.1 lässt sich die Sekundärspannung und dadurch die Strombelastung der Primärquelle einstellen.**

Beim Spannungssteuerung ist

1. die Eingangsspannung U.e das eingangsseitig steuernde Signal und der Ausgangsstrom I.a das ausgangsseitig steuernde Signal
2. der Eingangsstrom i.e das eingangsseitig gesteuerte Signal und die Ausgangsspannung U.a das ausgangsseitig gesteuerte Signal.

Abb. 6-32 zeigt, dass zur Berechnung des idealen Transformators die Spannungsübersetzung Ü=N.2/N.1 als einziger Parameter benötigt wird.

Ist Ü<1, so ist U.a<U.e und I.e<I.a.

Bei nichtlinearen Systemen sind Vierpole eine Näherung, die nur für den gewählten **Arbeitspunkt** gilt. Wie seine Parameter berechnet werden, ist zuvor für den spannungsgesteuerten Transformator gezeigt worden.

**Zu Original- und Ersatzstrukturen**

Abb. 6-33 hat gezeigt, dass die Stromrückwirkung Ü=I.1/I.2 bei idealen Transformatoren gleich der Spannungsübersetzung Ü=U.2/U.1 ist. Warum das so ist, sagt die formale Beschreibung nicht. Das zeigt nur die Originalstruktur.

Originalstrukturen berechnen die Messgrößen mit realen Daten. Sie ermöglichen die Systemanalyse durch Parametervariation. Das fördert das Systemverständnis.

Nur Originalstrukturen zeigen, ob das System eine Steuerung oder Regelung ist. In Absch. 6.2.5 wird gezeigt, dass der Transformator ein Regelkreis für die Ausgangsspannung U.2 ist. Dort wird die in 2.1 angegebene Regelungstheorie angewendet und noch einmal kurz erklärt (also keine Angst vor Regelungstechnik).

## *6.1.2 Ringkern und Blechkern-Transformatoren*

**Ringkerntransformatoren** haben, wie der Name schon sagt, einen ringförmigen Kern, um den die Spulendrähte gewickelt sind. Ihre Herstellung ist zwar aufwändiger und teurer als die von Trafos mit rechteckigen geblechten Kernen, dafür haben sie aber technische Vorteile.

1. Die **magnetische Streuung** ist bei Ringkerntrafos wesentlich geringer. Das bringt, wie noch in Absch. 6.2.6 gezeigt werden wird, eine **höhere Resonanzfrequenz**. Deshalb eignen sich Ringkerntrafos auch für **Audio-Anwendungen**. Um das zu zeigen, simulieren wir in Abb. 6-186 ihren Frequenzgang.

**Abb. 6-34 Ringkerntrafo mit Abmessungen**

Zu den Ringkernen:
Für niederfrequente Anwendungen im Bereich der Netzfrequenz werden Ringkerne aus elektrisch isolierten Blechstreifen aus Weicheisen hergestellt, die ringförmig zu einem spiralförmig geschichteten Ringkern geformt werden. Die Schichtung von Weicheisenkernen ist zur Minimierung der Wirbelströme notwendig. Für höhere Frequenzen werden für Ringkerne **elektrisch nichtleitende, aber magnetisch gut leitende Keramik** wie Ferrite oder gepresste ferromagnetische Pulver verwendet.

**Abb. 6-35 die Herstellung eines RK-Trafos - Quelle:** https://www.youtube.com/watch?v=cpAfI1JENtw

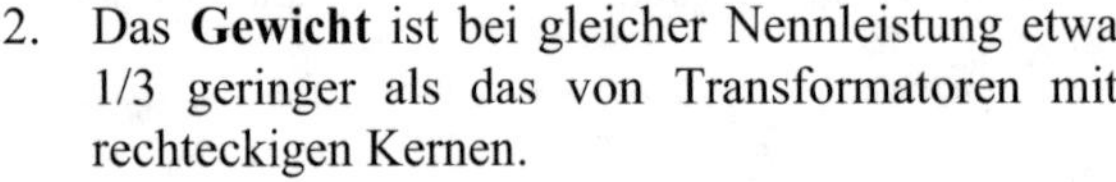

2. Das **Gewicht** ist bei gleicher Nennleistung etwa 1/3 geringer als das von Transformatoren mit rechteckigen Kernen.

Abb. 6-36 zeigt die Größenverhältnisse bei EI-Kern- und Ringkerntrafos.

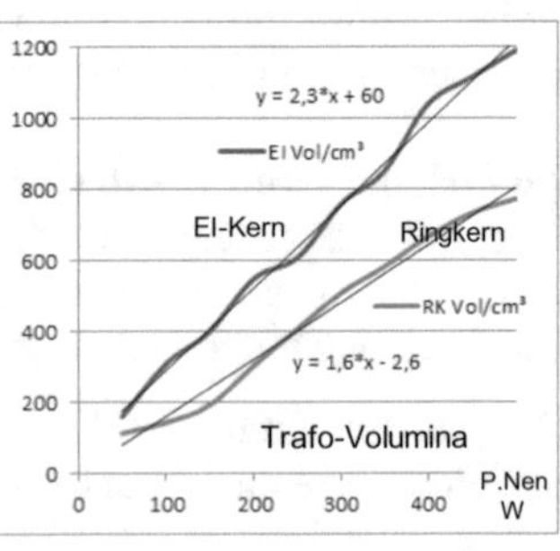


**Abb. 6-36 die Volumina von Trafos mit rechteckigen Kernen und Ringkerntrafos als Funktion der Nennleistung**

Ringkerntransformatoren werden als **Netztransformatoren** mit Nennleistungen von **10 VA bis zu einigen 10 kVA** eingesetzt. Eine weitere Anwendung sind **Impulstransformatoren.** Ein Beispiel haben wir in Abb. 6-158 gezeigt.

**Einen Ringkerntrafo auswählen**

Zur Auswahl eines Transformators müssen außer der Primärspannung (hier die Netzspannung U.Netz=U.1=230VV) noch die Sekundärspannung U.2 und der sekundäre Nennstrom I.2 bekannt sein. Ihr Produkt ist die **Nennleistung P.Nen=U.2·I.2**. Wie Tab. 6-5 zeigt, kann damit der Transformator ausgewählt werden.

Trafo-Hersteller geben für Netztrafos (Betriebsfrequenz f≈50Hz) zur Nennleistung P.Nen meist nur noch die **Masse m.Trafo** und die Abmessungen an **(Außendurchmesser D und Höhe H).**

Angaben zur **unteren und oberen Grenzfrequenz** (f.1 und f.2) fehlen. Die werden z.B. benötigt, um beurteilen zu können, ob sich der Trafo auch für Audiozwecke eignet (f.1≈10Hz, f.2≈10kHz).

Zur Berechnung von f.1 werden der primäre Wicklungswiderstand R.1 und die Induktivität L.1 benötigt:

$$\omega.1 = R.1/L.1 = 2\pi * f.1$$

Zur Berechnung von L.1=N.1²·G.mag werden die **primäre Windungszahl N.1** und der **magnetische Leitwert G.mag** des Trafokerns benötigt (Absch.).

**Tab. 6-1 RK-Trafos**

| P.Nen | m.Trafo Durchmesser D Höhe H |
|---|---|
| R 50 VA | 0,65 kg 75x40 mm² |
| R 80 VA | 0,8 kg 77x46 mm² |
| R 120 VA | 1,3 kg 95x48 mm² |
| R 170 VA | 1,6 kg 98x50 mm² |
| R 250 VA | 2,4 kg 115x54 mm² |
| R 340 VA | 2,8 kg 118x57 mm² |
| R 500 VA | 3,7 kg 134x64 mm² |
| R 700 VA | 4,1 kg 139x68 mm² |
| R 1000 VA | 6 kg 170x72 mm² |
| R 1400 VA | 8,5 kg 190x68 mm² |
| R 1800 VA | 9,7 kg 200x72 mm² |
| R 2300 VA | 11,5 kg 205x77 mm² |

**Abb. 6-37 Herstellerangaben zu Ringkerntrafos**

Quelle: Frag Jan zuerst - Ask Jan First GmbH & Co. KG https://www.die-wuestens.de/dindex.htm?/t2.htm

Die Excel-Analyse der Trafodaten von Tab. 6-1 ermöglicht die Berechnung der Abmessungen von RK-Trafos als Funktion der Nennleistung:

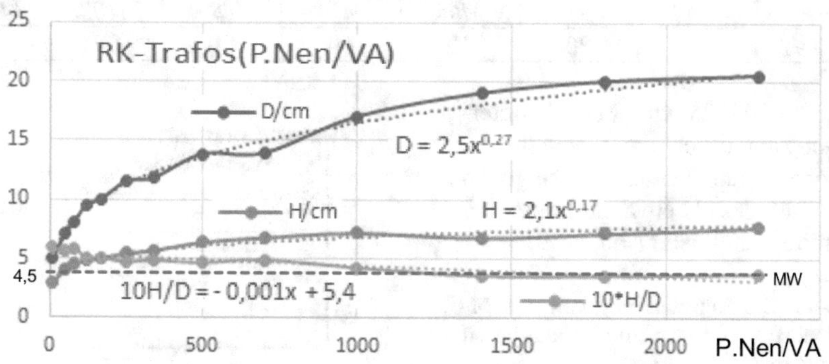


**Abb. 6-38 Durchmesser und Höhe von Ringkern-Trafos als Funktion der Nennleistung**

Nach Abb. 6-38

- steigt der Durchmesser D nur etwa mit der 4.Wurzel der Nennleistung an
- ist die Höhe H im Mittel (MW) etwa 45% des Durchmessers D

## Blechkern-Transformatoren

Transformatoren unterscheiden sich durch ihre Baugröße (Nennleistung) und Bauform. In diesem Abschnitt sollen solche mit rechteckigen geblechten Kernen behandelt werden. Sie sind relativ preiswert zu fertigen und daher am verbreitetsten. Ihre Berechnung ist die gleiche wie die der im vorherigen Abschnitt behandelten Ringkern-Transformatoren.

Gezeigt werden soll, dass Transformatoren mit wenigen Vorgaben vollständig berechnet werden können. Diese sind

- die **Nennleistung** als Maß für die Größe
- die **Betriebsfrequenz** f: Sie muss höher als die untere Grenzfrequenz f.g des Transformators sein.
- die **Grenzflussdichte** B.gr und die relative **Anfangspermeabilität** μ.r für das Kernmaterial.

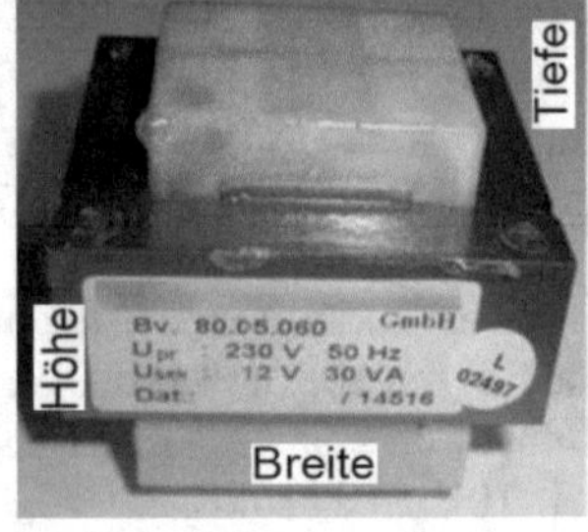


**Abb. 6-39 Blechkerntransformator mit techn. Daten**

1. Welche **Bauformen** gibt es und was sind ihre Vor- und Nachteile?
2. Wie berechnet man ihre zum Bau benötigten Parameter als Funktion der Nennleistung?
3. Wie misst und berechnet man die **Verluste** von Eisenkernen und Spulen und bestimmt daraus den **Wirkungsgrad** von Transformatoren?
4. Wie schmal müssen die **Lamellen** des Kerns sein, um eine geforderte **Grenzfrequenz** zu erreichen?
5. Was nützen und wie berechnet man die **Luftspalte** im Eisenkern?

## Einen Blechkerntrafo auswählen

Gefordert wird die Nennleistung P.Nen. Gesucht wird die Baugröße des Trafos.

Tab. 6-2 zeigt für M-Kerne den Zusammenhang zwischen Nennleistung und Kerngröße.

**Tab. 6-2 Kerngröße und Nennleistung: Die Kernbreite B ist gleich der Kerntiefe T.**

| *Kern* | *M42* | *M55* | *M65* | *M74* | *M85* | *M102a* | *M102b* |
|---|---|---|---|---|---|---|---|
| P.Nen/VA | 5 | 20 | 30 | 60 | 80 | 120 | 180 |

Die Kerne M102a und M102b unterscheiden sich durch die Kernhöhe H. Die angegebenen Nennleistungen gelten für den Fall, dass H etwa ein Drittel der Kernbreite B ist (siehe Abb. 6-39).

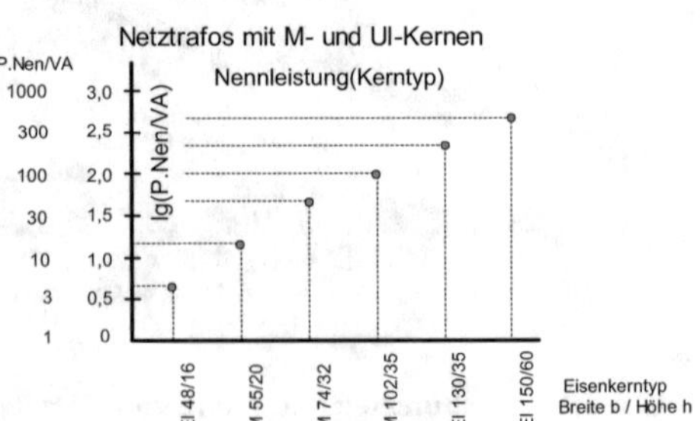


**Abb. 6-40 die Nennleistung von von M-Kern-Transformatoren in Abhängigkeit von der Kantenlänge in mm**

## 6.1.3 Ideale und reale Transformatoren

Ideale Transformatoren haben weder elektrische noch magnetische Verluste. Bei ihnen spielt die Baugröße keine Rolle. Um die Berechnungsverfahren zu erläutern, sollen sie zuerst untersucht werden. Abb. 6-41 zeigt

**Abb. 6-41 die Ersatzschaltung eines idealen spannungsgesteuerten Transformators.**

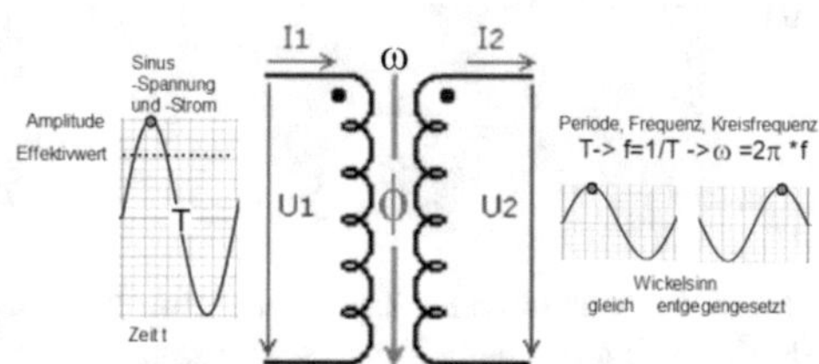


Was Abb. 6-41 nicht zeigt: Zur Herstellung des **Leistungsgleichgewichts** wirkt der Ausgangsstrom auf den Eingang zurück.

Berechnet werden sollen die zum Bau von Transformatoren benötigten Daten. Für sie spielt die Baugröße eine entscheidende Rolle. Das ist bei dem zuerst erklärten, idealen Transformator noch nicht der Fall. Danach können im nächsten Abschnitt die Daten realer Transformatoren als Funktion der Nennleistung P.Nen berechnet werden.

Wir werden zeigen: **P.Nen ist das Maß für die Baugröße**. Angestrebt wird eine möglichst hohe **Leistungsdichte** (z.B. in kW/kg oder W/lit). Sie kann durch die folgenden Berechnungen ohne langes Probieren maximiert werden.

**Die zu klärenden Fragen**

Gesucht werden die Abhängigkeiten zwischen Nennleistung P.Nen und Baugrößen (Gewicht, bzw. Massen und Volumen). Dadurch lassen sie sich rechnerisch minimieren. Das Trafovolumen wird durch das für den Leistungstransfer nötige Kernvolumen Vol.Fe=A.Fe·l.Fe bestimmt (A.Fe=Kernquerschnitt, l.Fe=Kernlänge).

Zum Trafokern gehören folgende Punkte:

- Auswahl des Kernmaterials - Als Beispiel dient hier Elektroblech (Abb. 5-222).
- Kernquerschnitt und Flussdichte: Angestrebt werden möglichst hohe Flussdichten im linearen Bereich der Magnetisierungskennlinie. Vermieden werden muss, dass Kerne in die magnetische Sättigung gehen.
- Kernlänge und Feldstärke H.Fe=B/μ: Je besser ein Kern magnetisch leitet, desto kleiner wird sein Volumen Vol.Fe=A.Fe·l.Fe.

Zu den Trafospulen gehören folgende Punkte:

- das Spulenmaterial: Als Beispiel dient hier Kupfer.
- primäre und sekundäre Windungszahlen N.1 und N.2
- Drahtlängen und -querschnitte

Zur Klärung dieser Punkte müssen die Funktion von Transformatoren und die Grundlagen zu ihrer Berechnung bekannt sein. Sie werden in den folgenden Abschnitten erklärt und durch Beispiele veranschaulicht.

**Zur Funktion eines idealen Transformators**
Hätte ein Transformator keine Verluste, wäre die Berechnung der Ausgangsspannung sehr einfach: Bei gegebener Eingangsspannung hängt sie nur vom Verhältnis der Windungszahlen N.2/N.1 ab. Das zeigen wir nun.

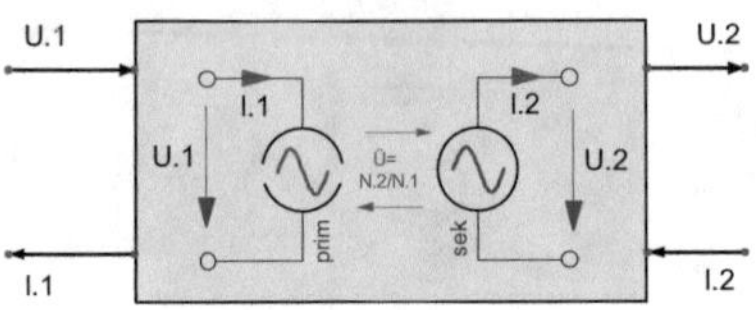


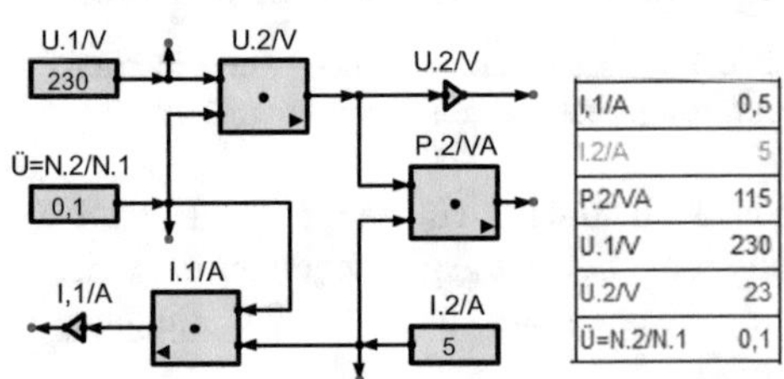


**Abb. 6-42 verlustfreier Transformator als Vierpol: oben seine Ersatzschaltung, rechts die zugehörige Struktur**

**Ströme, Spannungen und Leistungsumsatz bei Transformatoren**
Das Funktionsprinzip des Trafos beruht auf der Induktion von Wechselspannungen in den Windungen zweier magnetisch gekoppelten Spulen durch die zeitliche Änderung des gemeinsamen magnetischen Flusses.

Je weiter ein Transformator die Eingangsspannung untersetzt, desto kleiner wird die Rückwirkung des Ausgangsstroms auf den Eingangsstrom – und umgekehrt.
Beispiele dazu sind

- Netztrafos – für Ausgangsspannungen im 10V-Bereich und Ströme im A-Bereich
- der Tesla-Transformator – für sehr hohe Ausgangsspannungen im Leerlauf
- Schweißtrafos - für sehr hohe Ausgangsströme bei Kurzschluss

Berechnungsgrundlage für Transformatoren ist das

**Gl. 5-64 Induktionsgesetz**

$$u.L = N\cdot d\phi/dt = L\cdot di/dt$$

Eine Rechengröße ist

**Gl. 5-12 der Spulenfluss**

$$\Psi = N \cdot \phi = L \cdot i$$

Daraus folgt die Windungsinduktivität

**Gl. 5-61** $L.Wdg=L/N=\phi/i$

Bei Spulen mit N Windungen ist die gesamte induzierte Spulenspannung das N-fache der Windungsspannung:

**Gl. 5-14** $U.Spu = N * U.Wdg$

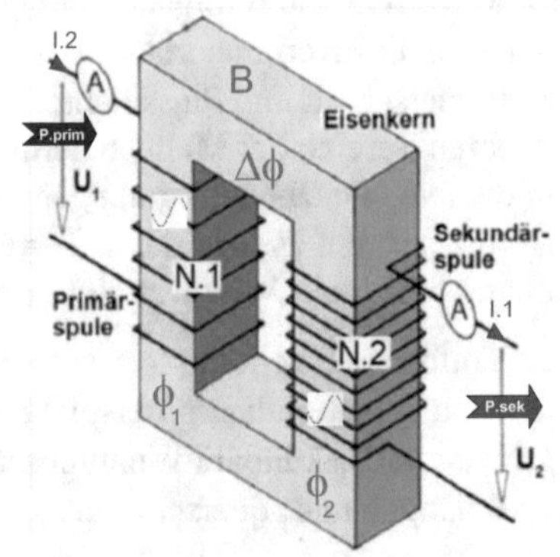


**Abb. 6-43 Trafo mit den Messgrößen zur Induktivitätsberechnung**

Abb. 6-44 zeigt die ...

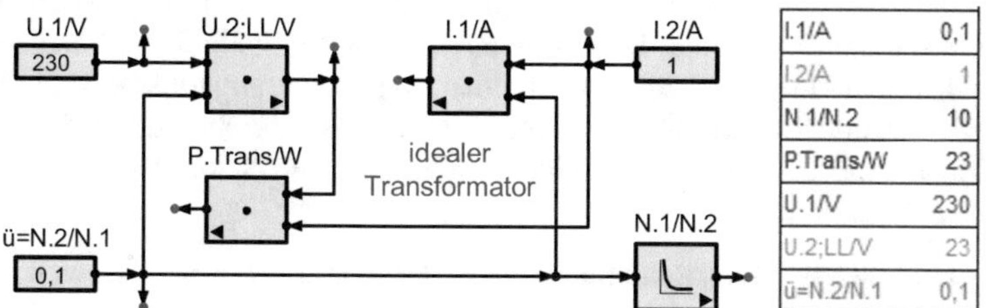


**Abb. 6-44 Berechnung des Leistungstransfers eines Transformators**

**Das Übersetzungsverhältnis Ü**

Gl. 6-10 zeigt, dass sich die Spannungen idealer Transformatoren wie die Windungszahlen der Spulen verhalten. Das ist die Grundlage zu deren Dimensionierung.

**Gl. 6-10 Übersetzungsfaktor**

$$Ü = \frac{U.2}{U.1} = \frac{N.2 * U.Wdg}{N.1 * U.Wdg} = \frac{N.2}{N.1}$$

Der Magnetisierungsstrom I.Mag induziert die Windungsspannung U.Wdg auch in jeder Windung der Sekundärspule. Daher ist die Sekundärspannung U.2 = N.2·U.Wdg = (N.2/N.1)·U.1. So lässt sich die Sekundärspannung U.2 für eine gegebene Primärspannung U.1durch das **Übersetzungsverhältnis ü=N.2/N.1** einstellen.

**Leistungsgleichgewicht durch Stromrückwirkung**

Bei Belastung des Trafoausgangs muss die abfließende Leistung eingangsseitig zugeführt werden. Da ideale Transformatoren keine Verluste haben, gilt

**Gl. 6-11 Primär- und Sekundärleistung**

$$P.2 = U.2 * I.2 \quad \rightarrow \quad P.1 = U.1 * I.1$$

Daraus folgt, dass sich Ströme und Spannungen bei Transformatoren reziprok verhalten:

**Gl. 6-12 Spannungsübersetzung und Stromrückwirkung**

$$Ü = I.1/I.2 = U.2/U.1 = N.2/N.1$$

**Spannungsübersetzung und Stromrückwirkung**

So bestimmt das **Übersetzungsverhältnis ü=N.2/N.1** auch die **Rückwirkung des Sekundärstroms auf den Primärstrom:**

**Gl. 6-13 Stromrückwirkung**

$$Ü = I.1/I.2 = N.2/N.1$$

Merke: Zur Erhaltung des **Leistungsgleichgewichts** bei **passiven Systemen** ist

*die Spannungsübersetzung Ü immer gleich der Stromrückwirkung.*

**Zur Spannungsstabilisierung und Stromrückwirkung durch Regelung**

In Absch. wird gezeigt, dass der Transformator ein Regelkreis für die Ausgangs-spannung U.2 ist.

- Sollwert ist die Eingangsspannung U.1, das Übersetzungsverhältnis Ü=N.2/N.1 ist der Messwandler.
- Stellgröße ist der magnetische Fluss $\phi$ im Eisenkern.
- Regelabweichung ist die Windungsspannung U.Wdg, deren Änderungen im Betrieb fast zu null geregelt werden: U.Wdg = U.1/N = $\phi$.1/$\omega$ ≈ konstant.

**Windungsspannung und magnetischer Fluss**

Legt man eine **Wechselspannung U.1** an die Primärspule mit der **Windungszahl N.1**, so entsteht eine Windungsspannung **U.Wdg**=U.1/N.1 = **dϕ/dt.** Es fließt ein Magnetisierungsstrom I.1=U.1/ωL.1=I.mag. I.mag erzeugt einen Magnetisierungsfluss **ϕ.1=(L.1/N.1)·I.1,** der auch die Sekundärspule mit der **Windungszahl N.2** durchsetzt. Dadurch wird die Windungsspannung U.Wdg auch in jeder Windung der Sekundärwicklung mit der **Windungszahl N.2** induziert:

**Gl. 6-14 Windungsspannung** $U.Wdg \approx U.1/N.1 = U.2/N.2$

U2 ist mit U1 **magnetisch gekoppelt** und von U1 **galvanisch getrennt**. Das ist bei Netztrafos aus Sicherheitsgründen relevant. Die Kopplung erfolgt durch den

**Gl. 6-15 magnetischen Fluss** $\phi = U.Wdg/\omega$

Gl. 6-15 zeigt, dass der Fluss ϕ mit sinkender Frequenz immer größer wird - und umgekehrt. Bedingung: Das gilt nur, solange die Flussdichte $B = \sqrt{2} * \phi/A.Fe$ einen durch das Kernmaterial gegebenen **Grenzwert B.gr** nicht überschreitet. Das spielt beim idealen Transformator noch keine Rolle, wird aber beim im nächsten Abschnitt behandelten, realen Transformator wichtig.

Der magnetische Fluss ϕ bestimmt den **Leistungstransfer** elektromagnetischer Wandler und damit die **Baugröße** elektrischer Maschinen. Für Transformatoren werden wir sie in Absch. berechnen.

**Flussstabilisierung durch Stromrückwirkung**

Wird der Transformator mit einem Sekundärstrom I.2 belastet, so erzeugt dieser einen magnetischen Fluss **ϕ.2=(L.2/N.2)·I.2,** der den **Magnetisierungsstrom I.1** zu schwächen versucht. Da ϕ.1 wie U.1 aber konstant bleiben muss, wird **ϕ.2** durch Vergrößerung von ϕ.1 um Δϕ 1= ϕ.2 konstant gehalten. Das erfolgt durch die Vergrößerung des Primärstroms um

ΔI.1=(N.1/L.1)·ϕ.2=(N.2/N.1)·I.2.

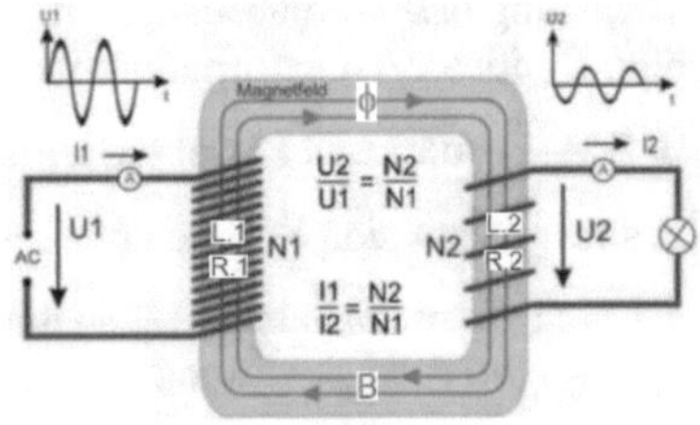


**Abb. 6-45 Die Phase von U2 gegen U1 ist frei wählbar:** ***0° (gleichphasig) oder 180° (gegenphasig).***

Die Flussstabilisierung bei Transformatoren ist eine Spannungsregelung. Wir werden den dazu nötigen Regelkreis in Absch. simulieren.

Abb. 6-46 zeigt die Phasenverschiebung des Eingangsstroms gegen die Eingangsspannung bei einem Transformator im Leerlauf und bei Ohm'scher Belastung des Ausgangs.

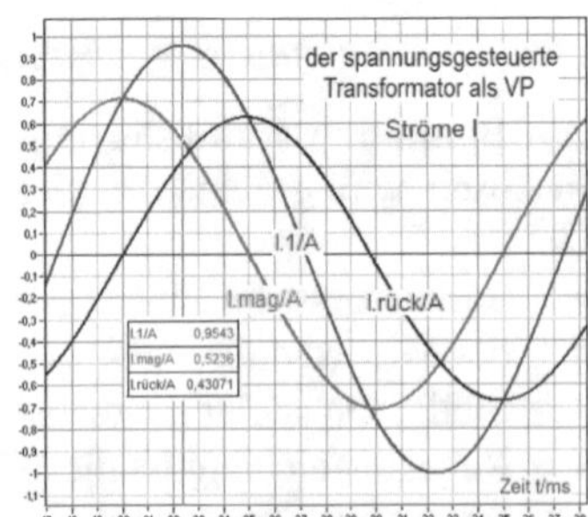


**Abb. 6-46 Die Phasenverschiebung des Eingangsstroms gegen die Eingangsspannung ist im Leerlauf fast 90° (Magnetisierungsstrom**

**= Blindstrom). Sie geht bei Nennlast gegen null (Nennstrom = Wirkstrom).**

**Die Wirk-, Blind- und Scheinströme eines Transformators**

Bei Transformatoren sind

1. Leerlaufströme (Magnetisierungsströme) weitgehend Blindströme (kostenlos) und
2. Nennströme weitgehend Wirkströme (kostenpflichtig).

**Wirk- und Blindströme**

Abb. 6-47 zeigt, dass der Trafostrom

1. im Leerlauf ein Blindstrom ist (Phase gegen -90°) und
2. bei Nennlast ein Wirkstrom ist (Phase gegen 0°).

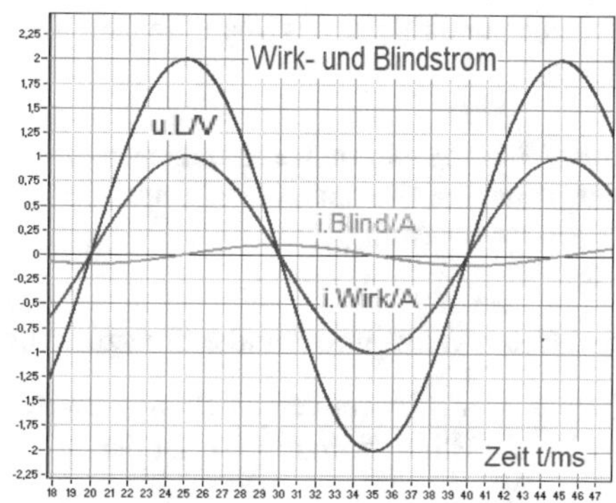


**Abb. 6-47 der Nenn- und Leerlaufstrom eines Transformators relativ zur Trafospannung u.L**

Bei **Netztrafos** (Betriebsfrequenz f.Netz=50Hz), von denen hier zunächst die Rede sein soll, ist die magnetische Kopplung der Spulen so eng, dass die Streuung vernachlässigt werden kann. Was die magnetische Streuung bewirkt, wird in Absch. 6.2.5 ‚Übertrager' gezeigt.

Transformatoren ermöglichen

1. den verlustarmen Transport großer elektrischer Leistung über große Entfernungen durch hohe Spannungen (bis 440kV) und kleine Ströme.
2. die Herabsetzung der Netzwechselspannung U.Netz=230V in ungefährliche Kleinspannungen unter 40V für die Steuer- und Regelungstechnik oder
3. die galvanische Trennung elektrischer Anlagenteile

**Maximal- und Effektivwerte**

In magnetischen Kreisen wird oft mit Maximalwerten (i.A. kleine Buchstaben) gerechnet, die z.B. aus Magnetisierungskennlinien entnommen werden. Oszilloskope zeigen Momentan- und Maximalwerte an.

In elektrischen Stromkreisen, die mit **sinusförmigem** Wechselstrom betrieben werden, wird mit Effektivwerten (Gleichstrom-Äquivalente, große Buchstaben) gerechnet. Messinstrumente für Wechselstrom sind als Effektivwerte kalibriert.

Das Verhältnis **Max/Eff = √2 ≈ 1,4**. Das ist bei Simulationen zu beachten. Z.B. gilt

$$\phi = B * A = u.Wdg/\omega \quad \text{und} \qquad U.Wdg = \omega * \phi/\sqrt{2} = \omega * \phi$$

1. Der magnetische Fluss $\phi = B * A$ wird als Maximalwert (Betrag) angegeben.
2. Windungsspannungen U.Wdg werden als Effektivwerte U.eff=u.max/√2 angegeben.

Der Autor hofft, dass der Unterschied zwischen Maximal- und Effektivwerten in seinen Strukturen nicht zu Irritationen führt.

**Der reale Transformator bei Belastung**
Abb. 6-48 zeigt das simulierte Zeitverhalten des realen Transformators:

Bei ihm sinkt die Ausgangsspannung bei Belastung. Die Berechnung soll die Ursachen und Stärke des Spannungsabfalls klären.

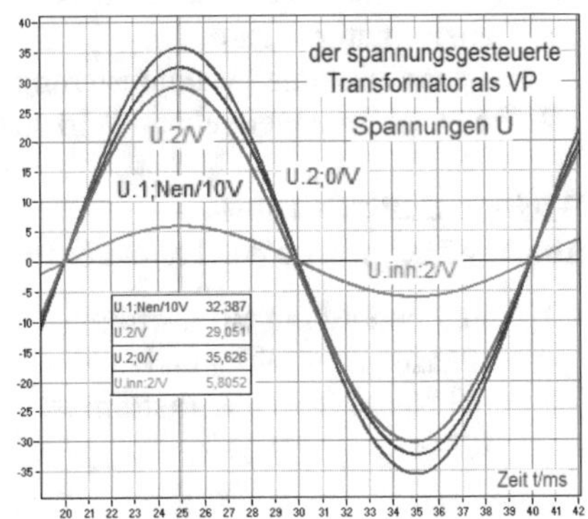


**Abb. 6-48 Die sekundäre Klemmenspannung eines Transformators sinkt mit steigender Belastung.**

Real treten Wirk- und Blindströme zusammen als Scheinstrom auf.

Wegen der Phasenverschiebung zwischen Wirk- und Blindstrom um 90° ist der

**Gl. 6-16 effektiver Gesamtstrom**

$$I.1 = \sqrt{I.Wirk^2 + I.Blind^2}$$

im Trafoeingang die geometrische Addition aus beiden. Das zeigt Abb. 6-49.

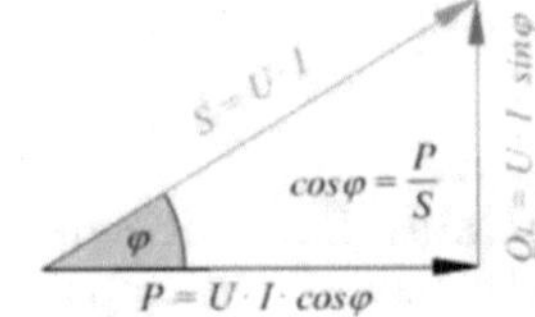


**Abb. 6-49 Berechnung der Scheinleistung S aus Wirk- und Blindleistung**

Abb. 6-50 zeigt die Berechnung von Wirk-, Blind- und Scheinströmen für einen Netztrafo mit bekannter Nennleistung P.Nen und Primärinduktivität L.1 nach Gl. 5-62:

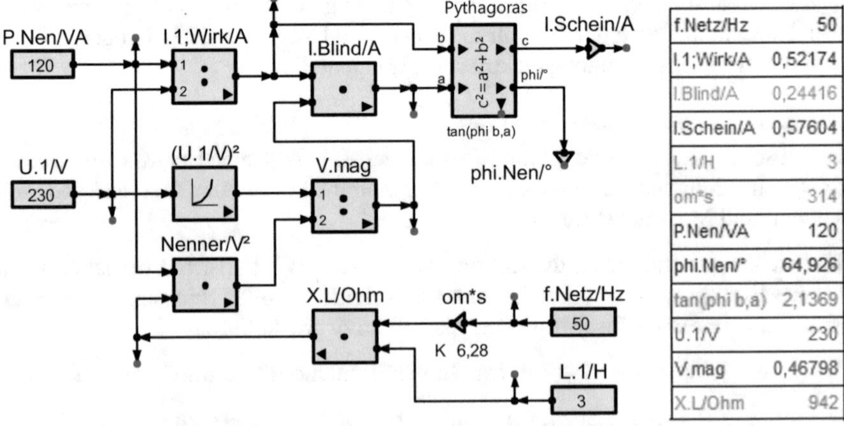


| | |
|---|---|
| f.Netz/Hz | 50 |
| I.1;Wirk/A | 0,52174 |
| I.Blind/A | 0,24416 |
| I.Schein/A | 0,57604 |
| L.1/H | 3 |
| om*s | 314 |
| P.Nen/VA | 120 |
| phi.Nen/° | 64,926 |
| tan(phi b,a) | 2,1369 |
| U.1/V | 230 |
| V.mag | 0,46798 |
| X.L/Ohm | 942 |

**Abb. 6-50 Die Nennleistung P.Nen bestimmt die Baugröße eines Transformators und damit alle elektrischen und magnetischen Kenngrößen.**

**Spannungs- und Strom-Transformation**
Transformatoren sind Wandler für Spannungen und Ströme. Abgesehen von den Trafoverlusten bleibt die Leistung dabei erhalten. Das soll nun näher erläutert werden.

**1. Spannungs-Transformation**

Durch entsprechende Windungsverhältnisse Ü=N.2/N.1>>1 lassen sich im Prinzip beliebig hohe Spannungen erzeugen. Die Grenze liegt da, wo die Luft ionisiert, d.h. elektrisch leitend wird. Abb. 6-51 zeigt einen Versuchsaufbau zur Hochspannungserzeugung:

**Abb. 6-51 Hochspannungs-Erzeugung mit Transformatoren & typische Zahlenwerte für Spannungen, Ströme und Widerstände**

Ein Beispiel zur Hochspannungserzeugung ist der **Tesla-Transformator**. Wir haben ihn in Bd. 2, Teil 1 in Absch.3.10.2. behandelt.

**2. Strom-Transformation**

Durch entsprechende Windungsverhältnisse Ü=N.2/N.1>>1 lassen sich im Prinzip auch beliebig hohe Ströme erzeugen. Die Grenze liegt da, wo die in den Leitungen zulässige Stromdichte überschritten wird. Abb. 6-132 zeigt, dass sie bei Kupferleitungen einige A/mm² beträgt.

Abb. 6-52 zeigt einen Versuchsaufbau zur Hochstromerzeugung. Anwendung: E-Schweißgeräte, Stromzange (Abb. 6-58)

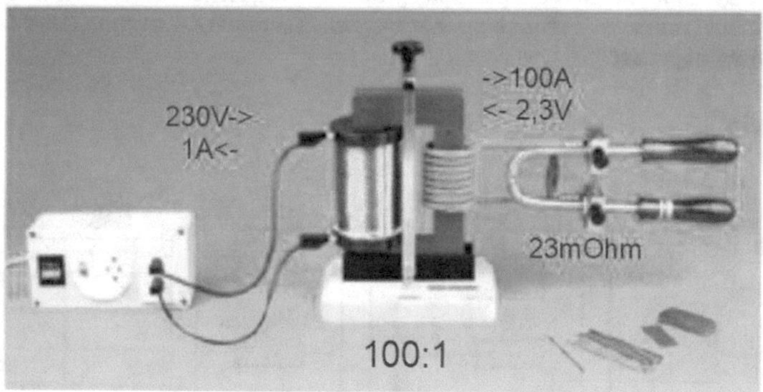


**Abb. 6-52 Hochstromerzeugung mit Transformatoren mit typischen Zahlenwerten für Spannungen, Ströme und Widerstände**

**Der Innenwiderstand bei Strom- und Spannungstransformation**

Bei Strom- und Spannungsquellen interessiert ihr Innenwiderstand, denn er bestimmt die Lastabhängigkeit der Ausgangsspannung. Darin erkennt man die Energiequelle als Spannungs- oder Stromquelle.

Abb. 6-53 zeigt die Kennlinie eines Transformators in den **Betriebsarten** Strom- und Spannungsquelle.

Quelle: https://elektroniktutor.de/bauteilkunde/tr_real.html

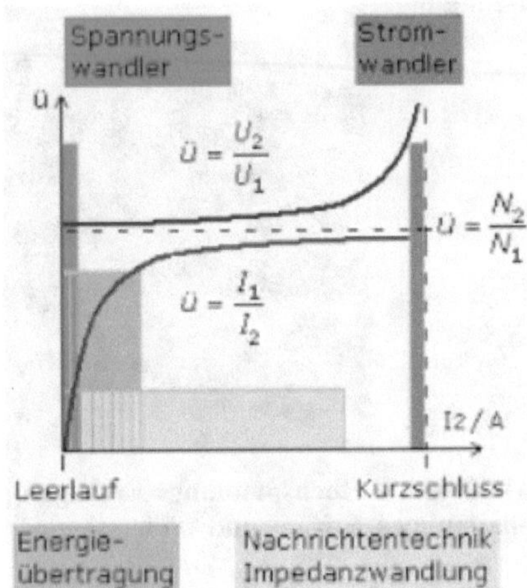


**Abb. 6-53 Kennlinien zur Spannungs- und Stromtransformation: Ihre Steigung ist der differentielle Innenwiderstand. Bei Spannungsquellen geht er gegen null, bei Stromquellen geht er gegen unendlich.**

Abb. 6-54 zeigt ...

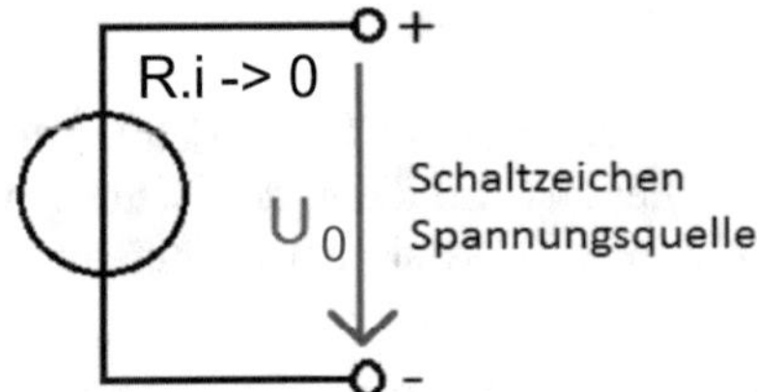


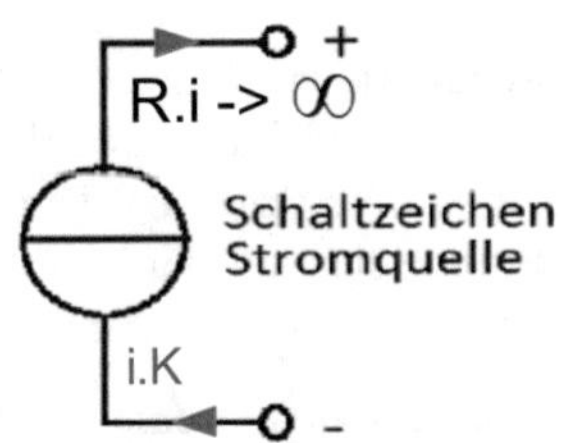


**Abb. 6-54 die Symbole für ideale Spannungs- und Stromquellen: Bei der Realisierung von Spannungsquellen muss der Strom begrenzt werden, bei der Realisierung von Stromquellen ist die Spannung begrenzt.**

Abb. 6-55 zeigt ...

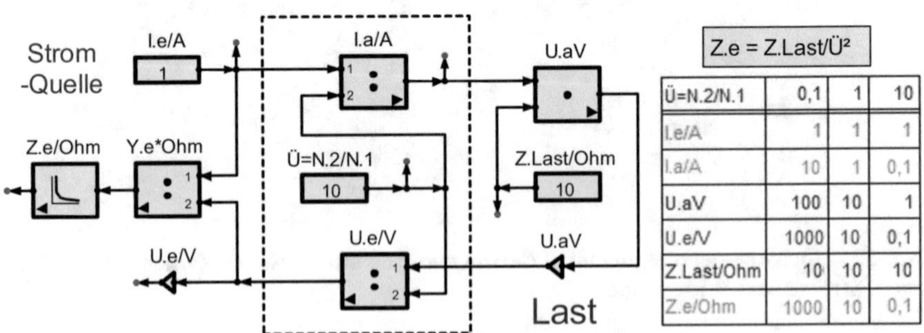


| Ü=N.2/N.1 | 0,1 | 1 | 10 |
|---|---|---|---|
| I.e/A | 1 | 1 | 1 |
| I.a/A | 10 | 1 | 0,1 |
| U.aV | 100 | 10 | 1 |
| U.e/V | 1000 | 10 | 0,1 |
| Z.Last/Ohm | 10 | 10 | 10 |
| Z.e/Ohm | 1000 | 10 | 0,1 |

**Abb. 6-55 die Struktur eines Stromwandlers mit der Berechnung seiner Eingangsimpedanz: Wenn die Lastimpedanz gegeben ist, lässt sich die Strombelastung der ansteuernden Spannungsquelle durch das Übersetzungsverhältnis Ü=N.2/N.1 einstellen.**

## 3. Impedanz-Transformation

Gezeigt werden soll, wie sich die Impedanz eines Trafos im Eingang durch die Belastung am Ausgang ändert. Ursache ist die Stromrückwirkung Ü=N.2/N.1=I.1/I.2.

Abb. 6-56 zeigt die Anpassung des Innenwiderstands einer Wechselstromquelle (Verstärkerausgang) an einen Lautsprecher (niederohmig) oder Kopfhörer (hochohmig).

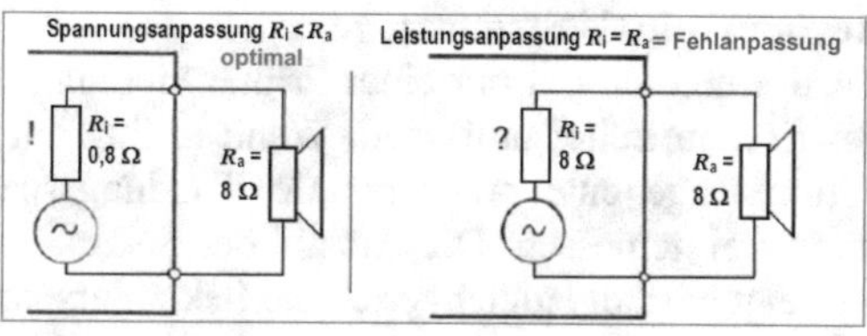


**Abb. 6-56 links: geringe Verstärkerverluste bei Spannungsanpassung (R.i<<R.a) – rechts: große Verstärkerverluste bei Leistungsanpassung (R.i=R.a)**

### Berechnung der Trafo-Impedanzen

Die Eingangsimpedanz Z.1 eines Transformators muss bekannt sein, um beurteilen zu können, ob die ansteuernde Quelle mit dem Innenwiderstand R.i als Spannungs- oder stromquelle arbeitet. Die folgende Rechnung zeigt, dass die Ausgangsimpedanz Z.2 (=Last) am Eingang des Transformators als Z.1=Ü²·Z.2 erscheint.

Spannungs- und Stromverhältnisse: U.2=Ü·U.1 und I.1=Ü·I.2

Ein- und Ausgangsimpedanz: Z.1=U.1/I.1 und Z.2=U.2/I.2

Daraus folgt die Rücktransformation

$$Z.1 = \frac{U.1}{I.1} = \frac{U.2/Ü}{I.2 * Ü} = Z.2/Ü^2$$

und die Hintransformation

**Gl. 6-17 Impedanz-Transformation** $$\boldsymbol{Z.2} = Ü^2 * \boldsymbol{Z.1}$$

Abb. 6-57 symbolisiert die Transformation von Spannungen, Strömen und Impedanzen:

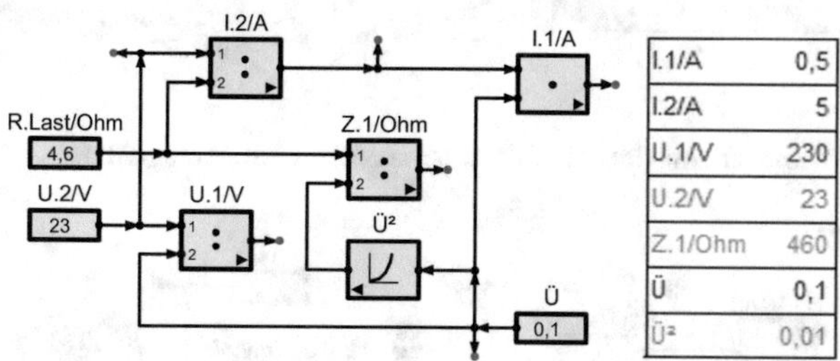


**Abb. 6-57 Das Übersetzungsverhältnis Ü=N.2/N.1 bestimmt auch die Impedanztransformation eines Transformators.**

Anwendung: Audio-Verstärker

- Anpassung niederohmiger Lautsprecher an die Ausgangsspannung des Ausgangsverstärkers
- Zum Betrieb hochohmiger Kopfhörer für höhere Spannungen von Treiberverstärkern mit niedrigeren Ausgangsspannungen

## 6.1.4 Kontaktlose induktive Energieübertragung

Induktiv lässt sich kontaktlos Energie und Information übertragen. Das hat zuerst Heinrich Hertz im Jahre 1886 demonstriert. Hier soll das transformatorische Prinzip anhand zweier durchgerechneter Beispiele erklärt werden. Die dazu benötigten Formeln zur Trafoberechnung haben wir am Schluss dieses Abschnitts zusammengestellt.

1. **Wechselstrommessung mittels Stromzange**

Stromzangen sind Transformatoren mit nur einer Primärwicklung. Wenn sie aufgetrennt ist, kann sie einen elektrischen Leiter umfassen. Wenn in ihm ein Wechselstrom fließt, induziert er in der Stromzange eine proportionale Windungsspannung. So wird der Leiterstrom rückwirkungsfrei gemessen. Die Anzahl der Sekundärwicklungen bestimmt den Messbereich. Angezeigt wird die gleichgerichtete Sekundärspannung.

Abb. 6-58 zeigt eine kommerzielle Stromzange mit ihren technischen Daten.

| Voltcraft VC-520 Stromzange AC | CONRAD |
|---|---|
| Messbereich Kapazität: | 1 nF - 100 µF |
| Messbereich A/AC: | 0.01 - 400 A |
| Messbereich V/AC: | 0 - 600 V |
| Messbereich A/DC: | - |
| Messbereich V/DC: | 0 - 600 V |
| Messbereich Frequenz: | 10 Hz - 10 k Hz |
| Frequenzbereich: | 50/60 Hz |
| Grundgenauigkeit: | 2.5 % |
| Anzeige: | LCD, 4000 Counts |
| Temperatur: | -20 bis +760 °C |
| Öffnungsbereich für Stromzange: | 30 mm |
| Messbereich Widerstand: | 0 - 40 MΩ |
| Spannungsversorgung: | 2 x AAA |

**Abb. 6-58 Stromzangen sind stromgesteuerte Transformatoren. Sie werden um den wechselstromführenden Leiter geklemmt.**

Umschließt die Stromzange ein Kabel mit Hin- und Rückleiter, so misst sie nichts, denn die magnetischen Flüsse beider Leiter kompensieren sich.

Abb. 6-59 zeigt einen ...

| | | | |
|---|---|---|---|
| B/nT | 1,56 | phi/µVs | 7,8 |
| I.a/mA | 0,4082 | f/Hz | 50 |
| I.e/A | 10 | R/Ohm | 600 |
| r/cm | 0,5 | N | 100 |
| µ.r | 600 | U.0/mV | 244,92 |
| A/cm² | 0,5 | U.Wdg/µV | 2449,2 |

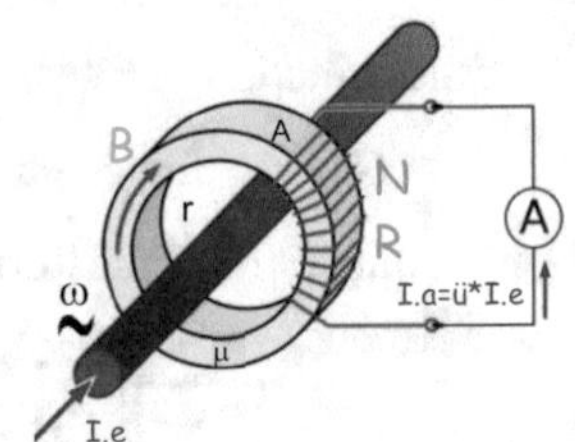


**Abb. 6-59 Stromwandler mit den in Abb. 6-60 errechneten Messgrößen**

Abb. 6-60 zeigt ...

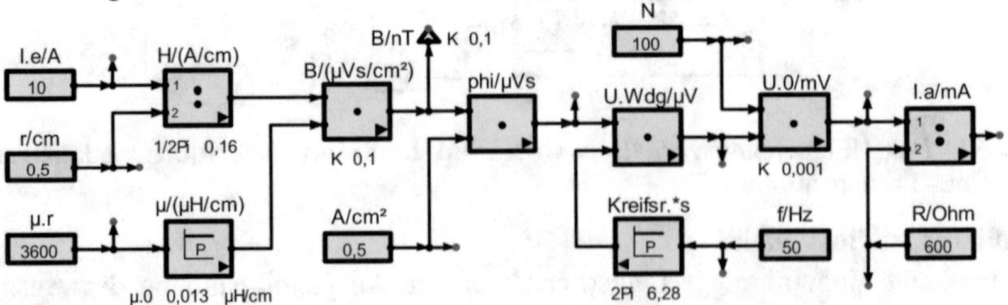


**Abb. 6-60 die Berechnung des Ausgangsstroms des Stromwandlers von Abb. 6-59 zu einem vorgegebenen Eingangsstrom**

2. **Kontaktlose Ladetechnik für den bidirektionalen Energietransfer**

Bei den bisher behandelten Transformatoren wurde **geringe Streuung** angenommen. Das trifft bei in den nächsten Abschnitten behandelten Netztrafos generell und bei Hochfrequenzübertragern nur mit Einschränkung zu.

Deshalb muss die Gl. 6-4 zur Berechnung von Übersetzungsverhältnissen um den Streufaktor SF, bzw. den Kopplungsfaktor KF=1-SF, ergänzt werden. Das zeigen wir nun.

Tab. 6-3 zeigt

**Tab. 6-3 die Spannung beim kontaktlosen Laden einer Batterie eines e-Autos**

| Relative Spulenposition | X (Fahrtrichtung) | ± 75 mm |
|---|---|---|
| | Y (lateral) | ± 100 mm |
| | Z | 140 – 210 mm |
| Batteriespannung | 280 bis 420 $V_{DC}$ | |

Quelle: https://www.elektroniknet.de/design-elektronik/power/kontaktlos-akkus-laden-86931.html

**Abb. 6-61 Zwei schwach gekoppelte Spulen: Bei ihnen ist der Sekundärfluss ϕ.2 deutlich kleiner als der Primärfluss ϕ.1. Entsprechend unterscheiden sich die induzierten Windungsspannungen.**

### Trafos mit variierender Kopplung

Im Jahr 2016 veröffentlichte der Technical Information Report TIR die Anforderungen an Ladesysteme WPT (Wireless Power Transfer) bis zu Nennleistungen von 11 kW. Die Bodenfreiheit bei den Ladesystemen variiert zwischen 100 und 250 mm. Außerdem stellt sie die vorgeschriebene Betriebsfrequenz, die Wirkungsgradziele sowie EMV-Grenzwerte und Sicherheitsanforderungen dar.

Abb. 6-62 zeigt gemessene Wirkungsgrade einer kontaktlosen Energieübertragung als Funktion des Abstands zwischen Sender- und Empfängerspule:

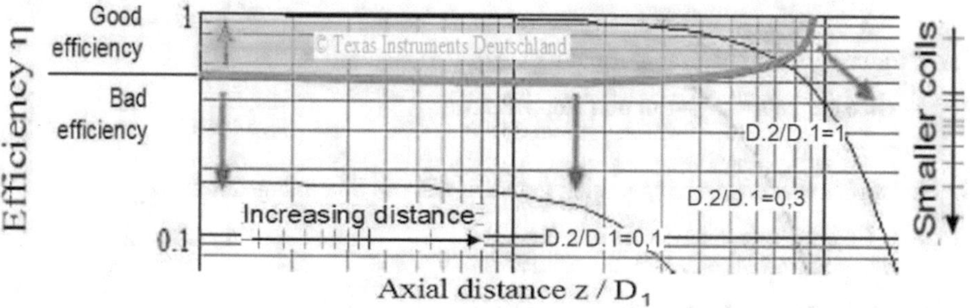


Quelle: https://www.elektroniknet.de/design-elektronik/power/kontaktlos-akkus-laden-86931.html

**Abb. 6-62 der Wirkungsgrad der kontaktlosen Energieübertragung: Man sieht, wie die Batterieladung mit steigendem Abstand der Spulen gegen null geht.**

**Energieübertragung bei magnetischer Streuung**

Nachfolgend soll gezeigt werden, dass sich durch die Streuung des Primärflusses die Spannungsübersetzung und die Stromrückwirkung eines Transformators gleichermaßen verringern. Entsprechend verringert sich auch der Leistungstransfer. Das zeigt Abb. 6-63:

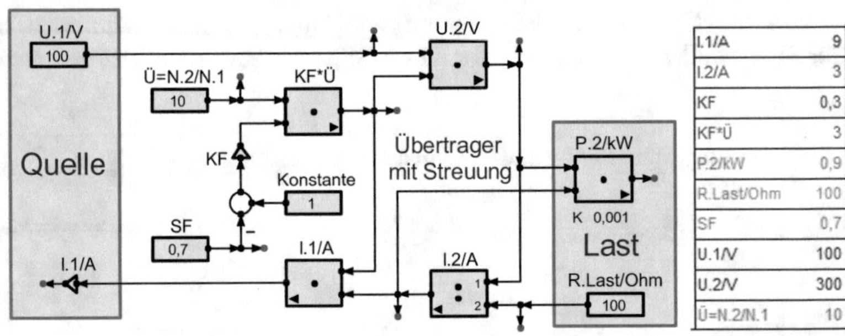


**Abb. 6-63 Berechnung der Ladeleistung: Der Streufaktor SF variiert je nach Abstand der Spulen und ihrer Überdeckung zwischen fast 0 und fast 1.**

Die folgenden Gleichungen zeigen die Modifizierung der Berechnung des idealen Transformators durch Streuung. Abb. 6-63 nennt die Zahlenwerte dazu.

**Gl. 6-18 Definition: Streufaktor und Koppelfaktor**

$$KF = \frac{\phi.2}{\phi.1} = 1 - SF$$

Der Koppelfaktor KF kann durch das Verhältnis der Windungsspannungen ermittelt werden:

**Gl. 6-19 Koppelfaktor: Messung**

$$KF = \frac{U.Wdg;2}{U.Wdg;1} = \frac{u.2/u.1}{N.2/N.1}$$

Gl. 6-20 zeigt die Verringerung des Übersetzungsverhältnisses durch KF<1:

**Gl. 6-20 Spannungsübersetzung für KF<1**

$$Ü = \frac{u.2}{u.1} = \frac{i.1}{i.2} = KF * \frac{N.2}{N.1}$$

Der Wirkungsgrad eines Transformators verringert sich mit $KF^2$:

**Gl. 6-21 Wirkungsgrad und Koppelfaktor**

$$\eta.Streu = \frac{P.2}{P.1} = KF^2$$

Die Stromrückwirkung verringert sich genauso wie die Spannungsuntersetzung Ü<1:

**Gl. 6-22 Stromrückwirkung für KF<1**

$$i.1/i.2 = KF * Ü$$

**Struktur und Daten der kontaktlosen induktiven Energieübertragung**

Die Struktur der Abb. 6-64 zeigt, wie obige Formeln bei der kontaktlosen Energieübertragung verknüpft sind. Damit kann beispielsweise der in Abb. 6-62 gezeigte Wirkungsgrad als Funktion des Koppelfaktors berechnet werden.

Erläuterungen zur Struktur der kontaktlosen Energieübertragung

1. Vorgegeben werden die Primärspannung u.1 und die Resonanzfrequenz f.0 der Primärspule.
2. Gesucht werden die primärseitig zugeführte und sekundärseitig abgegebene Leistung P.1 und P.2. Daraus folgt der Wirkungsgrad $\eta$=P.2/P.1.

Bekannt sind die Windungszahlen N.1 und N.2 der stationären und beweglichen Spule. Gezeigt werden soll, dass N.1 den Primärfluss $\phi$.1 und N.2 die Sekundärspannung u.2 bestimmt. Abb. 6-64 zeigt die ...

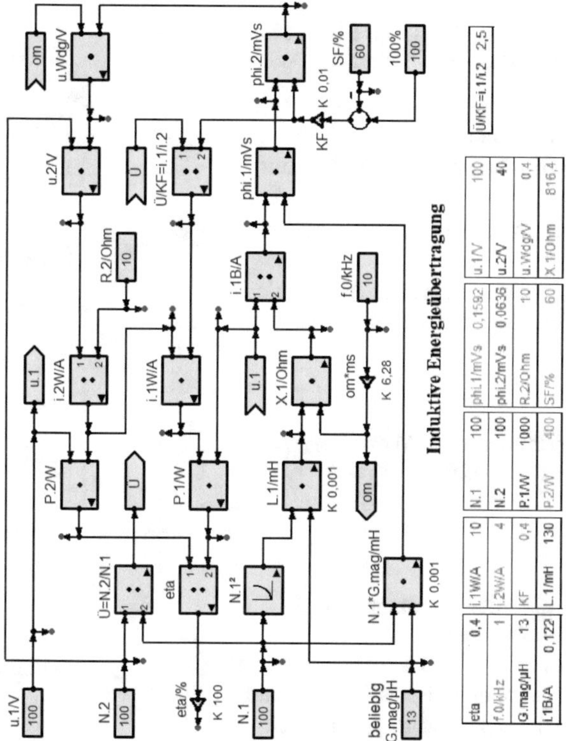


**Abb. 6-64 Die Basisstruktur und Daten der kontaktlosen induktiven Energieübertragung: Die real vorhandenen Verluste sind nicht berücksichtigt.**

Zur Funktion der elektromagnetischen Energieübertragung:
N.1 bestimmt den Primärfluss $\phi$.1=u.1/($\omega$·N.1). Der abstandsabhängige Koppelfaktor bestimmt die Windungsspannung u.Wdg;2 in Spule 2. N.2 bestimmt die Sekundärspannung u.2=N.2·u.Wdg;2.

Zur Berechnung der magnetischen Flüsse in den beiden Spulen wird der Kopplungsfaktor KF und der magnetische Leitwert G.mag gebraucht. Gezeigt werden soll, dass der Wirkungsgrad der Energieübertragung von G.mag unabhängig ist. Um das zu erkennen, verfolgen wir in Abb. 6-64 den Signalverlauf von G.mag bis zum Primärfluss $\phi$.1=i.B1·N.1·G.mag). Steigt G.mag, so sinkt i.B1 und steigt N.1·G.mag. Damit bleibt $\phi$.1konstant. Damit ändert sich sekundärseitig nichts.

**Kennlinien zur kontaktlosen Energieübertragung**
Zur Veranschaulichung der verlustlosen magnetischen Energieübertragung zeigen wir nun noch drei mit Abb. 6-64 simulierte Kennlinien.

Die folgenden Kennlinien gelten für den Fall, dass sich die in Resonanz betriebenen Spulen im geringen Abstand gegenüberstehen (Abstand a<Durchmesser d).

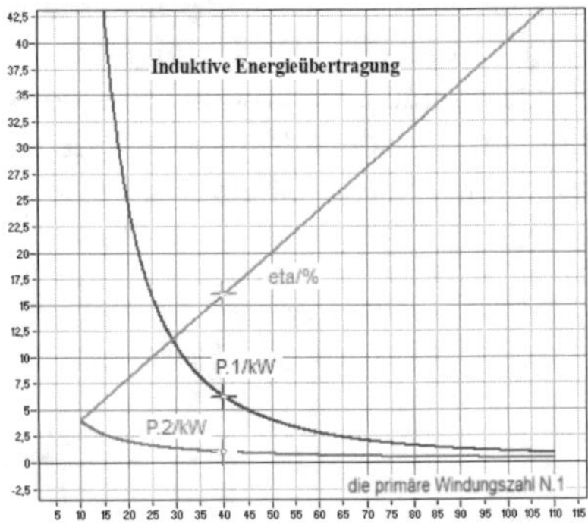


**Abb. 6-65 Die Nennleistungen P.1 und P.2 und ihr Verhältnis η als Funktion der primären Windungszahl N.1**

Abb. 6-65 zeigt: Je kleiner N.1,

- desto größer wird die übertragbare Leistung und
- desto schlechter wird der Wirkungsgrad.

Der Wirkungsgrad η ist auch vom Abstand der Spulen abhängig, der den Streufaktor vergrößert.

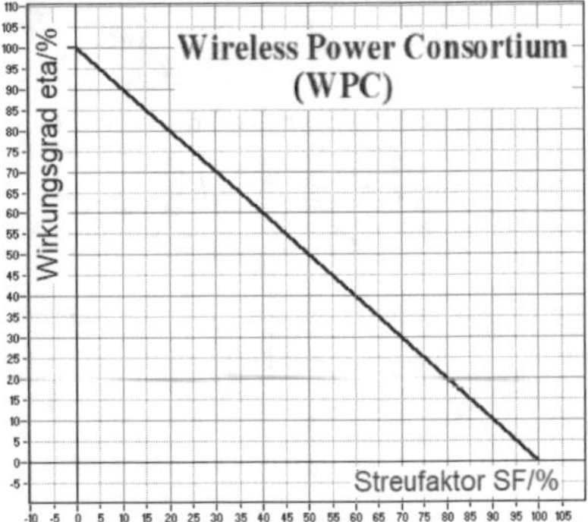


Abb. 6-66 zeigt

**Abb. 6-66 die Verringerung des Wirkungsgrades der Energieübertragung mit dem Streufaktor SF**

Abb. 6-67 zeigt

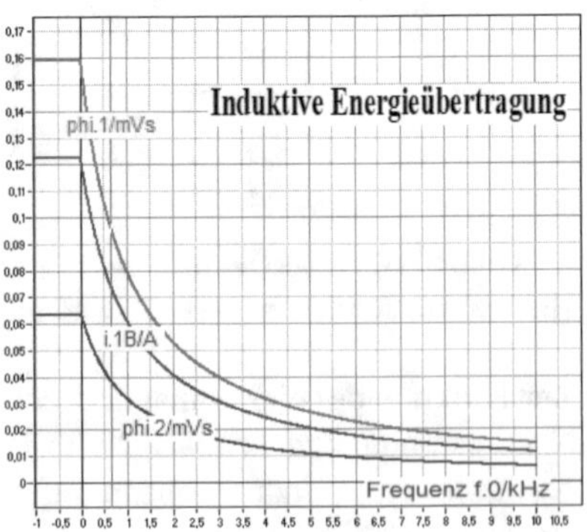


**Abb. 6-67 die Verringerung der magnetischen Flüsse mit steigender Frequenz**

Nach der hier verwendeten Basisstruktur, die keinerlei Verluste berücksichtigt, ist die übertragene Leistung von der Resonanzfrequenz f.0 unabhängig. Realistisch ist dies nicht, denn die **Ummagnetisierungsverluste** steigen nach Gl. 5-128 quadratisch mit der Frequenz f an.

**Kurzfassung: Trafo-Berechnung**
Zur Simulation von Transformatoren werden folgende Formeln immer wieder gebraucht:

1. Die Nennleistung ist das Maß für die Trafogröße:

**Gl. 6-23 Trafoleistung, zugeführt = abgeführt** $P.Trafo = U.1 * I.1 = U.2 * I.2$

2. Der Wirkungsgrad bei Nennleistung wird in Gl. 6-55 zur Berechnung der Wicklungswiderstände gebraucht.

**Gl. 6-24 Definition (Messvorschrift) des Wirkungsgrads** $\boldsymbol{\eta = P.2/P.1}$

**Gl. 6-25 Berechnung von Verlustleistungen** $\boldsymbol{P.Verl = P.Nen * (1 - \eta)}$

3. Der magnetische Fluss ϕ wird zur Berechnung der induzierten Windungsspannung=dϕ/dt=ω·ϕ gebraucht:

**Gl. 6-26 der Windungsfluss und Flussdichte** $\phi = u.Wdg/\omega = B * A.Fe$

4. Die Durchflutung dient zur Berechnung von Windungszahlen:

**Gl. 6-27 die Durchflutung (Rechengröße)** $\Theta = N.1 * i1 = N.2 * i.2$

5. Die **Spulenzeitkonstante T** ist das Verhältnis aus Induktivität L und Wicklungswiderstand R.W. Ihr Kehrwert ist die untere Grenzfrequenz des Trafos:

**Gl. 6-28 Zeitkonstante und untere Grenzfrequenz** $\boldsymbol{T.1 = L.1/R.1 = 1/\omega.g}$

In Gl. 6-29 werden die Primär- und Sekundärspule eines Transformators berechnet. Dann ist die Primärspannung U.1 gegeben und die Sekundärspannung U.2 gefordert. Dadurch liegt das Übersetzungsverhältnis Ü fest. Es dient zur Umrechnung von Spannungen und Strömen:

**Gl. 6-29 das Übersetzungsverhältnis** $Ü = \boldsymbol{U.2; LL/U.1; LL = N.2/N.1 = I.1/I.2}$

Bei Vernachlässigung der Trafoverluste ist P.1=U.1·I.1 = P2=U.2·I.2. Daraus folgt die

**Gl. 6-30 Berechnung von Übersetzungsverhältnissen** $Ü^2 \approx \boldsymbol{L.2/L.1 = R.2/R.1} \rightarrow Ü$

- In Gl. 6-31 wird zuerst die Primärspule mit ihrer Induktivität L.1 berechnet. Daraus folgt die Sekundärinduktivität L.2=Ü²·L.1.
- Danach wird die Sekundärspule mit ihrem Wicklungswiderstand R.2 berechnet. Daraus folgt der primäre Wicklungswiderstand R.1=R.2/Ü².
- Wicklungswiderstände R.1 und R.2 sind sehr einfach mit einem Ohmmeter zu messen. Aus ihrem Verhältnis kann das Übersetzungsverhältnis berechnet werden:

**Gl. 6-31** $Ü = \boldsymbol{N.2/N.1} = \sqrt{\boldsymbol{R.2/R.1}} = \sqrt{\boldsymbol{L.2/L.1}}$

Anmerkung:
Die Berechnungen der Wicklungswiderstände gelten für ideale Transformatoren und bei realen Transformatoren nur für **gleiche Wickelräume** für beide Spulen. Diese Bedingung ist bei nachfolgend berechneten würfelähnlichen Transformatoren näherungsweise erfüllt.

## 6.2 Netztrafos

Netztransformatoren dienen zum Umspannen von Wechselströmen. Als Versorgung steht das 230V-Netz (leistungsstark, aber gefährlich) zur Verfügung. Die Betriebsfrequenz ist f.Netz=50Hz. Abb. 6-68 zeigt drei Beispiele:

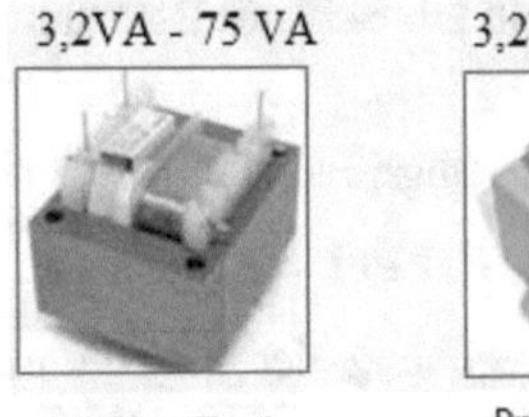

**Abb. 6-68 Netztrafos in drei verschiedenen Ausführungen: Mitte: Print-Trafo für Leiterplattenmontage**

Zur verlustarmen Spannungsanpassung werden Umspanner mit folgenden Eigenschaften benötigt:

1. Nennleistungen von 5VA bis über 500VA
2. Sekundärspannungen bis zu 60V (ungefährliche Kleinspannung)
3. Wirkungsgrade über 80%
4. Kompakte Bauweise (hohe Leistungsdichte)

Als Beispiel zeigt Abb. 6-69 einen

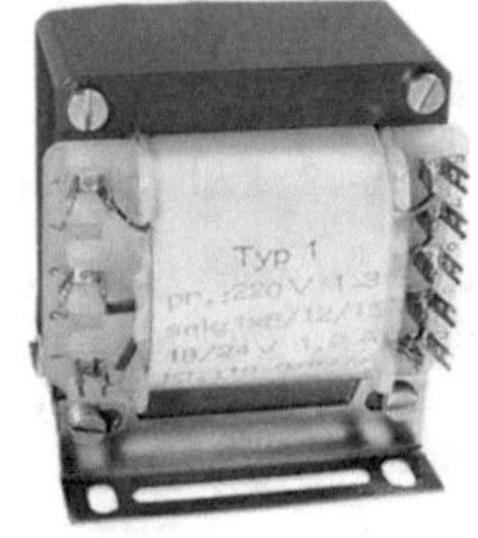

**Abb. 6-69 Universal-Netztrafo mit Sekundärspannungen von 3V bis 30V (1A)**

Damit Transformatoren **ohne endloses Probieren verlustarm, kompakt und preiswert gebaut** werden können, müssen sie **berechnet** werden. Das ist ein Thema dieses Kapitels.

Zum andern soll das **Betriebsverhalten** von Transformatoren berechnet werden. Das geht schneller als deren Messung und erklärt deren Eigenschaften.

Mit diesem Wissen können Netztrafos zu geforderten Anwendungen beschafft und, wenn nötig, auch gebaut werden.

**Zur Auswahl eines Netztrafos**

Der Anwender benötigt Netz-Transformatoren unterschiedlichster Nennleistung P.Nen. Um einen Transformator beschaffen zu können, benötigt der Anwender nur wenige Nenndaten:

*Ein- und Ausgangsspannungen, dazu die Ströme oder die Nennleistung*

Die wichtigsten Daten zur Auswahl eines Transformators sind **sekundäre Nenn-Spannung U.2N, der Nennstrom I.2N**, bzw. die **Nennleistung P.Nen=U.2Nen·I.2Nen**. Sie bestimmt die Größe eines Transformators.

### Die Daten eines Netztrafos

Abb. 6-70 zeigt einen Universal-Netztransformator und die vom Verkäufer angegebenen technischen Daten. ‚Universal' bedeutet, dass er für beliebige Anwendungen geeignet ist. Netztrafo besagt, dass er für Spannungen von 230V und Frequenzen von 50Hz gedacht ist. Die Berechnung seiner Daten soll zeigen, ob er auch für andere Spannungen und Frequenzen zu verwenden ist.

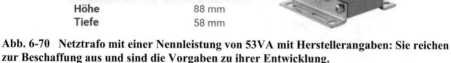

| | |
|---|---|
| **Eingangsspannung** | 1 x 230 V |
| **Ausgangsspannung** | 1 x 12 V, 24 V |
| **Ausgangsstrom** | 2.20 A |
| Leistung | 52.8 VA |
| **Frequenz** | 50 - 60 Hz |
| **Breite** | 70 mm |
| **Höhe** | 88 mm |
| **Tiefe** | 58 mm |

**Abb. 6-70 Netztrafo mit einer Nennleistung von 53VA mit Herstellerangaben: Sie reichen zur Beschaffung aus und sind die Vorgaben zu ihrer Entwicklung.**

### Typische Anwendungen von Netztrafos

Netztrafos gibt es für nahezu jeden Zweck fertig zu kaufen. Dazu müssen nur die sekundäre Nennspannung und die Nennleistung angegeben werden. Hier soll geklärt werden, ob sich die preiswerten Netztrafos auch für Lautsprecheranpassungen eignen, denn spezielle Tonfrequenz-Übertrager sind wesentlich teurer. Dazu ist ihr Frequenzgang zu berechnen.

1. Schweißtrafos mit Hochstrom-Ausgängen
2. Tesla-Transformatoren mit Hochspannungsausgängen (siehe Bd. 2, Teil 1, Kap 3.10.2)
3. In Netzteilen mit Gleichrichtung und Stabilisierung anwendungsspezifischer Spannungen:
   24V für SPS, 12V für analoge Elektronik und 5V für digitale Elektronik
4. Trenntrafos zur galvanischen Isolation von Netz und Verbraucher

Als erste Anwendung zeigt Abb. 6-71 die Schaltung eines Stell- und Trenntrafos mit potentialfreier Messung des Ausgangsstroms:

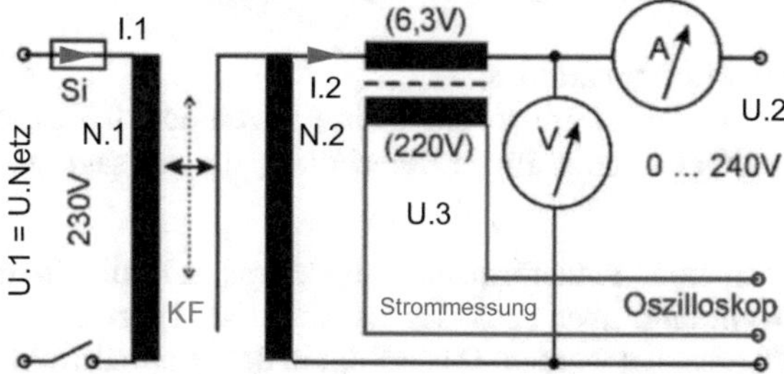


**Abb. 6-71 Trafos als Spannungs- und Stromwandler: Die Ausgangsspannung kann durch die magnetische Kopplung der Spulen des Netztrafos eingestellt werden. Der Ausgangsstrom wird durch einen Serientransformator potentialfrei gemessen.**

## 6.2.1 Netztrafos berechnen

Unter ‚Berechnung' wird hier dreierlei verstanden:

1. die Dimensionierung gemäß den Forderungen des Anwenders
   Sie folgt in den nächsten Abschnitten: per Hand in Absch. und automatisch in Absch.
2. Die Berechnung des Betriebsverhaltens
   Dazu gehören der Magnetisierungsstrom des Trafoeingangs im Leerlauf, die Stabilität der Ausgangsspannung und der Anstieg des Eingangsstroms bei Belastung des Ausgangs.
3. Die Berechnung von Einschaltvorgängen folgt in Absch 6.2.4.

**Ersatzschaltung und Ersatzstruktur eines Transformators**
Die Grundlage zur Berechnung des Transformators durch eine Ersatzstruktur (Abb. 6-73) ist seine Ersatzschaltung (Abb. 6-72). Wir zeigen hier beide noch einmal.

Die Ersatzschaltung zeigt die Messgrößen und Konstanten, die zur Berechnung des Transformators gebraucht werden. Was womit berechnet werden soll, sagt sie nicht. Das kann der Ingenieur – je nach Interesse - frei entscheiden.

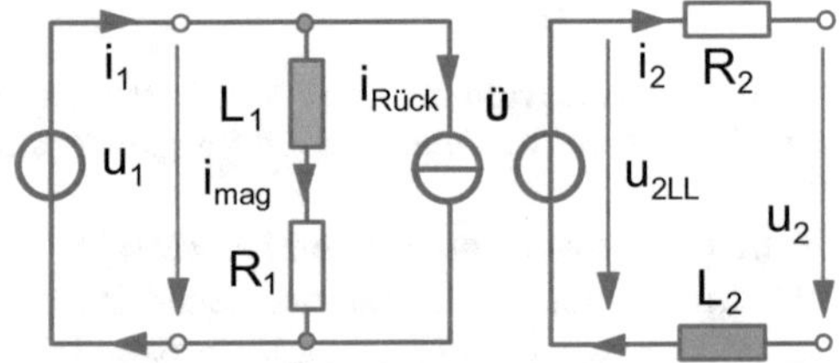


**Abb. 6-72 dynamische Ersatzschaltung eines Transformators**

Abb. 6-73 zeigt ein Beispiel:

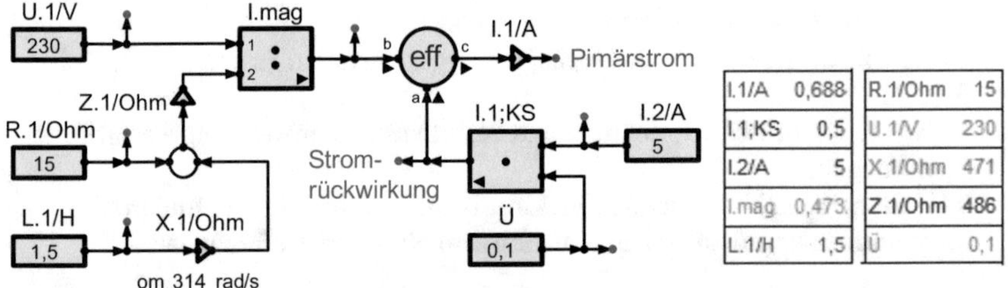


| I.1/A | 0,688 | R.1/Ohm | 15 |
|---|---|---|---|
| I.1;KS | 0,5 | U.1/V | 230 |
| I.2/A | 5 | X.1/Ohm | 471 |
| I.mag | 0,473 | Z.1/Ohm | 486 |
| L.1/H | 1,5 | Ü | 0,1 |

**Abb. 6-73 die Ersatzstruktur eines Transformators zur Berechnung des Eingangsstroms: Er ist die Überlagerung aus dem Magnetisierungsstrom und der Stromrückwirkung.**

**Zur Dynamik eines Transformators**
Abb. 6-73 berechnet den Transformator stationär, d.h. zeit- und frequenzunabhängig durch eine Ersatzstruktur. Das ist eine formale Berechnung, die nur sagt, was ist, es aber nicht erklärt.

Um die Eigenschaften eines Transformators zu erklären (z.B. die Spannungsübersetzung und die Stromrückwirkung, aber auch das in Abb. 6-141gezeigte Einschaltverhalten), muss er dynamisch berechnet werden. Das erfolgt in der Originalstruktur Abb. 6-155. Die zu ihrem Verständnis nötigen regelungstechnischen Grundkenntnisse finden Sie in Absch. 2.1. Sie werden hier kurz wiederholt.

### 6.2.2 Netztrafos manuell dimensionieren

Netztrafos werden von Ingenieuren entwickelt, deren wichtigstes Ziel es ist, sie so **kompakt** wie möglich zu bauen. Dazu benötigen sie eine Vielzahl elektrischer, magnetischer und geometrischer Daten. Fa. Siemens hat sie in Tab. 6-4 und Tab. 6-5 angegeben. Parameter ist die Nennleistung P.Nen.

Die dazu verwendeten Verfahren gelten auch für die Miniatur-Transformatoren in modernen AC-Adaptern mit Schaltreglern. Abb. 6-74 zeigt ein Beispiel.

**Abb. 6-74 Spannungswandler (Wechselstromadapter) z.B. für Laptops: Durch einen Schaltregler werden Verluste und Baugröße minimiert.**

Berechnet werden sollen die Lastabhängigkeit der Ausgangsspannung U.2 und die Rückwirkung des Ausgangsstroms I.2 auf den Eingangsstrom I.1. Parameter sind die Windungszahlen N der Spulen und der magnetische Kopplungsfaktor KF.

Was in diesem Abschnitt getan werden soll

1. Trafoberechnung mit Herstellerdaten
2. Stationäre Trafoanalyse zur Trafo-Dimensionierung
3. Dynamische Trafoanalyse: Frequenzgang und untere Grenzfrequenz

Zur Analyse von Netztrafos:
Wir beginnen die Trafo-Berechnung mit der Dimensionierung von Netztrafos. Danach folgt im nächsten Abschnitt ihre dynamische Analyse. Sie soll zeigen,

- wie hoch die Eischaltströme werden können. Das muss bei der Auswahl der Absicherung bekannt sein.
- wie groß die Schwankungen der Ausgangsspannung bei wechselnder Belastung sind
- wie schnell ein Transformator auf wechselnde Eingangsspannungen reagiert. Das muss z.B. bei unterbrechungsfreien Stromversorgungen bekannt sein.
- in welchem Frequenzbereich ein Trafo verwendbar ist.
  Das klärt, ob ein Transformator auch für **Audioanwendungen** bis zu 10kHz zu verwenden ist.

**Zur Dimensionierung von Netztrafos**
Um alle Daten, die zum Bau von Transformatoren benötigt werden, **nur als Funktion der Nennleistung P.Nen** berechnen zu können, ist eine ausführliche **Systemanalyse** erforderlich. Damit sind Transformatoren ein weiteres Beispiel zur Analyse eines elektromagnetischen Systems durch Strukturbildung und Simulation.

In diesem Abschnitt soll auch noch gezeigt werden:

1. wie Transformatoren nach diesen Daten **manuell berechnet** und auch
2. wie sie vollautomatisch **ohne externe Parameter** berechnet werden können.

**Zur Kompaktheit von Transformatoren**

Trafos sollen möglichst kompakt, d.h. klein und leistungsstark gebaut werden. Das Maß für Kompaktheit ist die Leistungsdichte (Leistung pro Masse oder Leistung pro Volumen).

Zur Entwicklung kompakter Transformatoren werden die Parameter von Eisenkern und Spulen gesucht. In den Tab. 6-4 und Tab. 6-5 wird gezeigt, welches diese Parameter sind. Wie Trafos damit berechnet werden, ist zu zeigen.

In Abb. 6-81 ist die Berechnung von Transformatoren zu einer Blockstruktur dargestellt. Dort finden Sie auch die Zahlenwerte für Messgrößen und Parameter.

Abb. 6-75 zeigt einen kompakten Transformator. Er ist fast würfelförmig. Davon wird bei den folgenden Berechnungen ausgegangen.

**Abb. 6-75 kompakter Trafo mit Kern und Spulen**

An dieser Stelle muss jedoch auf einen Nachteil der Kompaktheit hingewiesen werden: Je kompakter Trafos gebaut sind (d.h. je schmaler die Luftspalte im Eisenkern sind), desto größer sind ihre **Einschaltströme**. Dieses Thema wird in Absch. 6.2.4 behandelt.

**Zur manuellen Berechnung von Blechkerntrafos**

In Abb. 6-81 ist die benötigte Nennleistung P.Nen der freie Parameter. Bekannt sind die Netzspannung U.Netz=230V und die Netzfrequenz f.Netz=50Hz.

Zunächst wird gezeigt, wie alle elektrischen, magnetischen und geometrischen Trafodaten mit Hilfe der Tab. 6-4 und Tab. 6-5 berechnet werden können. Damit werden dann die Funktionen erzeugt, die zur automatischen Berechnung benötigt werden.

Die Auflistung der Fa. Siemens in Tab. 6-4 und Tab. 6-5 sollen Ihnen zeigen, welcher **immense Aufwand** nötig ist, um Transformatoren zu planen und zu entwickeln. Das ist die Motivation dazu, die Berechnungen zu automatisieren. Das ist das Ziel des nächsten Abschnitts 6.2.3.

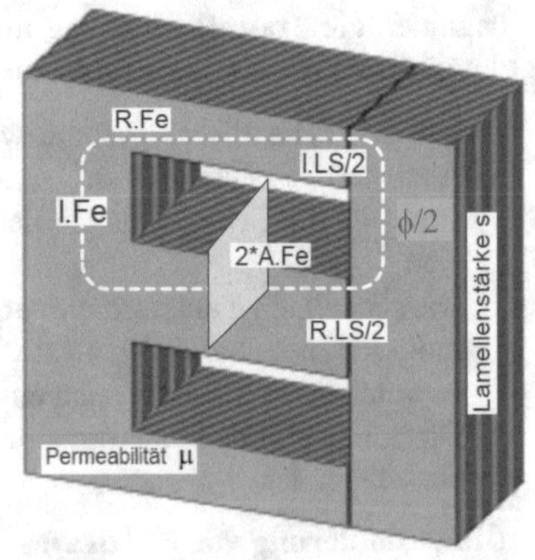


**Abb. 6-76 die Parameter eines Blechkerns**

Abb. 6-77 zeigt die Planung zur Berechnung der Daten eines Netztrafos. Bei Bedarf können sie sie als Vorlage für eigene Simulationen verwenden. Die Herstellerangaben Tab. 6-4 und Tab. 6-5 werden danach nur noch zur **Kontrolle der berechneten Daten** gebraucht.

**Was womit berechnet werden soll**

Netztrafos sollen die benötigte Nennleistung bei einer geforderten sekundären Nennspannung bereitstellen. Dazu sollen sie klein und verlustarm sein. Um dies beurteilen (d.h. vergleichen), bauen und optimieren zu können, müssen ihre **Eigenschaften als Funktion der Nennleistung** berechnet werden. Welche dies sind und wie das gemacht wird, zeigt dieser Abschnitt.

Abb. 6-77 zeigt die

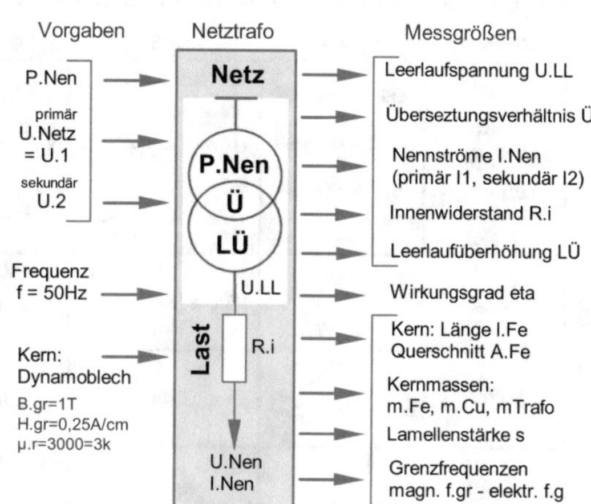


**Abb. 6-77 Vorgaben und gesuchten Messgrößen zur Planung eines Netztrafos**

Zur Auswahl eines passenden Transformators muss geklärt werden, welche Parameter gegeben und welche gesucht sind. Zur Anpassung des Transformators an die jeweilige Anwendung können die gegebenen Parameter frei gewählt werden.

**Die unabhängigen Variablen**

**Frei wählbar** sind die Sekundärspannungen U.2, z.B. 24V für speicherprogrammierbare Steuerungen (SPS), 12V für Analogschaltungen oder 5V für Digitalschaltungen. Sie müssen aber noch gleichgerichtet und stabilisiert werden (Band 5/7: Simulierte Elektronik).

Abb. 6-78 zeigt einen historischen Netztrafo, dessen elektrische und magnetische Daten berechnet werden sollen. Zum Betrieb werden drei Parameter vorgegeben:

1. die Nennleistung von 5VA bis 500VA (x=P.Nen/VA=5...500)
2. Die (sinusförmige) Nennspannung ist U.1=U.Nen=U.Netz=230V → u.1;max=√2·U.Nen=322V.
3. die Frequenz f=50Hz → die Kreisfrequenz ω=2π·f=314rad/s

**Abb. 6-78 historischer Siemens-Trafo: Tab. 6-4 und Tab. 6-5 zeigen seine Daten.**

**Gemessene Daten historischer Siemens-Netztrafos**

Die technischen Daten historischer Siemens-Netztrafos sind besonders gut dokumentiert. Das zeigen die Tab. 6-4 und Tab. 6-5. Diese Daten sollen hier zur Entwicklung der Algorithmen zur Trafoberechnung verwendet werden. Sie werden zuerst nur kurz und anschließend durch ihre Verwendung ausführlich erklärt.

**Tab. 6-4 magnetische Daten historischer Siemens-Netztrafos**

| | Spalte 1 | Spalte 2 | Spalte 3 | Spalte 4 | Spalte 5 | Spalte 6 |
|---|---|---|---|---|---|---|
| Zeile 1 | maximal übertragbare Leistung P.Nen | Eisenverluste<br>Kupferverluste<br>(bei Nennlast)<br>P.Verl | mittlere Windungslänge<br>(innen ... außen)<br>l.Wdg ~ l.Fe | Eisenkern<br>Abmessungen<br>eff. Querschnitt A.Fe l.Fe<br>Eisenweglänge | Eisengewicht<br>Kupfergewicht<br>Gesamtgewicht | Eisenkern-Typ<br>(Breite/Höhe)<br>Kern b/h |
| Zeile 2 | 5 VA | 1,6W<br>6,8W<br>8,4W | 9 cm (8 ... 10,1) | 48 x 40 x 16 mm<br>2,54 cm²<br>9,6 cm | m.Fe<br>m.Cu<br>m.ges | E48/16 |
| Zeile 3 | 15 VA | 1,2 W<br>6 W<br>7,2W | 11,4 cm | 55 x 55 x 20 mm<br>3,06 cm²<br>13,1 cm | 0,309 kg<br>0,10 kg<br>0,43 kg | M55/20 |
| Zeile 4 | 50 VA | 3,27 W<br>9 W<br>12,3W | 16,1 cm | 74 x 74 x 32 mm<br>6,62 cm²<br>17,6 cm | 0,897 kg<br>0,29 kg<br>1,26 kg | M74/32 |
| Zeile 5 | 125 VA | 7,15 W<br>11 W<br>18,2W | 19,8 cm | 102 x 102 x 35 mm<br>10,71 cm²<br>23,8 cm | 1,963 kg<br>0,61 kg<br>2,59 kg | M102/35 |
| Zeile 6 | 225 VA | 8,35 W<br>17W<br>25,4W | 25,4 cm | 130 x 105 x 35 mm<br>11,03 cm²<br>27 cm | 2,36 kg<br>1,65 kg<br>4,6 kg | E130/35 |
| Zeile 7 | 500 VA | 18,77 W<br>25 W<br>43,8W | 33,4 cm | 150 x 120 x 60 mm | 5,15 kg<br>3,0 kg<br>9 kg | E150/60 |

Erläuterungen zu Tab. 6-4:

In den Zeilen 1 bis 7 sind die mechanischen Daten von Netztrafos mit den Nennleistungen von 5VA bis 500VA aufgeführt. Die Spalten 1 bis 6 zeigen, welche dies sind.

Spalte 1: Nennleistungen P.Nen von 5VA bis 500VA
Spalte 2: Eisen- und Kupferverluste: Zusammen ergeben sie die Gesamtverluste.
Spalte 3: Mittlere Windungslänge l.Wdg.: Mit der Windungszahl N ergibt dies die Länge des Spulendrahts l.Spu=N·l.Wdg.
Spalte 4: Eisenkernquerschnitt A.Fe und mittlere Eisenlänge l.Fe
Spalte 5: Massen von Eisen m.Fe und von Kupfer m.Cu, genannt Gewichte
Spalte 6: Kernabmessungen: Kernlänge=Kernbreite und Kernhöhe – alles in mm

In den Siemensdaten fehlt (wie überall) die zur Auswahl des Trafokerns unbedingt benötigte **Luftspaltlänge l.LS**. Sie muss möglichst früh berechnet werden.

**Tab. 6-5 elektrische Daten historischer Siemens-Netztrafos**

| | Spalte 1 | Spalte 2 | Spalte 3 | Spalte 4 | Spalte 5 | Spalte 6 | Spalte 7 |
|---|---|---|---|---|---|---|---|
| Zeile 1 | maximal übertragbare Leistung P.Nen | Windungs spannung U.Wdg | Wirkungsgrad eta | Stromdichte J | Spannungsabfall unter Nennlast gegebüber Leerlauf LÜ | Kern, andere Schreibweisen Kern l/b | Eisenkern-Typ (Breite/Höhe) Kern b/h |
| Zeile 2 | 5 VA | 0,057 V/Wdg. | 65% | 5,5A/mm² | 25% | EI 48/16 | E48/16 |
| Zeile 3 | 15 VA | 0,08 V/Wdg. | 70% | 4,5 A/mm² | 15% | M 55/20 | M55/20 |
| Zeile 4 | 50 VA | 0,17 V/Wdg. | 83% | 3,2 A/mm² | 7% | M 74/32 | M74/32 |
| Zeile 5 | 125 VA | 0,28 V/Wdg. | 87% | 2,7 A/mm² | 4% | M 102/35<br>M 102a | M102/35 |
| Zeile 6 | 225 VA | 0,38 V/Wdg. | 90% | 2,2 A/mm² | 4,20% | EI 130/35<br>EI 130a | E130/35 |
| Zeile 7 | 500 VA | 0,57 V/Wdg. | 93,50% | 1,7 A/mm² | 2,40% | EI 150/60<br>EI 150c | E150/60 |

Erläuterungen zu Tab. 6-5
In den Zeilen 1 bis 7 sind die elektrischen Daten von Netztrafos aufgeführt. Die Spalten 1 bis 7 zeigen, welche dies sind.

Spalte 1: die Nennleistungen P.Nen von 5VA bis 500VA
Spalte 2: die Spannung U.Wdg in jeder Windung der Spulen über dem Eisenkern
Spalte 3: Wirkungsgrad η=P.ab/P.zu – P.ab=P.sek, P.zu=P.prim
Spalte 4: die zulässige Stromdichte: Sie sinkt nach Abb. 6-132 mit steigender Baugröße.
Spalte 5: Leerlaufüberhöhung LÜ=(U.LL-U.Nen)/U.Nen=U.LL/U.Nen-1
Spalte 6: erste Art zur Beschreibung von Eisenkernen mit Länge l und Breite b
Spalte 7: zweite Art zur Beschreibung von Eisenkernen mit Breite b und Höhe h

**Ausblick**
Mit den Daten der Siemens-Transformatoren soll die Trafoberechnung zuerst manuell und danach automatisch durchgeführt werden. In einem Trafomodell, das dies kann, müssen alle **Parameter als Funktion der Nennleistung P.Nen** berechnet werden. Die dazu nötigen Formeln werden durch **Excel-Analysen** der Tabellen Tab. 6-4 und Tab. 6-5 erzeugt. Dadurch kommen wir bei Trafo-Dimensionierungen ganz **ohne Hersteller-angaben** aus.

**Online-Kalkulator für Blechkerntransformatoren**
Der einfachste Weg zur Ermittlung einiger Trafodaten ist die Verwendung eines **online calculators.** Ein Beispiel ist der ‚Electronic Developer'. Er berechnet aus vorgegebenen Nennspannungen und -leistungen die Spulenparameter Windungszahl, Drahtdurchmesser und den Wickelquerschnitt. Abb. 6-79 zeigt die Bedienoberfläche des ‚Electronic Developers'.

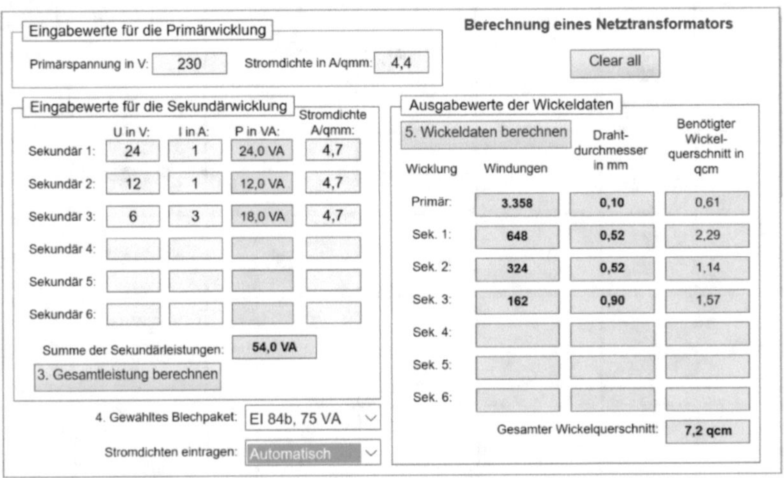


https://www.electronicdeveloper.de/InduktivitaetNetztransformator.aspx

**Abb. 6-79 ein Trafoberechner aus dem Internet**

Zu finden ist der ‚Electronic Developer' unter

https://www.multi-circuit-boards.eu/produkte/ringkerntrafos/offene-ausfuehrung.html

Kritik der Online-Rechner:
Nachteilig beim ‚Electronic Developer' (und auch der von allen anderen Trafo-Programmen) ist, dass er weder sagt, wie er die Messgrößen berechnet hat, noch wozu sie gebraucht werden. Deshalb sind seine Angaben nicht zu überprüfen.

Überhaupt nicht erwähnt wird der Eisenkern und seine Abmessungen. Darum fehlt auch der Luftspalt, ohne den der Eisenkern in die Sättigung geht. Begründung:

Die Luftspaltlänge l.LS definiert den magnetischen Fluss ϕ - und damit die auch die Flussdichte B=ϕ/A.Fe im Eisenkern. Trafos funktionieren nur, wenn B nicht in Sättigung geht. Deshalb müssen Luftspalte genau an die Nennspannung und -frequenz angepasst werden. Wie das gemacht wird, soll gezeigt werden.

Daher kommt man um eigene Berechnungen nicht herum, wenn Netztrafos mit Eisenkern und Spulen entwickelt werden sollen. Hier soll ein **Trafomodell** entwickelt werden, das auch bezüglich des **Frequenzgangs** getestet werden kann.

*Gezeigt werden soll, wie die genannten und nicht genannten, aber zum Bau benötigten Trafodaten für Spulen und Kern als Funktion der Nennleistung **ohne** die Zuhilfenahme von Herstellerangaben berechnet werden können.*

**Wie Netztrafos dimensioniert werden sollen**

Berechnet werden sollen alle Messgrößen, die zum Bau von Transformatoren benötigt werden. Abb. 6-80 zeigt, welche dies sind:

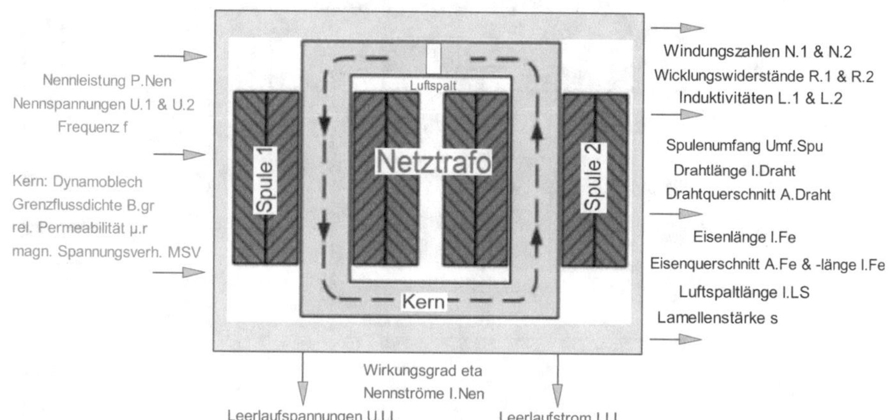


**Abb. 6-80 die zum Bau von Transformatoren gegebenen und gesuchten Messgrößen**

Die Vorgaben zur Trafoberechnung sind

- die sinusförmige Betriebsfrequenz f =50Hz
- die primär- und sekundärseitigen Nennspannungen U.1=230V und U.2, hier z.B. 24V
- die sekundäre Nennleistung P.Nen von 5VA bis 500VA oder der Nennstrom I.2=P.Nen/U.2, hier z.B. P.Nen = 125VA (alles Effektivwerte)

Abb. 6-80 zeigt, dass die Trafoberechnung aus zwei Teilen besteht:

1. dem Eisenkern
   Seine Abmessungen bestimmen die erreichbare Nennleistung.
   Das Kernmaterial und die kleinste Kantenlänge bestimmen die magnetische Grenzfrequenz.
2. den Spulen
   Die Abmessungen der Spulenkörper (Abb. 6-108) müssen an die Kerngröße angepasst werden.
   Die Spulenwiderstände müssen so bemessen werden, dass sich die Trafoverluste gleichmäßig auf den Kern und die Spulen verteilen.

Grundlage der Trafoberechnung sind die Daten der Fa. Siemens:

Tab. 6-4 magnetisch und Tab. 6-5 elektrisch

Durch die folgenden Excel-Analysen wird es möglich sein, Netztrafos für beliebige Nennleistungen und Nennspannungen auf **Knopfdruck ohne die Zuhilfenahme externer Daten oder Kennlinien** zu berechnen.

Abb. 6-81 zeigt das **Übersichtsschema** zur Trafo-Dimensionierung:

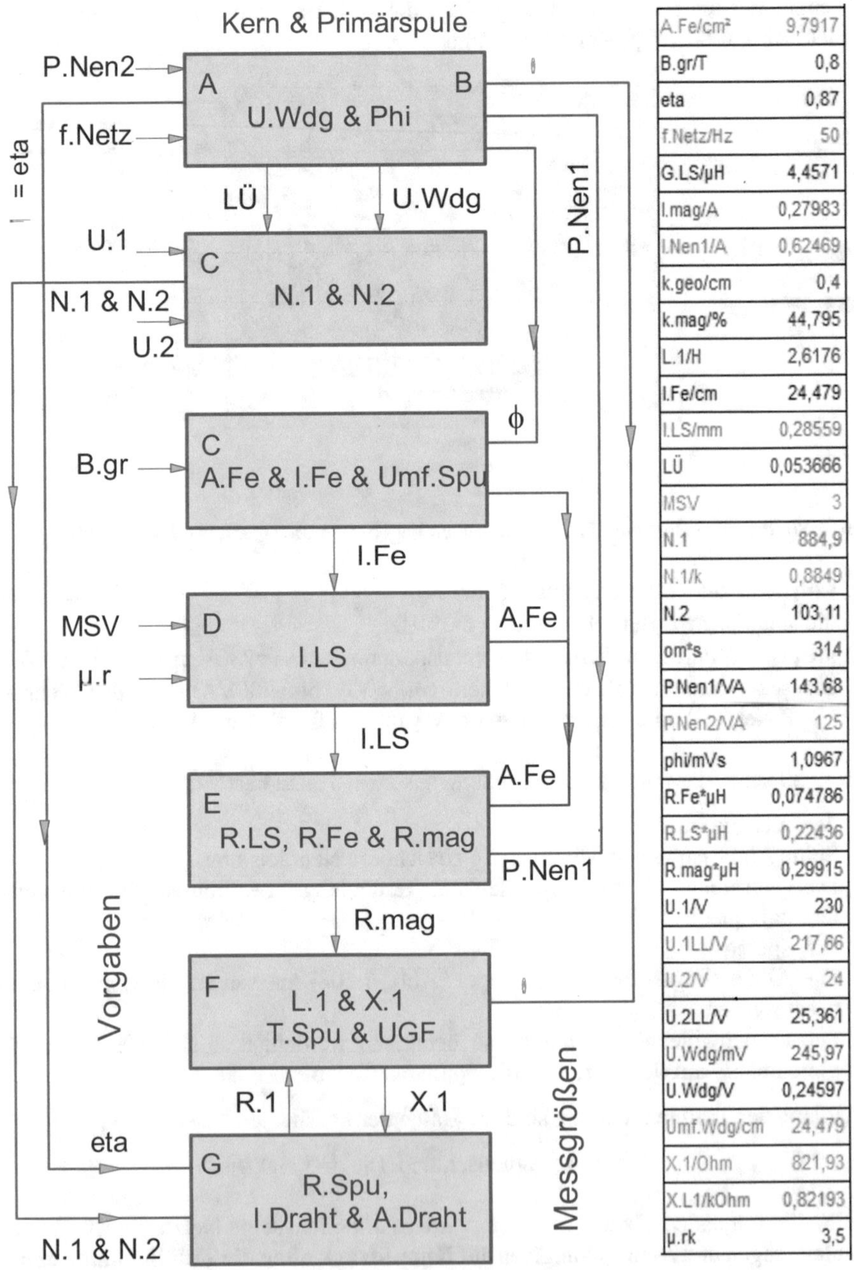


| | |
|---|---|
| A.Fe/cm² | 9,7917 |
| B.gr/T | 0,8 |
| eta | 0,87 |
| f.Netz/Hz | 50 |
| G.LS/µH | 4,4571 |
| I.mag/A | 0,27983 |
| I.Nen1/A | 0,62469 |
| k.geo/cm | 0,4 |
| k.mag/% | 44,795 |
| L.1/H | 2,6176 |
| l.Fe/cm | 24,479 |
| l.LS/mm | 0,28559 |
| LÜ | 0,053666 |
| MSV | 3 |
| N.1 | 884,9 |
| N.1/k | 0,8849 |
| N.2 | 103,11 |
| om*s | 314 |
| P.Nen1/VA | 143,68 |
| P.Nen2/VA | 125 |
| phi/mVs | 1,0967 |
| R.Fe*µH | 0,074786 |
| R.LS*µH | 0,22436 |
| R.mag*µH | 0,29915 |
| U.1/V | 230 |
| U.1LL/V | 217,66 |
| U.2/V | 24 |
| U.2LL/V | 25,361 |
| U.Wdg/mV | 245,97 |
| U.Wdg/V | 0,24597 |
| Umf.Wdg/cm | 24,479 |
| X.1/Ohm | 821,93 |
| X.L1/kOhm | 0,82193 |
| µ.rk | 3,5 |

**Abb. 6-81 Trafoberechnung in sieben Teilen: Sie zeigen die darin berechneten Messgrößen. Die Detailstruktur dazu, mit der auch die hier angegebenen Messwerte für einen 125VA-Trafo errechnet worden sind, folgt in Abb. 6-136 am Schluss dieses Abschnitts.**

**Massen und Volumina von Netztrafos als Funktion der Nennleistung**
Hersteller geben die Parameter ihrer Transformatoren als **Funktion der Nennleistung P.Nen** an, die der Anwender kennen muss, um einen Transformator bauen zu können (Tab. 6-4 magnetisch für den Eisenkern und Tab. 6-5 elektrisch für die Spulen).

Deswegen sollen auch hier die zum Bau von Transformatoren benötigten Daten als Funktion von P.Nen berechnet werden.

1. Wenn der Trafo gewogen werden kann, lässt sich die Nennleistung aus dem Gewicht F.Tra des Trafos (bzw. der Masse m.Tra=F.Tra/g bestimmen – mit Gewichtskraft F.Tra in N(ewton) und der Erdbeschleunigung $g=9{,}81 m/s^2$). F.Tra kann z.B. mit einer Federwaage gemessen werden.

Abb. 6-82 zeigt ...

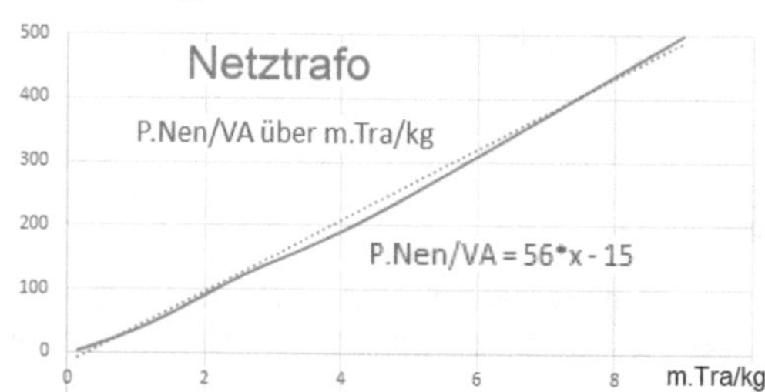


**Abb. 6-82 die Proportionalität zwischen Nennleistung und Trafomasse (genannt ‚Gewicht')**

Zur Berechnung der Nennleistung aus der Trafomasse wird die *Funktion P.Nen(m.Tra)* benötigt. Die Excel-Analyse von Tab. 6-4, Spalte 5, zeigt den linearen Zusammenhang:

**Gl. 6-32 Nennleistung und Trafomasse** $$P.Nen = 56VA * m.Tra/kg - 15VA$$

2. Wenn ein Trafo nicht gewogen werden kann, kann seine Masse aus dem leichter messbaren Volumen Vol.Tra berechnet werden. Dazu wird die mittlere Dichte von Transformatoren benötigt. Wir berechnen sie in Abb. 6-85.

Abb. 6-83 zeigt als Beispiel einen ölgekühlten Hochleistungstransformator. Er wird bis zu Nennleistungen von 3,1MVA gebaut. Dann hat er ein Volumen von $6{,}9m^3$. Dann ist die Leistungsdichte 460VA/lit.

Zum Vergleich: Die viel kleineren, ungekühlten Netztrafos erreichen nach Abb. 6-85 auch 400VA/lit.

**Abb. 6-83 Öltransformator der Fa. Dibalog GmbH/USA**

### 1. Die partiellen Trafomassen als Funktion der Nennleistung

Es kann jedoch der Fall eintreten, dass die Daten eines unbekannten Transformators ermittelt werden sollen. Dann muss zuerst seine Nennleistung P.Nen bestimmt werden. Wollte man dies elektrisch durch Belastung des Trafoausgangs bis zur Erwärmungsgrenze tun (ca. 60°C), wäre der messtechnische Aufwand unverhältnismäßig groß. Dann ist es oft billiger, sich einen neuen Trafo zu kaufen.

In Tab. 6-4 gibt Fa. Siemens die Nennleistungen und Massen ihrer Transformatoren an. Wir bestimmen die Funktion P.Nen(m.Tra) durch Excel-Analyse. Abb. 6-84 zeigt das Ergebnis:

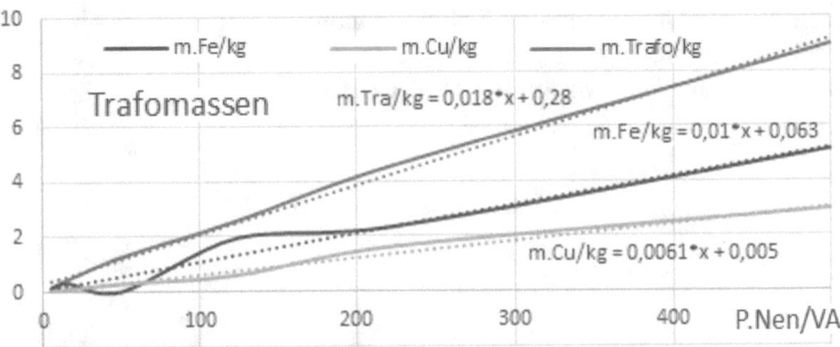


**Abb. 6-84 Die Eisen- und Kupfermassen von Transformatoren sind annähernd proportional zu ihrer Nennleistung: Wenn die Gesamtmasse gemessen oder berechnet werden kann, lässt sich von ihr auf die Nennleistung schließen.**

Abb. 6-85 zeigt,

- die annähernde Proportionalität von Trafomassen und Nennleistungen
- dass sich das Trafogewicht zu 77% aus dem Gewicht des Eisenkerns und zu ca. 20% aus dem Gewicht aller Trafospulen zusammensetzt (Der Rest von 3% ist das Gewicht des Spulenkörpers (Abb. 6-108) und des Befestigungsmaterials).

Mit diesen Angaben wurden in Abb. 6-85 die Nennleistung eines Trafos und seine Teilmassen aus dem gemessenen Gesamtgewicht errechnet.

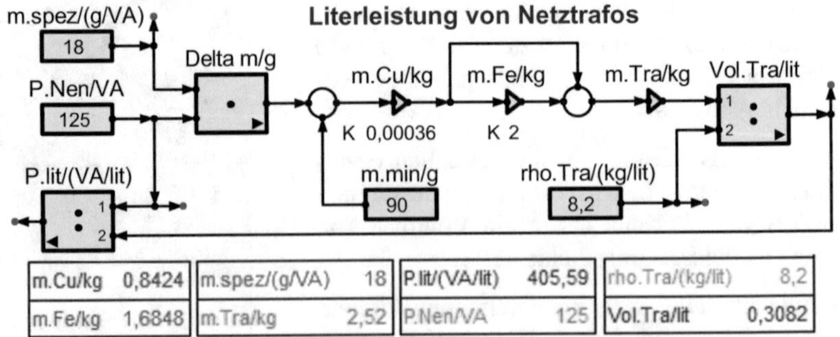


**Abb. 6-85 Berechnung des Trafovolumens und der Literleistung aus den Trafomassen: Dazu werden die Dichten von Eisen und Kupfer gebraucht.**

2. **Die Nennleistung als Funktion des Trafovolumens**

Relativ leicht zu messen sind die äußeren Abmessungen eines Transformators. In Abb. 6-86 wurde die **mittlere Dichte ρTra≈6,5kg/lit** von Netztrafos bestimmt. Abb. 6-86 zeigt, wie damit die spezifische Nennleistung (in VA/kg) errechnet werden kann.

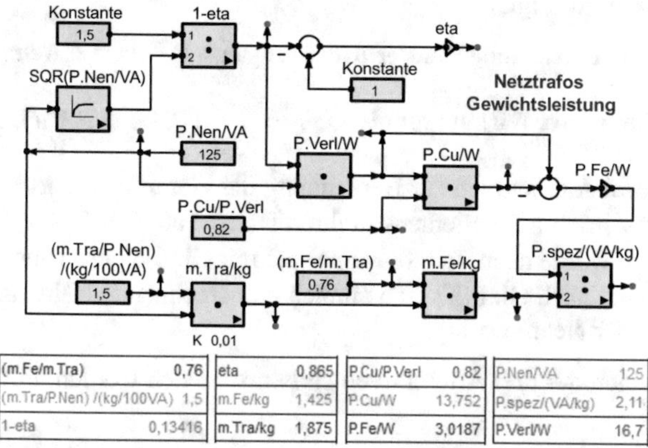


| | | | | | | | |
|---|---|---|---|---|---|---|---|
| (m.Fe/m.Tra) | 0,76 | eta | 0,865 | P.Cu/P.Verl | 0,82 | P.Nen/VA | 125 |
| (m.Tra/P.Nen) /(kg/100VA) | 1,5 | m.Fe/kg | 1,425 | P.Cu/W | 13,752 | P.spez/(VA/kg) | 2,11 |
| 1-eta | 0,13416 | m.Tra/kg | 1,875 | P.Fe/W | 3,0187 | P.Verl/W | 16,7 |

**Abb. 6-86 Ermittlung der Gewichtsleistung (in VA/kg) der mittleren Dichte eines Netztrafos**

Abb. 6-87 zeigt

**Abb. 6-87 die relativen Eisenverluste eines Netztrafos: Sie werden mit steigender Nennleistung, d.h. Baugröße, kleiner.**

Abb. 6-88 zeigt den linearisierten

**Abb. 6-88 Rechengang zur Ermittlung der Nennleistung aus dem Trafovolumen**

Abb. 6-89 zeigt ...

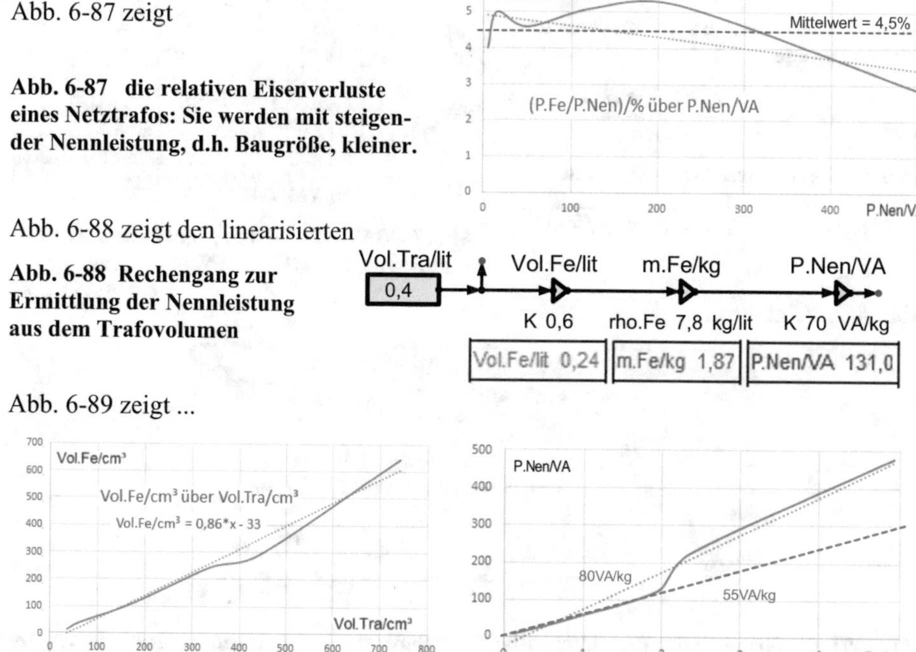


**Abb. 6-89 die annähernd linearen Abhängigkeiten – links zwischen den Volumina des ganzen Trafos und seinem Eisenkern und rechts zwischen der Trafomasse und der Nennleistung. Bei P.Nen muss zwischen kleineren Trafos bis 2kg und größeren unterschieden werden. Das deutet auf eine geänderte Bauweise hin.**

### 3. Nennleistung und Wirkungsgrad

In Abb. 6-90 haben wir gemessene Wirkungsgrade von Transformatoren (elektrisch, magnetisch und gesamt) gezeigt. Nun sollen sie aus den Daten der Siemens-Netztrafos errechnet werden. Wir beginnen mit den Eisen und Kupferverlusten, aus denen der gesamte Wirkungsgrad folgt.

**Gl. 6-33 Berechnung von Verlustleistungen** $P.Verl = P.Nen \cdot (1 - \eta)$

**Gl. 6-34 Berechnung des Wirkungsgrads** $\eta = 1 - (P.Fe + P.Cu)/P.Nen$

Abb. 6-90 zeigt drei Alternativen zur Berechnung der Gesamtverluste von Netztrafos:

- Die erste wird von Fa. Siemens in ihren Daten Tab. 6-5, Spalte 3 angegeben.
- Die zweite wurde nach Tab. 6-4, Spalte 2 mit Gl. 6-34 errechnet.
- Die dritte ist nach Gl. 6-37 eine einfach zu berechnende Näherung η(P.Nen) als Funktion der Nennleistung.

Durch den Vergleich der drei Alternativen soll entschieden werden, mit welcher gerechnet werden soll.

**Gl. 6-35 gemessene Wirkungsgrade nach Siemens-Herstellerangaben H.A.**

$$\eta.gem = Siemens\ H.A.$$

**Gl. 6-36 nach Siemensdaten errechnete Wirkungsgrade**

$$\eta.err = 1 - \frac{P.Fe + P.Cu}{P.Nen}$$

**Gl. 6-37 theoretische Wirkungsgrade**

$$\eta.theo = 1 - 1{,}5/\sqrt{P.Nen/VA}$$

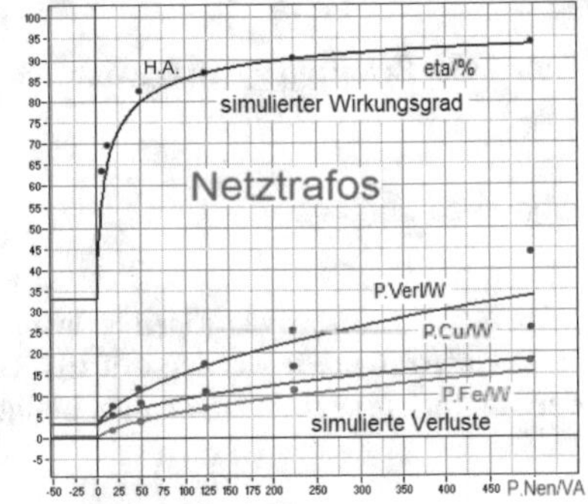


**Abb. 6-90 Trafo-Wirkungsgrade und Trafo-Verluste als Funktion der Nennleistung**

Abb. 6-91 zeigt die ...

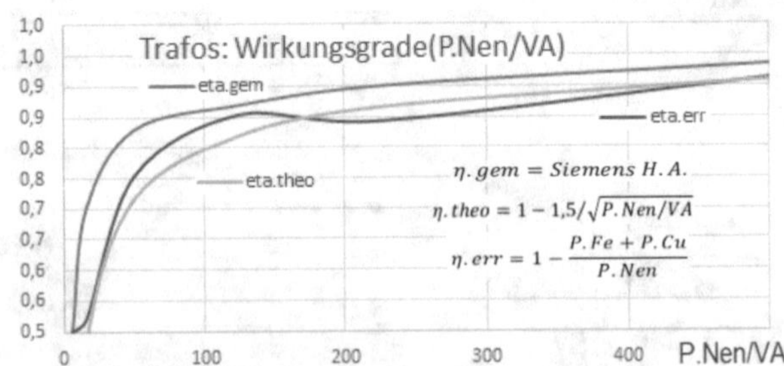


**Abb. 6-91 die Graphen der drei Alternativen zur Berechnung der Wirkungsgrade von Netztrafos: Die Näherung η.theo (grün) ist ein Kompromiss.**

Weil die nach den Daten er Fa. Siemens berechneten Werte von η.gem und η.err nicht übereinstimmen, berechnet der Autor die Wirkungsgrade von Netztrafos mit der Näherung η.theo von Gl. 6-37.

**Aufteilung der Gesamtverluste auf Kern und Spule**
Hersteller geben die Gesamtmassen und Gesamtverluste ihrer Transformatoren an. Bei der Berechnung von Kernen und Spulen werden deren Massen und Verluste benötigt.

Abb. 6-92 zeigt die ...

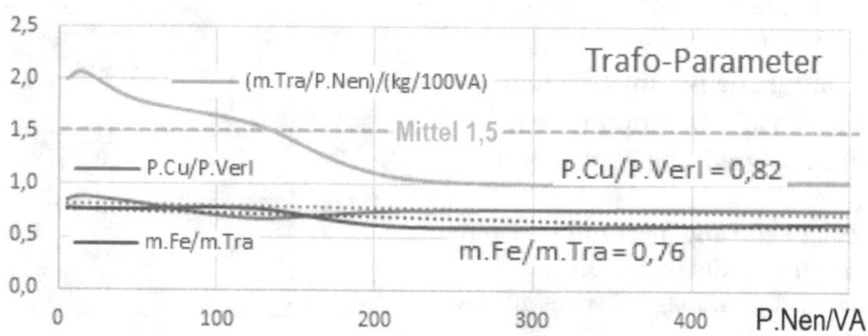


**Abb. 6-92 Aufteilung der Trafoverluste und -massen über der Nennleistung: Die Verhältnisse bleiben annähernd konstant: m.Fe/m.Tra≈76%, P.Cu/P.Verl≈82%**

Der gesamte Wirkungsgrad $\eta = 1 - (P.Cu + P.Fe)/P.Nen$

... ermöglich die Berechnung der Gesamtverluste:

Die Gesamtverluste: $P.Verl = P.Cu + P.Fe$

... teilen sich nach Abb. 6-92 folgendermaßen auf Kern und Spulen auf:

**Gl. 6-38 die Kupferverluste** $\boldsymbol{P.Cu = P.Verl/2 - 1,5VA}$

**Gl. 6-39 die Kernverluste** $\boldsymbol{P.Fe = P.Verl - P.Cu}$

Abb. 6-93 berechnet Zahlenwerte zu den Verlusten von Netztrafos:

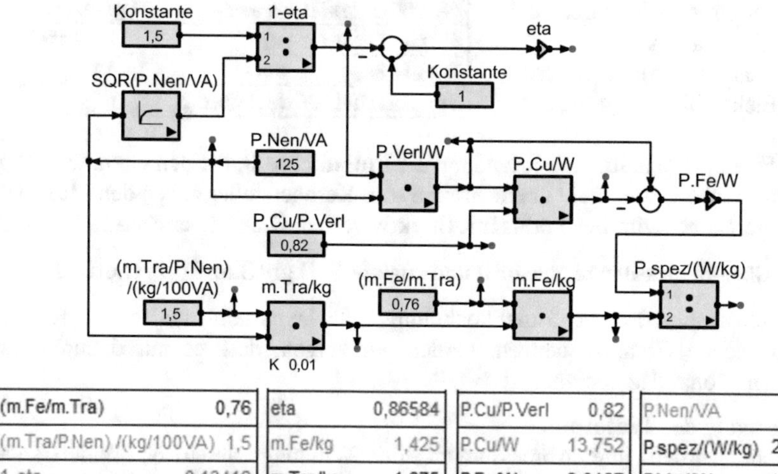


| (m.Fe/m.Tra) | 0,76 | eta | 0,86584 | P.Cu/P.Verl | 0,82 | P.Nen/VA | 125 |
|---|---|---|---|---|---|---|---|
| (m.Tra/P.Nen) /(kg/100VA) | 1,5 | m.Fe/kg | 1,425 | P.Cu/W | 13,752 | P.spez/(W/kg) | 2,1184 |
| 1-eta | 0,13416 | m.Tra/kg | 1,875 | P.Fe/W | 3,0187 | P.Verl/W | 16,771 |

**Abb. 6-93 Aufteilung der Trafomassen und -verluste auf das Kupfer der Spulen und das Eisen des Kerns als Funktion der Nennleistung**

## 6.2.3 Netztrafos automatisch dimensionieren

Um **Netztrafos bauen** zu können, muss der der Ingenieur wissen, wie sie funktionieren und berechnet werden. Dann kann er

- die **Materialien**, mit denen sie gebaut werden, auswählen
- ihre **Baugröße** minimieren und
- ihre **Eigenschaften** optimieren (Wirkungsgrad, Frequenzgang).

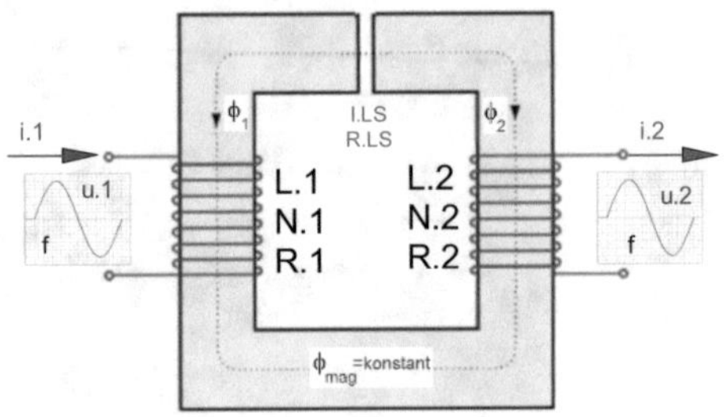


**Abb. 6-94 Zur Erklärung der Funktion von Transformatoren sind die durch die Spulenströme erzeugten magnetischen Flüsse zu berechnen.**

Durch **Excel-Analysen** der in Tab. 6-4 und Tab. 6-5 angegebenen Daten soll die Berechnung von Netztrafos automatisiert werden. Gegeben ist die Frequenz f.Netz, gefordert wird die Nennleistung P.Nen und die Nennspannung, bzw. der Nennstrom I.Nen=P.Nen/U.Nen – sonst nichts. Die Berechnungen erfolgen in zwei Abschnitten:

1. Berechnung von **Trafokernen**
   Gesucht werden außer den Abmessungen der Kerne für würfelförmige Transformatoren und deren Gewicht noch die Länge des Luftspaltes und die Lamellenstärke für eine benötigte Grenzfrequenz f.mag>f.Netz.
   Das Kernmaterial kann frei gewählt werden, z.B. Dynamoblech oder Trafoblech.

Dynamoblech und Elektroblech unterscheiden sich weniger durch die Sättigungsflussdichte B.Sat, sondern hauptsächlich durch die Sättigungsfeldstärken:
H.Sat(Dynamoblech) ≈ 2.5A/cm
H.Sat(Elektroblech) ≈ 4A/cm

**Tab. 6-6 technische Daten von Elektroblech**

| | | |
|---|---|---|
| **Sättigung** | B.gr=1,5T | rel. |
| **Koerzitivfeldstärke $H_c$** | H.gr=4A/cm | Perm. |
| **Curie-Temperatur $T_c$** | 745°C | μ.r |
| **Dichte $\varphi_m$** dm³=lit | 7,65 kg/dm³ | 460 |
| **Spezifischer Widerstand $\rho_e$** | 0,48μΩm | |

Aus dem Eisenquerschnitt A.Fe folgt dann die **Flussdichte B**, die den Grenzwert B.gr für Linearität erreichen, aber nicht überschreiten soll. Kernhersteller geben den Maximalwert von B an, gerechnet wird bei Trafos mit Effektivwerten. Dies ist der Zusammenhang:

**Gl. 6-40 Flussdichte, maximal und effektiv** B.gr=B.max/√2=B.eff·√2

Elektroblech ist spezifisch ca. 5-mal hochohmiger als Dynamoblech. Bei der Berechnung der magnetischen Grenzfrequenzen werden wir zeigen, dass es nur dadurch für die Netzfrequenz von 50Hz geeignet ist.

2. Berechnung der **Trafospulen**
   Gesucht werden ihre Abmessungen, die Windungszahlen N, Widerstände R, Induktivitäten L und die Länge und der Querschnitt der Spulendrähte. Das Material der Spulendrähte kann frei gewählt werden, z.B. Kupfer Cu oder Aluminium Al.

Wir beginnen mit dem Trafokern.

### 6.2.3.1 Berechnung von Trafokernen

Bei Trafokernen interessieren

- die **Kernabmessungen** und die **Luftspaltlänge**
- die **Lamellenstärke** und **Grenzfrequenz**
- die **Eisenverluste** und die **Erwärmung**

Diese Trafoparameter sollen nun als Funktion der Nennleistung P.Nen ermittelt werden. Berechnungsgrundlage sind die in Tab. 6-4 und Tab. 6-5 angegebenen Daten der Siemens-Transformatoren.

In Tab. 6-5, Spalte 3, ist der **Gesamtwirkungsgrad η(P.Nen) = P.2/P.1** angegeben. Damit lassen sich die Gesamtverluste berechnen: $P.Verl=P.Nen\cdot(1-\eta)$.
Für gleichmäßige Erwärmung im Transformator sollen sie sich gleichermaßen auf die Spulen und den Eisenkern verteilen.

Bei Trafos mit zwei Spulen heißt das: $P.Spu1 = P.Spu2 = P.Fe = P.Verl/3$.

Abb. 6-95 zeigt ein Berechnungsbeispiel:

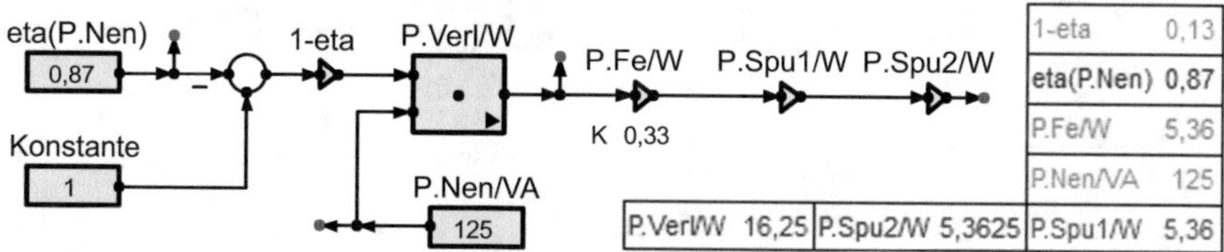


**Abb. 6-95 die gleichmäßige Aufteilung der Gesamtverluste auf Kern und Spulen bei Transformatoren als Funktion von Nennleistung und Wirkungsgrad**

In Spalte 2 sind die **Eisen- und Kupferverluste** angegeben. Damit kann der in Tab. 6-5, Spalte 3, gemessene Gesamtwirkungsgrad η berechnet werden.

$$\text{Gl. 6-41} \quad \eta = 1 - (P.Fe + P.Cu)/P.Nen$$

Leider stimmen die so errechneten Wirkungsgrade nicht dem in Tab. 6-5, Spalte 3 angegebenem Wert überein. Einen Kompromiss zwischen beiden Angaben zeigen wir in Abb. 6-91.

Wir werden zeigen, wie von den **Gesamtverlusten auf die Erwärmung** eines Transformators und von den Spulenverlusten auf die **Wicklungswiderstände** der Trafospulen geschlossen werden kann.

**Energetische Berechnung von Eisenkernen**
Je größer ein Eisenkern, desto mehr Leistung kann er magnetisch transportieren. Diese triviale Aussage soll nun quantitativ untersucht werden. Dazu muss der Zusammenhang zwischen der **Energiedichte E.mag/Vol** des Eisenkerns aus den Grenzwerten B.gr und H.gr der Magnetisierungskurve und der Nennleistung P.Nen hergestellt werden.

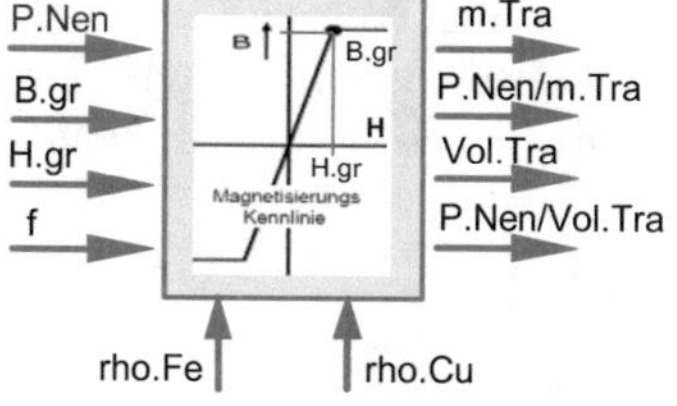


**Abb. 6-96 die Messgrößen zur Berechnung der Leistungsdichte von Transformatoren**

Abb. 6-97 zeigt die Berechnung der **Leistungsdichten** (in VA pro kg und VA pro lit) eines Transformators aus den Grenzdaten des Eisenkerns für Linearität (B.gr und H.gr):

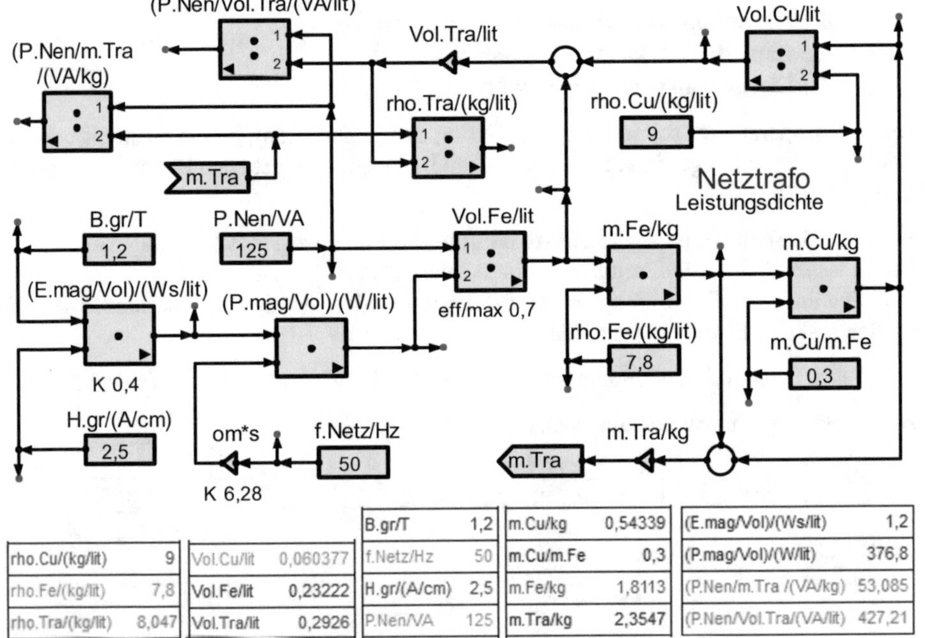


| rho.Cu/(kg/lit) | 9 |
|---|---|
| rho.Fe/(kg/lit) | 7,8 |
| rho.Tra/(kg/lit) | 8,047 |

| Vol.Cu/lit | 0,060377 |
|---|---|
| Vol.Fe/lit | 0,23222 |
| Vol.Tra/lit | 0,2926 |

| B.gr/T | 1,2 |
|---|---|
| f.Netz/Hz | 50 |
| H.gr/(A/cm) | 2,5 |
| P.Nen/VA | 125 |

| m.Cu/kg | 0,54339 |
|---|---|
| m.Cu/m.Fe | 0,3 |
| m.Fe/kg | 1,8113 |
| m.Tra/kg | 2,3547 |

| (E.mag/Vol)/(Ws/lit) | 1,2 |
|---|---|
| (P.mag/Vol)/(W/lit) | 376,8 |
| (P.Nen/m.Tra /(VA/kg) | 53,085 |
| (P.Nen/Vol.Tra/(VA/lit) | 427,21 |

**Abb. 6-97 Berechnung der Masse und des Volumens eines Eisenkerns als Funktion der Nennleistung mit den Parametern der Magnetisierungskennlinie B.gr und H.gr**

Mit den kernspezifischen Trafodaten

- der massenspezifischen Nennleistung P.Nen/m.Tra (hier 53VA/kg) und
- der volumenspezifischen Nennleistung P.Nen/Vol.Tra (hier 377VA/lit)

kann die Nennleistung P.Nen auf zwei Wegen ermittelt werden:

1. Wenn das Trafovolumen Vol.Tra=l·b·h gemessen worden ist, ist
   P.Nen=( P.Nen/Vol.Tra)·Vol.Tra
2. oder, wenn die Kernmasse m.Tra durch Wägen ermittelt worden ist, wird
   P.Nen=( P.Nen/m.Tra)·m.Tra.

Verfolgt man die entsprechenden Signalpfade von f.Netz und E.mag/Vol, so erkennt man die Proportionalität zwischen den Leistungsdichten P/Vol und P/m und der Frequenz f und der Energiedichte des Kerns. Deshalb funktionieren **Schnellkocher nur mit Hochfrequenz** (bis zu 100kHz ist heute technisch möglich) und **Spulen mit Ferritkernen**.

**Zu den Kernabmessungen**

Hier sollen die häufig verwendeten **würfelförmigen Transformatoren** berechnet werden. Bei ihnen besteht Proportionalität zwischen der mittleren Länge l.Fe der Kerns und dem Kernquerschnitt A.Fe: l.Fe~A.Fe.

Zur Berechnung magnetischer Leitwerte G.mag=μ·k.geo, aber auch des Gewichts des Eisenkerns F.G=ρ.Fe·Vol.Fe, werden die **Abmessungen des Kerns** benötigt. Um ihn beschaffen zu können, muss bekannt sein, wie sie von der geforderten Nennleistung P.Nen abhängen. Gesucht werden

- der **Eisenquerschnitt A.Fe**
- die mittlere **Eisenlänge l.Fe**
  Ihr Produkt ist das Eisenvolumen Vol.Fe = A.Fe·l.Fe.
  Ihr Quotient ist der Geometriefaktor k.geo = A.Fe/l.Fe.
- die **Gesamtlänge l.LS** aller Luftspalte im Kern. Weil diese Angabe in Tab. 6-4 fehlt, muss l.LS berechnet werden.

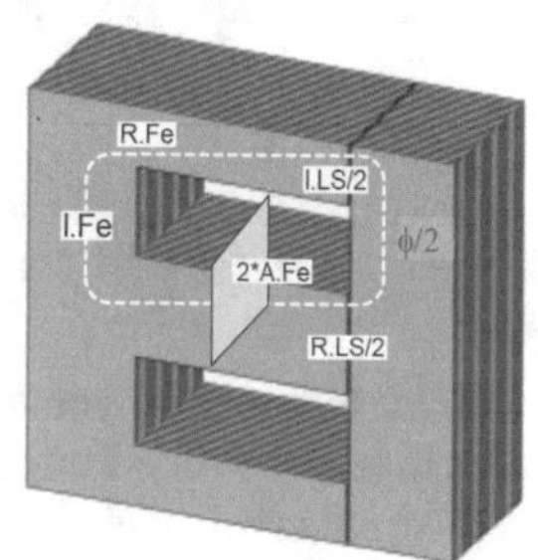


**Abb. 6-98 Eisenkern mit den zu seiner Berechnung verwendeten Messgrößen: A.Fe, l.Fe und l.LS**

Diese Messgrößen sollen als Funktion der Nennleistung P.Nen berechnet werden.

Bezug zu den Excel-Analysen der folgenden Messgrößen ist die Siemens-Tabelle Tab. 6-4, Spalte 4. Tab. 6-7 zeigt das Ergebnis.

**Tab. 6-7 Kern- und Spulenparameter von Siemenstrafos für Nennleistungen von 5VA bis 500VA**

| P.Nen/VA | A.Fe/cm² | l.Fe/cm | Umf.Spu/cm | l.LS/mm |
|---|---|---|---|---|
| 5 | 2,5 | 9,6 | 9,0 | 0,09 |
| 15 | 3,1 | 13,1 | 11,4 | 0,11 |
| 50 | 6,6 | 17,6 | 16,1 | 0,16 |
| 125 | 10,7 | 23,8 | 19,8 | 0,20 |
| 225 | 11,0 | 27,0 | 25,4 | 0,25 |
| 500 | 13,6 | 32,0 | 33,4 | 0,33 |

Abb. 6-99 zeigt das Ziel der folgenden Analysen: die ...

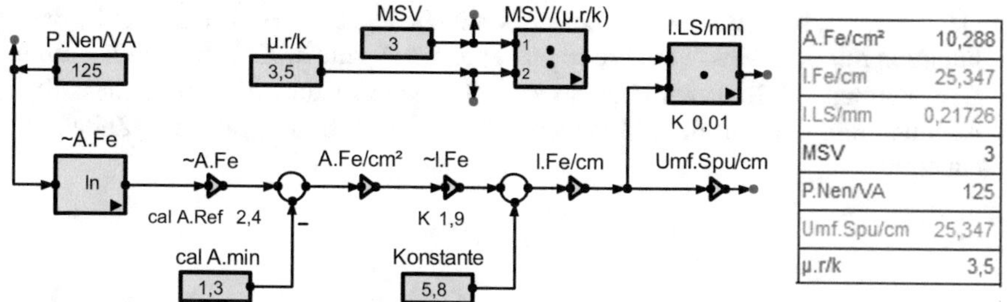


**Abb. 6-99 Berechnung der in Tab. 6-4 angegebenen geometrischen Kernparameter als Funktion der Nennleistung P.Nen (Erklärung folgt)**

Nun folgt die Berechnung des Eisenkerns im Einzelnen. Dazu gehören der **Kernquerschnitt A.Fe,** die mittlere **Kernlänge l.Fe** und die Länge **l.LS des Luftspalts** im Kern.

Wie mit diesen Daten die **Lamellenstärke s** und **obere Grenzfrequenz f.Fe** des Kerns ermittelt wird, zeigen wir am Schluss dieses Abschnitts.

## 1. Der Kernquerschnitt A.Fe(P.Nen)

Der Kernquerschnitt A.Fe wird bei der Berechnung von Transformatoren mehrfach benötigt:

- zur Berechnung der induzierten Windungsspannung U.Wdg=dϕdt=A.Fe·dB/dt
- zur Berechnung der Flussdichte B=ϕ/A.Fe
- zur Berechnung des Kernvolumens Vol.Fe = A.Fe·l.Fe

Aus Tab. 6-4, Spalte 4, erzeugt Excel den Graphen der Abb. 6-100. Er zeigt, dass der Eisenquerschnitt A.Fe mit dem Logarithmus der Nennleistung P.Nen ansteigt.

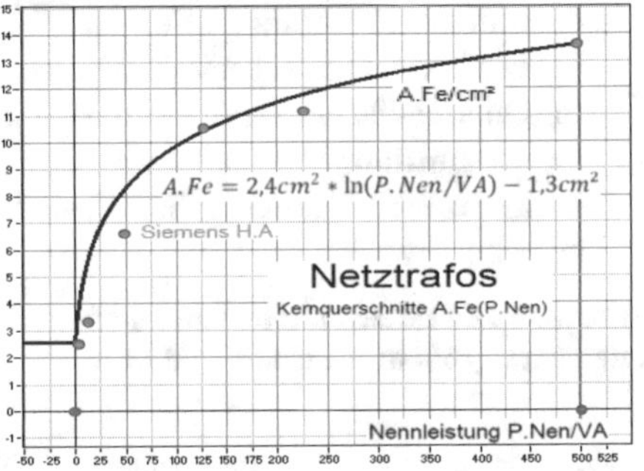


**Abb. 6-100 der Graph des nach Gl. 6-42 simulierten Kernquerschnitts: Er stimmt mit den Messpunkten aus Tab. 6-4 meist gut überein. Bei Nennleistungen um 50VA sind die Fehler am größten.**

Bis zu Nennleistungen von ca. 100VA ist die logarithmische Funktion Gl. 6-42 einer Quadratwurzel aus P.Nen ähnlich. Bei größeren Leistungen ist der logarithmische Verlauf flacher als √(P.Nen(VA).

Abb. 6-100 zeigt auch die ln-Funktion Gl. 6-42, nach der der Kernquerschnitt A.Fe(P.Nen) als Funktion der Nennleistung P.Nen berechnet werden kann:

**Gl. 6-42 Berechnung von Eisenquerschnitten A.Fe(P.Nen)**

$$A.Fe = 2{,}4cm^2 * \ln(P.Nen/VA) - 1{,}3cm^2$$

**Parameteranpassung**

Der logarithmische Term in Gl. 6-42 enthält einen multiplikativen Faktor (2,4cm²) und einen Summanden (1,3cm²). Bei Nennleistungen über 100VA kann der Summand vernachlässigt werden.

- Der Faktor 2,4cm² wird bei höchster Nennleistung 500VA so eingestellt, dass die Funktion mit dem Messwert 11cm² aus Tab. 6-4, Spalte 4, Zeile 6 übereinstimmt.
- Der Summand -1,3cm² wird bei der kleinsten Nennleistung 5VA so eingestellt, dass der Funktionswert mit dem Messwert 2,5 cm² aus Tab. 6-4, Spalte 4, Zeile 2, übereinstimmt.

## 2. Die mittleren Kernlänge l.Fe(A.Fe)

Kompakte Transformatoren sind würfelähnlich gebaut. Dann ist l.Fe~A.Fe. Das zeigt die Excel-Analyse der Siemens-Transformatoren Tab. 6-4. Spalte 4.

Abb. 6-101 zeigt das Ergebnis der Excel-Analyse. Die Funktion hat

eine Steigung ≈ 1,8cm/cm² und einen Anfangswert ≈ 6,2cm.

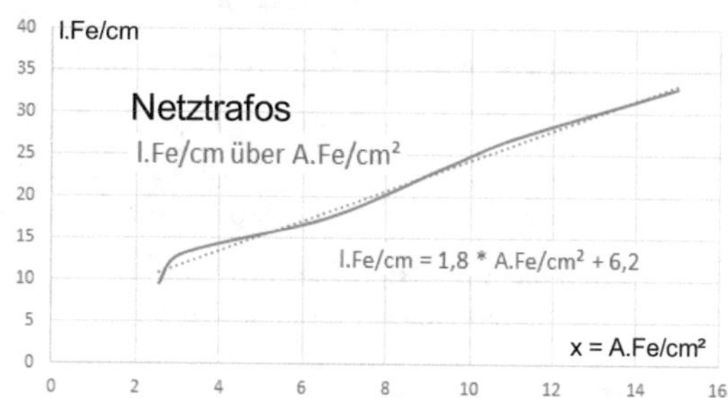


**Abb. 6-101 würfelförmige Trafos: Die Kernlänge l.Fe ist proportional zum Kernquerschnitt A.Fe.**

Abb. 6-101 entnehmen wir die Formel zur Berechnung der Kernlänge aus dem Kernquerschnitt:

**Gl. 6-43 die mittlere Kernlänge** $$\boldsymbol{l.Fe = 1{,}8cm * A.Fe/cm^2 + 6{,}2cm}$$

**Gl. 6-44 Näherung** $$\boldsymbol{l.Fe \approx 2{,}2cm * A.Fe/cm^2}$$

## 3. Die Luftspaltlänge l.LS(l.Fe)

Ein Luftspalt im Eisenkern linearisiert den magnetischen Widerstand des Eisenkerns und macht ihn so unempfindlicher gegen Übersteuerung. Das haben wir in Absch. 5.6.5.1 gezeigt. Hier soll gezeigt werden, wie Luftspaltlängen l.LS von Netztrafos als Funktion der Kerngröße, d.h. der Nennleistung P.Nen, berechnet werden.

### Zum magnetischen Spannungsverhältnisses MSV

Durch den Luftspalt im Kern entsteht ein magnetischer Spannungsteiler aus dem linearen magnetischen Widerstand R.LS des Luftspalts und dem bei Übersteuerung nichtlinearen magnetischen Widerstand R.Fe des Eisenkerns. Ihr Quotient ist das magnetische Spannungsverhältnis MSV. Wir berechnen es nach Gl. 5-31:

**Gl. 5-31 magnetisches Spannungsverhältnis** $$MSV = \frac{R.LS}{R.Fe} = \frac{\mu.r * l.LS}{l.Fe}$$

Damit die erforderliche Durchflutung ΘN·I.LL nicht unnötig groß gemacht werden muss, soll das MSV nur so groß wie nötig sein. Ausreichend ist in den meisten Fällen **MSV=3**.

- Durch die Nennleistung P.Nen ist die Länge l.Fe des Eisenkerns bekannt (Gl. 6-43).
- Durch das Kernmaterial ist die relative Permeabilität µ.r bekannt.
- Durch Umstellung von Gl. 5-31 nach l.LS erhalten wir die erforderliche

**Gl. 5-207 Luftspaltlänge** $$\boldsymbol{l.LS = MSV * l.Fe/\mu.r}$$

Abb. 6-126 hat den Anstieg der erforderlichen Durchflutung mit der Luftspaltlänge nach einer √P.Nen-Funktion gezeigt.

In Absch. 6.2.3.1 haben wir den Zusammenhang zwischen Luftspaltlänge und Magnetisierungsstrom behandelt. Daraus fassen wir nun das Wichtigste zusammen.

**Luftspaltlänge und Magnetisierungsstrom**

Bei Spulen mit der durch Herstellerangabe bekannten oder gemessenen Induktivität L kann der Luftspalt im Kern nach Gl. 6-45 berechnet werden:

**Gl. 6-45 Luftspaltlänge berechnen** $$l.LS \approx (\mu.0 * A.Fe)/L$$

Dazu müssen die benötigte Induktivität L und der Eisenquerschnitt A.Fe bekannt sein

In Absch. 5.6.5.1 haben wir gezeigt, dass Luftspaltlängen eines Eisenkerns auch aus dem Verhältnis von Leerlaufstrom I.LL (mit Luftspalt) und dem errechneten Magnetisierungsstrom I.mag des Kerns ohne Luftspalt berechnet werden können:

**Gl. 6-46 über den Leerlaufstrom berechnete Luftspaltlänge** $$\boldsymbol{l.LS = (I.LL/I.mag - 1) * (l.Fe/\mu.r)}$$

Abb. 6-102 zeigt die Berechnung von ...

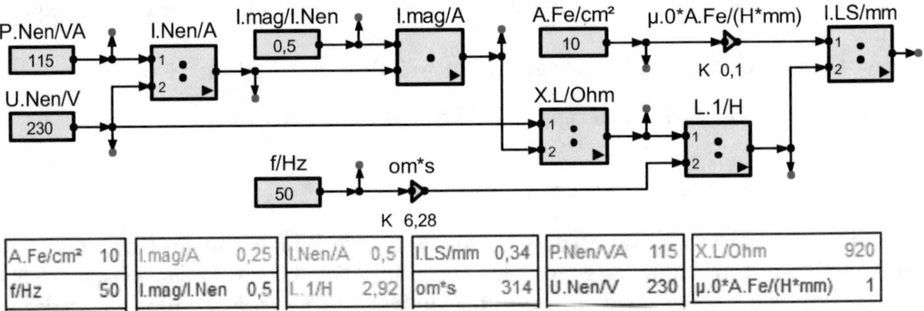


**Abb. 6-102 Induktivität und Luftspaltlänge als Funktion der Nennleistung: Der Quotient I.mag/I.Nen aus Leerlauf- und Nennstrom kann frei gewählt werden.**

Kerne ohne Luftspalt haben maximale Induktivitäten L, kleinste Magnetisierungsströme (Leerlaufströme), aber größte Einschaltströme, sobald der Kern in die Sättigung gerät. Diesen Fall behandeln wir in Absch. 6.2.4.

Hier soll gezeigt werden, wie bei einem gegebenen Transformator von dem **Blindanteil des Leerlaufstroms** ($\approx$ Magnetisierungsstrom) auf die **Gesamtlänge l.LS aller Luftspalte** geschlossen werden kann. Das ermöglicht die Berechnung des magnetischen Spannungsverhältnisses MSV, das bei 3 liegen sollte, denn

- Größere MSV als 3 erzeugen unnötig hohe Leerlaufströme und
- Trafos mit kleinerem MSV als 3 haben zu hohe Einschaltströme.

Abb. 6-103 zeigt, wie der maximale Einschaltstrom eines Transformators und die Länge des Luftspalts im Eisenkern aus den Daten seines Eisenkerns berechnet wird.

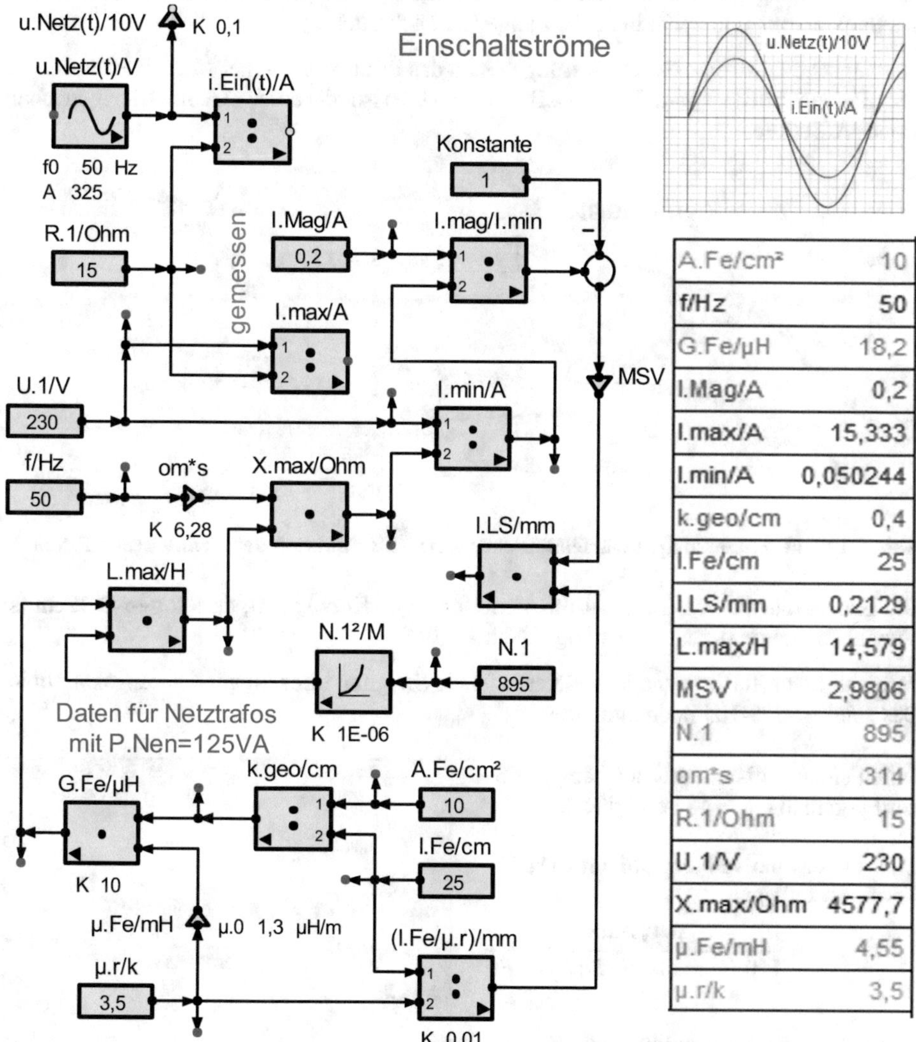


| | |
|---|---|
| A.Fe/cm² | 10 |
| f/Hz | 50 |
| G.Fe/µH | 18,2 |
| I.Mag/A | 0,2 |
| I.max/A | 15,333 |
| I.min/A | 0,050244 |
| k.geo/cm | 0,4 |
| I.Fe/cm | 25 |
| I.LS/mm | 0,2129 |
| L.max/H | 14,579 |
| MSV | 2,9806 |
| N.1 | 895 |
| om*s | 314 |
| R.1/Ohm | 15 |
| U.1/V | 230 |
| X.max/Ohm | 4577,7 |
| µ.Fe/mH | 4,55 |
| µ.r/k | 3,5 |

**Abb. 6-103 Berechnung der Luftspaltlänge eines Trafokerns zu dem gemessenen Leerlaufstrom (=Magnetisierungsstrom)**

### 4. Permeabilität und magnetischer Leitwert

Zur Berechnung von Induktivitäten $L=N^2 \cdot G.mag$ wird der magnetische Leitwert G.mag des Spulenkerns (Querschnitt A.Fe, Länge l.Fe) gebraucht.

Magnetische Leitwerte **G.mag = μ·k.geo** sind das Produkt aus einer Materialeigenschaft, der **Permeabilität μ=μ.0·μ.r** (z.B. in mH/m) und einer Geometrieeigenschaft **k.geo=A.Fe/l.Fe.**

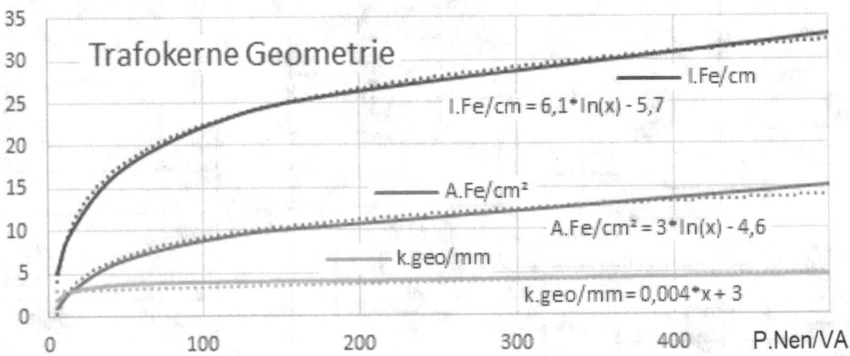


**Abb. 6-104 die Abmessungen würfelähnlicher Kerne als Funktion der Nennleistung P.Nen**

Die Excel-Analyse von Tab. 6-4 für würfelförmigen Kerne zeigt, dass **k.geo≈0,35cm** ist – unabhängig von der Nennleistung P.Nen.

Permeabilität μ ferromagnetischer Kerne ist die Steigung ihrer Magnetisierungskennlinie. Das zeigt Abb. 6-105 noch einmal.

Durch einen Luftspalt mit der Länge l.LS wird μ gemäß Gl. 6-47 verkleinert.

**Gl. 6-47 die relative Permeabilität eines Kerns mit Luftspalt**

$$\mu.r;eff = \frac{\mu.r;max}{1 + (\mu.r;max * l.LS)/l.Fe}$$

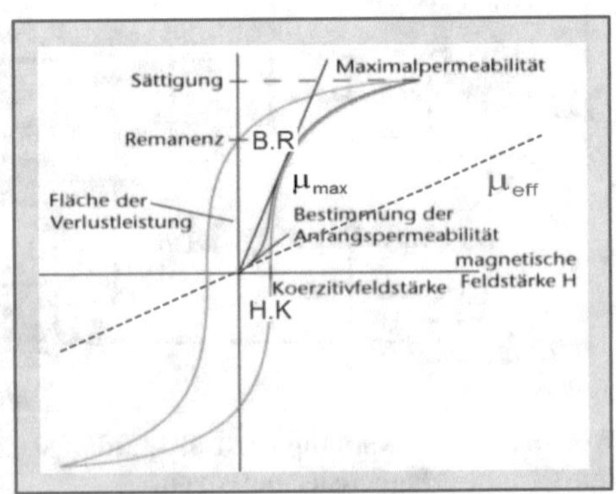


**Abb. 6-105 die Permeabilität eines Kerns mit und ohne Luftspalt**

Wie Luftspaltlängen l.LS berechnet werden, haben wir vorher unter Punkt 3 gezeigt.

Damit fehlt zur Berechnung von Induktivitäten L nur noch die Windungszahl N. Wie sie als Funktion der Nennleistung eines Transformators berechnet wird, zeigen wir unter Punkt 5.

## 5. Die Lamellenstärke s und magnetische Grenzfrequenz

Eisenkerne müssen aus zwei Gründen lamelliert werden.

1. steigen mit der Lamellenstärke s die **Wirbelstromverluste**. Das haben wir mit Gl. 5-128 gezeigt.
2. sinkt die **magnetische Grenzfrequenz** f.mag mit breiter werdenden Lamellen quadratisch. Das haben wir mit Gl. 5-150 gezeigt.

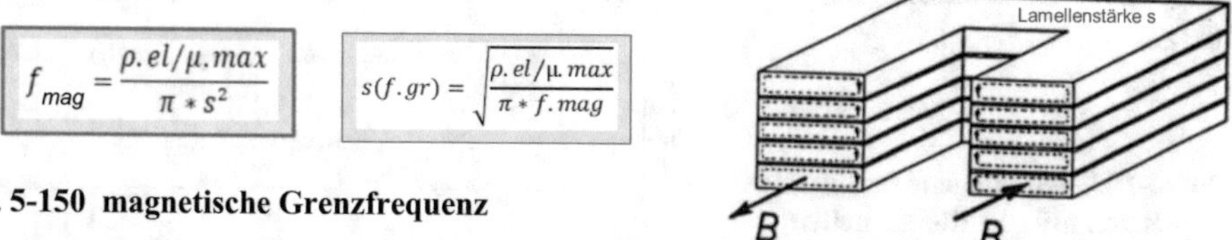

$f_{mag} = \frac{\rho.el/\mu.max}{\pi * s^2}$
$s(f.gr) = \sqrt{\frac{\rho.el/\mu.max}{\pi * f.mag}}$
Lamellenstärke s
B
B


**Gl. 5-150 magnetische Grenzfrequenz**

Hier soll am Beispiel von Netztrafos gezeigt werden, wie die Lamellenstärke s zu einer geforderten magnetischen Grenzfrequenz f.mag ermittelt wird (Wenn die Betriebsfrequenz die Netzfrequenz f.Netz=50Hz ist, sollte f.mag mindestens 100Hz sein).

Durch Umstellung von Gl. 5-150 nach s folgt daraus die für eine geforderte Grenzfrequenz benötigte

**Gl. 5-151 Lamellenstärke**

$$s = \frac{\sqrt{\rho.el/\mu.max}}{\pi * f.mag}$$

**Tab. 6-8 die Daten schmaler Elektrobleche**

| Elektroblech Dicke 0,35 mm | Nenndichte (kg/dm³) dm³=lit | Verluste (W/kg) bei 60 Hz bei 1,5 T | B/T bei H = 2.500 A/m | rel. Perm. μ.r = 460 |
|---|---|---|---|---|
| M 235-35 A | 7,60 | 2,97 | 1,49 | |
| M 330-35 A | | 4,12 | | |

Quelle:
https://www.emt-net.de/elektrobleche/Allgemeine-Informationen-zu-Elektroblechen.pdf

Abb. 6-106 zeigt die Berechnung der Lamellenstärke s nach Gl. 5-151:

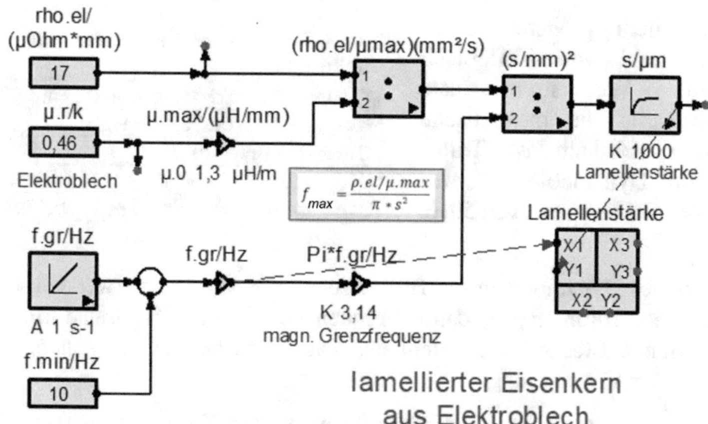


**Abb. 6-106 berechnet die Lamellenstärke s als Funktion der magnetischen Grenzfrequenz f.mag.**

Abb. 6-107 zeigt die Verringerung der Lamellenstärke s mit steigender Grenzfrequenz f.mag.

Erhältlich sind Blechstärken ab 0,36mm. Damit ist die magnetische Grenzfrequenz 70Hz. Das liegt nur knapp über der Netzfrequenz von 50Hz.

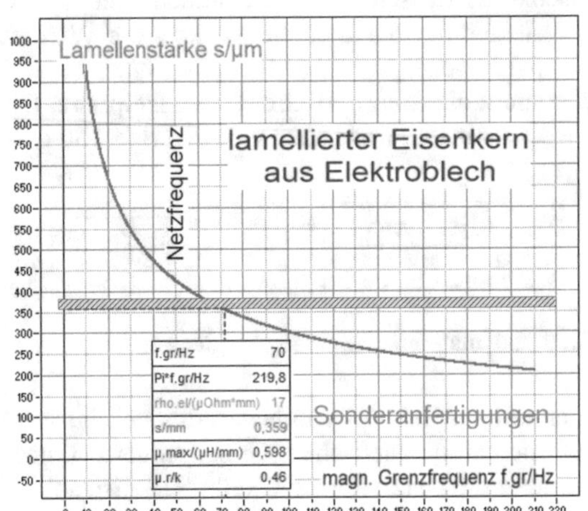


**Abb. 6-107 Mit steigenden Grenzfrequenzen müssen die Lamellen eines Eisenkerns immer schmaler werden.**

## 6. Lamellenstärke s und Kernverluste

Mit der Lamellenstärke s liegen auch die massenspezifischen Kernverluste (Wirbelstromverluste in W/kg) fest. Ihre Berechnung mit Gl. 5-128 haben wir bereits in Absch. 5.6.1 gezeigt.

**Gl. 5-128 die massenspezifischen Wirbelstromverluste**

$$\frac{P.Wirb}{m.Fe} = \frac{(\pi * f * s * B)^2}{6 * \rho.Fe * \rho.el} \dots in \frac{W}{kg}$$

Bei Dynamoblech der Stärke 0,5mm betrugen die Verluste 1,3W/kg. Elektroblech ist spezifisch ca. 5-mal hochohmiger als Dynamoblech.

Entsprechend dem größeren Ohm'schen Widerstand von Trafoblech werden die Wirbelstromverluste kleiner und steigt die magnetische Grenzfrequenz. Deshalb ist Trafoblech besser als Dynamoblech für den Betrieb mit der Netzfrequenz von 50Hz geeignet.

**Tab. 6-9 die technischen Daten von Elektroblech**

| | | |
|---|---|---|
| **Sättigungspolarisation** B.max=B.Sat | 2,03 T | rel. Perm. |
| **Koerzitivfeldstärke $H_c$** = H.Sat | 5 A/m | µ.r |
| **Curie-Temperatur $T_c$** | 745°C | = |
| **Dichte $\varphi_m$** dm³=lit | 7,65 kg/dm³ | 307 |
| **Spezifischer Widerstand $\rho_e$** | 0,48µΩm | |

Wollte man reines Dynamoblech für Trafokerne von Netztrafos verwenden, müsste ihre Blechstärke s bei 10µm liegen, damit Frequenzen bis zu 50Hz transformiert werden könnten. So dünne Bleche wären nicht nur schwer zu beschaffen, sondern auch sehr empfindlich in der Verarbeitung.

Um dickere Bleche verwenden zu können, muss das Kernmaterial nach Gl. 5-128 elektrisch hochohmiger und möglichst auch weniger permeabel sein. Diese Forderungen erfüllen **Ferrite**. Ein Beispiel dafür sind **GHz-Filter**, die wir in Bd. 2, Kap. 1.5.3 behandelt haben.

### 6.2.3.2 Berechnung der Trafospulen

Im vorherigen Abschnitt haben wir die Abmessungen von **Trafokernen** als Funktion der benötigten Nennleistung berechnet. Nun folgt die Berechnung der Daten der zugehörigen **Spulen**. Sie sollen aus Kupfer gewickelt werden, denn es ist niederohmig, flexibel und reichlich verfügbar, d.h. preiswert. Um die Spulen eines Transformators bauen zu können, sind folgende Fragen zu beantworten:

1. Welche **Windungszahlen** N werden benötigt?
   Dazu müssen die **Leerlaufspannungen** und die **Windungsspannungen** berechnet werden.
2. Wie lang müssen die **Spulendrähte** l.Draht sein?
   Zu ihrer Berechnung wird der der mittlere Spulenumfang Umf.Spu benötigt.
3. Welchen Querschnitt A.Draht müssen sie haben?
   Dazu müssen die zulässigen **Stromdichten** bekannt sein.

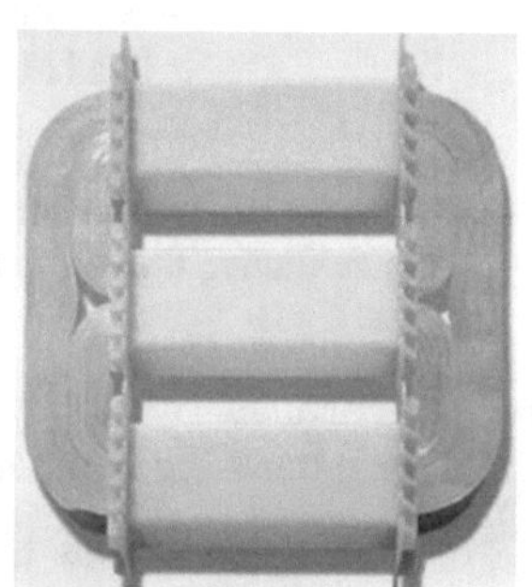

**Abb. 6-108 Spulenkörper für einen 3-Phasen-Transformator: Jeder Strang trägt eine Primär- und eine Sekundärspule.**

Um die Fragen zu den Spulendrähten beantworten zu können, müssen die Induktivitäten L und Wicklungswiderstände R bekannt sein.

Anhand der Trafoersatzschaltung Abb. 6-109 soll gezeigt werden, wie der elektrische Teil eines Trafos funktioniert.

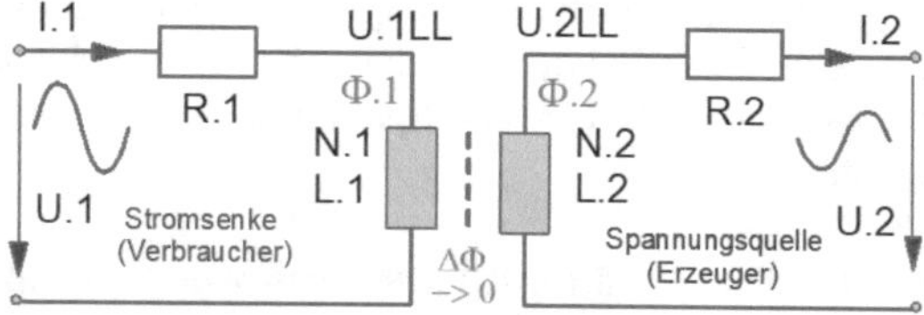


**Abb. 6-109 Trafo-Ersatzschaltung: Sie zeigt die Basisparameter:**

*Windungszahlen N, Induktivitäten L und Wicklungswiderstände R:*

Bekannt sind die primäre Nennspannung U.1=230V und die Netzfrequenz f.Netz=50Hz.

Gegeben, bzw. gefordert werden die Nenndaten eines Transformators:

- die sekundären Nennspannungen, hier nur U.2
- die sekundären Nennströme, hier nur I.2 oder
- die Nennleistung P.Nen=U.2·I.2

Folgende Trafodaten sollen als Funktion von P.Nen berechnet werden:

- die Windungszahlen N: Ihr Verhältnis ist das Verhältnis der Leerlaufspannungen, genannt Spannungsübersetzung *Ü=U.2;LL/U.1;LL.*
- Die Wicklungswiderstände R dienen zur Berechnung der Trafoverluste.
- Mit den Induktivitäten L kann der magnetische Fluss im Eisenkern errechnet werden.
- Der Quotient aus L und R ist die untere Grenzfrequenz, ab der der Trafo als Transformator arbeitet. Bei niedrigeren Betriebsfrequenzen wäre er ein Widerstand ohne Funktion, der nur Verluste erzeugt.

## 1. Die Windungsspannung und den magnetischen Fluss berechnen

Die in jeder Windung einer Spule induzierte Spannung U.Wdg ist eine Basisgröße der Transformatorberechnung, denn sie ermöglicht

- die Berechnung des magnetischen Flusses $\phi$=U.Wdg/ω und
- die Berechnung von Windungszahlen N=U.LL/U.Wdg.

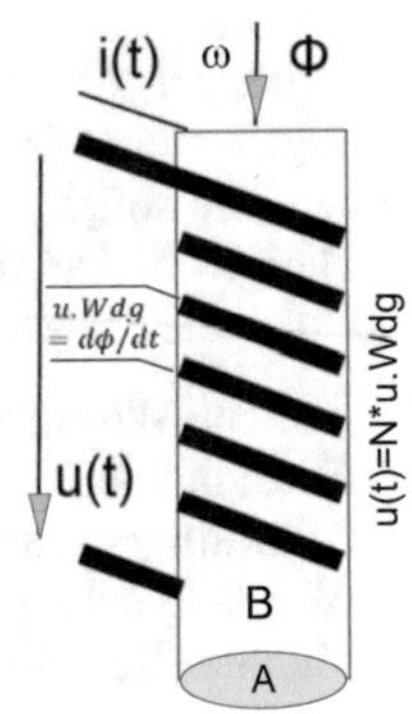


**Abb. 6-110 Induktion der Windungsspannungen einer Spule bei zeitlicher Flussänderung**

Hier sollen Transformatoren als Funktion der Nennleistung P.Nen berechnet werden. Dazu muss die Funktion U.Wdg(P.Nen) bekannt sein. Dazu zeigen wir nun, wie sie

1. aus den von Fa. Siemens in Tab. 6-5, Spalte 2 angegebenen Messwerten durch Excel-Analyse bestimmt wird und
2. wie U.Wdg(P.Nen) aus den Kerndaten berechnet werden kann.

Zur automatischen Berechnung von Transformatoren muss die **Windungsspannung U.Wdg** als Funktion der Nennleistung P.Nen bekannt sein. Wir erzeugen sie durch Excel-Analyse von Tab. 6-5 der Spalten 1 (P.Nen) und 2 (U.Wdg). Abb. 6-111 zeigt das Ergebnis.

Zu Pkt 1: **Die Windungsspannungen von Netztrafos als Funktion der Baugröße**

Die Excel-Analyse zeigt, dass U.Wdg mit der Quadratwurzel der Nennleistung P.Nen zunimmt.

**Gl. 6-48 Berechnung der Windungsspannung als Funktion der Nennleistung**

$$U.Wdg = 22mV * \sqrt{P.Nen/VA}$$

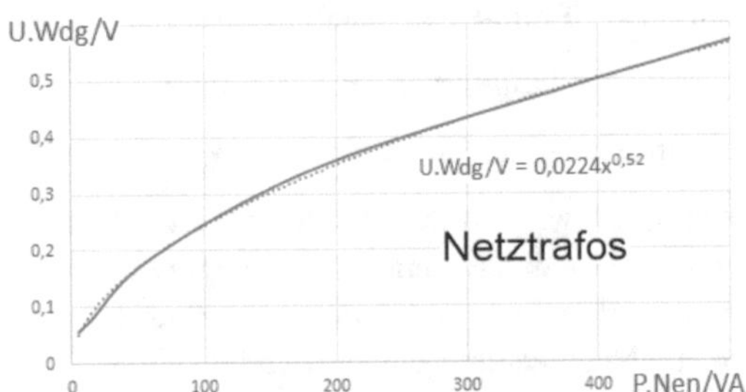


**Abb. 6-111 Windungsspannungen als Funktion der Nennleistung: eine Wurzelfunktion**

Annahmen zu Abb. 6-111:

- Die Wurzelfunktion gilt für Trafokerne aus beliebigen Materialien.
- Der Proportionalitätsfaktor von 22mV gilt für Kerne aus Trafoblech.

Zu Pkt 2: **Die Windungsspannung aus den Kerndaten berechnen**

Abb. 6-112 zeigt, dass die Windungsspannung U.Wdg nur von der Nennleistung P.Nen, der Frequenz f und der zulässigen Flussdichte B.eff des Eisenkerns abhängt. Wenn P.Nen, f und A.Fe bekannt sind, lässt dies auf die Flussdichte B schließen. Sie darf nicht größer als der Grenzwert B.gr für Linearität sein.

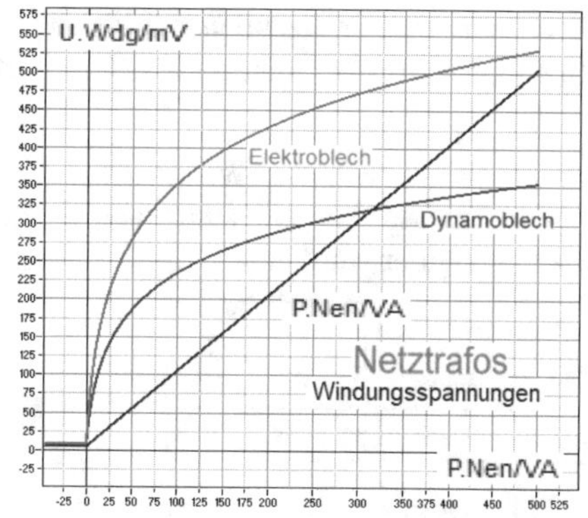


**Abb. 6-112 Die maximale Windungsspannung steigt mit der Quadratwurzel der Nennleistung an.**

Abb. 6-113 zeigt die ...

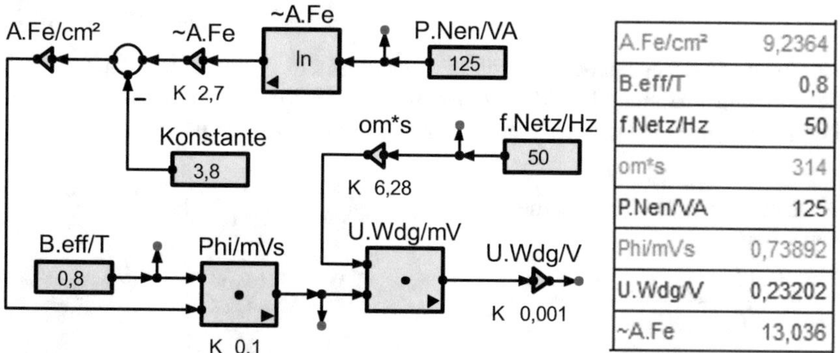


**Abb. 6-113 Berechnung der Windungsspannung als Funktion der Nennleistung mit der Frequenz f und der effektiv zulässigen Flussdichte B.eff für Elektroblech als Parameter**

Die Windungsspannung wird bei diesen Berechnungen benötigt:

- Zum einen kann mit U.Wdg und der Frequenz f, bzw. der **Kreisfrequenz $\omega=2\pi\cdot f$**, der **magnetische Fluss $\phi=B\cdot A.Fe=U.Wdg/\omega$** berechnet werden.

Für kleine Trafos soll die **Flussdichte B** ihren Grenzwert für Linearität haben. Für Elektroblech, mit dem hier gerechnet wird, ist $B.max\approx 1{,}2T \rightarrow B.eff\approx 0{,}8T$. Mit der gewünschten Flussdichte B kann der benötigte Eisenquerschnitt berechnet werden:

**Gl. 6-49 Eisenquerschnitt und Frequenz** $A.Fe \approx U.Wdg/(\omega * B.gr)$

- Zum andern können damit **Windungszahlen** $N = U.LL/U.Wdg$ errechnet werden. Näherungsweise sind die Leerlaufspannungen gleich den Nennspannungen. Um genau zu werden, muss die Leerlaufüberhöhung LÜ bekannt sein. Das zeigen wir nun.

## 2. Die Windungszahlen N berechnen

Zur Auslegung der Trafospulen müssen ihre Windungszahlen N bekannt sein. Gezeigt werden soll, wie sie als Funktion der Nennleistung P.Nen berechnet werden.

Abb. 6-114 zeigt, wie die Windungszahlen der Trafospulen mit steigender Nennlistung kleiner werden.

| P.Nen/VA | 125 | U.Wdg/V | 0,24 |
|---|---|---|---|
| U.Netz/V | 230 | N.1 | 895 |
| U.2/V | 24,8 | N.2 | 103 |

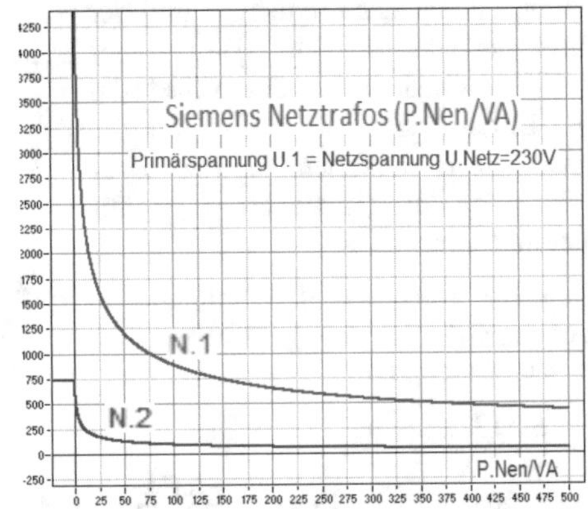


**Abb. 6-114 Windungszahlen der Trafospulen sinken mit steigender Nennleistung.**

Gl. 6-50 zeigt, dass zur Berechnung einer Windungszahl N die Leerlaufspannung U.LL und die Windungsspannung U.Wdg benötigt werden. U.Wdg ist bereits aus Pkt. 1 bekannt. Wie Leerlaufspannungen ermittelt werden, zeigen wir im Anschluss.

**Gl. 6-50 näherungsweise Berechnung von Windungszahlen**

$$N = \frac{U.LL}{U.Wdg} \approx \frac{U.Nen}{22mV * \sqrt{P.Nen/VA}}$$

Abb. 6-115 zeigt einen

**Abb. 6-115 Netztrafo mit gleicher Aufteilung von Primär- und Sekundärwicklung: Unterschiedlich ist die Dicke der Spulendrähte.**

Zahlenwerte:
P.Nen = 125VA → SQR(P.Nen/VA)=11,2 → U.Wdg≈0,24V
U.1;Nen = 230V → N.1≈935 - U.2;Nen = 24V → N.2≈98

Zur genauen Berechnung der Windungszahlen benötigen wir die Leerlaufspannungen:
primär U.LL=U.Nen·(1-LÜ) und sekundär U.LL=U.Nen·(1-LÜ).

Tab. 6-5, Spalte 5 zeigt, dass die Leerlaufüberhöhung mit steigender Nennleistung kleiner wird, z.B. LÜ(5VA)=25% und LÜ(500VA)=2,4%.

LÜ(125VA)=4%. Damit und mit U.Wdg aus Gl. 6-50 errechnen sich folgende Windungszahlen:

Primär (230V): $U.1; LL = U.1; Nen/(1 + LÜ)$ → N.1=935/1,04=899
Sekundär (24V): $U.2; LL = (1 + LÜ) * U.1; Nen$ → N.1=98·1,04=102

### 3. Die Leerlaufüberhöhung LÜ berechnen

Bei realen Transformatoren ist die Ausgangs-Leerlaufspannung U.2;LL höher als die Ausgangs-Nennspannung U.2;Nen.

Das beschreibt die Leerlaufüberhöhung

**Gl. 6-51 Messung der Leerlaufüberhöhung**

$$L\ddot{U} = \boldsymbol{U.2;LL/U.2;Nen - 1}$$

Ursache für die Leerlaufüberhöhung sind die Spannungsabfälle an Wicklungswiderständen R.1 und R.2 der Primär- und der Sekundärspule.

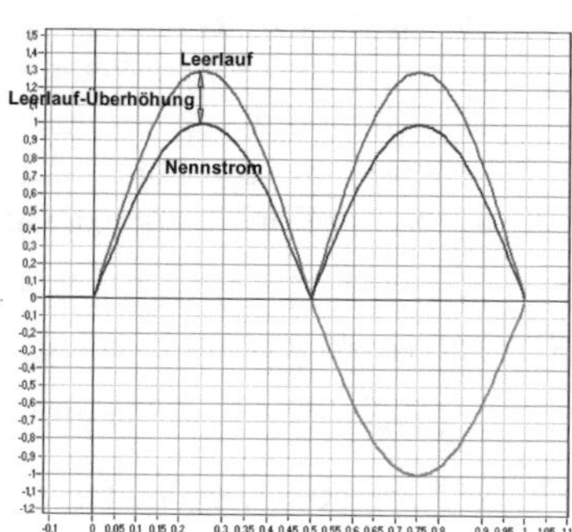


**Abb. 6-116 Die Ausgangsspannung eines Netztrafos mit und ohne Last: Das Verhältnis ΔU/U.Nen ist die Leerlaufüberhöhung LÜ.**

Für Simulationen des Transformators benötigen wir den Zusammenhang zwischen der Leerlaufüberhöhung LÜ und der Nennleistung P.N des Trafos **analytisch.** Sie errechnet sich nach der folgenden, empirisch gefundenen Formel:

**Gl. 6-52 die Leerlaufüberhöhung als Funktion der Nennleistung**

$$L\ddot{U}(P.Nen) \approx 70\% \,/\, \sqrt{P.Nen/VA}$$

Zahlenwerte: Für P.Nen=125VA ist die Leerlaufüberhöhung LÜ≈4,0%.

### Leerlaufüberhöhung LÜ und Wirkungsgrad η

Wirkungsgrade η sind als Leistungsverhältnisse nicht so einfach zu messen. Leerlaufüberhöhungen LÜ sind dagegen als Spannungsverhältnisse viel leichter zu messen.

Abb. 6-117 zeigt den Zusammenhang zwischen 1-η und LÜ:

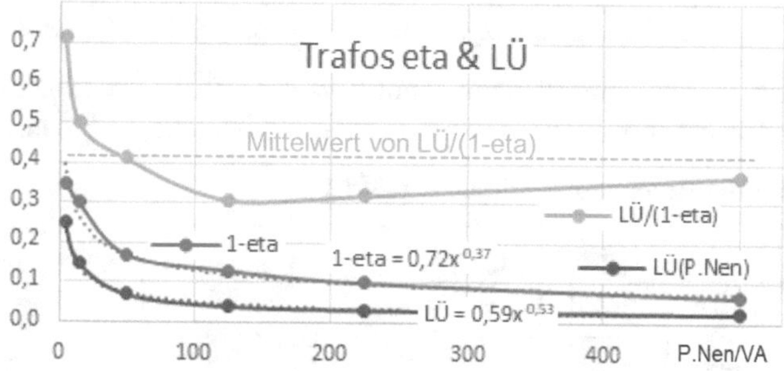


**Abb. 6-117 Die Leerlaufüberhöhung LÜ und der Verlustfaktor 1-η sinken mit steigender Nennleistung fast gleichmäßig gegen null.**

In Tab. 6-5, Spalte 2, ist die Spannung pro Windung angegeben (**Windungsspannung U.Wdg**). Spalte 3 zeigt gemessene Wirkungsgrade und Spalte 5 die Leerlaufüberhöhungen von Netztrafos. Die in Abb. 6-117 angegebenen Gleichungen dazu hat wieder Excel ermittelt. Wir werden sie in Absch. 6.2.2 zur Berechnung der Trafodaten verwenden.

### Verlustfaktor und Wirkungsgrad berechnen

Abb. 6-117 zeigt zwei Zusammenhänge als Funktion steigender Nennleistung:

- den Abfall der Leelaufüberhöhung LÜ gegen 0
  Sie wird zur Berechnung der Leerlaufspannungen aus den Nennspannungen gebraucht, mit denen Windungszahlen berechnet werden.
- den Abfall des Verlustfaktors 1- η gegen 0
  Er wird zur Berechnung der Verlustleistung P.Verl=P.Nen·(1-η) gebraucht, aus der wiederum Wicklungswiderstände R.W1 und R.W2 berechnet werden können.

In Tab. 6-4, Spalte 2, hat Fa. Siemens die Verlustleistungen ihrer Netztrafos angegeben. Sie analysieren wir mit Excel und erhalten den

*Verlustfaktor P.Verl/P.Nen = 1 - η* als Funktion der Nennleistung P.Nen.

Gl. 6-53 zeigt die Berechnung des

**Gl. 6-53 Verlustfaktors P.Verl/P.Nen als Funktion der Nennleistung P.Nen**

$$1-\eta = 0.72 * (P.Nen/VA)^{-0,37} = 0,72/(P.Nen/VA)^{0,37}$$

**4. Das Übersetzungsverhältnis Ü** als Funktion der Nennleistung

Abb. 6-118 zeigt den ähnlichen Verlauf von Übersetzungsfaktor Ü und Leerlaufüberhöhung LÜ über der Nennleistung P.Nen.

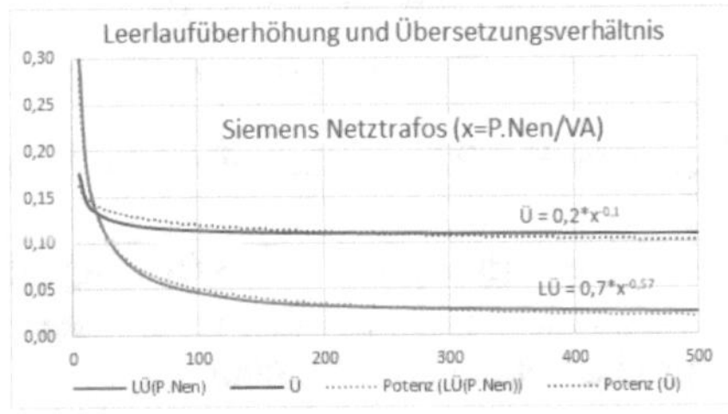


**Abb. 6-118 Ü und LÜ variieren anfangs stark und ab P.Nen≈100VA nur noch schwach mit P.Nen.**

Bei gleichen Wicklungsräumen (wovon hier ausgegangen wird) liegen mit Ü² auch die Verhältnisse von Induktivitäten und Wicklungswiderständen R.W fest:

**Gl. 6-54 Übersetzungsquadrat** $\text{Ü}^2 = \boldsymbol{L.2/L.1 = R.1/R.2}$

- Wenn z.B. R.W.1 bekannt ist, kann damit R.W.2=Ü²·R.W1 berechnet werden.
- Wenn z.B. L.1 bekannt ist, kann damit L.2=Ü²·L.1 berechnet werden.

Abb. 6-119 zeigt die Berechnung von Ü, R und L:

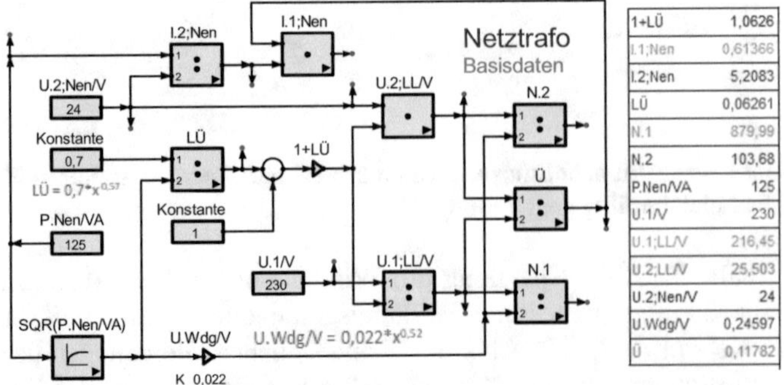


| | |
|---|---|
| 1+LÜ | 1,0626 |
| I.1;Nen | 0,61366 |
| I.2;Nen | 5,2083 |
| LÜ | 0,06261 |
| N.1 | 879,99 |
| N.2 | 103,68 |
| P.Nen/VA | 125 |
| U.1/V | 230 |
| U.1;LL/V | 216,45 |
| U.2;LL/V | 25,503 |
| U.2;Nen/V | 24 |
| U.Wdg/V | 0,24597 |
| Ü | 0,11782 |

**Abb. 6-119 Leerlaufspannungen und Windungszahlen berechnen**

## 5. Induktivitäten L berechnen

Zuletzt interessiert noch die **untere Grenzfrequenz** ω.g=R/L=2π·f.g=1/T des Transformators. f.g (Zone B), denn sie muss kleiner als die Betriebsfrequenz f.Netz=50Hz sein.

Abb. 6-120 zeigt Entstehung der Spulenzeitkonstante T=L/R durch die Induktivität L und ihren Wicklungswiderstand R. Die Berechnung von L zeigen wir jetzt, die Berechnung von R zeigen wir im Anschluss.

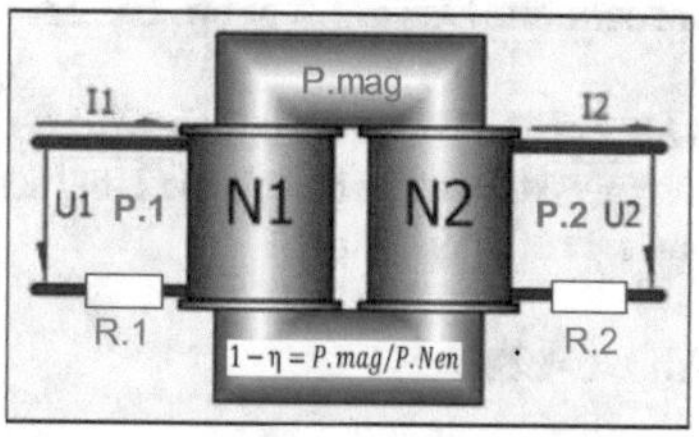

**Abb. 6-120 Spule mit Induktivität L und Wicklungswiderstand R**

Gl. 5-87 zeigt die Berechnung der

**Gl. 5-87 unteren Grenzfrequenz einer Spule**

$$\boldsymbol{\omega.g = 1/T = R/L}$$

Die Induktivität L bestimmt

- den induktiven Widerstand X.L=ω·L einer Spule, mit der der Magnetisierungsstrom I.mag=U.L/X.L berechnet werden kann,
- und – zusammen mit dem Wicklungswiderstand R – die Zeitkonstante T=L/R der Spule. Ihr Kehrwert ist die untere Grenzkreisfrequenz ω.g=2π·f.g.
  Bei f=f.g ist X.L=R. Bei Frequenzen f<f.g überwiegt R, bei f>f,g überwiegt X.L.

**Induktivität und magnetischer Widerstand einer Spule**

Abb. 6-121 zeigt die Berechnung des magnetischen Widerstands eines Luftspalts und der daraus folgenden Induktivität:

$$L = N^2/R.mag\ \ldots\ mit\ R.mag = R.LS + R.Fe$$

$$R.LS = 1/G.LS\ \ldots\ mit\ G.LS = \mu.0 * A.Fe/l.LS$$

$$R.Fe = R.LS/MSV\ \ldots\ mit\ MSV \approx 3$$

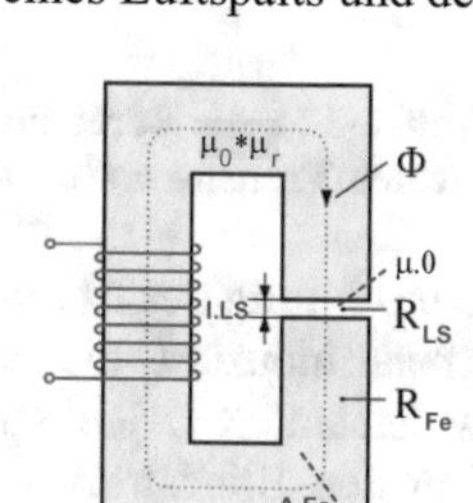


**Abb. 6-121 Bei Spulen mit Luftspalt bestimmt diese – und nicht der Eisenkern – den magnetischen Widerstand R.Mag≈R.LS und damit die Induktivität L.**

Abb. 6-122 zeigt die

**Abb. 6-122 Berechnung der Induktivitäten L.1 und L.2**

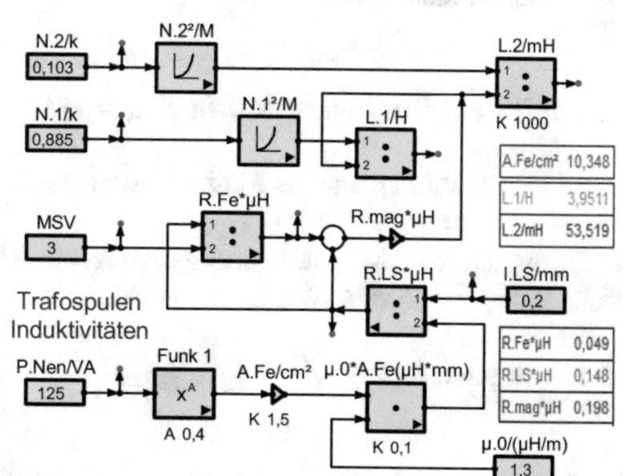


Da hier von einem Eisenkern mit Luftspalt ausgegangen wird, dominiert der magnetische Widerstand R.LS des Luftspalts. Seine Permeabilität ist μ.0≈1,3μH/m.

Das magnetische Spannungsverhältnis MSV kann frei gewählt werden. Abb. 6-126 zeigt: Günstig ist MSV=3.

A.Fe und l.Fe sind bereits aus Punkt 1 bekannt.

## 6. Den Magnetisierungsstrom (≈ Leerlaufstrom) berechnen

Mit der aus Pkt. 3 bekannten Induktivität L.1 können wir den induktiven Blindwiderstand der Primärspule X.1=ω·L.1 und damit auch den Magnetisierungsstrom I.mag=U.1;LL/X.1 berechnen. Das zeigt Abb. 6-123.

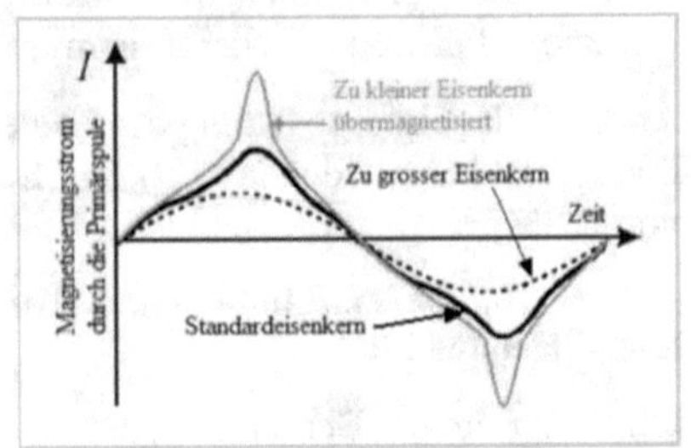


**Abb. 6-123 An der Verzerrung des Magnetisierungsstroms lässt sich die Übersteuerung eines Trafos erkennen.**

Abb. 6-124 zeigt ...

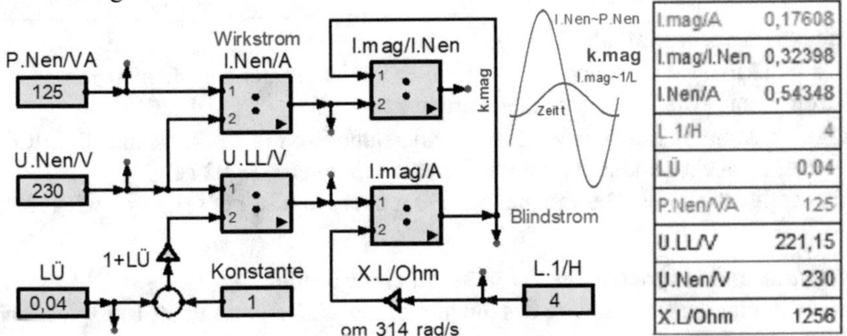


| | |
|---|---|
| I.mag/A | 0,17608 |
| I.mag/I.Nen | 0,32398 |
| I.Nen/A | 0,54348 |
| L.1/H | 4 |
| LÜ | 0,04 |
| P.Nen/VA | 125 |
| U.LL/V | 221,15 |
| U.Nen/V | 230 |
| X.L/Ohm | 1256 |

**Abb. 6-124 die Berechnung der Beträge von Leerlauf- und Nennstrom eines Trafos: Bei idealen Transformatoren wäre die Leerlaufüberhöhung null. Dann ist U.LL=U.Nen.**

### Berechnung des Magnetisierungsstroms

I.mag induziert die Spulenspannung U.L=X.L·I.mag - mit dem induktiven Blindwiderstand X.L=ω·L - aus der Kreisfrequenz ω und der Induktivität L (alles Messgrößen). Um den Blindstrom I.mag des Transformators zu dem Nennstrom I.Nen angeben zu können, wird die Induktivität L z.B. mit einer Messbrücke gemessen.

Dann ist der Magnetisierungsstrom

$$I.mag = U.Spu/X.L$$

$$\ldots \ mit\ dem\ Blindwiderstand\ X.L = \omega * L$$

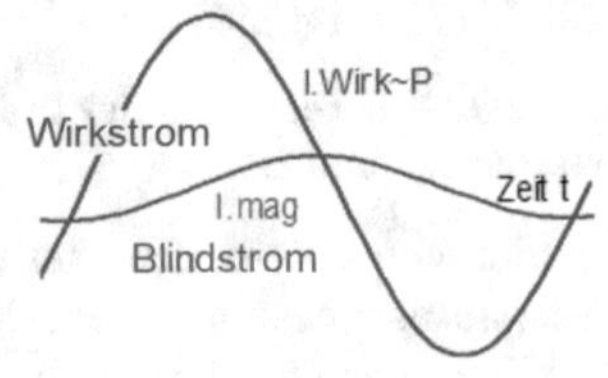


**Abb. 6-125 die Phasenlage des Magnetisierungsstroms**

Bei Trafos ist der Magnetisierungsstrom ein Bruchteil des Nennstroms. Gl. 5-182 berechnet das Verhältnis. Wir nennen es den

**Gl. 5-182 Magnetisierungsfaktor**

$$k.mag = \frac{I.mag}{I.Nen} = \frac{U.Nen/X.L}{P.Nen/U.Nen} = \frac{U.Nen^2}{P.Nen * \omega * L.1}$$

Zahlenwerte zu Gl. 5-182 finden Sie in Abb. 6-124.

## 8. Die Durchflutung eines Eisenkerns mit Luftspalt

Bei gleicher Flussdichte benötigen Spulen mit Eisenkern und Luftspalt eine höhere Durchflutung als solche ohne Luftspalt. Abb. 6-126 zeigt die mit Abb. 6-127 errechnete, zulässige Durchflutung einer Spule mit Eisenkern und Luftspalt für drei gewählte magnetische Spannungsverhältnisse MSV. Wird sie überschritten, so gerät der Kern trotz Luftspalt in die magnetische Sättigung.

Zur Berechnung der Luftspaltlänge l.LS≈Θ/H.LS müssen die Durchflutung Θ und die Feldstärke H.LS im Luftspalt bekannt sein. Wie Θ=N·I berechnet wird, zeigt Abb. 6-127 für einen Kern mit der effektiven Grenzflussdichte B.gr=0,8T.

Abb. 6-126 zeigt

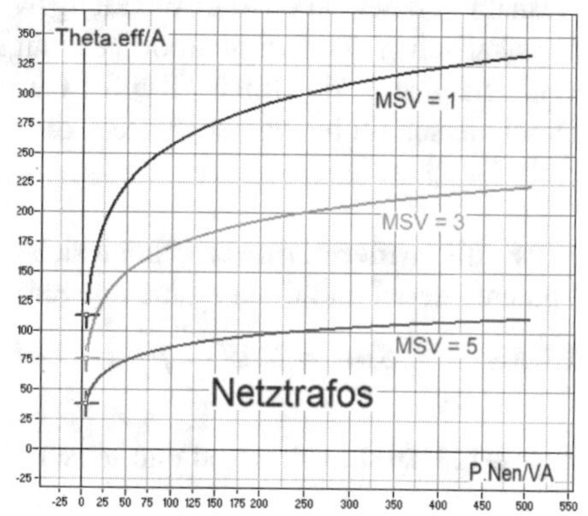


**Abb. 6-126 die erforderliche Durchflutung als Funktion der Nennleistung mit dem magnetischen Spannungsverhältnis MSV als Parameter**

Abb. 6-127 berechnet die Zahlenwerte für den Luftspalt eines Eisenkerns.

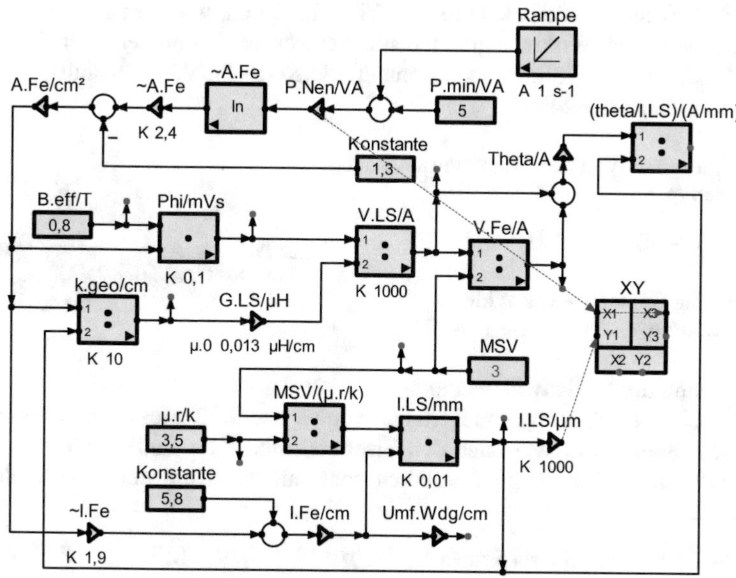


| (theta/l.LS)/(A/mm) | 820,51 | G.LS/µH | 6,1559 | l.LS/mm | 0,217 | Phi/mVs | 0,82304 | V.Fe/A | 44,566 |
|---|---|---|---|---|---|---|---|---|---|
| A.Fe/cm² | 10,288 | k.geo/cm | 473,53 | MSV | 3 | Theta/A | 178,27 | V.LS/A | 133,7 |
| B.eff/T | 0,8 | l.Fe/cm | 25,347 | P.Nen/VA | 125 | Umf.Wdg/cm | 25,347 | µ.r/k | 3,5 |

**Abb. 6-127 Berechnung von Luftspaltlänge und Durchflutung einer Spule mit Eisenkern**

## 9. Wicklungswiderstände berechnen

Trafospulen sind, sofern sie nicht durch Tiefsttemperaturen supraleitend gemacht worden sind, immer widerstandsbehaftet. Ein Wicklungswiderstand R hat zwei Eigenschaften:

1. Er erzeugt, zusammen mit dem Spulenstrom, die Verlustleistung $P.Spu=R\cdot I.Spu^2$.
2. Er erzeugt, zusammen mit der Induktivität L, die untere Grenzfrequenz $\omega.1=R/L$.

Deshalb müssen auch die Wicklungswiderstände bei der in Absch. 6.2.5 folgenden physikalischen Trafosimulation bekannt sein. Hier soll gezeigt werden, wie sie aus dem Widerstandsmaterial (meist Kupfer Cu oder Aluminium Al), der Drahtlänge und dem Drahtquerschnitt berechnet werden. Zahlenwerte zu den folgenden Formeln finden Sie in Abb. 6-133.

**Die Spulenwiderstände** errechnen sich aus dem Spulenmaterial und ihren Abmessungen:

**Gl. 6-55** $$\boldsymbol{R.Spu = R.W = \rho * l.Draht/A.Draht}$$

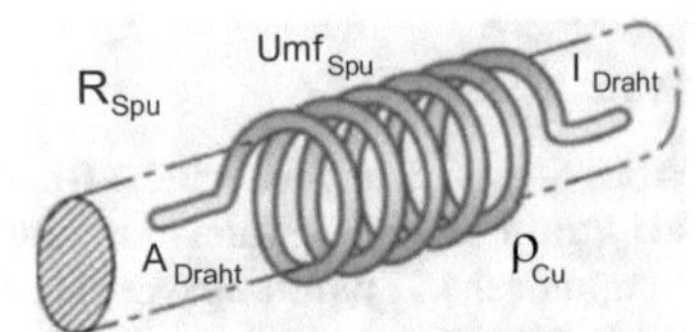


**Abb. 6-128 Drahtwiderstand und seine Parameter**

Nun soll gezeigt werden, wie mit Gl. 6-55 die Drahtlänge l.Draht und der Drahtquerschnitt A.Draht berechnet werden. Dazu müssen die Wicklungswiderstände R.1 und R.2 der Primär- und Sekundärspule bekannt sein. Wir zeigen nun, wie sie aus dem in Tab. 6-5, Spalte 3 angegebenem Wirkungsgrad η berechnet werden. Parameter ist die Nennleistung P.Nen. Bekannt ist die Netzspannung U.Netz=230V. Gewählt wurde die Sekundärspannung U.2=24V.

**Gl. 6-56 Ohm'scher Widerstand: Definition und Berechnung**

$$R = u/i = \rho * l/A$$

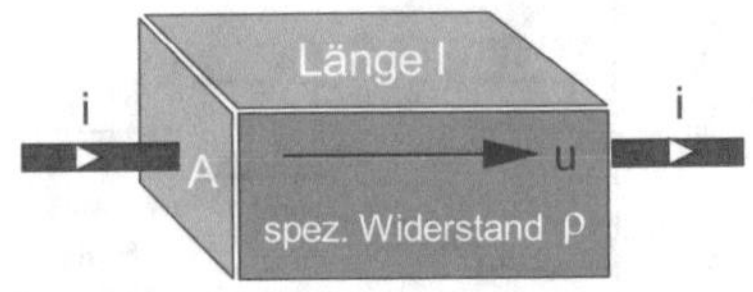


**Abb. 6-129 die Geometrie zur Widerstandsberechnung**

Zur Berechnung der Spulenwiderstände:
Für gleichmäßige Erwärmung von Kern und Spulen werden Trafos so dimensioniert, dass die gesamten Spulenverluste gleich den Eisenverlusten P.Fe sind. Bei Trafos mit einer Primär- und einer Sekundärspule entfallen dann auf den Kern und jede Spule 1/3 der Gesamtverluste.

**Gl. 6-57 Verluste bei zwei Spulen** $$\boldsymbol{P.Spu = R.Spu * I.Nen^2 \approx P.Verl/3}$$

Mit *P.Verl=P.Nen·(1-η)* und *I.Nen=P.Nen/U.Nen* folgt daraus der

**Gl. 6-58 Spulenwiderstand** $$R.Spu = \frac{1-\eta}{3} * \frac{U.Nen^2}{P.Nen}$$

Abb. 6-130 zeigt ...

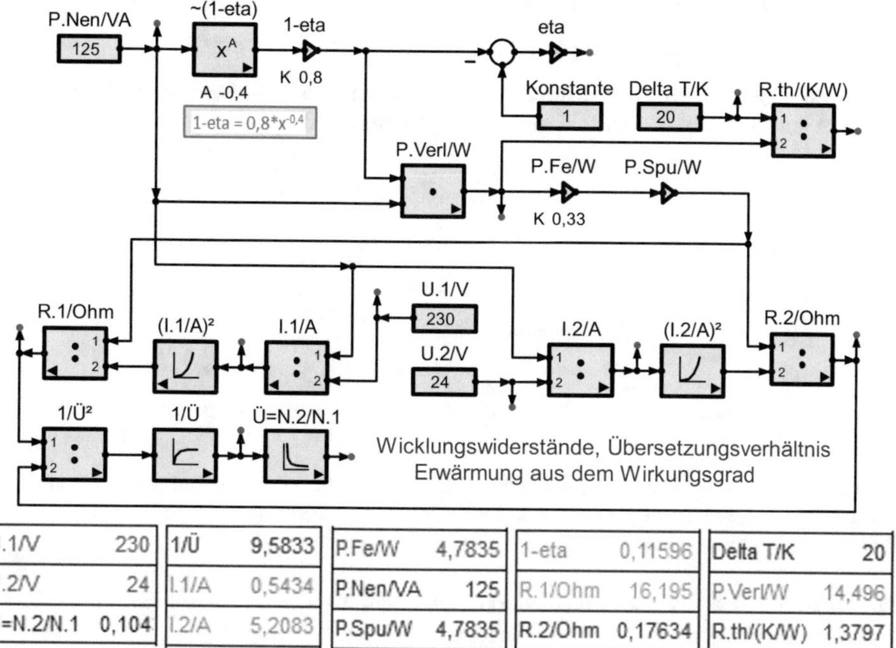


| | | | | | | | | | |
|---|---|---|---|---|---|---|---|---|---|
| U.1/V | 230 | 1/Ü | 9,5833 | P.Fe/W | 4,7835 | 1-eta | 0,11596 | Delta T/K | 20 |
| U.2/V | 24 | I.1/A | 0,5434 | P.Nen/VA | 125 | R.1/Ohm | 16,195 | P.Verl/W | 14,496 |
| Ü=N.2/N.1 | 0,104 | I.2/A | 5,2083 | P.Spu/W | 4,7835 | R.2/Ohm | 0,17634 | R.th/(K/W) | 1,3797 |

**Abb. 6-130 Berechnung der Wicklungswiderstände eines Transformators und die Bestimmung seines thermischen Widerstands R.th durch die gemessene Erwärmung ΔT.**

## 10. Die Spulendrähte berechnen

Nun sind die zu erwartenden Spulenwiderstände bekannt. Deshalb kann nun gezeigt werden, wie die zum Bau der Spulen benötigten **Drahtlängen l.Draht** und **Drahtquerschnitte A.Draht** ermittelt werden.

Zur Berechnung der **Gl. 6-59 Drahtlänge** $\boldsymbol{l.Draht = N * Umf.Spu}$

benötigen wir die Windungszahlen N und den **mittleren Spulenumfang Umf.Spu**.

- Wie die Windungszahlen berechnet werden, haben wir unter Punkt 2 gezeigt. Bei unserem Beispiel eines 24V/125VA-Trafos ist N.1=878 und N.1=103.
- Aus Tab. 6-4, Spalte 3, entnehmen wir den mittleren

**Gl. 6-60 Spulenumfang** $\boldsymbol{Umf.Spu \approx l.Fe}$

In Tab. 6-7 haben wir gezeigt, dass der Spulenumfang annähernd gleich der mittleren Eisenlänge l.Fe(P.Nen) ist.

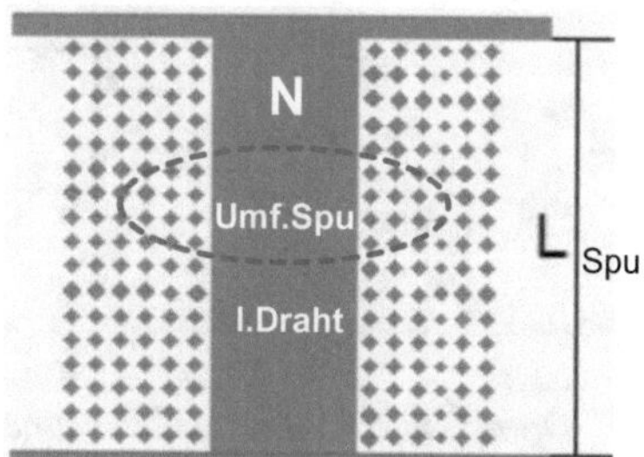


**Abb. 6-131 Trafospule mit den zur Berechnung des Wicklungswiderstands benötigten Messgrößen**

Zur Berechnung von **Drahtquerschnitten A.Draht** werden die Spulenströme **I.Spu=P.Nen/U.Nen** und die zulässigen Stromdichten J.zul=I.Spu/A.Draht benötigt:

**Gl. 6-61 Drahtquerschnitt** $A.Draht = I.Nen/J.zul$

Die **zulässigen Drahtquerschnitte J=I.Draht/A.Draht** ermitteln wir durch Excel-Analyse der in Tab. 6-5, Spalte 4 gemachten Angaben. Abb. 6-132 zeigt ...

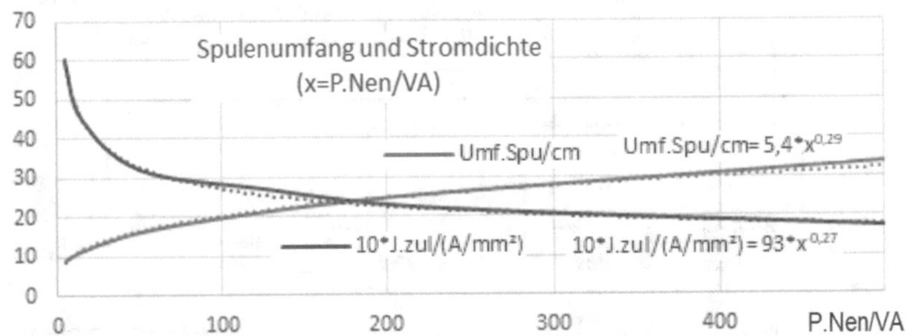


**Abb. 6-132 zulässige Stromdichten in Trafospulen und der mittlere Spulenumfang als Funktion der Nennleistung: Man sieht, dass wir bei Nennleistungen um 100VA mit J=2,5A/cm² rechnen können.**

Die zulässige Stromdichte J.zul(P.Nen) erhalten wir aus der Excel-Analyse von Tab. 6-5, Spalte 4. Sie sinkt mit der vierten Wurzel aus der Nennleistung P.Nen.

**Gl. 6-62 die zulässige Stromdichte**

$$J.zul = 6{,}4mm^2 * (P.Nen/VA)^{-0{,}28} \approx 6{,}4mm^2/\sqrt[4]{P.Nen/VA}$$

Abb. 6-133 zeigt eine ...

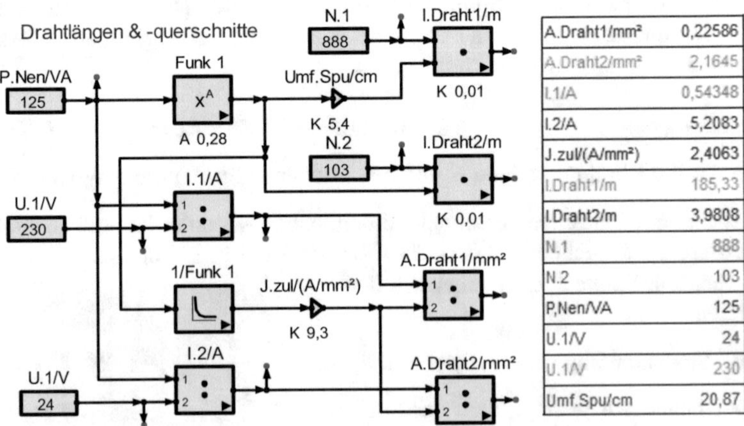


| | |
|---|---|
| A.Draht1/mm² | 0,22586 |
| A.Draht2/mm² | 2,1645 |
| I.1/A | 0,54348 |
| I.2/A | 5,2083 |
| J.zul/(A/mm²) | 2,4063 |
| I.Draht1/m | 185,33 |
| I.Draht2/m | 3,9808 |
| N.1 | 888 |
| N.2 | 103 |
| P.Nen/VA | 125 |
| U.1/V | 24 |
| U.1/V | 230 |
| Umf.Spu/cm | 20,87 |

**Abb. 6-133 Zusammenfassung der Spulendrahtberechnung mit Zahlenwerten**

*Damit sind sämtliche Kern- und Spulenparameter als Funktion der Nennleistung (Trafogröße) bekannt. Sie werden in den nachfolgenden Simulationen gebraucht.*

### 6.2.3.3 *Netztrafos automatisch dimensionieren*

Durch die in den beiden vorherigen Abschnitten erzeugten Funktionen können wir die Parameter von Netztrafos mit der Nennleistung als freiem Parameter berechnen.

In den nächsten Abschnitten werden wir zeigen, wie damit Netztrafos im Zeit- und Frequenzbereich simuliert werden (Einschaltvorgänge, Frequenzgänge).

Zunächst soll gezeigt werden, wie damit Netztrafos ohne weitere Herstellerangaben dimensioniert werden. Um Transformatoren bauen zu können, müssen folgende Parameter bekannt sein:

- Eisenquerschnitte und Kernlängen
- Induktivitäten und Windungszahlen
- Luftspaltlänge und die Wicklungswiderstände
- Drahtlängen und Drahtquerschnitte

Abb. 6-134 zeigt

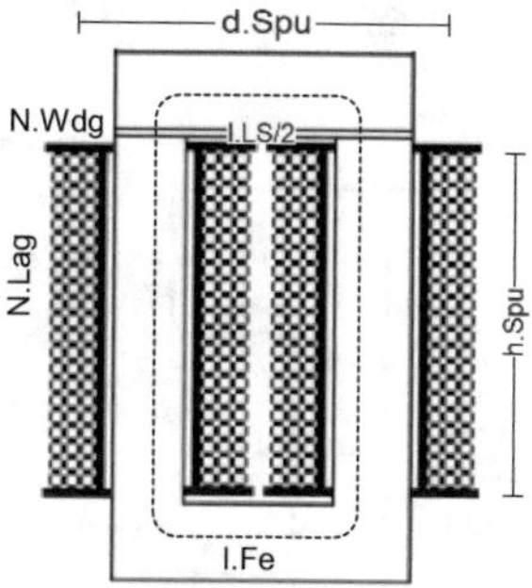


**Abb. 6-134 die geometrischen Messgrößen zum Bau von Transformatoren**

**Zur Nennleistung**
Die Nennleistung einer Maschine (hier eines Transformators) ist erreicht, wenn ihre interne Temperatur ein zulässiges Maximum erreicht hat (hier ca. 70°C). Die von Herstellern angegebene Nennleistung gilt bis zu Raumtemperaturen 40°C. Bei erhöhten Temperaturen ist zu berücksichtigen, dass sie um etwa **1%/K abnimmt**. Das zeigt Abb. 6-135:

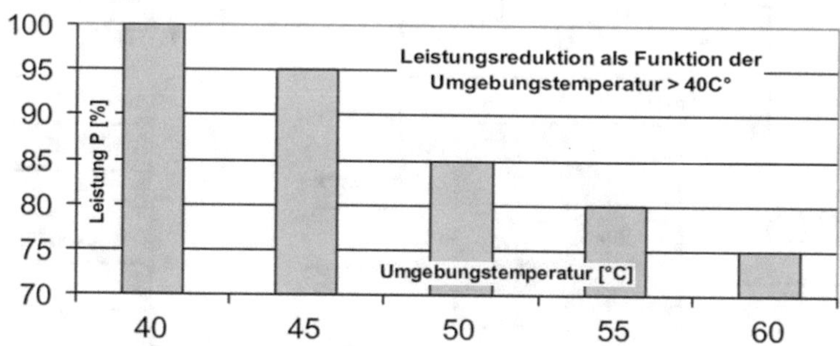


**Abb. 6-135 die Reduzierung der Nennleistung von Transformatoren bei Temperaturen über 40°C**

Nachfolgend soll gezeigt werden, dass mit der geforderten **Nennleistung P.Nen alle zum Bau von Netztrafos benötigten Parameter** berechnet werden können. Zu erklären ist, **wie** das gemacht wird.

**Automatische Berechnung von Netztrafos**

Bei Netztrafos sind die Primärspannung U.1=230V und die Betriebsfrequenz f=50Hz feste Parameter. Wenn der ferromagnetische Kern gewählt worden ist, ist auch die relative Permeabilität in guter Näherung bekannt: μ.r≈3500=3,5k.

Die nächste Abb. 6-136 zeigt, dass **alle übrigen Trafoparameter** aus **nur drei Vorgaben** errechnet werden können:

- der Nennleistung P.Nen als Maß für die Trafogröße
- der Nennspannung U.2
- dem magnetischen Spannungsverhältnis MSV für die Länge des Luftspalts

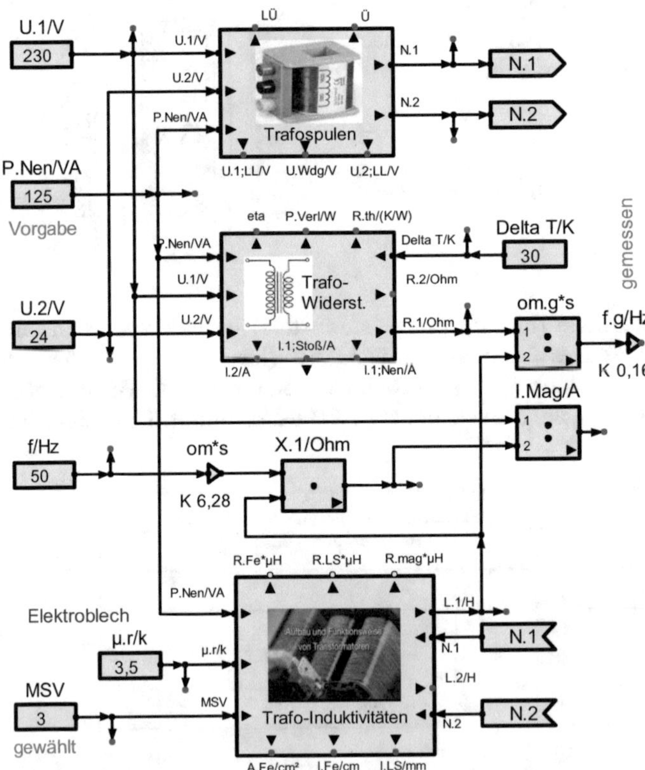


**Abb. 6-136 Berechnung der Trafoparameter mit den Blöcken Trafospulen, -Widerstände und -Induktivitäten: rechts die damit errechneten Messgrößen für einen 125VA-Trafo**

| | |
|---|---|
| A.Fe/cm² | 9,8849 |
| Delta T/K | 30 |
| eta | 0,88404 |
| f.g/Hz | 0,67167 |
| f/Hz | 50 |
| I.1;Nen/A | 0,54348 |
| I.1;Stoß/A | 14,202 |
| I.2/A | 5,2083 |
| I.Mag/A | 0,18987 |
| L.1/H | 3,8579 |
| L.2/H | 0,053556 |
| I.Fe/cm | 22,57 |
| I.LS/mm | 0,19346 |
| LÜ | 0,06261 |
| MSV | 3 |
| N.1 | 879,99 |
| N.2 | 103,68 |
| om*s | 314 |
| P.Nen/VA | 125 |
| P.Verl/W | 14,496 |
| R.1/Ohm | 16,195 |
| R.2/Ohm | 0,17634 |
| R.th/(K/W) | 2,0696 |
| U.1/V | 230 |
| U.1;LL/V | 216,45 |
| U.2/V | 24 |
| U.2;LL/V | 25,503 |
| U.Wdg/V | 0,24597 |
| X.1/Ohm | 1211,4 |
| μ.r/k | 3,5 |
| Ü | 0,11782 |

Die internen Strukturen der drei Anwenderblöcke

‚Trafospulen, -widerstände und -induktivitäten'

zeigen wir in den folgenden Abbildungen.

Die internen Strukturen der drei Anwenderblöcke

‚Trafospulen, Trafowiderstände und Trafoinduktivitäten'

zeigen und erklären wir durch die folgenden Abbildungen.

1. Abb. 6-137 zeigt die ...

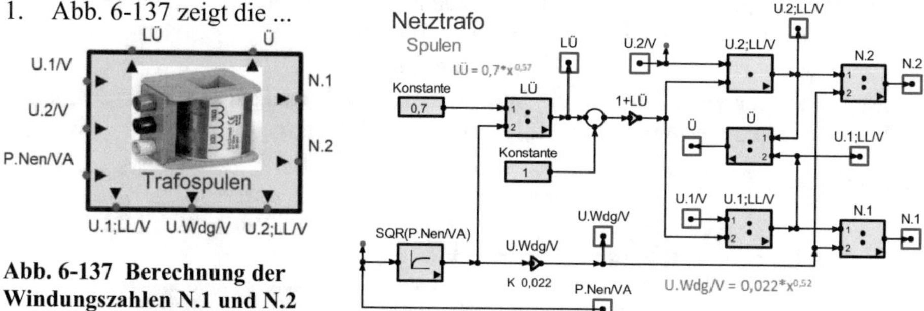


**Abb. 6-137 Berechnung der Windungszahlen N.1 und N.2**

Erläuterungen zu Abb. 6-137:
Zur Berechnung von Windungszahlen zu vorgegebenen Nennspannungen werden die zugehörigen Leerlaufspannungen und die Windungsspannung benötigt.

- U.Wdg(P.Nen) berechnen wir mit Gl. 5-59
- Zur Berechnung der Leerlaufspannung benötigen wir die Leerlaufüberhöhung aus Gl. 6-52.

2. Abb. 6-138 zeigt die ...

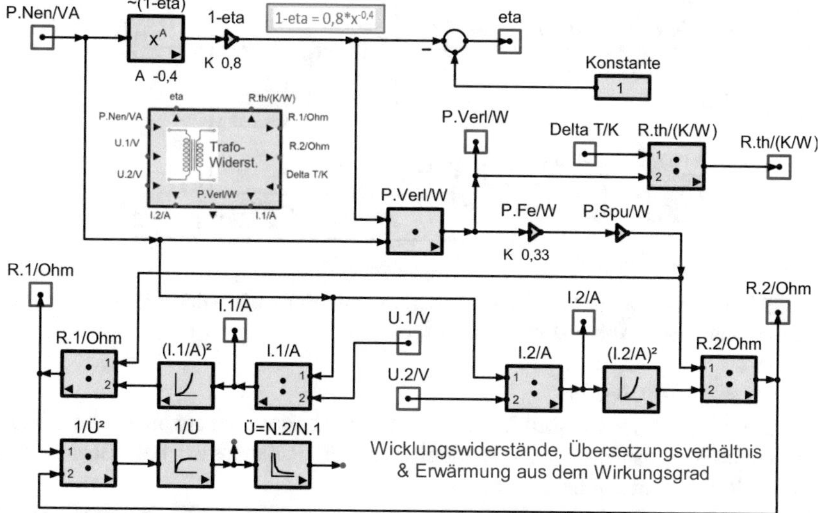


**Abb. 6-138 Berechnung der Wicklungswiderstände und die Ermittlung des thermischen Widerstands der Trafospulen**

Erläuterungen zu Abb. 6-138:

- Die Wicklungswiderstände folgen aus den zulässigen Spulenverlusten, die nach Gl. 6-58 aus dem Wirkungsgrad η berechnet werden können. η (P.Nen) berechnen wir nach Gl. 6-37.
- Der thermische Widerstand R.th der Spulen zu ihrer Umgebung wird gebraucht, um die Erwärmung $\Delta T$ zu der Verlustleitung zu berechnen:

  $$\Delta T = R.th \cdot P.Verl.$$ P.Verl(η.

  Zur Ermittlung von R.th muss die Spulentemperatur einmal gemessen werden, am besten bei Nennleistung. Daraus folgt ΔT=T.Spu-T.Umg.

Abb. 6-139 zeigt die ...

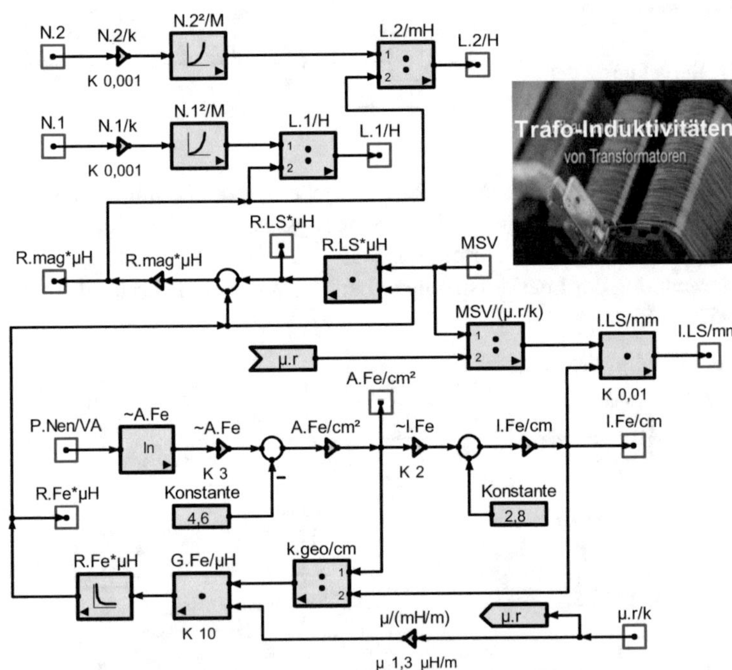


**Abb. 6-139 Berechnung der Spuleninduktivitäten und der Luftspaltlänge: Dazu müssen die Windungszahlen N aus Abb. 6-138 bekannt sein.**

Erläuterungen zu Abb. 6-139

- Zur Berechnung der Induktivitäten nach Gl. 5-62 muss der magnetische Widerstand des ferromagnetischen Kerns ermittelt werden. R.mag wird bei Blechkernen mit Luftspalt durch diesen bestimmt.
- Zur Berechnung der Luftspaltlänge l.LS muss das magnetische Spannungsverhältnis MSV von Luftspalt und Eisenkern gewählt werden. In Abb. 5-290 haben wir gezeigt, dass **MSV=3** ein optimaler Wert ist, denn er erfüllt die Anforderungen an Linearität (Abb. 5-286) des Kerns und Kompaktheit des Transformators (Abb. 6-75) am besten.

## 6.2.4 Einschaltvorgänge simulieren

Netztrafos sollen so kompakt wie möglich gebaut werden. Deshalb werden sie so konstruiert, dass ihr Eisenkern im Normalbetrieb bis zur Linearitätsgrenze (Trafoblech B.gr≈±1,2T) ausgesteuert wird.

Abb. 6-140 zeigt,

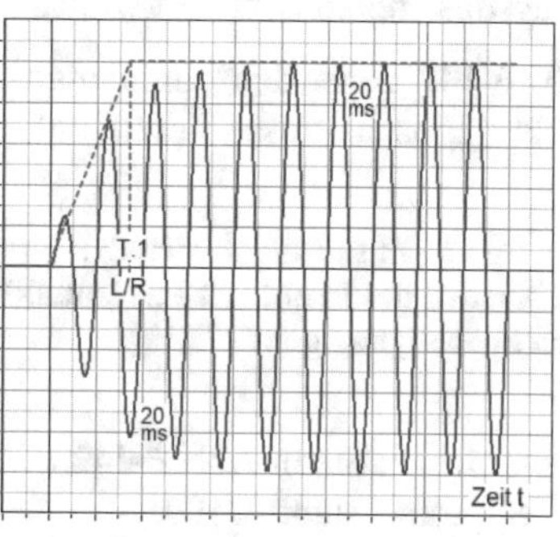


**Abb. 6-140 wie ein Einschaltvorgang eines Transformators aussehen sollte.**

Die Amplituden der Ausgangsspannung steigen ohne Überschwingen bis zum Nennwert an. Entsprechendes gilt für den Eingangsstrom.

Wenn dieser Kern keinen Luftspalt hat (z.B. Ferritkerne), gerät er insbesondere beim Einschalten leicht in die Sättigung (siehe Abb. 6-142). Dann bricht die Induktion zusammen und der Primärstrom i.1 wird nur noch durch den Wicklungswiderstand R.1 begrenzt: *i.1;Ein=u.Ein/R.1*.

Die Eingangsspannung u.Ein kann je nach Einschaltzeitpunkt zwischen null und √2·230=325V liegen. Da Wicklungswiderstände R.1 mit steigender Nennleistung gegen null gehen, können die Einschaltströme riesige Werte annehmen, sodass jede Sicherung auslöst.

Abb. 6-141 zeigt einen

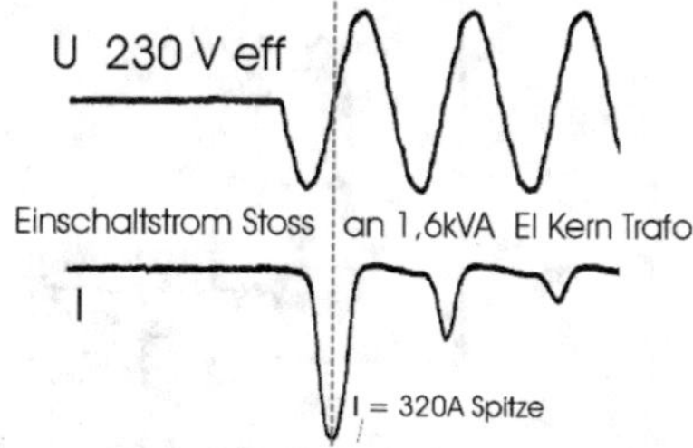


**Abb. 6-141 gemessenen Einschaltstrom eines Transformators: Sein Maximum (der Stoßstrom) tritt im Nulldurchgang der Netzspannung auf, denn da ist die induzierte Spannung am größten.**

### Einschaltstrombegrenzung (Inrush current limiting)

Die Begrenzung von Einschaltströmen erfordert insbesondere bei Ringkerntransformatoren mit Ferritkern ohne Luftspalt und Hochleistungs-Transformatoren besondere Maßnahmen. Hier sollen zwei Möglichkeiten zur Begrenzung von Einschaltströmen simuliert werden:

A) durch **Heißleiter (NTC's)** für kleinere Trafos bis etwa 100VA
B) durch **Primärspulen mit einer Hilfswicklung** – für Trafos beliebiger Leistung

Um die Notwendigkeit von Einschaltstrombegrenzern zu zeigen, beginnen wir mit der Simulation des Einschaltstroms bei fehlender Strombegrenzung.

### A) Einschaltvorgänge bei Trafos ohne Strombegrenzung

In der Einführung zum Thema ‚Einschaltströme' haben wir erklärt, warum der Primärstrom eines Transformators rapide ansteigt, sobald der Eisenkern in die Sättigung geht. Um dazu Zahlenwerte angeben zu können, soll der Eischaltvorgang für den ungünstigsten Fall simuliert werden. Abb. 6-143 zeigt die Struktur dazu.

Abb. 6-142 zeigt den simulierten Rush-Effekt = Einschaltrush (Voreilung)

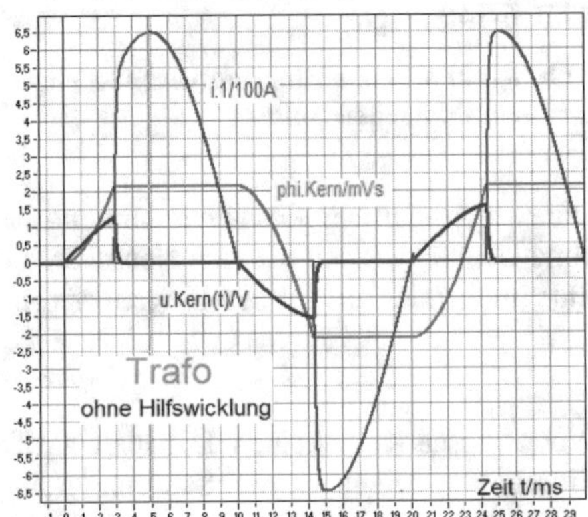


**Abb. 6-142 Zusammenbruch der Induktion und Anstieg des Primärstroms, sobald der Kern in Sättigung geht**

Bitte beachten Sie in Abb. 6-143 den Strommaßstab: A/100.

Abb. 6-143 zeigt die ...

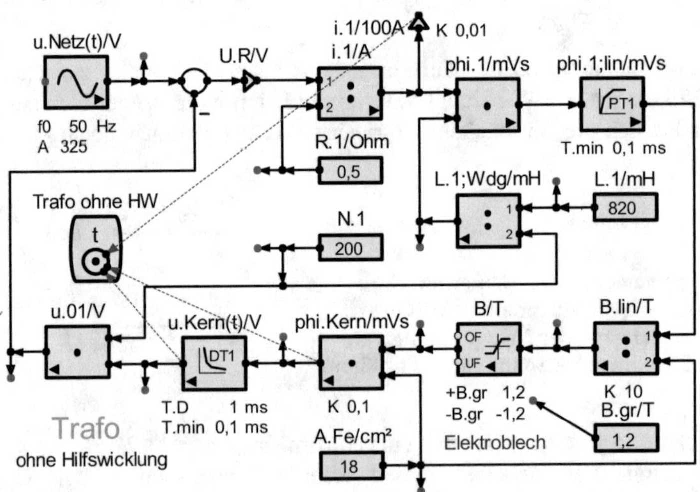


**Abb. 6-143 Berechnung der Spannungen, des Eingangsstroms und des magnetischen Flusses in der Primärspule eines Transformators: Die Flussdichte im Eisenkern ist begrenzt.**

Erläuterungen zu Abb. 6-143:

1. Der obere Zweig berechnet den Eingangsstrom i.1 aus der Differenz von Netzspannung und induzierter Spannung.
2. Aus i.1 folgt der magnetische Fluss im ungesättigten Betrieb. Die Verzögerung verhindert eine algebraische Schleife. Das macht den Kreis berechenbar.
3. Der untere Zweig berechnet den magnetischen Fluss auch im gesättigten Betrieb.
4. Die induzierte Spannung erhält man durch Differenzierung des magnetischen Flusses.

**Zu Punkt 1: Einschaltstrombegrenzung mit NTC**

Die Idee: Ein Widerstand mit negativem Temperaturkoeffizienten (NTC) wird mit der Primärspule in Reihe geschaltet (Abb. 6-144).

Weil er anfangs relativ hochohmig ist, kann nur geringer Strom fließen. Er erwärmt den NTC, sodass auch größere Ströme fließen können.

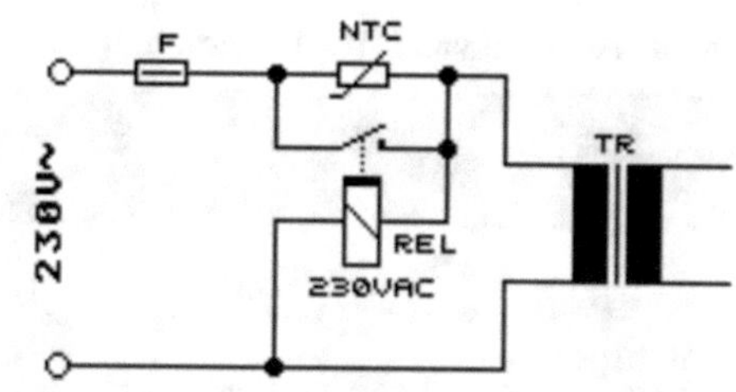


**Abb. 6-144 Trafo mit NTC zur Begrenzung des Einschaltstroms**

Das ist der Pferdefuß daran:
Ein NTC ist nur niederohmig, wenn er heiß ist. Dann erzeugt er Verluste, die den Wirkungsgrad des Gesamtsystems verschlechtern.

Um Betriebsverluste zu verhindern, muss der NTC nach der Einschaltzeit durch ein Relais mit Anzugsverzögerung überbrückt werden. Die einzustellende Abschaltzeit wird durch die thermische Zeitkonstante des NTC's bestimmt: T.th, hier ca. 30s.

Die thermische Zeitkonstante T.th=R.th·C.th ist das Produkt aus dem thermischen Widerstand des Trafos zu seiner Umgebung und der Wärmekapazität C.th des Spulenkörpers und der Isolation.

NTC-Strombegrenzer, besonders für **Ringkerntrafos ohne Luftspalt**, werden von der Industrie für Nennströme bis zu 16A angeboten. Abb. 6-145 zeigt ein Beispiel.

**Abb. 6-145 Einschaltstrombegrenzer mit NTC der Fa. Sedlbauer AG**

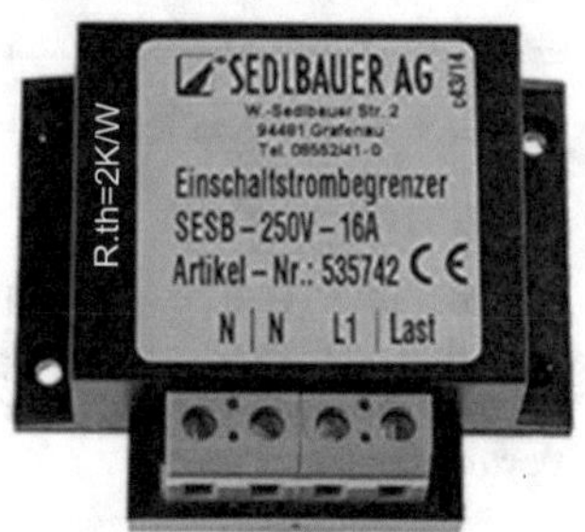


Nennstrom: 16A, Schalthäufigkeit: max. 1x/min.

Über den maximal zulässigen Spitzenstrom machen die technischen Daten der Fa. Sedlbauer leider keine Aussage.

https://www.it-tronics.de/Einschaltstrombegrenzer-230V-16A-fuer-Transformatoren-Netzteile-LED.html

*Wichtig ist, dass der NTC mit dem Transformator thermisch entkoppelt ist. Nur dann kann die Strombegrenzung funktionieren.*

Hier soll gezeigt werden

- wie stark die NTC-Widerstände mit der Temperatur variieren
- wie sie die Einschaltströme von Transformatoren reduzieren und
- bis zu welchen Nennleistungen sie geeignet sind.

Tab. 6-10 zeigt eine

**Tab. 6-10 Auswahl von NTC-Widerständen und ihre technischen Daten**

| Part No. | R25℃ (Ω) | Max.Steady State Current (A) | Approx.R @ Max.Cur (Ω) | Dissipation factor 1/R.th (mW/℃) | Thermal time constant (s) |
|---|---|---|---|---|---|
| NTC-3D9 | 3 | 4 | 0.120 | 11 | 35 |
| NTC-4D9 | 4 | 3 | 0.190 | 11 | 35 |
| NTC-5D9 | 5 | 3 | 0.210 | 11 | 34 |
| NTC-6D9 | 6 | 2 | 0.315 | 11 | 34 |
| NTC-8D9 | 8 | 2 | 0.400 | 11 | 32 |
| NTC-10D9 | 10 | 2 | 0.458 | 11 | 32 |
| NTC-12D9 | 12 | 1 | 0.652 | 11 | 32 |

http://radio-hobby.org/uploads/datasheets/mf/mf52%5B1%5D.pdf

Der Kaltwiderstand in Tab. 6-10 ist die Grundlage zur Berechnung der Betriebswiderstände von NTC's. R.T(T) zu kennen ist die Voraussetzung zur Simulation ihres Betriebsverhaltens beim Einschalten z.B. eines Transformators.

**Berechnung des NTC-Widerstands R.T(T)**

Die Formel zur Berechnung von NTC-Widerständen R.T(T) als Funktion der absoluten Temperatur T entnehmen wir Wikipedia:

https://de.wikipedia.org/wiki/Heißleiter

**Gl. 6-63** $\boldsymbol{R.T(T) = R.N * e^{(B/T - B/T.N)}}$

Abb. 6-146 zeigt den

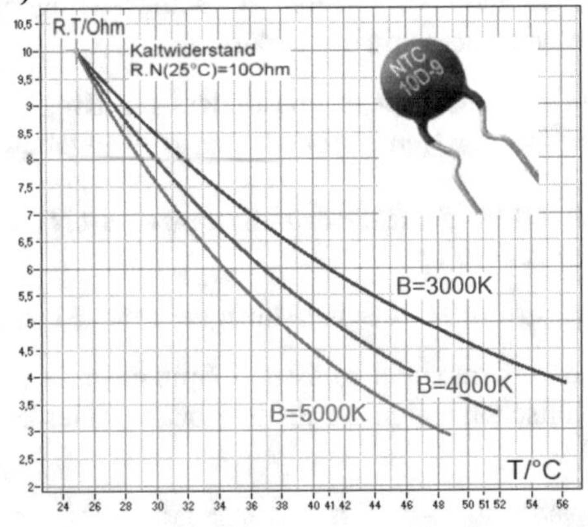


**Abb. 6-146 Verlauf von R.T(T) als Funktion der Temperatur T in °C nach Gl. 6-63 mit der Bezugstemperatur B als Parameter**

Parameter in Gl. 6-63 ist die **Bezugstemperatur B.** Sie liegt zwischen 2000K und 5000K und wird von NTC-Herstellern angegeben. Tab. 6-11 zeigt eine

**Tab. 6-11 Auswahl von NTC Kaltwiderständen (R.25 bei 25°C), ihre zulässigen Einschaltströme und die zur Berechnung nach Gl. 6-63 benötigten Bezugstemperaturen B in K(elvin)**

| $R_{25}$ Ω | $I_{max}$ A | $B_{25/100}$ K |
|---|---|---|
| 1 | 9.0 | 2700 |
| 2.2 | 7.0 | 2800 |
| 2.5 | 6.5 | 2800 |
| 4.7 | 5.1 | 2900 |
| 5 | 5.0 | 2900 |
| 7 | 4.2 | 3000 |
| 10 | 3.7 | 3060 |
| 15 | 3.0 | 3000 |
| 22 | 2.8 | 3300 |
| 33 | 2.5 | 3300 |

Die verfügbare Auswahl von NTC-Widerständen begrenzt die Anwendbarkeit zur Strombegrenzung von Transformatoren mit Nennleistungen bis ca. 100VA.

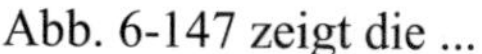
Abb. 6-147 zeigt die ...

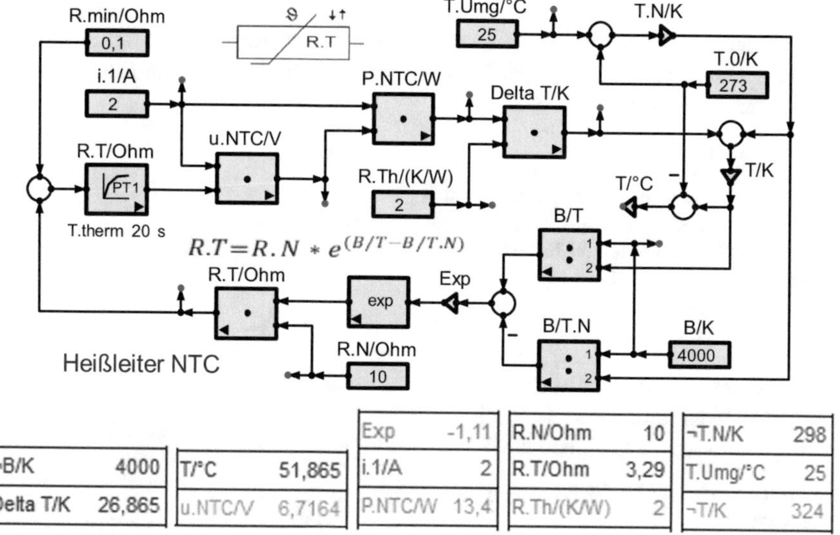


**Abb. 6-147 Berechnung der Erwärmung eines NTC-Strombegrenzers eines NTC's nach dem Einschalten des Stroms und des zeitlichen Verlaufs seines Widerstands**

Abb. 6-147 zeigt die Simulation des zeitlichen Verlaufs des Widerstands eines NTC nach dem Einschalten eines Teststroms. Durch die Eigenerwärmung sinkt R.T von anfangs 10Ω auf 3,8Ω am Schluss. Wie stark der Einschaltstrom dadurch reduziert wird, zeigt Abb. 6-148.

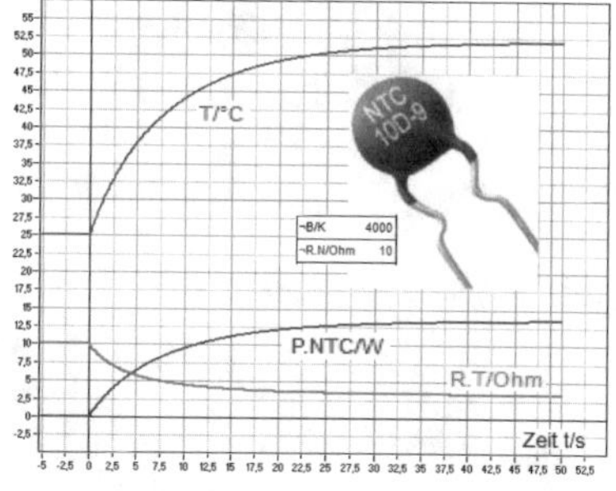


**Abb. 6-148 die Erwärmung eines NTC's, seine Verlustleistung und der zeitliche Verlauf seines Widerstands nach dem Einschalten des Stroms**

Das sind die Nachteile einer Strombegrenzung mit NTC:

1. NTC's können Trafoströme etwa halbieren. Das reicht in vielen Fällen nicht aus.
2. NTC's haben auch bei hohen Temperaturen einen Restwiderstand. Die dadurch entstehenden Betriebsverluste können nur durch Kurzschließen des NTC's nach einigen Sekunden vermieden werden (Abb. 6-144).
3. NTC's werden nur für Ströme bis zu 1A angeboten. Für größere Dauerströme könnte man auf die Idee kommen, mehrere parallel zu schalten. Das ist jedoch nur dann erlaubt, wenn alle NTC's thermisch eng gekoppelt sind, sodass sie alle die gleiche Temperatur haben. Sind sie es nicht, zieht der heißeste NTC den größten Strom und brennt als erster durch. Die anderen folgen in kurzen Abständen.

Die genannten Nachteile der NTC's als Strombegrenzer werden durch **Vormagnetisierung des Eisenkerns** mittels einer Hilfswicklung vollständig vermieden. Sie funktioniert bei Trafos mit beliebigen Nennleistungen. Das soll im nächsten Punkt gezeigt werden.

## Zu Punkt 2: Einschaltstrombegrenzung mit einer Hilfswicklung

Durch eine auch räumlich parallele, aber hochohmige Hilfswicklung zur Primärwicklung wird der Eisenkern vormagnetisiert. Dann kann der Transformator zu beliebigen Phasen eingeschaltet werden, ohne dass der Einschaltstrom größer als der Nennstrom wird. Das soll nun gezeigt werden.

Abb. 6-149 zeigt

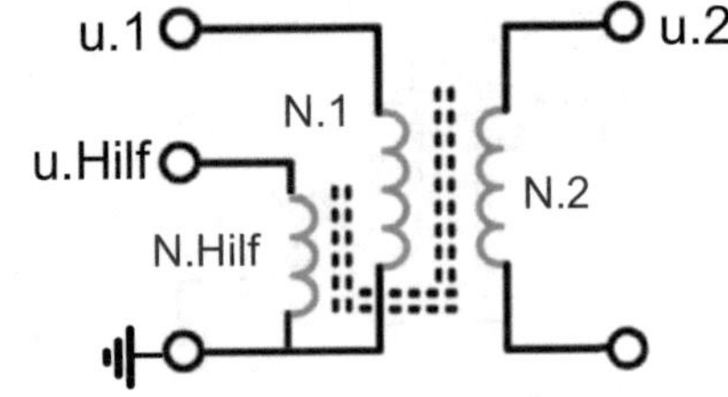


**Abb. 6-149 die Grundschaltung eines Trafos mit Hilfswicklung zur Verhinderung des Einschaltstromstoßes von Michael Konstanzer (Fa. FSM AG, Patent 2014)**

Abb. 6-150 zeigt die Schaltung eines Trafos mit Hilfswicklung und Selbsteinschaltung. Sie wird nachfolgend erklärt.

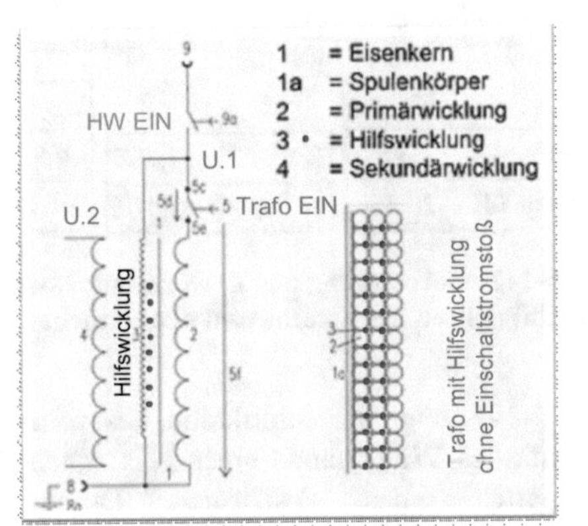


**Abb. 6-150 Trafo mit Hilfswicklung und Selbsteinschaltung**

Quelle:
Fa. FSM-AG in Kirchzarten, Breisgau

https://studylibde.com/doc/8329761/transformator-einschalten-ohne-einschaltstromstoß

Abb. 6-151 zeigt eine ...

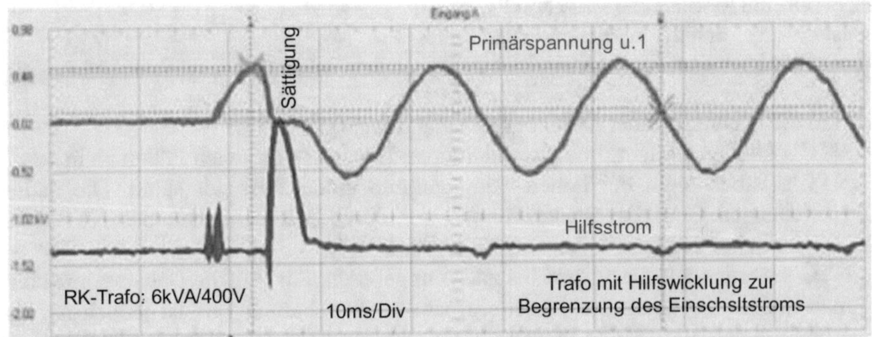


**Abb. 6-151 Messkurve der Fa. FSM-AG: Das Einschalten eines 6kVA-Ringkerntrafos mit Hilfswicklung: Der Einschaltstrom wird nie größer als der Nennstrom.**

**Inbetriebnahme eines Trafos mit Hilfswicklung**
Zunächst sind die **Schalter S.1 und S.2 geöffnet**. Zuerst wird der Netzschalter **S.0 geschlossen**. Dann ist die Hilfsspannung U.H gleich der Netzspannung U.Netz und es fließt der Magnetisierungsstrom I.H durch die Hilfswicklung HW.

Der Widerstand R.H wird so groß gemacht, dass die Sicherung Si nicht auslösen kann. Der Hilfsstrom I.H baut ein Magnetfeld auf, dass in der Primärwicklung (1) die Spannung U.1 induziert. Da die Wicklungszahlen N.0 und N.1 gleich sind, ist U.H(induziert) gleich der Netzspannung U.Netz.

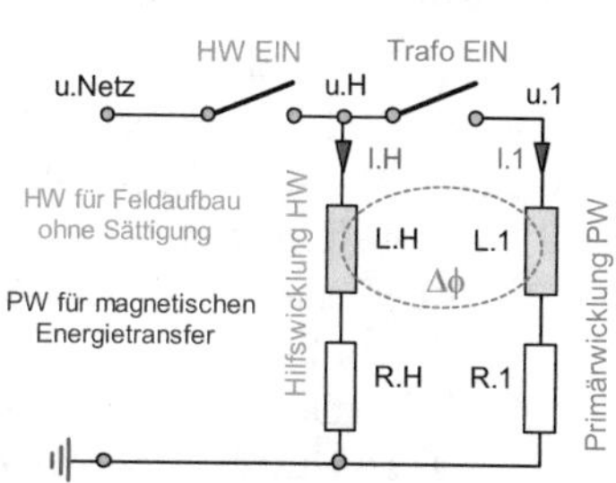


**Abb. 6-152 Schaltung zur Vermeidung hoher Einschaltströme durch eine Hilfswicklung.**

I.H induziert in der Sekundärwicklung die Spannung U.2. Sie ist allerdings wegen der Hochohmigkeit der Hilfswicklung HW kaum belastbar. Auch bei ausgangsseitigem Kurzschluss löst die Sicherung Si nicht aus.

1. Jetzt kann der Hauptschalter **S.1 geschlossen** werden.
   Weil die Windungszahlen N.0 und N.1 gleich groß sind und der Fluss ϕ durch alle Spulen derselbe ist, ist die induzierte Primärspannung U.1=U.Netz.

   Wegen der Gleichheit von U.1=U.Netz fließt in der Primärwicklung (1) nur ein geringer Magnetisierungsstrom I.1(LL)=I.0. Die Summe I.Netz=I.0+I.1 ist immer noch so klein, dass die Sicherung wieder nicht auslöst.

2. Jetzt kann der Ausgangsschalter **S.2 geschlossen** werden. Durch die Primärwicklung wird der Trafo eingangs- und ausgangsseitig niederohmig, sodass U.2 mit I.2 bis zum Nennstrom belastet werden kann.

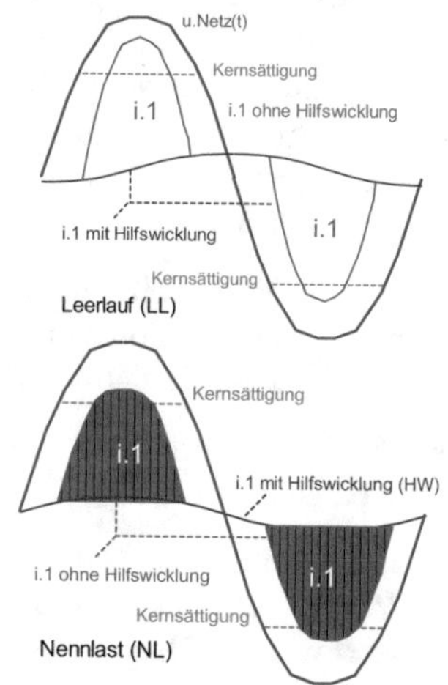


**Abb. 6-153 Einschaltströme eines Trafos: oben in Leerlauf, darunter bei Nennlast**

**Alternative Einschaltstrombegrenzung?**
Mit den hier vermittelten Kenntnissen über Magnetismus und Transformatoren wäre die Simulation von Transformatoren mit Hilfswicklung möglich. Der Autor verzichtet darauf, solange eine Frage nicht beantwortet ist:

Warum schaltet man nicht einen **Vorwiderstand R.V** in die in den Primärkreis? Er begrenzt den Einschaltstrom auf unkritische Werte bis das magnetische Feld aufgebaut ist, egal ob der Trafoausgang belastet ist oder nicht. **Danach könnte R.V kurzgeschlossen** werden. Erst dann würde die Ausgangsspannung auf ihren Nennwert ansteigen.

Die gleichen Überlegungen gelten auch für die zuvor behandelte Strombegrenzung durch einen NTC.

## 6.2.5 Der Transformator als Regelkreis

Abb. 6-141 hat die Schwingungen des Trafostroms beim Einschalten gezeigt. Das ist ein klares Indiz dafür, dass er ein Regelkreis ist. Hier soll gezeigt werden, dass dies für Spannungssteuerung zutrifft.

Zur Simulation von Transformatoren werden die Daten ihrer Spulen benötigt. Wir entnehmen sie Abb. 6-154 für einen 125VA-Transformator:

- Prmärspule: N.1=885
  L.1=4,0H R.2=15Ω
- Sekundärspule: N.2=103
  L.1=54mH R.2=0,2Ω

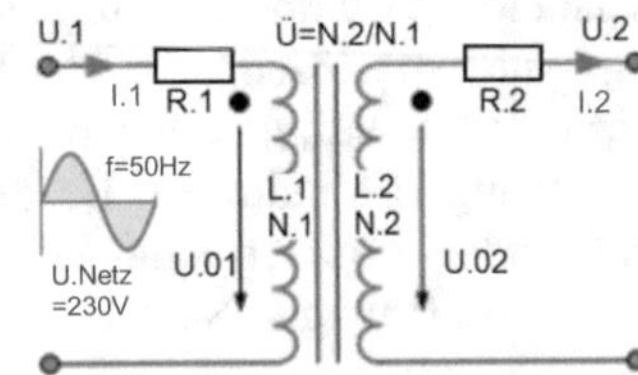


**Abb. 6-154 die Messgrößen zur dynamischen Simulation von Transformatoren**

Transformatoren kennzeichnet folgendes Verhalten:

- Wenn eine Primärspannung eingestellt wird, stellt sich nach kurzer Verzögerung eine Ausgangs-Leerlaufspannung ein
- Bei Belastung des Ausgangs steigt der Eingangsstrom, während die Ausgangsspannung nur geringfügig absinkt.
- Bei Variation der Frequenz kann sich bei geringen inneren Verlusten bei höheren Frequenzen eine Resonanzüberhöhung zeigen. Sie erklären die Schwingungen des Einschaltstroms.

Gezeigt werden soll, dass der Kreis die Ausgangsspannung bei wechselnden Ausgangsströmen stabilisiert. Die dazu nötigen Grundlagen finden Sie in Absch. 2.1. Abb. 6-156 zeigt die stationären Kennlinien des Regelvorgangs.

Abb. 6-155 zeigt die Struktur eines spannungsgesteuerten Transformators. Sie ist in fünf Zonen eingeteilt:

In **Zone A** werden die Netzspannung U.Netz und die Nennleistung P.Nen vorgegeben. Aus P.Nen kann die Leerlaufüberhöhung und damit die Trafoeingangsspannung U.1 errechnet werden. Dazu muss von U.1 der Spannungsabfall über R.1 abgezogen werden.
In **Zone B** wird ΔU.R1 bei Belastung des Trafoausgangs mit dem Ausgangsstrom I.2 errechnet. Aus U.R1 folgt der Primärstrom I.1 und daraus der Primärfluss ϕ.1.
In **Zone C** werden die magnetischen Flüsse ϕ.1(I.1) und ϕ.2(I.2) errechnet, die sich im Kern zum Differenzfluss Δ ϕ überlagern. Aus Δ ϕ folgt die induzierte Windungsspannung U.Wnd= Δ ϕ/Δ t=ω· Δ ϕ.
In **Zone D** werden die zur Berechnung der Windungsflüsse ϕ.1 und ϕ.2 benötigten Windungsinduktivitäten L.Wdg=L/N=N·G.mag errechnet.
In **Zone E** werden aus der Windungsspannung U.Wdg die primär und sekundär induzierten Spannungen errechnet. Dadurch schließt sich der Kreis.

Ein Transformator hat zwei Aufgaben:

1. den durch U.1 vorgegebenen Sollwert von U.2 einregeln und
2. die Störung von U.2 durch den Laststrom I.2 ausregeln.

Zur Erreichung dieser Ziele muss die Regelabweichung (hier die Windungsspannung u.Wdg) minimiert werden. Abb. 6-155 zeigt, wie dies gelingt.

Abb. 6-155 zeigt die Detailstruktur zur Stabilisierung der Ausgangsspannung U.2 eines Transformators.

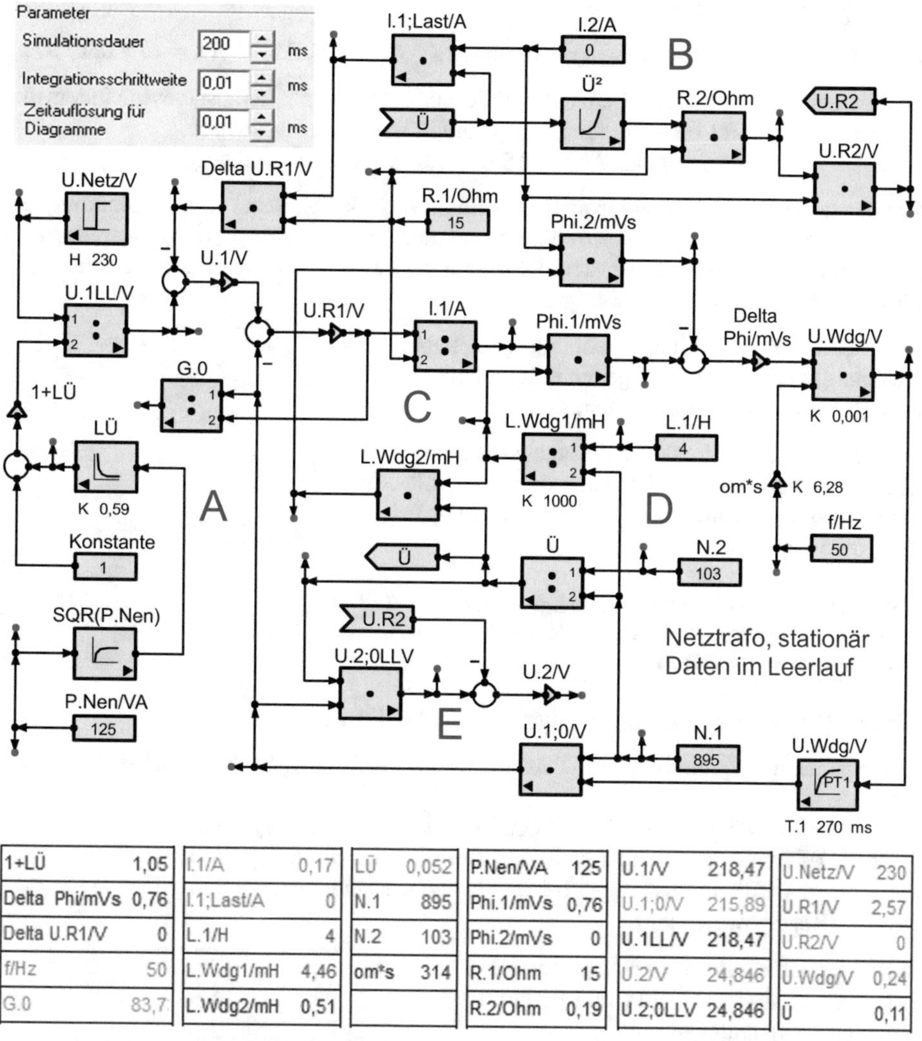


| | | | | | | | | | | | |
|---|---|---|---|---|---|---|---|---|---|---|---|
| 1+LÜ | 1,05 | I.1/A | 0,17 | LÜ | 0,052 | P.Nen/VA | 125 | U.1/V | 218,47 | U.Netz/V | 230 |
| Delta Phi/mVs | 0,76 | I.1;Last/A | 0 | N.1 | 895 | Phi.1/mVs | 0,76 | U.1;0/V | 215,89 | U.R1/V | 2,57 |
| Delta U.R1/V | 0 | L.1/H | 4 | N.2 | 103 | Phi.2/mVs | 0 | U.1LL/V | 218,47 | U.R2/V | 0 |
| f/Hz | 50 | L.Wdg1/mH | 4,46 | om*s | 314 | R.1/Ohm | 15 | U.2/V | 24,846 | U.Wdg/V | 0,24 |
| G.0 | 83,7 | L.Wdg2/mH | 0,51 | | | R.2/Ohm | 0,19 | U.2;0LLV | 24,846 | Ü | 0,11 |

**Abb. 6-155 Originalstruktur eines Transformators: Er ist eine Spannungsgegenkopplung. Ob er auch eine Regelung ist, zeigt die Berechnung der Kreisverstärkung.**

Man erkennt: Der Trafo ist eine Gegenkopplung. Ob er auch ein Regelkreis ist, zeigt die Berechnung der Kreisverstärkung G.0=U.LL/U.R1. Bei Regelkreisen ist G.0>1, bei guten Regelkreisen ist G.0>>1.

**Ist der spannungsgesteuerte Trafo eine Steuerung oder eine Regelung?**
Abb. 6-155 zeigt: Der Transformator ist eine Gegenkopplung. Ob er auch ein Regelkreis ist, zeigt die Berechnung der

**Gl. 6-64 Kreisverstärkung eines Transformators** $\boldsymbol{G.0 = U.01/U.R1 = \omega * L.1/R.1}$

Die Berechnung von G.0=X.L1/R.1 wurde aus Abb. 6-155 herausgelesen, indem der Signalpfad von U.R1 bis U.01 für I.2=0 (keine Störung) verfolgt wurde:
Zahlenwerte aus Abb. 6-155: **G.0=84.** Das ist groß gegen 1.

Der Transformator ist ein guter **proportionaler Regelkreis**. Seine Kreisverstärkung G.0 ist das Produkt aus der Kreisfrequenz und der Zeitkonstante der Primärspule, also **frequenzproportional**. Dieser Trafo würde auch bei einem Zehntel der Frequenz noch funktionieren – nur nicht ganz so gut.

Das heißt: Die Windungsspannung (Regelabweichung) geht im Leerlauf gegen null und bleibt es auch bei Belastung des Trafoausgangs.

Das erklärt die Stabilität der Ausgangsspannung U.2 und den Anstieg des Eingangsstroms I.1 mit dem Ausgangsstrom I.2 (Stromrückwirkung). Abb. 6-156 zeigt

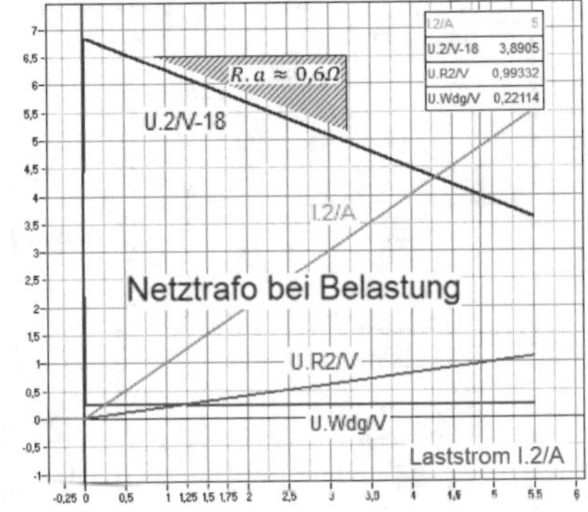


**Abb. 6-156 die geringe Lastabhängigkeit der Sekundärspannung U.2: Beachten Sie die Nullpunktsverschiebung um 18V!**

Weitere Erläuterungen zur Spannungsregelung des Transformators:

Der Spannungsregelkreis eines Transformators (Abb. 6-155) funktioniert folgendermaßen:

1. Der Eingangsstrom I.1 stellt den Fluss ϕ.1=I.1·(L.1/N.1) ein (Sollwert).
2. Der Ausgangsstrom I.2 stellt den Fluss ϕ.2=I.2·(L.1/N.1) ein (Istwert).
3. Der Differenzfluss Δϕ=ϕ.1-ϕ.2 induziert die Windungsspannung *U.Wdg=ω· Δϕ* (Regelabweichung).

Wenn I.2 eine Feldschwächung Δϕ=ϕ.1-ϕ.2 erzeugt, sinken U.Wdg und dadurch die Leerlaufspannungen
*U.01=N.1·U.Wdg und U.02=N.2·U.Wdg.*

Dadurch **sinkt** die Ausgangsspannung U.2 und **steigt** der Eingangsstrom I.1. Der durch I.1 steigende Eingangsfluss ϕ.1 macht Δϕ und damit ΔU.Wdg fast zu null (Regelkreis). Das stabilisiert die Ausgangsspannung U.2, was den kleinen Ausgangswiderstand erklärt:

*R.i=ΔU.2/I.2 << R.2+Ü²·R.1*

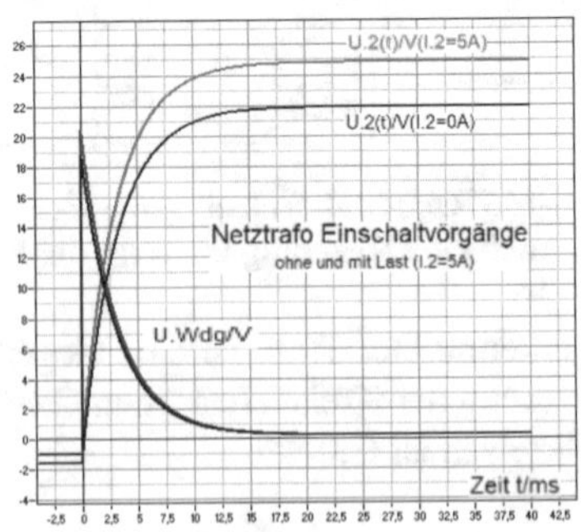


**Abb. 6-157 Der Anstieg der Ausgangsspannung nach dem Einschalten der Eingangsspannung verläuft nach einer e-Funktion.**

## 6.2.6 Systemanalyse des Übertragers mit Streuung

Übertrager ist die allgemeine Bezeichnung für elektromagnetische Wandler. Ein spezieller Fall sind **Netztransformatoren**. Bei ihnen soll der Leistungstransfer bei **fester Betriebsfrequenz** möglichst effektiv sein (hoher Wirkungsgrad). Das wurde in Abschn. gezeigt. Dabei wurde die enge magnetische Kopplung der Trafospulen, d.h. eine vernachlässigbare Streuung des magnetischen Flusses, vorausgesetzt.

Im Gegensatz zu Transformatoren dienen Übertrager zur breitbandigen Informationsübertragung. Je nach Einsatzgebiet werden Übertrager spezifisch benannt, z. B.

- in der Audiotechnik als *Symmetrieübertrager*,
- in der Hochfrequenztechnik als *Anpassungsübertrager* und
- in der Digitaltechnik als *Impulsübertrager*.

**Abb. 6-158 Impulsübertrager**

Zur **Messung** kurzer Impulse werden Hochfrequenz-Oszillographen angeboten.

Abb. 6-159 zeigt das derzeitige Spitzenmodell der Fa. Agilent Technologies. Das Vierkanal-Oszilloskop Infinium 90000 X misst Sinussignale mit Bandbreiten bis zu 32GHz. Der Preis beginnt bei 200000€.

https://www.elektroniknet.de/elektronik/messen-testen/32-ghz-bandbreite-als-neue-marke-26518.html

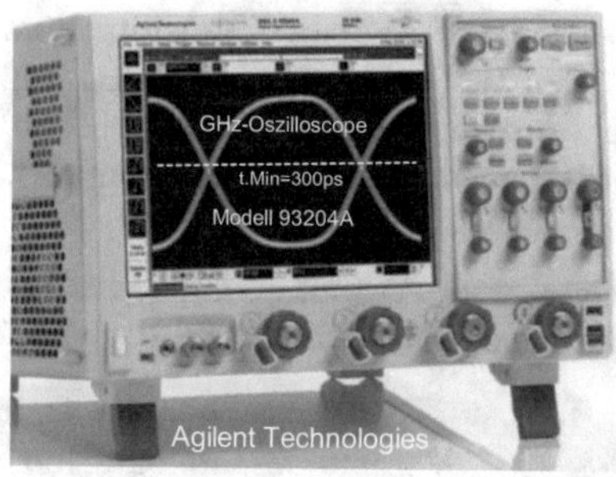


**Abb. 6-159 GHz-Oszilloskop**

Bei Übertragern, die höchste Frequenzen und kürzeste Impulse verarbeiten sollen, muss die **Streuung** berücksichtigt werden.

Gezeigt werden soll, dass die obere Grenzfrequenz OGF umso größer wird, je kleiner der Streufaktor SF und je größer der Koppelfaktor KF=1-SF ist. Deshalb ist der Kopplungsfaktor KF=1-SF ein Qualitätsmerkmal für Übertrager. Er soll möglichst dicht bei 1 liegen.

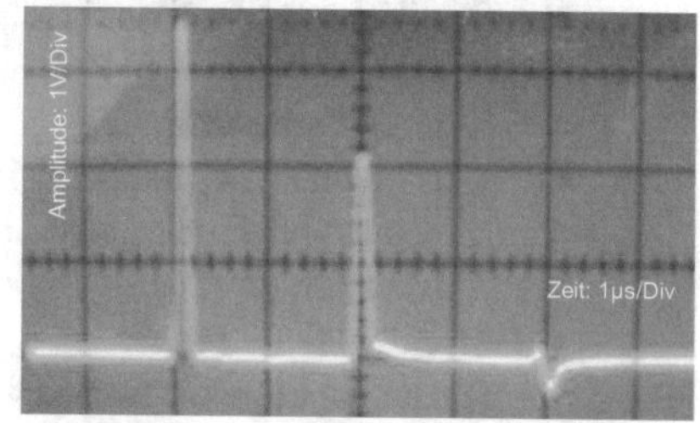


**Abb. 6-160 Impulsantwort eines schnellen Übertragers**

**Streufaktor und Grenzfrequenz**

Einen Transformator mit Streuung haben wir bereits bei der **kontaktlosen Energieübertragung berechnet** (Absch. 6.1.4). Dort war der Streufaktor SF ein freier Parameter.

Die obere Grenzfrequenz OGF bestimmt die Einsatzmöglichkeiten eines Übertragers. Gezeigt werden soll, dass sie umso größer wird, je kleiner der Streufaktor SF ist.

**Was zur Streuungsanalyse von Transformatoren getan werden soll**

Streufaktoren sind aber direkt nur schwer zu messen. Hier soll gezeigt werden, dass Streuung bei höheren Frequenzen eine Resonanz erzeugt. Wenn der Zusammenhang zwischen Streufaktor SF und Resonanzfrequenz f.0 bekannt wäre, könnten Streufaktoren aus der leichter messbaren Resonanzfrequenz berechnet werden. Das ist das Ziel der folgenden Systemanalyse.

Grenzfrequenzen entstehen dadurch, dass Energiespeicher umgeladen werden müssen. Hier sind dies die Induktivitäten L des Trafos, aber auch seine Wicklungskapazitäten C. Berechnet werden soll, wie hoch die Resonanzfrequenz ω.0 eines Transformators ohne Streuung ist und wie sie sich durch Streuung ändert.

Zur Berechnung von Resonanzfrequenzen müssen die Daten der Komponenten von Übertragern bekannt sein (alle R, L und C und der Streufaktor SF). Wenn sie berechnet werden, können sie auch optimiert werden. Die Berechnung der Bauelemente von Übertragern ist ein Ziel der folgenden Systemanalyse.

Abb. 6-161 zeigt

**Abb. 6-161 die Ein- und Ausgangsgrößen einer Übertrageranalyse**

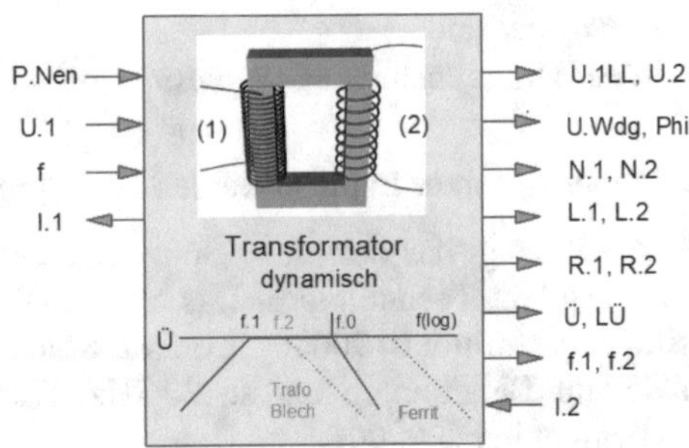


Bei der Berechnung der Ausgangsspannung U.2 eines Transformators werden die Eingangsspannung U.1 und der Ausgangsstrom I.2 vorgegeben. Die Frequenz f ist ein freier Parameter.

Die folgende Agenda nennt die zur Streuungsanalyse abzuarbeitenden Themen. Sie kann Ihnen auch als **Vorlage zur Analyse eigener Systeme** dienen.

1. Aufbau und Funktion des Transformators
   - Verbale Beschreibung mit Skizze
   - Trafokern und Trafospulen
   - Die Ziele der Trafoanalyse
2. Ersatzschaltung (Abb. 6-162)
   - Konstantenbestimmung
   - Was bewirkt die magnetische Streuung?
3. Simulationen im Frequenzbereich
   - Strukturbildung
   - Streuresonanzfrequenzen
   - Frequenzgänge im Bode-Diagramm
4. Simulationen im Zeitbereich
   - Test durch Einschaltvorgänge
   - Kurzschluss mit und ohne Streuung
   - Der Trafo: Steuerung oder Regelung?
5. Excel-Analysen
   - Berechnung des Streufaktors
   - Messung von Streufaktoren

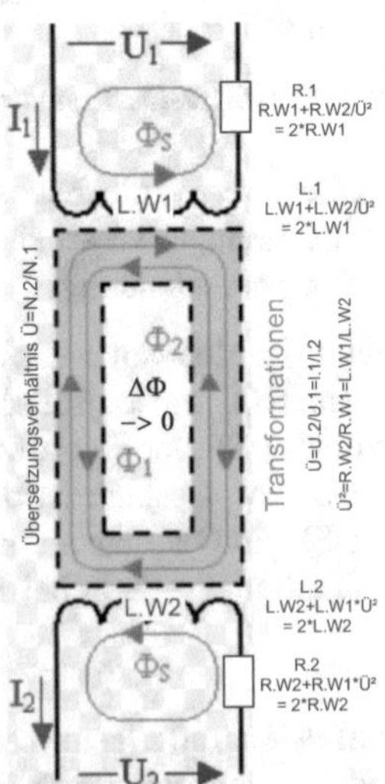


**Abb. 6-162 Trafo mit Streuung und Ersatzgrößen**

## 1. Verbale Systembeschreibung

Systemanalysen, hier die von Transformatoren mit Streuung, beginnen mit Abbildungen des Simulationsobjekts und seiner **verbalen Beschreibung** anhand einer **Skizze**.

Die wichtigsten Parameter sind Nennleistung, Baugröße und die Arbeitsfrequenz. Hier soll als weiterer Parameter noch die **magnetische Streuung** des Kerns hinzukommen, weil sie Einfluss auf die obere Grenzfrequenz eines Übertragers hat.

Die Skizze ist ein hardwarenahes Bild des zu simulierenden Systems. Sie zeigt seine wichtigsten **Komponenten, Messgrößen und Parameter.**

Als Beispiel dient hier ein

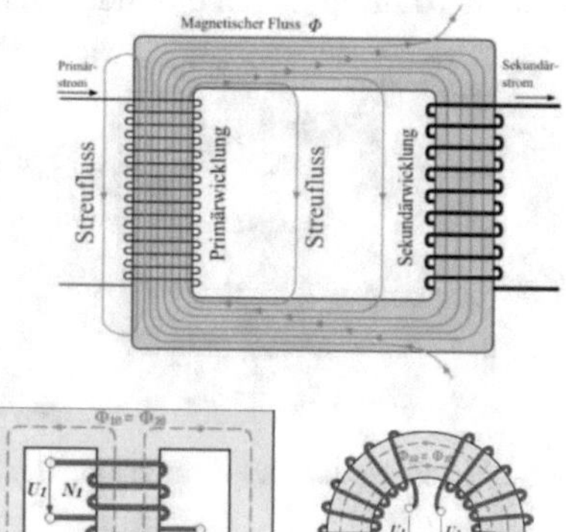


**Abb. 6-163 Transformator mit starker Streuung**

Abb. 6-164 zeigt zwei Beispiele für

**Abb. 6-164 streuarme Transformatorkerne: Welcher ist streuärmer? Das kann durch die Messung ihrer Resonanzfrequenzen herausgefunden werden.**

**Aufbau und Funktion** eines Transformators
Durch den Wechselstrom in der Primärspule wird ein **magnetischer Wechselfluss ϕ** erzeugt. Er induziert in einer Sekundärspule die Wechselspannung. Das ermöglicht die **potentialfreie**

- Umspannung von Wechselströmen, z.B. zur Netzanpassung und die
- ‚Umstromung' von Wechselspannungen, z.B. bei Schweißtrafos.

Die Umspannung ermöglicht die Anpassung der Nennwerte von Stromverbrauchern an das versorgende Wechselstromnetz.

Aufbau und Funktion des Transformators wurden bereits in Absch. 6.1 beschrieben:

- Der eingangsseitige Wechselstrom in Spule 1 erzeugt ein Wechselfeld, das die Ausgangsspannung in Spule 2 induziert.
- Der ausgangsseitige Wechselstrom i.2 schwächt den zunächst Gesamtfluss. Das gleicht der Anstieg des Primärstroms i.1 aus, sodass die Flussänderung Δϕ immer bei null bleibt.

Das erklärt nicht nur die **Stabilität der Ausgangsspannung** eines Transformators bei Belastung, sondern auch die **Stromrückwirkung** vom Ausgang auf den Eingang.

Die Simulation dazu folgt am Schluss dieses Abschnitts. Sie erklärt die Spannungsübersetzung Ü=N.2/N.1 und den Ausgangswiderstand r.a=2·R.W2.

**Der magnetische Tiefpass**

Hier sollen die elektrischen Resonanzfrequenzen des Transformators infolge magnetischer Streuung untersucht werden. Dabei wird davon ausgegangen, dass die magnetische Grenzfrequenz des Kerns noch höher liegt, denn sonst sieht man die elektrischen Resonanzen nicht mit einem **Oszilloskop** (Abb. 6-159) für den Zeitbereich oder dem **Spektrumanalysator** für den Frequenzbereich – siehe Bd. 2, Teil 2, Absch. 1.2.2.

Abb. 6-165 zeigt einen besonders schnellen

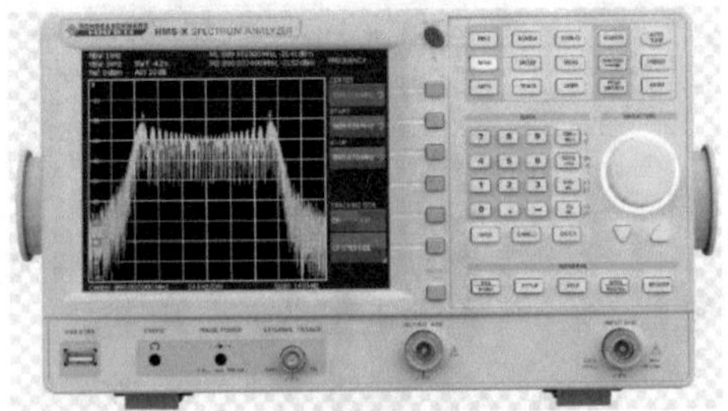

**Technische Daten:**

| | |
|---|---|
| Frequenzbereich: | 9 kHz ~ 3,0 GHz |
| Auflösung: | 1 Hz (volle Bandbreite) |
| Bandbreitenauflösung: | 10 Hz - 3 MHz |
| (in 1-3-10 Sequenz) 200 Hz, 9 kHz, 120 kHz | |

**Abb. 6-165 Spektrum-Analysator der Fa. Rohde& Schwarz mit den wichtigsten Daten**

**Berechnung magnetischer Grenzfrequenzen**

Magnetkerne haben nur einen Energiespeicher. Deshalb können sie als System 1.Ordnung simuliert werden. Zu ihrer Berechnung wird die magnetische Zeitkonstante T.mag benötigt. Das zeigt Abb. 6-166:

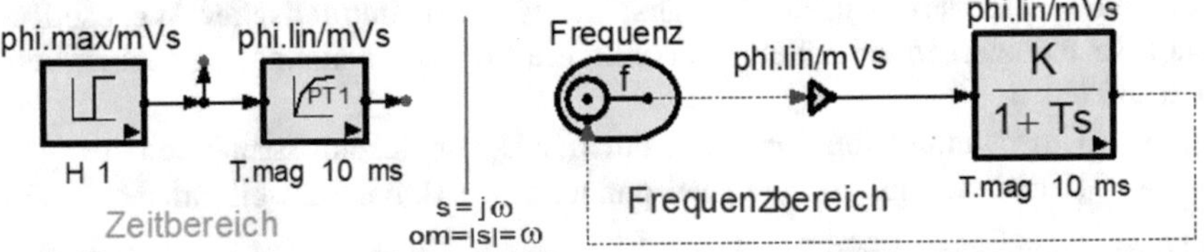


**Abb. 6-166 Simulation der magnetischen Trägheit - im Zeitbereich als Verzögerung und im Frequenzbereich als Tiefpass**

In Absch. 5.6.3 haben wir gezeigt, dass die Grenzfrequenz f.mag, bzw. die Grenzkreisfrequenz ω.mag magnetisierbarer Materialien durch zwei Eigenschaften bestimmt werden:

- der Materialstärke s: Sie bestimmt den Wirbeldurchmesser. Je größer s ist, desto kleiner wird f.mag.
  Die Berechnung erfolgt durch Gl. 5-147 mit dem Ohm'schen Widerstand: f.mag ist proportional zu ρ.e.

$$\omega.mag = \frac{\rho.el/\mu.max}{s^2/2} = \frac{1}{T.mag}$$

- dem magnetischen Widerstand R.mag: f.mag ist proportional zum spezifischen magnetischen Widerstand 1/μ.max.

**2.** Beschreibung des Transformators mit Streuung durch eine **Ersatzschaltung**

Durch die magnetische Streuung liegt ein Teil der Induktivitäten außerhalb des Eisenkerns. Durch die Wicklungskapazitäten entstehen dadurch ein- und ausgangsseitig Tiefpässe. Zusammen mi den Wicklungskapazitäten bilden sie Resonanzkreise.

Hier soll die Wirkung der **magnetischen Streuung** auf die Spannungsübertragung und Stromrückwirkung untersucht werden. Bei elektrischen Systemen erfolgt die Berechnung üblicherweise durch die **Ersatzschaltung** Abb. 6-167.

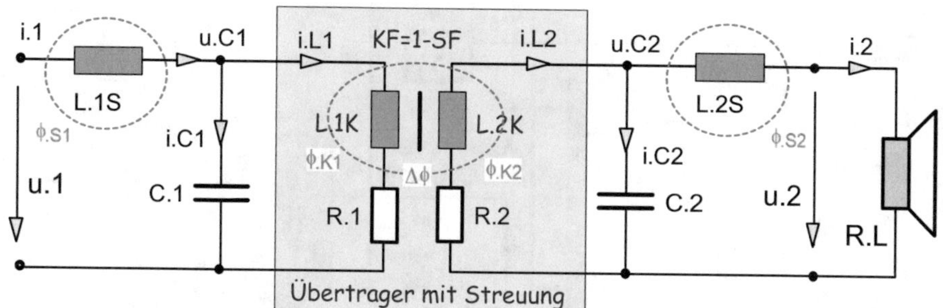


**Abb. 6-167 Ersatzschaltung eines Übertragers mit Streuung: Index K für Kopplung, Index S für Streuung**

Was bewirkt die magnetische Streuung?

- Der sekundäre Kurzschlussstrom ist mit Streuung kleiner als ohne.
- Die Streuinduktivitäten erzeugen zusammen mit den Wicklungskapazitäten Resonanzen.

Die Wirkung der Streu- und Kopplungsfaktoren KF und SF soll hier durch Simulationen gezeigt werden.

**Die Streu- und der Koppelfaktoren**

Um Transformatoren mit Streuung berechnen zu können, müssen zuerst der Streufaktor SF und der Kopplungsfaktor KF vorgegeben werden. Wir haben sie durch Gl. 6-18 und Gl. 6-19 erklärt und verwenden sie hier wie folgt:

Der **Gesamtfluss ϕ.1=ϕ.1K+ϕ.1S** teilt sich in den Koppel- und Streufluss auf.

- Der Streufluss definiert den **Streufaktor SF=ϕ.S1/ϕ.1.**
- Der Koppelfluss definiert den **Koppelfaktor KF=ϕ.K1/ϕ.1=1-SF.**

Der **Koppelfaktor KF=ϕ.S1/ϕ.1=1-SF** ist die Differenz aus Koppel- und Streufaktor.

Der **Streufaktor SF=ϕ.S/ ϕ.S** ist der Streufluss ϕ.S, bezogen auf den primären Gesamtfluss ϕ.1. Reale Übertrager unterscheiden sich durch den Streufaktor: Je geringer der SF, desto besser sind sie. Ideale Transformatoren hätten gar keine Streuung (SF=0). Ringkerntransformatoren kommen diesem Ideal am nächsten. Ihre Streufaktoren SF zu kennen, ermöglicht den Vergleich mit anderen oder dem idealen Übertrager.

**Der Transformator mit Streuung als Vierpol**

Hier werden Berechnungen durch Strukturen ausgeführt. Die Ersatzschaltung ist die Berechnungsgrundlage zu ihrer Entwicklung (Arbeitsgrundlage, Hypothese). Deshalb muss sie zuerst erklärt werden. **Ob** Abb. 6-167 **richtig** ist, werden entweder **Messungen** oder hier die mit der zugehörigen Struktur Abb. 6-171 durchgeführten **Simulationen** zeigen.

Abb. 6-168 zeigt ...

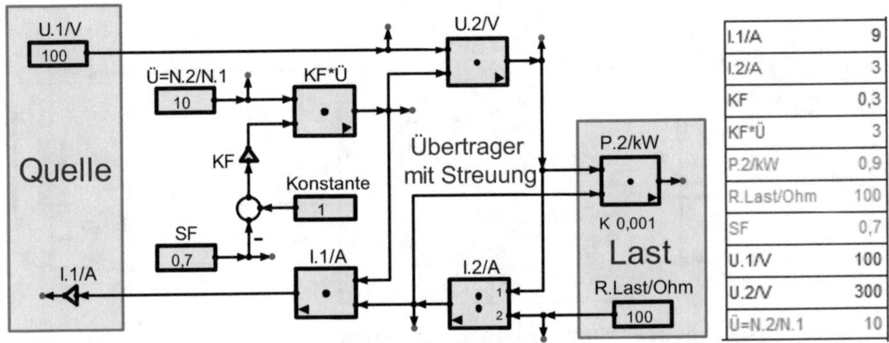


**Abb. 6-168 Struktur eines Transformators mit Streuung als Vierpol**

**Zu den Streu- und Kopplungsinduktivitäten**

Die **direkte Messung** von Streufaktoren ist schwierig. Deshalb soll hier gezeigt werden, wie sie durch die **Messung der Resonanzfrequenz f.0** eines Übertragers bestimmt werden können.

Induktivitäten L=ψ/i (mit dem Spulenfluss ψ=N·ϕ) sind der Quotient aus dem Spulenfluss ψ und dem Spulenstrom i.

- Die Energieübertragung erfolgt allein durch die **Kopplungsinduktivitäten L.K=KF·L.**
- Die **Streuinduktivitäten L.S=SF·L** tragen nichts zum magnetischen Energietransfer bei. Deshalb liegen sie in der Ersatzschaltung Abb. 6-167 vor und hinter den **Kopplungsinduktivitäten L.K=KF·L.**

## Der Kurzschlussstrom eines Trafos mit und ohne Streuung

Die Ersatzschaltung Abb. 6-167 des Transformators zeigt, dass der Kurzschlussstrom von den Streuinduktivitäten abhängen muss. Abb. 6-169 zeigt dazu gemessene ...

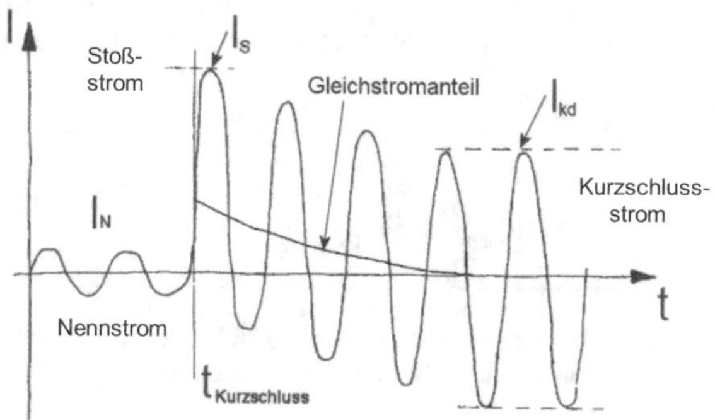


Quelle: http://www.reimerhass.pmbrandt.de/kurzschlussstrom.html

**Abb. 6-169 Nenn-, Einschalt- und Dauer-Kurzschussströme**

Aus Abb. 6-169 ergeben sich folgende Fragen:

1. Wie beeinflusst der Streufaktor den Kurzschlussstrom eines Transformators?
2. Wievielmal größer ist der Kurzschlussstrom eines Transformators als sein Nennstrom?

Abb. 6-171 zeigt die Berechnung des Nenn- und Kurzschlussstroms eines Transformators mit dem Streufaktor SF als freiem Parameter. Technisch interessiert der ...

## Der Kurzschlussquotient k.KS(SF)

Zur Auslegung von Sicherungen muss bekannt sein, wievielmal größer der Kurzschlussstrom als der Nennstrom ist.

Dazu berechnet Abb. 6-171 den **Kurzschlussquotient k.KS=I.2K/I.2;Nen** für zwei Streufaktoren: SF=0 (idealer Trafo) und SF=0,1 (kleiner Trafo).

Falls der Kurzschlussstrom zu hoch ist, könnte die magnetische Streuung z.B. durch einen anderen Kern vergrößert werden. Wenn das nicht geht, kann ein- oder ausgangsseitig eine **Drossel in Reihe** geschaltet werden (siehe Bd. 2, Teil 1, Absch. 3.7).

**Berechnung des Kurzschlussstroms**

Die Ein- und Ausgangsströme (i.1 und i.2) eines Transformators erzeugen magnetische Flüsse ϕ.1 und ϕ.2, die den Energietransfer bewirken. Die Streuung verlagert einen Teil des in der Primärinduktivität L.1 durch den Eingangsstrom i.1 erzeugten magnetischen Flusses nach außerhalb der Spule. Der Streufluss ϕ.S=ϕ.1-ϕ.k steht für den Energietransfer nicht mehr zur Verfügung. Das beschreibt die Ersatzschaltung Abb. 6-170.

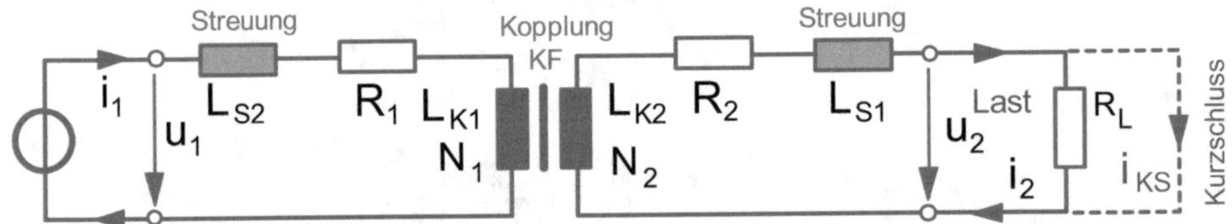


**Abb. 6-170 Trafo-Ersatzschaltung bei ausgangsseitigem Kurzschluss: Berechnet werden soll, wie der Kurzschlussstrom von den Streuinduktivitäten abhängt.**

Abb. 6-171 zeigt die aus der Ersatzschaltung Abb. 6-170 entwickelte Struktur zur Berechnung von Kurzschlussströmen.

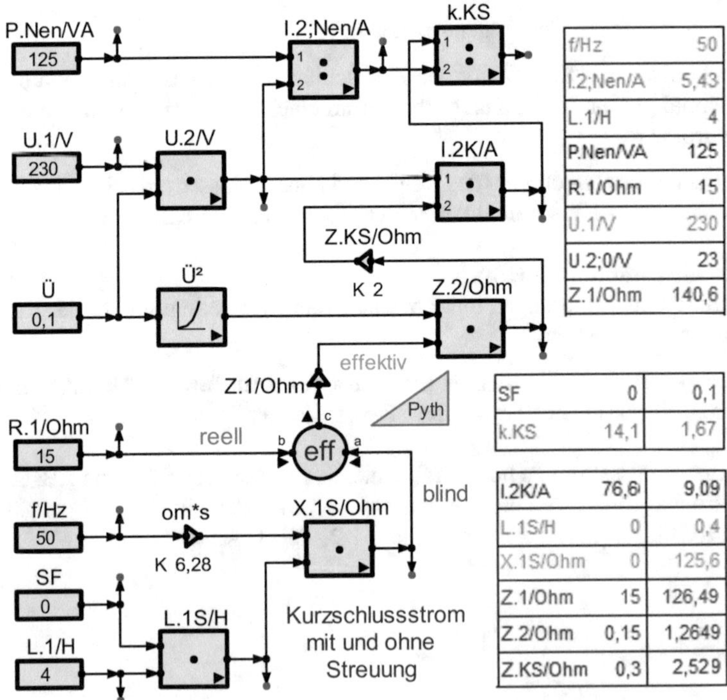


| f/Hz | 50 |
|---|---|
| I.2;Nen/A | 5,43 |
| L.1/H | 4 |
| P.Nen/VA | 125 |
| R.1/Ohm | 15 |
| U.1/V | 230 |
| U.2;0/V | 23 |
| Z.1/Ohm | 140,6 |

| SF | 0 | 0,1 |
|---|---|---|
| k.KS | 14,1 | 1,67 |

| I.2K/A | 76,6 | 9,09 |
|---|---|---|
| L.1S/H | 0 | 0,4 |
| X.1S/Ohm | 0 | 125,6 |
| Z.1/Ohm | 15 | 126,49 |
| Z.2/Ohm | 0,15 | 1,2649 |
| Z.KS/Ohm | 0,3 | 2,529 |

**Abb. 6-171 Berechnung des Kurzschlussstroms eines Transformators mit dem Streufaktor SF als freiem Parameter**

## 3. Trafosimulationen im Zeitbereich

Der Zeitbereich zeigt den Verlauf aller Messgrößen als Funktion der Zeit. Die Messgrößen von Trafos sind zeitabhängig. Deshalb liegt es nahe, sie auch im Zeitbereich darzustellen – so wie es Oszilloskope tun. Durch Simulation soll gezeigt werden, warum das keine gute Idee ist. Abb. 6-172 zeigt die Struktur dazu:

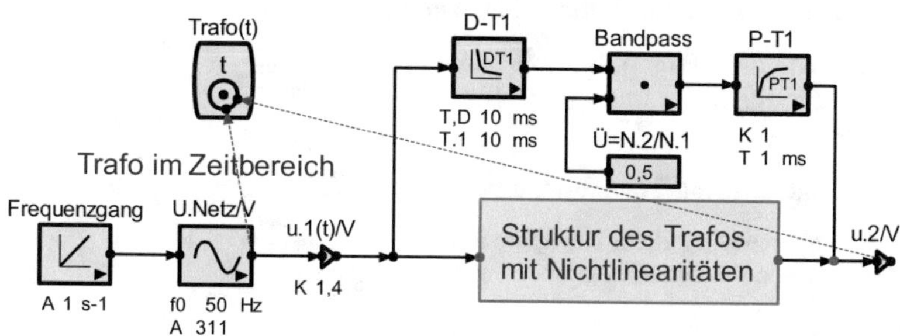


**Abb. 6-172 Simulation im Zeitbereich: Die Anregungsfunktion ist eine Sinusschwingung.**

Abb. 6-172 zeigt:
Bei hohen und tiefen Frequenzen geht die Ausgangsamplitude gegen null. Nur bei mittleren Frequenzen ist sie maximal.

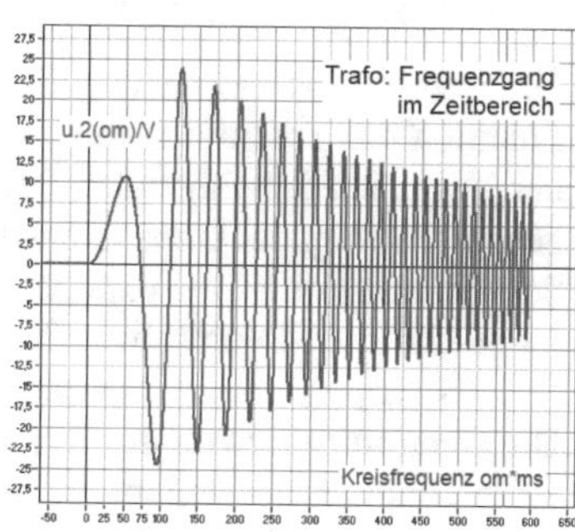


**Abb. 6-173 die Ausgangsspannung u.2(t) bei Variation der Kreisfrequenz ω=om**

*Dass der Trafo ein Bandpass ist, ist im Zeitbereich kaum zu erkennen.*

Deshalb wird das Frequenzverhalten von Transformatoren hochaufgelöst im Frequenzbereich dargestellt (Beispiele folgen).

Abb. 6-174 zeigt

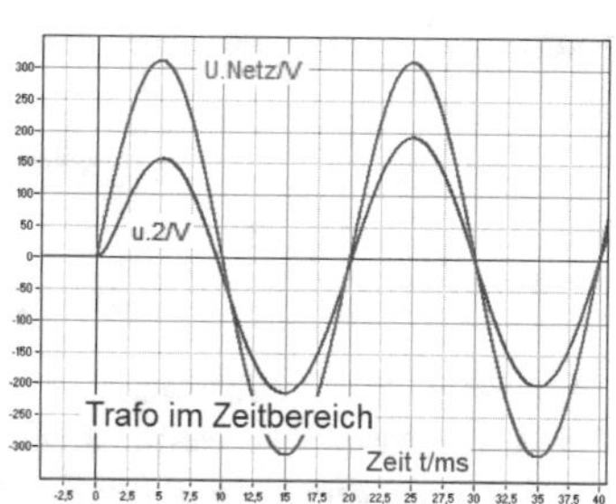


**Abb. 6-174 die Ein- und Ausgangsspannungen eines Trafos in Bandmitte**

Bei einer mittleren Frequenz (hier 50Hz) ist die Ausgangsspannung u.2 mit der Eingangsspannung u.Netz in Phase. Das Übersetzungsverhältnis Ü=N.2/N.1 bestimmt die Ausgangsamplitude.

*Deshalb ist der Zeitbereich nur für Berechnungen mit konstanter Frequenz geeignet (hier 50Hz).*

## 4. Trafosimulation im Frequenzbereich

Die **komplexe Berechnung** von Amplituden- und Phasengängen ist ein lineares Berechnungsverfahren. Deshalb sind **Nichtlinearitäten** jeder Art (auch Multiplizierer und Dividierer) **verboten**. Erlaubt sind **nur lineare Komponenten** (P, I und D und Summierstellen). Die Alternative ist die Berechnung der Beträge von **Frequenzgängen im Zeitbereich**. Dann sind Nichtlinearitäten erlaubt.

Transformatoren sind Bandpässe mit einer unteren Grenzfrequenz f.g und einer oberen Grenzfrequenz f.0.

Abb. 6-175 zeigt, dass ein Transformator

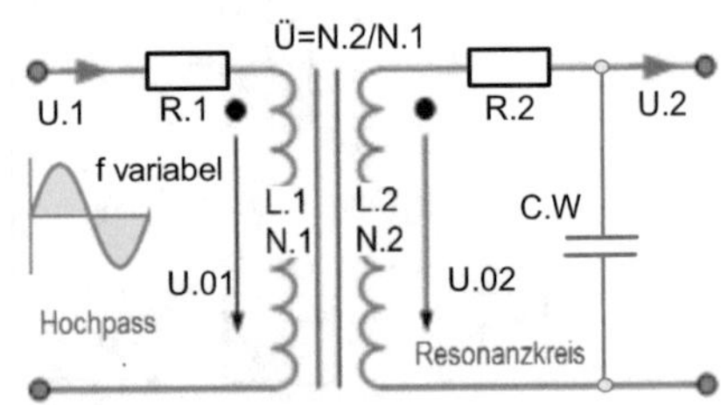


**Abb. 6-175 eingangsseitig einen Hochpass und ausgangsseitig einen Resonanzkreis ist.**

### Zur Strukturbildung im Frequenzbereich

Zur Berechnung des Transformators durch Strukturen – zwei Alternativen:

- genau im **Frequenzbereich,** aber nur mit linearen Gliedern
- als Näherung im **Zeitbereich** mit beliebigen Nichtlinearitäten

Hier werden die **Resonanzfrequenz ω.S** und **Resonanzüberhöhung RÜ** eines Übertragers als Funktion von L und C und des Streufaktors SF gesucht.

Die in Abb. 6-170 gezeigte Ersatzschaltung beschreibt die Vorstellung des Autors zur Funktion des Transformators mit Streuung: Sie ist eine **Hypothese**. Ob sie stimmt, muss der Vergleich der folgenden Berechnungen und Kennlinien mit gemessenen Funktionen zeigen. Es folgt die Untersuchung der **Trafoeigenschaften im Frequenzbereich**, hier mit dem Streufaktor SF als Parameter. Zu zeigen ist, wie **durch Streuung** eine **obere Grenzfrequenz** (die Streuresonanzfrequenz f.S) entsteht.

### Die Grenzfrequenzen des Transformators im Bode-Diagramm

Bode-Diagramme stellen Frequenzgänge im doppellogarithmischen Maßstab getrennt nach Betrag und Phasenverschiebung dar. Im Amplitudengang markieren die Asymptoten die Kennfrequenzen eines Systems. Das zeigt Abb. 6-176 für Transformatoren:

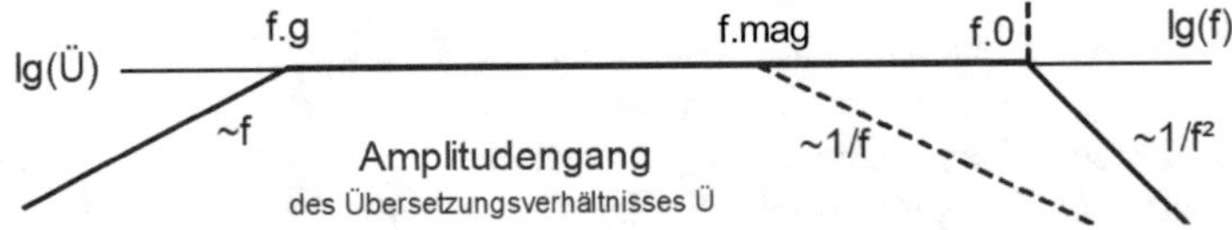


**Abb. 6-176 Der Transformator als Bandpass: Die Grenzfrequenzen sind der Schnittpunkt der Asymptoten des Amplitudengangs. Die magnetische Grenzfrequenz f.mag ist bei Blechkernen meist kleiner und bei Ferritkernen meist größer als die Resonanzfrequenz f.0.**

Bode-Diagramme haben wir in Teil 2, Bd. 2, Kap. 1.2 behandelt. Dort wurden ihre besonderen Vorteile gegenüber allen anderen Arten zur Darstellung von Frequenzgängen erklärt. Die in Abb. 6-176 gezeigten Asymptoten sind die wichtigsten.

**Simulation des Transformators im Frequenzbereich**

Gesucht werden die Frequenzgänge eines Transformators bei verschiedenen Streufaktoren. Abb. 6-177 zeigt ...

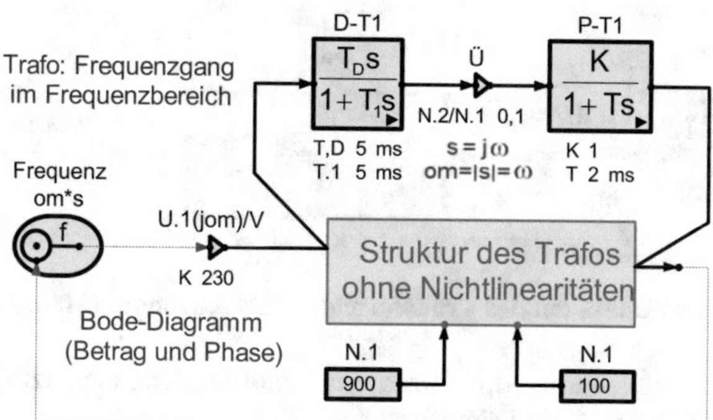


**Abb. 6-177 die Struktur zur Messung von Frequenzgängen im Bode-Diagramm mit sinusförmiger Ansteuerung**

Wie bereits in Abb. 6-176 gezeigt wurde, sind Transformatoren Bandpässe. Ob sie breit- oder schmalbandig sind, zeigt der Amplitudengang. Abb. 6-178 zeigt ein Beispiel.

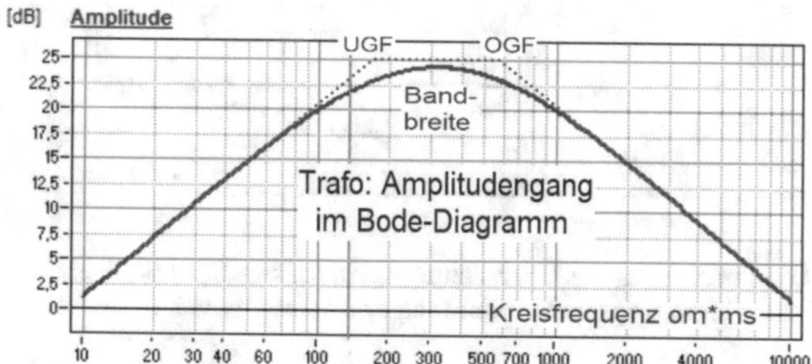


**Abb. 6-178 Amplitudengang eines schmalbandigen Transformators: Bei Netztrafos muss das Übertragungsmaximum in Bandmitte liegen.**

Bandpässe, hier Transformatoren, sind Filter Sie übertragen einen Bereich mittlerer Frequenzen, hier um die Netzfrequenz herum. Ihre Kennzeichen sind eine untere und eine obere Grenzfrequenz (elektrische Filter: siehe Bd. 2, Teil. 2, Kap. 1.3).

Wenn von Netztrafos die Rede ist, hat der Hersteller dafür gesorgt, dass die Netzfrequenz in etwa in Bandmitte liegt. Was er zur Dimensionierung wissen muss, behandeln die Kap. 6.2.2 und 6.2.3. Bei Netztrafos interessiert den Anwender der Frequenzgang nicht mehr.

Hier soll die durch die magnetische Streuung entstehende Resonanz untersucht werden. Dazu müssen Frequenzgänge simuliert werden. Vorher ist zu zeigen, wie die Bauelemente des Transformators (L, C und R) seine Grenzfrequenzen bestimmen. Mit diesem Wissen können Trafos dann so dimensioniert werden, dass geforderte Grenzfrequenzen eingehalten werden.

**Der Transformator als Resonanzkreis**

Streuinduktivitäten L.S entkoppeln den energieübertragenden Teil der Spule von der ansteuernden Spannungsquelle. Das erzeugt eine Resonanz. Abb. 6-179 zeigt die ...

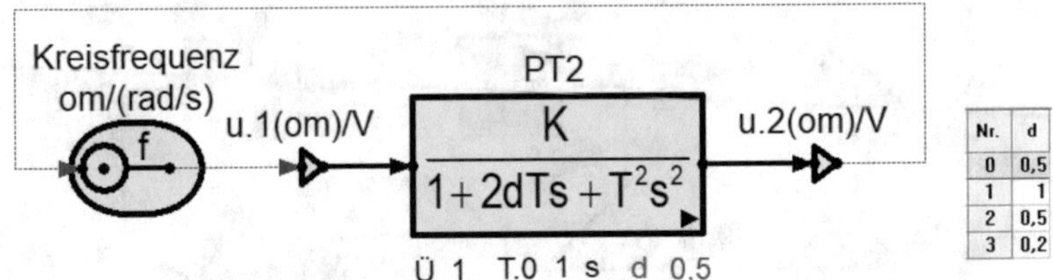


| Nr. | d |
|---|---|
| 0 | 0,5 |
| 1 | 1 |
| 2 | 0,5 |
| 3 | 0,2 |

**Abb. 6-179 formale Simulation des Transformators als schwingungsfähiges System**

Zu seiner Beschreibung werden drei Parameter benötigt: der Übersetzungsfaktor Ü, die Eigenzeitkonstante T.0 und die Dämpfung d.

Abb. 6-180 zeigt die Alternativen bei drei verschiedenen Dämpfungen:

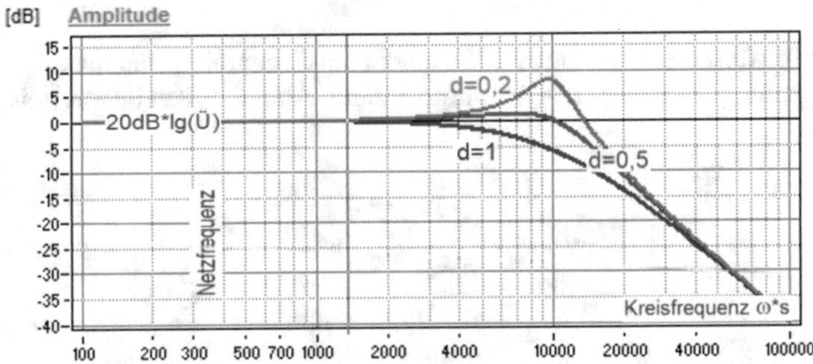


**Abb. 6-180 Amplitudengang des Übersetzungsverhältnisses Ü(ω) für drei verschiedene Dämpfungen: Schwingfall, optimale Dämpfung und aperiodischer Grenzfall**

**Konstantenbestimmung für den Frequenzbereich**

Bei jeder Simulation sind vor, während oder nach der Strukturbildung alle benötigten Konstanten des Systems zu bestimmen. Das haben wir für Transformatoren in Absch. 6.2.2 im Detail gezeigt und soll hier noch einmal kurz zusammengefasst werden.

Als Alternative zur rechnerischen Konstantenbestimmung bleibt natürlich immer deren Messung. Messungen sagen aber immer nur, was ist, aber nie, warum es so ist. Dazu dienen die Berechnungen. Durch Messungen muss überprüft werden, ob sie richtig oder falsch sind.

Zur dynamischen Analyse von Transformatoren werden ihre primären und sekundären Induktivitäten L, Widerstände R und Kapazitäten C gebraucht. Wie sie als Funktion der Nennleistung P.Nen berechnet werden, haben wir bei der Trafodimensionierung in Absch. 6.2.3 gezeigt. Wenn sie z.B. für die Primärseite gemessen oder berechnet worden sind, können ihre sekundären Werte mit Hilfe des Übertragungsfaktors Ü berechnet werden. Das haben wir in Tab. 6-12 zusammengefasst und in der Ersatzschaltung des Trafos von Abb. 6-162 angewendet.

Bekannt sind die **Parameter** des Transformators:

- die Netzspannung u.1 (230V effektiv, 311V maximal) und die Netzfrequenz f=50Hz
- die Spulendaten L.1=4H, R.1=15Ω, C.1=10nF und das Übersetzungsverhältnis Ü=0,1
- Mit Ü²=0,01 lassen sich die sekundären Spulendaten L.2=40mH, R.2=0,15Ω und C.2=0,1nF nach Gl. 6-54 berechnen.
- Der Streufaktor SF ist ein freier Parameter. Er kann zwischen 0 und 1 variiert werden.
- Auch der Lastwiderstand R.L<5Ω ist ein freier Parameter. Sein Leitwert 1/R.L kann zwischen 0 und dem Nennwert 0,2A/V variiert werden.

3. **Der Eingangs-Hochpass**

Transformatoren arbeiten erst ab einer unteren Grenzfrequenz (f.g=f.1). Sie muss kleiner als die vorgesehene Betriebsfrequenz sein (hier 50Hz). Abb. 6-181 zeigt, wie f.1 aus der Primärinduktivität L.1 und dem Wicklungswiderstand R.1 berechnet wird.

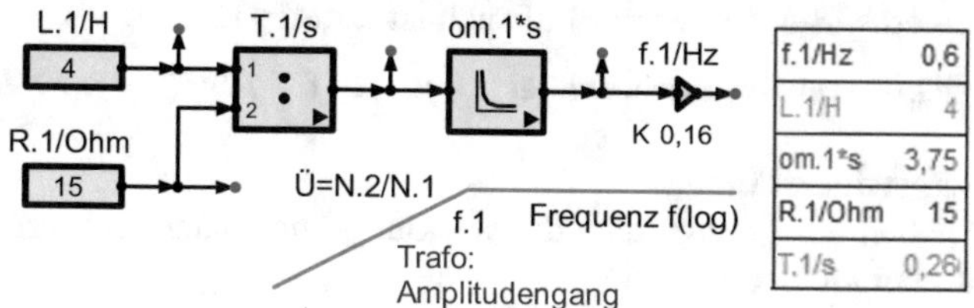


**Abb. 6-181 Berechnung der unteren Grenzfrequenz eines Transformators**

Aus Abb. 6-181 wird die Formel zur Berechnung von f.1 abgeleitet.

**Gl. 6-65 Berechnung der unteren Grenzfrequenz eines Transformators**

$$T.2 = \frac{L.2}{R.2} = \frac{Ü^2 * L.1}{Ü^2 * R.1} = T.1 \rightarrow \omega.1 = \frac{1}{T.1} \rightarrow f.1 = \frac{\omega.1}{2\pi} < 50Hz$$

Abb. 6-181 zeigt auch die Zahlenwerte zur Eingangszeitkonstante T.1 und zu f.1.

4. **Der Resonanzkreis**

Der Streufaktor SF ist das Maß für die Stärke der magnetischen Streuung. Da sie direkt nur schwer zu messen ist, soll gezeigt werden, wie sie aus der durch sie gegenüber ω.0 verschobenen Streuresonanzfrequenz ω.S errechnet werden kann. Dazu muss bekannt sein, wie ω.S(SF) vom Streufaktor SF abhängt. Berechnungsgrundlage ist die in Gl. 6-66 angegebene ...

**Eigenzeitkonstante und Resonanzfrequenz eines LC-Schwingkreises**

Die Berechnung der Eigenfrequenz eines LC-Schwingkreises beginnt mit dem Quadrat seiner

**Gl. 6-66 Eigenzeitkonstante** $\boldsymbol{T.0^2 = L * C \rightarrow T.0 \rightarrow \omega.0 = 1/T.0 \rightarrow f.0 = \omega.0/2\pi}$

Zusammengefasst ergibt dies die Resonanzkreisfrequenz $\omega.0 = 1/\sqrt{L * C}$ als Funktion der Energiespeicher L und C.

Zu den **Induktivitäten eines Transformators**
Bei Transformatoren ist die Primärinduktivität L.1=U.1/(ω·I.mag) relativ leicht durch den Magnetisierungsstrom I.mag zu messen. Durch das Übersetzungsverhältnis Ü, bzw. ihr Quadrat Ü², ist damit auch die Sekundärinduktivität L.2=Ü²·L.1 bekannt.

Als Beispiel dient hier ein 125VA-Transformator mit einer Primärinduktivität **L.1=4H** und einem Übersetzungsverhältnis **Ü=0,1**. Dann ist **L.2=40mH**.

Die Ersatzschaltung von Abb. 6-170 zeigt,
dass sich die Gesamtinduktivität L.1=K.1K+L.1S aufteilt.

Induktivitäten L beschreiben den proportionalen Zusammenhang zwischen Strömen und Flüssen: ϕ=L.Wdg·i

- mit der Windungsinduktivität L.Wdg=L/N=N·G.mag
- mit dem magnetischen Leitwert G.mag=μ.eff·A.Fe/l.Fe – mit der effektiven Permeabilität μ.eff= μ.0· μ.r;eff
- Bei Kernen ohne Luftspalt ist die effektive relative Permeabilität μ.r;eff gleich μ.r des Eisenkerns. Bei Kernen mit Luftspalt ist μ.r;eff< μ.r:

**Gl. 6-67 effektive relative Permeabilität** $\mu.r;eff = \mu.r/(1 + \mu.r * l.LS/l.Fe)$

Zu den **Wicklungswiderständen**
In Abb. 6-130 haben wir gezeigt, dass die Wicklungswiderstände mit größer werdender Nennleistung immer kleiner werden.

- Mit Gl. 6-58 haben wir gezeigt, wie Wicklungswiderstände aus dem Verlustfaktor 1-η errechnet werden können.
- Mit Gl. 6-54 haben wir gezeigt, dass Widerstände mit Ü² von der **Primärseite auf die Sekundärseite** übersetzt werden. (Wenn das Übersetzungsverhältnis Ü<1 ist, ist die Sekundärseite niederohmiger als die Primärseite.)
- Mit Tab. 6-12 haben zeigen wir noch einmal, dass sich Kapazitäten C mit Ü² vom Eingang zum Ausgang eines Trafos übersetzten.

Tab. 6-12 fasst diese Eigenschaften zusammen:

**Tab. 6-12 Die Umrechnung der primär gemessenen Trafoparameter auf die Sekundärseite: Rechnungen gelten auch umgekehrt.**

| Ü=N.2/N.1 | R.2=R.1·Ü² | L.2=L.1·Ü² | C.2=C.1·Ü² |
|---|---|---|---|

**Zu den Kapazitäten eines Transformators**
Etwas schwerer zu messen sind die primären und sekundären Wicklungskapazitäten C.1 und C.2. In der Struktur der Abb. 6-29 wurde gezeigt, wie sie berechnet werden.

In Absch. 6.1 haben wir unter Pkt. 5 gezeigt, wie Wicklungskapazitäten aus einer Windungskapazität C.Wdg und der Windungszahl N errechnet werden können.

Abschätzung der Windungskapazität C.1:

Mit ε.0≈10pF/m und A/d≈0,3m wird **C.1≈10nF**.

Mit N.1≈900 und N.2≈100 ist Ü≈0,1 und **Ü²≈0,01**.
Dann ist **C.2≈0,1nF**.

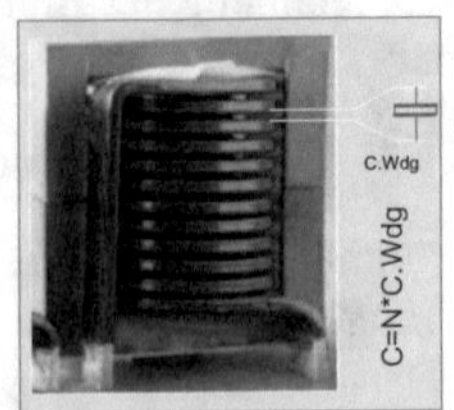


**Abb. 6-182 Spule mit Wicklungskapazität**

**Die Resonanzfrequenz des Transformators ohne Streuung (SF=0, KF=1)**
Die Wicklungskapazitäten C bilden mit den Induktivitäten L des Trafos **Resonanzkreise.** Ohne Streuung hätten sie die Primärinduktivität L.1 und die Primärkapazität C.1 (Schaltungs- und Wicklungskapazität). Sie bestimmen die Eigenzeitkonstante T.0 eines Übertragers: $T.0^2 = L.1 * C.1$. Daraus errechnet sich seine Resonanzfrequenz:

$$T.0 = \sqrt{L.1 * C.1} \to \omega.0 = 1/T.0 \to f.0 = \omega.0/2\pi$$

Bei Spulen soll die Eigenzeit T.0 möglichst klein sein, damit die Eigenfrequenz ω.0=1/T.0 groß wird. Die Aufgabe der Systemanalyse ist, zu zeigen, wie die Systemparameter (Ü, T.0 und d) von den Komponenten des Transformators abhängen (L, C und R). Damit kann T.0 möglichst klein und die Dämpfung d optimal gestaltet werden.

Zahlenwerte (Abschätzung für einen 125VA-Trafo):
Hier rechnen wir z.B. mit L.1=4H und C.1=10nF. Das ergibt die Resonanzkreisfrequenz **ω.0=67rad/ms** = 67krad/s und die Resonanzfrequenz **f.0=80Hz**. Das ist nur knapp über der Netzfrequenz von 50Hz.

**Die Resonanzfrequenz des Transformators mit Streuung (SF>0 → KF<1)**
Die Eigenfrequenz ω.0(SF=0) ist der Bezug zur Berechnung der Resonanzfrequenzen mit Streuung. Gl. 6-68 zeigt die aus Abb. 6-183 abgeleitete Formel zur Berechnung der

**Gl. 6-68 Streuresonanz-Kreisfrequenz**

$$\omega.S = \frac{1}{\sqrt{L.K * C.W}} = \frac{1}{\sqrt{L.S * (1 - SF) * C.W}} = \frac{\omega.0}{\sqrt{1 - SF}} \geqq \omega.0$$

Durch Simulation von Gl. 6-68 und Variation des Streufaktors SF soll der Zusammenhang zwischen SF und ω.S/ω.0 gefunden werden. Damit ist es möglich, den Streufaktor aus gemessenen Resonanzfrequenzen zu berechnen.

## 5. Simulation von Transformatoren mit Streuung

Als nächstes soll die obere Grenzfrequenz f.2 interessieren. Sie gibt an, bis zu welcher Frequenz ein Transformator betrieben werden kann. f.2 kann zwei Ursachen haben:

1. die magnetische Grenzfrequenz des ferromagnetischen Kerns und
2. die durch die Induktivitäten L und Wicklungskapazitäten C gebildete Resonanz.

Wie magnetische Grenzfrequenzen von Spulen mit Wicklungskapazität ohne Streuung berechnet werden, haben wir in Absch. 5.6.3 gezeigt. Hier soll gezeigt werden, wie die Resonanzfrequenz eines Transformators mit Streuung berechnet wird.

Gesucht wird der Zusammenhang zwischen Streufaktor SF und Streuresonanzfrequenz f.S, bzw. Resonanzkreisfrequenz ω.S=2π·f.S. Wenn es gelingt, dazu eine möglichst einfache Funktion SF(ω.S) zu finden, lässt sich der nur schwer messbare Streufaktor SF aus der leichter messbaren Streuresonanzfrequenz f.S~ω.S berechnen.

Zur Klärung des Zusammenhangs zwischen Resonanzfrequenz und Streuung müssen die Frequenzgänge eines Transformators mit dem Streufaktor SF simuliert werden. Berechnungsgrundlage ist die Abb. 6-183 gezeigte ...

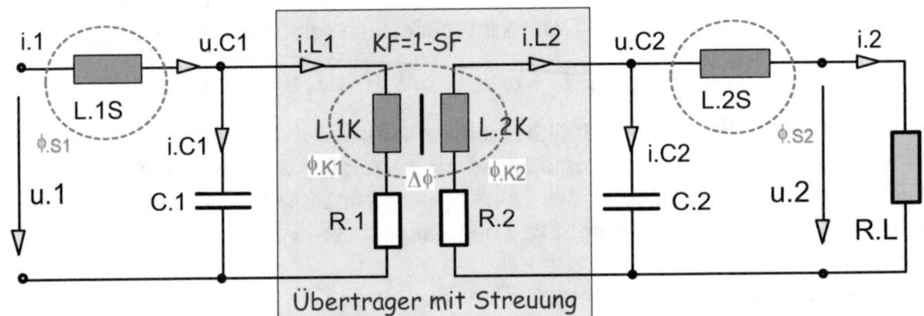


**Abb. 6-183 Ersatzschaltung eines Transformators mit Streuung: Sie ist Hypothese und Berechnungsgrundlage. Ob sie stimmt, sollen die folgenden Simulationen zeigen.**

Berechnungen der **Primärseite**:

1. In **Zone A** wird die Spannung u.C1=u.1-u.S1 an der Primärspule und dem Primärkondensator berechnet. Die Netzspannung (230V effektiv, 311V maximal) ist vorgegeben, der Spannungsabfall u.S1 an der Streuinduktivität L.S1=SF·L.1 muss aus dem Primärstrom i.1 berechnet werden.

2. **Zone B** zeigt die Berechnung des Primärstroms i.1=i.C1+i.L1.
   i.C1=C.1·d.i1/dt=ω·i.1.
   Die Berechnung von i.L1 folgt aus dem Spannungsabfall über R.1, und der muss aus der Differenz von u.C1 und der induzierten Spannung u.L1 berechnet werden.

Berechnungen des **Kopplungsteils**:

3. **Zone C** zeigt die Differenzbildung der durch den Primär- und Sekundärstrom erzeugten Magnetflüsse ϕ.1 und ϕ.2. Die Änderung von Δϕ induziert die Windungsspannung u.Wdg=dϕ/dt=ω·Δϕ.

4. **Zone D** zeigt, wie aus u.Wdg durch Multiplikation mit den Windungszahlen N.1 und N.2 die primäre und sekundäre Spulenspannung wird.

Berechnungen der **Sekundärseite:**

5. **Zone E** zeigt die Berechnung des Sekundärflusses ϕ.2 aus dem Sekundärstrom i.1. Er ermöglicht die Differenzbildung in Zone C.

Durch ϕ.2 schließt sich der Kreis. Der Regelkreis hält den Kernfluss unter allen Umständen annähernd konstant und lässt die Änderungen der Windungsspannung gegen null gehen. Das erklärt

- die Spannungsübersetzung Ü mit N.2/N.1
- die Stabilität der Sekundärspannung und
- den Anstieg des Primärstroms mit dem Sekundärstrom i.2.

### Die Struktur eines Trafos mit Streuung

Abb. 6-184 zeigt die aus der Ersatzschaltung Abb. 6-183 entwickelte Struktur des Transformators mit Streuung. Damit können die Frequenzgänge der Sekundärspannung U.2 und des Primärstroms I.1 simuliert werden. Damit kann die Abhängigkeit der Streuresonanzfrequenz ω.S vom Streufaktor SF untersucht werden.

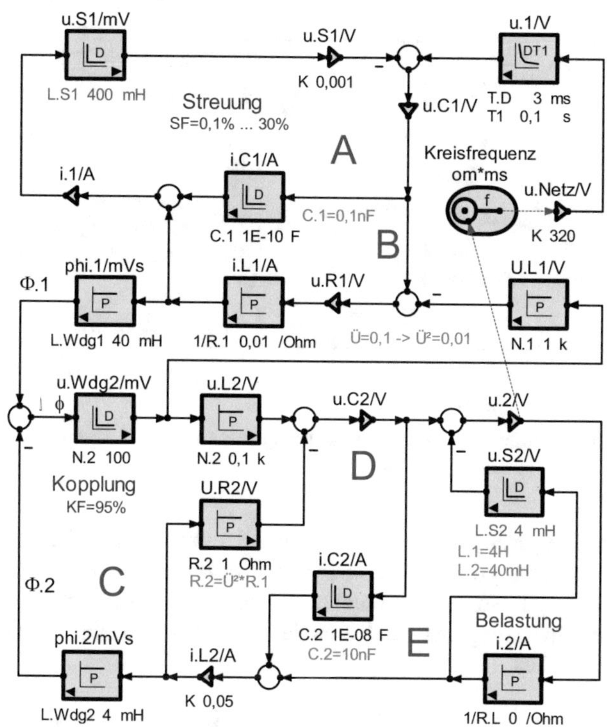


**Abb. 6-184 Die komplexe Berechnung eines Trafo-Frequenzgangs: Die dazu benötigten Induktivitäten und Widerstände wurden in Abb. 6-185 errechnet.**

### Parametervariation

In den Frequenzgängen von Abb. 6-186 wurden die Streufaktoren SF=30%, 10%, 1% und 0,1% gewählt. Abb. 6-185 zeigt, wie sie in diesen drei Blöcken eingestellt werden.

| SF/% |
|---|
| 30 |
| 10 |
| 1 |
| 0,1 |

Parametersätze für Differenzierglied (u.S1/V)

| Nr. | L.1S [H] |
|---|---|
| 1 | 12 |
| 2 | 0,4 |
| 3 | 0,04 |
| 4 | 0,004 |

Parametersätze für Differenzierglied (u.Wdg/mV)

| KF [s] |
|---|
| 0,7 |
| 0,9 |
| 0,99 |
| 0,999 |

Parametersätze für Differenzierglied (u.S2/V)

| Nr. | L.S2 [H] |
|---|---|
| 1 | 0,012 |
| 2 | 0,004 |
| 3 | 0,0004 |
| 4 | 0,00004 |

**Abb. 6-185 Gewählt wurden vier verschiedene Streufaktoren. Entsprechend müssen die Streuinduktivitäten L.S1=SF·L.1 und L.S2=SF·L.2 variiert werden. Im Block Windungsspannung U.Wdg muss der Koppelfaktor KF=1-SF eingestellt werden.**

Zur Ermittlung der Streuresonanzfrequenz f.S simulieren wir mit Abb. 6-184 die Frequenzgänge der

*Kondensatorspannung u.C1 für vier Streufaktoren SF=0,1% - 1% - 10% und 30%.*

Abb. 6-186 zeigt die Resultate:

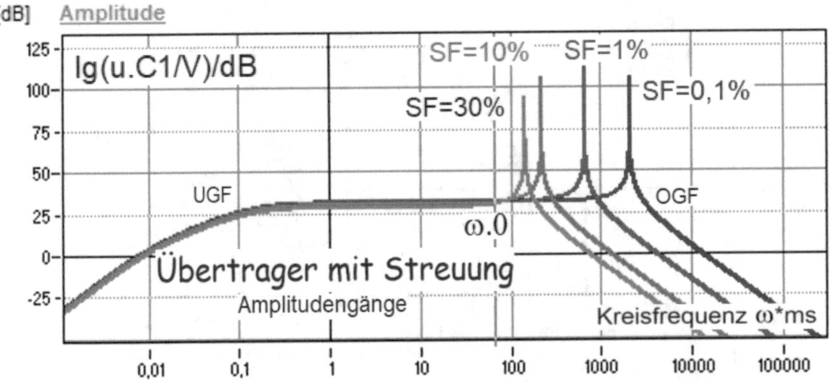


**Abb. 6-186 Amplitudengänge des Übertragungsfaktors Ü(ω) bei Variationen der Streuung Basiseinstellung: L.1=4H und C.1=10nF**

Abb. 6-186 zeigt: Die Streuresonanzfrequenzen ω.S werden gegenüber der Eigenresonanz ω.0 ohne Streuung umso größer, je kleiner der Streufaktor SF ist. Ohne Streuung hätten Übertrager die höchste Resonanzverschiebung. Das bedeutet, dass geringe Streuung neben der magnetischen Grenzfrequenz des Kerns das Wichtigste ist, um mit Übertragern hohe Frequenzen zu erreichen.

Abb. 6-187 zeigt das

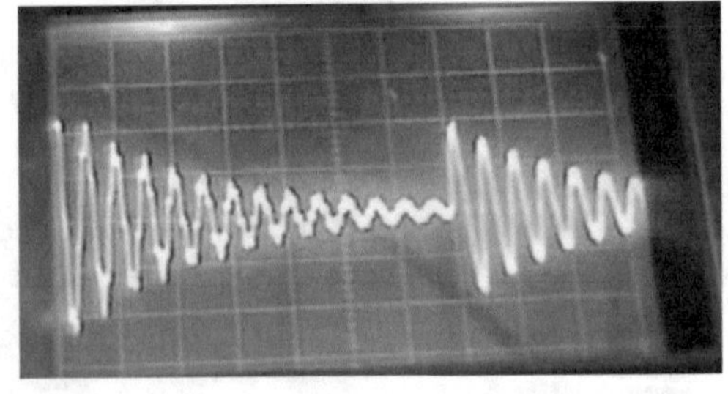

**Abb. 6-187 Oszillogramm einer Traforesonanz**

Zur Ermittlung der Resonanzfrequenzen zu den vier gewählten Streufaktoren weiten wir den Bereich, in dem sie auftreten, auf. Das zeigt Abb. 6-188:

Abb. 6-188 lässt zu jedem Streufaktor eine Resonanzfrequenz ω.S erkennen. Wir ‚messen' sie durch Verschieben des Frequenzcursors des Bode-Diagramms:

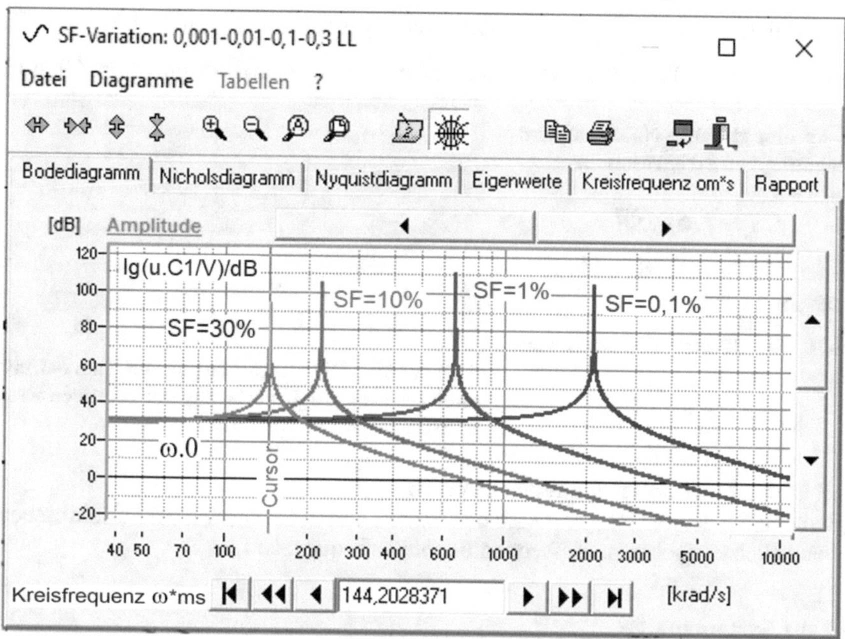


**Abb. 6-188 Auflösung des resonanten Teils von Abb. 6-186: Die Resonanzfrequenzen bei den verschiedenen Streuungen werden durch Verschieben des Cursors ermittelt.**

## 5. Excel-Analysen

Durch **Excel-Analyse** der Resonanzfrequenzen von Abb. 6-188 soll eine möglichst einfache Formel zur Berechnung von Streufaktoren SF aus gemessenen Streuresonanzfrequenzen f.S erzeugt werden.

**Tab. 6-13 simulierte Streuresonanzen aus Abb. 6-188**

| SF | 0,1% | 1% | 10% | 30% |
|---|---|---|---|---|
| **ω.S·ms** | 2137 | 657 | 220 | 144 |
| **ω.S/ω.0** | 32 | 9,8 | 3,3 | 2,15 |
| **errechnet f/f.0** | 31,6 | 10 | 3,16 | 1,8 |

Tab. 6-13 zeigt die der Simulation Abb. 6-188 entnommenen Streuresonanzfrequenzen. Der Relativwert ω.S/ω.0 wurde mit der durch Gl. 6-68 errechneten Resonanzfrequenz ω.0 ohne Streuung errechnet: ω.0=67rad/ms → f.0≈10kHz.

In Abb. 6-188 werden die Resonanzfrequenzen ω.S(SF) durch Verschieben des Cursors ermittelt und in die obige Tabelle Tab. 6-13 eingetragen.

Abb. 6-189 zeigt die damit erzeugten Graphen y = f.S/f.0(SF) = ω.S/ω.0

Excel gibt auch die Formel zur Berechnung der Streuresonanzfrequenzen an. Gl. 6-69 ist

**Gl. 6-69 eine einfache Näherung zur Berechnung von Streuresonanzfrequenzen**

$$f.S \approx f.0/\sqrt{SF}$$

für Streufaktoren SF von 0 bis 1. Daraus folgt der

**Gl. 6-70 Streufaktor zu gemessenen Streuresonanzen**

$$SF \approx (f.0/f.S)^2$$

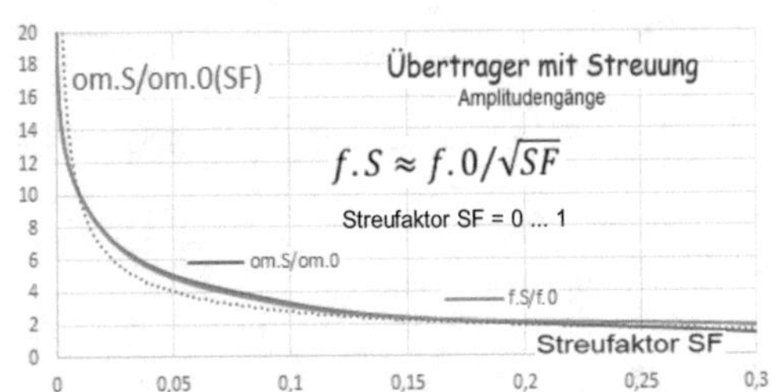


**Abb. 6-189 Die Excel-Analyse von Tab. 6-13 liefert auch Gl. 6-69 zur Berechnung der relativen Resonanzfrequenzen f.S(SF)/f.0.**

Damit ist das **Ziel der Trafoanalyse** erreicht:
die Berechnung der nur schwer messbaren Streufaktoren SF durch die durch sie erzeugten, die wesentlich einfacher zu messenden Resonanzfrequenzen f.S.

**Fazit zur Systemanalyse**

Die hier gezeigte Aufzählung der Trafoanalyse in sechs Punkten erweckt den Anschein des linearen Vorgehens bei Systemanalysen. Das stimmt jedoch nicht. Realistisch müssen alle Punkte bei neu gewonnenen Erkenntnissen immer wieder noch einmal durchlaufen werden. Das kann wieder Rückwirkungen auf andere Punkte haben und erklärt, warum es oft so lange dauert, bis ein Modell die Realität richtig abbildet.

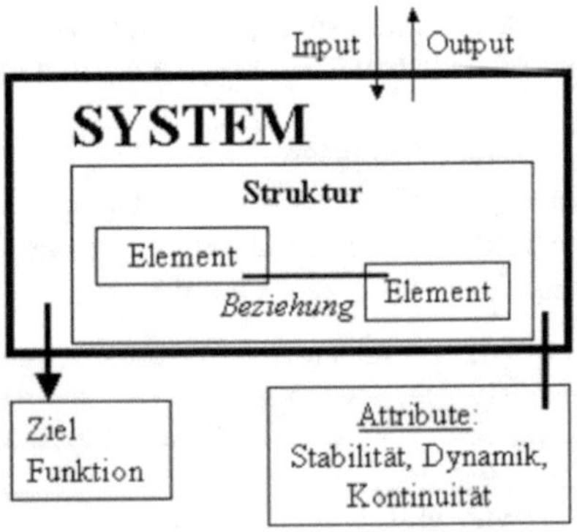

Input
Output
SYSTEM
Struktur
Element
Beziehung
Element
Ziel Funktion
Attribute: Stabilität, Dynamik, Kontinuität

**Abb. 6-190 Systemanalyse allgemein**

Hat man ein gutes **Modell, ist es zu Detailuntersuchungen** des Systems im Zeit- und Frequenzbereich oft besser geeignet als ein Teststand **(selbsterklärend, schneller und billiger)**. Durch immer mehr Details (z.B. **Daten, Kennlinien mit Parametervariationen)** wird das System mit der Zeit immer besser verstanden. Ein Teststand wird dann nur noch zur Kontrolle des Modells benötigt.

*Bei weitgehender Übereinstimmung hat sich die Mühe gelohnt.*

# Schlusswort zu Band 3/7

**Magnetismus** ist die Speicherung der Bewegungsenergie elektrischer Kreisströme. Er wird in den folgenden Bänden dieser ‚Strukturbildung und Simulation technischer Systeme' gebraucht, zunächst in Bd.4 zur Simulation **elektrischer Maschinen**.

Elektromagnetische Felder, Kräfte und Drehmomente werden durch **Spulenströme** erzeugt. Wie man Spulen aus den Forderungen einer Anwendung berechnet, war das Thema in Kapitels 5 ‚Magnetismus'.

Dies sind die wichtigsten magnetischen Effekte:

**Magnetische Felder** speichern die Bewegungsenergie elektrischer Ladungen.
**Magnetische Kräfte** entstehen durch die Relativbewegung elektrischer Ladungen.
**Elektromagnetische Kräfte** entstehen durch das Bestreben der Felder eines Magneten und eines elektrischen Stroms, die Energiedichte zu minimieren.
**Magnetische Drehmomente** μ.mag=i·A entstehen durch Kreisströme. Abb. 0-1 zeigt

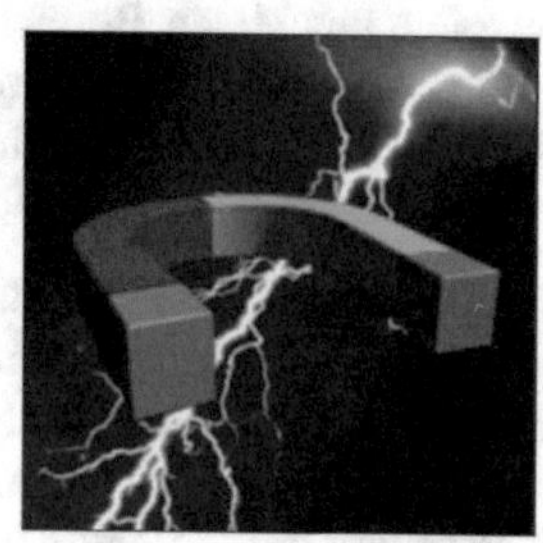

**Abb. 0-1 die Verkopplung von Strom und Magnetismus**

Quelle: DESY-Hamburg
http://kworkquark.desy.de/kennenlernen/artikel.teilchen-und-kraefte-3/8/1/index.html

Dass auch Elementarteilchen magnetische Momente besitzen, zeigt, dass auch in Atomen **Ladungen rotieren** müssen. Sie sind die Ursache für alle magnetischen Effekte in der Welt. Den technisch relevanten Teil davon haben wir in diesem Band 3 simuliert.

**Strukturbildung** ist nach Meinung des Verfassers das probate Mittel dazu. Die folgenden Bände diese Reihe belegen dies.

**Systemanalysen** können zu beliebigen technischen Systemen in unterschiedlichsten Zeit- und Frequenzbereichen durchgeführt werden.

Zum Schluss zeigt Abb. 0-2

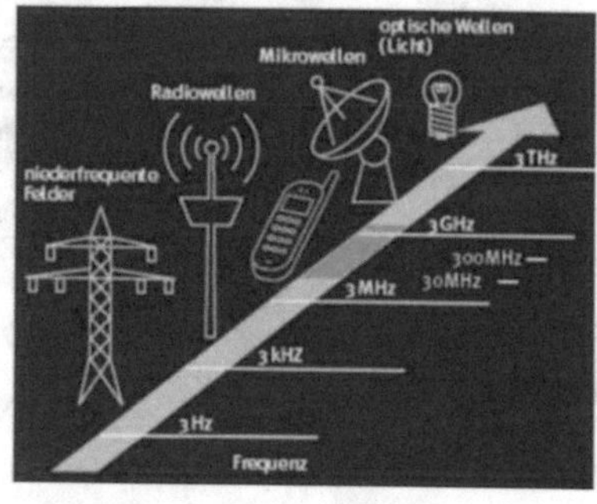


**Abb. 0-2 die unterschiedlichen Frequenz-bereiche und Anwendungen elektromagnetischer Wellen**

Quelle: https://www.berlin.de/senuvk/umwelt/emf_licht/

Mit dieser Aussicht endet der dritte Band der Reihe

*‚Strukturbildung und Simulation technischer Systeme'.*


A. Rossmann, *Strukturbildung und Simulation technischer Systeme*,
https://doi.org/10.1007/978-3-662-48282-7

## Die Themen der

### *Strukturbildung und Simulation technischer Systeme*

In dieser Reihe werden **Grundlagen und Anwendungen** zur Simulation der Funktion von Maschinen (im weitesten Sinne) behandelt. Simulationen werden sowohl bei der Entwicklung von Maschinen als auch bei ihrer Beschaffung und in Forschung und Lehre benötigt.

Die Simulation technischer Systeme wird in vorerst 14 Kapiteln behandelt. Durch Beispiele aus vielen Bereichen der Physik und Technik sollen Sie in den Stand versetzt werden, **eigene Systeme und ihre Komponenten** zu simulieren. Das Ziel ist immer ein **Modell der Realität**, anhand dessen **interessierende Zusammenhänge** untersucht werden können.

Voraussetzung zur Simulation ist die **Kenntnis der Struktur** der Maschinen Sie zeigt durch die Verknüpfung von Messgrößen, **was-womit-wie zusammenhängt**. Strukturen können von Simulationsprogrammen berechnet werden. Diese erzeugen Daten und Kennlinien **wie mit einem Teststand**, nur einfacher und schneller. Deshalb ist die Vermittlung der ‚Kunst' der Strukturbildung das zentrale Anliegen dieser Reihe.

Die zur Bearbeitung des jeweiligen Themas erforderlichen physikalischen Grundlagen werden allen Kapiteln vorangestellt. Gezeigt werden soll auch, dass zur Strukturbildung **keine besonderen mathematischen Vorkenntnisse** benötigt werden.

Zur Strukturbildung gehören physikalische Grundlagen und als Handwerkszeug ein Simulationsprogramm Ihrer Wahl. Der Autor verwendet und empfiehlt Ihnen **SimApp**.

Infos dazu finden Sie auf der Webseite des Autors: http://strukturbildung-simulation.de/

Unter **Simulation ohne Ballast** finden Sie eine bebilderte Auswahl der behandelten Themen. Die folgende Zusammenstellung zeigt, welches diese Themen sind.

Band 1/7
Kapitel 1: Von der Realität zur Simulation
Kapitel 2: Signal-Verarbeitung - statisch

Band 2/7
Kapitel 3: Elektrische Dynamik
Kapitel 4: Mechanische Dynamik

Band 3/7 Kapitel 5: Magnetismus

Band 4/7
Kapitel 6: Elektrische Maschinen
Kapitel 7: Transformatoren

Band 5/7
Kapitel 8: Simulierte Elektronik
Kapitel 9: PID-Regelungen

Band 6/7
Kapitel 10: Sensorik
Kapitel 11: Aktorik

Band 7/7
Kapitel 12: Pneumatik/Hydraulik
Kapitel 13: Wärme-Technik

Spezielle Themen:

Simulierte Regelungstechnik

Der simulierte Operations-Verstärker

Der simulierte Asynchron-Motor

Der simulierte Schritt-Motor

Stand 2018
Änderungen vorbehalten

Bitte sehen Sie sich dazu die ‚Simulation ohne Ballast' an:
http://strukturbildung-simulation.de/pdf/Simulation_fuer_Ingenieure_und_Studenten.pdf

# Sachverzeichnis zu Bd. 3/7

## ‚Magnetismus und Transformatoren'


Abschirmung, magnetisch 53, 63
Algebraische Schleife 16
AlNiCo 473
Analogie Strom Fluss 346
Analogien, dynamisch 44
Antennentechnik -kurzgefasst 226
Antriebe, elektromagnetisch 372
Asymptoten, doppellog. 25
Asynchronmotor 67
Ballistik 378
Ballistik, Ringversuch 382
Bandpass D-T2 39
Basisgl. em Drehmomente 418
Basisgleichung magn. Kräfte 314
Basisoperationen P-I-D 25
Beweglichkeit, magnetisch 212
Bewegungsinduktion 107
Blechkerne 232
Blechkern-Transformatoren 550
Blindleistung und Wirkungsgrad 210
Blockbildung 6
Bode-Diagramm 25
Bode-Diagramm, magnetisch 216
Bremse, elektromagnetisch 349
Curietemperatur 197
Dämpfung 5
Dämpfung von Schwingungen 199
Dauermagnet 469
Dauermagnet, Kraftfeld 49
Dauermagnete 468
Dauermagnetische Kräfte 490
Dauermagnetische Levitation 496
DC-Spule, Konzeption 270
Dia-, Para- und Ferro-Magnetismus 54
Diamagnetische Kräfte 502
Diamagnetische Levitation 502
Dia-Magnetismus 54, 56
Differenzierzeitkonstante T.D 32
Dipole, elektrisch und magnetisch 49
Dividierer als Inverter 362
Dreheisen- Messwerke 453
Dreheisen-Instrument 440
Drehmoment, Leiterschleife 425
Drehmoment, Spule 426
Drehmoment, dauermagn. 422
Drehmoment, dauermagnetisch 514
Drehmoment, el.-magn. 423
Drehmoment, elektromagnetisch 423
Drehmoment, el-mag 417
Drehmoment, magn. 422
Drehspul-Instrument 439, 440
Drehspul-Messwerke 450
Drehstrom-Transformator 64
Drossel 105
Drossel, elektrisch 297
Drosseln 297
Durchflutung 83
Durchflutung Θ 79
Durchflutungsges., Ampère'sches 60
Durchflutungs-Gesetz 83
dynamische Systeme 24
dynamischen Analyse 21
Effektivwertberechnung 122
Einschaltstrombegr, mit NTC 611
Einschaltstrombegr. Hilfswick. 614
Einschaltvorgang 5
Einschaltvorgänge 12
Einschwingvorgänge 20
Einstein 325
Eisenkerne mit Luftspalt 237
elektrische & magn. Gesetze 75
elektrische & magnetische Felder 77
Elektrische Maschinen 339
Elektroblech, Dynamoblech 195
elektromagnetische Energie 317
elektromagnetische Gesetze 73
elektromagnetischer Kreis 87
Elektronenmikroskop 320
Elektronenvolt (eV) 324
Elektronische Lastrelais (ELR) 355
elektrostatische Kräfte 334
Elementar*generator* 429
Elementarmagnete 48
Elementarmotor 427

Energiedichte & mech. Spann. 330
Energiedichte magn. Hyst. 190
Energiedichte, magn. berechnen 121
Energiespeicher L und C 131
Energiespeicher, el. & magn. 73
Energiespeicher, elektrostatisch 327
Energiespeicher, magnetisch 327
Energietransfer, magnetisch 337
Energieübertragung, kontaktlos 560
Entlogarithmierung von dB 227
Ent-Magnetisierung 169
Ersatzschaltung 86
Ersatztransformation 22
Faraday'scher Käfig 53
Feder-Konstante 347
Federkonstante und E-Modul 348
Feld, elektromagnetisch 62
Felder, elektrisch & magnetisch 72
Feldstärke H 94
Ferrite 217
Ferritkerne 217
Ferritkerne, technische Daten 218
Ferritstabantenne 224
Ferro-Magnetismus 58
Festplatte 65
Flussdichte B(H), Berechnung 91
Flussdichtegradient 486
Flussdichte-Gradientenprodukt 506
Freilaufdiode 265
Frequenzbereich 4
Frequenzgänge 22
Frequenzgänge, magnetisch 216
Funkenlöschung 263
Galvanometer 440
Gaußgewehr 372
Gegenkopplungsgleichung 16
Generatoren, elektrisch 67
Geometriefaktor 101, 257
Geschwindigkeitsinduktion 138, 373
Gleichstrom-Vormagnetisierung 245
Gradienteninduktion 136
Gradientenspulen 284
Grenzfeldstärke H.gr 90
Grenzfequenz, magnetisch 211
Grenzfrequenz induktiv 131
Grenzfrequenz, magnetisch 219
Grenzkreisfrequenz, magn. 213
Grenzkreisfrequenz, magnetisch 234
Güte von Dauermagneten 472
Güte, magnetisch 191
Güte, magnetische 472
Helmholtzspule 274
Hering'sches Paradoxon 141
HF-Abschirmung 222
Hochpass D-T1 33
Hufeisenparadoxon 143
Hysterese, magnetisch 188
Hystereseenergie 190
Hysteresekurve, magnetisch 190
Hysteresekurven simulieren 192
Hystereseleistung 191
Impedanz-Transformation 559
Impuls (Kraftstoß) 372
Impuls, elektrisch 375
Induktion 105, 107, 109
Induktion bei Kernsättigung 115
Induktion differenziell 117
Induktion im Zeitbereich 111
Induktionsgesetz 148, 262
Induktionsgesetz von Faraday 106
Induktionsgesetz, Maxwell 203
Induktionsspannung, Berechnung 110
induktiver Blindwiderstand X.L 129
Induktivität L, Berechnung 256
Induktivitäten berechnen 118
Influenz 51
Influenz, magnetisch 52
inhomogene magnetische Felder 486
inhomogenes Magnetfeld 55, 504
Integrator 34
kapazitive Blindwiderstand X.C 130
Kennlinien 8
Kernfusionsreaktor 71
Kerngröße, Nennleistung 550
Kernspin-Tomograf 68
Kernspintomografie 277
Kernspin-Tomograph 68
Kernspin-Tomograph, Spule 277
Kernstärke 219
Kernverluste 196, 592
Kernverluste, massenspez. 201
Kinematik 41
Kinetik 41
Kompaktheit , Transformatoren 570
Konstanten von Metallen 202
Kontakte, Funkenbildung 357

kontaktlose Energieübertragung 326
Kontaktwiderstand 354
Kreisverstärkung 13
Lagen übereinander 292
Lamellenstärke 591
Lamellierung 234
Last-Relais (ELR), elektronisch 355
Lautsprecher, dynamisch 65
Leerlaufüberhöhung 597
Leerlauf-Überhöhung 597
Leistungsdichte von Spulen 151
*Leistungsdichte, Großmaschinen* 331
Leistungsdichte, Maschinen 340
Leistungsmesser (Wattmeter) 440
Lenz'sche Regel 49, 114
Lenz'sche Regel bei Induktion 114
Levitation 314
Levitation, diamagnetisch 56
Levitation, elektromagnetisch 403
Linearmotor 67
linke-Hand-Regel 417
Lorentzfaktor γ 322
Lorentzkraft 315
Lorentz-Kraft 423
Lorentzkraft, Berechnung 317
Lorentzkraft, Messung 318
Luftspaltlänge & Leerlaufstrom 241
Luftspaltlänge & Vormagn. 247
Luftspaltlänge berechnen 240
Luftspaltlänge, Berechnung 89
magn. Fluss berechnen 120
Magn. KL Ferrite 223
magn. Kraft, Basisgleichung 342
magn. Kraft, Berechnung 342
magn. Leistung, Berechnung 342
magn. Spannungsverh. 242
magn. Spannungsverhältnis MSV 89
Magn.-KL Dauermagn. 471
Magnet, schwebend 502
Magnetfeldrechner 475
magnetische Dipole 480
magnetische Energie im Luftspalt 344
m*agnetische Feldstärke* 84
magnetische Güte 190
magnetische Kraft und Flussdichte 343
magnetische Kraft, Messung 345
magnetische Kräfte, Vergleich 55
magnetische Messgrößen 74
magnetische Moment 479
magnetische Monopole 50
Magnetische Monopole 480, 482
m*agnetische Spannung* 84
magnetischer Fluss 80
magnetischer Fluss ϕ 79
magnetischer Fluss, Messung 175
magnetischer Leitwert 90, 101
magnetischer Widerstand 82, 100
Magnetischer Widerstand 100, 101
magnetisches Drehmoment 479
magnetisches Moment 476
Magnetisierbarkeit 51
Magnetisierung berechnen 119
Magnetisierung M 229
Magnetisierungsfaktor 255, 300
Magnetisierungsstrom 81
Magnetismus, Erklärung 48
Magnetometer 470
Magnetpulverkupplung 350
Massenspektrometer 69, 433
Massen-Spektrometer 69, 433
Massenträgheitsmoment 421
Materialien magn. hart & weich 194
Messtechnische Definitionen 441
Messwerksberechnung 445
M-Kern 104
Motorkonstante 162
Motorkonstante, Berechnung 162
Mu-Metall 222
Nennleistung, volumenspezifisch 149
Neodym (NdFeB) 472
Neodym-Magneten 486
Netztrafo, Daten 567
Netztrafos autom. berechnen 606
Netztrafos, Einschaltvorgänge 609
Netztransformatoren 566
Nomenklatur 377
NTC-Widerst. technische Daten 612
*Ohm'sches Gesetz des Magnetismus* 85
Ohm'scher Wirkwiderstand R 130
Online-Kalkulator 574
Optimale Dynamik 14
Ortsbereich 4
Oszillator, elektrisch 29
Oszillator, mechanisch 43, 421
Parallelschaltung, magnetisch 103
Para-Magnetismus 57

Parametervariation 14
Permeabilität 91, 94
Permeabilität μ 94
Permeabilität, differentiell 96
Permeabilität, maximal 97
Permeabilität, relativ 95
Permeabilitätstest 55
Permeabilitäts-Tester 55
PID-Regelung 17
Polstärke 476
Proportional(P)-Regelung 13
RC-Funkenlöschung 266
Reaktionsmomente 420
Reaktions-Momente 420
rechte Handregel 139
Regelabweichung, bleibend 16
Regelkreis, em Levitation 405
Regelungstechnik 11
Regelungstechnik, Einführung 11
Regelungstheorie - kurzgefasst 18
Reglerauswahl 19
Regleroptimierung 19, 20
Reihenschaltung, magnetisch 102
Relais 65
Relais, ‚Kleben' des Ankers 357
Relais, Anzugs- und Abfallzeiten 359
Relais, elektromagnetisch 353
Relais, Prellen der Kontakte 357
Relais, Schaltvorgänge 358
Relais, Schaltzeiten 356
Relaxation 287
Resonanzkatastrophe 43
Resonanzkreisfrequenz elektrisch 131
Ring, schwebend 404
Ringkerndrossel 298
Ringkerntransformatoren 548
Ringspule 108
Rotation 41, 42
Rotationsinduktion 127
Ruheinduktion 107
Sättigung, magnetisch 168
Sättigungsflussdichten Ferrite 222
Schaltnetzteil 155
Schaltzeiten 356
Schütz 355
Schwingungen, erzwungen 31
Siemens-Netztrafos, Daten 572
SimApp 2
Solenoid 252
Sommerfeldzahl So 370
Spannungsmessung 442
Spannungsteiler, magnetisch 88
Spannungs-Teiler, magnetisch 88
Spannungs-Transformation 557
Spannungswandler 154
Speicherringe 322
Sperrverzugszeit t.rr 264
Sprungantwort 5
Sprungantworten 22
Spulen ein- und ausschalten 258
Spulen für Gleichstrom (DC) 270
Spulen für Wechselstrom (AC) 293
Spulen schalten 258
Spulen. supraleitend 279
Spulen-Analyse 250
Spulen-Dimensionierung 250
Spulendrähte 273
Spulenfluss psi 108, 117
Spulenfluss und magn. Energie 121
Spulenimpedanz 310
Spuleninduktivität 108
Spulen-Konzeption 250
*Spulen-Konzeption, Spulen-Analyse und Spulen-Dimensionierung* 249
Spulenkräfte 332
Spulenzeitkonstante 307
Spulen-Zeitkonstante T.L 307
Stabilität 13
Streu- und der Koppelfaktor 623
Streuung, magnetisch 431
Strommessung 442
Strom-Transformation 557
Supraleitende Magnete 279
Supraleitung 280
Supra-Leitung 56
Suszeptibilität 99
Synchronmotor 67
Synchrotron 324
Systemanalyse allgemein 638
Systemanalyse, mechanisch 43
Systemanalyse, Vorlage 620
Tachokonstante 162, 429
Tachokonstante, Berechnung 429
Tachokonstante, Definition 429
Teilchenbeschleuniger 70
Tesla 59

Tesla-Transformator 132
Testsignale 113
Thomson'scher Ringversuch 380
Tiefpass P-T1 35
Tiefpass P-T2 36
Tiegelofen 189
Tonaufzeichnung (MAZ) 66
Toroid 108
Trafo Resonanzkreis 630
Trafo, Ersatzschaltung 568
Trafo, Kurzschlussstrom 625
Trafo, Magnetisierungsstrom 600
Trafo, Resonanz & Streuung 633
Trafo, Wicklungswiderstände 602
Trafo, Wirkungsgrad berechnen 598
Trafo-Berechnung 565
Trafo-Dimensionierung, Übersicht 576
Trafo-Kerne 232
Trafomassen 235
Trafos Verluste 581
Trafos, Wirkungsgrad 580
Transduktor 245
Transformator als Bandpass 628
Transformator, Regelkreis 616
Transformator, Streuung VP 624
Transformator, Vierpol 546
Translation 41, 42
Transrapid 68
Überschwingen 5
Übersetzungsquadrat 598
Übersetzungsverhältnis 545, 553
Übertrager mit Streuung 619
Übertrager, Amplitudengang 535
Übertragungsfaktor G 15
Umrechnungsfaktoren, Drehzahl 429
Varistoren 265
Verzögerung 2.Ordnung P-T2 38
Vierpol, Transformator 552
Volumenleistung 197
Vorschaltdrossel 297
Vorwiderstand 388
Wandler, elektromagnetisch 375
Wandler, elektromagnetische 145
Wechselstromzähler 464
Weiß'sche Bezirke 51
Wellenwiderstand 228
Windungen nebeneinander 292
Windungsinduktion 111
Windungsinduktivität 108, 117
Windungs-Induktivität 552
Windungsspan, Ortsbereich 136
Windungsspannung 113, 554
Windungszahlen berech. 119
Windungszahlen N berech. 242
Windungszahlen, Berech. 596
Wirbeldurchmesser s 202
*Wirbellänge s* 202
Wirbelstrom 203
Wirbelstrom -Zähler 464
Wirbelstrombremse 457
Wirbelstrom-Bremse 457
Wirbelströme 198, 199, 200, 202
Wirbelstromleistung 201
Wirbelstrom-Sensoren 456
Wirbelstromtachometer 460
Wirkleistung 210
Wirkungsgrad einer Spule 209
Wirkungsgrad, Motor-Tacho 430
Wirkungsgrad, Transformator 543
Wirkungsgrade im Vergleich 206
Wirkungsgrade, partiell 205, 430
Zählpfeilsystem 109
Zählpfeilsysteme 3
Z-Dioden 265
Zeitbereich 4
Zeitkonstante, magnetisch 213
Zeitkonstante, mechanisch 421
Zirkulationszahl 477, 484
Zirkulationszahl, Berechnung 518
Zirkulationszahl, Definition 518
Zylindermagnet, Daten 505

Printed in the United States
By Bookmasters